누구나 합격할 수 있는 방법,
동일출판사와 함께 하는 것.

54년간 전기만을 연구해 온 최고의 집필진이 만든 책!
동일출판사와 함께 합격의 기쁨을 누리시길 기원합니다.

수험서의 기준을 만듭니다.
합격을 위한 지름길을 안내합니다.
전·현직 전기인들이 가장 선호하는 수험서로 인정받았으며,
최다 누적 판매와 최다 합격자 배출의 기록을 자랑하고 있습니다.
동일출판사의 핵심은 다년간 축적된 노하우에 있습니다.
수험 과목의 핵심 개념을 명확하고 효과적으로 전달하며,
풍부한 예제와 실전 모의고사로 실력을 향상시킬 수 있는
최상의 환경을 제공합니다.
동일출판사와 함께라면 수험 고난의 시련을 극복하고
합격의 문을 두드릴 수 있습니다.
지금 동일출판사를 통해 성공적인 미래를 준비하세요.

ⓓ 동일출판사

무료강의　　　　　　　　　　　　　　　　　　　　　　www.dongilbook.com

무료 강의 제공

회원가입만으로 무료 강의 동영상을 제한 없이 이용할 수 있습니다.

도서 구입만으로 무료강의까지! 합격하는 날까지 평생무료!
동일출판사 홈페이지 또는 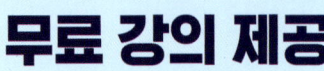 에서도 시청 가능합니다.

무료제공 동영상 강의목록

전기기사(산업기사) 이론	필기	전기자기 / 회로이론 / 전기기기 / 전력공학 제어공학 / 전기응용 공사재료 / 전기설비기술기준
	실기	전기설비설계 / 전기설비작업 전기설비의 운영관리 및 유지보수 시험점검 전기설비유지보수 및 점검 / 테이블스팩 / 감리
전기기사(산업기사) 기출문제 풀이	필기 기출문제 2007년 ~ 2025년	
	실기 기출문제 2014년 ~ 2025년	
전기기능사 이론	전기이론 / 전기기기 / 전기설비	
전기기능사 기출문제 풀이	필기 기출문제 2015년 ~ 2025년 (전기이론 / 전기기기)	

www.dongilbook.com

학습센터

학습센터운영

홈페이지를 통한 학습센터를 운영하여
학습에 부족함이 없도록 지원합니다.

동영상강의 / 핵심요점정리 / 질문게시판 / 정오 및 자료실
회원가입만으로 무료로 이용가능합니다.

전기기사 필기

전기기사 필기 기본서 전기기사시리즈

전기자기 / 회로이론 / 전기기기 / 전력공학 / 제어공학 / 전기응용 공사재료 / 전기설비기술기준

`이론` `기출문제`

51년간 과년도 및 복원문제를 완석분석하여 CBT시험에 완벽대비
어떠한 문제유형에도 대응이 가능하도록 핵심 유사문제 수록
10년간 과년도 및 복원문제 풀이 동영상 제공

기출문제 + 동영상강의
20년간 전기기사 필기
20년간 전기산업기사 필기

`기출문제`

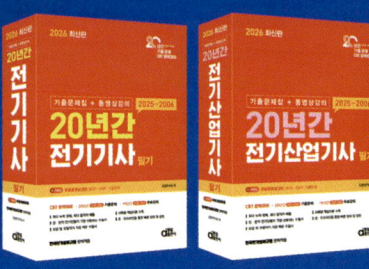

20년간 기출문제 수록
19년간 과년도 및 복원문제 풀이 동영상 제공
가장 많은 문제를 수록하여
CBT시험에 대응할 수 있도록 구성

답이보인다 30일 단기완성
전기기사 · 산업기사 필기
전기공사기사 · 산업기사 필기

`이론` `기출문제`

51년간 과년도 및 복원문제를 완전분석, 이론과 함께 수록
5년간 과년도 및 복원문제 수록
전기기사 · 전기산업기사 풀이 동영상 제공

과년도 문제 중심의
완벽대비 전기기사 필기
완벽대비 전기산업기사 필기

`이론` `기출문제`

28년간 과년도 및 복원문제를 엄선, 이론과 함께 수록
10년간 과년도 및 복원문제 수록, 풀이 동영상 제공

과년도 문제 중심의
완벽대비 전기공사기사 필기
완벽대비 전기공사산업기사 필기

`이론` `기출문제`

28년간 과년도 및 복원문제를 엄선, 이론과 함께 수록
10년간 과년도 및 복원문제 수록

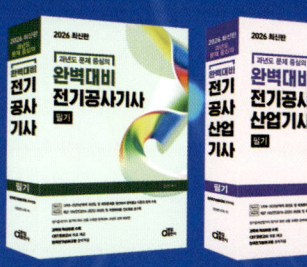

최근 7년 과년도 문제
핵심 전기기사 필기
핵심 전기산업기사 필기

`이론` `기출문제`

과목별 핵심요점 및 문제
최근 7년 과년도 및 복원문제
과년도 및 복원문제 무료 동영상 제공

전기기사 실기

기출문제 + 동영상강의
30년간 전기기사 실기
기출문제

30년간 기출문제 수록
9년간 과년도 및 복원문제 풀이 동영상 제공

기출문제 + 동영상강의
30년간 전기산업기사 실기
기출문제

30년간 기출문제 수록
9년간 과년도 및 복원문제 풀이 동영상 제공

답이보인다 30일 단기완성
전기기사·산업기사 실기
이론 기출문제

38년간 출제된 과년도 및 복원문제를 완전분석하여 이론과 함께 수록
15년간 과년도 및 복원문제를 연도별로 수록
9년간 과년도 및 복원문제 풀이 동영상 제공

답이보인다 30일 단기완성
전기공사기사·산업기사 실기
이론 기출문제

38년간 출제된 과년도 및 복원문제를 완전분석하여 이론과 함께 수록
15년간 과년도 및 복원문제를 연도별로 수록

전기기능사 필기

CBT 완벽대비 전기기능사 필기
`이론` `기출문제`

시험에 반복적으로 나오는내용을 과목별로 정리
출제되었던 과년도 및 복원문제를 완전분석하여 내용별로 수록
과년도 및 복원문제 풀이 동영상 제공[전기이론, 전기기기]

무료동영상의 전기기능사 필기
`이론` `기출문제`

본문내용 전체를 무료 동영상 강의로 완벽 제공
(핵심요점정리 + 핵심예제 + 출제예상문제)
8년간 과년도 및 복원문제 수록
과년도 및 복원문제 풀이 동영상 제공[전기이론, 전기기기]

새로운 출제기준에 따른 전기기능사 필기
`이론` `기출문제`

상세한 이론, 기능사 필기의 바이블
10년간 과년도 및 복원문제 수록
출제기준에 따른 과목별 내용과 출제예상문제 수록
과년도 및 복원문제 풀이 동영상 제공[전기이론, 전기기기]

합격을 위한 지름길

동일출판사의 베스트셀러 수험서

기능장

     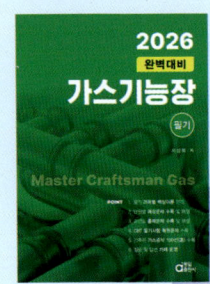

신재생

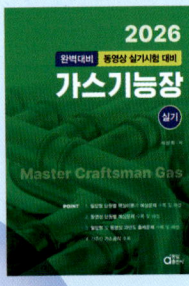   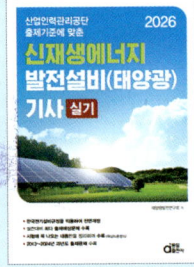 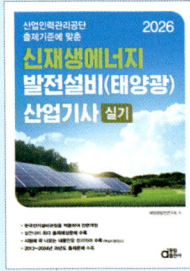

에너지관리

소방

전기기사 · 산업기사 전기철도기사 · 산업기사
전기직 공무원 군무원 공사 공단 시험대비

전기기사시리즈
01

전기자기

동일출판사 홈페이지 ▶ FREE 무료 강의제공

동일출판사

Preface
머리말

모든 산업의 기초가 되는 전기는 그 중요성에 의해 전문화된 기술을 필요로 하며 그에 따라 전기 설비의 유지 보수, 설계 및 시공 분야에서의 책임은 일정 자격을 취득한 사람에게 한정되는 추세이며 출제문제 또한 지금까지의 기 출제된 문제와 동일한 문제가 계속 반복 출제되고 있는 추세입니다.

따라서 최단 시간 내에 효과적으로 전기 분야 자격 취득을 위해서는 지금까지 출제된 문제를 집중 분석하고 출제 범위 및 난이도를 분석하여 공부하는 것이 바람직합니다.

본서는 이러한 출제 방향에 발맞추어 국가 기술 자격법이 처음으로 제정되고 시행된 1975년 이후 지금까지 출제된 문제를 총 망라하여 자격취득에 가장 효과적인 도서가 되도록 준비 하였습니다.

수험생 여러분들이 본 문제집을 조금 공부하다 보면 출제 방향 및 난이도를 용이하게 파악할 수 있으며, 또한 여러분 스스로 최단 시간 내에 자격증 취득을 위한 방향 설정 및 공부하는 방법을 습득할 수 있다고 생각하며 수험생 여러분들이 본 도서를 통하여 합격의 영광을 누리기 바랍니다.

編者 씀

이 책의 특징

과거 출제된 문제를 분야 및 유형별로 정리하여 알기 쉽고 완벽하게 풀이.

―

초보자도 쉽게 알 수 있도록 이론을 대폭 보강하여 시험에 나오는 내용만 공부할 수 있도록 각 내용마다 시험에 기출제 된 횟수 표기.

―

문제마다 출제된 빈도 표기 및 난이도 ★표시하여 출제 경향 및 출제 빈도가 높은 문제와 각 항목의 중요도를 쉽게 알 수 있게 정리. 단시간 내에 총정리 가능.

―

유사 기출 문제를 별도로 구성하여 학습효과를 극대화.

―

무료 동영상 강의를 제한 없이 이용.

Contents

전기자기
▶FREE 무료 강의 제공

01 벡터	⋯ 006	07 진공 중의 정자계	⋯ 191
02 진공 중의 정전계	⋯ 018	08 자기 회로	⋯ 240
03 진공 중의 도체계	⋯ 082	09 전자 유도	⋯ 273
04 유전체	⋯ 115	10 인덕턴스	⋯ 292
05 전계의 특수 해법	⋯ 162	11 전자장	⋯ 316
06 전류	⋯ 171		

2016~2025 과년도문제 및 CBT 복원문제
▶FREE 무료 강의 제공

전기기사

2016년 전기자기	⋯ 352
2017년 전기자기	⋯ 366
2018년 전기자기	⋯ 381
2019년 전기자기	⋯ 394
2020년 전기자기	⋯ 407
2021년 전기자기	⋯ 420
2022년 전기자기	⋯ 434
2023년 전기자기_CBT	⋯ 448
2024년 전기자기_CBT	⋯ 461
2025년 전기자기_CBT	⋯ 474

전기산업기사

2016년 전기자기	⋯ 488
2017년 전기자기	⋯ 500
2018년 전기자기	⋯ 511
2019년 전기자기	⋯ 523
2020년 전기자기	⋯ 535
2021년 전기자기_CBT	⋯ 547
2022년 전기자기_CBT	⋯ 559
2023년 전기자기_CBT	⋯ 571
2024년 전기자기_CBT	⋯ 584
2025년 전기자기_CBT	⋯ 597

전기기사시리즈 1
전기자기 출제기준

구 분	출 제 기 준	검정 종목
기 사	전문적인 지식이 요구되는 사항	전　　기 전　　자 신호보안
	1. 진공 중의 정전계	
	2. 진공 중의 도체계	
	3. 유전체	
	4. 전계의 특수 해법 및 전류	
	5. 자계	
	6. 자성체와 자기 회로	
	7. 전자 유도 및 인덕턴스	
	8. 전자계	
산업기사	일반적인 지식이 요구되는 사항	전　　기 전　　자 신호보안
	1. 진공 중의 정전계	
	2. 진공 중의 도체계	
	3. 유전체	
	4. 전계의 특수 해법 및 전류	
	5. 자계	
	6. 자성체와 자기 회로	
	7. 전자 유도 및 인덕턴스	
	8. 전자계	

전기기사시리즈 01 전기자기

01	벡터	006
02	진공 중의 정전계	018
03	진공 중의 도체계	082
04	유전체	115
05	전계의 특수 해법	162
06	전류	171
07	진공 중의 정자계	191
08	자기 회로	240
09	전자 유도	273
10	인덕턴스	292
11	전자장	316

동일출판사 홈페이지에서 무료 동영상 강의를 보실 수 있습니다.

CHAPTER 01 벡터

01 스칼라(scalar)와 벡터(vector)

자연계의 물리량을 표현하는 방법으로 스칼라량과 벡터량을 사용한다.

1) 스칼라(scalar)

크기만으로 결정되는 양(길이, 온도, 체적, 질량, 일, 에너지, 전위, 전력 등)으로 A, a, $\vec{A}$, $\overrightarrow{OP}$와 같이 이탤릭체 문자 또는 문자에 선분 기호를 붙여서 표현한다.

2) 벡터(vector)

크기와 방향으로 결정되는 양(변위, 힘, 속도, 가속도, 전계, 자계 등)으로 $\boldsymbol{A}$, $\boldsymbol{a}$, $\vec{A}$, $\overrightarrow{OP}$로 고딕체 문자 또는 문자에 화살표를 붙여서 표현한다.

02 단위 벡터와 기본 벡터

1) 단위 벡터(unit vector)

크기가 1이고 방향만을 갖는 벡터 $\boldsymbol{a}$를 단위벡터라 하며, 벡터 $\boldsymbol{A}$를 $\boldsymbol{A} = A\boldsymbol{a}$로 표시한다.

$$a = \frac{A}{|A|} = \frac{A}{A}$$

단위 벡터

2) 기본 벡터

좌표계에서 x, y, z 각 축의 양의 방향으로 크기가 1인 단위벡터 $\boldsymbol{i}$, $\boldsymbol{j}$, $\boldsymbol{k}$(또는 $\boldsymbol{a}_x$, $\boldsymbol{a}_y$, $\boldsymbol{a}_z$)를 기본 벡터라 한다.

- $\boldsymbol{i} = \boldsymbol{a}_x$: x축 방향의 단위 벡터
- $\boldsymbol{j} = \boldsymbol{a}_y$: y축 방향의 단위 벡터
- $\boldsymbol{k} = \boldsymbol{a}_z$: z축 방향의 단위 벡터

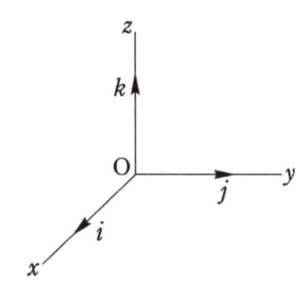

03 – 벡터의 성분

1) 직교 좌표계

그림과 같이 x, y 평면상의 한 점 $A(A_x, A_y)$를 종점으로 하는 위치 벡터 $\boldsymbol{A}$에 대해서 $\boldsymbol{A} = A_x \boldsymbol{i} + A_y \boldsymbol{j}$로 표시한다.

크기는 $A = |\boldsymbol{A}| = \sqrt{A_x^2 + A_y^2}$ 이며

벡터 여현은 $\begin{cases} \cos\alpha = \dfrac{A_x}{A} \\ \cos\beta = \dfrac{A_y}{A} \end{cases}$

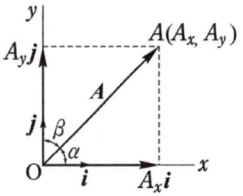

단위벡터 $\boldsymbol{a}$는 $\boldsymbol{a} = \dfrac{\boldsymbol{A}}{A} = \dfrac{\boldsymbol{A}}{|\boldsymbol{A}|} = \dfrac{A_x}{A}\boldsymbol{i} + \dfrac{A_y}{A}\boldsymbol{j}$

$\qquad = \dfrac{A_x}{\sqrt{A_x^2 + A_y^2}}\boldsymbol{i} + \dfrac{A_y}{\sqrt{A_x^2 + A_y^2}}\boldsymbol{j}$

$\qquad = \cos\alpha\, \boldsymbol{i} + \cos\beta\, \boldsymbol{j}$

$(\therefore \cos^2\alpha + \cos^2\beta = 1)$가 된다.

2) 직각 좌표계

그림과 같이 x, y, z축에 대한 벡터 $\boldsymbol{A}$의 각 축방향 성분이 (A_x, A_y, A_z)일 때 $\boldsymbol{A} = A_x \boldsymbol{i} + A_y \boldsymbol{j} + A_z \boldsymbol{k}$로 표시한다.

크기는 $A = |\boldsymbol{A}| = \sqrt{A_x^2 + A_y^2 + A_z^2}$ 이며,

벡터여현은 $\begin{cases} \cos\alpha = \dfrac{A_x}{A} \\ \cos\beta = \dfrac{A_y}{A} \\ \cos\gamma = \dfrac{A_z}{A} \end{cases}$

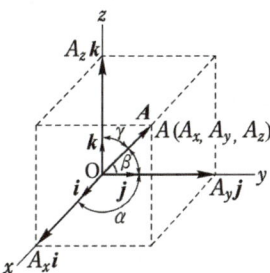

단위벡터 $\boldsymbol{a}$는 $\boldsymbol{a} = \dfrac{A_x}{A}\boldsymbol{i} + \dfrac{A_y}{A}\boldsymbol{j} + \dfrac{A_z}{A}\boldsymbol{k}$ 가 된다.

여기서, $A = \sqrt{A_x^2 + A_y^2 + A_z^2}$

04 - 벡터의 연산

1) 벡터의 가감 [출제] [산업 2번]

같은 방향 성분의 합과 차로 계산한다.

$$A \pm B = (A_x \pm B_x)i + (A_y \pm B_y)j + (A_z \pm B_z)k$$

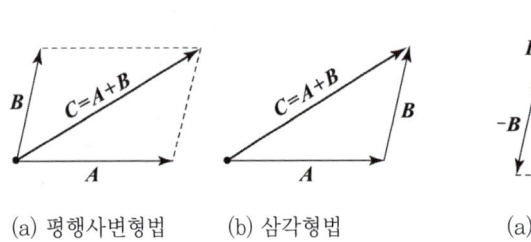

  (a) 평행사변형법   (b) 삼각형법   (a) 평행사변형법   (b) 삼각형법
         벡터의 합   **벡터의 차**

2) 스칼라와 벡터의 곱 [출제] [산업 1번]

$$F = QE = Q(E_x i + E_y j + E_z k) = QE_x i + QE_y j + QE_z k$$

3) 벡터의 내적(스칼라곱) [출제] [산업 4번]

벡터 A와 B의 스칼라곱 또는 내적은 $A \cdot B$로 표시하며 같은 단위벡터 성분들의 곱으로 계산된다.

$$A \cdot B = AB\cos\theta$$
$$= A_x B_x + A_y B_y + A_z B_z$$

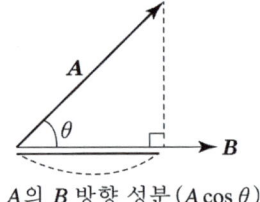

A의 B 방향 성분 ($A\cos\theta$)

내적의 일반성질은 다음과 같다.

① $A \cdot B = B \cdot A$: 교환법칙
② $(A + B) \cdot C = A \cdot C + B \cdot C$: 분배법칙
③ $(aA) \cdot B = A \cdot (aB) = a(A \cdot B)$
④ $A /\!/ B$ ($\theta = 0°$) : $A \cdot B = AB\cos 0° = AB$
⑤ $A \perp B$ ($\theta = 90°$) : $A \cdot B = AB\cos 90° = 0$ [출제] [산업 1번, 기사 1번]
   단, θ는 두 벡터 A와 B의 사이각을 나타낸다.
⑥ 단위 벡터의 스칼라곱
   $i \cdot i = j \cdot j = k \cdot k = 1 \, (\theta = 0°)$
   $i \cdot j = j \cdot k = k \cdot i = 0, \, j \cdot i = k \cdot j = i \cdot k = 0 \, (\theta = 90°)$

4) 벡터의 외적(벡터곱)

크기는 A와 B를 두 변으로 하는 평행사변형의 면적을 구한다.

$$|A \times B| = AB\sin\theta$$

외적의 방향은 그 면에 수직이며 A에서 B로 회전하는 오른나사의 진행 방향(n)이 된다.

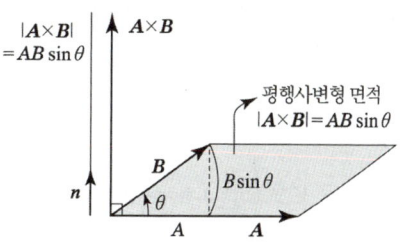

5) 외적의 일반성질

① $A \times B \neq B \times A$ (교환법칙 성립 안 됨)
② $A \times A = 0$
③ $(aA) \times B = A \times (aB) = a(A \times B)$
④ 두 벡터의 평행조건 $A \times B = 0 \rightarrow \dfrac{A_x}{B_x} = \dfrac{A_y}{B_y} = \dfrac{A_z}{B_z}$
⑤ $A // B\ (\theta = 0°)$: $|A \times B| = AB\sin 0° = 0$
⑥ $A \perp B\ (\theta = 90°)$: $|A \times B| = AB\sin 90° = AB$
　단, θ는 두 벡터 A와 B의 사이각을 나타낸다.
⑦ 단위 벡터의 벡터곱 [출제] 산업 2번
　$i \times j = k,\ j \times k = i,\ k \times i = j$
　$j \times i = -k,\ k \times j = -i,\ i \times k = -j$
　$i \times i = j \times j = k \times k = 0$

6) 벡터의 외적 [출제] 산업 2번

$$A \times B = (A_x i + A_y j + A_z k) \times (B_x i + B_y j + B_z k)$$
$$= (A_y B_z - A_z B_y)i + (A_z B_x - A_x B_z)j + (A_x B_y - A_y B_x)k$$
$$= \begin{vmatrix} i & j & k \\ A_x & A_y & A_z \\ B_x & B_y & B_z \end{vmatrix} = \begin{vmatrix} A_y & A_z \\ B_y & B_z \end{vmatrix} i + \begin{vmatrix} A_z & A_x \\ B_z & B_x \end{vmatrix} j + \begin{vmatrix} A_x & A_y \\ B_x & B_y \end{vmatrix} k$$

05 - 벡터의 미분연산

1) 미분연산자 ∇ (∇ : 나블라(nabla) 또는 델(del))

$x,\ y,\ z$ 방향으로의 변화율과 방향을 표시한다.

$$\nabla = \left(\dfrac{\partial}{\partial x}i + \dfrac{\partial}{\partial y}j + \dfrac{\partial}{\partial z}k\right)$$

2) 기울기(gradient)

V의 x, y, z 각 방향의 거리에 대한 변화율, 즉 기울기(구배, 경도, gradient)의 물리적 의미를 나타낸다.

$$\text{grad } V = \nabla V$$

$$\nabla V = \left(\frac{\partial}{\partial x}i + \frac{\partial}{\partial y}j + \frac{\partial}{\partial z}k\right)V = \frac{\partial V}{\partial x}i + \frac{\partial V}{\partial y}j + \frac{\partial V}{\partial z}k$$

V(스칼라 함수)는 스칼라량이지만 기울기(경도)의 결과인 grad V는 벡터량이 된다.

3) 벡터의 발산(divergence)

$$\text{div } E = \nabla \cdot \boldsymbol{E}$$

$$\nabla \cdot \boldsymbol{E} = \left(\frac{\partial}{\partial x}i + \frac{\partial}{\partial y}j + \frac{\partial}{\partial z}k\right) \cdot (E_x i + E_y j + E_z k)$$

$$= \frac{\partial E_x}{\partial x} + \frac{\partial E_y}{\partial y} + \frac{\partial E_z}{\partial z}$$

출제 산업 6번, 기사 2번

벡터 $\boldsymbol{E}$ 방향으로 그려진 단위체적에서 발산(divergence)하는 선속수의 물리적 의미를 가지므로 E(벡터 함수)는 벡터량이지만 발산의 결과인 div E는 스칼라량이 된다.

① 가우스 법칙 : $\text{div}\boldsymbol{D} = \rho$
  전하가 존재하는 공간에서는 전속선이 발산(발생)한다.
② 자속의 비발산성 : $\text{div}\boldsymbol{B} = 0$
  임의 지점에서 자속의 순발산량은 0이다.
  (자속의 새로운 발생과 소멸이 없이 연속임을 의미)
③ 키르히호프 전류법칙 : $\text{div}\boldsymbol{J} = 0$

4) 벡터의 회전(rotation, curl)

$$\text{rot}\boldsymbol{H} = \text{curl}\boldsymbol{H} = \nabla \times \boldsymbol{H}$$

$$\nabla \times \boldsymbol{H} = \left(\frac{\partial}{\partial x}i + \frac{\partial}{\partial y}j + \frac{\partial}{\partial z}k\right) \times (H_x i + H_y j + H_z k)$$

$$= \left(\frac{\partial H_z}{\partial y} - \frac{\partial H_y}{\partial z}\right)i + \left(\frac{\partial H_x}{\partial z} - \frac{\partial H_z}{\partial x}\right)j + \left(\frac{\partial H_y}{\partial x} - \frac{\partial H_x}{\partial y}\right)k$$

$$= \begin{vmatrix} i & j & k \\ \frac{\partial}{\partial x} & \frac{\partial}{\partial y} & \frac{\partial}{\partial z} \\ H_x & H_y & H_z \end{vmatrix}$$

이것은 H 방향으로 그려진 자기력선이 전류 주위를 회전(rotation, curl)하고 있는 물리적 의미를 가지므로 H(벡터 함수)는 벡터량이고 회전의 결과인 $\nabla \times H = \text{rot}\, H = \text{curl}\, H$도 벡터량이다.

① 암페어 주회법칙

$$\nabla \times H = J$$

- 전류가 존재하면 주위에 회전하는 자계를 발생시킨다.
- 임의 점에서 자계 H의 회전량은 그 점에서의 전류밀도 J와 같다.

② 정전계에서 전계의 비 회전성

$$\nabla \times E = 0$$

정전계에서 전계(전기력선)는 회전하지 않는다.
즉, 정전계에서 전기력선은 자신만으로 폐곡선을 이루지 못한다.

5) 라플라시안(laplacian)

$$\nabla \cdot \nabla = \nabla^2 = \frac{\partial^2}{\partial x^2} + \frac{\partial^2}{\partial y^2} + \frac{\partial^2}{\partial z^2} = \text{div grad}$$

스칼라 함수 $V(x, y, z)$에 2중 미분연산 $\nabla \cdot \nabla$을 취하면

$$\nabla \cdot \nabla V = \left(\frac{\partial}{\partial x}i + \frac{\partial}{\partial y}j + \frac{\partial}{\partial z}k\right) \cdot \left(\frac{\partial}{\partial x}i + \frac{\partial}{\partial y}j + \frac{\partial}{\partial z}k\right)V$$

$$= \frac{\partial^2 V}{\partial x^2} + \frac{\partial^2 V}{\partial y^2} + \frac{\partial^2 V}{\partial z^2} = \nabla^2 V$$

가 된다. 여기서, ∇^2을 라플라시안이라고 한다.

① 푸아송 방정식 $\quad \nabla^2 V = \dfrac{\partial^2 V}{\partial x^2} + \dfrac{\partial^2 V}{\partial y^2} + \dfrac{\partial^2 V}{\partial z^2} = -\dfrac{\rho}{\epsilon}$

② 라플라스 방정식 $\nabla^2 V = \dfrac{\partial^2 V}{\partial x^2} + \dfrac{\partial^2 V}{\partial y^2} + \dfrac{\partial^2 V}{\partial z^2} = 0$

CHAPTER 01 출제예상문제_벡터

성분

01 ★ [78. 산업기사, ㊉ : 80. 산업기사]

세 단위 벡터간의 벡터 곱(vector product)과 관계없는 것은?

① $i \times j = -j \times i = k$
② $k \times i = -i \times k = j$
③ $i \times i = j \times j = k \times k = 0$
④ $i \times j = 0$

[해설] $i \times j = -j \times i = k$, $j \times k = -k \times j = i$
$k \times i = -i \times k = j$, $i \times i = j \times j = k \times k = (1 \times 1 \sin 0) = 0$

02 ★ [95. 기사]

$E = ya_x + za_y$를 원통(원주) 좌표계로 변환하면? (단, a_x, a_y : 단위 벡터임)

① $E = \cos\phi(r\sin\phi + z)a_r + (-r\sin\phi + z\cos\phi)a_z$
② $E = \cos\phi(r\sin\phi + z)a_r + (r\sin^2\phi + z\cos\phi)a_z$
③ $E = \sin\phi(r\cos\phi + z)a_r + (-r\sin^2\phi + z\cos\phi)a_\phi$
④ $E = \sin\phi(r\cos\phi + z)a_r + (-r\cos^2\phi + z\cos\phi)a_\phi$

[해설] 원통좌표로 표시한 벡터의 일반식은
$A = A_r(r, \phi, z)a_r + A_\phi(r, \phi, z)a_\phi + A_z(r, \phi, z)a_z$
이며, 직각좌표를 원통좌표로 변환 시 각 성분은 다음과 같다.
$A_r = \cos\phi A_x + \sin\phi A_y$, $A_\phi = -\sin\phi A_x + \cos\phi A_y$, $A_z = A_z$
또한 $x = r\cos\phi$, $y = r\sin\phi$
따라서 $E = (\cos\phi y + \sin\phi z)a_r + (-\sin\phi y + \cos\phi z)a_\phi$
$= (\cos\phi r\sin\phi + \sin\phi z)a_r + (-\sin\phi r\sin\phi + \cos\phi z)a_\phi$
$= \sin\phi(r\cos\phi + z)a_r + (-r\sin^2\phi + z\cos\phi)a_\phi$

03 ★ [82. 91. 19. 산업기사]

어떤 물체에 $F_1 = -3i + 4j - 5k$와 $F_2 = 6i + 3j - 2k$의 힘이 작용하고 있다. 이 물체에 F_3을 가하였을 때 세 힘이 평형이 되기 위한 F_3은?

① $F_3 = -3i - 7j + 7k$
② $F_3 = 3i + 7j - 7k$
③ $F_3 = 3i - j - 7k$
④ $F_3 = 3i - j + 3k$

[해설] $F_1 + F_2 + F_3 = 0$
∴ $F_3 = -(F_1 + F_2) = -\{(-3i + 4j - 5k) + (6i + 3j - 2k)\} = -(3i + 7j - 7k) = -3i - 7j + 7k$

[답] 1. ④ 2. ③ 3. ①

유사문제

※ 유사문제 원문 및 해설 : 동일출판사 홈페이지 » 고객센터 » 자료실

01. 평행 사변형의 대각선이 벡터 $A = 4a_x + 2a_y - 3a_z$ 및 $B = -2a_x + 2a_y + 3a_z$ 로 표시될 때 두 변을 표시하는 벡터는 얼마인가? 단, a_x, a_y, a_z는 x, y, z축 방향의 단위 벡터이다.

답 $a_x + 2a_y$, $3a_x - 3a_z$

02. 구좌표에서 변수(r, θ, φ)인 경우 미소 체적을 표시하는 dV는?

답 $r^2 \sin\theta \, dr \, d\theta \, d\varphi$

03. $A = 2i - 5j + 3k$일 때 $k \times A$를 구한 것 중 옳은 것은?

답 $5i + 2j$

내적

04 ★★☆ [81. 94. 01. 05. 07. 17. 산업기사]

$A = -i\,7 - j$, $B = -i\,3 - j\,4$의 두 벡터가 이루는 각은 몇 도인가?

① 30　　② 45　　③ 60　　④ 90

해설
$$\cos\theta = \frac{A \cdot B}{|A||B|} = \frac{A_x B_x + A_y B_y}{\sqrt{A^2}\sqrt{B^2}}$$
$$= \frac{(-7)\times(-3)+(-1)\times(-4)}{\sqrt{(-7)^2+(-1)^2}\sqrt{(-3)^2+(-4)^2}} = \frac{21+4}{\sqrt{50}\times 5} = \frac{25}{25\sqrt{2}} = \frac{1}{\sqrt{2}}$$
$$\therefore \theta = \cos^{-1}\frac{1}{\sqrt{2}} = 45°$$

05 ★☆ [90. 07. 기사, ㉮ : 82. 산업기사]

$A = i - j + 3k$, $B = i + ak$일 때 벡터 A가 수직이 되기 위한 a의 값은? 단, i, j, k는 x, y, z 방향의 기본 벡터이다.

① -2　　② $-\frac{1}{3}$　　③ 0　　④ $\frac{1}{2}$

해설 $A \perp B$가 되기 위한 조건은 $A \cdot B = 0$이다.
$A \cdot B = 1\times 1 + (-1)\times 0 + 3\times a = 0$
$1 + 3a = 0$
$\therefore a = -\frac{1}{3}$

답 4.② 5.②

외적

★ [89. 95. 산업기사]

06 $A = 10\hat{x} - 10\hat{y} + 5\hat{z}$, $B = 4\hat{x} - 2\hat{y} + 5\hat{z}$ 는 어떤 평행 사변형의 두 변을 표시하는 벡터이다. 이 평행 사변형의 면적의 크기는? 단, $\hat{x}$: x축 방향의 기본 벡터, $\hat{y}$: y축 방향의 기본 벡터, $\hat{z}$: z축 방향의 기본 벡터이며 좌표는 직각 좌표이다.

① $5\sqrt{3}$ ② $7\sqrt{19}$ ③ $10\sqrt{29}$ ④ $14\sqrt{7}$

해설 $|A \times B|$ 즉, 두 벡터의 외적의 크기가 두 벡터가 이루는 평행 사변형의 면적이 된다.

$$A \times B = \begin{vmatrix} i & j & k \\ 10 & -10 & 5 \\ 4 & -2 & 5 \end{vmatrix} = -40i - 30j + 20k$$

$$\therefore |A \times B| = \sqrt{(-40)^2 + (-30)^2 + 20^2} = \sqrt{2900} = 10\sqrt{29}$$

구배, 발산, 회전

☆ [01. 24. 산업기사]

07 위치 함수로 주어지는 벡터량이 $E_{(xyz)} = iEx + jEy + kEz$ 나블라(∇)와의 내적 $\nabla \cdot E$와 같은 의미를 갖는 것은?

① $\dfrac{\partial Ex}{\partial x} + \dfrac{\partial Ey}{\partial y} + \dfrac{\partial Ez}{\partial z}$ ② $\int \dfrac{\partial}{\partial x} + \int \dfrac{\partial Ey}{\partial y} + k\dfrac{\partial Ez}{\partial z}$

③ $\int \dfrac{\partial Ex}{\partial x} + \int \dfrac{\partial Ey}{\partial y} + k\dfrac{\partial Ez}{\partial z}$ ④ $\dfrac{\partial E}{\partial x} + \dfrac{\partial E}{\partial y} + \dfrac{\partial E}{\partial z}$

해설 $\nabla \cdot E = \left(i\dfrac{\partial}{\partial x} + j\dfrac{\partial}{\partial y} + k\dfrac{\partial}{\partial z} \right) \cdot (iEx + jEy + kEz) = \dfrac{\partial Ex}{\partial x} + \dfrac{\partial Ey}{\partial y} + \dfrac{\partial Ez}{\partial z}$

★☆ [97. 기사, 79. 산업기사]

08 $f = xyz$, $A = xi + yj + zk$일 때 점 (1, 1, 1)에서의 div(fA)는?

① 3   ② 4   ③ 5   ④ 6

해설 $\text{div}(fA) = \nabla \cdot (fA) = \nabla \cdot (fA_x i + fA_y j + fA_z k)$
$= A \,\text{grad} f + f \,\text{div} A$ 이므로

$A \cdot \text{grad} f = (xi + yj + zk) \cdot \left\{ i\dfrac{\partial(xyz)}{\partial x} + j\dfrac{\partial(xyz)}{\partial y} + k\dfrac{\partial(xyz)}{\partial z} \right\} = xyz + xyz + xyz = 3xyz$

$[A \cdot \text{grad} f]_{x=1, y=1, z=1} = 3$

$f \text{div} A = xyz \nabla \cdot A = xyz \left(i\dfrac{\partial}{\partial x} + j\dfrac{\partial}{\partial y} + k\dfrac{\partial}{\partial z} \right) \cdot (xi + yj + zk) = xyz \left(\dfrac{\partial x}{\partial x} + \dfrac{\partial y}{\partial y} + \dfrac{\partial z}{\partial z} \right) = 3xyz$

$[f \text{div} A]_{x=1, y=1, z=1} = 3$, $\therefore [\text{div}(fA)]_{x=1, y=1, z=1} = 3 + 3 = 6$

답 6. ③ 7. ① 8. ④

★ [87. 03. 기사]

09 모든 장소에서 $\nabla \cdot \vec{D} = 0$, $\nabla \times \dfrac{\vec{D}}{\epsilon} = 0$와 같은 관계가 성립하면 $\vec{D}$는 어떤 성질을 가져야 하는가?

① x의 함수　　　② y의 함수　　　③ z의 함수　　　④ 상수

해설　$\nabla \cdot \vec{D} = \dfrac{\partial D_x}{\partial x} + \dfrac{\partial D_y}{\partial y} + \dfrac{\partial D_z}{\partial z} = 0$ 이 항상 성립하기 위해서는 D_x, D_y, D_z은 각각 x, y, z함수가 아니어야 한다.

$\nabla \times \dfrac{\vec{D}}{\epsilon} = \dfrac{1}{\epsilon} \nabla \times D = \dfrac{1}{\epsilon} \left[\left(\dfrac{\partial D_z}{\partial y} - \dfrac{\partial D_y}{\partial z}\right)i + \left(\dfrac{\partial D_x}{\partial z} - \dfrac{\partial D_z}{\partial x}\right)j + \left(\dfrac{\partial D_y}{\partial x} - \dfrac{\partial D_x}{\partial y}\right)k \right] = 0$을 성립하기 위해서는

각 항이 모두 0이 되어야 하므로 D_x, D_y, D_z는 각각 yz, zx, xy의 함수가 아닐 것

∴ $\vec{D}$는 x, y, z함수가 아니므로 상수이어야 한다.

☆ [80. 산업기사]

10 $f = x^2 + y^2 + z^2$일 때 $\nabla \times \nabla f$의 값을 구하면?

① 0　　　② 1　　　③ 2　　　④ 0.1

해설　$\nabla \times \nabla f = \text{rot}(\text{grad} f) = \begin{vmatrix} i & j & k \\ \dfrac{\partial}{\partial x} & \dfrac{\partial}{\partial y} & \dfrac{\partial}{\partial z} \\ \dfrac{\partial f}{\partial x} & \dfrac{\partial f}{\partial y} & \dfrac{\partial f}{\partial z} \end{vmatrix} = \begin{vmatrix} i & j & k \\ \dfrac{\partial}{\partial x} & \dfrac{\partial}{\partial y} & \dfrac{\partial}{\partial z} \\ 2x & 2y & 2z \end{vmatrix} = 0$

★★★ [87. 01. 02. 05. 11. 산업기사]

11 전계 $\boldsymbol{E} = \boldsymbol{i}\,3x^2 + \boldsymbol{j}\,2xy^2 + \boldsymbol{k}\,x^2yz$의 div$\boldsymbol{E}$는 얼마인가?

① $-\boldsymbol{i}\,6x + \boldsymbol{j}\,xy + \boldsymbol{k}\,x^2y$　　　② $\boldsymbol{i}\,6x + \boldsymbol{j}\,6xy + \boldsymbol{k}\,x^2y$

③ $-(6x + 6xy + x^2y)$　　　④ $6x + 4xy + x^2y$

해설　$\text{div}\boldsymbol{E} = \nabla \cdot \boldsymbol{E} = \left(\boldsymbol{i}\dfrac{\partial}{\partial x} + \boldsymbol{j}\dfrac{\partial}{\partial y} + \boldsymbol{k}\dfrac{\partial}{\partial z} \right) \cdot (\boldsymbol{i}E_x + \boldsymbol{j}E_y + \boldsymbol{k}E_z)$

$= \dfrac{\partial E_x}{\partial x} + \dfrac{\partial E_y}{\partial y} + \dfrac{\partial E_z}{\partial z} = \dfrac{\partial}{\partial x}(3x^2) + \dfrac{\partial}{\partial y}(2xy^2) + \dfrac{\partial}{\partial z}(x^2yz)$

$= 6x + 4xy + x^2y$

★ [92. 기사]

12 직각좌표상의 점 $\left(0, \dfrac{1}{5}, 0\right)$에서의 $\boldsymbol{D} = \dfrac{1}{r}\boldsymbol{a_r}$의 발산을 구하면 얼마가 되겠는가? 단, 이때 r은 구좌표계의 표시임.

① 25　　　② 5　　　③ $\dfrac{1}{5}$　　　④ $\dfrac{1}{25}$

답　9. ④　10. ①　11. ④　12. ①

[해설] 구좌표로 표시한 발산은

$$\text{div}\boldsymbol{D} = \nabla \cdot \boldsymbol{D} = \frac{1}{r^2}\frac{\partial}{\partial r}(r^2 D_r) + \frac{1}{r\sin\theta}\frac{\partial}{\partial \theta}(\sin\theta D_\theta) + \frac{1}{r\sin\theta}\frac{\partial D_\phi}{\partial \phi} \text{이며}$$

$r = \sqrt{x^2+y^2+z^2}$ 이므로

$$\text{div}\boldsymbol{D} = \nabla \cdot \boldsymbol{D} = \frac{1}{r^2} \cdot \frac{\partial}{\partial r}(r^2 \cdot \frac{1}{r}) = \frac{1}{r^2} \text{이고 점} \left(0, \frac{1}{5}, 0\right) \text{에서}$$

$$r = \sqrt{0^2 + \left(\frac{1}{5}\right)^2 + 0^2} = \frac{1}{5} \text{이므로 } \text{div}\boldsymbol{D} = \nabla \cdot \boldsymbol{D} = 25 \text{이다.}$$

★ [97. 기사]

13 $\nabla^2\left(\dfrac{1}{r}\right)$의 값은 얼마인가? 단, $r = \sqrt{x^2+y^2+z^2}$ 이다.

① 0   ② 1   ③ −1   ④ 3

[해설]
$$\nabla^2\left(\frac{1}{r}\right) = \frac{\partial^2\left(\frac{1}{r}\right)}{\partial x^2} + \frac{\partial^2\left(\frac{1}{r}\right)}{\partial y^2} + \frac{\partial^2\left(\frac{1}{r}\right)}{\partial z^2}$$

$$\frac{\partial^2\left(\frac{1}{r}\right)}{\partial x^2} = -(x^2+y^2+z^2)^{-\frac{3}{2}} + 3x^2(x^2+y^2+z^2)^{-\frac{5}{2}}$$

$$\frac{\partial^2\left(\frac{1}{r}\right)}{\partial y^2} = -(x^2+y^2+z^2)^{-\frac{3}{2}} + 3y^2(x^2+y^2+z^2)^{-\frac{5}{2}}$$

$$\frac{\partial^2\left(\frac{1}{r}\right)}{\partial z^2} = -(x^2+y^2+z^2)^{-\frac{3}{2}} + 3z^2(x^2+y^2+z^2)^{-\frac{5}{2}}$$

$$\therefore \nabla^2\left(\frac{1}{r}\right) = -3(x^2+y^2+z^2)^{-\frac{3}{2}} + 3(x^2+y^2+z^2)^{-\frac{3}{2}} = 0$$

유사문제

유사문제 원문 및 해설 : 동일출판사 홈페이지 》 고객센터 》 자료실

01. 임의 점의 전계가 $\boldsymbol{E} = i E_x + j E_y + k E_z$로 표시되었을 때 $\dfrac{\partial E_x}{\partial x} + \dfrac{\partial E_y}{\partial y} + \dfrac{\partial E_z}{\partial z}$와 같은 의미를 갖는 것은?

답 $\nabla \cdot E$

02. 벡터의 미분 연산자 ∇와 벡터 $\boldsymbol{A}$와의 벡터 적과 관계없는 것은?

답 $\text{div}\boldsymbol{A}$

03. V를 임의의 스칼라라 할 때 grad V의 직각 좌표에 있어서의 표현은?

답 $i\dfrac{\partial V}{\partial x} + j\dfrac{\partial V}{\partial y} + k\dfrac{\partial V}{\partial z}$

답 13. ①

정리

14 ★★★ [86. 90. 01. 기사]

$\int_s E \cdot dS = \int_v \nabla \cdot E \, dV$ 은 다음 중 어느 것에 해당되는가?

① 발산의 정리　　② 가우스의 정리
③ 스토크스의 정리　　④ 암페어의 법칙

[해설] 가우스의 발산 정리는 면적 적분과 체적 적분과의 변환식이다.

15 ★★☆ [88. 기사, 90. 산업기사, ㊙ : 94. 기사]

스토크스(Stokes) 정리를 표시하는 식은?

① $\int_s A \cdot dS = \int_v \text{div} A \cdot dV$　　② $\int_c A \cdot dl = \int_v \text{div} A \, dV$
③ $\int_c A \cdot dl = \int_s (\text{rot} A)_n \, dS$　　④ $\int_s A \cdot dS = \int_s \text{rot} A \cdot n \, dS$

16 ★☆ [94. 기사, ㊙ : 78. 산업기사]

다음 중 Stokes 정리를 표시하는 일반식은 어느 것인가?

① $\oint_c E \cdot dl = \int_s \text{rot} E \cdot n \, dS$　　② $\oint_c E \cdot dl = \int_v \text{div} E \cdot n \, dV$
③ $\oint_v \text{rot} E \cdot n \, dV = \oint_s \text{div} E \cdot dS$　　④ $\oint_s E \cdot dS = \oint_v \text{div} E \cdot dV$

[해설] Stokes의 정리는 선적분과 면적 적분의 관계식으로 "어떤 벡터의 폐곡선에 따른 선적분은 그 벡터의 회전을 폐곡선이 만드는 면적에 대하여 면적 적분한 것과 같다."로 표현된다. 이를 수식으로 표시하면 $\oint_c E \cdot dl = \int_s \text{rot} E \cdot n \, dS$ 이다.

[답] 14. ① 15. ③ 16. ①

CHAPTER 02 진공 중의 정전계

01 전하와 대전체

1) 전하

두 종류의 물체를 마찰하면 그 물체들은 주위의 가벼운 물체를 끌어당기는 힘이 마찰에 의해 발생(자유전자의 이동)하는데, 이것을 마찰전기(triboelectricity)라 한다. 출제 산업 1번

전기적 성질을 띠는 현상을 대전(electrification)이라고 하며, 대전된 물체가 갖는 전기의 양을 전하(electric charge)라고 하며, 전하는 정(+, positive)과 부(−, negative)의 두 종류로 구분한다. 여기서, 전하의 단위는 MKS 단위계의 쿨롱(coulomb)[C]을 쓴다.

- 양자의 전하 : $+1.602 \times 10^{-19}$[C]
- 전자의 전하 : -1.602×10^{-19}[C]

2) 도체와 부도체

어떤 물체에 전하를 주었을 때 전하의 이동을 허용하지 않는 물질을 부도체(non-conductor), 전하의 이동을 자유로이 허용하는 물질을 도체(conductor)라 한다. 부도체는 절연을 목적으로 사용할 경우에 절연체(insulator)라고도 한다. 또 도체와 부도체의 중간의 성질을 갖는 물질을 반도체(semiconductor)라 한다.

02 쿨롱의 법칙

두 점전하 사이에 작용하는 힘은 두 전하의 곱에 비례하고, 두 전하의 거리의 제곱에 반비례한다.

$$F = k\frac{Q_1 Q_2}{r^2} = \frac{Q_1 Q_2}{4\pi\epsilon_0 r^2} = 9 \times 10^9 \frac{Q_1 Q_2}{r^2} [\text{N}]$$

출제 산업 10번, 기사 8번

여기서, F : 쿨롱의 힘[N]
Q : 전하량[C]
r : 양 전하간의 거리[m]
ϵ_0 : 진공 중의 유전율(dielectric constant)
c : 진공 중의 빛의 속도(≒ 3×10^8[m/s])

$$\epsilon_0 = \frac{10^7}{4\pi c^2} = 8.855 \times 10^{-12} [\text{F/m}]$$ 출제 산업 1번

쿨롱의 법칙은 정전고압 전압계, 고압 집진기, 콘덴서 스피커 등에 응용된다.
힘의 방향은 두 점전하를 연결하는 직선 방향을 취하며, 같은 전하 사이에는 반발력, 다른 전하 사이에는 흡인력이 작용한다. 출제 산업 1번

동종전하이면 F는 반발력   이종전하이면 F는 흡인력

03 전계와 전기력선

1) 전계
① 전계(전기장, 전장) : 전기력이 미치는 공간을 말한다.
② 정전계 : 전계 에너지가 최소로 되는 전하 분포의 전계를 말하며, 정지된 전하에 의한 전계의 의미를 가진다. 출제 산업 2번

2) 전계의 세기
전계의 세기는 전계 내의 임의의 한 점에 단위전하 +1[C]을 놓았을 때, 이에 작용하는 힘으로 정의한다. 출제 산업 3번, 기사 1번

즉, 전계 내의 한 점에 그 점의 전계를 변화시키지 않는 미량의 점전하 $\Delta Q[\text{C}]$을 놓았을 때 그 전하에 작용하는 힘을 $\Delta F[\text{N}]$이라 하면, 그 점에서의 전계의 세기 E는 방향은 단위 정전하가 받는 힘의 방향으로 벡터량으로 표현된다.

$$E = \lim_{\Delta Q \to 0} \frac{\Delta F}{\Delta Q} [\text{N/C}]$$ 출제 산업 1번, 기사 2번

$$F = QE[\text{N}]$$
$$E = \frac{F}{Q} [\text{V/m}]$$

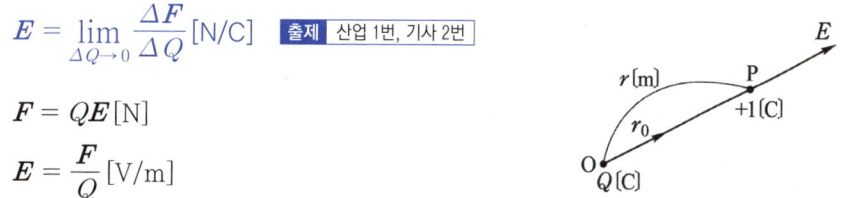

전계의 세기는 전계 내의 임의의 한 점에 단위전하 +1[C]을 놓았을 때, 이에 작용하는 힘 F는

$$F = E = \frac{1}{4\pi\epsilon_0}\frac{Q \times 1}{r^2} = \frac{1}{4\pi\epsilon_0}\frac{Q}{r^2}\,[\text{V/m}]$$ 출제 산업 7번, 기사 7번

여기서, E : 전계의 세기[V/m]
Q : 전하량[C]
r : 양 전하간의 거리[m]
ϵ_0 : 진공 중의 유전율

방향은 점전하에 의해 단위전하가 받는 힘의 방향으로써 점 O에서 점 P로 향하는 변위벡터 r의 단위벡터인 $r_0\left(=\dfrac{r}{r}\right)$가 된다. 출제 기사 7번

3) 전기력선의 성질   출제 산업 10번, 기사 6번

전기력선은 전계 내에서 단위전하 +1[C]이 아무 저항없이 전기력에 따라 이동할 때 그려지는 가상선을 의미하며, 다음과 같은 성질을 가지고 있다.

① 전기력선의 방향은 전계의 방향과 일치한다.
② 전기력선 밀도는 전계의 세기와 같다.
③ 단위전하(1[C])에서는 $\dfrac{1}{\epsilon_0} = 36\pi \times 10^9$개의 전기력선이 발생한다.

   (Q[C]의 전하에서 $N = \dfrac{Q}{\epsilon_0}$개의 전기력선이 발생한다.)

④ 전기력선은 정전하(+ 전하)에서 출발하여 부전하(- 전하)에서 멈추거나 무한원까지 퍼진다.
⑤ 전하가 없는 곳에서는 전기력선의 발생과 소멸이 없고 연속적이다.($\nabla \cdot E = 0$)
⑥ 전기력선은 전위가 높은 곳에서 낮은 곳으로 향한다.($E = -\,\text{grad}\,V$)   출제 산업 3번
⑦ 전기력선은 자신만으로 폐곡선이 되는 일은 없다($\nabla E = 0$).
⑧ 2개의 전기력선은 서로 교차하지 않는다.
⑨ 전기력선은 등전위면과 직교한다.
⑩ 도체 내부에서 전기력선은 없다(전기력선은 도체를 통과하지 못한다).
⑪ 전기력선은 도체 표면에서 수직으로 출입한다.
⑫ 전기력선은 무한원점에서 끝나거나, 무한원점에서 오는 것이 있다.
⑬ 무한원점에 있는 전하까지 합하면 전하의 총량은 0 이다.

4) 전기력선 방정식

전기력선상의 임의의 한 점에서의 전계 E 와 미소접선 벡터 dl 은 각각

$$\begin{cases} E = E_x i + E_y j + E_z k \\ dl = dx\,i + dy\,j + dz\,k \end{cases}$$

전기력선의 접선 방향과 전계의 세기 방향은 항상 일치한다. 즉, $E \mathbin{/\mkern-2mu/} dl$ 이므로 두 벡터의 벡터적 $E \times dl = 0$ 에서

$$A \times B = [AB] = \begin{vmatrix} i & j & k \\ E_x & E_y & E_z \\ dx & dy & dz \end{vmatrix} = 0$$

$$(E_y dz - E_z dy)i + (E_z dx - E_x dz)j + (E_x dy - E_y dx)k = 0$$

이 되며, 따라서

$$E_y dz - E_z dy = 0, \quad E_z dx - E_x dz = 0, \quad E_x dy - E_y dx = 0$$

이 된다. 즉 전기력선 방정식은

$$\frac{dx}{E_x} = \frac{dy}{E_y} = \frac{dz}{E_z}$$

출제 산업 5번, 기사 10번

가 얻어진다.

04 – 전위와 전위경도

1) 전위(V_P)

무한 원점을 영전위로 하고 무한 원점에서 단위 점전하를 어떤 임의의 점 P까지 이동시키는 데 필요한 일을 임의의 점 P의 전위 V_P로 나타낸다.

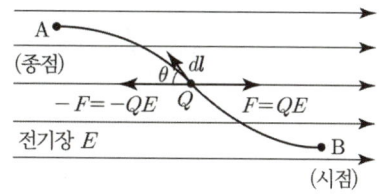

전계 내에서 전하 Q를 점 B에서 점 A까지 이동시킬 때의 일 W_{AB}의 관계를 나타내면

$$W_{AB} = -\int_B^A F \cdot dl = -Q\int_B^A E \cdot dl$$

전계 내의 한 점 A에서 전하 Q가 갖는 전기적인 위치에너지는

$$W_A = -Q\int_\infty^A E \cdot dl \quad \therefore \; [\, W = QV \,]$$

출제 산업 2번, 기사 6번

로 정의한다. 여기서 (−)부호는 전계의 반대 방향에 대해서 한 일을 나타낸다. 여기서 양변을 Q로 나누면

$$V_A = -\int_\infty^A E \cdot dl$$

되며, 일반적으로 P점의 전위는 다음과 같이 표현한다.

$$V_P = -\int_\infty^P \boldsymbol{E} \cdot dl \, [\text{V}]$$

(1) 점전하에 의한 전위 V_P

$$V_P = -\int \boldsymbol{E} \cdot dl = -\int \frac{Q}{4\pi\epsilon_0 r^2} dr = \frac{Q}{4\pi\epsilon_0 r}[\text{V}] \quad \boxed{\text{출제 산업 3번}}$$

$$V = rE[\text{V}] \ \ \text{또는} \ \ E = \frac{V}{r}[\text{V/m}] \quad \boxed{\text{출제 산업 5번}}$$

(2) 선전하 분포에 의한 전위

$$V_L = \frac{1}{4\pi\epsilon_0} \int_l \frac{\lambda \, dl}{r}[\text{V}] \quad \text{여기서, } \lambda : \text{전하의 선밀도[C/m]}$$

(3) 면전하 분포에 의한 전위

$$V_S = \frac{1}{4\pi\epsilon_0} \int_S \frac{\sigma \, dS}{r}[\text{V}] \quad \text{여기서, } \sigma : \text{전하의 표면 밀도[C/m}^2\text{]} \quad \boxed{\text{출제 기사 1번}}$$

(4) 체적 전하 분포에 의한 전위

$$V_V = \frac{1}{4\pi\epsilon_0} \int_V \frac{\rho \, dV}{r}[\text{V}] \quad \text{여기서, } \rho : \text{전하의 체적 밀도[C/m}^3\text{]} \quad \boxed{\text{출제 기사 1번}}$$

2) 전위차

전위차란 전계 내의 임의의 한 점에서 다른 한 점까지 단위 전하 (+1[C])을 이동시키는 데 필요한 일로 점전하에 의한 두 점 A, B의 전위차 V_{AB}는 점전하 Q로부터 거리 r_A, r_B라 하면 다음과 같다.

$$\begin{aligned} V_{AB} = V_A - V_B &= -\frac{Q}{4\pi\epsilon_0} \int_{r_B}^{r_A} \frac{1}{r^2} dr \\ &= -\frac{Q}{4\pi\epsilon_0} \left[-\frac{1}{r} \right]_{r_B}^{r_A} \\ &= -\frac{Q}{4\pi\epsilon_0} \left(-\frac{1}{r_A} + \frac{1}{r_B} \right) \\ &= \frac{Q}{4\pi\epsilon_0} \left(\frac{1}{r_A} - \frac{1}{r_B} \right) \end{aligned}$$

$\boxed{\text{출제 산업 6번, 기사 4번}}$

3) 보존장의 조건

폐회로를 일주할 때 전계가 하는 일은 0이 된다(보존장에서는 경로와 무관).

- 보존장의 조건 : $\oint E \cdot dl = 0 \ (\text{rot } E = 0)$
- $V_{AB} = -\int_B^A E \cdot dl$ 출제 산업 8번, 기사 1번

위에서 알 수 있듯이 전위차 V_{AB}는 점 A(종점)와 점 B(시점)의 위치만으로 결정되며 그 값은 경로에 관계없이 일정한 것을 알 수 있다.

4) 등전위면과 전위경도

(1) 등전위면

전계 중에서 전위가 같은 점끼리 이어서 만들어진 하나의 면을 등전위면이라 한다.
등전위면의 특징은 다음과 같다.

① 등전위면은 폐곡면이다.
② 전기력선은 등전위면과 항상 직교한다.
③ 두 개의 서로 다른 등전위면은 서로 교차하지 않는다. 출제 산업 5번

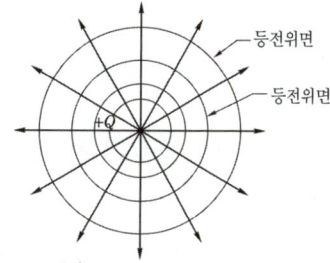

전기력선과 등전위면

(2) 전위경도

① 전위가 단위 길이당 변화하는 정도를 전위경도라 한다.

$$E = -\frac{dV}{dl} [\text{V/m}]$$

② 직각좌표계에서 전계의 세기 E의 x, y, z 방향의 성분을 E_x, E_y, E_z라 하면

$$E_x = -\frac{\partial V}{\partial x}, \ E_y = -\frac{\partial V}{\partial y}, \ E_z = -\frac{\partial V}{\partial z} \text{이므로}$$

$$E = E_x i + E_y j + E_z k$$
$$= -\left(\frac{\partial}{\partial x}i + \frac{\partial}{\partial y}j + \frac{\partial}{\partial z}k\right)V = -\nabla V = -\text{grad } V$$

따라서 전위경도는 전계의 세기와 크기는 같고, 방향은 반대 방향이다.

$$E = -\text{grad } V = -\nabla V [\text{V/m}] \quad \text{출제 산업 5번, 기사 2번}$$

전계의 전기력선은 (+)전하에서 시작하여 (-)전하에서 끝나므로 전하가 존재할 때에는 비연속적이다.

05 가우스 정리

전하가 임의의 분포(즉, 선, 면, 체적 분포)를 하고 있을 때, 폐곡면 내의 전 전하에 대해 폐곡면을 통과하는 전기력선의 수 또는 전속과의 관계를 수학적으로 표현한 식을 가우스 법칙(정리)이라 한다.

① 폐곡면에서 나오는 전 전기력선 수는 폐곡면 내에 있는 전 전하량의 $\dfrac{1}{\epsilon_0}$배와 같다.

$$\oint_S E \cdot dS = \dfrac{Q}{\epsilon_0} \text{ (적분형)}$$ 출제 산업 10번, 기사 10번

② 임의 점에서 전기력선의 발산량은 그 점에서의 체적 전하밀도의 $\dfrac{1}{\epsilon_0}$배와 같다.

$$\text{div } E = \nabla \cdot E = \dfrac{\rho}{\epsilon_0} \text{ (미분형)}$$ 출제 기사 2번

06 도체의 성질과 전하분포

① 도체 표면과 내부의 전위는 동일하고(등전위), 표면은 등전위면이다. 출제 산업 1번, 기사 3번
② 도체의 전위는 등전위이므로 전위경도(grad V)는 0이다.
　그러므로 $E = -\text{grad } V$ 관계에서 도체 내부의 전계의 세기는 0이다.
③ 전하는 도체 내부에는 존재하지 않고, 도체 표면에만 분포한다.
④ 도체 면에서의 전계의 세기는 도체 표면에 항상 수직이다.
⑤ 도체 표면에서의 전하밀도는 곡률이 클수록 높다. 즉, 곡률반경이 작을수록 높다.

　(곡률 반경 $\propto \dfrac{1}{\text{곡률}}$) 출제 기사 11번

⑥ 중공부에 전하를 두면 도체 내부표면에 동량 이부호, 도체 외부표면에 동량 동부호의 전하가 분포한다. 또 중공부에 전하가 없고 대전 도체라면, 전하는 도체 외부의 표면에만 분포한다.

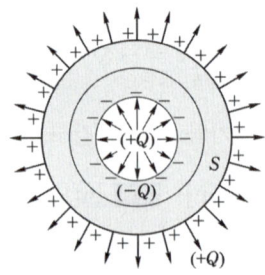

중공부에 전하가 $Q[C]$인 경우

07 전하분포에 따른 전계세기 및 전위

전하분포	전계의 세기	전위
구체 외부($r > a$) 반지름 a[m]인 구체 내에 전하량 Q[C]의 전하가 균일 분포하고 있다.	전체 전하가 중심에 집중된 점전하 Q와 마찬가지로 취급해도 된다. $E = \dfrac{Q}{4\pi\epsilon_0 r^2}$[V/m] $\boldsymbol{E} = \dfrac{Q}{4\pi\epsilon_0 r^2}\boldsymbol{r}_0$[V/m] 출제 산업 5번 여기서, $\boldsymbol{r}_0$는 방사방향의 단위벡터이다.	전위는 단위전하를 무한원점에서 거리 r까지 이동할 때의 필요한 일이므로 $V = -\int_{\infty}^{r}\boldsymbol{E}\cdot d\boldsymbol{l}$ $= -\int_{\infty}^{r}\dfrac{Q}{4\pi\epsilon_0 r^2}dr = \dfrac{Q}{4\pi\epsilon_0 r}$[V]
구체 표면($r = a$)	구체 표면상에서의 전계의 세기를 E_a로 하고 $r = a$를 대입하면, 표면상에서의 전계의 세기 E_a는 다음과 같이 구해진다. $E_a = \dfrac{Q}{4\pi\epsilon_0 a^2}$[V/m]	전위 V_a는 전기장 하에서 단위전하를 무한원점에서 도체 표면 a까지 이동하였을 때의 필요한 일이므로 $V_a = -\int_{\infty}^{a}\boldsymbol{E}\cdot d\boldsymbol{l}$ $= -\int_{\infty}^{a}\dfrac{Q}{4\pi\epsilon_0 a^2}dr = \dfrac{Q}{4\pi\epsilon_0 a}$[V]
구체 내부($r < a$)	중심 O에서 거리 r[m] 떨어진 구 내의 한 점을 포함하는 반지름 r의 구면을 가우스 면으로 취하고 구면 내측의 전하를 Q'[C]이라 하면, 각각의 전하는 체적에 비례하므로 $Q : Q' = V : V'$ $Q' = \dfrac{V'}{V}Q = \dfrac{\frac{4}{3}\pi r^3}{\frac{4}{3}\pi a^3}Q = \dfrac{r^3}{a^3}Q$[C] 여기서, V : 구의 체적, 　　　　V' : 가우스 면의 체적 따라서, 구체 내부에서의 전계의 세기 E_i $E_i = \dfrac{r}{4\pi\epsilon_0 a^3}Q$[V/m] $\boldsymbol{E}_i = \dfrac{r}{4\pi\epsilon_0 a^3}Q\boldsymbol{r}_0$[V/m] 출제 기사 1번	구 내부의 전위 V_i는 구면의 표면 전위 V_a와 거리 $r(r<a)$인 내부의 한 점과 구면 사이의 전위차 V_{ra}의 합이 되므로 $V_i = V_a + V_{ra}$ $= -\int_{\infty}^{a}\boldsymbol{E}\cdot d\boldsymbol{l} - \int_{a}^{r}\boldsymbol{E}_i\cdot d\boldsymbol{l}$ $= \dfrac{Q}{4\pi\epsilon_0 a} - \dfrac{Q}{4\pi\epsilon_0 a^3}\int_{a}^{r}r\,dr$ $= \dfrac{Q}{4\pi\epsilon_0 a}\left(\dfrac{3}{2} - \dfrac{r^2}{2a^2}\right)$[V]
무한장 직선 도체	선전하 밀도 λ[C/m]로 분포되어 있는 무한장 직선 도체에서 거리 r[m]인 점에서의 전계의 세기 E $E = \dfrac{\lambda}{2\pi\epsilon_0 r}$[V/m] $\boldsymbol{E} = \dfrac{\lambda}{2\pi\epsilon_0 r}\boldsymbol{r}_0$[V/m] 출제 산업 9번, 기사 5번	직선 도체에서 r_1만큼 떨어진 점 A와 r_2만큼 떨어진 점 B 사이의 $(r_2 > r_1)$ 전위차 $V_{AB} = -\int_{r_2}^{r_1}E\,dr = -\int_{r_2}^{r_1}\dfrac{\lambda}{2\pi\epsilon_0 r}\,dr$ $= -\dfrac{\lambda}{2\pi\epsilon_0}\int_{r_2}^{r_1}\dfrac{1}{r}\,dr$ $= -\dfrac{\lambda}{2\pi\epsilon_0}[\ln r]_{r_2}^{r_1}$ $V_{AB} = \dfrac{\lambda}{2\pi\epsilon_0}\ln\dfrac{r_2}{r_1}$ 출제 기사 5번

전하분포	전계의 세기	전위
무한장 원주형 대전체($r>a$) 원주 외부에서의 전계의 세기 선전하밀도 λ[C/m]로 원주 내부에 균일하게 분포되어 있는 반지름 a[m]인 무한장 원주형 대전체에서 나오는 전속 및 전기력선은 대전체 중심축에 수직으로 방사상의 분포를 가지게 된다.	$E = \dfrac{\lambda}{2\pi\epsilon_0 r}$[V/m] $\boldsymbol{E} = \dfrac{\lambda}{2\pi\epsilon_0 r}\boldsymbol{r}_0$[V/m]	
원주 표면($r=a$)	원주형 대전체 표면상에서의 전계의 세기를 E_a로 하고 $r=a$를 대입하면 $E_a = \dfrac{\lambda}{2\pi\epsilon_0 a}$[V/m]	
원주 내부에서의 전계의 세기 ($r<a$)	내부의 전하량 Q'는 체적에 비례하므로 다음과 같이 구할 수 있다. $Q : Q' = V : V'$ $Q' = \dfrac{V'}{V}Q = \dfrac{\pi r^2 l}{\pi a^2 l}\lambda l = \dfrac{r^2}{a^2}\lambda l$ 따라서 전계의 세기 E는 다음과 같이 구해진다. $E_i = \dfrac{\lambda}{2\pi\epsilon_0 a^2}r$[V/m] $\boldsymbol{E}_i = \dfrac{\lambda}{2\pi\epsilon_0 a^2}r\boldsymbol{r}_0$[V/m] 만일 원주형 대전체 내부에 전하가 없다면 내부의 전계의 세기는 0이 되어 완전 도체와 같은 경우가 된다.	
한 장의 무한 평판 도체	면전하밀도 $+\sigma$[C/m²]로 대전된 무한 평판에서 전하는 양면에 1/2씩 나뉘어지고, 단위면적의 전하량은 좌·우측의 양면에 $\sigma/2$씩 분포하게 된다. 따라서, 전속밀도 D는 단위면적당의 전하량과 같게 되므로 • 전속밀도 $D = \dfrac{\sigma}{2}$[C/m²] • 전계의 세기 $E = \dfrac{D}{\epsilon_0} = \dfrac{\sigma}{2\epsilon_0}$[V/m] 출제 산업 7번, 기사 2번	
두 장의 무한 평판 도체 여기서, $E_1 = \dfrac{\sigma}{2\epsilon_0}$: $+\sigma$에 의한 전계 $E_2 = \dfrac{\sigma}{2\epsilon_0}$: $-\sigma$에 의한 전계	각각의 평판에 면전하 밀도가 $\pm\sigma$[C/m²] 인 경우에는 $+\sigma$, $-\sigma$의 두 평행 도체판을 각각 나누어 단독으로 존재하는 것으로 고려할 수 있다. 이 경우 평판에서의 전계 분포는 평판 외측에서 서로 반대 방향이므로 상쇄되어 0이 되고, 평판 내측에서는 같은 방향이 된다. 따라서 전계 E는 • 평판 외측 : $E = 0$ 출제 산업 4번 • 평판 내측 : $E = \dfrac{\sigma}{\epsilon_0}$	$V = -\displaystyle\int_d^0 \dfrac{\sigma}{\epsilon_0}dl = \dfrac{\sigma}{\epsilon_0}d$ $\therefore V = Ed$ 또는 $E = \dfrac{V}{d}$

전하분포	전계의 세기	전위
동심 도체구 도체 A의 전하 Q, 도체 B의 전하 0인 경우	도체 A에 전하 Q를 주면 정전유도에 의해 도체 B의 내부 표면에는 $-Q$, 외부 표면에는 Q가 유도된다. • 도체 B의 외측($r \geq c$) $\oint_S \boldsymbol{D} \cdot d\boldsymbol{S} = D \cdot 4\pi r^2$ $\qquad = Q - Q + Q = Q$ $\therefore D = \dfrac{Q}{4\pi r^2}$, $E = \dfrac{D}{\epsilon_0} = \dfrac{Q}{4\pi\epsilon_0 r^2}$ • 도체 A와 B 사이($a \leq r \leq b$) $\oint_S \boldsymbol{D} \cdot d\boldsymbol{S} = D \cdot 4\pi r^2 = Q$ $\therefore D = \dfrac{Q}{4\pi r^2}$, $E = \dfrac{D}{\epsilon_0} = \dfrac{Q}{4\pi\epsilon_0 r^2}$	• 도체 B의 표면전위 $V_c (r=c)$ $V_c = -\int_\infty^c E dr = \dfrac{Q}{4\pi\epsilon_0 c}$ • 도체 A와 B 사이의 전위차 $V_{ab} (a \leq r \leq b)$ $V_{ab} = -\int_b^a E dr = \dfrac{Q}{4\pi\epsilon_0}\left(\dfrac{1}{a} - \dfrac{1}{b}\right)$ • 도체 A의 표면전위 $V_a (r=a)$ $V_a = V_{ab} + V_{bc} + V_c$ $\quad = \dfrac{Q}{4\pi\epsilon_0}\left(\dfrac{1}{a} - \dfrac{1}{b}\right) + 0 + \dfrac{Q}{4\pi\epsilon_0 c}$ $\quad = \dfrac{Q}{4\pi\epsilon_0}\left(\dfrac{1}{a} - \dfrac{1}{b} + \dfrac{1}{c}\right)$ 출제 산업 10번, 기사 8번
도체 A의 전하 0, 도체 B의 전하 Q인 경우 출제 산업 3번	도체 B에 전하 Q를 주면 도체 B의 외측 표면에만 분포한다. • 도체 B의 외측($r \geq c$) $\oint_S \boldsymbol{D} \cdot d\boldsymbol{S} = D \cdot 4\pi r^2 = Q$ $\therefore D = \dfrac{Q}{4\pi r^2}$, $E = \dfrac{D}{\epsilon_0} = \dfrac{Q}{4\pi\epsilon_0 r^2}$ • 도체 A와 B 사이($a \leq r \leq b$) $\oint_S \boldsymbol{D} \cdot d\boldsymbol{S} = D \cdot 4\pi r^2 = 0$ $\therefore D = 0, \ E = 0$	• 도체 B의 표면전위 $V_c (r=c)$ $V_c = \dfrac{Q}{4\pi\epsilon_0 c}$ • 도체 A와 B 사이의 전위차 $V_{ab} (a \leq r \leq b)$ $V_{ab} = 0$ • 도체 A의 표면전위 $V_a (r=a)$ $V_a = V_{ab} + V_{bc} + V_c = V_c = \dfrac{Q}{4\pi\epsilon_0 c}$ $V_{bc} = 0 \ (\because \text{도체 내부})$
도체 A에 전하 Q, 도체 B에 전하 $-Q$인 경우	정·부전하는 정전력에 의해 도체 A의 표면과 도체 B의 내측 표면에 존재한다. • 도체 B의 외측($r \geq c$) $\oint_S \boldsymbol{D} \cdot d\boldsymbol{S} = D \cdot 4\pi r^2 = Q - Q = 0$ $\therefore D = 0, \ E = 0$ • 도체 A와 B 사이($a \leq r \leq b$) $\oint_S \boldsymbol{D} \cdot d\boldsymbol{S} = D \cdot 4\pi r^2 = Q$ $\therefore D = \dfrac{Q}{4\pi r^2}$ $E = \dfrac{D}{\epsilon_0} = \dfrac{Q}{4\pi\epsilon_0 r^2}$ 출제 산업 1번, 기사 1번	• 도체 B의 표면전위 $V_c (r=c)$ $V_c = 0$ • 도체 A와 B 사이의 전위차 $V_{ab} (a \leq r \leq b)$ $V_{ab} = \dfrac{Q}{4\pi\epsilon_0}\left(\dfrac{1}{a} - \dfrac{1}{b}\right)$ • 도체 A의 표면전위 $V_a (r=a)$ $V_a = V_{ab} + V_{bc} + V_c$ $\quad = V_{ab} = \dfrac{Q}{4\pi\epsilon_0}\left(\dfrac{1}{a} - \dfrac{1}{b}\right)$ 내구에 Q, 외구에 $-Q$의 전하를 준 조건은 내구에 Q의 전하를 주고 외구를 접지한 경우와 동일한 전계 분포임을 알 수 있다.

08 - 도체 표면에 작용하는 힘

도체에 전하가 분포되어 있을 때, 도체 표면에 작용하는 힘을 정전응력이라 하며, 단위 면적당의 힘으로 정의한다.

면전하밀도 $\sigma[\text{C/m}^2]$인 도체 표면에서 전속밀도 $D = \sigma$, 전계의 세기 $E = \dfrac{\sigma}{\epsilon_0}$이므로

$$f = \frac{1}{2}DE = \frac{1}{2}\epsilon_0 E^2 = \frac{D^2}{2\epsilon_0} = \frac{\sigma^2}{2\epsilon_0}\,[\text{N/m}^2]$$

출제 산업 2번, 기사 2번

이 된다. 정전응력은 $f \propto \sigma^2$ 관계이므로 도체 표면 전하의 종류에 관계없이 항상 외부로 향하는 장력을 받는다.

09 - 전기쌍극자

정·부의 점전하 $+Q$, $-Q$가 미소거리 d만큼 떨어져 있을 때 이 한 쌍의 전하를 전기쌍극자(electric dipole)라 한다.

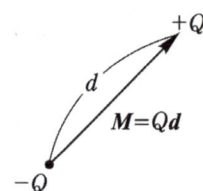

1) 전기 쌍극자 모멘트 M
① 크기 : $M = Qd\,[\text{C}\cdot\text{m}]$
② 방향 : $-Q$에서 $+Q$로 향하는 방향

2) 전기쌍극자에 의한 전위 및 전계
① 전위

다음 그림에서 $r_2 - r_1 ≒ d\cos\theta$이며 전기쌍극자 모멘트는 $M = Q \cdot d$이므로 전위는 다음과 같다.

$$V = \frac{Q}{4\pi\epsilon_0}\left(\frac{1}{r_1} - \frac{1}{r_2}\right) = \frac{Q}{4\pi\epsilon_0} \cdot \frac{r_2 - r_1}{r_1 r_2}$$
$$= \frac{Q}{4\pi\epsilon_0} \cdot \frac{d\cos\theta}{r^2} = \frac{M\cos\theta}{4\pi\epsilon_0 r^2}\,[\text{V}]$$

즉 전위는 $V \propto \dfrac{1}{r^2}$의 관계가 있다.

여기서, r : 전기쌍극자의 중심에서 임의의 점 P까지의 거리
r : 거리벡터
M : 전기쌍극자 모멘트
θ : 거리벡터와 전기쌍극자 모멘트가 이루는 각

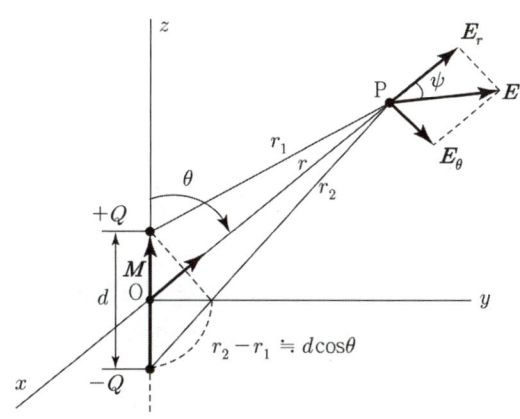

전기쌍극자의 전위와 전계

② 전계

$$\boldsymbol{E} = -\operatorname{grad} V = -\left(\frac{\partial V}{\partial r}\boldsymbol{a}_r + \frac{\partial V}{r\,\partial\theta}\boldsymbol{a}_\theta\right) = E_r\boldsymbol{a}_r + E_\theta\boldsymbol{a}_\theta\,[\text{V/m}] \text{에서}$$

$$\begin{cases} E_r = -\dfrac{\partial V}{\partial r} = \dfrac{M\cos\theta}{2\pi\epsilon_0 r^3}\,[\text{V/m}] \\[2mm] E_\theta = -\dfrac{\partial V}{r\,\partial\theta} = \dfrac{M\sin\theta}{4\pi\epsilon_0 r^3}\,[\text{V/m}] \end{cases}$$

이므로 전계의 세기는 다음과 같다.

$$E = \sqrt{E_r^2 + E_\theta^2}$$

$$\therefore E = \frac{M\sqrt{1+3\cos^2\theta}}{4\pi\epsilon_0 r^3}\,[\text{V/m}]$$

$\left(E \propto \dfrac{1}{r^3}\right)$ **출제** 산업 5번, 기사 13번

10 전기 이중층

극히 얇은 판의 양면에 정·부의 전하, 즉 전기쌍극자가 무수히 분포되어 있는 것을 전기 이중층(electric double layer)이라 한다.

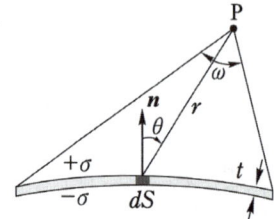

전기이중층의 면전하밀도를 $\pm\sigma[\mathrm{C/m^2}]$, 판의 두께를 $t[\mathrm{m}]$, 미소면적을 $dS[\mathrm{m^2}]$라 하면, 이 dS부분의 미소전하 $\pm\sigma dS[\mathrm{C}]$을 전기쌍극자로 볼 수 있다.

이때 점 P의 전위 dV는

$$dV = \frac{(\sigma dS)t}{4\pi\epsilon_0}\frac{\cos\theta}{r^2} = \frac{\sigma t}{4\pi\epsilon_0}\frac{dS\cos\theta}{r^2}\,[\mathrm{V}]$$

가 되며 입체각 $d\omega$를 적용하면

$$dV = \frac{\sigma t}{4\pi\epsilon_0}d\omega$$

로 표현된다.

1) 전기 이중층의 세기

σ가 전체에 걸쳐 일정하다면

$$M = \sigma t\,[\mathrm{C/m}]$$

단, σ : 면전하 밀도$[\mathrm{C/m^2}]$, t : 판의 두께$[\mathrm{m}]$

2) 전기 이중층에 의한 전위

$$V = \pm\frac{M}{4\pi\epsilon_0}\omega\,[\mathrm{V}]$$

[(+) : 판의 정전하측, (−) : 판의 부전하측]
단, ω : 입체각

3) 전기 이중층 양면의 전위차

$$V_{pQ} = V_p - V_Q = \frac{M}{4\pi\epsilon_0}\omega - \left(-\frac{M}{4\pi\epsilon_0}\omega\right)$$

$$\therefore V_{pQ} = \frac{M}{\epsilon_0}[\text{V}]$$

11 포아송 방정식 및 라플라스 방정식

1) 포아송 방정식(Poisson's equation)

전하밀도와 전계의 세기와의 관계식

$$\text{div}\boldsymbol{E} = \nabla \cdot \boldsymbol{E} = \frac{\rho}{\epsilon_0}$$

이고, 전위와 전계의 세기는

$$\boldsymbol{E} = -\text{grad}\, V = -\nabla V$$

의 관계가 있다. 이 두 식에서 다음의 관계식을 얻을 수 있다.

$$\text{div grad}\, V = -\frac{\rho}{\epsilon_0}$$

$$\nabla \cdot \nabla V = \nabla^2 V = -\frac{\rho}{\epsilon_0} \left(\therefore \nabla^2 V = -\frac{\rho}{\epsilon_0}\right)$$

출제 산업 6번, 기사 10번

이 식은 전하밀도가 공간적으로 분포하고 있을 때, 그 내부의 임의의 점에서 전위를 결정하는 식으로 포아송 방정식(Poisson's equation)이라 한다.

2) 라플라스 방정식(Laplace's equation)

전하분포 영역 이외의 한 점의 전위 V를 생각할 때는 그 점에 전하가 없으므로($\rho = 0$) 전위의 관계식은

$$\nabla \cdot \nabla V = \nabla^2 V = 0 \;\; (\therefore \nabla^2 V = 0)$$

출제 산업 2번, 기사 4번

이 된다. 이 식을 라플라스 방정식(Laplace's equation)이라 한다.

CHAPTER 02 출제예상문제_진공 중의 정전계

전계와 전기력선

01 ☆ [97. 산업기사]
2개의 물체를 마찰하면 마찰 전기가 발생한다. 이는 마찰에 의한 열에 의하여 표면에 가까운 무엇이 이동하기 때문인가?
① 전하　　② 양자　　③ 구속 전자　　④ 자유 전자

02 ★ [96. 04. 기사]
정전계 내에 있는 도체 표면에서 전계의 방향은 어떻게 되는가?
① 임의 방향
② 표면과 접선 방향
③ 표면과 45° 방향
④ 표면과 수직 방향

[해설] 도체 표면은 등전위이므로 전기력선(전계) 방향은 도체 표면에서 수직 방향이다.

03 ★ [96. 00. 산업기사]
정전계란?
① 전계 에너지가 최소로 되는 전하 분포의 전계이다.
② 전계 에너지가 최대로 되는 전하 분포의 전계이다.
③ 전계 에너지가 항상 0인 전기장을 말한다.
④ 전계 에너지가 항상 ∞인 전기장을 말한다.

[해설] 모든 계는 주어진 조건에서 보유 에너지가 최소가 되도록 전계가 형성된다.

04 ★★★★ [01. 기사, 76. 77. 88. 01. 02. 11. 17. 산업기사]
전기력선의 기본 성질에 관한 설명으로 옳지 않은 것은?
① 전기력선의 방향은 그 점의 전계의 방향과 일치한다.
② 전기력선은 전위가 높은 점에서 낮은 점으로 향한다.
③ 전기력선은 그 자신만으로 폐곡선이 된다.
④ 전계가 0이 아닌 곳에서 전기력선은 도체 표면에 수직으로 만난다.

[해설] 전기력선의 성질은 다음과 같다.
① 전기력선은 정전하에서 시작하여 부전하에서 그친다.
② 전하가 없는 곳에서는 전기력선의 발생, 소멸이 없고 연속적이다.
③ 전위가 높은 점에서 낮은 점으로 향한다.
④ 그 자신만으로 폐곡선이 되는 일은 없다.
⑤ 전계가 0이 아닌 곳에서는 2개의 전기력선은 교차하지 않는다.
⑥ 도체 내부에는 전기력선이 없다.

답 1.④ 2.④ 3.① 4.③

⑦ 수직 단면의 전기력선 밀도는 전계의 세기이고(1[개/m²]=1[N/C]), 전기력선의 접선 방향은 전계의 방향이다.
⑧ 도체면(등전위면)에서 전기력선은 수직으로 출입한다.
⑨ 단위 전하 ±1[C]에서는 $1/\epsilon_0$개의 전기력선이 출입한다.

05 ★ [97. 기사]
정전계에 관한 다음 식 중 표현이 잘못된 것은?

① $\oint_c E \cdot dl = 0$ ② $\mathrm{div} D = \rho$ ③ $\mathrm{rot}\, E = 0$ ④ $E = 0$

해설 정전계에서 항상 $E=0$은 아니다.

06 ★★★★ [11. 18. 기사, 80. 90. 94. 06. 09. 10. 산업기사]
전기력선의 설명 중 틀리게 설명한 것은?

① 전기력선의 방향은 그 점의 전계의 방향과 일치하고 밀도는 그 점에서의 전계의 세기와 같다.
② 전기력선은 부전하에서 시작하여 정전하에서 그친다.
③ 단위 전하에는 $1/\epsilon_0$개의 전기력선이 출입한다.
④ 전기력선은 전위가 높은 점에서 낮은 점으로 향한다.

해설 전기력선은 정전하에서 시작하여 부전하에서 그친다.

07 ★★ [93. 01. 03. 기사]
$\sum_{i=1}^{n} Q_i \cos\theta_i = C$(일정)이란 전기력선 방정식이 성립할 수 있는 조건 중 틀린 것은?

① 점전하 Q_i가 일직선상에 있어야 한다.
② 점전하 Q_i가 시간적으로 불변이어야 한다.
③ 상수 C는 주위 매질에 관계없이 일정하다.
④ 점전하의 주위 공간은 유전율이 같아야 한다.

해설 균일한 공간의 정전계에서 점전하가 직선상으로 분포할 때의 전력선 방정식으로 주위 공간의 유전율이 다르면 굴절 등이 나타난다.

08 ★★★★ [82. 83. 88. 94. 기사]
도체에 정(+)의 전하를 주었을 때 다음 중 옳지 않은 것은?

① 도체 표면에서 수직으로 전기력선이 발산한다.
② 도체 내에 있는 공동면에도 전하가 분포한다.
③ 도체 외측 측면에만 전하가 분포한다.
④ 도체 표면의 곡률 반지름이 작은 곳에 전하가 많이 모인다.

해설 도체 내에 있는 공동면에는 전하가 분포하지 않는다.

답 5. ④ 6. ② 7. ③ 8. ②

09 진공 중에 있는 구도체에 일정 전하를 대전시켰을 때 정전 에너지가 존재하는 것으로 다음 중 옳은 것은?

① 도체 내에만 존재한다. ② 도체 표면에만 존재한다.
③ 도체 내외에 모두 존재한다. ④ 도체 표면과 외부 공간에 존재한다.

10 정전계에서 도체에 주어진 전하의 대전상태에 관한 설명으로 옳지 않은 것은?

① 전하는 도체의 표면에만 분포하고 내부에는 존재하지 않는다.
② 도체 표면은 등전위면을 형성한다.
③ 전계는 도체 표면에 수직이다.
④ 표면 전하밀도는 곡률 반지름이 작으면 작다.

[해설] 전하는 뾰족한 부분에 모인다.
그런 부분은 곡률 반경이 작다.
곡률 반경이 작을수록 전하밀도가 높다.

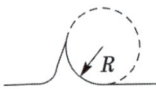

11 대전도체의 내부 전위는?

① 항상 0이다. ② 표면 전위와 같다.
③ 대지전압과 전하의 곱으로 표시한다. ④ 공기의 유전율과 같다.

[해설] 대전도체 내부는 전계(전기력선)가 없다. 즉, 전위차가 발생하지 않는다. 따라서 내부의 전위와 표면 전위는 같다(도체는 등전위이다).

12 전기력선의 성질에 대하여 틀린 것은?

① 전하가 없는 곳에서 전기력선은 발생, 소멸이 없다.
② 전기력선은 그 자신만으로 폐곡선이 되는 일은 없다.
③ 전기력선은 등전위면과 수직이다.
④ 전기력선은 도체 내부에 존재한다.

[해설] 도체 내부에는 전기력선이 존재하지 않는다.

13 대전 도체 표면의 전하 밀도는 도체 표면의 모양에 따라 어떻게 되는가?

① 곡률이 크면 작아진다. ② 곡률이 크면 커진다.
③ 평면일 때 가장 크다. ④ 표면 모양에 무관하다.

[답] 9. ④ 10. ④ 11. ② 12. ④ 13. ②

해설: 도체 표면의 전하는 뾰족한 부분에 모이는 성질이 있는데, 뾰족한 부분일수록 곡률 반지름이 작으므로 전하 밀도는 곡률이 커질수록 커진다.

14 ★☆ [00. 04. 09. 산업기사]
대전도체의 성질 중 옳지 않은 것은?

① 도체 표면의 전하 밀도를 $\sigma[\text{c/m}^2]$이라 하면 표면상의 전계는 $E = \dfrac{\sigma}{\epsilon_0}$ [V/m]이다.

② 도체 표면상의 전계는 면에 대해서 수평이다.

③ 도체 내부의 전계는 0이다.

④ 도체는 등전위이고, 그의 표면은 등전위면이다.

해설: 전계는 도체표면(등전위면)과 수직이다.

15 ★ [93. 08. 24. 기사]
정전계에 관한 설명으로서 틀리는 것은?

① 정전계에서의 선적분은 적분경로에 따라 다르다.

② 정전계는 정전 에너지가 최소인 분포이다.

③ 도체 내에서의 전계의 세기는 0이다.

④ 전기력선과 등전위면은 서로 직교한다.

해설: 정전계에서의 선적분은 적분경로에 관계없이 항상 0이다.

16 ★★ [86. 99. 18. 21. 24. 산업기사]
도체의 성질을 설명한 것 중에서 틀린 것은?

① 도체의 표면 및 내부의 전위는 등전위이다.

② 도체 내부의 전계는 0이다.

③ 전하는 도체 표면에만 존재한다.

④ 도체 표면의 전하 밀도는 표면의 곡률이 큰 부분일수록 작다.

해설: 전하는 뾰족한 부분에 모인다.
그런 부분은 곡률 반경이 작다.
곡률 반경이 작을수록 전하밀도가 높다.

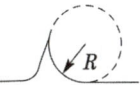

17 ★ [00. 기사]
진공 중의 정전계에서 도체의 성질에 대한 설명으로 옳지 않은 것은?

① 전하는 도체 표면에만 존재한다.

② 도체 표면의 전하 밀도는 표면의 곡률이 클수록 작다.

③ 도체 표면은 등전위이다.

④ 도체 내부의 전계의 세기는 0이다.

답: 14. ② 15. ① 16. ④ 17. ②

해설, 도체 표면의 전하는 뾰족한 부분에 모이는 성질이 있는데, 뾰족한 부분일수록 반경이 작으므로 곡률이 커질수록 커진다. (곡률 반경 $\propto \dfrac{1}{곡률}$)

18 ★ [87. 02. 06. 기사]
다음 정전계에 대한 설명 중 틀린 것은?

① 도체에 주어진 전하는 도체 표면에만 분포한다.
② 중공 도체(中空導體)에 준 전하는 외부 표면에만 분포하고 내면에는 존재하지 않는다.
③ 단위 전하에서 나오는 전기력선의 수는 $\dfrac{1}{\epsilon_0}$ 개이다.
④ 전기력선은 전하가 없는 곳에서 서로 교차한다.

해설, 전기력선 상호 간에는 반발력이 작용하여 서로 교차하지 않는다.

유사문제

∥ 유사문제 원문 및 해설 : 동일출판사 홈페이지 > 고객센터 > 자료실

01. 정전계의 설명으로 가장 적합한 것은?
답 전계 에너지가 최소로 되는 전하 분포의 전계이다.

02. 전력선에 관한 다음 설명 중에서 틀린 것은?
답 전력선은 그 자신만으로 폐곡선이 된다.

03. 다음은 전기력선의 성질이다. 옳지 않은 것은?
답 전기력선 밀도는 전계의 세기와 무관하다.

04. 전기력선의 성질 중 옳지 않은 것은?
답 전기력선은 도체 내부에서 연속적이다.

05. 진공 중에 오직 하나의 대전 도체가 존재할 때 이 도체의 성질로서 적합하지 않은 것은?
답 도체에 부여하는 전하는 그 전부가 도체 내부에만 분포되어 있다.

06. 전기력선의 기본 성질에 관한 설명으로 옳지 않은 것은?
답 전기력선은 그 자신만으로 폐곡선이 된다.

07. 다음은 도체의 전하 분포가 등전위 분포를 이루는 것과 관계되는 사항들이다. 관계없는 것은?
답 전계의 세기는 그 점에서의 전기력선 밀도와 같다.

08. 전기력선의 성질에 대한 설명 중 옳지 않은 것은?
답 단위전하에서는 반드시 1개의 전기력선이 출입한다.

09. 전력선의 일반적인 성질로서 틀린 것은?
답 전력선은 부전하에서 시작하여 정전하에서 그친다.

답 18. ④

전기력선 방정식

19 전위 경도 V와 전계 E의 관계식은?   ★ [01. 20. 기사]

① $E = \text{grad } V$ ② $E = \text{div } V$ ③ $E = -\text{grad } V$ ④ $E = -\text{div } V$

해설 전계 $E = -\text{grad} V = -\nabla V$

20 전계 E와 전위 V 사이의 관계 즉, $E = -\text{grad } V$에 관한 설명으로 잘못된 것은?   ★ [85. 99. 산업기사]

① 전계는 전위가 일정한 면에 수직이다.
② 전계의 방향은 전위가 감소하는 방향으로 향한다.
③ 전계의 전기력선은 연속적이다.
④ 전계의 전기력선은 폐곡면을 이루지 않는다.

해설 ① grad V 의미 : 전위 V가 단위 길이 당 최대로 변화하는 방향과 그 크기를 나타낸다. 단위길이 당 전위의 최대 변화를 갖는 방향은 등전위면과 수직(직각)방향이다. (∵ E와 등전위면은 직교한다고 할 수 있다.)
② $E = -\nabla V$에서 − 부호는 감소하는 방향을 의미한다.
③ 전계의 전기력선은 (+)전하에서 시작하여 (−)전하에서 끝나므로 전하가 존재할 때에는 비연속적이다.
④ 양변에 curl을 취하면 curl $E = -\text{curl grad } V = 0$ (curl grad는 벡터 성질에서 항상 0) E라는 벡터는 비회전성 즉 폐곡선을 이루지 않는다.

21 $V(x, y, z) = 3x^2y - y^3z^2$에 대하여 grad V의 점 $(1, -2, -1)$에서의 값을 구하면?   ☆ [98. 산업기사]

① $12i + 9j + 16k$ ② $12i - 9j + 16k$
③ $-12i - 9j - 16k$ ④ $-12i + 9j - 16k$

해설
$$\text{grad } V = \left(\frac{\partial}{\partial x}i + \frac{\partial}{\partial y}j + \frac{\partial}{\partial z}k\right)V$$
$$= \left\{\frac{\partial}{\partial x}(3x^2y - y^3z^2)i + \frac{\partial}{\partial y}(3x^2y - y^3z^2)j + \frac{\partial}{\partial z}(3x^2y - y^3z^2)k\right\}$$
$$= \{6xyi + (3x^2 - 3y^2z^2)j - 2y^3zk\}$$
$x = 1, y = -2, z = -1$을 대입하면 grad $V = -12i - 9j - 16k$

22 전위 분포가 $V = 5 + 3z^2$[V]로 주어졌을 때 점 $(12, 0, a)$에서의 전계의 크기는 몇 [V/m]이며 그 방향은 어떻게 되는가?   ☆ [98. 산업기사, ㉴ : 21. 산업기사]

① $6a$ ② $-6a$ ③ $3a$ ④ $-3a$

답 19. ③   20. ③   21. ③   22. ②

해설 $E = -\text{grad } V = -\left(\dfrac{\partial}{\partial x}i + \dfrac{\partial}{\partial y}j + \dfrac{\partial}{\partial z}k\right)V$

$= -\left(\dfrac{\partial}{\partial x}(5+3z^2)i + \dfrac{\partial}{\partial y}(5+3z^2)j + \dfrac{\partial}{\partial z}(5+3z^2)k\right) = -6z\boldsymbol{k} = -6a\boldsymbol{k}$

☆ [95. 산업기사]

23 전위분포가 $V = 6x + 3$[V]로 주어졌을 때 전계의 세기는 몇 [V/m]인가?

① $-6a_x$ ② $-9a_x$ ③ $3a_x$ ④ 0

해설 $\boldsymbol{E} = -\text{grad } V = -\nabla V = -\left(\dfrac{\partial V}{\partial x}\boldsymbol{a}_x + \dfrac{\partial V}{\partial y}\boldsymbol{a}_y + \dfrac{\partial V}{\partial z}\boldsymbol{a}_z\right) = -6\boldsymbol{a}_x$

★ [88. 기사]

24 점전하에 의한 전위가 함수 $V = \dfrac{10}{x^2 + y^2}$[V]로 주어졌을 때, 점 (2, 1)[m]의 전위 경도[V/m]는? 단, $\tan^{-1} 0.5 = 26°$, $\tan^{-1} 0.73 = 36°$

① $1.79 \angle 206°$ ② $0.895 \angle 206°$ ③ $1.79 \angle 26°$ ④ $0.895 \angle 26°$

해설 $\text{grad}V = \boldsymbol{a}_x \dfrac{\partial V}{\partial x} + \boldsymbol{a}_y \dfrac{\partial V}{\partial y} + \boldsymbol{a}_z \dfrac{\partial V}{\partial z}$

$\dfrac{\partial V}{\partial x} = \dfrac{\partial}{\partial x}\left(\dfrac{10}{x^2+y^2}\right) = \dfrac{-10 \cdot 2x}{(x^2+y^2)^2} = \dfrac{-20x}{(x^2+y^2)^2}$

$\dfrac{\partial V}{\partial y} = \dfrac{\partial}{\partial y}\left(\dfrac{10}{x^2+y^2}\right) = \dfrac{-20y}{(x^2+y^2)^2}, \quad \dfrac{\partial V}{\partial z} = 0$

함수 V는 z의 함수가 아니므로

$\text{grad } V = -\dfrac{20}{(x^2+y^2)^2}(\boldsymbol{a}_x x + \boldsymbol{a}_y y)$

$x = 2, y = 1$에서의 전위 경도는

$[\text{grad}V]_{y=1}^{x=2} = \dfrac{-20}{(2^2+1^2)^2}(\boldsymbol{a}_x 2 + \boldsymbol{a}_y)$

$= \dfrac{-20}{25}(\boldsymbol{a}_x 2 + \boldsymbol{a}_y) = \dfrac{-20}{25}\sqrt{2^2+1^2} \angle \tan^{-1} 0.5$

$= \dfrac{20}{25}\sqrt{2^2+1^2} \angle \tan^{-1} 0.5 + 180° = 1.79 \angle 206°$[V/m]

★ [98. 기사]

25 점전하에 의한 전위가 함수 $V = \dfrac{10}{x^2 + y^2}$일 때 점 (2, 1)에서의 전위 경도는 몇 [V/m]인가? 단, V의 단위는 [V], (x, y)의 단위는 [m]이다.

① $-\dfrac{4}{5}(2i+j)$ ② $-\dfrac{5}{4}(2i+j)$ ③ $\dfrac{4}{5}(2i-j)$ ④ $\dfrac{4}{5}(2i+j)$

해설 $\text{grad } V = \left(\dfrac{\partial}{\partial x}i + \dfrac{\partial}{\partial y}j + \dfrac{\partial}{\partial z}k\right)V = -\dfrac{20}{(2^2+1^2)^2}(2i+j) = -\dfrac{4}{5}(2i+j)$

답 23. ① 24. ① 25. ①

26 ★ [95. 기사]

점전하에 의한 전위함수가 $V = x^2 + y^2$[V]로 주어진 전계가 있을 때 이 전계의 전력선 방정식과 점 (2, 1)[m]에서의 전위경도로 옳은 것은? 단, A는 상수

① $xy = A$, $\sqrt{5} \angle 26°$
② $y = Ax$, $2\sqrt{5} \angle 26°$
③ $y = Ax^2$, $\sqrt{5} \angle 206°$
④ $\dfrac{1}{x} + \dfrac{1}{y} = A$, $2\sqrt{5} \angle 206°$

해설 전위함수로 전계를 구하면 $E = -\left(\dfrac{\partial V}{\partial x}i + \dfrac{\partial V}{\partial y}j + \dfrac{\partial V}{\partial z}k\right) = -2xi - 2yj$[V/m]가 되므로 $\dfrac{dx}{2x} = \dfrac{dy}{2y}$의 전기력선 방정식을 풀면 $y = Ax$가 된다.
또 전위경도는 전계의 세기와 크기가 같고 방향만 반대이므로
$g = 2xi + 2yj|_{(2,1)} = 4i + 2j = 2\sqrt{5} \angle 26°$

27 ★★ [96. 98. 11. 기사]

도체 표면에서 전계 $\boldsymbol{E} = E_x\boldsymbol{a_x} + E_y\boldsymbol{a_y} + E_z\boldsymbol{a_z}$[V/m]이고 도체면과 법선 방향인 미소길이 $d\boldsymbol{L} = dx\boldsymbol{a_x} + dy\boldsymbol{a_y} + dz\boldsymbol{a_z}$[m]일 때 다음 중 성립되는 식은?

① $E_x dx = E_y dy$
② $E_y dz = E_z dy$
③ $E_x dy = -E_y dz$
④ $E_y dy = E_z dz$

해설 전기력선 방정식 $\dfrac{dx}{E_x} = \dfrac{dy}{E_y} = \dfrac{dz}{E_z}$

28 ☆ [99. 21. 산업기사]

전계의 세기가 $E = E_x i + E_y j$인 경우 x, y 평면 내의 전력선을 표시하는 미분 방정식은?

① $\dfrac{dy}{dx} = \dfrac{E_x}{E_y}$
② $\dfrac{dy}{dx} = \dfrac{E_y}{E_x}$
③ $E_x dx + E_y dy = 0$
④ $E_x dy + E_y dx = 0$

해설 전기력선 방정식은 $\dfrac{dx}{E_x} = \dfrac{dy}{E_y} = \dfrac{dz}{E_z}$이므로 $\dfrac{dx}{E_x} = \dfrac{dy}{E_y}$에서 $dx E_y = dy E_x$가 된다.
문제에서 ②항의 $\dfrac{dy}{dx} = \dfrac{E_y}{E_x}$도 $dx E_y = dy E_x$가 된다.

29 ★★★ [76. 88. 94. 03. 08. 기사]

$V = x^2 + y^2$[V]인 전위 분포를 가진 전계의 전기력선 방정식은 어느 것인가?

① $xy = A$
② $\dfrac{1}{x} + \dfrac{1}{y} = A$
③ $y = Ax^2$
④ $y = Ax$

해설 $\boldsymbol{E} = -\text{grad } V = -\left(i\dfrac{\partial}{\partial x} + j\dfrac{\partial}{\partial y} + k\dfrac{\partial}{\partial z}\right)(x^2 + y^2) = -i2x - j2y = -2(ix + jy) = iE_x + jE_y$

답 26. ② 27. ② 28. ② 29. ④

전기력선의 방정식 $\dfrac{dx}{E_x}=\dfrac{dy}{E_y}$, $\dfrac{dx}{-2x}=\dfrac{dy}{-2y}$

$\therefore \dfrac{dx}{x}=\dfrac{dy}{y}$ 를 양변 적분하면 $\ln x+\ln k_1=\ln y+\ln k_2$

$k_1 x=k_2 y$ $\therefore y=\dfrac{k_1}{k_2}x=Ax$

★★ [85. 21. 기사, ⊕ : 07. 17. 25. 산업기사]

30 전계 $E=\dfrac{2}{x}a_x+\dfrac{2}{y}a_y$ [V/m]에서 점 (2, 4)[m]를 통과하는 전기력선의 방정식은?

① $x^2+y^2=12$ ② $y^2-x^2=12$
③ $x^2+y^2=8$ ④ $y^2-x^2=8$

[해설] 전기력선의 방정식 $\dfrac{dx}{E_x}=\dfrac{dy}{E_y}$ 에서, $\dfrac{dx}{\frac{2}{x}}=\dfrac{dy}{\frac{2}{y}}$ 가 되어 $xdx=ydy$의 양변을 적분하면

$\dfrac{1}{2}x^2=\dfrac{1}{2}y^2+k$ 이며, $x=2$, $y=4$ 이므로 $k=-6$ 이 된다.

$\therefore y^2-x^2=12$

★☆ [94. 96. 00. 산업기사]

31 $E=\dfrac{3x}{x^2+y^2}i+\dfrac{3y}{x^2+y^2}j$ [V/m]일 때 점 (4, 3, 0)을 지나는 전기력선의 방정식은?

① $xy=\dfrac{4}{3}$ ② $xy=\dfrac{3}{4}$ ③ $x=\dfrac{4}{3}y$ ④ $x=\dfrac{3}{4}y$

[해설] 전기력선 방정식 $\dfrac{dx}{E_x}=\dfrac{dy}{E_y}$ 에서 $\dfrac{dx}{3x/(x^2+y^2)}=\dfrac{dy}{3y/(x^2+y^2)}$ 즉, $\dfrac{dx}{x}=\dfrac{dy}{y}$ 의 양변을 적분하면
여기서, $\ln x+\ln K_1=\ln y+\ln K_2$

$K_1 x=K_2 y$, $4K_1=3K_2$, $\dfrac{K_2}{K_1}=\dfrac{4}{3}$ $\therefore x=\dfrac{K_2}{K_1}y=\dfrac{4}{3}y$

★ [97. 기사]

32 자유 공간 중에서 z 축상에 $\rho_L=2\pi\epsilon_0$ [C/m]인 균일 선전하가 있을 때 전기력선의 방정식을 구하면? 단, c 는 상수이다.

① $y=cx$ ② $y=cx^2$ ③ $y^2=cx$ ④ $y=cx^3$

[해설] 선전하에서 전계 세기 E는 $E=\dfrac{\lambda}{2\pi\epsilon r}a_r=\dfrac{\lambda}{2\pi\epsilon r}\dfrac{r}{r}=\dfrac{\lambda(xi+yj)}{2\pi\epsilon r^2}$

전기력선 방정식 $\dfrac{dx}{E_x}=\dfrac{dy}{E_y}$ 에 대입하면 $\dfrac{dx}{x}=\dfrac{dy}{y}$ 이고 양변을 적분하면
$\ln x+\ln c=\ln y$ ⇒ $\ln cx=\ln y$ $\therefore y=cx$

답 30. ② 31. ③ 32. ①

★ [02. 산업기사]

33 $E = i\left(\dfrac{x}{x^2+x^2}\right) + j\left(\dfrac{y}{x^2+x^2}\right)$ 인 전계의 전기력선의 방정식을 옳게 나타낸 것은? 단, C는 상수이다.

① $y = c \ln x$ ② $y = \dfrac{c}{x}$ ③ $y = cx$ ④ $y = cx^2$

유사문제

∥ 유사문제 원문 및 해설 : 동일출판사 홈페이지 ≫ 고객센터 ≫ 자료실

01. 직각 좌표계에서 전위의 식이 $V = 5(x-2)^2(y+2)^2(z-1)^3$[V]로 표시될 때 점 (1, 2, 3)에서의 전계의 세기 E의 식은? 단, i, j, k는 x축, y축, z축 방향의 단위 벡터이다.

답 $320(4i - j - 3k)$[V/m]

02. 전위의 분포가 $V = 12x + 7y^2$로 주어질 때 점 $(x=5,\ y=3)$에서 전계의 세기는?

답 $-i\,12 - j\,42$[V/m]

03. 전위 함수가 $V = 3xy + z + 1$[V]일 때 점 (4, -4, 4)에 있어서 전계의 세기[V/m]는?

답 $i\,12 - j\,12 - k$[V/m]

04. $E = 4xi - 4yj$일 때 점 (1, 2)를 지나는 전기력선의 방정식은?

답 $xy = 2$

05. 전위 함수 $V = x^2 + y^2$[V]일 때 점 (3, 4)[m]에서의 등전위선의 반지름[m]과 전기력선 방정식은?

답 5[m], $x = \dfrac{3}{4}y$

쿨롱의 법칙

★ [00. 07. 산업기사]

34 쿨롱의 법칙을 이용한 것이 아닌 것은?

① 정전 고압 전압계 ② 고압 집진기
③ 콘덴서 스피커 ④ 콘덴서 마이크로폰

해설 ▸ 콘덴서 마이크로폰은 음파에 의한 정전 용량의 변화를 전압의 변화로 변환하는 것이다.

답 33. ③ 34. ④

☆ [94. 산업기사]

35 MKS 합리화 단위계에서 진공의 유전율의 값은?

① $\dfrac{1}{9\times 10^9}$ [F/m]　　　② 1 [F/m]

③ $\dfrac{1}{4\pi\times 9\times 10^9}$ [F/m]　　　④ 9×10^9 [F/m]

해설> 쿨롱의 법칙에서 비례상수 $K=\dfrac{1}{4\pi\epsilon_0}=9\times 10^9$ 이므로

$\therefore \epsilon_0 = \dfrac{1}{4\pi\times 9\times 10^9} \fallingdotseq 8.854\times 10^{-12}$ [F/m]

★★★ [75. 79. 93. 기사]

36 전하량의 크기가 서로 같은 두 전하가 진공 중에서 서로 1[m] 떨어져 있다. 이 사이에 작용하는 힘이 1[dyne]일 때, 한 개의 전하 크기[C]는?

① 1.11×10^4　　② 2.22×10^{-5}　　③ 3.33×10^{-8}　　④ 3.33×10^{-4}

해설> $1[N]=1[kg\cdot m/s^2]=10^3\times 10^2[g\cdot cm/s^2]=10^5[dyne]$　$\therefore 1[dyne]=10^{-5}[N]$

따라서, $F=9\times 10^9\times \dfrac{Q_1 Q_2}{r^2}$ 식에서

$10^{-5}=9\times 10^9\times \dfrac{Q^2}{1^2}$, $Q^2=\dfrac{10^{-5}}{9\times 10^9}$　$\therefore Q=3.33\times 10^{-8}$ [C]

★☆ [98 기사, 82. 11. 산업기사]

37 두 개의 같은 점전하가 진공 중에서 1[m] 떨어져 있을 때 작용하는 힘이 9×10^9 [N]이면 이 점전하의 전기량[C]은?

① 1　　② 3×10^4　　③ 9×10^{-3}　　④ 9×10^9

해설> 쿨롱의 법칙 $F=9\times 10^9 \dfrac{Q_1 Q_2}{r^2}$ [N]에서 두 개의 같은 점전하가 1[m] 떨어져 있고, 힘이 9×10^9 [N]이므로 $F=9\times 10^9 \dfrac{Q^2}{1^2}=9\times 10^9$ [N]　$\therefore Q=1$ [C]

☆ [85. 04. 산업기사]

38 진공 중에서 같은 전기량 +1[C]의 대전체 두 개가 약 몇 [m] 떨어져 있을 때 각 대전체에 작용하는 척력이 1[N]인가?

① 9.5×10^4　　② 3×10^3　　③ 1　　④ 3×10^4

해설> 쿨롱의 법칙 $F=9\times 10^9\times \dfrac{Q_1 Q_2}{r^2}$ [N]에서, $F=1$ [N], $Q_1=Q_2=1$ [C]이므로,

$r^2=\dfrac{9\times 10^9\times Q^2}{F}=\dfrac{9\times 10^9\times 1^2}{1}$　$\therefore r=9.5\times 10^4$ [m]

답 35. ③　36. ③　37. ①　38. ①

39 그림과 같이 $Q_A = 4 \times 10^{-6}$[C], $Q_B = 2 \times 10^{-6}$[C], $Q_C = 5 \times 10^{-6}$[C]의 전하를 가진 작은 도체구 A, B, C가 진공 중에서 일직선상에 놓여질 때 B 구에 작용하는 힘[N]을 구하여라.

★★ [78. 79. 83. 92. 산업기사]

① 1.8×10^{-2}
② 1×10^{-2}
③ 0.8×10^{-2}
④ 2.8×10^{-2}

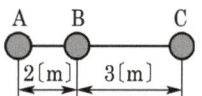

해설 B 구에 작용하는 힘 $F_B = F_{BA} - F_{BC}$이므로

$$F_B = F_{BA} - F_{BC} = \frac{Q_B Q_A}{4\pi\epsilon_0 r_A^2} - \frac{Q_B Q_C}{4\pi\epsilon_0 r_B^2} = \frac{Q_B}{4\pi\epsilon_0}\left(\frac{Q_A}{r_A^2} - \frac{Q_C}{r_B^2}\right)$$

$$= 9 \times 10^9 \times 2 \times 10^{-6}\left(\frac{4 \times 10^{-6}}{2^2} - \frac{5 \times 10^{-6}}{3^2}\right) = 8 \times 10^{-3} = 0.8 \times 10^{-2}[\text{N}]$$

★★ [92. 98. 07. 기사]

40 점전하 Q_1, Q_2 사이에 작용하는 쿨롱의 힘이 F일 때 이 부근에 점전하 Q_3를 놓을 경우 Q_1과 Q_2 사이의 쿨롱의 힘을 F'라고 하면?

① $F > F'$
② $F < F'$
③ $F = F'$
④ Q_3의 크기에 따라 다르다.

해설 Q_1과 Q_2 사이에 작용하는 쿨롱의 힘은 $F = \frac{1}{4\pi\epsilon} \cdot \frac{Q_1 \cdot Q_2}{r^2}$[N]으로 두 전하 사이의 거리와 전하량 및 주위의 유전율에 관계되므로 Q_3의 영향은 받지 않는다.

☆ [93. 산업기사]

41 전계 E[V/m] 내의 한점에 Q[C]의 점전하를 놓을 때 이 전하에 작용하는 힘은 몇 [N]인가?

① $\frac{E}{Q}$
② $\frac{Q}{4\pi\epsilon_0 E}$
③ QE
④ QE^2

해설 $F = \frac{Q_1 Q_2}{4\pi\epsilon_0 r^2} = \frac{Q_1}{4\pi\epsilon_0 r^2} \cdot Q_2 = EQ_2$

즉 전계의 세기 = 단위전하가 전장 내에서 받는 힘의 크기[N/C]

☆ [94. 산업기사]

42 크기가 같은 두 개의 점전하가 진공 중에서 1[m] 떨어져 있다. 이 두 전하 사이에 작용하는 힘이 1[kg]일 때의 전하는 몇 [C]인가?

① 3.3×10^{-5}
② 3.3×10^{-6}
③ 3.3×10^{-9}
④ 3.3×10^9

해설 1[kg] ≒ 9.8[N]이므로 $F = 9 \times 10^9 \times \frac{Q^2}{r^2}$[N] ÷ 9.8[kg]에서

$$Q = \sqrt{\frac{9.8 \times 1^2}{9 \times 10^9}} ≒ 3.3 \times 10^{-5}[\text{C}]$$

답 39. ③ 40. ③ 41. ③ 42. ①

43 ☆ [95. 21. 산업기사]

한 변의 길이가 2[m]되는 정 3각형의 3 정점 A, B, C에 10^{-4}[C]의 점전하가 있다. 점 B에 작용하는 힘은 몇 [N]인가?

① 29　　　② 39　　　③ 45　　　④ 49

[해설] 점 A에 있는 전하에 의한 작용력 F_1은

$$F_1 = \frac{1}{4\pi\epsilon_0}\frac{Q_1 Q_2}{r^2} = 9\times 10^9 \times \frac{10^{-8}}{2^2} = 22.5[N]$$

점 C에 있는 전하에 의한 작용력 F_2는 F_1과 크기는 같고 방향은 그림과 같다. 따라서

$$F = \sqrt{F_1^2 + F_2^2 + 2F_1 F_2 \cos\theta}$$
$$= \sqrt{22.5^2 + 22.5^2 + 2\times 22.5\times 22.5\times \cos 60°} \fallingdotseq 38.97[N]$$

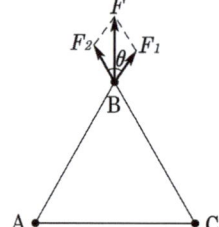

44 ★★ [96. 00. 기사]

+10[nC]의 점전하로부터 100[mm] 떨어진 거리에 +100[pC]의 점전하가 놓인 경우 이 전하에 작용하는 힘의 크기는 몇 [nN]인가?

① 100　　　② 200　　　③ 300　　　④ 900

[해설] $F = \dfrac{1}{4\pi\epsilon_0}\cdot\dfrac{Q_1 Q_2}{r^2} = 9\times 10^9 \times \dfrac{10\times 10^{-9}\times 100\times 10^{-12}}{(100\times 10^{-3})^2}$
$= 900\times 10^{-9}[N] = 900[nN]$

유사문제

∥ 유사문제 원문 및 해설 : 동일출판사 홈페이지 ≫ 고객센터 ≫ 자료실

01. 진공 내에 전하량이 각각 +1[esu], −2[esu]인 두 점전하가 10[cm] 떨어져 있을 때 이들 전하 사이에 작용하는 힘은?

　답 2×10^{-7}[N]

02. 진공 중에 2×10^{-6}[C]과 1×10^{-5}[C]인 두 개의 점전하가 50[cm] 떨어져 있을 때 두 전하 사이에 작용하는 힘은 몇 [N]인가?

　답 0.72[N]

03. 그림 중의 점 A에서 5[μC]의 점전하가, 점 B에는 −4[μC]의 점전하가 있다. 두 점 사이에 작용하는 힘의 크기는 몇 [N]인가? 단, x, y축의 단위는 [m]이다.

　답 7.2×10^{-3}[N]

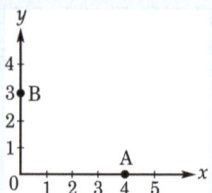

답　43. ②　44. ④

04. 점 (0, 1)[m] 되는 곳에 -2×10^{-9}[C]의 점전하가 있을 때 점 (2, 0)[m]에 있는 1[C]에 작용하는 힘은 몇 [N]인가?

답 $-\dfrac{36}{5\sqrt{5}}a_x + \dfrac{18}{5\sqrt{5}}a_y$ [N]

05. 질량 m[kg], 전하 Q[C]의 아주 작은 물체 두 개를 각각 길이 a[m]인 가느다란 절연선으로 동일한 위치에 매달았을 때 두 실이 수직선에 대하여 각각 θ 각도 만큼씩 벌어졌다면 성립하는 식은?

답 $16\pi\epsilon_0 mg a^2 \sin^3\theta = Q^2\cos\theta$

06. 점 P(1, 2, 3)[m]와 Q(2, 0, 5)[m]에 각각 4×10^{-4}[C]과 -2×10^{-5}[C]의 점전하가 있을 때 점 P에 작용하는 힘은 몇 [N]인가?

답 $\dfrac{8}{3}(i-2j+2k)$[N]

전계의 세기

45 ★★☆ [93. 기사, 75. 76. 91. 산업기사]
전계 중에 단위 점전하를 놓았을 때 그것에 작용하는 힘을 그 점에 있어서의 무엇이라 하는가?
① 전계의 세기 ② 전위 ③ 전위차 ④ 변화 전류

해설
- 전계의 세기 : 전계중에 단위 전하를 놓았을 때 작용하는 힘
- 전위 : 단위 전하가 갖는 전기적 위치 에너지
- 전위차 : 두 점의 전위차
- 변위 전류 : 전속 밀도의 시간적 변화에 따른 전류

46 ★★☆ [90. 95. 기사 ㉮ : 75. 산업기사]
전계의 단위가 아닌 것은?
① [N/C] ② [V/m] ③ $\left[C/J \cdot \dfrac{1}{m}\right]$ ④ [A·Ω/m]

해설 전계의 세기는 단위 전하당 작용하는 힘으로 $E=\dfrac{F}{Q}$ [N/C]에서 단위는 [N/C]이 되나 실용 단위로 $\left[\dfrac{N}{C}\right] = \left[\dfrac{N\cdot m}{C\cdot m}\right] = \left[\dfrac{J}{C\cdot m}\right] = \left[\dfrac{V}{m}\right] = \left[A\cdot\dfrac{\Omega}{m}\right]$ 에서 [V/m]를 쓴다.

47 ★☆ [94. 기사, 98. 산업기사]
진공 중에서 원점의 점전하 0.3[μC]에 의한 점 (1, -2, 2)[m]의 x성분 전계는 몇 [V/m]인가?
① 300 ② -200 ③ 200 ④ 100

답 45. ① 46. ③ 47. ④

해설 $r = a_x - 2a_y + 2a_z$, $r = \sqrt{1^2 + (-2)^2 + 2^2} = 3$

∴ $r_0 = \dfrac{1}{3}(a_x - 2a_y + 2a_z)$

$E = 9 \times 10^9 \dfrac{Q}{r^2} \cdot r_0 = 9 \times 10^9 \times \dfrac{0.3 \times 10^{-6}}{3^2} \times \left(\dfrac{a_x - 2a_y + 2a_z}{3}\right) = 100a_x - 200a_y + 200a_z$

∴ $E_x = 100\,[\text{V/m}]$

★ [76. 93. 산업기사]

48 평등 전계 E 속에 있는 정지된 전자 e가 받는 힘은?

① 크기는 e^2E이고 전계와 같은 방향   ② 크기는 e^2E이고 전계와 반대 방향
③ 크기는 eE이고 전계와 같은 방향   ④ 크기는 eE이고 전계와 반대 방향

해설 전계의 크기는 1[C]이 받는 힘이므로 eE[N]이고, 전자는 음전하이므로 전계와 반대 방향으로 이동한다.

★★ [84. 94. 16. 산업기사]

49 진공 중에 놓인 1[μC]의 점전하에서 3[m] 되는 점의 전계[V/m]는?

① 10^{-3} ② 10^{-1} ③ 10^2 ④ 10^3

해설 $E = \dfrac{1}{4\pi\epsilon_0} \cdot \dfrac{Q}{r^2} = 9 \times 10^9 \times \dfrac{1 \times 10^{-6}}{3^2} = 10^3\,[\text{V/m}]$

★ [89. 99. 25. 산업기사]

50 반지름 10[cm] 공기 중에 전압 10[V]를 가했을 때 전위 경도는? 단, 전계는 평등 전계라고 한다.

① 1[V/m]   ② 10[V/m]   ③ 100[V/m]   ④ 1000[V/m]

해설 $E = \dfrac{V}{r}$[V/m]에서 $E = \dfrac{10}{10 \times 10^{-2}} = 100\,[\text{V/m}]$

★★ [78. 92. 97. 01. 산업기사]

51 전하 e[C], 질량 m[kg]인 전자가 전계 E[V/m] 내에 놓여 있을 때 최초에 정지해 있었다고 한다면 t[s] 후에 전자는 어떠한 속도를 얻게 되는가?

① $v = meEt$ ② $v = \dfrac{me}{E}t$ ③ $v = \dfrac{mE}{e}t$ ④ $v = \dfrac{Ee}{m}t$

해설 정전력 eE[N]에 의하여 x와 반대 방향으로 $m\dfrac{d^2x}{dt^2}$[N]의 힘으로 운동한다면, 이때의 운동 방정식은

$m\dfrac{d^2x}{dt^2} = eE$[N]

답 48. ④ 49. ④ 50. ③ 51. ④

전자의 속도 $v = \dfrac{dx}{dt} = \dfrac{eE}{m}t + A$

초기 조건은 $t=0$, $v = \dfrac{dx}{dt} = 0$이므로 $A=0$이 되어

$\therefore v = \dfrac{eE}{m}t\,[\text{m/s}]$

52 ★★ [95. 05. 18. 기사]
전하밀도 $\rho_s[\text{C/m}^2]$인 무한 판상 전하분포에 의한 임의 점의 전장에 대하여 틀린 것은?

① 전장은 판에 수직방향으로만 존재한다.
② 전장의 세기는 전하밀도 ρ_s에 비례한다.
③ 전장의 세기는 거리 r에 반비례한다.
④ 전장의 세기는 매질에 따라 변한다.

해설 무한 판상 전하분포에 의한 임의 점의 전계는 $E = \dfrac{\rho_s}{\epsilon}$로 전하밀도에 비례하고, 유전율(매질)에 반비례하며, 거리에 관계없는 평등전계이다. 또 이 전계의 방향은 판에 수직방향이다.

53 ★★★ [79. 86. 99. 21. 기사]
원점에 $-1[\mu\text{C}]$의 점전하가 있을 때 점 P(2, -2, 4)[m]인 전계 세기 방향의 단위 벡터[m]는?

① $0.41a_x - 0.41a_y + 0.82a_z$
② $-0.33a_x + 0.33a_y - 0.66a_z$
③ $-0.41a_x + 0.41a_y - 0.82a_z$
④ $0.33a_x - 0.33a_y + 0.66a_z$

해설 그림과 같이 전하 $-1[\mu\text{C}]$이 존재하는 점과 점 P간의 거리는 $\sqrt{2^2+(-2)^2+4^2} = \sqrt{24}$ 이므로 전계 세기의 크기는

$E = 9 \times 10^9 \times \dfrac{Q}{r^2} = 9 \times 10^9 \times \dfrac{-1 \times 10^{-6}}{(\sqrt{24})^2}$

$= -\dfrac{9}{24} \times 10^3\,[\text{V/m}]$

전계 방향의 단위 벡터

$r_0 = \dfrac{-E}{E} = \dfrac{-r}{r} = \dfrac{(-2a_x + 2a_y - 4a_z)}{\sqrt{24}}$

$= -0.41a_x + 0.41a_y - 0.82a_z$

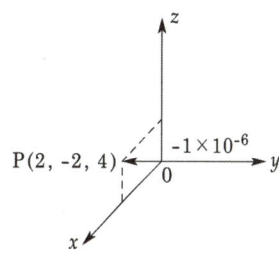

54 ★★★ [78. 97. 00. 03. 기사]
진공 내의 점 (3, 0, 0)[m]에 $4 \times 10^{-9}[\text{C}]$의 전하가 있다. 이때에 점 (6, 4, 0)[m]인 전계의 세기 [V/m] 및 전계의 방향을 표시하는 단위 벡터는?

① $\dfrac{36}{25}$, $\dfrac{1}{5}(3i+4j)$
② $\dfrac{36}{125}$, $\dfrac{1}{5}(3i+4j)$
③ $\dfrac{36}{25}$, $(i+j)$
④ $\dfrac{36}{125}$, $\dfrac{1}{5}(i+j)$

답 52. ③ 53. ③ 54. ①

해설 ▸ 그림과 같이 전하 4×10^{-9}[C]이 존재하는 점 A와 점 P 사이의 거리는
$\sqrt{3^2 + 4^2} = 5$[m]
이므로, P점의 전계의 세기 E는
$$E = 9 \times 10^9 \times \frac{Q}{r^2} = 9 \times 10^9 \times \frac{4 \times 10^{-9}}{5^2} = \frac{36}{25} [V/m]$$
그리고, 전계의 방향을 표시하는 단위 벡터는
$$\frac{E}{E} = \frac{r}{r} = \frac{3i + 4j}{5} = \frac{1}{5}(3i + 4j)$$

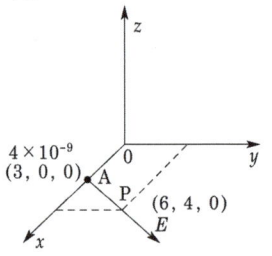

55 ★★★ [83. 00. 24. 기사, 78. 82. 02. 03. 07. 산업기사]
거리 r에 반비례하는 전계의 세기를 주는 대전체는?

① 점전하　　② 구전하　　③ 전기 쌍극자　　④ 선전하

해설 ▸
- 점전하에 의한 전계 $E = \dfrac{Q}{4\pi\epsilon_0 r^2}$
- 구전하에 의한 전계 $E = \dfrac{Q}{4\pi\epsilon_0 r^2}$
- 전기 쌍극자에 의한 전계 $E = \dfrac{M\sqrt{1 + 3\cos^2\theta}}{4\pi\epsilon_0 r^3}$
- 선전하에 의한 전계 $E = \dfrac{Q}{2\pi\epsilon_0 r}$

56 ★★ [80. 87. 94. 06. 11. 산업기사]
한 변의 길이가 a[m]인 정육각형 ABCDEF의 각 정점에 각각 Q[C]의 전하를 놓을 때 정육각형의 중심 0에 있어서의 전계[V/m]는?

① 0　　② $\dfrac{3Q}{2\pi\epsilon_0 a}$　　③ $\dfrac{3Q}{2\pi\epsilon_0 a^2}$　　④ $\dfrac{Q}{4\pi\epsilon_0 a^2}$

해설 ▸ 2개의 점전하가 3쌍으로 맞서 있고, 각 쌍의 중심 전계의 세기는 크기가 같고 방향이 정반대이므로 0이 되고 합성 전계의 세기도 0이 된다.

57 ★★ [98. 14. 기사, 92. 97. 11. 산업기사]
정육각형의 꼭지점에 동량, 동질의 점전하 Q가 각각 놓여 있을 때 정육각형 한 변의 길이가 a라 하면 정육각형 중심의 전계의 세기는? 단, 자유 공간이다.

① $\dfrac{Q}{4\pi\epsilon_0 a^2}$　　② $\dfrac{3Q}{2\pi\epsilon_0 a^2}$　　③ $6Q$　　④ 0

해설 ▸ 2개의 점전하가 3쌍으로 맞서 있고, 각 쌍의 중심 전계의 세기는 크기가 같고 방향이 정반대이므로 0이 되고 합성 전계의 세기도 0이 된다.

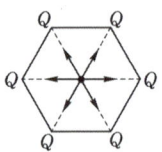

답　55. ④　56. ①　57. ④

58 축이 무한히 길며 반지름이 a[m]인 원주 내에 전하가 축대칭이며 축방향으로 균일하게 분포되어 있을 경우 반지름 $r(>a)$[m] 되는 동심 원통면상의 일 점 P의 전계 세기[V/m]는? 단, 원주의 단위 길이당의 전하를 λ[C/m]라 한다.

① $\dfrac{\lambda}{2\epsilon_0}$ ② $\dfrac{\lambda}{2\pi\epsilon_0}$ ③ $\dfrac{\lambda}{2\pi a}$ ④ $\dfrac{\lambda}{2\pi\epsilon_0 r}$

해설
$$\iint_s \boldsymbol{E}\boldsymbol{n} \cdot dS = \iint_s \boldsymbol{E} \cdot dS = \frac{1}{\epsilon_0}\lambda$$
$$\boldsymbol{E}\cdot 2\pi r \cdot 1 = \frac{1}{\epsilon_0}\lambda \quad \therefore \boldsymbol{E} = \frac{\lambda}{2\pi\epsilon_0 r}\,[\text{V/m}]$$

59 그림과 같은 중공 도체 중심에 점전하가 있을 때 도체 내외의 전하 밀도를 나타내는 것은?

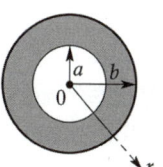

① 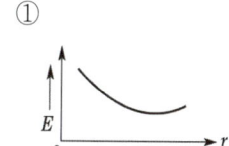   ② 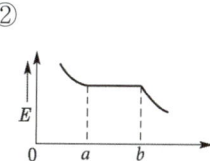   ③ 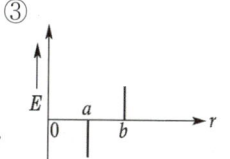   ④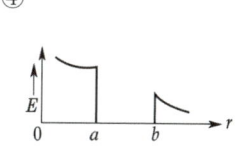

해설 중공도체는 전기적으로 중성이므로 도체 내의 총전하의 합은 0이어야 한다.
정전 유도 현상에 의해 중심점의 ⊕ 점전하에 의해 중공도체 내면에는 ⊖전하가 유도되고 외면에는 ⊕ 전하가 유기된다.

60 중공 도체의 중공부 내에 전하를 놓지 않으면 외부에서 준 전하는 외부 표면에만 분포한다. 도체 내의 전계[V/m]는 얼마인가?

① 0 ② $\dfrac{Q_1}{4\pi\epsilon_0 a}$

③ $\dfrac{Q_1}{4\pi\epsilon_0 b}$ ④ $\dfrac{Q_1}{\epsilon_0}$

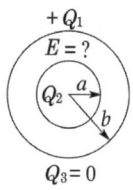

해설
- 도체 내의 전계 $E=0$
- 도체 밖의 전계 $E=\dfrac{Q_1}{4\pi\epsilon_0 r^2}\;(r>b)$
- 도체의 전위 $V=\dfrac{Q_1}{4\pi\epsilon_0 b}$

답 58. ④ 59. ③ 60. ①

61 공기중에 균일하게 대전된 반지름 a[m]인 선형원환이 있을 때 그의 중심으로부터 중심축상 x[m] 거리에 있는 점의 전계의 세기는 몇 [V/m]인가? 단, 원환의 전체전하는 Q[C]이라 한다.

① $\dfrac{Q \cdot x}{2\pi\epsilon_0(a^2+x^2)^{3/2}}$　　② $\dfrac{Q \cdot x}{4\pi\epsilon_0(a^2+x^2)^{3/2}}$

③ $\dfrac{Q \cdot x}{2\pi\epsilon_0(a^2+x^2)}$　　④ $\dfrac{Q \cdot x}{4\pi\epsilon_0(a^2+x^2)^{1/2}}$

[해설] $dE_x = dE\cos\theta = \dfrac{dQ}{4\pi\epsilon_0 r^2}\dfrac{x}{r} = \dfrac{xdQ}{4\pi\epsilon_0 r^3}$ 에서 $r=\sqrt{a^2+x^2}$, $dQ = \dfrac{Q}{2\pi a}dl$ 을 대입하여 적분하면

$E = \int_0^{2\pi a} E_x = \dfrac{Q \cdot x}{8\pi^2 a\epsilon_0(a^2+x^2)^{\frac{3}{2}}}\int_0^{2\pi a}dl = \dfrac{Q \cdot x}{4\pi\epsilon_0(a^2+x^2)^{\frac{3}{2}}}$ [V/m]로 풀 수 있다.

62 무한장 선로에 균일하게 전하가 분포된 경우 선로로부터 r[m] 떨어진 점에서의 전계의 세기 E[V/m]는 얼마인가? 단, 선전하 밀도는 ρ_L[C/m]이다.

① $E = \dfrac{\rho_L}{2\pi\epsilon_0 r}$　② $E = \dfrac{\rho_L}{4\pi\epsilon_0 r}$

③ $E = \dfrac{\rho_L}{2\pi\epsilon_0 r^2}$　④ $E = \dfrac{\rho_L^2}{4\pi\epsilon_0 r}$

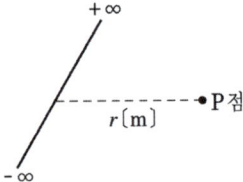

[해설] Gauss의 정리 $\int_s \boldsymbol{E} \cdot \boldsymbol{n}\,dS = \dfrac{Q}{\epsilon_0}$ 에서 $E \times 2\pi r \times 1 = \dfrac{\rho_L \times 1}{\epsilon_0}$

$\therefore E = \dfrac{\rho_L}{2\pi\epsilon_0 r}$ [V/m]

63 진공 중에 선전하밀도(線電荷密度)가 ρ[C/m], 반경이 a[m]인 아주 긴 직선원통전하가 있다. 원통중심축으로부터 $a/2$[m]인 거리에 있는 점의 전계의 세기는?

① $\dfrac{\rho}{4\pi\epsilon_0 a}$[V/m]　② $\dfrac{\rho}{2\pi\epsilon_0 a}$[V/m]　③ $\dfrac{\rho}{\pi\epsilon_0 a^2}$[V/m]　④ $\dfrac{\rho}{8\pi\epsilon_0 a}$[V/m]

[해설] 원주에 전하가 골고루 분포된 경우 원주 외부의 전계는 $E = \dfrac{\rho}{2\pi\epsilon_0 r}$로 거리 r에 반비례하며,

원주 내부는 $E_i = \dfrac{r\rho}{2\pi\epsilon_0 a^2}$로 거리 r에 비례한다.

$\therefore E_i = \dfrac{r\rho}{2\pi\epsilon_0 a^2} = \dfrac{\frac{a}{2}\rho}{2\pi\epsilon_0 a^2} = \dfrac{\rho}{4\pi\epsilon_0 a}$ [V/m]

답 61. ②　62. ①　63. ①

64 자유 공간 내에 밀도가 10^{-9}[C/m]인 균일한 선전하가 $x=4$, $y=3$인 무한장 선상에 있을 때 점 (8, 6, -3)에서 전계 E[V/m]는?

① $2.88a_x + 2.16a_y$ [V/m]
② $2.16a_x + 2.88a_y$ [V/m]
③ $2.88a_x - 2.16a_y$ [V/m]
④ $2.16a_x - 2.88a_y$ [V/m]

해설
$$E = \frac{\lambda}{2\pi\epsilon_0 r}a_r = 18\times10^9 \times \frac{10^{-9}}{\sqrt{4^2+3^2}} \times \frac{4a_x+3a_y}{\sqrt{4^2+3^2}}$$
$$= 0.72(4a_x+3a_y) = 2.88a_x + 2.16a_y \text{ [V/m]}$$

65 그림과 같이 반지름 a[m]의 반원에 선전하가 주어졌을 때 중심 O에서의 전계의 세기 E는 몇 [V/m]인가?(단, 선전하 밀도는 λ[C/m]이다.)

① $-i\dfrac{\lambda}{2\pi\epsilon_0 a}$
② $-j\dfrac{\lambda}{2\pi\epsilon_0 a}$
③ $-i\dfrac{\lambda}{4\pi\epsilon_0 a^2}$
④ $-j\dfrac{\lambda}{4\pi\epsilon_0 a^2}$

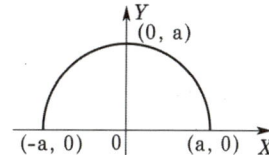

해설
$$d\theta = \frac{dl}{a},\ dl = ad\theta$$
$$dE = \frac{\lambda dl}{4\pi\epsilon_0 a^2} = \frac{\lambda ad\theta}{4\pi\epsilon_0 a^2}$$
$$dE_x = dE\cos\theta = \frac{\lambda a}{4\pi\epsilon_0 a^2}\cos\theta\, d\theta = \frac{\lambda}{4\pi\epsilon_0 a}\cos\theta\, d\theta$$
$$E_x = \frac{\lambda}{4\pi\epsilon_0 a}\int_0^\pi \cos\theta\, d\theta = \frac{\lambda}{4\pi\epsilon_0 a}[\sin\theta]_0^\pi = 0$$
$$dE_y = dE\sin\theta = \frac{\lambda a}{4\pi\epsilon_0 a^2}\sin\theta$$
$$E_y = \frac{\lambda}{4\pi\epsilon_0 a}\int_0^\pi \sin\theta\, d\theta = \frac{\lambda}{4\pi\epsilon_0 a}[-\cos\theta]_0^\pi = \frac{\lambda}{4\pi\epsilon_0 a}(1+1) = \frac{\lambda}{2\pi\epsilon_0 a}$$
$$\therefore E = -j\frac{\lambda}{2\pi\epsilon_0 a} \text{ [V/m]}$$

66 그림과 같이 진공 중에 서로 평행인 무한 길이 두 직선 전하 A, B가 있다. A, B 간의 거리는 d[m], A, B의 선전하 밀도를 각각 ρ_1[C/m], ρ_2[C/m]라고 할 때 A, B를 연결하는 직선상에서 A로부터 $d/3$[m]인 점의 전계의 세기가 0이었다. 이때 점 B의 선전하 밀도 ρ_2와 점 A의 선전하 밀도 ρ_1과의 관계식으로서 옳은 것은?

① $\rho_2 = 4\rho_1$
② $\rho_2 = 2\rho_1$
③ $\rho_2 = \rho_1/4$
④ $\rho_2 = 9\rho_1$

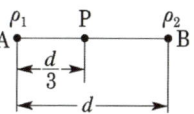

답 64. ① 65. ② 66. ②

[해설] $\dfrac{\rho_1}{2\pi\epsilon_0\left(\dfrac{d}{3}\right)} = \dfrac{\rho_2}{2\pi\epsilon_0\left(\dfrac{2d}{3}\right)}$, $\rho_1 = \dfrac{\rho_2}{2}$ ∴ $\rho_2 = 2\rho_1$

67 ★★ [94. 08. 산업기사, : 77. 산업기사]

z축상에 있는 무한히 긴 균일 선전하로부터 2[m] 거리에 있는 점의 전계의 세기가 1.8×10^4 [V/m]일 때의 선전하밀도는 몇 [μC/m]인가?

① 2 ② 2×10^{-6} ③ 20 ④ 2×10^6

[해설] $E = \dfrac{\lambda}{2\pi\epsilon_0 r} = 18 \times 10^9 \dfrac{\lambda}{r}$ 에서

$\lambda = \dfrac{rE}{18 \times 10^9} = \dfrac{2 \times 1.8 \times 10^4}{18 \times 10^9} = 2 \times 10^{-6}$[C/m] = 2[μC/m]

68 ★ [01. 13. 기사]

진공 중에 선전하 밀도 $+\lambda$[C/m]의 무한장 직선전하 A와 $-\lambda$[C/m]의 무한장 직선전하 B가 d[m]의 거리에 평행으로 놓여 있을 때, A에서 거리 $\dfrac{d}{3}$[m]되는 점의 전계의 크기는 몇 [V/m]인가?

① $\dfrac{3\lambda}{4\pi\epsilon_0 d}$ ② $\dfrac{9\lambda}{4\pi\epsilon_0 d}$ ③ $\dfrac{3\lambda}{8\pi\epsilon_0 d}$ ④ $\dfrac{9\lambda}{8\pi\epsilon_0 d}$

[해설] $E = \dfrac{\lambda_1}{2\pi\epsilon_0 r_1} + \dfrac{\lambda_2}{2\pi\epsilon_0 r_2}$

$= \dfrac{\lambda}{2\pi\epsilon_0}\left(\dfrac{1}{\dfrac{1}{3}d} + \dfrac{1}{\dfrac{2}{3}d}\right)$

$= \dfrac{9\lambda}{4\pi\epsilon_0 d}$[V/m]

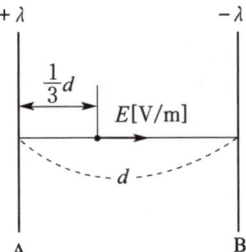

69 ★★★★ [95. 기사, 94. 95. 03. 11. 12. 19. 21. 산업기사]

무한장 직선도체에 선전하밀도 λ[C/m]의 전하가 분포되어 있는 경우 직선도체를 축으로 하는 반경 r의 원통면상의 전계는 몇 [V/m]인가?

① $E = \dfrac{1}{4\pi\epsilon_0} \cdot \dfrac{\lambda}{r}$ ② $E = \dfrac{1}{2\pi\epsilon_0} \cdot \dfrac{\lambda}{r^2}$

③ $E = \dfrac{1}{4\pi\epsilon_0} \cdot \dfrac{\lambda}{r^2}$ ④ $E = \dfrac{1}{2\pi\epsilon_0} \cdot \dfrac{\lambda}{r}$

[해설] 무한 선전하에 의한 전계는 $E = \dfrac{\lambda}{2\pi\epsilon_0 r}$[V/m]로 거리에 반비례한다.

답 67. ① 68. ② 69. ④

70 ★☆ [96. 기사, ㉘ : 89. 산업기사]
균일하게 대전되어 있는 무한길이 직선전하가 있다. 이 선의 축으로부터 r 만큼 떨어진 점의 전계의 세기는?

① r에 비례한다. ② r에 반비례한다. ③ r^2에 반비례한다. ④ r^3에 반비례한다.

해설 $E = \dfrac{\lambda}{2\pi\epsilon_0 r} \propto \dfrac{1}{r}$

71 ★ [96. 기사]
동축 원통 도체 내의 원통 간의 전계의 세기가 어느 곳에서든지 일정하기 위해서는 원통 간에 넣는 유전체의 유전율이 중심으로부터의 거리 r과 더불어 어떻게 변화하면 되는가?

① 거리 r에 비례하도록 하면 된다. ② 거리 r에 반비례하도록 하면 된다.
③ 거리 r^2에 비례하도록 하면 된다. ④ 거리 r^2에 반비례하도록 하면 된다.

해설 $E = \dfrac{\lambda}{2\pi\epsilon_0 r} \propto \dfrac{1}{r}$

72 ★☆ [78. 83. 90. 산업기사 ㉘ : 05. 산업기사]
무한 평면 전하에 의한 전계의 세기는?

① 거리에 관계없다. ② 거리에 비례한다.
③ 거리의 제곱에 비례한다. ④ 거리에 반비례한다.

해설 무한 평면의 경우는 전하로부터 나오는 전기력선이 상하 방향으로 양분되므로 표면 전계의 세기는
$E = \dfrac{\sigma}{2\epsilon_0}$ [V/m] 따라서, 거리에 관계가 없다.

73 ★★★★☆ [76. 77. 93. 07. 기사, 76. 77. 20. 산업기사, ㉘ : 93. 산업기사]
진공 중에 있는 임의의 구도체 표면 전하 밀도가 σ 일 때의 구도체 표면의 전계 세기[V/m]는?

① $\dfrac{\epsilon_0 \sigma^2}{2}$ ② $\dfrac{\sigma}{2\epsilon_0}$ ③ $\dfrac{\sigma^2}{\epsilon_0}$ ④ $\dfrac{\sigma}{\epsilon_0}$

해설 전하 밀도 σ[C/m²]에서 나오는 전기력선 밀도는 $\dfrac{\sigma}{\epsilon_0}$[개/m²] $= \dfrac{\sigma}{\epsilon_0}$[V/m]가 된다.
반지름 a[m]인 도체구에서도 역시 표면 전계의 세기는 $\dfrac{\sigma}{\epsilon_0}$[V/m]이다.

74 ★★☆ [87. 03. 기사, 78. 83. 89. 산업기사]
무한히 넓은 평면에 면밀도 δ[C/m²]의 전하가 분포되어 있는 경우 전기력선은 면에 수직으로 나와 평행하게 발산한다. 이 평면의 전계의 세기[V/m]는?

① $\delta/2\epsilon_0$ ② δ/ϵ_0 ③ $\delta/2\pi\epsilon_0$ ④ $\delta/4\pi\epsilon_0$

해설 무한 평면 전하에서는 전계가 수직으로 발산한다.

답 70. ② 71. ② 72. ① 73. ④ 74. ①

75 ★ [78. 90. 산업기사]
지구의 표면에 있어서 대지로 향하여 $E=300[V/m]$의 전계가 있다고 가정하면 지표면의 전하 밀도는 몇 $[C/m^2]$인가?

① 1.65×10^{-9} ② -1.65×10^{-9} ③ 2.65×10^{-9} ④ -2.65×10^{-9}

해설 전계의 방향이 지표면이므로 지표면의 전하는 음(-)이다. 전계의 세기 E는 $E=-\sigma/\epsilon_0$이므로
$$\therefore \sigma=-\epsilon_0 E=-8.855\times10^{-12}\times300=-2.65\times10^{-9}[C/m^2]$$

76 ☆ [95. 산업기사]
전하밀도 $\sigma[C/m^2]$의 아주 얇은 무한 평판 도체의 전계의 세기는 몇 $[V/m]$인가?

① $\dfrac{\sigma}{\epsilon_0}$ ② $\dfrac{\sigma}{2\epsilon_0}$ ③ $\dfrac{\sigma}{2\pi\epsilon_0}$ ④ $\dfrac{\sigma}{4\pi\epsilon_0}$

해설 무한 평면에 그림과 같이 가우스 평면을 취하여 가우스 정리를 적용하면
$$\oint E\cdot n\,dS=\dfrac{Q}{\epsilon_0}=\dfrac{\sigma S}{\epsilon_0}$$
$E\cdot 2S=\dfrac{\sigma S}{\epsilon_0}$에서 $E=\dfrac{\sigma}{2\epsilon_0}[V/m]$이다.

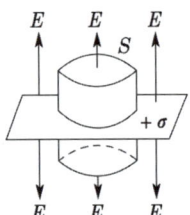

77 ★☆ [79. 82. 83. 05. 산업기사]
진공 중에서 전하 밀도 $\pm\sigma[C/m^2]$의 무한 평면이 간격 $d[m]$로 떨어져 있다. $+\sigma$의 평면으로부터 $r[m]$ 떨어진 점 P의 전계의 세기[N/C]는?

① 0 ② $\dfrac{\sigma}{\epsilon_0}$
③ $\dfrac{\sigma}{2\epsilon_0}$ ④ $\dfrac{\sigma}{2\epsilon_0}\left(\dfrac{1}{r}-\dfrac{1}{r+d}\right)$

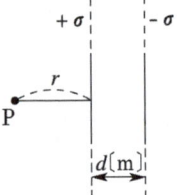

해설 전기력선은 양 전하면 사이에서만 존재한다.

78 ★ [91. 20. 기사]
정전계 내의 도체 표면에서 전계 $E=\dfrac{a_x-2a_y+2a_z}{\epsilon_0}[V/m]$일 때 도체 표면상의 전하밀도 $\rho_s[C/m^2]$를 구하면? 단, 자유 공간이다.

① 1 ② 2 ③ 3 ④ -2

해설 전기력선 수 $N=E\cdot A=\dfrac{Q}{\epsilon_0}$, $\epsilon_0\cdot E=\dfrac{Q}{A}$
$$\dfrac{Q}{A}=\rho_s=\epsilon_0\times\left|\dfrac{a_x-2a_y+2a_z}{\epsilon_0}\right|=|a_x-2a_y+2a_z|=\sqrt{1^2+(-2)^2+2^2}=3[C/m^2]$$

답 75. ④ 76. ② 77. ① 78. ③

79 ★ [83. 98. 산업기사]

반지름 a인 원주 대전체에 전하가 균등하게 분포되어 있을 때 원주 대전체의 내외 전계의 세기 및 축으로부터의 거리와 관계되는 그래프는?

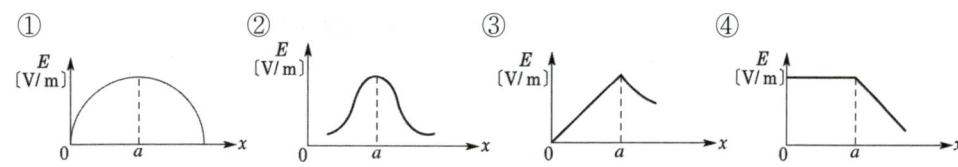

해설 원주 대전체에 전하가 균등하게 분포된 경우

원주 내부 $E_i = \dfrac{r\rho}{2\pi\epsilon_0 a^2} \propto r$, 원주 외부 $E = \dfrac{\rho}{2\pi\epsilon_0 r} \propto \dfrac{1}{r}$

80 ★ [86. 기사]

자유 공간 중에 $y = -1$인 무한 평면상에 균일한 면전하 ρ_s[C/m²]가, 그리고 $y = 5$인 무한 평면상에 균일한 면전하 $-\rho_s$[C/m²]가 있을 때 점 (10, 2, -10)에서의 전계 E는?

① $E = \dfrac{\rho_s}{2\epsilon_0} a_y$[V/m]   ② $E = \dfrac{-\rho_s}{\epsilon_0} a_y$[V/m]

③ $E = \dfrac{\rho_s}{\epsilon_0} a_y$[V/m]   ④ $E = 0$[V/m]

해설 두 무한 평면에 $\pm\rho_s$[C/m²]의 전하 밀도가 서로 대치되어 있으면 $+\rho_s$인 판에서 나온 전기력선이 $-\rho_s$인 판에 모두 들어가므로 두 판 사이의 전계 세기는 거리에 관계없이 일정하다.

$E = \dfrac{\rho_s}{\epsilon_0} a_y$[V/m]

81 ★☆ [87. 94. 95. 산업기사]

반경이 r_1인 가상구 내부에 $+Q$의 전하가 균일하게 분포된 경우, 가상구 내의 전계의 크기 설명 중 옳은 것은? 단, r는 r방향의 단위 벡터이다.

① 반경이 $0 \sim r_1$인 구간에서 전계의 세기는 영이다.

② 반경이 $0 \sim r_1$인 구간에서 전계의 세기는 $\dfrac{Qr}{4\pi\epsilon_0 r_1^3} r$(단, $r \leq r_1$)로 거리의 크기에 따라 증가한다.

③ 반경이 $0 \sim r_1$인 구간에서 전계의 세기는 $\dfrac{Qr}{4\pi\epsilon_0 r_1^3} r$(단, $r \leq r_1$)로 거리의 크기에 따라 감소한다.

④ 반경이 $0 \sim r_1$인 구간에서 전계의 세기는 $\dfrac{Q}{4\pi\epsilon_0 r_1}$로 일정하다.

해설 구도체에 전하가 균일하게 분포된 경우

구내부($0 \sim r_1$)에서 전계는 $E_i = \dfrac{rQ}{4\pi\epsilon_0 r_1^3} r$[V/m]로 거리에 비례하며,

구외부($r_1 \sim \infty$)에서 $E = \dfrac{Q}{4\pi\epsilon_0 r^2} r$[V/m]로 거리의 제곱에 반비례한다.

전하가 균일하게 분포되지 않은 일반적인 경우 내부의 전계는 0이다.

답 79. ③ 80. ③ 81. ②

82 [90. 05. 12. 기사]

자유 공간 중에서 점 P(5, −2, 4)가 도체면상에 있으며 이 점에서 전계 $E = 6a_x - 2a_y + 3a_z$[V/m]이다. 점 P에서의 면전하 밀도 ρ_s[C/m²]는?

① $-2\epsilon_0$[C/m²] ② $3\epsilon_0$[C/m²] ③ $6\epsilon_0$[C/m²] ④ $7\epsilon_0$[C/m²]

해설) $E = \dfrac{\rho}{\epsilon_0}$

∴ $\rho = \epsilon_0 E = \epsilon_0 |6a_x - 2a_y + 3a_z| = \epsilon_0(\sqrt{6^2 + (-2)^2 + 3^2}) = 7\epsilon_0$[C/m²]

83 [95. 산업기사]

구대칭 전하에 의한 계의 전계 E와 반경 r의 관계는?

① 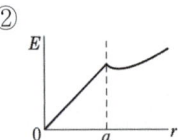 ② ③ ④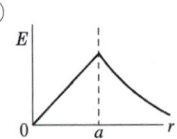

해설) 구대칭 전하에 의한 전계는 내부에서는 $E = \dfrac{rQ}{4\pi\epsilon_0 a^3}$[V/m]로 거리에 비례하며,

외부에서는 $E = \dfrac{Q}{4\pi\epsilon_0 r^2}$[V/m]로 거리의 제곱에 반비례한다.

84 [96. 07. 기사]

절연내력 300[kV/m]인 공기 중에 놓여진 직경 1[m]의 구도체에 줄 수 있는 최대전하는 얼마인가?

① 6.75×10^4[C] ② 6.75×10^{16}[C]
③ 8.33×10^{-5}[C] ④ 8.33×10^{-6}[C]

해설) $E = \dfrac{Q}{4\pi\epsilon_0 r^2} = 300 \times 10^3$ 에서

$Q = (4\pi\epsilon_0 r^2) \times (300 \times 10^3)$
$= \dfrac{1}{9 \times 10^9} \times 0.5^2 \times 300 \times 10^3 ≒ 8.33 \times 10^{-6}$[C]

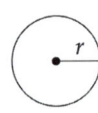

85 [92. 산업기사]

공기중에 놓인 도체구의 전위가 60[kV]일 때, 도체 표면의 전계의 세기는 4[kV/cm]였다. 도체구에 대전된 전하량은 몇 [μC]인가?

① 1 ② 10^5 ③ 10^{-4} ④ 10^{-6}

해설) $V = \dfrac{Q}{4\pi\epsilon_0 a}$, $E = \dfrac{Q}{4\pi\epsilon_0 a^2}$ 에서 $a = \dfrac{V}{E}$

∴ $Q = 4\pi\epsilon_0 aV = 4\pi\epsilon_0 \dfrac{V^2}{E} = \dfrac{(60 \times 10^3)^2}{9 \times 10^9 \times 4 \times 10^5} = 10^{-6}$[C] = 1[μC]

답) 82. ④ 83. ④ 84. ④ 85. ①

유사문제

■ 유사문제 원문 및 해설 : 동일출판사 홈페이지 » 고객센터 » 자료실

01. 자유 공간 중에서 점 P(5, −2, 4)가 도체면상에 있으며 이 점에서 전계 $E = 6a_x - 2a_y + 3a_z$[V/m]이다. 점 P에서의 면전하 밀도 ρ_s[C/m²]는?

답 $7\epsilon_0$[C/m²]

02. 자유공간 중에서 점 (x_1, y_1, z_1)에 Q[C]인 점전하가 있을 때 점(x, y, z)의 전계 E는 얼마인가?

답 $E = \dfrac{Q\{(x-x_1)a_x + (y-y_1)a_y + (z-z_1)a_z\}}{4\pi\epsilon_0\{(x-x_1)^2 + (y-y_1)^2 + (z-z_1)^2\}^{3/2}}$

03. +1[μC], +2[μC]의 두 점전하가 진공 중에서 1[m] 떨어져 있을 때 이 두 점전하를 연결하는 선상에서 전계의 세기가 0이 되는 점은?

답 +1[μC]으로부터 $(\sqrt{2}-1)$[m] 떨어진 점

04. 점전하 $+2Q$[C]이 $x = 0$, $y = 1$인 점에 놓여 있고 $-Q$[C]의 전하가 $x = 0$, $y = -1$인 점에 위치할 때 전계의 세기가 0이 되는 점을 찾아라.

답 $-Q$쪽으로 5.83 $\begin{cases} x = 0 \\ y = -5.83 \end{cases}$

05. 무한장 직선 전하에 의한 전계는?

답 거리에 반비례한다.

06. 무한장 직선 도체에 선밀도 10[C/m]의 전하가 분포되어 있을 때 직선 도체를 축으로 하는 반지름 5[m]의 원통면상의 전계는 몇 [V/m]인가?

답 3.6×10^{10}[V/m]

07. 그림과 같이 반지름 a[m]인 원형도선에 전하가 선밀도 λ[C/m]로 균일하게 분포되어 있다. 그 중심에 수직한 z축상의 한 점 P의 전계의 세기는?

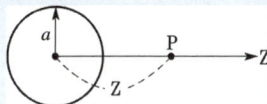

답 $\dfrac{\lambda z a}{2\epsilon_0(a^2+z^2)^{\frac{3}{2}}}$[V/m]

08. $z = 0$인 평면에 반경 r[m]인 원주상에 ρ_L[C/m]의 선전하 밀도가 진공 내에 존재할 때 $z = a$ 점에서 전계 E는 얼마인가?

답 $E = \dfrac{\rho_L a r}{2\epsilon_0(r^2+a^2)^{3/2}} a_z$

09. 한 변의 길이가 1[m]인 정삼각형의 한 변에 선전하 밀도 λ[C/m]가 존재할 때, 정점에서의 전계는 몇 [V/m]인가?

답 $\dfrac{\lambda}{2\sqrt{3}\pi\epsilon_0}$[V/m]

10. 진공 중에서 전하 밀도가 25×10^{-9}[C/m]인 무한히 긴 선전하가 z축상에 있을 때 (3, 4, 0)[m]인 전계의 세기[V/m]는?

   답 $54i + 72j$ [V/m]

11. 중심이 원점에 있고 $z=0$인 평면에 반경 r[m]인 원판에 ρ_s[C/m^2]의 면전하 밀도가 진공 내에 있을 때 원판의 중심축상 $z=h$ 점에서 전계 E를 구하면?

   답 $\dfrac{\rho_s}{2\epsilon_0}\left(1 - \dfrac{h}{\sqrt{r^2+h^2}}\right)a_z$ [V/m]

12. 진공 중에 밀도가 25×10^{-9}[C/m]인 무한히 긴 선전하가 z축상에 있을 때 (3, 4, 0)[m]의 전계의 세기는?

   답 $54i + 72j$ [V/m]

13. 그림과 같이 두께 a[m]로 무한히 큰 대전체가 있다. 이 양측의 표면에 단위 면적당 $+\sigma$[C/m^2]의 전하가 균일하게 대전되어 있을 때, 이 대전체 좌측 공간의 점 P의 전계 세기는?

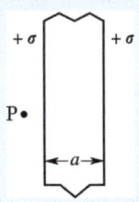

   답 $\dfrac{\sigma}{2\epsilon_0}$

14. 진공 중에서 Q[C]의 전하가 반지름 a[m]인 구에 내부까지 균일하게 분포되어 있는 경우 구의 중심으로부터 $a/2$인 거리에 있는 점의 전계의 세기[V/m]는?

   답 $\dfrac{Q}{8\pi\epsilon_0 a^2}$ [V/m]

전기 쌍극자

86 ★★★ [82. 83. 96. 11. 기사]

쌍극자의 중심을 좌표 원점으로 하여 쌍극자 모멘트 방향을 x축, 이의 직각 방향을 y축으로 할 때 원점에서 같은 거리 r만큼 떨어진 점의 y 방향의 전계의 세기가 가장 큰 점은 x축과 몇 도의 각을 이루는가?

① 0° ② 30° ③ 45° ④ 60°

해설 $E = \dfrac{M}{4\pi\epsilon_0 r^3}\sqrt{1+3\cos^2\theta}$ [V/m]이므로 전계는 $\theta = 0°$일 때 최대이고, $\theta = 90°$일 때 최소가 된다.

답 86. ①

87 ☆ [99. 04. 산업기사]
전기 쌍극자로부터 r 만큼 떨어진 점의 전위 크기 V 는 r 과 어떤 관계에 있는가?

① $V \propto r$ ② $V \propto \dfrac{1}{r^3}$ ③ $V \propto \dfrac{1}{r^2}$ ④ $V \propto \dfrac{1}{r}$

해설 전기쌍극자 전위 : $V = \dfrac{M\cos\theta}{4\pi\epsilon_0 r^2}$ [V] ∴ $V \propto \dfrac{1}{r^2}$

전계 : $E = \dfrac{M\sqrt{1+3\cos^2\theta}}{4\pi\epsilon_0 r^3}$ [V/m] ∴ $E \propto \dfrac{1}{r^3}$

88 ★★★ [86. 90. 11. 기사, 93. 산업기사]
전기 쌍극자에 의한 전계의 세기는 쌍극자로부터의 거리 r 에 대해서 어떠한가?

① r 에 반비례한다. ② r^2 에 반비례한다.
③ r^3 에 반비례한다. ④ r^4 에 반비례한다.

해설 전기 쌍극자에 의한 전위 $V = \dfrac{M\cos\theta}{4\pi\epsilon_0 r^2}$ [V]

전기 쌍극자에 의한 전계 $E = \dfrac{M\sqrt{1+3\cos^2\theta}}{4\pi\epsilon_0 r^3}$ [V/m] $\propto \dfrac{1}{r^3}$

89 ☆ [96. 산업기사]
쌍극자 모멘트가 M [C·m]인 전기쌍극자에서 점 P의 전계는 $\theta = \dfrac{\pi}{2}$ 일 때 어떻게 되는가? 단, θ 는 전기쌍극자의 중심에서 축방향과 점 P를 잇는 선분의 사이각이다.

① 최소 ② 최대
③ 항상 0이다. ④ 항상 1이다.

해설 $E = \dfrac{M\sqrt{1+3\cos^2\theta}}{4\pi\epsilon_0 r^3}$ [V/m]

$\theta = 0°$에서 최대, $\theta = 90°$에서 최소

90 ★★★ [88. 99. 01. 03. 04. 21. 기사, 21. 산업기사]
쌍극자 모멘트가 M [C·m]인 전기 쌍극자에 의한 임의의 점 P의 전계의 크기는 전기 쌍극자의 중심에서 축방향과 점 P를 잇는 선분 사이의 각 θ 가 어느 때 최대가 되는가?

① 0 ② $\pi/2$ ③ $\pi/3$ ④ $\pi/4$

해설 $E = \dfrac{M}{4\pi\epsilon_0 r^3}(\sqrt{1+3\cos^2\theta})$ 에서

점 P의 전계는 $\theta = 0°$일 때 최대이고 $\theta = 90°$일 때 최소가 된다.

답 87. ③ 88. ③ 89. ① 90. ①

91 ★ [93. 기사]

전기 쌍극자가 만드는 전계는? 단, M은 쌍극자 능률이다.

① $E_r = \dfrac{M}{2\pi\epsilon_0 r^3}\sin\theta$, $E_\theta = \dfrac{M}{4\pi\epsilon_0 r^3}\cos\theta$

② $E_r = \dfrac{M}{4\pi\epsilon_0 r^3}\sin\theta$, $E_\theta = \dfrac{M}{4\pi\epsilon_0 r^3}\cos\theta$

③ $E_r = \dfrac{M}{2\pi\epsilon_0 r^3}\cos\theta$, $E_\theta = \dfrac{M}{4\pi\epsilon_0 r^3}\sin\theta$

④ $E_r = \dfrac{M}{4\pi\epsilon_0}\omega$, $E_\theta = \dfrac{M}{4\pi\epsilon_0}(1-\omega)$

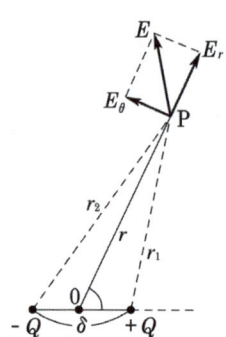

[해설] $E = E_r a_r + E_\theta a_\theta = \dfrac{M}{4\pi\epsilon_0 r^3}(2\cos\theta a_r + \sin\theta a_\theta)$

92 ☆ [94. 산업기사]

전기 쌍극자로부터 임의 점의 거리가 r이라 할 때 전계의 세기는 다음 중 어느 것에 비례하는가?

① $1/r^3$에 비례 ② r^3에 비례
③ $1/r^2$에 비례 ④ $1/r$에 비례

[해설] 전기 쌍극자에 의한 전계는 $E = \dfrac{M}{4\pi\epsilon_0 r^3}\sqrt{1+3\cos^2\theta}$ [V/m]로 $\dfrac{1}{r^3}$에 비례, 즉 거리의 3승에 반비례한다.

유사문제

01. 전기 쌍극자에 의한 등전위면을 극좌표로 나타내면? 단, k는 상수이다.

답 $r^2 = k\cos\theta$

02. 쌍극자 모멘트 $4\pi\epsilon_0$[C·m]의 전기 쌍극자에 의한 공기 중 한 점 1[cm], 60°의 전위[V]는?

답 5000[V]

03. 다음 그림은 전기 쌍극자로부터 일정한 거리를 표시한 반지름 R[m]의 원이다. 원주상에서 가장 전위가 높은 점은?

답 A

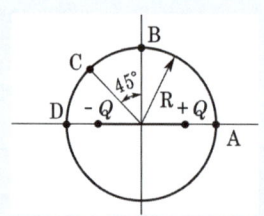

답 91. ③ 92. ①

04. 그림과 같은 전기쌍극자에서 P점의 전계의 세기는 몇 [V/m]인가?

답 $a_r \dfrac{Q\delta}{2\pi\epsilon_0 r^3}\cos\theta + a_\theta \dfrac{Q\delta}{4\pi\epsilon_0 r^3}\sin\theta$ [V/m]

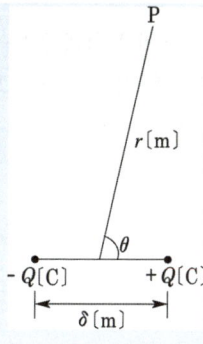

전위, 전위차

93 ★★☆ [89. 00. 03. 기사, 89. 06. 25. 산업기사]

정전 유도에 의해서 고립 도체에 유기되는 전하는?

① 정전하만 유기되며 도체는 등전위이다.
② 정, 부 동량의 전하가 유기되며 도체는 등전위이다.
③ 부전하만 유기되며 도체는 등전위가 아니다.
④ 정, 부 동량의 전하가 유기되며 도체는 등전위가 아니다.

94 ★☆ [89. 99. 01. 06. 산업기사]

그림과 같이 등전위면이 존재하는 경우 전계의 방향은?

① a 의 방향
② b 의 방향
③ c 의 방향
④ d 의 방향

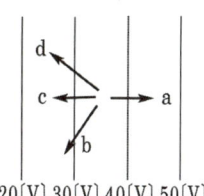

해설 전계의 방향(전기력선)은 전위가 높은 점에서 낮은 점으로 향한다.

95 ★☆ [97. 07. 19. 산업기사]

어느 점전하에 의하여 생기는 전위를 처음 전위의 1/2이 되게 하려면 전하로부터의 거리를 몇 배로 하면 되는가?

① $1/\sqrt{2}$　　② $1/2$　　③ $\sqrt{2}$　　④ 2

해설 $V = \dfrac{Q}{4\pi\epsilon_0 r} \propto \dfrac{1}{r}$ 이므로 $\therefore r = 2$배

답 93. ② 94. ③ 95. ④

96 ★ [90. 기사]

반경 a이고, Q의 전하를 갖는 절연된 도체구가 있다. 구의 중심에서의 거리 r에 따라 변하는 전위 V와 전계의 세기 E_r을 그림으로 표시하면? 단, 그림에서 E_r 및 V축 눈금의 크기는 각각 다르다고 봄

① 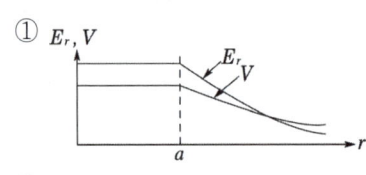   ②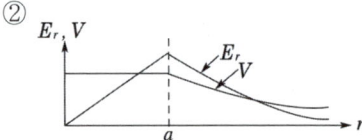

③ 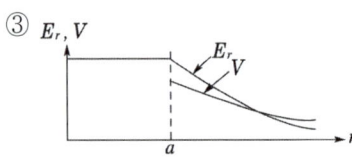   ④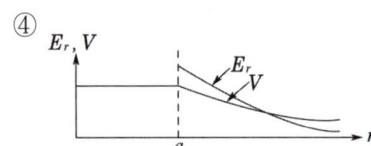

해설 전하가 골고루 분포되어 있다는 조건이 있지 않은 경우에는 도체표면에만 전하가 분포하는 것으로 보며, 이때 구도체 내부($0 \sim a$)의 전계는 $E_i = 0$이며, 구도체는 등전위이다.

구외부($a \sim \infty$)는 $E = \dfrac{Q}{4\pi\epsilon_0 r^2}$, $V = \dfrac{Q}{4\pi\epsilon_0 r}$로 거리의 함수가 된다.

97 ★☆ [77. 78. 93. 16. 18. 산업기사]

무한 평행한 평판 전극 사이의 전위차 V[V]는? 단, 평행판 전하 밀도 σ[C/m²], 판간 거리 d[m]라 한다.

① $\dfrac{\sigma}{\epsilon_0}$ ② $\dfrac{\sigma}{\epsilon_0}d$ ③ σd ④ $\dfrac{\epsilon_0 \sigma}{d}$

해설 전하 밀도 σ[C/m²]에서 나오는 전기력선 밀도 $\dfrac{\sigma}{\epsilon_0}$[개/m²]$= \dfrac{\sigma}{\epsilon_0}$[V/m] (전계의 세기)가 된다. 전위는

$\therefore V = Ed = \dfrac{\sigma}{\epsilon_0}d$[V]

98 ☆ [99. 산업기사]

50[V/m]인 평등전계 중의 80[V]되는 A점에서 전계 방향으로 80[cm] 떨어진 B점의 전위는 몇 [V]인가?

① 20
② 40
③ 60
④ 80

해설 $V_{BA} = V_B - V_A = -\int_A^B \boldsymbol{E} \cdot d\boldsymbol{l} = -\int_0^{0.8} \boldsymbol{E} \cdot d\boldsymbol{l} = -[50l]_0^{0.8} = -40$[V]

$E = 50$[V/m], $V_A = 80$[V], $V_{BA} = -40$[V]이므로

$\therefore V_B = V_A + V_{BA} = 80 - 40 = 40$[V]

답 96. ④ 97. ② 98. ②

99 900[V]의 전위차는 C.G.S 정전단위로 몇 [esu]의 전위차에 해당되는가?

① 1　　② 2　　③ 3　　④ 4

해설) $1[V] = \frac{1}{300}[esu]$이므로 900[V]를 CGS 정전단위로 나타내면 $\frac{900}{300} = 3$ CGSesu가 된다.

100 그림과 같이 전계가 어디서나 x의 (+)방향으로 $E = 5[V/m]$인 평등 전계 중에서 원점의 전위 $V_0 = 10[V]$이었다. $\triangle y = 0.1[m]$인 P점의 전위는?

① 9.5
② 10.5
③ 0
④ 10

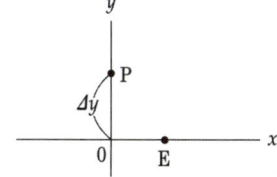

해설) 경로 0P는 전기력선과 수직인 등전위(평등 전계)이므로 전위차는 0이다.

101 점 (2, 2, 0)에 Q_1[C], 점 (2, −2, 0)에 Q_2[C]이 있을 때 점 (2, 0, 0)에서 전계의 세기의 y 성분이 0이 되는 조건은?

① $Q_1 = Q_2$　　② $Q_1 = -Q_2$　　③ $Q_1 = 2Q_2$　　④ $Q_1 = -2Q_2$

해설) E는 벡터이므로 방향과 크기를 고려하면 (2, 0, 0)에서 $E_y = 0$인 조건은 $Q_1 = Q_2$이다.

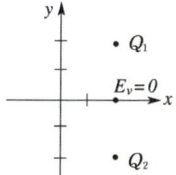

102 대전 도체 내부의 전위는?

① 0 전위이다.　　② 표면전위와 같다.
③ 대지전위와 같다.　　④ 무한대이다.

해설) 대전 도체 내부는 전계(전기력선)가 없다. 즉 전위차가 발생하지 않는다. 따라서 내부의 전위와 표면전위는 같다(도체는 등전위이다).

103 반지름 10[cm]인 구의 표면 전계가 3[kV/mm]라면 이 구의 전위는 몇 [kV]이겠는가?

① 100　　② 300　　③ 500　　④ 800

해설) $V = Er = 3 \times 10^3 \times 10^3 [V/m] \times 0.1[m] = 3 \times 10^5 [V] = 300[kV]$

답) 99. ③　100. ④　101. ①　102. ②　103. ②

104 ★ [98. 01. 05. 산업기사]

원점에 전하 0.01[μC]이 있을 때 두 점 A(0, 2, 0)[m]와 B(0, 0, 3)[m]간의 전위차 V_{AB}는 몇 [V]인가?

① 10 ② 15 ③ 18 ④ 20

해설 $V_{AB} = \dfrac{Q}{4\pi\epsilon_0}\left(\dfrac{1}{a}-\dfrac{1}{b}\right) = 9\times 10^9 \times 0.01\times 10^{-6}\left(\dfrac{1}{2}-\dfrac{1}{3}\right) = 1.5\times 10 = 15[V]$

105 ★★★ [76. 기사, 76. 79. 94. 11. 산업기사, ⊕ : 78. 산업기사]

공기 중에 고립하고 있는 지름 40[cm]인 구도체의 전위를 몇 [V] 이상으로 하면, 구 표면의 공기 절연이 파괴되는가? 단, 공기의 절연 내력은 30[kV/cm]라 한다.

① 300[kV] 이상 ② 450[kV] 이상 ③ 600[kV] 이상 ④ 1200[kV] 이상

해설 $V = \dfrac{Q}{4\pi\epsilon_0 r}[V]$, $G = E = \dfrac{Q}{4\pi\epsilon_0 r^2}[V/m]$

단, G는 구의 표면에 있어서의 전위 경도이다.

$V \geq Gr = 3\times 10^6 [V/m] \times \dfrac{40}{2}\times 10^{-2}[m] = 600\times 10^3 [V] = 600[kV]$

즉, 600[kV] 이상으로 하면 구 표면의 절연이 파괴된다.

106 ★ [78. 94. 산업기사]

절연 내력 3[kV/mm]의 공기 중에 놓인 반지름 r[m]의 구도체에 줄 수 있는 최대 전하가 1/3000[C]이었다. 이 구도체의 반지름[m]은?

① 0.5 ② 1 ③ 2 ④ 3

해설 $V = \dfrac{Q}{4\pi\epsilon_0 r}[V]$, $G = E = \dfrac{Q}{4\pi\epsilon_0 r^2}[V/m]$

$V = Gr$ 이므로 $\dfrac{Q}{4\pi\epsilon_0 r} = Gr$, $r^2 = \dfrac{Q}{4\pi\epsilon_0 G} = 9\times 10^9 \times \dfrac{\dfrac{1}{3\times 10^3}}{3\times 10^6} = 1$

∴ $r = 1$[m]

107 ★☆ [77. 89. 98. 산업기사]

원점에 전하 0.4[μC]이 있을 때 두 점 (4, 0, 0)[m]와 (0, 3, 0)[m]간의 전위차 V는?

① 300 ② 150 ③ 100 ④ 30

해설 그림과 같이 두 점 A, B간의 전위차 V_{AB}는

$V_{AB} = V_A - V_B = \dfrac{Q}{4\pi\epsilon_0}\left(\dfrac{1}{r_1}-\dfrac{1}{r_2}\right)$

$= 9\times 10^9 \times 0.4\times 10^{-6}\left(\dfrac{1}{3}-\dfrac{1}{4}\right)$

$= \dfrac{9\times 10^9 \times 0.4\times 10^{-6}}{12} = 300[V]$

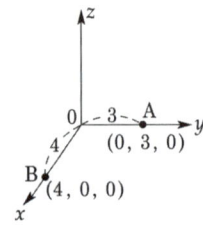

답 104. ② 105. ③ 106. ② 107. ①

108 ★ [92. 기사]

진공 중에 놓여있는 무한직선전하(선전하밀도 : $\rho_L[\text{C/m}]$)로부터 거리가 각각 $r_1[\text{m}]$, $r_2[\text{m}]$ 떨어진 두 점 사이의 전위차는 몇 [V]인가? 단, $r_2 > r_1$이다.

① $V_{12} = \dfrac{\rho_L}{2\pi\epsilon_0} \ln \dfrac{r_2}{r_1}$ ② $V_{12} = \dfrac{\rho_L}{2\pi} \ln \dfrac{r_1}{r_2}$

③ $V_{12} = \dfrac{\rho_L}{2\epsilon_0} \ln r_1 \cdot r_2$ ④ $V_{12} = \dfrac{\rho_L}{4\pi\epsilon_0} \ln \dfrac{r_1}{r_2}$

[해설] 무한직선전하에 의한 전계는 $E = \dfrac{\rho_L}{2\pi\epsilon_0 r}[\text{V/m}]$이므로

$V = -\int_{r_2}^{r_1} \boldsymbol{E} \cdot d\boldsymbol{l} = \dfrac{-\rho_L}{2\pi\epsilon_0}[\ln r]_{r_1}^{r_2} = \dfrac{\rho_L}{2\pi\epsilon_0} \ln \dfrac{r_2}{r_1}[\text{V}]$

109 ☆ [82. 산업기사]

그림에서 O점의 전위를 라플라스의 근사법에 의하여 구하면?

① $V_1 + V_2 + V_3 + V_4$

② $\dfrac{1}{2}(V_1 + V_2 + V_3 + V_4)$

③ $4(V_1 + V_2 + V_3 + V_4)$

④ $\dfrac{1}{4}(V_1 + V_2 + V_3 + V_4)$

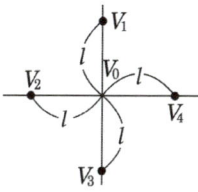

[해설] 라플라스 근사법

$\dfrac{\partial^2 V}{\partial x^2} + \dfrac{\partial^2 V}{\partial y^2} \fallingdotseq \left[\dfrac{\partial^2 V}{\partial x^2}\right]_0 + \left[\dfrac{\partial^2 V}{\partial y^2}\right]_0 = \dfrac{V_1 + V_2 + V_3 + V_4 - 4V_0}{l^2} = 0$

$\therefore V_0 \fallingdotseq \dfrac{1}{4}(V_1 + V_2 + V_3 + V_4)$

110 ☆ [98. 산업기사]

P점에서 같은 거리에 있는 4개의 점의 전위를 측정하였더니 그림과 같이 나타났다고 하면 P점의 전위는 약 몇 [V] 정도 되는가?

① 12.3
② 14.5
③ 16.9
④ 18.2

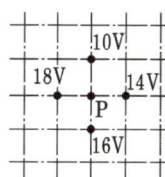

[해설] 라플라스 근사법

$\dfrac{\partial^2 V}{\partial x^2} + \dfrac{\partial^2 V}{\partial y^2} = \left|\dfrac{\partial^2 V}{\partial x^2}\right|_0 + \left|\dfrac{\partial^2 V}{\partial y^2}\right|_0 = \dfrac{V_1 + V_2 + V_3 + V_4 - 4V_0}{l^2} = 0$

$V_0 = \dfrac{1}{4}(V_1 + V_2 + V_3 + V_4) = \dfrac{1}{4}(18 + 10 + 14 + 16) = 14.5[\text{V}]$

[답] 108. ① 109. ④ 110. ②

111 진공 중에 반지름 $\frac{1}{50}$[m]인 도체구 A에 내외 반지름이 $\frac{1}{25}$[m] 및 $\frac{1}{20}$[m]인 도체구 B를 동심으로 놓고, 도체구 A에 $Q_A = 2 \times 10^{-10}$[C]의 전하를 대전시키고 도체구 B의 전하를 0으로 했을 때의 도체구 A의 전위는 몇 [V]인가?

① 9   ② 45   ③ 81   ④ 171

해설) $V = \frac{Q}{4\pi\epsilon_0}\left(\frac{1}{a} - \frac{1}{b} + \frac{1}{c}\right) = \frac{2 \times 10^{-10}}{4\pi\epsilon_0}\left(\frac{1}{1/50} - \frac{1}{1/25} + \frac{1}{1/20}\right) = 81[V]$

112 그림과 같이 동심구에서 도체 A에 Q[C]을 줄 때 도체 A의 전위[V]는? 단, 도체 B의 전하는 0이다.

① $\dfrac{Q}{4\pi\epsilon_0 C}$ ② $\dfrac{Q}{4\pi\epsilon_0}\left(\dfrac{1}{a} - \dfrac{1}{b}\right)$

③ $\dfrac{Q}{4\pi\epsilon_0}\left(\dfrac{1}{a} + \dfrac{1}{b}\right)$ ④ $\dfrac{Q}{4\pi\epsilon_0}\left(\dfrac{1}{a} - \dfrac{1}{b} + \dfrac{1}{c}\right)$

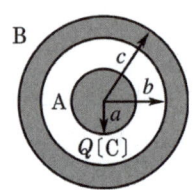

해설) $V_A = -\int_\infty^c E dr - \int_b^a E dr = \dfrac{Q}{4\pi\epsilon_0}\left(\dfrac{1}{a} - \dfrac{1}{b} + \dfrac{1}{c}\right)$[V]

113 한 변의 길이가 a[m]인 정사각형 A, B, C, D의 각 정점에 각각 Q[C]의 전하를 놓을 때 정사각형 중심 O의 전위는 몇 [V]인가?

① $\dfrac{3Q}{4\pi\epsilon_0 a}$ ② $\dfrac{3Q}{\pi\epsilon_0 a}$

③ $\dfrac{\sqrt{2}Q}{\pi\epsilon_0 a}$ ④ $\dfrac{2Q}{\pi\epsilon_0 a}$

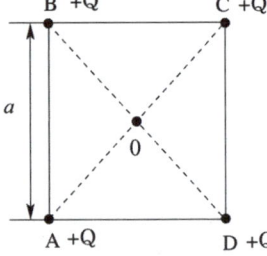

해설) $r = \dfrac{1}{\sqrt{2}}a$[m]

1점 전위 $V_1 = \dfrac{Q}{4\pi\epsilon_0\left(\dfrac{a}{\sqrt{2}}\right)} = \dfrac{Q}{2\sqrt{2}\pi\epsilon_0 a}$[V], 중점 전위 $V_0 = 4V_1 = \dfrac{\sqrt{2}Q}{\pi\epsilon_0 a}$[V]

114 공기 중 원점의 점전하에서 0.5, 2[m] 거리의 전위가 각각 30, 15[V]일 때, 1[m] 거리인 점의 전위[V]는?

① 25   ② 17.5   ③ 20   ④ 22.5

답   111. ③   112. ④   113. ③   114. ③

해설
$$15 = \frac{1}{4\pi\epsilon_0 \times 2} + A \quad \cdots\cdots ①$$
$$30 = \frac{1}{4\pi\epsilon_0 \times 0.5} + A \quad \cdots\cdots ②$$
$$V_c = \frac{1}{4\pi\epsilon_0 \times 1} + A \quad \cdots\cdots ③$$

①식에서 $\frac{1}{4\pi\epsilon_0} = (15-A) \times 2$이므로

②식은 $30 = (15-A) \times 2 \times 2 + A$ ∴ $A = 10$

따라서, ∴ $\frac{1}{4\pi\epsilon_0} = (15-10) \times 2 = 10$ ∴ $V_c = \frac{1}{4\pi\epsilon_0} + A = 10 + 10 = 20 [V]$

115 [94. 산업기사] 그림과 같은 등전위면에서 전계의 방향은?

① A
② B
③ C
④ D

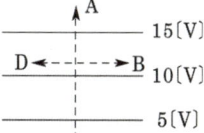

해설 전계(전기력선)의 방향은 등전위면과 수직을 이루며, 전위가 높은 곳에서 낮은 곳으로 향한다.

116 [88. 98. 기사] 무한장 선전하와 무한 평면 전하에서 $r[m]$ 떨어진 점의 전위는 각각 얼마인가? 단, ρ_L은 선전하 밀도, ρ_s는 평면 전하 밀도이다.

① 무한 직선 : $\frac{\rho_L}{2\pi\epsilon_0}[V]$, 무한 평면 도체 : $\frac{\rho_s}{\epsilon}[V]$

② 무한 직선 : $\frac{\rho_L}{4\pi\epsilon_0}[V]$, 무한 평면 도체 : $\frac{\rho_s}{2\pi\epsilon_0}[V]$

③ 무한 직선 : $\frac{\rho_L}{\epsilon}[V]$, 무한 평면 도체 : $\infty [V]$

④ 무한 직선 : $\infty [V]$, 무한 평면 도체 : $\infty [V]$

해설 전하로부터 거리가 멀어짐에 따라 E는 감소하나 무한 선전하, 평면전하로 인한 임의점의 전위는 ∞이다.

117 [02. 기사] 면전하 밀도가 $\rho_s [C/m^2]$인 평면으로부터 $r[m]$ 떨어진 점에서의 전위 U는 몇 V인가?

① $U = \frac{1}{2\pi\epsilon} \iint \frac{\rho_s}{r} ds$
② $U = \frac{1}{2\pi\epsilon r^2} \iint \rho_s \, ds$
③ $U = \frac{1}{4\pi\epsilon r^2} \iint \rho_s \, ds$
④ $U = \frac{1}{4\pi\epsilon} \iint \frac{\rho_s}{r} ds$

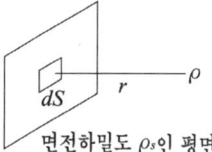

면전하밀도 ρ_s인 평면

답 115. ③ 116. ④ 117. ④

★ [02. 기사]

118 체적 전하밀도 ρ[C/m^3]로 V[m^3]의 체적에 걸쳐서 분포되어 있는 전하분포에 의한 전위를 구하는 식은?

① $\frac{1}{4\pi\epsilon_0}\int\int\int_v \frac{\rho}{r^2}dv$[V]　　② $\frac{1}{4\pi\epsilon_0}\int\int\int_v \frac{\rho}{r}dv$[V]

③ $\frac{1}{2\pi\epsilon_0}\int\int\int_v \frac{\rho}{r^2}dv$[V]　　④ $\frac{1}{2\pi\epsilon_0}\int\int\int_v \frac{\rho}{r}dv$[V]

☆ [94. 산업기사]

119 공기의 절연내력은 30[kV/cm]이다. 공기 중에 고립되어 있는 직경 40[cm]인 도체구에 걸어 줄 수 있는 전위의 최댓값은 몇 [kV]인가?

① 6　② 15　③ 600　④ 1200

해설 $G = 30[\text{kV/cm}] = 3\times10^6[\text{V/m}]$이므로 $V = G\cdot a = 3\times10^6\times20\times10^{-2} = 600[\text{kV}]$

☆ [80. 산업기사]

120 완전 진공으로 된 평등 전계 내에서 전자가 자유로이 운동하고 있을 때 전하를 e, 전자의 질량을 m, 전자가 통과한 곳의 전위차를 V라 할 때 전자의 속도 v[m/s]는?
단, $e = 1.602\times10^{-19}$[C], $m = 9.107\times10^{-31}$[kg]이다.

① $v = 9.55\times10^5\sqrt{V}$　② $v = 5.95\times10^3\sqrt{V}$

③ $v = 5.95\times10^5\sqrt{V}$　④ $v = 9.55\times10^3\sqrt{V}$

해설 $W = eV = \frac{1}{2}mv^2,\ v^2 = \frac{2eV}{m}$

$$\therefore v = \sqrt{\frac{2eV}{m}} = \sqrt{\frac{2e}{m}}\sqrt{V} = \sqrt{\frac{2\times1.602\times10^{-19}}{9.107\times10^{-31}}}\sqrt{V} = 5.95\times10^5\sqrt{V}[\text{m/s}]$$

유사문제

▮ 유사문제 원문 및 해설 : 동일출판사 홈페이지 ≫ 고객센터 ≫ 자료실

01. 그림과 같이 $z=0$인 평면상에 있는 반지름 a인 균일 선전하에 의한 $z=h$인 점에서 전위 V는? 단, 주위 공간의 유전율은 ϵ_0이며 모든 양의 단위는 MKS 단위를 사용한다.

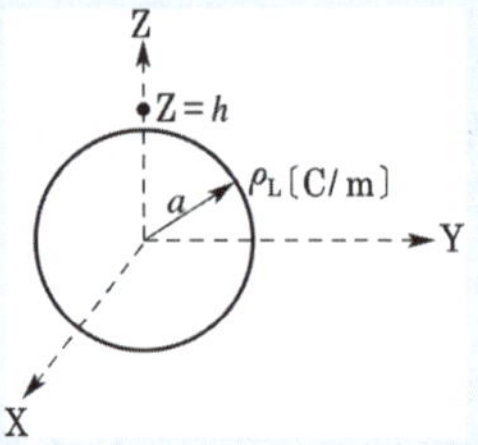

답 $\frac{\rho_L a}{2\epsilon_0\sqrt{a^2+h^2}}$

답 118. ② 119. ③ 120. ③

02. 면적이 매우 넓은 2개의 도체판을 d[m]의 간격으로 수평으로 평행하게 배치하고 그 평형 도체판 사이에 놓인 전자가 정지하고 있기 위해서 그 도체판 사이에 가하여야 할 전위차[V]는? 단, m = 전자 질량, g = 중력 가속도, e = 전자의 전하량이다.

🖻 $\dfrac{mgd}{e}$ [V]

03. 반지름 a[m]인 구 체적 내에 공간전하 밀도 ρ[c/m³]가 균등분포된 경우, 구 내외의 전위분포 그림으로 옳은 것은?

🖻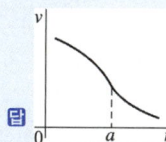

04. 점전하에 의한 전계 내의 한 점 P에서 전위의 기울기가 180[V/m], 전위가 900[V]일 때 이 점전하의 크기는?

🖻 $0.5[\mu C]$

05. 반경이 $a = 10$[cm]인 구의 표면 전하 밀도를 $\sigma = 10^{-10}$[C/m²]이 되도록 하는 구의 전위 V는 얼마인가?

🖻 1.13[V]

06. 체적이 36π[cm³]되는 도체구의 표면 전하 밀도 $\sigma = 10^{-10}$[C/m²]이 되도록 하는 구의 전위는 몇 [V]인가?

🖻 0.34[V]

07. 그림과 같은 2동심 구도체에서 도체 1의 전하가 $Q_1 = 4\pi\epsilon_0$[C], 도체 2의 전하가 $Q_2 = 0$일 때 도체 1의 전위는 몇 [V]인가? 단, $a = 10$[cm], $b = 15$[cm], $c = 20$[cm]라 함

🖻 $\dfrac{25}{3}$ [V]

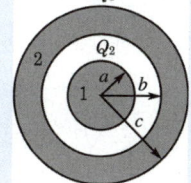

08. 반지름 a[m]인 구도체에 Q[C]의 전하가 주어졌을 때 구심에서 $5a$[m] 되는 점의 전위[V]는?

🖻 $\dfrac{1}{20\pi\epsilon_0} \cdot \dfrac{Q}{a}$ [V]

09. 무한히 긴 직선 도체에 선전하 밀도 $+\rho$[C/m]로 전하가 충전될 때 이 직선 도체에서 r[m]만큼 떨어진 점의 전위는?

🖻 ∞

10. 한 변의 길이가 a[m]인 정육각형 ABCDEF의 각 정점에 각각 Q[C]의 전하를 놓을 때 정육각형 중심 O의 전위[V]는?

🖻 $\dfrac{3Q}{2\pi\epsilon_0 a}$ [V]

11. 한 변의 길이가 $\sqrt{2}$[m]되는 정사각형의 4개의 정점에 $+10^{-9}$[C]의 점전하가 각각 있을 때 이 사각형의 중심에서의 전위[V]를 구하여라. 단, $\dfrac{1}{4\pi\epsilon_0}=9\times 10^9$이다.

답 36[V]

12. 그림과 같이 $+q$[C/m], $+q$[C/m]로 대전된 두 도선이 d[m]의 간격으로 평행 가설되었을 때 이 두 도선 간에서 전위 경도가 최소가 되는 점은?

답 $\dfrac{d}{2}$

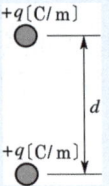

프아송, 라플라스의 방정식

121 ★ [92. 97. 산업기사]

공간적 전하분포를 갖는 유전체 중의 전계 E에 있어서, 전하밀도 ρ와 전하분포 중의 한 점에 대한 전위 V와의 관계 중 전위를 생각하는 고찰점에 ρ의 전하분포가 없다면 $\nabla^2 V=0$이 된다는 것은?

① Laplace의 방정식 ② Poisson의 방정식
③ Stokes의 정리   ④ Thomson의 정리

해설, 전하 밀도 ρ와 전위 V의 관계식
$\nabla^2 V=-\dfrac{\rho}{\epsilon_0}$를 Poisson의 방정식이라 하고, 고찰점에 전하가 존재하지 않는 경우 즉, $\rho=0$인 경우 윗식은 $\nabla^2 V=0$로 표시되며 이 식을 Laplace 방정식이라 한다.

122 ★★ [78. 89. 05. 기사]

진공(유전율 ϵ_0)의 전하 분포 공간 내에서 전위가 $V=(x^2+y^2)$[V]로 표시될 때, 전하 밀도는 몇 [C/m³]인가?

① $-4\epsilon_0$ ② $-\dfrac{4}{\epsilon_0}$ ③ $-2\epsilon_0$ ④ $-\dfrac{2}{\epsilon_0}$

해설 $\nabla^2 V=-\dfrac{\rho}{\epsilon_0}$ (Poisson 방정식)

$\nabla^2 V=\dfrac{\partial^2(x^2+y^2)}{\partial x^2}+\dfrac{\partial^2(x^2+y^2)}{\partial y^2}+\dfrac{\partial^2(x^2+y^2)}{\partial z^2}=2+2+0=-\dfrac{\rho}{\epsilon_0}$

$\therefore \rho=-4\epsilon_0$ [C/m³]

답 121. ① 122. ①

★ [97. 02. 산업기사, ㉭ : 80. 산업기사]

123 Poisson의 방정식은?

① $\text{div}\,\boldsymbol{E} = -\dfrac{\rho}{\epsilon_0}$ ② $\nabla^2 V = -\dfrac{\rho}{\epsilon_0}$ ③ $\boldsymbol{E} = -\text{grad}\,V$ ④ $\text{div}\,\boldsymbol{E} = \epsilon_0$

★ [83. 93. 03. 산업기사]

124 전위 함수 $V = 2xy^2 + x^2yz^2$ [V]일 때 점 (1, 0, 0)[m]의 공간 전하 밀도는 몇 [C/m³]인가?

① $4\epsilon_0$ ② $-4\epsilon_0$ ③ $6\epsilon_0$ ④ $-6\epsilon_0$

[해설]
$$\nabla^2 V = \dfrac{\partial^2 V}{\partial x^2} + \dfrac{\partial^2 V}{\partial y^2} + \dfrac{\partial^2 V}{\partial z^2} = 2yz^2 + 4x + 2x^2 y = -\dfrac{\rho}{\epsilon_0}$$
$$[\nabla^2 V]_{x=1,\,y=0,\,z=0} = 4 = -\dfrac{\rho}{\epsilon_0}$$
$$\therefore \rho = -4\epsilon_0\,[\text{C/m}^3]$$

★ [92. 06. 17. 기사]

125 어떤 공간의 비유전율은 2.0이고 전위 V는 다음 식으로 주어진다고 한다.
$$V(x,\,y) = \dfrac{1}{x} + 2xy^2$$
점 $\left(\dfrac{1}{2},\,2\right)$에서의 전하밀도 ρ는 약 몇 [pC/m³]인가?

① -20 ② -40 ③ -160 ④ -320

[해설]
Poisson의 방정식 $\nabla^2 V = -\dfrac{\rho}{\epsilon}$에서
$$\rho = -\epsilon(\nabla^2 V) = -\epsilon(18) = -18\epsilon = -18\epsilon_0\epsilon_s$$
$$= -18 \times 8.854 \times 10^{-12} \times 2 \fallingdotseq 320 \times 10^{-12}\,[\text{C/m}^3] = 320\,[\text{pC/m}^3]$$

★ [01. 기사]

126 두 장의 평행평면 도체판으로 만든 2극판 내에서 도체간의 전위분포는 $V = V_0\left(\dfrac{x}{d}\right)^{\frac{4}{3}}$으로 나타내어진다. 판간 공간의 전하 밀도의 분포는 몇 [C/m³]인가?

① $-\dfrac{4}{9}\dfrac{\epsilon_0 V_0}{d^2}\left(\dfrac{d}{x}\right)^{-\frac{2}{3}}$ ② $-\dfrac{4}{9}\dfrac{\epsilon_0 V_0}{d^2}\left(\dfrac{x}{d}\right)^{-\frac{2}{3}}$

③ $-\dfrac{4}{9}\dfrac{\epsilon_0 V_0}{d^2}\left(\dfrac{d}{x}\right)^{\frac{1}{3}}$ ④ $-\dfrac{4}{9}\dfrac{\epsilon_0 V_0}{d^2}\left(\dfrac{x}{d}\right)^{\frac{1}{3}}$

[해설]
poisson방정식에서 $\nabla^2 V = -\dfrac{\rho}{\epsilon_0}$ 여기서, $\nabla^2 V = \dfrac{\partial^2}{\partial x^2}\left\{V_0\left(\dfrac{x}{d}\right)^{\frac{4}{3}}\right\} = \dfrac{4}{9}\dfrac{1}{d^2}V_0\left(\dfrac{x}{d}\right)^{-\frac{2}{3}}$
$$\therefore \rho = -\epsilon_0(\nabla^2 V) = -\dfrac{4}{9}\dfrac{\epsilon_0 V_0}{d^2}\left(\dfrac{x}{d}\right)^{-\frac{2}{3}}$$

답 123. ② 124. ② 125. ④ 126. ②

127 ★★ [87. 95. 04. 08. 기사]
진공 내에서 전위 함수 $V = x^2 + y^2$와 같이 주어질 때 점 (2, 2, 0)[m]에서 체적전하밀도 ρ [C/m³]를 구하면?

① $-4\epsilon_0$ ② $-2\epsilon_0$ ③ $4\epsilon_0$ ④ $2\epsilon_0$

해설 전위와 전하 밀도의 관계를 나타낸 푸아송의 방정식 $\nabla^2 V = -\dfrac{\rho}{\epsilon_0}$에서

$$\rho = -\epsilon_0(\nabla^2 V) = -\epsilon_0\left(\dfrac{\partial^2 V}{\partial x^2} + \dfrac{\partial^2 V}{\partial y^2} + \dfrac{\partial^2 V}{\partial z^2}\right) = -4\epsilon_0\,[C/m^3]$$

128 ★ [95. 기사]
정전계에 관한 법칙 중 틀린 것은?

① $\operatorname{grad} V = i\dfrac{\partial V}{\partial x} + j\dfrac{\partial V}{\partial y} + k\dfrac{\partial V}{\partial z}$ ② $\operatorname{div} \boldsymbol{E} = \dfrac{\rho}{\epsilon_0}$

③ $\iint_s \boldsymbol{A} \cdot n\,dS = \iiint_V \operatorname{div} \boldsymbol{A} \cdot dV$ ④ $\nabla^2 V = \dfrac{\rho}{\epsilon_0}$

해설 정전계에서 이용되는 법칙
① 전위의 기울기, ② 가우스 정리의 미분형, ③ 발산정리, ④ 푸아송의 방정식
④는 $\operatorname{div} \boldsymbol{E} = \nabla \cdot \boldsymbol{E} = \nabla \cdot (-\nabla V) = -\nabla^2 V = \dfrac{\rho}{\epsilon_0}$에서 $\nabla^2 V = -\dfrac{\rho}{\epsilon_0}$로 표현된다.

129 ★★★☆ [92. 95. 96. 기사, 99. 24. 산업기사]
다음 식 중에서 틀린 것은?

① 가우스의 정리 : $\operatorname{div} \boldsymbol{D} = \rho$ ② 푸아송의 방정식 : $\nabla^2 V = \dfrac{\rho}{\epsilon}$

③ 라플라스의 방정식 : $\nabla^2 V = 0$ ④ 발산정리 : $\oint_s \boldsymbol{A} \cdot d\boldsymbol{S} = \int_v \operatorname{div} \boldsymbol{A}\, dv$

해설 푸아송의 방정식은 $\operatorname{div} \boldsymbol{E} = \operatorname{div}(-\operatorname{grad} V) = -\nabla^2 V = \dfrac{\rho}{\epsilon}$에서 $\nabla^2 V = -\dfrac{\rho}{\epsilon}$이다.

130 ★★☆ [86. 93. 기사, 90. 산업기사]
자유공간 내에서 전장이 $\boldsymbol{E} = (\sin x\, \boldsymbol{a}_x + \cos x\, \boldsymbol{a}_y)e^{-y}$로 주어졌을 때 전하밀도 ρ는?

① 0 ② e^{-y} ③ $\cos x\, e^{-y}$ ④ $\sin x\, e^{-y}$

해설 $\operatorname{div} \boldsymbol{E} = \dfrac{\rho}{\epsilon_0}$에서

$$\rho = \epsilon_0 \cdot \operatorname{div} \boldsymbol{E} = \epsilon_0\left(\dfrac{\partial E_x}{\partial x} + \dfrac{\partial E_y}{\partial y} + \dfrac{\partial E_z}{\partial z}\right) = \epsilon_0\left(\dfrac{\partial}{\partial x}\sin x \cdot e^{-y} + \dfrac{\partial}{\partial y}\cos x \cdot e^{-y}\right) = 0$$

답 127. ① 128. ④ 129. ② 130. ①

131 [00. 기사] ★

Poisson이나 Laplace의 방정식을 유도하는데 관련이 없는 식은?

① $E = -\text{grad } V$
② $\text{rot } E = -\dfrac{\partial B}{\partial t}$
③ $\text{div } D = \rho$
④ $D = \epsilon E$

해설 도체계에서 $\text{rot } E = -\dfrac{\partial B}{\partial t}$, 정전계에서 $\text{rot } E = 0$

---

132 [00. 07. 기사] ★

전위 V가 단지 x만의 함수이며 $x = 0$에서 $V = 0$이고, $x = d$일 때 $V = V_0$인 경계 조건을 갖는다고 한다. 라플라스 방정식에 의한 V의 해는?

① $\nabla^2 V$
② $V_0 d$
③ $\dfrac{V_0}{d} x$
④ $\dfrac{Q}{4\pi\epsilon_0 d}$

해설 라플라스 방정식에서 V가 x만의 함수이므로
$$\nabla^2 V = \frac{\partial^2 V}{\partial x^2} = 0\,(V\text{는 }x\text{의 1차 함수})$$
∴ $V = Ax + B$에 $x = 0$일 때 $V = 0$ ∴ $B = 0$
$x = d$일 때 $V = V_0$에서 ∴ $A = \dfrac{V_0}{d}$ 이므로 ∴ $V = \dfrac{V_0}{d} x$

---

133 [01. 03. 06. 기사] ★★

전위함수에서 라플라스 방정식을 만족하지 않는 것은?

① $V = \rho \cos\theta + \varphi$
② $V = x^2 - y^2 + z^2$
③ $V = \rho \cos\varphi + z$
④ $V = \dfrac{V_0}{d} x$

해설 전위 : $V = x^2 - y^2 + z^2$
라플라스 방정식 : $\nabla^2 V = \dfrac{\partial^2}{\partial x^2}(x^2 - y^2 + z^2) + \dfrac{\partial^2}{\partial y^2}(x^2 - y^2 + z^2) + \dfrac{\partial^2}{\partial z^2}(x^2 - y^2 + z^2) \neq 0$

유사문제

01. 전위 분포가 $V = 2x^2 + 3y^2 + z^2$ [V]의 식으로 표시되는 공간의 전하 밀도 ρ [C/m³]는 얼마인가?

답 $-12\epsilon_0$ [C/m³]

02. 전위 함수가 $V = x^2 + y^2$ [V]인 자유 공간 내의 전하 밀도 [C/m³]는?

답 $\rho = -4\epsilon_0 = -4 \times 8.855 \times 10^{-12} = -35.4 \times 10^{-12}$ [C/m³]

답 131. ② 132. ③ 133. ②

가우스 정리

134 ★ [93. 기사]
가우스(Gauss)의 정리를 이용하여 구하는 것은?

① 자계의 세기　② 전하간의 힘　③ 전계의 세기　④ 전위

해설) $\int_s E \cdot dS = \dfrac{Q}{\epsilon_0}$　∴ $E = \dfrac{Q}{4\pi\epsilon_0 r^2}$ [V/m]

135 ★★★ [77. 95. 기사, 82. 90. 산업기사]
유전율 $\epsilon_0\epsilon_s$의 유전체 내에 있는 전하 Q에서 나오는 전기력선 수는?

① Q 개　② $\dfrac{Q}{\epsilon_0\epsilon_s}$ 개　③ $\dfrac{Q}{\epsilon_0}$ 개　④ $\dfrac{Q}{\epsilon_s}$ 개

해설) 전기력선 수와 전기력선 밀도는 매질과 전하에 모두 관계되므로
전계에 관한 가우스 정리에서 $\int_s \boldsymbol{E} \cdot d\boldsymbol{S} = \dfrac{Q}{\epsilon} = \dfrac{Q}{\epsilon_0\epsilon_s}$ 이므로 전기력선 수는 $\dfrac{Q}{\epsilon_0\epsilon_s}$ 개다.

136 ★★ [10. 21. 23. 기사, 97. 99. 산업기사]
진공 중에 놓인 Q[C]의 전하에서 발산되는 전기력선 수는?

① $\dfrac{Q}{\epsilon_0}$　② $\dfrac{Q}{2\pi\epsilon_0}$　③ $\dfrac{Q}{4\pi\epsilon_0}$　④ 0

해설) 발산 전기력선 수 $= \dfrac{Q}{\epsilon_0}$

137 ★★ [85. 99. 05. 기사, 21. 산업기사]
폐곡면을 통하는 전속과 폐곡면 내부의 전하와의 상관 관계를 나타내는 법칙은?

① 가우스 법칙　② 쿨롱 법칙　③ 푸아송 법칙　④ 라플라스 법칙

해설) 어떤 폐곡면을 통과하는 전속은 그 면 내에 존재하는 전 전하량과 같다.
가우스 법칙 (적분형) $Q = \oint_s D_s \cdot ds$

138 ★ [96. 00. 03. 09. 산업기사]
폐곡면을 통하여 나가는 전기력선의 총 수는 그 내부에 있는 점전하의 대수합의 몇 배와 같은가?

① $\dfrac{1}{4\pi\epsilon_0}$　② $\dfrac{1}{2\pi\epsilon_0}$　③ $\dfrac{1}{\pi\epsilon_0}$　④ $\dfrac{1}{\epsilon_0}$

해설) 가우스의 정리 $\int_s E \cdot dS = \dfrac{1}{\epsilon_0} \times \sum_{n=1}^{n} Q_i$

답) 134. ③　135. ②　136. ①　137. ①　138. ④

139 다음 식 중 옳은 것은? [98. 산업기사]

① $E = \text{grad } V^2$
② $V_p = \int_p^\infty E^2 dx$
③ $\iint_s E \cdot n \, ds = \dfrac{Q}{\epsilon_0}$
④ $\text{grad } V = \dfrac{\partial V}{\partial x} + \dfrac{\partial V}{\partial y} + \dfrac{\partial V}{\partial z}$

해설 전계의 세기 : $E = -\text{grad } V$

p점의 전위 : $V_p = -\int_\infty^p E \cdot dl$

기울기 : $\text{grad } V = \nabla \cdot V = \dfrac{\partial V}{\partial x} \boldsymbol{i} + \dfrac{\partial V}{\partial y} \boldsymbol{j} + \dfrac{\partial V}{\partial z} \boldsymbol{k}$

140 그림과 같이 도체구 내부 공동의 중심에 점전하 Q[C]이 있을 때 이 도체구의 외부로 발산되어 나오는 전기력선의 수는 몇 개인가? 단, 도체 내외의 공간은 진공이라 한다. [91. 기사, 97. 17. 산업기사]

① 4π
② $\dfrac{Q}{\epsilon_0}$
③ Q
④ $\dfrac{Q}{\epsilon_0 \epsilon_s}$

해설 전기력선 수와 전기력선 밀도는 매질과 전하에 모두 관계되므로 전계에 관한 가우스 정리에서

$\int_s E \cdot dS = \dfrac{Q}{\epsilon} = \dfrac{Q}{\epsilon_0 \epsilon_s}$ 이므로 전기력선 수는 $\dfrac{Q}{\epsilon_0 \epsilon_s}$ 개다.

도체내외의 공간이 진공 중일 때는 전기력선 수 $= \dfrac{Q}{\epsilon_0}$ 개이다.

141 다음 중 옳지 않은 것은? [94. 97. 01. 11. 기사, 93. 산업기사]

① $V_\rho = \int_\rho^\infty \boldsymbol{E} \cdot dl$
② $\boldsymbol{E} = -\text{grad } V$
③ $\text{grad } V = +\boldsymbol{i} \dfrac{\partial V}{\partial x} + \boldsymbol{j} \dfrac{\partial V}{\partial y} + \boldsymbol{k} \dfrac{\partial V}{\partial z}$
④ $\int_1 \boldsymbol{E} \cdot d\boldsymbol{S} = Q$

해설 전기력선 밀도(전계)의 면적적분을 나타내는 식 $\oint \boldsymbol{E} \cdot \boldsymbol{n} dS$ 는 전기력선의 수를 나타내는 Gauss의 법칙으로 $\oint_s \boldsymbol{E} \cdot \boldsymbol{n} dS = \dfrac{Q}{\epsilon_0}$ 이다.

답 139. ③ 140. ② 141. ④

★★ [87. 94. 기사]

142 다음 식 중에서 틀린 것은?

① 유전체에 대한 Gauss정리의 미분형 : $\operatorname{div} \boldsymbol{D} = -\rho$

② Poisson의 방정식 : $\nabla^2 V = -\dfrac{\rho}{\epsilon_0}$

③ Laplace의 방정식 : $\nabla^2 V = 0$

④ 발산정리 : $\int\int_s \boldsymbol{A} \cdot \boldsymbol{n} dS = \int\int\int_v \operatorname{div} \boldsymbol{A} \cdot dV$

해설 유전체에 대한 가우스 정리는 $\oint \boldsymbol{D} \cdot \boldsymbol{n} dS = \boldsymbol{Q}$ 에서 $\int \operatorname{div} \boldsymbol{D} \cdot dv = \int \rho \cdot dv$ 이므로 양변을 미분하여 표시하면 $\operatorname{div}\boldsymbol{D} = \nabla \cdot \boldsymbol{D} = \rho$이다.

유사문제

▌유사문제 원문 및 해설 : 동일출판사 홈페이지 ≫ 고객센터 ≫ 자료실

01. 가우스의 선속 정리에 해당되는 것은?

답 $\int_s \boldsymbol{E} \cdot \boldsymbol{n}\, dS = \int_v \operatorname{div} \boldsymbol{E} dv$

02. 단위 구면을 통해 나오는 전기력선의 수는? 단, 구 내부의 전하량은 Q[C]이다.

답 $\dfrac{Q}{\epsilon_o}$개

03. 어떤 폐곡면 내에 +8[μC]의 전하와 −3[μC]의 전하가 있을 경우, 이 폐곡면에서 나오는 전기력선의 총 수는?

답 5.65×10^5개

04. 5[C]의 전하가 비유전율 $\epsilon_s = 2.5$인 매질 내에 있다고 한다면, 이 전하에서 나오는 전체 전기력선의 수는?

답 $\dfrac{2}{\epsilon_0}$개

전기 2중층

☆ [03. 기사, 89. 산업기사]

143 반지름 a인 원판형 전기 2중층(세기 M)의 축상 x 되는 거리에 있는 점 P(정전하측)의 전위 [V]는?

① $\dfrac{M}{2\epsilon_0}\left(1-\dfrac{a}{\sqrt{x^2+a^2}}\right)$

② $\dfrac{M}{\epsilon_0}\left(1-\dfrac{a}{\sqrt{x^2+a^2}}\right)$

③ $\dfrac{M}{2\epsilon_0}\left(1-\dfrac{x}{\sqrt{x^2+a^2}}\right)$

④ $\dfrac{M}{\epsilon_0}\left(1-\dfrac{x}{\sqrt{x^2+a^2}}\right)$

답 142. ① 143. ③

[해설] 점 P의 전위는 $V_P = \dfrac{M}{4\pi\epsilon_0}\omega$ [V]

점 P에서 원판 도체를 본 입체각 ω는

$$\omega = 2\pi(1-\cos\theta) = 2\pi\left(1 - \dfrac{x}{\sqrt{a^2+x^2}}\right)$$ 가 되므로

$$\therefore V_P = \dfrac{M}{4\pi\epsilon_0}\cdot 2\pi\left(1 - \dfrac{x}{\sqrt{a^2+x^2}}\right)$$

$$= \dfrac{M}{2\epsilon_0}\left(1 - \dfrac{x}{\sqrt{a^2+x^2}}\right) [V]$$

점 P의 축방향 전계 세기는

$$\therefore E_P = -\dfrac{\partial V_P}{\partial x} = \dfrac{M}{2\epsilon_0}\cdot\dfrac{a^2}{(a^2+x^2)^{3/2}} [V/m]$$

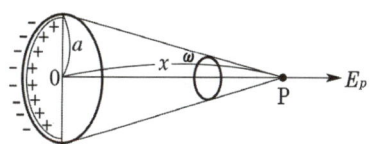

도체 표면에 작용하는 힘

144 ★ [00. 18. 24. 기사]

매질이 공기인 경우에 방전이 10[kV/mm]의 전계에서 발생한다고 할 때 도체 표면에 작용하는 힘은 몇 [N/m²]인가?

① 4.43×10^2 ② 5.5×10^{-3} ③ 4.83×10^{-3} ④ 7.5×10^3

[해설] 단위 면적당 작용력 $f = \dfrac{1}{2}\epsilon_0 E^2 = \dfrac{1}{2}\times 8.854\times 10^{-12}\times (10\times 10^6)^2 = 4.427\times 10^2 [N/m^2]$

145 ★★ [93. 23. 기사, 83. 98. 산업기사]

면전하 밀도가 σ[C/m²]인 대전 도체가 진공 중에 놓여 있을 때 도체 표면에 작용하는 정전 응력[N/m²]은?

① σ^2에 비례한다. ② σ에 비례한다.
③ σ^2에 반비례한다. ④ σ에 반비례한다.

[해설] 정전 에너지 $W = \dfrac{Q^2}{2C} = \dfrac{Q^2}{2\left(\dfrac{\epsilon_0 S}{d}\right)} = \dfrac{Q^2 d}{2\epsilon_0 S} = \dfrac{\sigma^2 d}{2\epsilon_0}S$ [J]

$\therefore$ 정전응력 $F = -\dfrac{\partial W}{\partial d} = -\dfrac{\sigma^2}{2\epsilon_0}S$ [N]

146 ★★ [79. 기사, 83. 산업기사, ㉮ : 80. 산업기사]

질량 $m = 10^{-8}$[kg], 전하량 $q = 10^{-6}$[C]의 입자가 전계 E[V/m]인 곳에 존재한다. 이 입자의 가속도가 $\alpha = 10^2 i + 10^3 j$[m/s²]인 것이 관측되었다면 전계의 세기 E[V/m]는? 단, i, j는 단위 벡터이다.

① $E = 10^2 i + 10^3 j$ ② $E = i + 10j$
③ $E = 10^{-4} i + 10^{-3} j$ ④ $E = 10i + 10^2 j$

답 144. ① 145. ① 146. ②

해설 $F = qE = m\alpha$ [N]

$$\therefore E = \frac{m}{q}\alpha = \frac{10^{-8}}{10^{-6}} \times (10^2 i + 10^3 j) = i + 10j \text{[V/m]}$$

유사문제
유사문제 원문 및 해설 : 동일출판사 홈페이지 > 고객센터 > 자료실

01. 전계의 세기 1500[V/m]의 전장에 5[μC]의 전하를 놓으면 얼마의 힘이 작용하는가?
답 7.5×10^{-3}[N]

02. 무한히 넓은 2개의 평행판 도체의 간격이 d[m]이며 그 전위차는 V[V]이다. 도체판의 단위 면적에 작용하는 힘[N/m²]은? 단, 유전율은 ϵ_0이다.
답 $\frac{1}{2}\epsilon_0\left(\frac{V}{d}\right)^2$

03. 반지름 a[m]인 도체구에 전하 Q[C]이 있을 때 표면에 작용하는 정전 응력[N/m²]은?
답 $\frac{Q^2}{32\epsilon_0\pi^2 a^4}$

일

147 ★★ [04. 기사, 82. 84. 19. 산업기사, ⊕ : 11. 기사]
$E = i + 2j + 3k$[V/m]로 표시되는 전계가 있다. 0.01[μC]의 전하를 원점으로부터 $r = 3i$ [m]로 움직이는 데 요하는 일[J]은?

① 4.99×10^{-6} ② 3×10^{-6} ③ 4.99×10^{-8} ④ 3×10^{-8}

해설 $W = F \cdot r = QE \cdot r$
$= 0.01 \times 10^{-6}(i + 2j + 3k) \cdot (3i)$
$= 0.01 \times 10^{-6}(3) = 0.03 \times 10^{-6} = 3 \times 10^{-8}$[J]

148 ★ [98. 기사]
$E = 2xa_x + 4ya_y + za_z$[V/m]일 때, 직선 경로를 따라 0.5[C]의 전하를 점 (4, 1, 2)에서 점 (2, 3, 2)까지 이동시키는 데 요하는 일은 몇 [J]인가?

① 8 ② 4 ③ -2 ④ -6

해설 일 $W = -\int_0^r QE \cdot dr = -0.5\left\{\int_4^2 2x \cdot dx + \int_1^3 4y \cdot dy + \int_2^2 z \cdot dz\right\}$
$= -0.5\left\{[x^2]_4^2 + [2y^2]_1^3\right\} = -2$[J]

답 147. ④ 148. ③

149 그림에서 점 P에 있는 전하 $Q[C]$에 의한 전계 내에서 미소한 전하 $q[C]$을 점 A에서 점 B까지 이동시키는 데 요하는 일의 양은?

① $\dfrac{Qq}{4\pi\epsilon_0}\left(\dfrac{1}{r_2}-\dfrac{1}{r_1}\right)$

② $\dfrac{Qq}{4\pi\epsilon_0}\left(\dfrac{1}{r_1}-\dfrac{1}{r_2}\right)$

③ $9\times 10^9\left(\dfrac{1}{r_2}-\dfrac{1}{r_1}\right)$

④ $\dfrac{Qq}{9\times 10^9}\left(\dfrac{1}{r_2}-\dfrac{1}{r_1}\right)$

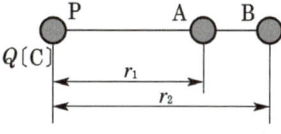

해설 미소 전하 $q[C]$을 점 A에서 점 B까지 이동시키는데 요하는 일의 양(즉, AB 간의 전위차)은

$$W = V_{BA} = -\int_A^B \boldsymbol{E}\cdot d\boldsymbol{l} = -\int_{r_1}^{r_2} E dr$$
$$= -\int_{r_1}^{r_2} \dfrac{Qq}{4\pi\epsilon_0}\dfrac{1}{r^2}dr = -\dfrac{Qq}{4\pi\epsilon_0}\left[-\dfrac{1}{r}\right]_{r_1}^{r_2}$$
$$= \dfrac{Qq}{4\pi\epsilon_0}\left(\dfrac{1}{r_2}-\dfrac{1}{r_1}\right)[V]$$

150 등전위면을 따라 전하 $Q[C]$을 운반하는데 필요한 일은?

① 전하의 크기에 따라 변한다.
② 전위의 크기에 따라 변한다.
③ 등전위면과 전기력선에 의하여 결정된다.
④ 항상 0이다.

해설 미소길이를 운반하는데 필요한 일은 $dW = q\boldsymbol{E}\cdot d\boldsymbol{l} = qE\cos\theta dl$ [J]로 나타내어 지는데 전계와 등전위면(dl)은 항상 $\theta = 90°$의 각을 이루므로 일은 0이다.

151 진공 중에 전하량 $Q[C]$인 점전하가 있다. 그림과 같이 Q를 둘러싸는 경로 C_1과 둘러싸지 않는 폐곡선 C_2가 있다. 지금 +1[C]의 전하를 화살표 방향으로 경로 C_1을 따라 일주시킬 때 요하는 일을 W_1, 경로 C_2를 일주시키는 데 요하는 일을 W_2라고 할 때 옳은 것은?

① $W_1 < W_2$
② $W_2 < W_1$
③ $W_1 \neq 0$, $W_2 = 0$
④ $W_1 = W_2 = 0$

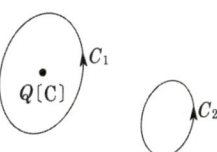

답 149. ① 150. ④ 151. ④

해설 ▸ 정전계의 보존성에 의해 폐곡선을 따라 일주했을 때 요하는 일의 양은 경로에 관계없이 항상 0이다. 그러므로 $W_1 = W_2$가 성립한다.

152 ★★ [88. 94. 03. 기사]

자유 공간 중에서 $V = xyz$[V]일 때 $0 \leq x \leq 1$, $0 \leq y \leq 1$, $0 \leq z \leq 1$인 입방체에 존재하는 정전 에너지[J]는?

① $\dfrac{1}{6}\epsilon_0$ ② $\dfrac{1}{5}\epsilon_0$ ③ $\dfrac{1}{4}\epsilon_0$ ④ $\dfrac{1}{3}\epsilon_0$

해설 ▸
$$W = \int_v \frac{1}{2}\epsilon_0 E^2 dv = \frac{1}{2}\epsilon_0 \int_v |-\text{grad } V|^2 dv$$
$$= \frac{1}{2}\epsilon_0 \int_0^1 \int_0^1 \int_0^1 |-(yz\bm{i} + xz\bm{j} + xy\bm{k})|^2 dx\, dy\, dz = \frac{1}{6}\epsilon_0$$

153 ★ [01. 기사]

전위가 $V = 2x + y$[V]일 때 자유공간중의 $0 \leq x \leq 1$, $0 \leq y \leq 1$, $0 \leq z \leq 1$의 공간에 저장되는 전계에너지는 약 몇 [J]인가?

① 2.214×10^{-11} ② 4.428×10^{-11}
③ 2.214×10^{-12} ④ 4.428×10^{-12}

해설 ▸ 전계의 세기 $E = -\text{grad } V = -(2\bm{i} + \bm{j})$
$E^2 = (-2\bm{i} - \bm{j}) \cdot (-2\bm{i} - \bm{j}) = 5$[V]
전계 에너지 $W = \dfrac{1}{2}\epsilon E^2 = \dfrac{1}{2} \times 8.855 \times 10^{-12} \times 5 = 2.214 \times 10^{-11}$[J]

유사문제

▮ 유사문제 원문 및 해설 : 동일출판사 홈페이지 ≫ 고객센터 ≫ 자료실

01. (0, 0, 0)에 $Q = 10[\mu C]$의 전하가 있을 때 (0, 4, 0)에서 (0, 0, 3)까지 $Q' = 2[\mu C]$의 전하를 이동할 때 한 일은?

답 1.5×10^{-2}[J]

02. 진공 내에서 전위 함수 $V = x^2 + y$[V]로 주어질 때 $0 \leq x \leq 1$, $0 \leq y \leq 1$, $0 \leq z \leq 1$인 공간에 저축되는 에너지의 값[J]은? 단, ϵ_0 : 진공의 유전율이다.

답 $\dfrac{7\epsilon_0}{6}$

답 152. ① 153. ①

Stokes의 정리, 주회적분법칙

154 ★ [92. 기사]
정전계의 전기력의 성질을 나타내는 식 중 틀린 것은?

① $\oint_c \boldsymbol{E} \cdot dl = Q$ ② $\boldsymbol{E} = -\nabla V$

③ $\nabla \cdot \boldsymbol{E} = \dfrac{\rho}{\epsilon_0}$ ④ $\nabla \times \boldsymbol{E} = 0$

[해설] 정전계에서 전위는 위치만으로 결정되므로 전계내에서 폐회로를 따라 전하를 일주시킬 때 하는 일은 0이다. 즉 $\oint_c \boldsymbol{E} \cdot dl = 0$이며, 이것을 Stokes의 정리에 의하여 정리하면

$$\oint_c \boldsymbol{E} \cdot dl = \int_s \operatorname{rot} \boldsymbol{E} \cdot \boldsymbol{n}\, dS = 0$$

따라서 rot $\boldsymbol{E} = \nabla \times \boldsymbol{E} = 0$로 전계는 비회전성, 즉 전기력선은 그 자신만으로 폐곡선이 되는 일은 없다.

155 ★★★ [81. 83. 88. 95. 08. 11. 산업기사]
시간적으로 변화하지 않는, 보존적(conservative)인 전하가 비회전성이라는 의미를 나타낸 식은?

① $\nabla E = 0$ ② $\nabla \cdot \boldsymbol{E} = 0$ ③ $\nabla \times \boldsymbol{E} = 0$ ④ $\nabla^2 E = 0$

[해설] $\oint_c \boldsymbol{E} \cdot dl = 0$
rot $\boldsymbol{E} = \nabla \times \boldsymbol{E} = 0$

156 ★★★ [77. 93. 00. 20. 23. 25. 산업기사]
전계 내에서 폐회로를 따라 전하를 일주시킬 때 하는 일은 몇 [J]인가?

① ∞ ② 0 ③ 부정 ④ 산출 불능

[해설] 전계의 주회 적분과 에너지와의 관계에서
$$\oint_c Q\boldsymbol{E} \cdot dl = Q\oint_c \boldsymbol{E} \cdot dl = 0$$
즉, 폐회로를 따라 단위 정전하를 일주시킬 때 전계가 하는 일은 항상 0을 의미한다(에너지 보존적).

157 ★★ [87. 98. 06. 기사]
그림에서 무한 평면 S위에 한 점 P가 있다. S가 P점에 대해서 이루는 입체각 ω는?

① $\omega = \pi$
② $\omega = 2\pi$
③ $\omega = 3\pi$
④ $\omega = 4\pi$

답 154. ① 155. ③ 156. ② 157. ②

CHAPTER 03 진공 중의 도체계

01 전위계수

1) 중첩의 원리

도체계에서 각 도체의 전하가 $Q_i\,(i=1,\,2,\,3,\,...)$일 때의 전위를 V_i라고 하고 또, 전하가 Q_i'일 때의 전위를 V_i'라 하면, 전하가 $Q_i + Q_i'$일 때의 전위는 $V_i + V_i'$로 된다.

2) 전위계수

$$V_i = \sum_{j=1}^{n} P_{ij}\, Q_j$$

여기서, P_{ij} : 전위계수(coefficient of potential)

(도체 j에만 단위 전하를 주었을 때 도체 i의 전위를 의미)

Q와 $-Q$로 대전된 두 도체 n과 r 사이의 전위를 전위계수로 표시하면

$$V_1 = P_{nn}Q_1 + P_{nr}Q_2$$
$$V_2 = P_{rn}Q_1 + P_{rr}Q_2$$

위 식에 $Q_1 = Q,\ Q_2 = -Q$를 대입하면

$$V_1 = P_{nn}Q - P_{nr}Q$$
$$V_2 = P_{rn}Q - P_{rr}Q$$

전위차 $V = V_1 - V_2 = (P_{nn} - 2P_{nr} + P_{rr})Q$가 되며 〔출제 산업 8번, 기사 4번〕

$P_{nn},\ P_{nr},\ P_{rr}$을 전위계수라 한다.

$$\text{전위계수} = \frac{1}{C} = \frac{V}{Q}\,[1/F]$$

[엘라스턴스 (elastance) (daraf)] 〔출제 산업 6번〕

이때 정전용량

$$C = \frac{Q}{V_1 - V_2} = \frac{1}{P_{nn} - 2P_{nr} + P_{rr}}\,[F]$$ 〔출제 산업 4번, 기사 2번〕

3) 전위계수의 성질 출제 산업 8번, 기사 2번

그림과 같이 반지름 a[m]인 도체구 Ⅱ를 안 반지름 b[m], 바깥 반지름 c[m]인 동심 도체구 Ⅰ로 포위하는 경우 도체 Ⅰ에만 $+Q$[C]의 전하를 주었다면 $V_1 = P_{11}Q$, $V_2 = P_{21}Q$의 관계식이 성립한다. 여기서

$$P_{11} = \frac{V_1}{Q} = \frac{1}{4\pi\epsilon_0 c}$$

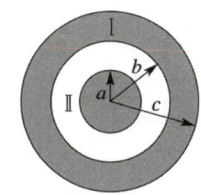

도체구 Ⅰ의 외부 표면 전위는 $\dfrac{Q}{4\pi\epsilon_0 c}$

$$P_{21} = \frac{V_2}{Q} = \frac{1}{4\pi\epsilon_0 c}$$

도체구 Ⅰ, Ⅱ 사이의 전위차=0이므로

$$\therefore P_{11} = P_{21}$$

- $P_{11} > 0$ 일반적으로 $P_{ii} > 0$
- $P_{21} \geq 0$ 일반적으로 $P_{ji} \geq 0$
- $P_{11} \geq P_{21}$ 일반적으로 $P_{ii} \geq P_{ji}$
- $P_{12} = P_{21}$ 일반적으로 $P_{ij} = P_{ji}$ 출제 산업 4번

02 - 용량계수와 유도계수

$$Q_i = \sum_{j=1}^{n} q_{ij} V_j$$

여기서, q_{ij} : 도체 j에만 단위전위 +1[V]를 주고 다른 도체에는 영전위(접지)로 하였을 때, 도체 i의 전하를 의미

1) 용량계수(coefficient of capacity), q_{ii}

$q_{11}, q_{22}, q_{33}, \ldots, q_{nn}$ (q_{ii}) : 동일 숫자를 첨자로 하는 계수

도체 1은 단위전위로 하고 다른 도체를 영전위로 하였을 때 도체 1의 자기 자신에 축적되는 전하

2) 유도계수(coefficient of induction), q_{ij}

$q_{21}, q_{31}, \ldots, q_{n1}$ (q_{ij}) : 다른 숫자를 첨자로 하는 계수

도체 1은 단위전위로 하고 다른 도체를 영전위로 하였을 때 다른 도체(도체 2)에 유도되는 전하

3) 용량계수 및 유도계수의 성질

정전 용량이 각각 C_1, C_2 그 사이의 상호 유도 계수가 M인 절연된 두 도체가 있다. 두 도체를 가는 선으로 연결할 경우

$$Q_1 = q_{11}V_1 + q_{12}V_2 \quad Q_2 = q_{21}V_1 + q_{22}V_2$$

$$q_{11} = C_1, \quad q_{22} = C_2$$

$q_{12} = q_{21} = M$이고 $V_1 = V_2 = V$이므로

$$\therefore Q_1 = (q_{11} + q_{12})V = (C_1 + M)V$$

$$Q_2 = (q_{21} + q_{22})V = (M + C_2)V$$

이므로 정전용량은 $C = \dfrac{Q_1 + Q_2}{V} = C_1 + C_2 + 2M$가 된다. <small>출제 기사 1번</small>

- $q_{11}, q_{22}, q_{33}, \cdots\cdots > 0$: 용량계수$(q_{ii}) > 0$
- $q_{12}, q_{21}, q_{31}, \cdots\cdots \leq 0$: 유도계수$(q_{ij}) \leq 0$
- $q_{11} \geq -(q_{21} + q_{31} + q_{31} + \cdots\cdots + q_{n1})$ 또는
  $q_{11} + q_{21} + q_{31} + q_{31} + \cdots\cdots + q_{n1} \geq 0$
- 전위계수 $P_{12} = P_{21}$의 성질이 있으므로 다음의 관계가 성립한다.
  $q_{12} = q_{21}$ 일반적으로 $q_{ij} = q_{ji}$ <small>출제 산업 4번</small>

또, 그림과 같이 영전위의 도체 2로 포위하면
$q_{21} = -q_{11}$, $q_{31} = 0$, $V_2 = 0$이므로
$Q_1 = q_{11}V_1[C]$, $Q_2 = q_{21}V_1 + q_{23}V_3[C]$,
$Q_3 = +q_{33}V_3[C]$이 된다. <small>출제 산업 2번, 기사 2번</small>

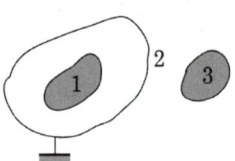

03 - 정전용량

1) 진공 중에 고립된 도체의 정전용량

진공 중에 고립된 한 도체에 전하 Q를 주었을 때 나타나는 전위를 V로 하면, 전하와 전위의 관계는 비례한다.

$$Q = CV[C] \qquad \therefore C = \dfrac{Q}{V}[F]$$

여기서, Q : 전하[C], V : 전위[V], C : 정전용량[F] <small>출제 산업 1번, 기사 1번</small>

2) 두 도체 사이의 정전용량

진공 중에 놓여진 두 도체에 각각 동량 이부호의 전하 $\pm Q$를 주었을 때, 도체 사이의 전위차를 V_{ab}라 하면 두 도체 사이의 정전용량 C는

$$C = \frac{Q}{V_{ab}}[F]$$

여기서, Q : 전하[C], V_{ab} : 두 도체 사이의 전위차[V], C : 정전용량[F]

3) 각종 정전용량(capacitance)

구 분	정전용량	구 분	정전용량
도체구	전위 $V = \frac{Q}{4\pi\epsilon_0 a}[V]$ $C = 4\pi\epsilon a [F]$ **출제** 산업 6번 단, 반도체구일 때는 $C = 2\pi\epsilon a [F]$	동심구	도체구 사이의 전위차 $V = -\int_b^a E dr$ $= \frac{Q}{4\pi\epsilon_0}\left(\frac{1}{a} - \frac{1}{b}\right)[V/m]$ $C_{ab} = \frac{4\pi\epsilon}{\frac{1}{a} - \frac{1}{b}}[F]$
동심구	$C_{ab} = 4\pi\epsilon c + \frac{4\pi\epsilon}{\frac{1}{a} - \frac{1}{b}}$ **출제** 산업 8번, 기사 10번	동축 케이블 (두 유전체)	$C_{ab} = \frac{2\pi}{\frac{1}{\epsilon_1}\ln\frac{b}{a} + \frac{1}{\epsilon_2}\ln\frac{c}{b}}[F]$
동축 케이블	전위 $V = \frac{\lambda}{2\pi\epsilon_0}\ln\frac{b}{a}[V]$ 여기서, $\lambda[C/m]$: 선전하 밀도 $C_{ab} = \frac{2\pi\epsilon}{\ln\frac{b}{a}}$ $= \frac{0.02416\epsilon_r}{\log\frac{b}{a}}[\mu F/km]$	가공 전선과 대지	**출제** 기사 2번 $C_a = \frac{2\pi\epsilon_0}{\ln\frac{2h}{a}}[F/m]$ $= \frac{0.02416}{\log\frac{2h}{a}}[\mu F/km]$
평행 도선	**출제** 산업 6번, 기사 3번 $C_{ab} = \frac{\pi\epsilon}{\ln\frac{d-a}{a}} \simeq \frac{\pi\epsilon}{\ln\frac{d}{a}}$ (근접 효과를 고려하면 $d \gg a$) $C_{ab} = \frac{\pi\epsilon}{\ln\frac{d+\sqrt{d^2-4a^2}}{2a}}$ $= \frac{\pi\epsilon}{\cosh^{-1}\frac{d}{2a}}[F/m]$	평행판 축전기	전위 $V = Ed = \frac{\sigma}{\epsilon_0}d$ $C = \frac{\epsilon S}{d}[F]$ **출제** 산업 5번, 기사 2번

구 분	정전용량	구 분	정전용량
평행 도체구	$C_{ab} = \dfrac{4\pi\epsilon}{\dfrac{1}{a}+\dfrac{1}{b}}$ [F] 단, 반도체구라면 $\dfrac{2\pi\epsilon}{\dfrac{1}{a}+\dfrac{1}{b}}$	원 판 도 체	$C = 8\epsilon a$ [F]
평행 원통 도체		전위 $V = \dfrac{\lambda}{\pi\epsilon_0}\ln\dfrac{d-a}{a}$ [V] 여기서, λ : 선전하 밀도[C/m] $C = \dfrac{\lambda}{V} = \dfrac{\pi\epsilon_0}{\ln\dfrac{d-a}{a}}$ [F/m] 여기서, $d \gg a$를 고려하면 $C \fallingdotseq \dfrac{\pi\epsilon_0}{\ln\dfrac{d}{a}}$ [F/m]	

04 - 콘덴서의 접속

항 목	직렬접속	병렬접속
결선	C_1 C_2	C_1 C_2
합성 정전용량	• $C_0 = \dfrac{C_1 C_2}{C_1 + C_2}$ 출제 기사 1번 • 저항의 병렬결선과 동일 방법 • 접속되는 콘덴서가 증가할수록 합성정전 용량은 감소	• $C_0 = C_1 + C_2$ 출제 산업 7번 • 저항의 직렬결선과 동일 방법 • 접속되는 콘덴서가 증가할수록 합성정전용량은 증가
전압 및 전하량	• 각 콘덴서의 전하량 동일 $\quad Q_1 = Q_2 = Q_t$ • $C_1 V_1 = C_2 V_2 = \dfrac{C_1 C_2}{C_1 + C_2} \cdot V$	• 각 콘덴서의 충전전압 동일 • $V = \dfrac{Q_1}{C_1} = \dfrac{Q_2}{C_2} = \dfrac{Q_t}{C_1 + C_2}$
분배법칙	• $V = V_1 + V_2$ • $V_1 = \dfrac{Q_1}{C_1} = \dfrac{C_2}{C_1 + C_2} \cdot V$ • $V_2 = \dfrac{Q_2}{C_2} = \dfrac{C_1}{C_1 + C_2} \cdot V$	• $Q_t = Q_1 + Q_2$ • $Q_1 = C_1 V = \dfrac{C_1}{C_1 + C_2} \cdot Q_t$ • $Q_2 = C_2 V = \dfrac{C_2}{C_1 + C_2} \cdot Q_t$

05 정전에너지, 에너지밀도

정전용량 C인 콘덴서의 두 전극에 전압 V를 가하면 $Q=CV$의 전하가 축적된다. 이때 콘덴서에 전하를 축적시키는 데 필요한 에너지를 정전에너지라고 한다.

$$W = \frac{1}{2}QV = \frac{1}{2}CV^2 = \frac{Q^2}{2C}[J]$$ 출제 산업 3번, 기사 3번

1) 한 개의 도체가 가진 에너지

$$W = \frac{1}{2}QV = \frac{1}{2}CV^2 = \frac{Q^2}{2C}[J]$$

2) n개의 도체가 가진 에너지

$$W = \frac{1}{2}Q_1 V_1 + \frac{1}{2}Q_2 V_2 + \frac{1}{2}Q_3 V_3$$ 출제 산업 1번

3) 정전에너지 밀도

(1) 평행평판 콘덴서의 정전에너지 W는

$$W = \frac{1}{2}CV^2 = \frac{1}{2} \cdot \frac{\epsilon_0 S}{d} \cdot (dE)^2 = \frac{1}{2}\epsilon_0 E^2 \cdot Sd[J]$$ 출제 산업 3번, 기사 5번

(2) 단위 체적당 축적되는 정전에너지(정전에너지 밀도)

$Sd\,[\mathrm{m}^3]$는 평행평판 콘덴서 사이의 체적을 나타내므로 단위체적당 축적되는 정전에너지 w는

$$w = \frac{W}{Sd} = \frac{1}{2}\epsilon_0 E^2\,[\mathrm{J/m^3}]$$

가 된다. 이를 정전에너지 밀도라고 한다.
$D = \epsilon_0 E$의 관계식에서 정전에너지 밀도 w는

$$w = \frac{1}{2}DE = \frac{1}{2}\epsilon_0 E^2 = \frac{1}{2}\frac{D^2}{\epsilon_0}\,[\mathrm{J/m^3}]$$

CHAPTER 03 출제예상문제_진공 중의 도체계

전위계수

01 ★ [95. 21. 산업기사, ㉑ : 94. 산업기사]

전위계수의 단위는?

① [1/F]   ② [C]   ③ [C/V]   ④ 없다.

[해설] 전위계수는 +1[C]이 만드는 전위로 $P = \dfrac{V}{Q}$[V/C], [1/F], [daraf] 등이 쓰인다.

02 ★★ [88. 96. 00. 10. 산업기사]

Q와 $-Q$로 대전된 두 도체 n과 r 사이의 전위차를 전위계수로 표시하면?

① $(P_{nn} - 2P_{nr} + P_{rr})Q$ ② $(P_{nn} + 2P_{nr} + P_{rr})Q$
③ $(P_{nn} + P_{nr} + P_{rr})Q$ ④ $(P_{nn} - P_{nr} + P_{rr})Q$

[해설] $V_1 = P_{nn}Q_1 + P_{nr}Q_2$, $V_2 = P_{rn}Q_1 + P_{rr}Q_2$ 에서 $Q_1 = Q$, $Q_2 = -Q$를 대입하면
$V_1 = P_{nn}Q - P_{nr}Q$, $V_2 = P_{rn}Q - P_{rr}Q$
전위차 $V = V_1 - V_2 = (P_{nn} - 2P_{nr} + P_{rr})Q$

03 ★★ [80. 85. 87. 99. 03. 산업기사]

도체 Ⅰ, Ⅱ 및 Ⅲ이 있을 때 도체 Ⅱ가 도체 Ⅰ에 완전 포위되어 있음을 나타내는 것은?

① $P_{11} = P_{21}$ ② $P_{11} = P_{31}$ ③ $P_{11} = P_{33}$ ④ $P_{12} = P_{22}$

[해설] 그림과 같이 반지름 a[m]인 도체구 Ⅱ를 안 반지름 b[m], 바깥 반지름 c[m]인 동심 도체구 Ⅰ로 포위하는 경우 도체 Ⅰ에만 $+Q$[C]의 전하를 주었다면 $V_1 = P_{11}Q$, $V_2 = P_{21}Q$의 관계식이 성립한다. 여기서

$P_{11} = \dfrac{V_1}{Q} = \dfrac{1}{4\pi\epsilon_0 c}$

도체구 Ⅰ의 외부 표면 전위는 $\dfrac{Q}{4\pi\epsilon_0 c}$

$P_{21} = \dfrac{V_2}{Q} = \dfrac{1}{4\pi\epsilon_0 c}$

도체구 Ⅰ, Ⅱ 사이의 전위차는 0이므로 ∴ $P_{11} = P_{21}$

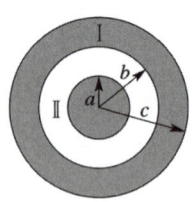

04 ★ [80. 00. 07. 산업기사]

도체계의 전위 계수의 설명 중 옳지 않은 것은?

① $P_{rr} \geq P_{rs}$ ② $P_{rr} < 0$ ③ $P_{rs} \geq 0$ ④ $P_{rs} = P_{sr}$

[해설] P_{rr}은 r 도체에 1[C]을 줄 때의 r 도체 자신의 전위이므로 $P_{rr} > 0$이어야 한다.

답 1. ① 2. ① 3. ① 4. ②

05 2개의 도체를 $+Q$[C]과 $-Q$[C]으로 대전했을 때 이 두 도체 간의 정전 용량을 전위 계수로 표시하면 어떻게 되는가?

① $\dfrac{P_{11}P_{22} - P_{12}^2}{P_{11} + 2P_{12} + P_{22}}$ ② $\dfrac{P_{11}P_{22} + P_{12}^2}{P_{11} + 2P_{12} + P_{22}}$

③ $\dfrac{1}{P_{11} + 2P_{12} + P_{22}}$ ④ $\dfrac{1}{P_{11} - 2P_{12} + P_{22}}$

해설 $\left.\begin{array}{l}V_1 = P_{11}Q_1 + P_{12}Q_2 \\ V_2 = P_{21}Q_1 + P_{22}Q_2\end{array}\right\}$ 에서 $V_1 - V_2 = (P_{11} - 2P_{12} + P_{22})Q$

$\therefore C = \dfrac{Q}{V_1 - V_2} = \dfrac{1}{P_{11} - 2P_{12} + P_{22}}$ [F]

06 그림과 같은 2개의 동심구에서 내구의 반지름이 a[m], 외구의 안지름이 b[m], 외구의 바깥지름이 c[m]일 때 전위 계수 P_{11}을 구하면?

① $\dfrac{1}{4\pi\epsilon_0}\left(\dfrac{1}{a} - \dfrac{1}{b} + \dfrac{1}{c}\right)$ ② $\dfrac{1}{4\pi\epsilon_0}\dfrac{1}{c}$

③ $\dfrac{1}{4\pi\epsilon_0}\left(\dfrac{1}{a} - \dfrac{1}{b}\right)$ ④ $\dfrac{1}{4\pi\epsilon_0}\left(\dfrac{1}{a} + \dfrac{1}{b} + \dfrac{1}{c}\right)$

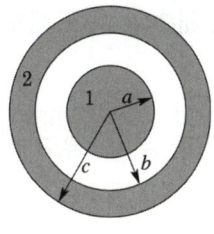

해설 $\begin{cases}V_1 = P_{11}Q_1 + P_{12}Q_2 \\ V_2 = P_{21}Q_1 + P_{22}Q_2\end{cases}$

에서 $Q_1 = 1$, $Q_2 = 0$일 때 $V_1 = P_{11}$, $V_2 = P_{21}$
$Q_1 = 0$, $Q_2 = 1$일 때 $V_2 = P_{22}$, $V_1 = P_{12}$

이므로, 내구에 $Q_1 = 1$을 줄 때 외구에는 -1, $+1$의 전하가 내외에 유기되므로

$V_1 = P_{11} = \dfrac{1}{4\pi\epsilon_0}\left(\dfrac{1}{a} - \dfrac{1}{b} + \dfrac{1}{c}\right)$ [1/F], $V_2 = P_{21} = \dfrac{1}{4\pi\epsilon_0 c}$ [1/F]

또한 외구에 $Q_2 = 1$을 줄 때 $V_2 = P_{22} = \dfrac{1}{4\pi\epsilon_0 c}$ [1/F]가 된다.

07 진공 중에서 떨어져 있는 두 도체 A, B가 있다. A에만 1[C]의 전하를 줄 때 도체 A, B의 전위가 각각 3, 2[V]였다. 지금 A, B에 각각 2, 1[C]의 전하를 주면 도체 A의 전위[V]는?

① 6　　　　② 7　　　　③ 8　　　　④ 9

해설 $V_A = P_{AA}Q_A + P_{AB}Q_B$
$V_B = P_{BA}Q_A + P_{BB}Q_B$
$Q_A = 1$[C], $Q_B = 0$일 때 $P_{AA} = V_A = 3$, $P_{BA} = 2$[V/C]가 되어
$\therefore V_A = P_{AA}Q_A + P_{AB}Q_B = 3Q_A + 2Q_B = 3\times 2 + 2\times 1 = 8$[V]

답　5. ④　6. ①　7. ③

유사문제

01. 전위 계수에 있어서 $P_{rr} = P_{sr}$의 관계가 의미하는 것은?

답 도체 s가 r 속에 있다.

02. 각각 $\pm Q[C]$으로 대전된 두 개의 도체 간의 전위차를 전위 계수로 표시하면?

답 $(P_{11} - 2P_{12} + P_{22})Q$

03. 도체 2를 Q로 대전된 도체 1에 접속하면 도체 2가 얻는 전하를 전위 계수로 표시하면 얼마나 되는가? 단, P_{11}, P_{12}, P_{21}, P_{22}는 전위 계수이다.

답 $\dfrac{P_{11} - P_{12}}{P_{11} - 2P_{12} + P_{22}} Q$

용량계수와 유도계수

08 ★ [07. 기사, 80. 89. 산업기사]
용량 계수와 유도 계수의 설명 중 옳지 않은 것은?
① 유도 계수는 항상 0이거나 0보다 작다.
② 용량 계수는 항상 0보다 크다.
③ $q_{11} \geqq -(q_{21} + q_{31} + \cdots + q_{n1})$
④ 용량 계수와 유도 계수는 항상 0보다 크다.

해설 유도 계수 $q_{ij} \leqq 0$, 용량 계수 $q_{ii} > 0$

09 ★ [83. 93. 산업기사]
다음은 도체계에 대한 용량 계수와 유도 계수의 성질을 나타낸 것이다. 이 중 맞지 않는 것은? 단, 첨자가 같은 것은 용량 계수이며, 첨자가 다른 것은 유도 계수이다.
① $q_{rs} = q_{sr}$
② $q_{rr} > 0$
③ $q_{ss} > q_{rs} > 0$
④ $q_{11} \geqq -(q_{21} + q_{31} + \cdots + q_{n1})$

해설 유도 계수 $q_{ij} \leqq 0$, 용량 계수 $q_{ii} > 0$

10 ★★ [83. 89. 96. 20. 산업기사]
그림과 같이 도체 1을 도체 2로 포위하여 도체 2를 일정 전위로 유지하고, 도체 1과 도체 2의 외측에 도체 3이 있을 때 용량 계수 및 유도 계수의 성질 중 맞는 것은?
① $q_{21} = -q_{11}$
② $q_{31} = q_{11}$
③ $q_{13} = -q_{11}$
④ $q_{23} = q_{11}$

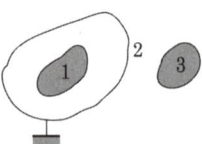

답 8. ④ 9. ③ 10. ①

해설 그림과 같이 영전위의 도체 2로 포위하면 $q_{21} = -q_{11}$, $q_{31} = 0$, $V_2 = 0$이므로
$Q_1 = q_{11}V_1[\text{C}]$, $Q_2 = q_{21}V_1 + q_{23}V_3[\text{C}]$, $Q_3 = +q_{33}V_3[\text{C}]$

☆ [01. 산업기사]

11 도체계에서 각 도체의 전위를 V_1, V_2, ……으로 하기 위한 각 도체의 유도계수와 용량계수에 대한 설명으로 옳은 것은?

① q_{11}, q_{22}, q_{33} 등을 유도계수라 한다.
② q_{21}, q_{31}, q_{41} 등을 용량계수라 한다.
③ 일반적으로 유도계수≤0이다.
④ 용량계수와 유도계수의 단위는 모두 [V/C]이다.

해설 q_{11}, q_{22}, q_{33} 등을 용량계수라 한다.
q_{21}, q_{31}, q_{41} 등을 유도계수라 한다.
용량계수와 유도계수의 단위는 모두 [C/V]이다.

★★ [00. 19. 25. 기사]

12 정전 용량이 각각 C_1, C_2 그 사이의 상호 유도 계수가 M인 절연된 두 도체가 있다. 두 도체를 가는 선으로 연결할 경우 그 정전 용량은?

① $C_1 + C_2 - M$ ② $C_1 + C_2 + M$ ③ $C_1 + C_2 + 2M$ ④ $2C_1 + 2C_2 + M$

해설 $\begin{cases} Q_1 = q_{11}V_1 + q_{12}V_2 \\ Q_2 = q_{21}V_1 + q_{22}V_2 \end{cases}$ 에서 $\begin{cases} q_{11} = C_1, q_{22} = C_2 \\ q_{12} = q_{21} = M \end{cases}$
연결하면 등전위가 되어 $V_1 = V_2 = V$
$\therefore \begin{cases} Q_1 = (q_{11} + q_{12})V = (C_1 + M)V \\ Q_2 = (q_{21} + q_{22})V = (M + C_2)V \end{cases}$
$\therefore C = \dfrac{Q_1 + Q_2}{V} = C_1 + C_2 + 2M$

★★ [89. 기사, 82. 89. 산업기사]

13 1[C]의 정전하를 각각 대전시켰을 때 도체 1의 전위는 5[V], 도체 2의 전위는 12[V]로 되는 두 도체가 있다. 도체 1에만 1[C]을 대전하였을 때 도체 2의 전위는 0.5[V]로 된다면 이 두 도체간의 정전 용량[F]은?

① 0.02   ② 0.05   ③ 0.07   ④ 0.1

해설 $V_1 = P_{11}Q_1 + P_{12}Q_2[\text{V}]$, $V_2 = P_{21}Q_1 + P_{22}Q_2[\text{V}]$ 에서
$Q_1 = Q_2 = 1[\text{C}]$인 경우에는 $\left.\begin{array}{l} V_1 = P_{11} + P_{12} = 5[\text{V}] \\ V_2 = P_{21} + P_{22} = 12[\text{V}] \end{array}\right\}$ …… ①
$Q_1 = 1[\text{C}]$, $Q_2 = 0$인 경우에는 $V_2 = P_{21} = 0.5[\text{V}]$ ………… ②
식 ①, ②로부터 $P_{11} = 4.5[1/\text{F}]$, $P_{12} = P_{21} = 0.5[1/\text{F}]$, $P_{22} = 11.5[1/\text{F}]$
전위 계수로 표시한 정전 용량은 $C = \dfrac{Q}{V_1 - V_2} = \dfrac{1}{P_{11} - 2P_{12} + P_{22}}[\text{F}]$이므로
$\therefore C = \dfrac{1}{4.5 - 2 \times 0.5 + 11.5} = 0.07[\text{F}]$

답 11. ③ 12. ③ 13. ③

유사문제

▮ 유사문제 원문 및 해설 : 동일출판사 홈페이지 ≫ 고객센터 ≫ 자료실

01. 용량 계수와 유도 계수의 성질 중 옳지 않은 것은?

　📄 $q_{rs} \geqq 0$

02. 3개의 도체 a, b, c가 있다. 도체 c를 a로 정전 차폐했을 때의 조건은?

　📄 b, c 사이의 유도 계수는 0이다.

정전용량

14 ★★★★★ [89. 91. 94. 기사, 85. 94. 00. 01. 18. 21. 산업기사]

모든 전기 장치에 접지시키는 근본적인 이유는?

① 지구의 용량이 커서 전위가 거의 일정하기 때문이다.
② 편의상 지면을 영전위로 보기 때문이다.
③ 영상 전하를 이용하기 때문이다.
④ 지구는 전류를 잘 통하기 때문이다.

[해설] 지구는 정전 용량이 크므로 많은 전하가 축적되어도 지구의 전위는 일정하다. 모든 전기 장치를 접지시키고 대지를 실용상 등전위로 한다.

15 ★ [01. 18. 산업기사]

콘덴서의 성질에 관한 설명 중 적절하지 못한 것은?

① 용량이 같은 콘덴서를 n개 직렬 연결하면 내압은 n배가 되고 용량은 $\frac{1}{n}$배가 된다.
② 용량이 같은 콘덴서를 n개 병렬 연결하면 내압은 같고 용량은 n배가 된다.
③ 정전용량이란 도체의 전위를 1[V]로 하는데 필요한 전하량을 말한다.
④ 콘덴서를 직렬 연결할 때 각 콘덴서에 분포되는 전하량은 콘덴서 크기에 비례한다.

[해설] 콘덴서를 직렬 연결할 때 각 콘덴서에 분포되는 전하량은 콘덴서 용량에 관계없이 일정하게 충전된다.

16 ★ [91. 기사]

다음 설명 중 잘못된 것은?

① 정전 유도에 의하여 작용하는 힘은 반발력이다.
② 정전 용량이란 콘덴서가 전하를 축적하는 능력을 말한다.
③ 콘덴서에 전압을 가하는 순간은 콘덴서는 단락 상태가 된다.
④ 같은 부호의 전하끼리는 반발력이 생긴다.

[해설] 정전 유도된 전하량은 다른 극성의 전하가 가까이 오고 동일 극성 전하가 반대편에 나타나므로 흡인력이 반발력보다 크게 되어 전체적으로 흡인력이 작용한다.

📄 14. ① 15. ④ 16. ①

17 ★★ [76. 77. 92. 00. 산업기사]
일래스턴스(elastance)란?

① $\dfrac{1}{전위차 \times 전기량}$ ② 전위차 × 전기량 ③ $\dfrac{전위차}{전기량}$ ④ $\dfrac{전기량}{전위차}$

[해설] 정전 용량의 역수를 일래스턴스라 하므로
$l = \dfrac{1}{C} = \dfrac{V}{Q}\left[\dfrac{전위차}{전하량}\right]$ 이며 단위는 [V/C] 또는 [daraf]를 사용한다.

18 ★☆ [77. 86. 99. 산업기사]
반지름 a[m]인 구의 정전 용량[F]은?

① $4\pi\epsilon_0 a$ ② $\epsilon_0 a$ ③ a ④ $\dfrac{1}{4\pi}\epsilon_0 a$

[해설] $C = \dfrac{Q}{V} = \dfrac{Q}{\dfrac{Q}{4\pi\epsilon_0 a}} = 4\pi\epsilon_0 a[F] = \dfrac{1}{9\times 10^9}a[F]$

19 ★☆ [77. 97. 01. 산업기사]
1[μF]의 정전 용량을 가진 구의 반지름[km]은?

① 9×10^3 ② 9 ③ 9×10^{-3} ④ 9×10^{-6}

[해설] $C = 4\pi\epsilon_0 a = \dfrac{1}{9\times 10^9}\times a$

$\therefore a = 9\times 10^9 \times C = 9\times 10^9 \times 1\times 10^{-6} = 9\times 10^3 \text{[m]} = 9\text{[km]}$

20 ★ [01. 기사]
반지름 $a > b$(단위 : m)인 동심구 도체의 정전 용량은 몇 [F]인가?

① $\dfrac{2\pi\epsilon_0 ab}{a-b}$ ② $\dfrac{4\pi\epsilon_0 ab}{a-b}$ ③ $\dfrac{8\pi\epsilon_0 ab}{a-b}$ ④ $\dfrac{16\pi\epsilon_0 ab}{a-b}$

[해설] 동심구 도체의 정전 용량 $C = \dfrac{4\pi\epsilon_0}{\dfrac{1}{a}-\dfrac{1}{b}}(a<b)$, $C = \dfrac{4\pi\epsilon_0}{\dfrac{1}{b}-\dfrac{1}{a}}(a>b) = \dfrac{4\pi\epsilon_0 ab}{a-b}$

21 ☆ [01. 산업기사]
반지름이 각각 a[m], b[m], c[m]인 독립 구도체가 있다. 이들 도체를 가는 선으로 연결하면 합성 정전 용량은 몇 [F]인가?

① $4\pi\epsilon_0(a+b+c)$ ② $4\pi\epsilon_0\sqrt{a^2+b^2+c^2}$

③ $12\pi\epsilon_0\sqrt{a^3+b^3+c^3}$ ④ $\dfrac{4}{3}\pi\epsilon_0\sqrt{a^2+b^2+c^2}$

답 17. ③ 18. ① 19. ② 20. ② 21. ①

해설. 도체를 가는 선으로 연결했을 때의 합성 정전 용량은
$C = C_1 + C_2 + C_3 = 4\pi\epsilon_0 a + 4\pi\epsilon_0 b + 4\pi\epsilon_0 c = 4\pi\epsilon_0(a+b+c)$

22 ★★☆ [76. 기사, 80. 88. 00. 산업기사]
내구의 반지름 $a = 10$[cm], 외구의 반지름 $b = 20$[cm]인 동심구 콘덴서의 용량을 구하면?

① 11[pF]   ② 22[pF]   ③ 33[pF]   ④ 22[μF]

해설. $C = \dfrac{4\pi\epsilon_0 ab}{b-a} = \dfrac{\frac{1}{9\times 10^9}\times 0.1 \times 0.2}{0.2-0.1} = \dfrac{2\times 10^{-10}}{9} = 2.22\times 10^{-11}$
$= 22.2\times 10^{-12}[\text{F}] = 22.2[\text{pF}]$

23 ★★ [95. 98. 기사]
그림과 같은 동심 도체구의 정전 용량은 몇 [F]인가?

① $4\pi\epsilon_0(b-a)$ ② $\dfrac{4\pi\epsilon_0 ab}{b-a}$
③ $\dfrac{ab}{4\pi\epsilon_0(b-a)}$ ④ $4\pi\epsilon_0\left(\dfrac{1}{a}-\dfrac{1}{b}\right)$

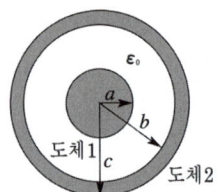

해설. 내구에 $+Q$[C], 외구에 $-Q$[C]을 준 경우 내외 도체 사이의 전위차는
$V_{ab} = \dfrac{Q}{4\pi\epsilon_0}\left(\dfrac{1}{a}-\dfrac{1}{b}\right)$[V]이므로, $C = \dfrac{Q}{V_{ab}} = \dfrac{4\pi\epsilon_0}{\frac{1}{a}-\frac{1}{b}} = \dfrac{4\pi\epsilon_0 ab}{b-a}$[F]

24 ★ [91. 기사]
두 개의 동심구에 대한 내구의 반지름이 $a = 10$[cm], 외구의 내 반지름 $b = 20$[cm], 외구의 반지름 $c = 30$[cm]인 동심 콘덴서의 정전 용량은 몇 [pF]인가?

① 11   ② 15
③ 18   ④ 22

해설. $C = \dfrac{4\pi\epsilon_0 ab}{b-a} = \dfrac{\frac{1}{9\times 10^9}\times 10\times 10^{-2}\times 20\times 10^{-2}}{(20-10)\times 10^{-2}} = 2.2\times 10^{-11}[\text{F}] = 22\times 10^{-12}[\text{F}] = 22[\text{pF}]$

25 ☆ [98. 산업기사]
내구의 반지름 8[cm], 외구의 반지름 16[cm]인 동심 구형 콘덴서의 정전 용량은 몇 [pF]인가?
(단, 유전율은 $\dfrac{10^9}{36\pi}$[F/m]이다.)

① 13.8   ② 15.8   ③ 17.8   ④ 19.8

답 22. ② 23. ② 24. ④ 25. ③

해설) $C = \dfrac{4\pi\epsilon_0 ab}{b-a} = \dfrac{\dfrac{1}{9\times 10^9}\times 16\times 10^{-2}\times 8\times 10^{-2}}{(16-8)\times 10^{-2}} = 1.777\times 10^{-11}[\text{F}] = 17.8\times 10^{-12} = 17.8[\text{pF}]$

26 [94. 23. 기사]

그림과 같이 내구에 $+Q[\text{C}]$, 외구에 $-Q[\text{C}]$의 전하로 두 개의 동심구 도체가 있다. 구 사이가 진공으로 되어 있을 때 동심구 사이의 정전 용량 $C[\text{F}]$는?

① $2\pi\epsilon_0 \dfrac{ab}{b-a}$

② $4\pi\epsilon_0 \dfrac{ab}{b-a}$

③ $2\pi\epsilon_0 \cdot \dfrac{1}{\ln\left(\dfrac{b}{a}\right)}$

④ $4\pi\epsilon_0 \cdot \dfrac{1}{\ln\left(\dfrac{b}{a}\right)}$

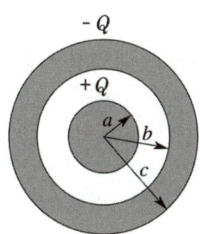

해설) 동심구에 $\pm Q[\text{C}]$를 줄 때 전위차는 $V = \dfrac{Q}{4\pi\epsilon_0}\left(\dfrac{1}{a} - \dfrac{1}{b}\right)$이므로

$C = \dfrac{Q}{V} = \dfrac{4\pi\epsilon_0}{\dfrac{1}{a} - \dfrac{1}{b}} = \dfrac{4\pi\epsilon_0 ab}{b-a}[\text{F}]$

27 ★★★ [90. 01. 11. 기사, 75. 23. 산업기사, ㊙ : 08 산업기사]

동심 구형 콘덴서의 내외 반지름을 각각 2배로 하면 정전용량은 몇 배가 되는가?

① 1배　② 2배　③ 3배　④ 4배

해설) $C = \dfrac{4\pi\epsilon_0 ab}{b-a}[\text{F}]$

내외구의 반지름을 2배로 늘린 경우의 정전 용량을 C'라 하면

∴ $C' = \dfrac{4\pi\epsilon_0 (2a)(2b)}{(2b-2a)} = \dfrac{4\pi\epsilon_0 ab}{b-a}\times 2 = 2C$

28 ★ [76. 93. 산업기사]

1변이 50[cm]인 정사각형 전극을 가진 평행판 콘덴서가 있다. 이 극판 간격을 5[mm]로 할 때 정전 용량은 얼마인가? 단, $\epsilon_0 = 8.855\times 10^{-12}[\text{F/m}]$이고 단말 효과는 무시한다.

① 443[pF]　② 380[μF]
③ 410[μF]　④ 0.5[pF]

해설) $C = \dfrac{\epsilon_0 S}{d} = \dfrac{8.855\times 10^{-12} \times (5\times 10^{-1})^2}{5\times 10^{-3}} = 443[\text{pF}]$

답) 26. ② 27. ② 28. ①

29 ★★ [83. 96. 기사]

공기 중에 1변 40[cm]의 정방형 전극을 가진 평행판 콘덴서가 있다. 극판의 간격을 4[mm]로 할 때 극판간에 100[V]의 전위차를 주면 축적되는 전하[C]는?

① 3.54×10^{-9} ② 3.54×10^{-8} ③ 6.56×10^{-9} ④ 6.56×10^{-8}

[해설] $C = \dfrac{\epsilon_0 S}{d} = \dfrac{8.855 \times 10^{-12} \times (4 \times 10^{-1})^2}{4 \times 10^{-3}} = 35.42 \times 10^{-11}$ [F]

∴ $Q = CV = 35.42 \times 10^{-11} \times 100 = 3.542 \times 10^{-8}$ [C]

30 ★★ [97. 00. 18. 기사]

동심 구형 콘덴서의 내외 반지름을 각각 10배로 증가시키면 정전 용량은 몇 배로 증가하는가?

① 5   ② 10   ③ 20   ④ 100

[해설] $C = \dfrac{4\pi\epsilon_0 ab}{b-a} = \dfrac{4\pi\epsilon_0 \cdot (10a \cdot 10b)}{10b - 10a} = \dfrac{10 \cdot 4\pi\epsilon_0 ab}{b-a} = 10C$

31 ★ [78. 01. 산업기사]

간격 d[m]인 무한히 넓은 평행판의 단위 면적당 정전 용량[F/m²]은? 단, 매질은 공기라 한다.

① $\dfrac{1}{4\pi\epsilon_0 d}$ ② $\dfrac{4\pi\epsilon_0}{d}$ ③ $\dfrac{\epsilon_0}{d}$ ④ $\dfrac{\epsilon_0}{d^2}$

[해설] $C = \dfrac{\sigma}{V} = \dfrac{\sigma}{E \cdot d} = \dfrac{\sigma}{\dfrac{\sigma}{\epsilon_0} \cdot d} = \dfrac{\epsilon_0}{d}$ [F/m²]

32 ★★ [95. 00. 기사]

지면에 평행으로 높이 h[m]에 가설된 반지름 a[m]인 직선도체가 있다. 대지 정전 용량은 몇 [F/m]인가? 단, $h \gg a$이다.

① $\dfrac{4\pi\epsilon_0}{\ln\dfrac{2h}{a}}$ ② $\dfrac{2\pi\epsilon_0}{\ln\dfrac{2h}{a}}$ ③ $\dfrac{4\pi\epsilon_0}{\ln\dfrac{a}{2h}}$ ④ $\dfrac{2\pi\epsilon_0}{\ln\dfrac{a}{2h}}$

[해설] 두 평형 도선간 정전 용량

$C = \dfrac{\pi\epsilon_0}{\ln\dfrac{2h}{a}}$ [F/m]에서

대지간 정전 용량은 거리가 $\dfrac{1}{2}$이므로

∴ $C_0 = 2C = \dfrac{2\pi\epsilon_0}{\ln\dfrac{2h}{a}}$ [F/m]

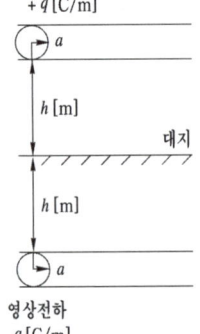

답 29. ② 30. ② 31. ③ 32. ②

33 공기 중에 반지름 r[m]의 매우 긴 평행 왕복도체가 d[m]의 간격으로 놓여 있을 때 단위 길이당의 정전 용량은 몇 [F/m]인가? 단, $r \ll d$

① $\dfrac{\pi\epsilon_0}{\ln\dfrac{d}{r}}$ ② $\dfrac{2\pi\epsilon_0}{\ln\dfrac{d}{r}}$ ③ $2\pi\epsilon_0 \ln\dfrac{d}{r}$ ④ $\dfrac{\pi\epsilon_0}{\ln\dfrac{r}{d}}$

[해설] 평행 도체에 $\pm\lambda$[C/m]의 전하를 준 경우 두 도체 사이의 전위차는 $V = \dfrac{\lambda}{\pi\epsilon_0} \ln\dfrac{d-r}{r}$ [V]이므로 단위길이당 정전 용량은 $C_0 = \dfrac{\lambda}{V} = \dfrac{\pi\epsilon_0}{\ln\dfrac{d-r}{r}}$ [F/m]가 된다.

$d \gg r$인 경우 $C_0 = \dfrac{\pi\epsilon_0}{\ln\dfrac{d}{r}}$ [F/m]

34 반지름 a[m], 선간 거리 d[m]인 평행 도선간의 정전 용량[F/m]은? 단, $d \gg a$이다.

① $\dfrac{2\pi\epsilon_0}{\ln\dfrac{d}{a}}$ ② $\dfrac{1}{2\pi\epsilon_0 \ln\dfrac{d}{a}}$ ③ $\dfrac{1}{2\epsilon_0 \ln\dfrac{d}{a}}$ ④ $\dfrac{\pi\epsilon_0}{\ln\dfrac{d}{a}}$

[해설] $C = \dfrac{\lambda}{V} = \dfrac{\lambda}{-\int_{d-a}^{a} E\, dr} = \dfrac{\lambda}{\dfrac{-\lambda}{2\pi\epsilon_0} \int_{d-a}^{a} \left(\dfrac{1}{r} + \dfrac{1}{d-r}\right) dr} = \dfrac{\pi\epsilon_0}{\ln\dfrac{d-a}{a}} \fallingdotseq \dfrac{\pi\epsilon_0}{\ln\dfrac{d}{a}}$

35 반지름 2[mm]인 원통 단면을 갖는 길이가 극히 긴 두 도선 중심 사이가 1[m]이고, 단위 길이당 8.94×10^{-8}[C/m]의 전하가 주어지고, 두 도선 사이의 전위차가 200[V]인 평행된 배전선의 단위 길이당 정전 용량은 몇 [F/m]인가?

① 2.23×10^{-6} ② 2.98×10^{-8} ③ 4.47×10^{-10} ④ 8.9×10^{-12}

[해설] $C = \dfrac{Q}{V} = \dfrac{8.94 \times 10^{-8}}{200} = 4.47 \times 10^{-10}$ [F/m]

36 도선의 반지름이 a이고, 두 도선 중심 간의 간격이 d인 평행 2선 선로의 정전 용량에 대한 설명으로 옳은 것은?

① 정전 용량 C는 $\ln\dfrac{d}{a}$에 직접 비례한다.   ② 정전 용량 C는 $\ln\dfrac{d}{a}$에 반비례한다.

③ 정전 용량 C는 $\ln\dfrac{a}{d}$에 직접 비례한다.   ④ 정전 용량 C는 $\ln\dfrac{a}{d}$에 반비례한다.

답 33. ① 34. ④ 35. ③ 36. ②

해설 $C = \dfrac{\pi \epsilon_0}{\ln \dfrac{d}{a}}$ [F/m]   ∴ $C \propto \dfrac{1}{\ln \dfrac{d}{a}}$

☆ [97. 산업기사]

37 정전 용량이 5[μF]인 평행판 콘덴서를 20[V]로 충전한 뒤에 극판 거리를 처음의 2배로 하였다. 이때 이 콘덴서의 전압은 몇 [V]가 되겠는가?

① 5   ② 10   ③ 20   ④ 40

해설 $V = \dfrac{Q}{C} = \dfrac{Q}{\dfrac{\epsilon_0 S}{d}} = \dfrac{Q \cdot d}{\epsilon_0 S} \propto d$

$V' = 2V = 40[\text{V}]$

★ [94. 기사]

38 정전 용량 C인 평행판 콘덴서를 전압 V로 충전하고 전원을 제거한 후 전극 간격을 1/2로 접근시키면 전압은?

① $\dfrac{1}{4}V$ ② $\dfrac{1}{2}V$ ③ V ④ $2V$

해설 $V = \dfrac{Q}{C}$에서 충전 후 전원을 제거하면 Q가 일정하므로 전위차는 C에 반비례한다.

접근 후 용량은 $C' = \dfrac{\epsilon A}{\dfrac{1}{2}d} = 2C$가 되므로 $V' = \dfrac{1}{2}V$가 된다.

유사문제

유사문제 원문 및 해설 : 동일출판사 홈페이지 》 고객센터 》 자료실

01. Condenser에 대한 설명 중 옳지 않은 것은?
답 두 도체 간의 절연물은 절연을 유지할 뿐이다.

02. 반지름 1[cm]인 고립 도체구의 정전 용량은?
답 약 1[pF]

03. 고립 도체구의 정전 용량이 50[pF]일 때 이 도체구의 반경은 몇 [cm]인가?
답 45[cm]

04. 내구의 반지름 a, 외구의 반지름 b인 두 동심구 사이의 정전 용량은?
답 $\dfrac{4\pi \epsilon_0}{\dfrac{1}{a} - \dfrac{1}{b}}$

답 37. ④ 38. ②

05. 반지름이 6[m] 되는 내부 도체구와 반지름이 9[m]인 외부 구도체로 된 동심구에서 내구를 접지할 때 이 도체의 전체 정전 용량은 몇 [F]인가?

 답 3×10^{-9}[F]

06. 그림과 같은 동심 도체구의 정전 용량은 얼마인가?
단, $a = 5$[cm], $b = 9$[cm], $c = 12$[cm]이다.

 답 12.5[pF]

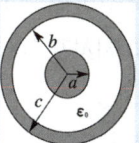

07. 반지름 $a > b$[m]인 동심 도체구의 정전 용량은? 단, 내구 절연, 외구 접지 때이다.

 답 $\dfrac{4\pi\epsilon_0 ab}{a-b}$

08. 그림과 같은 두 개의 동심구로 된 콘덴서의 정전 용량은?

 답 $8\pi\epsilon_0$[F]

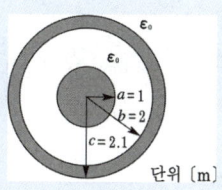

09. 평행판 콘덴서의 양극판 면적을 3배로 하고 간격을 1/2배로 하면 정전 용량은 처음의 몇 배가 되는가?

 답 6 배

10. 진공 중 반지름이 a[m]인 원형 도체판 2매를 써서 극판 거리 d[m]인 콘덴서를 만들었다. 만약 이 콘덴서의 극판 거리를 2배로 하고 정전 용량은 일정하게 하려면 이 도체판의 반지름은 a의 몇 배로 하면 되는가?

 답 $\sqrt{2}$ 배

11. 평행판 콘덴서에서 전극 간에 V[V]의 전위차를 가할 때 전계의 세기가 E[V/m](공기의 절연내력)를 넘지 않도록 하기 위한 콘덴서의 단위 면적당의 최대용량은 몇 [F/m²]인가?

 답 $\dfrac{\epsilon_0 E}{V}$[F/m²]

12. 반지름이 1[cm]와 2[cm]인 동심원통의 길이가 50[cm]일 때 이것의 정전 용량은 약 몇 [pF]인가? 단, 내원통에 $+\lambda$[c/m], 외원통에 $-\lambda$[c/m]인 전하를 준다고 한다.

 답 40[pF]

13. 그림과 같이 정사각형의 전극을 가진 평행판 콘덴서에서 지금 한 쪽의 전극이 30° 회전하면 콘덴서 용량은 양전극이 전부 겹쳤을 때의 대략 몇 [%]인가?

 답 58[%]

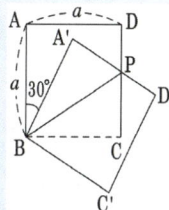

정전용량의 접속

39 ★ [01. 기사]

그림과 같이 용량 C_0[F]으로 대전하고 있는 콘덴서에 정전 전압계를 직렬로 접속하였더니 그 계기의 지시가 10[%]로 감소하였다면 계기의 정전용량은 몇 [F]인가?

① $9C_0$
② $99C_0$
③ $\dfrac{C_0}{9}$
④ $\dfrac{C_0}{99}$

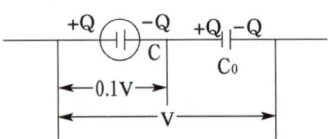

[해설] $0.1V = \dfrac{Q}{C}$, $V - 0.1V = \dfrac{Q}{C_0}$, $V = \dfrac{Q}{0.1C} = \dfrac{Q}{0.9C_0}$

∴ $C = 9C_0$

40 ★★★ [75. 77. 78. 89. 02. 12. 산업기사]

전압 V로 충전된 용량 C의 콘덴서에 동일 용량 $2C$의 콘덴서를 병렬 연결한 후의 단자 전압은?

① $3V$ ② $2V$ ③ $\dfrac{V}{2}$ ④ $\dfrac{V}{3}$

[해설] 충전 전하 $Q = CV$, 합성 용량 $C_0 = C + 2C = 3C$이므로

전위차 $V_0 = \dfrac{Q}{C_0} = \dfrac{CV}{3C} = \dfrac{V}{3}$

41 ★☆ [84. 93. 00. 산업기사]

Q_1으로 대전된 용량 C_1의 콘덴서에 용량 C_2를 병렬 연결한 경우 C_2가 분배받는 전기량은? 단, V_1은 콘덴서 C_1에 Q_1으로 충전되었을 때의 C_1 양단 전압이다.

① $Q_2 = \dfrac{C_1 + C_2}{C_2} V_1$
② $Q_2 = \dfrac{C_2}{C_1 + C_2} V_1$
③ $Q_2 = \dfrac{C_1}{C_1 + C_2} V_1$
④ $Q_2 = \dfrac{C_1 C_2}{C_1 + C_2} V_1$

[해설] 합성 용량을 C_0라고 하면 $C_0 = C_1 + C_2$[F]

연결 후의 전위차는 $V_0 = \dfrac{Q_1}{C_1 + C_2}$[V]

C_2가 분배받는 전기량 Q_2는 ∴ $Q_2 = C_2 V_0 = \dfrac{C_2}{C_1 + C_2} Q_1 = \dfrac{C_1 C_2}{C_1 + C_2} V_1$[C]

[답] 39. ① 40. ④ 41. ④

☆ [96. 산업기사]

42 그림에서 ab간의 합성 정전 용량은?
단, 단위는 모두 같다.

① $\frac{8}{13}C$ ② $\frac{6}{11}C$

③ $\frac{9}{17}C$ ④ $\frac{5}{6}C$

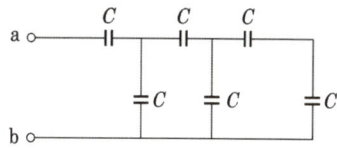

해설) C_5과 C_6은 직렬 접속 관계이고 이들과 C_4는 병렬 접속 관계이다.

$$C_a = \frac{C}{2} + C = \frac{3}{2}C$$

C_a와 C_3와는 직렬이고 이들과 C_2는 병렬 접속이므로

$$C_b = C_2 + \frac{C_a \cdot C_3}{C_a + C_3} = C + \frac{\frac{3}{2}C \cdot C}{\frac{3}{2}C + C} = 1.6C$$

C_b와 C_1은 직렬 접속 관계이므로

$$C_{ab} = \frac{C_1 \cdot C_b}{C_1 + C_b} = \frac{C \times 1.6C}{C + 1.6C} = \frac{1.6}{2.6}C = \frac{8}{13}C$$

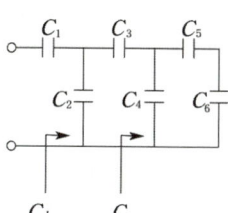

★ [96. 기사]

43 그림에서 a, b간의 합성 용량치는?

① $2[\mu F]$
② $4[\mu F]$
③ $6[\mu F]$
④ $8[\mu F]$

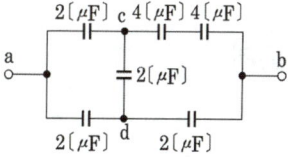

해설) 브리지 평형조건이 되므로
$$C = \frac{2 \cdot 2}{2+2} + \frac{2 \cdot 2}{2+2} = 2[\mu F]$$

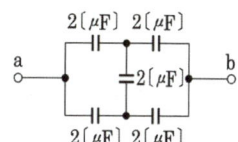

★ [94. 기사]

44 그림과 같이 $C_1 = 3[\mu F]$, $C_2 = 4[\mu F]$, $C_3 = 5[\mu F]$, $C_4 = 4[\mu F]$의 콘덴서가 연결되어 있을 때, C_3에 $Q_3 = 120[\mu C]$의 전하가 충전되어 있다면 $\overline{ac}$간의 전위차는 몇 [V]인가?

① 72
② 96
③ 102
④ 120

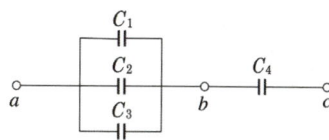

해설) 콘덴서 병렬연결시 각 콘덴서 양단의 전위차는 같으므로
$$V_{ab} = V_1 = V_2 = V_3 = \frac{Q_3}{C_3} = \frac{120 \times 10^{-6}}{5 \times 10^{-6}} = 24[V]$$

답 42. ① 43. ① 44. ②

a-b 사이의 등가용량 $C' = C_1 + C_2 + C_3 = 12[\mu F]$

C'와 C_4의 직렬로 볼 수 있고, 직렬연결시 걸리는 전압은 용량에 반비례하므로

$V_{ab} : V_{bc} = \dfrac{1}{C'} : \dfrac{1}{C_4} = 1 : 3$에서 $V_{bc} = 3V_{ab} = 72[V]$

$\therefore V_{ac} = V_{ab} + V_{bc} = 24 + 72 = 96[V]$

★ [83. 95. 산업기사]

45 그림에서 2[μF]에 100[μC]의 전하가 충전되어 있었다면 3[μF]의 양단의 전위차는 몇 [V]인가?

① 50
② 100
③ 200
④ 260

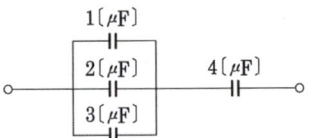

[해설] 2[μF]의 양단에 걸리는 전압은 $V_2 = \dfrac{Q_2}{C_2} = 50[V]$,

콘덴서 병렬연결시 각 콘덴서에 걸리는 전압은 같으므로

3[μF] 양단에 걸리는 전압도 $V_3 = V_2 = 50[V]$이다.

유사문제

∥ 유사문제 원문 및 해설 : 동일출판사 홈페이지 》 고객센터 》 자료실

01. 전압 V로 충전된 용량 C의 콘덴서에 동일 용량 C의 콘덴서 n 개를 병렬 연결한 후의 콘덴서 양단 간의 전압은?

답 $\dfrac{V}{n}$

02. 전하 Q로 대전된 용량 C의 콘덴서에 용량 C_0를 병렬 연결한 경우 C_0가 분배받는 전기량은?

답 $\dfrac{C_0}{C+C_0}Q$

03. 1[μF]의 콘덴서를 80[V], 2[μF]의 콘덴서를 50[V]로 충전하고 이들을 병렬로 연결할 때의 전위차는 몇 [V]인가?

답 60[V]

04. 콘덴서를 그림과 같이 접속했을 때 C_x 의 정전 용량 [μF]은? 단, $C_1 = 3[\mu F]$, $C_2 = 3[\mu F]$, $C_3 = 3[\mu F]$ 이고 a, b 사이의 합성 정전 용량 $C_0 = 5[\mu F]$이다.

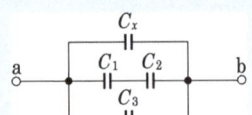

답 $\dfrac{1}{2}[\mu F]$

답 45. ①

05. 그림과 같이 용량 회로에서 $C_1 = 0.015[\mu F]$, $C_2 = 0.33[\mu F]$이고, 전압 $V_0 = 1000[V]$일 때 C_1의 전위차를 $V_1 = 990[V]$로 하기 위한 C_1의 값은 몇 $[\mu F]$인가?

답 $1.155[\mu F]$

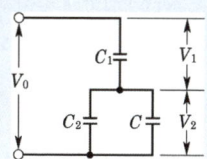

06. 정전 용량 C_1, C_2, C_x의 3개 커패시터를 그림과 같이 연결하고 단자 ab간에 100[V]의 전압을 가하였다. 지금 $C_1 = 0.02[\mu F]$, $C_2 = 0.1[\mu F]$이며 C_1에 90[V]의 전압이 걸렸을 때 C_x는 몇 $[\mu F]$인가?

답 $0.08[\mu F]$

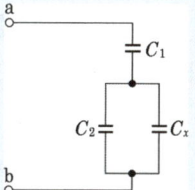

07. 그림과 같이 정전 용량이 $C_1[pF]$, $C_2[pF]$, $C_3[pF]$인 3개의 현수 애자를 직렬로 접속하여 도체를 절연한다. 각 애자가 전압을 균등하게 분담하기 위해서는 C_1과 C_2의 값은 얼마로 하면 되는가? 단, $C_3 = 50[pF]$, $C_0 = 10[pF]$이다.

답 $C_1 = 20[pF]$, $C_2 = 30[pF]$

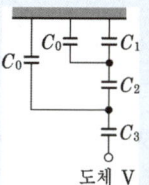

도체가 가진 정전에너지

46 ★★ [75. 00. 기사, ⊕ : 17. 기사]

면적 $S[m^2]$, 간격 $d[m]$인 평행판 콘덴서에 전하 $Q[C]$을 충전하였을 때 정전 용량 $C[F]$와 정전 에너지 $W[J]$는?

① $C = \dfrac{\epsilon_0}{d^2}$, $W = \dfrac{dQ^2}{2\epsilon_0 S}$ ② $C = \dfrac{2\epsilon_0 S}{d}$, $W = \dfrac{Q^2}{4\epsilon_0 S}$

③ $C = \dfrac{\epsilon_0 S}{d}$, $W = \dfrac{dQ^2}{2\epsilon_0 S}$ ④ $C = \dfrac{2\epsilon_0}{d^2}$, $W = \dfrac{Q^2}{\epsilon_0 S}$

해설 평행판 콘덴서의 정전 용량 $C = \dfrac{\epsilon_0 S}{d}$ ∴ 정전 에너지 $W = \dfrac{Q^2}{2C} = \dfrac{Q^2 d}{2\epsilon_0 S}$

47 ★ [99. 01. 산업기사]

20[W]의 전구가 2초 동안 한 일의 에너지를 축적할 수 있는 콘덴서의 용량은 몇 $[\mu F]$인가? 단, 충전 전압은 100[V]이다.

① 4000   ② 6000   ③ 8000   ④ 10000

답 46. ③ 47. ③

[해설] 20[W] 전구가 2초 동안 한 일 $W = p \cdot t = 20 \times 2 = 40[J]$

$40[J] = \frac{1}{2}CV^2$에서 $V = 100[V]$이므로 $\therefore C = 8000[\mu F]$

★★★☆ [85. 90. 91. 기사, 97. 11. 17. 산업기사]

48 정전 용량 1[μF], 2[μF]의 콘덴서에 각각 2×10^{-4}[C] 및 3×10^{-4}[C]의 전하를 주고 극성을 같게 하여 병렬로 접속할 때 콘덴서에 축적된 에너지[J]는 얼마인가?

① 약 0.025   ② 약 0.303   ③ 약 0.042   ④ 약 0.525

[해설] $Q = Q_1 + Q_2 = 5 \times 10^{-4}$[C]

$C = C_1 + C_2 = (1+2) \times 10^{-6} = 3 \times 10^{-6}$[F]

$\therefore W = \frac{Q^2}{2C} = \frac{(5 \times 10^{-4})^2}{2 \times 3 \times 10^{-6}} = 0.042$[J]

★ [83. 03. 기사]

49 그림에서 단자 ab간에 V의 전위차를 인가할 때 C_1의 에너지는?

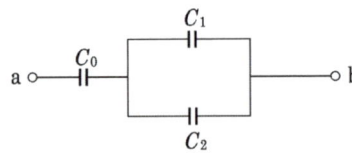

① $\frac{C_1^2}{2}\left(\frac{C_1 + C_2}{C_0 + C_1 + C_2}\right)^2 V^2$

② $\frac{C_1}{2}\left(\frac{C_0}{C_0 + C_1 + C_2}\right)^2 V^2$

③ $\frac{C_1}{2}\frac{C_0(C_1 + C_2)}{(C_0 + C_1 + C_2)^2}V^2$

④ $\frac{C_1}{2}\frac{C_0^2 C_2}{(C_0 + C_1 + C_2)}V^2$

[해설] 합성 용량 $C_t = \frac{C_0(C_1 + C_2)}{C_0 + C_1 + C_2}$[F]

C_1 양단의 전위차 $V_1 = \frac{C_t}{(C_1 + C_2)}V = \frac{C_0}{C_0 + C_1 + C_2}V$[V]

C_1의 에너지 $W_1 = \frac{1}{2}C_1 V_1^2 = \frac{1}{2}C_1\left(\frac{C_0}{C_0 + C_1 + C_2}V\right)^2 = \frac{C_1}{2}\left(\frac{C_0}{C_0 + C_1 + C_2}\right)^2 V^2$[J]

★ [99. 24. 기사, 23. 산업기사]

50 도체의 전계 에너지는 도체 전위에 대하여 어떤 상태로 증가하는가?

① 직선   ② 쌍곡선   ③ 포물선   ④ 원형곡선

[해설] $W = \frac{1}{2}CV^2$[J]이므로 $W \propto V^2$(포물선)

답 48. ③ 49. ② 50. ③

51 대전된 구도체를 반지름이 2배 되는 무대 전구(無帶電球) 도체에 가는 도선으로 연결할 때 에너지의 손실비는 얼마나 되겠는가? 단, 두 도체는 충분히 떨어져 있는 것으로 본다.

① 2/3　　② 5/9　　③ 3/2　　④ 9/5

해설 대전 도체구의 정전 용량을 C라 하면 무대 전구의 정전 용량 C'는
$$C' = 4\pi\epsilon_0 R' = 4\pi\epsilon_0 \times 2R = 2C$$
연결 전후의 에너지를 각각 W, W'라 하면
$$W = \frac{Q^2}{2C}, \quad W' = \frac{Q^2}{2(C+2C)} = \frac{Q^2}{6C}$$
$$\therefore \frac{W-W'}{W} = \left(\frac{Q^2}{2C} - \frac{Q^2}{6C}\right) \bigg/ \frac{Q^2}{2C} = \frac{2}{3}$$

52 W_1, W_2의 에너지를 갖는 두 콘덴서를 병렬로 연결한 경우 총 에너지 W는? 단, $W_1 \neq W_2$이다.

① $W_1 + W_2 = W$　　② $W_1 + W_2 => W$
③ $W_1 + W_2 = < W$　　④ $W_1 - W_2 = W$

해설 전위가 다르게 충전된 콘덴서를 병렬로 접속시 전위차가 같아지도록 높은 전위 콘덴서의 전하가 낮은 전위 콘덴서 쪽으로 이동하며 이에 따른 전하의 이동(전류)으로 도선에서 전력 소모가 발생

53 공기 중에 $10^{-3}[\mu C]$과 $2 \times 10^{-3}[\mu C]$의 두 점전하가 1[m] 거리에 놓여졌을 때 이들이 갖는 전계 에너지는 몇 [J]인가?

① 36×10^{-3}　　② 36×10^{-9}
③ 18×10^{-3}　　④ 18×10^{-9}

해설
$$V_1 = \frac{1}{4\pi\epsilon_0} \cdot \frac{Q_2}{r} = 9 \times 10^9 \times \frac{2 \times 10^{-9}}{1} = 18[V]$$
$$V_2 = \frac{1}{4\pi\epsilon_0} \cdot \frac{Q_1}{r} = 9 \times 10^9 \times \frac{10^{-9}}{1} = 9[V]$$
$$W = \sum_{n=1}^{n} \frac{1}{2} Q_i V_i = \frac{1}{2}[Q_1 V_1 + Q_2 V_2] = \frac{1}{2}(10^{-9} \times 18 + 2 \times 10^{-9} \times 9) = 18 \times 10^{-9}[J]$$

54 정전 용량이 30[μF]와 50[μF]인 두 개의 콘덴서를 직렬로 연결하여 충전시키는 데 400[J]의 일이 필요했다면 50[μF]에 저축되는 에너지는 몇 [J]인가?

① 150　　② 180　　③ 210　　④ 240

답　51. ①　52. ②　53. ④　54. ①

해설 $C = \dfrac{C_1 C_2}{C_1 + C_2} = 18.75[\mu F]$

$W = \dfrac{1}{2} CV^2$ 에서 $V = 6.53[kV]$

$50[\mu F]$에 가해지는 전압 $V_2' = \dfrac{C_1}{C_1 + C_2} V = \dfrac{30}{30+50} \times 6.53[kV] = 2.45[kV]$

$W = \dfrac{1}{2} \times 50 \times 10^{-6} \times 2.45^2 \times 10^6 = 150[J]$

55 ★☆ [95. 02. 09. 24. 산업기사]
$1[\mu F]$의 콘덴서를 $30[kV]$로 충전하여 $200[\Omega]$의 저항에 연결하면 저항에서 소모되는 에너지는 몇 [J]인가?

① 450　　② 900　　③ 1350　　④ 1800

해설 콘덴서에 충전된 에너지가 소비되므로
$W = \dfrac{1}{2} CV^2 = \dfrac{1}{2} \times 1 \times 10^{-6} \times (30 \times 10^3)^2 = 450[J]$

56 ☆ [95. 16. 산업기사]
x 축상에서 $x = 1, 2, 3, 4[m]$인 각 점에 $2, 4, 6, 8[\mu C]$의 점전하가 존재할 때 이들에 의한 전계내에 저장되는 정전 에너지는 몇 [mJ]인가?

① 483　　② 644　　③ 725　　④ 966

해설 중첩의 정리를 적용하면
$V_1 = \sum_i \dfrac{Q_i}{4\pi\epsilon_0 r_i} = \dfrac{1}{4\pi\epsilon_0}\left(\dfrac{4}{1} + \dfrac{6}{2} + \dfrac{8}{3}\right) \times 10^{-6} = 87[kV]$

$V_2 = \dfrac{1}{4\pi\epsilon_0}\left(\dfrac{2}{1} + \dfrac{6}{1} + \dfrac{8}{2}\right) \times 10^{-6} = 108[kV]$

$V_3 = \dfrac{1}{4\pi\epsilon_0}\left(\dfrac{2}{2} + \dfrac{4}{1} + \dfrac{8}{1}\right) \times 10^{-6} = 117[kV]$

$V_4 = \dfrac{1}{4\pi\epsilon_0}\left(\dfrac{2}{3} + \dfrac{4}{2} + \dfrac{6}{1}\right) \times 10^{-6} = 78[kV]$

전체 축적 에너지
$W = \sum \dfrac{1}{2} Q_i V_i = \dfrac{1}{2}(Q_1 V_1 + Q_2 V_2 + Q_3 V_3 + Q_4 V_4)$
$= \dfrac{1}{2}(2 \times 87 + 4 \times 108 + 6 \times 117 + 8 \times 78) \times 10^{-3} = 966[mJ]$

57 ★★ [86. 93. 기사]
정전 용량 $1[\mu F]$의 콘덴서를 $1000[V]$로 충전한 후 이것을 큰 전기 저항을 가진 도선으로 단열적으로 방전시켰다면 도선의 온도 상승은 약 몇 [℃]인가? 단, 도선의 열용량 = $0.09[cal/℃]$이다.

① 2.32　　② 1.82　　③ 1.32　　④ 0.82

답 55. ①　56. ④　57. ③

해설 콘덴서에 축적되는 에너지 W는
$$W = \frac{1}{2}CV^2 = \frac{1}{2} \times 1 \times 10^{-6} \times (1000)^2 = 0.5[\text{J}]$$
이 에너지가 모두 도선의 온도 상승에 소비되고, 1[J] = 0.24[cal]이므로
$$H = 0.5 \times 0.24 = 0.12[\text{cal}]$$
의 열을 발생한다. 그러므로 상승한 온도 t 는
$$\therefore t = \frac{0.12}{0.09} = 1.33[\text{℃}]$$

☆ [88. 산업기사]

58 반지름 20[cm]의 도체구가 1.6×10^{-5}[J]의 정전 에너지를 가졌다면 이 구의 표면 전위는 몇 [V]인가?

① 1.2 ② 12 ③ 120 ④ 1200

해설 반경 a[m]인 도체구의 정전 용량은 $C = 4\pi\epsilon_0 a$[F]이므로
$$W = \frac{1}{2}CV^2 = \frac{1}{2}(4\pi\epsilon_0 a)V^2 = 2\pi\epsilon_0 a V^2[\text{J}]$$
$$\therefore V = \sqrt{\frac{W}{2\pi\epsilon_0 a}} = \sqrt{\frac{1.6 \times 10^{-5}}{2\pi \times 8.855 \times 10^{-12} \times 0.2}} \fallingdotseq 1200[\text{V}]$$

★★★ [80. 99. 기사, 83. 88. 21. 산업기사]

59 공기 중에 고립된 지름 1[m]의 반구 도체를 10^6[V]로 충전한 다음 이 에너지를 10^{-5}초 사이에 방전한 경우의 평균 전력은?

① 700[kW] ② 1389[kW]
③ 2780[kW] ④ 5560[kW]

해설 고립된 반구 도체구이므로 정전 용량 C는
$$C = \frac{4\pi\epsilon_0 a}{2} = 2\pi\epsilon_0 a[\text{F}]$$
평균 전력 P 는
$$P = \frac{W}{t} = \frac{\frac{1}{2}CV^2}{t} = \frac{\frac{1}{2} \times 2\pi \times 8.855 \times 10^{-12} \times 0.5 \times (10^6)^2}{10^{-5}} \fallingdotseq 1389[\text{kW}]$$

유사문제

01. 평행판 콘덴서에 100[V]의 전압이 걸려 있다. 이 전원을 제거한 후 평행판 간격을 처음의 2배로 증가시키면?

답 용량은 $\frac{1}{2}$배로, 저장되는 에너지는 2배로 된다.

답 58. ④ 59. ②

02. 정전 용량이 $C[F]$인 콘덴서에 $V[V]$의 전압을 가하여 $Q[C]$의 전기량을 충전시켰을 때 이에 축적되는 에너지[J]는?

답 $\dfrac{QV}{2}[J]$

03. 정전 용량 C인 콘덴서에 전압 V로 Q의 전하로 충전하였을 때의 에너지는?

답 $\dfrac{Q^2}{2C}$

04. 공기 콘덴서를 어떤 전압으로 충전한 다음 전극간에 유전체를 넣어 정전 용량을 2배로 하면 축적된 에너지는 몇 배가 되는가?

답 $\dfrac{1}{2}$ 배

05. $3[\mu F]$의 콘덴서에 $9 \times 10^{-4}[C]$의 전하를 저축할 때의 정전 에너지[J]는?

답 $W = \dfrac{Q^2}{2C} = \dfrac{(9 \times 10^{-4})^2}{2 \times 3 \times 10^{-6}} = \dfrac{81 \times 10^{-2}}{6} = 0.135[J]$

06. 직류 $500[V]$의 전압으로 충전된 $200[\mu F]$의 콘덴서가 있다. 이 콘덴서를 $2[\Omega]$의 저항을 통해서 방전할 때 저항에서 발생되는 열량[cal]은?

답 $6[cal]$

07. 유전율 $\epsilon[F/m]$인 유전체 내에서 반지름 a인 도체구의 전위가 $V[V]$일 때 이 도체구가 가지는 에너지는?

답 $2\pi\epsilon a V^2$

08. $10[\mu F]$의 콘덴서를 $100[V]$로 충전한 것을 단락시켜 $0.1[ms]$에 방전시켰다고 하면 평균 전력[W]은?

답 $P = \dfrac{W}{t} = \dfrac{\dfrac{1}{2}CV^2}{t} = \dfrac{\dfrac{1}{2} \times 10 \times 10^{-6} \times 100^2}{0.1 \times 10^{-3}} = 500[W]$

09. 콘덴서의 전위차와 축적되는 에너지와의 관계를 그림으로 나타내면 다음의 어느 것인가?

답 포물선

10. 서로 같은 두 개의 비누 방울에 $Q[C]$의 전하가 대전되어 있다. 만일 두 비누 방울이 하나의 비누 방울로 합해졌을 경우 정전 에너지 W와의 관계는? 단, 처음의 비누 방울의 에너지는 $W_1 = W_2$이다.

답 $W > W_1 + W_2$

11. 두 도체의 전위 및 전하가 각각 V_1, Q_1 및 V_2, Q_2일 때 도체가 갖는 에너지는?

답 $\dfrac{1}{2}(V_1 Q_1 + V_2 Q_2)$

일의성과 중첩의 원리

★★★ [79. 81. 82. 93. 04. 17. 19. 산업기사]

60 여러 가지 도체의 전하 분포에 있어 각 도체의 전하를 n배 하면 중첩의 원리가 성립하기 위해서는 그 전위는 어떻게 되는가?

① $\frac{1}{2}n$배가 된다. ② n배가 된다.

③ $2n$배가 된다. ④ n^2배가 된다.

해설 $V_i = P_{i1}Q_1 + P_{i2}Q_2 + \cdots + P_{in}Q_n$에서 각 전하를 n배 하면 V_i는 n배 된다.

유사문제

▮ 유사문제 원문 및 해설 : 동일출판사 홈페이지 ≫ 고객센터 ≫ 자료실

01. 같은 크기의 두 개의 도체구가 20[cm] 떨어져 놓여 있다. 도체구의 전하를 각각 0.2[μC] 및 −0.6[μC]이라 할 때 가느다란 전선으로 두 도체구를 접속했을 때의 힘을 구하면?

답 9×10^{-3}[N], 반발력

콘덴서의 양극에 작용하는 힘

★★ [88. 95. 기사, 03. 산업기사]

61 면적 S[m²], 간격 d[m]인 평행판 콘덴서에 Q[C]의 전하를 충전시킬 때 흡인력[N]은?

① $\frac{Q^2}{2\epsilon_0 S}$ ② $\frac{Q^2 d}{2\epsilon_0 S}$ ③ $\frac{Q^2}{4\epsilon_0 S}$ ④ $\frac{Q^2 d}{4\epsilon_0 S}$

해설

정전 에너지 $W = \frac{Q^2}{2C} = \frac{Q^2}{2\left(\frac{\epsilon_0 S}{d}\right)} = \frac{Q^2 d}{2\epsilon_0 S}$[J]

정전력 $F = -\frac{\partial W}{\partial d} = -\frac{Q^2}{2\epsilon_0 S}$[N]

★ [96. 기사]

62 반경 2[mm], 간격 1[m]의 평행왕복 도선로가 있다. 도체 간에 전압 6[kV]를 가했을 때 단위 길이당 작용하는 힘은?

① 1.30×10^{-5}[N/m] ② 1.30×10^{-6}[N/m]

③ 6.87×10^{-5}[N/m] ④ 6.87×10^{-6}[N/m]

답 60. ② 61. ① 62. ①

해설) $W = \frac{1}{2}CV^2 = \frac{1}{2}\left(\frac{\pi\epsilon_0 l}{\ln\frac{d}{r}}\right)V^2$ [J] , $F = \frac{\partial W}{\partial d} = -\frac{\pi\epsilon_0 l V^2}{2d(\ln\frac{d}{r})^2}$ [N]

$f = \frac{F}{l} = \frac{\pi\epsilon_0 V^2}{2d(\ln\frac{d}{r})^2} = \frac{\pi\epsilon_0 (6\times 10^3)^2}{2\times 1 \times \left(\ln\frac{1}{2\times 10^{-3}}\right)^2} = 1.30\times 10^{-5}$ [N/m]

63 ★★★ [88. 94. 17. 기사, 77. 78. 산업기사]

최대 용량 C_0인 라디오용 바리콘의 정전 용량이 회전 각도에 비례하여 변한다고 할 때 콘덴서에 전압 V를 충전하면 회전자에 작용하는 회전력은?

① $\frac{C_0 V^2}{4\pi}$ ② $\frac{C_0 V}{4\pi}$

③ $\frac{C_0 V}{2\pi}$ ④ $\frac{C_0 V^2}{2\pi}$

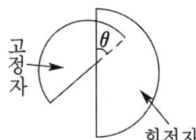

해설) 회전 각도 θ일 때 용량을 C_θ, 그때의 에너지를 W_θ라 하면

$C_\theta = C_0 \frac{\theta}{\pi}$, $W_\theta = \frac{1}{2}CV^2 = \frac{C_0 V^2}{2\pi}\theta$

따라서, 회전력 T는

$T = \frac{\partial W_\theta}{\partial \theta} = \frac{\partial}{\partial \theta}\left(\frac{C_0 V^2}{2\pi}\theta\right) = \frac{C_0 V^2}{2\pi}$

θ의 증가 방향으로 인가 전압의 제곱에 비례하는 회전력이 작용한다.

64 ★☆ [89. 기사, 97. 산업기사]

반지름 a[m]의 비눗방울에 전하 Q[C]을 가했을 때 전위가 V[V]로 되었다. 이 비눗방울에 작용하는 전기력은 몇 [N]이 되겠는가?

① $4\pi\epsilon_0 V^2$ ② $4\pi\epsilon_0 V$ ③ $2\pi\epsilon_0 V$ ④ $2\pi\epsilon_0 V^2$

해설) 구도체의 전위는 $V = \frac{Q}{4\pi\epsilon_0 a}$ [V]이므로 $W = \frac{1}{2}QV = \frac{Q^2}{8\pi\epsilon_0 a}$ [J]

∴ $F = -\frac{\partial W}{\partial a} = \frac{Q^2}{8\pi\epsilon_0 a^2} = \frac{(4\pi\epsilon_0 a V)^2}{8\pi\epsilon_0 a^2} = 2\pi\epsilon_0 V^2$ [N]

($Q = CV = 4\pi\epsilon_0 a V$)

유사문제

∥ 유사문제 원문 및 해설 : 동일출판사 홈페이지 ≫ 고객센터 ≫ 자료실

01. 간격 $d = 0.3$[cm], 면적 $S = 20$[cm²]인 평판 콘덴서에 $V = 220$[V]의 전위차를 가하면 양판 사이에 작용하는 힘[N]은?

답) 4.8×10^{-5} [N]

답) 63. ④ 64. ④

02. 간격이 3[mm], 면적이 20[cm²]인 공기 콘덴서에 200[V]의 전위차를 가할 때 두 판 사이에 작용하는 힘[N]은?

답 3.93×10^{-5}[N]

03. 반지름 r, 전선 중심간 거리 d인 두 개의 평행한 전선간의 전위차가 V일 때 이 두 개의 전선간에 작용하는 정전력[N/m]은? 단, $r \ll d$라 한다.

답 $\dfrac{\pi \epsilon_0 V^2}{2d\left(\ln\dfrac{d}{r}\right)^2}$ [N/m]

콘덴서 내압

65 ★★ [88. 03. 기사, 84. 12. 산업기사]
내압이 1[kV]이고 용량이 각각 0.01[μF], 0.02[μF], 0.05[μF]인 콘덴서를 직렬로 연결했을 때의 전체 내압[V]은?

① 3000　　② 1750　　③ 1700　　④ 1500

해설 각 콘덴서에 가해지는 전압을 V_1, V_2, V_3[V]라 하면

$$V_1 : V_2 : V_3 = \frac{1}{0.01} : \frac{1}{0.02} : \frac{1}{0.05} = 10 : 5 : 2$$

V의 최댓값은 전압이 제일 크게 걸리는 0.01[μF]에 의해 결정되므로

$$V_1 = \frac{10}{17} V$$

$$\therefore V_{\max} = \frac{17}{10} V_{1\max} = \frac{17}{10} \times 1000 = 1700[\text{V}]$$

66 ★ [03. 기사]
정전용량이 4[μF], 5[μF], 6[μF]이고, 각각의 내압이 순서대로 500[V], 450[V], 350[V]인 콘덴서 3개를 직렬로 연결하고 전압을 서서히 증가시키면 콘덴서의 상태는 어떻게 되겠는가? (단, 유전체의 재질이나 두께는 같다.)

① 동시에 모두 파괴된다.
② 4[μF]가 가장 먼저 파괴된다.
③ 5[μF]가 가장 먼저 파괴된다.
④ 6[μF]가 가장 먼저 파괴된다.

해설 각 콘덴서에 가해지는 전압 V_1, V_2, V_3는

$$V_1 : V_2 : V_3 = \frac{1}{4} : \frac{1}{5} : \frac{1}{6} = 30 : 24 : 20 = 15 : 12 : 10$$

$V_1 = \dfrac{15}{37} V$, $V_2 = \dfrac{12}{37} V$, $V_3 = \dfrac{10}{37} V$가 된다.

답 65. ③ 66. ②

각 콘덴서에 걸리는 전압은 용량에 반비례하므로 용량이 제일 적은 4[μF]에 가장 높은 전압이 인가되므로

$$V_1 = \frac{15}{37}V = 500 \quad \therefore V = \frac{37 \times 500}{15} = 1233.33[V]$$

$$V_1 = \frac{15}{37} \times 1233.33 = 500[V]$$

$$V_2 = \frac{12}{37} \times 1233.33 = 400[V]$$

$$V_3 = \frac{10}{37} \times 1233.33 = 333.33[V]$$

∴ 4[μF] 콘덴서가 제일 먼저 파괴된다.

67 ★★ [11. 기사, 80. 90. 산업기사]

$C_1 = 1[\mu F]$, $C_2 = 2[\mu F]$, $C_3 = 3[\mu F]$인 3개의 콘덴서를 직렬 연결하여 600[V]의 전압을 가할 때 C_1 양변 사이에 걸리는 전압[V]은?

① 약 55
② 약 327
③ 약 164
④ 약 382

해설 C_1, C_2, C_3에 분배되는 전압을 V_1, V_2, V_3라 하면 합성 용량 C_0는

$$\frac{1}{C_0} = \frac{1}{C_1} + \frac{1}{C_2} + \frac{1}{C_3} = 1 + \frac{1}{2} + \frac{1}{3} = \frac{11}{6}[\mu F]$$

$$\therefore C_0 = \frac{6}{11}[\mu F]$$

$$\therefore V_1 = \frac{C_0}{C_1}V = \frac{6}{11}V = \frac{6}{11} \times 600 = 327.27[V]$$

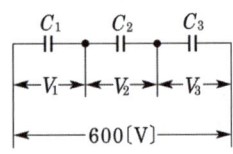

68 ★★ [92. 00. 20. 산업기사]

2[μF], 3[μF], 4[μF]의 콘덴서를 직렬로 연결하고 양단에 가한 전압을 서서히 상승시킬 때 다음 중 옳은 것은? 단, 유전체의 재질 및 두께는 같다.

① 2[μF]의 콘덴서가 제일 먼저 파괴된다.
② 3[μF]의 콘덴서가 제일 먼저 파괴된다.
③ 4[μF]의 콘덴서가 제일 먼저 파괴된다.
④ 세 개의 콘덴서가 동시에 파괴된다.

해설 콘덴서 직렬 연결 시 $Q_1 = Q_2 = Q_3 = Q$이므로

$$C_1V_1 = C_2V_2 = C_3V_3 = Q$$

$$\therefore V_1 = \frac{Q}{C_1}, \; V_2 = \frac{Q}{C_2}, \; V_3 = \frac{Q}{C_3}$$

따라서, 내압이 같은 경우 각 콘덴서 양단간에 걸리는 전압은 용량에 반비례하므로 용량이 제일 작은 2[μF]의 콘덴서가 제일 먼저 파괴된다.

답 67. ② 68. ①

69 ★★★ [12. 18. 기사, 80. 02. 20. 산업기사, ㉮ : 17. 산업기사]

내압과 용량이 각각 200[V] 5[μF], 300[V] 4[μF], 500[V] 3[μF]인 3개의 콘덴서를 직렬 연결하고 양단에 직류 전압을 가하여 전압을 서서히 상승시키면 최초로 파괴되는 콘덴서는 어느 것이며, 이때 양단에 가해진 전압은 몇 [V]인가? 단, 3개의 콘덴서의 재질이나 형태는 동일한 것으로 간주한다. 단, $C_1 = 5[\mu F]$, $C_2 = 4[\mu F]$, $C_3 = 3[\mu F]$이다.

① C_2, 468   ② C_3, 533   ③ C_1, 783   ④ C_2, 1050

해설 각 콘덴서에 걸리는 전압의 비는

$$V_1 : V_2 : V_3 = \frac{1}{5} : \frac{1}{4} : \frac{1}{3} = 12 : 15 : 20$$

또한 $V_1 + V_2 + V_3 = 1000[V]$ 이므로

$$V_1 = \frac{12}{47}V = \frac{12000}{47} = 255[V]$$

$$V_2 = \frac{15}{47}V = \frac{15000}{47} = 319[V]$$

$$V_3 = \frac{20}{47}V = \frac{20000}{47} = 425[V]$$

따라서, C_1 콘덴서에 걸리는 전압이 255[V]이므로 제일 먼저 파괴되며, 이때 전압 V_1'는

$$V_1' = \frac{47}{12}V_1 = \frac{47}{12} \times 200 = 783[V]$$

70 ★★ [96. 98. 03. 21. 기사]

내압이 1[kV]이고, 용량이 0.01[μF], 0.02[μF], 0.04[μF]인 3개의 콘덴서를 직렬로 연결하였을 때 전체 내압은 몇 [V]가 되는가?

① 1,750   ② 1,950   ③ 3,500   ④ 7,000

해설 최초로 파괴되는 콘덴서를 기준하여 전압을 인가하면 된다.
0.01[μF]이 최초로 파괴되므로 0.01[μF]에서 기준한다.

$$V_1 : V_2 : V_3 = \frac{1}{0.01} : \frac{1}{0.02} : \frac{1}{0.04} = 4 : 2 : 1$$

$$V_1 = \frac{4}{7}V \rightarrow V = \frac{7}{4} \times 1,000 = 1,750[V]$$

유사문제

∥ 유사문제 원문 및 해설 : 동일출판사 홈페이지 ≫ 고객센터 ≫ 자료실

01. 내압이 다 같이 100[V]이고, 용량이 각각 0.1[μF], 0.2[μF], 0.4[μF]인 3개의 콘덴서를 직렬로 연결하면 전체 내압은 몇 [V]가 되겠는가?
答 175[V]

02. 내압 1000[V] 정전 용량 3[μF], 내압 500[V] 정전 용량 5[μF], 내압 250[V] 정전 용량 6[μF]의 세 콘덴서를 직렬로 접속하고 양단에 가한 전압을 서서히 증가시키면 최초로 파괴되는 콘덴서는?
答 6[μF]

答 69. ③ 70. ①

전기량

71 ★☆ [77. 82. 83. 산업기사]

반지름 3[cm] 및 2[cm]의 도체구에 각각 4[μC] 및 −6[μC]의 전하가 대전되어 있다. 두 구를 접속시키면 반지름 3[cm]의 도체구에 남는 전기량[μC]은?

① −1   ② −1.2   ③ −0.8   ④ 0.8

[해설] 중화 현상으로 인해 전체 전기량 $Q=-2[\mu C]$가 된다.
$$Q_1 = \frac{3}{3+2} \times (-2) = -1.2[\mu C]$$

유사문제

▎유사문제 원문 및 해설 : 동일출판사 홈페이지 ≫ 고객센터 ≫ 자료실

01. 서로 멀리 떨어져 있는 두 도체를 각각 V_1, V_2[V]($V_1 > V_2$)의 전위로 충전한 후 가느다란 도선으로 연결하였을 때 그 도선을 흐르는 전하 Q[C]는? 단, C_1, C_2는 두 도체의 정전 용량이라 한다.

답 $\dfrac{C_1 C_2}{C_1 + C_2}(V_1 - V_2)$

02. 반지름이 각각 3[m], 4[m]인 2개의 절연 도체구의 전위가 각각 5[V], 8[V]가 되도록 충전한 후 가는 도선으로 연결할 때, 공통 전위는 얼마인가?

답 6.71[V]

03. 반지름이 각각 2[m], 3[m], 4[m]인 3개의 절연 도체구의 전위가 각각 5[V], 6[V], 7[V]가 되도록 충전한 후 이들을 도선으로 접속할 때의 공통 전위[V]는?

답 $\dfrac{56}{9}$[V]

답 71. ②

CHAPTER 04 유전체

01 유전체

전계 중에서 분극현상이 나타나는 절연체를 유전체라 한다. 즉, 비유전율 ϵ_s가 1보다 큰 절연체를 유전체라 한다. 따라서 유전체를 삽입하면 전위차 및 전계의 세기는 감소하지만 정전용량은 증가한다.

$$\frac{C}{C_0} = \epsilon_s \ (\epsilon_s > 1)$$

모든 유전체의 ϵ_s는 1보다 크다.(진공, 공기의 ϵ_s=1) 출제 산업 15번, 기사 1번

C_0 : 절연체 삽입 전(진공) 콘덴서의 정전용량
C : 절연체 삽입 후 콘덴서의 정전용량

중요한 유전체의 비유전율을 나타내면 다음과 같다.
종이 : 1.2~1.6   변압기 기름 : 2.2~2.4   유리 : 3.5~10   출제 산업 3번
운모 : 6.7   산화티탄 : 100   티탄산바륨 자기 : 1000~3000

02 분극

1) 분극 현상

유전체를 전계 중에 놓으면 유전체를 구성하는 원자 또는 분자 중의 양전하는 전계 방향으로, 음전하는 전계와 반대 방향으로 변위를 일으켜 전기 쌍극자를 형성한다. 출제 산업 3번
이때 유전체 표면에 나타나는 전하를 분극 전하(polarization charge)라 하고, 분극 전하에 의해 전기쌍극자를 형성하는 현상을 전기 분극(electric polarization)이라 한다. 출제 기사 1번

전자분극 (electronic polarization) 출제 기사 1번	헬륨과 같은 단 결정에서 원자내의 전자와 핵의 상대적 변위로 발생
이온분극 (ionic polarization)	양으로 대전된 원자와 음으로 대전된 원자의 상대적 변위에 의하여 일어나는 분극 현상을 이온분극 또는 원자분극(atomic polarization)이라고 하며, 대표적인 예로 염화나트륨(NaCl)의 양이온(Na^+)과 음이온(Cl^-) 원자가 있다.
쌍극자 분극 (orientational polarization / 배향분극) 출제 기사 1번	유극성 분자(전계를 가하지 않아도 처음부터 영구 쌍극자를 갖는 분자로 물, 메탄, 암모니아가 있다.)가 전계 방향에 의해 재배열한 분극

2) 분극의 세기

유전체 내 임의의 한 점에서 전계의 방향에 대하여 수직인 단위 면적에 나타나는 분극전하량(분극전하밀도)을 그 점에 대한 분극도 또는 분극의 세기로 정의한다.

$$P = \chi E \quad [\chi \text{(분극률)} = \epsilon - \epsilon_0]$$
$$= (\epsilon - \epsilon_0)E$$
$$= \epsilon E - \epsilon_0 E$$
$$= \epsilon_0(\epsilon_s - 1)E$$
$$= D - \epsilon_0 E \,[\text{c/m}^2] \, (D = \epsilon E)$$

$$\therefore D = \epsilon_0 E + P$$

여기서, P : 분극의 세기, χ : 분극률, E : 유전체 내부의 전계
D : 전속밀도, ϵ_0 : $8.855 \times 10^{-12}[\text{F/m}]$

03 - 패러데이관

그림과 같이 미소면적 dS의 주변을 지나는 D의 전속선으로 하나의 관이 생기며 이 관은 $\text{div } D = \rho$에 의하여 정전하에서 나와 부전하에서 끝나게 된다. 특히 단위전하에서 나오는 전속선의 관을 패러데이관(Faraday tube)이라고 하고, 그 양단에는 ±1[C]의 전하가 있게 된다.

즉, "패러데이관 수 = 전속선 수"가 된다.

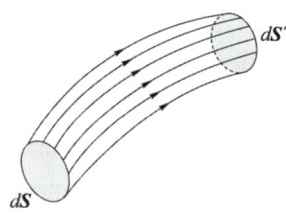

패러데이관에서
- 패러데이관 내의 전속선 수는 일정하다.
- 진전하가 없는 점에서는 패러데이관은 연속적이다.
- 패러데이관 양단에 정·부의 단위 전하가 있다.
- 패러데이관의 밀도는 전속밀도와 같다.

04 전속과 전속밀도

1) 전속(electric flux)
전하에서 나오는 선속을 전속이라 한다.
① 전속 Φ는 매질에 관계없이 전하 Q[C]일 때 Q개의 전속선이 나온다.
② 전기력선수 $\left(N = \dfrac{Q}{\epsilon_0}\right)$는 매질에 따라 그 값이 달라지나 전속($\Phi = Q$)은 매질에 관계없이 일정하다.

2) 전속밀도 D
단위면적당 전속선 개수를 전속밀도라 한다. 전속밀도의 단위는 [C/m²]이다.

$$D = \frac{\Phi}{S} = \frac{Q}{S} \, [\text{C/m}^2]$$

진공 중에 점전하 Q[C]이 있고, 거리 r[m] 떨어진 구면상에서의 전속밀도 D는
① 구체 표면 위의 전계의 세기 $E = \dfrac{Q}{4\pi\epsilon_0 r^2}$[V/m]

② 전속밀도 $D = \dfrac{Q}{S} = \dfrac{Q}{4\pi r^2}$[C/m²]

③ 전속밀도 D와 전계의 세기 E의 관계
$$D = \epsilon_0 E \,[\text{C/m}^2] \text{ 또는 } E = \frac{D}{\epsilon_0} \,[\text{V/m}]$$

④ 유전체 중에서의 전속밀도
$$D = \epsilon E = \epsilon_0 \epsilon_s E = \epsilon_0 E + \epsilon_0(\epsilon_s - 1)E = \epsilon_0 E + P \,[\text{C/m}^2]$$

05 유전체 중의 쿨롱의 법칙

균일한 유전체 중에 거리 r[m]인 점전하 Q_1, Q_2[C] 사이에 작용하는 힘은

$$F = \frac{Q_1 Q_2}{4\pi\epsilon_0 \epsilon_s r^2} \,[\text{N}]$$

이며, 점전하 Q[C]에서 거리 r[m]인 점에 생기는 전위는

$$V = \frac{Q}{4\pi\epsilon_0 \epsilon_s r} = 9 \times 10^9 \times \frac{Q}{\epsilon_s r} \,[\text{N}]$$

가 된다.

06 두 유전체의 경계조건(굴절법칙)

1) 경계조건

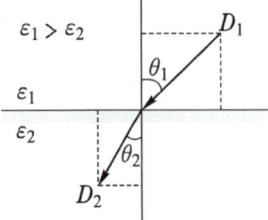
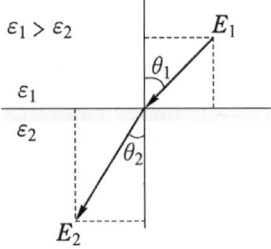

전속의 굴절   전기력선의 굴절

$$E_1\sin\theta_1 = E_2\sin\theta_2 \quad \cdots\cdots ①$$
$$D_1\cos\theta_1 = D_2\cos\theta_2 \quad \cdots\cdots ②$$
$$\frac{①}{②} = \frac{E_1\sin\theta_1}{D_1\cos\theta_1} = \frac{E_2\sin\theta_2}{D_2\cos\theta_2}$$

$D_1 = \epsilon_1 E_1$, $D_2 = \epsilon_2 E_2$ 이므로

$$\frac{1}{\epsilon_1}\tan\theta_1 = \frac{1}{\epsilon_2}\tan\theta_2$$

$$\therefore \frac{\tan\theta_1}{\tan\theta_2} = \frac{\epsilon_1}{\epsilon_2}$$

- 전속밀도의 법선성분(수직성분)이 같다. ($D_1\cos\theta_1 = D_2\cos\theta_2$)
- 전계는 접선성분(평행성분)이 같다. ($E_1\sin\theta_1 = E_2\sin\theta_2$)
- 두 경계면에서의 전위는 서로 같다. ($V_1 = V_2$)
- $\epsilon_1 > \epsilon_2$ 이면, $\theta_1 > \theta_2$ 이다.
- $\dfrac{\tan\theta_1}{\tan\theta_2} = \dfrac{\epsilon_1}{\epsilon_2}$

2) 전속 및 전기력선의 굴절($\epsilon_1 > \epsilon_2$)

① 입사각과 굴절각 : $\theta_1 > \theta_2$
② 전속밀도 : $D_1 > D_2$ (불연속), 전계 : $E_1 < E_2$ (불연속)

3) 경계면 수직 입사($\theta_1 = 0°$) 〔출제〕 산업 7번

① 전속 및 전기력선은 굴절하지 않고 직진한다.($\theta_2 = 0°$) 〔출제〕 산업 1번

$E_1 \sin\theta_1 = E_2 \sin\theta_2$에서 입사각 $\theta_1 = 0°$이므로 $0 = E_2 \sin\theta_2$에서
$E_2 \neq 0$가 아닌 경우 $\sin\theta_2 = 0$가 되어야 하므로 $\theta_2 = 0$ 즉, 굴절하지 않는다.

② 전속밀도는 연속(일정)한다.($D_1 = D_2$)

$\theta_1 = \theta_2 = 0°$이므로 $D_1 \cos\theta_1 = D_2 \cos\theta_2$에서 $\cos 0° = 1$이므로 $D_1 = D_2$,
즉 전속 밀도는 불변(연속)이다.

③ 전계는 불연속이다.($E_1 < E_2$)

$D_1 = \epsilon_1 E_1$, $D_2 = \epsilon_2 E_2$이므로 $D_1 = D_2$인 경우 $\epsilon_1 E_1 = \epsilon_2 E_2$가 성립하는데
$\epsilon_1 \neq \epsilon_2$인 경우 $E_1 \neq E_2$이다. 즉, 전계의 세기는 크기가 같지 않다(불연속이다).

④ 전속선은 유전율이 큰 유전체쪽으로 모이려는 성질이 있다. 〔출제〕 산업 6번

4) 경계면 평행 입사($\theta_1 = 90°$)

① 전속 및 전기력선은 굴절하지 않고 직진한다.($\theta_2 = 90°$)
② 전속밀도는 불연속이다.($D_1 > D_2$)
③ 전계는 연속(일정)한다.($E_1 = E_2$)

07 - 복합 유전체의 정전용량

항 목	직렬 복합 유전체	병렬 복합 유전체
그 림		
$\epsilon_1\epsilon_0$ 부분의 용량	$C_1 = \dfrac{\epsilon_1\epsilon_0 S}{d_1}$	$C_1 = \dfrac{\epsilon_1\epsilon_0 S_1}{d}$
$\epsilon_2\epsilon_0$ 부분의 용량	$C_2 = \dfrac{\epsilon_2\epsilon_0 S}{d_2}$	$C_2 = \dfrac{\epsilon_2\epsilon_0 S_2}{d}$
전 용 량	$C_t = \dfrac{\epsilon_1\epsilon_2\epsilon_0 S}{\epsilon_1 d_2 + \epsilon_2 d_1}$	$C_t = \dfrac{\epsilon_0(\epsilon_1 S_1 + \epsilon_2 S_2)}{d}$
등 가 회 로	C_1 C_2 (직렬)	C_1, C_2 (병렬)
비 고	$\dfrac{1}{C_t} = \dfrac{1}{C_1} + \dfrac{1}{C_2}$	$C_t = C_1 + C_2$
	〔출제〕 산업 8번, 기사 5번	〔출제〕 산업 3번, 기사 5번

08 유전체 중의 정전 에너지 밀도

$$w = \frac{1}{2}\boldsymbol{E} \cdot \boldsymbol{D} = \frac{\epsilon E^2}{2} = \frac{D^2}{2\epsilon} \text{[J/m}^3\text{]}$$ 출제 산업 3번, 기사 5번

09 유전체에 작용하는 힘 ($\epsilon_1 > \epsilon_2$인 경우)

1) 전계가 경계면에 수직일 때
- $f_n = \frac{1}{2}\left(\frac{1}{\epsilon_2} - \frac{1}{\epsilon_1}\right)D^2 \text{[N/m}^2\text{]}$ 출제 산업 3번, 기사 5번
- 법선 성분만 존재한다.
- 전속밀도가 연속이다. ($D_1 = D_2 = D$)
- 힘의 방향 : 유전율이 큰 쪽에서 작은 쪽으로

2) 전계가 경계면에 평행일 때
- $f_n = \frac{1}{2}(\epsilon_1 - \epsilon_2)E^2 \text{[N/m}^2\text{]}$ 출제 기사 1번
- 접선 성분만 존재한다.
- 전계 세기가 연속이다 ($E_1 = E_2 = E$).
- 힘의 방향 : 유전율이 큰 쪽에서 적은 쪽으로

10 유전체의 특수현상

1) 접촉 전기
도체와 도체, 유전체와 유전체 또는 유전체와 도체를 서로 접촉시키면 한편의 전자가 다른 편으로 이동하여 각각 정(+), 부(−)로 대전하는 현상이 일어난다. 이때 나타나는 전기를 접촉 전기(contact electricity)라고 한다.
도체와 도체 사이에 접촉 전기가 일어나면 두 도체 사이에 전위차가 생긴다. 이 전위차를 접촉 전위차라 하며, 이 현상을 Volta 효과(Volta effect)라고 한다.

2) 압전기
압전기 현상은 수정 발진자, 초음파 발진자 등에 의해 일정 주파수의 발진회로, 금속 탐상 등에 이용된다.

① 수정, 전기석, 로셀염, 티탄산바륨의 결정에 기계적 응력을 가하면 전기 분극이 나타나는 현상으로서, 역으로 결정에 전기를 가하면 기계적 왜형이 나타난다. 전자를 직접효과, 후자를 역효과라 한다.
② 결정에 가한 기계적 응력과 전기 분극이 동일 방향으로 발생하는 경우를 종효과, 수직 방향으로 발생하는 경우를 횡효과라 한다. 출제 기사 1번

3) 파이로 전기 출제 기사 3번

압전 현상이 나타나는 결정을 가열하면 한 면에 정(+)의 전기가, 다른 면에 부(-)의 전기가 나타나 분극을 일으킨다. 반대로 냉각시키면 역의 분극이 일어난다. 이 전기를 파이로 전기(pyro-electricity)라 하며 이 현상은 전기석, 수정, 로셀염, 티탄산바륨에서 일어난다.

CHAPTER 04 출제예상문제_유전체

유전체 중의 쿨롱의 법칙

01 ☆ [89. 산업기사]

유전율 $\epsilon_s = 3$인 유전체 중에 $Q_1 = Q_2 = 2 \times 10^{-6}$[C]의 두 점전하 간에 힘 $F = 3 \times 10^{-3}$ [N]이 되도록 하려면 상호 얼마만큼 떨어져야 하는가?

① 1[m] ② 2[m] ③ 3[m] ④ 4[m]

해설 $F = \dfrac{1}{4\pi\epsilon_0\epsilon_s} \times \dfrac{Q}{r^2}$ 에서 $F = 9 \times 10^9 \times \dfrac{1}{3} \times \dfrac{(2 \times 10^{-6})^2}{r^2} = 3 \times 10^{-3}$

∴ $r = 2$[m]

02 ★★★★★ [75. 76. 95. 98. 99. 25. 기사, 78. 80. 82. 산업기사, ㉮ : 83. 96. 산업기사]

공기 중 두 점전하 사이에 작용하는 힘이 5[N]이었다. 두 전하 사이에 유전체를 넣었더니 힘이 2[N]으로 되었다면 유전체의 비유전율은 얼마인가?

① 15 ② 10 ③ 5 ④ 2.5

해설 공기 중 두 점전하 사이에 작용하는 힘 F_1은 $F_1 = \dfrac{Q_1 Q_2}{4\pi\epsilon_0 r^2}$ [N]

유전체를 두 전하 사이에 넣었을 때 힘 F_2는 $F_2 = \dfrac{Q_1 Q_2}{4\pi\epsilon_0 \epsilon_s r^2}$ [N]

$\dfrac{F_1}{F_2} = \dfrac{\dfrac{Q_1 Q_2}{4\pi\epsilon_0 r^2}}{\dfrac{Q_1 Q_2}{4\pi\epsilon_0 \epsilon_s r^2}} = \epsilon_s$

즉, 유전체를 넣으면 힘은 진공일 때의 $1/\epsilon_s$배가 된다.

∴ $\epsilon_s = \dfrac{F_1}{F_2} = \dfrac{5}{2} = 2.5$

03 ☆ [96. 산업기사]

진공 중에 있는 두 대전체 사이에 작용하는 힘이 1.6×10^{-6}[N]이었다. 이 대전체 사이에 유전체를 넣었더니 작용하는 힘이 2.0×10^{-8}[N]이 되었다면 이 유전체의 비유전율은 얼마인가?

① 40 ② 60 ③ 80 ④ 100

해설 $\epsilon_s = \dfrac{F_0}{F} = \dfrac{1.6 \times 10^{-6}}{2 \times 10^{-8}} = 80$ [F/m]

답 1. ② 2. ④ 3. ③

04 ☆ [98. 산업기사], ⊕ : 18. 산업기사]

20×10^{-6}[C]의 양전하와 20×10^{-6}[C]의 음전하를 갖는 대전체가 비유전율 2.5의 기름 속에서 5[cm] 거리에 있을 때 이 사이에 작용하는 힘은 몇 [N]인가?

① 반발력 608   ② 반발력 576   ③ 흡인력 608   ④ 흡인력 576

[해설] $\epsilon_s = 2.5$, $r = 5 \times 10^{-2}$, $Q_1 = 20 \times 10^{-6}$, $Q_2 = 20 \times 10^{-6}$

$$F = \frac{1}{4\pi\epsilon_0\epsilon_s} \cdot \frac{Q_1 Q_2}{r^2} = 9 \times 10^9 \times \frac{1}{2.5} \times \frac{20 \times 10^{-6} \times 20 \times 10^{-6}}{(5 \times 10^{-2})^2}$$

$$= \frac{9 \times 4 \times 10^3}{2.5 \times 25} = 576[N]$$

05 ★☆ [79. 83. 98. 산업기사]

지름이 각각 2[cm] 및 4[cm]인 금속구가 비유전율 $\epsilon_s = 10$인 변압기유 속에 1[m]만큼 떨어져 있다. 각 구의 전위가 동일하게 10[kV]라면 두 금속구 사이에 작용하는 반발력[N]은?

① 1.2×10^{-6} ② 2.2×10^{-5} ③ 3.2×10^{-8} ④ 4.2×10^{-9}

[해설] $Q_a = C_a V_a = 4\pi\epsilon_0\epsilon_s a V_a = \frac{1}{9 \times 10^9} \times 10 \times 1 \times 10^{-2} \times 10 \times 10^3 = 1.11 \times 10^{-7}$[C]

$Q_b = C_b V_b = 4\pi\epsilon_0\epsilon_s b V_b = \frac{1}{9 \times 10^9} \times 10 \times 2 \times 10^{-2} \times 10 \times 10^3 = 2.22 \times 10^{-7}$[C]

$$\therefore F = \frac{1}{4\pi\epsilon_0\epsilon_s} \cdot \frac{Q_1 Q_2}{r^2}$$

$$= 9 \times 10^9 \times \frac{1}{10} \times \frac{1.11 \times 10^{-7} \times 2.22 \times 10^{-7}}{1^2} = 2.2 \times 10^{-5}[N]$$

유사문제

∥ 유사문제 원문 및 해설 : 동일출판사 홈페이지 ≫ 고객센터 ≫ 자료실

01. 파라핀유 중에 20[cm]의 거리를 두고 각각 5[μC]과 16[μC]의 두 전하가 있다. 그 사이에 작용하는 힘[N]은 얼마인가? 단, 파라핀유의 비유전율은 2.1이다.

답 857×10^{-2}[N]

유전체의 성질

06 ★★ [00. 03. 07. 기사]

유전체 역률(tanδ)과 무관한 것은?

① 주파수   ② 정전 용량   ③ 인가 전압   ④ 누설 저항

[해설] $\tan\delta = \frac{I_R}{I_c} = \frac{E}{R} \bigg/ \frac{E}{\frac{1}{\omega C}} = \frac{1}{\omega CR} = \frac{1}{2\pi f_c R}$

답 4. ④ 5. ② 6. ③

07 비유전율 ϵ_s에 대한 설명으로 옳은 것은?

① 진공의 비유전율은 0이고, 공기의 비유전율은 1이다.
② ϵ_s는 항상 1보다 작은 값이다.
③ ϵ_s는 절연물의 종류에 따라 다르다.
④ ϵ_s의 단위는 [C/m]이다.

08 다음 물질 중 비유전율이 가장 큰 것은?

① 산화티탄 ② 종이
③ 운모   ④ 변압기 기름

[해설] 중요한 유전체의 비유전율을 나타내면 다음과 같다.
- 종이 : 1.2~1.6
- 변압기 기름 : 2.2~2.4
- 유리 : 3.5~10
- 운모 : 6.7
- 산화티탄 : 100
- 티탄산바륨 자기 : 1000~3000

09 M. K. S 단위로 나타낸 진공에 대한 유전율은?

① 8.855×10^{-12} [N/m] ② 8.855×10^{-10} [N/m]
③ 8.855×10^{-12} [F/m] ④ 8.855×10^{-10} [F/m]

[해설] 진공의 유전율 ϵ_0는
$$\epsilon = \frac{1}{4\pi \times 9 \times 10^9} = \frac{10^7}{4\pi C_0^2} = \frac{1}{\mu_0 C_0^2} = \frac{1}{120\pi C_0} = 8.855 \times 10^{-12} \text{[F/m]}$$
단, C_0 : 진공 중의 빛의 속도

10 일정 전압을 가하고 있는 공기 콘덴서에 비유전율 ϵ_s인 유전체를 채웠을 때 일어나는 현상은?

① 극판간의 전계가 ϵ_s배 된다. ② 극판간의 전계가 $1/\epsilon_s$배 된다.
③ 극판의 전하량이 ϵ_s배 된다. ④ 극판의 전하량이 $1/\epsilon_s$배 된다.

[해설] 전원을 가하여 충전이 된 후 Q가 일정하면 전계의 세기는 $1/\epsilon_s$가 된다.
그러나 문제에서는 전압을 가하고 있는 상태이므로(V 일정)전계의 세기는 $E = \frac{V}{d}$로 변하지 않는다.
또, $Q = CV$에서 V가 일정하므로 Q는 C와 비례하고 C가 유전율과 비례하므로 전하량은 ϵ_s배가 된다.

답 7. ③ 8. ① 9. ③ 10. ③

11 ★☆ [77. 기사, 77. 03. 20. 산업기사]

콘덴서에 비유전율 ϵ_r인 유전체로 채워져 있을 때의 정전 용량 C와 공기로 채워져 있을 때의 정전 용량 C_0와의 비 C/C_0는?

① ϵ_r ② $1/\epsilon_r$ ③ $\sqrt{\epsilon_r}$ ④ $1/\sqrt{\epsilon_r}$

해설) $\dfrac{C}{C_0} = \epsilon_s$ 이므로 $C = \epsilon_s C_0$

$$V = \frac{Q}{C} = \frac{Q}{\epsilon_r C_0} = \frac{V_0}{\epsilon_r}, \quad E = \frac{\sigma}{\epsilon_0 \epsilon_r} = \frac{Q/S}{\epsilon_0 \epsilon_r} = \frac{1}{\epsilon_r} \cdot \frac{Q}{\epsilon_0 S} = \frac{E_0}{\epsilon_r}$$

12 ★☆ [75. 92. 99. 산업기사]

V로 충전되어 있는 정전 용량 C_0의 공기 콘덴서 사이에 $\epsilon_s = 10$의 유전체를 채운 경우 전계의 세기는 공기인 경우의 몇 배가 되는가?

① 10배 ② 5배 ③ 0.2배 ④ 0.1배

해설) $E = \dfrac{\sigma}{\epsilon_0 \epsilon_s} = \dfrac{Q/S}{\epsilon_0 \epsilon_s} = \dfrac{1}{\epsilon_s} \cdot \dfrac{Q}{\epsilon_0 S} = \dfrac{E_0}{\epsilon_s}$ 이므로 전계의 세기는 $\dfrac{1}{10}$ 배가 된다.

유전체를 채우기 전후 전하량 Q의 변화가 없는 경우이므로 $E = \dfrac{\sigma}{\epsilon}$에서 전계는 유전율에 반비례하므로 0.1배가 된다.

13 ☆ [98. 산업기사]

동심구의 양 도체 사이에 절연 내력이 30[kV/mm]이고, 비유전율 5인 절연 액체를 넣으면 공기인 경우의 몇 배의 전기량이 축적되는가? 단, 공기의 절연 내력은 3[kV/mm]이다.

① 3 ② 5 ③ 30 ④ 50

해설) 절연 액체(ϵ)인 경우 전하량

$$Q' = C'V' = \frac{4\pi\epsilon_0 \epsilon_s}{\dfrac{1}{a} - \dfrac{1}{b}} Ed = \epsilon_s \frac{Q}{E_0} E = 5 \times \frac{Q}{3} \times 30 = 50Q$$

14 ★ [85. 기사]

평행판 콘덴서의 판 사이가 진공으로 되어 정전 용량이 C_0인 콘덴서가 있다. 이 콘덴서에 유전체를 삽입하여 정전 용량 C를 얻었다. 다음 중 틀린 것은?

① 유전체를 삽입한 콘덴서의 정전 용량 C는 진공인 때의 정전 용량 C_0보다 커진다.
② 삽입된 유전체 내의 전계는 판간이 진공인 경우의 전계보다 강해진다.
③ 두 정전 용량의 비 $\dfrac{C}{C_0}$는 유전체 종류에 따라 정해지는 상수이며 비유전율이라 부른다.
④ 유전체의 분극도(分極度)는 분극에 의하여 발생된 전하 밀도와 같다.

답) 11. ① 12. ④ 13. ④ 14. ②

해설 $\epsilon_s = \dfrac{C}{C_0}$, $C = \epsilon_s C_0$, $D = \epsilon E = \epsilon_0 \epsilon_s E$

$E = \dfrac{D}{\epsilon_0 \epsilon_s} = \dfrac{\sigma}{\epsilon_0 \epsilon_s} = \dfrac{\sigma/\epsilon_0}{\epsilon_s} = \dfrac{E_0}{\epsilon_s}$

15 ★ [92. 12. 산업기사]

공기 콘덴서의 극판 사이에 비유전율 ϵ_s의 유전체를 채운 경우 동일 전위차에 대한 극판간의 전하량은?

① $\dfrac{1}{\epsilon_s}$로 감소   ② ϵ_s배로 증가   ③ 불변   ④ $\pi\epsilon_s$배로 증가

해설 $Q = CV$에서 동일 전위차인 경우 전하량 Q는 C에 비례하는데 용량 C는 유전율에 비례하므로 ϵ_s배로 증가한다.

16 ☆ [95. 산업기사]

평행판 공기 콘덴서의 두 전극판 사이에 전위차계를 접속하고 전지에 의하여 충전하였다. 충전한 상태에서 비유전율 ϵ_r의 유전체를 콘덴서에 채우면 전위차계의 지시는 어떻게 되는가?

① 불변이다.   ② 0이 된다.   ③ 감소한다.   ④ 증가한다.

해설 문제의 의미가 전지를 연결한 상태에서 유전체를 채웠는지, 충전 후 전지를 제거한 상태에서 유전체를 채웠는지가 불분명하나 일반적으로 충전후 전원을 제거한 경우이므로 Q가 일정한 경우이다. $Q = CV$에서 유전체를 채우면 용량 C가 증가하므로 Q가 일정한 상태에서는 전위 V는 감소한다. 전지가 연결된 상태라면 V가 일정하므로 유전체를 채워 C가 증가하면 Q가 증가한다.

17 ★★ [88. 99. 기사, 23. 산업기사, ⊕ : 05. 산업기사]

$\epsilon_s = 10$인 유리 콘덴서와 동일 크기의 $\epsilon_s = 1$인 공기 콘덴서가 있다. 유리 콘덴서에 200[V]의 전압을 가할 때 동일한 전하를 축적하기 위하여 공기 콘덴서에 필요한 전압[V]은?

① 20   ② 200   ③ 400   ④ 2000

해설 공기 콘덴서의 전하량과 유리 콘덴서의 전하량이 같아야 되므로
$Q_0 = C_0 V_0 = Q = CV = C_0 \epsilon_s V$
$\therefore V_0 = \epsilon_s V = 10 \times 200 = 2000[V]$

18 ★★ [00. 01. 기사]

비유전율 ϵ_s인 유전체의 판을 E_0인 평등전계 내에 전계와 수직으로 놓았을 때 유전체 내의 전계 E는?

① $E = \epsilon_s E_0$ ② $E = \dfrac{E_0}{\epsilon_s}$ ③ $E = E_0$ ④ $E = \epsilon_s^3 E_0$

해설 수직이므로 $D_0 = D$, $\epsilon_0 E_0 = \epsilon_0 \epsilon_s E$에서
$\therefore E = \dfrac{E_0}{\epsilon_s}$ [V/m]

답 15. ② 16. ③ 17. ④ 18. ②

유사문제

■ 유사문제 원문 및 해설 : 동일출판사 홈페이지 》 고객센터 》 자료실

01. 동일 규격 콘덴서의 극판 간에 유전체를 넣으면?
　답 용량이 증가하고 극판간 전계는 감소한다.

02. 정전 용량이 C인 콘덴서의 극판 사이에 비유전율이 4인 유전체를 제거하여 공기로 하였을 때의 용량을 C_0라고 하면 C와 C_0의 관계는?
　답 $C = 4C_0$

03. 공기 콘덴서의 극판 사이에 비유전율 5의 유전체를 채운 경우 같은 전위차에 대한 극판의 전하량은?
　답 5배로 증가

04. $C_1 = 2[\mu F]$, $C_2 = 4[\mu F]$인 공기 콘덴서의 직렬 연결에서 C_1에 이 ($\epsilon_s = 2$)를 채웠을 때 합성 용량은 몇 배로 증가하는가?
　답 1.5배

05. 절연유($\epsilon_s = 2.5$) 중의 도체 표면 전하 밀도 $3.5[\mu C/m^2]$에 대한 전계는 공기 중의 경우의 몇 배가 되는가?
　답 0.4배

06. $\epsilon_s = 10$인 유리 콘덴서와 동일 크기의 $\epsilon_s = 1$인 공기 콘덴서가 있다. 유리 콘덴서에 200[V]의 전압을 가할 때 동일한 전하를 축적하기 위하여 공기 콘덴서에 필요한 전압[V]은?
　답 2000[V]

정전용량

☆ [92. 04. 산업기사]

19 반경 a[m]의 도체구와 내외반경이 각각 b[m] 및 c[m]인 도체구가 동심으로 되어 있다. 두 도체구 사이에 비유전율 ϵ_s인 유전체를 채웠을 경우의 정전 용량은 몇 [F]인가?

① $\dfrac{1}{9 \times 10^9} \cdot \dfrac{abc}{a-b+c}$　　② $9 \times 10^9 \cdot \dfrac{bc}{d-b}$

③ $\dfrac{\epsilon_s}{9 \times 10^9} \cdot \dfrac{ac}{c-a}$　　④ $\dfrac{\epsilon_s}{9 \times 10^9} \cdot \dfrac{ab}{b-a}$

해설 동심구의 내구에 $+Q$[C], 외구에 $-Q$[C]을 준 경우, 두 도체구 사이의 전위차는
$V_{12} = \dfrac{Q}{4\pi\epsilon}\left(\dfrac{1}{a} - \dfrac{1}{b}\right)$[V]이므로
$C = \dfrac{Q}{V_{12}} = \dfrac{4\pi\epsilon}{\dfrac{1}{a}-\dfrac{1}{b}} = \dfrac{4\pi\epsilon}{\dfrac{b-a}{ab}} = \dfrac{4\pi\epsilon ab}{b-a}$[F] $= \dfrac{4\pi\epsilon_0\epsilon_s ab}{b-a} = \dfrac{\epsilon_s}{9 \times 10^9} \cdot \dfrac{ab}{b-a}$

답 19. ④

★ [90. 13. 산업기사]
20 공기 중에서 반지름 a[m], 도선의 중심축간 거리 d[m]($d \gg a$)인 평행 도선 사이의 단위 길이당 정전 용량[F/m]을 나타낸 것은 어느 것인가?

① $\dfrac{\pi\epsilon_0}{\ln\dfrac{d}{a}}$ ② $\dfrac{12.07\times 10^{-12}}{\ln\dfrac{d}{a}}$ ③ $\dfrac{24.16}{\ln\dfrac{d}{a}}\times 10^{-12}$ ④ $\dfrac{2\pi\epsilon_0}{\ln\dfrac{d}{a}}$

해설 $V=\dfrac{Q}{\pi\epsilon_0}\ln\dfrac{d-a}{a}$ 이므로 정전 용량 C는

$C=\dfrac{Q}{V}=\dfrac{Q}{\dfrac{Q}{\pi\epsilon_0}\ln\dfrac{d-a}{a}}=\dfrac{\pi\epsilon_0}{\ln\dfrac{d-a}{a}}\fallingdotseq \dfrac{\pi\epsilon_0}{\ln\dfrac{d}{a}}$ [F/m]

★★ [89. 01. 기사]
21 공기 중에 놓인 반지름 r[m]인 금속구가 반지름 R[m]까지 유전율이 ϵ (비유전율 ϵ_s)인 유전체로 둘러싸여 있을 때 이 구의 용량은 몇 [F]인가? 단, $R > r$ 이다.

① $\dfrac{4\pi\epsilon rR}{r(\epsilon_s-1)+R}$ ② $\dfrac{2\pi\epsilon_s rR}{r(\epsilon_s-1)+R}$

③ $\dfrac{4\pi\epsilon rR}{R(\epsilon_s-1)+r}$ ④ $\dfrac{2\pi\epsilon_s rR}{R(\epsilon_s-1)+r}$

해설 유전체 부분($r<x<R$)과 공기 부분($x>R$)의 전계를 E_1, E_2라 하면

$E_1=\dfrac{Q}{4\pi\epsilon x^2}$ [V/m], $E_2=\dfrac{Q}{4\pi\epsilon_0 x^2}$ [V/m]

이므로 금속구 표면의 전위 V는

$V=-\int_\infty^R E_2 dx+\left(-\int_R^r E_1 dx\right)=-\int_\infty^R \dfrac{Q dx}{4\pi\epsilon_0 x^2}+\left(-\int_R^r \dfrac{Q dx}{4\pi\epsilon x^2}\right)$

$=\dfrac{Q}{4\pi\epsilon_0}\left\{\dfrac{1}{R}+\dfrac{1}{\epsilon_s}\left(\dfrac{1}{r}-\dfrac{1}{R}\right)\right\}=\dfrac{Q}{4\pi\epsilon_0}\cdot\dfrac{\epsilon_s r+R-r}{\epsilon_s rR}$ [V]

금속구의 정전 용량 C는

$\therefore C=\dfrac{Q}{V}=\dfrac{4\pi\epsilon rR}{r(\epsilon_s-1)+R}$ [F]

★☆ [78. 79. 01. 11. 산업기사]
22 그림과 같이 유전율이 ϵ_1, ϵ_2인 두 유전체의 경계면에 중심을 둔 반지름 a[m]인 도체구의 정전 용량은?

① $4\pi a(\epsilon_1+\epsilon_2)$
② $2\pi a(\epsilon_1+\epsilon_2)$
③ $\dfrac{\epsilon_1+\epsilon_2}{2\pi a}$
④ $\dfrac{\epsilon_1+\epsilon_2}{4\pi a}$

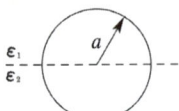

답 20. ① 21. ① 22. ②

해설 ▶ 유전율 ϵ_1인 유전체 내부 도체의 전위 V_a는

$$V_a = -\int_0^a \boldsymbol{E} \cdot dl = -\int_\infty^a \frac{Q}{4\pi\epsilon_1 r^2}dr = \frac{Q}{4\pi\epsilon_1 a} \text{[V]}$$

따라서, 반구의 정전 용량은 $2\pi\epsilon_1 a$[F], ϵ_2의 유전체 내의 반구의 정전 용량은 $2\pi\epsilon_2 a$[F]

$$\therefore C = 2\pi\epsilon_1 a + 2\pi\epsilon_2 a = 2\pi a(\epsilon_1 + \epsilon_2)\text{[F]}$$

☆ [88. 산업기사]

23 내외 원통 도체의 반지름이 각각 a, b인 동축 원통 콘덴서의 단위 길이당 정전 용량은? 단, 원통 사이의 유전체의 비유전율은 ϵ_s이다.

① $\dfrac{2\pi\epsilon_0\epsilon_s}{\log_e\dfrac{b}{a}}$ ② $\dfrac{2\pi\epsilon_0}{\epsilon_s\log_e\dfrac{b}{a}}$ ③ $\dfrac{4\pi\epsilon_0\epsilon_0}{\log_e\dfrac{b}{a}}$ ④ $\dfrac{4\pi\epsilon_0}{\epsilon_s}\log_e\dfrac{b}{a}$

해설 ▶ 그림과 같이 내측 및 외측의 반경이 a[m], b[m]이고 무한히 긴 동축 원통 도체라고 할 때 단위 길이당의 전하를 λ[C/m]라 하면 두 원통 도체간의 전계 세기는 $E = \dfrac{\lambda}{2\pi\epsilon r}$[V/m]이므로, 두 원통 도체 간의 전위차는

$$V_{ab} = -\int_b^a E dr = -\frac{\lambda}{2\pi\epsilon}\int_b^a \frac{1}{r}dr$$
$$= \frac{\lambda}{2\pi\epsilon}[\ln r]_a^b = \frac{\lambda}{2\pi\epsilon}\ln\frac{b}{a}\text{[V]}$$

따라서, 단위 길이당 및 길이 1[m]의 정전 용량은

$$\therefore C_0 = \frac{\lambda}{V_{ab}} = \frac{2\pi\epsilon}{\ln\dfrac{b}{a}} = \frac{2\pi\epsilon_0\epsilon_s}{\ln\dfrac{b}{a}}\text{[F/m]}$$

$$C = C_0 l = \frac{2\pi\epsilon l}{\ln\dfrac{b}{a}}\text{[F]}$$

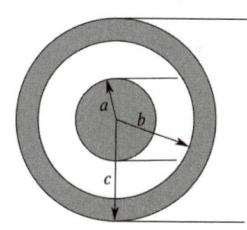

★★ [90. 96 04. 05. 08. 기사]

24 임의의 단면을 가진 2개의 원주상의 무한히 긴 평행 도체가 있다. 지금 도체의 도전율을 무한대라고 하면 C, L, ϵ 및 μ 사이의 관계는? 단, C는 두 도체 간의 단위 길이당 정전 용량, L은 두 도체를 한 개의 왕복 회로로 한 경우의 단위 길이당 자기 인덕턴스, ϵ은 두 도체 사이에 있는 매질의 유전율, μ는 두 도체 사이에 있는 매질의 투자율이다.

① $C\epsilon = L\mu$ ② $\dfrac{C}{\epsilon} = \dfrac{L}{\mu}$ ③ $\dfrac{1}{LC} = \epsilon\mu$ ④ $LC = \epsilon\mu$

해설 ▶ $C = \dfrac{\pi\epsilon}{\log\dfrac{d}{a}}$[F/m], $L = \dfrac{\mu}{\pi}\log\dfrac{d}{a}$[H/m]

$$\therefore CL = \frac{\pi\epsilon}{\log\dfrac{d}{a}} \cdot \frac{\mu}{\pi}\log\dfrac{d}{a} = \epsilon\mu$$

답 23. ① 24. ④

25 ★ [98. 19. 24. 산업기사]

그림과 같은 동축 케이블에 유전체가 채워졌을 때의 정전 용량은 몇 [F]인가? 단, 유전체의 비유전율은 ϵ_s이고, 내경과 외경은 각각 a[m], b[m]이며, 케이블의 길이는 l[m]이다.

① $\dfrac{2\pi\epsilon_s}{\ln\dfrac{b}{a}}$ ② $\dfrac{2\pi\epsilon_0\epsilon_s l}{\ln\dfrac{b}{a}}$

③ $\dfrac{\pi\epsilon_s l}{\ln\dfrac{b}{a}}$ ④ $\dfrac{\pi\epsilon_0\epsilon_s l}{\ln\dfrac{b}{a}}$

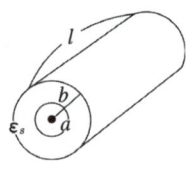

해설 반지름 a, $b(b>a)$[m]인 동축 내의 원통 도체에 Q 전하를 주면
$E = \dfrac{Q}{2\pi\epsilon_0 r}$ [V/m]이므로 전위차 $V_{ab} = -\int_b^a E\cdot dr = \dfrac{Q}{2\pi\epsilon_0}\ln\dfrac{b}{a}$ [V]

∴ $C_0 = \dfrac{Q}{V} = \dfrac{2\pi\epsilon_0}{\ln\dfrac{b}{a}}$ [F/m]   ∴ $C = C_0 l = \dfrac{2\pi\epsilon_0\epsilon_s}{\ln\dfrac{b}{a}} l$ [F]

유사문제

∥ 유사문제 원문 및 해설 : 동일출판사 홈페이지 ≫ 고객센터 ≫ 자료실

01. 반지름 a, $b(b>a)$[m]의 동심 구도체 사이에 유전율 ϵ[F/m]의 유전체가 채워졌을 때의 정전 용량은 몇 [F]인가?

답 $\dfrac{4\pi\epsilon ab}{b-a}$ [F]

02. 자유 공간에 반지름 a인 도체구가 있고 반지름 $r=a\sim b$ 사이$(b>a)$를 유전율 ϵ인 유전체로 덮은 경우 정전 용량[F]의 값은?

답 $C = \dfrac{4\pi}{\dfrac{1}{b\epsilon_0}+\left(\dfrac{1}{a}-\dfrac{1}{b}\right)\dfrac{1}{\epsilon}}$ [F]

03. 그림과 같이 내외 도체 사이의 b까지는 ϵ_1인 유전체로, b에서 c까지는 ϵ_2인 유전체로 채워진 동심 원통이 있다. 지금 내원통 및 외원통의 단위 길이에 $\pm\lambda$[C/m]의 전하를 주었을 때 단위 길이당의 정전 용량[F/m]은 얼마인가?

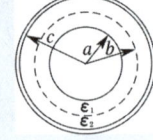

답 $\dfrac{2\pi}{\dfrac{1}{\epsilon_1}\ln\dfrac{b}{a}+\dfrac{1}{\epsilon_2}\ln\dfrac{c}{b}}$ [F/m]

답 25. ②

04. 그림과 같이 반지름 r[m], 중심 간격 d[m]인 평행 원통 도체가 있다. $d \gg r$ 라 할 때 원통 도체의 단위 길이당 정전 용량[F/m]은?

답 $\dfrac{\pi\epsilon_0}{\ln\dfrac{d}{r}}$ [F/m]

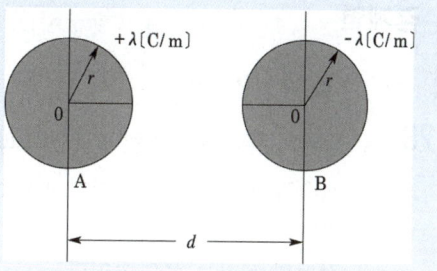

패러데이관

26 ★★ [91. 96. 00. 산업기사, ⊕ : 79. 산업기사]

패러데이관에서 전속선 수가 $5Q$개이면 패러데이관 수는?

① $\dfrac{Q}{\epsilon}$ ② $\dfrac{Q}{5}$ ③ $\dfrac{5}{Q}$ ④ $5Q$

[해설] 패러데이관 양단에는 단위 정(+), 부(-) 전하가 존재하며, 단위 전하에서 항상 전속 한 개가 출입하므로 그 수는 전속수와 서로 같다.

27 ★☆ [95. 04. 기사, 11. 산업기사]

패러데이(Faraday)관에 대한 설명 중 틀린 것은?

① 패러데이관 내의 전속선 수는 일정하다.
② 진전하가 없는 점에서는 패러데이관은 불연속적이다.
③ 패러데이관의 밀도는 전속밀도와 같다.
④ 패러데이관 양단에 정, 부의 단위 전하가 있다.

[해설] Faraday관은 +1[C]의 진전하에서 나와서 -1[C]의 진전하로 들어가는 한 개의 관으로 Faraday관수(전속수)는 관속에 진전하가 없으면 일정하다. 즉, 연속적이다.

유사문제

유사문제 원문 및 해설 : 동일출판사 홈페이지 ≫ 고객센터 ≫ 자료실

01. 패러데이관에 관한 설명으로 옳지 않은 것은?

답 패러데이관의 밀도는 전속 밀도보다 크다.

답 26. ④ 27. ②

경계면

28 ★★ [01. 08. 19. 24. 산업기사]
두 종류의 유전체 경계면에서 전속과 전기력선이 경계면에 수직일 때 옳지 않은 것은?
① 전속과 전기력선은 굴절하지 않는다.
② 전속 밀도는 불변이다.
③ 전계의 세기는 불연속이다.
④ 전속선은 유전율이 작은 유전체쪽으로 모이려는 성질이 있다.

[해설] 전속선은 유전율이 큰 유전체쪽으로 모이려는 성질이 있다.

29 ★ [93. 07. 12. 산업기사]
유전율이 각각 ϵ_1, ϵ_2인 두 유전체가 접해 있다. 각 유전체 중의 전계 및 전속 밀도가 각각 E_1, D_1 및 E_2, D_2이고 경계면에 대한 입사각 및 굴절각이 θ_1, θ_2일 때 경계 조건으로 옳은 것은?

① $\dfrac{E_2}{E_1} = \dfrac{\sin\theta_2}{\sin\theta_1}$ ② $\dfrac{\cos\theta_2}{\cos\theta_1} = \dfrac{D_2}{D_1}$

③ $\dfrac{\tan\theta_2}{\tan\theta_1} = \dfrac{\epsilon_2}{\epsilon_1}$ ④ $\tan\theta_2 - \tan\theta_1 = \epsilon_1\epsilon_2$

[해설] 경계 조건을 전위 V로 표시하면 $V_{1T} = V_{2T}$
$\epsilon_1\left(\dfrac{\partial V}{\partial n}\right)_1 = \epsilon_2\left(\dfrac{\partial V}{\partial n}\right)_2$, $\dfrac{\tan\theta_1}{\tan\theta_2} = \dfrac{\epsilon_1}{\epsilon_2}$

30 ★★★☆ [79. 84. 91. 92. 05. 08. 19. 산업기사]
유전율이 서로 다른 두 종류의 경계면에 전속과 전기력선이 수직으로 도달할 때 맞지 않는 것은?
① 전속과 전기력선은 굴절하지 않는다.
② 전속 밀도는 불변이다.
③ 전계의 세기는 연속이다.
④ 전속선은 유전율이 큰 유전체 중으로 모이려는 성질이 있다.

[해설] ① $E_1\sin\theta_1 = E_2\sin\theta_2$에서 입사각 $\theta_1 = 0°$이므로 $0 = E_2\sin\theta_2$에서 $E_2 \neq 0$가 아닌 경우 $\sin\theta_2 = 0$가 되어야 하므로 $\theta_2 = 0$ 즉, 굴절하지 않는다.
② $\theta_1 = \theta_2 = 0°$이므로 $D_1\cos\theta_1 = D_2\cos\theta_2$에서 $\cos 0° = 1$이므로 $D_1 = D_2$, 즉 전속 밀도는 불변(연속)이다.
③ $D_1 = \epsilon_1 E_1$, $D_2 = \epsilon_2 E_2$이므로 $D_1 = D_2$인 경우 $\epsilon_1 E_1 = \epsilon_2 E_2$가 성립하는데 $\epsilon_1 \neq \epsilon_2$인 경우 $E_1 \neq E_2$이다. 즉, 전계의 세기는 크기가 같지 않다(불연속이다).
④ $\epsilon_1 E_1 = \epsilon_2 E_2$에서 $\dfrac{E_1}{E_2} = \dfrac{\epsilon_2}{\epsilon_1}$의 관계가 성립한다.

[답] 28. ④ 29. ③ 30. ③

31 ★☆ [78. 91. 93. 산업기사]

유전율이 각각 ϵ_1, ϵ_2인 두 유전체가 접해 있는 경계면에서 전속선의 방향이 그림과 같이 될 때 $\epsilon_1 > \epsilon_2$이면?

① $\theta_1 = \theta_2$
② $\theta_1 > \theta_2$
③ $\theta_1 < \theta_2$
④ θ_1, θ_2의 크기에 무관

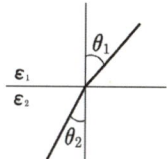

[해설] $\epsilon_1 > \epsilon_2$이면 $\theta_1 > \theta_2$, $\epsilon_1 < \epsilon_2$이면 $\theta_1 < \theta_2$
즉, 유전율이 작은 유전체에서 유전율이 큰 유전체로 전속이나 전기력선이 들어가면 굴절각이 크게 됨을 알 수 있다.

32 ★☆ [83. 88. 97. 산업기사]

다음은 전계 강도와 전속 밀도에 대한 경계 조건을 설명한 것이다. 옳지 않은 것은? 단, 경계면의 진전하 분포는 없으며 $\epsilon_1 > \epsilon_2$로 한다.

① 전속은 유전율이 큰 쪽으로 집속되려는 성질이 있다.
② 유전율이 큰 ϵ_1의 영역에서 전속 밀도(D_1)는 유전율이 작은 ϵ_2의 영역에서의 전속 밀도(D_2)와 $D_1 \geq D_2$의 관계를 갖는다.
③ 경계면 사이의 정전력은 유전율이 작은 쪽에서 큰 쪽으로 작용한다.
④ 전계가 ϵ_1의 영역에서 ϵ_2의 영역으로 입사될 때 ϵ_2에서 전계 강도가 더 커진다.

[해설] 유전체에 작용하는 힘의 방향은 유전율이 큰 쪽에서 작은 쪽으로 향한다.

33 ★ [80. 91. 19. 산업기사]

두 유전체가 접했을 때 $\dfrac{\tan\theta_1}{\tan\theta_2} = \dfrac{\epsilon_1}{\epsilon_2}$의 관계식에서 $\theta_1 = 0$일 때 다음 중에 표현이 잘못된 것은?

① 전기력선은 굴절하지 않는다.
② 전속 밀도는 불변이다.
③ 전계는 불연속이다.
④ 전기력선은 유전율이 큰 쪽에 모여진다.

[해설] 전기력선 밀도는 유전율이 크면 작고 그 반면 전속은 유전율이 큰 쪽으로 모인다.

34 ★★ [91. 00. 10. 25. 기사]

유전율이 각각 다른 두 유전체가 서로 경계를 이루며 접해 있다. 다음 중 옳지 않은 것은? 단, 이 경계면에는 진전하 분포가 없다고 한다.

① 경계면에서 전계의 접선 성분은 연속이다.
② 경계면에서 전속 밀도의 법선 성분은 연속이다.
③ 경계면에서 전계와 전속 밀도는 굴절한다.
④ 경계면에서 전계와 전속 밀도는 불변이다.

[답] 31. ② 32. ③ 33. ④ 34. ④

> [해설] 일반적으로 경계면에서 전계, 전속밀도는 불연속이다.(다르다 = 변화한다.)
> 그러나, 전속 밀도는 법선성분이, 전계세기는 접선 성분이 연속이다.(같다.)
> 전계와 전속밀도 방향은 서로 같고, 굴절한다 $\left(\dfrac{\tan\theta_1}{\tan\theta_2} = \dfrac{\epsilon_1}{\epsilon_2}\right)$.

35 ★ [77. 99. 산업기사]
유전율 $\epsilon_1 > \epsilon_2$인 두 유전체 경계면에 전속이 수직일 때 경계면상의 작용력은?

① ϵ_2의 유전체에서 ϵ_1의 유전체 방향
② ϵ_1의 유전체에서 ϵ_2의 유전체 방향
③ 전속 밀도의 방향
④ 전속 밀도의 반대 방향

> [해설] 유전체 경계면에서 전계 또는 전속 밀도는 유전율이 큰 쪽으로 크게 굴절한다.

36 ★★★ [88. 99. 기사, 79. 01. 산업기사]
공기 중의 전계 $E_1 = 10[\text{kV/cm}]$이 30°의 입사각으로 기름의 경계에 닿을 때, 굴절각 θ_2와 기름 중의 전계 $E_2[\text{V/m}]$는? 단, 기름의 비유전율은 3이라 한다.

① 60°, $\dfrac{10^6}{\sqrt{3}}$ ② 60°, $\dfrac{10^3}{\sqrt{3}}$ ③ 45°, $\dfrac{10^6}{\sqrt{3}}$ ④ 45°, $\dfrac{10^3}{\sqrt{3}}$

> [해설] $\dfrac{\tan\theta_1}{\tan\theta_2} = \dfrac{\epsilon_1}{\epsilon_2} = \dfrac{1}{3}$, $3\tan\theta_1 = \tan\theta_2$
> $\therefore \theta_2 = \tan^{-1}(3\tan30°) = \tan^{-1}\left(\dfrac{3}{\sqrt{3}}\right) = 60°$
> $\therefore E_2 = \dfrac{\sin\theta_1}{\sin\theta_2}E_1 = \dfrac{\sin30°}{\sin60°}\times E_1 = \dfrac{\frac{1}{2}}{\frac{\sqrt{3}}{2}}\times 10\times\dfrac{10^3}{10^{-2}} = \dfrac{1}{\sqrt{3}}\times 10^6 = \dfrac{10^6}{\sqrt{3}}$ [V/m]

37 ☆ [00. 산업기사]
유전율이 각각 다른 두 유전체의 경계면에 전계가 수직으로 입사하였을 때 옳은 것은?

① 전계는 연속성이다. ② 전속 밀도가 달라진다.
③ 유전율이 같아진다. ④ 전력선은 굴절하지 않는다.

> [해설] 수직 입사이므로 $\theta_1 = 0°$
> $D_1 = D_2 \rightarrow \epsilon_1 E_1 = \epsilon_2 E_2$에서 $\begin{cases} \epsilon_1 \neq \epsilon_2 \text{이므로} \\ \therefore E_1 \neq E_2 \end{cases}$
> $\dfrac{\tan\theta_1}{\tan\theta_2} = \dfrac{\epsilon_1}{\epsilon_2}$에서 $\tan\theta_2 = \dfrac{\epsilon_2}{\epsilon_1}\tan\theta_1 = 0 \rightarrow \therefore \theta_2 = 0$ 굴절하지 않는다.

답 35. ② 36. ① 37. ④

38 유전체 A, B의 접합면에 전하가 없을 때 각 유전체 중의 전계의 방향이 그림과 같고 $E_A = 100[\text{V/m}]$이면, $E_B[\text{V/m}]$는?

① $100\sqrt{3}$

② $\dfrac{100}{\sqrt{3}}$

③ 100×3

④ $\dfrac{100}{3}$

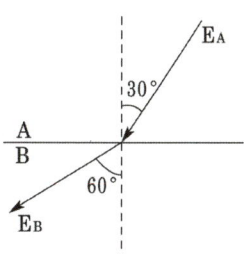

해설) $E_A \sin\theta_A = E_B \sin\theta_B$

$E_B = \dfrac{\sin\theta_A}{\sin\theta_B} E_A = \dfrac{\sin 30°}{\sin 60°} \times 100 = \dfrac{1/2}{\sqrt{3}/2} \times 100 = \dfrac{100}{\sqrt{3}} [\text{V/m}]$

39 얇은 도체판에 그림과 같이 전속 밀도의 수직이 존재하는 경우 D와 ρ_s간의 관계 중 맞는 것은? 단, ρ_s는 표면 전하 밀도이고 $\hat{n}$은 표면에 수직인 단위 벡터이다.

① 좌측은 $D = +\hat{n}\rho_s$
   우측은 $D = +\hat{n}\rho_s$

② 좌측은 $D = -\hat{n}\rho_s$
   우측은 $D = -\hat{n}\rho_s$

③ 좌측은 $D = -\hat{n}\rho_s$
   우측은 $D = +\hat{n}\rho_s$

④ 좌측은 $D = -\dfrac{\hat{n}\rho_s}{4\pi}$
   우측은 $D = +\dfrac{\hat{n}\rho_s}{4\pi}$

해설) 전속선 방향과 전기력선 방향은 동일하다. 즉 ⊕전하에서 시작하여 ⊖전하에서 끝난다. 도체판의 좌측면에서 전속선이 끝났으므로 ⊖전하가, 도체판의 우측면에서 전속선이 시작하였으므로 ⊕전하가 분포한다.

40 그림과 같이 유전체 경계면에서 $\epsilon_1 < \epsilon_2$이었을 때 E_1과 E_2의 관계식 중 맞는 것은?

① $E_1 > E_2$

② $E_1 \cos\theta_1 = E_2 \cos\theta_2$

③ $E_1 = E_2$

④ $E_1 < E_2$

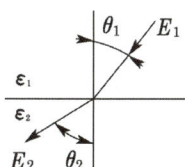

해설) $\epsilon_1 < \epsilon_2$ 이면 $\theta_1 < \theta_2$ ∴ $E_1 > E_2$
$\epsilon_1 > \epsilon_2$ 이면 $\theta_1 > \theta_2$ ∴ $E_1 < E_2$

답 38. ② 39. ③ 40. ①

41 ★ [00. 기사]

비유전율 3의 유전체 A와 비유전율을 알 수 없는 유전체 B가 그림과 같이 경계를 이루고 있으며 경계면에서 전자파의 굴절이 일어날 때 유전체 B의 비유전율은 얼마인가?

① 1.5
② 2.3
③ 4.2
④ 5.2

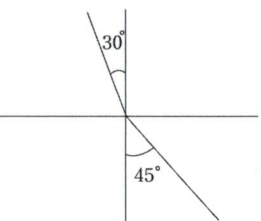

[해설] $\dfrac{\epsilon_1}{\epsilon_2} = \dfrac{\epsilon_0 \epsilon_{1s}}{\epsilon_0 \epsilon_{2s}} = \dfrac{\epsilon_{1s}}{\epsilon_{2s}} = \dfrac{\tan\theta_1}{\tan\theta_2} = \dfrac{\tan 30°}{\tan 45°} = \dfrac{1}{\sqrt{3}}$ 에서

∴ $\epsilon_{2s} = \sqrt{3}\,\epsilon_{1s} = \sqrt{3} \times 3 = 5.2$

---

42 ★ [79. 04. 24. 기사]

$x > 0$인 영역에 $\epsilon_{R1} = 3$인 유전체, $x < 0$인 영역에 $\epsilon_{R2} = 5$인 유전체가 있다. $x < 0$인 영역에서 전계 $E_2 = 20 a_x + 30 a_y - 40 a_z$ [V/m]일 때 $x > 0$인 영역에서 전속 밀도 D_1을 구하여라.

① $(100 a_x + 150 a_y - 200 a_z)\epsilon_0$
② $(100 a_x - 90 a_y - 120 a_z)\epsilon_0$
③ $(100 a_x - 150 a_y + 200 a_z)\epsilon_0$
④ $(100 a_x + 90 a_y - 120 a_z)\epsilon_0$

[해설] $D_2 = \epsilon_0 \epsilon_{R2} E_2 = (100 a_x + 150 a_y - 200 a_z)\epsilon_0 \,[\text{C/m}^2]$

경계 조건에 의하여
$D_{1x} = D_{2x},\ E_{1y} = E_{2y},\ E_{1z} = E_{2z}$
임을 고려하면

$D_1 = \epsilon_0 \epsilon_{R1} E_1 = \epsilon_0 \times 3 \times \left[\dfrac{100}{3} a_x + 30 a_y - 40 a_z\right]$
$= (100 a_x + 90 a_y - 120 a_z)\epsilon_0 \,[\text{C/m}^2]$

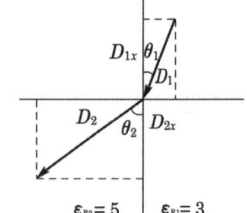

---

43 ★ [96. 20. 산업기사]

유전율이 각각 다른 두 종류의 유전체 경계면에 전속이 입사될 때 이 전속의 방향은?

① 직전 ② 반사 ③ 회절 ④ 굴절

---

44 ★☆ [90. 98. 01. 산업기사]

그림과 같은 상이한 유전체 ϵ_1, ϵ_2의 경계면에서 성립되는 관계로 옳은 것은?

① 전속의 법선 성분이 같고 전계의 법선 성분이 같다.
② 전속의 법선 성분이 같고 전계의 접선 성분이 같다.
③ 전속의 접선 성분이 같고 전계의 접선 성분이 같다.
④ 전속의 접선 성분이 같고 전계의 법선 성분이 같다.

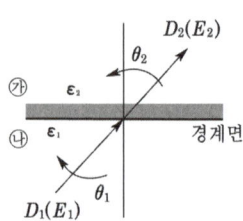

답 41. ④ 42. ④ 43. ④ 44. ②

해설
- 전속 밀도의 법선 성분 (수직 성분)이 같다. ($D_1\cos\theta_1 = D_2\cos\theta_2$)
- 전계는 접선 성분(평행 성분)이 같다. ($E_1\sin\theta_1 = E_2\sin\theta_2$)
- 두 경계면에서의 전위는 서로 같다. ($V_1 = V_2$)
- $\epsilon_1 > \epsilon_2$이면 $\theta_1 > \theta_2$이다.
- $\dfrac{\tan\theta_1}{\tan\theta_2} = \dfrac{\epsilon_1}{\epsilon_2}$

45 서로 다른 두 유전체 사이의 경계면에 전하 분포가 없다면 경계면 양쪽에서의 전계 및 전속 밀도는?

① 전계의 법선 성분 및 전속 밀도의 접선 성분은 서로 같다.
② 전계의 접선 성분 및 전속 밀도의 법선 성분은 서로 같다.
③ 전계 및 전속 밀도의 법선 성분은 서로 같다.
④ 전계 및 전속 밀도의 접선 성분은 서로 같다.

해설 유전율이 다른 경계면에 전계(전속)가 입사되면, 경계면 양쪽에서 전계의 경계면에 접선 성분은 서로 같고($E_{1t} = E_{2t}$), 전속 밀도는 경계면의 법선 성분이 서로 같게($D_{1n} = D_{2n}$) 굴절이 된다.

46 두 유전체의 경계면에서 정전계가 만족하는 것은?

① 전계의 법선 성분이 같다.
② 분극의 세기의 접선 성분이 같다.
③ 전계의 접선 성분이 같다.
④ 전속 밀도의 접선 성분이 같다.

해설 경계 조건
- 전속밀도의 법선 성분(수직 성분)이 같다($D_1\cos\theta_1 = D_2\cos\theta_2$).
- 전계는 접선 성분(평행 성분)이 같다($E_1\sin\theta_1 = E_2\sin\theta_2$).
- 두 경계면에서의 전위는 서로 같다($V_1 = V_2$).
- $\epsilon_1 > \epsilon_2$이면 $\theta_1 > \theta_2$이다.
- $\dfrac{\tan\theta_1}{\tan\theta_2} = \dfrac{\epsilon_1}{\epsilon_2}$
- 전속선은 유전율이 큰 유전체 쪽으로 모이려는 성질이 있다.

47 그림과 같은 유전속 분포에서 ϵ_1과 ϵ_2 사이의 관계는?

① $\epsilon_1 > \epsilon_2$
② $\epsilon_2 > \epsilon_1$
③ $\epsilon_1 = \epsilon_2$
④ $\epsilon_2 \leq \epsilon_1$

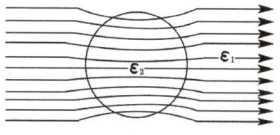

해설 전속선은 유전율이 큰 쪽으로 모이므로 $\epsilon_2 > \epsilon_1$이다.

답 45. ② 46. ③ 47. ②

유사문제

01. 두 종류의 유전율 ϵ_1, ϵ_2를 가진 유전체 경계면에 전하가 존재하지 않을 때 경계 조건이 아닌 것은?

답 $\epsilon_1 E_1 \sin\theta_1 = \epsilon_2 E_2 \sin\theta_2$

02. 두 유전체의 경계면에 대한 설명 중 옳지 않은 것은?

답 전계가 경계면에 수직으로 입사하면 두 유전체 내의 전계의 세기가 같다.

03. 종류가 다른 두 유전체 경계면의 전하 분포가 다를 때 경계면에서 정전계가 만족하는 것은?

답 전속선은 유전율이 큰 곳으로 모인다.

04. 평판 유전체($\epsilon_r \fallingdotseq 1.7321$)의 수직 방향에 대해 45°의 각도로 공기 중에서 전계 E가 가해지고 있을 때, 이 유전체 내부에서 전계 E와 평판 유전체의 수직 방향과 이루는 각도는 약 얼마인가?

답 60°

05. 두 유전체 ①, ②가 유전율 $\epsilon_1 = 2\sqrt{3}\,\epsilon_0$, $\epsilon_2 = 2\epsilon_0$이며, 경계를 이루고 있을 때 그림과 같이 전계가 입사하여 굴절하였다면 ② 유전체 내의 전계의 세기[V/m]는?

답 $100\sqrt{3}$ [V/m]

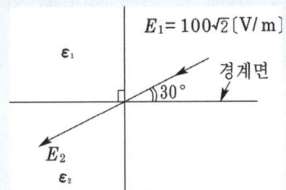

06. 전계가 유리 E_1[V/m]에서 공기 E_2[V/m] 중으로 입사할 때 입사각 θ_1과 굴절각 θ_2 및 전계 E_1, E_2 사이의 관계 중 옳은 것은?

답 $\theta_1 > \theta_2$, $E_1 < E_2$

07. $x > 0$인 영역에 $\epsilon_{R1} = 3$인 유전체, $x < 0$인 영역에 $\epsilon_{R2} = 5$인 유전체가 있다. 유전율 $\epsilon_2 = \epsilon_0 \epsilon_{R2}$인 영역에서 전계 $\boldsymbol{E_2} = 20\boldsymbol{a_x} + 30\boldsymbol{a_y} - 40\boldsymbol{a_z}$[V/m]일 때, 유전율 ϵ_1인 영역에서의 전계 $\boldsymbol{E_1}$[V/m]은?

답 $\dfrac{100}{3}\boldsymbol{a_x} + 30\boldsymbol{a_y} - 40\boldsymbol{a_z}$ [V/m]

08. $z > 0$인 영역에는 비유전율 $\epsilon_{R1} = 2$인 유전체, $z < 0$인 영역에는 $\epsilon_{R2} = 4$인 유전체가 있으며 유전체 경계면에 전하가 없는 경우 $\boldsymbol{E_1} = 30\boldsymbol{a_x} + 10\boldsymbol{a_y} + 20\boldsymbol{a_z}$[V/m]일 때 ϵ_{R2}인 유전체 내에서 전계 $\boldsymbol{E_2}$를 구하면? 단, $\boldsymbol{a_x}$, $\boldsymbol{a_y}$, $\boldsymbol{a_z}$는 단위 벡터이다.

답 $\boldsymbol{E_2} = 30\boldsymbol{a_x} + 10\boldsymbol{a_y} + 10\boldsymbol{a_z}$ [V/m]

09. 그림과 같이 유전체 ϵ_1이 ϵ_2를 포함하고 있을 때 유전속 분포에서 ϵ_1속의 전속 밀도가 크다면 ϵ_1과 ϵ_2의 관계는?

답 $\epsilon_1 > \epsilon_2$

10. 유전율이 ϵ_1인 균일한 전계 중에 유전율이 $\epsilon_2 (\epsilon_2 > \epsilon_1)$인 유전체 구를 놓으면 유전체 구 내의 전계의 세기는?

답 감소한다.

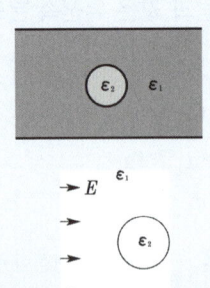

11. 그림과 같이 단심 연피 케이블의 내외 도체를 단절연 (graded insulation) 할 경우 두 도체 간의 절연 내력을 최대로 하기 위한 조건은? 단, ϵ_1, ϵ_2는 각각의 유전율이다.

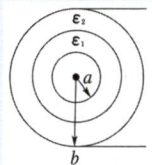

답 $\epsilon_1 > \epsilon_2$로 한다.

12. 단절연 된 절연 케이블이 있다. 심선과 외피를 절연시키는 유전체의 유전율이 각각 ϵ_1, ϵ_2, ϵ_3 일 때 절연 효과를 높이기 위하여 중심에서부터 채워야 되는 순서가 맞는 것을 고르면? 단, $\epsilon_1 > \epsilon_2 > \epsilon_3$ 이다.

답 ϵ_1, ϵ_2, ϵ_3

분극현상

48 [08. 기사, 76. 90. 97. 06. 산업기사]
유전체 내의 전속 밀도에 관한 설명 중 옳은 것은?
① 진전하만이다.　　② 분극 전하만이다.
③ 겉보기 전하만이다.　　④ 진전하와 분극 전하이다.

해설 가우스 정리의 미분형 $\text{div}\,\boldsymbol{D} = \rho$에서 알 수 있듯이 유전체 중의 전속 밀도의 발산은 진전하 밀도 ρ만에 의해 좌우된다.

49 [03. 기사]
전기 분극이란?
① 도체 내의 원자핵의 변위이다.　　② 유전체 내의 원자의 흐름이다.
③ 유전체 내의 속박전하의 변위이다.　　④ 도체 내의 자유전하의 흐름이다.

50 [02. 10. 18. 21. 산업기사]
유전체 중의 전계의 세기를 E, 유전율을 ϵ이라 하면 전기 변위는?
① $\dfrac{\epsilon}{E}$　　② $\dfrac{E}{\epsilon}$　　③ ϵE^2　　④ ϵE

51 [96. 17. 기사]
다이아몬드와 같은 단결정 물체에 전장을 가할 때 유도되는 분극은?
① 전자 분극　　② 이온 분극과 배향 분극
③ 전자 분극과 이온 분극　　④ 전자 분극, 이온 분극, 배향 분극

답 48. ①　49. ③　50. ④　51. ①

해설, 전자 분극은 단결정 매질에서 전자운과 핵의 상대적인 변위에 의해 발생한다.

52 ★ [03. 기사]
분극 중 온도의 영향을 받는 분극은?
① 분자분극(electronic polarization)
② 이온분극(ionic polarization)
③ 배향분극(orientational polarization)
④ 전자분극과 이온분극

해설, 유극성 분자의 영구 쌍극자는 열 운동에 의하여 임의의 방향을 가지기 때문에 물질 전체로 보면 분극은 0이 되지만 전계가 작용하면 영구 쌍극자는 전계와 반대 방향으로 회전력을 받아 분극을 일으킨다. 이것을 배향분극이라 한다.

53 ★★ [89. 97. 기사]
균일한 전계 E_0[V/m]인 진공 중에 비유전율 ϵ_s인 유전체구를 놓은 경우의 유전체 중의 분극의 세기 P[C/m²]는?

① $\dfrac{3\epsilon_0(\epsilon_s-1)}{\epsilon_s-2}E_0$ ② $\dfrac{3\epsilon_0(\epsilon_s+1)}{\epsilon_s+2}E_0$

③ $\dfrac{\epsilon_0(\epsilon_s-1)}{\epsilon_s+2}E_0$ ④ $\dfrac{3\epsilon_0(\epsilon_s-1)}{2+\epsilon_s}E_0$

해설, $P = \chi E = \epsilon_0(\epsilon_s-1)E$
유전체구 내의 전계의 세기 : $E = \dfrac{3\epsilon_0}{2\epsilon_0+\epsilon}E_0$
∴ $P = \epsilon_0(\epsilon_s-1) \cdot \dfrac{3\epsilon_0}{2\epsilon_0+\epsilon}E_0 = \dfrac{3\epsilon_0(\epsilon_s-1)}{2+\epsilon_s}E_0$

54 ★ [96. 01. 산업기사]
유전체에서 분극의 세기의 단위는?
① [C]   ② [C/m]   ③ [C/m²]   ④ [C/m³]

해설, 분극의 세기는 단위면적을 통과하는 전기량의 벡터 값이므로
∴ $P = \dfrac{Q}{S}$ [C/m²]

55 ★ [01. 09. 기사]
E[V/m]인 평등 전계의 절연유(비유전율 ϵ_r)중에 있는 구형 기포 중의 전계의 세기는 몇 [V/m]인가?

① $\dfrac{3\epsilon_r}{2\epsilon_r+1}E$ ② $\dfrac{2\epsilon_r}{3\epsilon_r+1}E$ ③ $\dfrac{3\epsilon_r}{\epsilon_r+1}E$ ④ $\dfrac{2\epsilon_r}{\epsilon_r+1}E$

답 52. ③ 53. ④ 54. ③ 55. ①

해설 ▶ 구형 기포 중의 전계의 세기 : $E_0 = \dfrac{3\epsilon_r}{2\epsilon_r + 1} E$

56 ★★★★ [01. 02. 08. 기사, 82. 00. 02. 03. 18. 산업기사]

유전체 내의 전계의 세기 E와 분극의 세기 P와의 관계를 나타내는 식은?

① $P = \epsilon_0(\epsilon_s - 1)E$
② $P = \epsilon_0 \epsilon_s E$
③ $P = \epsilon_0(1 - \epsilon_s)E$
④ $P = (1 - \epsilon_s)E$

해설 ▶ $E = \dfrac{\sigma - \sigma_p}{\epsilon_0} = \dfrac{D - P}{\epsilon_0}$ [V/m], $D = \epsilon_0 E + P = \epsilon_0 \epsilon_s E$ [C/m²]

∴ $P = \epsilon_0(\epsilon_s - 1)E$ [C/m²]

57 ★★ [85. 01. 기사]

평등 전계 내에 수직으로 비유전율 $\epsilon_s = 2$인 유전체 판을 놓았을 경우 판 내의 전속 밀도가 $D = 4 \times 10^{-6}$ [C/m²]이었다. 유전체 내의 분극의 세기 P [C/m²]는?

① 1×10^{-6}
② 2×10^{-6}
③ 4×10^{-6}
④ 8×10^{-6}

해설 ▶ $P = \epsilon_0(\epsilon_s - 1)E = D\left(1 - \dfrac{1}{\epsilon_s}\right) = 4 \times 10^{-6} \times \left(1 - \dfrac{1}{2}\right) = 2 \times 10^{-6}$ [C/m²]

58 ★★★ [81. 82. 83. 19. 산업기사, ㉯ : 97. 기사, 20. 산업기사]

비유전율 $\epsilon_s = 5$인 유전체 내의 한 점에서 전계의 세기가 $E = 10^4$ [V/m]일 때 이 점의 분극의 세기 P [C/m²]는?

① $\dfrac{10^{-5}}{9\pi}$
② $\dfrac{10^{-9}}{9\pi}$
③ $\dfrac{10^{-5}}{18\pi}$
④ $\dfrac{10^{-9}}{18\pi}$

해설 ▶ 분극의 세기 $P = \epsilon_0(\epsilon_s - 1)E = \dfrac{1}{36\pi \times 10^9} \times (5-1) \times 10^4 = \dfrac{10^{-5}}{9\pi}$ [C/m²]

59 ★ [00. 07. 산업기사]

비유전율이 5인 등방 유전체의 한점에서의 전계의 세기가 10 [kV/m]이다. 이 점의 분극의 세기는 몇 [C/m²]인가?

① 1.41×10^{-7}
② 3.54×10^{-7}
③ 8.84×10^{-8}
④ 4×10^{-4}

해설 ▶ $P = xE = \epsilon_0(\epsilon_s - 1)E = 8.854 \times 10^{-12} \times (5-1) \times 10^3 = 3.54 \times 10^{-7}$ [C/m²]

답 56. ① 57. ② 58. ① 59. ②

60 ★ [80. 95. 21. 산업기사]

공기 중에서 평등 전계 E_0[V/m]에 수직으로 비유전율이 ϵ_s인 유전체를 놓았더니 σ^r[C/m²]의 분극 전하가 표면에 생겼다면 유전체 중의 전계 강도 E[V/m]는?

① $\dfrac{\sigma^r}{\epsilon_0 \epsilon_s}$ ② $\dfrac{\sigma^r}{\epsilon_0(\epsilon_s-1)}$ ③ $\epsilon_0 \epsilon_s \sigma^r$ ④ $\epsilon_0(\epsilon_s-1)\sigma^r$

해설 $\sigma^r = \epsilon_0(\epsilon_s-1)E$ 식에서 $\therefore E = \dfrac{\sigma^r}{\epsilon_0(\epsilon_s-1)}$ [V/m]

61 ★ [00. 11. 13. 기사]

간격에 비해서 충분히 넓은 평행판 콘덴서의 판 사이에 비유전율 ϵ_s 인 유전체를 채우고 외부에서 판에 수직 방향으로 전계 E_0 를 가할 때 분극 전하에 의한 전계의 세기는 몇 [V/m]인가?

① $\dfrac{\epsilon_s+1}{\epsilon_s}E_0$ ② $\dfrac{\epsilon_s-1}{\epsilon_s}E_0$ ③ $\dfrac{\epsilon_s}{\epsilon_s-1}E_0$ ④ $\dfrac{\epsilon_s}{\epsilon_s+1}E_0$

해설 분극 전하를 σ라고 하면 $P = \sigma = D\left(1 - \dfrac{1}{\epsilon_s}\right) = \dfrac{\epsilon_s-1}{\epsilon_s}\epsilon_0 E_0$

$\therefore E = \dfrac{\sigma}{\epsilon_0} = \dfrac{\epsilon_s-1}{\epsilon_s}E_0$

유사문제

유사문제 원문 및 해설 : 동일출판사 홈페이지 ≫ 고객센터 ≫ 자료실

01. 원자 내에서 이루어진 쌍극자는 원자 밖에 대하여 전계를 만들게 한다. 이와 같은 것을 무엇이라 하는가?
   답 전자 분극

02. 유전체에서 전자 분극은 어떠한 이유에서 일어나는가?
   답 단결정 매질에서 전자운과 핵의 상대적인 변위에 의한다.

03. 전계 E, 전속 밀도 D, 유전율 ϵ 사이의 관계를 옳게 표시한 것은?
   답 $P = D - \epsilon_0 E$

04. 유전체의 분극도 표현으로 옳지 않은 것은?
   답 $P = E - \epsilon_0\left(\dfrac{D}{\epsilon}\right)$

05. 비유전율 $\epsilon_r = 3$인 유전체 내의 한 점의 전장이 3×10^5[V/m]일 때 이 점의 분극의 세기는 몇 [C/m²]인가?
   답 5.31×10^{-6}[C/m²]

06. 비유전율이 5인 등방 유전체의 한 점에 전계의 세기가 10^5[V/m]일 때 이 점의 분극의 세기[C/m²]는?

답 60. ② 61. ②

답 $\frac{10^{-4}}{9\pi}[C/m^2]$

07. 그림과 같이 전속 밀도 $D=1[C/m^2]$ 중에 $\epsilon_s=5$인 유전체가 놓여 있어서 균일하게 분극이 생겼다면 분극의 세기 $P[C/m^2]$는?

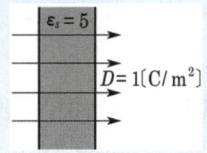

답 $0.8[C/m^2]$

08. 반지름 a인 도체구에 전하 Q를 주었다. 도체구를 둘러싸고 있는 유전체의 유전율이 ϵ_s인 경우 경계면에 나타나는 분극 전하는?

답 $\frac{Q}{4\pi a^2}(1-\frac{1}{\epsilon_s})[C/m^2]$

09. 베이클라이트 중의 전속 밀도가 $4.5\times 10^{-6}[C/m^2]$일 때의 분극의 세기는 몇 $[C/m^2]$인가? 단, 베이클라이트의 비유전율은 4로 계산한다.

답 $3.375\times 10^{-6}[C/m^2]$

10. 정전 용량이 $20[\mu F]$인 평행판 축전기에 $0.01[C]$의 저하량을 충전했을 때 두 평행판 사이에 비유전율 10인 유전체를 채우면 유전체 표면에 발생하는 분극 전하량은 몇 $[C]$인가?

답 $-0.009[C]$

11. 유전체의 분극률이 χ일 때 분극 벡터 $P=\chi E$의 관계가 있다. 비유전율 4인 유전체의 분극률은 진공의 유전율 ϵ_0의 몇 배인가?

답 3 배

12. 전압이 가해진 유전체 중에 공기의 기포가 있으면 유전체 면에 극히 나쁜데, 그 정도가 유전체의 유전율 ϵ에 대하여 맞는 것은?

답 ϵ이 크면 심하다.

복합된 유전체로된 콘덴서 용량

62 ★★ [89. 99. 13. 23. 기사]
그림과 같이 평행판 콘덴서의 극판 사이에 유전율이 각각 ϵ_1, ϵ_2인 두 유전체를 반반씩 채우고 극판 사이에 일정한 전압을 걸어 준다. 이때 매질 (Ⅰ), (Ⅱ) 내의 전계의 세기 E_1, E_2 사이에는 다음 어느 관계가 성립하는가?

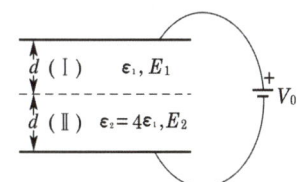

① $E_2=4E_1$ ② $E_2=2E_1$ ③ $E_2=E_1/4$ ④ $E_2=E_1$

답 62. ③

[해설] $E \propto \dfrac{1}{\epsilon} \to \dfrac{E_1}{E_2} = \dfrac{\epsilon_2}{\epsilon_1} = 4$ $\therefore E_2 = \dfrac{1}{4}E_1$

63 ★★ [79. 01. 17. 기사]

정전 용량이 C_0[F]인 평행판 공기 콘덴서가 있다. 이 극판에 평행으로 판 간격 d[m]의 1/2 두께 되는 유리판을 삽입하면 이때의 정전 용량[F]은? 단, 유리판의 유전율은 ϵ[F/m]이라 한다.

① $\dfrac{C_0}{1+\dfrac{1}{\epsilon}}$ ② $\dfrac{2C_0}{1+\dfrac{1}{\epsilon}}$ ③ $\dfrac{C}{1+\dfrac{\epsilon}{\epsilon_0}}$ ④ $\dfrac{2C_0}{1+\dfrac{\epsilon_0}{\epsilon}}$

[해설] 공기 부분의 정전 용량을 C_1이라 하면

$$C_1 = \dfrac{\epsilon_0 S}{d/2}[F] = \dfrac{2S\epsilon_0}{d}[F]$$

이고, 유리판 부분의 정전 용량을 C_2라 하면

$$C_2 = \dfrac{\epsilon S}{d/2} = \dfrac{2S\epsilon}{d}[F]$$

이다. 그러므로 극판 간 공극의 두께 1/2 상당의 유리판을 넣는 경우 정전 용량 C는

$$\therefore C = \dfrac{1}{\dfrac{1}{C_1}+\dfrac{1}{C_2}} = \dfrac{1}{\dfrac{d}{2S}\left(\dfrac{1}{\epsilon_0}+\dfrac{1}{\epsilon}\right)} = \dfrac{1}{\dfrac{d}{2\epsilon_0 S}\left(1+\dfrac{\epsilon_0}{\epsilon}\right)} = \dfrac{2C_0}{1+\dfrac{\epsilon_0}{\epsilon}} = \dfrac{2C_0}{1+\dfrac{1}{\epsilon_s}}[F]$$

64 ★ [98. 13. 기사]

정전 용량 0.06[μF]의 평행판 공기 콘덴서가 있다. 전극판 간격의 1/2 두께의 유리판을 전극에 평행하게 넣으면 공기 부분의 정전 용량과 유리판 부분의 정전 용량을 직렬로 접속한 콘덴서와 같게 된다. 유리의 비유전율을 5라 할 때 새로운 콘덴서의 정전 용량은 몇 [μF]인가?

① 0.01   ② 0.05   ③ 0.1   ④ 0.5

[해설] 공기 부분 정전 용량을 C_1이라 하면 $C_1 = \dfrac{\epsilon_0 S}{d/2} = \dfrac{2S\epsilon_0}{d}$[F]이고,

유리판 부분 정전 용량을 C_2라 하면 $C_2 = \dfrac{\epsilon S}{d/2} = \dfrac{2S\epsilon}{d}$[F]이다.

그러므로, 극판간 공극의 두께 $\dfrac{1}{2}$ 상당의 유리판을 넣을 경우 정전 용량 C는

$$C = \dfrac{1}{\dfrac{1}{C_1}+\dfrac{1}{C_2}} = \dfrac{1}{\dfrac{d}{2S}\left(\dfrac{1}{\epsilon_0}+\dfrac{1}{\epsilon}\right)} = \dfrac{1}{\dfrac{d}{2S\epsilon_0}\left(1+\dfrac{\epsilon_0}{\epsilon}\right)}$$

$$= \dfrac{2C_0}{1+\dfrac{\epsilon_0}{\epsilon}} = \dfrac{2C_0}{1+\dfrac{1}{\epsilon_s}} = \dfrac{2 \times 0.06 \times 10^{-6}}{1+\dfrac{1}{5}} \fallingdotseq 0.1[\mu F]$$

답 63. ④ 64. ③

65 그림과 같이 평행판 콘덴서 내에 비유전율 12와 18인 두 종류의 유전체를 같은 두께로 두었을 때 A에는 몇 [V]의 전압이 가해지는가?

① 40
② 80
③ 120
④ 160

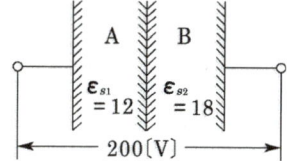

해설) $V = E \cdot d = \frac{D}{\epsilon_0 \epsilon_s} d \propto \frac{1}{\epsilon_s}$ 에서 분배법칙

$V_A = \frac{\epsilon_{s2}}{\epsilon_{s1} + \epsilon_{s2}} V = \frac{18}{12+18} \times 200 = 120 [V]$

66 그림과 같은 정전 용량이 C_0[F] 되는 평행판 공기 콘덴서의 판 면적의 $\frac{2}{3}$ 되는 공간에 비유전율 ϵ_s인 유전체를 채우면 공기 콘덴서의 정전 용량[F]은?

① $\frac{2\epsilon_s}{3} C_0$

② $\frac{3}{1+2\epsilon_s} C_0$

③ $\frac{1+\epsilon_s}{3} C_0$

④ $\frac{1+2\epsilon_s}{3} C_0$

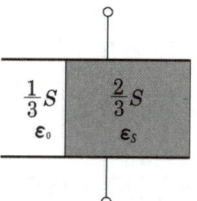

해설) $C_1 = \frac{\epsilon_0 \left(\frac{1}{3}S\right)}{d} = \frac{1}{3} C_0$, $C_2 = \frac{\epsilon_0 \epsilon_s \left(\frac{2}{3}S\right)}{d} = \frac{2}{3} \epsilon_s C_0$

C_1, C_2는 병렬 접속이므로 $C_t = C_1 + C_2 = \frac{1+2\epsilon_s}{3} C_0$

67 평행판 공기 콘덴서에 극간 간격의 $\frac{1}{2}$ 두께 되는 종이를 전극에 평행하게 넣으면 처음에 비하여 정전 용량은 몇 배가 되는가? 단, 종이의 비유전율은 $\epsilon_s = 3$이다.

① 1   ② 1.5   ③ 2   ④ 2.5

해설) $C = \frac{2C_0}{1+\frac{1}{\epsilon_s}} = \frac{2C_0}{1+\frac{1}{3}} = \frac{3}{2} C_0 = 1.5 C_0$

답 65. ③ 66. ④ 67. ②

68 ★★★ [87. 94. 기사, 77. 87. 03. 산업기사]

0.03[μF]인 평행판 공기 콘덴서의 극판간에 그 간격이 절반 두께에 비유전율 10인 유리판을 평행하게 넣었다면 이 콘덴서의 정전 용량[μF]은?

① 1.83 ② 18.3 ③ 0.055 ④ 0.55

해설 $C = \dfrac{2C_0}{1+\dfrac{1}{\epsilon_s}} = \dfrac{2\times 0.03 \times 10^{-6}}{1+\dfrac{1}{10}} = 0.055\,[\mu F]$

69 ★★☆ [88. 04. 09. 11. 19. 기사]

정전 용량이 1[μF]인 공기 콘덴서가 있다. 이 콘덴서 극판간의 반인 두께를 갖고 비유전율 $\epsilon_s = 2$인 유전체를 콘덴서의 한 전극면에 접촉하여 넣었을 때 전체의 정전 용량[μF]은 얼마인가?

① $\dfrac{1}{2}$ ② 2

③ $\dfrac{4}{3}$ ④ 4

해설 $C = \dfrac{2C_0}{1+\dfrac{1}{\epsilon_s}} = \dfrac{2\times 1\times 10^{-6}}{1+\dfrac{1}{2}} = \dfrac{4}{3}\times 10^{-6}\,[F] = \dfrac{4}{3}\,[\mu F]$

70 ★☆ [91. 03. 23. 산업기사]

면적 S[m²], 간격 d[m]인 평행판 콘덴서에 그림과 같이 두께 d_1, d_2[m]이며 유전율 ϵ_1, ϵ_2 [F/m]인 두 유전체를 극판간에 평행으로 채웠을 때 정전 용량은 얼마인가?

① $\dfrac{S}{\dfrac{d_1}{\epsilon_1}+\dfrac{d_2}{\epsilon_2}}$ ② $\dfrac{\epsilon_1\epsilon_2 S}{d}$

③ $\dfrac{\epsilon_1 S}{d_1}+\dfrac{\epsilon_2 S}{d_2}$ ④ $\dfrac{S}{\dfrac{d_1}{\epsilon_2}+\dfrac{d_2}{\epsilon_1}}$

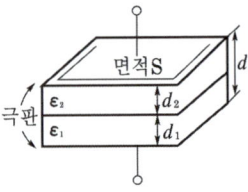

해설 유전율이 ϵ_1, ϵ_2인 각 유전체의 정전 용량을 C_1, C_2라 하면

$C_1 = \dfrac{\epsilon_1 S}{d_1}$, $C_2 = \dfrac{\epsilon_2 S}{d_2}$ 이므로

직렬 합성 용량 C는

$\therefore\ C = \dfrac{1}{\dfrac{1}{C_1}+\dfrac{1}{C_2}} = \dfrac{C_1 C_2}{C_1+C_2} = \dfrac{\dfrac{\epsilon_1 S \epsilon_2 S}{d_1 d_2}}{\dfrac{\epsilon_1 S}{d_1}+\dfrac{\epsilon_2 S}{d_2}} = \dfrac{\epsilon_1\epsilon_2 S}{\epsilon_2 d_1+\epsilon_1 d_2} = \dfrac{S}{\dfrac{d_1}{\epsilon_1}+\dfrac{d_2}{\epsilon_2}}$

답 68. ③ 69. ③ 70. ①

☆ [96. 산업기사]

71 면적 $S[m^2]$의 평행한 평판전극 사이에 유전율이 ϵ_1[F/m], ϵ_2[F/m] 되는 두 종류의 유전체를 $\frac{d}{2}$[m] 두께가 되도록 각각 넣으면 정전 용량은 몇 [F]가 되는가?

① $\dfrac{S}{\frac{d}{2}(\epsilon_1+\epsilon_2)}$ ② $\dfrac{1}{\frac{dS}{2}\left(\frac{1}{\epsilon_1}+\frac{1}{\epsilon_2}\right)}$

③ $\dfrac{2S}{d\left(\frac{1}{\epsilon_1}+\frac{1}{\epsilon_2}\right)}$ ④ $\dfrac{S}{2d\left(\frac{1}{\epsilon_1}+\frac{1}{\epsilon_2}\right)}$

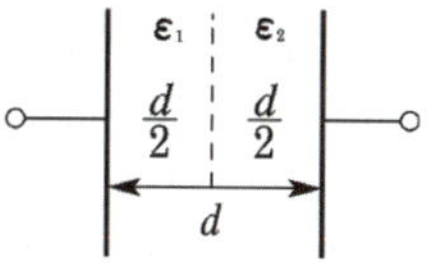

해설

$$C=\frac{C_1\cdot C_2}{C_1+C_2}=\frac{\frac{\epsilon_1\cdot S}{\frac{d}{2}}\cdot\frac{\epsilon_2\cdot S}{\frac{d}{2}}}{\frac{\epsilon_1\cdot S}{\frac{d}{2}}+\frac{\epsilon_2\cdot S}{\frac{d}{2}}}=\frac{2S}{d\left(\frac{1}{\epsilon_1}+\frac{1}{\epsilon_2}\right)}[\text{F}]$$

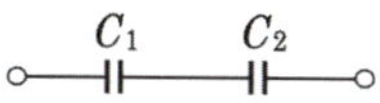

유사문제

ㅣ 유사문제 원문 및 해설 : 동일출판사 홈페이지 ≫ 고객센터 ≫ 자료실

01. 그림과 같이 면적이 $S[m^2]$인 평행판 도체 사이에 두께가 각각 l_1[m], l_2[m], 유전율이 각각 ϵ_1[F/m], ϵ_2[F/m]인 두 종류의 유전체를 삽입하였을 때의 정전 용량은?

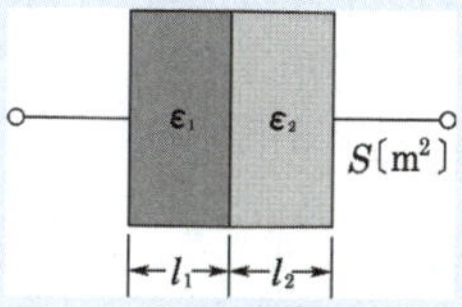

답 $\dfrac{\epsilon_1\epsilon_2 S}{\epsilon_2 l_1+\epsilon_1 l_2}$

02. 그림과 같은 평행판의 정전 용량은 얼마인가?

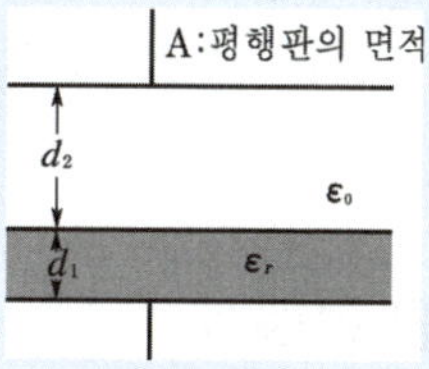

답 $C=\dfrac{C_1C_2}{C_1+C_2}=\dfrac{\left(\frac{\epsilon_r\epsilon_0 A}{d_1}\right)\left(\frac{\epsilon_0 A}{d_2}\right)}{\frac{\epsilon_r\epsilon_0 A}{d_1}+\frac{\epsilon_0 A}{d_2}}=\dfrac{\epsilon_r\epsilon_0 A}{\epsilon_r d_2+d_1}$

03. 간격 1[cm]로서 면적이 충분히 넓은 평행판 콘덴서가 있다. 극판 간에 이것과 같은 면적으로 두께가 4[mm]인 유전체판을 넣어서 전극 간격을 1.2[cm]로 증가시켰더니 용량이 같아졌다. 이 유전체의 비유전율 ϵ_s는 얼마인가?

답 2

04. 한 변의 길이가 500[mm]인 정사각형 평행 평판 두 장이 10[mm] 간격으로 놓여져 있고, 그림과 같이 유전율이 다른 두 개의 유전체로 채워진 경우 합성 용량[pF]은 약 얼마인가?

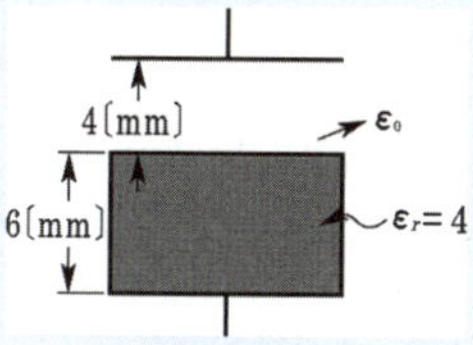

답 402[pF]

답 71. ③

05. 그림과 같은 극판 간의 간격이 d[m]인 평행판 콘덴서에서 S_1 부분의 유전체의 비유전율이 ϵ_{s1}, S_2 부분의 비유전율이 ϵ_{s2}, S_3 부분의 비유전율이 ϵ_{s3}일 때, 단자 AB 사이의 정전 용량은?

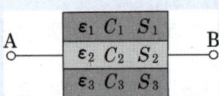

답 $\dfrac{\epsilon_0}{d}(\epsilon_{s1}S_1 + \epsilon_{s2}S_2 + \epsilon_{s3}S_3)$

06. 정전 용량이 C_0[μF]인 평행판 공기 콘덴서가 있다. 지금 그림에서와 같이 판 면적의 2/3에 해당하는 부분의 공기 간격을 비유전율 ϵ_s인 에보나이트 판으로 채우면 이 콘덴서의 정전 용량[μF]은?

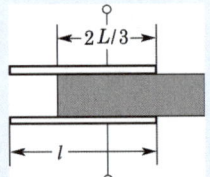

답 $\dfrac{(1+2\epsilon_s)C_0}{3}$

07. 그림과 같이 판의 면적 $1/3S$, 두께 d와 판의 면적 $1/3S$, 두께 $1/2d$ 되는 유전체($\epsilon_s=3$)를 끼웠을 경우의 정전 용량은 처음의 몇 배인가?

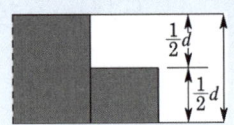

답 $\dfrac{11}{6}$ 배

08. 극 단면적 A[m^2], 간격 d[m], 정전 용량 30[μF]인 공기 콘덴서가 있다. 이 공기 콘덴서에 그림과 같이 절반 가격에 비유전율 5인 유전체를 채우면 정전 용량은 몇 [μF]이 되겠는가?

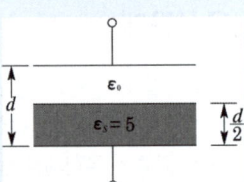

답 $C = \dfrac{2C_0}{1+\dfrac{1}{\epsilon_s}} = \dfrac{2 \times 30 \times 10^{-6}}{1+\dfrac{1}{5}} = 50 \times 10^{-6}$[F] $= 50$[μF]

평행판 콘덴서

☆ [96. 07. 산업기사]

72 면적 19.6[cm^2], 두께 5[mm]의 판상 플라스틱 양면에 전극을 설치하고 정전 용량을 측정하였더니 21.8[pF]이었다. 이 재료의 비유전율은 약 얼마 정도되는가?

① 3.3　　　② 4.3　　　③ 5.3　　　④ 6.3

해설 $C = \dfrac{\epsilon_0 \cdot \epsilon_s \cdot S}{d}$[F]

$\epsilon_s = \dfrac{C \cdot d}{\epsilon_0 \cdot S} = \dfrac{21.8 \times 10^{-12} \times 5 \times 10^{-3}}{8.855 \times 10^{-12} \times 19.6 \times 10^{-4}} = 6.28$[F/m]

답 72. ④

73 ★ [01. 11. 산업기사]

평행판 콘덴서의 극판 사이가 진공일 때의 용량을 C_0, 비유전율 ϵ_s의 유전체를 채웠을 때의 용량을 C라 할 때, 이들의 관계식은?

① $\dfrac{C}{C_0} = \dfrac{1}{\epsilon_0 \epsilon_s}$ ② $\dfrac{C}{C_0} = \dfrac{1}{\epsilon_s}$ ③ $\dfrac{C}{C_0} = \epsilon_0 \epsilon_s$ ④ $\dfrac{C}{C_0} = \epsilon_s$

해설 $C_0 = \dfrac{\epsilon_0 s}{d}$, $C = \dfrac{\epsilon_0 \epsilon_s s}{d} = \epsilon_s C_0$ ∴ $\dfrac{C}{C_0} = \epsilon_s$

74 ★ [95. 98. 산업기사]

평행판 콘덴서의 판 사이에 비유전율 ϵ_s의 유전체를 삽입하였을 때의 정전 용량은 진공일 때의 용량의 몇 배인가?

① ϵ_s ② $(\epsilon_s - 1)$ ③ $\dfrac{1}{\epsilon_s}$ ④ $(\epsilon_s + 1)$

해설 평행판 콘덴서의 정전 용량은 $C = \dfrac{\epsilon_0 \epsilon_s A}{d}$ [F]로 유전율(비유전율)에 비례한다.

75 ★ [92. 기사]

종이, 콘덴서는 그림과 같이 금속박과 종이를 겹쳐서 이것을 감아서 원통형으로 만든 것이다. 기름감은 절연물을 첨부시킨 종이의 비유전율은 2.5이고, 폭이 30[mm], 두께가 0.02[mm]이다. 이때 0.1[μF]의 정전 용량을 얻으려면, 종이의 길이를 얼마로 취해야 할 것인가?

① 12.08[m]
② 6.04[m]
③ 3.02[m]
④ 1.51[m]

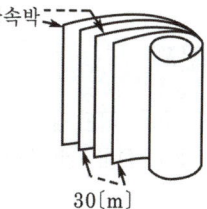
금속박
30[m]

해설 $C = \dfrac{\epsilon A}{d}$ 에서 면적 $A =$ 폭 × 길이이므로 폭을 P라 하면

길이 $l = \dfrac{d}{P\epsilon}C = \dfrac{0.02 \times 10^{-3} \times 0.1 \times 10^{-6}}{30 \times 10^{-3} \times 8.854 \times 10^{-12} \times 2.5} ≒ 3.012$ [m]

76 ★ [76. 90. 산업기사]

극판의 면적이 10[cm²], 극판간의 간격이 1[mm], 극판간에 채워진 유전체의 비유전율이 2.5인 평행판 콘덴서에 100[V]의 전압을 가할 때 극판의 전하[C]는?

① 1.2×10^{-9} ② 1.25×10^{-12} ③ 2.21×10^{-9} ④ 4.25×10^{-10}

해설 $Q = CV = \dfrac{\epsilon_0 \epsilon_s S}{d} V$

$= 8.855 \times 10^{-12} \times 2.5 \times 10 \times 10^{-4} \times 100/10^{-3} = 2.21 \times 10^{-9}$ [C]

답 73. ④ 74. ① 75. ③ 76. ③

77 면적 $S[\text{m}^2]$, 극간 거리 $d[\text{m}]$인 평행판 콘덴서에 비유전율 ϵ_s의 유전체를 채운 경우의 정전 용량은? 단, 진공의 유전율은 ϵ이다.

① $\dfrac{\epsilon_s S}{4\pi\epsilon_0 d}$ ② $\dfrac{4\pi\epsilon_0 \epsilon_s}{Sd}$ ③ $\dfrac{\epsilon_s S}{\epsilon_0 d}$ ④ $\dfrac{\epsilon_0 \epsilon_s S}{d}$

해설 정전 용량 C는
$$C = \frac{Q}{V} = \frac{Q}{Ed} = \frac{\sigma S}{\frac{\sigma d}{\epsilon_0 \epsilon_s}} = \sigma S \times \frac{\epsilon_0 \epsilon_s}{\sigma d} = \frac{\epsilon_0 \epsilon_s S}{d}[\text{F}]$$

78 극판의 면적이 $4[\text{cm}^2]$, 정전 용량 $1[\text{pF}]$인 종이 콘덴서를 만들려고 한다. 비유전율 2.5, 두께 $0.01[\text{mm}]$의 종이를 사용하면 종이는 몇 장을 겹쳐야 되겠는가?

① 87 ② 100 ③ 250 ④ 885

해설 $C = \epsilon \dfrac{S}{d} = \epsilon_0 \epsilon_s \dfrac{S}{d}$ 에서 두께 d는
$$d = \frac{\epsilon_0 \epsilon_s S}{C} = \frac{2.5 \times 8.85 \times 10^{-12} \times 4 \times 10^{-4}}{10^{-12}} = 8.85 \times 10^{-3}[\text{m}] = 8.85[\text{mm}]$$
이므로 $0.01[\text{mm}]$ 두께의 종이로 쌓으면
$$\therefore N = \frac{8.85}{0.01} = 885[\text{장}]$$

유사문제

01. 면적이 $S[\text{m}^2]$, 극판 간격이 $d[\text{m}]$, 유전율이 $\epsilon[\text{F/m}]$인 평행판 콘덴서에 $V[\text{V}]$의 전압이 가해졌을 때 축적되는 전하 $Q[\text{C}]$은?

답 $\dfrac{\epsilon S}{d}V$

02. 반지름 $30[\text{cm}]$인 원판 전극의 간격이 $0.2[\text{mm}]$인 평행한 콘덴서의 정전 용량$[\mu\text{F}]$은? 단, 유전체의 비유전율은 8.0이다.

답 $C = \dfrac{\epsilon S}{d} = \dfrac{\epsilon_0 \epsilon_s \pi r^2}{d} = \dfrac{8.85 \times 10^{-12} \times 8 \times \pi \times 0.3^2}{0.2 \times 10^{-3}} = 10^{-7}[\text{F}] = 0.1[\mu\text{F}]$

03. 평행판 콘덴서에 의한 비유전율 ϵ_s인 비유전체를 채웠을 때 일래스턴스(elastance)가 아닌 것은?

답 $\dfrac{8.855 \times 10^{-12} \times d}{\epsilon_s S}$

답 77. ④ 78. ④

유전체의 특수현상

79 ★★ [00. 09. 기사]
압전기 현상에서 분극이 응력에 수직한 방향으로 발생하는 현상을 무슨 효과라 하는가?

① 종효과　　② 횡효과　　③ 역효과　　④ 간접 효과

해설 결정에 나타나는 압전 현상은 방향성을 가지고 있는데 응력과 분극이 동일방향으로 발생할 때는 종효과, 수직인 경우를 횡효과라고 한다.

80 ★★★ [87. 93. 98. 기사]
전기석과 같은 결정체를 냉각시키거나 가열시키면 전기 분극이 일어난다. 이와 같은 것을 무엇이라 하는가?

① 압전기 현상(Piezoelectric phenomena)
② Pyro 전기(Pyro electricity)
③ 톰슨 효과(Thomson effect)
④ 강유전성(ferroelectric effect)

해설
- 압전 현상 : 압력을 가하면 전기 분극이 발생
- 파이로 전기 : 열을 가하면 전기 분극이 발생
- 톰슨 효과 : 동일 종류 금속 접속면에서의 열전 현상

유사문제

유사문제 원문 및 해설 : 동일출판사 홈페이지 ≫ 고객센터 ≫ 자료실

01. 다음 중 압전 효과를 이용한 것이 아닌 것은?
　답 자속계
02. 압전기 현상에서 분극이 동일 방향으로 발생할 때를 무슨 효과라 하는가?
　답 종효과

전속 및 전속밀도

81 ★ [83. 98. 산업기사]
비유전율이 4인 유전체 내에 있는 $1[\mu C]$의 전하에서 나오는 전전속[C]은?

① 4×10^{-6}　　② 2×10^{-6}　　③ 1×10^{-6}　　④ $\dfrac{1}{4} \times 10^{-6}$

해설 전속은 매질(ϵ_s)에 관계가 없으므로 $1 \times 10^{-6}[C]$이다.

답 79. ②　80. ②　81. ③

82 ★★ [80. 87. 98. 00. 17. 23. 산업기사]
비유전율이 4이고 전계의 세기가 20[kV/m]인 유전체 내의 전속 밀도[μC/m²]는?

① 0.708　　② 0.168　　③ 6.28　　④ 2.83

해설 $D = \epsilon_0 \epsilon_s E = 8.855 \times 10^{-12} \times 4 \times 20 \times 10^3 = 0.708 \times 10^{-6}$ [C/m²]

83 ★★★★ [82. 83. 87. 99. 기사]
절연유($\epsilon_r = 2.5$) 중의 점전하 16[μC]을 중심으로 하는 구면상에서 $r = 5$[m], $0 \leq \theta \leq \frac{\pi}{2}$, $0 \leq \phi \leq \frac{\pi}{2}$인 표면을 지나는 전속선은 몇 [lines]인가?

① 0.8×10^{-6}　　② 1.6×10^{-6}　　③ 2×10^{-6}　　④ 4×10^{-6}

해설 전속은 매질에 관계없이 그 수가 불변이므로, 전속선 수 $= \int_s \mathbf{D} \cdot d\mathbf{S} = Q = 16 \times 10^{-6}$[개]

주어진 영역은 구 표면의 $\frac{1}{8}$에 해당되므로 $N = \frac{1}{8} \times Q = \frac{1}{8} \times 16 \times 10^{-6} = 2 \times 10^{-6}$[개]

84 ☆ [23. 기사, 99. 03. 09. 산업기사]
표면 전하 밀도 $\rho_s > 0$인 도체 표면상의 한 점의 전속 밀도가 $D = 4a_x - 5a_y + 2a_z$[C/m²]일 때 ρ_s는 몇 [C/m²]인가?

① $2\sqrt{3}$　　② $2\sqrt{5}$　　③ $3\sqrt{3}$　　④ $3\sqrt{5}$

해설 $D = \rho_s$에서 $\rho_s = \sqrt{4^2 + (-5)^2 + 2^2} = \sqrt{45} = 3\sqrt{5}$ [C/m²]

85 ★★★ [91. 기사, 81. 82. 03. 11. 산업기사]
반지름 a[m]인 도체구에 전하 Q[C]를 주었을 때 구 중심에서 r[m] 떨어진 구 밖($r > a$)의 전속 밀도 D[C/m²]는 얼마인가?

① $\dfrac{Q}{2\pi\epsilon r}$　　② $\dfrac{Q}{4\pi r^2}$　　③ $\dfrac{Q}{4\pi\epsilon a^2}$　　④ $\dfrac{Q}{4\pi r}$

해설 $\int_s \mathbf{E} \cdot d\mathbf{S} = \int_s E_n dS = E_n \int_s dS = E_n 4\pi r^2 = \dfrac{Q}{\epsilon}$

$\therefore \epsilon E_n = D_n = \dfrac{Q}{4\pi r^2} = D$ [C/m²]

86 ★★☆ [72. 82. 97. 04. 09. 산업기사]
합성 수지의 절연체에 5×10^3[V/m]의 전계를 가했을 때, 이때의 전속 밀도를 구하면 약 몇 [C/m²]이 되는가? 단, 이 절연체의 비유전율은 10으로 한다.

① 40.28×10^{-5}　　② 41.28×10^{-8}　　③ 43.52×10^{-4}　　④ 44.28×10^{-8}

해설 $D = \epsilon E = \epsilon_0 \epsilon_s E = 8.855 \times 10^{-12} \times 10 \times 5 \times 10^3 = 44.28 \times 10^{-8}$ [C/m²]

답 82. ①　83. ③　84. ④　85. ②　86. ④

87 ★ [97. 05. 기사]
10[cm³]의 체적에 3[μC/cm³]의 체적 전하 분포가 있을 때 이 체적 전체에서 발산하는 전속은?

① 3×10^5[C]　　② 3×10^6[C]　　③ 3×10^{-5}[C]　　④ 3×10^{-6}[C]

해설　$N = 3 \times 10^{-6} \times 10 = 3 \times 10^{-5}$[C]

88 ★★ [87. 94. 00. 13. 21. 산업기사, ⊕ : 19. 기사]]
진공 중에서 어떤 대전체의 전속이 Q이었다. 이 대전체를 비유전율 2.2인 유전체 속에 넣었을 경우의 전속은?

① Q　　② ϵQ　　③ $2.2Q$　　④ 0

해설　전기력선 수는 $\dfrac{Q}{\epsilon}$로 유전율에 반비례하나 전속수는 유전체의 Gauss 법칙에서 $\oint \boldsymbol{D} \cdot \boldsymbol{n} dS = Q$로 유전율에 관계없이 항상 Q개이다.

89 ★★★ [87. 98. 00. 03. 기사]
폐곡면으로부터 나오는 유전속(dielectric flux)의 수가 N일 때 폐곡면 내의 전하량은 얼마인가?

① N　　② $\dfrac{N}{\epsilon_0}$　　③ $\epsilon_0 N$　　④ $\dfrac{N}{2\epsilon_0}$

해설　유전속에 관한 가우스의 정리 $\oint_s \boldsymbol{D} \cdot d\boldsymbol{S} = Q$
즉, 폐곡면 S를 나오는 유전속 수 = 폐곡면 S내의 진전하임을 의미한다.

90 ☆ [01. 05. 산업기사]
표면 전하 밀도 σ[C/m²]로 대전된 도체 내부의 전속 밀도는 몇 [C/m²]인가?

① σ　　② $\epsilon_0 E$　　③ $\dfrac{\sigma}{\epsilon_0}$　　④ 0

해설　도체 내부의 전계의 세기 $E = 0$이므로 전속 밀도 $D = \epsilon_0 E = 0$

91 ★★★ [05. 기사, 87. 96. 04. 12. 20. 산업기사]
비유전율 $\epsilon_s = 5$인 등방 유전체의 한 점에서 전계의 세기가 $E = 10^4$[V/m]일 때, 이 점의 분극률 χ[H/m]는?

① $\dfrac{10^{-9}}{9\pi}$　　② $\dfrac{10^{-9}}{18\pi}$　　③ $\dfrac{10^{-9}}{27\pi}$　　④ $\dfrac{10^{-9}}{36\pi}$

해설　분극의 세기 $P = \epsilon_0(\epsilon_s - 1)E$ 식에서
분극률 $\chi = \dfrac{P}{E} = \epsilon_0(\epsilon_s - 1) = \dfrac{1}{36\pi \times 10^9} \times (5-1) = \dfrac{10^{-9}}{9\pi}$[F/m]

답　87. ③　88. ①　89. ①　90. ④　91. ①

92 ★★★ [83. 88. 94. 24. 25. 기사]
전속 밀도 $D = 3xi + 2yj + zk$ [C/m²]를 발생하는 전하 분포에서 1[mm³] 내의 전하는 얼마인가?

① 3[nC]　　② 3[μC]　　③ 6[nC]　　④ 6[C]

해설 전하 밀도 ρ는 $\rho = \text{div} D = \frac{\partial D_x}{\partial x} + \frac{\partial D_y}{\partial y} + \frac{\partial D_z}{\partial z} = 3+2+1 = 6$[C/m³]이므로
1[mm³] 내의 전하량[nC]은 ∴ $\rho \Delta v = 6 \times 10^{-9}$[C] = 6[nC]

93 ★ [01. 기사]
$D = e^{-2}\sin x \, a_x - e^{-2}y\cos x \cdot a_y + 5za_z$[C/m²]이고 미소 체적은 $\Delta v = 10^{-12}$[m³]일 때 Δv 내에 존재하는 전하의 근사값은 약 몇 [C]인가?

① $(2\cos x) \times 10^{-12}$　　② $(2\sin x) \times 10^{-12}$
③ 5×10^{-12}　　④ $(2e^{-z}\sin x) \times 10^{-12}$

해설 $\text{div} D = \rho$[C/m³]
$\text{div} D = \nabla \cdot D = \frac{\partial Dx}{\partial x} + \frac{\partial Dy}{\partial y} + \frac{\partial Dz}{\partial z} = \frac{\partial}{\partial x}(e^{-2}\sin x) + \frac{\partial}{\partial y}(-e^{-2}y\cos x) + \frac{\partial}{\partial z}(5z)$
$= e^{-2}\cos x + (-e^{-2} \cdot \cos x) + 5 = 5$
∴ $\rho = 5$[C/m³]
∴ $\Delta Q = \rho \cdot \Delta v = 5 \times 10^{-12}$[C]

94 ★ [96. 기사]
전속 밀도 $D = 2xyz^3 a_x + x^2z^2 a_y + 3x^2yz^2 a_z$일 때 점 P(2, 2, 2)에 있는 정 20면체의 10^{-12}[m³]인 미소 체적소 내의 전하량은?

① 32×10^{-12}[C]　　② 64×10^{-12}[C]
③ 128×10^{-12}[C]　　④ 256×10^{-12}[C]

해설 $\rho = \nabla \cdot D = \frac{\partial D_x}{\partial x} + \frac{\partial D_y}{\partial y} + \frac{\partial D_z}{\partial z}$[C/m³]
$= 2yz^3 + 6x^2yz = 2 \times 2 \times 2^3 + 6 \times 2^2 \times 2 \times 2 = 128$[C/m³]
$Q = 128 \times 10^{-12}$[C]

95 ★ [98. 01. 산업기사]
$\text{div} D = \rho$와 가장 관계 깊은 것은?

① Ampere의 주회 적분 법칙　　② Faraday의 전자 유도 법칙
③ Laplace의 방정식　　④ Gauss의 정리

해설 가우스 법칙 : $\text{div} D = \rho$
① 전하가 존재하면 전속선이 발산한다(발생한다).
② 임의점에서 전속선의 발산량은 그 점의 전하 밀도와 같다.

답 92. ③　93. ③　94. ③　95. ④

유사문제

01. 유전율 $\epsilon_0\epsilon_s$의 유전체 내에 있는 전하 Q에서 나오는 전속선 총수는?

답 Q

02. 진공 중에 놓인 반지름 1[m]의 도체구에 전하 Q[C]이 있다면 그 표면에 있어서의 전속 밀도 D는 몇 [C/m^2]인가?

답 $\dfrac{Q}{4\pi}$[C/m^2]

03. 비유전율이 5인 유전체 중의 전하 Q[C]에서 발산하는 전기력선 및 전속선의 수는 공기 중인 경우의 각각 몇 배로 되는가?

답 전기력선 1/5배, 전속선 1배

04. 평행판 콘덴서의 양극판 사이에 비유전율이 ϵ_s인 유전체를 넣는 경우 다음 설명 중 옳지 않은 것은?

답 전속 밀도 D의 발산량은 자유 전하 밀도 ρ와 분극 전하 밀도 ρ'의 합으로 나타난다.

05. 분자 밀도 2×10^{20}[개/m^3]에 $E=10^5$[V/m]일 때 각 분자가 2×10^{-27}[C·m]의 쌍극자 모멘트를 갖는 물질의 비분극률은 얼마인가?

답 0.45

06. 전속 밀도 $\boldsymbol{D}=x^2\boldsymbol{i}+y^2\boldsymbol{j}+z^2\boldsymbol{k}$[C/m^2]를 발생시키는 점 (1, 2, 3)[m]에서의 공간 전하밀도[C/m^3]는?

답 12[C/m^3]

유전체에 작용하는 힘

★ [97. 기사]

96 극판 면적이 50[cm^2], 간격이 5[cm]인 평행판 콘덴서의 극판간에 유전율 3인 유전체를 넣은 후 극판간에 50[V]의 전위차를 가하면 전극판을 떼어내는 데 필요한 힘은 몇 [N]인가?

① −600　　　② −750　　　③ −6000　　　④ −7500

해설 $F = f_e \times S = \dfrac{1}{2}\epsilon_0 \cdot \epsilon_s \cdot E^2 \cdot S$

$= \dfrac{1}{2}\epsilon_0 \cdot \epsilon_s \cdot \left(\dfrac{V}{d}\right)^2 \cdot S$

$= \dfrac{1}{2}\times 3 \times \left(\dfrac{50}{5\times 10^{-2}}\right)^2 \times 50\times 10^{-4} = 7500$[N](흡인력)

답 96. ④

★ [89. 기사]

97 전계 E[V/m]가 두 유전체의 경계면에 평행으로 작용하는 경우 경계면의 단위 면적당 작용하는 힘은? 단, ϵ_1, ϵ_2는 두 유전체의 유전율이다.

① $f = \frac{1}{2}(\epsilon_1 - \epsilon_2)E^2[\text{N/m}^2]$

② $f = E^2(\epsilon_1 - \epsilon_2)[\text{N/m}^2]$

③ $f = \frac{1}{2E^2}(\epsilon_1 - \epsilon_2)[\text{N/m}^2]$

④ $f = \frac{1}{E^2}(\epsilon_1 - \epsilon_2)[\text{N/m}^2]$

해설 (a) 전계가 경계면에 수직인 경우

$$f_n = \frac{1}{2}(E_2 - E_1)\cdot D = \frac{1}{2}\left(\frac{1}{\epsilon_2} - \frac{1}{\epsilon_1}\right)D^2[\text{N/m}^2]$$

(b) 전계가 경계면에 평행인 경우

$$f_n = \frac{1}{2}(E_1 \cdot D_1 - E_2 \cdot D_2) = \frac{1}{2}(\epsilon_1 - \epsilon_2)E^2[\text{N/m}^2]$$

(a), (b) 모두 유전율이 큰 쪽에서 유전율이 작은 쪽으로 끌려 들어가는 맥스웰 응력이 작용한다.

★★★★★ [90. 91. 92. 기사, 85. 90. 94. 23. 산업기사]

98 $\epsilon_1 > \epsilon_2$의 두 유전체의 경계면에 전계가 수직으로 입사할 때 경계면에 작용하는 힘은?

① $f = \frac{1}{2}\left(\frac{1}{\epsilon_2} - \frac{1}{\epsilon_1}\right)D^2$의 힘이 ϵ_1에서 ϵ_2로 작용한다.

② $f = \frac{1}{2}\left(\frac{1}{\epsilon_1} - \frac{1}{\epsilon_2}\right)E^2$의 힘이 ϵ_2에서 ϵ_1로 작용한다.

③ $f = \frac{1}{2}\left(\frac{1}{\epsilon_1} - \frac{1}{\epsilon_2}\right)D^2$의 힘이 ϵ_1에서 ϵ_2로 작용한다.

④ $f = \frac{1}{2}\left(\frac{1}{\epsilon_2} - \frac{1}{\epsilon_1}\right)E^2$의 힘이 ϵ_1에서 ϵ_2로 작용한다.

해설 그림과 같이 유전율 ϵ_1, ϵ_2인 두 유전체가 경계면을 이루고 있을 때, 경계면 O에 수직으로 전계가 가해져 힘 F_n을 받아 면 O가 Δx만큼 변위하여 O'가 되었다면 빗금 친 부분은 ϵ_2에서 ϵ_1으로, 즉 에너지 밀도가 w_2에서 w_1으로 변화하여 에너지 총 변화량은

$$\Delta W = (w_1 - w_2)\Delta x \cdot S[\text{J}] \ (S : \text{경계면의 면적})$$

따라서, 가상 변위의 정리에 의해 힘을 구하면

$$F_n = -\frac{\Delta W}{\Delta x} = -(w_1 - w_2)S = (w_2 - w_1)\cdot S[\text{N}]$$

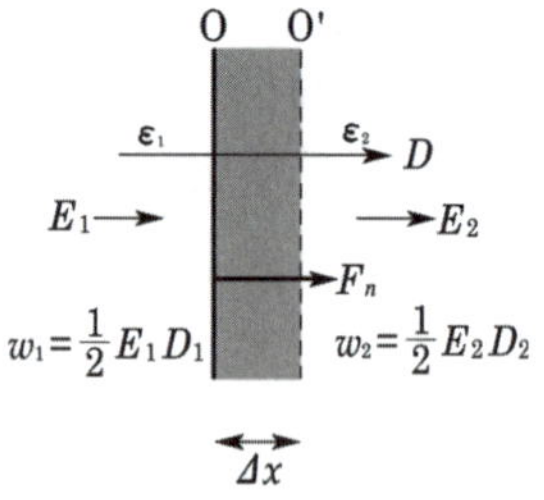

단위 면적당 작용하는 힘은

$$f_n = w_2 - w_1 = \frac{1}{2}E_2D_2 - \frac{1}{2}E_1D_1[\text{N/m}^2]$$

인데, 경계면에서 수직으로 입사되므로 $D_1 = D_2$로

$$f_n = \frac{1}{2}(E_2 - E_1)D = \frac{1}{2}\left(\frac{1}{\epsilon_2} - \frac{1}{\epsilon_1}\right)D^2[\text{N/m}^2]\text{이다.}$$

또한 $f_n > 0$가 되려면 $\epsilon_1 > \epsilon_2$이어야 한다. 즉 유전율이 큰 유전체가 작은 유전체 쪽으로 끌려 들어가는 힘(인장 응력)을 받는다. 이 힘을 맥스웰(Maxwell)의 응력이라 한다.

답 97. ① 98. ①

99 ★★★ [94. 99. 15. 18. 20. 기사]

유전율이 ϵ_1, ϵ_2의 유전체 경계면에 수직으로 전계가 작용할 때 단위면적당에 작용하는 수직력 f는?

① $2\left(\dfrac{1}{\epsilon_2} - \dfrac{1}{\epsilon_1}\right)D^2$

② $\dfrac{1}{2}\left(\dfrac{1}{\epsilon_2} - \dfrac{1}{\epsilon_1}\right)D^2$

③ $\dfrac{1}{2}\left(\dfrac{1}{\epsilon_2} - \dfrac{1}{\epsilon_1}\right)E^2$

④ $2(\epsilon_2 - \epsilon_1)E^2$

해설 유전체 경계면에 작용하는 Maxwell 응력은 $f = f_1 - f_2$이고, 전계가 경계면에 수직으로 작용하는 경우 $D_1 = D_2 = D$이므로 단위면적당 $f = \dfrac{1}{2}\left(\dfrac{1}{\epsilon_2} - \dfrac{1}{\epsilon_1}\right)D^2$ [N/m²]의 힘이 유전율이 큰 쪽에서 작은 쪽으로 작용한다.

100 ★★ [87. 96. 기사]

평행판 사이에 유전율이 ϵ_1, ϵ_2 되는($\epsilon_2 < \epsilon_1$) 유전체를 경계면이 판에 평행하게 그림과 같이 채우고 그림의 극성으로 극판 사이에 전압을 걸었을 때 두 유전체 사이에 작용하는 힘은?

① ㉮의 방향
② ㉯의 방향
③ ㉰의 방향
④ ㉱의 방향

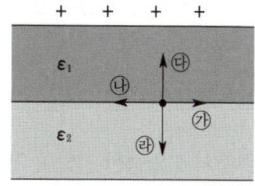

해설 (a) 전계가 경계면에 수직이면 전계 방향으로 $f = \dfrac{1}{2}\left(\dfrac{1}{\epsilon_2} - \dfrac{1}{\epsilon_1}\right)D^2$ [N/m²]의 인장 응력을 받는다.

(b) 전계가 경계면에 평행하면 전계와 수직 방향으로 $f = \dfrac{1}{2}(\epsilon_1 - \epsilon_2)E^2$ [N/m²]의 압축 응력을 받는다.

(a), (b) 모두 유전율이 큰 쪽에서 작은 쪽으로 끌려 들어가는 맥스웰 응력이 작용한다.

101 ★☆ [76. 85. 97. 산업기사]

면적이 300[cm²], 판 간격 2[cm]인 두 장의 평행판 금속 사이를 비유전율 5인 유전체로 채우고 두 판간에 20[kV]의 전압을 가할 경우 판간에 작용하는 정전 흡인력[N]은?

① 0.75 ② 0.66 ③ 0.89 ④ 10

해설 $C = \dfrac{\epsilon_0 \epsilon_s S}{d} = \dfrac{8.855 \times 10^{-12} \times 5 \times 300 \times 10^{-4}}{2 \times 10^{-2}} = 6.641 \times 10^{-11}$ [F]

$W = \dfrac{1}{2}CV^2 = \dfrac{1}{2} \times 6.641 \times 10^{-11} \times (20 \times 10^3)^2 = 13.28 \times 10^{-3}$ [J]

정전 흡인력 F는

∴ $F = \dfrac{\partial W}{\partial d} = \dfrac{13.28 \times 10^{-3}}{2 \times 10^{-2}} = 0.66$ [N]

답 99. ② 100. ④ 101. ②

102 ★★ [01. 04. 07. 기사]

간격 d[m], 면적 S[m^2]의 평행판 커패시터 사이에 유전율 ϵ를 갖는 절연체를 넣고 전극간에 V[V]의 전압을 가할 때, 양 전극판을 떼어내는데 필요한 힘의 크기는 몇 [N]인가?

① $\dfrac{1}{2\epsilon}\dfrac{V^2}{d^2 S}$ ② $\dfrac{1}{2\epsilon}\dfrac{dV^2}{S}$ ③ $\dfrac{1}{2}\epsilon\dfrac{V}{d}S$ ④ $\dfrac{1}{2}\epsilon\dfrac{V^2}{d^2}S$

해설 $F = f \cdot S = \dfrac{1}{2}\epsilon E^2 \cdot S = \dfrac{1}{2}\epsilon\left(\dfrac{V}{d}\right)^2 \cdot S$[N]

유사문제

▮ 유사문제 원문 및 해설 : 동일출판사 홈페이지 ≫ 고객센터 ≫ 자료실

01. 전극판 면적 100[cm^2], 간격 0.2[cm]인 평행판 콘덴서에 $\epsilon_s = 2.5$인 폴리에틸렌 수지를 가득 채웠을 때 전극판 사이에 100[V]를 가하면 극간 흡인력[N]은?

답 2.77×10^{-4}[N]

02. ϵ_1, ϵ_2인 두 유전체의 경계면에 수직으로 각각 E_1, E_2의 전계가 작용할 때 경계면 단위 면적당 수직력 F [N/m^2]는?

답 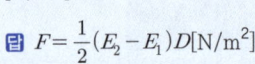[N/m^2]

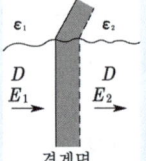

03. 평행판 공기 콘덴서에 일정한 전압이 가해져 있다. 지금 전압은 변동하지 않고 극판간의 공극에 그의 2/3 두께의 유리판을 넣으면 극간의 흡인력은 얼마나 되는가? 단, 유리판의 비유전율 ϵ_s는 10이다.

답 2.5배로 증대

유전체의 에너지

103 ★ [96. 03. 19. 기사]

평판 콘덴서에 어떤 유전체를 넣었을 때 전속 밀도가 2.4×10^{-7}[C/m^2]이고 단위 체적 중의 에너지가 5.3×10^{-3}[J/m^3]이었다. 이 유전체의 유전율은 몇 [F/m]인가?

① 2.17×10^{-11} ② 5.43×10^{-11}
③ 2.17×10^{-12} ④ 5.43×10^{-12}

해설 $W_e = \dfrac{D^2}{2\epsilon}$[J/m^3] 에서 $\epsilon = \dfrac{D^2}{2 \cdot W_e} = \dfrac{(2.4 \times 10^{-7})^2}{2 \times 5.3 \times 10^{-3}} = 5.43 \times 10^{-12}$[F/m]

답 102. ④ 103. ④

104 유전체 내의 전속 밀도가 $D[\text{C/m}^2]$인 전계에 저축되는 단위 체적당 정전 에너지가 $W_e[\text{J/m}^3]$일 때 유전체의 비유전율은?

① $\dfrac{D^2}{2\epsilon_0 W_e}$ ② $\dfrac{D^2}{\epsilon_0 W_e}$ ③ $\dfrac{2\epsilon_0 D^2}{W_e}$ ④ $\dfrac{\epsilon_0 D^2}{W_e}$

해설 $W_e = \dfrac{D^2}{2\epsilon_0 \epsilon_s}[\text{J/m}^3]$, $\epsilon_s = \dfrac{D^2}{2\epsilon_0 W_e}$

105 공간 전하 밀도 $\rho[\text{C/m}^3]$를 가진 점의 전압이 $V[\text{V}]$, 전계의 세기가 $E[\text{V/m}]$일 때 공간 전체의 전하가 가진 에너지는 몇 [J]인가?

① $\dfrac{1}{2}\int_v E^2 dv$ ② $\dfrac{1}{2}\int_v \rho \,\text{div}\,\boldsymbol{D}\,dv$

③ $\dfrac{1}{2}\int_v V\,\text{div}\,\boldsymbol{D}\,dv$ ④ $\dfrac{1}{2}\int_v V(-\text{grad}\,V)dv$

해설 공간 중의 미소 체적 $dv[\text{m}^3]$ 중의 전하는 $\rho dv[\text{C}]$이고, 이 곳의 전위를 $V[\text{V}]$라 하면 이 체적 중의 전하가 가지는 에너지는 $dW = \dfrac{1}{2}V\rho dv[\text{J}]$

전체 전하가 가지는 에너지는 $\therefore W = \int_v dW = \dfrac{1}{2}\int V\rho dv = \dfrac{1}{2}\int_v V\,\text{div}\,\boldsymbol{D}\,dv[\text{J}]$

106 유전체(유전율= 9) 내의 전계의 세기가 100[V/m]일 때 유전체 내에 저장되는 에너지 밀도 $[\text{J/m}^3]$는?

① 5.55×10^4 ② 4.5×10^4 ③ 9×10^9 ④ 4.05×10^5

해설 유전체 내에 저장되는 에너지 밀도

$w = \dfrac{ED}{2} = \dfrac{1}{2}\epsilon E^2 = \dfrac{1}{2}\dfrac{D^2}{\epsilon}[\text{J/m}^3]$ 식에서

$\therefore w = \dfrac{1}{2}\epsilon E^2 = \dfrac{1}{2}\times 9\times(100)^2 = 4.5\times 10^4[\text{J/m}^3]$

107 유전율 $\epsilon[\text{F/m}]$인 유전체 내에서 반지름 $a[\text{m}]$인 도체구의 전위가 $V[\text{V}]$일 때 이 도체구가 가진 에너지는 몇 [J]인가?

① $4\pi\epsilon a V$ ② $2\pi\epsilon a V$ ③ $4\pi\epsilon a V^2$ ④ $2\pi\epsilon a V^2$

해설 반경 a인 도체구의 정전 용량은 $C = 4\pi\epsilon a[\text{F}]$이므로

$W = \dfrac{1}{2}CV^2 = \dfrac{1}{2}\times 4\pi\epsilon a V^2 = 2\pi\epsilon a V^2[\text{J}]$

답 104. ① 105. ③ 106. ② 107. ④

108 Q[C]의 전하를 가진 반지름 a[m]의 도체구를 비유전율 2인 기름 탱크에서 공기중으로 꺼내는 데 필요한 에너지는 몇 [J]인가?

① $\dfrac{Q^2}{8\pi\epsilon_0 a}$ ② $\dfrac{Q^2}{32\pi\epsilon_0 a}$ ③ $\dfrac{Q^2}{16\pi\epsilon_0 a}$ ④ $\dfrac{Q^2}{4\pi\epsilon_0 a}$

해설 공기 중의 구의 용량 $C = 4\pi\epsilon_0 a$
기름 중의 구의 용량 $C' = 4\pi\epsilon_0 a = 4\pi\epsilon_0 \epsilon_s a = 8\pi\epsilon_0 a$
∴ 필요한 에너지 $W = \dfrac{Q^2}{2C} - \dfrac{Q^2}{2C'} = \dfrac{Q^2}{8\pi\epsilon_0 a} - \dfrac{Q^2}{16\pi\epsilon_0 a} = \dfrac{Q^2}{16\pi\epsilon_0 a}$

109 공기 콘덴서를 100[V]로 충전한 다음 전극 사이에 유전체를 넣어 용량을 10배로 했다. 정전 에너지는 몇 배로 되는가?

① $\dfrac{1}{10}$배 ② 10배 ③ $\dfrac{1}{1000}$배 ④ 1000배

해설 $W = \dfrac{1}{2}CV^2 = \dfrac{Q^2}{2C} \propto \dfrac{1}{C}$

110 극판의 면적 $S = 10$[cm^2], 간격 $d = 1$[mm]의 평행한 콘덴서에 비유전율 $\epsilon_s = 3$인 유전체를 채웠을 때 전압 100[V]를 인가하면 축적되는 에너지[J]는?

① 2.1×10^{-7} ② 0.3×10^{-7}
③ 1.3×10^{-7} ④ 0.6×10^{-7}

해설 $C = \dfrac{\epsilon_0 \epsilon_s S}{d} = \dfrac{8.855 \times 10^{-12} \times 3 \times 10 \times 10^{-4}}{10^{-3}} = 2.6565 \times 10^{-11}$[F]
∴ $W = \dfrac{1}{2}CV^2 = \dfrac{1}{2} \times 2.6565 \times 10^{-11} \times 100^2 \fallingdotseq 1.3 \times 10^{-7}$[J]

111 정전 에너지와 전속 밀도, 비유전율 ϵ_r과의 관계에 대한 설명 중 틀린 것은?

① 동일 전속에서는 ϵ_r이 클수록 축적되는 정전 에너지는 작아진다.
② 축적되는 정전 에너지가 일정할 때 ϵ_r이 클수록 전속 밀도가 커진다.
③ 굴절각이 큰 유전체의 ϵ_r이 크다.
④ 전속은 매질 내에 축적되는 에너지가 최대가 되도록 분포된다.

해설 정전계는 에너지가 최소인 상태로 분포된다(Thomson의 정리). 즉, 전속은 매질 내에 축적되는 에너지가 최소가 되도록 분포한다.

답 108. ③ 109. ① 110. ③ 111. ④

112 ★ [97. 기사]
누설이 없는 콘덴서의 소모 전력은 얼마인가?

① $\frac{1}{2}CV^2$ ② $\frac{Q}{\epsilon}$ ③ ∞   ④ 0

해설) 소모 전력 $P = EI\cos\theta$에서 전압과 전류의 상차각 $\theta = 90°$이므로 $P = EI\cos90° = 0$

113 ★ [79. 03. 24. 산업기사]
정전 용량 5[μF]인 콘덴서를 200[V]로 충전하여 자기 인덕턴스 $L = 20$[mH], 저항 $r = 0$인 코일을 통해 방전할 때 생기는 전기 진동의 주파수 f[Hz] 및 코일에 축적되는 에너지[J]는?

① 500, 0.1   ② 50, 1   ③ 500, 1   ④ 5000, 0.1

해설) $W = \frac{1}{2}CV^2 = \frac{1}{2} \times 5 \times 10^{-6} \times 200^2 = 0.1$[J]

진동 주파수 f는
$$f = \frac{1}{2\pi\sqrt{LC}} = \frac{1}{2 \times 3.14\sqrt{20 \times 10^{-3} \times 5 \times 10^{-6}}} = 503 ≒ 500[\text{Hz}]$$

유사문제

유사문제 원문 및 해설 : 동일출판사 홈페이지 » 고객센터 » 자료실

01. 유전율 ϵ, 전계의 세기 E일 때 유전체의 단위 체적에 축적되는 에너지는?

답) $\frac{\epsilon E^2}{2}$

02. 전계 E[V/m], 전속 밀도 D[C/m²], 유전율 ϵ[F/m]인 유전체 내에 저장되는 에너지 밀도[J/m³]는?

답) $\frac{1}{2}ED$[J/m³]

03. 극판의 면적 $S = 10$[cm²], 간격 $d = 1$[mm]의 평행판 콘덴서에 비유전율 $\epsilon_s = 3$의 유전체를 넣었을 때 전계의 세기가 100[kV/mm]이었다. 이때, 평행판 콘덴서에 저축되는 에너지[J]는?

답) 13.3×10^{-2}[J]

04. Q[C]의 전하를 가진 반지름 a[m]의 도체구를 유전율 ϵ_s인 기름 탱크에서 공기 중으로 꺼내는 데 필요한 에너지는?

답) $\frac{Q^2}{8\pi\epsilon_0 a}\left(1 - \frac{1}{\epsilon_s}\right)$

05. 복소 유전율에 의해 표시된 유전체에서 전장에 의한 전력 손실에 관계되는 것은?

답) 전력 손실은 유전율의 허수부에 관련된다.

답) 112. ④ 113. ①

CHAPTER 05 전계의 특수 해법

01 전기 영상법

도체계의 전계를 구할 때에 정전유도 등에 의하여 도체계의 전하 분포가 변화하는 경우에는 쿨롱의 법칙, 가우스 법칙, 포아송 방정식 및 라플라스 방정식 등으로는 계산이 곤란하다.

따라서, 도체의 전하 분포 및 경계 조건을 교란시키지 않는 전하를 가상함으로써 간단히 도체 주위의 전계를 해석하는 방법이 있는데, 이것을 전기 영상법(electric image method)이라 한다.

1) 평면 도체와 점 전하

그림과 같이 도체 평면 XX'에서 거리 d인 점 P에 점 전하 Q가 있는 경우 도체면에 대하여 대칭인 영상점 P'에 영상 전하 $-Q$를 둔다.

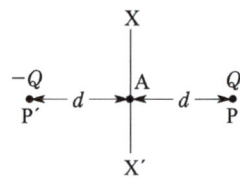

F를 영상력(image force)이라 하면 이 영상력은 무한 평판 도체가 받는 힘에 해당한다. 이 때 영상력은 유도 전하 $-Q$와 점전하 Q의 서로 작용하는 힘으로 **종류에 관계없이 항상 흡인력**이 작용한다.

$$F = \frac{Q \times (-Q)}{4\pi\epsilon_0 (2d)^2} = -\frac{Q^2}{16\pi\epsilon_0 d^2}[\text{N}]$$

(−부호 : 인력)

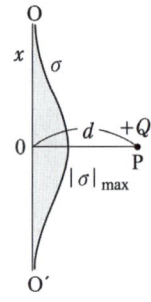

그림에서 최대전하밀도 $\sigma_{\max}$는 $x=0$일 때이므로

$$\sigma = \epsilon_0 E = \frac{Qd}{2\pi(d^2+x^2)^{3/2}}[\text{C/m}^2]$$에서

$x = 0$를 대입하면

$$|\sigma|_{\max} = \frac{Q}{2\pi d^2}[\text{C/m}^2]$$

2) 접지 도체구와 점전하

그림과 같이 반지름 a의 접지 도체구의 중심으로부터 $d(>a)$인 점에 점전하 Q가 있는 경우

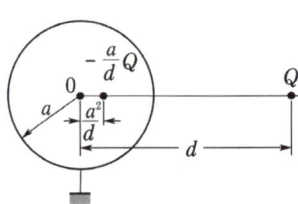

- 영상점 : 중심으로부터 $\dfrac{a^2}{d}$인 점

- 영상 전하 $Q' = -\dfrac{a}{d}Q$

3) 평판 도체와 선 전하

그림과 같이 무한 평판 도체와 높이 h에 선전하밀도 λ를 갖는 반지름 a인 무한 직선도체가 평행으로 놓여 있는 경우 평판에 대한 대칭점에 $-\lambda$의 영상 도선을 평행 배선한 것으로 생각하고 해석한다.

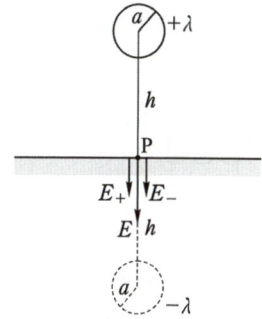

(1) 점 P에서의 합성전계 E는
$$E = E_+ + E_- = \frac{\lambda}{2\pi\epsilon_0 h} + \frac{\lambda}{2\pi\epsilon_0 h} = \frac{\lambda}{\pi\epsilon_0 h}$$

(2) 최대 전하밀도 $\sigma_{\max}$는
$$\sigma_{\max} = -\epsilon_0 E = -\frac{\lambda}{\pi h}[\text{C/m}^2]$$

(3) 직선 도체에서의 전계 E는
$$E = \frac{\lambda}{2\pi\epsilon_0(2h)}[\text{V/m}]$$

(4) 직선 도체가 단위길이당 받는 힘 F는
$$F = \lambda E = \frac{\lambda^2}{4\pi\epsilon_0 h}[\text{N/m}] \quad \boxed{\text{출제}} \text{ 산업 2번, 기사 1번}$$

(5) 정전용량 C는
$$C = \frac{2\pi\epsilon_0}{\ln\frac{2h}{a}}[\text{F/m}]$$

02 - 등각 사상법

복소 변수 $z = x + jy$의 해석 함수 $w = f(z) = u + jv$를 생각하면 x, y축을 가진 z-평면상의 1점은 u, v축을 가진 w-평면상의 1점에 옮길 수 있다. 따라서 z점의 집합인 선 또는 도형도 z-평면에서 w-평면에 옮길 수 있다. 따라서 z-평면에서의 두 개의 곡선의 교각은 w-평면 내에 변환하여도 변하지 않는다. 즉, z-평면에서 직교하는 곡선군은 w-평면에서도 직교하며 이들 직교 곡선군은 등전위면에 대한 전기력선의 관계에 대응한다. 이와 같은 변환 방법을 등각 사상법이라 하고 이 변환에 의해 얻어진 도형을 등각 사상이라 한다. 이와 같은 성질을 이용하여 z축 방향에 대해서는 일정하고 x, y축 방향에만 변화가 존재하는 직선 전하의 등전위면, 또는 전기력선의 경우 등 z-평면에서의 복잡한 2차원 전계를 w-평면에서의 간단한 2차원 전계로 풀 수 있다.

CHAPTER 05 출제예상문제_전계의 특수 해법

전기영상법

01 ★☆ [82. 83. 94. 산업기사]
전기 영상법에 대하여 옳지 않은 것은?
① 도체 평면 S와 점전하 q가 대립되어 있을 때의 문제를 점전하 $+q$와 영상 전하 $-q$가 대립되어 있는 문제로 풀 수 있다.
② $+q$, $-q$인 점전하가 대립되어 있을 때의 문제를 점전하 $+q$와 도체 평면 S가 대립되어 있을 때의 문제로 풀 수 있다.
③ 도체 평면에 대한 점전하와 그 영상 전하는 항상 전하량이 같고 부호가 반대이다.
④ 도체 접지구에 관한 점전하와 그 영상 전하는 항상 전하량이 같고 부호가 반대이다.

[해설] 도체 접지구의 영상전하 $Q' = -\frac{a}{d}Q$, 즉 Q의 $\frac{a}{d}$배가 되며 부호가 반대이다.

02 ★★ [82. 96. 25. 기사]
전류 $+I$와 전하 $+Q$가 무한히 긴 직선상의 도체에 각각 주어졌고 이들 도체는 진공 속에서 각각 투자율과 유전율이 무한대인 물질로 된 무한대 평면과 평행하게 놓여 있다. 이 경우 영상법에 의한 영상 전류와 영상 전하는? 단, 전류는 직류이다.
① $-I$, $-Q$
② $-I$, $+Q$
③ $+I$, $-Q$
④ $+I$, $+Q$

[해설] 무한 평면에 의한 영상분은 크기가 같고 부호는 반대이다.

03 ★★ [78. 기사, 79. 90. 산업기사]
그림과 같이 무한 평면 도체로부터 수직 거리 a[m]인 곳에 점전하 Q[C]이 있다. 점전하 Q[C]으로부터 r[m] 떨어진 점 (0, y)의 전위[V]는?
① 0
② $\frac{Q}{4\pi\epsilon_0}\left[\frac{1}{\sqrt{a^2+x^2}}\right]$
③ $\frac{Q}{4\pi\epsilon_0}\left[\frac{1}{(a^2+x^2)}+\frac{1}{(a^2-x^2)}\right]$
④ $\frac{Q}{4\pi\epsilon_0}\left[\frac{1}{\sqrt{a^2+y^2}}+\frac{1}{\sqrt{a^2+y^2}}\right]$

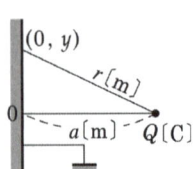

답 1. ④ 2. ① 3. ①

해설 무한 평면 도체 내부에 전하 Q[C]과 정반대 방향의 대칭점에 영상 전하 $-Q$[C]를 생각하면 무한 평면 도체와 점전하 Q[C]간의 전계를 만족하게 되므로 무한 평면상의 전위는 항상 $V = \dfrac{Q}{4\pi\epsilon_0 r} - \dfrac{Q}{4\pi\epsilon_0 r} = 0$이 된다. 단, $r = \sqrt{a^2 + y^2}$ [m]이다.

04 ★★★ [81. 11. 24. 기사, 87. 93. 98. 99. 17. 산업기사]
점전하 Q[C]에 의한 무한 평면 도체의 영상 전하는?

① $-Q$[C]보다 작다. ② Q[C]보다 크다.
③ $-Q$[C]과 같다. ④ Q[C]과 같다.

해설 무한 평면 도체는 전위가 0이므로 그 조건을 만족하는 영상 전하는 $-Q$[C]이고, 거리는 $+Q$[C]과 반대 방향으로 등거리이다.

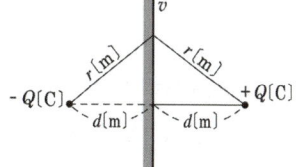

05 ★★☆ [76. 05. 기사, 82. 91. 99. 12. 산업기사]
무한 평면 도체로부터 수직 거리 a[m]인 곳에 점전하 Q[C]이 있을 때 Q[C]과 무한 평면 도체 간의 작용력[N]은? 단, 공간 매질의 유전율은 ϵ[F/m]이다.

① $\dfrac{Q^2}{2\pi\epsilon_0 a^2}$ ② $\dfrac{-Q^2}{16\pi\epsilon_0 a^2}$ ③ $\dfrac{Q^2}{4\pi\epsilon a^2}$ ④ $\dfrac{-Q^2}{16\pi\epsilon a^2}$

해설 점전하 Q[C]과 무한 평면 도체간의 작용력[N]은 영상 전하 $-Q$[C]과의 작용력[N]이므로
$F = \dfrac{-Q^2}{4\pi\epsilon (2a)^2}$ [N] $= \dfrac{-Q^2}{16\pi\epsilon a^2}$ [N]
여기서, $(-)$는 흡인력이다. 매질이 공기(또는 진공)가 아니므로 ϵ_0가 아닌 ϵ임에 주의해야 한다.

06 ★ [98. 기사]
지표면상 h[m] 위의 반지름 a[m]인 도체구에 Q[C]의 전하가 있을 때 Q[C]의 전하가 받는 전기력은 몇 [N]인가? 단, $a \ll h$이다.

① $\dfrac{Q^2}{16\pi\epsilon_0 h}$ ② $\dfrac{Q^2}{16\pi\epsilon_0 h^2}$ ③ $\dfrac{Q^2}{4\pi\epsilon_0 h}$ ④ $\dfrac{Q^2}{4\pi\epsilon_0 h^2}$

해설 영상법에 의해 $F = \dfrac{Q \cdot (-Q)}{4\pi\epsilon_0 (2h)^2} = \dfrac{-Q^2}{16\pi\epsilon_0 h^2}$ [N]

07 ★★★ [83. 94. 95. 산업기사, ⊕ : 11. 기사, 82. 산업기사]
무한 평면 도체로부터 거리 d[m]의 곳에 점전하 Q[C]이 있을 때 Q와 평면 도체간에 작용하는 힘[N]은?

① $\dfrac{Q}{4\pi\epsilon_0 d^2}$ ② $\dfrac{Q^2}{4\pi\epsilon_0 d^2}$ ③ $\dfrac{Q^2}{8\pi\epsilon_0 d^2}$ ④ $\dfrac{Q^2}{16\pi\epsilon_0 d^2}$

답 4. ③ 5. ④ 6. ② 7. ④

08 ★ [96. 98. 산업기사]

그림과 같이 진공 중에 놓인 무한 평면 도체의 표면에서 r[m] 떨어진 점에 점전하 Q[C]을 놓았을 때 이 전하에 작용하는 힘을 MKS 유리 단위로 나타내면?

① $\dfrac{Q}{4\pi\epsilon_0 r^2}$ ② $\dfrac{Q^2}{4\pi\epsilon_0 r^2}$

③ $\dfrac{Q}{16\pi\epsilon_0 r^2}$ ④ $\dfrac{Q^2}{16\pi\epsilon_0 r^2}$

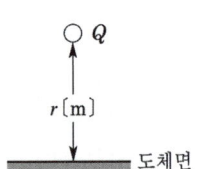

[해설] $F = \dfrac{-Q \cdot Q}{4\pi\epsilon_0 (2r)^2} = -\dfrac{Q^2}{16\pi\epsilon_0 r^2}$ [N]

---

09 ★ [99. 09. 23. 산업기사]

공기 중에서 무한 평면 도체 표면 아래의 1[m] 떨어진 곳에 1[C]의 점전하가 있다. 전하가 받는 힘의 크기는 몇 [N]인가?

① 9×10^9 ② $\dfrac{9}{2} \times 10^9$ ③ $\dfrac{9}{4} \times 10^9$ ④ $\dfrac{9}{16} \times 10^9$

[해설] 무한 평면 도체에서 1[m] 떨어진 점전하 Q[C]이 받는 힘은 전기 영상법에 의해

$F = \dfrac{1}{4\pi\epsilon_0} \dfrac{QQ'}{(2r)^2} = \dfrac{Q^2}{16\pi\epsilon_0 r^2} = \dfrac{1}{4} \times 9 \times 10^9 \times 1$ [N]

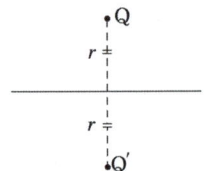

---

10 ★★★★★ [82. 83. 02. 03. 06. 08. 18. 기사, 03. 11. 산업기사]

평면 도체 표면에서 d[m]의 거리에 점전하 Q[C]이 있을 때 이 전하를 무한원까지 운반하는 데 요하는 일[J]을 구하면?

① $\dfrac{Q^2}{4\pi\epsilon_0 d}$ ② $\dfrac{Q^2}{8\pi\epsilon_0 d}$ ③ $\dfrac{Q^2}{16\pi\epsilon_0 d}$ ④ $\dfrac{Q^2}{32\pi\epsilon_0 d}$

[해설] 작용력은 $F = \dfrac{-Q^2}{4\pi\epsilon_0 (2d)^2} = \dfrac{-Q^2}{16\pi\epsilon_0 d^2}$ [N] (흡인력)

요하는 일은

$W = \int_d^\infty F dr = \dfrac{Q^2}{16\pi\epsilon_0} \int_d^\infty \dfrac{1}{d^2} dr = \dfrac{Q^2}{16\pi\epsilon_0} \left[-\dfrac{1}{d}\right]_d^\infty$

$= \dfrac{Q^2}{16\pi\epsilon_0 d}$ [J]

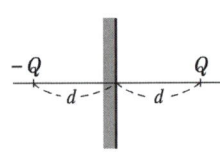

---

11 ★★★☆ [89. 96. 99. 07. 기사, 77. 21. 산업기사]

대지면에 높이 h[m]로 평행 가설된 매우 긴 선전하(선전하 밀도 λ[C/m])가 지면으로부터 받는 힘[N/m]은?

① h에 비례한다.   ② h에 반비례한다.
③ h^2에 비례한다.   ④ h^2에 반비례한다.

[답] 8. ④ 9. ③ 10. ③ 11. ②

해설 지상의 높이 h[m]와 같은 길이에 선전하 밀도 $-\lambda$[C/m]인 영상 전하를 고려하여 선전하간의 작용력을 구하면

$$f = -\lambda E = -\lambda \cdot \frac{\lambda}{2\pi\epsilon_0(2h)} = \frac{-\lambda^2}{4\pi\epsilon_0 h} \propto \frac{1}{h}$$

12 ★★★☆ [77. 82. 15. 기사, 78. 82. 92. 13. 18. 20. 산업기사]

무한 평면 도체로부터 거리 a[m]인 곳에 점전하 Q[C]이 있을 때 이 무한 평면 도체 표면에 유도되는 면밀도가 최대인 점의 전하 밀도는 몇 [C/m²]인가?

① $-\dfrac{Q}{2\pi a^2}$ ② $-\dfrac{Q^2}{4\pi a}$ ③ $-\dfrac{Q}{\pi a^2}$ ④ 0

해설 무한 평면 도체상의 기준 원점으로부터 a[m]인 곳의 유기 전하 밀도[C/m²]는

$\sigma = -D = -\epsilon_0 E = -\dfrac{Q \cdot a}{2\pi(a^2+y^2)^{3/2}}$ [C/m²]이다.

$\therefore \sigma_{\max} = [\sigma]_{y=0} = -\dfrac{Q}{2\pi a^2}$ [C/m²]

또한 $\sigma_{\min} = [\sigma]_{y=\infty} = 0$

정전 유도 전하 밀도를 나타내면 그림과 같다.

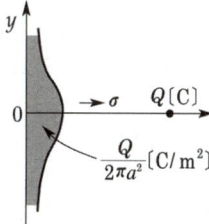

13 ★★★ [77. 97. 01. 기사, 82. 00. 07. 08. 산업기사]

반지름 a[m]인 접지 도체구 중심으로부터 d[m]($>a$)인 곳에 점전하 Q[C]이 있으면 구도체에 유기되는 전하량[C]은?

① $-\dfrac{a}{d}Q$ ② $\dfrac{a}{d}Q$ ③ $-\dfrac{d}{a}Q$ ④ $\dfrac{d}{a}Q$

해설 점 P'의 영상 전하는 도체에 유기되는 전하를 대표할 수 있으므로 그 값은 $Q' = -\dfrac{a}{d}Q$[C]이고(실제로 유기된 구도체상의 전하 밀도는 불균일) 중심으로부터의 거리 $\overline{OP'} = \dfrac{a^2}{d}$[m]이다.

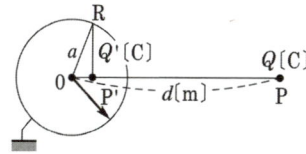

14 ★★★★★ [77. 기사, 82. 88. 18. 21. 산업기사, ㉮ : 89. 94. 95. 기사]

반지름 a[m] 되는 접지 도체구의 중심에서 r[m]되는 거리에 점전하 Q[C]을 놓았을 때 접지 도체구에 유도된 총전하[C]는?

① 0 ② $-Q$ ③ $-\dfrac{a}{r}Q$ ④ $-\dfrac{r}{a}Q$

해설 점 P에서 Q의 전하를 주고, 도체구를 접지($V_1=0$)하였을 때 유도되는 전하를 Q'라 하면

$V_1 = 0 = P_{11}Q' + P_{12}Q$

$\therefore Q' = -\dfrac{P_{12}}{P_{11}}Q = \dfrac{\frac{1}{4\pi\epsilon_0 r}}{\frac{1}{4\pi\epsilon_0 a}}Q = -\dfrac{a}{r}Q$

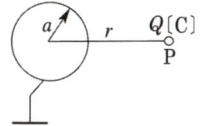

답 12. ① 13. ① 14. ③

15 무한 평면 도체와 d[m] 떨어져 평행한 무한장 직선 도체에 ρ[C/m]의 전하 분포가 주어졌을 때 직선 도체가 단위 길이당 받는 힘은? 단, 공간의 유전율은 ϵ이다.

① 0[N/m] ② $\dfrac{\rho^2}{\pi\epsilon d}$[N/m] ③ $\dfrac{\rho^2}{2\pi\epsilon d}$[N/m] ④ $\dfrac{\rho^2}{4\pi\epsilon d}$[N/m]

해설 지상의 높이 d[m]와 같은 깊이에 선전하 밀도 $-\rho$[C/m]인 영상 전하를 고려하여
$$F = -\rho \cdot E = -\rho \cdot \dfrac{\rho}{2\pi\epsilon(2d)} = -\dfrac{\rho^2}{4\pi\epsilon d} \text{ [N/m]}$$

16 반지름 a인 접지 도체구의 중심에서 $d(>a)$되는 곳에 점전하 Q가 있다. 도체구에 유기되는 영상 전하 및 그 위치(중심에서의 거리)는 각각 얼마인가?

① $+\dfrac{a}{d}Q$이며 $\dfrac{a^2}{d}$이다. ② $-\dfrac{a}{d}Q$이며 $\dfrac{a^2}{d}$이다.

③ $+\dfrac{d}{a}Q$이며 $\dfrac{a^2}{d}$이다. ④ $-\dfrac{d}{a}Q$이며 $\dfrac{d^2}{a}$이다.

17 접지 구도체와 점전하 간의 작용력은?

① 항상 반발력이다. ② 항상 흡인력이다.
③ 조건적 반발력이다. ④ 조건적 흡인력이다.

해설 접지 구도체에는 항상 점전하와 반대 극성인 전하가 유도되므로 항상 흡인력이 작용한다.

18 질량이 10^{-3}[kg]인 작은 물체가 전하 Q[C]을 가지고 무한 도체 평면 아래 2×10^{-2}[m]에 있다. 전기 영상법을 이용하여 정전력이 중력과 같게 되는 데 필요한 Q의 값[C]은?

① 약 2.5×10^{-8} ② 약 3.2×10^{-8}
③ 약 4.2×10^{-8} ④ 약 5.0×10^{-8}

해설
$$F = \dfrac{Q^2}{4\pi\epsilon_0 r^2} = \dfrac{Q^2}{4\pi\epsilon_0 (2d)^2} = \dfrac{Q^2}{16\pi\epsilon_0 d^2} = mg$$
$\dfrac{Q^2}{16\pi\epsilon_0 d^2} = mg$ 이므로, $Q = \sqrt{16\pi\epsilon_0 d^2 mg}$ [C]
$m = 10^{-3}$[kg], $d = 2\times 10^{-2}$[m]을 대입하면
$\therefore Q = \sqrt{16\pi \times 8.855 \times 10^{-12} \times (2\times 10^{-2})^2 \times 10^{-3} \times 9.8}$
$\quad \fallingdotseq 4.2\times 10^{-8}$[C]

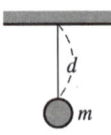

답 15. ④ 16. ② 17. ② 18. ③

☆ [97. 산업기사]

19 그림과 같은 직교 도체 평면상 P점에 $Q[C]$의 전하가 있을 때 P'점의 영상 전하는?

① Q^2
② Q
③ $-Q$
④ 0

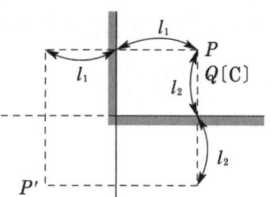

[해설] 직교이면 영상 전하 개수는 $n = \dfrac{360°}{\theta} - 1$(개)

∴ $n = \dfrac{360°}{90°} - 1 = 3$(개)이다.

2상 안에 영상 전하가 $Q' = -Q$,
3상 안에 $Q' = +Q$, 4상 안에 $Q' = -Q$가 된다.
그러므로 P'점 영상 전하는 $Q[C]$이다.

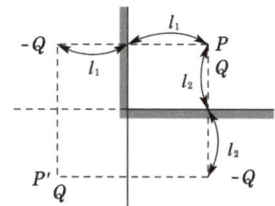

★ [97. 23. 24. 기사]

20 반지름 a인 접지 구형 도체와 점전하가 유전율 ϵ인 공간에서 각각 원점과 $(d, 0, 0)$인 점에 있다. 구형 도체를 제외한 공간의 전계를 구할 수 있도록 구형 도체를 영상 전하로 대치할 때의 영상 점전하의 위치는? 단, $d > a$이다.

① $\left(-\dfrac{a^2}{d}, 0, 0\right)$
② $\left(+\dfrac{a^2}{d}, 0, 0\right)$
③ $\left(0, +\dfrac{a^2}{d}, 0\right)$
④ $\left(+\dfrac{d^2}{4a}, 0, 0\right)$

[해설] 영상 전하의 위치는 구의 중심으로부터 점전하쪽 방향으로 $\dfrac{a^2}{d}$만큼 떨어진 곳이다.

유사문제

∥ 유사문제 원문 및 해설 : 동일출판사 홈페이지 ≫ 고객센터 ≫ 자료실

01. 접지된 무한 평면도체 전방의 한 점 P에 있는 점전하 $+Q[C]$의 평면도체에 대한 영상전하는?
답 점 P의 대칭점에 있으며, 전하는 $-Q[C]$이다.

02. 무한히 넓은 접지 평면 도체로부터 수직 거리 $a[m]$인 곳에 점전하 $Q[C]$이 있을 때 이 평면 도체와 전하 Q와 작용하는 힘 $F[N]$는 다음 중 어느 것인가?
답 $\dfrac{1}{16\pi\epsilon_0} \cdot \dfrac{Q^2}{a^2}$이며, 흡인력이다.

03. 평면 도체로부터 수직 거리 $a[m]$인 곳에 점전하 $Q[C]$이 있다. Q와 평면 도체 사이에 작용하는 힘은 몇 $[N]$인가? 단, 평면 도체 오른편을 유전율 ϵ의 공간이라 한다.
답 $-\dfrac{Q^2}{16\pi\epsilon a^2}[N]$

답 19. ② 20. ②

04. 그림과 같이 무한 도체판으로부터 a[m] 떨어진 점에 $+Q$[C]의 점전하가 있을 때 $\frac{1}{2}a$[m]인 P점의 전계의 세기[V/m]는?

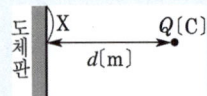

답 $\dfrac{10Q}{9\pi\epsilon_0 a^2}$ [V/m]

05. 무한 평면 도체로부터 d[m]인 곳에 점전하 Q[C]가 있을 때 도체 표면상에 최대로 유기되는 전하밀도[C/m²]는?

답 $\dfrac{-Q}{2\pi d^2}$ [C/m²]

06. 대지면에 높이 h[m]로 평행 가설된 매우 긴 선전하가 지면으로부터 단위 길이당 받는 힘[N/m]은? 단, 선전하 밀도는 ρ_L[C/m]라 한다.

답 $-9\times 10^9 \dfrac{\rho_L^2}{h}$ [N/m]

07. 반지름이 0.01[m]인 구도체를 접지시키고 중심으로부터 0.1[m]의 거리에 10[μC]의 점전하를 놓았다. 구도체에 유도된 총 전하량은 몇 [μC]인가?

답 $Q' = -\dfrac{a}{r}Q = -\dfrac{0.01}{0.1}\times 10\times 10^{-6} = -1.0$[μC]

08. 그림과 같이 접지된 반지름 a[m]의 도체구 중심 O에서 d[m] 떨어진 점 A에 Q[C]의 점전하가 존재할 때, A'점에 Q'의 영상 전하(image charge)를 생각하면 구도체와 점전하 간에 작용하는 힘[N]은?

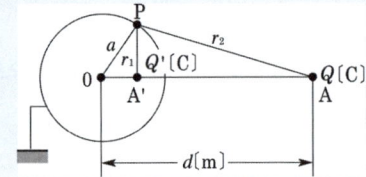

답 $F = \dfrac{QQ'}{4\pi\epsilon_0 \left(\dfrac{d^2-a^2}{d}\right)^2}$ [N]

09. 그림과 같이 무한 도체판에 반지름 a[m]인 반구가 돌출되어 있다. 점 P에 Q[C]의 전하가 놓여 있을 때 Q[C]의 전하에 의하여 생기는 영상 전하의 수는?

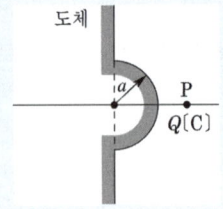

답 3개

10. 직교하는 도체평면과 점전하 사이에는 몇 개의 영상전하가 존재하는가?

답 $n = \dfrac{360}{\theta} - 1 = \dfrac{360}{90} - 1 = 3$개

CHAPTER 06 전류

01 전류

1) 전류

전류는 미소시간 dt 사이에 그 단면을 통과한 전하량의 비율로써 정의한다.

즉, $I = \dfrac{dQ}{dt}$[A] 로 나타낸다.

2) 전류밀도와 도전율

길이에 비하여 단면적이 큰 경우, 단면적 S를 가진 도체에 S와 θ 방향으로 전계를 가하고 그 속의 전하를 속도 v로 미소거리 dl 만큼 이동하였을 때 전기량 $dQ = nq\boldsymbol{S} \cdot d\boldsymbol{l}$ 이 된다.
속도 $v = dl/dt$ 이므로 양변을 미분하면

$$\frac{dQ}{dt} = I = nqSv = \rho Sv [\text{A}]$$

출제 산업 1번

$\boldsymbol{S}$와 $\boldsymbol{v}$가 같은 방향일 경우 전류밀도는

$$J = \frac{I}{S} = nqv = \rho v [\text{A/m}^2]$$

가 된다. 여기서 $\rho = nq[\text{C/m}^3]$으로 체적전하밀도가 된다.
또 v는 전하입자의 이동속도이며 이동속도는 가해지는 전계에 비례한다.

$$v = \mu \boldsymbol{E}$$

v는 입자 충돌에 의한 평균속도를 의미하고 드리프트 속도(drift velocity)라고 하며, μ는 하전입자의 이동도(mobility)라 한다. 전류밀도는

$$\boldsymbol{J} = nq\mu\boldsymbol{E} = \rho\mu\boldsymbol{E} \text{ 또는 } \boldsymbol{J} = \sigma\boldsymbol{E} [\text{A/m}^2]$$

가 된다. 이 식을 정상전류계의 미분형이라 한다.
여기서 $\sigma = nq\mu = \rho\mu [\Omega \cdot \text{m}]^{-1}$로 도전율을 의미한다.

- 체적전하밀도 $\rho = nq[\text{C/m}^3]$
- 전하의 이동속도 $v = \mu\boldsymbol{E} [\text{m/s}]$
- 전자의 속도 $v = \dfrac{J}{Q}[\text{m/s}]$ 출제 산업 2번, 기사 2번

여기서, n : 단위체적당 전하의 수
v : 전하의 이동속도[m/sec]
ρ : 체적전하밀도[C/m^3]
σ : 도전율(conductivity)
Q : 단위체적당 이동 전하[C/m^3]
q : 한 개 입자의 전하량[C]
S : 단면적[m^2]
μ : 하전입자의 이동도(mobility)
J : 전류밀도[A/m^2]

3) 전류계와 정전계의 유사성

정전계의 $\boldsymbol{D}$와 ϵ을 전류계의 $\boldsymbol{J}$, σ로 바꾸어 놓으면, 전류계는 정전계의 결과를 그대로 적용할 수 있다.

정전계와 전류계의 유사성

정 전 계	전 류 계	비 고
$\boldsymbol{D}=\epsilon\boldsymbol{E}$	$\boldsymbol{J}=\sigma\boldsymbol{E}$ 출제 산업 1번, 기사 5번	(정상전류계) 적분형 : $\int_S \boldsymbol{J}\cdot d\boldsymbol{S}=0$ 미분형 : $\mathrm{div}\,\boldsymbol{J}=0$ 출제 산업 6번, 기사 3번
$\boldsymbol{E}=-\mathrm{grad}\,V$	$\boldsymbol{J}=-\sigma\,\mathrm{grad}\,V$	
$\nabla^2 V=0$	$\nabla^2 V=0$	
$\mathrm{div}\,\boldsymbol{D}=\rho$ $\mathrm{div}\,\boldsymbol{D}=0\,(\rho=0)$	$\mathrm{div}\,\boldsymbol{J}=0$ (정상전류)	

키르히호프의 전류 법칙은

$$\sum I=0=\int_s \boldsymbol{J}\cdot d\boldsymbol{S}=\int_v \mathrm{div}\,\boldsymbol{J}dv$$

가 되어 $\mathrm{div}\,\boldsymbol{J}=0$이다. 즉 단위 체적당의 전류의 발산은 없다.(전류의 연속성)
출제 산업 6번, 기사 3번

02 전기 저항

금속 도체의 전기 저항은 온도의 상승과 더불어 전기 저항은 증가한다. 그러나 절연체 또는 반도체의 경우는 온도의 상승과 더불어 전기 저항은 감소한다.

1) 전기 저항

- 콘덕턴스(conductance) $G=\dfrac{1}{R}=\sigma\dfrac{S}{l}=\dfrac{S}{\rho l}$[℧] 또는 [S]
- 전기회로의 저항 : $R=\dfrac{V}{I}$

- 도체의 저항 : $R = \rho \dfrac{l}{S}$ 출제 산업 2번, 기사 1번

- 유전체 : $R = \dfrac{\epsilon \rho}{C}$

여기서, R : 저항[Ω]
  σ : 도전율
  $\rho = \dfrac{1}{\sigma}$: 저항률 또는 고유저항[Ω·m] 출제 기사 1번
  G : 콘덕턴스 mho[℧] 또는 지멘스(siemens)[S]

2) 온도계수와 저항과의 관계 출제 산업 2번

- 임의의 온도 t[℃] 및 t_0[℃]에서의 고유저항을 ρ_t, ρ_0라 하면

$$\rho_t = \rho_0 \{1 + \alpha_0 (t - t_0)\}$$

- 온도 t_1 및 t_2일 때 저항을 각각 R_1, R_2라 하고, t_1에서의 온도계수 α_1이라 하면

$$R_2 = R_1 \{1 + \alpha_1 (t_2 - t_1)\}$$ 출제 산업 2번, 기사 1번

여기서, α : 저항의 온도계수(임의의 온도에서 온도가 1[℃] 상승할 때 저항 증가율을 의미)

- 만약 0[℃]에서의 온도계수 α_0을 알고 있는 경우에는 다음의 관계식에 의하여 t_1일 때의 저항 온도계수 α_1은

$$\alpha_1 = \dfrac{1}{\dfrac{1}{\alpha_0} + t_1} = \dfrac{\alpha_0}{1 + \alpha_0 t_1}$$

단, 0[℃]에서의 동선의 온도계수 : $\alpha_0 = \dfrac{1}{234.5}$

3) 전기 저항과 정전 용량

물질의 도전율과 유전율을 알고 있으면 저항만을 측정하여 정전용량을 구할 수 있다.

$$RC = \rho \dfrac{l}{S} \cdot \epsilon \dfrac{S}{l} = \rho \epsilon = \dfrac{\epsilon}{\sigma}$$

$$\therefore RC = \epsilon \rho$$ 출제 산업 18번, 기사 15번

여기서, R : 저항, C : 정전용량
  ϵ : 유전율, σ : 도전율
  ρ : 저항률 또는 고유저항

03 전력

도체의 두 점 사이에 전위차 V[V]를 가하고 시간 t[sec] 동안에 전하 Q[C]을 이동시켜 전류 I[A]를 흘릴 때, 도체 내에서 소비되는 단위 시간당의 일 P는

$$P = \frac{W}{t} = V\frac{Q}{t} = VI \text{[J/s]}$$

이며, 이것을 전력(electric power)이라 한다. 즉, 전력은 전계가 1초 동안 한 일로 정의된다. 전력의 단위는 일반적으로 watt[W]를 사용하며

$$1\text{[W]} = 1\text{[J/s]} = 1\text{[VA]}$$

의 관계가 있다.

$$P = \frac{dW}{dt} = \frac{dQ}{dt}V \text{[W]}, \quad \frac{dQ}{dt} = I \text{[A]}$$

04 줄의 법칙

P[W]의 일정한 전력이 공급되었을 때, t[s] 동안 소비되는 일 W는

$$W = P \cdot t = VIt = I^2Rt = \frac{V^2}{R}t \text{[W·s]} \quad \text{출제 기사1번}$$

이며, 이 만큼의 일이 도체 중에서 열에너지로 변환되어 소비된다.
이와 같이 전력(일률)과 시간의 곱은 일 또는 에너지로써 전력량이라 하며,
단위는 [J] = [W·s]가 된다.
이때 1[J]의 일은 0.24[cal]의 열량으로 1[kWh] = 860[kcal]가 된다. 출제 산업2번
따라서,

$$Q = 0.24W = 0.24P \cdot t = 0.24I^2Rt = 0.24\frac{V^2}{R}t \text{[cal]} \quad \text{출제 기사1번}$$

로 나타내며, 이러한 발열량은 줄열이 되어 전력 손실을 일으키게 되고, 위의 관계를 줄의 법칙(Joule's law)이라고 한다.

05 열전현상

1) 제벡 효과(Seebeck effect)

서로 다른 두 종류의 금속선을 접합하여 폐회로를 만든 후 두 접합점의 온도를 달리하였을 때, 폐회로에 열기전력이 발생하여 열전류가 흐르게 된다.
이러한 현상을 제베크 효과라 하며 이때 연결한 금속 루프를 열전대라 한다.

2) 펠티에 효과(Peltier effect) 　출제 산업 7번

서로 다른 두 종류의 금속선으로 폐회로를 만들고 온도를 일정하게 유지하면서 전류를 흘리면 금속선의 접속점에서 열의 흡수(온도 강하) 또는 발생(온도 상승)이 일어나는 현상을 펠티에 효과라 한다.
이때, 발열 및 흡수 현상은 전류의 방향을 반대로 흘려주면 바뀌게 되고 이때의 총 발열량 H는

$$H = 0.24P\int_0^t Idt \, [\text{cal}]$$

3) 톰슨 효과(Thomson effect) 　출제 산업 2번, 기사 1번

동일한 금속 도선의 두 점 간에 온도차를 주고 고온쪽에서 저온쪽으로 전류를 흘리면 도선 속에서 열이 발생되거나 흡수가 일어나는 이러한 현상을 톰슨 효과라 한다.
이때, 발열 및 흡수 현상은 전류의 방향을 반대로 흘려주면 바뀌게 된다.

CHAPTER 06 출제예상문제_전류

옴의 법칙과 전기저항

01 ★ [02. 03. 기사]

간격 d 의 평행 도체판 간에 비저항 ρ인 물질을 채웠을 때 단위 면적당의 저항은?

① ρd ② $\dfrac{\rho}{d}$ ③ $\rho - d$ ④ $\rho + d$

02 ★☆ [83. 98. 01. 03. 산업기사]

그림과 같이 CD와 PQ의 2개의 저항을 연결하고, A, B 사이에 일정 전압을 공급한다. 이런 경우 PD에 흐르는 전류를 최소로 하려면 CP와 PD의 저항의 비를 얼마로 하면 좋은가?

① 1 : 1
② 1 : 2
③ 2 : 1
④ 1 : 3

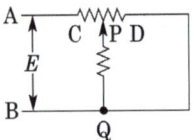

해설 CP를 흐르는 전류 $I_{CP} = \dfrac{E}{R_{CP} + \dfrac{R_{PD} \cdot R_{PQ}}{R_{PD} + R_{PQ}}}$, PD를 흐르는 전류 $I_{PD} = I_{CP} \times \dfrac{R_{PQ}}{R_{PD} + R_{PQ}}$

I_{PD}가 최소가 되려면 $\dfrac{d}{dR_{PD}}(I_{PD}) = 0$가 되어야 하므로

$\dfrac{d}{dR_{PD}}(I_{PD}) = \dfrac{d}{dR_{PD}}\left(\dfrac{R_{PQ}E}{R_{CD}R_{PD} - R_{PD}^2 + R_{CD}R_{PQ}}\right) = \dfrac{-R_{PQ} \cdot E \times (R_{CD} - 2R_{PD})}{(R_{CD}R_{PD} - R_{PD}^2 + R_{CD}R_{PQ})^2} = 0$

$R_{CD} - 2R_{PD} = 0$, $R_{PD} = \dfrac{1}{2}R_{CD}$ 이므로 $R_{CP} : R_{PD} = 1 : 1$

03 ★ [83. 96. 산업기사]

그림과 같은 회로에서 a와 b 사이를 저항값이 0인 도체로 이을 때 이 도체에 흐르는 전류와 도체와 도체 양단의 전위차 V_{ab} 는?

① 전류는 a에서 b로 흐르나 전위차는 없다.
② 전류는 a에서 b로 흐르며 a의 전위가 b보다 높다.
③ 전류는 b에서 a로 흐르며 b의 전위가 a보다 높다.
④ 전류는 흐르지 않으며 전위차는 없다.

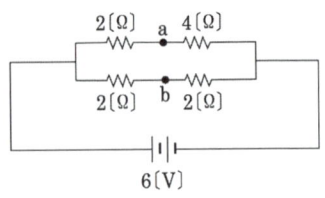

해설 브리지의 평형조건을 만족시키지 못하므로 $(2 \times 2 \neq 4 \times 2)$ 전류는 a에서 b로 흐르고 저항값이 0인 도체로 a, b를 접속하므로 a, b 전위차는 없다.

답 1.① 2.① 3.①

★★ [96. 기사, 82. 83. 산업기사]

04 직류 전원의 단자 전압을 내부 저항 250[Ω]의 전압계로 측정하니 50[V]이고 750[Ω]의 전압계로 측정하니 75[V]이었다. 전원의 기전력 E 및 내부 저항 r의 값은 얼마인가?

① 100[V], 250[Ω]   ② 100[V], 25[Ω]
③ 250[V], 100[Ω]   ④ 125[V], 5[Ω]

해설 내부 저항이 250[Ω]인 전압계를 사용할 때의 전류 I는
$$I = \frac{50}{250} = \frac{E}{250+r} \quad \therefore E = 0.2r + 50 \quad \cdots\cdots ①$$
내부 저항이 750[Ω]인 전압계를 사용할 때의 전류 I는
$$I = \frac{75}{750} = \frac{E}{750+r} \quad \therefore E = 0.1r + 75 \quad \cdots\cdots ②$$
식 ①, ②에서 $\therefore r = 250[\Omega]$
따라서 기전력 E는
$$\therefore E = 0.2 \times 250 + 50 = 100[V]$$

★ [97. 기사]

05 지름 1.6[mm]인 동선의 최대 허용 전류를 25[A]라 할 때 최대 허용 전류에 대한 왕복 전선로의 길이 20[m]에 대한 전압 강하는 몇 [V]인가? 단, 동의 저항률은 $1.69 \times 10^{-8}[\Omega \cdot m]$이다.

① 0.74   ② 2.1   ③ 4.2   ④ 6.3

해설 $R = \rho \frac{l}{S} = 1.69 \times 10^{-8} \times \frac{20}{\pi \times 0.0008^2} = 16.8 \times 10^{-2}$
$\therefore V = IR = 25 \times 16.8 \times 10^{-2} = 4.2[V]$

유사문제

┃유사문제 원문 및 해설 : 동일출판사 홈페이지 ≫ 고객센터 ≫ 자료실

01. 내부 저항 r_0, 기전력 E인 전지를 N개 사용하여 그중 n개를 직렬 그것을 m열 병렬로 접속하여 부하 저항 R에 급전한다. 이때 R의 소비 전력을 최대로 하기 위한 부하 저항값 R은?

답 $\frac{n}{m} r_0$

02. 전자가 매초 10^{10} 개의 비율로 전선 내를 통과하면 이것은 몇 [A]의 전류에 상당하는가? 단, 전기량은 1.602×10^{-19}[C]이다.

답 1.602×10^{-9}[A]

03. 그림과 같은 회로에 있어서 $R_1 = 90[\Omega]$, $R_2 = 6$ [Ω]의 경우와 $R_1 = 70[\Omega]$, $R_2 = 4[\Omega]$의 경우 전류계에 같은 전류가 흐른다면 전류계의 내부저항은 얼마인가?

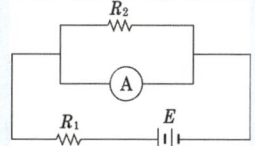

답 8[Ω]

답 4. ① 5. ③

04. 길이 l인 동축 원통에서 내부 원통의 반지름 a, 외부 원통의 안지름 b, 바깥지름 c이고 내외 원통간에 저항률 ρ인 도체로 채워져 있다. 도체간의 저항은 얼마인가? 단, 도체 자체의 저항은 0으로 한다.

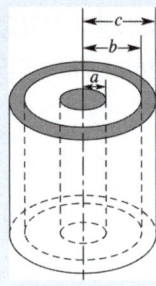

답 $\dfrac{\rho}{2\pi l}\log_e\dfrac{b}{a}$

05. 지름 2.9[mm] 19본, 길이 1[km]인 경동선의 20[℃]에서의 저항은 몇 [Ω]인가? 단, 20[℃]일 때 경동선의 고유저항은 $\rho=\dfrac{1}{55}\times 10^{-6}[\Omega\cdot m]$이다.

답 $R=\rho\dfrac{l}{S}=\dfrac{1}{55}\times 10^{-6}\times\dfrac{1\times 10^3}{\dfrac{\pi}{4}\times 2.9^2\times 19\times 10^{-6}}[\Omega]=0.145[\Omega]$

전류 밀도와 도전율

★★★ [90. 기사, 86. 90. 99. 00. 산업기사]

06 다음은 도체의 전기 저항에 대한 설명이다. 틀린 것은?
① 고유 저항은 백금보다 구리가 크다.
② 단면적에 반비례하고 길이에 비례한다.
③ 도체 반지름의 제곱에 반비례한다.
④ 같은 길이, 단면적에서도 온도가 상승하면 저항이 증가한다.

해설 20[℃]에서의 고유 저항 – 구리 : $1.69\times 10^{-8}[\Omega\cdot m]$
　　　　　　　　　　　　　　　백금 : $10.5\times 10^{-8}[\Omega\cdot m]$

★ [77. 01. 산업기사]

07 온도 t[℃]에서 저항 R_1[Ω]인 동선은 30[℃]일 때 저항은 어떻게 변하는가?

① $\dfrac{30-t}{234.5}R_t$ ② $\dfrac{234.5+t}{264.5}R_t$ ③ $\dfrac{30-t}{234.5+t}R_t$ ④ $\dfrac{264.5}{234.5+t}R_t$

해설 $R_t=R_0\left(1+\dfrac{1}{234.5}t\right)$ ………… ①

$R_{30}=R_0\left(1+\dfrac{1}{234.5}\times 30\right)$ …… ②

①식을 R_0에 대해 정리하여 ②식에 대입하면

∴ $R_{30}=\dfrac{264.5}{234.5+t}R_t[\Omega]$

답 6. ① 7. ④

08 ★★ [91. 기사, 82. 89. 산업기사]

MKS 단위계로 고유 저항의 단위는?

① $[\Omega \cdot m]$ ② $[\Omega \cdot mm^2/m]$ ③ $[\mu\Omega \cdot cm]$ ④ $[\Omega \cdot cm]$

해설 $R = \rho \dfrac{l}{S}$ 에서 $\therefore \rho = \dfrac{RS}{l} \left[\dfrac{\Omega \cdot m^2}{m} \right] = \dfrac{S}{l} R [\Omega \cdot m]$

09 ★ [81. 94. 산업기사]

20[℃]에서 저항 온도 계수 $\alpha_{20} = 0.004$인 저항선의 저항이 100[Ω]이다. 이 저항선의 온도가 80[℃]로 상승될 때 저항은 몇 [Ω]이 되겠는가?

① 24 ② 48 ③ 72 ④ 124

해설 $R_{80} = R_{20}\{1 + \alpha_{20}(T-t)\} = 100\{1 + 0.004(80-20)\} = 124[\Omega]$

10 ★ [99. 기사]

온도 t[℃]에서 저항이 R_1, R_2이고 저항의 온도계수가 각각 α_1, α_2인 두 개의 저항을 직렬로 접속했을 때 그들의 합성 저항 온도계수는?

① $\dfrac{R_1\alpha_2 + R_2\alpha_1}{R_1 + R_2}$ ② $\dfrac{R_1\alpha_1 + R_2\alpha_2}{R_1 R_2}$

③ $\dfrac{R_1\alpha_1 + R_2\alpha_2}{R_1 + R_2}$ ④ $\dfrac{R_1\alpha_2 + R_2\alpha_1}{R_1 R_2}$

11 ★ [02. 기사]

저항 100[Ω]인 구리선에 900[Ω]의 망간선을 직렬로 연결하면 전체 저항의 온도 계수는 동선의 온도 계수의 약 몇 배 정도가 되는가? 단, 망간선의 저항 온도 계수는 0이다.

① 0.1 ② 0.6 ③ 0.9 ④ 1.8

해설 합성 저항 온도 계수 $\alpha_t = \dfrac{\alpha_1 R_1 + \alpha_2 R_2}{R_1 + R_2} = \dfrac{100\alpha_1 + 900 \times 0}{100 + 900} = 0.1\alpha_1$

12 ★ [97. 23. 기사]

구리의 저항률은 20[℃]에서 $1.69 \times 10^{-8}[\Omega \cdot m]$이고 온도 계수는 0.0039이다. 단면적이 2[mm²]인 구리선 200[m]의 50[℃]에서의 저항값은 몇 [Ω]인가?

① 1.69×10^{-3} ② 1.89×10^{-3} ③ 1.69 ④ 1.89

해설 $R_{20} = \rho \dfrac{l}{s} = 1.69 \times 10^{-8} \dfrac{200}{2 \times 10^{-6}} = 1.69[\Omega]$

$R_{50} = R_{20}[1 + \alpha(t_2 - t_1)] = 1.69[1 + 0.0039(50-20)] = 1.888[\Omega]$

답 8. ①　9. ④　10. ③　11. ①　12. ④

유사문제

01. $1[\Omega \cdot m]$는 몇 $[\Omega \cdot cm]$인가?

답 $10^2[\Omega \cdot cm]$

02. 지멘스(siemens)는 무엇의 단위인가?

답 컨덕턴스

03. 금속 도체의 전기 저항은 일반적으로 어떤 관계가 있는가?

답 온도의 상승에 따라 증가한다.

04. 저항 $10[\Omega]$인 구리선과 $30[\Omega]$의 망간선을 직렬 접속하면 합성 저항 온도 계수는 몇 [%]인가?
(단, 동선의 저항 온도 계수는 0.4[%], 망간선은 0이다.)

답 $\alpha = \dfrac{R_1\alpha_1 + R_2\alpha_2}{R_1 + R_2} = \dfrac{10 \times 0.4 + 30 \times 0}{10 + 30} = 0.1[\%]$

저항과 정전용량

★☆ [93. 97. 98. 산업기사]

13 전기저항 R과 정전 용량 C, 고유저항 ρ 및 유전율 ϵ 사이의 관계는?

① $RC = \rho\epsilon$ ② $\dfrac{R}{C} = \dfrac{\epsilon}{\rho}$ ③ $\dfrac{C}{R} = \rho\epsilon$ ④ $R = \epsilon C\rho$

해설 $R = \rho\dfrac{l}{s}$, $C = \dfrac{\epsilon s}{l}$ 에서 $RC = \rho\epsilon$

★★★★ [91. 03. 04. 12. 17. 기사. 12. 산업기사]

14 액체 유전체를 포함한 콘덴서 용량이 $C[F]$인 것에 $V[V]$ 전압을 가했을 경우에 흐르는 누설 전류는 몇 [A]인가? 단, 유전체의 비유전율은 ϵ_s이며 고유 저항은 $\rho[\Omega]$이라 한다.

① $\dfrac{CV}{\rho\epsilon}$ ② $\dfrac{CV^2}{\rho\epsilon}$ ③ $\dfrac{\rho\epsilon_s V}{C}$ ④ $\dfrac{\rho\epsilon_s}{C}$

해설 $RC = \rho\epsilon$ 에서 $R = \dfrac{\rho\epsilon}{C}$, $I = \dfrac{V}{R} = \dfrac{V}{\frac{\rho\epsilon}{C}} = \dfrac{CV}{\rho\epsilon}$

★ [98. 01. 산업기사]

15 정전 용량 $C[F]$와 컨덕턴스 $G[S]$와의 관계는 어떤 관계에 있는가? 단, k : 도전율[℧/m], ϵ : 유전율[F/m]

① $\dfrac{C}{G} = \dfrac{\epsilon}{k}$ ② $Ck = \dfrac{\epsilon}{G}$ ③ $CG = k\epsilon$ ④ $\dfrac{C}{G} = \dfrac{k}{\epsilon}$

답 13. ① 14. ① 15. ①

해설 $R = \rho\dfrac{d}{S} = \dfrac{d}{kS}[\Omega]$, $C = \dfrac{\epsilon S}{d}[F]$

$RC = \dfrac{d}{kS} \times \dfrac{\epsilon S}{d} = \dfrac{\epsilon}{k} = \rho\epsilon$, $RC = \rho\epsilon$ 또는 $\dfrac{C}{G} = \dfrac{\epsilon}{k}$

16 ★☆ [04. 기사 77. 19. 산업기사]
그림과 같이 면적 $S[m^2]$, 간격 $d[m]$인 극판간에 유전율 ϵ, 저항률이 ρ인 매질을 채웠을 때 극판간의 정전 용량과 저항의 관계는? 단, 전극판의 저항률은 매우 작은 것으로 한다.

① $R = \dfrac{\epsilon\rho}{C}$

② $R = \dfrac{C}{\epsilon\rho}$

③ $R = \epsilon\rho C$

④ $R = \dfrac{1}{\epsilon\rho C}$

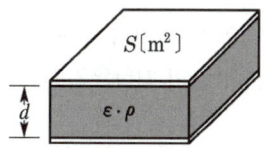

해설 $RC = \rho\epsilon$ 에서 $R = \dfrac{\rho\epsilon}{C}[\Omega]$

17 ★★★★★ [89. 99. 06. 기사, 78. 81. 82. 83. 94. 99. 10. 11. 20. 24. 산업기사]
액체 유전체를 넣은 콘덴서의 용량이 20[μF]이다. 여기에 500[kV]의 전압을 가하면 누설 전류[A]는? 단, 비유전율 $\epsilon_s = 2.2$, 고유저항 $\rho = 10^{11}[\Omega \cdot m]$이다.

① 4.2   ② 5.13   ③ 54.5   ④ 61

해설 $RC = \rho\epsilon[s]$ $R = \dfrac{\rho\epsilon}{C}[\Omega]$

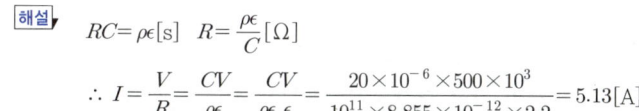

18 ★★★ [82. 85. 98. 기사, 01. 18. 산업기사 ⊕ : 05. 06. 산업기사]
그림에 표시한 반구형 도체를 전극으로 한 경우의 접지 저항은? 단, ρ는 대지의 고유 저항이며 전극의 고유 저항에 비해 매우 크다.

① $4\pi a\rho$

② $\dfrac{\rho}{4\pi a}$

③ $\dfrac{\rho}{2\pi a}$

④ $2\pi a\rho$

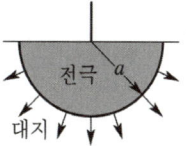

해설 $RC = \rho\epsilon$ 에서 반구의 정전 용량 $C = \dfrac{4\pi\epsilon a}{2} = 2\pi\epsilon a$ 이므로

∴ $R = \dfrac{\rho\epsilon}{C} = \dfrac{\rho\epsilon}{2\pi\epsilon a} = \dfrac{\rho}{2\pi a}[\Omega]$

답 16. ① 17. ② 18. ③

19 ★★★★☆ [77. 90. 93. 03. 06. 기사, 76. 88. 01. 산업기사]
대지의 고유 저항이 $\rho[\Omega \cdot m]$일 때 반지름 $a[m]$인 반구형 접지극의 접지 저항은?

① $2\pi\rho a$ ② $\dfrac{2\pi\rho}{a}$ ③ $\dfrac{\rho}{4\pi a}$ ④ $\dfrac{\rho}{2\pi a}$

해설 $RC = \rho\epsilon$ 에서 반구의 정전 용량 $C = \dfrac{4\pi\epsilon a}{2} = 2\pi\epsilon a$ 이므로

$\therefore R = \dfrac{\rho\epsilon}{C} = \dfrac{\rho\epsilon}{2\pi\epsilon a} = \dfrac{\rho}{2\pi a}[\Omega]$

20 ★★★ [83. 90. 00. 03. 12. 20. 기사]
반지름 a, b인 두 구상 도체 전극이 도전율 k인 매질 속에 중심 간의 거리 r만큼 떨어져 놓여 있다. 양 전극 간의 저항은? 단, $r \gg a$, b이다.

① $4\pi k\left(\dfrac{1}{a} + \dfrac{1}{b}\right)$ ② $4\pi k\left(\dfrac{1}{a} - \dfrac{1}{b}\right)$

③ $\dfrac{1}{4\pi k}\left(\dfrac{1}{a} + \dfrac{1}{b}\right)$ ④ $\dfrac{1}{4\pi k}\left(\dfrac{1}{a} - \dfrac{1}{b}\right)$

해설 구도체 a, b 사이의 정전용량 C는, $C = \dfrac{Q}{V_a - V_b} = \dfrac{4\pi\epsilon}{\dfrac{1}{a} + \dfrac{1}{b}}$ [F]

$\therefore R = \dfrac{\rho\epsilon}{C} = \dfrac{\rho\epsilon}{\dfrac{4\pi\epsilon}{\left(\dfrac{1}{a} + \dfrac{1}{b}\right)}} = \dfrac{\rho}{4\pi}\left(\dfrac{1}{a} + \dfrac{1}{b}\right) = \dfrac{1}{4\pi k}\left(\dfrac{1}{a} + \dfrac{1}{b}\right)[\Omega]$

21 ★☆ [04. 20. 기사 92. 산업기사]
내경이 2[cm], 외경이 3[cm]인 동심 구도체 간에 고유 저항이 $1.884 \times 10^2 [\Omega \cdot m]$인 저항 물질로 채워져 있는 경우 내외 구간의 합성 저항은 약 몇 $[\Omega]$ 정도 되겠는가?

① 2.5 ② 5 ③ 250 ④ 500

해설 $C = \dfrac{4\pi\epsilon}{\left(\dfrac{1}{a} - \dfrac{1}{b}\right)}$[F], $RC = \rho\epsilon$ 이므로

$\therefore R = \dfrac{\rho\epsilon}{C} = \dfrac{\rho\epsilon}{\dfrac{4\pi\epsilon}{\left(\dfrac{1}{a} - \dfrac{1}{b}\right)}} = \dfrac{\rho}{4\pi}\left(\dfrac{1}{a} - \dfrac{1}{b}\right) = \dfrac{1.884 \times 10^2}{4\pi} \times \left(\dfrac{1}{1 \times 10^{-2}} - \dfrac{1}{1.5 \times 10^{-2}}\right) \fallingdotseq 500[\Omega]$

22 ★ [02. 기사]
유전율 ϵ, 고유저항 ρ인 유전체로 채워진 평행판 콘덴서를 충전시키고 다시 전원을 끊어 축적된 전하를 유전체의 저항을 통해 방전시키는 경우, 전하량이 최초 양의 $\dfrac{1}{\rho}$로 되는 시간 $t[\sec]$는?

① $\dfrac{\rho}{\epsilon}$ ② $\dfrac{\epsilon}{\rho}$ ③ $\rho\epsilon$ ④ $2\rho\epsilon$

답 19. ④ 20. ③ 21. ④ 22. ③

23 ★★ [02. 11. 기사, 77. 00. 산업기사]

반지름 a, $b(a<b)$인 동심 원통 전극 사이에 고유 저항 ρ의 물질이 충만되어 있을 때 단위 길이당의 저항은?

① $2\pi\rho \ln ba$ ② $\dfrac{\rho}{2\pi \ln \dfrac{b}{a}}$ ③ $\dfrac{\rho}{2\pi} \ln \dfrac{b}{a}$ ④ $2a\rho$

해설 $RC = \rho\epsilon$ 에서 $R = \dfrac{\rho\epsilon}{C} = \dfrac{\rho\epsilon}{\dfrac{2\pi\epsilon}{\ln\dfrac{b}{a}}} = \dfrac{\rho}{2\pi}\ln\dfrac{b}{a}\,[\Omega]$

유사문제

유사문제 원문 및 해설 : 동일출판사 홈페이지 ≫ 고객센터 ≫ 자료실

01. 평행판 콘덴서에 유전율 9×10^{-8}[F/m], 고유 저항 $\rho = 10^6$[Ω·m]인 액체를 채웠을 때 정전 용량이 3[μF]이었다. 이 양극판 사이의 저항은 몇 [kΩ]인가?

답 $30[\text{k}\Omega]$

02. 액체 유전체를 넣은 콘덴서의 용량이 $22[\mu F]$이다. 여기에 8855[V]의 전압을 가했을 때 누설 전류 [A]는? 단, 유전체의 고유 저항은 10^{10}[Ω·m], 비유전율은 2.2이다.

답 $I = \dfrac{V}{R} = \dfrac{CV}{\rho\epsilon_0\epsilon_s} = \dfrac{22\times 10^{-6}\times 8855}{10^{10}\times 8.855\times 10^{-12}\times 2.2} = 1[\text{A}]$

03. 평행판 콘덴서에 유전율이 4×10^{-9}[F/m]이고, 고유 저항 ρ가 10^6[Ω·m]인 물질을 채웠을 때의 정전 용량이 2[μF]이었다. 두 극판 사이의 저항[kΩ]은?

답 $R = \dfrac{\rho\epsilon}{C} = \dfrac{10^6 \times 4 \times 10^{-9}}{2 \times 10^{-6}} = 2 \times 10^3 = 2[\text{k}\Omega]$

04. 내구의 반지름 a, 외구의 반지름 b인 동심 구도체 간에 고유 저항 ρ인 저항 물질이 채워져 있을 때의 내외구간의 합성 저항은?

답 $\dfrac{\rho}{4\pi}\left(\dfrac{1}{a} - \dfrac{1}{b}\right)$

05. 유전율이 ϵ, 도전율이 σ이고, 반경이 r_1, $r_2(r_1 < r_2)$, 길이가 l인 동축 케이블에서 저항 R은 얼마인가?

답 $\dfrac{1}{2\pi\sigma l}\ln\dfrac{r_2}{r_1}$

06. 길이 l[m], 반지름 a[m]인 두 평행 원통 전극을 d[m] 거리에 놓고 그 사이를 저항률 ρ[Ω·m]인 매질을 채웠을 때의 저항[Ω]은? 단, $d \gg a$ 라 한다.

답 $\dfrac{\rho}{\pi l}\ln\dfrac{d}{a}$

답 23. ③

07. 임의 길이의 동축 원통 전극 사이에 고유 저항 0.05[Ω·m]의 액체를 넣었을 때 저항이 10^{-2}[Ω]이 었다. 이 액체를 유전율 ϵ인 기름으로 바꾸었더니 정전 용량이 50[pF]이었다. 기름의 유전율[F/m]은?

답 $\epsilon = \dfrac{RC}{\rho} = \dfrac{10^{-2} \times 50 \times 10^{-12}}{0.05} = 10^{-11}$ [F/m]

열전현상

24 ★ [03. 산업기사]
DC전압을 가하면 전류는 도선 중심쪽으로 흐르려고 한다. 이러한 현상을 무슨 효과라 하는가?
① Skin 효과　② Pinch 효과　③ 압전기 효과　④ Peltier 효과

해설　액체 도체에 전류를 흘리면 전류의 방향과 수직방향으로 원형 자계가 생겨서 전류가 흐르는 액체에는 구심력의 전자력이 작용한다. 그 결과 액체 단면은 수축하여 저항이 커지기 때문에 전류의 흐름은 작게 된다. 전류의 흐름이 작게되면 수축력이 감소하여 액체 단면은 원상태로 복귀하고 다시 전류가 흐르게 되어 수축력이 작용한다. 이와 같은 현상을 핀치효과라 한다.

25 ★ [93. 기사]
다음 중 특성이 다른 것이 하나 있다. 그것은?
① 톰슨 효과(Thomson effect)　② 스트레치 효과(Stretch effect)
③ 핀치 효과(Pinch effect)　④ 홀 효과(Hall effect)

26 ★★★★★ [08. 기사, 80. 88. 94. 95. 98. 00. 03. 09. 18. 21. 25. 산업기사]
두 종류의 금속으로 된 회로에 전류를 통하면 각 접속점에서 열의 흡수 또는 발생이 일어나는 현상은?
① 톰슨 효과　② 제베크 효과　③ 볼타 효과　④ 펠티에 효과

해설　• 펠티에 효과(Peltier effect) : 두 종류의 금속선으로 폐회로를 만들어 전류를 흘리면 금속선의 접속점에서 열이 흡수(온도 강하)되거나 발생(온도 상승)하는 현상

$$H = 0.24 P \int_0^t I dt \, [\text{cal}]$$

단, H : 발열량[cal], P : 펠티에 계수, I : 전류[A]

27 ★☆ [20. 기사, 98. 05. 산업기사]
동일한 금속의 2점 사이에 온도차가 있는 경우, 전류가 통과할 때 열의 발생 또는 흡수가 일어나는 현상은?
① Seebeck 효과　② Peltier 효과　③ Volta 효과　④ Thomson 효과

답　24. ②　25. ①　26. ④　27. ④

해설
- 제어벡 효과 : 두 종류 금속 접속면에 온도차가 있으면 기전력이 발생하는 효과
- 펠티에 효과 : 두 종류 금속 접속면에 전류를 흘리면 접속점에서 열의 흡수, 발생이 일어나는 효과
- 톰슨 효과 : 동일 종류 금속이라도 그 도체 중의 두 점 간에 온도차가 전류를 흘림으로써 열의 흡수, 발생이 일어나는 효과

★★ [88. 기사, 77. 90. 17. 산업기사]
28 전류가 흐르고 있는 도체에 자계를 가하면 도체 측면에는 정부의 전하가 나타나 두 면간에 전위차가 발생하는 현상은?

① 핀치 효과   ② 톰슨 효과   ③ 홀 효과   ④ 제베크 효과

해설 전류가 흐르고 있는 도체에 자계를 가하면 플레밍의 왼손 법칙에 의하여 도체 내부의 전하가 횡방향으로 힘을 모아 도체 측면에 (+), (−)의 전하가 나타나는 현상을 홀 효과라 한다.

★ [88. 92. 21. 산업기사]
29 다음 현상 가운데서 반드시 외부에서 자계를 가할 때만 일어나는 효과는?

① Seebeck 효과   ② Pinch 효과   ③ Hall 효과   ④ Peltier 효과

해설 전류가 흐르고 있는 도체에 자계를 가하면 플레밍의 왼손 법칙에 의하여 도체 내부의 전하가 횡방향으로 힘을 모아 도체 측면에 (+), (−)의 전하가 나타나는 현상을 홀 효과라 한다.

★★ [01. 07. 18. 21. 산업기사]
30 도체계에서 임의의 도체를 일정 전위의 도체로 완전 포위하면 내외 공간의 전계를 완전히 차단할 수 있다. 이것을 무엇이라 하는가?

① 전자차폐   ② 정전차폐   ③ 홀(hall) 효과   ④ 핀치(pinch) 효과

해설 임의의 도체를 접지된 도체로 완전 포위하면 외부에서 유도되는 전하를 차단할 수 있다. 이것을 정전차폐라고 한다.

유사문제

유사문제 원문 및 해설 : 동일출판사 홈페이지 ≫ 고객센터 ≫ 자료실

01. 열기전력에 관한 법칙이 아닌 것은?
답 파센의 법칙

02. 다른 종류의 금속선으로 된 폐회로의 두 접합점의 온도를 달리하였을 때 전기가 발생하는 효과는?
답 제벡 효과

03. A 금속에 대한 B 및 C 금속의 열전능은 100[℃]에서 각각 10[$\mu V/℃$] 및 3[$\mu V/℃$]이다. B, C 금속간의 접합점이 30[℃] 및 150[℃]일 때의 열기전력[μV]은?
답 840[μV]

04. 균질의 철사에 온도 구배가 있을 때 여기에 전류가 흐르면 열의 흡수 또는 발생을 수반하는데, 이 현상은?
답 톰슨 효과

답 28. ③ 29. ③ 30. ②

전류

31 ★☆ [95. 98. 00. 21. 산업기사]
10^4[eV]의 전자속도는 10^2[eV]의 전자속도의 몇 배인가?

① 10   ② 100   ③ 1000   ④ 10000

해설 전자속도 $v = \sqrt{2eV/m}$ [m/s]이므로 $v' = 10v$가 된다.

32 ★ [79. 93. 산업기사]
전류밀도 $J = 10^7$[A/m^2]이고, 단위체적의 이동전하가 $Q = 8 \times 10^9$[C/m^3]이라면 도체내의 전자의 이동속도 v[m/s]는?

① 1.25×10^{-2} ② 1.25×10^{-3}
③ 1.25×10^{-4} ④ 1.25×10^{-5}

해설 전자의 속도 : $v = \dfrac{J}{Q} = \dfrac{10^7}{8 \times 10^9} = 1.25 \times 10^{-3}$[m/s]

33 ★★ [88. 99. 15. 기사, ㉔ : 09. 기사]
반지름이 5[mm]인 구리선에 10[A]의 전류가 단위 시간에 흐르고 있을 때 구리선의 단면을 통과하는 전자의 개수는 단위 시간당 얼마인가? 단, 전자의 전하량은 $e = 1.602 \times 10^{-19}$[C]이다.

① 6.24×10^{18} ② 6.24×10^{19}
③ 1.28×10^{22} ④ 1.28×10^{23}

해설 동선 단면을 단위 시간에 통과하는 전하는 10[C]이므로
$N = \dfrac{10}{1.602 \times 10^{-19}} = 6.24 \times 10^{19}$[개]

34 ☆ [79. 산업기사]
지름 2[mm]인 동선에 20[A]의 전류가 흐를 때 단위 체적 내의 구리의 자유 전자 수가 8.38×10^{28}개라 하면, 이때 전자의 평균 속도[m/s]는?

① 2.37×10^{-4} ② 2.37×10^{-3}
③ 4.74×10^{-4} ④ 4.74×10^{-3}

해설 전류 $I = nevS$, $i = \dfrac{I}{S} = \dfrac{20}{3.14 \times (1 \times 10^{-3})^2} = 6.36 \times 10^6$[A/m^2] = 6.36[A/mm^2]

평균 속도 $v = \dfrac{I}{neS} = \dfrac{i}{ne} = \dfrac{6.36 \times 10^6}{8.38 \times 10^{28} \times 1.602 \times 10^{-19}} = 4.74 \times 10^{-4}$[m/s]

답 31. ①   32. ②   33. ②   34. ③

35 공간 도체 중의 정상 전류 밀도가 i, 전하 밀도가 ρ일 때, 키르히호프의 전류 법칙을 나타내는 것은?

① $i = \dfrac{\partial \rho}{\partial t}$ ② $\text{div } i = 0$ ③ $i = 0$ ④ $\text{div } i = -\dfrac{\partial \rho}{\partial t}$

[해설] 키르히호프의 전류 법칙은 $\sum I = 0 = \int_s i \cdot dS = \int_v \text{div} i \, dv$ 가 되어 $\text{div } i = 0$ 이다.
즉 단위 체적당의 전류의 발산은 없다. (전류의 연속성)

36 평행판 극판에 전압 V가 인가되고 내부전계는 평등하다고 한다. 극판 간의 간격을 d라 할 때 전하 Q가 속도 v로 움직인다면 회로에 흐르는 전류는 어떻게 표현되는가?

① $\dfrac{Qv}{2d}$ ② $\dfrac{Qv}{d}$ ③ $\dfrac{2Qv}{d}$ ④ $\dfrac{Qv}{d^2}$

37 $\text{div } i = 0$에 대한 설명이 아닌 것은?

① 도체 내에 흐르는 전류는 연속적이다.
② 도체 내에 흐르는 전류는 일정하다.
③ 단위 시간당 전하의 변화는 없다.
④ 도체 내에 전류가 흐르지 않는다.

[해설] $\text{div } i = -\dfrac{\partial \rho}{\partial t}$ 에서 정상 전류가 흐를 때 전하의 축적 또는 소멸이 없을 것이므로 $\dfrac{\partial \rho}{\partial t} = 0$,
즉 $\text{div } i = 0$가 된다. 이 결과 ①, ②, ③의 의미를 가진다.

38 원점 주위의 전류밀도가 $J = \dfrac{2}{r} a_r$ [A/m²]의 분포를 가질 때 반지름 5[cm]의 구면을 지나는 전 전류는 몇 [A]인가?

① 0.1π ② 0.2π ③ 0.3π ④ 0.4π

[해설] $I = \oint_s J \cdot ds = \oint_s \dfrac{2}{r} a_r \cdot a_r \, ds \ (a_r \cdot a_r = 1)$
$= \dfrac{2}{r} \oint_s ds = \dfrac{2}{r} s = \dfrac{2}{r} 4\pi r^2 = 8\pi r = 8\pi \times 0.05 = 0.4\pi$ [A]

답 35. ② 36. ② 37. ④ 38. ④

유사문제

01. 지름 2.6[mm]의 동선에 48[A]의 전류가 흐를 때 전류 밀도는 약 몇 [A/mm²]인가?

답 $i = \dfrac{I}{S} = \dfrac{48}{\pi \times 1.3^2} ≒ 9[\text{A/mm}^2]$

전력과 줄의 법칙

39 ★ [97. 기사]

기전력 1.5[V]이고, 내부 저항 0.02[Ω]인 전지에 2[Ω]의 저항을 연결했을 때 저항에서의 소모 전력은 약 몇 [W]인가?

① 1.1 ② 5 ③ 11 ④ 55

해설) $I = \dfrac{V}{R} = \dfrac{1.5}{2+0.02} ≒ 0.743[\text{A}]$

∴ $P = I^2 R = 0.743^2 \times 2 = 1.103[\text{W}]$

40 ★ [88. 94. 19. 산업기사]

10^6[cal]의 열량은 어느 정도의 전력량에 상당하는가?

① 0.06[kWh] ② 1.16[kWh] ③ 0.27[kWh] ④ 4.17[kWh]

해설) 1[kWh] = 860[kcal], 10^6[cal] = 10^3[kcal]

$\dfrac{10^3}{860} = 1.16[\text{kWh}]$

41 ★ [92. 기사]

백열전구 P, Q를 전압 E[V] 전원에 접속할 때 각각 W_1[W], W_2[W]의 전력을 소비한다. 이를 직렬로 V[V]의 전원에 연결할 때 어느 전구가 더 밝은가? 단, $W_1 > W_2$이고 밝기는 소비전력의 크기에 비례한다고 가정한다.

① P가 더 밝다. ② 똑같다.
③ Q가 더 밝다. ④ 수시로 변한다.

해설) 백열전구 P의 저항을 R_1이라면 $R_1 = \dfrac{E^2}{W_1}$, 백열전구 Q의 저항을 R_2라면 $R_2 = \dfrac{E^2}{W_2}$이다. $W_1 > W_2$이면 $R_2 > R_1$이므로 전구 Q가 P보다 밝다.

답 39. ① 40. ② 41. ③

42 ★ [01. 기사]

2[Ω]과 4[Ω]의 병렬 회로 양단에 40[V]를 가했을 때 2[Ω]에서 발생하는 열은 4[Ω]에서의 열의 몇 배인가?

① 2 ② 4 ③ 6 ④ 8

해설 열 : $H = 0.24 \dfrac{V^2}{R}$ [cal/sec], $H \propto \dfrac{1}{R}$

$\dfrac{H_2}{H_4} = \dfrac{\frac{1}{2}}{\frac{1}{4}} = 2$ ∴ $H_2 = 2H_4$

유사문제

▌유사문제 원문 및 해설 : 동일출판사 홈페이지 ≫ 고객센터 ≫ 자료실

01. 15[℃]의 물 4[*l*]를 용기에 넣어 1[kW]의 전열기로 이것을 가열하여 물의 온도를 90[℃]로 올리는 데 30분이 필요하였다. 이 전열기의 효율[%]은?

답 70[%]

02. 500[W]의 온수기로 20[℃]의 물 2[*l*]를 100[℃]까지 높이는 데 약 몇 분이 소요되는가? 단, 온수기의 효율은 80[%]라 한다.

답 28 분

03. 정격 120[V] 30[W]와 120[V] 60[W]인 백열 전구 2개를 직렬로 연결하여 210[V]의 전압을 가하면 전구의 밝기는 어떻게 되는가? 단, 전구의 밝기는 소비 전력에 비례하는 것으로 한다.

답 30[W] 전구가 60[W] 전구보다 밝아진다.

옴의 법칙의 미분형

43 ★ [94. 기사, ⊕ : 21. 기사]

옴(Ohm)의 법칙을 미분형으로 표시하면?

① $i = \dfrac{E}{\rho}$ ② $i = \rho E$ ③ $i = \nabla E$ ④ $i = \text{div} E$

해설 $dI = -\dfrac{dV}{R} = i \cdot dS$ 에서 $i = -\dfrac{dV}{R \cdot dS}$

여기서, −의 부호는 전위가 감소하는 쪽으로 전류가 흐름을 나타냄.

$R = \rho \dfrac{l}{S}$ 에서 $R \cdot S = \rho \cdot l$ 이므로 $i = -\dfrac{dV}{R \cdot dS} = -\dfrac{dV}{\rho \cdot dl}$ 이고,

전위의 기울기 $\dfrac{dV}{dl} = -E$ 이므로 $i = \dfrac{1}{\rho} E = kE$ 이다.

답 42. ① 43. ①

44 ★★★★☆ [75. 76. 99. 01. 기사, 91. 산업기사]

다음 중 옴의 법칙은 어느 것인가? 단, k는 도전율, ρ는 고유 저항, E는 전계의 세기이다.

① $i = kE$　　　　　② $i = \dfrac{E}{k}$

③ $i = \rho E$　　　　　④ $i = -kE$

해설 $I = -\dfrac{dV}{R} = idS$, $i = -\dfrac{dV}{RdS} = -\dfrac{1}{\rho}\dfrac{dV}{dl} = \dfrac{E}{\rho} = kE$

i와 E는 같은 방향이므로 $i = kE$이다.

유사문제
유사문제 원문 및 해설 : 동일출판사 홈페이지 ≫ 고객센터 ≫ 자료실

01. 대기 중의 두 전극 사이에 있는 어떤 점의 전계의 세기가 $E = 6[\text{V/cm}]$, 지면의 도전율이 $K = 10^{-4}[\mho/\text{cm}]$일 때 이 점의 전류 밀도는 몇 $[\text{A/cm}^2]$인가?

답 $i = KE = 10^{-4} \times 6 = 6 \times 10^{-4}[\text{A/cm}^2]$

02. 대기 중의 두 전극 사이에 있는 어떤 점의 전계의 세기가 $E = 3.5[\text{V/cm}]$, 지면의 도전율이 $k = 10^{-4}[\mho/\text{m}]$일 때, 이 점의 전류 밀도$[\text{A/m}^2]$는?

답 $3.5 \times 10^{-2}[\text{A/m}^2]$

답 44. ①

CHAPTER 07 진공 중의 정자계

01 자하(자극)

정자계(static magnetic field)란 영구자석에 의한 자계 및 정상전류에 의해 형성된 자계를 말하며, 영구자석의 자극을 띠게 하는 기본적인 요소를 자하라 한다.

자하는 단독으로 분리할 수 없으며, 자석을 이등분하여도 양쪽 끝에 각각 정·부의 자극을 갖는 자석이 만들어진다. 이들 자하 간에는 자기력이 발생하며, 자기력(magnetic force)은 같은 극성의 자극은 서로 반발하고, 반대 극성의 자극은 서로 흡인력이 작용을 한다.

또한 자하는 항상 N 극과 S 극이 같은 양으로 존재하며, 자속은 N극에서 S극으로 향하는 방향을 정방향으로 정의하고, 단위는 Weber[Wb]이다.

02 쿨롱의 법칙

자극의 세기가 m_1, m_2인 자하가 r[m]만큼 떨어져 있을 때 두 자하 간에는 자기력이 작용한다. 이때 자기력의 크기는 양 자하의 곱에 비례하며, 거리의 제곱에 반비례한다.

$$F = \frac{m_1 m_2}{4\pi \mu_0 r^2} [\text{N}]$$ 출제 산업 1번, 기사 2번

여기서, m_1, m_2 : 자극의 세기[Wb]
r : 자극 간의 거리[m]
F : 상호 간에 작용하는 자기력[N]

진공의 투자율 μ_0는,

$$\mu_0 = \frac{1}{4\pi \times 6.33 \times 10^4} = 4\pi \times 10^{-7}$$
$$= 12.56 \times 10^{-7} = \frac{1}{\epsilon_0 c^2} [\text{H/m}]$$

동일 부호의 자하 사이에는 반발력, 서로 다른 부호의 자하 사이에는 흡인력이 작용한다.

03 - 자속과 자속밀도

1) 자속과 자속밀도

자극에서는 자력선이 발생하며, 이 자력선은 자계 내에서 단위자하 +1[Wb]가 아무 저항 없이 자기력에 따라 이동할 때 그려지는 가상선을 말한다. 또 단위면적당의 자력선 수를 자력선 밀도라 하며, 자력선 밀도는 자계의 세기와 같다.

$$B = \frac{\phi}{S} = \frac{m}{S} \text{[Wb/m}^2\text{]} \text{ 또는 } \phi = \boldsymbol{B} \cdot \boldsymbol{S}$$ 출제 기사 1번

여기서, B : 단위면적당의 자속선 수

m[Wb]의 점자극에서 나오는 자력선 수는 가우스 법칙에 의해 $N = \frac{m}{\mu} = \frac{m}{\mu_0 \mu_s}$ 개가 나온다. 출제 산업 1번

자속밀도 B와 자계의 세기 H는 다음과 같은 관계가 있다.

$$B = \mu_0 H \text{[Wb/m}^2\text{]}$$ 출제 기사 3번

2) 발산정리

자석은 아무리 세분하여도 N, S극의 두 자극이 반드시 나타난다. 발산정리를 적용하면

$$\oint_S \boldsymbol{B} \cdot d\boldsymbol{S} = \oint_v \text{div} \boldsymbol{B} \, dv = 0 \; (\therefore \text{div} \boldsymbol{B} = 0)$$

즉, 발산의 원천이 없고, 연속의 폐곡선을 형성하며, 단독 전하가 존재하는 것과 다르게 고립 자하가 존재하지 않고 항상 두 자극의 존재를 의미한다.

	MKS 단위	CGS 단위
자하 또는 자속	[웨버 : Wb]	[맥스웰 : Mx] [emu]
	1[Wb] = 10^8[Mx] = 10^8[emu]	
자속 밀도	[Wb/m^2] [테슬라 : T] 출제 산업 2번	[가우스 : Gauss] 출제 산업 3번
	1[Wb/m^2] = 1[T] = 10^4[Gauss]	
자계 세기	[AT/m] [N/Wb] 출제 산업 3번, 기사 1번	[에르스텟 : Oersted]
	1[AT/m] = 1[N/Wb] = $\frac{4\pi}{10^3}$ [Oersted]	

04 자계의 세기와 자위

1) 자계의 세기

자계는 자기적 힘이 미치는 공간을 말하며, 자계 중의 한 점에 단위자하(+1[Wb])를 놓았을 때, 이에 작용하는 힘의 크기 및 방향을 그 점에 대한 자계의 세기라 한다.

$$H = \frac{m}{4\pi\mu_0 r^2} = 6.33 \times 10^4 \times \frac{m}{r^2} [\text{AT/m}]$$ 출제 산업 3번, 기사 2번

자계의 세기와 쿨롱의 법칙과는 $F = mH$[N]의 관계가 있다. 출제 산업 10번, 기사 2번

진공 중 $F = mH = \dfrac{m^2}{4\pi\mu_0 r^2}$[N]가 된다.

2) 자위

1[Wb]의 정자극을 무한 원점에서 점 P까지 가져오는 데 필요한 일을 점 P의 자위라고 한다.

자계 중의 한 점 P에서의 자위 U_P	$U_P = -\int_{\infty}^{P} \boldsymbol{H} \cdot d\boldsymbol{r}$ [AT] 출제 산업 2번
점자극 m에서 r 거리인 점의 자위 U_m	$U_m = \dfrac{m}{4\pi\mu r}$ [AT]
자계 중의 두 점 A, B 사이의 자위차	$U_{AB} = -\int_{B}^{A} \boldsymbol{H} \cdot d\boldsymbol{l}$ [A]
자기 쌍극자에서 거리 r만큼 떨어진 임의의 한 점에서의 자위 U	$U = \dfrac{M\cos\theta}{4\pi\mu_0 r^2}$ [AT] 출제 산업 2번

05 자기 쌍극자와 자기 2중층

1) 자기 쌍극자(magnetic dipole)

자석은 아무리 작은 것이라도 정·부의 두 자극을 분리할 수 없다. 따라서 자극간의 거리가 매우 짧은 소자석을 생각할 수 있으며 이것을 자기 쌍극자라고 한다.

(1) 자기 쌍극자에서 거리 r만큼 떨어진 임의의 한 점에서의 자위 U

$$U = \frac{M\cos\theta}{4\pi\mu_0 r^2} [\text{AT}]$$ 출제 기사 2번

여기서, M : 자기모멘트($= ml$)
θ : 거리 r과 쌍극자 모멘트 M이 이루는 각

(2) 자계의 세기 H

$$H_r = -\frac{\partial U}{\partial r} = \frac{M\cos\theta}{2\pi\mu_0 r^3} \text{[AT/m]}$$

$$H_\theta = -\frac{\partial U}{r\partial \theta} = \frac{M\sin\theta}{4\pi\mu_0 r^3} \text{[AT/m]}$$

$$\therefore H = \sqrt{H_r^2 + H_\theta^2} = \frac{M}{4\pi\mu_0 r^3}\sqrt{1+3\cos^2\theta} \text{ [AT/m]}$$

2) 자기 2중층(판자석)

얇은 판면에 무수한 자기쌍극자의 집합을 이루고 있는 판상의 자석을 판자석이라 한다.

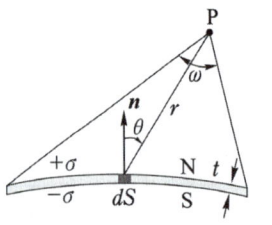 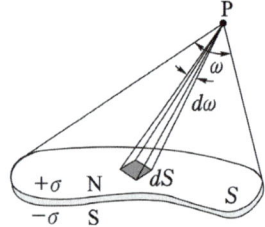

그림에서 미소 면적 dS인 소자석에 의한 점 P의 자위는

$$dU = \frac{1}{4\pi\mu_0} \cdot \frac{m dS\cos\theta}{r^2} = \frac{m}{4\pi\mu_0} \cdot \frac{dS\cos\theta}{r^2} \text{[A]}$$

따라서 판 전체에 의한 자위는

$$U = \frac{m}{4\pi\mu_0} \int_s \frac{dS\cos\theta}{r^2}$$

여기서, $\int_s \frac{dS\cos\theta}{r^2}$는 판 S가 점 P에 대하여 짓는 입체각 ω가 되므로

$$\therefore U = \frac{m}{4\pi\mu_0}\omega \text{[A]}$$

판자석의 자위

$$U_m = \pm \frac{m\omega}{4\pi\mu_0} \text{[AT]}$$ 출제 산업 4번

$$M = \sigma t \text{[Wb/m]}$$ 출제 산업 2번

여기서, m : 판자석의 세기[Wb/m], σ : 면자하 밀도[Wb/m^2]
t : 판의 두께[m], ω : 입체각($\omega = 2\pi$)

06 자기 모멘트와 회전력

1) 자석의 자기 모멘트

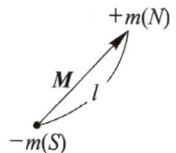

소자석의 두 자극 $\pm m$, 미소거리 l이라 하면 자기모멘트 $M = ml[\text{Wb} \cdot \text{m}]$이고, 방향은 $-m$에서 $+m$으로 향하는 방향을 취한다.

2) 자계 중의 자석에 작용하는 토크

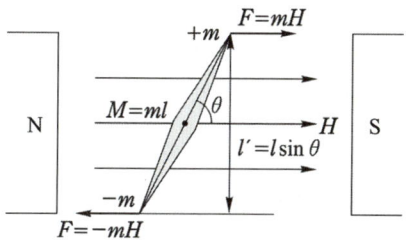

그림과 같이 평등자계 H 내에 길이 l, 자극의 세기 $\pm m$인 자석이 자계와 θ의 각을 이루고 있을 때, 자석의 N극($+m$)은 자계와 동일 방향, S극($-m$)은 자계와 반대 방향으로 작용하여 자석에는 크기가 같고 방향은 반대인 회전력이 작용한다. 따라서 회전력 T는

$$T = Fl' = Fl\sin\theta = mHl\sin\theta\,[\text{N}\cdot\text{m}]$$

가 된다. 이 식을 다시 자기모멘트 $M = ml$과 자계의 세기 H를 이용하여 벡터적으로 표현하면

$$T = MH\sin\theta$$
$$\therefore T = M \times H\,[\text{N}\cdot\text{m}]$$

출제 산업 11번, 기사 9번

가 된다.

07 전류에 의한 자계

1) 암페어의 오른나사 법칙

도체에 수직인 평면상에서 오른나사가 진행하는 방향으로 전류가 흐를 때 나사를 돌리는 방향으로 자계가 발생한다. 즉, 전류에 의한 자계 방향의 관계를 암페어의 오른나사 법칙이라 한다.

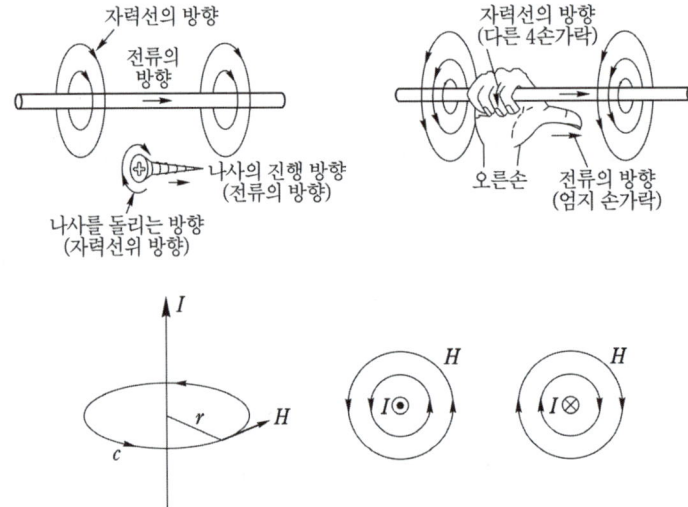

⊙ : 지면의 뒷면에서 표면으로 나오는 방향
⊗ : 지면의 표면에서 뒷면으로 들어가는 방향

암페어의 오른나사 법칙   출제 산업 12번

2) 암페어의 주회적분 법칙

임의의 폐곡선에 대한 자계의 선적분은 이 폐곡선을 관통하는 전류와 같다.

$$\oint_c H \cdot dl = I$$

여기서, 전류의 방향은 선적분을 취하는 폐곡선 방향으로 오른나사를 돌릴 때 나사가 진행하는 방향과 일치하면 전류의 부호는 정(+), 반대 방향이면 부(-)가 된다.

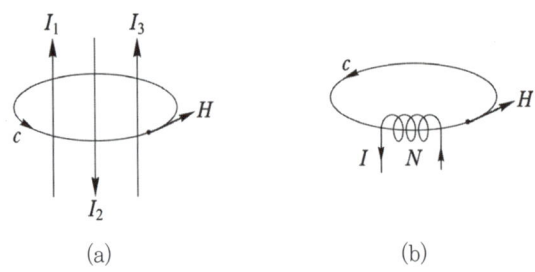

전류와 적분로의 쇄교

그림 (a)와 같이 적분로 c에 전류 I_1, I_2, I_3가 쇄교하고 있을 때

$$\oint_c H \cdot dl = I_1 - I_2 + I_3$$

또한 그림 (b)와 같이 적분로 c가 N회의 전류코일과 쇄교하는 경우에 발생하는 자계는 1회 전류코일의 N배가 되어 쇄교하는 전류는 NI가 된다.

$$\oint_c H \cdot dl = NI$$ 출제 산업 5번, 기사 3번

정전계와 정자계의 유사성

	정 전 계		정 자 계	
전 속	$\Psi = Q$[C]	자 속	$\phi = m$[Wb]	
전속밀도	$D = \dfrac{\Psi}{S} = \dfrac{Q}{S}$[C/m²] ∴ $\Psi = DS$[C]	자속밀도	$B = \dfrac{\phi}{S} = \dfrac{m}{S}$[Wb/m²] ∴ $\phi = BS$[Wb]	
전기력선	$N = \dfrac{\Psi}{\epsilon_0} = \dfrac{Q}{\epsilon_0}$[lines]	자력선	$N = \dfrac{\phi}{\mu_0} = \dfrac{m}{\mu_0}$[lines]	
전계의 세기 (=전기력선 밀도)	$E = \dfrac{D}{\epsilon_0}$[V/m] ∴ $D = \epsilon_0 E$	자계의 세기 (=자력선 밀도)	$H = \dfrac{B}{\mu_0}$[AT/m] ∴ $B = \mu_0 H$	
전 하	Q[C]	자 하 (자극의 세기)	m[Wb]	
진공의 유전율	$\epsilon_0 = 8.85 \times 10^{-12}$[F/m]	진공의 투자율	$\mu_0 = 4\pi \times 10^{-7}$[H/m]	
쿨롱의 법칙 (전기력)	$F = \dfrac{Q_1 Q_2}{4\pi \epsilon_0 r^2}$[N]	쿨롱의 법칙 (자기력)	$F = \dfrac{m_1 m_2}{4\pi \mu_0 r^2}$[N]	
전계의 세기	$E = \dfrac{Q}{4\pi \epsilon_0 r^2}$[V/m]	자계의 세기	$H = \dfrac{m}{4\pi \mu_0 r^2}$[AT/m]	
힘과 전계	$F = QE$[N]	힘과 자계	$F = mH$[N]	
전 위	$V = \dfrac{Q}{4\pi \epsilon_0 r}$[V]	자 위	$U = \dfrac{m}{4\pi \mu_0 r}$[AT]	
전기쌍극자	$V = \dfrac{M\cos\theta}{4\pi \epsilon_0 r^2}$[V]	소 자 석	$U = \dfrac{M\cos\theta}{4\pi \mu_0 r^2}$[AT]	
전기이중층	$V = \dfrac{M}{4\pi \epsilon_0}\omega$[V]	판 자 석	$U = \dfrac{M}{4\pi \mu_0}\omega$[AT]	
전위경도	$\mathbf{E} = -\text{grad } V$	자위경도	$\mathbf{H} = -\text{grad } U$	

08 전류에 의한 자계의 계산

무한직선 전류	$H = \dfrac{I}{2\pi r}$ [AT/m] 출제 기사 7번	
반지름 a[m]인 원통형(원주형) 도체의 전류 도체 외부($r > a$)	$H = \dfrac{I}{2\pi r}$ [AT/m] 출제 산업 6번	
반지름 a[m]인 원통형(원주형) 도체의 전류 도체내부($r < a$)	• 균일전류 분포 : $H = \dfrac{rI}{2\pi a^2}$ [AT/m] • 전류가 도체 표면에서만 흐르는 경우 : $H = 0$[AT/m]	

유한 직선전류	(1) $H = \dfrac{I}{4\pi r}(\sin\theta_1 + \sin\theta_2)$
	     $= \dfrac{I}{4\pi r}(\cos\alpha_1 + \cos\alpha_2)$ [AT/m]
	 출제 산업 2번, 기사 1번
	
	 (2) $\theta_2 = 0°$일 때
	     $H = \dfrac{I}{4\pi r}$ [AT/m]
	 출제 기사 2번	

원형 전류	(1) 원형 전류 중심의 자계의 세기 H_0는
	     $H_0 = \dfrac{I}{2a}$ [AT/m] 출제 산업 8번, 기사 10번
	 (2) 원형전류 중심 축상 점 P에서의 자계의 세기 H_x
	     $H_x = \dfrac{I}{2a}\sin^3\phi = \dfrac{a^2 I}{2(a^2+x^2)^{3/2}}$ [AT/m] 출제 기사 4번	

무한장 솔레노이드	(1) 내부 : $H = nI$ (내부에서는 평등자계 임) 출제 기사 2번 여기서, n : 단위길이 당 권선수 (2) 외부 : $H = 0$	
환상 솔레노이드	(1) 내부 : $H = \dfrac{NI}{2\pi r}$ (내부에서는 균등자계 임) 출제 산업 5번, 기사 4번 (2) 외부 : $H = 0$ 출제 기사 6번	

09 비오-사바르 법칙 〔출제 산업 1번〕

임의의 형상의 도선에 전류 $I[A]$가 흐를 때, 도선 상의 미소길이 dl 부분에 흐르는 전류에 의하여 거리 r만큼 떨어진 점 P에서의 자계의 세기 dH는

$$dH = \frac{Idl\sin\theta}{4\pi r^2}$$

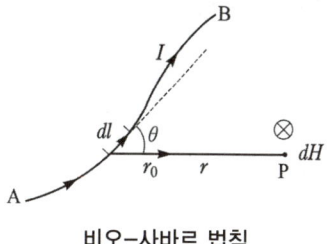

비오-사바르 법칙

여기서, θ는 dl과 거리 r이 이루는 각이다.

점 P에서의 자계의 방향은 미소길이 dl과 거리 r이 이루는 면에 수직으로 오른나사 법칙을 따른다. 그러므로 지면에서 뒤로 들어가는 방향, 즉 ⊗방향이 된다. 따라서 전류 I가 흐르는 도선의 미소 부분 dl에 의한 자계 dH는

$$d\boldsymbol{H} = \frac{Idl \times \boldsymbol{r}_0}{4\pi r^2} = \frac{Idl \times \boldsymbol{r}}{4\pi r^3}$$

$$\therefore \boldsymbol{H} = \frac{I}{4\pi}\int \frac{dl \times \boldsymbol{r}_0}{r^2} = \frac{I}{4\pi}\int \frac{dl \times \boldsymbol{r}}{r^3}$$

로 주어진다. 이것을 비오-사바르 법칙이라 한다.

10 정전계와 정자계의 적분형과 미분형

구 분		적분형	미분형	비 고
정전계	가우스 법칙	$\oint_S \boldsymbol{D} \cdot d\boldsymbol{S} = Q$ $\oint_S \boldsymbol{E} \cdot d\boldsymbol{S} = \dfrac{Q}{\epsilon_0}$	$\operatorname{div}\boldsymbol{D} = \nabla \cdot \boldsymbol{D} = \rho$ $\operatorname{div}\boldsymbol{E} = \nabla \cdot \boldsymbol{E} = \dfrac{\rho}{\epsilon_0}$	발산 정리
	보존장 조건	$\oint_c \boldsymbol{E} \cdot dl = 0$ ($\boldsymbol{E} = -\operatorname{grad}V$)	$\operatorname{rot}\boldsymbol{E} = \nabla \times \boldsymbol{E} = 0$	스토크스 정리
정자계	암페어 주회적분법칙	$\oint_c \boldsymbol{H} \cdot dl = I$	$\operatorname{rot}\boldsymbol{H} = \nabla \times \boldsymbol{H} = i$	스토크스 정리
	자속 관계식	$\oint_S \boldsymbol{B} \cdot d\boldsymbol{S} = 0$	$\operatorname{div}\boldsymbol{B} = \nabla \cdot \boldsymbol{B} = 0$	발산 정리
정상전류계	옴의 법칙	$\oint_S \boldsymbol{i} \cdot d\boldsymbol{S} = I$	$\operatorname{div}\boldsymbol{i} = \nabla \cdot \boldsymbol{i} = 0$	발산 정리

11 ─ 자계 내에서 전류 도체가 받는 힘

자속밀도가 $B[\text{Wb/m}^2]$인 자계 중에 길이를 l의 도체를 놓고 $I[\text{A}]$의 전류를 흘릴 경우 자계 내에서 도체가 받는 힘의 크기 F는

$$F = BIl\sin\theta[\text{N}]$$ 출제 산업 3번, 기사 3번

이며, 이들의 관계를 구체적으로 표현할 수 있는 방법은 플레밍의 왼손 법칙(Fleming's left hand law)이 있다.

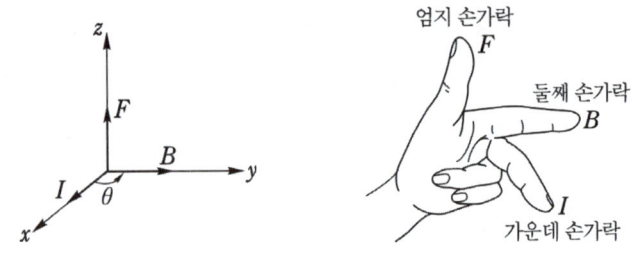

플레밍의 왼손법칙

12 ─ 자계 내에서 운동전하가 받는 힘

전하 q가 자속밀도 B인 평등자계 내를 이것과 θ의 방향으로 속도 v를 가지고 이동할 때, 이 전하에는 전자력 $\boldsymbol{F}$가 작용한다.

$$\boldsymbol{F} = q(\boldsymbol{v} \times \boldsymbol{B})[\text{N}]$$ 출제 산업 7번, 기사 9번
$$F = Bqv\sin\theta[\text{N}]$$ 출제 산업 2번, 기사 2번

여기서, 전하 q가 속도 v로 평등자계 내를 수직으로 들어가면 운동방향과 직각으로 힘을 받아 등속 원운동을 하게 된다.
또한 운동 전하 q에 전계 E와 자계 H가 동시에 작용하고 있으면 전체적으로

$$\boldsymbol{F} = q(\boldsymbol{E} + \boldsymbol{v} \times \boldsymbol{B})[\text{N}]$$ 출제 기사 2번

의 전자력을 받는다. 이것을 일반적으로 로렌쯔의 힘(Lorentz's force)이라고 한다.

13 - 평행도체 상호 간에 작용하는 힘

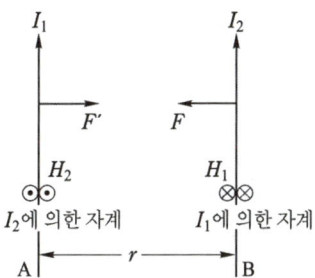

그림과 같이 거리 r[m] 떨어진 두 개의 평행도체 A, B에 전류가 I_1, I_2에 흐르고 있을 때 도체 A에 의한 도체 B의 단위길이에 작용하는 힘 F는 자계의 세기 H_1에 의해 구해진다.

$$H_1 = \frac{I_1}{2\pi r}[\text{AT/m}]$$

H_1의 자계 내에 전류 I_2가 놓여 있는 형태로 B도체가 힘을 받는다.
H_1과 I_2가 이루는 각은 90°이므로

$$F = BIl\sin\theta \text{ 에서 } F = B_1 I_2 [\text{N/m}]$$

여기서 $B_1 = \mu_0 H_1$이므로

$$F = \mu_0 H_1 I_2 = \frac{\mu_0 I_1 I_2}{2\pi r}[\text{N/m}] \quad \text{출제 산업 10번, 기사 11번}$$

도체 B에 의한 도체 A가 받는 힘 F'은

$$F' = B_2 I_1 = \mu_0 H_2 I_1 = \frac{\mu_0 I_1 I_2}{2\pi r}[\text{N/m}]$$

이며, $\boldsymbol{F} = \boldsymbol{F'}$가 되어 전류 도체 A와 B가 받는 힘은 서로 같다.
도체에 작용하는 힘의 방향은 플레밍 왼손법칙에 의하여 두 도체의 전류가 동일 방향으로 흐를 때에는 흡인력, 반대 방향일 때에는 반발력이 작용한다.

14 - 핀치 효과와 홀 효과

1) 핀치 효과

액체 도체에 전류를 흘리면 전류의 방향과 수직방향으로 원형 자계가 생겨서 전류가 흐르는 액체에는 구심력의 전자력이 작용한다. 그 결과 액체단면은 수축하여 저항이 커지기 때문에 전류의 흐름은 작게 된다.

전류의 흐름이 작게 되면 수축력이 감소하여 액체 단면은 원상태로 복귀하고, 다시 전류가 흐르게 되어 수축력이 작용한다. 이와 같은 현상을 핀치 효과(pinch effect)라 한다.

2) 홀 효과

도체나 반도체의 물질에 전류를 흘리고 이것과 직각 방향으로 자계를 가하면, I와 B가 이루는 면에 직각 방향으로 기전력이 발생한다. 이 현상을 홀 효과(Hall effect)라 한다.

3) 스트레치 효과

자유로이 구부릴 수 있는가는 직사각형의 도선에 대전류를 흘리면, 평행 도선에서 전류가 반대로 흐를 때와 마찬가지로 도선 상호 간에는 반발력이 작용하게 되어 최종적으로 도선이 원의 형태를 이루게 된다. 이와 같은 현상을 스트레치 효과(stretch effect)라 한다.

CHAPTER 07 출제예상문제_진공 중의 정자계

자계 및 자계의 세기

01 ★ [03. 기사]
다음 사항 중 옳은 것은?
① 텔레비전(TV)은 전자를 발생시키는 전자총과, 전계를 걸어 전자의 방향을 구부러지게 하는 편향코일과 전자가 면에 부디치면 특정한 색깔을 내는 금속이 칠해져 있는 브라운관을 구비하고 있다.
② 자석을 영어로 마그넷(magnet)라고 하는 이유는 고대 희랍의 마그네시아라고 불리워지는 지방에서 철을 흡인하는 돌이 취해졌기 때문이다.
③ 모피(毛皮)로 호박(amber, 琥珀)을 마찰하면 그 에너지를 받아 모피에서 음전기를 띤 자유전자가 호박으로 옮겨져, 모피는 음(−)전기를 띠고 호박은 양전기(+)를 띤다.
④ 쿨롱은 전계와 자계의 세기 및 음극선의 구부러지는 정도에서 전자의 비전하(전하량/질량)를 계산하였다.

02 ☆ [97. 10. 산업기사]
두 개의 자력선이 동일 방향으로 흐르면 자계 강도는?
① 더 약해진다.   ② 주기적으로 약해졌다 강해졌다 한다.
③ 더 강해진다.   ④ 강해졌다가 약해진다.

03 ★☆ [89. 기사, 77. 산업기사]
합리화 MKS 단위계로 자계의 세기 단위는?
① [AT/m]   ② [Wb/m^2]   ③ [Wb/m]   ④ [AT/m^2]

해설, 자계의 세기(H)의 단위 : [AT/m], [N/Wb], [Oersted]

04 ★☆ [82. 83. 96. 산업기사]
자극의 크기 $m = 4$[Wb]의 점자극으로부터 $r = 4$[m] 떨어진 점의 자계의 세기[AT/m]를 구하면?
① 7.9×10^3 ② 6.3×10^4 ③ 1.6×10^4 ④ 1.3×10^3

해설, $H = \dfrac{m}{4\pi\mu_0 r^2} = 6.33 \times 10^4 \times \dfrac{m}{r^2} = 6.33 \times 10^4 \times \dfrac{4}{4^2} = 1.58 \times 10^4$ [AT/m]

답 1. ② 2. ③ 3. ① 4. ③

05 그림과 같이 진공에서 6×10^{-3}[Wb]의 자극을 가진 길이 10[cm] 되는 막대자석의 정자극(正磁極)으로부터 5[cm] 떨어진 P점의 자계의 세기는?

① 13.3×10^4[AT/m]
② 17.3×10^4[AT/m]
③ 23.3×10^3[AT/m]
④ 28.1×10^5[AT/m]

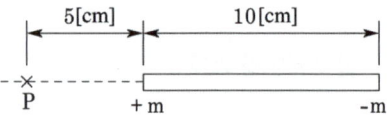

해설 $H_P = H_{AP} - H_{BP}$
$= 6.33 \times 10^4 \times \left[\dfrac{6 \times 10^{-3}}{(5 \times 10^{-2})^2} - \dfrac{6 \times 10^{-3}}{(15 \times 10^{-2})^2} \right]$
$= 13.3 \times 10^4$[AT/m]

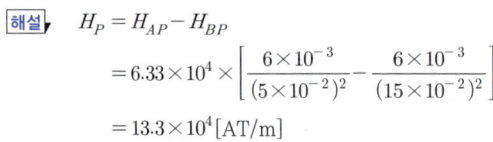

06 거리 r[m]를 두고 m_1, m_2[Wb]인 같은 부호의 자극이 놓여 있다. 두 자극을 잇는 선상의 어느 일점에서 자계의 세기가 0인 점은 m_1[Wb]에서 몇 [m] 떨어져 있는가?

① $\dfrac{m_1 r}{m_1 + m_2}$ [m]
② $\dfrac{\sqrt{m_1} r}{\sqrt{m_1 + m_2}}$ [m]
③ $\dfrac{\sqrt{m_1} r}{\sqrt{m_1} + \sqrt{m_2}}$ [m]
④ $\dfrac{m_1^2 r}{m_1^2 + m_2^2}$ [m]

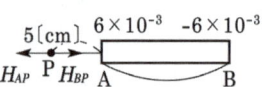

해설 그림에서와 같이 m_1과 m_2의 부호가 같을 때는 두 자하 사이에 자계의 세기가 0인 점이 존재하는데 이때 $H_1 = H_2$이며 방향은 반대이다. 자계가 0인 점을 P라 하고 m_1에서 P점까지의 거리를 x라 하면

$H_1 = \dfrac{m_1}{4\pi\mu_0 x^2} = H_2 = \dfrac{m_2}{4\pi\mu_0 (r-x)^2}$ 에서

$\dfrac{m_1}{x^2} = \dfrac{m_2}{(r-x)^2}$, $m_2 x^2 = m_1 (r-x)^2$

양변에 $\sqrt{\ }$ 를 취하면

$\sqrt{m_2} x = \sqrt{m_1}(r-x) = \sqrt{m_1} r - \sqrt{m_1} x$, $x(\sqrt{m_1} + \sqrt{m_2}) = \sqrt{m_1} r$

따라서 $x = \dfrac{\sqrt{m_1} \cdot r}{\sqrt{m_1} + \sqrt{m_2}}$ [m]

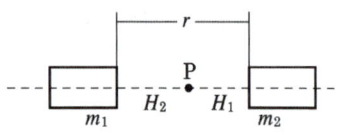

07 그림과 같이 권수 1이고 반지름 a[m]인 원형전류 I[A]가 만드는 자계의 세기는 몇 [AT/m]인가?

① $\dfrac{I}{a}$
② $\dfrac{I}{2a}$
③ $\dfrac{I}{3a}$
④ $\dfrac{I}{4a}$

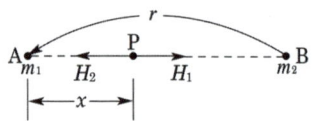

답 5. ① 6. ③ 7. ②

해설 $H = \dfrac{NI}{2a}$ [AT/m] $= \dfrac{1 \times I}{2a}$

08 ★★ [86. 90. 19. 산업기사]
자계의 세기를 표시하는 단위와 관계없는 것은? 단, A : 전류, N : 힘, Wb : 자속, H : 인덕턴스, m : 길이의 단위이다.
① [A/m] ② [N/Wb] ③ [Wb/h] ④ [Wb/Hm]

해설 자계의 세기는 1[Wb]당의 작용력이므로
$\left[\dfrac{N}{Wb}\right] = \left[\dfrac{N \cdot m}{Wb \cdot m}\right] = \left[\dfrac{J/Wb}{m}\right] = \left[\dfrac{A}{m}\right] = \left[\dfrac{Wb}{H \cdot m}\right]$

09 ☆ [98. 산업기사]
비오-사바르의 법칙으로 구할 수 있는 것은?
① 자계의 세기
② 전계의 세기
③ 전하 사이의 힘
④ 자하 사이의 힘

해설 비오-사바르의 법칙 : 미소 전류와 자계에 관한 법칙
$dH = \dfrac{Idl \sin\theta}{4\pi r^2}$ [AT/m] (θ : 전류 방향과 거리가 이루는 각)

10 ★★ [82. 01. 05. 19. 산업기사]
반지름 1[m]의 원형 코일에 1[A]의 전류가 흐를 때 중심점의 자계의 세기[AT/m]는?
① $\dfrac{1}{4}$ ② $\dfrac{1}{2}$ ③ 1 ④ 2

해설 원형 코일 중심의 자계의 세기 $H_0 = \dfrac{I}{2a} = \dfrac{1}{2 \times 1} = \dfrac{1}{2}$ [AT/m]

11 ★★★☆ [82. 93. 기사, 76. 96. 03. 산업기사, ㉯ : 99. 산업기사]
반지름 a[m]인 원형 코일에 전류 I[A]가 흘렀을 때 코일 중심의 자계의 세기[AT/m]는?
① $\dfrac{I}{2a}$ ② $\dfrac{I}{4a}$ ③ $\dfrac{I}{2\pi a}$ ④ $\dfrac{I}{4\pi a}$

해설 $H_0 = \oint dH = \int_0^{2\pi a} \dfrac{Idl \sin\theta}{4\pi a^2} = \int_0^{2\pi a} \dfrac{Idl}{4\pi a^2} = \dfrac{I}{4\pi a^2} \int_0^{2\pi a} dl = \dfrac{I}{2a}$ [AT/m]

또는 $H_x = \dfrac{I}{2} \cdot \dfrac{a^2}{(a^2+x^2)^{3/2}}$ 에서 원형 코일 중심의 자계의 세기 H_0는 $x=0$이므로

∴ $H_0 = \dfrac{I}{2a}$ [AT/m]

답 8. ③ 9. ① 10. ② 11. ①

12 길이 l[m]의 도체로 원형 코일을 만들어 일정 전류를 흘릴 때 M회 감았을 때의 중심 자계는 N회 감았을 때의 중심 자계의 몇 배인가? [00. 02. 13. 기사]

① $\dfrac{M}{N}$ ② $\dfrac{M^2}{N^2}$ ③ $\dfrac{N}{M}$ ④ $\dfrac{N^2}{M^2}$

해설 전체 길이는 동일하므로 $l = M(2\pi a_M) = N(2\pi a_N)$

$a_M = \dfrac{l}{2\pi M}$, $a_N = \dfrac{l}{2\pi N}$. $H_M = \dfrac{M \cdot I}{2a_M} = \dfrac{M \cdot I}{2 \cdot \dfrac{l}{2\pi M}} = \dfrac{\pi M^2 I}{l}$, $H_N = \dfrac{N \cdot I}{2a_N} = \dfrac{N \cdot I}{2 \cdot \dfrac{l}{2\pi N}} = \dfrac{\pi N^2 I}{l}$

$\therefore \dfrac{H_M}{H_N} = \dfrac{\dfrac{\pi M^2 I}{l}}{\dfrac{\pi N^2 I}{l}} = \dfrac{M^2}{N^2}$

13 반지름 a[m]인 반원형 전류 I[A]에 의한 중심에서의 자계의 세기[AT/m]는? [86. 96. 기사]

① $\dfrac{I}{4a}$ ② $\dfrac{I}{a}$ ③ $\dfrac{I}{2a}$ ④ $\dfrac{2I}{a}$

해설 $H = \dfrac{1}{2} \times \dfrac{I}{2a} = \dfrac{I}{4a}$

14 반지름 $r = a$[m]인 원통상 도선에 1[A]의 전류가 균일하게 흐를 때 $r = 0.2a$[m]의 자계는 $r = 2a$[m]인 자계의 몇 배인가? [01. 기사]

① 0.2 ② 0.4 ③ 2 ④ 4

해설 원통상 도선의 자계 $r = 0.2a$(내부) : $H_1 = \dfrac{rI}{2\pi a^2} = \dfrac{(0.2a)I}{2\pi a^2} = \dfrac{I}{10\pi a}$

$r = 2a$(외부) : $H_2 = \dfrac{I}{2\pi r} = \dfrac{I}{2\pi(2a)} = \dfrac{I}{4\pi a}$

$\therefore \dfrac{H_1}{H_2} = \dfrac{4}{10} = 0.4$

15 그림과 같이 반지름 a[m]의 원형 전류가 흐르고 있을 때 원형 전류의 중심 O에서 중심축상 x[m]인 점 P의 자계[AT/m]를 나타낸 식은? [91. 기사, 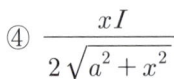 : 96. 기사]

① $\dfrac{a^2 I}{2(a^2+x^2)}$ ② $\dfrac{a^2 I}{2(a^2+x^2)^{\frac{3}{2}}}$

③ $\dfrac{I}{2}\left(1 - \dfrac{x}{\sqrt{a^2+x^2}}\right)$ ④ $\dfrac{xI}{2\sqrt{a^2+x^2}}$

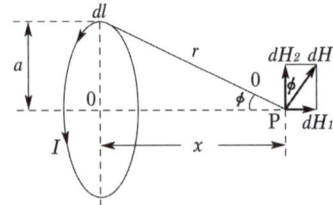

12. ② 13. ① 14. ② 15. ②

해설 원주상 미소 부분 dl에 의한 자계는 $\theta = \dfrac{\pi}{2}$인 경우이므로 비오-사바르 법칙에서 값에 따라 방향이 바뀌어 dH_2의 총합은 0이다.

따라서, $H = \int dH_1 = \int_0^{2\pi a} dH\sin\phi = \dfrac{a^2 I}{2(a^2+x^2)^{\frac{3}{2}}}$ [AT/m]이다.

원형 코일 중심에서는 $x=0$이 되어 $H = \dfrac{I}{2a}$ [AT/m]가 되며

권수가 N인 경우 $H = \dfrac{NI}{2a}$ [AT/m]이다.

16 ★★ [93. 기사, 89. 97. 11. 산업기사]

비투자율 μ_s, 길이 l인 철심에 권수 N인 환상 솔레노이드 코일이 있다. 이때, 철심에 길이 l_1인 미소 공극을 만들었을 때 공극 자계 세기 H_A와 철심 자계 세기 H_F의 비 H_F/H_A는?

① μ_s ② $\dfrac{1}{\mu_s}$ ③ $\dfrac{\mu_s(l-l_1)}{l_1}$ ④ $\dfrac{l_1}{\mu_s(l-l_1)}$

해설 공극에 있어서 자속의 퍼짐이 없으면 철심 내부와 공극 부분의 자속 밀도가 같게 되므로

$H_F = \dfrac{B}{\mu} = \dfrac{B}{\mu_0 \mu_s}$, $H_A = \dfrac{B}{\mu_0} = \mu_s H_F$ ∴ $\dfrac{H_F}{H_A} = \dfrac{1}{\mu_s}$

17 ★★ [89. 95. 기사]

반지름이 a이고, $\pm z$에 원형 선조 루프들이 놓여 있다. 그림과 같은 방향으로 전류 I가 흐를 때 원점의 자계 세기 $\boldsymbol{H}$를 구하면? 단, $\boldsymbol{a}_z$, $\boldsymbol{a}_\phi$는 단위 벡터이다.

① $\boldsymbol{H} = \dfrac{Ia^2 \boldsymbol{a}_z}{2(a^2+z^2)^{3/2}}$

② $\boldsymbol{H} = \dfrac{Ia^2 \boldsymbol{a}_\phi}{2(a^2+z^2)^{3/2}}$

③ $\boldsymbol{H} = \dfrac{Ia^2 \boldsymbol{a}_z}{(a^2+z^2)^{3/2}}$

④ $\boldsymbol{H} = \dfrac{Ia^2 \boldsymbol{a}_\phi}{(a^2+z^2)^{3/2}}$

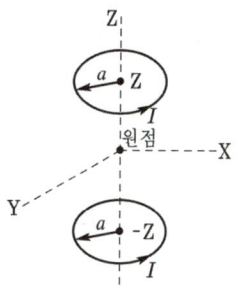

해설 원형전류에 의한 중심축상의 자위 u는 $u = \dfrac{I}{4\pi}\omega = \dfrac{I}{2}\left(1 - \dfrac{z}{\sqrt{a^2+z^2}}\right)$ [AT]이고

자계의 세기 $\boldsymbol{H}_{1z}$는 $\boldsymbol{H}_{1z} = -\dfrac{\partial u}{\partial z}\boldsymbol{a}_z = \dfrac{a^2 I}{2(a^2+z^2)^{3/2}}\boldsymbol{a}_z$가 된다.

그런데 원형전류가 두 개이고 원점에서의 자계 방향도 같으므로 $\boldsymbol{H}_{1z}$의 2배가 된다.

∴ $\boldsymbol{H}_z = 2\boldsymbol{H}_{1z} = \dfrac{a^2 I}{(a^2+z^2)^{3/2}}\boldsymbol{a}_z$

답 16. ② 17. ③

18 각각 반지름이 a[m]인 두 개의 원형 코일이 그림과 같이 서로 $2a$[m] 떨어져 있고 전류 I[A]가 표시된 방향으로 흐를 때 중심선상의 P점의 자계의 세기는 몇 [AT/m]인가?

① $\dfrac{I}{2a}(\sin^3\phi_1 + \sin^3\phi_2)$

② $\dfrac{I}{2a}(\sin^2\phi_1 + \sin^2\phi_2)$

③ $\dfrac{I}{2a}(\cos^3\phi_1 + \cos^3\phi_2)$

④ $\dfrac{I}{2a}(\cos^2\phi_1 + \cos^2\phi_2)$

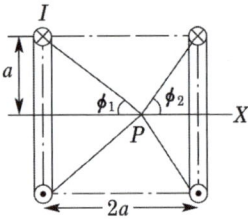

해설 원환 전류에 의한 자계 $H_1 = \dfrac{a^2 I}{2(a^2 + x_1^2)^{\frac{3}{2}}} = \dfrac{a^3 I}{2a(a^2 + x_1^2)^{\frac{3}{2}}} = \dfrac{I}{2a}\sin^3\phi_1$ [AT/m]

같은 방법으로 $H_2 = \dfrac{I}{2a}\sin^3\phi_2$ [AT/m]

$\therefore H_p = H_1 + H_2 = \dfrac{I}{2a}(\sin^3\phi_1 + \sin^3\phi_2)$ [AT/m]

19 전류의 세기가 I[A], 반지름 r[m]인 원형 선전류 중심에 m[Wb]인 가상 점자극을 둘 때 원형 선전류가 받는 힘은 몇 [N]인가?

① $\dfrac{mI}{2r}$ ② $\dfrac{mI}{2\pi r}$ ③ $\dfrac{mI^2}{2\pi r}$ ④ $\dfrac{mI}{2r^2}$

해설 반지름 r인 원형 선전류 중심의 자계의 세기 $H_0 = \dfrac{I}{2r}$ [AT/m]

$\therefore F = mH = \dfrac{mI}{2r}$ [N]

20 그림과 같이 l_1[m]에서 l_2[m]까지 전류 i[A]가 흐르고 있는 직선 도체에서 수직 거리 a[m] 떨어진 점 P의 자계[AT/m]를 구하면?

① $\dfrac{i}{4\pi a}(\sin\theta_1 + \sin\theta_2)$

② $\dfrac{i}{4\pi a}(\cos\theta_1 + \cos\theta_2)$

③ $\dfrac{i}{2\pi a}(\sin\theta_1 + \sin\theta_2)$

④ $\dfrac{i}{2\pi a}(\cos\theta_1 + \cos\theta_2)$

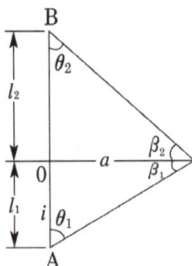

해설 $H = \dfrac{I}{4\pi a}(\sin\beta_1 + \sin\beta_2) = \dfrac{I}{4\pi a}(\cos\theta_1 + \cos\theta_2)$

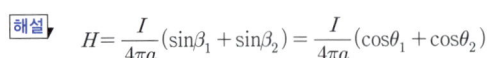

21 ★★ [85. 95. 기사]
그림과 같은 길이 $\sqrt{3}$ [m]인 유한장 직선 도선에 π[A]의 전류가 흐를 때 도선의 일단 B에서 수직하게 1[m]되는 P점의 자계의 세기[AT/m]는?

① $\sqrt{3}/8$
② $\sqrt{3}/4$
③ $\sqrt{3}/2$
④ $\sqrt{3}$

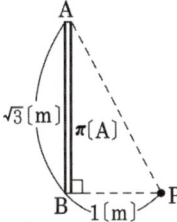

해설 $H_{AB} = \dfrac{I}{4\pi a}\sin\beta_1 = \dfrac{\pi}{4\pi \times 1} \times \dfrac{\sqrt{3}}{\sqrt{1^2+(\sqrt{3})^2}} = \dfrac{1}{4} \times \dfrac{\sqrt{3}}{2} = \dfrac{\sqrt{3}}{8}$ [AT/m]

22 ★ [10. 18. 기사. 80. 99. 03. 산업기사]
한 변의 길이가 10[cm]인 철선으로 정사각형을 만들고 직류 5[A]를 흘렸을 때 그 중심점의 자계의 세기[AT/m]는?

① 40 ② 45 ③ 160 ④ 180

해설 $H_0 = \dfrac{2\sqrt{2}\,I}{\pi l} = \dfrac{2\sqrt{2}\times 5}{\pi \times 10 \times 10^{-2}} = \dfrac{\sqrt{2}\times 10^2}{\pi} = 45$ [AT/m]

23 ★★★ [88. 93. 97. 기사]
반지름 a[m]인 원에 내접하는 정n변형의 회로에 I[A]가 흐를 때, 그 중심에서의 자계의 세기 [AT/m]는?

① $\dfrac{nI\tan\dfrac{\pi}{n}}{2\pi a}$ ② $\dfrac{nI\sin\dfrac{\pi}{n}}{2\pi a}$ ③ $\dfrac{nI\tan\dfrac{\pi}{n}}{\pi a}$ ④ $\dfrac{nI\sin\dfrac{\pi}{n}}{\pi a}$

해설 $H_{AB} = \dfrac{I}{4\pi a\cos\dfrac{\pi}{n}}\left(2\sin\dfrac{\pi}{n}\right) = \dfrac{I}{2\pi a}\tan\dfrac{\pi}{n}$

정 n변형 회로의 중심 자계의 세기는 $H_0 = nH_{AB} = \dfrac{nI\tan\dfrac{\pi}{n}}{2\pi a}$ [AT/m]

24 ★★ [82. 84. 98. 00. 산업기사]
반지름 25[cm]의 원주형 도선에 π[A]의 전류가 흐를 때 도선의 중심축에서 50[cm] 되는 점의 자계의 세기[AT/m]는? 단, 도선의 길이 l은 매우 길다.

① 1 ② π ③ $\dfrac{1}{2}\pi$ ④ $\dfrac{1}{4}\pi$

해설 $H = \dfrac{I}{2\pi r} = \dfrac{\pi}{2\pi \times 0.5} = 1$ [AT/m]

답 21. ① 22. ② 23. ① 24. ①

★★ [89. 기사, ㊒ : 99. 기사]

25 무한 직선 전류에 의한 자계는 전류에서의 거리에 대하여 ( )의 형태로 감소한다. ( )에 알맞은 것은?

① 포물선 ② 원 ③ 타원 ④ 쌍곡선

해설 무한 직선 전류에 의한 자계는 $H=\dfrac{I}{2\pi r}$이므로 $H\propto\dfrac{I}{r}$

★ [78. 05. 19. 기사]

26 그림과 같이 평행한 무한장 직선 도선에 I, $4I$인 전류가 흐른다. 두 선 사이의 점 P의 자계 세기가 0이다. a/b는?

① $\dfrac{a}{b}=4$ ② $\dfrac{a}{b}=2$

③ $\dfrac{a}{b}=\dfrac{1}{2}$ ④ $\dfrac{a}{b}=\dfrac{1}{4}$

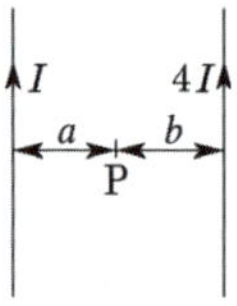

해설 I와 $4I$ 도선에 의한 자계의 방향은 서로 반대이므로 크기가 같으면 $H=0$가 된다.

I 도선에 의한 자계 $H_I=\dfrac{I}{2\pi a}$[A/m]

$4I$ 도선에 의한 자계 $H_{4I}=\dfrac{4I}{2\pi b}$[A/m]

$H_I=H_{4I}$ 이므로 $\dfrac{I}{2\pi a}=\dfrac{4I}{2\pi b}$ $\therefore\ \dfrac{a}{b}=\dfrac{1}{4}$

★★ [95. 05. 20. 기사]

27 무한장 직선도체가 있다. 이 도체로부터 수직으로 0.1[m] 떨어진 점의 자계의 세기가 180[AT/m]이다. 이 도체를 따라 수직으로 0.3[m] 떨어진 점의 자계의 세기는 몇 [AT/m]인가?

① 20 ② 60 ③ 180 ④ 540

해설 무한장 직선도체에 I[A]가 흐를 때 이 도체에 의한 자계는 $H=\dfrac{I}{2\pi r}$로 거리에 반비례하므로

$H:H'=\dfrac{1}{0.1}:\dfrac{1}{0.3}$, $\therefore\ H'=\dfrac{0.1}{0.3}\times H=\dfrac{1}{3}H=\dfrac{1}{3}\times 180=60$[AT/m]

★ [98. 12. 기사]

28 자유공간 중에서 $x=-2$, $y=4$ 를 통과하고 z축과 평행인 무한장 직선 도체에 $+z$축 방향으로 직류 전류 I가 흐를 때 점 (2, 4, 0)에서의 자계 H[H/m]는 어떻게 표현되는가?

① $\dfrac{I}{4\pi}a_y$ ② $-\dfrac{I}{4\pi}a_y$ ③ $-\dfrac{I}{8\pi}a_y$ ④ $\dfrac{I}{8\pi}a_y$

해설 무한장 직선도체에서 z 축 방향 전류이면 y 축 방향 자계 발생 $H=\dfrac{I}{2\pi R}$[AT/m]

여기서 $R=4(x=-2$에서 $x=2$까지 거리) $\therefore\ H=\dfrac{I}{8\pi}a_y$가 된다.

답 25. ④ 26. ④ 27. ② 28. ④

29 ★★ [99. 03. 06. 18. 산업기사]
무한장 원주형 도체에 전류가 표면에만 흐른다면 원주 내부의 자계의 세기는 몇 [AT/m]인가? 단, r[m]는 원주의 반지름이다.

① $\dfrac{I}{2\pi r}$ ② $\dfrac{NI}{2\pi r}$ ③ $\dfrac{I}{2r}$ ④ 0

해설: 도체의 전류가 표면에만 흐르면 내부 자계는 0이다.

30 ★★★ [85. 03. 25. 기사, 23 25. 산업기사]
그림과 같은 동축 원통의 왕복 전류 회로가 있다. 도체 단면에 고르게 퍼진 일정 크기의 전류가 내부 도체로 흘러 들어가고 외부 도체로 흘러나올 때, 전류에 의하여 생기는 자계에 대하여 다음 중 옳지 않은 것은?

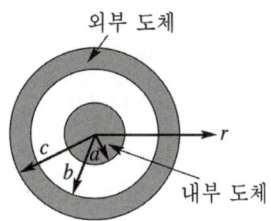

① 내부 도체 내($r < a$)에 생기는 자계의 크기는 중심으로부터의 거리에 비례한다.
② 두 도체 사이(내부 공간)($a < r < b$)에 생기는 자계의 크기는 중심으로부터의 거리에 반비례한다.
③ 외부 도체 내($b < r < c$)에 생기는 자계의 크기는 중심으로부터의 거리에 관계없이 일정하다.
④ 외부 공간($r > c$)의 자계는 영(0)이다.

해설: ① 내부 도체에 있어서 $r < a$인 점의 자계를 H_1이라 하면 반지름 r 내를 흐르는 전류, 즉 쇄교하는 전류 I_r은, $I_r = \dfrac{\pi r^2}{\pi a^2}I = \dfrac{r^2}{a^2}I$ 이므로, 주회 적분의 법칙에서 $2\pi r H_1 = I_r$

$\therefore H_1 = \dfrac{I_r}{2\pi r} = \dfrac{1}{2\pi r}\dfrac{r^2}{a^2}I = \dfrac{rI}{2\pi a^2}$ [A/m]

② $a < r < b$일 때의 자계 H_2는 $2\pi r H_2 = I$

$\therefore H_2 = \dfrac{I}{2\pi r}$ [A/m]

③ $b < r < c$인 점의 자계 H_3는 $H_3 2\pi r = I - \dfrac{\pi r^2 - \pi b^2}{\pi c^2 - \pi b^2}I = \left(1 - \dfrac{r^2 - b^2}{c^2 - b^2}\right)I$

$H_3 = \dfrac{I}{2\pi r}\left(1 - \dfrac{r^2 - b^2}{c^2 - b^2}\right)$ [A/m]

④ 외부 도체 외의 공간 $c < r$인 점의 자계 H_4는
$2\pi r H_4 = I - I = 0$ $\therefore H_4 = 0$

답 29. ④ 30. ③

31 ★ [00. 기사]
무단 솔레노이드의 자계를 나타내는 식은? (단, N은 코일 권선수, r은 평균 반지름, I는 코일에 흐르는 전류이다.)

① $\dfrac{NI}{2\pi}$ [AT/m]   ② NI [AT/m]   ③ $\dfrac{NI}{2\pi r}$ [AT/m]   ④ $\dfrac{N}{r}$ [AT/m]

[해설] 무단(환상) 솔레노이드 자계 ∴ $H = \dfrac{NI}{l} = \dfrac{NI}{2\pi r}$ [AT/m]

32 ★★ [99. 11. 기사, ⊕ : 11. 기사, 09. 산업기사]
철심이 있는 평균 반지름 15[cm]인 환상 솔레노이드의 코일에 5[A]가 흐를 때 내부 자계의 세기가 1600[AT/m]가 되려면 코일의 권수는 약 몇 회 정도 되는가?

① 150   ② 180   ③ 300   ④ 360

[해설] 환상 솔레노이드 내부 자계의 세기 $H = \dfrac{NI}{2\pi r}$ 에서
∴ $N = \dfrac{2\pi r H}{I} = \dfrac{2\pi \times 15 \times 10^{-2} \times 1600}{5} = 301.59$ [회]

33 ★★ [96. 11. 기사,, ⊕ : 07. 산업기사]
그림과 같은 무단 환상 솔레노이드 내의 철심 중심의 자계의 세기는 몇 [AT/m]인가? 단, 환상 철심의 평균 반지름 R[m], 코일의 권수 N[회], 코일에 흐르는 전류 I[A]라 한다.

① $\dfrac{NI}{\pi R}$ ② $\dfrac{NI}{2\pi R}$
③ $\dfrac{NI}{4\pi R}$ ④ $\dfrac{NI}{2R}$

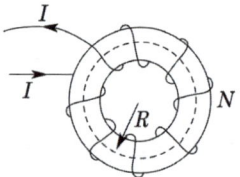

[해설] $\oint_c H \cdot dl = H \cdot 2\pi R = NI$ ∴ $H = \dfrac{NI}{2\pi R}$

34 ★ [01. 11. 산업기사]
공심 환상철심에서 코일의 권회수 500회, 단면적 6[m²], 평균 반지름 15[cm], 코일에 흐르는 전류 4[A]라 하면 철심 중심에서의 자계의 세기는 약 몇 [AT/m]인가?

① 1520   ② 1720   ③ 1920   ④ 2120

[해설] $H = \dfrac{NI}{2\pi a} = \dfrac{500 \times 4}{2\pi \times 0.15} = 2122$ [AT/m]

35 ★★★ [80. 기사, 76. 77. 82. 97. 산업기사 ⊕ : 05. 산업기사]
1[cm]마다 권수가 100인 무한장 솔레노이드에 20[mA]의 전류를 유통시킬 때 솔레노이드 내부의 자계의 세기[AT/m]는?

① 10   ② 20   ③ 100   ④ 200

답 31. ③ 32. ③ 33. ② 34. ④ 35. ④

해설 $H = n_0 I = 100 \times 100 \times 20 \times 10^{-3} = 200 [AT/m]$

36 ★ [93. 기사]
무한장 솔레노이드의 외부자계에 대한 설명 중 옳은 것은?
① 솔레노이드 내부의 자계와 같은 자계가 존재한다.
② $\frac{1}{2\pi}$의 배수가 되는 자계가 존재한다.
③ 솔레노이드 외부에는 자계가 존재하지 않는다.
④ 권회수에 비례하는 자계가 존재한다.

해설 코일내부 자계 $H = NI$, 코일외부 자계 $H = 0$

37 ★★★★ [77. 85. 04. 09. 12. 18. 기사, 11. 산업기사]
무한장 솔레노이드에 전류가 흐를 때 발생되는 자장에 관한 설명 중 옳은 것은?
① 내부 자장은 평등 자장이다.
② 외부와 내부 자장의 세기는 같다.
③ 외부 자장은 평등 자장이다.
④ 내부 자장의 세기는 0이다.

해설 무한장 솔레노이드 내부 자계의 세기는 평등하며, 그 크기는 $H_i = n_0 I [AT/m]$,
단 n_0는 단위 길이당 코일 권수[회/m]이다.
외부 자계의 세기는 누설 자속이 있을 수 없으므로 $H_e = 0[AT/m]$이다.

38 ★★ [87. 93. 기사]
반지름 a[m], 단위 길이당 권수 n[회/m], 전류 I[A]인 무한장 솔레노이드의 내부 자계의 세기 [AT/m]는?
① $\frac{nI}{2\pi a}$
② $\frac{nI}{2a}$
③ nI
④ $\frac{nI}{2\pi}$

해설 $H = \frac{B}{\mu} = \frac{1}{\mu} \cdot \frac{\phi}{S} = \frac{1}{\mu S} \cdot \frac{NI}{R_m} = \frac{N}{l} I = nI$

39 ★★ [87. 95. 기사]
단위 길이당 권수가 n인 무한장 솔레노이드에 I[A]의 전류가 흐를 때 다음 설명 중 옳은 것은?
① 솔레노이드 내부는 평등 자계이다.
② 외부와 내부의 자계의 세기는 같다.
③ 외부 자계의 세기는 nI[AT/m]이다.
④ 내부 자계의 세기는 nI^2[AT/m]이다.

해설 무한장 솔레노이드의 외부 자계는 0이며, 내부 자계는 $H = nI$[AT/m]로 거리에 관계없는 평등 자계이다.

답 36. ③ 37. ① 38. ③ 39. ①

유사문제

01. 지름 10[cm]인 원형 코일에 1[A]의 전류를 흘릴 때 코일 중심의 자계를 1000[AT/m]로 하려면 코일을 몇 회 감으면 되는가?

　답 100회

02. 반지름이 a[m]인 원형 코일에 I[A]의 전류가 흐를 때 코일의 중심 자계의 세기는?

　답 a에 반비례한다.

03. 그림과 같이 반원과 두 개의 반무한장 직선 도선에 전류 I[A]가 흐를 때 반원의 중심 자계의 세기 [AT/m]는?

　답 $H = \int_0^\pi dH = \dfrac{Ia}{4\pi a^2}\int_0^\pi d\theta = \dfrac{Ia}{4\pi a^2}[\theta]_0^\pi = \dfrac{I}{4a}$ [AT/m]

04. 그림과 같이 반지름 a[m]인 원의 임의의 두 점 A, B(각도 θ) 사이에 전류 I[A]가 흐른다. 원의 중심 O에서의 자계의 세기[AT/m]는?

　답 $\dfrac{I\theta}{4\pi a}$ [AT/m]

05. 그림과 같이 반지름 a인 원의 일부(3/4 원)에만 무한장 직선을 연결시키고 화살표 방향으로 전류 I가 흐를 때 부분 원의 중심 O점의 자계의 세기를 구한 값은?

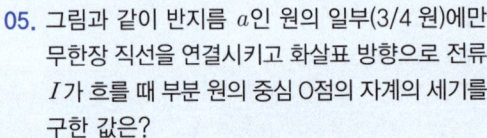

　답 $\dfrac{3I}{8a}$

06. 그림과 같이 반지름 a[m]인 원의 $\dfrac{3}{4}$ 되는 점 B, C에 반무한장 직선 BA 및 CD가 연결되어 있다. 이 회로에 I[A]를 흘릴 때 원 중심 O의 자계의 세기 [AT/m]는?

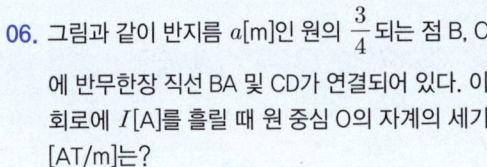

　답 $\dfrac{(3\pi - 2)}{8\pi a} \cdot I$ [AT/m]

07. 원형 코일의 축상 점 P의 자계에 대해서 원형 코일의 반지름을 1/2배, 중심으로부터 점 P까지의 거리도 1/2배로 하고 전류는 일정할 때 점 P의 자계는 처음의 몇 배인가?

　답 2배

08. 그림과 같은 유한장 직선 도체 AB에 전류 I가 흐를 때 임의의 점 P의 자계 세기는? 단, a는 P와 AB 사이의 거리, θ_1, θ_2 : P에서 도체 AB에 내린 수직선과 AP, BP가 이루는 각이다.

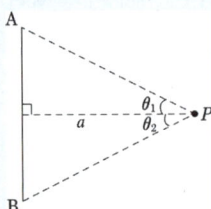

　답 $\dfrac{I}{4\pi a}(\sin\theta_1 + \sin\theta_2)$

09. 1변의 길이가 l[m]인 정방형 도체 회로에 전류 I[A]를 흘릴 때 회로의 중심점 자계의 세기[A/m]는?

답 $\dfrac{2\sqrt{2}I}{\pi l}$ [A/m]

10. 한 변의 길이가 l인 정삼각형 회로에 I[A]의 전류가 흐를 때 삼각형 중심에서의 자계의 세기 [AT/m]는?

답 $\dfrac{9I}{2\pi l}$ [AT/m]

11. 같은 방향으로 감은 A, B 두 개의 원형 코일이 있다. A의 권수가 5회, 반지름이 0.5[m], B는 권수 5회, 반지름 1[m]이다. A, B 두 코일을 포개고 각 코일에 전류를 같은 방향으로 흘려 코일의 중심자계의 세기가 A코일만 있을 때의 2배가 될 때 A, B 코일의 전류비 $\dfrac{I_B}{I_A}$는?

답 $\dfrac{I_B}{I_A} = \dfrac{1}{0.5} = 2$

12. 반지름 a[m]의 반원형 전류 I[A]에 의한 중심의 자계는 무한장 직선 도선에 전류 I[A]가 흐를 때 이로부터 수직하게 a[m] 떨어진 점의 자계의 몇 배가 되는가?

답 $\pi/2$배

13. 그림과 같이 평행 왕복 도선에 $\pm I$[A]가 흐르고 있을 때 점 P($\theta=90°$)의 자계의 세기는 몇 [AT/m]인가?

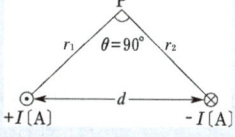

답 $\dfrac{Id}{2\pi r_1 r_2}$ [AT/m]

14. 전 전류 I[A]가 반지름 a[m]의 원주를 흐를 때 원주 내부 중심에서 r[m] 떨어진 원주 내부의 점의 자계 세기[AT/m]는?

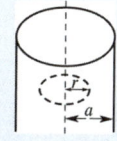

답 $\dfrac{rI}{2\pi a^2}$ [AT/m]

15. 반지름 a[m]인 무한장 원통형 도체에 전류가 균일하게 흐를 때 도체 내부의 자계의 세기는?

답 축으로부터의 거리에 비례한다.

16. 단면 반지름 a인 원통 도체에 직류 전류 I가 흐를 때 자계 H는 원통축으로부터의 거리 r에 따라 어떻게 변하는가?

답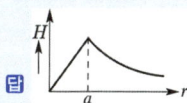

17. 평균 반지름 50[cm]이고 권수 100회인 환상 솔레노이드 내부의 자계가 200[A/m]로 되도록 하기 위해서 코일에 흐르는 전류는 몇 [A]로 하여야 되는가?

답 6.28[A]

18. 그림과 같이 권수 N[회], 평균 반지름 r[m]인 환상 솔레노이드에 I[A]의 전류가 흐를 때 중심 O점의 자계의 세기는 몇 [AT/m]인가?

답 0

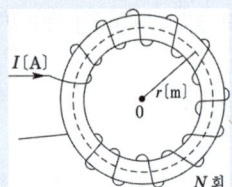

19. 길이 10[cm], 권수가 500인 솔레노이드 코일에 10[A]의 전류를 흘려줄 때 솔레노이드 내의 자계의 세기[AT/m]는? 단, 솔레노이드 내부의 자계의 세기는 균일하다고 생각한다.

답 $H = n_0 I = 10 \times 500 \times 10 = 50000$[AT/m]

20. 환상 솔레노이드의 단위 길이당 권수를 n[회/m], 전류를 I[A], 반지름을 a[m]라 할 때 솔레노이드 외부의 자계의 세기는 몇 [AT/m]인가? 단, 주위 매질은 공기이다.

답 0

21. 1[cm]당 권수 50인 무한 길이 솔레노이드에 10[mA]의 전류가 흐르고 있을 때 솔레노이드 외부 자계의 세기[AT/m]를 구하면?

답 0

22. 한 변의 길이가 2[cm]인 정삼각형 회로에 100[mA]의 전류를 흘릴 때 삼각형의 중심점 자계의 세기[AT/m]는?

답 $H = \dfrac{9I}{2\pi l} = \dfrac{9 \times 100 \times 10^{-3}}{2\pi \times 2 \times 10^{-2}} = \dfrac{90}{4\pi} \fallingdotseq 7.2$[AT/m]

23. 길이 $l = 10$[cm], 자극의 세기 $\pm 8 \times 10^{-6}$[Wb]인 막대자석이 있다. 자석의 중심 O에서 수직으로 $r = 2$[m]만큼 떨어진 점 P의 자계의 세기[N/Wb]는? 단, $r \gg l$의 관계로 계산하여라.

답 6.33×10^{-3}[N/Wb]

판자석

★ [77. 98. 산업기사]

40 판자석의 표면 밀도를 $\pm \sigma$[Wb/m²]라고 하고 두께를 δ[m]라 할 때 이 판자석의 세기는?

① $\sigma\delta$ ② $\dfrac{1}{2}\sigma\delta$ ③ $\dfrac{1}{2}\sigma\delta^2$ ④ $\sigma\delta^2$

해설 판자석의 세기 $M = \sigma\delta$[Wb/m]

★☆ [75. 77. 99. 05. 산업기사]

41 자극의 세기가 m인 판자석의 N극으로부터 r[m] 떨어진 점 P에서의 자위를 구하는 식은? 단, 점 P에서 판자석을 보는 입체각을 ω라 한다.

① $-\dfrac{m}{4\pi\mu_0}\omega$ ② $-\dfrac{m}{2\pi\mu_0}\omega$ ③ $\dfrac{m}{4\pi\mu_0}\omega$ ④ $\dfrac{m}{2\pi\mu_0}\omega$

답 40. ① 41. ③

해설> 그림에서 미소 면적 dS인 소자석에 의한 점 P의 자위는

$$dU = \frac{1}{4\pi\mu_0} \cdot \frac{mdS\cos\theta}{r^2} = \frac{m}{4\pi\mu_0} \cdot \frac{dS\cos\theta}{r^2} \text{[A]}$$

따라서 판 전체에 의한 자위는

$$U = \frac{m}{4\pi\mu_0} \int_s \frac{dS\cos\theta}{r^2}$$

여기서, $\int_s \frac{dS\cos\theta}{r^2}$는 판 S가 점 P에 대하여 짓는 입체각 ω가 되므로

$$\therefore U = \frac{m}{4\pi\mu_0}\omega \text{[A]}$$

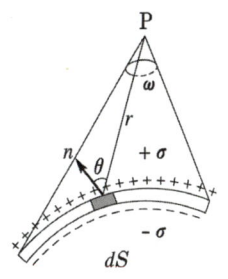

유사문제

∥ 유사문제 원문 및 해설 : 동일출판사 홈페이지 ≫ 고객센터 ≫ 자료실

01. 판자석의 세기 $\phi_m = 0.01$[Wb/m], 반지름 $a = 5$[cm]인 원형 자석판이 있다. 자석의 중심에서 축상 10[cm]인 점에서의 자위의 세기[AT]는?

답 420[AT]

02. 그림과 같이 자기 모멘트 M[Wb·m]인 판자석의 N극과 S극 측에 입체각 ω_1, ω_2인 P점과 Q점이 판에 무한히 접근해 있을 때 두 점 사이의 자위차[J/Wb]는? 단, 판자석의 표면 밀도를 $\pm\sigma$[Wb/m²]라 하고 두께를 δ[m]라 할 때 $M = \sigma \cdot \delta$[Wb/m]이다.

답 $\frac{M}{\mu_0}$[J/Wb]

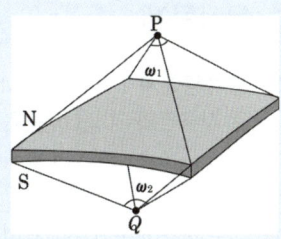

쿨롱의 법칙

42 ★★ [90. 99. 기사]
공기 중에서 가상 접지극 m_1[Wb]과 m_2[Wb]를 r[m] 떼어놓았을 때 두 자극 간의 작용력이 F[N]이었다면 이때의 거리 r[m]은?

① $\sqrt{\dfrac{m_1 m_2}{F}}$

② $\dfrac{6.33 \times 10^4 \times m_1 m_2}{F}$

③ $\sqrt{\dfrac{6.33 \times 10^4 \times m_1 m_2}{F}}$

④ $\sqrt{\dfrac{9 \times 10^9 \times m_1 m_2}{F}}$

답 42. ③

해설 $F=\dfrac{1}{4\pi\mu_0}\cdot\dfrac{m_1m_2}{r^2}=6.33\times10^4\times\dfrac{m_1m_2}{r^2}$ [N], $r^2=\dfrac{6.33\times10^4\times m_1m_2}{F}$ [m]

$\therefore\ r=\sqrt{\dfrac{6.33\times10^4\times m_1m_2}{F}}$ [m]

☆ [95. 16. 산업기사]

43 10^{-5}[Wb]와 1.2×10^{-5}[Wb]의 점자극을 공기 중에서 2[cm] 거리에 놓았을 때 극간에 작용하는 힘은 몇 [N]인가?

① 1.9×10^{-2}　　　　　　　　② 1.9×10^{-3}
③ 3.8×10^{-3}　　　　　　　　④ 3.8×10^{-4}

해설 $F=\dfrac{1}{4\pi\mu_0}\cdot\dfrac{m_1m_2}{r^2}=6.33\times10^4\times\dfrac{10^{-5}\times1.2\times10^{-5}}{0.02^2}\fallingdotseq1.9\times10^{-2}$[N]

유사문제

∥ 유사문제 원문 및 해설 : 동일출판사 홈페이지 ≫ 고객센터 ≫ 자료실

01. 공기 중에서 2.5×10^{-4}[Wb]와 4×10^{-3}[Wb]의 두 자극 사이에 작용하는 힘이 6.33[N]이었다면 두 자극간의 거리[cm]는?
답 10[cm]

02. 그림과 같이 공기 중에서 1[m]의 거리를 사이에 둔 2점 A, B에 각각 3×10^{-4}[Wb]와 -3×10^{-4}[Wb]의 점자극을 두었다. 이때 점 P에 단위 플러스(+) 자극을 두었을 때 이 극에 작용하는 힘의 합력[N]은?
단, $m(\overline{AP})=m(\overline{BP})$, $m(\angle APB)=90°$이다.
답 53.70[N]

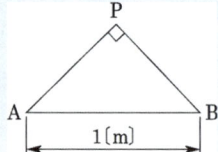

03. 그림과 같은 x, y, z의 직각 좌표계에서 z축상에 있는 무한 길이 직선 도선에 $+z$ 방향으로 직류 전류가 흐를 때, $y>0$인 $+y$축 상의 임의의 점에서의 자계의 방향은?
답 $-x$축 방향

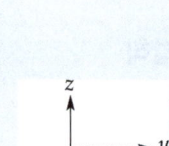

04. 그림과 같이 가요성 전선으로 직사각형의 회로를 만들어 대전류를 흘렸을 때 일어나는 현상은?
답 원형이 된다.

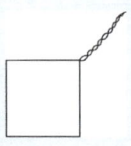

답 43. ①

전류의 자기작용

44 전류 I[A]에 대한 P점의 자계 H[A/m]의 방향이 옳게 표시된 것은? 단, ⊙은 지면을 나오는 방향, ⊗은 지면으로 들어가는 방향 표시이다.

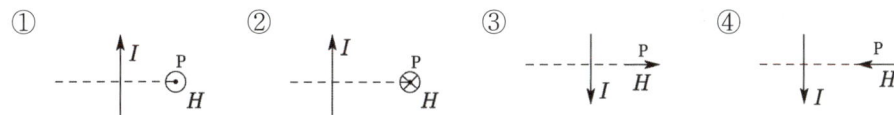

45 그림과 같이 Ox, Oy, Oz를 직각 좌표축이라 하고, 무한장 직선 도선 l이 z축상에 있으며, 이것에 z의 +방향으로 전류 i_1이 흐르고 있다. 그리고 $y-z$ 면상에 직사각형 도선 ABCD가 있고 이것에 ABCD 방향으로 전류 i_2가 흐르고 있을 때 z의 +방향으로 힘이 발생하는 변은?

① AB
② BC
③ CD
④ DA

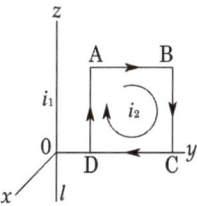

[해설] 플레밍의 왼손 법칙에 의하여 도선 ABCD에 미치는 전자력을 무한 직선 전류 I_1에 의한 자계의 방향이 지면을 뚫고 들어가는 방향임을 감안해서 구하면 변 AB가 z의 +방향으로 힘을 받게 됨을 알 수 있다.

46 전류 및 자계와 직접 관련이 없는 것은?

① 앙페르의 오른손 법칙
② 플레밍의 왼손 법칙
③ 비오-사바르의 법칙
④ 렌츠의 법칙

[해설] ①의 앙페르의 오른손 법칙은 '전류가 만드는 자계의 방향',
②의 플레밍의 왼손 법칙은 '자계내에 놓여진 전류도선이 받는 힘의 방향',
③의 비오-사바르의 법칙은 '자계내 전류 도선이 만드는 자계'에 대한 것으로 전부 전류 및 자계와 직접 관련이 있으나, 렌츠의 법칙은 자속의 변화에 따른 전자유도법칙으로 직접적인 관련은 없다.

44. ② 45. ① 46. ④

암페어의 주회적분 법칙

47 ★☆ [82. 93. 98. 산업기사]

그림과 같이 공기 내에 1[A]의 전류가 흐르는 무한 길이 직선 도선이 있다. 도선과 수직인 평면 내에 있는 도선으로부터의 거리가 1[m]인 원주 C를 따라서 화살표 방향으로 1[Wb]의 자극을 일주시키는 데 요하는 일[J]은?

① 1
② 2π
③ $\dfrac{1}{2\pi}$
④ 0

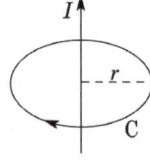

[해설] $\oint_c \boldsymbol{H} \cdot dl = \oint_c H dl = H \oint_c dl = \dfrac{I}{2\pi r} \times 2\pi r = I = 1[\text{J}]$

48 ★★ [78. 92. 기사]

전류 분포가 균일한 반지름 a[m]인 무한장 원주형 도선에 1[A]의 전류를 흘렸더니 도선 중심에서 $a/2$[m] 되는 점에서의 자계의 세기가 $\dfrac{1}{2\pi}$[AT/m]였다. 이 도선의 반지름은 몇 [m]인가?

① 4   ② 2   ③ 1/2   ④ 1/4

[해설] $\dfrac{a}{2} < a$이므로 원주 내부의 자계를 구하면

반지름 $r(<a)$[m]인 점의 자계의 세기는 $H_i = \dfrac{Ir}{2\pi a^2}$[AT/m]이므로

$r = \dfrac{a}{2}$[m]에서는 $H_i = \dfrac{I\left(\dfrac{d}{2}\right)}{2\pi a^2} = \dfrac{I}{4\pi a}$[AT/m]인데 $H_i = \dfrac{1}{2\pi}$[AT/m]이고,

$I = 1$[A]이므로 $\dfrac{1}{2\pi} = \dfrac{1}{4\pi a}$ ∴ $a = \dfrac{1}{2}$[m]

유사문제

01. 암페어의 주회 적분의 법칙은 직접적으로 다음의 어느 관계를 표시하는가?
    답 전류와 자계

02. I[A]의 무한장 직선 전류에 의한 자계의 세기가 1[AT/m]가 되는 점은 거리가 얼마나 떨어진 곳에 있는가?
    답 $\dfrac{I}{2\pi}$[m] 되는 곳에 있다.

답 47. ① 48. ③

자위 및 자위차

49 ★☆ [78. 95. 01. 18. 21. 산업기사]

그림과 같은 반지름 a[m]인 원형 코일에 I[A]가 흐르고 있다. 이 도체 중심축상 x[m]인 점 P의 자위[AT]는?

① $\dfrac{I}{2}\left(1-\dfrac{x}{\sqrt{a^2+x^2}}\right)$ ② $\dfrac{I}{2}\left(1-\dfrac{a}{\sqrt{a^2+x^2}}\right)$

③ $\dfrac{I}{2}\left(1-\dfrac{x^2}{(a^2+x^2)^{3/2}}\right)$ ④ $\dfrac{I}{2}\left(1-\dfrac{a^2}{(a^2+x^2)^{3/2}}\right)$

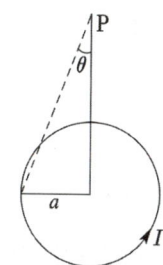
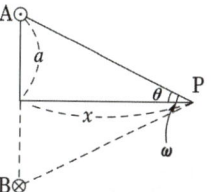

[해설] 그림과 같이 점 P에서 코일 AB를 바라보는 입체각 ω는
$$\omega = 2\pi(1-\cos\theta)$$
이므로 자위는
$$U_m = \dfrac{I}{4\pi}\omega = \dfrac{I}{4\pi}\cdot 2\pi(1-\cos\theta)$$
$$= \dfrac{I}{2}\left(1-\dfrac{x}{\sqrt{a^2+x^2}}\right)[\text{AT}]$$

50 ★ [77. 99. 산업기사, ⊕ : 19. 산업기사]

자위의 단위[J/Wb]와 같은 것은?

① [A] ② [A/m] ③ [A·m] ④ [Wb]

[해설] $U_m = -\displaystyle\int_\infty^P \boldsymbol{H}\cdot d\boldsymbol{l}$ 에서 [A/m]·[m] = [A]

51 ★ [91. 03. 기사]

반지름 a인 원형 코일의 중심축상 r[m]의 거리에 있는 점 P의 자위는 몇 [A]인가? 단, 점 P에 대한 원의 입체각을 ω, 전류를 I[A]라 한다.

① $\dfrac{\omega}{4\pi I}$ ② $4\pi\omega I$ ③ $\dfrac{I}{4\pi\omega}$ ④ $\dfrac{\omega I}{4\pi}$

[해설] $u = \dfrac{M\cos\theta}{4\pi r^2} = \dfrac{IS\cos\theta}{4\pi r^2} = \dfrac{I}{4\pi}\cdot\dfrac{S\cos\theta}{r^2} = I\cdot\dfrac{\omega}{4\pi}$ [A]

52 ★★★★☆

z축에 놓여 있는 무한장 직선도체에 10[A]의 전류가 흐르고 있다. 점 (5, 0, 0)[m]에서 점 (10, 0, 0)[m]까지 단위 자하(자극)을 옮기는 데 소요된 에너지는 몇 [J]인가?

① 0 ② $+\dfrac{5}{\pi}\ln 2$ ③ $-\dfrac{5}{\pi}\ln 2$ ④ 10

[답] 49. ① 50. ① 51. ④ 52. ①

해설 자계내에서 단위 자하를 옮기는 데 필요한 일은 자위차를 말하고, 무한장 직선전류에 의한 자계는 $H = \dfrac{I}{2\pi r}$[A/m]이고,

자위차는 $U = -\int_5^{10} \mathbf{H} \cdot d\mathbf{l} = -\int_5^{10} Hdl\cos\theta$[A]이다.

여기서 θ는 자계와 움직이는 경로가 이루는 각인데 문제에서는 x 방향으로만 옮겼으므로 $\theta = 90°$로 전위차는 발생하지 않는다. 즉, 일은 필요없다.

유사문제

유사문제 원문 및 해설 : 동일출판사 홈페이지 > 고객센터 > 자료실

01. m[Wb]의 점자극에 의한 자계 중에서 r[m] 거리에 있는 점의 자위는?

📝 r에 반비례한다.

자속과 자속밀도

★ [92. 97. 산업기사]

53 M. K. S 단위에서 자속의 단위는 [Wb]이다. 1[Wb]와 동일한 값이 아닌 것은?

① 10^4[Gauss · m^2] ② 10^8[Maxwell]
③ 10^4[Oersted] ④ 10^8[C.G.S emu의 자속]

해설

	MKS 단위		CGS 단위
자하 또는 자속	[웨버 : Wb]		[맥스웰 : Mx] [emu]
	1[Wb]=10^8[Mx]=10^8[emu]		
자속 밀도	[Wb/m^2][테슬라 : T]		[가우스 : Gauss]
	1[Wb/m^2]=1[T] = 10^4[Gauss]		
자계 세기	[AT/m] [N/m]		[에르스텟 : Oersted]
	1[AT/m] = 1[N/m] = $\dfrac{4\pi}{10^3}$[Oersted]		

$1[\text{Wb}] = 10^8[\text{Mx}] = 10^8[\text{C.G.S emu}]$
$\quad = 10^4[\text{Gauss}] \times 1[\text{m}] = 1[\text{Wb/m}^2] \times 1[\text{m}^2] = 1[\text{Wb}]$

★☆ [77. 88. 96. 산업기사]

54 CGS 전자 단위인 $4\pi \times 10^4$[gauss]를 MKS 단위계로 환산한다면?

① $4[\text{Wb/m}^2]$ ② $4\pi[\text{Wb/m}^2]$ ③ $4[\text{Wb}]$ ④ $4\pi[\text{Wb/m}]$

해설 $1[\text{Wb/m}^2] = 10^8[\text{maxwell}]/10^4[\text{cm}^2] = 10^4[\text{gauss}]$
$1[\text{gauss}] = 10^{-4}[\text{Wb/m}^2]$
$\therefore 4\pi \times 10^4[\text{gauss}] = 4\pi[\text{Wb/m}^2]$

📝 53. ③ 54. ②

55 ★ [99. 기사]

한 변의 길이가 2[m]인 정방형 코일에 3[A]의 전류가 흐를 때 코일 중심에서의 자속밀도는 몇 [Wb/m²]인가?

① 7×10^{-6} ② 1.7×10^{-6} ③ 7×10^{-5} ④ 1.7×10^{-5}

[해설] 정사각형 중심의 자계의 세기 H[AT/m]

$$H = \frac{2\sqrt{2}}{\pi} \cdot \frac{I}{l} = \frac{2\sqrt{2}}{\pi} \cdot \frac{3}{2} = \frac{3\sqrt{2}}{\pi} \text{[AT/m]}$$이므로

자속밀도 $B = \mu_0 H = 4\pi \times 10^{-7} \times \frac{3\sqrt{2}}{\pi} = 1.7 \times 10^{-6}$[Wb/m²]

---

56 ★★ [85. 01. 기사]

반지름 R인 원에 내접하는 정n각형의 회로에 전류 I가 흐를 때 원 중심점에서의 자속 밀도는 얼마인가?

① $\frac{n\mu_0 I}{2\pi R} \tan \frac{\pi}{n}$ [Wb/m²]

② $\frac{\mu_0 I}{\pi R} \cos \frac{\pi}{n}$ [Wb/m²]

③ $\frac{I}{2\pi \mu_0 R} \tan \frac{2\pi}{n}$ [Wb/m²]

④ $\frac{2\pi R}{\tan \frac{\pi}{n}}$ [Wb/m²]

[해설] $H_{AB} = \frac{I}{4\pi R \cos \frac{\pi}{n}} \left(2 \sin \frac{\pi}{n}\right) = \frac{I}{2\pi R} \tan \frac{\pi}{n}$ [AT/m]

정n변형 회로의 중심 자계의 세기는, $H_0 = nH_{AB} = \frac{nI \tan \frac{\pi}{n}}{2\pi R}$ [AT/m]

∴ $B = \mu_0 H_0 = \frac{n\mu_0 I}{2\pi R} \tan \frac{\pi}{n}$ [Wb/m²]

---

57 ★★ [78. 88. 95. 01. 산업기사]

그림과 같이 무한장 직선 도체에 I[A]의 전류가 흐를 때 도체에서 d[m] 떨어진 곳에 있는 가로, 세로가 각각 a[m], b[m]인 구형의 면적을 통과하는 자속[Wb]은?

① $\frac{\mu_0 bI}{2\pi} \ln \frac{d}{d+a}$

② $\frac{\mu_0 bI}{2\pi} \ln \frac{d+a}{d}$

③ $\frac{\mu_0 bI}{\pi} \ln \frac{d}{d+a}$

④ $\frac{\mu_0 bI}{\pi} \ln \frac{d+a}{d}$

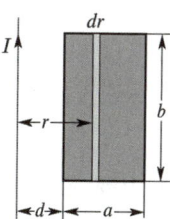

[해설] r[m]의 거리에 폭 dr의 미소면적 $dS = bdr$[m²]를 생각한다.

r 위치의 자계 H는 $H = \frac{I}{2\pi r}$ [A/m]

dS에 있어서의 자속은 $d\Phi = \mu_0 H dS = \frac{\mu_0 I bdr}{2\pi r}$ [Wb]

장방형 전부를 통과하는 자속은 ∴ $\Phi = \int_d^{d+a} d\Phi = \frac{\mu_0 bI}{2\pi} \ln \frac{d+a}{d}$ [Wb]

답 55. ② 56. ① 57. ②

58 [96. 기사] 반경 R인 원에 내접하는 정 6각형의 회로에 전류 I[A]가 흐를 때 원 중심점에서의 자속 밀도는 몇 [Wb/m²]인가?

① $\dfrac{\mu_0 I}{\pi R}\cos\dfrac{\pi}{6}$ ② $\dfrac{3\mu_0 I}{\pi R}\tan\dfrac{\pi}{6}$ ③ $\dfrac{I}{2\pi\mu_0 R}\tan\dfrac{\pi}{6}$ ④ $2\pi R\tan\dfrac{\pi}{6}$

[해설] 정 n각형 중심의 자계
$$H_n = \dfrac{nI}{2\pi R}\tan\dfrac{\pi}{n}\,[\text{AT/m}]$$
$$B = \mu_0 H = \mu_0 \dfrac{6I}{2\pi R}\tan\dfrac{\pi}{6} = \dfrac{3\mu_0 I}{\pi R}\tan\dfrac{\pi}{6}\,[\text{Wb/m}^2]$$

59 [99. 기사] 길이에 비하여 반지름이 무시될 수 있는 솔레노이드 중심에서의 자속 밀도 B를 설명한 것 중 틀린 것은?

① 자속 밀도 B는 흐르는 전류에 비례하고 솔레노이드의 길이에 반비례한다.
② 자속 밀도 B는 권선수 N과 투자율 μ에 비례한다.
③ 자속 밀도 B는 투자율과 판전류 밀도에 비례한다.
④ 자속 밀도 B는 판전류 밀도에 반비례한다.

[해설] $L = \dfrac{N\phi}{I} = \dfrac{NBS}{I}$ 이므로 자속 밀도는 $B = \dfrac{L}{N}\cdot\dfrac{I}{S}\,[\text{Wb/m}^2]$
∴ $B \propto \dfrac{I}{S}$ 에 비례

유사문제

유사문제 원문 및 해설 : 동일출판사 홈페이지 ≫ 고객센터 ≫ 자료실

01. 자속 밀도의 단위가 아닌 것은?
답 [gauss/m²]

전류에 의해 작용하는 힘

60 [91. 기사, 96. 00. 산업기사] 1[Wb/m²]의 자속 밀도에 수직으로 놓인 10[cm]의 도선에 10[A]의 전류가 흐를 때 도선이 받는 힘은 몇 [N]인가?

① 0.5 ② 1 ③ 5 ④ 10

[해설] $F = BIl\sin\theta = 10\times 1\times 0.1\times \sin 90° = 1\,[\text{N}]$

답 58. ② 59. ④ 60. ②

★☆ [91. 기사, 82. 18. 19. 산업기사 ㈜ : 05 기사, 17. 산업기사]

61 평등 자장 내에 놓여 있는 직선 전류 도선이 받는 힘에 대한 설명 중 옳지 않은 것은?

① 힘은 전류에 비례한다.
② 힘은 자장의 세기에 비례한다.
③ 힘은 도선의 길이에 반비례한다.
④ 힘은 전류의 방향과 자장의 방향과의 사이각의 정현에 관계된다.

해설 $F = IBl\sin\theta = \mu_0 HIl\sin\theta$[N]

★★☆ [91. 00. 기사, ㈜ : 87. 13. 산업기사]

62 자계 안에 놓여 있는 전류 회로에 작용하는 힘 $\boldsymbol{F}$에 대한 옳은 식은?

① $\boldsymbol{F} = \oint_c (Idl) \times \boldsymbol{B}$[N]
② $\boldsymbol{F} = \oint_c I\boldsymbol{B} \cdot dl$[N]
③ $\boldsymbol{F} = \oint_c (I\boldsymbol{B}) \times dl$[N]
④ $\boldsymbol{F} = \oint_c I^2\boldsymbol{B} \cdot d\boldsymbol{B}$[N]

☆ [89. 03. 산업기사]

63 자속 밀도 $\boldsymbol{B}$[Wb/m^2] 내에서 전류 I[A]가 흐르는 도선이 받는 힘[N]을 바르게 표시한 것은?

① $\boldsymbol{F} = Idl \times \boldsymbol{B}$
② $\boldsymbol{F} = I\boldsymbol{B} \times dl$
③ $\boldsymbol{F} = Idl / \boldsymbol{B}$
④ $\boldsymbol{F} = I\boldsymbol{B} / dl$

해설 자속 밀도 $\boldsymbol{B}$[Wb/m^2]인 자계 내를 흐르는 전류 I[A]의 미소 길이 dl의 부분에 작용하는 힘
$d\boldsymbol{F} = Idl \times \boldsymbol{B}$[N]

★★☆ [13. 19. 기사, 95. 01. 12. 13. 21. 산업기사]

64 전하 q[C]가 진공 중의 자계 H[AT/m]에 수직 방향으로 v[m/sec]의 속도로 움직일 때 받는 힘은 몇 [N]인가?

① $\dfrac{qH}{\mu_0 v}$
② qvH
③ $\dfrac{1}{\mu_0}qVH$
④ $\mu_0 qvH$

해설 자계내에 놓여진 운동 전하가 받는 힘은
$F = qvB\sin\theta = qv\mu_0 H\sin\theta$[N]인데, $\theta = 90°$이므로 $F = qv\mu_0 H$[N]이다.

★★ [83. 99. 기사]

65 0.2[C]의 점전하가 전계 $\boldsymbol{E} = 5\boldsymbol{a}_y + \boldsymbol{a}_z$[V/m] 및 자속 밀도 $\boldsymbol{B} = 2\boldsymbol{a}_y + 5\boldsymbol{a}_z$[Wb/m^2] 내로 속도 $\boldsymbol{v} = 2\boldsymbol{a}_x + 3\boldsymbol{a}_y$[m/s]로 이동할 때 점전하에 작용하는 힘 $\boldsymbol{F}$[N]는? 단, $\boldsymbol{a}_x$, $\boldsymbol{a}_y$, $\boldsymbol{a}_z$는 단위 벡터이다.

① $2\boldsymbol{a}_x - \boldsymbol{a}_y + 3\boldsymbol{a}_z$
② $3\boldsymbol{a}_x - \boldsymbol{a}_y + \boldsymbol{a}_z$
③ $\boldsymbol{a}_x + \boldsymbol{a}_y - 2\boldsymbol{a}_z$
④ $5\boldsymbol{a}_x + \boldsymbol{a}_y - 3\boldsymbol{a}_z$

답 61. ③ 62. ① 63. ① 64. ④ 65. ②

해설 $F = q(E + v \times B) = 0.2(5a_y + a_z) + 0.2(2a_x + 3a_y) \times (2a_y + 5a_z)$

$= 0.2(5a_y + a_z) + 0.2 \begin{vmatrix} a_x & a_y & a_z \\ 2 & 3 & 0 \\ 0 & 2 & 5 \end{vmatrix} = 0.2(5a_y + a_z) + 0.2(15a_x + 4a_z - 10a_y)$

$= 0.2(15a_x - 5a_y + 5a_z) = 3a_x - a_y + a_z$

★ [90. 기사]

66 자속 밀도 $B = a_x + a_y + a_z$ [Wb/m²]인 자계 내에서 2[C]의 전하가 $v = 2a_x + 4a_y + 6a_z$ [m/s]의 속도로 운동할 때의 작용력은 몇 [N]인가?

① $4a_x - 8a_y + 4a_z$
② $2a_x - 4a_y + 2a_z$
③ $-4a_x + 8a_y - 4a_z$
④ $-2a_x + 4a_y + 2a_z$

해설 전하 q[C]이 속도 v[m/s]로 자계 B[Wb/m²] 내에서 운동할 때 받는 힘은
$F = qvB\sin\theta = qv \times B$
θ : 속도와 자계가 이루는 각

$\therefore F = qv \times B = 2 \begin{vmatrix} a_x & a_y & a_z \\ 2 & 4 & 6 \\ 1 & 1 & 1 \end{vmatrix} = 2\{a_x(4-6) - a_y(2-6) + a_z(2-4)\} = -4a_x + 8a_y - 4a_z$

★★ [83. 95. 15. 기사]

67 2[C]의 점전하가 전계 $E = 2a_x + a_y - 3a_z$ [V/m] 및 자계 $B = -2a_x + 2a_y - a_z$ [Wb/m²] 내에서 속도 $V = 4a_x - a_y - 2a_z$ [m/sec]로 운동하고 있을 때 점전하에 작용하는 힘 F는 몇 [N]인가?

① $10a_x + 18a_y + 4a_z$
② $14a_x - 18a_y - 4a_z$
③ $-14a_x + 18a_y + 4a_z$
④ $14a_x + 18a_y + 6a_z$

해설 전계와 자계가 동시에 존재하는 전자계 내에 운동전하가 받는 힘은 다음과 같은 로렌츠의 힘으로 나타내진다.

$F = q[E + (v \times B)]$ 여기서 $(v \times B) = \begin{vmatrix} a_x & a_y & a_z \\ 4 & -1 & -2 \\ -2 & 2 & -1 \end{vmatrix} = 5a_x + 8a_y + 6a_z$

따라서 $F = 2(2a_x + a_y - 3a_z + 5a_x + 8a_y + 6a_z) = 14a_x + 18a_y + 6a_z$ [N]

★ [99. 기사, 21. 산업기사]

68 B[Wb/m²]의 자계 내에서 -1[C]의 점전하가 V[m/s] 속도로 이동할 때 받는 힘 F는 몇 [N]인가?

① $B \cdot v$
② $\dfrac{B \cdot v}{2}$
③ $B \times v$
④ $2B \times v$

해설 자계 내에서 운동하는 전하 q가 받는 힘은
$F = qvB\sin\theta = qv \times B$ [N]
$\theta = 90°$, $q = -1$를 대입하면 $F = -vB\sin 90 = -v \times B$가 되며
$-v \times B = B \times v$의 관계가 성립하므로 $F = B \times v$가 된다.

답 66. ③ 67. ④ 68. ③

69 진공 중에서 e[C]의 전하가 B[Wb/m²]의 자계 안에서 자계와 수직 방향으로 v[m/s]의 속도로 움직일 때 받는 힘[N]은?

① $\dfrac{evB}{\mu_0}$ ② $\mu_0 evB$ ③ $ev\boldsymbol{B}$ ④ $\dfrac{eB}{v}$

해설 하전 입자에 로렌츠(Lorentz)의 힘이 작용한다.
$\boldsymbol{F} = e(\boldsymbol{v} \times \boldsymbol{B})$[N]

유사문제

01. 자속 밀도가 $B = 30$[Wb/m²]인 자계 내에 $I = 5$[A]의 전류가 흐르고 있는 길이 $l = 1$[m]의 직선 도체를 자계의 방향에 대해서 60°의 각을 짓도록 놓았을 때 이 도체에 작용하는 힘[N]을 구하면?
답 $F = BIl \sin\theta = 30 \times 5 \times 1 \times \sin 60° = 75\sqrt{3} = 129.9$[N]

02. 자계 내에서 도선의 전류를 흘려 보낼 때 도선을 자계에 대해 60° 각으로 놓았을 때 작용하는 힘은 30° 각으로 놓았을 때 작용하는 힘의 몇 배인가?
답 1.7 배

03. z축과 일치한 긴 도체에 z 방향으로 10[A] 전류를 흘릴 때 $B = 3a_x + 4a_y$가 가해진 경우 이 도체의 단위 길이당 작용하는 힘 F의 벡터량[N/m]은?
답 $-40a_x + 30a_y$ [N/m]

04. 전하 q[C]이 진공 중의 자계 H[A/m]에 수직 방향으로 v[m/s]의 속도로 움직일 때 받는 힘[N]은? 단, 진공 중의 투자율은 μ_0이다.
답 $\mu_0 qvH$[N]

05. 자속 밀도 B[Wb/m²]의 자계 내에서 전하량의 크기가 e[C]인 전자가 v[m/sec]의 속도로 이동할 때 전자가 받는 힘 F[N]는?
답 $ev \times B$[N]

자기 모멘트

70 자극의 세기 4×10^{-6}[Wb], 길이 10[cm]인 막대자석을 150[AT/m]의 평등 자계 내에 자계와 60°의 각도로 놓았을 때 자석이 받는 회전력[N·m]은?

① $\sqrt{3} \times 10^{-4}$ ② $3\sqrt{3} \times 10^{-5}$ ③ 3×10^{-4} ④ 3×10

답 69. ③ 70. ②

해설) $T = mlH\sin\theta = 4\times10^{-6}\times10\times10^{-2}\times150\times\sin60°$
$= 3\sqrt{3}\times10^{-5}[\text{N}\cdot\text{m}]\quad(\because \sin60° = \frac{\sqrt{3}}{2})$

71 ★☆ [82. 92. 97. 10. 24. 산업기사]

그림과 같이 균일한 자계의 세기 $H[\text{AT/m}]$ 내에 자극의 세기가 $\pm m[\text{Wb}]$, 길이 $l[\text{m}]$인 막대자석을 그 중심 주위에 회전할 수 있도록 놓는다. 이때 자석과 자계의 방향이 이룬 각을 θ라 하면 자석이 받는 회전력[N·m]은?

① $mHl\cos\theta$ ② $mHl\sin\theta$
③ $2mHl\sin\theta$ ④ $2mHl\tan\theta$

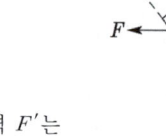

해설) 그림에서 자석의 축 방향에 직각인 수직 방향의 분력 F'는
$F' = F\sin\theta = mH\sin\theta$
$\therefore T = 2F'\frac{l}{2} = mHl\sin\theta$
$= MH\sin\theta[\text{N}\cdot\text{m}]$

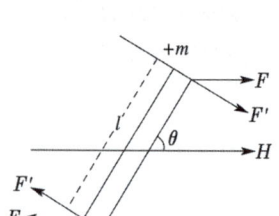

72 ★★★ [79. 82. 83. 08. 기사]

그림에서 직선 도체 바로 아래 10[cm] 위치에 자침이 나란히 있다고 하면 이때의 자침에 작용하는 회전력[N·m]은? 단, 도체의 전류는 10[A], 자침의 자극의 세기는 $10^{-6}[\text{Wb}]$이고, 자침의 길이는 10[cm]이다.

① 15.9×10^{-3} ② 1.59×10^{-3}
③ 1.59×10^{-6} ④ 15.9×10^{-6}

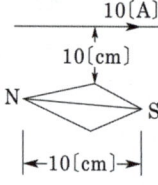

해설) 전류에 의한 자석 위치의 자계 $H = \frac{I}{2\pi r} = \frac{10}{2\pi\times0.1} = 15.92[\text{A/m}]$
회전력 $T = MH\sin\theta = MH = mlH = 10^{-6}\times0.1\times15.92 = 1.592\times10^{-6}[\text{N}\cdot\text{m}]$

73 ★★☆ [91. 기사, 80. 82. 99. 산업기사]

그림과 같이 모멘트가 각각 M, M'인 두 개의 소자석 A, B를 중앙에서 서로 직각으로 놓고 이것을 중심에서 수평으로 매달아 지자기 수평 분력 H_0 내에 놓았을 때 H_0와 이루는 각은?

① $\theta_A = \tan^{-1}\frac{M'}{M}$ ② $\theta_A = \sin^{-1}\frac{M'}{M}$
③ $\theta_A = \cos^{-1}\frac{M'}{M}$ ④ $\theta_A = \tan\frac{M'}{M}$

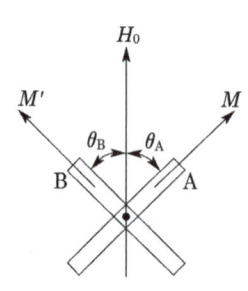

답) 71. ② 72. ③ 73. ①

해설 자석 A의 회전력 $T_A = MH_0 \sin\theta_A$, 자석 B의 회전력 $T_B = M'H_0 \sin\theta_B$

평형 조건은 $T_A = T_B$이고 $\theta_B = \dfrac{\pi}{2} - \theta_A$이므로

$$M\sin\theta_A = M'\sin\theta_B = M'\sin\left(\dfrac{\pi}{2} - \theta_A\right) = M'\cos\theta_A$$

$$\dfrac{\sin\theta_A}{\cos\theta_A} = \dfrac{M'}{M}, \ \tan\theta_A = \dfrac{M'}{M}$$

$$\therefore \theta_A = \tan^{-1}\left(\dfrac{M'}{M}\right)$$

74 ★★★ [89. 97. 00. 기사]

1×10^{-6}[Wb·m]의 자기 모멘트를 가진 봉(棒) 자석을 자계의 수평 성분이 10[AT/m]인 곳에서 자기 자오면으로부터 90° 회전하는 데 필요한 일은 몇 [J]인가?

① 3×10^{-5} ② 2.5×10^{-5} ③ 10^{-5} ④ 10^{-8}

해설 $W = \displaystyle\int_0^\theta T d\theta = MH(1 - \cos\theta) = 1 \times 10^{-6} \times 10 \times (1 - \cos 90°) = 10^{-5}$[J]

75 ★ [89. 96. 산업기사]

그림과 같이 길이 l_1[m], 폭 l_2[m]인 직사각형 코일이 자속 밀도 B[Wb/m²]인 평등 자계 내에 코일면의 법선이 자계의 방향과 θ각으로 놓여 있다. 코일에 흐르는 전류가 I[A]이면 코일에 작용하는 회전력은 얼마인가? 단, 코일의 권수는 n이다.

① $nBIl_1l_2\sin\theta$[N·m]   ② $nBIl_1l_2\cos\theta$[N·m]
③ $nBIl_1l_2\sin\theta$[N/m]   ④ $nBIl_1l_2\cos\theta$[N/m]

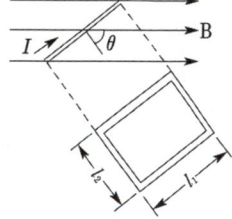

해설 l_1의 두 코일변은 동일축상에서 힘의 크기는 같고, 방향은 서로 반대이므로 힘의 합성은 0이 되어 회전력이 없다.
l_2의 두 코일변은 그림과 같은 힘 $F = BIl_2$가 작용하므로 직사각형 코일이 받는 회전력 T는
$$T = Fl' = Fl_1\cos(90° - \theta) = BIl_2 l_1 \sin\theta[\text{N·m}]$$
코일의 권수 n이므로 회전력 T는
$$\therefore T = nBIl_1l_2\sin\theta[\text{N·m}]$$

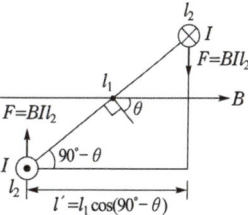

76 ★★ [95. 06. 08. 12. 기사]

자기 모멘트 9.8×10^{-5}[Wb·m]의 막대자석을 지구자계의 수평 성분 10.5[AT/m]의 곳에서 지자기 자오면으로부터 90° 회전시키는 데 필요한 일은 몇 [J]인가?

① 9.3×10^{-5} ② 9.3×10^{-3}
③ 1.03×10^{-4} ④ 1.03×10^{-3}

답 74. ③ 75. ① 76. ④

해설, 지구 자계가 자석에 작용하는 회전력은 $T = MH\sin\theta$이고, 각 θ만큼 회전시키는 데 필요한 일은
$$W = \int_0^\theta T \cdot d\theta = MH \int_0^\theta \sin\theta \cdot d\theta = MH(1-\cos\theta)$$
$$= 9.8 \times 10^{-5} \times 10.5(1-0) ≒ 1.03 \times 10^{-3} [\text{J}]$$

★ [88. 97. 산업기사]
77 평등 자장 H인 곳에 자기 모멘트 M을 자장과 수직 방향으로 놓았을 때 이 자석의 회전력은?

① M/H ② H/M ③ MH ④ $1/MH$

해설, $T = MH\sin\theta \, (\theta = 90°) = MH [\text{N} \cdot \text{m}]$

유사문제

∥ 유사문제 원문 및 해설 : 동일출판사 홈페이지 ≫ 고객센터 ≫ 자료실

01. 자극의 세기가 8×10^{-6}[Wb], 길이가 30[cm]인 막대자석을 120[AT/m]의 평등 자계 내에 자력선과 30°의 각도로 놓았다면 자석이 받는 회전력[N·m]은?

답 1.44×10^{-4}[N·m]

02. 그림과 같이 자기 모멘트 $M = 10^{-6}$[Wb·m]의 자침을 연직축의 주위로 회전할 수 있도록 수평으로 놓고 이것을 지자기의 수평 분력 H_0의 방향에서 $\theta = 60°$의 위치로 회전시키는 데 요하는 일[J]은? 단, $H_0 = 24$[A/m]이다.

답 1.2×10^{-5}[J]

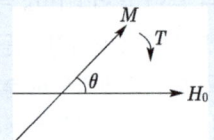

03. 그림과 같이 반지름 a[m]의 한 번 감긴 원형코일이 균일한 자속밀도 B[Wb/m²]인 자계에 놓여 있다. 지금 코일면을 자계와 나란하게 전류 I[A]를 흘리면 원형코일이 자계로부터 받는 회전 모멘트는 몇 [N·m/rad]인가?

답 $T = NBIS\cos\theta = BI\pi a^2$[N·m/rad]

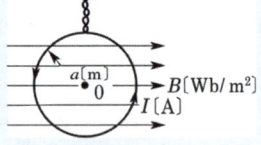

04. 그림과 같이 $N = 50$이고 전류 $I = 1$[mA]가 흐르고 있는 장방형 코일이 평등 자계 $B = 0.1$[Wb/m²] 내에 놓여 있다. 지금 코일면을 자계와 $\theta = 30°$로 기울여 놓았을 때 이 코일에 작용하는 토크[N·m]는? 단, $a = 1$[cm], $b = 1.5$[cm]라 한다.

답 6.49×10^{-7}[N·m]

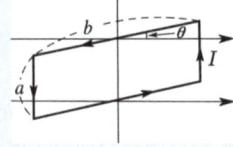

답 77. ③

평행 도체에 작용하는 힘

78 ★★★ [82. 87. 95. 03. 05. 20. 기사]
평행 도선에 같은 크기의 왕복 전류가 흐를 때 두 도선 사이에 작용하는 힘과 관계되는 것 중 옳은 것은?

① 간격의 제곱에 반비례
② 간격의 제곱에 반비례하고 투자율에 반비례
③ 전류의 제곱에 비례
④ 주위 매질의 투자율에 반비례

해설 $F = IlB\sin\theta = Il \times \dfrac{\mu I}{2\pi r} = \dfrac{\mu I^2 l}{2\pi r}$

79 ★★ [83. 00. 기사, 19. 산업기사]
평행 왕복 두 선의 전류 간의 전자력은? 단, 두 도선 간의 거리를 r[m]라 한다.

① $\dfrac{1}{r}$에 비례, 반발력
② r에 비례, 흡인력
③ $\dfrac{1}{r^2}$에 비례, 반발력
④ r^2에 비례, 흡인력

해설 $F = \dfrac{\mu_0 I^2}{2\pi r} = \dfrac{4\pi \times 10^{-7}}{2\pi} \times \dfrac{I^2}{r} = 2 \times 10^{-7} \times \dfrac{I^2}{r} \propto \dfrac{1}{r}$

80 ★★ [92. 99. 03. 19. 기사, 19. 산업기사]
평행한 두 도선간의 전자력은? 단, 두 도선 간의 거리는 r[m]라 한다.

① r^2에 반비례   ② r^2에 비례   ③ r에 반비례   ④ r에 비례

해설 평행도선 단위길이당 작용하는 힘은 간격(거리)을 r[m]라 할 때
$$F = \dfrac{\mu_0 I_1 I_2}{2\pi r} = \dfrac{2 I_1 I_2}{r} \times 10^{-7} [\text{N/m}]$$
로 두 전류의 곱에 비례하고, 간격(거리)에 반비례하며 두 전류의 방향이 같은 방향이면 흡인력, 다른 방향(왕복전류)이면 반발력이 작용한다.

81 ★ [23. 기사 80. 98. 산업기사 ⊕ : 05. 산업기사]
2[cm]의 간격을 가진 두 평행 도선에 1000[A]의 전류가 흐를 때 도선 1[m]마다 작용하는 힘 [N/m]은?

① 5   ② 10   ③ 15   ④ 20

해설 $F = \dfrac{\mu_0 I_1 I_2}{2\pi r} = \dfrac{2I^2}{r} \times 10^{-7} = \dfrac{2 \times 1000^2}{2 \times 10^{-2}} \times 10^{-7} = 10[\text{N/m}]$

답 78. ③ 79. ① 80. ③ 81. ②

★★ [85. 00. 20. 기사]

82 진공 중에서 2[m] 떨어진 2개의 무한 평행 도선에 단위 길이당 10^{-7}[N]의 반발력이 작용할 때 그 도선들에 흐르는 전류는?

① 각 도선에 2[A]가 반대 방향으로 흐른다.
② 각 도선에 2[A]가 같은 방향으로 흐른다.
③ 각 도선에 1[A]가 반대 방향으로 흐른다.
④ 각 도선에 1[A]가 같은 방향으로 흐른다.

[해설] $F = \dfrac{\mu_0 I_1 I_2}{2\pi r} = \dfrac{2I^2}{r} \times 10^{-7}$[N]에서 $F = 10^{-7}$[N], $r = 2$[m]이므로,

$10^{-7} = \dfrac{2I^2}{2} \times 10^{-7}$ $\therefore I = 1$[A]

반발력이므로 두 도선의 전류는 서로 반대 방향으로 흐른다.

★ [00. 05. 기사]

83 반지름 a[m], 중심간 거리 d[m]인 두 개의 무한장 왕복 선로에 서로 반대 방향으로 전류 I[A]가 흐를 때, 한 도체에서 x[m] 거리인 A점의 자계의 세기는 몇 [AT/m]인가?
(단, $d \gg a$, $x \gg a$ 라고 한다.)

① $\dfrac{I}{2\pi}\left(\dfrac{1}{x} + \dfrac{1}{d-x}\right)$

② $\dfrac{I}{2\pi}\left(\dfrac{1}{x} - \dfrac{1}{d-x}\right)$

③ $\dfrac{I}{4\pi}\left(\dfrac{1}{x} + \dfrac{1}{d-x}\right)$

④ $\dfrac{I}{4\pi}\left(\dfrac{1}{x} - \dfrac{1}{d-x}\right)$

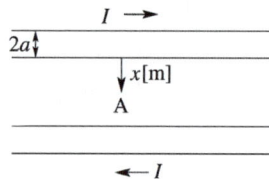

[해설] 합성 자계는 방향이 같으므로
$H = H_A + H_B$
$= \dfrac{I}{2\pi x} + \dfrac{I}{2\pi(d-x)}$
$= \dfrac{I}{2\pi}\left(\dfrac{1}{x} + \dfrac{1}{d-x}\right)$[AT/m]

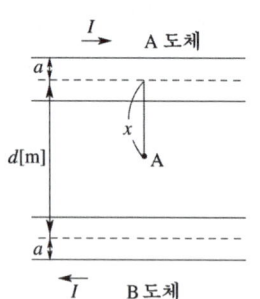

★★★☆ [00. 09. 기사, 09. 산업기사]

84 서로 같은 방향으로 전류가 흐르고 있는 나란한 두 도선 사이에는 어떤 힘이 작용하는가?

① 서로 미는 힘
② 서로 당기는 힘
③ 하나는 밀고, 하나는 당기는 힘
④ 회전하는 힘

[해설] 평행도선 단위길이당 작용하는 힘은 $F = \dfrac{\mu_0 I_1 I_2}{2\pi r} = \dfrac{2 I_1 I_2}{r} \times 10^{-7}$[N/m]이며, 전류 I_1, I_2의 방향이 같으면 흡인력, 방향이 반대이면 반발력이 작용한다.

[답] 82. ③ 83. ① 84. ②

85 ★ [87. 99. 07. 산업기사 ⊕ : 06. 기사]

10[A]가 흐르는 1[m] 간격의 평행 도체 사이의 1[m]당의 작용하는 힘은?

① 1[N]   ② 10^{-5}[N]   ③ 2×10^{-5}[N]   ④ 2×10^{-7}[N]

[해설] $F = \dfrac{\mu_0 I^2}{2\pi r} = \dfrac{2I^2}{r} \times 10^{-7} = \dfrac{2 \times 10^2}{1} \times 10^{-7} = 2 \times 10^{-5}$[N]

유사문제

▮ 유사문제 원문 및 해설 : 동일출판사 홈페이지 ≫ 고객센터 ≫ 자료실

01. 일정한 간격을 두고 떨어진 두 개의 긴 평행 도선에 전류가 각각 서로 반대 방향으로 흐를 때 단위 길이당 두 도선 간에 작용하는 힘은 어떻게 되는가?

답 두 전류의 곱에 비례하고 도선간의 거리에 반비례하며 반발력이다.

02. 그림과 같이 d[m] 떨어진 두 평행 도선에 I[A]의 전류가 흐를 때 도선 단위 길이당 작용하는 힘 F[N]는?

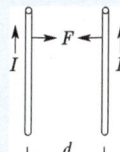

답 $\dfrac{\mu_0 I^2}{2\pi d}$

03. 전류 I_1[A], I_2[A]가 각각 같은 방향으로 흐르는 평행 도선이 r[m] 간격으로 공기 중에 놓여 있을 때 도선간에 작용하는 힘은?

답 $\dfrac{2I_1 I_2}{r} \times 10^{-7}$[N/m], 흡인력

04. 간격이 1.5[m]인 무한히 긴 송전 선로가 가설되었다. 여기에 6600[V], 3[A]를 송전하면 단위길이당 작용하는 힘은?

답 1.2×10^{-6}[N], 흡인력

05. 진공 중에 놓인 평행 2회선에 흐르는 전류가 2[A], 3[A]이고 선간 거리가 10[cm]일 때 작용하는 힘[N]은?

답 $F = \dfrac{\mu_0 I_1 I_2}{2\pi r} = \dfrac{4\pi \times 10^{-7} \times 2 \times 3}{2 \times 3.14 \times 10 \times 10^{-2}} = 12 \times 10^{-6}$[N]

06. 간격 $d = 4$[cm]인 2개의 평행한 도선에 각각 전류 $I = 10$[kA]가 흐르고 있을 경우 도선의 단위 길이당의 힘[N/m]은?

답 500[N/m]

07. 진공 중에 간격 $r = 1$[m]로 떨어져 평행하게 놓인 두 전류 I_1, I_2 간에 작용하는 힘이 단위 길이당 2×10^{-7}[N]이라면 두 전류 I_1, I_2[A]는 얼마인가?

답 $I_1 = I_2 = 1$

답 85. ③

자기 쌍극자

86 ★★ [91. 98. 기사]
자기 쌍극자에 의한 자위 U[A]에 해당되는 것은? 단, 자기 쌍극자의 자기 모멘트는 M[Wb·m], 쌍극자의 중심으로부터의 거리는 r[m], 쌍극자의 정방향과의 각도는 θ라 한다.

① $6.33 \times 10^4 \times \dfrac{M\sin\theta}{r^3}$ ② $6.33 \times 10^4 \times \dfrac{M\sin\theta}{r^2}$

③ $6.33 \times 10^4 \times \dfrac{M\cos\theta}{r^3}$ ④ $6.33 \times 10^4 \times \dfrac{M\cos\theta}{r^2}$

해설 ▶ 자기 쌍극자에 의한 자위 $U_m = \dfrac{M\cos\theta}{4\pi\mu_0 r^2} = 6.33 \times 10^4 \times \dfrac{M\cos\theta}{r^2}$ [A]

87 ★★★ [85. 91. 99. 기사]
전계 E[V/m] 내에 모멘트 P[C·m]인 쌍극자가 놓여 있을 때 쌍극자가 받는 회전 모멘트[N·m]는?

① $P \cdot E$ ② $E \cdot P$ ③ $E \times P$ ④ $P \times E$

해설 ▶ 전기 쌍극자를 전계 E[V/m] 내에 놓았을 때의 회전 모멘트는 $T = P \times E$[N·m]이다.
여기서 P[C·m]는 전기 쌍극자 모멘트이다.

88 ★ [00. 기사]
크기가 같고 부호가 반대인 두 점전하 $+Q$[C]과 $-Q$[C]이 극히 미소한 거리 δ[m]만큼 떨어져 있을 때 전기 쌍극자 모멘트는 몇 [C·m]인가?

① $\dfrac{1}{2}Q\delta$ ② $Q\delta$ ③ $2Q\delta$ ④ $4Q\delta$

해설 ▶ $M = Q\delta$[C·m] (정하량과 극간거리 곱)

암페어의 법칙

89 ★ [87. 99. 산업기사]
그림과 같이 전류 I[A]가 흐르고 있는 직선 도체로부터 r[m] 떨어진 P점의 자계의 세기 및 방향을 바르게 나타낸 것은? 단, 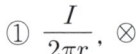은 지면으로 들어가는 방향, 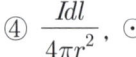은 지면으로부터 나오는 방향이다.

① $\dfrac{I}{2\pi r}$, ⊗ ② $\dfrac{I}{2\pi r}$, ⊙

③ $\dfrac{Idl}{4\pi r^2}$, ⊗ ④ $\dfrac{Idl}{4\pi r^2}$, ⊙

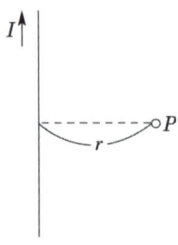

답 86. ④ 87. ④ 88. ② 89. ①

해설 $H = \dfrac{I}{2\pi r}$ [AT/m]이고 암페어의 오른나사 법칙을 적용하면 자계 H는 지면으로 들어가는 방향이다.

90 ★★★ [75. 90. 95. 01. 03. 06. 18. 24. 산업기사]
전류에 의한 자계의 방향을 결정하는 법칙은?

① 렌츠의 법칙 ② 플레밍의 오른손 법칙
③ 플레밍의 왼손 법칙 ④ 암페어의 오른손 법칙

해설 전류에 의한 자계의 방향은 암페어의 오른 나사 법칙에 따르며 그림과 같은 방향이다.
플레밍의 오른손 법칙(엄지 : 도체의 운동 방향, 인지 : 자계의 방향, 중지 : 기전력의 방향)은 자계 중에서 도체가 운동할 때 유기 기전력의 방향을 결정(발전기의 경우)해 주고, 플레밍의 왼손 법칙은 자계 중에 있는 도체에 전류를 흘릴 때의 도체의 운동 방향을 결정(전동기의 경우)해 주며, 렌츠의 법칙은 도체 주위의 자속이 변화할 때 유기되는 기전력의 방향이 그 자속의 변화를 방해하는 방향으로 생긴다는 것을 규정해 주는 법칙이다.

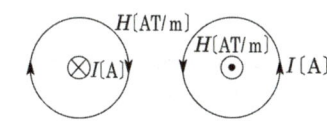

• 렌츠의 법칙 : 기전력 방향 결정
• 플레밍의 오른손 법칙 : 자계 중에서 도체가 운동할 때 유기 기전력의 방향 결정
• 플레밍의 왼손 법칙 : 자계 중에 있는 도체에 전류를 흘릴 때 도체의 운동 방향 결정
• 암페어의 오른손 법칙 : 전류에 의한 자계의 방향

91 ★★ [77. 97. 21. 23. 25. 산업기사]
직선 전류에 의해서 그 주위에 생기는 환상의 자계 방향은?

① 전류의 방향 ② 전류와 반대 방향
③ 오른 나사의 진행 방향 ④ 오른 나사의 회전 방향

해설 암페어 오른손(오른 나사) 법칙 : 나사 진행 방향을 전류 방향과 일치시킬 때 자계의 방향은 오른 나사를 회전시키는 방향과 같다.

92 ★★ [00. 24. 기사, 77. 82. 산업기사]
환상 솔레노이드(solenoid) 내의 자계의 세기[AT/m]는? 단, N은 코일의 감긴 수, a는 환상 솔레노이드의 평균 반지름이다.

① $\dfrac{2\pi a}{NI}$ ② $\dfrac{NI}{2\pi a}$
③ $\dfrac{NI}{\pi a}$ ④ $\dfrac{NI}{4\pi a}$

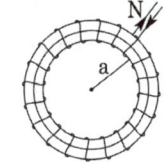

해설 위 그림과 같이 반지름 a[m]인 적분로 C에 대해서 암페어의 주회 적분의 법칙을 적용하면 H=일정, $\theta = 0$이므로
$$\oint_c \boldsymbol{H} \cdot d\boldsymbol{l} = H \cdot 2\pi a = NI \quad \therefore H = \dfrac{NI}{2\pi a} = n_0 I \text{[AT/m]}$$
단, n_0는 단위 길이당 권수이다.

답 90. ④ 91. ④ 92. ②

자극에 작용하는 힘

93 ★ [92. 기사]

500[g]의 질량에 작용하는 힘은?

① 9.8[N] ② 4.9[N]
③ 9.8×10^4[dyne] ④ 4.9×10^4[dyne]

[해설] $F = mg = 500 \times 10^{-3} \times 9.8 = 4.9$[N]

94 ★★ [13. 기사, 76. 00. 17. 산업기사]

1000[AT/m]의 자계 중에 어떤 자극을 놓았을 때 3×10^2[N]의 힘을 받았다고 한다. 자극의 세기[Wb]는?

① 0.1 ② 0.2 ③ 0.3 ④ 0.4

[해설] $F = mH$에서

$\therefore m = \dfrac{F}{H} = \dfrac{3 \times 10^2}{1000} = \dfrac{300}{1000} ≒ 0.3$[Wb]

95 ★★★★★ [75. 기사, 77. 82. 89. 90. 96. 98. 99. 00. 04. 06. 13. 18. 23. 산업기사]

비투자율 μ_s, 자속 밀도 B인 자계 중에 있는 m[Wb]의 자극이 받는 힘은?

① $\dfrac{Bm}{\mu_0 \mu_s}$ ② $\dfrac{Bm}{\mu_0}$ ③ $\dfrac{\mu_s \mu_0}{Bm}$ ④ $\dfrac{Bm}{\mu_s}$

[해설] 자계 중의 자극이 받는 힘은 $F = mH$[N], $H = \dfrac{B}{\mu_0 \mu_s}$[A/m]에서

$\therefore F = \dfrac{Bm}{\mu_0 \mu_s}$[N]

유사문제

유사문제 원문 및 해설 : 동일출판사 홈페이지 > 고객센터 > 자료실

01. 진공 중의 자계 10[AT/m]인 점에 5×10^{-3}[Wb]의 자극을 놓으면 그 자극에 작용하는 힘[N]은?

[답] $F = mH = 5 \times 10^{-3} \times 10 = 5 \times 10^{-2}$[N]

02. 600[AT/m]의 자계 중에 어떤 자극을 놓았을 때 3×10^3[N]의 힘이 작용했다면 이때의 자극의 세기는 몇 [Wb]이겠는가?

[답] $m = \dfrac{F}{H} = \dfrac{3 \times 10^3}{600} = 5$[Wb]

[답] 93. ② 94. ③ 95. ①

가우스 법칙

96 ☆ [85. 03. 산업기사]
진공 중에서 4π[Wb]의 자하(磁荷)로부터 발산되는 총 자력선의 수는?

① 4π ② 10^7 ③ $4\pi \times 10^7$ ④ $\dfrac{10^7}{4\pi}$

[해설] 진공 중에서 m[Wb]의 자하로부터 나오는 자력선의 수는
$$\Phi = \frac{m}{\mu_0} = \frac{4\pi}{\mu_0} = \frac{4\pi}{4\pi \times 10^{-7}} = 10^7 [\text{개}]$$

유사문제
‖ 유사문제 원문 및 해설 : 동일출판사 홈페이지 ≫ 고객센터 ≫ 자료실

01. 공기 중에서 자극의 세기 m[Wb]인 점자극으로부터 나오는 총 자력선 수는 얼마인가?
답 m/μ_0

벡터 포텐셜

97 ★ [03. 기사]
전하 혹은 전류 중심으로부터 거리 R에 반비례하는 것은?
① 균일 공간 전하밀도를 가진 구상전하 내부의 전계의 세기
② 원통의 중심축 방향으로 흐르는 균일 전류밀도를 가진 원통도체 내부의 자계의 세기
③ 전기쌍극자에 기인된 외부 전계내의 전위
④ 전류에 기인된 자계의 벡터포텐샬

[해설] ① $E = \dfrac{rQ}{4\pi\epsilon_0 a^3}$ ∴ $E \propto r$ ② $H = \dfrac{rI}{2\pi a^2}$ ∴ $H \propto r$
③ $V = \dfrac{M\cos\theta}{4\pi\epsilon_0 r^2}$ ∴ $V \propto \dfrac{1}{r^2}$ ④ $A = \dfrac{1}{4\pi}\displaystyle\int_v \dfrac{\mu_0 i}{r}dv$ ∴ $A \propto \dfrac{1}{r}$

98 ★★★ [82. 85. 98. 기사]
임의의 폐곡선 C와 쇄교하는 자속수 Φ를 벡터 퍼텐셜 A로 표시하면?

① $\Phi = \displaystyle\oint_c \boldsymbol{A} \cdot dl$ ② $\Phi = \displaystyle\int_s \boldsymbol{A} \cdot n dS$
③ $\Phi = \displaystyle\int_v \text{div}\boldsymbol{A}\, dv$ ④ $\Phi = \text{rot}\boldsymbol{A}$

답 96. ② 97. ④ 98. ①

해설 임의의 폐곡선 C와 쇄교하는 자속의 총화 Φ는 C로 둘러싸인 임의의 면을 S라 하고 면상의 자속 밀도를 B라 하면

$$\Phi = \int_s B \cdot dS \text{ [Wb]}$$

자속 밀도 B를 벡터 퍼텐셜 A로 표시하면 $B = \text{rot}\, A$가 되므로

$$\Phi = \int_s B \cdot dS = \int_s \text{rot}\, A \cdot dS = \oint_c A \cdot dl \text{ [Wb]}$$

자계 내의 운동 전하에 작용하는 힘

99 ☆ [00. 산업기사]
원형 궤도를 운동하는 전하 Q가 일정한 각속도 ω로 움직일 때의 등가 전류는?

① $\dfrac{\omega Q}{\pi}$ ② $\dfrac{\omega Q}{2\pi}$ ③ $\dfrac{\omega Q}{4\pi}$ ④ $\dfrac{\omega^2 Q}{4\pi}$

해설 $t = \dfrac{2\pi}{\omega}$에서 ∴ $I = \dfrac{Q}{t} = \dfrac{\omega Q}{2\pi}$ [A]

100 ★☆ [89. 기사, 83. 산업기사]
v [m/s]의 속도를 가진 전자가 B [Wb/m²]의 평등 자계에 직각으로 들어가면 원운동을 한다. 이때 원운동의 주기[s]를 구하면? 단, 원의 반지름은 r, 전자의 전하를 e[C], 질량을 m[kg]이라 한다.

① $\dfrac{mv}{eB}$ ② $\dfrac{eB}{m}$ ③ $\dfrac{2\pi m}{eB}$ ④ $\dfrac{eBr}{2\pi m}$

해설 자계 내의 운동 전하에 작용하는 힘은 $F = qv \times B$, $B = \mu_0 H$이며, 전자의 전하량을 e라 하면 $F = e(v \times \mu_0 H)$(벡터), $F = \mu_0 evH$(크기)
전자의 질량을 m, 궤도의 반지름을 r이라고 하면 F와 원심력과는 평형하므로,

$$F = \mu_0 evH = \dfrac{mv^2}{r}, \quad r = \dfrac{mv}{e\mu_0 H} = \dfrac{mv}{eB} \text{ [m]}$$

주기 T는 ∴ $T = \dfrac{2\pi r}{v} = \dfrac{2\pi m}{eB}$ [s]

101 ★★☆ [76. 85. 기사, 90. 03. 산업기사]
평등 자계 내에 수직으로 돌입한 전자의 궤적은?

① 원운동을 하는데, 원의 반지름은 자계의 세기에 비례한다.
② 구면 위에서 회전하고 반지름은 자계의 세기에 비례한다.
③ 원운동을 하고 반지름은 전자의 처음 속도에 비례한다.
④ 원운동을 하고, 반지름은 자계의 세기에 비례한다.

답 99. ② 100. ③ 101. ③

해설. 플레밍의 왼손 법칙에 의하여 전자가 받는 힘은 운동 방향에 수직하므로 전자는 원운동을 한다. v[m/s]의 속도를 가진 전자가 B[Wb/m²]인 평등 자계에 직각으로 돌입할 때 전자가 받는 힘은 $F = e(v \times B)$, 크기는 $F = evB$, 이때의 구심력 $F_0 = \dfrac{mv^2}{r}$이고 $F_0 = F$이므로

$$evB = \dfrac{mv^2}{r} \quad \therefore\ r = \dfrac{mv}{eB}[\text{m}] \propto v$$

★ [98. 03. 기사]

102 균일한 자계에 수직으로 입사한 수소 이온의 원운동의 주기는 $2\pi \times 10^{-5}$[sec]이다. 이 균일 자계의 자속 밀도는 몇 [Wb/m²]인가? 단, 수소 이온의 전하와 질량의 비는 2×10^7[C/kg]이다.

① 2×10^{-3}
② 3.5×10^{-3}
③ 5×10^{-3}
④ $2\pi \times 10^{-3}$

해설. $T = \dfrac{2\pi m}{eB}$에서 $B = \dfrac{2\pi m}{eT} = \dfrac{m}{e} \cdot \dfrac{2\pi}{T} = \dfrac{1}{2 \times 10^7} \times \dfrac{2\pi}{2\pi \times 10^{-5}} = 5 \times 10^{-3}$

유사문제

┃유사문제 원문 및 해설 : 동일출판사 홈페이지 》 고객센터 》 자료실

01. v[m/s]의 속도로 전자가 B[Wb/m²]의 평등 자계에 직각으로 들어가면 원운동을 한다. 이때 각속도 ω[rad/s] 및 주기 T[s]는? 단, 전자의 질량은 m, 전자의 전하는 e이다.

답 $\omega = \dfrac{eB}{m}$[rad/s], $T = \dfrac{2\pi m}{eB}$[s]

답 102. ③

CHAPTER 08 자기 회로

01 자성체

1) 자성체

물질을 자계 내에 놓으면 그 물질은 자기적 성질, 즉 자성을 나타내는데 이 때 물질은 자화되었다고 하며, 자화되는 물질을 자성체(magnetic substance), 자화되지 않는 물질을 비자성체(non-magnetic substance)라고 한다. 자성체에는 반자성체, 상자성체, 강자성체, 반강자성체 등이 있다. [출제 기사 4번]

- 반자성체 : 영구자기 쌍극자는 없는 재질
- 상자성체 : 인접 영구자기 쌍극자의 방향이 규칙성이 없는 재질
- 강자성체 : 인접 영구자기 쌍극자의 방향이 동일방향으로 배열하는 재질
- 반강자성체 : 인접 영구자기 쌍극자의 배열이 서로 반대인 재질

강자성체의 특징은 다음과 같다.

① 자구가 존재한다.
② 히스테리시스 현상이 있다.
③ 자기포화 특성이 있다.
④ 투자율이 높다. [출제 기사 3번]

자성체의 특징

자성체의 종류	투자율	비투자율	비자화율	자기모멘트의 크기와 배열	종류
강자성체	$\mu \gg \mu_0$	$\mu_s \gg 1$	$\chi_m \gg 1$		철(Fe), 니켈(Ni), 코발트(Co) [출제 산업 2번]
페리자성체					자철광, 니켈-아연 페라이트, 니켈 페라이트
상자성체	$\mu > \mu_0$	$\mu_s > 1$	$\chi_m > 0$ [출제 산업 1번]		백금(Pt), 알루미늄(Al), 산소(O_2)
반자성체	$\mu < \mu_0$	$\mu_s < 1$	$\chi_m < 0$		은(Ag), 구리(Cu), 비스무트(Bi), 물(H_2O) [출제 기사 3번]
반강자성체		[출제 기사 3번]			

[출제 기사 2번]

2) 매질

종류	현상	매질의 전기적 특성	R, L, C와 관계
유전체	전장에서 분극현상	유전율 ϵ[F/m]	$C \propto \epsilon$
자성체	자장에서 자화현상	투자율 μ[H/m]	$L \propto \mu$
도 체	전장에서 정전유도현상	고유저항 $\rho[\Omega \cdot m]$	$R \propto \rho$

3) 감자력

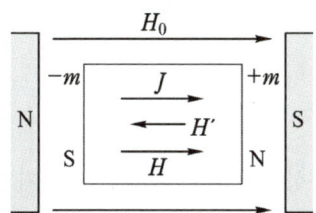

H_0 : 외부자계
H' : 자화($-m$, $+m$)에 의한 자계(감자력)
H : 자성체 내부자계

그림과 같이 평등자계 H_0 중에 $\mu_s > 1$ 인 상자성체를 놓고 자성체 단면에 $-m$과 $+m$의 자극을 갖도록 자화가 되었을 때, 자성체 내부에는 외부자계 H_0과 반대 방향으로 자극 $\pm m$에 의한 자계 H'를 생기게 하므로 자성체 내부에서의 자계의 세기 H는 $H = H_0 - H'$가 된다. 여기서 자화에 의한 자계 H'를 감자력이라고 한다.

이때 감자력 H'는 자화의 세기 J에 비례하며 자성체의 형태에 따라 결정되므로 다음과 같이 놓을 수 있다. 출제 산업 7번, 기사 4번

$$H' = \frac{N}{\mu_0} J$$

여기서, H_0 : 외부자계 H' : 자화($-m$, $+m$)에 의한 자계(감자력)
        H : 자성체 내부자계 N : 감자율($0 \leq N \leq 1$)

출제 산업 5번

- 환상의 솔레노이드는 자극이 존재하지 않으므로 감자율이 0, 즉 감자력이 0이다.
- 가늘고 긴 막대 자성체가 자계와 평행으로 놓여 있으면 감자율은 거의 0에 가깝다.
- 가늘고 긴 막대 자성체가 자계와 수직으로 놓여 있으면 감자율은 거의 1에 가깝다.

4) 자기 차폐

투자율이 큰 강자성체를 사용하여 외부자계의 영향을 작게 하는 자기적인 차단을 자기 차폐(magnetic shielding)라 한다. 출제 기사 2번

정전계의 정전 차폐는 도체를 사용하여 외부 전계의 영향을 완전히 막을 수 있지만, 자계에서는 투자율이 ∞인 자성체가 존재하지 않기 때문에 완전히 차단하는 것은 불가능하다. 따라서 자기 차폐는 비투자율이 큰 자성체인 중공의 철구를 겹겹이 포위하여 감싸놓으면 효과적으로 줄일 수 있다.

5) 히스테리시스 곡선

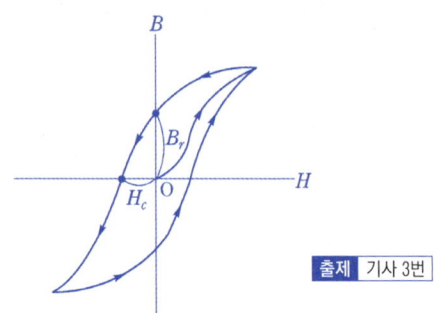

출제 기사 3번

① 잔류자기(residual magnetism) : B_r
외부에서 가한 자계 세기를 0으로 해도 자성체에 남는 자속밀도 크기
② 보자력(coercive force) : H_c
자화된 자성체 내부의 B를 0으로 하기위하여 외부에서 자화와 반대방향으로 가하는 자계의 세기 출제 산업 5번
③ 히스테리시스 손(hysterisis loss)
히스테리시스 곡선을 다시 일주시켜도 항상 처음과 동일하기 때문에 히스테리시스의 면적(체적당 에너지 밀도)에 해당하는 에너지는 열로 소비된다. 이것을 히스테리시스 손이라 한다.
출제 기사 2번

$$P_h = \eta f B_m^{1.6}$$ 출제 산업 2번

④ 자석 재료
 - 영구자석 재료 : 잔류자기(B_r) 및 보자력(H_c)이 클 것
 - 전자석 재료 : 히스테리시스 곡선 면적 및 H_c(보자력)가 적을 것 출제 산업 3번, 기사 9번

6) 소자법 출제 산업 2번

강자성체에 일단 자계를 가하면 자화되어 잔류자기의 형태로 항상 자성을 보유하게 된다. 이 자화에 의한 자성을 제거하여 소실시키는 것을 소자법이라고 한다.

(1) 직류법
처음에 준 자계와 같은 정도의 직류 자계를 반대 방향으로 가하는 조작을 반복하여 감소시킨다.

(2) 교류법
자화할 때와 같은 정도의 교류자계를 가하고 그 값이 0이 될 때까지 점차로 감소시킨다.

(3) 가열법

강자성체의 온도를 퀴리점 이상이 될 때까지 상승시킨다. 철의 경우 약 770[℃]에서 강자성을 잃어버리는데, 이 온도를 퀴리점(Curie point)이라 한다.

02 자화의 세기

1) 자화의 세기 J

자성체의 양 단면의 단위면적에 발생한 자기량을 그 자성체에 대한 자화의 세기라고 한다.

$$J = \frac{m}{S} = \frac{ml}{Sl} = \frac{M}{V} [\text{Wb/m}^2]$$

여기서, S : 자성체의 단면적[m²], m : 자화된 자기량[Wb]
　　　　l : 자성체의 길이[m], V : 자성체의 체적[m³]
　　　　M : 자기모멘트($M = ml$[Wb·m])

따라서, 자화의 세기 J는

단위면적당의 자화된 자극의 세기로 표시하면 $J = \frac{m}{S}$ 이 되며,

단위체적당의 자기모멘트로 표시하면 $J = \frac{M}{V}$ 이 된다.

2) 투자율과 자화율

- 자 화 율　　$\chi = \mu - \mu_0 = \mu_0(\mu_s - 1) = \mu_0 \chi_s$　$(\mu = \mu_0 \mu_s$이므로$)$
- 비자화율　　$\chi_s = \mu_s - 1$
- 자화의 세기　$J = \chi H = (\mu - \mu_0)H = \mu_0(\mu_s - 1)H$

　　　　　　　$J = \mu H - \mu_0 H = B - \mu_0 H \, (\because B = \mu H)$

　　　　　　　$\therefore B = \mu_0 H + J$

3) 자화의 세기와 분극의 세기의 대응

분극의 세기(유전체 내부현상)	자화의 세기(자성체 내부현상)
$P = \chi E$ 분극률 : $\chi = \epsilon - \epsilon_0 = \epsilon_0(\epsilon_s - 1)$	$J = \chi H$ 자화율 : $\chi = \mu - \mu_0 = \mu_0(\mu_s - 1)$
$P = (\epsilon - \epsilon_0)E$ 　$= \epsilon E - \epsilon_0 E \, (D = \epsilon E)$ 　$= D - \epsilon_0 E$	$J = (\mu - \mu_0)H$ 　$= \mu H - \mu_0 H \, (B = \mu H)$ 　$= B - \mu_0 H$
$\therefore D = \epsilon_0 E + P$	$\therefore B = \mu_0 H + J$

03 자기회로

전류가 흐르는 통로를 전기회로라고 하는 데 대하여 자속의 통로를 자기회로(magnetic circuit)라 하고 간단히 자로라 한다. 전기 회로에서는 전류가 흐르므로 I^2R의 줄열이 발생하여 줄 손실(동손)이 생기지만 자기 회로에서는 자속이 흐르므로 자속에 의한 손실은 발생하지 않고 철손이 생긴다. 출제 산업 1번

1) 자속밀도와 자속

$$B = \mu H + J \, [\text{Wb/m}^2]$$

여기서, B : 자속밀도[Wb/m²], J : 자화의 세기[Wb/m²]

2) 자기회로

- 기자력 $F = NI \, [\text{AT}]$ 출제 산업 6번
- $\phi = BS = \mu HS$ 에서 $H = \dfrac{\phi}{\mu S}$ 출제 산업 3번, 기사 1번
- 암페어의 주회적분 법칙 식에서

$$F = \oint H \cdot dl = H \oint dl = Hl = \frac{\phi l}{\mu S} = \phi R_m$$

- 자기저항 $R_m = \dfrac{l}{\mu S} \, [\text{AT/Wb}]$ 출제 산업 1번, 기사 4번
- 자기회로의 옴의 법칙 $\phi = \dfrac{F}{R_m}$ 출제 산업 1번, 기사 5번

3) 전기회로와 자기회로의 대응

전 기 회 로		자 기 회 로	
기전력	$E[\text{V}]$	기자력	$F_m[\text{AT}]$
전류	$I[\text{A}]$	자속	$\phi[\text{Wb}]$
전계	$E[\text{V/m}]$	자계	$H[\text{AT/m}]$
전기저항	$R[\Omega]$	자기저항	$R_m[\text{AT/Wb}]$
콘덕턴스	$G[\mho]$	퍼미언스	$\dfrac{1}{R_m}[\text{Wb/AT}]$
도전율	$\sigma[\text{S/m}]$	투자율	$\mu[\text{H/m}]$
옴의법칙	$E = IR[\text{V}]$ $\therefore I = \dfrac{E}{R}[\text{A}]$	옴의법칙	$F_m = \phi R_m [\text{AT}]$ $\therefore \phi = \dfrac{NI}{R_m}[\text{Wb}]$

4) 자기 저항의 합성 출제 기사 2번

- 직렬 합성 : $R = \sum_{i=1}^{n} R_{mi}$
- 병렬 합성 : $\dfrac{1}{R} = \sum_{i=1}^{n} \dfrac{1}{R_{mi}}$ 출제 기사 1번

04 경계조건

투자율 μ_1, μ_2인 두 매질이 접한 경계면에서 정전계의 기본식과 대응시켜 구할 수 있다.

- 정전계의 기본식

$$\oint_c \boldsymbol{E} \cdot dl = 0, \ \text{rot}\boldsymbol{E} = 0, \ \oint_S \boldsymbol{D} \cdot d\boldsymbol{S} = 0, \ \text{div}\boldsymbol{D} = 0$$

- 정자계의 기본식

$$\oint_c \boldsymbol{H} \cdot dl = 0, \ \text{rot}\boldsymbol{H} = i, \ \oint_S \boldsymbol{B} \cdot d\boldsymbol{S} = 0, \ \text{div}\boldsymbol{B} = 0$$

1) 자속밀도는 경계면에서 법선성분이 같다.($B_{1n} = B_{2n}$)

$B_1 \cos\theta_1 = B_2 \cos\theta_2 \ (B_1 = \mu_1 H_1, \ B_2 = \mu_2 H_2)$

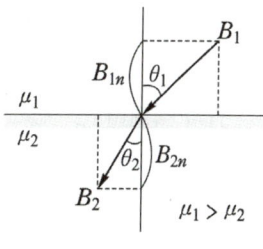

자속의 굴절

2) 자계의 세기는 경계면에서 접선성분이 같다.($H_{1t} = H_{2t}$)

$H_1 \sin\theta_1 = H_2 \sin\theta_2$ 출제 기사 1번

3) 자성체의 굴절의 법칙

$$\dfrac{\tan\theta_1}{\tan\theta_2} = \dfrac{\mu_1}{\mu_2}$$ 출제 산업 8번, 기사 2번

그림의 경계면에서 투자율의 관계가 $\mu_1 > \mu_2$인 경우에 $\theta_1 > \theta_2$이기 때문에

$B_1 \cos\theta_1 = B_2 \cos\theta_2 \ (B_1 = \mu_1 H_1, \ B_2 = \mu_2 H_2)$
$H_1 \sin\theta_1 = H_2 \sin\theta_2$에 의하여 $B_1 > B_2$, $H_1 < H_2$

의 관계가 성립한다.
따라서, 자속은 투자율이 높은 쪽으로 모이려는 성질이 있다.

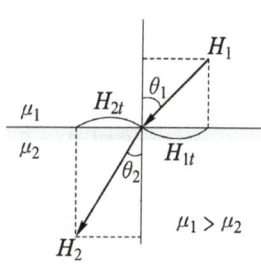

자력선의 굴절

05 자계 에너지

정전계와 정자계에서의 단위 체적당 축적되는 에너지와 단위 면적당 작용하는 힘에 관한 대응 관계를 정리하면 다음과 같다.

1) 정전계

정전 에너지 밀도 : $w_e = \dfrac{1}{2}DE = \dfrac{1}{2}\epsilon E^2 = \dfrac{D^2}{2\epsilon}\,[\text{J/m}^3]$

정전 응력 : $f = \dfrac{1}{2}DE = \dfrac{1}{2}\epsilon E^2 = \dfrac{D^2}{2\epsilon}\,[\text{N/m}^2]$

2) 정자계

그림의 N 극의 강자성체를 $\triangle x$ 움직일 때의 에너지의 증가 $\triangle W$는(가상 변위의 원리)

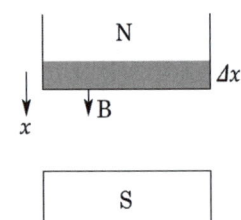

$$\triangle W = \dfrac{1}{2\mu}B^2 \triangle x S - \dfrac{1}{2\mu_0}B^2 \triangle x S$$

$$F_x = -\dfrac{\triangle W}{\triangle x} = \left(\dfrac{B^2}{2\mu_0} - \dfrac{B^2}{2\mu}\right)S\,[\text{N}]$$

위의 식에서 $\dfrac{B^2}{2\mu_0} \gg \dfrac{B^2}{2\mu}$ 이다.($\because$ 강자성체에서는 $\mu_0 \ll \mu$).

따라서

$$\therefore F_x = \dfrac{B^2}{2\mu_0}S\,[\text{N}] \text{ (흡인력)}$$

또, S 극의 강자성체에도 같은 크기의 흡인력이 작용한다.

정자계 에너지 밀도 : $w_m = \dfrac{1}{2}BH = \dfrac{1}{2}\mu H^2 = \dfrac{B^2}{2\mu}\,[\text{J/m}^3]$

흡인력 : $f = \dfrac{1}{2}BH = \dfrac{1}{2}\mu H^2 = \dfrac{B^2}{2\mu}\,[\text{N/m}^2]$

CHAPTER 08 출제예상문제_자기 회로

자화의 세기

01 ★ [82. 기사]
$B = \mu_0 H + J$인 관계를 사용할 때 자기 모멘트의 단위는? 단, J는 자화의 세기이다.
① [Wb·m]　② [Wb·A]　③ [AT/Wb]　④ [Wb/m²]

[해설] 자기 모멘트 $M = J \cdot v$에서 [Wb/m²]·[m³] =[Wb·m]

02 ★★★★ [88. 98. 00. 01. 11. 기사, 10. 산업기사]
감자력은?
① 자계에 반비례한다.　② 자극의 세기에 반비례한다.
③ 자화의 세기에 비례한다.　④ 자속에 반비례한다.

[해설] $H' = \dfrac{N}{\mu_0} J \propto J$

03 ★ [02. 05. 기사]
자기 감자력(self demagnetizing force)이 평등 자화되는 자성체에서의 관계가 옳은 것은?
① 투자율에 비례한다.　② 자화의 세기에 비례한다.
③ 감자율에 반비례한다.　④ 자계에 반비례한다.

[해설] $H' = \dfrac{N}{\mu_0} J \propto J$

04 ★★ [16. 기사, 86. 91. 92. 99. 산업기사]
감자력이 0인 것은?
① 가늘고 긴 막대 자성체　② 구(球) 자성체
③ 굵고 짧은 막대 자성체　④ 환상 철심

[해설] 환상 철심은 감자율이 없으므로 감자력이 0이다.

05 ★★★★★ [90. 91. 96. 99. 05. 12. 기사, 89. 90. 95. 01. 03. 06. 07. 12. 산업기사]
강자성체의 자속 밀도 B의 크기와 자화의 세기 J의 크기 사이에는 어떤 관계가 있는가?
① J는 B와 같다.　② J는 B보다 약간 작다.
③ J는 B보다 대단히 크다.　④ J는 B보다 약간 크다.

답 1. ① 2. ③ 3. ② 4. ④ 5. ②

[해설] 강자성체는 $\mu_s \gg 1$이므로 $J = \dfrac{\mu_s - 1}{\mu_s} B$에서 $\dfrac{\mu_s - 1}{\mu_s}$은 1보다 약간 작으므로 J도 B보다 약간 작다.

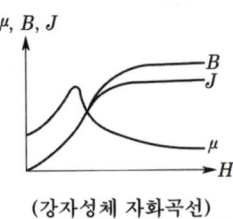

(강자성체 자화곡선)

☆ [97. 03. 24. 산업기사]
06 강자성체의 자화의 세기 J와 자화력 H 사이의 관계는?

① 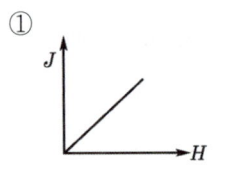   ② 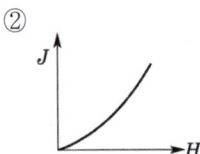   ③ 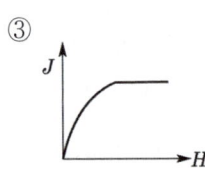   ④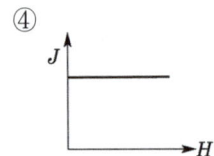

[해설] 강자성체의 자화는 천천히 증가하지만 그 한계를 넘으면 자기 포화를 일으켜 H의 증가에도 불구하고 J는 일정하게 된다.

★☆ [78. 79. 90. 산업기사]
07 반지름 3[cm]의 원형 단면을 가진 환상의 연철심(비투자율 400)에 코일을 감고 이것에 전류를 흘린 결과 철심 중의 자계가 400[AT/m]로 되었다. 자화의 세기[Wb/m²]는?

① 약 0.5   ② 약 0.2   ③ 약 2×10^{-4} ④ 약 5×10^{-4}

[해설] 자화율 $\chi_m = \mu - \mu_0 = \mu_0(\mu_s - 1) = 4\pi \times 10^{-7}(400 - 1) = 5 \times 10^{-4}$[H/m]
자화의 세기 $J = \chi_m H = 5 \times 10^{-4} \times 400 = 0.2$[Wb/m²]

★★ [85. 19. 기사, 92. 01. 06. 산업기사]
08 다음의 관계식 중 성립할 수 없는 것은? 단, μ는 투자율, χ는 자화율, μ_0는 진공의 투자율, J는 자화의 세기이다.

① $\mu = \mu_0 + \chi$ ② $B = \mu H$ ③ $\mu_s = 1 + \dfrac{\chi}{\mu_0}$ ④ $J = \chi B$

[해설]
• $J = \chi H$[Wb/m²], $\mu = \mu_0 + \chi$[H/m]이므로
$B = \mu_0 H + J = \mu_0 H + \chi H = (\mu_0 + \chi) H = \mu H$[Wb/m²]
• $\mu = \mu_0 \mu_s$이므로 $\mu_s = \dfrac{\mu}{\mu_0} = \dfrac{\mu_0 + \chi}{\mu_0} = 1 + \dfrac{\chi}{\mu_0}$

★★★★ [00. 기사 ㉮ : 77. 93. 08. 11. 기사, 80. 85. 23. 산업기사]
09 비투자율이 400인 환상 철심 중의 평균 자계의 세기가 300[AT/m]일 때, 자화의 세기는 몇 [Wb/m²]인가?

① 0.1   ② 0.15   ③ 0.2   ④ 0.25

[해설] $J = \mu_0(\mu_s - 1) H = 4\pi \times 10^{-7}(400 - 1) \times 300 = 0.15$[Wb/m²]

답 6. ③ 7. ② 8. ④ 9. ②

10 ★★ [91. 기사, 77. 00. 산업기사]

평균 길이가 1[m]인 환상 철심이 있다. 이 철심에 500회의 코일을 감고 2[A]의 전류를 흘려 철 중의 자속 밀도를 1.5[Wb/m²]으로 할 때의 철심에 대한 자화의 세기[Wb/m²]를 구하면?

① 2.0   ② 1.5   ③ 1.0   ④ 0.5

해설 $NI = \oint_c Hdl = H\oint_c dl = H \cdot l_c = \frac{B}{\mu_0 \mu_s} l_c$ 에서 $\mu_s = \frac{Bl_c}{\mu_0 NI} = \frac{1.5 \times 1}{4\pi \times 10^{-7} \times 500 \times 2} = 1193$

자화율 $\chi_m = \mu - \mu_0 = \mu_0(\mu_s - 1) = 4\pi \times 10^{-7} \times (1193 - 1)$
$= 4 \times 3.14 \times 10^{-7} \times 1192 = 1.5 \times 10^{-3}$ [H/m]

자화의 세기 ∴ $J = \chi_m H = \frac{\chi_m B}{\mu} = \frac{\chi_m B}{\mu_0 \mu_s} = \frac{1.5 \times 10^{-3} \times 1.5}{4\pi \times 10^{-7} \times 1193} = 1.5$ [Wb/m²]

11 ☆ [87. 산업기사]

비투자율이 50인 자성체의 자속 밀도가 0.05[Wb/m²]일 때 자성체의 자화의 세기는?

① 0.049[Wb/m²]   ② 0.05[Wb/m²]
③ 0.055[Wb/m²]   ④ 0.06[Wb/m²]

해설 $J = \chi_m H = \frac{\chi_m B}{\mu} = \frac{\mu_0(\mu_s - 1)B}{\mu_0 \mu_s} = (\mu_s - 1)\frac{B}{\mu_s}$
$= (50 - 1) \times \frac{0.05}{50} = 0.049$ [Wb/m²]

12 ★★★ [79. 88. 95. 21. 기사]

길이 10[cm], 단면의 반지름 $a = 1$[cm]인 원통형 자성체가 길이의 방향으로 균일하게 자화되어 있을 때 자화의 세기가 $J = 0.5$[Wb/m²]이라면 이 자성체의 자기 모멘트[Wb·m]는?

① 1.57×10^{-4} ② 1.57×10^{-5}
③ 15.7×10^{-4} ④ 15.7×10^{-5}

해설 $M = ml = \pi a^2 J \cdot l = 3.14 \times (0.01)^2 \times 0.5 \times 0.1 = 1.57 \times 10^{-5}$ [Wb·m]

13 ★★★★ [11. 기사, 80. 88. 93. 95. 01. 04. 11. 산업기사]

투자율이 μ이고, 감자율 N인 자성체를 외부 자계 H_0 중에 놓았을 때의 자성체의 자화 세기 J를 구하면?

① $\frac{\mu_0(\mu_s + 1)}{1 + N(\mu_s + 1)} H_0$ ② $\frac{\mu_0 \mu_s}{1 + N(\mu_s + 1)} H_0$

③ $\frac{\mu_0 \mu_s}{1 + N(\mu_s - 1)} H_0$ ④ $\frac{\mu_0(\mu_s - 1)}{1 + N(\mu_s - 1)} H_0$

해설 감자력 $H' = \frac{NJ}{\mu_0}$ 라 하면 자성체의 내부 자계는

답 10. ② 11. ① 12. ② 13. ④

$$H = H_0 - H' = H_0 - \frac{NJ}{\mu_0}[\text{A/m}]$$

$$J = \chi_m H, \quad \chi_m = \mu_0(\mu_s - 1)[\text{Wb/m}^2]$$

H를 소거하여 $\therefore J = \dfrac{\chi_m}{1 + \dfrac{\chi_m N}{\mu_0}} H_0 = \dfrac{\mu_0(\mu_s - 1)}{1 + N(\mu_s - 1)} H_0 [\text{Wb/m}^2]$

14 ★ [83. 04. 기사]

균등 자계 H 중에 놓여진 투자율 μ인 자성체의 자화의 세기는? 단, 자성체의 감자율은 N이다.

① $J = \dfrac{\mu_0(\mu - \mu_0)}{\mu_0 + N(\mu - \mu_0)} H_0$ ② $J = \dfrac{\mu(\mu_0 - \mu)}{\mu + N(\mu_0 - \mu)} H_0$

③ $J = \dfrac{\mu_0(\mu - \mu_0)}{\mu + N(\mu - \mu_0)} H_0$ ④ $J = \dfrac{\mu(\mu - \mu_0)}{\mu_0 + N(\mu_0 - \mu)} H_0$

[해설] $J = \dfrac{\chi_m}{1 + \dfrac{\chi_m N}{\mu_0}} H_0 = \dfrac{\mu_0(\mu_s - 1)}{1 + \dfrac{\mu_0(\mu_s - 1)N}{\mu_0}} H_0 = \dfrac{\mu_0^2(\mu_2 - 1)}{\mu_0 + \mu_0(\mu_s - 1)N} H_0 = \dfrac{\mu_0(\mu - \mu_0)}{\mu_0 + (\mu - \mu_0)N} H_0$

15 ★ [95. 기사]

비자화율 $\dfrac{\chi_m}{\mu_0}$이 49이며 자속 밀도가 0.05[Wb/m²]인 자성체에서 자계의 세기는 몇 [AT/m]인가?

① $10^4 \pi$ ② $5 \times 10^4 \pi$ ③ $\dfrac{6 \times 10^4}{2\pi}$ ④ $\dfrac{10^4}{4\pi}$

[해설] 자화의 세기 $J = \chi_m H$로 자계의 세기에 비례하며 이때 비례상수 χ_m을 자화율이라 하고 이 자화율을 진공의 투자율 μ_0로 나눈 값 $\chi_s = \dfrac{\chi_m}{\mu_0}$를 비자화율이라 한다. 또 자속 밀도는

$B = \mu_0 H + J = \mu_0 H + \chi_m H = (\mu_0 + \chi_m) H = (\mu_0 + \mu_0 \chi_s) H = (1 + \chi_s) \mu_0 H$

이므로

$H = \dfrac{B}{(1 + \chi_s)\mu_0} = \dfrac{0.05}{50 \times 4\pi \times 10^{-7}} = \dfrac{10^4}{4\pi}$

16 ★★★ [01. 06. 07. 15. 18. 20. 기사]

길이 l[m], 단면적의 지름 d[m]인 원통이 길이 방향으로 균일하게 자화되어 자화의 세기가 J[Wb/m²]인 경우 원통 양단에서의 전자극의 세기는 몇 [Wb]인가?

① $\pi d^2 J$ ② $\pi d J$ ③ $\dfrac{4J}{\pi d^2}$ ④ $\dfrac{\pi d^2 J}{4}$

[해설] $J = \dfrac{m}{s}[\text{Wb/m}^2] \quad \therefore m = J \cdot s = J \cdot \dfrac{\pi d^2}{4}[\text{Wb}]$

답 14. ① 15. ④ 16. ④

17 ★ [97. 기사]

길이 20[cm], 단면적의 반지름 10[cm]인 원통이 길이 방향으로 균일하게 자화되어 자화의 세기가 200[Wb/m²]인 경우 원통 양단에서의 전자극의 세기는 몇 [Wb]인가?

① π ② 2π ③ 3π ④ 4π

해설 $J = \dfrac{m}{S} = \dfrac{m}{\pi r^2}$ [Wb/m²]에서

$m = J \cdot \pi r^2 = 200 \times \pi \times (10 \times 10^{-2})^2 = 2\pi$ [Wb]

유사문제

■ 유사문제 원문 및 해설 : 동일출판사 홈페이지 ≫ 고객센터 ≫ 자료실

01. 자계에 있어서의 자화의 세기 J[Wb/m²]는 유전체에서의 무엇과 동일한 의의를 가지고 대응되는가?

답 전기 분극도

02. 자화의 세기로 정의할 수 있는 것은?

답 단위 체적당 자기 모멘트

03. 어느 강철의 자화 곡선을 응용하여 종축을 자속 밀도 B 및 투자율 μ, 횡축을 자화의 세기 J라고 하면 다음 중에 투자율 곡선을 가장 잘 나타내고 있는 것은?

답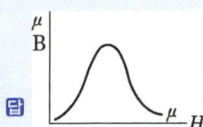

04. 비투자율 $\mu_s = 400$인 환상 철심 내의 평균 자계의 세기가 $H = 3000$[AT/m]이다. 철심 중의 자화의 세기 J[Wb/m²]는?

답 $J = \chi_m H = 5 \times 10^{-4} \times 3000 = 1.5$[Wb/m²]

05. 비투자율 1000의 철심을 사용한 환상 솔레노이드에서 철심 중의 자계의 세기가 100[A/m]일 때 철심 중의 자화의 세기는 몇 [Wb/m²]인가?

답 $J = \chi_m H = \mu_0(\mu_s - 1)H = 4\pi \times 10^{-7} \times (1000 - 1) \times 100 = 0.125$[Wb/m²]

06. 비투자율 $\mu_s = 500$인 철심에서 자계의 세기가 100[AT/m]이다. 철심의 자화의 세기는 몇 [Wb/m²]인가?

답 $J = \chi H = \mu_0(\mu_s - 1)H = 4\pi \times 10^{-7} \times (500 - 1) \times 100 = 6.27 \times 10^{-2}$[Wb/m²]

07. 그림과 같이 평등 자계 H_0 중에 구자성체(반지름 a, 투자율 μ)를 놓은 경우, 구가 균일하게 자화되었을 때 구 내부에서 자화의 세기는 몇 [Wb/m²]인가?

답 $\dfrac{3\mu_0(\mu_s - 1)}{2 + \mu_s} H_0$

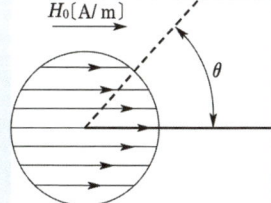

답 17. ②

자속밀도

18 ★★ [82. 88. 03. 11. 산업기사]
자계의 세기 1500[AT/m] 되는 점의 자속 밀도가 2.8[Wb/m²]이다. 이 공간의 비투자율은?

① 1.86×10^{-3}
② 18.6×10^{-3}
③ 1480
④ 148

해설 $B = \mu_0 \mu_s H$ 식에서 $\mu_s = \dfrac{B}{\mu_0 H} = \dfrac{2.8}{4\pi \times 10^{-7} \times 1500} = 1486.2$ [H/m]

19 ★★ [86. 93. 05. 08. 20. 기사]
반지름이 3[cm]인 원형 단면을 가지고 있는 환상 연철심에 감은 코일에 전류를 흘려서 철심 중의 자계의 세기가 400[AT/m] 되도록 여자 할 때 철심 중의 자속 밀도는 얼마인가? 단, 철심의 비투자율은 400이라고 한다.

① 0.2[Wb/m²]
② 2.0[Wb/m²]
③ 0.02[Wb/m²]
④ 2.2[Wb/m²]

해설 $B = \mu H = \mu_0 \mu_s H = 4\pi \times 10^{-7} \times 400 \times 400 = 0.2$ [Wb/m²]

20 ★★☆ [92. 00. 05. 기사, ㉤ : 96. 산업기사]
무한히 긴 직선 도체에 전류 I[A]를 흘릴 때 이 전류로부터 d[m] 되는 점의 자속 밀도는 몇 [Wb/m²]인가?

① $\dfrac{\mu_0 I}{4\pi d}$
② $\dfrac{I}{2\pi \mu_0 d}$
③ $\dfrac{1}{2\pi d}$
④ $\dfrac{\mu_0 I}{2\pi d}$

해설 무한장 직선 전류로부터 d[m] 떨어진 점의 자계는 $H = \dfrac{I}{2\pi d}$ [A/m]이고, $B = \mu H$이므로

$B = \mu H = \dfrac{\mu_0 I}{2\pi d}$ [Wb/m²]

21 ★ [93. 12. 기사]
공극(air gap)이 δ[m]인 강자성체로 된 환상 영구 자석에서 성립하는 식은? 단, l[m]은 영구 자석의 길이이며 $l \gg \delta$ 이고, 자속 밀도와 자계의 세기를 각각 B[Wb/m²], H[AT/m]라 한다.

① $\dfrac{B}{H} = \dfrac{-\delta \mu_0}{l}$
② $\dfrac{B}{H} = \dfrac{-l \mu_0}{\delta}$
③ $\dfrac{B}{H} = \dfrac{\delta \mu_0}{l}$
④ $\dfrac{B}{H} = \dfrac{l \mu_0}{\delta}$

해설 영구자석의 외부 기자력 $F = 0$이다. $\therefore F = 0 = \dfrac{B}{\mu_0} \delta + Hl$ $\therefore \dfrac{B}{H} = -\dfrac{l \mu_0}{\delta}$

답 18. ③ 19. ① 20. ④ 21. ②

22 자계의 세기가 800[AT/m]이고, 자속 밀도가 0.2[Wb/m²]인 재질의 투자율은 몇 [H/m]인가?

① 2.5×10^{-3} ② 4×10^{-3} ③ 2.5×10^{-4} ④ 4×10^{-4}

[해설] $B = \mu H$에서 $\mu = \dfrac{B}{H} = \dfrac{0.2}{800} = 2.5 \times 10^{-4}$[H/m]

유사문제

01. 비투자율 800의 환상 철심 중의 자계가 150[AT/m]일 때 철심의 자속 밀도[Wb/m²]는?

답 $B = \mu H = \mu_0 \mu_s H = 4\pi \times 10^{-7} \times 800 \times 150 = 15 \times 10^{-2}$[Wb/m²]

02. 자계의 세기 $H = 1000$[AT/m]일 때 자속 밀도 $B = 0.1$[Wb/m²]인 재질의 투자율은 몇 [H/m]인가?

답 투자율 $\mu = \dfrac{B}{H} = \dfrac{0.1}{1000} = 10^{-4}$[H/m]

자성체

23 정전 차폐와 자기 차폐를 비교하면?

① 정전 차폐가 자기 차폐에 비교하여 완전하다.
② 정전 차폐가 자기 차폐에 비교하여 불완전하다.
③ 두 차폐 방법은 모두 완전하다.
④ 두 차폐 방법은 모두 불완전하다.

[해설] 정전차폐 : 완전하다. → 정전계에서 전기력선은 도체를 통과 할 수 없다.
자기차폐 : 불완전 차폐 → 자성체로 주위의 자기력선을 끌어 모으나 완전히는 모을 수 없다.

24 자화된 철의 온도를 높일 때 자화가 서서히 감소하다가 급격히 강자성이 상자성으로 변하면서 강자성을 잃어 버리는 온도는?

① 켈빈(Kelvin) 온도   ② 연화 온도(Transition)
③ 전이 온도   ④ 퀴리(Curie) 온도

[해설] 자화된 철의 온도를 높이면 자화가 서서히 감소하다가 690~870[℃](순철에서는 790[℃])에서 급속히 강자성이 상자성으로 변하면서 강자성을 잃어 버리는데 이것은 철의 결정을 구성하는 원자의 열운동이 심해져서 자구(磁區)의 배열이 파괴되기 때문이다. 이 변하는 온도를 임계 온도 또는 퀴리점이라 한다.

답 22. ③ 23. ① 24. ④

25. [89. 04. 산업기사]
자계의 세기에 관계없이 급격히 자성을 잃는 점을 자기 임계 온도 또는 퀴리점(Curie point)이라고 한다. 다음 중에서 철의 임계 온도는?

① 약 0[℃]   ② 약 370[℃]   ③ 약 570[℃]   ④ 약 770[℃]

해설 자화된 철의 온도를 높이면 자화가 서서히 감소하다가 690~870[℃]에서(순철에서는 790[℃]) 급격히 강자성을 잃어버린다.

26. [12. 기사, 95. 96. 01. 05. 06. 산업기사]
물질의 자화 현상은?

① 전자의 이동   ② 전자의 공전
③ 전자의 자전   ④ 분자의 운동

해설 물체의 자화는 물질을 구성하는 각 원자 내의 핵과 전자의 운동으로 인한 미소전류 루프에 의한 것으로 생각된다. 즉 핵 주위를 회전하는 전자의 궤도운동과 궤도전자 및 핵의 자전운동(spin)에 해당한 미소전류 루프의 자기 쌍극자 모멘트 방향이 외부자계에 의한 회전력에 의하여 일정방향으로 배열됨으로 형성된다.

27. [77. 92. 97. 00. 08. 산업기사]
히스테리시스 곡선에서 횡축과 만나는 것은 다음 중 어느 것인가?

① 투자율   ② 잔류 자기   ③ 자력선   ④ 보자력

해설 종축과 만나는 점은 잔류 자기(잔류 자속 밀도(B_r))이고, 횡축과 만나는 점은 보자력(H_c)를 표시한다.

28. [98. 산업]
히스테리시스 곡선이 종축과 만나는 좌표는?

① 잔류 자기   ② 보자력   ③ 기자력   ④ 포화 자속

해설 히스테리시스 곡선 - 횡축 : 자계(H)
　　　　　　　　　　　　종축 : 자속 밀도(B)
- 곡선과 종축이 만나는 점 : 잔류 자기(잔류 자속 밀도 B_r)
- 곡선과 횡축이 만나는 점 : 보자력(H_c)

29. [75. 00. 11. 산업기사]
히스테리시스손은 최대 자속 밀도의 몇 승에 비례하는가?

① 1   ② 1.6   ③ 2   ④ 2.6

해설 단위 체적당 히스테리시스손은 주파수와 히스테리시스손 곡선의 면적에 비례하며, 스타인메쯔의 실험식에 따라 $P_h = \eta f B_m^{1.6} [J/m^3]$

답 25. ④ 26. ③ 27. ④ 28. ① 29. ②

30 영구 자석의 재료로 사용되는 철에 요구되는 사항은?

① 잔류 자기 및 보자력이 작은 것
② 잔류 자기가 크고 보자력이 작은 것
③ 잔류 자기는 작고 보자력이 큰 것
④ 잔류 자기 및 보자력이 큰 것

해설 영구 자석 재료는 외부 자계에 대하여 잔류 자속이 쉽게 없어지면 안 되므로 잔류 자기와 보자력이 커야 하며 텅스텐강, 코발트강 등이 쓰인다.

31 영구 자석에 관한 설명 중 옳지 않은 것은?

① 히스테리시스 현상을 가진 재료만이 영구 자석이 될 수 있다.
② 보자력이 클수록 자계가 강한 영구 자석이 된다.
③ 잔류 자속 밀도가 높을수록 자계가 강한 영구 자석이 된다.
④ 자석 재료로 폐회로를 만들면 강한 영구 자석이 된다.

해설 외부에서 큰 자계를 가해야 자화되어 영구자석이 된다.

32 강자성체를 소자시키는 방법으로 부적당한 것은?

① 처음에 준 자계와 같은 정도의 직류 자계를 반대 방향으로 가하는 조작을 반복한다(직류법).
② 처음에 준 자계와 같은 방향의 강한 자계를 준 후 급랭한다(급랭법).
③ 자화할 때와 같은 정도의 교류 자계를 가하고 그 값이 0이 될 때까지 점차로 감소시켜 간다(교류법).
④ 강자성체의 온도를 퀴리점 이상이 될 때까지 상승시킨다(가열법).

해설
• 소자 : 자성체의 자화를 0으로 만드는 것
• 소자방법
 ① 퀴리온도 이상으로 가열하여 외부 자장을 0으로 한 상태에서 냉각(열소자법)
 ② 정자장이 없는 장소에서 강한 교류자장을 작용시켜 그 진폭을 0으로 점차 감소시키는 방법(교류소자)
 ③ 처음 자화시킨 방향의 반대 방향으로 자계를 인가

33 영구자석 재료로서 적당한 것은?

① 잔류 자속 밀도가 크고 보자력이 작아야 한다.
② 잔류 자속 밀도와 보자력이 모두 작아야 한다.
③ 잔류 자속 밀도와 보자력이 모두 커야 한다.
④ 잔류 자속 밀도가 작고 보자력이 커야 한다.

해설 교류기 철심재료는 잔류 자속 밀도 및 보자력이 작아서 히스테리시스손이 작아야 좋지만, 영구자석 재료는 보자력 및 잔류 자속 밀도가 다 커야 한다.

답 30. ④ 31. ④ 32. ② 33. ③

★★★ [93. 95. 01. 기사, 17. 산업기사]
34 다음 자성체 중 반자성체가 아닌 것은?

① 창연　　　② 구리　　　③ 금　　　④ 알루미늄

해설, 알루미늄, 백금, 산소, 공기 등은 상자성체임

★★★★★ [09. 20. 기사, 98. 00. 07. 08. 18. 20. 24. 산업기사]
35 강자성체가 아닌 것은?

① 철　　　② 니켈　　　③ 백금　　　④ 코발트

해설, 강자성체 : Fe, Ni, Co
상자성체 : Al, Mn, Pt, W, Sn, O_2, N_2 등
역자성체 : Bi, C, Si, Ag, Pb 등

★★★ [90. 95. 00. 19. 기사]
36 강자성체의 세 가지 특성이 아닌 것은?

① 와전류 특성　　　② 히스테리시스 특성
③ 고투자율 특성　　　④ 포화 특성

해설, 강자성체 특징은
① 자구가 존재한다. ② 히스테리시스 현상이 있다. ③ 고투자율 ④ 자기포화 특성이 있다.

★ [00. 04. 08. 기사]
37 강자성체의 히스테리시스 루프의 면적은?

① 강자성체의 단위 체적당의 필요한 에너지이다.
② 강자성체의 단위 면적당의 필요한 에너지이다.
③ 강자성체의 단위 길이당의 필요한 에너지이다.
④ 강자성체의 전체 체적의 필요한 에너지이다.

해설, H축과 B축으로 이루어진 면적은 (HB)단위 체적당 에너지 밀도에 해당된다.

★★ [91. 97. 06. 기사]
38 아래 그림들은 전자의 자기 모멘트의 크기와 배열 상태를 그 차이에 따라서 배열한 것인데 강자성체에 속하는 것은?

답 34. ④　35. ③　36. ①　37. ①　38. ③

해설 │ 인접 원자 사이에 작용하는 힘에 의해서 인접 원자의 자기 모멘트는 평행이 되지만 방향이 서로 반대가 되는 자성체를 반강자성체 또는 역강자성체라 하며, 예를 들면 산화니켈(NiO), 황화철(FeS), 염화코발트($CoCl_2$) 등이 있다.

39 ★★★★ [86. 89. 97. 98. 25. 기사]
인접 영구 자기 쌍극자가 크기는 같으나 방향이 서로 반대 방향으로 배열된 자성체를 어떤 자성체라 하는가?

① 반자성체 ② 상자성체
③ 강자성체 ④ 반강자성체

해설 │
- 반자성체 : 영구자기 쌍극자는 없는 재질
- 상자성체 : 인접 영구자기 쌍극자의 방향이 규칙성이 없는 재질
- 강자성체 : 인접 영구자기 쌍극자의 방향이 동일방향으로 배열하는 재질
- 반강자성체 : 인접 영구자기 쌍극자의 배열이 서로 반대인 재질

40 ★★★ [89. 95. 99. 14. 16. 18. 기사, 11. 산업기사]
비투자율 μ_s는 역자성체(逆磁性體)에서 다음 어느 값을 갖는가?

① $\mu_s = 1$ ② $\mu_s < 1$ ③ $\mu_s > 1$ ④ $\mu_s = 0$

해설 │ 비투자율 $\mu_s = \dfrac{\mu}{\mu_0} = 1 + \dfrac{\chi_m}{\mu_0}$ 에서
$\mu_s > 1(\chi_m > 0)$이면 상자성체, $\mu_s < 1(\chi_m < 0)$이면 역자성체가 된다.

41 ★★★ [82. 83. 03. 04. 05. 19. 산업기사]
다음 중 감자율이 0인 것은?

① 가늘고 짧은 막대 자성체 ② 굵고 짧은 막대 자성체
③ 가늘고 긴 막대 자성체 ④ 환상 솔레노이드

해설 │ 감자력은 자화의 세기에 비례하며 이때 비례 상수를 감자율이라 한다. 감자율이 0이 되려면 잘려진 극이 존재하지 않으면 되는데 환상 솔레노이드(toroid)가 무단(無端) 철심이므로 이에 해당한다. 환상 솔레노이드를 제외하면 가늘고 긴 막대 자성체가 자계와 평행으로 놓여 있을 때 감자율이 거의 0에 가깝다. 그러나 가늘고 긴 막대 자성체가 자계와 직각으로 놓여 있을 때는 감자율이 거의 1로 가장 크다. 참고로 구(球)인 경우 감자율은 $N = \dfrac{1}{3}$이다.

42 ★ [01. 12. 산업기사]
자화율 x와 비투자율 μ_r의 관계에서 상자성체로 판단할 수 있는 것은?

① $x > 0, \mu_r > 1$ ② $x < 0, \mu_r > 1$
③ $x > 0, \mu_r < 1$ ④ $x < 0, \mu_r < 1$

해설 │ 상자성체 : 자화율 $x > 0$, 비투자율 $\mu_r > 1$

정답 39. ④ 40. ② 41. ④ 42. ①

43 ★★★★ [89. 01. 08. 10. 11. 18. 20. 기사]

내부 장치 또는 공간을 물질로 포위시켜 외부 자계의 영향을 차폐시키는 방식을 자기 차폐라 한다. 자기 차폐에 좋은 물질은?

① 강자성체 중에서 비투자율이 큰 물질
② 강자성체 중에서 비투자율이 작은 물질
③ 비투자율이 1보다 작은 역자성체
④ 비투자율에 관계없이 물질의 두께에만 관계되므로 되도록 두꺼운 물질

[해설] 투자율이 큰 자성체의 중공구를 평등 자계 안에 놓으면 대부분의 자속은 자성체 내부로만 통과하므로 내부 공간의 자계는 외부 자계에 비하여 대단히 작다. 이러한 현상을 자기 차폐라고 한다.

유사문제

유사문제 원문 및 해설 : 동일출판사 홈페이지 ≫ 고객센터 ≫ 자료실

01. 히스테리시스 곡선에서 횡축과 종축은 각각 무엇을 나타내는가?
   답 자계(횡축), 자속 밀도(종축)

02. 전자석에 사용하는 연철(soft iron)은 다음 어느 성질을 가지는가?
   답 보자력과 히스테리시스 곡선의 면적이 모두 작다.

03. 평등 자계를 얻는 방법으로 가장 알맞은 것은?
   답 단면적에 비하여 길이가 충분히 긴 솔레노이드에 전류를 흘린다.

04. 일반적으로 자구(磁區)를 가지는 자성체는?
   답 강자성체

05. 구자성체의 감자율은?
   답 $\dfrac{1}{3}$

전자석의 흡인력

44 ★★★★ [76. 기사, 75. 87. 96. 99. 03. 09. 11. 19. 산업기사]

전자석의 흡인력은 자속 밀도를 B라 할 때 어떻게 되는가?

① B에 비례 ② $B^{\frac{3}{2}}$에 비례
③ $B^{1.6}$에 비례 ④ B^2에 비례

[해설] 그림의 N극의 강자성체를 $\triangle x$ 움직일 때의 에너지의 증가 $\triangle W$는(가상 변위의 원리)

$$\triangle W = \frac{1}{2\mu} B^2 \triangle x S - \frac{1}{2\mu_0} B^2 \triangle x S$$

답 43. ① 44. ④

$$F_x = -\frac{\Delta W}{\Delta x} = \left(\frac{B^2}{2\mu_0} - \frac{B^2}{2\mu}\right)S[N]$$

위의 식에서 $\frac{B^2}{2\mu_0} \gg \frac{B^2}{2\mu}$

이다($\because$ 강자성체에서는 $\mu_0 \ll \mu$). 따라서

$$\therefore F_x = \frac{B^2}{2\mu_0}S[N] \text{ (흡인력)}$$

또, S극의 강자성체에도 같은 크기의 흡인력이 작용한다.

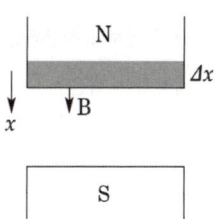

★★ [99. 01. 기사]

45 그림과 같이 Gap의 단면적 $S[m^2]$의 전자석에 자속 밀도 $B[Wb/m^2]$의 자속이 발생 될 때 철편을 흡입하는 힘은 몇 [N]인가?

① $\frac{B^2S}{2\mu_0}$ ② $\frac{B^2S}{\mu_0}$

③ $\frac{B^2S^2}{\mu_0}$ ④ $\frac{2B^2S^2}{\mu_0}$

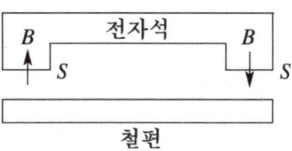

해설 자성체의 단위 체적당 자기에너지

$$W = \int_0^B HdB = \int_0^B \mu HdH = \frac{1}{2}\mu H^2 = \frac{1}{2}BH = \frac{B^2}{2\mu}[J/m^3]$$

에서 작용하는 작용면에서의 힘의 크기 $F[N]$은 $F = f \cdot S = \frac{B^2}{2\mu_0}2S$ (작용면이 2개이므로 $2s$)

$$\therefore F = \frac{B^2S}{\mu_0}[N]$$

★★ [83. 93. 04. 13. 산업기사]

46  그림과 같이 진공 중에 자극 면적이 $2[cm^2]$, 간격이 0.1 [cm]인 자성체 내에서 포화 자속 밀도가 $2[Wb/m^2]$일 때 두 자극면 사이에 작용하는 힘의 크기[N]는?

① 0.318 ② 3.18
③ 31.8 ④ 318

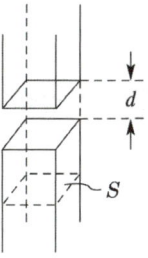

해설 $F = \frac{B^2S}{2\mu_0} = \frac{2^2 \times 2 \times 10^{-4}}{2 \times 4\pi \times 10^{-7}} = 318.47[N]$

★ [95. 23. 산업기사]

47 그림과 같이 자극의 면적 $S = 100[cm^2]$의 전자석에 자속 밀도 $B = 0.5[Wb/m^2]$의 자속이 생기고 있을 때 철편을 흡인하는 힘은 약 몇 [N]인가?

① 1000 ② 2000
③ 3000 ④ 4000

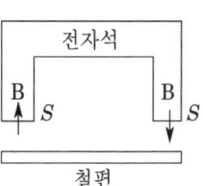

답 45. ② 46. ④ 47. ②

[해설] 단위 면적당 작용하는 전자력이 $f = \dfrac{B^2}{2\mu_0}$ [N/m²]이므로 면적이 $2S$(자극이 2곳이므로)인 경우 전체에 작용하는 힘은

$$F = f \cdot 2S = \dfrac{B^2 \, 2S}{2\mu_0} = \dfrac{0.5^2 \times 2 \times 100 \times 10^{-4}}{2 \times 4\pi \times 10^{-7}} \fallingdotseq 2000 \,[\text{N}]$$

유사문제

유사문제 원문 및 해설 : 동일출판사 홈페이지 ≫ 고객센터 ≫ 자료실

01. 단면적 $S = 100 \times 10^{-4}$ [m²]인 전자석에 자속 밀도 $B = 2$ [Wb/m²]인 자속이 발생할 때, 철편을 흡인하는 힘[N]은?

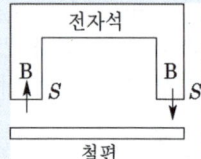

답 $F = \dfrac{B^2 S}{2\mu_0} \times 2 = \dfrac{2^2 \times 100 \times 10^{-4}}{2 \times 4\pi \times 10^{-7}} \times 2 = \dfrac{1}{\pi} \times 10^5$ [N]

02. 10톤의 철을 끌어올릴 수 있는 전자석을 설계하려고 한다. 자극 표면에서의 자속 밀도를 2[Wb/m²]으로 한다면 필요한 극의 면적은 약 몇 [m²]인가?

답 $S = \dfrac{2\mu_0 F}{B^2} = \dfrac{2 \times 4\pi \times 10^{-7} \times 10 \times 10^3 \times 9.8}{2^2} = 6.15 \times 10^{-2}$ [m²]

03. 그림에서 공극의 단면이 받는 압력은? 단, 공극의 간격은 미소하며 공극 내의 자계는 균등 자계이다.

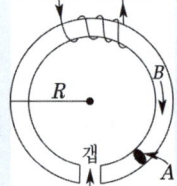

답 $\dfrac{B^2}{2\mu_0}$

자기회로(옴의 법칙)

★★★ [02. 03. 07. 19. 기사, 23. 24. 산업기사, ⊕ : 19. 산업기사]

48 자기 회로의 자기 저항에 대한 설명으로 옳은 것은?

① 자기 회로의 길이에 반비례한다.
② 자기 회로의 단면적에 비례한다.
③ 비투자율에 반비례한다.
④ 길이의 제곱에 비례하고, 단면적에 반비례한다.

[해설] 자기 저항 $R = \dfrac{l}{\mu_0 \mu_s S}$ 이므로 $R \propto \dfrac{1}{\mu}$ 이다.
즉 자기 저항은 투자율에 반비례한다.

답 48. ③

49 자기 회로의 퍼미언스(permeance)에 대응하는 전기 회로의 요소는?   ★★ [90. 96. 기사, 17. 산업기사]

① 도전율   ② 컨덕턴스(conductance)
③ 정전 용량   ④ 일래스턴스(elastance)

해설 ▸ 자기 저항의 역수를 퍼미언스라 하므로 전기 회로의 컨덕턴스에 대응한다.

50 전기 회로와 비교할 때 자기 회로의 특징이 아닌 것은?   ☆ [98. 산업기사]

① 기자력과 자속은 변화가 비직선성이다.
② 공기에 대한 누설 자속이 많다.
③ 자기 회로는 정전 용량과 같은 회로 요소는 없다.
④ 자속의 변화에 따른 자기 저항 내의 줄 손실이 생긴다.

해설 ▸ 전기 회로에서는 전류가 흐르므로 I^2R의 줄열이 발생하여 줄 손실(동손)이 생기지만 자기 회로에서는 자속이 흐르므로 자속에 의한 손실은 발생하지 않고 철손이 생긴다.

51 환상 철심에 감은 코일에 5[A]의 전류를 흘리면 2000[AT]의 기자력이 생기는 것으로 한다면 코일의 권수는 얼마로 하여야 하는가?   ★★ [75. 89. 99. 13. 21. 산업기사]

① 10^4 ② 5×10^2 ③ 4×10^2 ④ 2.5×10^2

해설 ▸ 기자력 $F = NI$에서 $\therefore N = \dfrac{F}{I} = \dfrac{2000}{5} = 400$[회]

52 100회 감은 코일에 2.5[A]의 전류가 흐른다면 기자력은 몇 [AT]이겠는가?   ★ [17. 기사, 97. 산업기사]

① 250   ② 500   ③ 1000   ④ 2000

해설 ▸ $F = NI$[AT] $= 100 \times 2.5$[A] $= 250$[AT]

53 철심이 든 환상 솔레노이드에서 1000[AT]의 기자력에 의하여 철심 내에 5×10^{-5}[Wb]의 자속이 통하면 이 철심 내의 자기 저항은 몇 [AT/Wb]가 되겠는가?   ★ [99. 기사, 03. 산업기사]

① 5×10^2 ② 2×10^7 ③ 5×10^{-2} ④ 2×10^{-7}

해설 ▸ $R = \dfrac{F}{\phi} = \dfrac{NI}{\phi} = \dfrac{1000}{5 \times 10^{-5}} = 200 \times 10^5 = 2 \times 10^7$[AT/Wb]

답 49. ② 50. ④ 51. ③ 52. ① 53. ②

54 기자력의 단위는? [98. 04. 12. 산업기사]

① V ② Wb ③ AT ④ N

해설 기자력 $F = NI$ [AT]

55 비투자율 $\mu_s = 500$, 자로의 길이 l의 환상 철심 자기 회로에 $l_g = \dfrac{l}{500}$의 공극을 내면 자속은 공극이 없을 때의 대략 몇 배가 되는가? 단, 기자력은 같다. [91. 기사]

① 1 ② $\dfrac{1}{2}$ ③ 5 ④ $\dfrac{1}{499}$

해설 투자율 μ인 자기 저항 $R_\mu = \dfrac{l}{\mu A}$

여기서 A는 철심의 단면적, 미소 공극은 l_g이므로 철심의 길이는 $l - l_g \fallingdotseq l$이라 하면

이때의 자기 저항 R_m은 $R_m = R_1 + R_2 = \dfrac{l_g}{\mu_0 A} + \dfrac{l}{\mu A}$ 이므로 $\therefore \dfrac{R_m}{R_\mu} = 1 + \dfrac{\mu l_g}{\mu_0 l} = 1 + \dfrac{l_g}{l}\mu_s$

자기 저항은 $1 + \dfrac{l/500}{l} \times 500 = 2$배 되고 $\phi = \dfrac{F}{R}$에서 ϕ는 $\dfrac{F}{2R}$이므로 $\dfrac{1}{2}$배가 된다.

56 어떤 막대 철심이 있다. 단면적이 0.4[m²]이고, 길이가 0.8[m], 비투자율이 20이다. 이 철심의 자기 저항은 몇 [AT/Wb]인가? [76. 83. 97. 07. 11. 24. 기사, 01. 09. 산업기사, ⊕ : 99. 07. 기사]

① 3.86×10^4 ② 7.96×10^4 ③ 3.86×10^5 ④ 7.96×10^5

해설 $R_m = \dfrac{l}{\mu_0 \mu_s S} = \dfrac{0.8}{4\pi \times 10^{-7} \times 20 \times 0.4} = 7.96 \times 10^4$ [AT/Wb]

57 막대 철심의 단면적이 0.5[m²], 길이가 1.6[m], 비투자율이 20이다. 이 철심의 자기 저항은 몇 [AT/Wb]인가? [01. 산업기사]

① 7.8×10^4 ② 1.3×10^5 ③ 3.8×10^4 ④ 9.7×10^5

해설 $R_m = \dfrac{l}{\mu_0 \mu_s S} = \dfrac{1.6}{4\pi \times 10^{-7} \times 20 \times 0.5} = 1.27 \times 10^5$ [AT/Wb]

58 공극을 가진 환형 자기 회로에서 공극 부분의 길이와 투자율은 철심 부분의 것에 각각 0.01배와 0.001배이다. 공극의 자기 저항은 철심 부분의 자기 저항의 몇 배인가? 단, 자기 회로의 단면적은 같다고 본다. [83. 98. 23. 기사]

① 9배 ② 10배 ③ 11배 ④ 18.18배

답 54. ③ 55. ② 56. ② 57. ② 58. ②

해설: 철심 부분의 자기 저항을 $R_c = \dfrac{l_c}{\mu S}$라 하면 공극 부분의 자기 저항 R_g는

$$R_g = \dfrac{0.01 l_c}{0.001 \mu S} = 10 \dfrac{l_c}{\mu S} = 10 R_c$$

59 ★ [99. 03. 기사]

그림과 같은 자기 회로에서 R_1, R_2, R_3는 각 회로의 자기 저항 ϕ_1, ϕ_2, ϕ_3는 각각 R_1, R_2, R_3에 투과되는 자속이라 하면 ϕ_3의 값은? 단, $R_1 \to \overline{acdb}$, $R_2 \to \overline{aefb}$, $R_3 \to \overline{ab}$ 이다.

① $\dfrac{N_2 I_2 - N_1 I_1}{R_1 + R_2 + R_3}$

② $\dfrac{(N_2 I_2 - N_1 I_1) R_3}{R_1 R_2 R_3}$

③ $\dfrac{(N_2 I_2 - N_1 I_1) R_1 R_2 R_3}{R_3}$

④ $\dfrac{R_1 N_2 I_2 - R_2 N_1 I_1}{R_1 R_2 + R_1 R_3 + R_2 R_3}$

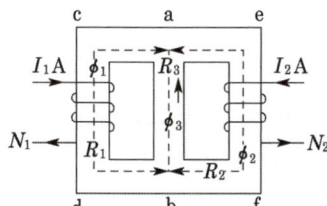

해설: 자기회로를 전기회로로 등가변환하면 우측과 같다.
밀만 정리 이용

$$V_{ab} = \dfrac{\sum \dfrac{E}{R}}{\sum \dfrac{1}{R}} = \dfrac{-\dfrac{N_1 I_1}{R_1} + \dfrac{0}{R_3} + \dfrac{N_2 I_2}{R_2}}{\dfrac{1}{R_1} + \dfrac{1}{R_2} + \dfrac{1}{R_3}}$$

$$= \dfrac{-R_2 R_3 N_1 I_1 + R_1 R_3 N_2 I_2}{R_2 R_3 + R_1 R_3 + R_1 R_2}$$

$$\therefore \phi_3 = \dfrac{V_{ba}}{R_3} = \dfrac{-R_2 N_1 I_1 + R_1 N_2 I_2}{R_2 R_3 + R_1 R_3 + R_1 R_2}$$

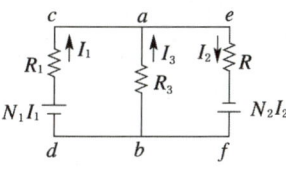

60 ★ [88. 04. 기사]

전기 회로에서 도전도[℧/m]에 대응하는 것은 자기 회로에서 무엇인가?

① 자속　　② 기자력　　③ 투자율　　④ 자기 저항

해설: 자기 회로와 전기 회로의 대응

자기 회로	전기 회로
자속 ϕ[Wb]	전류 I[A]
자계 H[A/m]	전계 E[V/m]
기자력 F[AT]	기전력 U[V]
자속 밀도 B[Wb/m²]	전류 밀도 i[A/m²]
투자율 μ[H/m]	도전율 k[℧/m]
자기 저항 R_m[AT/Wb]	전기 저항 R[Ω]

답 59. ④ 60. ③

61 ☆ [00. 산업기사]
자기 저항의 역수를 무엇이라 하는가?
① conductance   ② permeance   ③ elastance   ④ impedance

해설 퍼미언스 : 자기저항의 역수, 콘덕턴스 : 전기저항의 역수, 엘라스턴스 : 정전용량의 역수

62 ★★ [04. 07. 기사, 96. 08. 산업기사, ⊕ : 19. 기사]
자기 회로와 전기 회로의 대응 관계를 표시하였다. 잘못된 것은?
① 자속-전속   ② 자계-전계   ③ 기자력-기전력   ④ 투자율-도전율

해설 자속 ϕ[Wb] → 전류 I[A]

63 ★ [96. 기사]
투자율 $500\mu_0$, 길이 100[mm], 폭 50[mm]이며, 높이가 30[mm]인 어떤 막대 철심의 자기 저항은 몇 [AT/Wb]인가?
① 1.06×10^5 ② 2.54×10^5 ③ 1.06×10^{-5} ④ 2.54×10^{-5}

해설 $R_m = \dfrac{l}{\mu s} = \dfrac{100 \times 10^{-3}}{500 \times 4\pi \times 10^{-7} \times 50 \times 10^{-3} \times 30 \times 10^{-3}} = 1.061 \times 10^5$ [AT/Wb]

64 ★★☆ [79. 87. 04. 17. 기사, 01. 17. 산업기사]
코일로 감겨진 자기 회로에서 철심의 투자율을 μ라 하고 회로의 길이를 l이라 할 때 그 회로의 일부에 미소 공극 l_g를 만들면 회로의 자기 저항은 처음의 몇 배가 되는가? 단, $l \gg l_g$, 즉 $l - l_g \fallingdotseq l$ 이다.

① $1 + \dfrac{\mu l}{\mu_0 l_g}$ ② $1 + \dfrac{\mu_0 l_g}{\mu l}$ ③ $1 + \dfrac{\mu_0 l}{\mu l_g}$ ④ $1 + \dfrac{\mu l_g}{\mu_0 l}$

해설 투자율 μ인 자기 저항 $R_\mu = \dfrac{l}{\mu A}$

여기서 A는 철심의 단면적, 미소 공극은 l_g이므로 철심의 길이는 $l - l_g \fallingdotseq l$이라 하면

이때의 자기 저항 R_m은 $R_m = R_1 + R_2 = \dfrac{l_g}{\mu_0 A} + \dfrac{l}{\mu A}$ 이므로

∴ $\dfrac{R_m}{R_\mu} = 1 + \dfrac{\mu l_g}{\mu_0 l} = 1 + \dfrac{l_g}{l}\mu_s$

65 ★★★ [82. 83. 98. 05. 07. 24. 기사]
길이 1[m]의 철심($\mu_r = 1000$) 자기 회로에 1[mm]의 공극이 생겼다면 전체의 자기 저항은 약 몇 배로 증가되는가? 단, 각부의 단면적은 일정하다.
① 1.5   ② 2   ③ 2.5   ④ 3

해설 $\dfrac{R_m}{R_\mu} = 1 + \dfrac{l_0}{l}\mu_r = 1 + \dfrac{1000 \times 1 \times 10^{-3}}{1} = 2$

답 61. ② 62. ① 63. ① 64. ④ 65. ②

66 [92, 98. 산업기사] ★

단면적이 같은 자기 회로가 있다. 철심의 투자율을 μ라 하고 철심 회로의 길이를 l이라 한다. 지금 그 일부에 미소 공극 l_0을 만들었을 때 자기 회로의 자기 저항은 공극이 없을 때의 약 몇 배인가?

① $1 + \dfrac{\mu l}{\mu_0 l_0}$ ② $1 + \dfrac{\mu l_0}{\mu_0 l}$ ③ $1 + \dfrac{\mu_0 l}{\mu l_0}$ ④ $1 + \dfrac{\mu_0 l_0}{\mu l}$

해설 공극이 없는 전부 철심인 경우, 단면적을 A라 할 때 자기 저항은 $R_m = \dfrac{l}{\mu A}$ 이고, 공극 l_0가 존재하는 경우 자기 저항은 철심부와 공극부 자기 저항의 직렬 접속이므로 $R'_m = \dfrac{l - l_0}{\mu A} + \dfrac{l_0}{\mu_0 A}$ 가 된다.

$l \gg l_0$인 경우 $R'_m = \dfrac{l}{\mu A} + \dfrac{l_0}{\mu_0 A} = \dfrac{l}{\mu A}\left(1 + \dfrac{\mu l_0}{\mu_0 l}\right)$ 가 되므로 $\dfrac{R'_m}{R_m} = 1 + \dfrac{\mu l_0}{\mu_0 l}$

67 [83, 92, 96, 03, 13, 기사, 18. 산업기사] ★★★

공극(air gap)을 가진 환상 솔레노이드에서 총 권수 N[회], 철심의 투자율 μ[H/m], 단면적 S [m²], 길이 l[m]이고 공극의 길이 δ일 때 공극부에 자속 밀도 B[Wb/m²]를 얻기 위해서는 몇 [A]의 전류를 흘려야 하는가?

① $\dfrac{N}{B}\left(\dfrac{l}{\mu} + \dfrac{\delta}{\mu_0}\right)$ ② $\dfrac{N}{B}\left(\dfrac{l}{\mu_0} + \dfrac{\delta}{\mu}\right)$ ③ $\dfrac{B}{N}\left(\dfrac{l}{\mu} + \dfrac{\delta}{\mu_0}\right)$ ④ $\dfrac{B}{N}\left(\dfrac{l}{\mu_0} + \dfrac{\delta}{\mu}\right)$

해설 $\phi = \dfrac{NI}{\dfrac{\delta}{\mu_0 S} + \dfrac{l}{\mu S}} = BS$ $\therefore I = \dfrac{BS}{N}\left(\dfrac{\delta}{\mu_0 S} + \dfrac{l}{\mu S}\right) = \dfrac{B}{N}\left(\dfrac{\delta}{\mu_0} + \dfrac{l}{\mu}\right)$

68 [83, 99. 산업기사] ★

투자율 $1000\mu_0$[H/m]인 철심에 코일을 감고 일정한 전류 15[A]를 흘리고 있다. 지금 회로의 길이를 $l = 1$[m]라 할 때 자기 저항이 R_1[AT/Wb]이다. 만일 이 회로에 미소 공극 1[mm]를 만들어 자기 저항이 R_2가 되었다면 미소 공극을 만듦으로써 자기 저항은 처음의 몇 배가 되었는가?

① 변화 없음 ② 2 ③ $\dfrac{1}{2}$ ④ 10

해설 투자율이 $1000\mu_0$인 철심의 자기 저항 R_μ는

$R_\mu = \dfrac{l}{\mu A} = \dfrac{l}{1000\mu_0 A}$ [AT/Wb]

미소 공극 $l_0 = 1$[mm]를 만들었을 때의 자기 저항을 R_m이라 하면

$R_m = R_1 + R_2 = \dfrac{l - l_0}{\mu A} + \dfrac{l_0}{\mu_0 A} = \dfrac{l - l_0}{1000\mu_0 A} + \dfrac{l_0}{\mu_0 A}$ [AT/Wb]

$l - l_0 ≒ l$ 이므로

$R_m = \dfrac{l}{1000\mu_0 A} + \dfrac{l_0}{\mu_0 A}$ [AT/Wb]

$\therefore \dfrac{R_m}{R_\mu} = 1 + \dfrac{1000 l_0}{l} = 1 + \dfrac{1000 \times 1 \times 10^{-3}}{1} = 2$

답 66. ② 67. ③ 68. ②

69 공심 환상 솔레노이드의 단면적이 10[cm²], 평균 자로 길이가 20[cm], 코일의 권수가 500회, 코일에 흐르는 전류가 2[A]일 때 솔레노이드의 내부 자속[Wb]은 약 얼마인가?

① $4\pi \times 10^{-4}$
② $4\pi \times 10^{-6}$
③ $2\pi \times 10^{-4}$
④ $2\pi \times 10^{-6}$

해설 $\phi = \dfrac{NI}{R_m} = \dfrac{NI}{\dfrac{l}{\mu_0 S}} = \dfrac{\mu_0 SNI}{l} = \dfrac{4\pi \times 10^{-7} \times 10 \times 10^{-4} \times 500 \times 2}{0.2} = 2\pi \times 10^{-6}$ [Wb]

70 그림 (a)와 같은 비투자율 1000, 평균 길이 l인 균일한 단면을 갖는 환상 철심에 N회의 코일을 감아 I[A]의 전류를 흘렸을 때 철심 내를 통하는 자속이 ϕ[Wb]이었다. 이 철심에 그림 (b)와 같이 간격 $l/1,000$인 공극을 만들었을 때, 동일 전류로 같은 자속을 얻자면 코일의 권수를 얼마로 하면 되는가?

① N[회]
② $1.2N$[회]
③ $1.5N$[회]
④ $2N$[회]

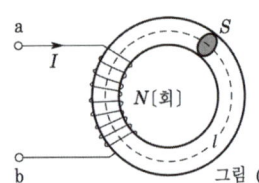
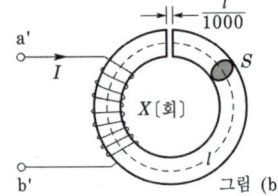

해설 $\dfrac{l}{1,000}$ 만큼 공극을 만들었을 때 자기 저항이 2배로 증가한다.
$F = NI = R_m \cdot \phi$ 에서 $R_m \propto N$ 하므로 $2N$ 해야 한다.

71 단면적 2[cm²]의 철심에 5×10^{-4}[Wb]의 자속을 통하게 하려면 2000[AT/m]의 자계가 필요하다. 철심의 비투자율은 약 얼마인가?

① 332   ② 663   ③ 995   ④ 1990

해설 $\phi = BS = \mu_0 \mu_s HS$에서 $\therefore \mu_s = \dfrac{\phi}{\mu_0 HS} = \dfrac{5 \times 10^{-4}}{4\pi \times 10^{-7} \times 2,000 \times 2 \times 10^{-4}} \fallingdotseq 995$

72 그림과 같은 지름 0.01[m]의 원형 단면적을 가진 평균 반지름 0.1[m]의 환상 솔레노이드의 권수는 500회, 이 코일에 흐르는 전류는 2[A]라고 할 때 전체 자속은 몇 [Wb]인가?(단, 환상 철심의 비투자율은 1,000으로 하고 누설 자속은 없는 것으로 한다.)

① 1.56×10^{-4}
② 5.0×10^{-3}
③ 2.74×10^{2}
④ 1

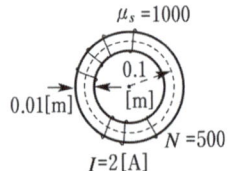

답 69. ④ 70. ④ 71. ③ 72. ①

해설 $\phi = \dfrac{F}{R} = \dfrac{NI}{R} = \dfrac{\mu_0 \mu_s SNI}{l} = \dfrac{\mu_0 \mu_s \cdot \pi a^2 NI}{2\pi r}$

$= \dfrac{4\pi \times 10^{-7} \times 1000 \times \pi \times \left(\dfrac{0.01}{2}\right)^2 \times 500 \times 2}{2\pi \times 0.1} = 1.57 \times 10^{-4}\,[\text{Wb}]$

★ [03. 기사]

73 그림과 같이 구형의 자성체가 병렬로 접속된 경우 전체의 자기저항 R_T는 몇 [AT/Wb]가 되겠는가? (단, 가로방향 즉, 200[mm] 방향임)

① $R_T = 2.7 \times 10^4$
② $R_T = 5.3 \times 10^4$
③ $R_T = 1.1 \times 10^{-6}$
④ $R_T = 1.9 \times 10^{-6}$

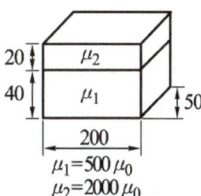

해설 $R_{m1} = \dfrac{l}{\mu S} = \dfrac{l}{\mu_0 \mu_s S} = \dfrac{200 \times 10^{-3}}{4\pi \times 10^{-7} \times 500 \times 40 \times 10^{-3} \times 50 \times 10^{-3}} \fallingdotseq 160 \times 10^3$

$R_{m2} = \dfrac{l}{\mu S} = \dfrac{l}{\mu_0 \mu_s S} = \dfrac{200 \times 10^{-3}}{4\pi \times 10^{-7} \times 2000 \times 20 \times 10^{-3} \times 50 \times 10^{-3}} \fallingdotseq 80 \times 10^3$

$\dfrac{1}{R} = \sum_{i=1}^{n} \dfrac{1}{R_{mi}}$ 이므로 $R = \dfrac{1}{\dfrac{1}{160 \times 10^3} + \dfrac{1}{80 \times 10^3}} = 5.33 \times 10^4\,[\text{AT/Wb}]$

★★ [96. 17. 23. 기사, 77. 87. 산업기사, ⊕ : 07. 산업기사]

74 비투자율 1000의 철심이 든 환상 솔레노이드의 권수는 600회, 평균 지름은 20[cm], 철심의 단면적은 10[cm²]이다. 이 솔레노이드에 2[A]의 전류를 흘릴 때 철심 내의 자속은 몇 [Wb]가 되는가?

① 2.4×10^{-5} ② 2.4×10^{-3}
③ 1.2×10^{-5} ④ 1.2×10^{-3}

해설 $\phi = BS = \mu HS = \mu_0 \mu_s \dfrac{NI}{\pi D} S$

$= \dfrac{4\pi \times 10^{-7} \times 1000 \times 600 \times 2 \times 10 \times 10^{-4}}{20\pi \times 10^{-2}} = 2.4 \times 10^{-3}\,[\text{Wb}]$

유사문제

유사문제 원문 및 해설 : 동일출판사 홈페이지 》 고객센터 》 자료실

01. 자기 회로에 관한 설명으로 옳지 못한 것은? 단, C는 커패시턴스, L은 인덕턴스이다.
답 자기 저항에서 손실이 있다.

답 73. ② 74. ②

02. 자기 회로의 자기 저항은?

  답 투자율에 반비례

03. 평균 자로의 길이 80[cm]의 환상 철심에 500회의 코일을 감고 여기에 4[A]의 전류를 흘렸을 때 기자력[AT]과 자화력[AT/m] (자계의 세기)은?

  답 2000[AT], 2500[AT/m]

04. 철심에 도선을 250회 감고 1.2[A]의 전류를 흘렸더니 1.5×10^{-3}[Wb]의 자속이 생겼다. 이때 자기 저항[AT/Wb]은?

  답 $R_m = \dfrac{F}{\phi} = \dfrac{NI}{\phi} = \dfrac{250 \times 1.2}{1.5 \times 10^{-3}} = 200 \times 10^3 = 2 \times 10^5$[AT/Wb]

05. 자기 회로의 단면적 S[m²], 길이 l[m], 비투자율 μ_s, 진공의 투자율 μ_0[H/m]일 때의 자기 저항은?

  답 $\dfrac{l}{\mu_0 \mu_s S}$

06. 비투자율 500, 단면적 3[cm²], 평균 자로 30[cm]의 환상 철심에 코일이 600회 감겨 있다. 이 코일에 10[A]의 전류를 흘릴 때 생기는 자기 저항[AT/Wb]과 자속[Wb]은? 단, 진공 중의 투자율 $\mu_0 = 1.257 \times 10^{-6}$[H/m]는 계산의 편의상 1×10^{-6}[H/m]로 하여 계산한다.

  답 2×10^6[AT/Wb], 3×10^{-3}[Wb]

07. 그림과 같은 자기 회로에서 $R_1 = 0.1$[AT/Wb], $R_2 = 0.2$[AT/Wb], $R_3 = 0.3$[AT/Wb]이고 코일은 10[회] 감았다. 이때 코일에 10[A]의 전류를 흘리면 $\overline{ACB}$간에 투과하는 자속 ϕ[Wb]는?

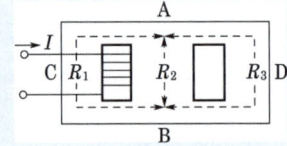

  답 4.54×10^2[Wb]

08. 자기 회로에 대한 키르히호프의 법칙 중 옳은 것은?

  답 하나의 폐자기 회로에 대하여 각 분로의 자속과 자기 저항을 곱한 것의 대수합은 폐자기 회로에 작용하는 기자력의 대수합과 같다.

09. 자기 회로에서 단면적, 길이, 투자율을 모두 1/2배로 하면 자기 저항은 몇 배가 되는가?

  답 2 배

10. 그림은 철심부의 평균 길이가 l_2, 공극의 길이가 l_1, 단면적이 S인 자기 회로이다. 자속 밀도를 B[Wb/m²]로 하기 위한 기자력[AT]은?

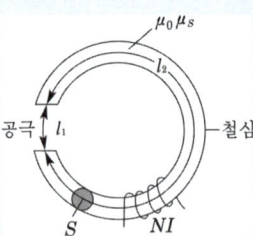

  답 $\dfrac{B}{\mu_0}\left(l_1 + \dfrac{l_2}{\mu_s}\right)$[AT]

11. 단면적 S[m²], 길이 l[m], 투자율 μ[H/m]의 자기 회로에 N회의 코일을 감고 I[A]의 전류를 통할 때의 옴의 법칙은?

  답 $\phi = \dfrac{\mu SNI}{l}$

12. 단면적 $S[m^2]$의 철심에 $\phi[Wb]$의 자속을 통하게 하려면 $H[AT/m]$의 자계가 필요하다. 이 철심의 비투자율은 얼마인가?

답 $\dfrac{\phi}{\mu_0 SH}$

13. 비투자율 $\mu_s = 8000$, 원형 단면적 $S = 10[cm^2]$, 평균 자로 길이 $l = 30[cm]$의 환상 철심에 $N = 600$회의 권선을 감은 무단 솔레노이드가 있다. 이것에 $I = 1[A]$의 전류를 흘릴 때 코일 내부 자속[Wb]을 구하면?

답 $2.01 \times 10^{-2}[Wb]$

14. 그림과 같이 비투자율 μ_s가 800, 원형단면적 S가 10[cm²], 평균 자로의 길이 l이 30[cm]인 환상 철심에 감긴 수 N이 600회인 코일을 감은 무단 솔레노이드가 있다. 코일에 1[A]의 전류를 유통시킬 때 코일의 내부 자속[Wb]을 구하면?

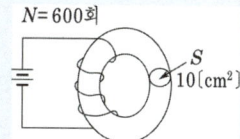

답 $2.01 \times 10^{-3}[Wb]$

15. 비투자율 $\mu_s = 1000$, 단면적 $S = 10[cm^2]$, 길이 $l = 1[cm]$의 환상 철심이 있다. 이 철심에 코일을 2000회 감아 0.5[A]의 전류가 흐르게 할 때 철심 내의 자속[Wb]은?

답 $1.26 \times 10^{-1}[Wb]$

16. 그림과 같이 비투자율 $\mu_r = 1000$, 단면적 10[cm²], 길이 2[m]인 환상 철심이 있을 때, 이 철심에 코일을 2000회 감아 0.5[A]의 전류를 흘릴 때의 철심 내의 자속은 몇 [Wb]인가?

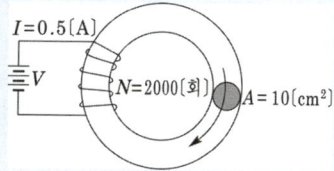

답 $6.28 \times 10^{-4}[Wb]$

경계면

★★ [93. 13. 18. 기사]

75 자성체 경계면에 전류가 없을 때의 경계 조건으로 틀린 것은?

① 자계 H의 접선 성분 $H_{1T} = H_{2T}$

② 자속 밀도 B의 법선 성분 $B_{1N} = B_{2N}$

③ 전속 밀도 D의 법선 성분 $D_{1N} = D_{2N} = \dfrac{\mu_2}{\mu_1}$

④ 경계면에서의 자력선의 굴절 $\dfrac{\tan\theta_1}{\tan\theta_2} = \dfrac{\mu_1}{\mu_2}$

답 75. ③

해설
- 자계 세기의 접선 성분의 연속성 : $H_1\sin\theta_1 = H_2\sin\theta_2 \Rightarrow H_{1t} = H_{2t}$
- 자속 밀도의 법선 성분의 연속성 : $B_1\cos\theta_1 = B_2\cos\theta_2 \Rightarrow B_{1n} = B_{2n}$
- 굴절각 : $\dfrac{\tan\theta_1}{\tan\theta_2} = \dfrac{\mu_1}{\mu_2}$
- 전속 밀도의 법선 성분의 연속성 : $D_1\cos\theta_1 = D_2\cos\theta_2 \Rightarrow D_{1n} = D_{2n}$

76 ★★☆ [88. 95. 06. 기사, 89. 산업기사]
투자율이 다른 두 자성체가 평면으로 접하고 있는 경계면에서 전류 밀도가 0일 때 성립하는 경계 조건은?

① $\mu_2\tan\theta_1 = \mu_1\tan\theta_2$
② $\mu_1\cos\theta_1 = \mu_2\cos\theta_2$
③ $B_1\sin\theta_1 = B_2\cos\theta_2$
④ $\mu_1\tan\theta_1 = \mu_2\tan\theta_2$

해설
경계면에서 자력선의 굴절은 $\dfrac{\tan\theta_1}{\tan\theta_2} = \dfrac{\mu_1}{\mu_2}$
∴ $\mu_2\tan\theta_1 = \mu_1\tan\theta_2$

77 ★★☆ [95. 96. 98. 05. 산업기사, ⊕ : 75. 85. 산업기사]
투자율이 다른 두 자성체의 경계면에서의 굴절각은?

① 투자율에 비례한다.
② 투자율에 반비례한다.
③ 자속에 비례한다.
④ 투자율에 관계없이 일정하다.

해설
경계 조건 $\dfrac{\mu_2}{\mu_1} = \dfrac{\tan\theta_2}{\tan\theta_1}$ 에서 굴절각은 투자율에 비례한다.

78 ★★ [03. 07. 08. 12. 산업기사]
두 자성체 경계면에서 정자계가 만족하는 것은?

① 양측 경계면상의 두 점 간의 자위차가 같다.
② 자속은 투자율이 작은 자성체에 모인다.
③ 자계의 법선성분이 같다.
④ 자속밀도의 접선성분이 같다.

79 ☆ [01. 08. 산업기사]
두 자성체의 경계면에서 경계 조건을 설명한 것 중 옳은 것은?

① 자계의 성분은 서로 같다.
② 자계의 법선 성분은 서로 같다.
③ 자속 밀도의 법선 성분은 서로 같다.
④ 자속 밀도의 접선 성분은 서로 같다.

답 76. ① 77. ① 78. ① 79. ③

[해설]
- 자계세기 접선 성분의 연속성 $H_1\sin\theta_1 = H_2\sin\theta_2$
  (경계면에 전류가 존재하면 $H_{1t} - H_{2t} = k$ 이다.)
- 자속 밀도 법선 성분의 연속성 $B_1\cos\theta_1 = B_2\cos\theta_2$
- 굴절각 $\dfrac{\tan\theta_1}{\tan\theta_2} = \dfrac{\mu_1}{\mu_2}$

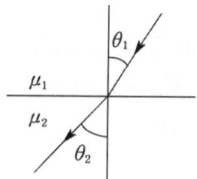

유사문제

▌유사문제 원문 및 해설 : 동일출판사 홈페이지 ≫ 고객센터 ≫ 자료실

01. 자계의 경계 조건 가운데 다음 중 틀린 것은? 단, k는 0이 아니라 한다.

답 $B_{t1} - B_{t2} = k$

자계 에너지

80 ★★★★ [01. 03. 06. 15. 기사, 77. 78. 82. 95. 05. 산업기사]

두 개의 자극판이 놓여 있다. 이때의 자극판 사이의 자속 밀도 B[Wb/m²], 자계의 세기 H[AT/m], 투자율 μ라 하는 곳의 자계의 에너지 밀도[J/m³]는?

① $\dfrac{1}{2}HB^2$ ② HB ③ $\dfrac{1}{2\mu}H^2$ ④ $\dfrac{1}{2\mu}B^2$

[해설] 자계 내에 저장되는 단위 체적당의 자기 에너지는 $w_m = \int_0^B \boldsymbol{H} \cdot d\boldsymbol{B}$ [J/m³]

$\boldsymbol{B} = \mu\boldsymbol{H}$[Wb/m²]에서 μ=일정(const.)이면
$w_m = \int_0^B \boldsymbol{H} \cdot d\boldsymbol{B} = \int_0^B \dfrac{B}{\mu}dB = \dfrac{B^2}{2\mu} = \dfrac{1}{2}BH$ [J/m³]

81 ★★ [98. 01. 07. 13. 기사]

그림과 같은 모양의 자화곡선을 나타내는 자성체 막대를 충분히 강한 평등자계 중에서 매분 3000회 회전시킬 때 자성체는 단위 체적당 약 몇 [kcal/sec]의 열이 발생하는가? 단, $B_r = 2$[Wb/m²], $H_L = 500$[AT/m], $B = \mu H$에서 $\mu \neq$ 일정.

① 11.7
② 47.8
③ 70.2
④ 200

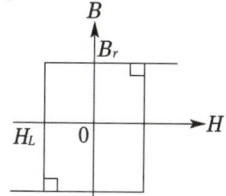

[해설] 히스테리시스 곡선의 면적 = 체적당 전력
$4B_r H_L = 4 \times 2 \times 500 = 4000$[W/m³]

$H = 0.24 \times 4000 \times \dfrac{3000}{60} \times 10^{-3} = 48$[kcal/sec]

답 80. ④ 81. ②

82 그림과 같은 히스테리시스 루프를 가진 철심이 강한 평등자계에 의해 매초 60[Hz]로 자화할 경우 히스테리시스 손실은 몇 [W]인가? (단, 철심의 체적은 20[cm³], $B_r = 5$[Wb/m²], $H_c = 2$ [AT/m])

① 1.2×10^{-2}
② 2.4×10^{-2}
③ 3.6×10^{-2}
④ 4.8×10^{-2}

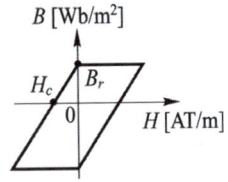

해설 $P_h = 4fvH_cB_r = 4 \times 60 \times 20 \times 10^{-6} \times 2 \times 5 = 4.8 \times 10^{-2}$[W]

83 비투자율이 2000인 철심의 자속 밀도가 5[Wb/m²]일 때 이 철심에 축적되는 에너지 밀도는 몇 [J/m³]인가?

① 2540 ② 3074 ③ 3954 ④ 4976

해설 자성체 단위 체적당 저축되는 에너지 밀도[J/m³]는
$$w = \frac{B^2}{2\mu} = \frac{B^2}{2\mu_0\mu_s} = \frac{5^2}{2 \times 4\pi \times 10^{-7} \times 2000} \approx 4976[\text{J/m}^3]$$

84 자계의 세기 H[AT/m], 자속 밀도 B[Wb/m²], 투자율 μ[H/m]인 곳의 자계의 에너지 밀도 [J/m³]는?

① BH ② $\frac{1}{2\mu}H^2$ ③ $\frac{1}{2}\mu H$ ④ $\frac{1}{2}BH$

해설 자성체 단위 체적당 저장되는 에너지, 즉 에너지 밀도는 $w = \frac{BH}{2} = \frac{B^2}{2\mu} = \frac{1}{2}\mu H^2$[J/m³]이다.

유사문제

01. 비투자율 4000인 철심을 자화하여 자속 밀도가 0.1[Wb/m²]으로 되었을 때 철심의 단위 체적에 저축된 에너지는 몇 [J/m³]인가?

답 $W = \frac{B^2}{2\mu} = \frac{0.1^2}{2 \times 4\pi \times 10^{-7} \times 4000} = 1[\text{J/m}^3]$

02. 자기 인덕턴스 L[H]인 코일에 전류 I를 흘렸을 때 자계의 세기가 H[AT/m]였다. 이 코일을 진공 중에서 자화시키는 데 필요한 에너지 밀도[J/m³]는?

답 $w_m = \frac{1}{2}BH = \frac{1}{2}\mu_0 H^2 = \frac{B^2}{2\mu_0}$[J/m³]

답 82. ④ 83. ④ 84. ④

CHAPTER 09 전자 유도

01 전자 유도 현상

하나의 회로에 쇄교하는 자속 ϕ의 시간적 변화에 의하여 기전력이 유기되는 현상을 패러데이의 전자유도(electromagnetic induction) 현상이라 한다.

1) 렌쯔의 법칙   출제 기사 2번

"전자유도에 의해 발생하는 기전력은 자속 변화를 방해하는 방향으로 전류가 발생한다." 이것을 렌쯔의 법칙(Lenz's law)이라 하고, 기전력의 방향을 결정한다.

2) 패러데이 법칙   출제 산업 1번, 기사 3번

"유도 기전력의 크기는 폐회로에 쇄교하는 자속의 시간적 변화율에 비례한다." 이것을 패러데이 법칙(Faraday's law) 또는 노이만 법칙(Neumann's law)이라 하며, 기전력의 크기를 결정한다.

$$e = -\frac{d\Phi}{dt} = -N\frac{d\phi}{dt}[\text{V}]$$ 출제 산업 16번, 기사 7번

단, $\Phi = N\phi$로 쇄교 자속수

3) 전자 유도 법칙의 적분형과 미분형

고정된 폐회로 c를 경계로 하는 임의의 폐곡면 S를 가정하고 미소면적 dS에서 자속밀도 B를 취하면 $N = 1$인 경우 자속 ϕ는

$$\phi = \int_s \boldsymbol{B} \cdot d\boldsymbol{s}$$

가 된다. 따라서 c에 유도되는 기전력은

$$e = -\frac{d\phi}{dt} = -\frac{d}{dt}\int_S \boldsymbol{B} \cdot d\boldsymbol{S}$$

$$\therefore e = -\int_S \frac{\partial \boldsymbol{B}}{\partial t} \cdot d\boldsymbol{S}$$

가 된다. 전위의 정의 $e = \oint_c \boldsymbol{E} \cdot d\boldsymbol{l}$ 에 의해서

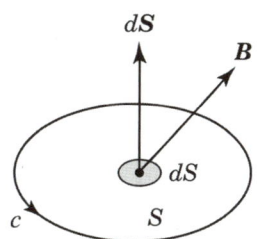

자속밀도의 변화

$$\oint_c \boldsymbol{E} \cdot dl = -\int_S \frac{\partial \boldsymbol{B}}{\partial t} \cdot d\boldsymbol{S}$$

가 성립한다. 스토크스 정리에 의해 $\int_S \mathrm{rot}\, \boldsymbol{E} \cdot d\boldsymbol{S} = -\int_S \frac{\partial \boldsymbol{B}}{\partial t} \cdot d\boldsymbol{S}$ 이므로

$$\mathrm{rot}\, \boldsymbol{E} = -\frac{\partial \boldsymbol{B}}{\partial t}$$

이며, 이를 패러데이 법칙의 미분형이라 한다.

- 적분형 : $e_i = \oint \boldsymbol{E} \cdot dl = -\dfrac{d}{dt}\int_s \boldsymbol{B} \cdot d\boldsymbol{S} = -\dfrac{d\phi}{dt}$

- 미분형 : $\mathrm{rot}\, \boldsymbol{E} = -\dfrac{\partial \boldsymbol{B}}{\partial t}$ 출제 기사 3번

02 전자 에너지(electromagnetic energy) 혹은 자계 에너지(magnetic energy)

$W_m = \dfrac{1}{2} LI^2 \,[\mathrm{J}]$ 출제 산업 3번, 기사 6번

$W_m = \dfrac{1}{2} L_1 I_1^{\,2} + \dfrac{1}{2} L_2 I_2^{\,2} \pm M I_1 I_2 \,[\mathrm{J}]$ (회로가 2개일 때)

03 운동 기전력

1) 자속밀도가 변화하지 않고 폐회로가 이동하는 경우

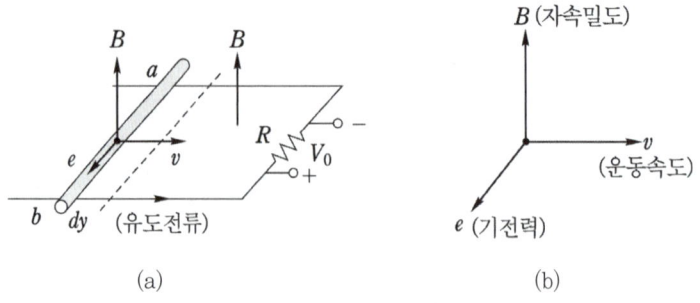

운동 도체의 기전력과 플레밍 오른손 법칙

그림 (a)에서와 같이 평등자계 B에 수직으로 놓여진 구형 코일에서 길이 l인 도체 ab가 속도 v로 dt동안에 dy만큼 이동하였다면, 이때 자속의 감소는

$$d\phi = BdS = Bl\,dy[\text{Wb}]$$

가 된다. 즉, 유기기전력 e는

$$e = \frac{d\phi}{dt} = Bl\frac{dy}{dt} = Blv[\text{V}]$$

$$e = Blv\sin\theta[\text{V}] \quad \boxed{\text{출제}}\ \text{산업 4번, 기사 8번}$$

여기서 정(+)의 값은 자속의 감소를 방해하는 방향, 즉 a에서 b방향으로 기전력이 유도되는 것을 의미한다.

2) 자속밀도 B에서 도체가 이동 또는 회전할 때

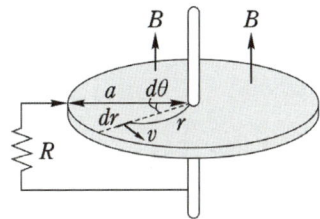

그림과 같은 패러데이의 원판 발전기에서 자속밀도 B의 일정한 자계 내에서 반지름 a인 도체 원판이 자계와 평행한 중심축의 주위에 각속도 $\omega[\text{rad/s}]$로 회전할 때, 기전력[V]과 저항 R을 삽입했을 때 회로에 흐르는 전류[A]는

(1) 원판 발전기(단극 발전기)는 운동 기전력의 일종

$$e = \oint_c (\boldsymbol{v} \times \boldsymbol{B}) \cdot d\boldsymbol{l} = \int_0^a (\boldsymbol{v} \times \boldsymbol{B}) \cdot d\boldsymbol{r} = \int_0^a vB\,dr$$

$$= \int_0^a r\omega B\,dr = \omega B \int_0^a r\,dr = \frac{\omega B a^2}{2}[\text{V}]$$

$$\therefore e = \frac{\omega B a^2}{2}$$

여기서, $d\boldsymbol{r} = d\boldsymbol{l}$, $\boldsymbol{v} \times \boldsymbol{B}$와 $d\boldsymbol{r}$은 동일 방향이므로 $(\boldsymbol{v} \times \boldsymbol{B}) \cdot d\boldsymbol{r} = vB\,dr$

(2) 회로 저항이 R이므로 유도전류 I는

$$i = \frac{e}{R} = \frac{\omega B a^2}{2R}[\text{A}]$$

04 표피효과

전류의 주파수가 증가할수록 도체내부의 전류밀도가 지수 함수적으로 감소되는 현상을 표피효과라 한다.

$$\delta = \sqrt{\frac{2}{\omega\sigma\mu}} = \sqrt{\frac{1}{\pi f\sigma\mu}}\,[m]$$

출제 산업 6번, 기사 6번

여기서, $\sigma = \dfrac{1}{2 \times 10^{-8}}\,[\mho/m]$: 도전율

$\mu = 4\pi \times 10^{-7}\,[H/m]$: 투자율

δ : 표피두께(skin depth) 또는 침투깊이

따라서, 주파수가 높을수록, 도전율이 높을수록, 투자율이 높을수록 표피 두께 δ가 감소하므로 표피효과는 증대되어 도체의 실효저항이 증가한다.

CHAPTER 09 출제예상문제_전자 유도

전자유도와 상호유도

01 ★ [99. 04. 기사]

패러데이의 법칙에서 회로와 쇄교하는 전자속수를 ϕ[Wb], 회로의 권회수를 N이라 할 때 유도 기전력 V는 얼마인가?

① $2\pi u N \phi$ ② $4\pi u N \phi$ ③ $-N\dfrac{d\phi}{dt}$ ④ $-\dfrac{1}{N}\dfrac{d\phi}{dt}$

해설 유도 기전력 $V=-\dfrac{d\phi}{dt}$ 즉, 쇄교 자속 ϕ[Wb]가 시간적으로 변화하는 비율과 같다.

$V=-\dfrac{d\phi}{dt}$, 권수 N의 경우 $V=-N\dfrac{d\phi}{dt}$

02 ★★☆ [78. 79. 95. 96. 99. 산업기사]

$\phi = \phi_m \sin\omega t$ [Wb]인 정현파로 변화하는 자속이 권수 N인 코일과 쇄교할 때의 유기 기전력의 위상은 자속에 비해 어떠한가?

① $\dfrac{\pi}{2}$ 만큼 빠르다. ② $\dfrac{\pi}{2}$ 만큼 늦다. ③ π 만큼 빠르다. ④ 동위상이다.

해설 $e=-N\dfrac{d\phi}{dt}=-N\dfrac{d}{dt}(\phi_m \sin\omega t)=-N\phi_m \omega \cos\omega t = N\phi_m \omega \sin\left(\omega t - \dfrac{\pi}{2}\right)$[V]

따라서, 자속보다 $\dfrac{\pi}{2}$ 만큼 늦다.

03 ★★★ [96. 00. 기사, 01. 02. 08. 산업기사]

자속 ϕ[Wb]가 주파수 f[Hz]로 정현파 모양의 변화를 할 때, 즉 $\phi=\phi_m \sin 2\pi ft$[Wb]일 때, 이 자속과 쇄교하는 회로에 발생하는 기전력은 몇 [V]인가? 단, N은 코일의 권회수이다.

① $-\pi f N \phi_m \cos 2\pi ft$ ② $-2\pi f N \phi_m \cos 2\pi ft$
③ $-\pi f N \phi_m \sin 2\pi ft$ ④ $-2\pi f N \phi_m \sin 2\pi ft$

해설 $e=-N\dfrac{d\phi}{dt}=-N\dfrac{d}{dt}(\phi_m \sin 2\pi ft)=-2\pi f N \phi_m \cos 2\pi ft$[V]

04 ★ [82. 07. 21. 산업기사, ㉕ : 00. 03. 산업기사]

권수 1회의 코일에 5[Wb]의 자속이 쇄교하고 있을 때 10^{-1}[s] 사이에 이 자속이 0으로 변하였다면 이때 코일에 유도되는 기전력[V]은?

① 500 ② 100 ③ 50 ④ 10

답 1. ③ 2. ② 3. ② 4. ③

해설 $e = -N\dfrac{d\phi}{dt} = -1 \times \dfrac{(-5)}{10^{-1}} = 50[V]$

★★ [76. 83. 97. 19. 산업기사]

05 자기 인덕턴스 0.5[H]의 코일에 1/200[s] 동안에 전류가 25[A]로부터 20[A]로 줄었다. 이 코일에 유기된 기전력의 크기 및 방향은?

① 50[V], 전류와 같은 방향
② 50[V], 전류와 반대 방향
③ 500[V], 전류와 같은 방향
④ 500[V], 전류와 반대 방향

해설 $e = -L\dfrac{di}{dt}$, 즉 $e = -L\dfrac{\Delta i}{\Delta t}$ 에서 $L = 0.5[H]$, $\Delta i = 20 - 25 = -5[A]$, $\Delta t = \dfrac{1}{200}[s]$이므로

∴ $e = -0.5 \times \dfrac{(-5)}{\dfrac{1}{200}} = 2.5 \times 200 = 500[V]$

방향은 렌츠의 법칙에 따르며 회로 전류가 증가할 때는 전류와 반대 방향의 기전력이 유기되어 전류의 증가를 방해하고, 전류가 감소할 때는 회로 전류 방향과 동일 방향의 기전력이 유기되어 전류의 감소를 방해하는 작용을 한다.

★ [91. 03. 기사]

06 100회 감은 코일과 쇄교하는 자속이 $\dfrac{1}{10}$초 동안에 0.5[Wb]에서 0.3[Wb]로 감소했다. 이때 유기되는 기전력은 몇 [V]인가?

① 20
② 200
③ 80
④ 800

해설 $e = -N\dfrac{d\phi}{dt} = -100 \times \dfrac{(-0.2)}{\dfrac{1}{10}} = 200[V]$

★★ [80. 82. 83. 03. 10. 산업기사]

07 그림 (a)의 인덕턴스에 전류가 그림 (b)와 같이 흐를 때 2초에서 6초 사이의 인덕턴스 전압 $V_L[V]$은?

① 0
② 5
③ 10
④ -5

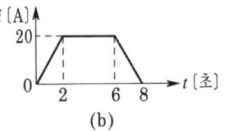

해설 $2 \leq t \leq 6$인 구간에서는 전류의 변화가 없으므로 자속이 변화하지 않는다. 따라서 $V_L = 0$이다.

★ [82. 83. 산업기사]

08 자기 인덕턴스가 50[mH]인 코일에 흐르는 전류가 0.01[s] 사이에 5[A]에서 3[A]로 감소하였다. 이 코일에 유기된 기전력은?

① 25[V], 본래 전류와 같은 방향
② 25[V], 본래 전류와 반대 방향
③ 10[V], 본래 전류와 같은 방향
④ 10[V], 본래 전류와 반대 방향

해설 $e = -L\dfrac{di}{dt} = -50 \times 10^{-3} \times \dfrac{(3-5)}{10^{-2}} = +10[V]$ (전류와 같은 방향)

답 5. ③ 6. ② 7. ① 8. ③

유사문제

01. 원형 코일이 평등 자계 내에서 지름을 축으로 하여 회전하고 있을 때 코일에 유기되는 기전력의 주파수는?

답 회전수에 의해서만 결정된다.

02. 인덕턴스가 20[mH]인 코일에 흐르는 전류가 0.2[sec] 동안에 6[A]가 변화했다면 코일에 유기되는 기전력은 몇 [V]인가?

답 $e = L\dfrac{di}{dt} = 20 \times 10^{-3} \times \dfrac{6}{0.2} = 0.6[V]$

03. $L = 0.5[H]$인 코일에 흐르는 전류가 0.01[s] 사이에 1[A]의 비율로 증가할 때 유기되는 기전력은 몇 [V]인가?

답 $e = -L\dfrac{di}{dt} = -0.5 \times \dfrac{1}{0.01} = -50[V]$

04. 권수 500[회]의 코일 내를 통하는 자속이 다음 그림과 같이 변화하고 있다. $\overline{bc}$ 구간 내에 코일 단자간에 생기는 유기 기전력[V]은?

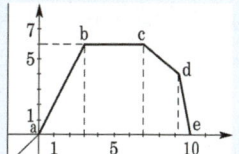

답 $e = -N\dfrac{d\phi}{dt} = -N\dfrac{\Delta\phi}{\Delta t} = -500 \times \dfrac{0}{4} = 0[V]$

05. 자기 인덕턴스 0.05[H]의 회로에 흐르는 전류가 매초 530[A]의 비율로 증가할 때 자기 유도 기전력[V]을 구하면?

답 $e = -L\dfrac{di}{dt} = -0.05 \times \dfrac{530}{1} = -26.5[V]$ (전류와 반대 방향)

도체 운동에 의한 기전력

09 ★★★★ [91. 09. 23. 기사, 76. 97. 10. 17. 20. 산업기사]

0.2[Wb/m²]의 평등 자계 속에 자계와 직각 방향으로 놓인 길이 30[cm]의 도선을 자계와 30° 각의 방향으로 30[m/s]의 속도로 이동시킬 때 도체 양단에 유기되는 기전력은 몇 [V]인가?

① $0.9\sqrt{3}$ ② 0.9 ③ 1.8 ④ 90

해설 $e = Blv\sin\theta = 0.2 \times 0.3 \times 30 \times \sin 30° = 0.9[V]$

10 ★ [82. 01. 산업기사]

자계 중에 한 코일이 있다. 이 코일에 전류 $I = 2[A]$가 흐르면 $F = 2[N]$의 힘이 작용한다. 또 이 코일을 $v = 5[m/s]$로 운동시키면 $e[V]$의 기전력이 발생한다. 최대 기전력[V]은?

① 3 ② 5 ③ 7 ④ 9

답 9. ② 10. ②

해설) $F = IBl\sin\theta$[N]에서 $Bl\sin\theta$ 을 구하면 $Bl\sin\theta = \dfrac{F}{I}$이므로 유기 기전력 e 는

$$\therefore e = Blv\sin\theta = \dfrac{Fv}{I} = \dfrac{2\times 5}{2} = 5[V]$$

11 ★★★ [01. 02. 18. 21. 기사, ⊕ : 09. 기사, 07. 08. 산업기사]

자속 밀도 10[Wb/m²]의 자계중에 10[cm]의 도체를 자계와 30도의 각도로 30[m/s]로 움직일 때 도체에 유기되는 기전력은 몇 [V]인가?

① 15 ② $15\sqrt{3}$ ③ 1500 ④ $1500\sqrt{3}$

해설) $e = vBl\sin\theta = 30 \times 10 \times 0.1 \times \sin 30° = 15[V]$

12 ★★ [00. 01. 04. 05. 기사]

자계 중에 이것과 직각으로 놓인 도체에 I[A]의 전류를 흘릴 때 f[N]의 힘이 작용하였다. 이 도체를 v[m/s]의 속도로 자계와 직각으로 운동시킬 때의 기전력 e[V]는?

① $\dfrac{fv}{I_2}$ ② $\dfrac{fv}{I}$ ③ $\dfrac{fv^2}{I}$ ④ $\dfrac{fv}{2I}$

해설) 도체가 받는 힘 $f = IBl$[N]에서 $Bl = \dfrac{f}{I}$

$\therefore$ 유기 전압 $e = vBl = \dfrac{vf}{I}$[V]

13 ★★ [90. 92. 기사]

철도 궤도간 거리가 1.5[m]이며 궤도는 서로 절연되어 있다. 열차가 매시 60[km]의 속도로 달리면서 차축이 지구 자계의 수직 분력 $B = 0.15 \times 10^{-4}$[Wb/m²]을 절단할 때 두궤도 사이에 발생하는 기전력은 몇 [V]인가?

① 1.75×10^{-4} ② 2.75×10^{-4} ③ 3.75×10^{-4} ④ 4.75×10^{-4}

해설) $v = \dfrac{60 \times 10^3}{3600} = 16.7$[m/s], $\theta = 90°$이므로

$e = vBl\sin\theta = 16.7 \times 0.15 \times 10^{-4} \times 1.5 \times \sin 90° = 3.75 \times 10^{-4}$[V]

14 ★ [00. 기사]

그림과 같은 균일한 자계 B[Wb/m²] 내에서 길이 l[m]인 도선 AB가 속도 v[m/sec]로 움직일 때 ABCD 내에 유도되는 기전력 e[V]는?

① 시계방향으로 Blv이다.
② 반 시계방향으로 Blv이다.
③ 시계방향으로 Blv^2이다.
④ 반 시계방향으로 Blv^2이다.

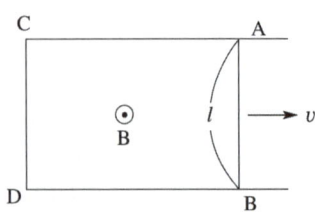

해설) 플레밍의 오른손 법칙에 의해 시계 방향이다.

답) 11. ① 12. ② 13. ③ 14. ①

유사문제

01. 자속 밀도 1[Wb/m²]인 평등 자계 중에서 길이 50[cm]의 직선 도체가 자계에 수직 방향으로 속도 1[m/s]로 운동할 때의 최대 유기 기전력[V]은?

답 $e = Blv\sin\theta = 1 \times 50 \times 10^{-2} \times 1 = 0.5[\text{V}]$

02. 자속 밀도 1.5[Wb/m²] 되는 균등한 자계 내에 길이 20[cm]의 도선을 자계에 수직인 방향으로 운동시킬 때 도선에 90[V]의 기전력이 발생한다면 이 도선의 속도[m/s]는?

답 300[m/s]

03. 평등 자계 중에서 길이가 50[cm]인 직선 도체가 자계와 수직 방향으로 1[m/s]의 속도로 운동할 때의 최대 유기 기전력이 0.5[V]이었다. 이때의 자속 밀도[Wb/m²]는?

답 $B = \dfrac{e}{lv\sin\theta} = \dfrac{0.5}{50 \times 10^{-2} \times 1 \times 1} = \dfrac{0.5}{0.5} = 1[\text{Wb/m}^2]$

04. 서로 절연되어 있는 폭 2[m]의 철길 위를 열차가 시속 72[km]의 속도로 달리면서 차바퀴가 지구 자계의 수직 분력 $B = 0.20 \times 10^{-4}$[Wb/m²]를 끊으면 철길 사이에 발생하는 기전력[V]은?

답 $e = Blv = 0.20 \times 10^{-4} \times 2 \times \dfrac{72 \times 10^3}{3600} = 8 \times 10^{-4}[\text{V}]$

05. 자속 밀도 B[Wb/m²]인 자계 내를 속도 v[m/s]로 운동하는 길이 dl[m]의 도선에 유지되는 기전력[V]은?

답 $(v \times B) \cdot dl$[V]

회로가 가진 에너지

★ [78. 03. 20. 기사]

15 그림에서 $l = 100$[cm], $S = 10$[cm²], $\mu_s = 100$, $N = 1000$회인 회로에 전류 $I = 10$[A]를 흘렸을 때 축적되는 에너지[J]는?

① $2\pi \times 10^{-1}$
② $2\pi \times 10^{-2}$
③ $2\pi \times 10^{-3}$
④ 2π

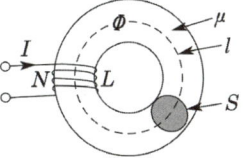

해설 $L = \dfrac{N\phi}{I} = \dfrac{N^2}{R_m} = \dfrac{\mu SN^2}{l} = \dfrac{4\pi \times 10^{-7} \times 100 \times 10 \times 10^{-4} \times (1000)^2}{100 \times 10^{-2}} = 4\pi \times 10^{-2}[\text{H}]$

∴ $W = \dfrac{1}{2}LI^2 = \dfrac{1}{2} \times 4\pi \times 10^{-2} \times 10^2 = 2\pi[\text{J}]$

답 15. ④

16 ★ [85. 00. 산업기사]

그림과 같은 회로에서 인덕턴스 20[H]에 저축되는 에너지를 구하면 몇 [J]인가?

① 1.95×10^{-3}
② 1.95×10^{-2}
③ 9.77×10^{1}
④ 9.77×10^{3}

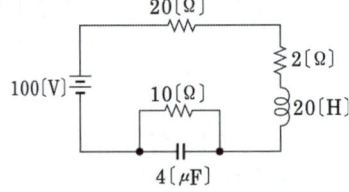

해설 $I = \dfrac{V}{R} = \dfrac{100}{20+2+10} = 3.125[A]$

∴ $W = \dfrac{1}{2}LI^2 = \dfrac{1}{2} \times 20 \times (3.125)^2 = 9.77 \times 10^{1}[J]$

---

17 ★★★★☆ [82. 83. 92. 98. 기사, 90. 산업기사]

그림에서 $S = 5[cm^2]$, $l = 50[cm]$, $\mu_s = 1000$, $N = 100$이라 하고 1[A]의 전류를 흘렸을 때 자계에 저축되는 에너지[J]를 구하면?

① 3.14×10^{-3}
② 6.28×10^{-3}
③ 9.42×10^{-3}
④ 13.56×10^{-3}

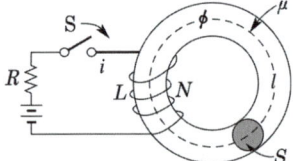

해설 $L = \dfrac{N\phi}{I} = \dfrac{N^2}{R_m} = \dfrac{\mu S N^2}{l} = \dfrac{4\pi \times 10^{-7} \times 1000 \times 5 \times 10^{-4} \times 100^2}{0.5} = 4\pi \times 10^{-3}[H]$

∴ $W = \dfrac{1}{2}LI^2 = \dfrac{1}{2} \times 4\pi \times 10^{-3} \times 1^2 = 6.28 \times 10^{-3}[J]$

유사문제

┃ 유사문제 원문 및 해설 : 동일출판사 홈페이지 ≫ 고객센터 ≫ 자료실

01. $I = 4[A]$인 전류가 흐르는 코일과의 쇄교 자속수가 $\phi = 4[Wb]$일 때 이 회로에 축적되어 있는 자기 에너지[J]는?

답 $W = \dfrac{1}{2}LI^2 = \dfrac{1}{2}\dfrac{\phi}{I}I^2 = \dfrac{1}{2}\phi I = \dfrac{1}{2} \times 4 \times 4 = 8[J]$

02. 어떤 자기 회로에 3000[AT]의 기자력을 줄 때 $2 \times 10^{-3}[Wb]$의 자속이 통하였다. 이 자기 회로의 자화에 필요한 에너지[J]는?

답 $W = \dfrac{1}{2}IN\phi = \dfrac{1}{2} \times 3000 \times 2 \times 10^{-3} = 3[J]$

03. $L = 10[H]$의 회로에 전류 6[A]가 흐르고 있다. 이 회로의 자계 내에 축적되는 에너지는 몇 [W·h] 인가?

답 $5 \times 10^{-2}[W \cdot h]$

답 16. ③ 17. ②

표피효과

18 도전율 σ, 투자율 μ인 도체에 교류 전류가 흐를 때의 표피 효과의 관계로 옳은 것은? [00. 기사] ★

① 주파수가 높을수록 작아진다.
② μ_0가 클수록 작아진다.
③ σ가 클수록 커진다.
④ μ_s가 클수록 작아진다.

[해설] 표피 효과 깊이 $\delta = \sqrt{\dfrac{2}{\omega\sigma\mu}} = \sqrt{\dfrac{1}{\pi f \sigma \mu}}$ [m]이므로
f(주파수), σ(도전율), μ(투자율) 가 클수록 δ가 작게 되어 표피 효과가 심해진다.

19 도전율이 σ, 투자율이 μ인 도체에 교류 전류가 흐를 때의 표피 효과에 대한 설명으로 옳은 것은? [76. 82. 89. 90. 산업기사] ★★

① 도전율이 클수록 크다.
② 도전율과 투자율에는 관계가 없다.
③ 교류 전류의 주파수가 높을수록 작다.
④ 투자율이 클수록 작다.

[해설] 표피 효과 깊이 $\delta = \sqrt{\dfrac{2}{\omega\sigma\mu}} = \sqrt{\dfrac{1}{\pi f \sigma \mu}}$ [m]이므로
f(주파수), σ(도전율), μ(투자율) 가 클수록 δ가 작게 되어 표피 효과가 심해진다.

20 도전율 σ, 투자율 μ인 도체에 교류 전류가 흐를 때 표피 효과에 의한 침투 깊이 δ는 σ와 μ, 그리고 주파수 f 에 어떤 관계가 있는가? [83. 86. 99. 09. 기사] ★★★

① 주파수 f 와 무관하다.
② σ 가 클수록 작다.
③ σ 와 μ 에 비례한다.
④ μ 가 클수록 크다.

[해설] 표피 효과 깊이 $\delta = \sqrt{\dfrac{2}{\omega\sigma\mu}} = \sqrt{\dfrac{1}{\pi f \sigma \mu}}$ [m] 이므로
f(주파수), σ(도전율), μ(투자율) 가 클수록 δ가 작게 되어 표피 효과가 심해진다.

21 표피 효과의 영향에 대한 설명이다. 부적합한 것은? [89. 96. 산업기사] ★

① 전기 저항을 증가시킨다.
② 상호 유도 계수를 증가시킨다.
③ 주파수가 높을수록 크다.
④ 도전율이 높을수록 크다.

[해설] 표피 효과 깊이 $\delta = \sqrt{\dfrac{2}{\omega\sigma\mu}} = \sqrt{\dfrac{1}{\pi f \sigma \mu}}$ [m]이므로
f(주파수), σ(도전율), μ(투자율)가 클수록 δ가 작게 되어 표피 효과가 심해진다. 주파수가 커지면 전류는 표면으로 흐르게 되므로 전기가 흐르는 단면적이 좁아지게 되어 전기저항이 증가하고, 내부 인덕턴스와 상호 인덕턴스도 감소하게 된다.

답 18. ③ 19. ① 20. ② 21. ②

22 ★ [92. 03. 06. 기사]
와전류의 방향은?

① 일정치 않다.
② 자력선 방향과 동일
③ 자계와 평행되는 면을 관통
④ 자속에 수직되는 면을 회전

해설 와전류는 도체내에 국부적으로 흐르는 맴돌이 전류로 $rot\ i = -K\dfrac{\partial B}{\partial t}$로 자속의 변화를 방해하기 위한 역자속을 만드는 전류이다. 따라서 이 전류는 자속의 수직되는 면을 회전한다.

23 ★ [97. 기사]
다음 중 표피 효과와 관계 있는 식은?

① $\nabla \cdot i = -\dfrac{\partial \rho}{\partial t}$ ② $\nabla \cdot B = 0$ ③ $\nabla \times E = -\dfrac{\partial B}{\partial t}$ ④ $\nabla \cdot D = \rho$

해설 표피 효과는 전자 유도 현상에 의하여 발생한다.
전자 유도법칙의 미분형 $\nabla \times E = -\dfrac{\partial B}{\partial t}$

유사문제

> 유사문제 원문 및 해설 : 동일출판사 홈페이지 ≫ 고객센터 ≫ 자료실

01. 주파수 $f = 100[MHz]$일 때 구리의 표피 두께(skin depth)는 대략 몇 [mm]인가? 단, 구리의 도전율은 $5.8 \times 10^7 [\mho/m]$, 비투자율은 1이다.
답 6.61×10^{-3}

02. 고유 저항 $\rho = 2 \times 10^{-8}[\Omega \cdot m]$, $\mu = 4\pi \times 10^{-7}[H/m]$인 동선에 50[Hz]의 주파수를 갖는 전류가 흐를 때 표피 두께는 몇 [mm]인가?
답 10.07[mm]

03. 와전류손은?
답 주파수의 제곱에 비례한다.

전자유도법칙

24 ★★ [77. 82. 95. 04. 12. 산업기사]
정현파 자속의 주파수를 4배로 높이면 유기 기전력은?

① 4배로 감소한다.
② 4배로 증가한다.
③ 2배로 감소한다.
④ 2배로 증가한다.

해설 $e = -\omega N \phi_m \sin(\omega t - \pi) = -2\pi f N \phi_m \sin(\omega t - \pi) \propto f$

답 22. ④ 23. ③ 24. ②

25 ★★ [98. 00. 18. 기사]
전자 유도에 의하여 회로에 발생되는 기전력은 자속 쇄교수의 시간에 대한 감소 비율에 비례한다는 ㉮법칙에 따르고, 특히 유도된 기전력의 방향은 ㉯법칙에 따른다. ㉮, ㉯에 알맞은 것은?

① ㉮ 패러데이 ㉯ 플레밍의 왼손
② ㉮ 패러데이 ㉯ 렌쯔
③ ㉮ 렌쯔 ㉯ 패러데이
④ ㉮ 플레밍의 왼손 ㉯ 패러데이

[해설] ㉮ 패러데이 법칙 : 자속이 시간적으로 변화하면 기전력이 발생한다는 성질을 설명
㉯ 렌즈의 법칙 : 기전력의 방향은 자속의 증감을 방해하는 방향임을 설명

26 ★★★☆ [89. 99. 00. 기사, 97. 산업기사]
전자 유도 법칙과 관계없는 것은?

① 노이만(Neumann)의 법칙
② 렌츠(Lentz)의 법칙
③ 비오사바르(Biot Savart)의 법칙
④ 가우스(Gauss)의 법칙

27 ★★★ [82. 89. 99. 03. 21. 기사]
N회의 권선에 최댓값 1[V], 주파수 f[Hz]인 기전력을 유기시키기 위한 쇄교 자속의 최댓값 [Wb]은?

① $\dfrac{f}{2\pi N}$
② $\dfrac{2N}{\pi f}$
③ $\dfrac{1}{2\pi f N}$
④ $\dfrac{N}{2\pi f}$

[해설] $E_m = \omega N \phi_m = 2\pi f N \phi_m$ [V]
∴ $\phi_m = \dfrac{E_m}{2\pi f N} = \dfrac{1}{2\pi f N}$ [Wb]

28 ★☆ [77. 88. 97. 18. 산업기사]
자속 밀도 B[Wb/m²]가 도체 중에서 f[Hz]로 변화할 때 도체 중에 유기되는 기전력 e는 무엇에 비례하는가?

① $e \propto \dfrac{B}{f}$
② $e \propto \dfrac{B^2}{f}$
③ $e \propto \dfrac{f}{B}$
④ $e \propto Bf$

[해설] 최대 유기기전력 $Em = \omega NBS$에서 $\omega = 2\pi f$이므로 $e \propto f \cdot B$

29 ★★ [91. 97. 03. 기사, 09. 17. 산업기사, ⊕ : 09. 기사]
저항 24[Ω]의 코일을 지나는 자속이 $0.3\cos 800t$ [Wb]일 때 코일에 흐르는 전류의 최댓값은?

① 10[A]
② 20[A]
③ 30[A]
④ 40[A]

[해설] $E_m = \dfrac{d\phi}{dt} = 0.3 \times 800 = 240$[V], $I_m = \dfrac{E_m}{R} = \dfrac{240}{24} = 10$[A]

[답] 25. ② 26. ④ 27. ③ 28. ④ 29. ①

30 ★★★ [75. 76. 89. 기사]

그림과 같이 $B = B_0 \sin \omega t$ 인 자장에 의해서 면적 S인 고정된 구형 환선에 유도되는 전압은?

① $-B_0 \omega S \cos \omega t \sin \theta$
② $-B_0 \omega S \cos \theta \cos \omega t$
③ $-B_0 \omega \sin \theta \sin \omega t$
④ $-B_0 \omega S \cos \theta \sin \omega t$

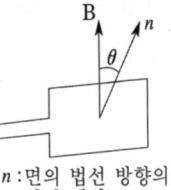

n : 면의 법선 방향의 단위 벡터

[해설] θ 위치에 회전했을 때 코일과 쇄교하는 자속은
$\phi = BS\cos\theta = (B_0 \sin\omega t)S\cos\theta = B_0 S\cos\theta \sin\omega t$ [Wb]

발생 기전력은 $\therefore e = -\dfrac{d\phi}{dt} = -B_0 S\cos\theta \dfrac{d}{dt}(\sin\omega t) = -B_0 \omega S\cos\theta \cos\omega t$ [V]

31 ★★★★★ [75. 76. 78. 88. 98. 15. 기사, 10. 18. 산업기사]

[ohm·sec]와 같은 단위는?

① [farad]   ② [farad/m]   ③ [henry]   ④ [henry/m]

[해설] 유기 기전력은 $e = -N\dfrac{d\phi}{dt} = -N\dfrac{d\phi}{di} \cdot \dfrac{di}{dt} = -L\dfrac{di}{dt}$ 이므로

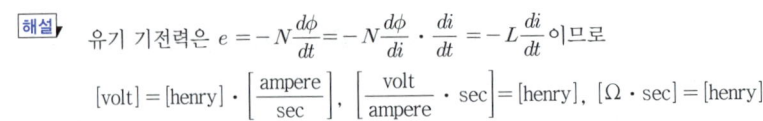

32 ☆ [84. 03. 산업기사]

그림과 같은 자속 밀도 B의 평등 자계 내에 한 변이 a인 정방향 회로가 자계와 직각인 중심 둘레를 매분 N회 회전하고 있을 때 이 회로의 유기 기전력은 몇 [V]인가?

① $\dfrac{2\pi N}{60}a^2 B\cos\dfrac{2\pi N}{60}t$

② $\dfrac{2\pi N}{60}a^2 B\sin\dfrac{2\pi N}{60}t$

③ $\dfrac{2\pi N}{60}aB\cos\dfrac{2\pi N}{60}t$

④ $\dfrac{2\pi N}{60} \cdot \omega aB\sin\dfrac{2\pi N}{60} \cdot t$

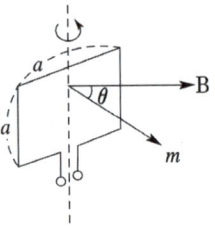

[해설] $\phi = BS\cos\omega t$ 이고 $S = a^2$ 이므로

$\therefore e = -\dfrac{d\phi}{dt} = -\dfrac{d}{dt}a^2 B\cos\omega t = \omega a^2 B\sin\omega t = \dfrac{2\pi N}{60}a^2 B\sin\dfrac{2\pi N}{60}t$ [V]

33 ★★ [86. 95. 98. 00. 05. 산업기사]

$l_1 = \infty$[m], $l_2 = 1$[m]의 두 직선 도선을 $d = 50$[cm]의 간격으로 평행하게 놓고 l_1을 중심축으로 하여 l_2를 속도 100[m/sec]로 회전시키면 l_2에 유기되는 전압은 몇 [V]인가? 단, l_1에 흐르는 전류 $I_1 = 50$[mA]이다.

① 0   ② 5   ③ 2×10^{-6} ④ 3×10^{-6}

[답] 30. ② 31. ③ 32. ② 33. ①

> [해설] 자계 내 운동 도체에 유기되는 기전력은 $e = lvB\sin\theta = lv\mu_0 H \sin\theta$[V]
>
> l_1에 흐르는 전류에 의한 l_2점에 자계는 $H_1 = \dfrac{I_1}{2\pi d}$[A/m]이지만,
>
> l_2가 원운동시 자계와 속도가 이루는 각은 $\theta = 0°$ 아니면
>
> $\theta = 180°$가 되므로 $\sin\theta = 0$로 $e = 0$로 전압은 유기되지 않는다.

34 ★★★☆ [79. 82. 83. 기사, 93. 산업기사]

자속 밀도 B[Wb/m²]의 평등 자계와 평행한 축 둘레에 각속도 ω[rad/s]로 회전하는 반지름 a[m]의 도체 원판에 그림과 같이 브러시를 접촉시킬 때 저항 R[Ω]에 흐르는 전류[A]는?

① $\dfrac{\omega B a^2}{2R}$ ② $\dfrac{\omega B a^2}{R}$

③ $\dfrac{\omega B a}{2R}$ ④ $\dfrac{\omega B a}{R}$

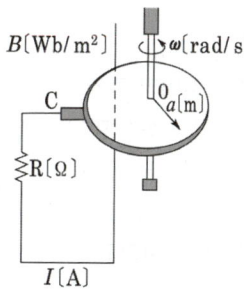

> [해설] 도체의 중심에서 r[m] 거리에 있는 반지름의 미소 길이 dr[m]의 속도는 ωr[m/s]이므로 이 부분에 발생하는 기전력[V]은
> $$de = vBdr = \omega rBdr \text{[V]}$$
> 그러므로 그림의 OC간에 발생하는 기전력은
> $$e = \int_0^a de = \omega B \int_0^a r dr = \omega B \left[\dfrac{r^2}{2}\right]_0^a = \dfrac{\omega B a^2}{2} \text{[V]}$$
> $$\therefore I = \dfrac{e}{R} = \dfrac{\omega B a^2}{2R} \text{[A]}$$

35 ★★ [85. 91. 23. 기사]

그림에서 면적 bb에는 평등 자계가 그 면과 직각으로 작용하고 있는데, 그 자계의 세기는 H[AT/m]이다. 그리고 면적 bb 이외의 자계의 세기는 0이다. 지금 한 변이 a인 정방형 코일이 그림과 같이 속도 v[m/s]로 x 방향으로 움직일 때 코일에 유기되는 기전력[V]은? 단, $a < b$라고 하고 시간은 $\dfrac{b}{v} < t < \dfrac{a+b}{v}$ 범위이다.

① $\mu_0 H a^2 v$

② $\mu_0 H b v$

③ 0

④ $\mu_0 H a v$

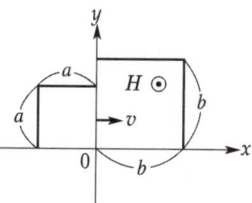

> [해설] 그림의 정방형 코일의 이동에 따른 각 위치 x에 대한 시간 t로 이동상태를 나타낸다. 특히 시간 t는 코일도체 우변이 각 위치에 도달한 시간이다 $\left(v = \dfrac{x}{t}, \therefore t = \dfrac{x}{v}\right)$.
>
> 정방형 코일의 이동시간 t에 대한 유기기전력은 각각 다음과 같다.
>
> $0 \leq t < \dfrac{a}{v}$: $e = Bav = \mu_0 H a v$[V] (시계방향)

$\dfrac{a}{v} \leq t < \dfrac{b}{v}$: $e = 0$ (쇄교자속 일정, 시간적 변화 없음)

$\dfrac{b}{v} \leq t < \dfrac{a+b}{v}$: $e = Bav = \mu_0 Hav$ [V] (반시계방향)

$t \geq \dfrac{a+b}{v}$: $e = 0$ (외부 자계 $H = 0$)

∴ $\dfrac{b}{v} < t < \dfrac{a+b}{v}$ 범위의 유기기전력 $e = \mu_0 Hav$ 가 된다.

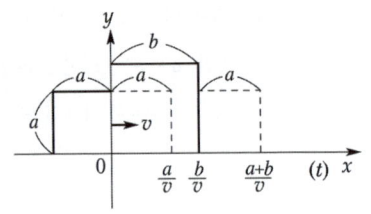

36 ★ [96. 11. 기사]
변의 길이가 각각 a[m], b[m]인 그림과 같은 직사각형 도체가 x축 방향으로 v[m/sec]의 속도로 움직이고 있다. 이때 자속 밀도는 $x-y$ 평면에 수직이고 어느 곳에 서든지 크기가 일정한 B[Wb/m^2]이다. 이 도체의 저항을 R[Ω]이라고 할 때 흐르는 전류는 몇 [A]이겠는가?

① 0
② $\dfrac{Babv}{R}$
③ $\dfrac{Bv}{R}$
④ $\dfrac{2Bav}{R}$

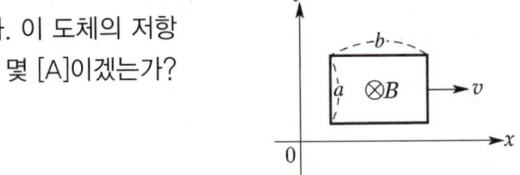

해설 전자유도에 의해 발생하는 유도기전력은 $e = -n\dfrac{d\phi}{dt}$ 이다.

직사각형 코일 내의 쇄교자속은 시간적 변화가 없이 항상 일정하므로 $\left(\dfrac{d\phi}{dt} = 0\right)$ 유기기전력 $e = 0$ 이다.

37 ★ [82. 00. 산업기사]
10[A]를 흘리고 있는 도체가 20[Wb/s]의 자속을 끊었을 때 이 기계의 전력[W]은?

① 2 ② 200 ③ 2000 ④ 4000

해설 $e = \dfrac{d\phi}{dt} = \dfrac{20}{1} = 20$[V], $P = ei = 20 \times 10 = 200$[W]

38 ★★ [87. 01. 기사]
그림과 같이 자계의 방향이 z축 방향인 균일 자계(자속밀도 B이다) 내에 이와 수직한 xy면 내에 놓인 구형 도선 코일 C를 y방향으로 v인 속도로 이동시킬 때 이 도선 회로에 유도되는 기전력은?

① vB 에 비례한다. ② $v^2 B^2$ 에 비례한다.
③ v/B 에 비례한다. ④ 영(0)이다.

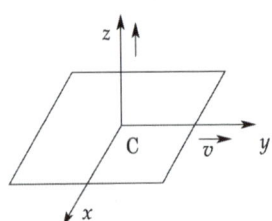

해설 전자유도에 의해 발생하는 유도기전력은 $e = -n\dfrac{d\phi}{dt}$ 이다.

구형 코일 내의 쇄교자속은 시간적 변화가 없이 항상 일정하므로 $\left(\dfrac{d\phi}{dt} = 0\right)$ 유기기전력 $e = 0$이다.

답 36. ① 37. ② 38. ④

39 그림과 같이 자속 밀도 60[Wb/m²]의 평등 자계와 평행인 축 주위를 1000[rpm]의 등각 속도로 회전하는 반지름 10[m]의 원판에 브러시를 접촉시키고 그 사이에 2[Ω]의 외부 저항을 연결하였을 때 2[Ω]에 흐르는 전류는? 단, 원판 저항은 무시한다.

① $\pi \times 10^5$[A] ② $\dfrac{\pi}{2} \times 10^5$[A]

③ 10^5[A] ④ $2\pi \times 10^5$[A]

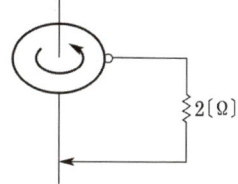

해설
$$e = \dfrac{\omega Ba^2}{2} = \dfrac{\left(\dfrac{2\pi N}{60}\right)Ba^2}{2} = \dfrac{2\pi \times 1000 \times 10^2}{2} = \pi \times 10^5$$
$$I = \dfrac{e}{R} = \dfrac{\pi \times 10^5}{2} = \dfrac{\pi}{2} \times 10^5 \text{[A]}$$

40 그림과 같이 영구자석에 의한 자속 ϕ[Wb]가 코일과 쇄교하고 있다. 자석을 없앴을 때 저항 R[Ω]을 통과하는 전 전하량은 몇 [C]인가?

① ϕR ② $\dfrac{\phi}{R}$

③ ϕ ④ 0

해설 코일 L에서 Δt 동안의 쇄교자속수가 ϕ에서 0으로 변화하면 자속의 변화 $\Delta\phi = \phi_2 - \phi_1 = 0 - \phi = -\phi$ 이다.

유기기전력 $e = -\dfrac{\Delta\phi}{\Delta t} = \dfrac{\phi}{\Delta t}$[V], 전류 $i = \dfrac{e}{R} = \dfrac{\phi}{R \cdot \Delta t}$[A]이므로 R[Ω]에서 Δt초 동안 통과하는 전하량 Q[C]은
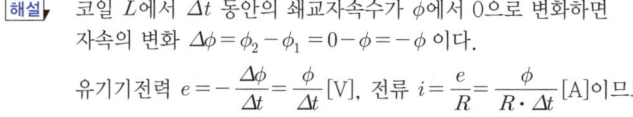
$Q = i \cdot \Delta t = \dfrac{\phi}{R}$[C]

41 그림과 같이 반지름이 20[cm]인 도체 원판이 그 축에 평행이고, 세기가 2.4×10^3[AT/m]인 균일 자계 내에서 1분간에 1200회의 회전 운동을 하고 있다. 이 원판의 축과 원판 주위 사이에 2[Ω]의 저항체를 접속시킬 때, 이 저항에 흐르는 전류는 몇 [mA]인가? 단, 원판의 저항은 무시하고, 원판의 투자율은 공기의 그것과 같다고 가정한다.

① 3.8[mA] ② 1.9[mA]

③ 7.6[mA] ④ 10.5[mA]

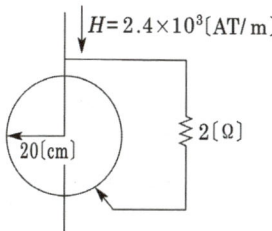

답 39. ② 40. ② 41. ①

해설)
$$e = \frac{\omega B a^2}{2} = \frac{\omega \mu_0 H a^2}{2} = \frac{\left(\frac{2\pi N}{60}\right)\mu_0 H a^2}{2} = \frac{\pi N \mu_0 H a^2}{60}$$
$$= \frac{\pi \times 1200 \times 4\pi \times 10^{-7} \times 2.4 \times 10^3 \times (20 \times 10^{-2})^2}{60} = 7.6 \times 10^{-3} [V] = 7.6 [mA]$$

저항에 흐르는 전류는 I는 $I = \frac{e}{R} = \frac{7.6}{2} = 3.8 [mA]$

★★★ [82. 86. 90. 기사]

42 패러데이의 법칙 중 옳지 않은 것은?

① $V = \frac{d\phi_m}{dt}$ ② $V = -N\frac{d\phi_m}{dt}$

③ $V = \int_s \frac{\partial \bm{B}}{\partial t} \cdot d\bm{S}$ ④ $V = -\frac{1}{N}\frac{d\phi_m}{dt}$

해설) $\phi = \int B \cdot ds$ 이므로 $\int_s \frac{dB}{dt} \cdot ds = \frac{d\phi}{dt}$ 즉, 패러데이 법칙의 적분형이다.

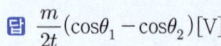

유사문제

┃유사문제 원문 및 해설 : 동일출판사 홈페이지 ≫ 고객센터 ≫ 자료실

01. 전자 유도 현상에서 유기 기전력에 관한 법칙은?
  답 패러데이의 법칙

02. 패러데이의 법칙에 대한 설명으로 가장 적합한 것은?
  답 전자 유도에 의해 회로에 발생하는 기전력은 자속 쇄교수의 시간에 대한 감쇠율에 비례한다.

03. 자속 밀도 0.5[Wb/m²]인 균일한 자계 내에 반지름 10[cm], 권수 1000[회]인 원형 코일이 매분 1800 회전할 때 이 코일의 저항이 100[Ω]일 경우 이 코일에 흐르는 전류의 최댓값[A]은?
  답 29.6[A]

04. 기전력 1[V]의 정의는?
  답 1[C]의 전기량이 이동할 때 1[J]의 일을 하는 두 점 간의 전위차

05. 권수 n, 가로 a[m], 세로 b[m]인 구형 코일이 자속 밀도 B[Wb/m²] 되는 평등 자계 내에서 각속도 ω[rad/s]로 회전할 때 발생하는 유기 기전력의 최댓값은?
  답 $\omega nabB$

06. 자극의 세기 m[Wb]의 점자극이 반지름이 a[m] 인 원형 코일 축상에 그림과 같이 놓여 있을 때, 이 점자극을 d_1[m] 되는 점에서 d_2[m] 되는 점까지 t[s] 동안에 이동시켰다면 코일 내에 유기되는 기전력[V]은 어떻게 표시되는가?
  답 $\frac{m}{2t}(\cos\theta_1 - \cos\theta_2)$[V]

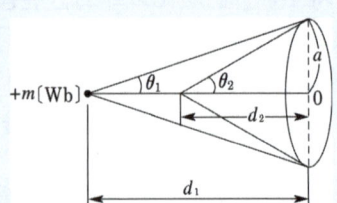

답 42. ④

07. 그림과 같은 길이 a, b의 구형 도체가 x 축상을 v[m/s]로 움직이고 있을 때 도체에 유기되는 기전력은? 단, $B = B_0$이고 xy 평면에 직각이라 한다.

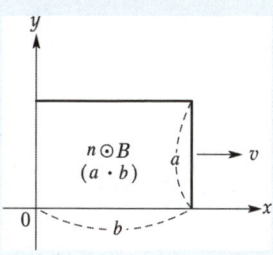

답 0

08. 그림과 같이 코일 L[H]이 한쪽에 영구 자석 NS가 있어서, 코일과의 교차 자속수가 ϕ_0[Wb]이다. 지금 이 자석을 충분히 먼 곳으로 이동시켜서 코일과의 교차 자속수를 0(zero)으로 만들어 준다. 이때 저항 R[Ω]을 통과하는 전체 전기량은?

답 $\dfrac{\phi_0}{R}$[C]

09. 50[A]의 전류가 흐르고 있는 도선에 0.2초 동안 0.03[Wb]의 자속을 끊었다. 이때 일률은 얼마인가?

답 $P = \dfrac{W}{t} = \dfrac{I\phi}{t} = \dfrac{50 \times 0.03}{0.2} = 7.5$[W]

CHAPTER 10 인덕턴스

01 자기 인덕턴스

1) 자기 인덕턴스

자기유도 작용에 의해 발생한 기전력의 크기는 전류의 시간적인 변화율에 비례하기 때문에 코일 양단 사이에서 dt 동안에 전류의 변화가 dI라면 발생하는 기전력은 다음과 같이 표시할 수 있다.

$$e = -L\frac{dI}{dt}$$ 출제 산업 6번, 기사 2번

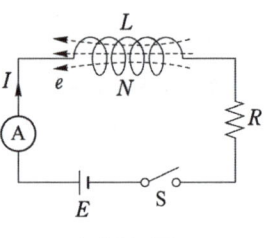

자기 인덕턴스

스위치를 닫는 순간에 전류의 변화에 의한 쇄교 자속도 변화하기 때문에 전자유도 법칙에 의한 기전력은

$$e = -\frac{d\Phi}{dt} = -N\frac{d\phi}{dt}$$

으로 주어진다.
따라서 쇄교 자속수 $\Phi(=N\phi)$와 자기 인덕턴스 L과의 관계는 다음과 같다.

$$N\phi = LI$$
$$\therefore L = \frac{N\phi}{I} \text{ [Wb/A] 또는 [H]}$$ 출제 산업 11번, 기사 3번

이것을 자기 인덕턴스라 하며, 자신의 회로에 단위 전류가 흐를 때의 자속 쇄교수를 말하며 항상 정(+)의 값을 갖는다. 반면에 상호 인덕턴스는 두 회로 사이의 관계로 두 코일에 흐르는 전류가 만드는 자속이 같은 방향이면 정(+)의 값을, 반대 방향이면 부(-)의 값을 갖는다.

출제 기사 5번

2) 자기 인덕턴스 L을 구하는 방법

① $L = \dfrac{N\phi}{I}$ ② $L = \dfrac{1}{I^2}\int_v \boldsymbol{B}\cdot\boldsymbol{H}dv$ ③ $L = \dfrac{1}{I^2}\int_v \boldsymbol{A}\cdot\boldsymbol{J}dv$ 출제 산업 1번, 기사 2번

3) 자기 인덕턴스 계산 예

L : 자기 인덕턴스[H] μ : 투자율 N : 권수 I : 전류[A]
S : 단면적[m²] a : 반지름[m] l : 길이[m] d : 선간거리[m]

구분	자기 인덕턴스
환상 솔레노이드	철심을 통하는 자속은 $$\phi = BS = \mu HS = \mu \frac{NI}{l} S = \frac{\mu SNI}{l} [\text{Wb}]$$ 이므로 $N\phi = LI$ 에서 $L = \dfrac{\mu SN^2}{l}$ [H] 출제 산업 9번, 기사 1번
직선 솔레노이드	길이 l 에 코일의 권수가 N회 감겨 있는 길이가 반지름 a보다 충분히 큰 솔레노이드에서 내부의 자계의 세기 H는 $$H = nI = \frac{NI}{l} [\text{AT/m}]$$ 솔레노이드의 내부 자속 $\phi = BS = \mu HS = \dfrac{\mu SNI}{l}$ [Wb] 이므로 $N\phi = LI$ 에서 $L = \dfrac{\mu SN^2}{l}$ [H] 출제 산업 4번, 기사 4번
원형 코일	반지름 a, 권수 N회인 원형 코일 중심부의 자계의 세기 H는 $$H = \frac{NI}{2a} [\text{AT/m}]$$ $$\phi = BS = \mu HS = \frac{\mu NI}{2a} \pi a^2 = \frac{\pi a \mu NI}{2} [\text{Wb}]$$ $L = \dfrac{\pi a \mu N^2}{2}$ [H] 출제 산업 3번, 기사 12번
동축 케이블 내부 인덕턴스	도체 내부의 중심에서 r[m] 지점의 자계의 세기는 $$H = \frac{r}{2\pi a^2} I [\text{AT/m}] 이다.$$ 도체의 투자율을 μ라 하고, 단위길이에 대한 자계 에너지 W는 $$W = \frac{1}{2} \int_v BH\, dv = \frac{1}{2} \int_v \mu H^2\, dv = \frac{1}{2} \int_v \mu H^2\, dv$$ $$= \frac{1}{2} \int_0^a \mu \left(\frac{r}{2\pi a^2} I \right)^2 2\pi r\, dr = \frac{\mu I^2}{16\pi} [\text{J/m}]$$ 이다. 그러므로 단위길이당 내부 인덕턴스 L_i 는 $$W = \frac{1}{2} LI^2 \text{ 에서 } L = \frac{2W}{I^2} \text{ 이므로}$$ $$\therefore L_i = \frac{2W}{I^2} = \frac{2}{I^2} \times \frac{\mu I^2}{16\pi} = \frac{\mu}{8\pi} [\text{H/m}]$$ 출제 기사 7번
동축 케이블 외부 인덕턴스	도체의 중심에서 거리 $r\,(a<r<b)$인 점에서의 자계의 세기는 식 $$H = \frac{I}{2\pi r} [\text{AT/m}] 이다.$$ 도체 단면의 반경을 a, 도체 외부의 a 와 b 사이에 있는 자속 ϕ는 $$\phi = \int_S \boldsymbol{B} \cdot d\boldsymbol{S} = \int_a^b \mu_0 \frac{I}{2\pi r}\, dr = \frac{\mu_0 I}{2\pi} \ln \frac{b}{a} [\text{Wb/m}]$$ 가 된다. 따라서 외부 인덕턴스 L_e는 $$L_e = \frac{\phi}{I} = \frac{\mu_0}{2\pi} \ln \frac{b}{a} [\text{H/m}]$$ 출제 기사 4번

구분	자기 인덕턴스
평행 왕복도체	지금 도체 A에서 x 위치의 자계의 세기 H_x는 $$H_x = \frac{I}{2\pi x} + \frac{I}{2\pi(d-x)}\,[\text{AT/m}]$$ 가 되고, 거리 x 위치에서 폭 dx, 길이 1[m]의 미소면적을 취하면 이 면을 지나는 자속 $d\phi$는 $$d\phi = B_x\,dS = B_x(dx \times 1) = \mu_0 H_x\,dx$$ 이다. 따라서 도체 A, B에 쇄교하는 단위길이에 대한 자속 ϕ는 $$\phi = \int_a^{d-a} d\phi = \frac{\mu_0 I}{2\pi}\int_a^{d-a}\left[\frac{I}{x} + \frac{I}{(d-x)}\right]$$ $$= \frac{\mu_0 I}{2\pi}[\ln x - \ln(d-x)]_a^{d-a}$$ $$= \frac{\mu_0 I}{\pi}\ln\frac{d-a}{a} \fallingdotseq \frac{\mu_0 I}{\pi}\ln\frac{d}{a}\,[\text{Wb/m}]$$ 따라서 선간의 자기 인덕턴스는 $L = \frac{\phi}{I} = \frac{\mu_0}{\pi}\ln\frac{d}{a}$[H/m]이고, 또 각 도체에는 도체 내부에도 $\mu/8\pi$[H/m]의 자기 인덕턴스가 있으므로 평행 왕복 도체에서의 전 인덕턴스는 $$L = \frac{\mu_0}{\pi}\ln\frac{d}{a} + \frac{\mu}{4\pi}\,[\text{H/m}]$$ 출제 기사 1번
환상 철심	$$L = \frac{N^2}{R_m} = \frac{N^2}{\frac{l}{\mu S}} = \frac{\mu_0 \mu_s S N^2}{l}\,[\text{H}]$$ 출제 산업 3번, 기사 3번
무한 솔레노이드	$$L = \frac{n_0 \phi}{I} = \frac{n_0 \mu H S}{\frac{H}{n_0}} = \mu S n_0^2\,[\text{H/m}]$$ 출제 기사 6번

02 - 상호 인덕턴스 출제 산업 5번, 기사 2번

- $M_{12} = \dfrac{N_2 \phi_1}{I_1}$, $M_{21} = \dfrac{N_1 \phi_2}{I_2}$

- $L_1 L_2 = M_{12} M_{21}$

- $M_{12} = M_{21} = M$에서 누설자속이 없는 경우의 자기 인덕턴스와 상호 인덕턴스의 관계는
$$M^2 = L_1 L_2 \quad \therefore M = \sqrt{L_1 L_2}$$

- 자기회로에서는 누설자속이 있기 때문에
$$k = \frac{M}{\sqrt{L_1 L_2}} \ \text{또는}\ M = k\sqrt{L_1 L_2} \quad \text{출제 산업 12번, 기사 6번}$$

여기서, k : 결합계수(coupling factor)

- 결합계수($0 \leq k \leq 1$)
  $k = 0$: 자기적 결합이 전혀 되지 않음($M = 0$)
  $0 < k < 1$: 일반적인 자기 결합 상태($M = k\sqrt{L_1 L_2}$)
  $k = 1$: 완전한 자기 결합($M = \sqrt{L_1 L_2}$)

03 자기적 결합(유도 결합)을 갖는 인덕턴스의 직렬 접속

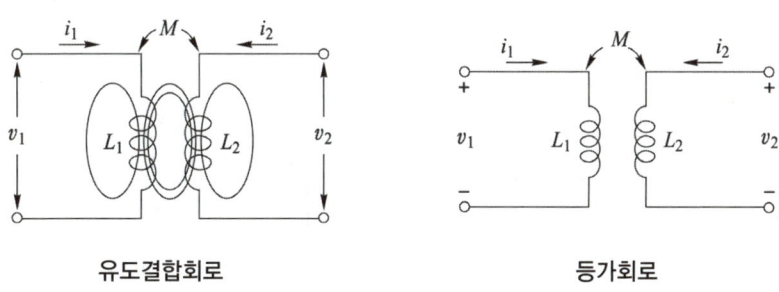

유도결합회로 　　　　　등가회로

그림과 같이 1차측 코일에 교류전류 i_1이 흐르면 시간에 따라 변화하는 교류 자속이 1차 코일에 발생되고 그 자속의 일부는 2차측 코일과 쇄교함으로써 2차측 코일 양 단에는 패러데이법칙에 의한 유도전압이 나타난다. 이와 같은 현상을 상호유도작용이라 한다. 이 경우 두 코일은 자기적으로 유도결합 되어 있다고 한다.

1) 1, 2차 코일에 유도되는 전압 v_1, v_2

$$v_1 = L_1 \frac{di_1}{dt} \pm M \frac{di_2}{dt}$$

$$v_2 = L_2 \frac{di_2}{dt} \pm M \frac{di_1}{dt}$$

여기서, $L_1 \frac{di_1}{dt}$와 $L_2 \frac{di_2}{dt}$를 자기유도전압이라 하고, $\pm M \frac{di_2}{dt}$와 $\pm M \frac{di_1}{dt}$를 상호유도전압이라 한다.

2) 상호 유도 전압의 극성

- 두 코일에서 생기는 자속이 합쳐지는 방향이면 : $+ M \frac{di_2}{dt}$
- 두 코일에서 생기는 자속이 반대방향이면 : $- M \frac{di_2}{dt}$

3) 유도결합회로의 등가 인덕턴스

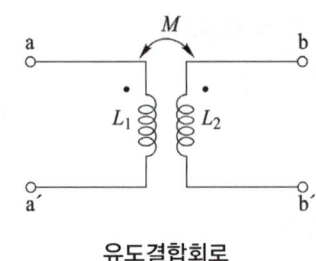

유도결합회로

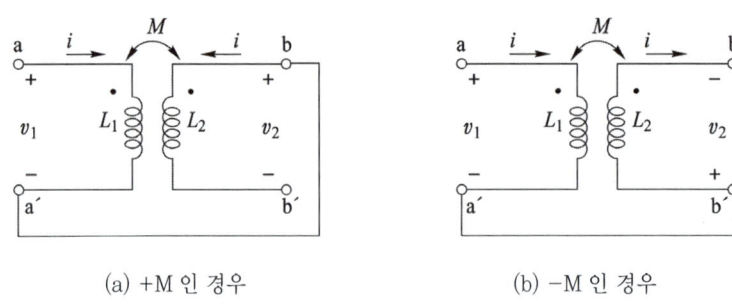

(a) +M 인 경우 　　　　　(b) -M 인 경우

유도결합회로의 직렬연결

유도결합회로의 상호인덕턴스 M은 두 코일의 자기 인덕턴스 L_1, L_2에 대한 등가 인덕턴스를 계산함으로서 산출할 수 있다.

① $M > 0$일 때의 등가 인덕턴스 L^+(L_1, L_2에 흘러 들어가는 전류의 방향이 모두 dot 방향)

$$L^+ = L_1 + L_2 + 2M$$ 출제 산업 6번

② $M < 0$일 때의 등가 인덕턴스 L^-(전류의 방향이 L_1에는 dot 방향, L_2에는 dot 반대방향)

$$L^- = L_1 + L_2 - 2M$$

③ 상호 인덕턴스 $M = \dfrac{L^+ - L^-}{4}$

④ 자기에너지 $W = \dfrac{1}{2}LI^2 = \dfrac{1}{2}(L_1 + L_2 + 2M)I^2$ [J] 출제 산업 17번, 기사 5번

CHAPTER 10 출제예상문제_인덕턴스

인덕턴스

01 ★★ [83. 91. 기사]
어느 코일에 흐르는 전류가 0.01[s] 동안에 1[A] 변화하여 60[V]의 기전력이 유기되었다. 이 코일의 자기 인덕턴스[H]는?

① 0.4 ② 0.6 ③ 1.0 ④ 1.2

해설 $e = L\dfrac{di}{dt}$ 에서 $L = e\dfrac{dt}{di} = 60 \times \dfrac{0.01}{1} = 0.6[\text{H}]$

02 ☆ [92. 04. 산업기사]
어느 코일의 전류가 0.04[sec] 사이에 4[A] 변화하여 기전력 2.5[V]를 유기하였다고 하면 이 회로의 자기 인덕턴스는 몇 [mH]인가?

① 25 ② 42 ③ 58 ④ 62

해설 $e = L\dfrac{di}{dt}$ 에서 $L = \dfrac{e \cdot dt}{di} = \dfrac{2.5 \times 0.04}{4} = 0.025 = 25[\text{mH}]$

03 ★ [78. 93. 산업기사]
인덕턴스의 단위 [H]와 같은 단위는?

① [F] ② [V/m] ③ [A/m] ④ [Ω·s]

해설 $v = L\dfrac{di}{dt}$ 관계식에서 $L = \dfrac{dt}{di}v$, $H = \left[\dfrac{\sec \cdot V}{A}\right] = \left[\sec \cdot \dfrac{V}{A}\right] = [\sec \cdot \Omega]$

04 ★ [78. 93. 산업기사]
환상 철심에 A, B 코일이 감겨 있다. A 코일에 전류가 150[A/s]로 변화할 때 코일 A에 45[V], B에 30[V]의 기전력이 유기될 때의 B 코일의 자기 인덕턴스[mH]는? 단, 결합 계수 $k = 1$이다.

① 133 ② 200 ③ 275 ④ 300

해설 $e = L\dfrac{di}{dt}$ 에서

$L_A\dfrac{dI_A}{dt} = V_A$, $L_A \times 150 = 45$ ∴ $L_A = \dfrac{45}{150} = 0.3[\text{H}] = 300[\text{mH}]$

$M\dfrac{dI_A}{dt} = V_B$, $M \times 150 = 30$ ∴ $M = \dfrac{30}{150} = 0.2[\text{H}] = 200[\text{mH}]$

답 1. ② 2. ① 3. ④ 4. ①

$$M = k\sqrt{L_A L_B}, \quad M^2 = k^2 L_A L_B$$
$$\therefore L_B = \frac{M^2}{k^2 L_A} = \frac{0.2^2}{1^2 \times 0.3} = 0.133[\text{H}] = 133[\text{mH}]$$

★ [95. 13. 기사]

05 자기 유도 계수 L을 구하는 식이 아닌 것은?

① $\dfrac{\int_v \boldsymbol{A} \cdot i\, dv}{I^2}$ ② $\dfrac{\int_v \boldsymbol{B} \cdot \boldsymbol{H}\, dv}{I^2}$ ③ $\dfrac{N\phi}{I}$ ④ $\dfrac{N \oint_c \boldsymbol{A} \cdot dl}{I^2}$

해설 자계 에너지에 의한 자기유도계수 L

$w = \dfrac{1}{2}LI^2$ 에서 $L = \dfrac{2w}{I^2}$ …… ①

$w = \dfrac{1}{2}\int_v \boldsymbol{B}\boldsymbol{H}\, dv = \dfrac{1}{2}\int_v \boldsymbol{A} \cdot i\, dv$ …… ②

②를 ①에 대입하면 $\therefore L = \dfrac{\int_v \boldsymbol{B} \cdot \boldsymbol{H}\, dv}{I^2} = \dfrac{\int_v \boldsymbol{A} \cdot i\, dv}{I^2}$

또, $LI = N\varPhi$ 에서 $\dfrac{N\varPhi}{I}$

★★☆ [77. 기사, 79. 81. 93. 산업기사]

06 환상 솔레노이드 코일에 있어서 코일에 흐르는 전류가 2[A]일 때 자로의 자속이 1×10^{-2}[Wb] 되었다고 한다. 코일의 권수를 500회라 할 때 이 코일의 자기 인덕턴스[H]는? 단, 코일의 전류와 자로의 자속과의 관계는 정비례하는 것으로 하여 계산하여라.

① 2.5   ② 3.5   ③ 4.5   ④ 5.5

해설 $L = \dfrac{N\phi}{I} = \dfrac{500 \times 1 \times 10^{-2}}{2} = 2.5[\text{H}]$

★☆ [00. 기사, 95. 21. 산업기사, ⊕ : 20. 기사]

07 자기 인덕턴스를 계산하는 공식이 아닌 것은? 단, $\boldsymbol{A}$ 는 벡터 퍼텐셜[Wb/m]이고, $\boldsymbol{J}$ 는 전류 밀도[A/m³]이다.

① $L = \dfrac{N\phi}{I}$ ② $L = \dfrac{1}{I^2}\int_v \boldsymbol{B} \cdot \boldsymbol{H}\, dv$

③ $L = \dfrac{1}{I^2}\oint_c \boldsymbol{A} \cdot dl$ ④ $L = \dfrac{1}{I^2}\int_v \boldsymbol{A} \cdot \boldsymbol{J}\, dv$

해설 인덕턴스는 단위 전류가 만드는 자속쇄교수, 또는 $W = \dfrac{1}{2}LI^2$[J]의 관계가 있고, 자속을 자기 벡터 퍼텐셜로 나타내면 $\phi = \int \boldsymbol{A} \cdot dl$[Wb]이므로

$L = \dfrac{N\phi}{I} = \dfrac{1}{I^2}\int_v \boldsymbol{B} \cdot \boldsymbol{H}\, dv = \dfrac{1}{I}\oint_c \boldsymbol{A} \cdot dl = \dfrac{1}{I^2}\int_v \boldsymbol{A} \cdot \boldsymbol{J}\, dv$[H]로 나타낼 수 있다.

답 5. ④ 6. ① 7. ③

08 단면적 100[cm²], 비투자율 1000인 철심에 500회의 코일을 감고 여기에 1[A]의 전류를 흘릴 때 자계가 1.28[AT/m]였다면 자기 인덕턴스[mH]는?

① 8.04　　② 0.16　　③ 0.81　　④ 16.08

해설) $L = \dfrac{N\phi}{I} = \dfrac{N\mu_0\mu_s HS}{I} = \dfrac{500 \times 4\pi \times 10^{-7} \times 1000 \times 1.28 \times 100 \times 10^{-4}}{1}$
$= 8.04 \times 10^{-3}[H] = 8.04[mH]$

09 1000회의 코일을 감은 환상 철심 솔레노이드의 단면적이 3[cm²], 평균 길이 4π[cm]이고, 철심의 비투자율이 500일 때, 자기 인덕턴스[H]는?

① 1.5　　② 15　　③ $\dfrac{15}{4\pi} \times 10^6$　　④ $\dfrac{15}{4\pi} \times 10^{-5}$

해설) $L = \dfrac{N^2}{R_m} = \dfrac{N^2}{\dfrac{l}{\mu S}} = \dfrac{\mu_0 \mu_s S N^2}{l} = \dfrac{4\pi \times 10^{-7} \times 500 \times 3 \times 10^{-4} \times 1000^2}{4\pi \times 10^{-2}} = 1.5[H]$

10 권수 200회이고, 자기 인덕턴스 20[mH]의 코일에 2[A]의 전류를 흘리면, 쇄교 자속수[Wb]는?

① 0.04　　② 0.01　　③ 4×10^{-4}　　④ 2×10^{-4}

해설) 쇄교 자속수 $\Phi = N\phi = LI = 20 \times 10^{-3} \times 2 = 40 \times 10^{-3}[Wb]$

11 권수 600, 자기인덕턴스 1[mH]인 코일에 3[A]의 전류가 흐를 때 이 코일면을 지나는 자속은 몇 [Wb]인가?

① 2×10^{-6}　　② 3×10^{-6}　　③ 5×10^{-6}　　④ 9×10^{-6}

해설) $\phi = \dfrac{LI}{N} = \dfrac{1 \times 10^{-3} \times 3}{600} = 5 \times 10^{-6}[Wb]$

12 솔레노이드의 자기 인덕턴스는 권수를 N이라 하면 어떻게 되는가?

① N에 비례　　② $\sqrt{N}$에 비례　　③ N^2에 비례　　④ $\dfrac{1}{N^2}$에 비례

해설) $L = \dfrac{N\phi}{I} = \dfrac{N\phi}{\dfrac{Hl}{N}} = \dfrac{N^2 \phi}{Hl} = \dfrac{N^2 \mu HS}{Hl} = \dfrac{\mu S N^2}{l} \propto N^2$

답 8. ①　9. ①　10. ①　11. ③　12. ③

★★★ [91. 기사, 81. 82. 83. 18. 25. 산업기사]

13 그림과 같이 환상의 철심에 일정한 권선이 감겨진 권수 N회, 단면적 $S[\text{m}^2]$, 평균 자로의 길이 $l[\text{m}]$인 환상 솔레노이드에 전류 $i[\text{A}]$를 흘렸을 때 이 환상 솔레노이드의 자기 인덕턴스를 옳게 표현한 식은?

① $\dfrac{\mu^2 SN}{l}$ ② $\dfrac{\mu S^2 N}{l}$

③ $\dfrac{\mu SN}{l}$ ④ $\dfrac{\mu SN^2}{l}$

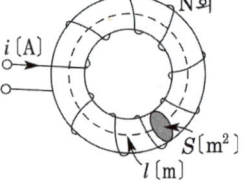

[해설] $L = \dfrac{N\phi}{I} = \dfrac{N^2}{R_m} = \dfrac{\mu SN^2}{l}$ [H]

★★★ [75. 84. 86. 96. 99. 01. 산업기사]

14 코일의 권수를 2배로 하면 인덕턴스의 값은 몇 배가 되는가?

① $\dfrac{1}{2}$ 배   ② $\dfrac{1}{4}$ 배   ③ 2배   ④ 4배

[해설] $L \propto N^2$이므로 코일의 권수를 2배로 하면 인덕턴스는 4배로 된다.

★★ [92. 97. 00. 03. 25. 산업기사]

15 자기 회로의 자기 저항이 일정할 때 코일의 권수를 1/2로 줄이면 자기 인덕턴스는 원래의 몇 배가 되는가?

① $\dfrac{1}{\sqrt{2}}$ 배   ② $\dfrac{1}{2}$ 배   ③ $\dfrac{1}{4}$ 배   ④ $\dfrac{1}{8}$ 배

[해설] $L = \dfrac{N^2}{R}$ 에서 자기 저항이 일정한 경우 인덕턴스는 권수의 자승에 비례하므로

$L' = \left(\dfrac{1}{2}\right)^2 L = \dfrac{1}{4}L$

★★★ [83. 97. 03. 07. 기사, 24. 산업기사]

16 단면적 S, 평균 반지름 r, 권선수 N인 토로이드 코일에 누설 자속이 없는 경우 자기 인덕턴스의 크기는?

① 권선수의 제곱에 비례하고 단면적에 반비례한다.
② 권선수 및 단면적에 비례한다.
③ 권선수의 제곱 및 단면적에 비례한다.
④ 권선수의 제곱 및 평균 반지름에 비례한다.

[해설] $L = \dfrac{\mu SN^2}{l}$

13. ④ 14. ④ 15. ③ 16. ③

17 평균 반지름이 a[m], 단면적 S[m²]인 원환 철심(투자율 μ)에 권선수 N인 코일을 감았을 때 자기 인덕턴스는?

① $\mu N^2 Sa$[H]　　② $\dfrac{\mu N^2 S}{\pi a^2}$[H]　　③ $\dfrac{\mu N^2 S}{2\pi a}$[H]　　④ $2\pi a \mu N^2 S$[H]

해설　$L = \dfrac{\mu N^2 S}{l} = \dfrac{\mu N^2 S}{2\pi a}$[H]

18 N회 감긴 환상 코일의 단면적이 S[m²]이고 평균 길이가 l[m]이다. 이 코일의 권수를 반으로 줄이고 인덕턴스를 일정하게 하려면?

① 길이를 $\dfrac{1}{4}$ 배로 한다.　　② 단면적을 2배로 한다.

③ 전류의 세기를 2배로 한다.　　④ 전류의 세기를 4배로 한다.

해설　환상 코일의 자기 인덕턴스 $L = \dfrac{\mu S N^2}{l}$[H]이므로 권수를 $\dfrac{1}{2}$로 하면

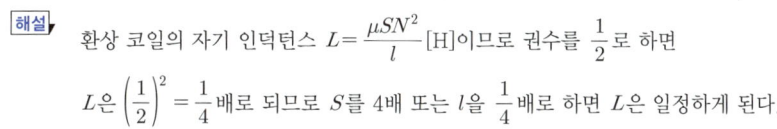

19 길이 10[cm], 반지름 1[cm]인 원형 단면을 갖는 공심 솔레노이드의 자기 인덕턴스를 1[mH]로 하기 위해서는 솔레노이드의 권선수를 몇 회 정도로 하여야 하는가? 단, $\mu_s = 1$이다.

① 250　　② 500　　③ 750　　④ 900

해설　$L = \dfrac{\mu S N^2}{l}$[H]에서　$N = \sqrt{\dfrac{L \cdot l}{\mu S}} = \sqrt{\dfrac{1 \times 10^{-3} \times 0.1}{4\pi \times 10^{-7} \times \pi \times (1 \times 10^{-2})^2}} = 500$

20 그림과 같은 1[m]당 권선수 n, 반지름 a[m]의 무한장 솔레노이드가 자기 인덕턴스[H/m]는 n과 a 사이에 어떠한 관계가 있는가?

① a와는 상관없고 n^2에 비례한다.
② a와 n의 곱에 비례한다.
③ a^2과 n^2의 곱에 비례한다.
④ a^2에 반비례하고 n^2에 비례한다.

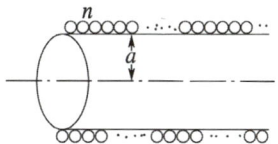

해설　전류 I가 흐를 때 자계는 식 $H = nI$에서 자속 ϕ는
$\phi = \int B dS = \mu H \pi a^2 = \mu n I \pi a^2$
$\therefore L = \dfrac{n\phi}{I} = \mu \pi a^2 n^2$[H/m]

답　17. ③　18. ①　19. ②　20. ③

21 ★★ [96. 기사, 08. 12. 15. 산업기사]
어느 철심에 도선을 25회 감고 여기에 1[A]의 전류를 흘릴 때 0.01[Wb]의 자속이 발생하였다. 자기 인덕턴스를 1[H]로 하려면 도선의 권수는 얼마로 해야 하는가?

① 25 ② 50 ③ 75 ④ 100

해설 $L \propto N^2$에서 $L_1 = \dfrac{N\phi}{I} = \dfrac{25 \times 0.01}{1} = 0.25$[H]

$0.25 : 25^2 = 1 : N'^2$, $N' = \sqrt{\dfrac{25^2}{0.25}} = 50$

22 ★★★★ [89. 96. 98. 기사, 79. 82. 03. 18. 산업기사, ⊕ : 19. 기사]
단면적 S[m²], 자로의 길이 l[m], 투자율 μ[H/m]의 환상 철심에 1[m]당 N회 균등하게 코일을 감았을 때 자기 인덕턴스[H]는?

① $\mu N^2 lS$ ② $\dfrac{\mu N^2 l}{S}$ ③ μNlS ④ $\dfrac{\mu N^2 S}{l}$

해설 자기 인덕턴스 L은 $L = \dfrac{\mu S(Nl)^2}{l} = \mu N^2 lS$[H]

23 ★★★★ [87. 03. 05. 07. 09. 18. 19. 25. 기사]
단면적 S[m²], 단위 길이에 대한 권수가 n_0[회/m]인 무한히 긴 솔레노이드의 단위 길이당의 자기 인덕턴스[H/m]를 구하면?

① $\mu S n_0$ ② $\mu S n_0^2$ ③ $\mu S^2 n_0^2$ ④ $\mu S^2 n_0$

해설 $L = \dfrac{n_0 \phi}{I} = \dfrac{n_0 \mu HS}{\dfrac{H}{n_0}} = \mu S n_0^2$[H/m]

24 ★★ [87. 93. 기사]
균일 분포 전류 I[A]가 반지름 a[m]인 비자성 원형 도체에 흐를 때 단위 길이당 도체 내부 인덕턴스의 크기는? 단, 도체의 투자율을 μ_0로 가정.

① $\dfrac{\mu_0}{2\pi}$[H/m] ② $\dfrac{\mu_0}{4\pi}$[H/m] ③ $\dfrac{\mu_0}{6\pi}$[H/m] ④ $\dfrac{\mu_0}{8\pi}$[H/m]

해설 동선의 경우는 $\mu \fallingdotseq \mu_0$이므로 $L = \dfrac{\mu}{8\pi} = \dfrac{\mu_0}{8\pi}$[H/m]

25 ★★★ [98. 00. 02. 05. 07. 16. 기사]
반지름 a[m]이고 단위 길이에 대한 권수가 n인 무한장 솔레노이드의 단위 길이당의 자기 인덕턴스는 몇 [H/m]인가?

① $\mu \pi a^2 n^2$ ② $\mu \pi an$ ③ $\dfrac{an}{2\mu\pi}$ ④ $4\mu\pi a^2 n^2$

답 21. ② 22. ① 23. ② 24. ④ 25. ①

해설 $L = \dfrac{N^2}{R_m} = \dfrac{\mu s n^2 l^2}{l} = \mu s n^2 l [\text{H}]$

∴ 단위 길이당 $L_0 = \mu s n^2 = \mu \pi a^2 n^2 [\text{H/m}]$

★ [78. 98. 산업기사]
26 권수가 N인 철심이 든 환상 솔레노이드가 있다. 철심의 투자율이 일정하다고 하면, 이 솔레노이드의 자기 인덕턴스 L은? 단, 여기서 R_m은 철심의 자기 저항이고 솔레노이드에 흐르는 전류를 I라 한다.

① $L = \dfrac{R_m}{N^2}$ ② $L = \dfrac{N^2}{R_m}$ ③ $L = R_m N^2$ ④ $L = \dfrac{N}{R_m}$

해설 $L = \dfrac{N\phi}{I} = \dfrac{N \cdot \frac{NI}{R_m}}{I} = \dfrac{N^2}{R_m} = \dfrac{\mu S N^2}{l} [\text{H}]$

★☆ [01. 04. 18. 25. 기사]
27 내도체의 반지름이 $a[\text{m}]$이고, 외도체의 내반지름이 $b[\text{m}]$, 외반지름이 $c[\text{m}]$인 동축 케이블의 단위 길이당 자기 인덕턴스는 몇 $[\text{H/m}]$인가?

① $\dfrac{\mu_0}{2\pi} \ln \dfrac{b}{a}$ ② $\dfrac{\mu_0}{\pi} \ln \dfrac{b}{a}$ ③ $\dfrac{2\pi}{\mu_0} \ln \dfrac{b}{a}$ ④ $\dfrac{\pi}{\mu_0} \ln \dfrac{b}{a}$

해설 $H = \dfrac{I}{2\pi r}$, $d\phi = B \cdot dr = \dfrac{\mu_0 I}{2\pi r} dr$

$\phi = \int_a^b d\phi = \dfrac{\mu_0 I}{2\pi} \int_a^b \dfrac{1}{r} \cdot dr = \dfrac{\mu_0 I}{2\pi} \ln \dfrac{b}{a}$

∴ $L = \dfrac{\phi}{I} = \dfrac{\mu_0}{2\pi} \ln \dfrac{b}{a} [\text{H/m}]$

★★ [88. 01. 기사]
28 반지름 2[mm], 길이 25[m]인 동선의 내부 인덕턴스[μH]는?

① 25 ② 5.0 ③ 2.5 ④ 1.25

해설 $L_i = \dfrac{\mu}{8\pi} l [\text{H}]$

동선의 경우는 $\mu ≒ \mu_0$이므로

∴ $L_i = \dfrac{4\pi \times 10^{-7}}{8\pi} \times 25 = 12.5 \times 10^{-7} [\text{H}] = 1.25 [\mu\text{H}]$

★☆ [75. 82. 88. 산업기사]
29 코일에 있어서 자기 인덕턴스는 다음의 어떤 매질 상수에 비례하는가?

① 저항률 ② 유전율 ③ 투자율 ④ 도전율

해설 $L = \dfrac{\mu S N^2}{l} \propto \mu$

답 26. ② 27. ① 28. ④ 29. ③

30 다음 중 자기 인덕턴스의 성질을 옳게 표현한 것은? ★★★★ [95. 85. 97. 00. 05. 19. 기사, 20. 24. 산업기사]

① 항상 부(負)이다.
② 항상 정(正)이다.
③ 항상 0이다.
④ 유도되는 기전력에 따라 정(正)도 되고 부(負)도 된다.

해설 자기 인덕턴스란 자신의 회로에 단위 전류가 흐를 때의 자속 쇄교수를 말하며 항상 정(+)의 값을 갖는다. 반면에 상호 인덕턴스는 두 회로 사이의 관계로 두 코일에 흐르는 전류가 만드는 자속이 같은 방향이면 정(+)의 값을, 반대 방향이면 부(-)의 값을 갖는다.

31 반지름 a[m], 선간 거리 d[m]의 평행 왕복 도선간의 자기 인덕턴스는 다음 중 어떤 값에 비례하는가? ★ [91. 기사]

① $\dfrac{\pi\mu_0}{\ln\dfrac{d}{a}}$ ② $\dfrac{\pi\mu_0}{\ln\dfrac{a}{d}}$ ③ $\dfrac{\mu_0}{2\pi}\ln\dfrac{a}{d}$ ④ $\dfrac{\mu_0}{\pi}\ln\dfrac{d}{a}$

해설 평행 왕복 선로의 자기 인덕턴스는 $L=\dfrac{\mu_0}{4\pi}\left(4\ln\dfrac{d}{a}+\mu\right)$[H] $(d\gg a)$에서 내부 인덕턴스를 무시하면 $L=\dfrac{\mu_0}{\pi}\ln\dfrac{d}{a}$가 된다.

32 무한히 긴 원주 도체의 내부 인덕턴스의 크기는 어떻게 결정되는가? ★★★ [95. 97. 98. 기사]

① 도체의 인덕턴스는 0이다.
② 도체의 기하학적 모양에 따라 결정된다.
③ 주위의 자계의 세기에 따라 결정된다.
④ 도체의 재질에 따라 결정된다.

해설 원주 도체의 내부 인덕턴스는 단위 길이당 $L_i=\dfrac{\mu}{8\pi}$[H/m]로 굵기, 즉 단면적에 관계없고, 도체의 재질(투자율)에 따라 결정된다.

33 동축 케이블의 단위 길이당 자기 인덕턴스는? 단, 동축선 자체의 내부 인덕턴스는 무시하는 것으로 한다. ★ [85. 03. 기사]

① 두 원통의 반지름의 비에 정비례한다.
② 동축선의 투자율에 비례한다.
③ 유전체의 투자율에 비례한다.
④ 전류의 세기에 비례한다.

해설 $L=\dfrac{\mu_0}{2\pi}\ln\dfrac{R_2}{R_1}$[H/m] $\propto \mu_0$이므로 유전체의 투자율에 비례한다.

답 30. ② 31. ④ 32. ④ 33. ③

유사문제

01. 어떤 코일에 흐르는 전류를 0.01[s] 동안에 일정 비율로 50[A]로부터 10[A]까지 감소시킬 때 20[V]의 기전력이 발생한다면, 그 코일의 자기 인덕턴스[mH]는?

답 5[mH]

02. 인덕턴스의 단위에서 1[H]는?

답 1[A]의 전류에 대한 자속이 1[Wb]인 경우이다.

03. 권수 500, 단면적 100[cm²]의 공심 코일에 전류 1[A]를 흘릴 때 자계가 1.28[AT/m] (극당)이었다. 자기 인덕턴스는 얼마인가?

답 8.04×10^{-6}[H]

04. 환상 철심의 코일수를 10배로 하였다면 인덕턴스의 값은 몇 배가 되는가?

답 100배 증가

05. 길이 10[cm], 반지름 1[cm]인 원형 단면을 갖는 공심 솔레노이드의 자기 인덕턴스를 1[mH]로 하기 위한 솔레노이드의 권선수는 약 얼마인가? 단, $\mu_s \fallingdotseq 1$이다.

답 500회

06. 지름이 40[mm]인 원형 종이관에 일정하게 2000회의 코일이 감겨 있는 솔레노이드의 인덕턴스는 몇 [mH]인가? 단, 솔레노이드의 길이는 50[cm], 투자율은 μ_0라고 한다.

답 12.6[mH]

07. 지름 4[cm]의 공심 솔레노이드의 길이가 50[cm]이고 권수가 2000회이다. 이 코일의 인덕턴스 [mH]는?

답 12.6[mH]

08. 반지름 a[m], 권수 N, 길이 l[m]인 무한히 긴 공심 솔레노이드의 인덕턴스는 몇 [H]인가?

답 $\mu_0 \pi a^2 \dfrac{N^2}{l}$[H]

09. 단면의 지름이 D[m], 권수가 n[회/m]인 무한장 솔레노이드에 전류 I[A]를 흘렸을 때 길이 l[m]에 대한 인덕턴스 L[H]은?

답 $\pi^2 \mu_s n^2 D^2 l \times 10^{-7}$[H]

10. 단면적 S[m²], 단위 길이에 대한 코일의 권수가 n_0인 무한히 긴 철심이 든 솔레노이드의 자기 인덕턴스[H]는? 단, 철심의 비투자율은 5이다.

답 $2\pi \times 10^{-6} S n_0^2$[H]

11. 지상 h[m]의 높이에 가설된 반지름 a[m]인 전선에 교류를 흘렸을 경우 단위 길이당 인덕턴스 [H/m]는? 단, 전선의 비투자율은 μ_s이다.

답 $L = \dfrac{\mu_0}{2\pi}\left(\ln\dfrac{2h}{a} + \dfrac{\mu_s}{4}\right)$[H/m]

상호 인덕턴스

34 [83. 89. 99. 산업기사]

두 코일이 있다. 한 코일의 전류가 매초 120[A]의 비율로 변화할 때 다른 코일에는 15[V]의 기전력이 발생하였다면 두 코일의 상호 인덕턴스[H]는?

① 0.125 ② 0.255 ③ 0.515 ④ 0.615

[해설] $e = M\dfrac{di}{dt}$ 에서 $M = e\dfrac{dt}{di} = 15 \times \dfrac{1}{120} = 0.125$ [H]

35 [76. 95. 99. 01. 기사]

2개의 회로 C_1, C_2가 있을 때 각 회로상에 취한 미소 부분을 dl_1, dl_2, 두 미소 부분 간의 거리를 r이라 하면 C_1, C_2 회로 간의 상호 인덕턴스[H]는 어떻게 표시되는가? 단, μ는 투자율이다.

① $\dfrac{\mu}{4\pi}\oint_{c2}\oint_{c1}\dfrac{dl_1 \cdot dl_2}{r}$

② $\dfrac{\mu}{2\pi}\oint_{c1}\oint_{c2}\dfrac{dl_1 \times dl_2}{r}$

③ $\dfrac{\mu\epsilon}{4\pi}\oint_{c2}\oint_{c1}dl_1 dl_2$

④ $\oint_{c2}\oint_{c1}\log r dl_1 \cdot dl_2$

[해설] 그림과 같이 두 개의 전기 회로 C_1과 C_2와의 상호 인덕턴스 M_{21}을 구하는 방법으로 노이만의 공식이 있다. 지금 C_1에 전류 I_1이 흐를 때 dl_2 부분에 생기는 벡터 퍼텐셜 A_1은

$$A_1 = \dfrac{\mu}{4\pi}\oint_{c1}\dfrac{I_1}{r}dl_1$$

C_2와 쇄교하는 자속 ϕ_{21}은

$$\phi_{21} = \oint_{c2}A_1 \cdot dl_2 = \dfrac{\mu I_1}{4\pi}\oint_{c2}\oint_{c1}\dfrac{I}{r}dl_1 \cdot dl_2$$

$$M_{21} = \dfrac{\mu}{4\pi}\oint_{c2}\oint_{c1}\dfrac{dl_1 \cdot dl_2}{r}$$

dl_1과 dl_2와의 각을 θ라 하면

$$\therefore M_{21} = \dfrac{\mu}{4\pi}\oint_{c2}\oint_{c1}\dfrac{\cos\theta dl_1 dl_2}{r} = \dfrac{\mu}{4\pi}\oint_{c2}\oint_{c1}\dfrac{dl_1 \cdot dl_2}{r}$$ (노이만의 공식)

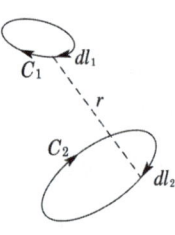

36 [00. 04. 05. 08. 기사]

환상 철심에 권수 N_A인 A코일과 권수 N_B인 B코일이 있을 때 코일 A의 자기 인덕턴스가 L_A [H]라면 두 코일간의 상호 인덕턴스는 몇 [H/m]인가? 단, A코일과 B코일 간의 누설 자속은 없는 것으로 한다.

① $\dfrac{N_A L_B}{N_B}$ ② $\dfrac{N_B L_A}{N_A}$ ③ $\dfrac{N_A^2 L_B}{N_B}$ ④ $\dfrac{N_B^2 L_B}{N_A}$

[해설] $R = \dfrac{N_A^2}{L_A} = \dfrac{N_A N_B}{M}$ 에서 자기 인덕턴스 $L_A = \dfrac{N_A^2}{R}$ [H]

상호 인덕턴스 $M = \dfrac{N_A N_B}{R} = \dfrac{N_A N_B}{\dfrac{N_A^2}{L_A}} = \dfrac{N_B L_A}{N_A}$ [H/m]

[답] 34. ① 35. ① 36. ②

★★ [77. 85. 01. 산업기사]

37 원형 단면을 가진 비자성 재료에 균일하게 감긴 권수 $N_1 = 1000$회인 환상 솔레노이드의 자기 인덕턴스가 $L_1 = 2$[mH]이다. 그 위에 $N_2 = 1200$회의 코일을 감으면 상호 인덕턴스[mH]는? 단, 누설 자속은 없는 것으로 본다.

① 2.0　② 2.4　③ 3.6　④ 4.5

해설

$L \propto N^2$이므로 $L_2 = L_1\left(\dfrac{N_2}{N_1}\right)^2 = 2\times10^{-3}\times\left(\dfrac{1200}{1000}\right)^2 = 2.88[\mathrm{mH}]$

누설 자속은 없으므로 $k=1$으로 해서

$\therefore\ M = k\sqrt{L_1L_2} = 1\times\sqrt{2\times2.88\times10^{-6}} = 2.4[\mathrm{mH}]$

★ [90. 96. 산업기사]

38 환상 철심에 권수 20의 A 코일과 권수 80의 B 코일이 있을 때 A 코일의 자기 인덕턴스가 5[mH]라면 두 코일의 상호 인덕턴스는 몇 [mH]인가?

① 20　② 1.25　③ 0.8　④ 0.05

해설

$M = \dfrac{L_1N_2}{N_1} = \dfrac{5\times80}{20} = 20[\mathrm{mH}]$

★ [95. 기사]

39 원형 단면의 비자성 재료에 권수 $N_1 = 1000$의 코일이 균일하게 감긴 환상 솔레노이드의 자기 인덕턴스가 $L_1 = 1$[mH]이다. 그 위에 권수 $N_2 = 1200$의 코일이 감겨져 있다면 이때의 상호 인덕턴스[mH]는 얼마인가? 단, 결합 계수 $k \fallingdotseq 1$이다.

① 1.2　② 1.44　③ 1.62　④ 1.82

해설

자기 저항을 R_m이라 할 때 자기 인덕턴스는 $L_1 = \dfrac{N_1^2}{R_m}$, $L_2 = \dfrac{N_2^2}{R_m}$,

상호 인덕턴스는 $M = \dfrac{N_1\cdot N_2}{R_m}$로 나타내므로

$L_1 = \dfrac{N_1^2}{R_m}$에서 $R_m = \dfrac{N_1^2}{L_1}$을 구하여 상호 인덕턴스에 대입하면

$M = \dfrac{N_1\cdot N_2}{R_m} = \dfrac{N_2}{N_1}L_1 = \dfrac{1200}{1000}\times1 = 1.2[\mathrm{mH}]$

★ [99. 기사, 유 : 19. 기사]

40 환상 철심에 권수 100회인 A 코일과 권수 200회인 B 코일이 있을 때 A의 자기 인덕턴스가 4[H]라면 두 코일의 상호 인덕턴스는 몇 [H]인가?

① 2　② 4　③ 6　④ 8

해설

$\dfrac{N_1}{N_2} = \dfrac{L_1}{M}$,　$M = \dfrac{L_1N_2}{N_1} = \dfrac{4\times200}{100} = 8[\mathrm{H}]$

답 37. ② 38. ① 39. ① 40. ④

41 ★★★ [86. 90. 96. 05. 기사]

그림과 같이 단면적 $S[m^2]$, 평균 자로 길이 $l[m]$, 투자율 $\mu[H/m]$인 철심에 N_1, N_2 권선을 감은 무단(無端) 솔레노이드가 있다. 누설 자속을 무시할 때 권선의 상호 인덕턴스는?

① $\dfrac{\mu N_1 N_2 S}{l^2}[H]$ ② $\dfrac{\mu N_1 N_2 S}{l}[H]$

③ $\dfrac{\mu N_1 N_2^2 S}{l}[H]$ ④ $\dfrac{\mu N_1 N_2 S^2}{l}[H]$

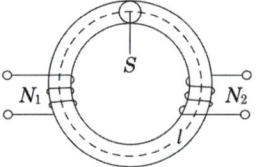

해설 상호 인덕턴스 $M_{21} = M_{12} = M = \dfrac{N_2 \phi_{21}}{I_1} = \dfrac{N_1 \phi_{12}}{I_2} = \dfrac{N_1 N_2}{R_m} = \dfrac{\mu S N_1 N_2}{l}[H]$

또한 $L_1 = \dfrac{N_1 \phi_1}{I_1} = \dfrac{N_1^2}{R_m} = \dfrac{\mu S N_1^2}{l}[H]$

$L_2 = \dfrac{N_2 \phi_2}{I_2} = \dfrac{N_2^2}{R_m} = \dfrac{\mu S N_2^2}{l}[H]$

42 ★★★ [87. 93. 98. 기사]

길이 l, 단면 반지름 $a(1 \gg a)$, 권수 N_1인 단층 원통형 1차 솔레노이드의 중앙 부근에 권수 N_2인 2차 코일을 밀착되게 감았을 경우 상호 인덕턴스는?

① $\dfrac{\mu \pi a^2}{l} N_1 N_2$ ② $\dfrac{\mu \pi a^2}{l} N_1^2 N_2^2$

③ $\dfrac{\mu l}{\pi a^2} N_1 N_2$ ④ $\dfrac{\mu l}{\pi a^2} N_1^2 N_2^2$

해설 $M_{21} = \dfrac{N_2 \phi_{21}}{I_1} = \dfrac{N_1 \phi_{21}}{\dfrac{R\phi_{21}}{N_1}} = \dfrac{N_1 N_2}{R} = \dfrac{\mu S N_1 N_2}{l}$

$M_{12} = \dfrac{N_1 \phi_{12}}{I_2} = \dfrac{N_1 \phi_{12}}{\dfrac{R\phi_{12}}{N_2}} = \dfrac{N_1 N_2}{R} = \dfrac{\mu S N_1 N_2}{l}$

∴ 상호 인덕턴스 $M = M_{12} = M_{21} = \dfrac{\mu S N_1 N_2}{l} = \dfrac{\mu \pi a^2 N_1 N_2}{l}[H]$

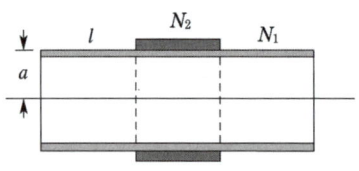

43 ★☆ [77. 84. 98. 산업기사]

자기 인덕턴스가 각각 L_1, L_2인 A, B 두 개의 코일이 있다. 이때, 상호 인덕턴스 $M = \sqrt{L_1 L_2}$ 라면 다음 중 옳지 않은 것은?

① A코일이 만든 자속은 전부 B 코일과 쇄교된다.
② 두 코일이 만드는 자속은 항상 같은 방향이다.
③ A 코일에 1초 동안에 1[A]의 전류 변화를 주면 B 코일에는 1[V]가 유기된다.
④ L_1, L_2는 (−)값을 가질 수 없다.

답 41. ② 42. ① 43. ③

[해설] $M=\sqrt{L_1 L_2}$ 는 결합 계수 $k=1$임을 뜻하고, $L_1>0$, $L_2>0$이므로 $M>0$임을 말한다. 그러나 $M=1$이란 것은 아니다.

44 ★★★★ [92. 98. 01. 03. 18. 21. 기사, 75. 77. 07. 산업기사]

자기 인덕턴스 L_1, L_2와 상호 인덕턴스 M과의 결합 계수는 어떻게 표시되는가?

① $\sqrt{L_1 L_2}/M$ ② $M/\sqrt{L_1 L_2}$ ③ $M/L_1 L_2$ ④ $L_1 L_2/M$

[해설] 결합 계수 $k=\dfrac{M}{\sqrt{L_1 L_2}}$

45 ★★★☆ [82. 90. 99. 03. 21. 23. 기사, 91. 25. 산업기사]

그림과 같이 단면적이 균일한 환상 철심에 권수 N_1인 A코일과 권수 N_2인 B코일이 있을 때 A코일의 자기 인덕턴스가 L_1[H]라면 두 코일의 상호 인덕턴스 M[H]는? 단, 누설 자속은 0이다.

① $\dfrac{L_1 H_1}{N_2}$ ② $\dfrac{N_2}{L_1 N_1}$ ③ $\dfrac{N_1}{L_1 N_2}$ ④ $\dfrac{L_1 N_2}{N_1}$

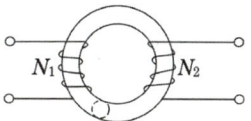

[해설] $R=\dfrac{N_1^2}{L_1}=\dfrac{N_1 N_2}{M}$ 에서

자기 인덕턴스 $L_1=\dfrac{N_1^2}{R}$[H], 상호 인덕턴스 $M=\dfrac{N_1 N_2}{R}$[H]

위의 두 식에서 R을 소거하면 ∴ $M=\dfrac{L_1 N_2}{N_1}$[H]

46 ★★★ [97. 18. 19. 23. 산업기사]

두 개의 코일이 있다. 각각의 자기 인덕턴스가 0.4[H], 0.9[H]이고, 상호 인덕턴스가 0.36[H]일 때 결합 계수는?

① 0.5   ② 0.6   ③ 0.7   ④ 0.8

[해설] $k=\dfrac{M}{\sqrt{L_1 L_2}}=\dfrac{0.36}{\sqrt{0.4\times 0.9}}=0.6$

47 ★★ [95. 06. 07. 20. 산업기사]

자기 인덕턴스가 L_1, L_2이고 상호 인덕턴스가 M인 두 회로의 결합 계수가 1이면 다음 중 옳은 것은?

① $L_1 L_2 = M$ ② $L_1 L_2 < M^2$ ③ $L_1 L_2 > M^2$ ④ $L_1 L_2 = M^2$

[해설] $M=k\sqrt{L_1 L_2}$ 에서 $k=1$인 경우 $M^2=L_1 L_2$

답 44. ② 45. ④ 46. ② 47. ④

★ [03. 기사, 16. 산업기사]

48 철심이 들어있는 환상코일에서 1차 코일의 권수가 100회일 때 자기 인덕턴스는 0.01[H]이었다. 이 철심에 2차 코일을 200회 감았을 때 2차 코일의 자기 인덕턴스와 상호 인덕턴스는 각각 몇 [H]인가?

① 자기 인덕턴스 : 0.02, 상호 인덕턴스 : 0.01
② 자기 인덕턴스 : 0.01, 상호 인덕턴스 : 0.02
③ 자기 인덕턴스 : 0.04, 상호 인덕턴스 : 0.02
④ 자기 인덕턴스 : 0.02, 상호 인덕턴스 : 0.04

해설 $L_1 = \dfrac{N_1^2}{R_m}$[H], $M = \dfrac{N_1 N_2}{R_m}$[H]이므로 $R_m = \dfrac{N_1^2}{L_1} = \dfrac{N_1 N_2}{M}$[H]

$\therefore M = L_1 \dfrac{N_2}{N_1}$

따라서 $N_1 = 100$회, $N_2 = 200$회, $L_A = 0.01$[H]를 대입하면

$\therefore M = L_1 \dfrac{N_2}{N_1} = 0.01 \times \dfrac{200}{100} = 0.02$[H]

$L_2 = L_1 \left(\dfrac{N_2}{N_1}\right)^2$에서 $L_2 = 0.01 \times \left(\dfrac{200}{100}\right)^2 = 0.04$[H]

유사문제

▎유사문제 원문 및 해설 : 동일출판사 홈페이지 ≫ 고객센터 ≫ 자료실

01. 코일 A 및 코일 B가 있다. 코일 A의 전류가 1/100초 간에 5[A] 변화할 때 코일 B에 20[V]의 기전력을 유도한다고 한다. 이때의 상호인덕턴스는 몇 [H]인가?

답 $M = \dfrac{e_B dt}{di_A} = \dfrac{20 \times \dfrac{1}{100}}{5} = 0.04$[H]

02. 상호 인덕턴스 200[μH]인 회로의 1차 코일에 3[A]의 전류가 3[s] 동안에 15[A]로 변화했다. 2차 코일에 유기되는 기전력은 몇 [V]가 되는가?

답 $e_2 = M\dfrac{di}{dt} = 200 \times 10^{-6} \times \dfrac{15-3}{3} = 800 \times 10^{-6} = 8 \times 10^{-4}$[V]

03. 길이 l, 간격 d인 두 평행 도선 사이의 상호 인덕턴스는?

답 $2\mu_s l \left(\ln \dfrac{2l}{d} - 1\right) \times 10^{-7}$[H]

04. 철심이 들어 있는 환상 코일이 있다. 1차 코일의 권수 $N_1 = 100$회일 때 자기 인덕턴스는 0.01[H]였다. 이 철심에 2차 코일 $N_2 = 200$회를 감았을 때 1, 2차 코일의 상호 인덕턴스는 몇 [H]인가? 단, 결합 계수 $k = 1$로 한다.

답 0.02[H]

답 48. ③

05. 그림과 같이 코일 1과 2가 있고 인덕턴스가 L_1, L_2라 할 때 상호 인덕턴스 M_{12}는 다음 어느 식이 되는가? 단, k는 결합 계수이다.

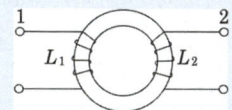

답 $M_{12}^2 = k^2 L_1 L_2$

06. 두 개의 코일이 있다. 각각의 자기 인덕턴스가 $L_1 = 0.25$[H], $L_2 = 0.4$[H]일 때 상호 인덕턴스는 몇 [H]인가? 단, 결합 계수는 1이라 한다.

답 0.316[H]

인덕턴스의 연결

49 ☆ [01. 산업기사]

자기 인덕턴스 L_1[H], L_2[H] 상호 인덕턴스가 M[H]인 두 코일을 연결하였을 경우 합성 인덕턴스는?

① $L_1 + L_2 \pm 2M$ ② $\sqrt{L_1 + L_2} \pm 2M$
③ $L_1 + L_2 \pm 2\sqrt{M}$ ④ $\sqrt{L_1 + L_2} \pm 2\sqrt{M}$

해설 합성 인덕턴스 $L = L_1 + L_2 \pm 2M$

50 ☆ [98. 산업기사 ㊉ : 05. 산업기사]

두 개의 인덕턴스 L_1, L_2를 병렬로 접속하였을 때의 합성 인덕턴스 L은 몇 [H]인가? 단, L_1과 L_2의 단위는 [H]로 모두 같음

① $L = L_1 + L_2 - 2M$ ② $L = L_1 + L_2 + 2M$
③ $L = \dfrac{L_1 L_2}{L_1 + L_2}$ ④ $L = L_1 + L_2$

해설 병렬 접속

가극성 $L = \dfrac{L_1 L_2 - M^2}{L_1 + L_2 - 2M}$, 감극성 $L = \dfrac{L_1 L_2 - M^2}{L_1 + L_2 + 2M}$

$M = 0$이면 $L = \dfrac{L_1 L_2}{L_1 + L_2}$

51 ★★ [83. 92. 97. 12. 산업기사, ㊉ : 99. 산업기사]

두 자기 인덕턴스를 직렬로 하여 합성 인덕턴스를 측정하였더니 75[mH]가 되었다. 이때 한 쪽 인덕턴스를 반대로 접속하여 측정하니 25[mH]가 되었다면 두 코일의 상호 인덕턴스[mH]는 얼마인가?

① 12.5   ② 20.5   ③ 25   ④ 30

답 49. ① 50. ③ 51. ①

해설) $L_+ = L_1 + L_2 + 2M = 75[\text{mH}]$, $L_- = L_1 + L_2 - 2M = 25[\text{mH}]$에서 M에 관해서 풀면

$$\therefore M = \frac{L_+ - L_-}{4} = \frac{75 - 25}{4} = \frac{50}{4} = 12.5[\text{mH}]$$

유사문제

∥ 유사문제 원문 및 해설 : 동일출판사 홈페이지 » 고객센터 » 자료실

01. 자기 인덕턴스가 L_1, L_2인 두 개의 코일이 상호 인덕턴스 M으로 그림과 같이 접속되어 있고 여기에 $I[\text{A}]$의 전류가 흐를 때 합성 인덕턴스[H]를 구하는 식은?

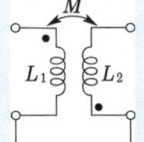

답 $L_1 + L_2 + 2M$

02. 상호 인덕턴스의 값을 M, 코일 1, 2의 자기 인덕턴스를 L_1, L_2라 할 때 다음 어느 식을 만족시키는가? 단, $L_1 > 0$이다.

답 $L_2 - \dfrac{M^2}{L_1} \geq 0$

03. 같은 철심 위에 인덕턴스 L이 같은 두 코일을 같은 방향으로 감고 직렬로 연결하였을 때 합성 인덕턴스는? 단, 두 코일이 완전 결합일 때

답 $4L$

04. 같은 보빈 위에 동일한 권수로 같은 방향으로 인덕턴스 $L[\text{H}]$의 코일 2개를 접근시켜 감고, 이것을 직렬로 접속했을 때의 합성 인덕턴스[H]는? 단, 결합 계수를 0.5로 한다.

답 $3L$

05. 직렬로 연결한 2개의 코일에 있어서 합성 자기 인덕턴스는 80[mH]가 되고 한쪽 코일의 연결을 반대로 하면 합성 자기 인덕턴스는 50[mH]가 된다. 두 코일 사이의 상호 인덕턴스는 얼마인가?

답 7.5[mH]

06. 10[mH]의 두 개의 자기 인덕턴스가 있다. 결합 계수를 0.1로부터 0.9까지 변화시킬 수 있다면 이것을 접속시켜 얻을 수 있는 합성 인덕턴스의 최댓값과 최솟값의 비는?

답 19 : 1

07. 서로 결합하고 있는 두 코일의 자기 인덕턴스가 각각 3[mH], 5[mH]이다. 이들을 자속이 서로 합해지도록 직렬 접속할 때는 합성 인덕턴스가 $L[\text{mH}]$이고, 반대가 되도록 직렬 접속했을 때의 합성 인덕턴스 L'는 L의 60[%]였다. 두 코일간의 결합 계수는?

답 0.258

08. 1차 코일과 2차 코일의 자기 인덕턴스가 각각 200[mH], 98[mH]일 때 누설 자속이 각각 10[%]이면 두 코일의 상호 인덕턴스 $M[\text{mH}]$ 및 결합 계수 k의 값은?

답 126[mH], $k = 0.9$

09. 자기 인덕턴스 $L_1[\text{mH}]$, $L_2[\text{mH}]$인 2개의 코일 인덕턴스의 합이 41[mH]일 경우 결합 계수가 0.739가 되도록 양자를 전자 결합시켰을 때 상호 인덕턴스가 12[mH]이었다. L_1 및 L_2의 값[mH]은?

답 8, 33

자기에너지

52 ★ [83. 92. 19. 산업기사]
자기 인덕턴스가 20[mH]인 코일에 전류를 흘려 주었을 때 코일과의 쇄교 자속수가 0.2[Wb]였다. 이때 코일에 저축되는 자기 에너지[J]는?

① 0.5 ② 1 ③ 2 ④ 4

해설 쇄교 자속수 $N\phi$가 0.2[Wb]이므로 $N\phi = LI$, $I = \dfrac{N\phi}{L} = \dfrac{0.2}{20 \times 10^{-3}} = 10[A]$

$\therefore W = \dfrac{1}{2}LI^2 = \dfrac{1}{2} \times 20 \times 10^{-3} \times 10^2 = 1[J]$

53 ★★ [82. 83. 기사]
두 코일간의 결합 계수가 1이다. 자기 인덕턴스가 L_2인 코일은 단락하고 L_1인 코일은 저항 R과 직렬로 연결하여 직류 전압 V를 인가해서 전류 I_1을 흘릴 때 두 코일이 갖는 자기 에너지는? 단, 두 코일이 갖는 자기 에너지의 초기값은 0이다.

① 0 ② $\dfrac{1}{2}L_1I_1^2$ ③ $L_1I_1^2$ ④ $2L_1I_1^2$

해설 코일 1에만 전류가 흐르므로 $W = \dfrac{1}{2}L_1I_1^2$

54 ★★ [99. 12. 13. 24. 산업기사]
자기 인덕턴스가 10[H]인 코일에 3[A]의 전류가 흐를 때 코일에 축적된 자계 에너지는 몇 [J]인가?

① 30 ② 45 ③ 60 ④ 90

해설 $W = \dfrac{1}{2}LI^2 = \dfrac{1}{2} \times 10 \times 3^2 = 45[J]$

55 ★ [83. 96. 산업기사]
그림과 같이 각 코일의 자기 인덕턴스가 각각 $L_1 = 6[H]$, $L_2 = 2[H]$이고, 1, 2 코일 사이에 상호 유도에 의한 상호 인덕턴스 $M = 3[H]$일 때 전 코일에 저축되는 자기 에너지[J]는? 단, $I = 10[A]$이다.

① 60
② 100
③ 600
④ 700

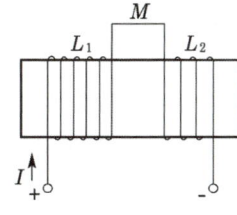

해설 두 코일의 방향이 반대이므로 $L = L_1 + L_2 - 2M = 6 + 2 - 2 \times 3 = 2[H]$

$\therefore W = \dfrac{1}{2}LI^2 = \dfrac{1}{2} \times 2 \times 10^2 = 100[J]$

답 52. ② 53. ② 54. ② 55. ②

56 ★ [89. 기사]

$L_1 = 5$[mH], $L_2 = 80$[mH], 결합 계수 $k = 0.5$인 두 개의 코일을 그림같이 접속하고 $I = 0.5$ [A]의 전류를 흘릴 때 이 합성 코일에 축적되는 에너지는?

① 13.13×10^{-3}[J]   ② 26.26×10^{-3}[J]

③ 8.13×10^{-3}[J]   ④ 16.26×10^{-3}[J]

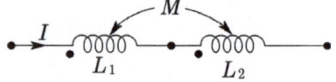

[해설] 점의 표시가 자속 방향이 같은 방향이 되도록 표시되어 있으므로
$L_+ = L_1 + L_2 + 2M$
$M = k\sqrt{L_1 L_2} = 0.5\sqrt{5 \times 10^{-3} \times 80 \times 10^{-3}} = 10$[mH]
$\therefore W = \frac{1}{2}(L_1 + L_2 + 2M)I^2 = \frac{1}{2}(5 + 80 + 2 \times 10) \times 10^{-3} \times 0.5^2 = 13.125 \times 10^{-3}$[J]

---

57 ★ [96. 25. 기사]

하나의 철심 위에 인덕턴스가 10[H]인 두 코일을 같은 방향으로 감아서 직렬 연결한 후에 5[A]의 전류를 흘리면 여기에 축적되는 에너지는 몇 [J]인가? 단, 두 코일의 결합 계수는 0.8이다.

① 50   ② 350   ③ 450   ④ 2,250

[해설] $W = \frac{1}{2}LI^2 = \frac{1}{2}(L_1 + L_2 + 2k\sqrt{L_1 L_2})I^2 = \frac{1}{2}(10 + 10 + 2 \times 0.8\sqrt{10 \times 10}) \times 5^2 = 450$[J]

---

58 ★ [96. 기사]

비투자율 1000, 단면적 10[cm²], 자로의 길이 100[cm], 권수 1000회인 철심 환상 솔레노이드에 10[A]의 전류가 흐를 때 저축되는 자기 에너지는 몇 [J]인가?

① 62.8   ② 6.28   ③ 31.4   ④ 3.14

[해설] $W = \frac{1}{2}LI^2 = \frac{1}{2}\frac{\mu_0 \mu_s S N^2}{l}I^2 = \frac{1}{2} \times \frac{4\pi \times 10^{-7} \times 1{,}000 \times 10 \times 10^{-4} \times 1{,}000^2}{100 \times 10^{-2}} \times 10^2 = 62.8$[J]

---

59 ★☆ [85. 93. 98. 04. 18. 산업기사]

반지름 a인 원주 도체의 단위 길이당 내부 인덕턴스[H/m]는?

① $\frac{\mu}{4\pi}$ ② $\frac{\mu}{8\pi}$ ③ $4\pi\mu$ ④ $8\pi\mu$

[해설] 길이 1[m]당의 에너지는 $W = \frac{\mu}{16\pi}I^2 = \frac{1}{2}L_i I^2$[J], $\therefore L_i = \frac{\mu}{8\pi}$[H/m]

---

60 ★★★ [79. 83. 87. 88. 98. 99. 02. 07. 산업기사]

반지름 r의 직선상 도체에 전류 I가 고르게 흐를 때 도체 내의 전자 에너지와 관계없는 것은?

① 투자율   ② 도체의 단면적   ③ 도체의 길이   ④ 전류의 크기

[해설] 도체 내의 전자 에너지는 $W_i = \frac{1}{2}L_i I^2 = \frac{1}{2} \cdot \frac{\mu l}{8\pi}I^2 = \frac{\mu l}{16}I^2$[J]으로서
반지름 r과는 무관하므로 도체의 단면적과도 관계없다.

답 56. ① 57. ③ 58. ① 59. ② 60. ②

61 자기 인덕턴스 L_1, L_2인 두 회로의 상호 인덕턴스가 M일 때 각각 회로에 I_1, I_2의 전류가 흐르면 이 전류계에 저장하는 자계의 에너지는?

① $\frac{1}{2}L_1I_1^2 + \frac{1}{2}L_2I_2^2 + \frac{1}{2}MI_1I_2$
② $\frac{1}{2}L_1I_1^2 + \frac{1}{2}L_2I_2^2 + MI_1I_2$
③ $L_1I_1^2 + L_2I_2^2 + MI_1I_2$
④ $L_1I_1^2 + L_2I_2^2 + 2MI_1I_1$

[해설] 자계 축적 에너지 $= \frac{1}{2}LI^2 = \frac{1}{2L}\lambda^2$이고 $\lambda = N\pi = LI = MI$이므로

전체 축적 에너지 $= W_1 + W_2 + 2 \times W_{12} = \frac{1}{2}L_1I_1^2 + \frac{1}{2}L_2I_2^2 + MI_1I_2$

62 자기 인덕턴스 L_1, L_2[H], 상호 인덕턴스 M[H]인 두 회로에 자속을 돕는 방향으로 각각 I_1, I_2[A]의 전류가 흘렀을 때 저장되는 자계의 에너지는 몇 [J]인가?

① $\frac{1}{2}(L_1I_1^2 + L_2I_2^2)$
② $\frac{1}{2}(L_1I_1 + L_2I_2)^2$
③ $\frac{1}{2}(L_1I_1^2 + L_2I_2^2 + 2MI_1I_2)$
④ $\frac{1}{2}(L_1I_1^2 + L_2I_2^2 + MI_1I_2)$

[해설] 자계 축적 에너지 $= \frac{1}{2}LI^2 = \frac{1}{2L}\lambda^2$이고 $\lambda = N\pi = LI = MI$이므로

전체 축적 에너지 $= W_1 + W_2 + 2 \times W_{12} = \frac{1}{2}L_1I_1^2 + \frac{1}{2}L_2I_2^2 + MI_1I_2$

유사문제

01. 다음은 전계와 자계 내의 에너지에 관한 설명이다. 옳지 않은 것은?
답 자기 인덕턴스 L인 코일에 전류 I[A]가 흐를 때 축적되는 에너지는 $\frac{1}{2}L^2I$이다.

02. 전원에 연결한 코일에 10[A]가 흐르고 있다. 지금 순간적으로 전원을 떼고 코일에 저항을 연결하였을 때 저항에서 24[cal]의 열량이 발생하였다. 코일의 자기 인덕턴스는 몇 [H]인가?
답 2[H]

03. 그림과 같이 직렬로 접속된 두 개의 코일이 있을 때, $L_1 = 20$ [mH], $L_2 = 80$[mH], 결합 계수 $k = 0.8$이다. 여기에 0.5[A]의 전류를 흘릴 때 이 합성 코일에 저축되는 에너지[J]는?
답 2.05×10^{-2}[J]

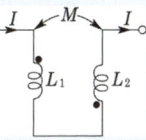

04. 반지름 a[m]인 도체가 있다. 이 원통 도체의 길이가 l[m]일 때 내부 인덕턴스[H]는 얼마인가? 단, 원통 도체의 투자율은 μ[H/m]이다.
답 $\frac{\mu}{8\pi}l$[H]

답 61. ② 62. ③

CHAPTER 11 전자장

01 변위 전류

변위 전류 및 변위 전류 밀도는 시간적으로 변화하는 전속 밀도에 의한 전류를 말한다.
유전체 중에서의 변위전류밀도는 $D = \epsilon E = \epsilon_0 E + P$의 관계식에서

$$i_d = \frac{\partial D}{\partial t} = \epsilon \frac{\partial E}{\partial t} = \epsilon_0 \frac{\partial E}{\partial t} + \frac{\partial P}{\partial t} [\text{A/m}^2]$$

로 표시할 수 있다.
따라서, 유전체 중의 변위 전류는 진공 중의 전계 변화에 의한 변위 전류와 구속 전자의 변위에 의한 분극 전류와의 합이다.
유전체 중에 $v = V_m \cos\omega t [\text{V}]$를 가했을 때 변위 전류 밀도$[\text{A/m}^2]$는

$$i_d = \frac{\partial D}{\partial t} = \frac{\partial (\epsilon E)}{\partial t} = \frac{\partial}{\partial t} \epsilon \left(\frac{v}{d}\right) = \frac{\epsilon}{d} V_m \frac{\partial}{\partial t} \cos\omega t$$

$$= -\frac{\omega \epsilon}{d} V_m \sin\omega t [\text{A/m}^2]$$

가 된다.

02 맥스웰의 전계와 자계에 대한 방정식

전도전류를 I_c, 변위전류를 I_d라 하면 암페어의 주회적분의 법칙은

$$\oint H \cdot dl = \sum I = I_c + I_d = \int_s \left(i + \frac{\partial D}{\partial t}\right) \cdot n dS$$

인데 $\oint H \cdot dl$을 Stokes 정리로 변환하고 위 식을 다시 쓰면

$$\oint H \cdot dl = \int \text{rot} H \cdot n dS = \int \left(i + \frac{\partial D}{\partial t}\right) \cdot n dS$$

양변을 미분하면

$$\text{rot } H = \nabla \times H = i + \frac{\partial D}{\partial t}$$

이 식이 맥스웰의 전자 방정식 중 첫째 식으로 암페어의 주회 적분 법칙에서 유도한 식이다. 둘째 식은 패러데이의 전자 유도 법칙에서 유도한 식으로

$$e = -\frac{d\phi}{dt} = -\int \frac{\partial \boldsymbol{B}}{\partial t} \cdot \boldsymbol{n} dS [\text{V}]$$

$e = \oint \boldsymbol{E} \cdot d\boldsymbol{l}$ 을 Stokes의 정리로 변환하고 위 식을 쓰면

$$e = \oint \boldsymbol{E} \cdot d\boldsymbol{l} = \int \text{rot} \boldsymbol{E} \cdot \boldsymbol{n} dS = -\int \frac{\partial \boldsymbol{B}}{\partial t} \cdot \boldsymbol{n} dS$$

가 된다. 양변을 미분하면

$$\text{rot} \boldsymbol{E} = \nabla \times \boldsymbol{E} = -\frac{\partial \boldsymbol{B}}{\partial t}$$

이다. 따라서

$$\text{rot} \boldsymbol{H} = \nabla \times \boldsymbol{H} = \boldsymbol{i} + \frac{\partial \boldsymbol{D}}{\partial t}$$

의 양변에 div의 연산을 취하면, 회전의 발산 $\nabla \cdot (\nabla \times \boldsymbol{H}) \equiv 0$이 되어

$$\nabla \cdot \left(\boldsymbol{i} + \frac{\partial \boldsymbol{D}}{\partial t}\right) = 0 \quad \text{즉,} \quad \nabla \cdot \boldsymbol{i} = -\frac{\partial}{\partial t} \nabla \cdot \boldsymbol{D}$$

가 되고, 이것을 전하의 연속방정식

$$\nabla \cdot \boldsymbol{i} = -\frac{\partial \rho}{\partial t}$$

와 비교하면 가우스법칙의 미분형과 가우스법칙이 유도된다.

$$\nabla \cdot \boldsymbol{D} = \rho, \quad \oint_S \boldsymbol{D} \cdot d\boldsymbol{S} = Q$$

또, $\text{rot} \boldsymbol{E} = \nabla \times \boldsymbol{E} = -\frac{\partial \boldsymbol{B}}{\partial t}$ 양변에 div의 연산을 취하면 $\nabla \cdot \nabla \times \boldsymbol{E} \equiv 0$이므로 다음과 같이 된다.

$$\frac{\partial}{\partial t}(\nabla \cdot \boldsymbol{B}) = 0 \quad \therefore \nabla \cdot \boldsymbol{B} = 0 (\text{독립된 자극은 존재하지 않음})$$

자속선의 발산의 원천은 존재하지 않고, 항상 연속을 의미한다. 이것은 정전계에서 정·부전하의 독립된 전하에 해당하는 물질이 자계에서 존재하지 않기 때문에 독립된 자극은 존재하지 않고 항상 N, S 극이 동시에 존재함을 의미한다.

시간에 대해 관계없는 정전계와 정자계에서 맥스웰의 전자방정식은 다음과 같이 된다.

$$\mathrm{rot}\boldsymbol{E} = 0, \quad \mathrm{rot}\boldsymbol{H} = i$$

정상계에서 자계가 시간에 대해 일정하기 때문에 전계는 발생하지 않고, 도체 내에서 정상전류가 흐르면 주위에 자계가 형성되는 것을 알 수 있다.

전자계에서 성립하는 기본 방정식

맥스웰 전자방정식		의 미
미 분 형	적 분 형	
$\mathrm{rot}\,\boldsymbol{E} = -\dfrac{\partial \boldsymbol{B}}{\partial t}$ 출제 산업 6번, 기사 10번	$\oint_c \boldsymbol{E}\cdot d\boldsymbol{l} = -\int_S \dfrac{\partial \boldsymbol{B}}{\partial t}\cdot d\boldsymbol{S}$	패러데이 법칙
$\mathrm{rot}\,\boldsymbol{H} = i_c + \dfrac{\partial \boldsymbol{D}}{\partial t}$ 출제 기사 1번	$\oint_c \boldsymbol{H}\cdot d\boldsymbol{l} = I + \int_S \dfrac{\partial \boldsymbol{D}}{\partial t}\cdot d\boldsymbol{S}$	암페어 주회적분 법칙
$\mathrm{div}\,\boldsymbol{D} = \rho$	$\oint_S \boldsymbol{D}\cdot d\boldsymbol{S} = \int_v \rho\, dv = Q$	가우스 법칙
$\mathrm{div}\,\boldsymbol{B} = 0$ 출제 산업 9번, 기사 3번	$\oint_S \boldsymbol{B}\cdot d\boldsymbol{S} = 0$ 출제 기사 1번	고립된 자하는 없다. (N극과 S극이 공존)

03 전자계의 파동방정식

1) 매질 정수 ϵ, μ, σ가 어느 곳이나 일정하고, 전하를 포함하지 않는 공간, 즉 진공 또는 완전 유전체와 같은 공간의 비도전성 균질 매질(ϵ, μ, $\sigma = 0$, $i = 0$, $\rho = 0$)에서 성립하는 맥스웰의 전자 방정식은 식으로부터 $\boldsymbol{E}$와 $\boldsymbol{H}$로 구성된 1계 미분방정식은 다음과 같다.

$$\begin{cases} \nabla \times \boldsymbol{E} = -\mu\dfrac{\partial \boldsymbol{H}}{\partial t} \\ \nabla \times \boldsymbol{H} = \epsilon\dfrac{\partial \boldsymbol{E}}{\partial t} \\ \mathrm{div}\,\boldsymbol{D} = 0 \quad \therefore\ \mathrm{div}\,\boldsymbol{E} = 0 \\ \mathrm{div}\,\boldsymbol{B} = 0 \quad \therefore\ \mathrm{div}\,\boldsymbol{H} = 0 \end{cases}$$

2) 전자계의 파동방정식

$$\nabla \times \boldsymbol{E} = -\dfrac{\partial \boldsymbol{B}}{\partial t} = -\mu_0\dfrac{\partial \boldsymbol{H}}{\partial t} \quad \cdots \text{①}$$

$$\nabla \times \boldsymbol{H} = \dfrac{\partial \boldsymbol{D}}{\partial t} = \epsilon_0\dfrac{\partial \boldsymbol{E}}{\partial t} \quad \cdots \text{②}$$

②식에 curl을 취하면 $\nabla \times \nabla \times \boldsymbol{H} = \nabla \times \left(\epsilon_0 \dfrac{\partial \boldsymbol{E}}{\partial t}\right)$에서

좌변 : $\nabla \times \nabla \times \boldsymbol{H} = \text{grad}(\text{div }\boldsymbol{H}) - \nabla^2 \boldsymbol{H} = -\nabla^2 \boldsymbol{H}$
($\because \text{div}\boldsymbol{H}$는 항상 0이므로)

우변 : $\nabla \times \left(\epsilon_0 \dfrac{\partial \boldsymbol{E}}{\partial t}\right) = \epsilon_0 \dfrac{\partial}{\partial t}(\nabla \times \boldsymbol{E}) = \epsilon_0 \dfrac{\partial}{\partial t}\left(-\mu_0 \dfrac{\partial \boldsymbol{H}}{\partial t}\right) = -\epsilon_0 \mu_0 \dfrac{\partial^2 \boldsymbol{H}}{\partial t^2}$

좌변=우변이므로 $\nabla^2 \boldsymbol{H} = \epsilon_0 \mu_0 \dfrac{\partial^2 \boldsymbol{H}}{\partial t^2}$ 이고 $v = \dfrac{1}{\sqrt{\epsilon_0 \mu_0}}$ 관계 적용하면

$$\nabla^2 \boldsymbol{H} = \dfrac{1}{v^2} \dfrac{\partial^2 \boldsymbol{H}}{\partial t^2}$$

$$\therefore \nabla^2 \boldsymbol{H} = \epsilon\mu \dfrac{\partial^2 \boldsymbol{H}}{\partial t^2} \text{ 가 된다.}$$

이 식은 자계에 적용되는 식이며, 전계에서는

$$\nabla^2 \boldsymbol{E} = \epsilon\mu \dfrac{\partial^2 \boldsymbol{E}}{\partial t^2}$$

의 식이 적용된다. 출제 기사 5번

3) 전자파의 특징 출제 산업 4번, 기사 9번

전계 $\boldsymbol{E}_x$(전파, electric wave)와 자계 $\boldsymbol{H}_y$(자파, magnetic wave)는 서로 90°로써 직교하며, 같은 위상(동상)으로 진행하고 있는 것을 알 수 있다. 출제 기사 2번

또한, 전파와 자파는 항상 공존하기 때문에 전자파(electromagnetic wave)라고 하며 그 특징은 다음과 같다.

① 전계와 자계는 공존하면서 상호 직각 방향으로 진동을 한다.
② 진공 또는 완전유전체에서 전계와 자계의 파동의 위상차는 없다.
③ 전자파 전달 방향은 $\boldsymbol{E} \times \boldsymbol{H}$ 방향이다.
④ 전자파 전달 방향의 $\boldsymbol{E}$, $\boldsymbol{H}$ 성분은 없다.
⑤ 전계 $\boldsymbol{E}$와 자계 $\boldsymbol{H}$의 비는 $\dfrac{E_x}{H_y} = \sqrt{\dfrac{\mu}{\epsilon}}$ 출제 산업 2번, 기사 4번
⑥ 자유공간인 경우 동일 전원에서 나오는 전파는 자파보다 377배($E = 377H$)로 매우 크기 때문에 전자파를 간단히 전파(electric wave)라고도 한다.

4) 전파속도

매질 중 전파의 파장을 λ[m], 주파수를 f[Hz]라 할 때, 전파속도 v는

$$v = f\lambda = \dfrac{1}{\sqrt{\epsilon\mu}}\text{[m/s]}$$ 출제 산업 19번, 기사 11번

이고, 주파수에 무관한 매질의 특성(ϵ, μ)에 의해 결정된다.
이 값은 진공 중에서

$$v_0 = \frac{1}{\sqrt{\epsilon_0 \mu_0}} = 3 \times 10^8 = c [\text{m/s}] \text{ (광속)}$$

출제 산업 2번, 기사 4번

이 되고, 광속과 일치하는 값을 가진다.
따라서 광속과 전자파는 같은 성질을 가지고 있는 것을 알 수 있다.

5) 매질의 고유 임피던스

- 고유 임피던스 $\eta = \dfrac{E}{H} = \sqrt{\dfrac{\mu}{\epsilon}} \, [\Omega]$ 출제 산업 9번, 기사 17번

- 진공의 고유 임피던스 $\eta_0 = \dfrac{E}{H} = \sqrt{\dfrac{\mu_0}{\epsilon_0}} = 377 \, [\Omega]$ 출제 산업 2번, 기사 4번

6) 전송로에서의 특성 임피던스

① 일반식 $Z_0 = \sqrt{\dfrac{R + j\omega L}{G + j\omega C}} \, [\Omega]$

② 무손실 선로($R = G = 0$)인 경우 $Z_0 = \sqrt{\dfrac{L}{C}} \, [\Omega]$ 출제 기사 2번

③ 동축 케이블(고주파에서 사용)

$$Z_0 = \sqrt{\frac{L}{C}} = \frac{1}{2\pi} \sqrt{\frac{\mu}{\epsilon}} \ln \frac{b}{a} = 60 \sqrt{\frac{\mu_s}{\epsilon_s}} \ln \frac{b}{a} \, [\Omega]$$

출제 산업 1번, 기사 1번

7) 전자파의 반사와 투과

- 투과계수 : $T = \dfrac{E_2}{E_1} = \dfrac{2\eta_2}{\eta_1 + \eta_2}$, $\left(E_2 = TE_1, \; H_2 = \dfrac{\eta_1}{\eta_2} TH_1 \right)$

- 반사계수 : $R = \dfrac{E_3}{E_1} = \dfrac{\eta_2 - \eta_1}{\eta_1 + \eta_2}$, $(E_3 = RE_1, \; H_3 = -RH_1)$

- 반사계수와 투과계수의 관계 : $1 + R = T$

04 정자계 에너지와 포인팅 벡터

전계와 자계가 존재하는 전자계에서 단위 체적당 축적되는 에너지는

① 전계 에너지 $w_e = \dfrac{1}{2} \boldsymbol{D} \cdot \boldsymbol{E} = \dfrac{1}{2} \epsilon E^2 [\mathrm{J/m^3}]$

② 자계 에너지 $w_m = \dfrac{1}{2} \boldsymbol{B} \cdot \boldsymbol{H} = \dfrac{1}{2} \mu H^2 [\mathrm{J/m^3}]$

③ 단위 체적당의 전 에너지 밀도 $w = w_e + w_m = \dfrac{1}{2}(\epsilon E^2 + \mu H^2)[\mathrm{J/m^3}]$

④ 고유 임피던스, 전계 및 자계의 관계식 $\eta = \sqrt{\dfrac{\mu}{\epsilon}}$, $E = \sqrt{\dfrac{\mu}{\epsilon}} H = \eta H$

⑤ 전력 밀도 P 의 크기

$$P = wv = \epsilon E^2 \cdot \dfrac{1}{\sqrt{\epsilon \mu}} = \mu H^2 \cdot \dfrac{1}{\sqrt{\epsilon \mu}} = EH[\mathrm{W/m^2}]$$

⑥ 포인팅 벡터(Poynting vector) $\boldsymbol{P}$

전자계 내의 한 점을 통과하는 에너지 흐름의 단위 면적당 전력 또는 전력 밀도를 표시하는 벡터를 말한다.

전계와 자계가 함께 존재하는 경우 에너지 밀도는

$$w = \dfrac{1}{2}(\epsilon E^2 + \mu H^2)[\mathrm{J/m^3}]$$

가 되는데 $H = \sqrt{\dfrac{\epsilon}{\mu}} E,\ E = \sqrt{\dfrac{\mu}{\epsilon}} H$ 이므로 이를 윗 식에 대입하면

$$w = \dfrac{1}{2}\left(\epsilon \sqrt{\dfrac{\mu}{\epsilon}} EH + \mu \sqrt{\dfrac{\epsilon}{\mu}} EH\right) = \sqrt{\epsilon \mu}\, EH[\mathrm{J/m^3}]$$

가 된다.

이것이 평면 전자파가 갖는 에너지 밀도[$\mathrm{J/m^3}$]가 되는데 평면 전자파는 전계와 자계의 진동 방향에 대하여 수직인 방향으로 속도 $v = \dfrac{1}{\sqrt{\epsilon \mu}}$[m/s]로 전파되기 때문에 진행 방향에 수직인 단위 면적을 단위 시간에 통과하는 에너지는

$$P = w \cdot v = \sqrt{\epsilon \mu}\, EH \times \dfrac{1}{\sqrt{\epsilon \mu}} = EH[\mathrm{J/s \cdot m^2}] = EH[\mathrm{W/m^2}]$$

평면 전자파는 $\boldsymbol{E}$ 와 $\boldsymbol{H}$ 가 수직이므로 이것을 벡터로 표시하면

$$\boldsymbol{P} = \boldsymbol{E} \times \boldsymbol{H}[\mathrm{W/m^2}] \quad \text{출제 산업 5번, 기사 5번}$$

가 되고 이 벡터를 포인팅(Poynting) 벡터, 또는 방사(radiation) 벡터라 하며 이 방향은 진행 방향과 평행이다.

CHAPTER 11 출제예상문제_전자장

전계의 세기

01 ★★ [05. 08. 기사, 78. 93. 산업기사]

자계 실효값이 1[mA/m]인 평면 전자파가 공기 중에서 이에 수직되는 수직 단면적 10[m²]을 통과하는 전력[W]은?

① 3.77×10^{-3} ② 3.77×10^{-4} ③ 3.77×10^{-5} ④ 3.77×10^{-6}

해설 $W = PS = EHS = \sqrt{\dfrac{\mu_0}{\epsilon_0}} H^2 S = 377 \times (10^{-3})^2 \times 10 = 3.77 \times 10^{-3}$ [W]

02 ★★★ [82. 93. 01. 기사]

100[kW]의 전력을 전자파의 형태로 사방에 균일하게 방사하는 전원이 있다. 전원에서 10[km] 거리인 곳에서의 전계의 세기[V/m]는?

① 2.73×10^{-2} ② 1.73×10^{-1} ③ 6.53×10^{-4} ④ 2×10^{-4}

해설 $P = \dfrac{100 \times 10^3}{4 \times 3.14 \times (10 \times 10^3)^2} = 0.0796 \times 10^{-3}$ [W/m²]

$H_e = \sqrt{\dfrac{\epsilon_0}{\mu_0}} E_e = \sqrt{\dfrac{8.855 \times 10^{-12}}{4\pi \times 10^{-7}}} E_e = 2.654 \times 10^{-3} E_e$ [A/m]

$P = H_e E_e$ 이므로

$2.654 \times 10^{-3} E_e^2 = 0.0796 \times 10^{-3}$

$E_e^2 = 0.03$ ∴ $E_e = \sqrt{0.03} = 1.732 \times 10^{-1}$ [V/m]

03 ★★★☆ [01. 06. 기사, 87. 02. 03. 08. 09. 23. 산업기사]

100[kW]의 전력이 안테나에서 사방으로 균일하게 방사될 때 안테나에서 1[km] 거리에 있는 점의 전계의 실효값은? 단, 공기의 유전율은 $\epsilon_0 = \dfrac{10^9}{36\pi}$ [F/m]이다.

① 1.73[V/m] ② 2.45[V/m] ③ 3.73[V/m] ④ 6[V/m]

해설 $P = \dfrac{100 \times 10^3}{4 \times 3.14 \times (10^3)^2} = 7.96 \times 10^{-3}$ [W/m²]

$H_e = \sqrt{\dfrac{\epsilon_0}{\mu_0}} E_e = \sqrt{\dfrac{8.855 \times 10^{-12}}{4\pi \times 10^{-7}}} E_e = 2.654 \times 10^{-3} E_e$ [A/m]

$P = H_e E_e$ 이므로

$2.654 \times 10^{-3} E_e^2 = 7.96 \times 10^{-3}$, $E_e^2 = 3$

∴ $E_e = \sqrt{3} = 1.73$ [V/m]

답 1.① 2.② 3.①

04 ★ [01. 기사]

10[kW]의 전력으로 송신하는 전파 안테나에서 10[km] 떨어진 점의 전계의 세기는 몇 [V/m]인가?

① 1.73×10^{-3} ② 1.73×10^{-2} ③ 5.5×10^{-3} ④ 5.5×10^{-2}

해설
$$P = \frac{10 \times 10^3}{4\pi \times (10 \times 10^3)^2} = 7.96 \times 10^{-6} [\text{W/m}^2]$$

$$H = \sqrt{\frac{\epsilon_0}{\mu_0}} E = 2.65 \times 10^{-3} \cdot E [\text{AT/m}]$$

여기서, $P = EH$
$$7.96 \times 10^{-6} = 2.65 \times 10^{-3} E^2$$
$$\therefore E = \sqrt{\frac{7.96 \times 10^{-6}}{2.65 \times 10^{-3}}} = \sqrt{3 \times 10^{-3}} = 5.5 \times 10^{-2} [\text{V/m}]$$

전자장

05 ★★ [89. 98. 06. 23. 25. 기사]

높은 주파수의 전자파가 전파될 때 일기가 좋은 날보다 비오는 날 전자파의 감쇠가 심한 원인은?

① 도전율 관계임   ② 유전율 관계임
③ 투자율 관계임   ④ 분극률 관계임

해설 진공이 아닌 이상 일반 공기는 무시할 수 있을 정도의 도전율을 갖고 있으나 비오는 날(즉, 습도상승)은 도전성이 증가하며 감쇠가 더 심하게 나타난다.

06 ★★ [99. 01. 08. 12. 21. 기사]

변위 전류에 의하여 전자파가 발생되었을 때 전자파의 위상은?

① 변위 전류보다 90° 빠르다.   ② 변위 전류보다 90° 늦다.
③ 변위 전류보다 30° 빠르다.   ④ 변위 전류보다 30° 늦다.

해설 전계와 자계는 90° 위상차를 이루고 전자파가 90° 늦다.

07 ★★★ [82. 89. 95. 기사]

파장 λ, 주기 T, 진폭 최댓값 A_m인 진행파를 나타낸 식은? 단, z는 진행 방향의 거리를 나타내며, 시간 및 거리의 원점에서 진폭은 0이다.

① $A_m \sin 2\pi \left(t - \frac{Tz}{\lambda} \right)$ ② $A_m \sin 2\pi \left(\frac{\lambda t}{T} - z \right)$

③ $A_m \sin 2\pi (\lambda t - Tz)$ ④ $A_m \sin 2\pi \left(\frac{t}{T} - \frac{z}{\lambda} \right)$

답 4.④ 5.① 6.② 7.④

해설 $\omega = 2\pi f$, $f = \dfrac{1}{T}$, $\lambda = \dfrac{v}{f}$

$A_m \sin\omega\left(t - \dfrac{z}{v}\right) = A_m \sin 2\pi f\left(t - \dfrac{z}{v}\right) = A_m \sin 2\pi\left(ft - \dfrac{fz}{v}\right) = A_m \sin 2\pi\left(\dfrac{t}{T} - \dfrac{z}{\lambda}\right)$

★★★ [90. 96. 기사, 76. 90. 산업기사]
08 수평 전파는?

① 대지에 대해서 전계가 수직면에 있는 전자파
② 대지에 대해서 전계가 수평면에 있는 전자파
③ 대지에 대해서 자계가 수직면에 있는 전자파
④ 대지에 대해서 자계가 수평면에 있는 전자파

해설 수평 전파는 전계가 대지에 대해서 수평면(입사면에 수직)에 있는 전자파이고, 수직 전파는 전계가 대지에 대해서 수직면(입사면에 수평)에 있는 전자파이다.

★ [02. 기사]
09 자유 공간에서 z 방향으로 진행하는 평면 전자파로 옳지 않은 것은?

① 전파 및 자파의 z 성분이 없다 ($E_z = 0$, $H_z = 0$).
② x에 관한 전파의 1차 도함수가 영이다 $\left(\dfrac{E}{x} = 0\right)$.
③ y에 관한 자파의 1차 도함수가 영이다 $\left(\dfrac{H}{y} = 0\right)$.
④ z에 관한 자파의 1차 도함수가 영이다 $\left(\dfrac{E}{z} = 0\right)$.

★ [95. 기사, 17. 산업기사]
10 TEM(횡전자파)은?

① 진행 방향의 E, H 성분이 모두 존재한다.
② 진행 방향의 E, H 성분이 모두 존재하지 않는다.
③ 진행 방향의 E 성분만 존재하고, H 성분은 존재하지 않는다.
④ 진행 방향의 H 성분만 존재하고, E 성분은 존재하지 않는다.

해설 TEM(transverse electromagnetic : 횡전자파)는 전파 E와 자파 H가 모두 전파 방향에 수직으로 전송방향 성분은 존재하지 않는다.

★★★ [88. 00. 01. 03. 기사]
11 z 방향으로 진행하는 평면파(plane wave)로 맞지 않는 것은?

① z성분이 0이다. ② x의 미분 계수(도함수)가 0이다.
③ y의 미분 계수가 0이다. ④ z의 미분 계수가 0이다.

해설 전자파가 z방향으로 전달 시에는
$E(t, z) = E_m \sin(\omega t - \beta z)a_x$, $H(t, z) = H_m \sin(\omega t - \beta z)a_y$ 이다.
x, y 위치에 따른 E, H 값은 동일하고
z 위치에 따라 E, H 값은 일정하지 않고 변화하므로 미분계수(미분값 = 변화율)는 0이 아니다.

답 8. ② 9. ④ 10. ② 11. ④

12 [79. 03. 09. 산업기사]

정전 용량 5[μF]인 콘덴서를 200[V]로 충전하여 자기 인덕턴스 $L = 20$[mH], 저항 $r = 0$인 코일을 통해 방전할 때 생기는 전기 진동의 주파수 f[Hz] 및 코일에 축적되는 에너지[J]는?

① 500, 0.1   ② 50, 1   ③ 500, 1   ④ 5000, 0.1

해설

$W = \dfrac{1}{2}CV^2 = \dfrac{1}{2} \times 5 \times 10^{-6} \times 200^2 = 0.1$[J]

진동 주파수 $f = \dfrac{1}{2\pi\sqrt{LC}} = \dfrac{1}{2 \times 3.14\sqrt{20 \times 10^{-3} \times 5 \times 10^{-6}}} = 503 ≒ 500$[Hz]

13 [95. 14. 기사]

매질의 유전율과 투자율이 각각 ϵ_1과 μ_1인 매질에서 전자파가 ϵ_2와 μ_2인 매질에 수직으로 입사할 경우, 입사 전계 E_1과 입사 자계 H_1에 비하여 투과 전계 E_2와 투과 자계 H_2의 크기는 각각 어떻게 되는가? 단, $\sqrt{\mu_1/\epsilon_1} > \sqrt{\mu_2/\epsilon_2}$ 임

① E_2, H_2 모두 크다.   ② E_2, H_2 모두 적다.
③ E_2는 크고 H_2는 적다.   ④ E_2는 적고 H_2는 크다.

해설

전계의 투과계수 = $\dfrac{E_2}{E_1} = \dfrac{2\sqrt{\dfrac{\mu_2}{\epsilon_2}}}{\sqrt{\dfrac{\mu_1}{\epsilon_1}} + \sqrt{\dfrac{\mu_2}{\epsilon_2}}}$, 자계의 투과계수 $\dfrac{H_2}{H_1} = \dfrac{2\sqrt{\dfrac{\mu_1}{\epsilon_1}}}{\sqrt{\dfrac{\mu_1}{\epsilon_1}} + \sqrt{\dfrac{\mu_2}{\epsilon_2}}}$ 로 나타난다.

$\sqrt{\dfrac{\mu_1}{\epsilon_1}} > \sqrt{\dfrac{\mu_2}{\epsilon_2}}$ 이므로 즉 $E_1 > E_2$, $H_2 > H_1$ 이다.

14 [97. 기사]

그림과 같이 ϵ_1, μ_1의 매질 중을 진행하는 전자파 E_1, H_1이 ϵ_2, μ_2의 매질과의 경계면에 직각으로 입사할 때 $\eta_1 = \sqrt{\dfrac{\mu_1}{\epsilon_1}}$, $\eta_2 = \sqrt{\dfrac{\mu_2}{\epsilon_2}}$ 라 하면 반사파 $E_1{'}$의 크기는?

① $E_1{'} = \dfrac{\eta_2 - \eta_1}{\eta_1 + \eta_2}E_1$

② $E_1{'} = \dfrac{\eta_1 - \eta_2}{\eta_1 + \eta_2}E_1$

③ $E_1{'} = \dfrac{2\eta_2}{\eta_1 + \eta_2}E_1$

④ $E_1{'} = \dfrac{2\eta_1}{\eta_1 + \eta_2}E_1$

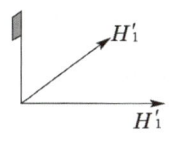
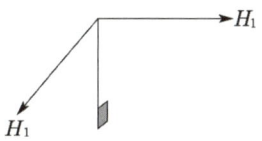

해설

반사율 = $\dfrac{\text{반사 전계 세기}}{\text{입사 전계 세기}} = \dfrac{\eta_2 - \eta_1}{\eta_1 + \eta_2}$ 이므로

반사 전계 세기 = 반사율 × 입사 전계 크기 = $\dfrac{\eta_2 - \eta_1}{\eta_1 + \eta_2}E_1$

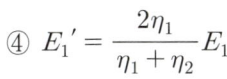

답 12. ① 13. ④ 14. ①

유사문제

01. 자장에 대한 설명 중 옳은 것은?
    답 자장은 회전성 장이다.

02. 상이한 매질의 경계면에서 전자파가 만족해야 할 조건이 아닌 것은?
    답 경계면의 양측에서 자속 밀도의 접선 성분은 서로 같다.

03. 전자파는?
    답 전계와 자계가 동시에 존재한다.

04. 그림과 같이 ϵ_1, μ_1의 매질 중을 진행하는 전자파 E_1, H_1이 ϵ_2, μ_2의 매질과 경계면에 직각으로 입사할 때 투과파 E_2는?

    답 $\dfrac{2\sqrt{\dfrac{\mu_2}{\epsilon_2}}}{\sqrt{\dfrac{\mu_1}{\epsilon_1}}+\sqrt{\dfrac{\mu_2}{\epsilon_2}}}E_1$

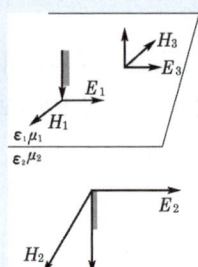

변위전류

15 ★★★ [76. 03. 05. 11. 17. 19. 기사]
변위 전류와 가장 관계가 깊은 것은?
① 반도체   ② 유전체   ③ 자성체   ④ 도체

해설 $i_D = \dfrac{I_D}{S} = \epsilon \dfrac{\partial E}{\partial t}$

여기서, i_D : 변위전류밀도[A/m²], I_D : 변위전류[A], ϵ : 유전율[F/m], E : 전계의 세기[V/m], D : 전속밀도[C/m²]

16 ★★ [82. 96. 00. 08. 19. 산업기사]
맥스웰은 전극 간의 유도체를 통하여 흐르는 전류를 (ㄱ) 전류라 하고 이것도 (ㄴ)를 발생한다고 가정하였다. (   )안에 알맞은 것은?
① (ㄱ) 전도 (ㄴ) 자계   ② (ㄱ) 변위 (ㄴ) 자계
③ (ㄱ) 전도 (ㄴ) 전계   ④ (ㄱ) 변위 (ㄴ) 전계

해설
- 전도 전류 : 도체에 전장(기전력)을 가할 때 흐르는 전류 $J_c = \sigma E$
- 변위 전류 : 유전체(공기)에 전속 밀도의 시간적 변화에 의한 전류 $J_d = \dfrac{dD}{dt}$

전도, 변위 전류도 자장을 발생시킨다.

답 15. ② 16. ②

17 전도 전자나 구속 전자의 이동에 의하지 않는 전류는?

① 전도 전류 ② 대류 전류 ③ 분극 전류 ④ 변위 전류

해설
- 전도 전류 : 도체 내에서 전계의 작용으로 자유 전자의 이동으로 생기는 것
- 대류 전류 : 진공 내에 전자, 전해액 중의 이온 등과 같은 하전 입자의 운동에 의한 것
- 분극 전류 : 분극 전하의 시간적 변화에 의한 것
- 변위 전류 : 전속 밀도의 시간적 변화에 의한 것으로 하전체에 의하지 않는 전류

18 간격 d[m]인 2개의 평행판 전극 사이에 유전율 ϵ의 유전체가 있다. 전극 사이에 전압 $v = V_m \cos\omega t$[V]를 가했을 때 변위 전류 밀도[A/m²]는?

① $\dfrac{\epsilon}{d} V_m \cos\omega t$　② $-\dfrac{\epsilon}{d} \omega V_m \sin\omega t$　③ $\dfrac{\epsilon}{d} \omega V_m \cos\omega t$　④ $\dfrac{\epsilon}{d} V_m \sin\omega t$

해설 변위 전류 밀도 $i_d = \dfrac{\partial D}{\partial t} = \dfrac{\partial(\epsilon E)}{\partial t} = \dfrac{\partial}{\partial t}\epsilon\left(\dfrac{v}{d}\right) = \dfrac{\epsilon}{d} V_m \dfrac{\partial}{\partial t} \cos\omega t = -\dfrac{\omega\epsilon}{d} V_m \sin\omega t$ [A/m²]

19 간격 d[m]인 두 개의 평행판 전극 사이에 유전율 ϵ의 유전체가 있을 때 전극 사이에 전압 $v = V_m \sin\omega t$를 가하면 변위 전류 밀도[A/m²]는?

① $\dfrac{\epsilon}{d} V_m \cos\omega t$　② $\dfrac{\epsilon}{d} \omega V_m \cos\omega t$　③ $\dfrac{\epsilon}{d} \omega V_m \sin\omega t$　④ $-\dfrac{\epsilon}{d} V_m \cos\omega t$

해설 $i_d = \dfrac{\partial D}{\partial t} = \dfrac{\partial}{\partial t}\epsilon\left(\dfrac{v}{d}\right) = \dfrac{\epsilon}{d} V_m \dfrac{\partial}{\partial t} \sin\omega t = \dfrac{\omega\epsilon}{d} V_m \cos\omega t$ [A/m²]

20 간격 d[m]인 두 개의 평행판 전극 사이에 유전율 ϵ[F/m]의 유전체가 있을 때 전극 사이에 전압 $V_m \sin\omega t$[V]를 가하면 변위 전류는 몇 [A]가 되겠는가? 단, 여기서 극판의 면적은 S[m²]이고 콘덴서의 정전 용량은 C[F]라 한다.

① $\dfrac{V_m}{\omega C} \sin(\omega t + \pi/2)$　　② $\omega C V_m \sin\omega t$

③ $\omega C V_m \sin(\omega t + \pi/2)$　　④ $-\omega C V_m \cos\omega t$

해설 $I_D = i_D \cdot S = S \cdot \dfrac{\partial D}{\partial t} = S\dfrac{\partial \epsilon E}{\partial t} = \epsilon \cdot S \dfrac{\partial}{\partial t}\left(\dfrac{v}{d}\right) = \dfrac{\epsilon S}{d} \dfrac{\partial}{\partial t}(V_m \sin\omega t)$

$= \omega \dfrac{\epsilon S}{d} V_m \cos\omega t$ [A], $C = \dfrac{\epsilon S}{d}$ [F]이므로

$I_D = \omega C V_m \cos\omega t = \omega C V_m \sin(\omega t + \pi/2)$ [A]

답　17. ④　18. ②　19. ②　20. ③

21 ★★★ [87. 95. 기사, 91. 01. 05. 07. 산업기사]
자유 공간에 있어서 변위 전류가 만드는 것은?

① 전계　　　　② 전속　　　　③ 자계　　　　④ 자속

해설) 변위 전류 밀도 $i_d = \dfrac{\partial D}{\partial t}$ 이고 $\text{rot} H = J + \dfrac{\partial D}{\partial t}$

22 ★★ [93. 98. 기사, 12. 산업기사]
변위 전류 밀도를 나타내는 식은? 단, D는 전속 밀도, B는 자속 밀도, Φ는 자속, $N\Phi$는 자속 쇄교수이다.

① $\dfrac{\partial(N\Phi)}{\partial t}$　　② $\dfrac{\partial \Phi}{\partial t}$　　③ $\dfrac{\partial B}{\partial t}$　　④ $\dfrac{\partial D}{\partial t}$

해설) 변위 전류는 전속 밀도의 시간적 변화에 의해서 발생한다. 즉, $i_d = \dfrac{\partial D}{\partial t}$

23 ★★ [87. 01. 04. 기사]
전력용 유입 커패시터가 있다. 유(기름)의 비유전율 $\epsilon_s = 2$이고 인가된 전계 $E = 200\sin\omega t\, a_x$ [V/m]일 때 커패시터 내부에서 변위 전류 밀도를 구하여라.

① $J_d = 400\omega\cos\omega t\, a_x$ [A/m^2]　　② $J_d = 400\omega\sin\omega t\, a_x$ [A/m^2]
③ $J_d = 200\omega\cos\omega t\, a_x$ [A/m^2]　　④ $J_d = 200\omega\sin\omega t\, a_x$ [A/m^2]

해설) $J_d = \dfrac{\partial D}{\partial t} = \dfrac{\partial(\epsilon E)}{\partial t} = \epsilon\dfrac{\partial}{\partial t}E = \epsilon\dfrac{\partial}{\partial t}(200\sin\omega t\, a_x) = 400\omega\cos\omega t\, a_x$ [A/m^2]

24 ★☆ [82. 83. 01. 12. 산업기사]
공기 중에서 E[V/m]의 전계를 i_d[A/m^2]의 변위 전류로 흐르게 하려면 주파수[Hz]는 얼마가 되어야 하는가?

① $f = \dfrac{i_d}{2\pi\epsilon E}$　　② $f = \dfrac{i_d}{4\pi\epsilon E}$　　③ $f = \dfrac{\epsilon i_d}{2\pi^2 E}$　　④ $f = \dfrac{i_d E}{4\pi^2 \epsilon}$

해설) 변위 전류 밀도 $i_d = \dfrac{\partial D}{\partial t} = \dfrac{\partial(\epsilon E)}{\partial t} = \epsilon\dfrac{\partial E}{\partial t} = j\omega\epsilon E$ [A/m^2]
$\omega = 2\pi f = \dfrac{i_d}{\epsilon E}$ ∴ $f = \dfrac{i_d}{2\pi\epsilon E}$ [Hz]

25 ★★ [93. 00. 기사]
도전율 σ, 유전율 ϵ인 매질에 교류 전압을 가할 때 전도 전류와 변위 전류의 크기가 같아지는 주파수는?

① $f = \dfrac{\sigma}{2\pi\epsilon}$　　② $f = \dfrac{\epsilon}{2\pi\sigma}$　　③ $f = \dfrac{2\pi\epsilon}{\sigma}$　　④ $f = \dfrac{2\pi\sigma}{\epsilon}$

답) 21. ③　22. ④　23. ①　24. ①　25. ①

[해설] 유전체의 도전율 σ, 유전율이 ϵ일 때 전압 $e = V_m \sin\omega t$를 가한 부분의 면적을 S, 길이를 l이라 하면 이 부분의 저항은 $R = \dfrac{l}{\sigma S}$이므로

$$i_C = \dfrac{e}{R} = \dfrac{V_m \sin\omega t}{R} = \dfrac{\sigma S V_m \sin\omega t}{l} \text{ [A]}$$

전계 $E = \dfrac{e}{l}$이고 $D = \epsilon E = \dfrac{\epsilon e}{l} = \dfrac{\epsilon V_m \sin\omega t}{l}$로 주어지므로 변위 전류는

$$i_D = S\dfrac{\partial D}{\partial t} = S\dfrac{\partial}{\partial t}\left(\dfrac{\epsilon V_m \sin\omega t}{l}\right) = \dfrac{\omega \epsilon S V_m}{l}\cos\omega t$$

$$= \dfrac{\omega \epsilon S V_m}{l}\sin\left(\omega t + \dfrac{\pi}{2}\right)\text{[A]}$$

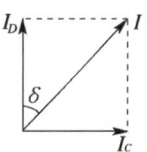

로 된다. i_D, i_C의 벡터도는 그림과 같고 $\tan\delta$를 유전체 손실각이라 한다.
$|i_D| = |i_C|$일 때의 주파수를 f_C라 하면

$$\dfrac{\sigma S V_m}{l} = \dfrac{2\pi f_C \epsilon S V_m}{l} \quad \therefore f_C = \dfrac{\sigma}{2\pi\epsilon}\text{ [Hz]}$$

유사문제

∥ 유사문제 원문 및 해설 : 동일출판사 홈페이지 ≫ 고객센터 ≫ 자료실

01. 지름 2[mm]의 동선에 π[A]의 전류가 균일하게 흐를 때의 전류 밀도는 몇 [A/m²]인가?

답 $i = \dfrac{I}{S} = \dfrac{I}{\pi a^2} = \dfrac{\pi}{\pi \times (1 \times 10^{-3})^2} = 10^6 \text{[A/m}^2\text{]}$

02. 유전체에서 변위 전류를 발생하는 것은?

답 전속 밀도의 시간적 변화

03. 한 공간 내의 전계의 세기가 $E = E_0\cos\omega t$(ω는 각주파수)일 때 이 공간 내의 변위 전류 밀도의 크기는?

답 ωE_0에 비례한다.

04. 그림과 같이 평행판 콘덴서에 교류전원을 접속할 때 전류의 연속성에 대해서 성립하는 식은? 단, E : 전계, D : 전속 밀도, ρ : 체적 전하 밀도, i : 전도 전류 밀도, B : 자속 밀도, t : 시간)

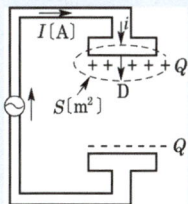

답 $\nabla \cdot \left(i + \dfrac{\partial D}{\partial t}\right) = 0$

05. 전극 간격 d[m], 면적 S[m²], 유전율 ϵ[F/m]이고 정전 용량이 C[F]인 평행판 콘덴서에 $e = E_m\sin\omega t$[V]의 전압을 가할 때의 변위 전류는?

답 $\omega C E_m \cos\omega t$

06. 정전 용량이 4[μF]이고, 극판간 거리가 2[cm]이며, 극판의 면적이 40[cm²]되는 평행판 공기 콘덴서 양단에 $v = 50\sin 600\pi t$의 교류 전압이 가해질 때 변위 전류의 최댓값은 몇 [mA]인가?

답 377[mA]

07. 공기 중에서 1[V/m]의 전계를 1[A/m²]의 변위 전류로 흐르게 하려면 주파수는 몇 [MHz]인가?

답 18000[MHz]

08. $\sigma = 1[\mho/m]$, $\epsilon_s = 6$, $\mu = \mu_0$인 유전체에 교류 전압을 가할 때 변위 전류와 전도 전류의 크기가 같아지는 주파수[Hz]는?

답 $f_c = \dfrac{\sigma}{2\pi\epsilon} = \dfrac{1}{2\pi\epsilon_0\epsilon_s\rho} = \dfrac{1}{2\pi \times \dfrac{10^{-9}}{36\pi} \times 6 \times 1} = 3 \times 10^9 [\text{Hz}]$

09. 유전체에서 임의의 주파수 f에서의 손실각을 $\tan\theta$라 할 때 전도 전류 i_c와 변위 전류 i_d의 크기가 같아지는 주파수를 f_c라 하면 $\tan\theta$는?

답 f_c/f

특성 임피던스

26 ★ [96. 기사]
내도체의 반지름이 a[m], 외도체의 내반지름이 b[m]인 동축 케이블이 있다. 도체 사이의 매질의 유전율은 ϵ[F/m], 투자율은 μ[F/m]이다. 이 케이블의 특성 임피던스는?

① $\dfrac{1}{2\pi}\sqrt{\dfrac{\mu}{\epsilon}} \ln\dfrac{b}{a} [\Omega]$ ② $\sqrt{\dfrac{\mu}{\epsilon}} \ln\dfrac{b}{a} [\Omega]$

③ $\log\dfrac{b}{a} \Big/ 2\pi\sqrt{\epsilon\mu} [\Omega]$ ④ $2\pi\left(\sqrt{\mu\epsilon} \cdot \ln\dfrac{b}{a}\right) [\Omega]$

해설 정전 용량 $C = \dfrac{2\pi\epsilon}{\ln\dfrac{b}{a}}$, 인덕턴스 $L = \dfrac{\mu}{2\pi}\ln\dfrac{b}{a}$

$Z_0 = \sqrt{\dfrac{L}{C}} = \dfrac{1}{2\pi}\sqrt{\dfrac{\mu}{\epsilon}} \ln\dfrac{b}{a} [\Omega]$

그런데 $Z_0 = \dfrac{1}{2\pi} 377 \sqrt{\dfrac{\mu_s}{\epsilon_s}} \ln\dfrac{b}{a} = 60\sqrt{\dfrac{\mu_s}{\epsilon_s}} \ln\dfrac{b}{a} = 138\sqrt{\dfrac{\mu_s}{\epsilon_s}} \log\dfrac{b}{a} [\Omega]$

27 ☆ [99. 산업기사]
안지름 1[mm], 바깥지름 10[mm]인 동축 케이블에서 내부 도체와 외부 도체 사이에 폴리에틸렌($\epsilon_r = 2.3$, $\mu_r = 1$)을 채우면 특성 임피던스는 몇 [Ω]인가?

① 91 ② 115 ③ 135 ④ 161

해설 동축 케이블의 특성 임피던스 $Z_0 = \dfrac{1}{2\pi}\sqrt{\dfrac{\mu}{\epsilon}}\ln\dfrac{b}{a}[\Omega]$ 여기서, $a : 1[\text{mm}]$, $b : 10[\text{mm}]$

$Z_0 = \dfrac{1}{2\pi} \times 377 \times \sqrt{\dfrac{\mu_s}{\epsilon_s}}\ln 10 = \dfrac{1}{2\pi} \times 377 \times \sqrt{\dfrac{1}{2.3}} \ln 10 = 91$

답 26. ① 27. ①

28 ★ [92. 기사]

평면파에서 x 방향에 대한 전계 및 자계의 진행파가 아닌 것은?

① $E_x = F_x(y-ct)$
② $E_y = F_y(x-ct)$
③ $E_z = F_z(x-ct)$
④ $H_z = \sqrt{\dfrac{\epsilon}{\mu}} F_y(x-ct)$

해설 평면파에서 x의 정방향에 대한 전계와 자계의 진행파만을 표시하면
$E_y = F_y(x-ct)$, $E_z = F_z(x-ct)$ 이고
$H_y = -\sqrt{\dfrac{\epsilon}{\mu}} F_z(x-ct)$, $H_z = \sqrt{\dfrac{\epsilon}{\mu}} F_y(x-ct)$ 이다.
참고로 $E = \sqrt{E_y^2 + E_z^2}$, $H = \sqrt{H_y^2 + H_z^2}$ 하여
고유 임피던스 $Z = \dfrac{E}{H}$를 취하면
$Z = \dfrac{E}{H} = \sqrt{\dfrac{\mu}{\epsilon}} = \sqrt{\dfrac{\mu_0}{\epsilon_0}} \cdot \sqrt{\dfrac{\mu_s}{\epsilon_s}} = 377 \sqrt{\dfrac{\mu_s}{\epsilon_s}}$ [Ω] 이 된다.

29 ★☆ [78. 89. 11. 산업기사]

다음 중 전계와 자계와의 관계는?

① $\sqrt{\mu} H = \sqrt{\epsilon} E$
② $\sqrt{\mu\epsilon} = EH$
③ $\sqrt{\epsilon} H = \sqrt{\mu} E$
④ $\mu^8 = EH$

해설 $Z_0 = \dfrac{E}{H} = \sqrt{\dfrac{\mu}{\epsilon}} = \sqrt{\dfrac{\mu_0}{\epsilon_0}} \sqrt{\dfrac{\mu_s}{\epsilon_s}}$

30 ☆ [86. 산업기사]

유전체의 손실각($\tan\delta$)이 작을 때의 유전체 내의 전자 파동에 관한 전파 상수 γ는 대략 어느 것인가?

① $\omega\sqrt{\mu\epsilon} + j\dfrac{k}{2}\sqrt{\dfrac{\mu}{\epsilon}}$
② $\dfrac{k}{2}\sqrt{\dfrac{\mu}{\epsilon}} + j\omega\sqrt{\mu\epsilon}$
③ $\dfrac{k}{2}\sqrt{\dfrac{\mu}{\epsilon}}$
④ $j\omega\sqrt{\mu\epsilon}$

해설 전파 정수 $\gamma = \alpha + j\beta \fallingdotseq \dfrac{k}{2}\sqrt{\dfrac{\mu}{\epsilon}} + j\omega\sqrt{\mu\epsilon}$
단, α : 감쇠 정수, β : 위상 정수

31 ★★★★ [75. 76. 93. 96. 기사]

자유 공간의 특성 임피던스는? 단, ϵ_0는 유전율, μ_0는 투자율이다.

① $\sqrt{\dfrac{\epsilon_0}{\mu_0}}$
② $\sqrt{\dfrac{\mu_0}{\epsilon_0}}$
③ $\sqrt{\epsilon_0\mu_0}$
④ $\sqrt{\dfrac{1}{\epsilon_0\mu_0}}$

해설 $Z_0 = \dfrac{E}{H} = \sqrt{\dfrac{\mu}{\epsilon}}$

답 28. ① 29. ① 30. ② 31. ②

★ [93. 00. 02. 산업기사]

32 자유 공간의 고유 임피던스 $\sqrt{\dfrac{\mu_0}{\epsilon_0}}$ 의 값은 몇 [Ω]인가?

① 10π　　② 80π　　③ 100π　　④ 120π

해설 $Z_0 = \dfrac{E}{H} = \sqrt{\dfrac{\mu_0}{\epsilon_0}} = \sqrt{\dfrac{4\pi \times 10^{-7}}{\dfrac{1}{36\pi \times 10^9}}} = \sqrt{144\pi^2 \times 100} = 120\pi$

★★★ [83. 90. 96. 03. 10. 기사]

33 다음에서 무손실 전송 회로의 특성 임피던스를 나타낸 것은?

① $Z_0 = \sqrt{\dfrac{C}{L}}$　② $Z_0 = \sqrt{\dfrac{L}{C}}$　③ $Z_0 = \dfrac{1}{\sqrt{LC}}$　④ $Z_0 = \sqrt{LC}$

해설 선로의 특성 임피던스 Z_0는 $Z_0 = \sqrt{\dfrac{R+j\omega L}{G+j\omega C}}$ [Ω]

주파수가 충분히 높은 무손실 회로에서는 $R=0$, $G=0$로 볼 수 있으므로

$Z_0 = \sqrt{\dfrac{L}{C}}$ 로 나타내어진다.

★★ [89. 98. 10. 기사, 03. 산업기사]

34 순수한 물($\epsilon_s \fallingdotseq 80$, $\mu_s \fallingdotseq 1$) 중에 있어서의 고유 임피던스는 몇 [Ω]인가?

① 38.2　　② 42.2　　③ 46.2　　④ 50.2

해설 고유 임피던스 $Z_0 = \dfrac{E}{H} = \sqrt{\dfrac{\mu}{\epsilon}} = \sqrt{\dfrac{\mu_0}{\epsilon_0}} \cdot \sqrt{\dfrac{\mu_s}{\epsilon_s}} = \sqrt{\dfrac{4\pi \times 10^{-7}}{8.855 \times 10^{-12}}} \cdot \sqrt{\dfrac{\mu_s}{\epsilon_s}}$

$= 377\sqrt{\dfrac{\mu_s}{\epsilon_s}} = 377\sqrt{\dfrac{1}{80}} = 42.15$ [Ω]

☆ [98. 산업기사]

35 비유전율 $\epsilon_s = 9$, 비투자율 $\mu_s = 1$인 공간에서의 특성 임피던스는 몇 [Ω]인가?

① 40π　　② 100π　　③ 120π　　④ 150π

해설 특성 임피던스 $Z_0 = \dfrac{E}{H} = \sqrt{\dfrac{\mu}{\epsilon}} = \sqrt{\dfrac{\mu_0}{\epsilon_0}}\sqrt{\dfrac{\mu_s}{\epsilon_s}} = 120\pi\sqrt{\dfrac{\mu_s}{\epsilon_s}} = 120\pi\sqrt{\dfrac{1}{9}} = 40\pi$

★ [99. 24. 기사, 21. 산업기사]

36 공기 중에서 전계의 진행파 진폭이 10[mV/m]일 때 자계의 진행파 진폭은 몇 [mAT/m]인가?

① 26.5×10^{-1}　② 26.5×10^{-3}　③ 26.5×10^{-5}　④ 26.5×10^{-6}

해설 $H_e = \sqrt{\dfrac{\epsilon_0}{\mu_0}} E_e = \sqrt{\dfrac{8.854 \times 10^{-12}}{4\pi \times 10^{-7}}} E_e = 2.65 \times 10^{-3} E_e$

$E_e = 10$ [mV/m]이므로　$H_e = 26.5 \times 10^{-3}$ [mAT/m]

답 32. ④　33. ②　34. ②　35. ①　36. ②

37 비투자율 $\mu_s = 1$, 비유전율 $\epsilon_s = 90$인 매질 내의 고유 임피던스는 약 몇 $[\Omega]$인가?

① 32.5 ② 39.7 ③ 42.3 ④ 45

해설 $Z_0 = \dfrac{E}{H} = \sqrt{\dfrac{\mu}{\epsilon}} = 377\sqrt{\dfrac{\mu_s}{\epsilon_s}} = 377\sqrt{\dfrac{1}{90}} = 39.74[\Omega]$

38 전계 $E = \sqrt{2}\,E_e \sin\omega(t - x/c)$ [V/m]인 평면 전자파가 있을 때 자계의 실효값[A/m]은? 단, 진공 중이라 한다.

① $5.4 \times 10^{-3} E_e$ ② $4.0 \times 10^{-3} E_e$
③ $2.7 \times 10^{-3} E_e$ ④ $1.3 \times 10^{-3} E_e$

해설 $\dfrac{E}{H} = \sqrt{\dfrac{\mu}{\epsilon}}$ 에서 $H = \sqrt{\dfrac{\epsilon_0}{\mu_0}} \cdot E_e = \dfrac{1}{120\pi} E_e = 2.65 \times 10^{-3} E_e$ [V/m]

39 전계 $E = \sqrt{2}\,E_e \sin\omega\left(t - \dfrac{z}{V}\right)$ [V/m]의 평면 전자파가 있다. 진공 중에서의 자계의 실효값 [AT/m]은?

① $2.65 \times 10^{-1} E_e$ ② $2.65 \times 10^{-2} E_e$
③ $2.65 \times 10^{-3} E_e$ ④ $2.65 \times 10^{-4} E_e$

해설 $Z_0 = \dfrac{E}{H} = \sqrt{\dfrac{\mu_0}{\epsilon_0}} = 120\pi = 377[\Omega]$, $H = \dfrac{E}{Z_0} = \dfrac{1}{377} E_e = 2.65 \times 10^{-3} E_e$

40 다음 중 전계와 자계와의 관계에서 고유 임피던스는?

① $\dfrac{1}{\sqrt{\epsilon\mu}}$ ② $\sqrt{\dfrac{\epsilon}{\mu}}$ ③ $\sqrt{\dfrac{\mu}{\epsilon}}$ ④ $\sqrt{\epsilon\mu}$

해설 $Z_0 = \dfrac{E}{H} = \sqrt{\dfrac{\mu}{\epsilon}}$

41 자유 공간에 있어서 포인팅 벡터를 $\overline{S}$ [W/m²]라 할 때 전장의 세기의 실효값 E_e [V/m]를 구하면?

① $\sqrt{\dfrac{\mu_0}{\epsilon_0} S}$ ② $S\sqrt{\dfrac{\epsilon_0}{\mu_0}}$ ③ $\sqrt{S\sqrt{\dfrac{\mu_0}{\epsilon_0}}}$ ④ $\sqrt{S\sqrt{\dfrac{\epsilon_0}{\mu_0}}}$

답 37. ② 38. ③ 39. ③ 40. ③ 41. ③

[해설] $S = E \cdot H [\text{W/m}^2]$ ········ ①

$Z_0 = \dfrac{E}{H} = \sqrt{\dfrac{\mu_0}{\epsilon_0}}$ 에서 $H = \dfrac{E}{\sqrt{\dfrac{\mu_0}{\epsilon_0}}}$ 를 식 ①에 대입하면

$S = E^2 \cdot \dfrac{1}{\sqrt{\dfrac{\mu_0}{\epsilon_0}}}$, $E = \sqrt{S\sqrt{\dfrac{\mu_0}{\epsilon_0}}}$ [V/m]

★ [99. 기사]

42 평면 전자파의 전계의 세기가 $E = E_m \sin\omega\left(t - \dfrac{Z}{V}\right)$ [V/m]일 때 수중에 있어서의 자계의 세기는 몇 [AT/m]인가? 단, 물의 ϵ_s는 80이고 μ_s는 1이다.

① $1.19 \times 10^{-2} E_m \sin\omega t$
② $1.19 \times 10^{-2} E_m \cos\omega\left(t - \dfrac{Z}{V}\right)$
③ $2.37 \times 10^{-2} E_m \sin\omega\left(t - \dfrac{Z}{V}\right)$
④ $2.37 \times 10^{-2} E_m \cos\omega\left(t - \dfrac{Z}{V}\right)$

[해설] $H_e = \sqrt{\dfrac{\epsilon_0 \epsilon_s}{\mu_0 \mu_s}} E_e = \sqrt{\dfrac{8.855 \times 10^{-12} \times 80}{4\pi \times 10^{-7} \times 1}} E_e = 2.37 \times 10^{-2} E_e$

유사문제

01. 자유 공간에서의 특성 임피던스[Ω]는?

답 $Z_0 = \dfrac{E}{H} = \sqrt{\dfrac{\mu_0}{\epsilon_0}} = \sqrt{\dfrac{4\pi \times 10^{-7}}{8.855 \times 10^{-12}}} = 376.6 \fallingdotseq 377 [\Omega]$

02. 전계와 자계가 서로 직각 방향을 갖는 평면 전자파가 있다. 이때, 공간의 전계 에너지 밀도 W_e와 자계 에너지 밀도 W_m 사이에는 어떤 관계가 있는가? 단, η는 고유 임피던스이다.

답 $W_e = \eta W_m$

03. $\epsilon_s = 81$, $\mu_s = 1$인 매질의 전자파의 고유 임피던스(intrinsic impedance)는 얼마인가?

답 $Z_0 = \sqrt{\dfrac{L}{C}} = \sqrt{\dfrac{\mu}{\epsilon}} = \sqrt{\dfrac{\mu_0 \mu_s}{\epsilon_0 \epsilon_s}} = \sqrt{\dfrac{4\pi \times 10^{-7} \times 1}{8.855 \times 10^{-12} \times 81}} = 41.9 [\Omega]$

04. 평면파 전자파의 전계 E와 자계 H 사이의 관계식은?

답 $E = \sqrt{\dfrac{\mu}{\epsilon}} H$

05. 진공 중에서 실효값이 E_e인 평면 전자파가 있다. 자계의 실효값 H_e[A/m]는 약 얼마인가?

답 $0.27 \times 10^{-2} E_e$ [A/m]

답 42. ③

포인팅 벡터

43 ★★★★ [00. 05. 07. 09. 기사, 07. 11. 12. 20. 25. 산업기사]

전계 E[V/m] 및 자계 H[AT/m]인 전자파가 자유 공간 중을 빛의 속도로 전파될 때, 단위 시간에 단위 면적을 지나는 에너지는 몇 [W/m²]인가? (단, C는 빛의 속도를 나타낸다.)

① EH ② EH^2 ③ E^2H ④ $\frac{1}{2}CE^2H^2$

해설 진행 방향에 수직되는 단위 면적을 단위 시간에 통과하는 에너지를 포인팅(Poynting) 벡터 또는 방사 벡터라 하며 $P = E \times H = EH\sin\theta$[W/m²]로 표현된다. E와 H가 수직이므로 $P = EH$[W/m²]이다.

44 ★ [80. 90. 산업기사]

전계 E[V/m] 및 자계 H[AT/m]의 에너지가 자유 공간 중을 c[m/s]의 속도로 전파될 때 단위 시간당 단위 면적을 지나가는 에너지[W/m²]는?

① $\sqrt{\epsilon\mu}\,EH$ ② EH ③ $\dfrac{EH}{\sqrt{\epsilon\mu}}$ ④ $\dfrac{1}{2}(\epsilon E^2 + \mu H^2)$

해설 전계 E와 자계 H가 공존하는 경우이므로 단위 체적에 대하여
$$w = \frac{1}{2}(\epsilon E^2 + \mu H^2)[\text{J/m}^3]$$
의 에너지가 존재한다.
지금 E, H의 전자계가 평면파를 이루고 c[m/s]의 속도로 전파된다면 진행 방향에 수직되는 단위 면적당 단위 시간에 통과하는 에너지는
$$P = \frac{1}{2}(\epsilon E^2 + \mu H^2) \cdot c[\text{W/m}^2], \quad c = \frac{1}{\sqrt{\epsilon\mu}}, \quad E = \sqrt{\frac{\mu}{\epsilon}}\,H$$
의 관계가 있으므로
$$P = \frac{1}{\sqrt{\epsilon\mu}}\left\{\frac{1}{2}\epsilon E\left(\sqrt{\frac{\mu}{\epsilon}}\,H\right) + \frac{1}{2}\epsilon H\left(\sqrt{\frac{\epsilon}{\mu}}\,E\right)\right\} = EH[\text{W/m}^2]$$
$$\therefore P = E \times H[\text{W/m}^2]$$

45 ★★★★★ [83. 92. 06. 기사, 76. 77. 86. 87. 96. 97. 99. 03. 23. 산업기사]

전계 E[V/m], 자계 H[AT/m]의 전자계가 평면파를 이루고, 자유 공간으로 전파될 때 단위 시간에 단위 면적당 에너지[W/m²]는?

① $\frac{1}{2}EH$ ② $\frac{1}{2}EH^2$ ③ EH^2 ④ EH

해설 전계와 자계가 함께 존재하는 경우 에너지 밀도는
$$w = \frac{1}{2}(\epsilon E^2 + \mu H^2)[\text{J/m}^3]$$
가 되는데 $H = \sqrt{\dfrac{\epsilon}{\mu}}\,E$, $E = \sqrt{\dfrac{\mu}{\epsilon}}\,H$이므로 이를 윗 식에 대입하면
$$w = \frac{1}{2}\left(\epsilon\sqrt{\frac{\mu}{\epsilon}}\,EH + \mu\sqrt{\frac{\epsilon}{\mu}}\,EH\right) = \sqrt{\epsilon\mu}\,EH[\text{J/m}^3]$$
가 된다.

답 43. ① 44. ② 45. ④

이것이 평면 전자파가 갖는 에너지 밀도[J/m³]가 되는데 평면 전자파는 전계와 자계의 진동 방향에 대하여 수직인 방향으로 속도 $v = \dfrac{1}{\sqrt{\epsilon\mu}}$ [m/s]로 전파되기 때문에 진행 방향에 수직인 단위 면적을 단위 시간에 통과하는 에너지는

$$P = w \cdot v = \sqrt{\epsilon\mu}\, EH \times \dfrac{1}{\sqrt{\epsilon\mu}} = EH\,[\text{J/s} \cdot \text{m}^2] = EH\,[\text{W/m}^2]$$

평면 전자파는 E와 H가 수직이므로 이것을 벡터로 표시하면
$$P = E \times H\,[\text{W/m}^2]$$
가 되고 이 벡터를 포인팅(Poynting) 벡터, 또는 방사(radiation) 벡터라 하며 이 방향은 진행 방향과 평행이다.

★★★ [91. 98. 17. 20. 기사, 19. 산업기사]

46 전계 및 자계의 세기가 각각 E, H일 때 포인팅 벡터 R의 표시로 옳은 것은?

① $R = \dfrac{1}{2} E \times H$ ② $R = E\,\text{rot}\,H$

③ $R = H\,\text{rot}\,E$ ④ $R = E \times H$

해설, 포인팅 벡터 $R = E \times H$

★☆ [82. 83. 96. 10. 산업기사]

47 전자파의 진행 방향은?

① 전계 E의 방향과 같다.   ② 자계 H의 방향과 같다.
③ $E \times H$의 방향과 같다.   ④ $H \times E$의 방향과 같다.

☆ [95. 산업기사]

48 전계 E[V/m] 및 자계 H[AT/m]가 평면파를 이루고 c[m/sec]의 속도로 자유 공간에 전파된다면 진행 방향에 수직되는 단위 면적을 단위 시간에 통과하는 에너지는 몇 [W/m²]인가?

① $\dfrac{1}{2}EH$ ② EH ③ EH^2 ④ E^2H

해설, 진행 방향에 수직되는 단위 면적을 단위 시간에 통과하는 에너지를 포인팅(Poynting) 벡터 또는 방사 벡터라 하며 $P = E \times H = EH\sin\theta\,[\text{W/m}^2]$로 표현된다. E와 H가 수직이므로 $P = EH\,[\text{W/m}^2]$이다.

☆ [96. 16. 산업기사]

49 전계와 자계의 위상 관계는?

① 위상이 서로 같다.   ② 전계가 자계보다 90° 빠르다.
③ 전계가 자계보다 90° 늦다.   ④ 전계가 자계보다 45° 빠르다.

해설, $Z_0 = \dfrac{E}{H} = \sqrt{\dfrac{\mu}{\epsilon}}$ 이므로 $E = Z_0 H$에서 Z_0가 실수이므로 E와 H는 동상이다.

답 46. ④ 47. ③ 48. ② 49. ①

유사문제

유사문제 원문 및 해설 : 동일출판사 홈페이지 » 고객센터 » 자료실

01. 유전율 $\epsilon\left[\dfrac{F}{m}\right]$, 투자율 $\mu\left[\dfrac{H}{m}\right]$의 매질 중을 전계 $E\left[\dfrac{V}{m}\right]$와 자계 $H\left[\dfrac{AT}{m}\right]$의 전자계가 평면파를 이루어 속도 $v\left[\dfrac{m}{s}\right]$로 전파될 때 진행 방향에 수직되는 단위 면적을 단위 시간에 통과하는 에너지 $P\left[\dfrac{W}{m^2}\right]$는 다음 중 어느 것인가?

답 EH

맥스웰 방정식

50 ★ [03. 19. 산업기사]
맥스웰 전자 방정식의 설명 중 잘못 설명한 것은?
① 폐곡면에 따른 전계의 선적분은 폐곡선내를 통하는 자속의 시간 변화율과 같다.
② 폐곡면을 통해 나오는 자속은 폐곡면 내의 자극의 세기와 같다.
③ 폐곡면을 통해 나오는 전속은 폐곡면내의 전하량과 같다.
④ 폐곡선에 따른 자계의 선적분은 폐곡선내를 통하는 전류와 전속의 시간적 변화율의 화와 같다.

해설 폐곡면을 통해 나오는 자속은 0이다 ($\oint_s B \cdot ds = 0$).

51 ★★★★☆ [77. 89. 기사, 78. 84. 91. 97. 00. 04. 07. 11. 24. 산업기사]
다음 중 전자계에 대한 맥스웰의 기본 이론이 아닌 것은?
① 자계의 시간적 변화에 따라 전계의 회전이 생긴다.
② 전도 전류와 변위 전류는 자계를 발생시킨다.
③ 고립된 자극이 존재한다.
④ 전하에서 전속선이 발산된다.

해설 독립된 자극은 존재하지 않는다. ($\mathrm{div}\,B = 0$)

52 ★ [82. 89. 산업기사]
다음 방정식에서 전자계의 기초 방정식이 아닌 것은?
① $\mathrm{div}\,B = i + \dfrac{\partial D}{\partial t}$
② $\mathrm{rot}\,H = i + \dfrac{\partial D}{\partial t}$
③ $\mathrm{rot}\,E = -\dfrac{\partial B}{\partial t}$
④ $\mathrm{rot}\,E = -\mu\dfrac{\partial H}{\partial t}$

해설 $\mathrm{div}\,B = 0$이다.

답 50. ② 51. ③ 52. ①

53 다음 중 미분 방정식 형태로 나타낸 맥스웰의 전자계 기초 방정식은?

① $\text{rot}\,\boldsymbol{E} = -\dfrac{\partial \boldsymbol{B}}{\partial t}$, $\text{rot}\,\boldsymbol{H} = \boldsymbol{i} + \dfrac{\partial \boldsymbol{D}}{\partial t}$, $\text{div}\,\boldsymbol{D} = 0$, $\text{div}\,\boldsymbol{B} = 0$

② $\text{rot}\,\boldsymbol{E} = -\dfrac{\partial \boldsymbol{B}}{\partial t}$, $\text{rot}\,\boldsymbol{H} = \boldsymbol{i} + \dfrac{\partial \boldsymbol{D}}{\partial t}$, $\text{div}\,\boldsymbol{D} = \rho$, $\text{div}\,\boldsymbol{B} = \boldsymbol{H}$

③ $\text{rot}\,\boldsymbol{E} = -\dfrac{\partial \boldsymbol{B}}{\partial t}$, $\text{rot}\,\boldsymbol{H} = \boldsymbol{i} + \dfrac{\partial \boldsymbol{D}}{\partial t}$, $\text{div}\,\boldsymbol{D} = \rho$, $\text{div}\,\boldsymbol{B} = 0$

④ $\text{rot}\,\boldsymbol{E} = -\dfrac{\partial \boldsymbol{B}}{\partial t}$, $\text{rot}\,\boldsymbol{H} = \boldsymbol{i}$, $\text{div}\,\boldsymbol{D} = 0$, $\text{div}\,\boldsymbol{B} = 0$

해설 맥스웰 방정식의 미분형

① $\text{rot}\,\boldsymbol{E} = -\dfrac{\partial \boldsymbol{B}}{\partial t}$: Faraday 법칙
② $\text{rot}\,\boldsymbol{H} = \boldsymbol{i} + \dfrac{\partial \boldsymbol{D}}{\partial t}$: 암페어의 주회적분 법칙
③ $\text{div}\,\boldsymbol{D} = \rho$: 가우스의 법칙
④ $\text{div}\,\boldsymbol{B} = 0$: 고립된 자하는 없다.

54 원통 좌표계에서 전류 밀도 $j = Kr^2 a_z [\text{A/m}^2]$일 때 암페어의 법칙을 사용하여 자계의 세기 H를 구하면? 단, K는 상수이다.

① $H = \dfrac{K}{4} r^4 a_\phi$ ② $H = \dfrac{K}{4} r^3 a_\phi$ ③ $H = \dfrac{K}{4} r^4 a_z$ ④ $H = \dfrac{K}{4} r^3 a_z$

해설
$j = \text{rot}\,H = \left(\dfrac{1}{r}\dfrac{\partial H_z}{\partial \phi} - \dfrac{\partial H_\phi}{\partial z}\right)a_r + \left(\dfrac{\partial H_r}{\partial z} - \dfrac{\partial H_z}{\partial r}\right)a_\phi + \left(\dfrac{1}{r}\dfrac{\partial (rH_\phi)}{\partial r} - \dfrac{1}{r}\dfrac{\partial H_r}{\partial \phi}\right)a_z = Kr^2 a_z$

$\dfrac{1}{r}\dfrac{\partial (rH_\phi)}{\partial r} - \dfrac{1}{r}\dfrac{\partial H_r}{\partial \phi} = Kr^2$

$\therefore\ H = \dfrac{K}{4} r^3 a_\phi$

55 공간 도체 내의 한 점에 있어서 자속이 시간적으로 변화하는 경우에 성립하는 식은?

① $\text{Curl}\,\boldsymbol{E} = \dfrac{\partial \boldsymbol{H}}{\partial t}$ ② $\text{Curl}\,\boldsymbol{E} = -\dfrac{\partial \boldsymbol{H}}{\partial t}$ ③ $\text{Curl}\,\boldsymbol{E} = \dfrac{\partial \boldsymbol{B}}{\partial t}$ ④ $\text{Curl}\,\boldsymbol{E} = -\dfrac{\partial \boldsymbol{B}}{\partial t}$

해설 $\text{rot}\,\boldsymbol{E} = \nabla \times \boldsymbol{E} = -\dfrac{\partial B}{\partial t}$

56 자계 분포 $\boldsymbol{H} = xy\boldsymbol{j} - xz\boldsymbol{k}\,[\text{A/m}]$를 발생시키는 점 $(1,\ 1,\ 1)[\text{m}]$에서의 전류 밀도$[\text{A/m}^2]$는?

① 3 ② $\sqrt{3}$ ③ 2 ④ $\sqrt{2}$

해설 $\text{rot}\,\boldsymbol{H} = \boldsymbol{j}z + \boldsymbol{k}y$
$\therefore\ [\text{rot}H]_{x=1,\ y=1,\ z=1} = \sqrt{1+1} = \sqrt{2}\,[\text{A/m}^2]$

답 53. ③ 54. ② 55. ④ 56. ④

57 $\nabla \times (\nabla \rho) = \text{curl}(\text{grad}\rho)$의 값은?

① 0 ② -1 ③ 1 ④ ρ

58 자계의 세기 $H = xya_y - xza_z$[A/m]일 때 점(2, 3, 5)에서 전류밀도는 몇 [A/m²]인가?

① $5a_x + 3a_y$ ② $3a_x + 5a_y$ ③ $5a_x + 3a_z$ ④ $5a_y + 3a_z$

해설 전류밀도 : $J = \text{rot} H = \nabla \times H = \begin{vmatrix} a_x & a_y & a_z \\ \frac{\partial}{\partial x} & \frac{\partial}{\partial y} & \frac{\partial}{\partial z} \\ Hx & Hy & Hz \end{vmatrix} = \begin{vmatrix} a_x & a_y & a_z \\ \frac{\partial}{\partial x} & \frac{\partial}{\partial y} & \frac{\partial}{\partial z} \\ 0 & xy & -xz \end{vmatrix} = jz + ky$

$x = 2, y = 3, z = 5$를 대입하면 전류밀도 $J = 5a_y + 3a_z$[A/m²]

59 공간 도체 내에서 자속이 시간적으로 변할 때 성립되는 식은 다음 중 어느 것인가? 단, E는 전계, H는 자계, B는 자속이다.

① $\text{rot} E = \frac{\partial H}{\partial t}$ ② $\text{rot} E = -\frac{\partial B}{\partial t}$ ③ $\text{div} E = \frac{\partial B}{\partial t}$ ④ $\text{div} E = -\frac{\partial H}{\partial t}$

해설 맥스웰의 제 2 기본 방정식으로 자계와 전계의 관계를 정량적으로 표시하는 식은 다음과 같다.
$\text{rot} E = -\frac{\partial B}{\partial t}$

60 자속 밀도의 변화에 의하여 도체 내에 유기 기전력이 발생되는 경우 관계식은? 단, E는 전계, B는 자속 밀도, v는 도체 속도, k는 도전율, i는 전류 밀도이다.

① $\text{rot} E = \text{rot}(B \times v)$ ② $\text{rot} E = -\frac{\partial B}{\partial t}$ ③ $E = ki$ ④ $E = v \times B$

해설 자속의 변화를 방해하는 방향으로 기전력이 발생하는 전자 유도 현상의 벡터 방정식으로 표시한 미분형은
$\text{rot} E = -\frac{\partial B}{\partial t}$

61 맥스웰의 전자방정식 중 패러데이 법칙에 유도된 식은? (단, D : 전속밀도, ρv : 공간 전하밀도, B : 자속밀도, E : 전계의 세기, J : 전류밀도, H : 자계의 세기)

① $\text{div} D = \rho$ ② $\text{div} B = 0$ ③ $\nabla \times H = J + \frac{\partial D}{\partial t}$ ④ $\nabla \times E = -\frac{\partial B}{\partial t}$

해설 맥스웰 방정식의 미분형
① $\text{div} D = \rho$: 가우스의 법칙 ② $\text{div} B = 0$: 고립된 자하는 없다.(N극과 S극이 공존)
③ $\text{rot} H = J + \frac{\partial D}{\partial t}$: 암페어의 주회적분 법칙 ④ $\text{rot} E = -\frac{\partial B}{\partial t}$: 패러데이 법칙

답 57. ① 58. ④ 59. ② 60. ② 61. ④

62 맥스웰(Maxwell)의 전자 방정식이 아닌 것은? ★★★★ [86. 93. 98. 01. 기사]

① $\nabla \times H = i + \dfrac{\partial D}{\partial t}$
② $\nabla \times E = -\dfrac{\partial B}{\partial t}$
③ $\nabla \cdot i = -\dfrac{\partial \rho}{\partial t}$
④ $\nabla \cdot D = \rho$

해설 $\nabla \cdot i = -\dfrac{\partial \rho}{\partial t}$: 전류의 연속 방정식

63 맥스웰(Maxwell)의 전자파 방정식이 아닌 것은? ☆ [01. 05. 산업기사]

① $\operatorname{rot} H = i + \dfrac{\partial D}{\partial t}$
② $\operatorname{rot} E = -\dfrac{\partial B}{\partial t}$
③ $\operatorname{div} B = i$
④ $\operatorname{div} D = \rho$

해설 $\operatorname{div} B = 0$

64 자속의 연속성을 나타낸 식은? ★ [96. 06. 기사, 06. 09. 13. 산업기사]

① $\operatorname{div} B = \rho$
② $\operatorname{div} B = 0$
③ $B = \mu H$
④ $\operatorname{div} B = \mu H$

해설 $\nabla \cdot B = \operatorname{div} B = 0$

65 Maxwell의 전자기파 방정식이 아닌 것은? ★★ [99. 04. 06. 기사, 21. 산업기사]

① $\oint_c H \cdot dl = nI$
② $\oint_c E \cdot dl = -\int_s \dfrac{\partial B}{\partial t} ds$
③ $\oint_s D \cdot ds = \int_v \rho\, dv$
④ $\oint_s B \cdot ds = 0$

해설

미분형	적분형
$\nabla \times E = -\dfrac{\partial B}{\partial t}$	$\oint_c E \cdot dl = -\int_s \dfrac{\partial B}{\partial t} ds$
$\nabla \times H = i_c + \dfrac{\partial D}{\partial t}$, $\oint_c E \cdot dl = \int_s \left(-\dfrac{\partial B}{\partial t}\right) ds$	$\oint_c H \cdot dl = I + \int_s \dfrac{\partial D}{\partial t} ds$
$\nabla \cdot B = 0$	$\oint_s B \cdot ds = 0$
$\nabla \cdot D = \rho$	$\oint_s D \cdot ds = \int_v \rho\, dv = Q$

답 62. ③ 63. ③ 64. ② 65. ①

☆ [95. 21. 산업기사]
66 자속 밀도는 벡터이며 B로 표시한다. 다음 가운데서 항상 성립되는 관계는?

① $\text{grad } B = 0$ ② $\text{rot } B = 0$
③ $\text{div } B = 0$ ④ $B = 0$

해설 $\text{div} B = 0$의 의미는 시변계, 시불변계에 관계없이 자계의 비발산성, 자계의 회전성, 자계의 연속성을 의미

★ [89. 19. 기사]
67 자유 공간의 맥스웰 방정식 중 틀린 것은?

① $mmf = \oint H \cdot dl = \int_s \frac{\partial D}{\partial t} \cdot dS + i_d$ ② $cmf = \oint E \cdot dl = -\int_s \frac{\partial B}{\partial t} \cdot dS$
③ $\chi = \oint_s D \cdot dS = \int_{vol} \rho dv$ ④ $\chi_m = \oint_s B \cdot dS = \rho_s$

해설 $\int_s B \cdot dS = 0$

★ [23. 기사, 00. 07. 24. 산업기사]
68 맥스웰(Maxwell)의 전자 방정식 중 성립하지 않는 식은?

① $\text{div } D = \rho$ ② $\text{div } B = 0$
③ $\text{rot } E = \frac{\partial B}{\partial t}$ ④ $\text{rot } H = J + \frac{\partial D}{\partial t}$

해설 $\text{rot} E = -\frac{\partial B}{\partial t}$

☆ [94. 산업기사]
69 공간 도체 내의 한 점에 있어서 자속이 시간적으로 변화하는 경우에 성립하는 식은?

① $\text{rot } E = \frac{\partial H}{\partial t}$ ② $\text{rot } E = -\frac{\partial B}{\partial t}$
③ $\text{div } E = \frac{\partial B}{\partial t}$ ④ $\text{div } E = -\frac{\partial H}{\partial t}$

해설 $\text{rot} E = \nabla \times E = -\frac{\partial B}{\partial t}$

★ [93. 08. 13. 기사, 18. 산업]
70 자계의 벡터 퍼텐셜을 A[Wb/m]라 할 때 도체 주위에서 자계 B[Wb/m²]가 시간적으로 변화하면 도체에 생기는 전계의 세기 E[V/m]는?

① $E = -\frac{\partial A}{\partial t}$ ② $\text{rot } E = -\frac{\partial A}{\partial t}$
③ $E = \text{rot } E$ ④ $\text{rot } E = \frac{\partial B}{\partial t}$

답 66. ③ 67. ④ 68. ③ 69. ② 70. ①

해설, $B = \nabla \times A$로 정의되고

$$\nabla \times E = -\frac{\partial B}{\partial t} \text{ 에서 } \nabla \times E = -\frac{\partial B}{\partial t} = -\frac{\partial}{\partial t}(\nabla \times A) = \nabla \times \left(-\frac{\partial A}{\partial t}\right)$$

$$\therefore E = -\frac{\partial A}{\partial t}$$

71 ★☆ [94. 96. 99. 산업기사]
맥스웰(Maxwell)의 전자계에 관한 제1기본 방정식은?

① $\text{rot}\,D = i + \dfrac{\partial H}{\partial t}$ ② $\text{rot}\,H = i + \dfrac{\partial D}{\partial t}$

③ $\text{rot}\,i = H + \dfrac{\partial D}{\partial t}$ ④ $\text{rot}\left(i + \dfrac{\partial D}{\partial t}\right) = H$

해설, 암페어의 주회적분의 법칙은

$$\oint H \cdot dl = \sum I = I_c + I_D = \int_s \left(i + \frac{\partial D}{\partial t}\right) \cdot n\,dS$$

인데 $\oint H \cdot dl$을 Stokes 정리로 변환하고 윗식을 다시 쓰면

$$\oint H \cdot dl = \int \text{rot}\,H \cdot n\,dS = \int \left(i + \frac{\partial D}{\partial t}\right) \cdot n\,dS$$

양변을 미분하면

$$\text{rot}\,H = \nabla \times H = i \times \frac{\partial D}{\partial t}$$

이 식이 맥스웰의 전자 방정식 중 첫째 식으로 암페어의 주회 적분 법칙에서 유도한 식이다. 둘째 식은 패러데이의 전자 유도 법칙에서 유도한 식으로

$$e = -\frac{d\phi}{dt} = -\int \frac{\partial B}{\partial t} \cdot n\,dS [V]$$

$e = \oint E \cdot dl$을 Stokes의 정리로 변환하고 윗식을 쓰면

$$e = \oint E \cdot dl = \int \text{rot}\,E \cdot n\,dS = -\int \frac{\partial B}{\partial t} \cdot n\,dS$$

가 된다. 양변을 미분하면

$$\text{rot}\,E = \nabla \times E = -\frac{\partial B}{\partial t}$$ 이다.

72 ★★ [93. 00. 기사]
매질이 완전 절연체인 경우의 전자(電磁) 파동방정식을 표시하는 것은?

① $\nabla^2 E = \epsilon\mu\dfrac{\partial E}{\partial t}$, $\nabla^2 H = \epsilon\mu\dfrac{\partial H}{\partial t}$

② $\nabla^2 E = -\epsilon\mu\dfrac{\partial^2 E}{\partial t^2}$, $\nabla^2 H = -\epsilon\mu\dfrac{\partial^2 H}{\partial t^2}$

③ $\nabla^2 E = \epsilon\mu\dfrac{\partial^2 E}{\partial t^2}$, $\nabla^2 H = \epsilon\mu\dfrac{\partial^2 H}{\partial t^2}$

④ $\nabla^2 E = -\epsilon\mu\dfrac{\partial E}{\partial t}$, $\nabla^2 H = \epsilon\mu\dfrac{\partial H}{\partial t^2}$

답 71. ② 72. ③

73 [91. 99. 기사, 21. 산업기사]

도전성(導電性)이 없고 유전율과 투자율이 일정하며, 전하 분포가 없는 균질 완전 절연체 내에서 전계 및 자계가 만족하는 미분 방정식의 형태는? 단, $\alpha = \sqrt{\epsilon\mu}$, $v = \dfrac{1}{\sqrt{\epsilon\mu}}$

① $\nabla^2 E = D$

② $\nabla^2 E = \dfrac{1}{\alpha^2} \cdot \dfrac{\partial E}{\partial t}$

③ $\nabla^2 E = \dfrac{1}{v^2} \cdot \dfrac{\partial^2 E}{\partial t^2}$

④ $\nabla^2 E = \dfrac{1}{\alpha^2} \cdot \dfrac{\partial E}{\partial t} + \dfrac{1}{v^2} \cdot \dfrac{\partial^2 E}{\partial t^2}$

해설

$\nabla \times E = -\dfrac{\partial B}{\partial t} = -\mu_0 \dfrac{\partial H}{\partial t}$ ⋯ ①

$\nabla \times H = \dfrac{\partial D}{\partial t} = \epsilon_0 \dfrac{\partial E}{\partial t}$ ⋯ ②

②식에 curl을 취하면 $\nabla \times \nabla \times H = \nabla \times \left(\epsilon_0 \dfrac{\partial E}{\partial t}\right)$에서

좌변 : $\nabla \times \nabla \times H = \text{grad}(\text{div } H) - \nabla^2 H = -\nabla^2 H$ (∵ div H는 항상 0이므로)

우변 : $\nabla \times \left(\epsilon_0 \dfrac{\partial E}{\partial t}\right) = \epsilon_0 \dfrac{\partial}{\partial t}(\nabla \times E) = \epsilon_0 \dfrac{\partial}{\partial t}\left(-\mu_0 \dfrac{\partial H}{\partial t}\right) = -\epsilon_0 \mu_0 \dfrac{\partial^2 H}{\partial t^2}$

좌변=우변이므로 $\nabla^2 H = \epsilon_0 \mu_0 \dfrac{\partial^2 H}{\partial t^2}$이고 $v = \dfrac{1}{\sqrt{\epsilon_0 \mu_0}}$ 관계 적용하면

$\nabla^2 H = \dfrac{1}{v^2} \dfrac{\partial^2 H}{\partial t^2}$

74 [89. 95. 01. 산업기사]

손실 유전체 내에서 맥스웰 전자 기본 방정식을 페이저 방정식(phasor equation)으로 올바르게 표시한 것은?

① $\nabla \times \boldsymbol{H}_s = j\omega\epsilon \boldsymbol{E}_s$
  $\nabla \times \boldsymbol{E}_s = -j\omega\mu \boldsymbol{H}_s$
  $\nabla \cdot \boldsymbol{E}_s = 0$
  $\nabla \cdot \boldsymbol{E}_s = \rho$

② $\nabla \times \boldsymbol{H}_s = j\omega\epsilon \boldsymbol{E}_s$
  $\nabla \times \boldsymbol{E}_s = -j\omega\mu \boldsymbol{H}_s$
  $\nabla \cdot \boldsymbol{H}_s = m$
  $\nabla \cdot \boldsymbol{E}_s = 0$

③ $\nabla \times \boldsymbol{H}_s = (\sigma + j\omega\epsilon)\boldsymbol{E}_s$
  $\nabla \times \boldsymbol{E}_s = -j\omega\mu \boldsymbol{H}_s$
  $\nabla \cdot \boldsymbol{H}_s = 0$
  $\nabla \cdot \boldsymbol{E}_s = 0$

④ $\nabla \times \boldsymbol{H}_s = (\sigma + j\omega\epsilon)\boldsymbol{E}_s$
  $\nabla \times \boldsymbol{E}_s = -j\omega\mu \boldsymbol{H}_s$
  $\nabla \cdot \boldsymbol{H}_s = 0$
  $\nabla \cdot \boldsymbol{E}_s = \rho$

해설 맥스웰 방정식

$\nabla \times H = J + \dfrac{\partial D}{\partial t} = \sigma E + \epsilon \dfrac{\partial E}{\partial t}$

$\nabla \times E = -\dfrac{\partial B}{\partial t} = -\mu \dfrac{\partial H}{\partial t}$

에 시간에 대하여 정현적으로 변화하는 AC 전자계 $\boldsymbol{E} = \boldsymbol{E}_s e^{j\omega t}$ [V/m], $\boldsymbol{H} = \boldsymbol{H}_s e^{j\omega t}$ [A/m]를 적용하면

답 73. ③ 74. ③

$$\nabla \times H_s = (\sigma + j\omega\epsilon)E_s$$
$$\nabla \times H_s = -j\omega\mu H_s \text{ 가 된다.}$$
보조방정식은 $\nabla \cdot E_s = 0$, $\nabla \cdot H_s = 0$이 성립한다.
여기서 E_s, H_s는 시간 t를 포함하지 않는 복소공간 vector인 Phasor 벡터이다.

★ [97. 기사]

75 진공 중의 맥스웰 전자 방정식으로부터 $\nabla^2 E = \epsilon_0 \mu_0 \dfrac{\partial^2 E}{\partial t^2}$, $\nabla^2 H = \epsilon_0 \mu_0 \dfrac{\partial^2 H}{\partial t^2}$를 유도하였다. 이 두 식만으로 판단되지 않는 것은?

① 전계 및 자계는 파동으로 전파한다.
② 전파와 자파는 속도가 같고 $v = \dfrac{1}{\sqrt{\epsilon_0 \mu_0}}$이다.
③ 전자파의 진폭이 감쇠되지 않는다.
④ 전파와 자파는 진동 방향이 수직이다.

★ [93. 23. 기사]

76 전자장에 관한 다음의 기본식 중 옳지 않은 것은?

① 가우스 정리의 미분형 : $\operatorname{div} D = \rho$
② 옴의 법칙의 미분형 : $i = \sigma E$
③ 패러데이의 법칙의 미분형 : $\operatorname{rot} E = -\dfrac{\partial B}{\partial t}$
④ 암페어 주회적분 법칙의 미분형 : $\operatorname{rot} H = \dfrac{\partial D}{\partial t} + \rho$

해설 암페어 주회적분은 $\oint H \cdot dl = I$, 미분형은 $\nabla \times H = J$이다.

유사문제

유사문제 원문 및 해설 : 동일출판사 홈페이지 » 고객센터 » 자료실

01. 정상 자계에서 $H = jxy - kxz$일 때 전류 밀도는?

답 $jz + ky$

02. 맥스웰 방정식 중에서 전류와 자계의 관계를 직접 나타내고 있는 것은? 단, D는 전속 밀도, σ는 전하 밀도, B는 자속 밀도, E는 전계의 세기, i_c는 전류 밀도, H는 자계의 세기이다.

답 $\nabla \times H = i_c + \dfrac{\partial D}{\partial t}$

03. 패러데이-노이만 전자 유도 법칙에 의하여 일반화된 맥스웰의 전자 방정식의 형은?

답 $\nabla \times E = -\dfrac{\partial B}{\partial t}$

답 75. ③ 76. ④

04. 자유 공간에 있어서 맥스웰(Maxwell)의 전자파에 관한 기본 방정식은?

답 $\text{rot}\boldsymbol{H} = i$, $\text{rot}\boldsymbol{E} = -\dfrac{\partial \boldsymbol{B}}{\partial t}$

05. 맥스웰의 전자 방정식(Maxwell's equations) 중 패러데이(Faraday) 법칙에 의하여 유도된 방정식은?

답 $\nabla \times \boldsymbol{E} = -\dfrac{\partial \boldsymbol{B}}{\partial t}$

06. 다음 중 맥스웰 전자계 기본 방정식이 아닌 것은? 단, $\boldsymbol{H}$: 전계, $\boldsymbol{J}$: 전류 밀도, $\boldsymbol{D}$: 전속 밀도, $\boldsymbol{E}$: 전계, $\boldsymbol{B}$: 자속 밀도, ρ : 진전하 밀도

답 $\text{div}\boldsymbol{B} = D$

07. 다음 중 전자계의 기초 방정식이 아닌 것은?

답 $\text{div}\boldsymbol{B} = -\dfrac{\partial \boldsymbol{D}}{\partial t}$

08. 공간내 한 점의 자속 밀도 $\boldsymbol{B}$가 변화할 때 전자유도에 의하여 유기되는 전계 $\boldsymbol{E}$는?

답 $\text{rot}\boldsymbol{E} = -\dfrac{\partial \boldsymbol{B}}{\partial t}$

09. 다음 중 도체 내에서 성립하는 식이 아닌 것은? 단, k는 도전율, μ는 투자율이다.

답 $i = E/k$

벡터 퍼텐셜

77 ★★ [83. 95. 기사]
벡터 마그네틱 퍼텐셜(vector magnetic potential)은 A는 다음과 같은 식을 만족하여야 한다. 옳은 것은? 단, $\boldsymbol{H}$: 자계의 세기, $\boldsymbol{B}$: 자속 밀도이다.

① $\nabla \times \boldsymbol{A} = 0$ ② $\nabla \cdot \boldsymbol{A} = 0$ ③ $\boldsymbol{H} = \nabla \times \boldsymbol{A}$ ④ $\boldsymbol{B} = \nabla \times \boldsymbol{A}$

해설 $B = \text{rot}A = \nabla \times A$

78 ★ [99. 기사]
시변계에서의 전계의 세기 E는? 단, A는 벡터 퍼텐셜, V는 전위, H는 자계의 세기이다.

① $E = -\text{grad}\, V - \dfrac{\partial A}{\partial t}$ ② $E = -\text{grad}\, V$

③ $E = -\text{grad}\, V + \dfrac{\partial A}{\partial t}$ ④ $E = -\text{grad}\, V - \dfrac{\partial H}{\partial t}$

해설 $E =$ 전하에 의한 전계 + 자계의 시간적 변화에 따른 전계 $= -\text{grad}\, V - \dfrac{\partial A}{\partial t}$

답 77. ④ 78. ①

79 다음 중 다른 세 개와 차원식이 틀린 것은? 단, E : 전계의 세기, H : 자계의 세기, K : 도전율, i : 전류 밀도, A : 자계의 벡터 퍼텐셜이다.

① $\int_v \text{div}(E \times H)dv$
② $\int_v KE^2 dv$
③ $\frac{1}{2}\int A \cdot i \, dv$
④ $\int_v H \cdot \nabla \times E \, dv$

80 전류에 의한 자계에 관하여 성립하지 않는 식은? 단, 여기서 H는 자계, B는 자속 밀도, A는 자계의 벡터 퍼텐셜, μ는 투자율, i는 전류 밀도이다.

① $H = \frac{1}{\mu}\text{rot}\,A$
② $\text{rot}\,A = -\mu i$
③ $\text{div}\,B = 0$
④ $\text{rot}\,H = i$

해설, $\text{rot}\,A = B$

유사문제

> 유사문제 원문 및 해설 : 동일출판사 홈페이지 ≫ 고객센터 ≫ 자료실

01. 벡터 퍼텐셜의 각 성분이 $A_x = -2xyz$, $A_y = 4x^2$, $A_z = 0$로 주어졌을 때 그 자속 분포는 어떻게 되는가? 단, x, y, z 방향의 기본 벡터는 i, j, k이다.

답 $-j2xy + k(8x + 2xz)$

전자파 속도 및 파장

81 안테나에서 파장 40[cm]의 평면파가 자유 공간에 방사될 때 발신 주파수는 몇 [MHz]인가?

① 650 ② 700 ③ 750 ④ 800

해설, 전자파 속도를 v[m/s](자유공간 $v = 3 \times 10^8$ [m/s]), 주파수를 f[Hz]라 하면 전자파 파장은 $\lambda = \frac{v}{f}$[m]이다.

따라서 $f = \frac{v}{\lambda} = \frac{3 \times 10^8}{0.4} = 750 \times 10^6$[Hz] = 750[MHz]

답 79. ③ 80. ② 81. ③

☆ [95. 산업기사, ㉠ : 07. 기사, 08. 09. 산업기사]
82 15[MHz]의 전자파의 파장은 몇 [m]인가?

① 8 ② 15 ③ 20 ④ 25

[해설] $\lambda = \dfrac{v}{f} = \dfrac{3 \times 10^8}{15 \times 10^6} = 20[\text{m}]$

★★★★★ [76. 80. 87. 99. 07. 17. 20. 기사, 82. 83. 87. 92. 96. 98. 00. 18. 산업기사]
83 유전율 ϵ, 투자율 μ의 공간을 전파하는 전자파의 전파 속도 v는?

① $v = \sqrt{\epsilon\mu}$ ② $v = \sqrt{\dfrac{\epsilon}{\mu}}$ ③ $v = \sqrt{\dfrac{\mu}{\epsilon}}$ ④ $v = \dfrac{1}{\sqrt{\epsilon\mu}}$

[해설] 전자파의 속도는 $v^2 = \dfrac{1}{\epsilon\mu}$ 에서

$\therefore v = \dfrac{1}{\sqrt{\epsilon\mu}} = \dfrac{1}{\sqrt{\epsilon_0\mu_0}} \cdot \dfrac{1}{\sqrt{\epsilon_s\mu_s}} = c \cdot \dfrac{1}{\sqrt{\epsilon_s\mu_s}} = \dfrac{3 \times 10^8}{\sqrt{\epsilon_s\mu_s}}[\text{m/s}]$

☆ [01. 06. 산업기사]
84 비유전율이 ϵ_s인 매질 내의 전자파의 전파속도는?

① ϵ_s에 반비례한다. ② ϵ_s^2에 반비례한다.
③ ϵ_s에 비례한다. ④ $\sqrt{\epsilon_s}$에 반비례한다.

[해설] 전파속도 $v = \dfrac{1}{\sqrt{\epsilon\mu}} = \dfrac{3 \times 10^8}{\sqrt{\epsilon_s\mu_s}}[\text{m/sec}]$ $\therefore v \propto \dfrac{1}{\sqrt{\epsilon_s}}$

★★★☆ [77. 95. 97. 17. 기사, 77. 산업기사]
85 유전율 $\epsilon = 8.855 \times 10^{-12}$[F/m]인 진공 중을 전자파가 전파할 때 진공 중의 투자율은?

① 12.5×10^{-7}[H/m] ② 15.2×10^{-9}[H/emu]
③ 9.5×10^{-7}[Wb²/n] ④ 10.5×10^{-7}[Wb²/N·m]

[해설] 진공 중의 전자파의 속도 $c = \dfrac{1}{\sqrt{\epsilon_0\mu_0}} = 3 \times 10^8$[m/s]에서

$\therefore \mu_0 = \dfrac{1}{\epsilon_0 c^2} = \dfrac{1}{8.855 \times 10^{-12} \times (3 \times 10^8)^2} = 12.56 \times 10^{-7}$[H/m]

☆ [98. 산업기사]
86 라디오 방송의 평면파 주파수를 800[kHz]라 할 때 이 평면파가 콘크리트 벽($\epsilon_s = 6$, $\mu_s = 1$) 속을 지날 때의 전파 속도는 몇 [m/sec]인가?

① 1.22×10^8 ② 2.44×10^8 ③ 2.62×10^8 ④ 2.86×10^8

답 82. ③ 83. ④ 84. ④ 85. ① 86. ①

해설 $v = \dfrac{3\times 10^8}{\sqrt{\epsilon_s \mu_s}} = \dfrac{3\times 10^8}{\sqrt{6\times 1}} = 1.22\times 10^8$

87 ☆ [21. 기사, 97. 18. 산업기사]
유전율 ϵ, 투자율 μ인 매질 내에서 전자파의 속도는?

① $\sqrt{\dfrac{\mu}{\epsilon}}$ [m/s]　　② $\sqrt{\mu\epsilon}$ [m/s]　　③ $\sqrt{\dfrac{\epsilon}{\mu}}$ [m/s]　　④ $\dfrac{3\times 10^8}{\sqrt{\mu_s \epsilon_s}}$ [m/s]

해설 $v = \dfrac{1}{\sqrt{\epsilon\mu}} = \dfrac{3\times 10^8}{\sqrt{\epsilon_s \mu_s}}$ [m/s]

88 ★ [98. 기사]
어떤 공간의 비투자율 및 비유전율이 $\mu_s = 0.99$, $\epsilon_s = 80.7$이라 한다. 이 공간에서의 전자파의 진행 속도는 몇 [m/s]인가?

① 1.5×10^7　　② 1.5×10^8　　③ 3.3×10^7　　④ 3.3×10^8

해설 $V = \dfrac{1}{\sqrt{\epsilon\mu}} = \dfrac{1}{\sqrt{\epsilon_0\mu_0}} \cdot \dfrac{1}{\sqrt{\epsilon_s\mu_s}} = \dfrac{C_0}{\sqrt{\epsilon_s\mu_s}} = \dfrac{3\times 10^8}{\sqrt{0.99\times 80.7}} \approx 3.3\times 10^7$ [m/s]

89 ★ [04. 기사 97. 21. 산업기사]
비유전율 4, 비투자율 1인 공간에서 전자파의 전파 속도는 몇 [m/sec]인가?

① 0.5×10^8　　② 1.0×10^8　　③ 1.5×10^8　　④ 2.0×10^8

해설 $v = \dfrac{3\times 10^8}{\sqrt{\epsilon_s\mu_s}} = \dfrac{3\times 10^8}{\sqrt{4\times 1}} = 1.5\times 10^8$ [m/s]

90 ☆ [00. 산업기사]
비유전율이 2.75인 기름 속의 전자파의 속도는 약 몇 [m/s]인가? (단, 기름의 비투자율은 1이다.)

① 1.2×10^8　　② 1.5×10^8　　③ 1.8×10^8　　④ 2.1×10^8

해설 $v = \dfrac{1}{\sqrt{\epsilon\mu}} = \dfrac{1}{\sqrt{\epsilon_0\mu_0}} \dfrac{1}{\sqrt{\epsilon_s\mu_s}} = \dfrac{3\times 10^8}{\sqrt{\epsilon_s\mu_s}} = \dfrac{3\times 10^8}{\sqrt{2.75\times 1}} = 1.8\times 10^8$ [m/s]

91 ★ [86. 98. 산업기사]
$\dfrac{1}{\sqrt{\mu\epsilon}}$ 의 단위는?

① [m/sec]　　② [C/H]　　③ [Ω]　　④ [℧]

답 87. ④ 88. ③ 89. ③ 90. ③ 91. ①

92 ★ [95. 00. 21. 산업기사, ㉕ : 19. 산업기사]
MKS 합리화 단위계에서 진공 중의 유전율 값으로 틀린 것은? 단, c[m/sec]는 진공 중 전자파 속도이다.

① $\dfrac{1}{120\pi c}$ ② $\dfrac{10^7}{4\pi c^2}$ ③ $\dfrac{1}{36\pi \times 10^9}$ ④ $\dfrac{10^7}{14\pi c}$

해설 전파속도는 $v = \dfrac{1}{\sqrt{\mu\epsilon}}$ [m/s]로 표현되므로 진공 중 유전율은

$$\epsilon_0 = \dfrac{1}{\mu_0 c^2} = \dfrac{10^7}{4\pi c^2} = \dfrac{1}{120\pi c} = \dfrac{1}{36\pi \times 10^9} \text{ [F/m]로 표현된다.}$$

---

93 ★☆ [91. 기사, 78. 23. 25. 산업기사]
어떤 TV 방송의 전자파의 주파수를 190[MHz]의 평면파로 보고 $\mu_s = 1$, $\epsilon_s = 64$인 물속에서의 전파 속도[m/s]와 파장[m]을 구하면?

① $v = 0.375 \times 10^8$, $\lambda = 0.19$
② $v = 2.33 \times 10^8$, $\lambda = 0.21$
③ $v = 0.87 \times 10^8$, $\lambda = 0.17$
④ $v = 0.425 \times 10^8$, $\lambda = 1.2$

해설 $v = \dfrac{c}{\sqrt{\epsilon_s \mu_s}} = \dfrac{3 \times 10^8}{\sqrt{64 \times 1}} = 0.375 \times 10^8$ [m/s]

$\lambda = \dfrac{v}{f} = \dfrac{0.375 \times 10^8}{190 \times 10^6} = 0.19$ [m]

---

94 ★ [77. 93. 산업기사]
정전 용량 2[μF]인 콘덴서를 충전하여 4[mH]인 코일을 통해서 방전할 때의 전기 진동이 공간에 전파되는 경우 그 파장은 약 몇 [m]인가?

① 1.7×10^5 ② 2×10^3 ③ 4.5×10^5 ④ 188

해설 정전 용량을 C[F], 인덕턴스를 L[H]라 하면 주파수 f[Hz]는

$$f = \dfrac{1}{2\pi\sqrt{LC}} = \dfrac{1}{2\pi\sqrt{4 \times 10^{-3} \times 2 \times 10^{-6}}} = 1780 \text{[Hz]}$$

이므로 공간을 전파하는 전기 진동의 파장 λ[m]는

$$\therefore \lambda = \dfrac{c}{f} = \dfrac{3 \times 10^8}{1780} = 1.7 \times 10^5 \text{[m]}$$

---

95 ★★★★ [86. 93. 98. 00. 기사]
도체 내의 전자파의 속도 v, 감쇠 정수 α, 위상 정수 β, 각속도 ω일 때 전자파의 속도 v는?

① $\dfrac{\beta}{\alpha}$ ② $\dfrac{\omega}{\beta}$ ③ $\dfrac{\alpha}{\omega}$ ④ $\dfrac{\omega}{\alpha}$

해설 $v = f\lambda = f \cdot \dfrac{2\pi}{\beta} = \dfrac{\omega}{\beta}$

답 92. ④ 93. ① 94. ① 95. ②

유사문제

01. 라디오 방송의 평면파 주파수를 710[kHz]라 할 때 이 평면파가 콘크리트벽($\epsilon_s = 5$) 속을 지날 때 전파 속도[m/s]는? 단, 공기 중에서의 유전율 ϵ_0, 투자율 μ 및 비투자율 $\mu_s = 1$로 한다.

답 $1.34 \times 10^8 [\text{m/s}]$

02. 물(비유전율 80, 비투자율 1) 속에서의 전자파의 전파 속도[m/s]는?

답 $v = \dfrac{3 \times 10^8}{\sqrt{\epsilon_s \mu_s}} = \dfrac{3 \times 10^8}{\sqrt{80 \times 1}} = 3.35 \times 10^7 [\text{m/s}]$

03. 유전율 ϵ, 투자율 μ인 매질 중을 주파수 f[Hz]의 전자파가 전파되어 나갈 때의 파장[m]은?

답 $\dfrac{1}{f\sqrt{\epsilon\mu}}$

04. 비유전율 $\epsilon_s = 3$, 비투자율 $\mu_s = 3$인 공간이 있다고 가정할 때, 이 공간에서의 전자파의 파장이 10[m]였을 때 주파수[MHz]는?

답 10[MHz]

05. 주파수 6[MHz]인 전자파의 파장[m]은?

답 $\lambda = \dfrac{c}{f} = \dfrac{3 \times 10^8}{6 \times 10^6} = 50[\text{m}]$

06. 정전 용량이 1[pF]인 콘덴서를 충전하여 인덕턴스 0.1[mH]인 코일을 통해 방전할 때의 공간에 전파하는 진동파의 파장은?

답 $6\pi[\text{m}]$

전기기사
2016-2025

전기자기
과년도문제 및 CBT 복원문제

2016년	전기자기_전기기사	352
2017년	전기자기_전기기사	366
2018년	전기자기_전기기사	381
2019년	전기자기_전기기사	394
2020년	전기자기_전기기사	407
2021년	전기자기_전기기사	420
2022년	전기자기_전기기사	434
2023년	전기자기_전기기사_CBT	448
2024년	전기자기_전기기사_CBT	461
2025년	전기자기_전기기사_CBT	474

동일출판사 홈페이지에서 무료 동영상 강의를 보실 수 있습니다.

2016년 전기자기_전기기사

2016년 - 1회_전기기사

01 송전선의 전류가 0.01초 사이에 10[kA] 변화될 때 이 송전선에 나란한 통신선에 유도되는 유도전압은 몇 [V]인가? (단, 송전선과 통신선 간의 상호유도계수는 0.3[mH]이다.)

① 30　　② 3×10^2
③ 3×10^3　　④ 3×10^4

풀이 유도전압
$$e = L\frac{di(t)}{dt} = 0.3 \times 10^{-3} \times \frac{10 \times 10^3}{0.01}$$
$$= 3 \times 10^2 [V]$$
답 ②

02 전류가 흐르고 있는 도체와 직각 방향으로 자계를 가하게 되면 도체 측면에 정·부의 전하가 생기는 것을 무슨 효과라 하는가?

① 톰슨(Thomson) 효과
② 펠티에(Peltier) 효과
③ 제벡(Seebeck) 효과
④ 홀(Hall) 효과

풀이 홀 효과(Hall effect) : 도체나 반도체의 물질에 전류를 흘리고 이것과 직각 방향으로 자계를 가하면 I와 B가 이루는 면에 직각 방향으로 기전력이 발생되는 현상

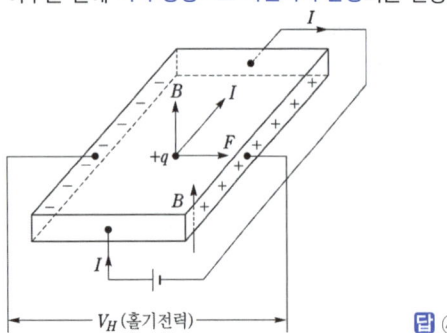
답 ④

03 극판 간격 d[m], 면적 S[m²], 유전율 ϵ[F/m]이고, 정전 용량이 C[F]인 평행판 콘덴서에 $v = V_m \sin\omega t$[V]의 전압을 가할 때의 변위전류[A]는?

① $\omega CV_m \cos\omega t$　　② $CV_m \sin\omega t$
③ $-CV_m \sin\omega t$　　④ $-\omega CV_m \cos\omega t$

풀이 변위 전류 밀도
$$i_d = \frac{\partial D}{\partial t} = \epsilon \frac{\partial E}{\partial t} = \epsilon \frac{\partial}{\partial t}\left(\frac{v}{d}\right)$$
$$= \frac{\epsilon}{d}\frac{\partial}{\partial t}V_m\sin\omega t = \frac{\epsilon}{d}\omega V_m\cos\omega t [A/m^2]$$
∴ 변위 전류 $I_d = i_d S = \frac{\epsilon S}{d}\omega V_m\cos\omega t$
$$= wCV_m\cos wt [A]$$
답 ①

04 인덕턴스가 20[mH]인 코일에 흐르는 전류가 0.2초 동안에 2[A] 변화했다면 자기유도현상에 의해 코일에 유기되는 기전력은 몇 [V]인가?

① 0.1　② 0.2　③ 0.3　④ 0.4

풀이 유도기전력
$$e = L\frac{di}{dt} = 20 \times 10^{-3} \times \frac{2}{0.2} = 0.2[V]$$
답 ②

05 한 변의 길이가 l[m]인 정삼각형 회로에 전류 I[A]가 흐르고 있을 때 삼각형 중심에서의 자계의 세기[AT/m]는?

① $\dfrac{\sqrt{2}I}{3\pi l}$　　② $\dfrac{9I}{\pi l}$
③ $\dfrac{2\sqrt{2}I}{3\pi l}$　　④ $\dfrac{9I}{2\pi l}$

풀이 그림에서 한 변의 전류에 의한 자계는
$$H_1 = \frac{I}{4\pi b}(\sin\phi_1 + \sin\phi_2)$$
$$= \frac{I}{4\pi b}\sin\phi \times 2$$
$$= \frac{I}{2\pi b} \times \frac{\sqrt{3}}{2}$$

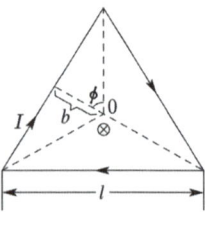

따라서 삼각형 중심의 자계는
$$H = 3H_1 = \frac{3\sqrt{3}}{4} \cdot \frac{I}{\pi b}$$
$$= \frac{3\sqrt{3}}{4} \times \frac{I}{\pi\left(\frac{l}{2\sqrt{3}}\right)} = \frac{9I}{2\pi l} [\text{AT/m}]$$
$$\left(\because \tan 30° = \frac{b}{l/2}, \ b = \frac{l}{2}\tan 30° = \frac{l}{2\sqrt{3}}\right)$$ 답 ④

06 벡터 $A = 5e^{-r}\cos\phi\, a_r - 5\cos\phi\, a_z$가 원통좌표계로 주어졌다. 점 $(2, \frac{3\pi}{2}, 0)$에서의 $\nabla \times A$를 구하였다. a_z 방향의 계수는?

① 2.5　　② -2.5
③ 0.34　　④ -0.34

풀이 $A = 5e^{-r}\cos\phi\, a_r - 5\cos\phi\, a_z$

$$\nabla \times A = \frac{1}{r}\begin{vmatrix} a_r & a_\phi r & a_z \\ \frac{\partial}{\partial r} & \frac{\partial}{\partial \phi} & \frac{\partial}{\partial z} \\ A_r & rA_\phi & A_z \end{vmatrix}$$

$$= \frac{1}{r}\begin{vmatrix} a_r & a_\phi r & a_z \\ \frac{\partial}{\partial r} & \frac{\partial}{\partial \phi} & \frac{\partial}{\partial z} \\ 5e^{-r}\cos\phi & 0 & -5\cos\phi \end{vmatrix}$$

$$= \frac{1}{r}\left\{\left(\frac{\partial}{\partial \phi}(-5\cos\phi)-0\right)a_r\right.$$
$$+\left(\frac{\partial}{\partial z}(5e^{-r}\cos\phi)-\frac{\partial}{\partial r}(-5\cos\phi)\right)ra_\phi$$
$$\left.+\left(0-\frac{\partial}{\partial \phi}(5e^{-r}\cos\phi)\right)a_z\right\}$$
$$= \frac{1}{r}(5\sin\phi\, a_r + 5e^{-r}\sin\phi\, a_z)$$

∴ a_z의 계수:
$$\frac{1}{r}5e^{-r}\sin\phi = \frac{1}{2}5e^{-2}\sin\frac{3}{2}\pi \fallingdotseq -0.34$$ 답 ④

07 변위전류밀도와 관계없는 것은?

① 전계의 세기　　② 유전율
③ 자계의 세기　　④ 전속밀도

풀이 변위전류밀도 $i_d = \frac{\partial D}{\partial t} = \epsilon \frac{\partial E}{\partial t}$ [A/m²]

여기서, D : 전속밀도 [C/m²]
　　　　E : 전계의 세기 [V/m²]
　　　　ϵ : 유전율 [F/m] 답 ③

08 대지면 높이 h[m]로 평행하게 가설된 매우 긴 선전하(선전하 밀도 λ[C/m])가 지면으로부터 받는 힘[N/m]은?

① h에 비례한다.　② h에 반비례한다.
③ h^2에 비례한다.　④ h^2에 반비례한다.

풀이 지상의 높이 h[m]와 같은 거리에 선전하 밀도 $-\lambda$ [C/m]인 영상 전하를 고려하여 선전하 간의 작용력을 구하면

$$f = -\lambda E = -\lambda \cdot \frac{\lambda}{2\pi\epsilon_0(2h)} = \frac{-\lambda^2}{4\pi\epsilon_0 h} \propto \frac{1}{h}$$ 답 ②

09 비투자율 800, 원형 단면적이 10[cm²], 평균자로의 길이 30[cm]인 환상철심에 600회의 권선을 감은 코일이 있다. 여기에 1[A]의 전류가 흐를 때 코일 내에 생기는 자속은 약 몇 [Wb]인가?

① 1×10^{-3}　　② 1×10^{-4}
③ 2×10^{-3}　　④ 2×10^{-4}

풀이 환상 솔레노이드의 내부 자속
$$\phi = BS = \mu H \cdot S = \mu \cdot \frac{NI}{2\pi r} \cdot S = \frac{\mu_0\mu_s NIS}{\ell}[\text{Wb}]$$

$$\therefore \phi = \frac{\mu_0\mu_s NIS}{\ell}$$
$$= \frac{4\pi \times 10^{-7} \times 800 \times 600 \times 1 \times 10 \times 10^{-4}}{30 \times 10^{-2}}$$
$$= 2 \times 10^{-3}[\text{Wb}]$$ 답 ③

10 내부저항이 r[Ω]인 전지 M개를 병렬로 연결했을 때, 전지로부터 최대 전력을 공급받기 위한 부하저항[Ω]은?

① $\frac{r}{M}$　② Mr　③ r　④ M^2r

풀이
- 최대 전력 전송 조건 : 임피던스 정합 (내부 임피던스 = 외부 임피던스)
- 동일 저항 r[Ω]을 M개 병렬연결하면 $\frac{r}{M}$이므로 최대전력을 공급받기 위한 부하저항 $R_L = \frac{r}{M}$이 된다.

답 ①

11 서로 멀리 떨어져 있는 두 도체를 각각 $V_1[V]$, $V_2[V]$ ($V_1 > V_2$)의 전위로 충전한 후 가느다란 도선으로 연결하였을 때 그 도선에 흐르는 전하 $Q[C]$는? (단, C_1, C_2는 두 도체의 정전용량이다.)

① $\dfrac{C_1 C_2 (V_1 - V_2)}{C_1 + C_2}$ ② $\dfrac{2 C_1 C_2 (V_1 - V_2)}{C_1 + C_2}$

③ $\dfrac{C_1 C_2 (V_1 - V_2)}{2(C_1 + C_2)}$ ④ $\dfrac{2(C_1 V_1 - C_2 V_2)}{C_1 C_2}$

풀이 두 도체의 처음 전하를 각각 Q_1, $Q_2[C]$, 가느다란 도체로 연결한 후의 전하를 Q'_1, $Q'_2[C]$라 하면
$C_1 V_1 + C_2 V_2 = Q_1 + Q_2 = Q'_1 + Q'_2$
$= C_1 V + C_2 V [C]$
공통 전위 $V = \dfrac{C_1 V_1 + C_2 V_2}{C_1 + C_2}[V]$
그러므로 도체를 흐르는 전하량 $Q[C]$는
∴ $Q = Q_1 - Q'_1 = C_1 V_1 - C_1 V = C_2 V - C_2 V_2$
$= \dfrac{C_1 C_2 (V_1 - V_2)}{C_1 + C_2}[C]$ **답** ①

12 자속밀도가 $10[Wb/m^2]$인 자계 내에 길이 4[cm]의 도체를 자계와 직각으로 놓고 이 도체를 0.4초 동안 1[m]씩 균일하게 이동하였을 때 발생하는 기전력은 몇 [V]인가?

① 1 ② 2 ③ 3 ④ 4

풀이 $v = \dfrac{ds}{dt} = \dfrac{1}{0.4} = 2.5 [m/sec]$
∴ $e = Blv\sin\theta = 10 \times 4 \times 10^{-2} \times 2.5 \times \sin 90°$
$= 1[V]$ **답** ①

13 반지름이 3[m]인 구에 공간전하밀도 $1[C/m^3]$가 분포되어 있을 경우 구의 중심으로부터 1[m]인 곳의 전계는 몇 [V]인가?

① $\dfrac{1}{2\epsilon_0}$ ② $\dfrac{1}{3\epsilon_0}$ ③ $\dfrac{1}{4\epsilon_0}$ ④ $\dfrac{1}{5\epsilon_0}$

풀이 $Q = \rho V_{체적} = \rho \dfrac{4}{3}\pi a^3$ 이므로 전계
$E_i = \dfrac{rQ}{4\pi\epsilon_0 a^3} = \dfrac{r}{4\pi\epsilon_0 a^3} \times \rho \dfrac{4}{3}\pi a^3 = \dfrac{\rho r}{3\epsilon_0}$

∴ $E_i = \dfrac{\rho r}{3\epsilon_0} = \dfrac{1 \times 1}{3\epsilon_0} = \dfrac{1}{3\epsilon_0}[V]$ **답** ②

14 전선을 균일하게 2배의 길이로 당겨 늘였을 때 전선의 체적이 불변이라면 저항은 몇 배가 되는가?

① 2 ② 4 ③ 6 ④ 8

풀이 저항 $R = \rho\dfrac{l}{S} = \rho\dfrac{l \times l}{S \times l} = \rho\dfrac{l^2}{V}[\Omega]$
여기서, $\rho = \dfrac{1}{\sigma}$: 저항률 또는 고유저항$[\Omega \cdot m]$
l : 도체의 길이[m]
S : 도체의 단면적$[m^2]$
V : 도체의 체적$[m^3]$
∴ $R \propto l^2 = 2^2 = 4$배 **답** ②

15 한 변의 길이가 3[m]인 정삼각형 회로에 2[A]의 전류가 흐를 때 정삼각형 중심에서의 자계의 크기는 몇 [AT/m]인가?

① $\dfrac{1}{\pi}$ ② $\dfrac{2}{\pi}$ ③ $\dfrac{3}{\pi}$ ④ $\dfrac{4}{\pi}$

풀이

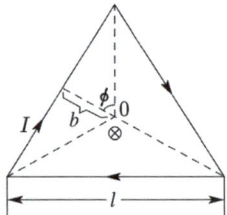

그림에서 한 변의 전류에 의한 자계는
$H_1 = \dfrac{I}{4\pi b}(\sin\phi_1 + \sin\phi_2)$
$= \dfrac{I}{4\pi b}\sin\phi \times 2 = \dfrac{I}{2\pi b} \times \dfrac{\sqrt{3}}{2}$
삼각형 중심의 자계는
$H = 3H_1 = \dfrac{3\sqrt{3}}{4}\dfrac{I}{\pi b}$
$= \dfrac{3\sqrt{3}}{4} \times \dfrac{l}{\pi\left(\dfrac{l}{2\sqrt{3}}\right)} = \dfrac{9I}{2\pi l}[AT/m]$
$\left(\because \tan 30° = \dfrac{b}{l/2}, b = \dfrac{l}{2}\tan 30° = \dfrac{l}{2\sqrt{3}}\right)$
따라서 정삼각형 중심의 자계
$H = \dfrac{9I}{2\pi l} = \dfrac{9 \times 2}{2\pi \times 3} = \dfrac{3}{\pi}[AT/m]$ **답** ③

16 무한히 넓은 평면 자성체의 앞 a[m] 거리의 경계면에 평행하게 무한히 긴 직선 전류 I[A]가 흐를 때, 단위 길이당 작용력은 몇 [N/m]인가?

① $\dfrac{\mu_o}{4\pi a}\left(\dfrac{\mu+\mu_o}{\mu-\mu_o}\right)I^2$ ② $\dfrac{\mu_o}{2\pi a}\left(\dfrac{\mu+\mu_o}{\mu-\mu_o}\right)I^2$

③ $\dfrac{\mu_o}{4\pi a}\left(\dfrac{\mu-\mu_o}{\mu+\mu_o}\right)I^2$ ④ $\dfrac{\mu_o}{2\pi a}\left(\dfrac{\mu-\mu_o}{\mu+\mu_o}\right)I^2$

풀이 공간 내에서 자계는 전류 I와 대칭인 위치에 영상전류 I'를 발생시킨다.

$I' = \dfrac{\mu-\mu_0}{\mu+\mu_0} I$

따라서 거리 $2a$ 만큼 떨어진 두 전류 I, I'에 작용하는 F는

$F = \dfrac{\mu_0 II'}{2\pi d} = \dfrac{\mu_0}{2\pi \times 2a} I \times \dfrac{\mu-\mu_0}{\mu+\mu_0} I$

$= \dfrac{\mu_0}{4\pi a}\left(\dfrac{\mu-\mu_0}{\mu+\mu_0}\right)I^2$ (흡인력) **답** ③

17 반지름 a[m]인 구대칭 전하에 의한 구 내외의 전계의 세기에 해당되는 것은?

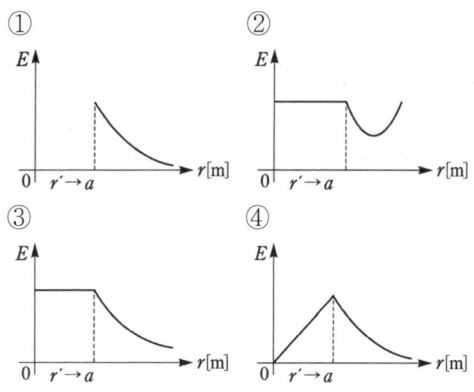

풀이 구체의 전하 분포

1) 내부에 전하가 균일 분포하는 경우
(중심에서부터 외부로 방사상으로 발산)

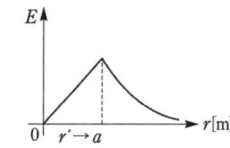

① 구체 외부 ($r > a$)
$E = \dfrac{Q}{4\pi\epsilon_0 r^2} \propto \dfrac{1}{r^2}$ [V/m] (r^2에 반비례)

② 구체 표면 ($r = a$)
$E_a = \dfrac{Q}{4\pi\epsilon_0 a^2}$ [V/m] (일정)

③ 구체 내부 ($r < a$)
$E_i = \dfrac{rQ}{4\pi\epsilon_0 a^3} \propto r$ [V/m] (r에 비례)

2) 표면에 전하가 존재하는 경우
(도체 표면에서 외부로 방사상으로 발산)

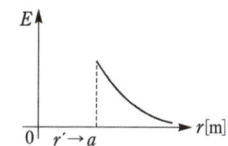

① 구체 외부 ($r > a$)
$E = \dfrac{Q}{4\pi\epsilon_0 r^2} \propto \dfrac{1}{r^2}$ [V/m] (r^2에 반비례)

② 구체 표면 ($r = a$)
$E_a = \dfrac{Q}{4\pi\epsilon_0 a^2}$ [V/m] (일정)

③ 구체 내부 ($r < a$)
$E_i = 0$

※ 문제에서 조건이 주어지지 않았으므로 답은 ①, ④ 두 개이다. **답** ①, ④

18 그림과 같이 공기 중에서 무한평면도체의 표면으로부터 2[m]인 곳에 점전하 4[C]이 있다. 전하가 받는 힘은 몇 [N]인가?

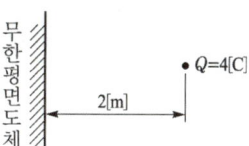

① 3×10^9 ② 9×10^9
③ 1.2×10^{10} ④ 3.6×10^{10}

풀이

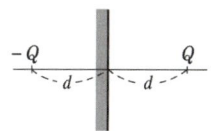

점전하 Q[C]과 무한 평면 도체 간의 작용력 F[N]는

$F = \dfrac{Q^2}{4\pi\epsilon_0 (2d)^2} = \dfrac{Q^2}{16\pi\epsilon_0 d^2}$ [N] (흡인력)

$\therefore F = \dfrac{Q^2}{4\pi\epsilon(2a)^2} = 9 \times 10^9 \times \dfrac{4^2}{(2\times 2)^2}$

$= 9 \times 10^9$ [N] **답** ②

19 판 간격이 d인 평행판 공기 콘덴서 중에 두께 t이고, 비유전율이 ϵ_s인 유전체를 삽입하였을 경우에 공기의 절연파괴를 발생하지 않고 가할 수 있는 판 간의 전위차는? (단, 유전체가 없을 때 가할 수 있는 전압을 V라 하고, 공기의 절연내력은 E_o라 한다.)

① $V\left(1-\dfrac{t}{\epsilon_s d}\right)$ ② $\dfrac{Vt}{d}\left(1-\dfrac{1}{\epsilon_s}\right)$

③ $V\left(1+\dfrac{t}{\epsilon_s d}\right)$ ④ $V\left(1-\dfrac{t}{d}\left(1-\dfrac{1}{\epsilon_s}\right)\right)$

풀이

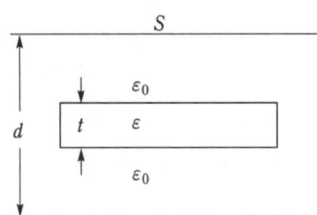

유전체 삽입 전 정전용량 $C=\dfrac{\epsilon_0}{d}S$

유전체 삽입 후 정전용량 C'

- 유전체가 없는 부분 $C_1=\dfrac{\epsilon_0}{d-t}S$
- 유전체 삽입 부분 $C_2=\dfrac{\epsilon}{t}S$

C'는 C_1과 C_2의 직렬 등가이므로

$C'=\dfrac{1}{\dfrac{1}{C_1}+\dfrac{1}{C_2}}=\dfrac{1}{\dfrac{1}{\dfrac{\epsilon_0}{d-t}S}+\dfrac{1}{\dfrac{\epsilon}{t}S}}=\dfrac{\epsilon_0\epsilon S}{\epsilon(d-t)+\epsilon_0 t}$

전하량 $Q=CV$는 유전체 삽입 전·후가 일정하므로
$CV=C'V'$

$V'=\dfrac{C}{C'}V=\dfrac{\epsilon(d-t)+\epsilon_0 t}{\epsilon d}V=\left(1-\dfrac{t}{d}+\dfrac{t}{\epsilon_s d}\right)V$

$\left(\because \dfrac{C}{C'}=\dfrac{\epsilon(d-t)+\epsilon_0 t}{\epsilon_0\epsilon S}\times\dfrac{\epsilon_0 S}{d}=\dfrac{\epsilon(d-t)+\epsilon_0 t}{\epsilon d}\right)$

$\therefore V'=V\left[1-\dfrac{t}{d}\left(1-\dfrac{1}{\epsilon_s}\right)\right]$ **답 ④**

20 전기 쌍극자에 관한 설명으로 틀린 것은?
① 전계의 세기는 거리의 세제곱에 반비례한다.
② 전계의 세기는 주위 매질에 따라 달라진다.
③ 전계의 세기는 쌍극자모멘트에 비례한다.
④ 쌍극자의 전위는 거리에 반비례한다.

풀이
- 전기 쌍극자에 의한 전위 $V=\dfrac{M\cos\theta}{4\pi\epsilon_0 r^2}[V]\propto\dfrac{1}{r^2}$

- 전기 쌍극자에 의한 전계
$E=\dfrac{M\sqrt{1+3\cos^2\theta}}{4\pi\epsilon_0 r^3}[V/m]\propto\dfrac{1}{r^3}$ **답 ④**

2016년 - 2회 _ 전기기사

01 자기 모멘트 $9.8\times10^{-5}[\text{Wb}\cdot\text{m}]$의 막대자석을 지구자계의 수평 성분 10.5[AT/m]인 곳에서 지자기 자오면으로부터 90° 회전시키는 데 필요한 일은 약 몇 [J]인가?

① 1.03×10^{-3} ② 1.03×10^{-5}
③ 9.03×10^{-3} ④ 9.03×10^{-5}

풀이 지구 자계가 자석에 작용하는 회전력은
$T=MH\sin\theta$ 이므로
각 θ만큼 회전시키는데 필요한 일은
$W=\int_0^\theta T\cdot d\theta=MH\int_0^\theta \sin\theta\cdot d\theta=MH(1-\cos\theta)$
$=9.8\times10^{-5}\times12.5\times(1-0)$
$\fallingdotseq 1.23\times10^{-3}[J]$ **답 ①**

02 두 종류의 유전율(ϵ_1, ϵ_2)을 가진 유전체 경계면에 진전하가 존재하지 않을 때 성립하는 경계조건을 옳게 나타낸 것은? (단, θ_1, θ_2는 각각 유전체 경계면의 법선벡터와 E_1, E_2가 이루는 각이다.)

① $E_1\sin\theta_1=E_2\sin\theta_2$,
$D_1\sin\theta_1=D_2\sin\theta_2$, $\dfrac{\tan\theta_1}{\tan\theta_2}=\dfrac{\epsilon_2}{\epsilon_1}$

② $E_1\cos\theta_1=E_2\cos\theta_2$,
$D_1\sin\theta_1=D_2\sin\theta_2$, $\dfrac{\tan\theta_1}{\tan\theta_2}=\dfrac{\epsilon_2}{\epsilon_1}$

③ $E_1\sin\theta_1=E_2\sin\theta_2$,
$D_1\cos\theta_1=D_2\cos\theta_2$, $\dfrac{\tan\theta_1}{\tan\theta_2}=\dfrac{\epsilon_1}{\epsilon_2}$

④ $E_1\cos\theta_1=E_2\cos\theta_2$,
$D_1\cos\theta_1=D_2\cos\theta_2$, $\dfrac{\tan\theta_1}{\tan\theta_2}=\dfrac{\epsilon_1}{\epsilon_2}$

풀이 경계 조건
- 전속밀도의 법선 성분(수직 성분)이 같다.
 ($D_1\cos\theta_1 = D_2\cos\theta_2$)
- 전계는 접선 성분(평행 성분)이 같다.
 ($E_1\sin\theta_1 = E_2\sin\theta_2$)
- 두 경계면에서의 전위는 서로 같다. ($V_1 = V_2$)
- $\epsilon_1 > \epsilon_2$이면, $\theta_1 > \theta_2$이다.
- $\dfrac{\tan\theta_1}{\tan\theta_2} = \dfrac{\epsilon_1}{\epsilon_2}$
- 전속선은 유전율이 큰 유전체 쪽으로 모이려는 성질이 있다.

답 ③

03 무한히 넓은 두 장의 평면판 도체를 간격 d[m]로 평행하게 배치하고 각각의 평면판에 면전하밀도 $\pm\sigma$[C/m²]로 분포되어 있는 경우 전기력선은 면에 수직으로 나와 평행하게 발산한다. 이 평면판 내부의 전계의 세기는 몇 [V/m]인가?

① $\dfrac{\sigma}{\epsilon_0}$ ② $\dfrac{\sigma}{2\epsilon_0}$

③ $\dfrac{\sigma}{2\pi\epsilon_0}$ ④ $\dfrac{\sigma}{4\pi\epsilon_0}$

풀이 (1) 두 장의 무한 평판 도체

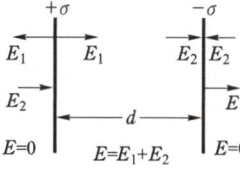

여기서, $E_1 = \dfrac{\sigma}{2\epsilon_0}$: $+\sigma$에 의한 전계,

$E_2 = \dfrac{\sigma}{2\epsilon_0}$: $-\sigma$에 의한 전계

(2) 각각의 평면판에 면전하 밀도가 $\pm\sigma$[C/m²]인 경우에는 $+\sigma$, $-\sigma$의 두 평행 도체판을 각각 나누어 단독으로 존재하는 것으로 고려할 수 있다. 이 경우 평판에서의 전계 분포는 평판 외측에서 서로 반대 방향이므로 상쇄되어 0이 되고, 평판 내측에서는 같은 방향이 된다. 따라서 전계 E는

- 평판 외측 : $E=0$
- **평판 내측** : $E = E_1 + E_2 = \dfrac{\sigma}{2\epsilon_0} + \dfrac{\sigma}{2\epsilon_0}$

$= \dfrac{\sigma}{\epsilon_0}$ [V/m]

답 ①

04 단면적 S[m²], 단위 길이당 권수가 n_0[회/m]인 무한히 긴 솔레노이드의 자기인덕턴스[H/m]를 구하면?

① $\mu S n_0$ ② $\mu S n_0^2$
③ $\mu S^2 n_0$ ④ $\mu S^2 n_0^2$

풀이 $L = \dfrac{n_0 \phi}{I} = \dfrac{n_0 \mu H S}{\dfrac{H}{n_0}} = \mu S n_0^2$ [H/m]

답 ②

05 평행판 콘덴서에 어떤 유전체를 넣었을 때 전속밀도가 4.8×10^{-7}[C/m²]이고 단위체적당 정전에너지가 5.3×10^{-3}[J/m³]이었다. 이 유전체의 유전율은 몇 [F/m]인가?

① 1.15×10^{-11} ② 2.17×10^{-11}
③ 3.19×10^{-11} ④ 4.21×10^{-11}

풀이 $W_e = \dfrac{D^2}{2\epsilon}$ [J/m³] 에서

$\epsilon = \dfrac{D^2}{2 \cdot W_e} = \dfrac{(4.8 \times 10^{-7})^2}{2 \times 5.3 \times 10^{-3}} = 2.17 \times 10^{-11}$ [F/m]

답 ②

06 자유공간 중에 $x=2$, $z=4$인 무한장 직선상에 ρ_L[C/m]인 균일한 선전하가 있다. 점(0, 0, 4)의 전계 E[V/m]는?

① $E = \dfrac{-\rho_L}{4\pi\epsilon_0} a_x$ ② $E = \dfrac{\rho_L}{4\pi\epsilon_0} a_x$

③ $E = \dfrac{-\rho_L}{2\pi\epsilon_0} a_x$ ④ $E = \dfrac{\rho_L}{2\pi\epsilon_0} a_x$

풀이

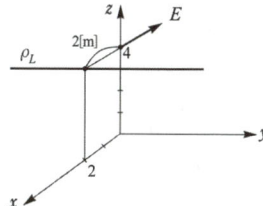

무한장 직선장 ρ_L의 전계의 세기

크기 : $E = \dfrac{\rho_L}{2\pi\epsilon_0 r} = \dfrac{\rho_L}{2\pi\epsilon_0 \times 2} = \dfrac{\rho_L}{4\pi\epsilon_0}$ [V/m]

방향 : $-a_x$

$\therefore E = -E a_x = -\dfrac{\rho_L}{4\pi\epsilon_0} a_x$

답 ①

07 전자파의 특성에 대한 설명으로 틀린 것은?
① 전자파의 속도는 주파수와 무관하다.
② 전파 E_x를 고유임피던스로 나누면 자파 H_y가 된다.
③ 전파 E_x와 자파 H_y의 진동 방향은 진행 방향에 수평인 종파이다.
④ 매질이 도전성을 갖지 않으면 전파 E_s와 자파 H_y는 동위상이 된다.

풀이
① 전자파 속도 $v = \dfrac{1}{\sqrt{\epsilon\mu}}$ 이므로 전자파 속도는 매질의 유전율과 투자율에 관계한다.
② 특성 임피던스 $\eta = \dfrac{E_s}{H_g}$ ∴ $H_g = \dfrac{E_s}{\eta}$
③ E_s와 H_g의 진동 방향은 진행 방향에 수직인 횡파이다.
④ E_s와 H_g는 동위상
답 ③

08 전위 $V = 3xy + z + 4$일 때 전계 E는?
① $i\,3x + j\,3y + k$
② $-i\,3y + j\,3x + k$
③ $i\,3x - j\,3y - k$
④ $-i\,3y - j\,3x - k$

풀이
$E = -\text{grad}\,V = -\nabla V$
$= -\left(\dfrac{\partial V}{\partial x}i + \dfrac{\partial V}{\partial y}j + \dfrac{\partial V}{\partial z}k\right)$
$= -(3yi + 3xj + k) = -3yi - 3xj - k$
답 ④

09 쌍극자모멘트가 $M[\text{C}\cdot\text{m}]$인 전기쌍극자에서 점 P의 전계는 $\theta = \dfrac{\pi}{2}$에서 어떻게 되는가?
(단, θ는 전기쌍극자의 중심에서 축 방향과 점 P를 잇는 선분의 사이 각이다.)
① 0
② 최소
③ 최대
④ $-\infty$

풀이 전기 쌍극자에 의한 전계
$E = \dfrac{M\sqrt{1 + 3\cos^2\theta}}{4\pi\epsilon_0 r^3}$ [V/m]에서
점 P의 전계는 $\theta = 0°$일 때 최대이고
$\theta = 90°$일 때 최소가 된다.
답 ②

10 감자력이 0인 것은?
① 구 자성체
② 환상 철심
③ 타원 자성체
④ 굵고 짧은 막대 자성체

풀이 환상 철심은 감자율이 없으므로 감자력이 0이다.
답 ②

11 그림과 같이 반지름 10[cm]인 반원과 그 양단으로부터 직선으로 된 도선에 10[A]의 전류가 흐를 때, 중심 O에서의 자계의 세기와 방향은?

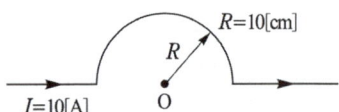

① 2.5[AT/m], 방향 ⊙
② 25[AT/m], 방향 ⊙
③ 2.5[AT/m], 방향 ⊗
④ 25[AT/m], 방향 ⊗

풀이 반원 부분에 의하여 생기는 자계는
$H = \displaystyle\int_0^\pi dH = \dfrac{IR}{4\pi a^2}\int_0^\pi d\theta = \dfrac{IR}{4\pi R^2}[\theta]_0^\pi$
$= \dfrac{I}{4R}$ [AT/m] 이므로
따라서 자계의 세기 $H = \dfrac{10}{4 \times 0.1} = 25$ [AT/m] 이며,
방향은 앙페르의 오른 나사 법칙에 의해 ⊗가 된다.
답 ④

12 W_1과 W_2의 에너지를 갖는 두 콘덴서를 병렬 연결한 경우의 총 에너지 W와의 관계로 옳은 것은? (단, $W_1 \neq W_2$이다.)
① $W_1 + W_2 = W$
② $W_1 + W_2 > W$
③ $W_1 - W_2 = W$
④ $W_1 + W_2 < W$

풀이 전위가 다르게 충전된 콘덴서를 병렬로 접속 시 전위차가 같아지도록 높은 전위 콘덴서의 전하가 낮은 전위 콘덴서 쪽으로 이동하며 이에 따른 전하의 이동(전류)으로 도선에서 전력 소모가 발생하므로 총 에너지는 각각의 에너지의 합보다 작다.
따라서 $W_1 + W_2 > W$
답 ②

13 한 변이 L[m]되는 정사각형의 도선회로에 전류 I[A]가 흐르고 있을 때 회로 중심에서의 자속밀도는 몇 [Wb/m²]인가?

① $\dfrac{2\sqrt{2}}{\pi}\mu_0 \dfrac{L}{I}$ ② $\dfrac{\sqrt{2}}{\pi}\mu_0 \dfrac{I}{L}$

③ $\dfrac{2\sqrt{2}}{\pi}\mu_0 \dfrac{I}{L}$ ④ $\dfrac{4\sqrt{2}}{\pi}\mu_0 \dfrac{L}{I}$

풀이

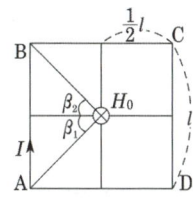

한 변 AB에 대한 중심점의 자계는
$H_{AB} = \dfrac{I}{4\pi a}(\sin\beta_1 + \sin\beta_2)$ 이므로

$a = \dfrac{L}{2}$, $\sin\beta_1 = \sin\beta_2 = \sin 45° = \dfrac{1}{\sqrt{2}}$ 을 대입하면

$H_{AB} = \dfrac{I}{4\pi\left(\dfrac{L}{2}\right)} \times 2 \times \dfrac{1}{\sqrt{2}} = \dfrac{I}{\sqrt{2}\pi L}$ [AT/m]

$\therefore H_0 = H_{AB} + H_{BC} + H_{CD} + H_{DA}$
$= 4H_{AB} = 4 \times \dfrac{I}{\sqrt{2}\pi L} = \dfrac{2\sqrt{2}}{\pi}\dfrac{I}{L}$ [AT/m]

따라서 자속밀도 $B = \mu_0 H = \mu_0 \times \dfrac{2\sqrt{2}}{\pi}\dfrac{I}{L}$
$= \dfrac{2\sqrt{2}}{\pi}\mu_0 \dfrac{I}{L}$ [Wb/m²] **답 ③**

14 그림과 같은 원통상 도선 한 가닥이 유전율 ϵ [F/m]인 매질 내에 지상 h[m] 높이로 지면과 나란히 가선되어 있을 때 대지와 도선 간의 단위 길이 당 정전용량[F/m]은?

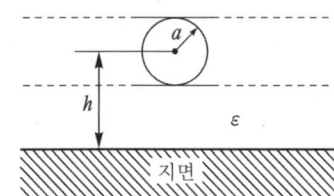

① $\dfrac{2\pi\epsilon}{\sinh^{-1}\dfrac{h}{a}}$ ② $\dfrac{\pi\epsilon}{\sinh^{-1}\dfrac{h}{a}}$

③ $\dfrac{2\pi\epsilon}{\cosh^{-1}\dfrac{h}{a}}$ ④ $\dfrac{\pi\epsilon}{\cosh^{-1}\dfrac{h}{a}}$

풀이 $C' = \dfrac{\pi\epsilon}{\ln\dfrac{2h}{a}}$

도선과 지면 사이의 정전용량 C일 때, C'은 두 개의 C가 직렬접속인 등가회로 이므로 $C' = \dfrac{C}{2}$ 이다.

$\therefore C = 2C' = \dfrac{2\pi\epsilon}{\ln\dfrac{2h}{a}} = \dfrac{2\pi\epsilon}{\cosh^{-1}\dfrac{h}{a}}$ [F/m]

$(\because \ln\dfrac{2h}{a} \fallingdotseq \cosh^{-1}\dfrac{h}{a})$ **답 ③**

15 환상철심에 권선수 20인 A코일과 권선수 80인 B코일이 감겨 있을 때, A코일의 자기인덕턴스가 5[mH]라면 두 코일의 상호 인덕턴스는 몇 [mH]인가? (단, 누설자속은 없는 것으로 본다.)

① 20   ② 1.25
③ 0.8   ④ 0.05

풀이 자기 저항을 R_m이라 할 때

자기 인덕턴스는 $L_1 = \dfrac{N_1^2}{R_m}$, $L_2 = \dfrac{N_2^2}{R_m}$

상호 인덕턴스는 $M = \dfrac{N_1 \cdot N_2}{R_m}$ 로 나타내므로

$L_1 = \dfrac{N_1^2}{R_m}$ 에서 $R_m = \dfrac{N_1^2}{L_1}$ 을 구하여

상호 인덕턴스에 대입하면 $\dfrac{N_1}{N_2} = \dfrac{L_1}{M}$ 이 된다.

$\therefore M = \dfrac{L_1 N_2}{N_1} = \dfrac{5 \times 80}{20} = 20$ [mH] **답 ①**

16 자기회로에서 키르히호프의 법칙에 대한 설명으로 옳은 것은?

① 임의의 결합점으로 유입하는 자속의 대수합은 0이다.
② 임의의 폐자로에서 자속과 기자력의 대수합은 0이다.
③ 임의의 폐자로에서 자기저항과 기자력의 대수합은 0이다.
④ 임의의 폐자로에서 각 부의 자기저항과 자속의 대수합은 0이다.

풀이 자기회로의 키르히호프의 법칙
① 자기회로의 결합점에 있어서는 이 결합점에 유입하는 자속의 대수합은 0이다.
② 임의의 폐자로에 있어서 각 부의 자기저항과 자속과의 곱의 합은 폐자로에 있는 기자력의 대수합과 같다.
답 ①

17 다음 식 중에서 틀린 것은?

① 가우스의 정리 : $\text{div} \boldsymbol{D} = \rho$

② 포아송의 방정식 : $\nabla^2 V = \dfrac{\rho}{\epsilon}$

③ 라플라스의 방정식 : $\nabla^2 V = 0$

④ 발산의 정리 : $\oint_s \boldsymbol{A} \cdot ds = \int_v \text{div} \boldsymbol{A} \, dv$

풀이 포아송 방정식 : 전위와 공간 전하 밀도의 관계
$\nabla^2 V = -\dfrac{\rho}{\epsilon}$
답 ②

18 표피효과에 대한 설명으로 옳은 것은?
① 주파수가 높을수록 침투깊이가 얇아진다.
② 투자율이 크면 표피효과가 적게 나타난다.
③ 표피효과에 따른 표피저항은 단면적에 비례한다.
④ 도전율이 큰 도체에는 표피효과가 적게 나타난다.

풀이 전류의 주파수가 증가할수록 도체 내부의 전류밀도가 지수 함수적으로 감소되는 현상을 표피효과라 한다.
$\delta = \sqrt{\dfrac{2}{\omega\sigma\mu}} = \sqrt{\dfrac{1}{\pi f \sigma \mu}}$ [m]
여기서, $\sigma = \dfrac{1}{2 \times 10^{-8}}$ [℧/m] : 도전율
$\mu = 4\pi \times 10^{-7}$ [H/m] : 투자율
δ : 표피 두께(skin depth) 또는 침투 깊이
f(주파수), σ(도전율), μ(투자율)가 클수록 δ(표피두께 또는 침투깊이)가 작게 되어 표피 효과가 심해진다. 주파수가 커지면 전류는 표면으로 흐르게 되므로 전기가 흐르는 단면적이 좁아지게 되어 전기저항이 증가하고, 내부 인덕턴스와 상호 인덕턴스도 감소하게 된다.
답 ①

19 패러데이 관에 대한 설명으로 틀린 것은?
① 관내의 전속수는 일정하다.
② 관의 밀도는 전속밀도와 같다.
③ 진전하가 없는 점에서 불연속이다.
④ 관 양단에 양(+), 음(-)의 단위전하가 있다.

풀이 Faraday관은 +1[C]의 진전하에서 나와서 -1[C]의 진전하로 들어가는 한 개의 관으로 Faraday관수(전속수)는 관속에 진전하가 없으면 일정하다. 즉, 연속적이다.
답 ③

20 압전효과를 이용하지 않은 것은?
① 수정발진기
② 마이크로폰
③ 초음파 발생기
④ 자속계

풀이 수정, 전기석, 로셀염 등의 압전기가 수정 발진자, 마이크로폰, 초음파 발진자, crystal pick-up(일정 주파수의 발진 회로, 수중 탐색, 금속 탐상) 등 여러 방면에 이용되고 있다.
답 ④

2016년 3회 _ 전기기사

01 반지름이 a[m]이고 단위 길이에 대한 권수가 n인 무한장 솔레노이드의 단위 길이당 자기 인덕턴스는 몇 [H/m]인가?

① $\mu \pi a^2 n^2$
② $\mu \pi a n$
③ $\dfrac{an}{2\mu\pi}$
④ $4\mu\pi a^2 n^2$

풀이 $L = \dfrac{N\phi}{I} = \dfrac{N}{I} \cdot \dfrac{NI}{R_m} = \dfrac{N^2}{R_m} = \dfrac{N^2}{\dfrac{l}{\mu s}}$

$= \dfrac{\mu s N^2}{l} = \dfrac{\mu s (nl)^2}{l} = \mu s n^2 l$ [H]

∴ 단위 길이당 $L_0 = \mu s n^2 = \mu \pi a^2 n^2$ [H/m]
답 ①

02 선전하밀도 ρ[C/m]를 갖는 코일이 반원형의 형태를 취할 때, 반원의 중심에서 전계의 세기를 구하면 몇 [V/m]인가? (단, 반지름은 r[m]이다.)

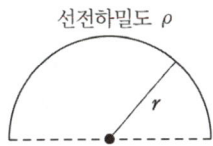

① $\dfrac{\rho}{8\pi\epsilon_0 r^2}$ ② $\dfrac{\rho}{4\pi\epsilon_0 r}$

③ $\dfrac{\rho}{4\pi\epsilon_0 r^2}$ ④ $\dfrac{\rho}{2\pi\epsilon_0 r}$

풀이
- 선전하에 의한 전계 : $E = \dfrac{\rho}{2\pi\epsilon_0 r}$ [V/m]
- 점전하에 의한 전계 : $E = \dfrac{Q}{4\pi\epsilon_0 r^2}$ [V/m] **답** ④

03 도전율 σ, 투자율 μ인 도체에 교류전류가 흐를 때 표피효과의 영향에 대한 설명으로 옳은 것은?

① σ가 클수록 작아진다.
② μ가 클수록 작아진다.
③ μ_s가 클수록 작아진다.
④ 주파수가 높을수록 커진다.

풀이 표피 효과 깊이 $\delta = \sqrt{\dfrac{2}{\omega\sigma\mu}} = \sqrt{\dfrac{1}{\pi f \sigma \mu}}$ [m]
f(주파수), σ(도전율), μ(투자율) 가 클수록 δ가 작게 되어 표피 효과가 심해진다. **답** ④

04 비투자율 μ_s는 역자성체에서 다음 중 어느 값을 갖는가?

① $\mu_s = 0$ ② $\mu_s < 1$
③ $\mu_s > 1$ ④ $\mu_s = 1$

풀이 강자성체 : $\mu_s \gg 1$
상자성체 : $\mu_s > 1$
역자성체 : $\mu_s < 1$ **답** ②

05 자계와 전류계의 대응으로 틀린 것은?

① 자속 ↔ 전류
② 기자력 ↔ 기전력
③ 투자율 ↔ 유전율
④ 자계의 세기 ↔ 전계의 세기

풀이 자기 회로와 전기 회로의 대응

자기 회로	전기 회로
자속 ϕ[Wb]	전류 I[A]
자계 H[A/m]	전계 E[V/m]
기자력 F[AT]	기전력 U[V]
자속 밀도 B[Wb/m²]	전류 밀도 i[A/m²]
투자율 μ[H/m]	도전율 k[℧/m]
자기 저항 R_m[AT/Wb]	전기 저항 R[Ω]

답 ③

06 다음의 관계식 중 성립할 수 없는 것은?
(단, μ는 투자율, μ_0는 진공의 투자율, χ는 자화율, J는 자화의 세기이다.)

① $\mu = \mu_0 + \chi$
② $J = \chi B$
③ $\mu_s = 1 + \dfrac{\chi}{\mu_0}$
④ $B = \mu H$

풀이 ① $\mu = \mu_0 + \chi$ [H/m]
② $J = \chi H$ [Wb/m²]
③ $\mu_s = \dfrac{\mu}{\mu_0} = \dfrac{\mu_0 + \chi}{\mu_0} = 1 + \dfrac{\chi}{\mu_0}$
④ $B = \mu_0 H + J = \mu_0 H + \chi H = (\mu_0 + \chi)H$
$= \mu_0 \mu_s H$ [Wb/m²] **답** ②

07 베이클라이트 중의 전속 밀도가 D[C/m²]일 때의 분극의 세기는 몇 [C/m²]인가? (단, 베이클라이트의 비유전율은 ϵ_r이다.)

① $D(\epsilon_r - 1)$ ② $D\left(1 + \dfrac{1}{\epsilon_r}\right)$
③ $D\left(1 - \dfrac{1}{\epsilon_r}\right)$ ④ $D(\epsilon_r + 1)$

풀이 분극의 세기

$$P = D - \epsilon_0 E = D - \epsilon_0 \times \frac{D}{\epsilon_0 \epsilon_r}$$
$$= D\left(1 - \frac{1}{\epsilon_r}\right) [C/m^2]$$ **답** ③

08 철심부의 평균 길이가 l_2, 공극의 길이가 l_1 단면적이 S인 자기회로이다. 자속밀도를 $B[Wb/m^2]$로 하기 위한 기자력[AT]은?

① $\frac{\mu_0}{B}\left(l_1 + \frac{\mu_s}{l_2}\right)$

② $\frac{B}{\mu_0}\left(l_2 + \frac{l_1}{\mu_s}\right)$

③ $\frac{\mu_0}{B}\left(l_2 + \frac{\mu_s}{l_1}\right)$

④ $\frac{B}{\mu_0}\left(l_1 + \frac{l_2}{\mu_s}\right)$

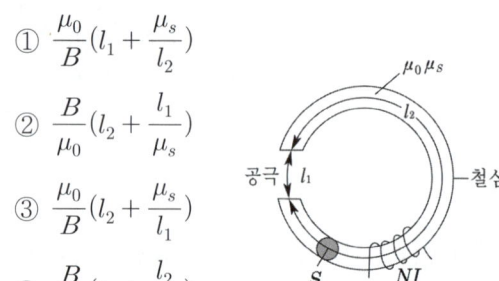

풀이 철심부의 자기 저항을 R_1, 공극의 자기 저항을 R_2라 하면 R_1, R_2는 직렬이므로
합성 자기 저항

$$R = R_1 + R_2 = \frac{l_1}{\mu_0 S} + \frac{l_2}{\mu S} [AT/Wb]$$

따라서 기자력

$$F = NI = R\phi = RBS = \left(\frac{l_1}{\mu_0 S} + \frac{l_2}{\mu S}\right)BS$$
$$= \frac{B}{\mu_0}\left(l_1 + \frac{l_2}{\mu_s}\right) [AT]$$ **답** ④

09 자성체의 자화의 세기 $J = 8000[Wb/m^2]$, 자화율 $\chi = 0.02[H/m]$일 때 자속밀도는 약 몇 [T]인가?

① 7000   ② 7500
③ 8000   ④ 8500

풀이 $B = \mu_0 H + J \left(J = \chi H \rightarrow H = \frac{J}{\chi}\right)$

$\therefore B = \frac{\mu_0}{\chi} J + J = J\left(\frac{\mu_0}{\chi} + 1\right)$

$= 8000 \times \left(\frac{4\pi \times 10^{-7}}{0.02} + 1\right)$
$\fallingdotseq 8000[Wb/m^2] = 8000[T]$
$(\because 1[Wb/m^2] = 1[T])$ **답** ③

10 진공 중의 자계 10[AT/m]인 점에 5×10^{-3}[Wb]의 자극을 놓으면 그 자극에 작용하는 힘[N]은?

① 5×10^{-2} ② 5×10^{-3}
③ 2.5×10^{-2} ④ 2.5×10^{-3}

풀이 $F = mH = 5 \times 10^{-3} \times 10 = 5 \times 10^{-2}[N]$ **답** ①

11 전계와 자계와의 관계에서 고유임피던스는?

① $\sqrt{\epsilon\mu}$ ② $\sqrt{\frac{\mu}{\epsilon}}$
③ $\sqrt{\frac{\epsilon}{\mu}}$ ④ $\frac{1}{\sqrt{\epsilon\mu}}$

풀이 고유 임피던스

$$Z_0 = \frac{E}{H} = \sqrt{\frac{\mu}{\epsilon}} = \sqrt{\frac{\mu_0}{\epsilon_0}} \cdot \sqrt{\frac{\mu_s}{\epsilon_s}}$$
$$= \sqrt{\frac{4\pi \times 10^{-7}}{8.855 \times 10^{-12}}} \cdot \sqrt{\frac{\mu_s}{\epsilon_s}}$$
$$= 377\sqrt{\frac{\mu_s}{\epsilon_s}} [\Omega]$$ **답** ②

12 자성체 $3 \times 4 \times 20[cm^3]$가 자속밀도 $B = 130[mT]$로 자화되었을 때 자기 모멘트가 $48[A \cdot m^2]$이었다면 자화의 세기(M)은 몇 [A/m]인가?

① 10^4 ② 10^5
③ 2×10^4 ④ 2×10^5

풀이 자화의 세기 M의 정의 : 단위 체적당 자기 모멘트

$$M = \frac{\text{자기모멘트}}{V_{\text{체적}}} = \frac{48}{3 \times 4 \times 20 \times 10^{-6}}$$
$$= 2 \times 10^5 [A/m]$$ **답** ④

13 그림과 같은 평행판 콘덴서에 극판의 면적이 S [m²], 진전하밀도를 σ[C/m²], 유전율이 각각 $\epsilon_1 = 4$, $\epsilon_2 = 2$인 유전체를 채우고 a, b 양단에 V[V]의 전압을 인가할 때 ϵ_1, ϵ_2인 유전체 내부의 전계의 세기 E_1, E_2와의 관계식은?

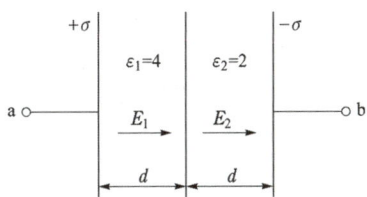

① $E_1 = 2E_2$ ② $E_1 = 4E_2$
③ $2E_1 = E_2$ ④ $E_1 = E_2$

풀이 경계조건 $D_1\cos\theta_1 = D_2\cos\theta_2$에서
경계면에 수직($\theta_1 = \theta_2 = 0°$)이므로
$D_1 = D_2 \rightarrow \epsilon_1 E_1 = \epsilon_2 E_2$
$E_1 = \frac{\epsilon_2}{\epsilon_1} E_2 = \frac{2}{4} \times E_2 = \frac{1}{2} E_2$
∴ $2E_1 = E_2$ **답** ③

14 쌍극자 모멘트가 M[C·m]인 전기쌍극자에 의한 임의의 점 P에서의 전계의 크기는 전기쌍극자의 중심에서 축방향과 점 P를 잇는 선분 사이의 각이 얼마일 때 최대가 되는가?

① 0 ② $\frac{\pi}{2}$
③ $\frac{\pi}{3}$ ④ $\frac{\pi}{4}$

풀이 $E = \frac{M}{4\pi\epsilon_0 r^3}(\sqrt{1+3\cos^2\theta})$에서
점 P의 전계는 $\theta = 0°$일 때 최대이고 $\theta = 90°$일 때 최소가 된다. **답** ①

15 원점에 +1[C], 점(2, 0)에 −2[C]의 점전하가 있을 때 전계의 세기가 0 인 점은?

① $(-3-2\sqrt{3},\ 0)$ ② $(-3+2\sqrt{3},\ 0)$
③ $(-2-2\sqrt{2},\ 0)$ ④ $(-2+2\sqrt{2},\ 0)$

풀이

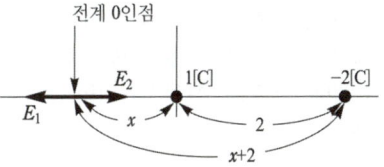

두 전하의 부호가 다른 경우에 전하량의 절대값이 작은 쪽의 외측에 전계의 세기가 0인 점이 존재한다.
$E_1 = E_2$이므로
$\frac{1}{4\pi\epsilon_0 x^2} = \frac{2}{4\pi\epsilon_0 (x+2)^2} \rightarrow \frac{1}{x^2} = \frac{2}{(x+2)^2}$
$\rightarrow 2x^2 = (x+2)^2 \rightarrow \sqrt{2}x = x+2$
$\rightarrow (\sqrt{2}-1)x = 2$
$\rightarrow x = \frac{2}{\sqrt{2}-1} = 2+2\sqrt{2}$
∴ 좌표 $(-2-2\sqrt{2},\ 0)$ **답** ③

16 유전율이 ϵ_1, ϵ_2인 유전체 경계면에 수직으로 전계가 작용할 때 단위면적당에 작용하는 수직력은?

① $2\left(\frac{1}{\epsilon_2} - \frac{1}{\epsilon_1}\right)E^2$

② $2\left(\frac{1}{\epsilon_2} - \frac{1}{\epsilon_1}\right)D^2$

③ $\frac{1}{2}\left(\frac{1}{\epsilon_2} - \frac{1}{\epsilon_1}\right)E^2$

④ $\frac{1}{2}\left(\frac{1}{\epsilon_2} - \frac{1}{\epsilon_1}\right)D^2$

풀이

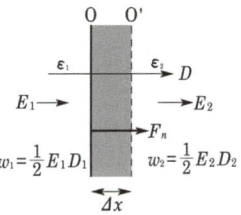

단위 면적당 작용하는 힘은
$f_n = w_2 - w_1 = \frac{1}{2}E_2 D_2 - \frac{1}{2}E_1 D_1$[N/m²]인데
경계면에서 수직으로 입사되므로 $D_1 = D_2$로
∴ $f_n = \frac{1}{2}(E_2 - E_1)D$
$= \frac{1}{2}\left(\frac{1}{\epsilon_2} - \frac{1}{\epsilon_1}\right)D^2$[N/m²] **답** ④

17 진공 중에서 $+q[C]$과 $-q[C]$의 점전하가 미소거리 $a[m]$ 만큼 떨어져 있을 때 이 쌍극자가 P점에 만드는 전계[V/m]와 전위[V]의 크기는?

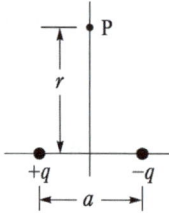

① $E = \dfrac{qa}{4\pi\epsilon_0 r^2}$, $V = 0$

② $E = \dfrac{qa}{4\pi\epsilon_0 r^3}$, $V = 0$

③ $E = \dfrac{qa}{4\pi\epsilon_0 r^2}$, $V = \dfrac{qa}{4\pi\epsilon_0 r}$

④ $E = \dfrac{qa}{4\pi\epsilon_0 r^3}$, $V = \dfrac{qa}{4\pi\epsilon_0 r^2}$

풀이 • 전기 쌍극자 모멘트 $M = qa[C \cdot m]$
• P점에서의 전계의 세기
$$E = \dfrac{M}{4\pi\epsilon_0 r^3}\sqrt{1+3\cos^2\theta}$$ 에서
$\theta = 90°$이므로 $\cos 90° = 0$
∴ 전계 $E = \dfrac{M}{4\pi\epsilon_0 r^3} = \dfrac{qa}{4\pi\epsilon_0 r^3}$ [V/m]

• P점에서의 전위 $V = \dfrac{M}{4\pi\epsilon_0 r^2}\cos\theta$ 에서
$\theta = 90°$이므로 $\cos 90° = 0$
∴ 전위 $V = 0[V]$ 이 된다. **답** ②

18 반지름 2[mm], 간격 1[m]의 평행왕복 도선이 있다. 도체 간에 전압 6[kV]를 가했을 때 단위 길이 당 작용하는 힘은 몇 [N/m]인가?

① 8.06×10^{-5} ② 8.06×10^{-6}
③ 6.87×10^{-5} ④ 6.87×10^{-6}

풀이 $C = \dfrac{\pi\epsilon_0}{\ln\dfrac{d}{r}}$ [F/m]

$W = \dfrac{1}{2}CV^2 = \dfrac{1}{2}\dfrac{\pi\epsilon_0}{\ln\dfrac{d}{r}}V^2$

$= \dfrac{1}{2}\pi\epsilon_0 V^2 \left(\ln\dfrac{d}{r}\right)^{-1}$ [J/m]

$f = \dfrac{\partial W}{\partial d} = \dfrac{\partial}{\partial d}\left[\dfrac{1}{2}\pi\epsilon_0 V^2\left(\ln\dfrac{d}{r}\right)^{-1}\right]$

$= \dfrac{1}{2}\pi\epsilon_0 V^2 \dfrac{\partial}{\partial d}\left(\ln\dfrac{d}{r}\right)^{-1}$

$= \dfrac{1}{2}\pi\epsilon_0 V^2 (-1)\left(\ln\dfrac{d}{r}\right)^{-2}\dfrac{1/r}{d/r}$

$= -\dfrac{\pi\epsilon_0 V^2}{2d\left(\ln\dfrac{d}{r}\right)^2}$ [J/m]

∴ $f = \dfrac{\pi\epsilon_0 V^2}{2d\left(\ln\dfrac{d}{r}\right)^2}$

$= \dfrac{\pi \times 8.855 \times 10^{-12} \times 6000^2}{2 \times 1 \times \left(\log_e \dfrac{1}{0.002}\right)^2}$

$= 1.30 \times 10^{-5}$ [N/m]

별해 $f = \dfrac{\lambda^2}{2\pi\epsilon_0 d}$ 에 $\lambda = CV = \left(\dfrac{\pi\epsilon_0}{\ln\dfrac{d}{r}}\right)V$를 대입하면

$f = \dfrac{\lambda^2}{2\pi\epsilon_0 d} = \dfrac{1}{2\pi\epsilon_0 d}\left(\dfrac{\pi\epsilon_0}{\ln\dfrac{d}{r}}\right)^2 V^2 = \dfrac{\pi\epsilon_0 V^2}{2d\left(\ln\dfrac{d}{r}\right)^2}$

∴ $f = \dfrac{\pi\epsilon_0 V^2}{2d\left(\ln\dfrac{d}{r}\right)^2} = \dfrac{\pi \times 8.855 \times 10^{-12} \times 6000^2}{2 \times 1 \times \left(\log_e \dfrac{1}{0.002}\right)^2}$

$= 1.30 \times 10^{-5}$ [N/m] **답** 답 없음

19 반지름 $a[m]$인 원형코일에 전류 $I[A]$가 흘렀을 때 코일 중심에서의 자계의 세기 [AT/m]는?

① $\dfrac{I}{4\pi a}$ ② $\dfrac{I}{2\pi a}$
③ $\dfrac{I}{4a}$ ④ $\dfrac{I}{2a}$

풀이 원형 코일 중심의 자계의 세기
$H = \dfrac{NI}{2a}$ [AT/m]에서 $N = 1$이므로
∴ $H = \dfrac{I}{2a}$ [AT/m] **답** ④

20 손실 유전체에서 전자파에 관한 전파정수 γ로서 옳은 것은?

① $j\omega\sqrt{\mu\epsilon}\sqrt{j\dfrac{\sigma}{\omega\epsilon}}$

② $j\omega\sqrt{\mu\epsilon}\sqrt{1-j\dfrac{\sigma}{2\omega\epsilon}}$

③ $j\omega\sqrt{\mu\epsilon}\sqrt{1-j\dfrac{\sigma}{\omega\epsilon}}$

④ $j\omega\sqrt{\mu\epsilon}\sqrt{1-j\dfrac{\omega\epsilon}{\sigma}}$

풀이 $r^2 = j\omega\mu(\sigma+j\omega\epsilon) \rightarrow r = \pm\sqrt{j\omega\mu(\sigma+j\omega\epsilon)}$

$\therefore r = \sqrt{j\omega\mu(\sigma+j\omega\epsilon)} = j\omega\sqrt{\epsilon\mu}\sqrt{1-j\dfrac{\sigma}{\omega\epsilon}}$ **답** ③

2017년 전기자기_전기기사

2017년 – 1회 _ 전기기사

01 평행평판 공기 콘덴서의 양 극판에 $+\sigma[\text{C/m}^2]$, $-\sigma[\text{C/m}^2]$의 전하가 분포되어 있다. 이 두 전극 사이에 유전율 $\epsilon[\text{F/m}]$인 유전체를 삽입한 경우의 전계 $[\text{V/m}]$는? (단, 유전체의 분극전하밀도를 $+\sigma'[\text{C/m}^2]$, $-\sigma'[\text{C/m}^2]$이라 한다.)

① $\dfrac{\sigma}{\epsilon_o}$ ② $\dfrac{\sigma+\sigma'}{\epsilon_o}$

③ $\dfrac{\sigma}{\epsilon_o} - \dfrac{\sigma'}{\epsilon}$ ④ $\dfrac{\sigma-\sigma'}{\epsilon_o}$

풀이 콘덴서 도체극판의 진전하 밀도 σ는 전속밀도 D, 유전체의 분극전하밀도 σ'는 분극의 세기(분극도) P로 정의한다. ($D=\sigma$, $P=\sigma'$)
따라서 D, P 및 E의 관계식 $D=\epsilon_o E+P$에서
전계의 세기 $E = \dfrac{D-P}{\epsilon_0} = \dfrac{\sigma-\sigma'}{\epsilon_0}$가 된다. **답** ④

02 자계와 직각으로 놓인 도체에 $I[\text{A}]$의 전류를 흘릴 때 $f[\text{N}]$의 힘이 작용하였다. 이 도체를 $v[\text{m/s}]$의 속도로 자계와 직각으로 운동시킬 때의 기전력 $e[\text{V}]$는?

① $\dfrac{fv}{I^2}$ ② $\dfrac{fv}{I}$ ③ $\dfrac{fv^2}{I}$ ④ $\dfrac{fv}{2I}$

풀이 도체가 받는 힘 $f=IBl\sin\theta[\text{N}]$
도체와 자계가 직각이면
$\sin\theta = \sin 90° = 1$이므로 $Bl = \dfrac{f}{I}$이다.
∴ 유기 전압 $e = vBl = \dfrac{vf}{I}[\text{V}]$ **답** ②

03 폐회로에 유도되는 유도기전력에 관한 설명으로 옳은 것은?

① 유도기전력은 권선수의 제곱에 비례한다.
② 렌츠의 법칙은 유도기전력의 크기를 결정하는 법칙이다.
③ 자계가 일정한 공간 내에서 폐회로가 운동하여도 유도기전력이 유도된다.
④ 전계가 일정한 공간 내에서 폐회로가 운동하여도 유도기전력이 유도된다.

풀이 유도 기전력 $e = -n\dfrac{d\phi}{dt}$
① 패러데이 법칙 : 유도기전력의 크기 결정(권선수 n 및 $\dfrac{d\phi}{dt}$에 비례)
② 렌츠의 법칙 : 유도기전력의 방향 결정 ("−" 부호 : 자속 변화를 방해하는 방향)
③ 유도기전력의 유도는 쇄교자속의 변화율이므로 자계 변화, 도체회로운동 또는 자계 변화 및 폐회로 운동이 된다. **답** ③

04 그림과 같이 반지름 a인 무한장 평행도체 A, B가 간격 d로 놓여 있고, 단위 길이당 각각 $+\lambda$, $-\lambda$의 전하가 균일하게 분포되어 있다 A, B 도체 간의 전위차$[\text{V}]$는? (단, $d \gg a$이다.)

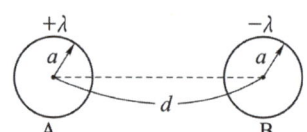

① $\dfrac{\lambda}{\pi\epsilon_o}\ln\dfrac{d-a}{a}$ ② $\dfrac{\lambda}{2\pi\epsilon_o}\ln\dfrac{d}{a}$

③ $\dfrac{\lambda}{\pi\epsilon_o}\ln\dfrac{a}{d}$ ④ $\dfrac{\lambda}{2\pi\epsilon_o}\ln\dfrac{a}{d}$

풀이
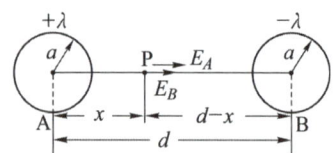

P점의 전계의 세기
$E = E_A + E_B = \dfrac{\lambda}{2\pi\epsilon_0 x} + \dfrac{\lambda}{2\pi\epsilon_0(d-x)}$
$= \dfrac{\lambda}{2\pi\epsilon_0}\left(\dfrac{1}{x} + \dfrac{1}{d-x}\right)$

두 도체 간의 전위차 V_{AB}

$$V_{AB} = -\int_{d-a}^{a} E dx = \int_{a}^{d-a} E dx$$
$$= \frac{\lambda}{2\pi\epsilon_0}\left(\int_{a}^{d-a}\frac{1}{x}dx + \int_{a}^{d-a}\frac{1}{d-x}dx\right)$$
$$= \frac{\lambda}{2\pi\epsilon_0}\left([\log x]_a^{d-a} + [-\log(d-x)]_a^{d-a}\right)$$
$$= \frac{\lambda}{\pi\epsilon_0}\log\frac{d-a}{a}$$

답 ①

05 반지름 a, b인 두 개의 구 형상 도체 전극이 도전율 k인 매질 속에 중심거리 r 만큼 떨어져 있다. 양 전극 간의 저항은?
(단, $r \gg a$, b이다)

① $4\pi k\left(\frac{1}{a} + \frac{1}{b}\right)$ ② $4\pi k\left(\frac{1}{a} - \frac{1}{b}\right)$

③ $\frac{1}{4\pi k}\left(\frac{1}{a} + \frac{1}{b}\right)$ ④ $\frac{1}{4\pi k}\left(\frac{1}{a} - \frac{1}{b}\right)$

풀이 ① 구도체 a, b 사이의 정전 용량

$$C = \frac{Q}{V_a - V_b} = \frac{4\pi\epsilon}{\frac{1}{a} + \frac{1}{b}} [F]$$

② $RC = \rho\frac{l}{S} \times \frac{\epsilon S}{d} = \rho\epsilon$ ($\because l = d$ 이다.)

$$\therefore R = \frac{\rho\epsilon}{C} = \frac{\rho\epsilon}{\frac{4\pi\epsilon}{\left(\frac{1}{a} + \frac{1}{b}\right)}}$$
$$= \frac{\rho}{4\pi}\left(\frac{1}{a} + \frac{1}{b}\right) = \frac{1}{4\pi k}\left(\frac{1}{a} + \frac{1}{b}\right) [\Omega]$$

여기서, $\rho = \frac{1}{k}[\Omega \cdot m]$

ρ = 고유저항, k = 도전율

답 ③

06 매질 1(ϵ_1)은 나일론(비유전율 $\epsilon_s = 4$)이고, 매질 2(ϵ_2)는 진공일 때 전속밀도 D가 경계면에서 각각 θ_1, θ_2의 각을 이룰 때 $\theta_2 = 30°$라면 θ_1의 값은?

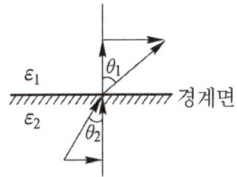

① $\tan^{-1}\frac{4}{\sqrt{3}}$ ② $\tan^{-1}\frac{\sqrt{3}}{4}$

③ $\tan^{-1}\frac{\sqrt{3}}{2}$ ④ $\tan^{-1}\frac{2}{\sqrt{3}}$

풀이 ① 매질의 경계면에서 전계는 수평 성분이 같고
($E_1\sin\theta_1 = E_2\sin\theta_2$),
전속밀도는 수직 성분이 서로 같으므로
($D_1\cos\theta_1 = D_2\cos\theta_2$)

$$\frac{E_1\sin\theta_1}{D_1\cos\theta_1} = \frac{E_2\sin\theta_2}{D_2\cos\theta_2}$$

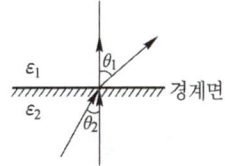

② $\frac{E\sin\theta}{D\cos\theta} = \frac{E\sin\theta}{\epsilon E\cos\theta} = \frac{1}{\epsilon} \cdot \frac{\sin\theta}{\cos\theta} = \frac{1}{\epsilon}\tan\theta$이므로

$$\frac{E_1\sin\theta_1}{D_1\cos\theta_1} = \frac{E_2\sin\theta_2}{D_2\cos\theta_2} \rightarrow \frac{1}{\epsilon_1}\tan\theta_1 = \frac{1}{\epsilon_2}\tan\theta_2$$
$$\rightarrow \frac{\tan\theta_1}{\tan\theta_2} = \frac{\epsilon_1}{\epsilon_2}$$

③ $\epsilon_1 = 4$(나일론), $\epsilon_2 = 1$(진공), $\theta_2 = 30°$이므로

$$\frac{\tan\theta_1}{\tan\theta_2} = \frac{\epsilon_1}{\epsilon_2} \rightarrow \frac{\tan\theta_1}{\tan 30°} = \frac{\tan\theta_1}{\frac{1}{\sqrt{3}}} = \frac{4}{1}$$
$$\rightarrow \tan\theta_1 = \frac{4}{\sqrt{3}}$$

따라서 $\theta_1 = \tan^{-1}\frac{4}{\sqrt{3}}$

답 ①

07 두 개의 콘덴서를 직렬접속하고 직류전압을 인가 시 설명으로 옳지 않은 것은?

① 정전용량이 작은 콘덴서에 전압이 많이 걸린다.
② 합성 정전용량은 각 콘덴서의 정전용량의 합과 같다.
③ 합성 정전용량은 각 콘덴서의 정전용량보다 작아진다.
④ 각 콘덴서의 두 전극에 정전유도에 의하여 정·부의 동일한 전하가 나타나고 전하량은 일정하다.

풀이

항목	직렬접속	병렬접속
결선	─┤├─┤├─ C_1 C_2	C_1 ∥ C_2
합성 정전 용량	• $C_0 = \dfrac{C_1 C_2}{C_1 + C_2}$ • 저항의 병렬결선과 동일 방법 • 접속되는 콘덴서가 증가할수록 **합성 정전용량은 감소**	• $C_0 = C_1 + C_2$ • 저항의 직렬결선과 동일 방법 • 접속되는 콘덴서가 증가할수록 합성 정전용량은 증가

답 ②

08 자기회로에 관한 설명으로 옳은 것은?

① 자기회로의 자기저항은 자기회로의 단면적에 비례한다.
② 자기회로의 기자력은 자기저항과 자속의 곱과 같다.
③ 자기저항 R_{m1}과 R_{m2}을 직렬연결 시 합성 자기저항은 $\dfrac{1}{R_m} = \dfrac{1}{R_{m1}} + \dfrac{1}{R_{m2}}$이다.
④ 자기회로의 자기저항은 자기회로의 길이에 반비례한다.

풀이

① 자기저항 $R_m = \dfrac{l}{\mu S}$ 이므로, 자기회로의 길이 l에 비례하고, 단면적 S에 반비례 한다.
② 자기저항 $R_m = \dfrac{F}{\phi} = \dfrac{NI}{\phi}$[AT/Wb]이므로 **기자력 $F = R\phi$[AT]** 이다.
③ 자기저항 R_{m1}과 R_{m2}을 직렬연결 시 합성 자기저항은 $R_m = R_{m1} + R_{m2}$이다.

답 ②

09 일반적인 전자계에서 성립되는 기본방정식이 아닌 것은? (단, i는 전류밀도, ρ는 공간전하밀도이다.)

① $\nabla \times H = i + \dfrac{\partial D}{\partial t}$
② $\nabla \times E = -\dfrac{\partial B}{\partial t}$
③ $\nabla \cdot D = \rho$
④ $\nabla \cdot B = \mu H$

풀이 전자계에서 성립하는 기본 방정식

맥스웰 전자방정식		의 미
미분형	적분형	
$\text{rot } E = \nabla \times E = -\dfrac{\partial B}{\partial t}$	$\oint_c E \cdot dl = -\int_S \dfrac{\partial B}{\partial t} \cdot dS$	패러데이 법칙
$\text{rot } H = i_c + \dfrac{\partial D}{\partial t}$	$\oint_c H \cdot dl = I + \int_S \dfrac{\partial D}{\partial t} \cdot dS$	암페어 주회적분 법칙
$\text{div } D = \rho$	$\oint_S D \cdot dS = \int_v \rho dv = Q$	가우스 법칙
$\text{div } B = 0$	$\oint_S B \cdot dS = 0$	가우스 법칙

답 ④

10 길이가 1[cm], 지름이 5[mm]인 동선에 1[A]의 전류를 흘렸을 때 전자가 동선을 흐르는 데 걸리는 평균 시간은 약 몇 초인가? (단, 동선의 전자밀도는 1×10^{28}[개/m³]이다.)

① 3
② 31
③ 314
④ 3147

풀이

전류밀도 $J = \dfrac{I}{S} = nqv$[A/m²]이므로

전류 $I = JS = nqvS = nq \times \dfrac{l}{t} \times \dfrac{\pi d^2}{4}$[A]

여기서, S : 단면적[m²], v : 속도[m/s],
q : 한 개 입자의 전하량[C],
d : 동선의 지름[m], l : 동선의 길이[m]

$\therefore t = nq \times \dfrac{l}{I} \times \dfrac{\pi d^2}{4}$
$= 1 \times 10^{28} \times 1.602 \times 10^{-19}$
$\times \dfrac{1 \times 10^{-2}}{1} \times \dfrac{\pi \times (5 \times 10^{-3})^2}{4}$
$≒ 314$[s]

답 ③

11 전계 E[V/m], 자계 H[AT/m]의 전자계가 평면파를 이루고, 자유공간으로 단위 시간에 전파될 때 단위 면적당 전력밀도[W/m²]의 크기는?

① EH^2
② EH
③ $\dfrac{1}{2}EH^2$
④ $\dfrac{1}{2}EH$

풀이 에너지밀도가 $w[\text{J/m}^3]$, 전파속도가 $v[\text{m/s}]$일 때 전력밀도 P는

$$P = wv = \epsilon E^2 \cdot \frac{1}{\sqrt{\epsilon\mu}} = \mu H^2 \cdot \frac{1}{\sqrt{\epsilon\mu}}$$
$$= EH [\text{W/m}^2]$$

답 ②

12
$0.2[\mu\text{F}]$인 평행판 공기 콘덴서가 있다. 전극 간에 그 간격의 절반 두께의 유리판을 넣었다면 콘덴서의 용량은 약 몇 $[\mu\text{F}]$인가? (단, 유리의 비유전율은 10 이다.)

① 0.26 ② 0.36
③ 0.46 ④ 0.56

풀이 공기 부분의 정전용량을 C_1이라 하면
$C_1 = \frac{\epsilon_0 S}{d/2}[\text{F}] = \frac{2S\epsilon_0}{d}[\text{F}]$이고,
유리판 부분의 정전용량을 C_2라 하면
$C_2 = \frac{\epsilon S}{d/2}[\text{F}] = \frac{2S\epsilon}{d}[\text{F}]$이다.
그러므로 극판 간 공극의 두께 1/2 상당의 유리판을 넣는 경우 정전용량 C는

$$C = \frac{1}{\frac{1}{C_1} + \frac{1}{C_2}} = \frac{1}{\frac{d}{2S}\left(\frac{1}{\epsilon_0} + \frac{1}{\epsilon}\right)}$$

$$= \frac{1}{\frac{d}{2\epsilon_0 S}\left(1 + \frac{\epsilon_0}{\epsilon}\right)} = \frac{2C_0}{1 + \frac{\epsilon_0}{\epsilon}} = \frac{2C_0}{1 + \frac{1}{\epsilon_s}} [\text{F}]$$

$$\therefore C = \frac{2C_0}{1 + \frac{1}{\epsilon_s}} = \frac{2 \times 0.2}{1 + \frac{1}{10}} = 0.36 [\mu\text{F}]$$

답 ②

13
옴의 법칙을 미분형태로 표시하면? (단, i는 전류밀도이고, ρ는 저항률, E는 전계이다.)

① $i = \frac{1}{\rho}E$ ② $i = \rho E$
③ $i = \text{div} E$ ④ $i = \nabla \times E$

풀이 전류 $I = \frac{V}{R} = \frac{SV}{\rho l} \left(\because R = \rho \frac{l}{S}\right)$
$= \frac{SE}{\rho} \left(\because E = \frac{V}{l}\right)$

여기서, 전류 I를 전류밀도 i로 표현하면
$i = \frac{I}{S}$이므로

$\therefore i = \frac{I}{S} = \frac{\frac{SE}{\rho}}{S} = \frac{E}{\rho} = \frac{1}{\rho}E$

별해 정전계와 전류계의 유사성

정전계	전류계
전속밀도 D	전류밀도 i
유전율 ϵ	도전율 σ
전계의 세기 E	전계의 세기 E
$D = \epsilon E$	$i = \sigma E$

$\therefore i = \sigma E = \frac{1}{\rho}E$

(저항률과 도전율 : 역수 관계) **답** ①

14
한 변의 길이가 $\sqrt{2}[\text{m}]$인 정사각형의 4개 꼭짓점에 $+10^{-9}[\text{C}]$의 점전하가 각각 있을 때 이 사각형의 중심에서의 전위[V]는?

① 0   ② 18
③ 36 ④ 72

풀이 4개 전하에 의한 전위는 1개 전하에 의한 전위의 4배이므로

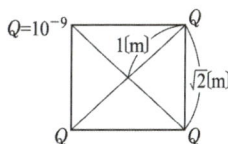

$\therefore V = \frac{Q}{4\pi\epsilon r} \times 4 = 9 \times 10^9 \times \frac{10^{-9}}{1} \times 4$
$= 36[\text{V}]$

답 ③

15
기계적인 변형력을 가할 때, 결정체의 표면에 전위차가 발생되는 현상은?

① 볼타 효과 ② 전계 효과
③ 압전 효과 ④ 파이로 효과

풀이 ① 어떤 특수한 결정을 가진 물질은 기계적 응력을 주면 그 물질 속에 전기분극이 일어나는데, 이러한 현상을 압전현상이라고 한다.
② 결정에 나타나는 압전현상은 방향성을 가지고 있는데 응력과 분극이 동일방향으로 발생할 때는 종효과, 수직인 경우를 횡효과라고 한다. **답** ③

16 면적이 $S[\text{m}^2]$인 금속판 2매를 간격이 $d[\text{m}]$ 되게 공기 중에 나란하게 놓았을 때 두 도체 사이의 정전용량[F]은?

① $\dfrac{S}{d}\epsilon_o$ ② $\dfrac{d}{S}\epsilon_o$

③ $\dfrac{d}{S^2}\epsilon_o$ ④ $\dfrac{S^2}{d}\epsilon_o$

풀이 전계의 세기 $E=\dfrac{\sigma}{\epsilon_0}[\text{V/m}]$

전위차 $V=Ed=\dfrac{\sigma}{\epsilon_0}d[\text{m}]$

이므로 매질이 공기인
단위 면적당 정전용량 C는

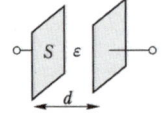

$C=\dfrac{\sigma}{V}=\dfrac{\sigma}{E\cdot d}=\dfrac{\sigma}{\dfrac{\sigma}{\epsilon_0}\cdot d}=\dfrac{\epsilon_0}{d}[\text{F/m}^2]$

따라서 두 도체 사이의 정전용량 C_0은

$C=C_0 S=\dfrac{S}{d}\epsilon_o[\text{F}]$ **답** ①

17 면전하 밀도가 $\rho_s[\text{C/m}^2]$인 무한히 넓은 도체판에서 $R[\text{m}]$만큼 떨어져 있는 점의 전계의 세기[V/m]는?

① $\dfrac{\rho_s}{\epsilon_o}$ ② $\dfrac{\rho_s}{2\epsilon_o}$

③ $\dfrac{\rho_s}{2R}$ ④ $\dfrac{\rho_s}{4\pi R^2}$

풀이 전속밀도 $D=\dfrac{\rho_s}{2}$ 와 $D=\epsilon_o E$에 의하여

전계의 세기 $E=\dfrac{D}{\epsilon_0}=\dfrac{\rho_s}{2\epsilon_o}[\text{V/m}]$ **답** ②

18 300회 감은 코일에 3[A]의 전류가 흐를 때의 기자력[AT]은?

① 10   ② 90
③ 100   ④ 900

풀이 기자력 $F=NI=300\times3=900[\text{AT}]$ **답** ④

19 구리로 만든 지름 20[cm]의 반구에 물을 채우고 그 중에 지름 10[cm]의 구를 띄운다. 이때 두 개의 구가 동심구라면 두 구 사이의 저항은 약 몇 [Ω]인가? (단, 물의 도전율은 $10^{-3}[\text{℧/m}]$라 하고, 물이 충만 되어 있다고 한다.)

① 1590   ② 2590
③ 2800   ④ 3180

풀이 동심구의 정전용량에서 반구이므로

$C=\dfrac{4\pi\epsilon}{\dfrac{1}{a}-\dfrac{1}{b}}\times\dfrac{1}{2}=\dfrac{2\pi\epsilon}{\dfrac{1}{a}-\dfrac{1}{b}}[\text{F}]$

$RC=\epsilon\rho=\dfrac{\epsilon}{\sigma}$ 에서

$\therefore R=\dfrac{\epsilon}{\sigma C}=\dfrac{1}{2\pi\sigma}\left(\dfrac{1}{a}-\dfrac{1}{b}\right)$

$=\dfrac{1}{2\pi\times10^{-3}}\times\left(\dfrac{1}{0.05}-\dfrac{1}{0.1}\right)$

$\fallingdotseq1590[\Omega]$ **답** ①

20 자기회로에서 철심의 투자율을 μ라 하고 회로의 길이를 l이라 할 때 그 회로의 일부에 미소 공극 l_g를 만들면 회로의 자기저항은 처음의 몇 배인가? (단, $l_g\ll l$, 즉 $l-l_g\fallingdotseq l$이다.)

① $1+\dfrac{\mu l_g}{\mu_0 l}$ ② $1+\dfrac{\mu l}{\mu_0 l_g}$

③ $1+\dfrac{\mu_0 l_g}{\mu l}$ ④ $1+\dfrac{\mu_0 l}{\mu l_g}$

풀이 투자율 μ인 자기 저항 $R_\mu=\dfrac{l}{\mu A}$

여기서, A는 철심의 단면적, 미소 공극은 l_g이므로 철심의 길이를 $l-l_g\fallingdotseq l$이라 하면, 이때의 자기 저항 R_m은

$R_m=R_1+R_2=\dfrac{l_g}{\mu_0 A}+\dfrac{l}{\mu A}$ 이므로

$\therefore \dfrac{R_m}{R_\mu}=1+\dfrac{\mu l_g}{\mu_0 l}=1+\dfrac{l_g}{l}\mu_s$ **답** ①

2017년 - 2회 _ 전기기사

01 원통좌표계에서 전류밀도 $j = Kr^2 a_z$ [A/m²] 일 때 암페어의 법칙을 사용한 자계의 세기 H [AT/m]는? (단, K는 상수이다.)

① $H = \dfrac{K}{4}r^4 a_\phi$ ② $H = \dfrac{K}{4}r^3 a_\phi$

③ $H = \dfrac{K}{4}r^4 a_z$ ④ $H = \dfrac{K}{4}r^3 a_z$

풀이
$$\text{rot } H = \left(\dfrac{1}{r}\dfrac{\partial H_z}{\partial \phi} - \dfrac{\partial H_\phi}{\partial z}\right)a_r + \left(\dfrac{\partial H_r}{\partial z} - \dfrac{\partial H_z}{\partial r}\right)a_\phi$$
$$+ \left(\dfrac{1}{r}\dfrac{\partial(rH_\phi)}{\partial r} - \dfrac{1}{r}\dfrac{\partial H_r}{\partial \phi}\right)a_z$$
$$= Kr^2 a_z$$
$$\dfrac{1}{r}\dfrac{\partial(rH_\phi)}{\partial r} - \dfrac{1}{r}\dfrac{\partial H_r}{\partial \phi} = Kr^2$$
$$\therefore H = \dfrac{K}{4}r^3 a_\phi$$

답 ②

02 최대 정전용량 C_0[F]인 그림과 같은 콘덴서의 정전용량이 각도에 비례하여 변화한다고 한다. 이 콘덴서를 전압 V[V]로 충전했을 때 회전자에 작용하는 토크는?

① $\dfrac{C_0 V^2}{2}$ [N·m]

② $\dfrac{C_0^2 V}{2\pi}$ [N·m]

③ $\dfrac{C_0 V^2}{2\pi}$ [N·m]

④ $\dfrac{C_0 V^2}{\pi}$ [N·m]

풀이 회전 각도 θ일 때 용량을 C_θ, 그때의 에너지를 W_θ라 하면
$$C_\theta = C_0 \dfrac{\theta}{\pi}, \quad W_\theta = \dfrac{1}{2}CV^2 = \dfrac{C_0 V^2}{2\pi}\theta$$
따라서 회전력 T는
$$T = \dfrac{\partial W_\theta}{\partial \theta} = \dfrac{\partial}{\partial \theta}\left(\dfrac{C_0 V^2}{2\pi}\theta\right) = \dfrac{C_0 V^2}{2\pi}$$
θ의 증가 방향으로 인가전압의 제곱에 비례하는 회전력이 작용한다.

답 ③

03 내부도체 반지름이 10[mm], 외부도체의 내반지름이 20[mm]인 동축 케이블에서 내부도체 표면에 전류 I가 흐르고, 얇은 외부도체에 반대방향인 전류가 흐를 때 단위 길이당 외부 인덕턴스는 약 몇 [H/m]인가?

① 0.28×10^{-7}
② 1.39×10^{-7}
③ 2.03×10^{-7}
④ 2.78×10^{-7}

풀이 동축 케이블의 단위 길이 당 외부 인덕턴스
$$L_e = \dfrac{\phi}{I} = \dfrac{\mu_0}{2\pi}\ln\dfrac{b}{a} = \dfrac{4\pi \times 10^{-7}}{2\pi}\ln\dfrac{20}{10}$$
$$= 1.39 \times 10^{-7} [\text{H/m}]$$

답 ②

04 무한 평면에 일정한 전류가 표면에 한 방향으로 흐르고 있다. 평면으로부터 r만큼 떨어진 점과 $2r$만큼 떨어진 점과의 자계의 비는 얼마인가?

① 1 ② $\sqrt{2}$
③ 2 ④ 4

풀이 무한평판에 전류 J[A/m]가 전면으로 흐르면 자계는 상부에서 왼쪽 방향, 하부는 오른쪽 방향으로 나타난다. 이 무한평판 상부의 폐곡선 ABCD에 자계를 고려하여 내부의 전류가 0인 암페어 주회적분 법칙을 적용하면 다음과 같다.

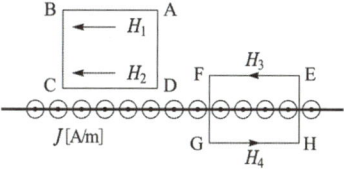

적분로 AB, CD의 자계를 H_1, H_2 이라고 할 때 적분로 AB는 H_1과 같은 방향, CD는 H_2와 반대 방향이므로 선적분은 각각 $H_1 l$, $-H_2 l$ 이고, BC와 DA의 선적분은 자계와 적분로가 수직이므로 0이 된다.
$$\oint_c H \cdot dl = \int_{AB} H_1 \cdot dl + \int_{BC} H \cdot dl$$
$$+ \int_{CD} H_2 \cdot dl + \int_{DA} H \cdot dl = 0$$
$$\oint_c H \cdot dl = H_1 \cdot l - H_2 \cdot l = 0 \rightarrow H_1 = H_2$$

따라서 $H_1 = H_2$이므로 무한 평판 전류 도체에서 자계의 세기는 수직 거리에 관계없이 일정하다.

참고 폐곡선 EFGH 내부에 전류 I가 흐를 때 암페어 주회적분을 적용하면 H_3, H_4는 적분로와 방향이 같으므로 (+)가 된다.
또 자계의 대칭성(방향은 반대이지만 크기는 동일)에 의해 $H_3 = H_4$이므로 다음과 같이 정리된다.

$$\oint H \cdot dl = \int_{EF} H_3 \cdot dl + \int_{FG} H \cdot dl$$
$$+ \int_{GH} H_4 \cdot dl + \int_{HE} H \cdot dl = I$$
$$\oint H \cdot dl = H_3 \cdot l + H_4 \cdot l = I$$
$$\to 2H_3 = I/l = J \to H_3 = \frac{J}{2}$$

따라서 무한 평판 전류 J[A/m]에 의한 자계는 모두 일정한 관계를 나타내고, 자계의 세기는 다음과 같다.

$$H_1 = H_2 = H_3 = H_4 = \frac{J}{2} [A/m]$$

답 ①

05
어떤 공간의 비유전율은 2이고,

전위 $V(x, y) = \frac{1}{x} + 2xy^2$이라고 할 때

점 $\left(\frac{1}{2}, 2\right)$에서의 전하밀도 ρ는

약 몇 [pC/m³]인가?

① -20 ② -40
③ -160 ④ -320

풀이 Poisson의 방정식 $\nabla^2 V = -\frac{\rho}{\epsilon}$

$$\nabla^2 V = \frac{\partial^2 V}{\partial x^2} + \frac{\partial^2 V}{\partial y^2}$$
$$= \frac{\partial^2}{\partial x^2}\left(\frac{1}{x} + 2xy^2\right) + \frac{\partial^2}{\partial y^2}\left(\frac{1}{x} + 2xy^2\right)$$
$$= \frac{2}{x^3} + 4x = 16 + 2 = 18$$

$\therefore \rho = -\epsilon(\nabla^2 V) = -\epsilon(18)$
$= -18\epsilon = -18\epsilon_0\epsilon_s$
$= -18 \times 8.854 \times 10^{-12} \times 2$
$≒ -320 \times 10^{-12} [C/m^3]$
$= -320 [pC/m^3]$

답 ④

06
그림과 같은 히스테리시스 루프를 가진 철심이 강한 평등자계에 의해 매 초 60[Hz]로 자화할 경우 히스테리시스 손실은 몇 [W]인가?
(단, 철심의 체적은 20[cm³], $B_r = 5$[Wb/m²], $H_c = 2$[AT/m]이다.)

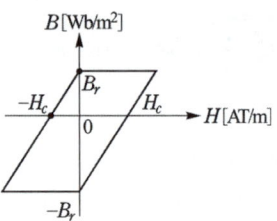

① 1.2×10^{-2} ② 2.4×10^{-2}
③ 3.6×10^{-2} ④ 4.8×10^{-2}

풀이 주파수 f[Hz], 체적 v[m³]일 때, 히스테리시스 손실 P_h는

$\therefore P_h = 4fvH_cB_r = 4 \times 60 \times 20 \times 10^{-6} \times 2 \times 5$
$= 4.8 \times 10^{-2}$ [W]

답 ④

07
그림과 같이 직각 코일이 $B = 0.05\dfrac{a_x + a_y}{\sqrt{2}}$ [T]인 자계에 위치하고 있다. 코일에 5[A] 전류가 흐를 때 z축에서의 토크는 약 몇 [N·m]인가?

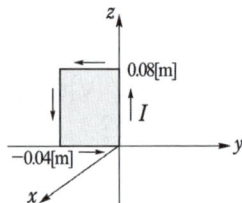

① $2.66 \times 10^{-4} a_x$ ② $5.66 \times 10^{-4} a_x$
③ $2.66 \times 10^{-4} a_z$ ④ $5.66 \times 10^{-4} a_z$

풀이
- 전류 I[A], 면적 S[m²]일 때 폐로 전류의 자기 모멘트 M은
$M = ISa_n$
$= 5 \times (0.04 \times 0.08)a_x$
$= 1.6 \times 10^{-2} a_x$

- 자속밀도 $B = \dfrac{0.05}{\sqrt{2}}(a_x + a_y)$이므로
폐로(루프) 전류의 토크(회전력) T는
$T = M \times B$
$= 1.6 \times 10^{-2} a_x \times \dfrac{0.05}{\sqrt{2}}(a_x + a_y)$
$= 1.6 \times 10^{-2} \times \dfrac{0.05}{\sqrt{2}} a_z$
$= 5.66 \times 10^{-4} a_z$ [N·m]

답 ④

08
그림과 같이 무한평면 도체 앞 a[m] 거리에 점전하 Q[C]가 있다. 점 0에서 x[m]인 P점의 전하밀도 σ[C/m²]는?

① $\dfrac{Q}{4\pi} \cdot \dfrac{a}{(a^2+x^2)^{\frac{3}{2}}}$

② $\dfrac{Q}{2\pi} \cdot \dfrac{a}{(a^2+x^2)^{\frac{3}{2}}}$

③ $\dfrac{Q}{4\pi} \cdot \dfrac{a}{(a^2+x^2)^{\frac{2}{3}}}$

④ $\dfrac{Q}{2\pi} \cdot \dfrac{a}{(a^2+x^2)^{\frac{2}{3}}}$

풀이

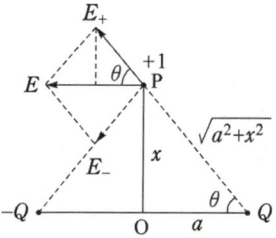

무한평판과 점전하이므로 전기 영상법을 적용하면 영상전하 $-Q$, 점 P에서 전계의 세기 E는

$E_+ = E_- = \dfrac{Q}{4\pi\epsilon_0 \left(\sqrt{a^2+x^2}\right)^2}$

$= \dfrac{Q}{4\pi\epsilon_0(a^2+x^2)}$

$E = 2E_+ \cos\theta$

$= 2 \cdot \dfrac{Q}{4\pi\epsilon_0(a^2+x^2)} \cdot \dfrac{a}{\sqrt{a^2+x^2}}$

$= \dfrac{Q}{2\pi\epsilon_0} \cdot \dfrac{a}{(a^2+x^2)^{\frac{3}{2}}}$

면전하밀도와 전계의 세기의 관계식
$\sigma = D = \epsilon_0 E$ 이므로

$\therefore \sigma = D = \epsilon_0 E$

$= \dfrac{Q}{2\pi} \cdot \dfrac{a}{(a^2+x^2)^{\frac{3}{2}}}$ [C/m²]

답 ②

09
막대자석 위쪽에 동축도체 원판을 놓고 회로의 한 끝은 원판의 주변에 접촉시켜 회전하도록 해놓은 그림과 같은 패러데이 원판 실험을 할 때 검류계에 전류가 흐르지 않는 경우는?

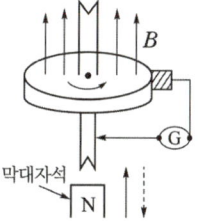

① 자석만을 일정한 방향으로 회전시킬 때
② 원판만을 일정한 방향으로 회전시킬 때
③ 자석을 축 방향으로 전진시킨 후 후퇴시킬 때
④ 원판과 자석을 동시에 같은 방향, 같은 속도로 회전시킬 때

풀이 기전력 $\left(e = -\dfrac{d\phi}{dt}\right)$은 자속이 시간적으로 변화가 일어날 때 발생하기 때문에 자속이 자석 또는 원판의 회전에 의해 증감 또는 끊기게 되면 변화가 발생하여 기전력이 발생하고 전류가 흐르게 된다. 그러므로 원판과 자석을 동시에 같은 방향, 같은 속도로 회전시키면 자속의 변화가 발생하지 않으므로 전류가 흐르지 않는다.

답 ④

10
유전율 $\epsilon = 8.855 \times 10^{-12}$[F/m]인 진공 중을 전자파가 전파할 때 진공 중의 투자율[H/m]은?

① 7.58×10^{-5}
② 7.58×10^{-7}
③ 12.56×10^{-5}
④ 12.56×10^{-7}

풀이 진공 중의 전자파의 속도

$c = \dfrac{1}{\sqrt{\epsilon_0 \mu_0}} = 3 \times 10^8$ [m/s] 이므로

$\therefore \mu_0 = \dfrac{1}{\epsilon_0 c^2} = \dfrac{1}{8.855 \times 10^{-12} \times (3 \times 10^8)^2}$

$= 12.56 \times 10^{-7}$ [H/m]

답 ④

11 점전하에 의한 전계의 세기[V/m]를 나타내는 식은? (단, r은 거리, Q는 전하량, λ는 선전하밀도, σ는 표면전하밀도이다.)

① $\dfrac{1}{4\pi\epsilon_o}\dfrac{Q}{r^2}$ ② $\dfrac{1}{4\pi\epsilon_o}\dfrac{\sigma}{r^2}$

③ $\dfrac{1}{2\pi\epsilon_o}\dfrac{Q}{r^2}$ ④ $\dfrac{1}{2\pi\epsilon_o}\dfrac{\sigma}{r^2}$

풀이 전계 내의 임의의 한 점에 단위전하 +1[C]을 놓았을 때, 이에 작용하는 힘 F는
$$F = E = \frac{1}{4\pi\epsilon_0}\frac{Q\times 1}{r^2} = \frac{1}{4\pi\epsilon_0}\frac{Q}{r^2} \text{ [V/m]}$$
여기서, E : 전계의 세기 [V/m]
Q : 전하량 [C]
r : 양 전하 간의 거리 [m]
ϵ_0 : 진공 중의 유전율   **답** ①

12 유전율 ϵ, 투자율 μ인 매질에서의 전파속도 v는?

① $\dfrac{1}{\sqrt{\epsilon\mu}}$ ② $\sqrt{\epsilon\mu}$

③ $\sqrt{\dfrac{\epsilon}{\mu}}$ ④ $\sqrt{\dfrac{\mu}{\epsilon}}$

풀이 전파속도
$$v_0 = \frac{1}{\sqrt{\epsilon\mu}} = \frac{1}{\sqrt{\epsilon_0\mu_0}}\cdot\frac{1}{\sqrt{\epsilon_s\mu_s}}$$
$$= \frac{3\times 10^8}{\sqrt{\epsilon_s\mu_s}} \text{ [m/s]} \quad \text{답} ①$$

13 전계 E[V/m], 전속밀도 D[C/m²], 유전율 $\epsilon = \epsilon_o\epsilon_s$[F/m], 분극의 세기 P[C/m²] 사이의 관계는?

① $P = D + \epsilon_0 E$ ② $P = D - \epsilon_0 E$

③ $P = \dfrac{D+E}{\epsilon_0}$ ④ $P = \dfrac{D-E}{\epsilon_0}$

풀이 전계 $E = \dfrac{\sigma - \sigma_p}{\epsilon_0} = \dfrac{D-P}{\epsilon_0}$[V/m]이므로
전속밀도 $D = \epsilon_0 E + P$[C/m²]이다.
따라서 분극의 세기
$P = D - \epsilon_0 E = \epsilon_0\epsilon_s E - \epsilon_0 E$
$\quad = \epsilon_0(\epsilon_s - 1)E$[C/m²]   **답** ②

14 서로 결합하고 있는 두 코일 C_1과 C_2의 자기인덕턴스가 각각 L_{c1}, L_{c2}라고 한다. 이들을 직렬로 연결하여 합성 인덕턴스 값을 얻은 후 두 코일 간 상호 인덕턴스의 크기($|M|$)를 얻고자 한다. 직렬로 연결할 때, 두 코일 간 자속이 서로 가해져서 보강되는 방향의 합성 인덕턴스의 값이 L_1, 서로 상쇄되는 방향의 합성 인덕턴스의 값이 L_2일 때, 다음 중 알맞은 식은?

① $L_1 < L_2$, $|M| = \dfrac{L_2 + L_1}{4}$

② $L_1 > L_2$, $|M| = \dfrac{L_1 + L_2}{4}$

③ $L_1 < L_2$, $|M| = \dfrac{L_2 - L_1}{4}$

④ $L_1 > L_2$, $|M| = \dfrac{L_1 - L_2}{4}$

풀이 자속이 같은 방향인 경우의 합성 인덕턴스
$$L_1 = L_{c1} + L_{c2} + 2M \cdots\cdots ①$$
자속이 반대 방향인 경우의 합성 인덕턴스
$$L_2 = L_{c1} + L_{c2} - 2M \cdots\cdots ②$$
따라서 $L_1 > L_2$이고 ① - ②를 하면
$L_1 - L_2 = 4M$이므로
$$\therefore M = \frac{L_1 - L_2}{4} \quad \text{답} ④$$

15 정전용량이 C_o[F]인 평행판 공기콘덴서가 있다. 이것의 극판에 평행으로 판간격 d[m]의 $\dfrac{1}{2}$ 두께인 유리판을 삽입하였을 때의 정전용량[F]은? (단, 유리판의 유전율은 ϵ[F/m]이라 한다.)

① $\dfrac{2C_0}{1+\dfrac{1}{\epsilon}}$ ② $\dfrac{C_0}{1+\dfrac{1}{\epsilon}}$

③ $\dfrac{2C_0}{1+\dfrac{\epsilon_0}{\epsilon}}$ ④ $\dfrac{C_0}{1+\dfrac{\epsilon}{\epsilon_0}}$

풀이 공기 부분의 정전용량을 C_1이라 하면
$$C_1 = \frac{\epsilon_0 S}{d/2}[F] = \frac{2S\epsilon_0}{d}[F]$$
유리판 부분의 정전용량을 C_2라 하면
$$C_2 = \frac{\epsilon S}{d/2} = \frac{2S\epsilon}{d}[F]$$
이다. 따라서 극판 간 공극의 두께 1/2 상당의 유리판을 넣는 경우의 합성 정전용량 C는
$$C = \frac{1}{\frac{1}{C_1}+\frac{1}{C_2}} = \frac{1}{\frac{d}{2S}\left(\frac{1}{\epsilon_0}+\frac{1}{\epsilon}\right)}$$
$$= \frac{1}{\frac{d}{2\epsilon_0 S}\left(1+\frac{\epsilon_0}{\epsilon}\right)} = \frac{2C_0}{1+\frac{\epsilon_0}{\epsilon}} = \frac{2C_0}{1+\frac{1}{\epsilon_s}}[F]$$

답 ③

16 벡터 포텐셜
$$\boldsymbol{A} = 3x^2 y \boldsymbol{a}_x + 2x\boldsymbol{a}_y - z^3 \boldsymbol{a}_z \,[\text{Wb/m}]$$
일 때의 자계의 세기 H[A/m]는?
(단, μ는 투자율이라 한다.)

① $\frac{1}{\mu}(2-3x^2)\boldsymbol{a}_y$

② $\frac{1}{\mu}(3-2x^2)\boldsymbol{a}_y$

③ $\frac{1}{\mu}(2-3x^2)\boldsymbol{a}_z$

④ $\frac{1}{\mu}(3-2x^2)\boldsymbol{a}_z$

풀이 자속밀도와 벡터 포텐셜의 관계
$\boldsymbol{B} = \text{rot}\,\boldsymbol{A} = \nabla \times \boldsymbol{A}$
$\boldsymbol{B} = \nabla \times \boldsymbol{A}$
$= \left(\frac{\partial}{\partial x}\boldsymbol{a}_x + \frac{\partial}{\partial y}\boldsymbol{a}_y + \frac{\partial}{\partial z}\boldsymbol{a}_z\right)$
$\quad \times (3x^2 y \boldsymbol{a}_x + 2x\boldsymbol{a}_y - z^3 \boldsymbol{a}_z)$
$= \begin{vmatrix} \boldsymbol{a}_x & \boldsymbol{a}_y & \boldsymbol{a}_z \\ \frac{\partial}{\partial x} & \frac{\partial}{\partial y} & \frac{\partial}{\partial z} \\ 3x^2 y & 2x & -z^3 \end{vmatrix} = (2-3x^2)\boldsymbol{a}_z\,[\text{Wb/m}^2]$

$\boldsymbol{B} = \mu\boldsymbol{H}$에서 $\boldsymbol{H} = \frac{\boldsymbol{B}}{\mu}$이므로
$\therefore \boldsymbol{H} = \frac{\boldsymbol{B}}{\mu} = \frac{1}{\mu}(2-3x^2)\boldsymbol{a}_z\,[\text{A/m}]$

답 ③

17 자기회로에서 자기저항의 관계로 옳은 것은?

① 자기회로의 길이에 비례
② 자기회로의 단면적에 비례
③ 자성체의 비투자율에 비례
④ 자성체의 비투자율의 제곱에 비례

풀이 자기저항 $R_m = \frac{l}{\mu S}$ [AT/Wb]이므로 자기회로의 길이 (l)에 비례한다.

답 ①

18 그림과 같은 길이가 1[m]인 동축 원통 사이의 정전용량[F/m]은?

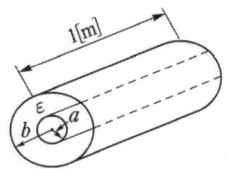

① $C = \frac{2\pi}{\epsilon \ln\frac{b}{a}}$

② $C = \frac{\epsilon}{2\pi \ln\frac{b}{a}}$

③ $C = \frac{2\pi\epsilon}{\ln\frac{b}{a}}$

④ $C = \frac{2\pi\epsilon}{\ln\frac{a}{b}}$

풀이 동심원통 사이의 정전용량
$$C = \frac{2\pi\epsilon L}{\ln\frac{b}{a}} = \frac{2\pi\epsilon \times 1}{\ln\frac{b}{a}} = \frac{2\pi\epsilon}{\ln\frac{b}{a}}[\text{F/m}]$$

답 ③

19 철심이 든 환상 솔레노이드의 권수는 500회, 평균 반지름은 10[cm], 철심의 단면적은 10[cm²], 비투자율 4000이다. 이 환상 솔레노이드에 2[A]의 전류를 흘릴 때 철심 내의 자속[Wb]은?

① 4×10^{-3}
② 4×10^{-4}
③ 8×10^{-3}
④ 8×10^{-4}

풀이
$\phi = BS = \mu HS = \mu_0 \mu_s \frac{NI}{2\pi r}S$
$= 4\pi \times 10^{-7} \times 4000$
$\quad \times \frac{500 \times 2}{2\pi \times 10 \times 10^{-2}} \times 10 \times 10^{-4}$
$= 8 \times 10^{-3}$ [Wb]

답 ③

20 그림과 같은 정방형관 단면의 격자점 ⑥의 전위를 반복법으로 구하면 약 몇 [V]인가?

① 6.3
② 9.4
③ 18.8
④ 53.2

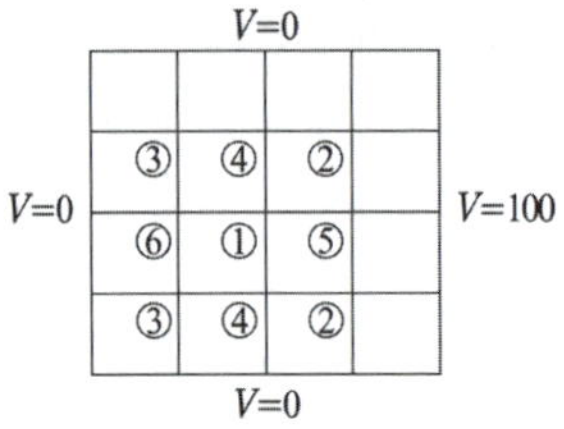

풀이 라플라스 방정식의 차분근사해법(반복법)

$$V_0 = \frac{1}{4}(V_1 + V_2 + V_3 + V_4)$$

한 점의 전위는 극히 인접한 4개의 등거리 점의 전위의 평균값과 같다.

①의 전위 $V_1 = \dfrac{100+0+0+0}{4} = 25$[V]

③의 전위 $V_3 = \dfrac{25+0+0+0}{4} = 6.2$[V]

따라서 ⑥의 전위

$V_6 = \dfrac{V_1 + V_3 + V_3 + 0}{4}$

$= \dfrac{25+6.2+6.2+0}{4}$

$= 9.4$[V]   **답** ②

2017년 - 3회 _ 전기기사

01 점전하에 의한 전위 함수가 $V = \dfrac{1}{x^2+y^2}$[V]일 때 $\text{grad}\,V$는?

① $-\dfrac{ix+jy}{(x^2+y^2)^2}$
② $-\dfrac{i2x+j2y}{(x^2+y^2)^2}$
③ $-\dfrac{i2x}{(x^2+y^2)^2}$
④ $-\dfrac{j2y}{(x^2+y^2)^2}$

풀이 $\text{grad}\,V = \nabla V = \left(i\dfrac{\partial}{\partial x}+j\dfrac{\partial}{\partial y}+k\dfrac{\partial}{\partial z}\right)\left(\dfrac{1}{x^2+y^2}\right)$

$= i\dfrac{\partial}{\partial x}\left(\dfrac{1}{x^2+y^2}\right)+j\dfrac{\partial}{\partial y}\left(\dfrac{1}{x^2+y^2}\right)$
$\quad +k\dfrac{\partial}{\partial z}\left(\dfrac{1}{x^2+y^2}\right)$

$= i\dfrac{-2x}{(x^2+y^2)^2}+j\dfrac{-2y}{(x^2+y^2)^2} = -\dfrac{i2x+j2y}{(x^2+y^2)^2}$

답 ②

02 면적 S[m²], 간격 d[m]인 평행판 콘덴서에 전하 Q[C]를 충전하였을 때 정전에너지 Q[J]는?

① $W = \dfrac{dQ^2}{\epsilon S}$
② $W = \dfrac{dQ^2}{2\epsilon S}$
③ $W = \dfrac{dQ^2}{4\epsilon S}$
④ $W = \dfrac{dQ^2}{8\epsilon S}$

풀이 평행판 콘덴서의 정전 용량 $C = \dfrac{\epsilon_0 S}{d}$

따라서 정전 에너지 $W = \dfrac{Q^2}{2C} = \dfrac{dQ^2}{2\epsilon_0 S}$ **답** ②

03 Poisson 및 Laplace 방정식을 유도하는 데 관련이 없는 식은?

① $\text{rot}\,\boldsymbol{E} = -\dfrac{\partial \boldsymbol{B}}{\partial t}$
② $\boldsymbol{E} = -\text{grad}\,V$
③ $\text{div}\,\boldsymbol{E} = \rho_v$
④ $\boldsymbol{D} = \epsilon \boldsymbol{E}$

풀이 공간전하밀도(체적전하밀도)와 전계의 세기와의 관계식

$\text{div}\,\boldsymbol{D} = \rho\ (\boldsymbol{D}=\epsilon\boldsymbol{E})$

$\text{div}\,\boldsymbol{E} = \dfrac{\rho}{\epsilon}$

전위와 전계의 세기의 관계식

$\boldsymbol{E} = -\text{grad}\,V\ (\boldsymbol{E}=-\nabla V)$

두 식으로부터 다음의 포아송 방정식과 라플라스 방정식이 유도된다.

$\text{div}\,\text{grad}\,V = -\dfrac{\rho}{\epsilon_0}\ (\nabla\cdot\nabla V = \nabla^2 V)$

$\therefore\ \nabla^2 V = -\dfrac{\rho}{\epsilon_0}$

: 포아송 방정식(Poisson's equation)

$\therefore\ \nabla^2 V = 0\ (\rho = 0)$

: 라플라스 방정식(Laplace's equation)

별해 Poisson 및 Laplace 방정식은 정전계에서의 공간전하밀도와 전위의 관계식을 나타낸다. 따라서 시변계에서 자속변화에 의한 기전력의 발생을 나타내는 전계와 자속밀도의 관계식인 $\text{rot}\,\boldsymbol{E} = -\dfrac{\partial \boldsymbol{B}}{\partial t}$과는 관계가 없다.

답 ①

04 반지름 1[cm]인 원형 코일에 전류 10[A]가 흐를 때, 코일의 중심에서 코일면에 수직으로 $\sqrt{3}$ [cm] 떨어진 점의 자계의 세기는 몇 [AT/m]인가?

① $\dfrac{1}{16} \times 10^3$ ② $\dfrac{3}{16} \times 10^3$

③ $\dfrac{5}{16} \times 10^3$ ④ $\dfrac{7}{16} \times 10^3$

풀이 원형 코일에 의한 중심 축상 x거리의 자계의 세기는 등가 판자석으로 구한다.

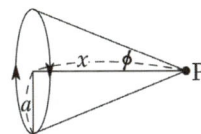

P점의 자위
$$U = \dfrac{I}{4\pi}\omega = \dfrac{I}{4\pi} \cdot 2\pi(1-\cos\phi)$$
$$= \dfrac{I}{2}\left(1 - \dfrac{x}{\sqrt{a^2+x^2}}\right)[AT]$$

자계의 세기 $\boldsymbol{H} = -\text{grad}\, U$에 의해
$$\boldsymbol{H} = -\dfrac{dU}{dx} = \dfrac{a^2 I}{2(a^2+x^2)^{3/2}}$$ 이므로

$$\therefore H = \dfrac{a^2 I}{2(a^2+x^2)^{3/2}}$$
$$= \dfrac{(1 \times 10^{-2})^2 \times 10}{2\{(1 \times 10^{-2})^2 + (\sqrt{3} \times 10^{-2})^2\}^{3/2}}$$
$$= \dfrac{1}{16} \times 10^3 [AT/m]$$ **답** ①

05 평등자계 내에 전자가 수직으로 입사하였을 때 전자의 운동을 바르게 나타낸 것은?

① 구심력은 전자속도에 반비례한다.
② 원심력은 자계의 세기에 반비례한다.
③ 원운동을 하고 반지름은 자계의 세기에 비례한다.
④ 원운동을 하고 반지름은 전자의 회전속도에 비례한다.

풀이 ① 전자력에 의한 구심력 $F = evB$
∴ $F \propto v$이므로 전자속도(v)에 비례

② 전자력에 의한 원심력 $F' = \dfrac{mv^2}{r}$
∴ 자계의 세기(H)와 관계가 없음

③ 평형 조건($F = F'$)에 의한 궤도 반지름
$r = \dfrac{mv}{eB} : r \propto \dfrac{v}{B}\left(=\dfrac{v}{\mu H}\right)$ 이므로 자계의 세기(H)에 반비례하고, 속도(v)에 비례
평등자계 내의 전자가 수직으로 입사하였을 때 전자의 운동은 전류의 방향과 반대방향을 고려하여 플레밍의 왼손법칙을 적용하면 원의 중심으로 향하는 힘을 받는다. 즉, 운동 방향과 직각으로 힘을 받아 등속 원운동을 한다. **답** ④

06 액체 유전체를 포함한 콘덴서 용량이 C[F]인 것에 V[V]의 전압을 가했을 경우에 흐르는 누설전류[A]는?(단, 유전체의 유전율은 ϵ[F/m], 고유저항은 ρ[Ω·m]이다.)

① $\dfrac{\rho\epsilon}{CV}$ ② $\dfrac{C}{\rho\epsilon V}$ ③ $\dfrac{CV}{\rho\epsilon}$ ④ $\dfrac{\rho\epsilon V}{C}$

풀이 $RC = \rho\epsilon$ 에서 $R = \dfrac{\rho\epsilon}{C}$ 이므로

누설전류 $I = \dfrac{V}{R} = \dfrac{V}{\dfrac{\rho\epsilon}{C}} = \dfrac{CV}{\rho\epsilon}$ [A] **답** ③

07 다이아몬드와 같은 단결정 물체에 전장을 가할 때 유도되는 분극은?

① 전자분극
② 이온분극과 배향분극
③ 전자분극과 이온분극
④ 전자분극, 이온분극, 배향분극

풀이 전자 분극은 단결정 매질에서 전자운과 핵의 상대적인 변위에 의해 발생한다. **답** ①

08 다음 설명 중 옳은 것은?

① 무한 직선 도선에 흐르는 전류에 의한 도선 내부에서 자계의 크기는 도선의 반경에 비례한다.
② 무한 직선 도선에 흐르는 전류에 의한 도선의 외부에서 자계의 크기는 도선의 중심과의 거리에 무관하다.
③ 무한장 솔레노이드 내부자계의 크기는 코일에 흐르는 전류의 크기에 비례한다.
④ 무한장 솔레노이드 내부자계의 크기는 단위 길이 당 권수의 제곱에 비례한다.

풀이 (1) 무한 직선 도선의 전류
① 도선 내부 자계의 세기
$$H_i = \frac{r}{2\pi a^2} I \text{ [AT/m]}$$
(도선 반지름 a^2에 반비례)
② 도선 외부 자계의 세기
$$H_e = \frac{I}{2\pi r} \text{ [AT/m]}$$
(도선 중심의 거리 r에 반비례)
(2) **무한장 솔레노이드**
내부 자계 : $H_i = nI$ [AT/m]
(**전류 I 및 단위 길이당 권수 n에 비례**) 답 ③

09 인덕턴스의 단위[H]와 같지 않은 것은?
① J/A·s ② Ω·s
③ Wb/A ④ J/A²

풀이 ② $v = L\frac{di}{dt}$ 관계식에서 $L = \frac{dt}{di}v$,
$$H = \left[\frac{\sec \cdot V}{A}\right] = \left[\sec \cdot \frac{V}{A}\right] = [\sec \cdot \Omega]$$
③ $L = \frac{N\phi}{I}$ [Wb/A]
④ $W = \frac{1}{2}LI^2$에서 $L = \frac{2W}{I^2}$ [J/A²] 답 ①

10 그림과 같은 유전속 분포가 이루어질 때 ϵ_1과 ϵ_2의 크기 관계는?
① $\epsilon_1 > \epsilon_2$
② $\epsilon_1 < \epsilon_2$
③ $\epsilon_1 = \epsilon_2$
④ $\epsilon_1 > 0$, $\epsilon_2 > 0$

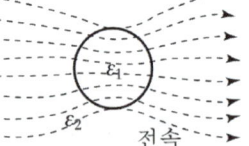

풀이 전속선은 유전율이 큰 쪽으로 모이므로
$\epsilon_1 > \epsilon_2$ 이다. 답 ①

11 전계 및 자계의 세기가 각각 E, H일 때, 포인팅 벡터 P의 표시로 옳은 것은?
① $P = \frac{1}{2}E \times H$ ② $P = E \text{ rot} H$
③ $P = E \times H$ ④ $P = H \text{ rot} E$

풀이 진행 방향에 수직되는 단위 면적을 단위 시간에 통과하는 에너지를 포인팅 벡터 또는 방사 벡터라 하며
$P = E \times H = EH \sin\theta$ [W/m²]로 표현된다. 답 ③

12 규소강판과 같은 자심재료의 히스테리시스 곡선의 특징은?
① 보자력이 큰 것이 좋다.
② 보자력과 잔류자기가 모두 큰 것이 좋다.
③ 히스테리시스 곡선의 면적이 큰 것이 좋다.
④ 히스테리시스 곡선의 면적이 작은 것이 좋다.

풀이
• 영구자석 재료 : 히스테리시스 곡선의 면적 및 보자력이 크고, 잔류자기도 클 것
• 전자석(일시 자석) 재료 : 히스테리시스 곡선의 면적 및 보자력이 작고, 잔류자기는 클 것 답 ④

13 투자율 μ[H/m], 자계의 세기 H[AT/m], 자속밀도 B[Wb/m²]인 곳의 자계 에너지 밀도 [J/m³]는?
① $\frac{B^2}{2\mu}$ ② $\frac{H^2}{2\mu}$
③ $\frac{1}{2}\mu H$ ④ BH

풀이 자성체 단위 체적당 저장되는 에너지, 즉 에너지 밀도 ω는
$w = \frac{1}{2}BH = \frac{B^2}{2\mu} = \frac{1}{2}\mu H^2$ [J/m³]이다. 답 ①

14 커패시터를 제조하는 데 A, B, C, D와 같은 4가지의 유전재료가 있다. 커패시터 내의 전계를 일정하게 하였을 때, 단위 체적당 가장 큰 에너지 밀도를 나타내는 재료부터 순서대로 나열한 것은?
(단, 유전재료 A, B, C, D의 비유전율은 각각 $\epsilon_{rA} = 8$, $\epsilon_{rB} = 10$, $\epsilon_{rC} = 2$, $\epsilon_{rD} = 4$이다.)
① C > D > A > B ② B > A > D > C
③ D > A > C > B ④ A > B > D > C

풀이 유전체 내에 저장되는 에너지밀도
$w = \frac{1}{2}\epsilon E^2 [\text{J/m}^3]$ 에서 $w \propto \epsilon_r$
즉, 에너지밀도는 비유전율에 비례한다.
따라서 $\epsilon_{rB} > \epsilon_{rA} > \epsilon_{rD} > \epsilon_{rC}$ 이므로
∴ B > A > D > C
답 ②

15 정전계 해석에 관한 설명으로 틀린 것은?

① 포아송 방정식은 가우스 정리의 미분형으로 구할 수 있다.
② 도체 표면에서의 전계의 세기는 표면에 대해 법선 방향을 갖는다.
③ 라플라스 방정식은 전극이나 도체의 형태에 관계없이 체적전하밀도가 0인 모든 점에서 $\nabla^2 V = 0$을 만족한다.
④ 라플라스 방정식은 비선형 방정식이다.

풀이
① 포아송 방정식 : $\nabla^2 V = -\frac{\rho}{\epsilon_0}$
② 라플라스 방정식 : $\nabla^2 V = 0$

포아송 방정식과 라플라스 방정식에 포함된 라플라시언(∇^2)은 선형이고 스칼라 연산자를 나타내므로, 라플라스 방정식 및 포아송 방정식은 선형 방정식이 된다.
답 ④

16 자화의 세기 단위로 옳은 것은?

① AT/Wb
② AT/m^2
③ $\text{Wb} \cdot \text{m}$
④ Wb/m^2

풀이 자화의 세기
$J = \frac{m}{S} = \frac{ml}{Sl} = \frac{M}{V}$ [Wb/m²]
여기서, S : 자성체의 단면적 [m²]
m : 자화된 자기량 [Wb]
l : 자성체의 길이 [m]
V : 자성체의 체적 [m³]
M : 자기 모멘트 ($M = ml$ [Wb·m])
답 ④

17 중심은 원점에 있고 반지름 a[m]인 원형 선도체가 $z = 0$인 평면에 있다. 도체에 선전하밀도 ρ_L[C/m]가 분포되어 있을 때 $z = b$[m]인 점에서 전계 E[V/m]는? (단, a_r, a_z는 원통좌표계에서 r 및 z 방향의 단위벡터이다.)

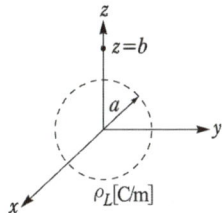

① $\frac{ab\rho_L}{2\pi\epsilon_o (a^2 + b^2)} a_r$

② $\frac{ab\rho_L}{4\pi\epsilon_o (a^2 + b^2)} a_z$

③ $\frac{ab\rho_L}{2\epsilon_o (a^2 + b^2)^{\frac{3}{2}}} a_z$

④ $\frac{ab\rho_L}{4\epsilon_o (a^2 + b^2)^{\frac{3}{2}}} a_z$

풀이

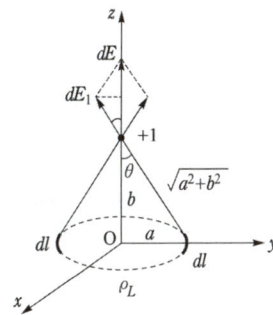

① 미소 길이 dl에 대한 전계의 세기 dE_1과 dE

$dE_1 = \frac{\rho_L dl}{4\pi\epsilon_0 (\sqrt{a^2 + b^2})^2}$

$dE = 2dE_1 \cos\theta$

$= 2 \cdot \frac{\rho_L dl}{4\pi\epsilon_0 (\sqrt{a^2 + b^2})^2} \cdot \frac{b}{\sqrt{a^2 + b^2}}$

$= \frac{b\rho_L dl}{2\pi\epsilon_0 (a^2 + b^2)^{\frac{3}{2}}}$

② 원형 선도체에 의한 전계의 세기 E

$$E = \int_0^{\pi a} \frac{b\rho_L dl}{2\pi\epsilon_0 (a^2 + b^2)^{\frac{3}{2}}}$$

$$= \frac{b\rho_L}{2\pi\epsilon_0} \int_0^{\pi a} \frac{dl}{(a^2 + b^2)^{\frac{3}{2}}}$$

$$= \frac{b\rho_L}{2\pi\epsilon_0} \frac{\pi a}{(a^2 + b^2)^{\frac{3}{2}}} = \frac{ab\rho_L}{2\epsilon_0 (a^2 + b^2)^{\frac{3}{2}}}$$

$$\therefore \boldsymbol{E} = \frac{ab\rho_L}{2\epsilon_0 (a^2 + b^2)^{\frac{3}{2}}} \boldsymbol{a}_z$$

답 ③

18
$V = x^2$[V]로 주어지는 전위 분포일 때 $x = 20$[cm]인 점의 전계는?

① $+x$ 방향으로 40[V/m]
② $-x$ 방향으로 40[V/m]
③ $+x$ 방향으로 0.4[V/m]
④ $-x$ 방향으로 0.4[V/m]

풀이
$$\boldsymbol{E} = -\nabla V = -\left(\frac{\partial V}{\partial x}\boldsymbol{a}_x + \frac{\partial V}{\partial y}\boldsymbol{a}_y + \frac{\partial V}{\partial z}\boldsymbol{a}_z\right)$$
$$= -\left(\frac{\partial x^2}{\partial x}\boldsymbol{a}_x + \frac{\partial x^2}{\partial y}\boldsymbol{a}_y + \frac{\partial x^2}{\partial z}\boldsymbol{a}_z\right)$$
$$= -2x\boldsymbol{a}_x = -2 \times 0.2\boldsymbol{a}_x = -0.4\boldsymbol{a}_x \text{[V/m]}$$

∴ 전계는 $-x$ 방향으로 0.4[V/m]이다.

답 ④

19
공간 도체 내의 한 점에 있어서 자속이 시간적으로 변화하는 경우에 성립하는 식은?

① $\nabla \times E = \frac{\partial H}{\partial t}$

② $\nabla \times E = -\frac{\partial H}{\partial t}$

③ $\nabla \times E = \frac{\partial B}{\partial t}$

④ $\nabla \times E = -\frac{\partial B}{\partial t}$

풀이
- $\nabla \times \boldsymbol{E} = \text{rot } \boldsymbol{E} = \text{curl } \boldsymbol{E} = -\frac{\partial B}{\partial t}$ (회전)
- $\nabla \cdot \boldsymbol{E} = \text{div } \boldsymbol{E}$ (발산)

답 ④

20
변위 전류와 가장 관계가 깊은 것은?

① 반도체 ② 유전체
③ 자성체 ④ 도체

풀이 변위 전류는 진공 또는 유전체 내 전속 밀도의 시간적 변화에 의해서 발생한다.

즉, $i_D = \frac{I_D}{S} = \frac{\partial D}{\partial t} = \frac{\partial(\epsilon E)}{\partial t}$

여기서, i_D : 변위전류밀도[A/m²]
I_D : 변위전류[A]
ϵ : 유전율[F/m]
E : 전계의 세기[V/m]
D : 전속밀도[C/m²]

답 ②

2018년 전기자기_전기기사

2018년 - 1회 _ 전기기사

01 평면도체 표면에서 $r[m]$의 거리에 점전하 $Q[C]$이 있을 때 이 전하를 무한원까지 운반하는 데 필요한 일은 몇 [J]인가?

① $\dfrac{Q^2}{4\pi\epsilon_0 r}$ ② $\dfrac{Q^2}{8\pi\epsilon_0 r}$

③ $\dfrac{Q^2}{16\pi\epsilon_0 r}$ ④ $\dfrac{Q^2}{32\pi\epsilon_0 r}$

풀이

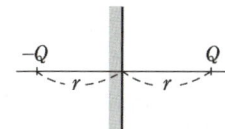

작용력 F는
$$F = \dfrac{-Q^2}{4\pi\epsilon_0(2r)^2} = \dfrac{-Q^2}{16\pi\epsilon_0 r^2}[N](흡인력)$$
요하는 일 W는
$$W = \int_r^\infty F dr$$
$$= \dfrac{Q^2}{16\pi\epsilon_0}\int_r^\infty \dfrac{1}{r^2}dr = \dfrac{Q^2}{16\pi\epsilon_0}\left[-\dfrac{1}{r}\right]_r^\infty$$
$$= \dfrac{Q^2}{16\pi\epsilon_0 r}[J]$$

답 ③

02 역자성체에서 비투자율(μ_s)은 어느 값을 갖는가?

① $\mu_s = 1$ ② $\mu_s < 1$
③ $\mu_s > 1$ ④ $\mu_s = 0$

풀이 비투자율 $\mu_s = \dfrac{\mu}{\mu_0} = 1 + \dfrac{\chi_m}{\mu_0}$에서
$\mu_s > 1(\chi_m > 0)$이면 상자성체,
$\mu_s < 1(\chi_m < 0)$이면 **역자성체**가 된다.

답 ②

03 비유전율 ϵ_{r1}, ϵ_{r2}인 두 유전체가 나란히 무한평면으로 접하고 있고, 이 경계면에 평행으로 유전체의 비유전율 ϵ_{r1} 내에 경계면으로부터 $d[m]$인 위치에 선전하 밀도 $\rho[C/m]$인 선상전하가 있을 때, 이 선전하와 유전체 ϵ_{r2} 간의 단위 길이 당의 작용력은 몇 [N/m]인가?

① $9 \times 10^9 \times \dfrac{\rho^2}{\epsilon_{r2}d} \times \dfrac{\epsilon_{r1}+\epsilon_{r2}}{\epsilon_{r1}-\epsilon_{r2}}$

② $2.25 \times 10^9 \times \dfrac{\rho^2}{\epsilon_{r2}d} \times \dfrac{\epsilon_{r1}-\epsilon_{r2}}{\epsilon_{r1}+\epsilon_{r2}}$

③ $9 \times 10^9 \times \dfrac{\rho^2}{\epsilon_{r1}d} \times \dfrac{\epsilon_{r1}-\epsilon_{r2}}{\epsilon_{r1}+\epsilon_{r2}}$

④ $2.25 \times 10^9 \times \dfrac{\rho^2}{\epsilon_{r1}d} \times \dfrac{\epsilon_{r1}-\epsilon_{r2}}{\epsilon_{r1}+\epsilon_{r2}}$

풀이

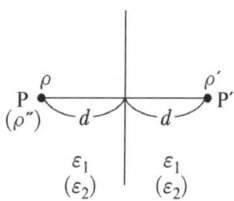

① 전 공간이 ϵ_1의 유전체로 채워져 있고 점 P'에 선전하 ρ'을 놓은 경우와 전 공간이 ϵ_2의 유전체로 채워져 있고 점 P에 선전하 ρ''을 놓은 경우, 유전체 경계조건을 만족하도록 전속밀도와 전계의 세기를 각각 구하여 등가로 놓으면 영상 선전하 밀도 ρ', ρ''은
$$\rho' = \dfrac{\epsilon_1 - \epsilon_2}{\epsilon_1 + \epsilon_2}\rho, \quad \rho'' = \dfrac{2\epsilon_2}{\epsilon_1 + \epsilon_2}\rho$$
가 된다.

② 선전하 ρ와 유전체 ϵ_2 간의 작용력은 전 공간이 유전체 ϵ_1으로 채워져 있고, ρ, ρ'이 거리 $2d$만큼 떨어진 경우의 영상력 F를 의미한다.
따라서 단위 길이당 작용력은 $F = \rho'E$으로부터
$$F = \rho'E = \dfrac{\rho}{2\pi\epsilon_1(2d)} \cdot \rho'$$
$$= \dfrac{\rho^2}{4\pi\epsilon_1 d} \cdot \dfrac{\epsilon_1 - \epsilon_2}{\epsilon_1 + \epsilon_2}$$
$$= 9 \times 10^9 \cdot \dfrac{\rho^2}{\epsilon_{r1}d} \cdot \dfrac{\epsilon_{r1} - \epsilon_{r2}}{\epsilon_{r1} + \epsilon_{r2}}[N/m]$$
가 구해진다.

답 ③

04 점전하에 의한 전계는 쿨롱의 법칙을 사용하면 되지만 분포되어 있는 전하에 의한 전계를 구할 때는 무엇을 이용하는가?

① 렌츠의 법칙
② 가우스의 정리
③ 라플라스 방정식
④ 스토크스의 정리

풀이 전하가 임의의 분포(즉, 선, 면, 체적 분포)를 하고 있을 때, 폐곡면 내의 전 전하에 대해 폐곡면을 통과하는 전기력선의 수 또는 전속과의 관계를 수학적으로 표현한 식을 가우스 법칙(정리)이라 한다. **답** ②

05 패러데이관(Faraday tube)의 성질에 대한 설명으로 틀린 것은?

① 패러데이관 중에 있는 전속수는 그 관속에 진전하가 없으면 일정하며 연속적이다.
② 패러데이관의 양단에는 양 또는 음의 단위 진전하가 존재하고 있다.
③ 패러데이관 한 개의 단위 전위차 당 보유에너지는 1/2[J]이다.
④ 패러데이관의 밀도는 전속밀도와 같지 않다.

풀이
- 패러데이관 내의 전속수는 일정하다.
- 패러데이관 양단에 정, 부의 단위 전하가 있다.
- 진전하가 없는 점에서 패러데이관은 연속이다.
- 패러데이관의 밀도는 전속 밀도와 같다. **답** ④

06 공기 중에 있는 지름 6[cm]인 단일 도체구의 정전용량은 약 몇 [pF]인가?

① 0.34
② 0.67
③ 3.34
④ 6.71

풀이 도체구의 정전용량 $C = 4\pi\epsilon_0\epsilon_s a$[F] (단, a는 반지름이다.)에서 공기의 비유전율은 1이므로

$$\therefore C = 4\pi\epsilon_0\epsilon_s a = \frac{1}{9\times 10^9} \times 1 \times \frac{6\times 10^{-2}}{2}$$
$$= 3.33\times 10^{-12}[F] = 3.33[pF]$$ **답** ③

07 유전률이 ϵ_1, ϵ_2[F/m]인 유전체 경계면에 단위 면적당 작용하는 힘은 몇 [N/m²]인가? (단, 전계가 경계면에 수직인 경우이며, 두 유전체의 전속밀도 $D_1 = D_2 = D$이다.)

① $2\left(\dfrac{1}{\epsilon_1} - \dfrac{1}{\epsilon_2}\right)D^2$
② $2\left(\dfrac{1}{\epsilon_1} + \dfrac{1}{\epsilon_2}\right)D^2$
③ $\dfrac{1}{2}\left(\dfrac{1}{\epsilon_1} + \dfrac{1}{\epsilon_2}\right)D^2$
④ $\dfrac{1}{2}\left(\dfrac{1}{\epsilon_2} - \dfrac{1}{\epsilon_1}\right)D^2$

풀이
① 전계가 경계면에 수직인 경우
$$f_n = \frac{1}{2}(E_2 - E_1)\cdot D$$
$$= \frac{1}{2}\left(\frac{1}{\epsilon_2} - \frac{1}{\epsilon_1}\right)D^2 [N/m^2]$$
② 전계가 경계면에 평행인 경우
$$f_n = \frac{1}{2}(E_1 \cdot D_1 - E_2 \cdot D_2)$$
$$= \frac{1}{2}(\epsilon_1 - \epsilon_2)E^2 [N/m^2]$$
①, ② 모두 유전율이 큰 쪽에서 유전율이 작은 쪽으로 끌려 들어가는 맥스웰 응력이 작용한다. **답** ④

08 진공 중에 균일하게 대전된 반지름 a[m]인 선전하 밀도 λ_l[C/m]의 원환이 있을 때, 그 중심으로부터 중심축 상 x[m]의 거리에 있는 점의 전계의 세기는 몇 [V/m]인가?

① $\dfrac{a\lambda_l x}{2\epsilon_0(a^2+x^2)^{\frac{3}{2}}}$
② $\dfrac{a\lambda_l x}{\epsilon_0(a^2+x^2)^{\frac{3}{2}}}$
③ $\dfrac{\lambda_l x}{2\epsilon_0(a^2+x^2)}$
④ $\dfrac{\lambda_l x}{\epsilon_0(a^2+x^2)}$

풀이

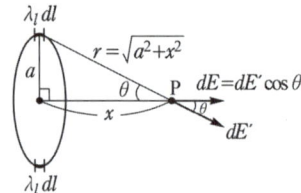

미소길이 dl의 미소전하 $dq = \lambda_l dl$이고 이 dq를 점전하로 취급하면 P점의 전계 dE'는
$$dE' = \frac{dq}{4\pi\epsilon_0 r^2} = \frac{\lambda_l dl}{4\pi\epsilon_0(a^2+x^2)}$$
이 전계의 수직분력은 원환 지름의 반대쪽 전하 $\lambda_l dl$에 의한 전계의 수직분력에 의해 상쇄되므로

x축상의 수평분력 dE는

$$dE = dE'\cos\theta = dE' \frac{x}{r} = \frac{\lambda_l x\, dl}{4\pi\epsilon_0(a^2+x^2)^{\frac{3}{2}}}$$

따라서 원환 전체에 대한 P점의 전계 E는

$$E = \oint dE = \frac{\lambda_l x}{4\pi\epsilon_0(a^2+x^2)^{\frac{3}{2}}} \int_0^{2\pi a} dl$$

$$= \frac{\lambda_l x \cdot 2\pi a}{4\pi\epsilon_0(a^2+x^2)^{\frac{3}{2}}} = \frac{a\lambda_l x}{2\epsilon_0(a^2+x^2)^{\frac{3}{2}}}\,[\text{V/m}]$$

답 ①

09 내압 1000[V] 정전용량 1[μF], 내압 750[V] 정전용량 2[μF], 내압 500[V] 정전용량 5[μF]인 콘덴서 3개를 직렬로 접속하고 인가전압을 서서히 높이면 최초로 파괴되는 콘덴서는?

① 1[μF]   ② 2[μF]
③ 5[μF]   ④ 동시에 파괴된다.

풀이 직렬 회로에서 각 콘덴서의 전하용량이 작을수록 빨리 파괴된다.
$Q_1 = C_1 V_1 = 1\times 10^{-6} \times 1000 = 1\times 10^{-3}$[C]
$Q_2 = C_2 V_2 = 2\times 10^{-6} \times 750 = 1.5\times 10^{-3}$[C]
$Q_3 = C_3 V_3 = 5\times 10^{-6} \times 500 = 2.5\times 10^{-3}$[C]
따라서 전하용량이 $Q_3 > Q_2 > Q_1$이므로 전하용량이 가장 작은 1000[V], 1[μF]의 콘덴서가 가장 빨리 파괴된다.

답 ①

10 내부장치 또는 공간을 물질로 포위시켜 외부자계의 영향을 차폐시키는 방식을 자기차폐라 한다. 다음 중 자기차폐에 가장 좋은 것은?

① 비투자율이 1보다 작은 역자성체
② 강자성체 중에서 비투자율이 큰 물질
③ 강자성체 중에서 비투자율이 작은 물질
④ 비투자율에 관계없이 물질의 두께에만 관계되므로 되도록이면 두꺼운 물질

풀이 자속은 투자율이 높은 쪽으로 모이려는 성질이 있다. 따라서 투자율이 큰 자성체로 차폐할 공간을 둘러싸면 외부의 자속은 이 투자율이 큰 자성체를 통과하지 못하므로 내부 공간은 외부 자계에 의한 영향을 작게 받게 된다.

답 ②

11 40[V/m]인 전계 내의 50[V] 되는 점에서 1[C]의 전하가 전계 방향으로 80[cm] 이동하였을 때, 그 점의 전위는 몇 [V]인가?

① 18   ② 22
③ 35   ④ 65

풀이 $V_{BA} = V_B - V_A$
$= -\int_A^B E \cdot dl = -\int_0^{0.8} E \cdot dl$
$= -[40l]_0^{0.8} = -32$[V]
$V_A = 50$[V], $V_{BA} = -32$[V]이므로
$\therefore V_B = V_A + V_{BA} = 50 - 32 = 18$[V]

답 ①

12 그림과 같이 반지름 a[m]의 한번 감긴 원형코일이 균일한 자속밀도 B[Wb/m^2]인 자계에 놓여 있다. 지금 코일 면을 자계와 나란하게 전류 I[A]를 흘리면 원형 코일이 자계로부터 받는 회전 모멘트는 몇 [N·m/rad]인가?

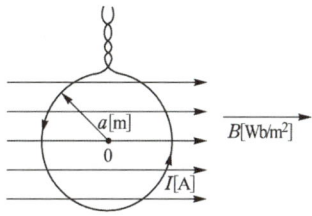

① πaBI ② $2\pi aBI$
③ $\pi a^2 BI$ ④ $2\pi a^2 BI$

풀이 코일 면을 자계와 나란하게 전류를 흘렸으므로 $\theta = 0°$이다.
$\therefore T = NBIS\cos\theta = 1 \times BI \times \pi a^2 \times \cos 0°$
$= \pi a^2 BI$ [N·m/rad]

답 ③

13 다음 조건들 중 초전도체에 부합되는 것은? (단, μ_r은 비투자율, χ_m은 비자화율, B는 자속밀도이며 작동온도는 임계온도 이하라 한다.)

① $\chi_m = -1$, $\mu_r = 0$, $B = 0$
② $\chi_m = 0$, $\mu_r = 0$, $B = 0$
③ $\chi_m = 1$, $\mu_r = 0$, $B = 0$
④ $\chi_m = -1$, $\mu_r = 1$, $B = 0$

풀이 초전도란 그 재료에 정하여진 임계온도(천이온도) 및 임계자계 이하에서 저항률이 0(완전도체)으로 되는 현상으로 다음과 같은 특징을 가진다.
① 초전도체는 완전 반자성체이므로 비투자율 $\mu_r = 0$이다.
② 초전도체 내부의 자속은 0이므로 자속밀도 B도 0이다.
$B = \mu H = \mu_0 \mu_r H = 0$
③ 비자화율 $\chi_m = \dfrac{\chi}{\mu_0} = \mu_r - 1 = -1$ 답 ①

14 $x = 0$인 무한평면을 경계면으로 하여 $x < 0$인 영역에는 비유전율 $\epsilon_{r1} = 2$, $x > 0$인 영역에는 $\epsilon_{r2} = 4$인 유전체가 있다. ϵ_{r1}인 유전체 내에서 전계 $E_1 = 20a_x - 10a_y + 5a_z$[V/m]일 때 $x > 0$인 영역에 있는 ϵ_{r2}인 유전체 내에서 전속밀도 D_2[C/m²]는?
(단, 경계면상에는 자유전하가 없다고 한다.)

① $D_2 = \epsilon_0(20a_x - 40a_y + 5a_z)$
② $D_2 = \epsilon_0(40a_x - 40a_y + 20a_z)$
③ $D_2 = \epsilon_0(80a_x - 20a_y + 10a_z)$
④ $D_2 = \epsilon_0(40a_x - 20a_y + 20a_z)$

풀이 유전체의 경계조건에 의해 다음을 만족하며 그림으로부터 다음과 같이 표현된다.

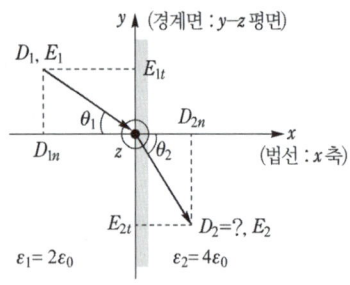

① 경계면에서 전속밀도의 법선성분은 서로 같다 ($D_{1n} = D_{2n}$). 법선 성분은 x축이므로 $D_{1x} = D_{2x}$에 의해 $\epsilon_1 E_{1x} = \epsilon_2 E_{2x}$이다.
② 경계면에서 전계의 접선성분은 서로 같다 ($E_{1t} = E_{2t}$). 접선성분은 y축이므로 $E_{1y} = E_{2y}$, $E_{1z} = E_{2z}$이다(y-z평면은 경계면과 일치하므로 접선성분은 y, z축이 된다.).
③ 유전체 ϵ_2영역의 전계 E_2의 각 축성분 E_{2x}, E_{2y}, E_{2z}는
$E_{2x} = \dfrac{\epsilon_1}{\epsilon_2} E_{1x} = \dfrac{2\epsilon_0}{4\epsilon_0} \times 20 = 10$

$E_{2y} = E_{1y} = -10$
$E_{2z} = E_{1z} = 5$이므로
$E_2 = 10a_x - 10a_y + 5a_z$
따라서 전속밀도와 전계의 세기의 관계식
$D = \epsilon E$에 의해
$D_2 = \epsilon_2 E_2 = \epsilon_0 \epsilon_{r2} E_2 = 4\epsilon_0(10a_x - 10a_y + 5a_z)$
$= \epsilon_0(40a_x - 40a_y + 20a_z)$[C/m²] 답 ②

15 평면파 전파가
$E = 30\cos(10^9 t + 20z)j$[V/m]로 주어졌다면 이 전자파의 위상 속도는 몇 [m/s]인가?

① 5×10^7
② $\dfrac{1}{3} \times 10^8$
③ 10^9
④ $\dfrac{2}{3}$

풀이 위상속도
$v = f\lambda = f \times \dfrac{2\pi}{\beta} = \dfrac{\omega}{\beta} = \dfrac{10^9}{20} = 5 \times 10^7$[m/s]
여기서, f : 주파수, ω : 각속도,
β : 위상정수(위상차) 이다. 답 ①

16 자속밀도 10[Wb/m²] 자계 중에 10[cm] 도체를 자계와 30°의 각도로 30[m/s]로 움직일 때, 도체에 유기되는 기전력은 몇 [V]인가?

① 15
② $15\sqrt{3}$
③ 1500
④ $1500\sqrt{3}$

풀이 유기 기전력
$e = Blv\sin\theta = 10 \times (10 \times 10^{-2}) \times 30 \times \sin 30°$
$= 15$[V] 답 ①

17 그림과 같이 단면적 $S = 10$[cm²], 자로의 길이 $l = 20\pi$[cm], 비투자율 $\mu_s = 1000$인 철심에 $N_1 = N_2 = 100$인 두 코일을 감았다. 두 코일 사이의 상호 인덕턴스는 몇 [mH]인가?

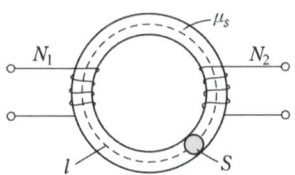

① 0.1
② 1
③ 2
④ 20

풀이 상호 인덕턴스

$$M = \frac{\mu_0 \mu_s S N_1 N_2}{l}$$
$$= \frac{4\pi \times 10^{-7} \times 1000 \times 10 \times 10^{-4} \times 100 \times 100}{20\pi \times 10^{-2}}$$
$$= 0.02[H] = 20[mH]$$

답 ④

18 1[μA]의 전류가 흐르고 있을 때, 1초 동안 통과하는 전자 수는 약 몇 개인가? (단, 전자 1개의 전하는 1.602×10^{-19}[C]이다.)

① 6.24×10^{10} ② 6.24×10^{11}
③ 6.24×10^{12} ④ 6.24×10^{13}

풀이 전자의 수

$$n = \frac{Q}{e} = \frac{I \cdot t}{e} = \frac{1 \times 10^{-6} \times 1}{1.602 \times 10^{-19}}$$
$$= 6.24 \times 10^{12}[개]$$

답 ③

19 균일하게 원형단면을 흐르는 전류 I[A]에 의한 반지름 a[m], 길이 l[m], 비투자율 μ_s인 원통도체의 내부 인덕턴스는 몇 [H]인가?

① $10^{-7}\mu_s l$ ② $3 \times 10^{-7}\mu_s l$
③ $\frac{1}{4a} \times 10^{-7}\mu_s l$ ④ $\frac{1}{2} \times 10^{-7}\mu_s l$

풀이 $W = \frac{1}{2}LI^2$에서

$L = \frac{2W}{I^2}$[H], $W = \frac{\mu}{16\pi}I^2 l$[J]이므로

$\therefore L = \frac{2W}{I^2} = \frac{2}{I^2}\left(\frac{\mu_0 \mu_s}{16\pi}I^2 l\right) = \frac{\mu_0 \mu_s}{8\pi}l$

$= \frac{4\pi \times 10^{-7} \times \mu_s}{8\pi} \times l = \frac{1}{2} \times 10^{-7}\mu_s l$[H]

답 ④

20 한 변의 길이가 10[cm]인 정사각형 회로에 직류전류 10[A]가 흐를 때, 정사각형의 중심에서의 자계 세기는 몇 [A/m]인가?

① $\frac{100\sqrt{2}}{\pi}$ ② $\frac{200\sqrt{2}}{\pi}$
③ $\frac{300\sqrt{2}}{\pi}$ ④ $\frac{400\sqrt{2}}{\pi}$

풀이 정사각형 중심점에서의 자계의 세기

$$H_0 = \frac{2\sqrt{2}I}{\pi l} = \frac{2\sqrt{2} \times 10}{\pi \times 10 \times 10^{-2}} = \frac{200\sqrt{2}}{\pi}[A/m]$$

(여기서, l : 정사각형 한 변의 길이)   **답** ②

2018년 2회 _ 전기기사

01 매질 1의 $\mu_{s1} = 500$, 매질 2의 $\mu_{s2} = 1000$이다. 매질 2에서 경계면에 대하여 45°의 각도로 자계가 입사한 경우 매질 1에서 경계면과 자계의 각도에 가장 가까운 것은?

① 20°   ② 30°   ③ 60°   ④ 80°

풀이

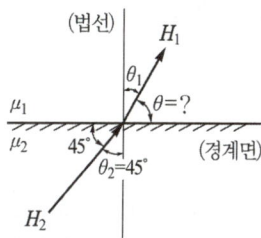

굴절의 법칙 $\frac{\tan\theta_1}{\tan\theta_2} = \frac{\mu_1}{\mu_2} = \frac{\mu_{s1}}{\mu_{s2}}$에서

$\frac{\tan\theta_1}{\tan 45°} = \frac{500}{1000}$이므로

$\tan\theta_1 = \frac{1}{2}\tan 45° = \frac{1}{2} \rightarrow \theta_1 = \tan^{-1}\frac{1}{2} = 26.57°$

그림과 같이 입사각 θ_1과 굴절각 θ_2는 경계면의 법선에 대한 각도를 나타내므로 매질 1에서 경계면과 이루는 각도 θ는

$\theta = 90° - \theta_1 = 90° - 26.57° = 63.43°$ **답** ③

02 대지의 고유저항이 ρ[Ω·m]일 때 반지름 a[m]인 그림과 같은 반구 접지극의 접지저항 [Ω]은?

① $\frac{\rho}{4\pi a}$

② $\frac{\rho}{2\pi a}$

③ $\frac{2\pi\rho}{a}$

④ $2\pi\rho a$

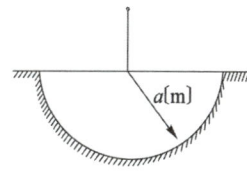

풀이 반지름 a[m]인 구의 정전용량은 $4\pi\epsilon a$[F]이므로 반구의 정전 용량(C)은 $2\pi\epsilon a$[F]이다.
$RC = \rho\epsilon$에서 접지저항
$R = \dfrac{\rho\epsilon}{C} = \dfrac{\rho\epsilon}{2\pi\epsilon a} = \dfrac{\rho}{2\pi a}[\Omega]$ **답** ②

03 히스테리시스 곡선에서 히스테리시스 손실에 해당하는 것은?

① 보자력의 크기
② 잔류자기의 크기
③ 보자력과 잔류자기의 곱
④ 히스테리시스 곡선의 면적

풀이 단위 체적당 히스테리시스손은 주파수와 히스테리시스 곡선의 면적에 비례하며, 스타인메쯔의 실험식에 따라 히스테리시스손 $P_h = \eta f B_m^{1.6}$ [J/m³]이다.   **답** ④

04 다음 (가), (나)에 대한 법칙으로 알맞은 것은?

> 전자유도에 의하여 회로에 발생되는 기전력은 쇄교 자속수의 시간에 대한 감소비율에 비례한다는 (가)에 따르고 특히, 유도된 기전력의 방향은 (나)에 따른다.

① (가) 패러데이의 법칙
  (나) 렌츠의 법칙
② (가) 렌츠의 법칙
  (나) 패러데이의 법칙
③ (가) 플레밍의 왼손법칙
  (나) 패러데이의 법칙
④ (가) 패러데이의 법칙
  (나) 플레밍의 왼손법칙

풀이
• **패러데이 법칙** : "유도 기전력의 크기는 폐회로에 쇄교하는 자속의 시간적 변화율에 비례한다."라는 법칙으로, **기전력의 크기를 결정**한다.
• **렌츠의 법칙** : "전자유도에 의해 발생하는 기전력은 자속 변화를 방해하는 방향으로 전류가 발생한다."라는 법칙으로, **기전력의 방향을 결정**한다.   **답** ①

05 N회 감긴 환상 코일의 단면적이 S[m²]이고 평균 길이가 l[m]이다. 이 코일의 권수를 2배로 늘이고 인덕턴스를 일정하게 하려고 할 때, 다음 중 옳은 것은?

① 길이를 2배로 한다.
② 단면적을 $\dfrac{1}{4}$로 한다.
③ 비투자율을 $\dfrac{1}{2}$배로 한다.
④ 전류의 세기를 4배로 한다.

풀이 환상 코일의 자기 인덕턴스 $L = \dfrac{\mu S N^2}{l} \propto N^2$이므로
권수(N)를 2배로 하면
인덕턴스(L)는 $2^2 = 4$배로 된다.
따라서 단면적 S를 $\dfrac{1}{4}$배 또는 평균길이 l을 4배로 하면 L은 일정하게 된다.   **답** ②

06 무한장 솔레노이드에 전류가 흐를 때 발생되는 자장에 관한 설명으로 옳은 것은?

① 내부 자장은 평등자장이다.
② 외부 자장은 평등자장이다.
③ 내부 자장의 세기는 0이다.
④ 외부와 내부의 자장의 세기는 같다.

풀이
• 무한장 솔레노이드 **내부 자계의 세기는 평등**하며, 그 크기는 $H_i = n_0 I$[AT/m]이다.
  (단 n_0는 단위 길이당 코일 권수[회/m])
• 무한장 솔레노이드 외부 자계 $H_o = 0$[AT/m]이다.   **답** ①

07 자기회로에서 키르히호프의 법칙으로 알맞은 것은? (단, R : 자기저항, ϕ : 자속, N : 코일 권수, I : 전류이다.)

① $\sum\limits_{i=1}^{n} \phi_i = \infty$
② $\sum\limits_{i=1}^{n} N_i \phi_i = 0$
③ $\sum\limits_{i=1}^{n} R_i \phi_i = \sum\limits_{i=1}^{n} N_i I_i$
④ $\sum\limits_{i=1}^{n} R_i \phi_i = \sum\limits_{i=1}^{n} N_i L_i$

풀이 자기회로의 키르히호프의 법칙
① 자기회로의 결합점에 있어서 결합점에 유입하는 자속의 대수합은 0 이다.

② 임의의 폐자로에 있어서 각 부의 **자기저항과 자속과의 곱의 합은 폐자로에 있는 기자력(코일 권수와 전류와의 곱)의 대수합과 같다.**   답 ③

08 전하밀도 ρ_s[C/m²]인 무한 판상 전하분포에 의한 임의 점의 전장에 대하여 틀린 것은?

① 전장의 세기는 매질에 따라 변한다.
② 전장의 세기는 거리 r에 반비례한다.
③ 전장은 판에 수직방향으로만 존재한다.
④ 전장의 세기는 전하밀도 ρ_s에 비례한다.

풀이 무한 판상 전하분포에 의한 **임의 점의 전계는** $E = \dfrac{\rho_s}{\epsilon}$
로 전하밀도에 비례하고, 유전율(매질)에 반비례하며, **거리에 관계없는 평등자계이다.** 또 이 전계의 방향은 판에 수직 방향이다.   답 ②

09 한 변의 길이가 l[m]인 정사각형 도체 회로에 전류 I[A]를 흘릴 때 회로의 중심점에서 자계의 세기는 몇 [AT/m]인가?

① $\dfrac{2I}{\pi l}$
② $\dfrac{I}{\sqrt{2}\,\pi l}$
③ $\dfrac{\sqrt{2}\,I}{\pi l}$
④ $\dfrac{2\sqrt{2}\,I}{\pi l}$

풀이

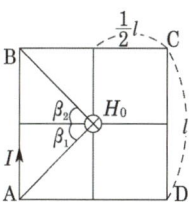

한 변 AB에 대한 중심점의 자계는
$H_{AB} = \dfrac{I}{4\pi a}(\sin\beta_1 + \sin\beta_2)$ 이므로 $a = \dfrac{l}{2}$,
$\sin\beta_1 = \sin\beta_2 = \sin 45° = \dfrac{1}{\sqrt{2}}$을 대입하면
$H_{AB} = \dfrac{I}{4\pi\left(\dfrac{l}{2}\right)} \times 2 \times \dfrac{1}{\sqrt{2}} = \dfrac{I}{\sqrt{2}\,\pi l}$ [AT/m]

$\therefore H_0 = H_{AB} + H_{BC} + H_{CD} + H_{DA}$
$= 4H_{AB} = 4 \times \dfrac{I}{\sqrt{2}\,\pi l} = \dfrac{2\sqrt{2}\,I}{\pi l}$ [AT/m]   답 ④

10 반지름 a[m]의 원형 단면을 가진 도선에 전도전류 $i_c = I_c \sin 2\pi ft$[A]가 흐를 때 변위전류밀도의 최댓값 J_d는 몇 [A/m²]가 되는가? (단, 도전율은 σ[S/m]이고, 비유전율은 ϵ_r이다.)

① $\dfrac{f\epsilon_r I_c}{4\pi \times 10^9 \sigma a^2}$
② $\dfrac{\epsilon_r I_c}{4\pi f \times 10^9 \sigma a^2}$
③ $\dfrac{f\epsilon_r I_c}{9\pi \times 10^9 \sigma a^2}$
④ $\dfrac{f\epsilon_r I_c}{18\pi \times 10^9 \sigma a^2}$

풀이
• 전도전류밀도
$i_c = \sigma E = \dfrac{I_c}{\sqrt{2}\,A} = \dfrac{I_c}{\sqrt{2}\,(\pi a^2)}$ 에서
$E = \dfrac{I_c}{\sqrt{2}\,A\sigma} = \dfrac{I_c}{\sqrt{2}\,(\pi a^2)\sigma}$

• 변위전류밀도
$i_d = \dfrac{\partial D}{\partial t} = \dfrac{\partial (\epsilon E)}{\partial t} = j\omega\epsilon E = j2\pi f \epsilon_0 \epsilon_r E$

따라서 변위전류밀도 최댓값 J_d은
$J_d = \sqrt{2}\,i_c = \sqrt{2} \times 2\pi f \epsilon_0 \epsilon_r E$
$= \sqrt{2} \times 2\pi f \epsilon_0 \epsilon_r \times \dfrac{I_c}{\sqrt{2}\,(\pi a^2)\sigma}$
$= 2\epsilon_0 \dfrac{f\epsilon_r I_c}{a^2 \sigma} = 2 \times \dfrac{1}{4\pi \times 9 \times 10^9} \times \dfrac{f\epsilon_r I_c}{\sigma a^2}$
$= \dfrac{f\epsilon_r I_c}{18\pi \times 10^9 \sigma a^2}$ [A/m²]   답 ④

11 대전 도체 표면전하밀도는 도체 표면의 모양에 따라 어떻게 분포하는가?

① 표면전하밀도는 뾰족할수록 커진다.
② 표면전하밀도는 평면일 때 가장 크다.
③ 표면전하밀도는 곡률이 크면 작아진다.
④ 표면전하밀도는 표면의 모양과 무관하다.

풀이 도체 표면의 전하는 뾰족한 부분에 모이는 성질이 있는데, 뾰족한 부분일수록 반경이 작으므로 전하밀도는 곡률이 커질수록 커진다.

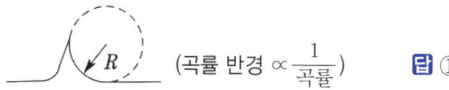

(곡률 반경 $\propto \dfrac{1}{\text{곡률}}$)   답 ①

12 일정 전압의 직류전원에 저항을 접속하여 전류를 흘릴 때, 저항값을 20[%] 감소시키면 흐르는 전류는 처음 저항에 흐르는 전류의 몇 배가 되는가?

① 1.0배　　② 1.1배
③ 1.25배　　④ 1.5배

풀이 전압원의 전압이 일정한 경우

전류 $I = \dfrac{V}{R} \propto \dfrac{1}{R}$ 이므로 감소시킨 저항을 R', 그때 흐르는 전류를 I' 라고 하면

$$I' = \dfrac{R}{R'}I = \dfrac{R}{(1-0.2)R}I = 1.25I$$

답 ③

13 유전율이 ϵ인 유전체 내에 있는 점전하 Q에서 발산되는 전기력선의 수는 총 몇 개인가?

① Q　　② $\dfrac{Q}{\epsilon_o \epsilon_s}$　　③ $\dfrac{Q}{\epsilon_s}$　　④ $\dfrac{Q}{\epsilon_o}$

풀이 Q[C]의 전하로부터 발산되는 전기력선 수는

가우스 정리에 의하여 $\displaystyle\int_s E\,dS = \dfrac{Q}{\epsilon_0}$ [개]이며,

유전체의 경우는 $\dfrac{Q}{\epsilon_0 \epsilon_s}$ [개]이다.

답 ②

14 내부도체의 반지름이 a[m]이고, 외부 도체의 내반지름이 b[m], 외반지름이 c[m]인 동축 케이블의 단위 길이당 자기 인덕턴스는 몇 [H/m]인가?

① $\dfrac{\mu_0}{2\pi}\ln\dfrac{b}{a}$　　② $\dfrac{\mu_0}{\pi}\ln\dfrac{b}{a}$

③ $\dfrac{2\pi}{\mu_0}\ln\dfrac{b}{a}$　　④ $\dfrac{\pi}{\mu_0}\ln\dfrac{b}{a}$

풀이 $d\phi = B \cdot dr = \mu_0 H \cdot dr = \dfrac{\mu_0 I}{2\pi r}dr$

$(\because H = \dfrac{I}{2\pi r})$

자속 $\phi = \displaystyle\int_a^b d\phi = \dfrac{\mu_0 I}{2\pi}\int_a^b \dfrac{1}{r}\cdot dr$

$= \dfrac{\mu_0 I}{2\pi}\ln\dfrac{b}{a}$

$\therefore L = \dfrac{\phi}{I} = \dfrac{\mu_0}{2\pi}\ln\dfrac{b}{a}$ [H/m]

답 ①

15 공기 중에서 1[m] 간격을 가진 두 개의 평행 도체 전류의 단위 길이에 작용하는 힘은 몇 [N]인가? (단, 전류는 1[A]라고 한다.)

① 2×10^{-7}　　② 4×10^{-7}
③ $2\pi\times 10^{-7}$　　④ $4\pi\times 10^{-7}$

풀이 평행 도체 사이에 작용하는 힘

$$F = \dfrac{2I_1 I_2}{r}\times 10^{-7} = \dfrac{2\times 1\times 1}{1}\times 10^{-7}$$
$$= 2\times 10^{-7} [\text{N/m}]$$

따라서 단위 길이(1[m])에 작용하는 힘은 2×10^{-7}[N]이다.

답 ①

16 공기 중에서 코로나방전이 3.5[kV/mm] 전계에서 발생한다고 하면, 이때 도체의 표면에 작용하는 힘은 약 몇 [N/m²]인가?

① 27　　② 54　　③ 81　　④ 108

풀이 도체 표면에 작용하는 힘

$$f = \dfrac{1}{2}\epsilon_0 E^2 = \dfrac{1}{2}\times 8.854\times 10^{-12}\times \left(3.5\times \dfrac{10^3}{10^{-3}}\right)^2$$
$$\fallingdotseq 54 [\text{N/m}^2]$$

(여기서, 1[kV/mm] = $\dfrac{10^3}{10^{-3}}$ [V/m])

답 ②

17 무한장 직선 전류에 의한 자계의 세기[AT/m]는?

① 거리 r에 비례한다.
② 거리 r^2에 비례한다.
③ 거리 r에 반비례한다.
④ 거리 r^2에 반비례한다.

풀이 무한장 직선전류에 의한 자계 $H = \dfrac{NI}{2\pi r}$ [AT/m]이므로, 거리 r에 반비례한다.

답 ③

18 전계 $E = \sqrt{2}\,E_e \sin\omega\left(t - \dfrac{x}{c}\right)$ [V/m]의 평면전자파가 있다. 진공 중에서 자계의 실효값은 몇 [A/m]인가?

① $0.707\times 10^{-3}E_e$　　② $1.44\times 10^{-3}E_e$
③ $2.65\times 10^{-3}E_e$　　④ $5.37\times 10^{-3}E_e$

풀이 자유공간 또는 진공 중에서 전계와 자계는 다음의 관계가 있다.

$$\frac{E}{H} = \sqrt{\frac{\mu}{\epsilon}}$$

따라서 $H = \sqrt{\frac{\epsilon_0}{\mu_0}} \cdot E_e = \frac{1}{120\pi}E_e = \frac{1}{377}E_e$
$= 2.65 \times 10^{-3} E_e$ [A/m]   **답** ③

19 Biot-Savart의 법칙에 의하면, 전류소에 의해서 임의의 한 점(P)에 생기는 자계의 세기를 구할 수 있다. 다음 중 설명으로 틀린 것은?

① 자계의 세기는 전류의 크기에 비례한다.
② MKS 단위계를 사용할 경우 비례상수는 $\frac{1}{4\pi}$이다.
③ 자계의 세기는 전류소와 점 P와의 거리에 반비례한다.
④ 자계의 방향은 전류소 및 이 전류소와 점 P를 연결하는 직선을 포함하는 면에 법선방향이다.

풀이 비오-사바르의 법칙은 미소전류에 의해 거리 r만큼 떨어진 점에서의 자계의 세기 H를 구하는 데 이용한다.

$$dH = \frac{Idl\sin\theta}{4\pi r^2} \text{[AT/m]}$$

따라서 자계의 세기는 거리의 제곱에 반비례한다.   **답** ③

20 $x > 0$인 영역에 $\epsilon_1 = 3$인 유전체,
$x < 0$인 영역에 $\epsilon_2 = 5$인 유전체가 있다.
유전율 ϵ_2인 영역에서 전계가
$E_2 = 20a_x + 30a_y - 40a_z$[V/m]일 때,
유전율 ϵ_1인 영역에서의 전계 E_1[V/m]은?

① $\frac{100}{3}a_x + 30a_y - 40a_z$
② $20a_x + 90a_y - 40a_z$
③ $100a_x + 10a_y - 40a_z$
④ $60a_x + 30a_y - 40a_z$

풀이 경계면에 대해 a_x성분은 법선 성분이고, a_y, a_z 성분은 접선 성분에 해당된다.
• 경계조건에 의하여 법선 성분
  $D_{1x} = D_{2x}$ 이므로 $\epsilon_1 E_{1x} = \epsilon_2 E_{2x}$

$$\therefore E_{1x} = \frac{\epsilon_2}{\epsilon_1}E_{2x} = \frac{5}{3}20a_x = \frac{100}{3}a_x$$

• 경계조건에 의하여 접선 성분
  $E_{1y} = E_{2y}$, $E_{1z} = E_{2z}$이므로
  $\therefore E_{1y} = 30a_y$, $E_{1z} = -40a_z$
따라서 유전율 ϵ_1인 영역에서의 전계

$$E_1 = \frac{100}{3}a_x + 30a_y - 40a_z\text{[V/m]}$$ **답** ①

2018년 - 3회 _ 전기기사

01 전계 E의 x, y, z 성분을 E_x, E_y, E_z라 할 때 div$E$는?

① $\frac{\partial E_x}{\partial x} + \frac{\partial E_y}{\partial y} + \frac{\partial E_z}{\partial z}$

② $i\frac{\partial E_x}{\partial x} + j\frac{\partial E_y}{\partial y} + k\frac{\partial E_z}{\partial z}$

③ $\frac{\partial^2 E_x}{\partial x^2} + \frac{\partial^2 E_y}{\partial y^2} + \frac{\partial^2 E_z}{\partial z^2}$

④ $i\frac{\partial^2 E_x}{\partial x^2} + j\frac{\partial^2 E_y}{\partial y^2} + z\frac{\partial^2 E_z}{\partial z^2}$

풀이 벡터의 발산

$$\begin{aligned}\text{div}E &= \nabla \cdot E \\ &= \left(\frac{\partial}{\partial x}i + \frac{\partial}{\partial y}j + \frac{\partial}{\partial z}k\right) \cdot (E_x i + E_y j + E_z k) \\ &= \frac{\partial E_x}{\partial x} + \frac{\partial E_y}{\partial y} + \frac{\partial E_z}{\partial z}\end{aligned}$$ **답** ①

02 동심 구형 콘덴서의 내외 반지름을 각각 5배로 증가시키면 정전용량은 몇 배로 증가하는가?

① 5   ② 10
③ 15 ④ 20

풀이 동심 구형 콘덴서의 정전용량

$$C = \frac{4\pi\epsilon_0 ab}{b-a}\text{[F]}$$

에서 내외구의 반지름을 5배로 늘린 경우의 정전 용량을 C'라 하면

$$\therefore C' = \frac{4\pi\epsilon_0(5a)(5b)}{(5b-5a)} = \frac{4\pi\epsilon_0 ab}{b-a} \times 5$$
$$= 5C$$ **답** ①

03 자성체 경계면에 전류가 없을 때의 경계조건으로 틀린 것은?

① 자계 H의 접선성분 $H_{1T} = H_{2T}$
② 자속밀도 B의 법선성분 $B_{1N} = B_{2N}$
③ 경계면에서의 자력선의 굴절
$$\frac{\tan\theta_1}{\tan\theta_2} = \frac{\mu_1}{\mu_2}$$
④ 전속밀도 D의 법선성분
$$D_{1N} = D_{2N} = \frac{\mu_2}{\mu_1}$$

풀이 ① 자계 세기(H)의 접선 성분의 연속성 :
$H_1\sin\theta_1 = H_2\sin\theta_2 \Rightarrow H_{1t} = H_{2t}$
② 자속 밀도(B)의 법선 성분의 연속성 :
$B_1\cos\theta_1 = B_2\cos\theta_2 \Rightarrow B_{1n} = B_{2n}$
③ 굴절각 : $\dfrac{\tan\theta_1}{\tan\theta_2} = \dfrac{\mu_1}{\mu_2}$
④ **전속 밀도(D)의 법선 성분의 연속성** :
$D_1\cos\theta_1 = D_2\cos\theta_2 \Rightarrow \underline{D_{1n} = D_{2n}}$ **답** ④

04 도체나 반도체에 전류를 흘리고 이것과 직각 방향으로 자계를 가하면 이 두 방향과 직각 방향으로 기전력이 생기는 현상을 무엇이라 하는가?

① 홀 효과 ② 핀치 효과
③ 볼타 효과 ④ 압전 효과

풀이

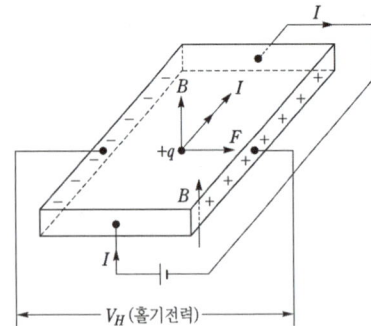

홀 효과(Hall effect) : 도체나 반도체의 물질에 전류를 흘리고 이것과 **직각 방향으로 자계를 가하면** I와 B가 이루는 면에 **직각방향으로 기전력이 발생되는 현상**
답 ①

05 판자석의 세기가 0.01[Wb/m], 반지름이 5[cm]인 원형 자석판이 있다. 자석의 중심에서 축상 10[cm]인 점에서의 자위의 세기는 몇 [AT]인가?

① 100 ② 175 ③ 370 ④ 420

풀이 자위의 세기
$$U = \frac{\phi_m \omega}{4\pi\mu_0} = \frac{\phi_m 2\pi(1-\cos\theta)}{4\pi\mu_0}$$
$$= \frac{\phi_m(1-\cos\theta)}{2\mu_0} = \frac{\phi_m\left(1 - \dfrac{x}{\sqrt{x^2+a^2}}\right)}{2\mu_0}$$
$$= \frac{0.01 \times \left(1 - \dfrac{10}{\sqrt{5^2+10^2}}\right)}{2 \times 4\pi \times 10^{-7}} = 420 [AT]$$ **답** ④

06 평면도체 표면에서 d[m] 거리에 점전하 Q[C]이 있을 때 이 전하를 무한원점까지 운반하는데 필요한 일[J]은?

① $\dfrac{Q^2}{4\pi\epsilon_0 d}$ ② $\dfrac{Q^2}{8\pi\epsilon_0 d}$
③ $\dfrac{Q^2}{16\pi\epsilon_0 d}$ ④ $\dfrac{Q^2}{32\pi\epsilon_0 d}$

풀이 작용력 $F = \dfrac{-Q^2}{4\pi\epsilon_0(2d)^2} = \dfrac{-Q^2}{16\pi\epsilon_0 d^2}$[N](흡인력)

따라서 **필요한 일**
$$W = \int_d^\infty F dd$$
$$= \frac{Q^2}{16\pi\epsilon_0} \int_d^\infty \frac{1}{d^2} dd = \frac{Q^2}{16\pi\epsilon_0}\left[-\frac{1}{d}\right]_d^\infty$$
$$= \underline{\frac{Q^2}{16\pi\epsilon_0 d}} [J]$$ **답** ③

07 유전율 ϵ, 전계의 세기 E인 유전체의 단위 체적에 축적되는 에너지는?

① $\dfrac{E}{2\epsilon}$ ② $\dfrac{\epsilon E}{2}$ ③ $\dfrac{\epsilon E^2}{2}$ ④ $\dfrac{\epsilon^2 E^2}{2}$

풀이 단위 체적에 축적되는 에너지
$$w = \frac{1}{2}\boldsymbol{E} \cdot \boldsymbol{D} = \frac{\epsilon E^2}{2} = \frac{D^2}{2\epsilon} [J/m^3]$$ **답** ③

08 길이 l[m], 지름 d[m]인 원통이 길이 방향으로 균일하게 자화되어 자화의 세기가 J[Wb/m²]인 경우 원통 양단에서의 전자극의 세기 m[Wb]은?

① $\pi d^2 J$ ② πdJ
③ $\dfrac{4J}{\pi d^2}$ ④ $\dfrac{\pi d^2 J}{4}$

풀이 자화의 세기 $J = \dfrac{m}{s}$[Wb/m²]이므로

전자극의 세기 $m = J \cdot s = \dfrac{\pi d^2 J}{4}$[Wb]이다. 답 ④

09 자기 인덕턴스 L_1, L_2와 상호 인덕턴스 M 사이의 결합계수는? (단, 단위는 [H]이다.)

① $\dfrac{M}{L_1 L_2}$ ② $\dfrac{L_1 L_2}{M}$
③ $\dfrac{M}{\sqrt{L_1 L_2}}$ ④ $\dfrac{\sqrt{L_1 L_2}}{M}$

풀이 상호 인덕턴스 $M = k\sqrt{L_1 L_2}$ 에서

결합 계수 $k = \dfrac{M}{\sqrt{L_1 L_2}}$ 이다. 답 ③

10 진공 중에서 선전하 밀도 $\rho_l = 6 \times 10^{-8}$[C/m]인 무한히 긴 직선상 선전하가 x축과 나란하고 $z = 2$[m] 점을 지나고 있다. 이 선전하에 의하여 반지름 5[m]인 원점에 중심을 둔 구표면 S_0를 통과하는 전기력선수는 약 몇 [V/m]인가?

① 3.1×10^4 ② 4.8×10^4
③ 5.5×10^4 ④ 6.2×10^4

풀이

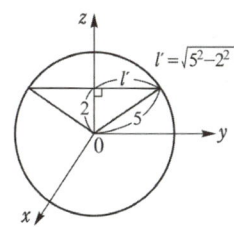

그림에서 구 내부에 포함된 직선 길이 l은
$l = 2l' = 2 \times \sqrt{5^2 - 2^2} = 2\sqrt{21}$ [m]
구 내부에 포함된 직선 선전하에 의한 총 전하량 Q는
$Q = \rho_l l = 6 \times 10^{-8} \times 2\sqrt{21}$
$= 5.5 \times 10^{-7}$[C]
따라서 진공 중에 구 표면 S_0를 통과하는 전기력선수 N은

$N = \dfrac{Q}{\epsilon_0} = \dfrac{5.5 \times 10^{-7}}{8.85 \times 10^{-12}}$
$= 6.2 \times 10^4$[lines, V/m] 답 ④

11 대지면에 높이 h[m]로 평행하게 가설된 매우 긴 선전하가 지면으로부터 받는 힘은?

① h에 비례
② h에 반비례
③ h^2에 비례
④ h^2에 반비례

풀이 힘 $f = -\rho_L E = -\rho_L \cdot \dfrac{\rho_L}{2\pi\epsilon_0 (2h)} = -\dfrac{\rho_L^2}{4\pi\epsilon_0 h}$

$= -9 \times 10^9 \cdot \dfrac{\rho_L^2}{h}$[N/m]

(단, ρ_L : 선전하 밀도[C/m])
따라서 h에 반비례한다. 답 ②

12 정전에너지, 전속밀도 및 유전상수 ϵ_r의 관계에 대한 설명 중 틀린 것은?

① 굴절각이 큰 유전체는 ϵ_r이 크다.
② 동일 전속밀도에서는 ϵ_r이 클수록 정전에너지는 작아진다.
③ 동일 정전에너지에서는 ϵ_r이 클수록 전속밀도가 커진다.
④ 전속은 매질에 축적되는 에너지가 최대가 되도록 분포된다.

풀이 정전계는 에너지가 최소인 상태로 분포된다(Thomson의 정리). 즉, 전속은 매질 내에 축적되는 에너지가 최소가 되도록 분포한다. 답 ④

13 $\sigma = 1[\mho/m]$, $\epsilon_s = 6$, $\mu = \mu_0$인 유전체에 교류전압을 가할 때 변위전류와 전도전류의 크기가 같아지는 주파수는 약 몇 [Hz]인가?

① 3.0×10^9 ② 4.2×10^9
③ 4.7×10^9 ④ 5.1×10^9

풀이 • 전도전류
$$i_C = \frac{e}{R} = \frac{V_m \sin\omega t}{R} = \frac{\sigma S V_m \sin\omega t}{l}[A]$$

• 변위전류
$$i_D = S\frac{\partial D}{\partial t} = S\frac{\partial}{\partial t}\left(\frac{\epsilon V_m \sin\omega t}{l}\right)$$
$$= \frac{\omega \epsilon S V_m}{l}\cos\omega t[A]$$

$|i_D| = |i_C|$일 때의 주파수를 f_c라 하면
$$f_c = \frac{\sigma}{2\pi\epsilon} = \frac{1}{2\pi\epsilon_s\epsilon_0} = \frac{1}{2\pi \times 6 \times 8.85 \times 10^{-12}}$$
$$\approx 3.0 \times 10^9 [Hz]$$

답 ①

14 그 양이 증가함에 따라 무한장 솔레노이드의 자기 인덕턴스 값이 증가하지 않는 것은 무엇인가?

① 철심의 반경 ② 철심의 길이
③ 코일의 권수 ④ 철심의 투자율

풀이 단면적 $S[m^2]$, 단위 길이당 권수가 n_0[회/m]일 때, 무한장 솔레노이드의 자기 인덕턴스 L은
$$L = \frac{n_0\phi}{I} = \frac{n_0\mu HS}{\frac{H}{n_0}} = \mu S n_0^2 [H/m]$$

따라서 철심의 길이는 자기 인덕턴스와 관계가 없다.

답 ②

15 단면적 $S[m^2]$, 단위 길이당 권수가 n_0[회/m]인 무한히 긴 솔레노이드의 자기인덕턴스[H/m]는?

① $\mu S n_0$ ② $\mu S n_0^2$
③ $\mu S^2 n_0$ ④ $\mu S^2 n_0^2$

풀이 자기인덕턴스
$$L = \frac{n_0\phi}{I} = \frac{n_0\mu HS}{\frac{H}{n_0}} = \mu S n_0^2 [H/m]$$

답 ②

16 비투자율 1000인 철심이 든 환상솔레노이드의 권수가 600회, 평균지름 20[cm], 철심의 단면적 10[cm²]이다. 이 솔레노이드에 2[A]의 전류가 흐를 때 철심 내의 자속은 약 몇 [Wb]인가?

① 1.2×10^{-3} ② 1.2×10^{-4}
③ 2.4×10^{-3} ④ 2.4×10^{-4}

풀이
$$\phi = BS = \mu HS = \mu_0\mu_s\frac{NI}{2\pi r}S$$
$$= 4\pi \times 10^{-7} \times 1000 \times \frac{600 \times 2}{2\pi \times \frac{20}{2} \times 10^{-2}}$$
$$\times 10 \times 10^{-4}$$
$$= 2.4 \times 10^{-3} [Wb]$$

답 ③

17 3개의 점전하 $Q_1 = 3[C]$, $Q_2 = 1[C]$, $Q_3 = -3[C]$을 점 $P_1(1, 0, 0)$, $P_2(2, 0, 0)$, $P_3(3, 0, 0)$에 어떻게 놓으면 원점에서의 전계의 크기가 최대가 되는가?

① P_1에 Q_1, P_2에 Q_2, P_3에 Q_3
② P_1에 Q_2, P_2에 Q_3, P_3에 Q_1
③ P_1에 Q_3, P_2에 Q_1, P_3에 Q_2
④ P_1에 Q_3, P_2에 Q_2, P_3에 Q_1

풀이 ① 점 P_1, P_2, P_3에 임의의 전하 Q_A, Q_B, Q_C가 있다고 할 때

원점에서의 전계의 세기
$$E = \frac{1}{4\pi\epsilon_0}\left(\frac{Q_A}{r_1^2} + \frac{Q_B}{r_2^2} + \frac{Q_C}{r_3^2}\right)$$
$$= \frac{1}{4\pi\epsilon_0}\left(\frac{Q_A}{1^2} + \frac{Q_B}{2^2} + \frac{Q_C}{3^2}\right)$$
$$= \frac{1}{4\pi\epsilon_0 \cdot 36}(36Q_A + 9Q_B + 4Q_C)$$

이 식에서 전계 E가 최대가 되려면 $Q_A > Q_B > Q_C$를 만족해야 한다.
② 문제의 조건에서 $Q_1 = 3[C]$, $Q_2 = 1[C]$, $Q_3 = -3[C]$이므로 P_1에 Q_1, P_2에 Q_2, P_3에 Q_3를 놓아야 한다.

18 맥스웰의 전자방정식에 대한 의미를 설명한 것으로 틀린 것은?

① 자계의 회전은 전류밀도와 같다.
② 자계가 발산하며, 자극은 단독으로 존재한다.
③ 전계의 회전은 자속밀도의 시간적 감소율과 같다.
④ 단위체적 당 발산 전속 수는 단위 체적당 공간전하 밀도와 같다.

풀이 맥스웰 방정식의 미분형
① $\mathrm{div} \boldsymbol{D} = \rho$: 가우스의 법칙 - 단위 체적당 발산 전속 수는 단위 체적당의 공간전하 밀도와 같다.
② $\mathrm{div} \boldsymbol{B} = 0$: 자계의 발산은 없다.
   고립된 자하는 없다(N극과 S극이 공존).
③ $\mathrm{rot} \boldsymbol{H} = \boldsymbol{J} + \frac{\partial \boldsymbol{D}}{\partial t}$: 암페어의 주회적분 법칙
   - 자계의 회전은 전류 밀도와 같다.
④ $\mathrm{rot} \boldsymbol{E} = -\frac{\partial \boldsymbol{B}}{\partial t}$: 패러데이 법칙
   - 전계의 회전은 자속 밀도의 시간적 감소율과 같다.

답 ②

19 전기력선의 설명 중 틀린 것은?

① 전기력선은 부전하에서 시작하여 정전하에서 끝난다.
② 단위 전하에서는 $\frac{1}{\epsilon_0}$ 개의 전기력선이 출입한다.
③ 전기력선은 전위가 높은 점에서 낮은 점으로 향한다.
④ 전기력선의 방향은 그 점의 전계의 방향과 일치하며 밀도는 그 점에서의 전계의 크기와 같다.

풀이 전기력선은 정전하(+전하)에서 출발하여 부전하(-전하)에서 멈추거나 무한원까지 퍼지며, 전위가 높은 곳에서 낮은 곳으로 향한다.

답 ①

20 유전율이 $\epsilon = 4\epsilon_0$이고 투자율이 μ_0인 비도전성 유전체에서 전자파의 전계의 세기가 $\boldsymbol{E}(z, t) = \boldsymbol{a}_y 377\cos(10^9 t - \beta z)$[V/m] 일 때의 자계의 세기 H는 몇 [A/m]인가?

① $-\boldsymbol{a}_z 2\cos(10^9 t - \beta z)$
② $-\boldsymbol{a}_x 2\cos(10^9 t - \beta z)$
③ $-\boldsymbol{a}_z 7.1 \times 10^4 \cos(10^9 t - \beta z)$
④ $-\boldsymbol{a}_x 7.1 \times 10^4 \cos(10^9 t - \beta z)$

풀이 ① 자계의 방향

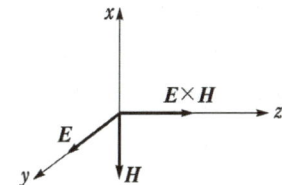

전파 $\boldsymbol{E}$ 는 $\boldsymbol{a}_y$ 방향(y축 방향),
전자파 $\boldsymbol{E} \times \boldsymbol{H}$ 는 $\boldsymbol{a}_z$ 방향(z축 방향)이므로
자파 $\boldsymbol{H}$ 는 $-\boldsymbol{a}_x$ 방향(x축 방향)이어야 한다.

② 특성임피던스
$$Z_0 = \frac{E}{H} = \sqrt{\frac{\mu}{\epsilon}} = \sqrt{\frac{\mu_0}{4\epsilon_0}} = \frac{1}{2}\sqrt{\frac{\mu_0}{\epsilon_0}} = \frac{1}{2} \times 377$$

$$H = \frac{E}{Z_0} = \frac{377\cos(10^9 t - \beta z)}{\frac{1}{2} \times 377}$$

$$= 2\cos(10^9 t - \beta z) [\text{A/m}]$$

따라서 자계의 세기
$$\boldsymbol{H}(z, t) = -\boldsymbol{a}_x 2\cos(10^9 t - \beta z) [\text{A/m}]$$

답 ②

2019년 전기자기_전기기사

2019년 - 1회 _전기기사

01 평행판 콘덴서에 어떤 유전체를 넣었을 때 전속밀도가 2.4×10^{-7}[C/m²]이고 단위 체적 중의 에너지가 5.3×10^{-3}[J/m³]이었다. 이 유전체의 유전율은 약 몇 [F/m]인가?

① 2.17×10^{-11}
② 5.43×10^{-11}
③ 5.17×10^{-12}
④ 5.43×10^{-12}

풀이 $W_e = \dfrac{D^2}{2\epsilon}$ [J/m³] 에서

$\epsilon = \dfrac{D^2}{2 \cdot W_e} = \dfrac{(2.4 \times 10^{-7})^2}{2 \times 5.3 \times 10^{-3}}$

$= 5.43 \times 10^{-12}$ [F/m]   **답** ④

02 서로 다른 두 유전체 사이의 경계면에 전하분포가 없다면 경계면 양쪽에서의 전계 및 전속밀도는?

① 전계 및 전속밀도의 접선성분은 서로 같다.
② 전계 및 전속밀도의 법선 성분은 서로 같다.
③ 전계의 법선성분이 서로 같고, 전속밀도의 접선성분이 서로 같다.
④ 전계의 접선성분이 서로 같고, 전속밀도의 법선성분이 서로 같다.

풀이 유전율이 다른 경계면에 전계(전속)가 입사되면
• 전계는 접선성분(평행성분)이 같다.
  $E_{1t} = E_{2t}$ ($E_1 \sin\theta_1 = E_2 \sin\theta_2$)
• 전속밀도는 법선성분(수직성분)이 같다.
  $D_{1n} = D_{2n}$ ($D_1 \cos\theta_1 = D_2 \cos\theta_2$)

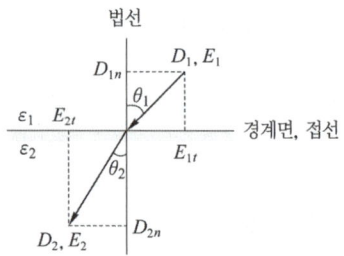

답 ④

03 와류손에 대한 설명으로 틀린 것은? (단, f : 주파수, B_m : 최대자속밀도, t : 두께, ρ : 저항률이다.)

① t^2에 비례한다.   ② f^2에 비례한다.
③ ρ^2에 비례한다.   ④ B_m^2에 비례한다.

풀이 도체에 코일을 감고 교류전류를 흘리면 도체 단면을 통과하는 자속이 변하게 되어 전자유도에 의한 맴돌이 형태의 유도전류가 흐르게 되는데, 이 맴돌이 전류를 와전류라 하고 이 와전류에 의한 전력손실을 와전류 손실이라고 한다.

와류손 $P_e = \delta_e (t f k_f B_m)^2$ [W/kg]

여기서, δ_e : 재료에 의한 정수
  f : 주파수[Hz]
  B_m : 자속 밀도의 최댓값[Wb/m²]
  t : 철판의 두께[m]
  k_f : 파형률   **답** ③

04 $x > 0$인 영역에 비유전율 $\epsilon_{r1} = 3$인 유전체, $x < 0$인 영역에 비유전율 $\epsilon_{r2} = 5$인 유전체가 있다. $x < 0$인 영역에서 전계 $E_2 = 20a_x + 30a_y - 40a_z$ [V/m]일 때 $x > 0$인 영역에서의 전속밀도는 몇 [C/m²]인가?

① $10(10a_x + 9a_y - 12a_z)\epsilon_0$
② $20(5a_x - 10a_y + 6a_z)\epsilon_0$
③ $50(2a_x + 3a_y - 4a_z)\epsilon_0$
④ $50(2a_x - 3a_y + 4a_z)\epsilon_0$

풀이 경계면에 대해 a_x성분은 법선 성분이고, a_y, a_z 성분은 접선 성분에 해당된다.
- 경계조건에 의하여 법선 성분은 $D_{1x} = D_{2x}$ 이므로
  $\epsilon_0\epsilon_{r1}E_{1x} = \epsilon_0\epsilon_{r2}E_{2x}$
  $E_{1x} = \frac{\epsilon_{r2}}{\epsilon_{r1}}E_{2x} = \frac{5}{3}20a_x = \frac{100}{3}a_x$
- 경계조건에 의하여 접선 성분은
  $E_{1y} = E_{2y}$, $E_{1z} = E_{2z}$ 이므로
  $E_{1y} = 30a_y$, $E_{1z} = -40a_z$
- 비유전율 ϵ_{r1}인 영역에서의 전계
  $\boldsymbol{E_1} = \frac{100}{3}\boldsymbol{a_x} + 30\boldsymbol{a_y} - 40\boldsymbol{a_z}$ [V/m]

따라서 비유전율 ϵ_{r1}인 영역에서의 전속밀도
$\boldsymbol{D_1} = \epsilon_0\epsilon_{r1}\boldsymbol{E_1}$
$= \epsilon_0 \times 3 \times \left[\frac{100}{3}\boldsymbol{a_x} + 30\boldsymbol{a_y} - 40\boldsymbol{a_z}\right]$
$= (100\boldsymbol{a_x} + 90\boldsymbol{a_y} - 120\boldsymbol{a_z})\epsilon_0$
$= 10(10\boldsymbol{a_x} + 9\boldsymbol{a_y} - 12\boldsymbol{a_z})\epsilon_0$ [C/m²]   **답** ①

05 q[C]의 전하가 진공 중에서 v[m/s]의 속도로 운동하고 있을 때, 이 운동방향과 θ의 각으로 r[m] 떨어진 점의 자계의 세기[AT/m]는?

① $\frac{q\sin\theta}{4\pi r^2 v}$ ② $\frac{v\sin\theta}{4\pi r^2 q}$

③ $\frac{qv\sin\theta}{4\pi r^2}$ ④ $\frac{v\sin\theta}{4\pi r^2 q^2}$

풀이 전하 dq가 미소거리 dl을 dt 동안 속도 v로 이동할 때,
속도 $v = \frac{dl}{dt}$, 전류 $I = \frac{dq}{dt} = \frac{vdq}{dl}$
자계의 세기(비오-사바르 법칙)
$dH = \frac{Idl\sin\theta}{4\pi r^2} = \frac{vdq\sin\theta}{4\pi r^2}$ $\left(I = \frac{vdq}{dl}\ \text{대입}\right)$
$\therefore H = \frac{v\sin\theta}{4\pi r^2}\int_0^q dq = \frac{qv\sin\theta}{4\pi r^2}$ [AT/m]   **답** ③

06 환상철심에 권수 3000회 A코일과 권수 200회 B코일이 감겨져 있다. A코일의 자기 인덕턴스가 360[mH]일 때 A, B 두 코일의 상호 인덕턴스는 몇 [mH]인가? (단, 결합계수는 1이다.)

① 16 ② 24
③ 36 ④ 72

풀이 자기저항 $R_m = \frac{N_A^2}{L_A} = \frac{N_A N_B}{M}$ 이므로
(단, 결합계수가 1인 경우)
상호 인덕턴스
$M = N_A N_B \times \frac{L_A}{N_A^2} = \frac{N_B}{N_A}L_A = \frac{200}{3000} \times 360$
$= 24$ [mH]   **답** ②

07 원형 선전류 I[A]의 중심축상 점 P의 자위[A]를 나타내는 식은? (단, θ는 점 P에서 원형전류를 바라보는 평면각이다.)

① $\frac{I}{2}(1-\cos\theta)$

② $\frac{I}{4}(1-\cos\theta)$

③ $\frac{I}{2}(1-\sin\theta)$

④ $\frac{I}{4}(1-\sin\theta)$

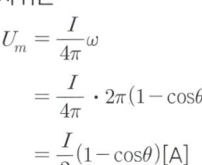

풀이 그림과 같이 점 P에서 코일 AB를 바라보는 입체각 ω는
$\omega = 2\pi(1-\cos\theta)$ 이므로
자위는
$U_m = \frac{I}{4\pi}\omega$
$= \frac{I}{4\pi} \cdot 2\pi(1-\cos\theta)$
$= \frac{I}{2}(1-\cos\theta)$ [A]   **답** ①

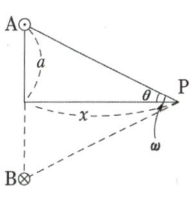

08 진공 중에서 무한장 직선도체에 선전하밀도 $\rho_L = 2\pi \times 10^{-3}$[C/m]가 균일하게 분포된 경우 직선도체에서 2[m]와 4[m] 떨어진 두 점 사이의 전위차는 몇 [V]인가?

① $\frac{10^{-3}}{\pi\epsilon_0}\ln 2$ ② $\frac{10^{-3}}{\epsilon_0}\ln 2$

③ $\frac{1}{\pi\epsilon_0}\ln 2$ ④ $\frac{1}{\epsilon_0}\ln 2$

풀이 무한직선전하에 의한 전계는
$E = \frac{\rho_L}{2\pi\epsilon_0 r}$ [V/m] 이므로

전위차
$$V = -\int_{r_2}^{r_1} \boldsymbol{E} \cdot d\boldsymbol{r} = -\frac{\rho_L}{2\pi\epsilon_0}\int_{r_2}^{r_1}\frac{1}{r}\cdot dr$$
$$= \frac{-\rho_L}{2\pi\epsilon_0}[\ln r]_{r_2}^{r_1} = \frac{\rho_L}{2\pi\epsilon_0}\ln\frac{r_2}{r_1}$$
$$= \frac{2\pi\times 10^{-3}}{2\pi\epsilon_0}\ln\frac{4}{2} = \frac{10^{-3}}{\epsilon_0}\ln 2 [V]$$

답 ②

09 맥스웰방정식 중 틀린 것은?

① $\oint_s \boldsymbol{B}\cdot d\boldsymbol{S} = \rho_s$

② $\oint_s \boldsymbol{D}\cdot d\boldsymbol{S} = \int_v \rho dv$

③ $\oint_c \boldsymbol{E}\cdot d\boldsymbol{l} = -\int_s \frac{\partial \boldsymbol{B}}{\partial t}\cdot d\boldsymbol{S}$

④ $\oint_c \boldsymbol{H}\cdot d\boldsymbol{l} = I + \int_s \frac{\partial \boldsymbol{D}}{\partial t}\cdot d\boldsymbol{S}$

풀이 전자계에서 성립하는 기본 방정식

맥스웰 전자방정식		의 미
미 분 형	적 분 형	
rot $\boldsymbol{E} = \nabla\times\boldsymbol{E}$ $= -\frac{\partial \boldsymbol{B}}{\partial t}$	$\oint_c \boldsymbol{E}\cdot d\boldsymbol{l} = -\int_s \frac{\partial \boldsymbol{B}}{\partial t}\cdot d\boldsymbol{S}$	패러데이 법칙
rot $\boldsymbol{H} = i_c + \frac{\partial \boldsymbol{D}}{\partial t}$	$\oint_c \boldsymbol{H}\cdot d\boldsymbol{l} = I + \int_s \frac{\partial \boldsymbol{D}}{\partial t}\cdot d\boldsymbol{S}$	암페어 주회적분 법칙
div $\boldsymbol{D} = \rho$	$\oint_s \boldsymbol{D}\cdot d\boldsymbol{S} = \int_v \rho dv = Q$	가우스 법칙
div $\boldsymbol{B} = 0$	$\oint_s \boldsymbol{B}\cdot d\boldsymbol{S} = 0$	가우스 법칙

답 ①

10 균일한 자장 내에 놓여 있는 직선도선에 전류 및 길이를 각각 2배로 하면 이 도선에 작용하는 힘은 몇 배가 되는가?

① 1　　② 2
③ 4　　④ 8

풀이 힘 $F = IBl\sin\theta[N]$이므로
$F' = 2I\cdot B\cdot 2l\cdot\sin\theta = 4\cdot IBl\sin\theta = 4F$
즉 4배가 된다.

답 ③

11 자기회로의 자기저항에 대한 설명으로 옳은 것은?

① 투자율에 반비례한다.
② 자기회로의 단면적에 비례한다.
③ 자기회로의 길이에 반비례한다.
④ 단면적에 반비례하고, 길이의 제곱에 비례한다.

풀이 자기저항 $R_m = \frac{l}{\mu_0\mu_s S}[AT/Wb]$이므로
자기저항은 **투자율**(μ)과 단면적(S)에 **반비례하고**,
길이(l)에 비례한다.

답 ①

12 접지된 구도체와 점전하 간에 작용하는 힘은?

① 항상 흡인력이다.
② 항상 반발력이다.
③ 조건적 흡인력이다.
④ 조건적 반발력이다.

풀이 접지된 구도체에는 **항상 점전하**와 반대 극성인 전하가 유도되므로 **항상 흡인력이 작용**한다.

답 ①

13 그림과 같이 전류가 흐르는 반원형 도선이 평면 $Z = 0$상에 놓여 있다. 이 도선이 자속밀도 $\boldsymbol{B} = 0.6a_x - 0.5a_y + a_z[Wb/m^2]$인 균일자계 내에 놓여 있을 때 도선의 직선 부분에 작용하는 힘[N]은?

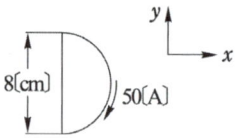

① $4a_x + 2.4a_z$　　② $4a_x - 2.4a_z$
③ $5a_x - 3.5a_z$　　④ $-5a_x + 3.5a_z$

풀이 ① 단위 길이당 작용하는 힘 F'
$F' = I\times\boldsymbol{B} = 50a_y\times(0.6a_x - 0.5a_y + a_z)$
$= 30a_y\times a_x - 25a_y\times a_y + 50a_y\times a_z$
$= 50a_x - 30a_z$
($\because a_y\times a_x = -a_z,\ a_y\times a_y = 0,\ a_y\times a_z = a_x$)

② 도선의 길이 l에 작용하는 힘 F
$F = F'l = (50a_x - 30a_z)\times 0.08$
$= 4a_x - 2.4a_z$

답 ②

14 평행한 두 도선 간의 전자력은? (단, 두 도선 간의 거리는 r[m]라 한다.)

① r에 비례 ② r^2에 비례
③ r에 반비례 ④ r^2에 반비례

풀이 평행도선 단위 길이당 작용하는 힘은 간격(거리)을 r[m]라 할 때
$$F = \frac{\mu_0 I_1 I_2}{2\pi r} = \frac{2I_1 I_2}{r} \times 10^{-7} [\text{N/m}]$$
로 두 전류의 곱에 비례하고, 간격(거리)에 반비례하며 두 전류의 방향이 같은 방향이면 흡인력, 다른 방향(왕복전류)이면 반발력이 작용한다. **답** ③

15 다음의 관계식 중 성립할 수 없는 것은? (단, μ는 투자율, χ는 자화율, μ_o는 진공의 투자율, J는 자화의 세기이다.)

① $J = \chi B$ ② $B = \mu H$
③ $\mu = \mu_o + \chi$ ④ $\mu_s = 1 + \dfrac{\chi}{\mu_o}$

풀이
- 자화율
$$\chi = \mu - \mu_0 [\text{H/m}]$$
- 자화의 세기
$$J = \chi H = (\mu - \mu_0)H = \mu H - \mu_0 H$$
$$= B - \mu_0 H [\text{Wb/m}^2]$$
- 자속밀도
$$B = \mu_0 H + J = \mu_0 H + \chi H = (\mu_0 + \chi)H$$
$$= \mu H [\text{Wb/m}^2]$$
- 비투자율
$$\mu_s = \frac{\mu}{\mu_0} = \frac{\mu_0 + \chi}{\mu_0} = 1 + \frac{\chi}{\mu_0} [\text{H/m}]$$
답 ①

16 평행판 콘덴서의 극판 사이에 유전율 ϵ, 저항률 ρ인 유전체를 삽입하였을 때, 두 전극 간의 저항 R과 정전용량 C의 관계는?

① $R = \rho\epsilon C$ ② $RC = \dfrac{\epsilon}{\rho}$
③ $RC = \rho\epsilon$ ④ $RC\rho\epsilon = 1$

풀이 $RC = \rho\dfrac{l}{S} \cdot \epsilon\dfrac{S}{l} = \rho\epsilon = \dfrac{\epsilon}{\sigma}$
∴ $RC = \rho\epsilon$
여기서, R : 저항, C : 정전용량, ϵ : 유전률, σ : 도전률, ρ : 저항률 또는 고유저항 **답** ③

17 비투자율 $\mu_s = 1$, 비유전율 $\epsilon_s = 90$인 매질 내의 고유 임피던스는 약 몇 [Ω]인가?

① 32.5 ② 39.7
③ 42.3 ④ 45.6

풀이
$$\eta = \frac{E}{H} = \sqrt{\frac{\mu}{\epsilon}} = \sqrt{\frac{\mu_0}{\epsilon_0}} \cdot \sqrt{\frac{\mu_s}{\epsilon_s}}$$
$$= 377 \times \sqrt{\frac{1}{90}} \fallingdotseq 39.7[\Omega]$$
답 ②

18 단면적 4[cm²]의 철심에 6×10^{-4}[Wb]의 자속을 통하게 하려면 2800[AT/m]의 자계가 필요하다. 이 철심의 비투자율은 약 얼마인가?

① 346 ② 375
③ 407 ④ 426

풀이 $B = \mu_0 \mu_s H$ 이므로
$$\therefore \mu_s = \frac{B}{\mu_0 H} = \frac{\Phi/S}{\mu_0 H} = \frac{\Phi}{\mu_0 HS}$$
$$= \frac{6 \times 10^{-4}}{4\pi \times 10^{-7} \times 2800 \times 4 \times 10^{-4}}$$
$$\fallingdotseq 426$$
답 ④

19 사이클로트론에서 양자가 매초 3×10^{15}개의 비율로 가속되어 나오고 있다. 양자가 15[MeV]의 에너지를 가지고 있다고 할 때, 이 사이클로트론은 가속용 고주파 전계를 만들기 위해서 150[kW]의 전력을 필요로 한다면 에너지 효율[%]은?

① 2.8 ② 3.8
③ 4.8 ④ 5.8

풀이
- 1[eV] = 1.602×10^{-19}[J]
- 150[kW] = 150×10^3[W] = 150×10^3[J/s]

따라서 효율 η는
$$\eta = \frac{출력}{입력} \times 100$$
$$= \frac{3 \times 10^{15} \times 15 \times 10^6 \times 1.602 \times 10^{-19}}{150 \times 10^3} \times 100$$
$$\fallingdotseq 4.8[\%]$$
답 ③

20 대전된 도체의 특징으로 틀린 것은?

① 가우스정리에 의해 내부에는 전하가 존재한다.
② 전계는 도체 표면에 수직인 방향으로 진행된다.
③ 도체에 인가된 전하는 도체 표면에만 분포한다.
④ 도체 표면에서의 전하밀도는 곡률이 클수록 높다.

풀이 도체의 성질과 전하분포
① 도체 표면과 내부의 전위는 동일하고(등전위), 표면은 등전위면이다.
② 도체 내부의 전계의 세기는 0이다.
③ 전하는 도체 내부에는 존재하지 않고, 도체 표면에만 분포한다.
④ 도체 면에서의 전계의 세기는 도체 표면에 항상 수직이다.
⑤ 도체 표면에서의 전하밀도는 곡률이 클수록 높다. 즉, 곡률반경이 작을수록 높다.
⑥ 중공부에 전하가 없고 대전 도체라면, 전하는 도체 외부의 표면에만 분포한다.
⑦ 중공부에 전하를 두면 도체 내부표면에 동량 이부호, 도체 외부 표면에 동량 동부호의 전하가 분포한다.
답 ①

2019년 - 2회 _ 전기기사

01 진공 중에서 한 변이 a[m]인 정사각형 단일 코일이 있다. 코일에 I[A]의 전류를 흘릴 때 정사각형 중심에서 자계의 세기는 몇 [AT/m]인가?

① $\dfrac{2\sqrt{2}\,I}{\pi a}$ ② $\dfrac{I}{\sqrt{2}\,a}$
③ $\dfrac{I}{2a}$ ④ $\dfrac{4I}{a}$

풀이
• 원형 전류 중심의 자계
$H_0 = \dfrac{I}{2a}$[AT/m] (여기서, a는 반지름)
• 정사각형 중심에서 자계의 세기
$H = \dfrac{2\sqrt{2}\,I}{\pi a}$[AT/m]
(여기서, a은 한 변의 길이) **답** ①

---

02 단면적 S, 길이 l, 투자율 μ인 자성체의 자기회로에 권선을 N회 감아서 I의 전류를 흐르게 할 때 자속은?

① $\dfrac{\mu SI}{Nl}$ ② $\dfrac{\mu NI}{Sl}$
③ $\dfrac{NIl}{\mu S}$ ④ $\dfrac{\mu SNI}{l}$

풀이 기자력 $F = NI$[AT],
자기저항 $R_m = \dfrac{l}{\mu S}$[AT/Wb]이므로
자속 $\phi = \dfrac{F}{R_m} = \dfrac{NI}{R_m} = \dfrac{\mu SNI}{l}$[Wb] **답** ④

---

03 자속밀도가 0.3[Wb/m²]인 평등자계 내에 5[A]의 전류가 흐르는 길이 2[m]인 직선도체가 있다. 이 도체를 자계 방향에 대하여 60°의 각도로 놓았을 때 이 도체가 받는 힘은 약 몇 [N]인가?

① 1.3 ② 2.6
③ 4.7 ④ 5.2

풀이 도체가 받는 힘
$F = BIl\sin\theta = 0.3 \times 5 \times 2 \times \sin 60° = 2.6$[N] **답** ②

---

04 어떤 대전체가 진공 중에서 전속이 Q[C]이었다. 이 대전체를 비유전율 10인 유전체 속으로 가져갈 경우에 전속[C]은?

① Q ② $10Q$
③ $\dfrac{Q}{10}$ ④ $10\epsilon_o Q$

풀이 전하에서 나오는 선속을 전속이라 한다.
① 전기력선수 $\left(N = \dfrac{Q}{\epsilon_0}\right)$는 매질에 따라 그 값이 달라지지만 전속($\Phi = Q$)은 매질에 관계없이 일정하다.
② 전속 Φ는 매질에 관계없이 전하 Q[C]일 때 Q개의 전속선이 나온다. **답** ①

05 30[V/m]의 전계 내의 80[V]되는 점에서 1[C]의 전하를 전계 방향으로 80[cm] 이동한 경우, 그 점의 전위[V]는?

① 9 ② 24
③ 30 ④ 56

풀이
$V_{BA} = V_B - V_A = -\int_A^B E \cdot dl = -\int_0^{0.8} E \cdot dl$
$= -[30l]_0^{0.8} = -24[V]$
$V_A = 80[V]$, $V_{BA} = -24[V]$이므로
$\therefore V_B = V_A + V_{BA} = 80 - 24 = 56[V]$ **답** ④

06 다음 중 스토크스(stokes)의 정리는?

① $\oint H \cdot ds = \int\int_s (\nabla \cdot H) \cdot ds$
② $\int B \cdot ds = \int_s (\nabla \times H) \cdot ds$
③ $\oint_c H \cdot ds = \int (\nabla \cdot H) \cdot dl$
④ $\oint_c H \cdot dl = \int_s (\nabla \times H) \cdot ds$

풀이 스토크스의 정리는 선적분과 면적 적분의 관계식으로 "어떤 벡터의 폐곡선에 따른 선적분은 그 벡터의 회전을 폐곡선이 만드는 면적에 대하여 면적 적분한 것과 같다."로 표현된다.
이를 수식으로 표시하면
$\oint_c H \cdot dl = \int_s (\nabla \times H) \cdot ds$ 이다. **답** ④

07 그림과 같이 평행한 무한장 직선도선에 I[A], $4I$[A]인 전류가 흐른다. 두 선 사이의 점 P에서 자계의 세기가 0 이라고 하면 $\dfrac{a}{b}$는?

① 2 ② 4
③ $\dfrac{1}{2}$ ④ $\dfrac{1}{4}$

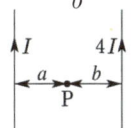

풀이 I와 $4I$ 도선에 의한 자계의 방향은 서로 반대이므로 크기가 같으면 $H = 0$이 된다.

• I 도선에 의한 자계 $H_I = \dfrac{I}{2\pi a}$[AT/m]

• $4I$ 도선에 의한 자계 $H_{4I} = \dfrac{4I}{2\pi b}$[AT/m]

$H_I = H_{4I}$이므로 $\dfrac{I}{2\pi a} = \dfrac{4I}{2\pi b}$ $\therefore \dfrac{a}{b} = \dfrac{1}{4}$ **답** ④

08 정상전류계에서 옴의 법칙에 대한 미분형은? (단, i는 전류밀도, k는 도전율, ρ는 고유저항, E는 전계의 세기이다.)

① $i = kE$ ② $i = \dfrac{E}{k}$
③ $i = \rho E$ ④ $i = -kE$

풀이
① $dI = -\dfrac{dV}{R} = i \cdot dS$ 에서 $i = -\dfrac{dV}{R \cdot dS}$
(여기서, (−)부호는 전위가 감소하는 쪽으로 전류가 흐름을 의미)
② $R = \rho \dfrac{l}{S}$ 에서 $R \cdot S = \rho \cdot l$ 이므로
$i = -\dfrac{dV}{R \cdot dS} = -\dfrac{dV}{\rho \cdot dl}$
③ 전위의 기울기 $\dfrac{dV}{dl} = -E$이므로
$\therefore i = -\dfrac{1}{\rho}\dfrac{dV}{dl} = \dfrac{1}{\rho}E = kE$ **답** ①

09 진공 내의 점(3, 0, 0)[m]에 4×10^{-9}[C]의 전하가 있다. 이때 점(6, 4, 0)[m]의 전계의 크기는 약 몇 [V/m]이며, 전계의 방향을 표시하는 단위벡터는 어떻게 표시되는가?

① 전계의 크기 : $\dfrac{36}{25}$
   단위벡터 : $\dfrac{1}{5}(3a_x + 4a_y)$

② 전계의 크기 : $\dfrac{36}{125}$
   단위벡터 : $3a_x + 4a_y$

③ 전계의 크기 : $\dfrac{36}{25}$
   단위벡터 : $a_x + a_y$

④ 전계의 크기 : $\dfrac{36}{125}$
   단위벡터 : $\dfrac{1}{5}(a_x + a_y)$

풀이

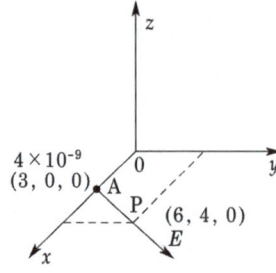

- 그림과 같이 전하 4×10^{-9}[C]이 존재하는 점 A와 점 P 사이의 거리는
$\sqrt{(6-3)^2 + (4-0)^2} = 5$[m]이므로
P점의 <u>전계의 세기</u> E는
$$E = 9 \times 10^9 \times \frac{Q}{r^2} = 9 \times 10^9 \times \frac{4 \times 10^{-9}}{5^2}$$
$$= \frac{36}{25} \text{[V/m]}$$

- 전계의 방향을 표시하는 <u>단위 벡터</u>는
$$\frac{E}{E} = \frac{r}{r} = \frac{3a_x + 4a_y}{5} = \frac{1}{5}(3a_x + 4a_y) \quad \boxed{\text{답}} \ ①$$

10 전속밀도 $D = X^2 i + Y^2 j + Z^2 k$ [C/m²]를 발생시키는 점(1, 2, 3)에서의 체적 전하밀도는 몇 [C/m³]인가?

① 12 ② 13
③ 14 ④ 15

풀이 점 (1, 2, 3)의 전하밀도는 가우스 법칙에 의해
$$\rho = \text{div} D = \frac{\partial D_X}{\partial X} + \frac{\partial D_Y}{\partial Y} + \frac{\partial D_Z}{\partial Z} = 2X + 2Y + 2Z$$
$$= 2 \times 1 + 2 \times 2 + 2 \times 3 = 12 \text{[C/m}^3\text{]} \quad \boxed{\text{답}} \ ①$$

11 다음 식 중에서 틀린 것은?

① $E = -\text{grad} V$
② $\int_s E \cdot n ds = \frac{Q}{\epsilon_o}$
③ $\text{grad} V = i\frac{\partial^2 V}{\partial x^2} + j\frac{\partial^2 V}{\partial y^2} + k\frac{\partial^2 V}{\partial z^2}$
④ $V = \int_p^\infty E \cdot dl$

풀이 기울기
$$\text{grad} V = \nabla V = \left(\frac{\partial}{\partial x}i + \frac{\partial}{\partial y}j + \frac{\partial}{\partial z}k\right)V$$
$$= \frac{\partial V}{\partial x}i + \frac{\partial V}{\partial y}j + \frac{\partial V}{\partial z}k \quad \boxed{\text{답}} \ ③$$

12 도전율 σ인 도체에서 전장 E에 의해 전류밀도 J가 흘렀을 때 이 도체에서 소비되는 전력을 표시한 식은?

① $\int_v E \cdot J dv$ ② $\int_v E \times J dv$
③ $\frac{1}{\sigma}\int E \cdot J dv$ ④ $\frac{1}{\sigma}\int_v E \times J dv$

풀이 도전율 σ인 도체 공간 내의 단면적 dS, 미소길이 dl인 미소체적 dv에서 전류와 전위차
$dV = E dl, \quad dI = J dS$
미소체적의 전력
$dP = dV \cdot dI = E dl \cdot J dS = E \cdot J(dl \cdot dS)$
$\quad = E \cdot J dv$
따라서 전 <u>공간의 전력</u> $P = \int_v E \cdot J dv$ $\quad \boxed{\text{답}} \ ①$

13 자극의 세기가 8×10^{-6}[Wb], 길이가 3[cm] 인 막대자석을 120[AT/m]의 평등자계 내에 자력선과 30°의 각도로 놓으면 이 막대자석이 받는 회전력은 몇 [N·m]인가?

① 1.44×10^{-4} ② 1.44×10^{-5}
③ 3.02×10^{-4} ④ 3.02×10^{-5}

풀이 회전력 $T = MH\sin\theta = mlH\sin\theta$
$= 8 \times 10^{-6} \times 3 \times 10^{-2} \times 120 \times \sin 30°$
$= 1.44 \times 10^{-5}$[N·m] $\quad \boxed{\text{답}} \ ②$

14 자기회로와 전기회로의 대응으로 틀린 것은?

① 자속 ↔ 전류
② 기자력 ↔ 기전력
③ 투자율 ↔ 유전율
④ 자계의 세기 ↔ 전계의 세기

풀이 자기회로와 전기회로의 대응

자기회로	전기회로
자속 ϕ[Wb]	전류 I[A]
자계 H[A/m]	전계 E[V/m]
기자력 F[AT]	기전력 U[V]
자속 밀도 B[Wb/m²]	전류 밀도 i[A/m²]
<u>투자율</u> μ[H/m]	<u>도전율</u> k[℧/m]
자기 저항 R_m[AT/Wb]	전기 저항 R[Ω]

$\boxed{\text{답}} \ ③$

15 진공 중에서 빛의 속도와 일치하는 전자파의 전파속도를 얻기 위한 조건으로 옳은 것은?

① $\epsilon_r = 0, \mu_r = 0$
② $\epsilon_r = 1, \mu_r = 1$
③ $\epsilon_r = 0, \mu_r = 1$
④ $\epsilon_r = 1, \mu_r = 0$

풀이 • 전파속도
$$v_0 = \frac{1}{\sqrt{\epsilon\mu}} = \frac{1}{\sqrt{\epsilon_0\mu_0}} \cdot \frac{1}{\sqrt{\epsilon_r\mu_r}}$$
$$= \frac{3 \times 10^8}{\sqrt{\epsilon_r\mu_r}} [\text{m/s}]$$
$$(\because \frac{1}{\sqrt{\epsilon_0\mu_0}} = \frac{1}{\sqrt{8.855 \times 10^{-12} \times 4\pi \times 10^{-7}}}$$
$$= 3 \times 10^8 [\text{m/s}])$$
• $\epsilon_r = \mu_r = 1$ 일 때
$$v_0 = \frac{3 \times 10^8}{\sqrt{\epsilon_r\mu_r}} = 3 \times 10^8 = c \text{ (빛의 속도)가 된다.}$$

답 ②

16 자기 인덕턴스의 성질을 옳게 표현한 것은?

① 항상 0이다.
② 항상 정(正)이다.
③ 항상 부(負)이다.
④ 유도되는 기전력에 따라 정(正)도 되고 부(負)도 된다.

풀이 ① 자기 인덕턴스
• 자신의 회로에 단위 전류가 흐를 때의 자속 쇄교수
• 항상 정(+)의 값
② 상호 인덕턴스
• 근접한 두 회로 상호 간의 인덕턴스
• 두 코일에 흐르는 전류가 만드는 자속이 같은 방향이면 정(+)의 값
• 두 코일에 흐르는 전류가 만드는 자속이 반대 방향이면 부(-)의 값

답 ②

17 4[A] 전류가 흐르는 코일과 쇄교하는 자속수가 4[Wb]이다. 이 전류 회로에 축적되어 있는 자기 에너지[J]는?

① 4   ② 2
③ 8   ④ 16

풀이 쇄교 자속수 $N\phi$가 4[Wb]이므로
$$N\phi = LI \rightarrow L = \frac{N\phi}{I} = \frac{4}{4} = 1[\text{H}]$$
$$\therefore W = \frac{1}{2}LI^2 = \frac{1}{2} \times 1 \times 4^2 = 8[\text{J}]$$

답 ③

18 유전율이 ϵ, 도전율이 σ, 반경이 r_1, r_2 ($r_1 < r_2$), 길이가 l인 동축 케이블에서 저항 R은 얼마인가?

① $\dfrac{2\pi rl}{\ln\dfrac{r_2}{r_1}}$ ② $\dfrac{2\pi \epsilon l}{\dfrac{1}{r_1} - \dfrac{1}{r_2}}$

③ $\dfrac{1}{2\pi\sigma l}\ln\dfrac{r_2}{r_1}$ ④ $\dfrac{1}{2\pi rl}\ln\dfrac{r_2}{r_1}$

풀이 $RC = \rho\epsilon = \dfrac{\epsilon}{\sigma}$ 이므로
$$\therefore R = \frac{\epsilon}{C\sigma} = \frac{\epsilon}{\dfrac{2\pi\epsilon l}{\ln\dfrac{r_2}{r_1}} \times \sigma} = \frac{1}{2\pi\sigma l}\ln\frac{r_2}{r_1}[\Omega]$$

답 ③

19 어떤 환상 솔레노이드의 단면적이 S이고, 자로의 길이가 l, 투자율이 μ라고 한다. 이 철심에 균등하게 코일을 N회 감고 전류를 흘렸을 때 자기 인덕턴스에 대한 설명으로 옳은 것은?

① 투자율 μ에 반비례한다.
② 권선수 N^2에 비례한다.
③ 자로의 길이 l에 비례한다.
④ 단면적 S에 반비례한다.

풀이 철심을 통하는 자속은
$$\phi = BS = \mu HS = \mu \frac{NI}{l} S = \frac{\mu SNI}{l}[\text{Wb}] \text{이므로}$$
$N\phi = LI$ 에서
$$L = \frac{N\phi}{I} = \frac{N \cdot \dfrac{\mu SNI}{l}}{I} = \frac{\mu SN^2}{l}[\text{H}]$$
따라서 자기 인덕턴스는 투자율 μ, 단면적 S, 권선수 N^2에 비례하고 자로의 길이 l에 반비례한다.

답 ②

20 상이한 매질의 경계면에서 전자파가 만족해야 할 조건이 아닌 것은? (단, 경계면은 두 개의 무손실 매질 사이이다.)

① 경계면의 양측에서 전계의 접선성분은 서로 같다.
② 경계면의 양측에서 자계의 접선성분은 서로 같다.
③ 경계면의 양측에서 자속밀도의 접선성분은 서로 같다.
④ 경계면의 양측에서 전속밀도의 법선성분은 서로 같다.

풀이
- 전계는 접선성분(평행성분)이 같다.
  ($E_1 \sin\theta_1 = E_2 \sin\theta_2$)
- 자계는 접선성분(평행성분)이 같다.
  ($H_1 \sin\theta_1 = H_2 \sin\theta_2$)
- 자속밀도의 법선성분(수직성분)이 같다.
  ($B_1 \cos\theta_1 = B_2 \cos\theta_2$)
- 전속밀도의 법선성분(수직성분)이 같다.
  ($D_1 \cos\theta_1 = D_2 \cos\theta_2$) **답** ③

2019년 3회 _ 전기기사

01 도전도 $k = 6 \times 10^{17} [\mho/m]$, 투자율 $\mu = \dfrac{6}{\pi} \times 10^{-7} [H/m]$인 평면도체 표면에 10[kHz]의 전류가 흐를 때, 침투깊이 $\delta[m]$는?

① $\dfrac{1}{6} \times 10^{-7}$
② $\dfrac{1}{8.5} \times 10^{-7}$
③ $\dfrac{36}{\pi} \times 10^{-6}$
④ $\dfrac{36}{\pi} \times 10^{-10}$

풀이 $\delta = \sqrt{\dfrac{2}{\omega\sigma\mu}} = \sqrt{\dfrac{1}{\pi f \sigma \mu}}$

여기서, σ : 도전율[$\mho$/m], μ : 투자율[H/m],
δ : 표피두께(skin depth) 또는 침투깊이[m]

$\therefore \delta = \sqrt{\dfrac{1}{\pi f \sigma \mu}} = \sqrt{\dfrac{1}{\pi \times 10 \times 10^3 \times 6 \times 10^{17} \times \dfrac{6}{\pi} \times 10^{-7}}}$

$= \dfrac{1}{6} \times 10^{-7} [m]$ **답** ①

02 강자성체의 세 가지 특성에 포함되지 않는 것은?

① 자기포화 특성 ② 와전류 특성
③ 고투자율 특성 ④ 히스테리시스 특성

풀이 강자성체 특징
① 자구가 존재한다. ② 히스테리시스 현상이 있다.
③ 투자율이 높다. ④ 자기포화 특성이 있다.
  답 ②

03 송전선의 전류가 0.01초 사이에 10[kA] 변화될 때 이 송전선에 나란한 통신선에 유도되는 유도 전압은 몇 [V]인가? (단, 송전선과 통신선 간의 상호유도계수는 0.3[mH]이다.)

① 30   ② 300
③ 3000 ④ 30000

풀이 유도전압

$e = M\dfrac{di(t)}{dt} = 0.3 \times 10^{-3} \times \dfrac{10 \times 10^3}{0.01}$
$= 300[V]$ **답** ②

04 단면적 15[cm²]의 자석 근처에 같은 단면적을 가진 철편을 놓을 때 그 곳을 통하는 자속이 3×10^{-4}[Wb]이면 철편에 작용하는 흡인력은 약 몇 [N]인가?

① 12.2   ② 23.9
③ 36.6   ④ 48.8

풀이 흡인력 $F = \dfrac{B^2 S}{2\mu_0} = \dfrac{\left(\dfrac{\phi}{S}\right)^2 S}{2\mu_0} = \dfrac{\phi^2}{2\mu_0 S}$

$= \dfrac{(3 \times 10^{-4})^2}{2 \times 4\pi \times 10^{-7} \times 15 \times 10^{-4}}$
$\fallingdotseq 23.9[N]$ **답** ②

05 단면적이 $s[m^2]$, 단위 길이에 대한 권수가 n[회/m]인 무한히 긴 솔레노이드의 단위 길이 당 자기인덕턴스[H/m]는?

① $\mu \cdot s \cdot n$ ② $\mu \cdot s \cdot n^2$
③ $\mu \cdot s^2 \cdot n$ ④ $\mu \cdot s^2 \cdot n^2$

풀이
- 자속 $\phi = Bs = \mu Hs$ [Wb]
- 무한장 솔레노이드 : 내부 자계의 세기 $H = nI$ [AT/m], 외부 자계의 세기 $H_e = 0$ [AT/m]
∴ 자기 인덕턴스
$$L = \frac{n\phi}{I} = \frac{n\mu Hs}{I} = \frac{n\mu \cdot nI \cdot s}{I}$$
$$= \mu s n^2 \text{[H/m]}$$
답 ②

06 다음 금속 중 저항률이 가장 작은 것은?
① 은 ② 철
③ 백금 ④ 알루미늄

풀이 금속의 저항률 (단위 : $\rho \times 10^{-8}$ [Ω·m])

금속	은	금	알루미늄	철	백금
고유저항(저항률)	1.62	2.44	2.83	10	10.5

답 ①

07 원통 좌표계에서 일반적으로 벡터가 $A = 5r\sin\phi a_z$로 표현될 때 점 $(2, \frac{\pi}{2}, 0)$에서 $\text{curl}A$를 구하면?

① $5a_r$ ② $5\pi a_\phi$
③ $-5a_\phi$ ④ $-5\pi a_\phi$

풀이
$$\nabla \times A = \frac{1}{r}\begin{vmatrix} a_r & ra_\phi & a_z \\ \frac{\partial}{\partial r} & \frac{\partial}{\partial \phi} & \frac{\partial}{\partial z} \\ A_r & rA_\phi & A_z \end{vmatrix} = \frac{1}{r}\begin{vmatrix} a_r & ra_\phi & a_z \\ \frac{\partial}{\partial r} & \frac{\partial}{\partial \phi} & \frac{\partial}{\partial z} \\ 0 & 0 & 5r\sin\phi \end{vmatrix}$$
$$= \frac{1}{r}\left\{\left(\frac{\partial}{\partial \phi}5r\sin\phi - 0\right)a_r + \left(0 - \frac{\partial}{\partial r}5r\sin\phi\right)ra_\phi + (0-0)a_z\right\}$$
$$= \frac{1}{r}(5r\cos\phi\, a_r - 5r\sin\phi\, a_\phi)$$
← $(2, \frac{\pi}{2}, 0)$ 대입
$$= 5\cos\frac{\pi}{2}a_r - 5\sin\frac{\pi}{2}a_\phi = -5a_\phi$$
답 ③

08 전기 저항에 대한 설명으로 틀린 것은?
① 저항의 단위는 옴[Ω]을 사용한다.
② 저항률(ρ)의 역수를 도전율이라고 한다.
③ 금속선의 저항 R은 길이 l에 반비례한다.
④ 전류가 흐르고 있는 금속선에 있어서 임의 두 점 간의 전위차는 전류에 비례한다.

풀이 $R = \rho \frac{l}{S}$
(여기서, R : 저항[Ω], σ : 도전율,
$\rho = \frac{1}{\sigma}$: 저항률 또는 고유저항[Ω·m])
따라서 저항 R은 길이 l에 비례한다.
답 ③

09 무한장 직선형 도선에 I[A]의 전류가 흐를 경우 도선으로부터 R[m] 떨어진 점의 자속밀도 B[Wb/m²]는?

① $B = \dfrac{\mu I}{2\pi R}$ ② $B = \dfrac{I}{2\pi \mu R}$
③ $B = \dfrac{\mu I}{4\pi R}$ ④ $B = \dfrac{I}{4\pi \mu R}$

풀이 무한장 직선 전류로부터 R[m] 떨어진 점의 자계는
$H = \dfrac{I}{2\pi R}$ [A/m]이고, $B = \mu H$이므로
∴ $B = \mu H = \dfrac{\mu I}{2\pi R}$ [Wb/m²]
답 ①

10 전하 q[C]가 진공 중의 자계 H[AT/m]에 수직방향으로 v[m/s]의 속도로 움직일 때 받는 힘은 몇 [N]인가? (단, 진공 중의 투자율은 μ_o이다.)

① qvH ② $\mu_o qH$
③ πqvH ④ $\mu_o qvH$

풀이 자계 내에 놓인 운동 전하가 받는 힘
$F = qvB\sin\theta = qv\mu_o H\sin\theta$ [N]이고,
수직방향이므로 $\theta = 90°(\sin 90° = 1)$이다.
따라서 $F = \mu_o qvH$ [N]
답 ④

11 자계의 벡터포텐셜을 A라 할 때 자계의 시간적 변화에 의하여 생기는 전계의 세기 E는?

① $E = \text{rot}A$ ② $\text{rot}E = A$
③ $E = -\dfrac{\partial A}{\partial t}$ ④ $\text{rot}E = -\dfrac{\partial A}{\partial t}$

풀이
$B = \nabla \times A$로 정의되고 $\nabla \times E = -\dfrac{\partial B}{\partial t}$에서

$$\nabla \times E = -\dfrac{\partial B}{\partial t} = -\dfrac{\partial}{\partial t}(\nabla \times A) = \nabla \times \left(-\dfrac{\partial A}{\partial t}\right)$$

$$\therefore E = -\dfrac{\partial A}{\partial t}$$

답 ③

12 환상 철심의 평균 자계의 세기가 3000[AT/m]이고, 비투자율이 600인 철심 중의 자화의 세기는 약 몇 [Wb/m²]인가?

① 0.75　　② 2.26
③ 4.52　　④ 9.04

풀이 자화율 $\chi_m = \mu - \mu_0 = \mu_0(\mu_s - 1)$[H/m]이므로
자화의 세기 $J = \chi_m H = \mu_0(\mu_s - 1)H$
$= 4\pi \times 10^{-7} \times (600-1) \times 3000$
$= 2.26$[Wb/m²]

답 ②

13 평행판 콘덴서의 극 간 전압이 일정한 상태에서 극간에 공기가 있을 때의 흡인력을 F_1, 극판 사이에 극판 간격의 $\dfrac{2}{3}$ 두께의 유리판($\epsilon_r = 10$)을 삽입할 때의 흡인력을 F_2라 하면 $\dfrac{F_2}{F_1}$는?

① 0.6　　② 0.8
③ 1.5　　④ 2.5

풀이
- 공기 콘덴서인 경우의 정전 용량 $C_1 = \dfrac{\epsilon_0 S}{d}$
- 극판 간격 $\dfrac{2}{3}$ 두께의 유리판을 삽입한 경우의 정전용량

$$C_2 = \dfrac{\dfrac{\epsilon_0 S}{d/3} \cdot \dfrac{10\epsilon_0 S}{2d/3}}{\dfrac{\epsilon_0 S}{d/3} + \dfrac{10\epsilon_0 S}{2d/3}} = \dfrac{5}{2} \cdot \dfrac{\epsilon_0 S}{d} = \dfrac{5}{2}C_1$$

- 힘(F)은 에너지(W)에 비례하며, $W_1 = \dfrac{1}{2}C_1 V^2$, $W_2 = \dfrac{1}{2}C_2 V^2$ 이고, 전압이 일정할 때이므로

$$\therefore \dfrac{F_2}{F_1} = \dfrac{W_2}{W_1} = \dfrac{\dfrac{1}{2}C_2 V^2}{\dfrac{1}{2}C_1 V^2} = \dfrac{C_2}{C_1} = \dfrac{5}{2} = 2.5\text{배}$$

답 ④

14 전자파의 특성에 대한 설명으로 틀린 것은?
① 전자파의 속도는 주파수와 무관하다.
② 전파 E_x를 고유 임피던스로 나누면 자파 H_y가 된다.
③ 전파 E_x와 자파 H_y의 진동 방향은 진행 방향에 수평인 종파이다.
④ 매질이 도전성을 갖지 않으면 전파 E_x와 자파 H_y는 동위상이 된다.

풀이
① 전자파 속도 $v = \dfrac{1}{\sqrt{\epsilon\mu}}$이므로 전자파 속도는 매질의 유전율과 투자율에 관계하고, 주파수와는 무관하다.
② 특성 임피던스 $\eta = \dfrac{E_s}{H_g}$ $\therefore H_g = \dfrac{E_s}{\eta}$
③ E_s와 H_g의 진동 방향은 진행 방향에 수직인 횡파이다.
④ E_s와 H_g는 동위상이다.

답 ③

15 진공 중에서 점 $P(1, 2, 3)$ 및 점 $Q(2, 0, 5)$에 각각 300[μC], −100[μC]인 점전하가 놓여 있을 때 점전하 −100[μC]에 작용하는 힘은 몇 [N]인가?

① $10i - 20j + 20k$
② $10i + 20j - 20k$
③ $-10i + 20j + 20k$
④ $-10i + 20j - 20k$

풀이
$r = (2-1)i + (0-2)j + (5-3)k = 1i - 2j + 2k$
$r = \sqrt{1^2 + (-2)^2 + 2^2} = 3$[m]
$r_0 = \dfrac{1}{3}(1i - 2j + 2k)$

$\therefore F = 9 \times 10^9 \times \dfrac{Q_1 Q_2}{r^2} r_0$

$= 9 \times 10^9 \times \dfrac{300 \times 10^{-6} \times (-100 \times 10^{-6})}{3^2}$

$\times \dfrac{1}{3}(1i - 2j + 2k)$

$= -30 \times \dfrac{1}{3}(1i - 2j + 2k)$

$= -10i + 20j - 20k$[N]

답 ④

16 반지름 a[m]의 구 도체에 전하 Q[C]가 주어질 때 구 도체 표면에 작용하는 정전응력은 몇 [N/m²]인가?

① $\dfrac{9Q^2}{16\pi^2\epsilon_o a^6}$ ② $\dfrac{9Q^2}{32\pi^2\epsilon_o a^6}$

③ $\dfrac{Q^2}{16\pi^2\epsilon_o a^4}$ ④ $\dfrac{Q^2}{32\pi^2\epsilon_o a^4}$

풀이 구도체 표면의 전계의 세기 $E = \dfrac{Q}{4\pi\epsilon_o a^2}$ 이다.

따라서 구도체 표면에 작용하는 정전응력은
$f = \dfrac{1}{2}\epsilon_0 E^2 = \dfrac{1}{2}\epsilon_0 \left(\dfrac{Q}{4\pi\epsilon_o a^2}\right)^2 = \dfrac{Q^2}{32\pi^2\epsilon_o a^4}$ [N/m²]

답 ④

17 정전용량이 각각 C_1, C_2, 그 사이의 상호유도계수가 M인 절연된 두 도체가 있다. 두 도체를 가는 선으로 연결할 경우, 정전용량은 어떻게 표현되는가?

① $C_1 + C_2 - M$
② $C_1 + C_2 + M$
③ $C_1 + C_2 + 2M$
④ $2C_1 + 2C_2 + M$

풀이 $\begin{cases} Q_1 = q_{11}V_1 + q_{12}V_2 \\ Q_2 = q_{21}V_1 + q_{22}V_2 \end{cases}$ 에서

$q_{11} = C_1$, $q_{22} = C_2$, $q_{12} = q_{21} = M$

두 도체를 가는 선으로 연결하면 등전위가 되어 $V_1 = V_2 = V$ 이므로

$\begin{cases} Q_1 = (q_{11} + q_{12})V = (C_1 + M)V \\ Q_2 = (q_{21} + q_{22})V = (M + C_2)V \end{cases}$

$\therefore C = \dfrac{Q_1 + Q_2}{V} = \dfrac{(C_1 + M)V + (M + C_2)V}{V}$
$= C_1 + C_2 + 2M$

답 ③

18 정전용량이 1[μF]이고 판의 간격이 d인 공기 콘덴서가 있다. 두께 $\dfrac{1}{2}d$, 비유전율 $\epsilon_r = 2$ 유전체를 그 콘덴서의 한 전극면에 접촉하여 넣었을 때 전체의 정전용량[μF]은?

① 2
② $\dfrac{1}{2}$
③ $\dfrac{4}{3}$
④ $\dfrac{5}{3}$

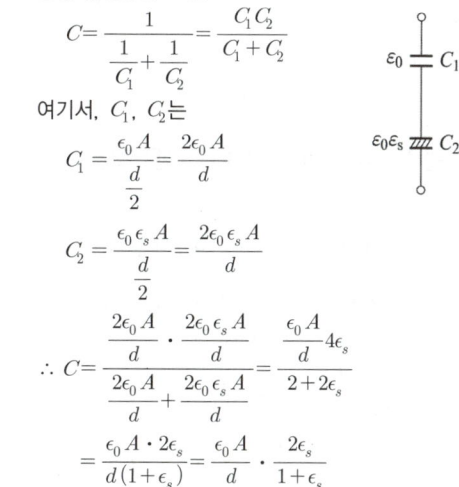

풀이 콘덴서의 직렬 등가회로로 바꿀 수 있고 합성 정전용량 C는

$C = \dfrac{1}{\dfrac{1}{C_1} + \dfrac{1}{C_2}} = \dfrac{C_1 C_2}{C_1 + C_2}$

여기서, C_1, C_2는

$C_1 = \dfrac{\epsilon_0 A}{\dfrac{d}{2}} = \dfrac{2\epsilon_0 A}{d}$

$C_2 = \dfrac{\epsilon_0 \epsilon_s A}{\dfrac{d}{2}} = \dfrac{2\epsilon_0 \epsilon_s A}{d}$

$\therefore C = \dfrac{\dfrac{2\epsilon_0 A}{d} \cdot \dfrac{2\epsilon_0 \epsilon_s A}{d}}{\dfrac{2\epsilon_0 A}{d} + \dfrac{2\epsilon_0 \epsilon_s A}{d}} = \dfrac{\dfrac{\epsilon_0 A}{d} 4\epsilon_s}{2 + 2\epsilon_s}$

$= \dfrac{\epsilon_0 A \cdot 2\epsilon_s}{d(1 + \epsilon_s)} = \dfrac{\epsilon_0 A}{d} \cdot \dfrac{2\epsilon_s}{1 + \epsilon_s}$

유전체를 삽입하기 전 정전용량 $C_0 = \dfrac{\epsilon_0 A}{d}$ 이므로

$C = C_0 \cdot \dfrac{2\epsilon_s}{1 + \epsilon_s} = 1 \cdot \dfrac{2 \times 2}{1 + 2} = \dfrac{4}{3}$ [μF]

답 ③

19 길이 l[m]인 동축 원통 도체의 내외 원통에 각각 $+\lambda$, $-\lambda$[C/m]의 전하가 분포되어 있다. 내외원통 사이에 유전율 ϵ인 유전체가 채워져 있을 때, 전계의 세기[V/m]는? (단, V는 내외 원통 간의 전위차, D는 전속밀도이고, a, b는 내외원통의 반지름이며, 원통 중심에서의 거리 r은 $a < r < b$인 경우이다.)

① $\dfrac{V}{r \cdot \ln\dfrac{b}{a}}$ ② $\dfrac{V}{\epsilon \cdot \ln\dfrac{b}{a}}$

③ $\dfrac{D}{r \cdot \ln\dfrac{b}{a}}$ ④ $\dfrac{D}{\epsilon \cdot \ln\dfrac{b}{a}}$

풀이 원통 사이의 전위차

$$V = -\int_b^a E\,dl = -\int_b^a \frac{\lambda}{2\pi\epsilon_0 r}dl$$

$$= \frac{\lambda}{2\pi\epsilon_0}[\ln r]_a^b = \frac{\lambda}{2\pi\epsilon_0}\ln\frac{b}{a}$$

$$\lambda = \frac{2\pi\epsilon_0 V}{\ln\frac{b}{a}}$$

따라서 원통 내의 전계의 세기

$$E = \frac{\lambda}{2\pi\epsilon_0 r} = \frac{1}{2\pi\epsilon_0 r}\times\frac{2\pi\epsilon_0 V}{\ln\frac{b}{a}} = \frac{V}{r\ln\frac{b}{a}}\,[\text{V/m}]$$

답 ①

20 변위전류와 가장 관계가 깊은 것은?

① 도체
② 반도체
③ 유전체
④ 자성체

풀이 변위 전류는 진공 또는 유전체 내 전속 밀도의 시간적 변화에 의해서 발생한다.

$$i_D = \frac{I_D}{S} = \frac{\partial D}{\partial t} = \frac{\partial(\epsilon E)}{\partial t}$$

여기서, i_D : 변위전류밀도[A/m^2]
I_D : 변위전류[A]
ϵ : 유전율[F/m]
E : 전계의 세기[V/m]
D : 전속밀도[C/m^2]

답 ③

2020년 전기자기_전기기사

2020년 - 1,2회 _ 전기기사

01 면적이 매우 넓은 두 개의 도체 판을 d[m] 간격으로 수평하게 평행 배치하고, 이 평행 도체 판 사이에 놓인 전자가 정지하고 있기 위해서 그 도체 판 사이에 가하여야 할 전위차[V]는? (단, g는 중력 가속도이고, m은 전자의 질량이고, e는 전자의 전하량이다.)

① $mged$ ② $\dfrac{ed}{mg}$

③ $\dfrac{mgd}{e}$ ④ $\dfrac{mge}{d}$

풀이

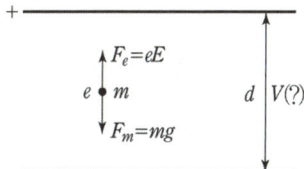

전기장에서 전자(e)에 작용하는 힘 $F_e = eE$
중력장에서 질량(m)에 작용하는 힘 $F_g = mg$
전자의 정지 조건의 운동방정식은 $F_e = F_g$이므로

$$eE = mg \quad \therefore E = \dfrac{mg}{e} \text{[V/m]}$$

도체 판에서 전위차와 전계의 관계식은 $V = Ed$에 의해

$$\therefore V = Ed = \dfrac{mgd}{e} \text{[V]}$$

답 ③

02 전위함수 $V = x^2 + y^2$[V]일 때 점(3, 4)[m]에서의 등전위선의 반지름은 몇 [m]이며, 전기력선 방정식은 어떻게 되는가?

① 등전위선의 반지름 : 3,
   전기력선 방정식 : $y = \dfrac{3}{4}x$

② 등전위선의 반지름 : 4,
   전기력선 방정식 : $y = \dfrac{4}{3}x$

③ 등전위선의 반지름 : 5,
   전기력선 방정식 : $x = \dfrac{4}{3}y$

④ 등전위선의 반지름 : 5,
   전기력선 방정식 : $x = \dfrac{3}{4}y$

풀이 (1) 등전위선의 반지름
$V = x^2 + y^2$은 중심이 원점인 원의 방정식
(형식 : $x^2 + y^2 = r^2$)이다.
즉, 여기에 점(3, 4)를 대입하면 등전위선의 반지름
$r = \sqrt{x^2 + y^2} = \sqrt{3^2 + 4^2} = 5$[m]

(2) 전기력선 방정식
전기력선 방정식은 $\dfrac{dx}{E_x} = \dfrac{dy}{E_y}$이므로
전위함수 V로부터 전계의 세기 E를 구한다.

$$\boldsymbol{E} = -\nabla V$$
$$= -\left(\dfrac{\partial}{\partial x}\boldsymbol{i} + \dfrac{\partial}{\partial y}\boldsymbol{j} + \dfrac{\partial}{\partial z}\boldsymbol{k}\right)(x^2 + y^2)$$
$$= -2x\boldsymbol{i} - 2y\boldsymbol{j} \; (\boldsymbol{E} = E_x\boldsymbol{i} + E_y\boldsymbol{j})$$

전기력선 방정식에 적용하면

$$\dfrac{dx}{-2x} = \dfrac{dy}{-2y} \rightarrow$$

$$\dfrac{dx}{x} = \dfrac{dy}{y} \text{(양변 적분하고 적분상수 } C \text{를 붙인다.)}$$

$$\int \dfrac{dx}{x} = \int \dfrac{dy}{y} + C$$

$\int \dfrac{dx}{x} = \ln x$(적분 공식), $\ln x - \ln y = \ln \dfrac{x}{y}$(로그 공식)이므로

$$\ln x = \ln y + C \rightarrow \ln x - \ln y = C \rightarrow \ln \dfrac{x}{y} = C$$

$\ln \dfrac{x}{y} = C$에서 $\dfrac{x}{y} = e^C$이고,

점(3, 4)를 대입하면 $e^C = \dfrac{x}{y} = \dfrac{3}{4}$

$$\therefore x = \dfrac{3}{4}y$$

답 ④

03 자기회로에서 자기저항의 크기에 대한 설명으로 옳은 것은?

① 자기회로의 길이에 비례
② 자기회로의 단면적에 비례
③ 자성체의 비투자율에 비례
④ 자성체의 비투자율의 제곱에 비례

풀이 자기저항 $R_m = \dfrac{l}{\mu S}$ [AT/Wb]이므로 자기회로의 길이 (l)에 비례한다. **답** ①

04 10[mm]의 지름을 가진 동선에 50[A]의 전류가 흐르고 있을 때 단위시간 동안 동선의 단면을 통과하는 전자의 수는 약 몇 개인가?

① 7.85×10^{16} ② 20.45×10^{15}
③ 31.21×10^{19} ④ 50×10^{19}

풀이 전하량 $Q = It = 50 \times 1 = 50$[C]
즉 동선 단면을 단위 시간에 통과하는 전하는 50[C]이므로

전자의 개수 $N = \dfrac{Q}{e} = \dfrac{50}{1.602 \times 10^{-19}}$
$= 31.21 \times 10^{19}$[개] **답** ③

05 자기 인덕턴스와 상호 인덕턴스와의 관계에서 결합계수 k의 범위는?

① $0 \leq k \leq \dfrac{1}{2}$ ② $0 \leq k \leq 1$
③ $1 \leq k \leq 2$ ④ $1 \leq k \leq 10$

풀이 결합계수($0 \leq k \leq 1$)
① $k = 0$: 자기적 결합이 전혀 되지 않음($M = 0$)
② $0 < k < 1$: 일반적인 자기 결합 상태
  ($M = k\sqrt{L_1 L_2}$)
③ $k = 1$: 완전한 자기 결합($M = \sqrt{L_1 L_2}$) **답** ②

06 면적이 S[m²]이고 극간의 거리가 d[m]인 평행판 콘덴서에 비유전율이 ϵ_r인 유전체를 채울 때 정전용량[F]은? (단, ϵ_0는 진공의 유전율이다.)

① $\dfrac{2\epsilon_0 \epsilon_r S}{d}$ ② $\dfrac{\epsilon_0 \epsilon_r S}{\pi d}$
③ $\dfrac{\epsilon_0 \epsilon_r S}{d}$ ④ $\dfrac{2\pi \epsilon_0 \epsilon_r S}{d}$

풀이 정전용량 C는
$C = \dfrac{Q}{V} = \dfrac{Q}{Ed} = \dfrac{\sigma S}{\dfrac{\sigma d}{\epsilon_0 \epsilon_r}}$
$= \sigma S \times \dfrac{\epsilon_0 \epsilon_r}{\sigma d} = \dfrac{\epsilon_0 \epsilon_r S}{d}$ [F] **답** ③

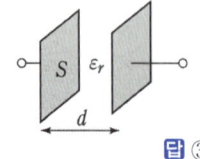

07 반자성체의 비투자율(μ_r) 값의 범위는?

① $\mu_r = 1$ ② $\mu_r < 1$ ③ $\mu_r > 1$ ④ $\mu_r = 0$

풀이
• 상자성체 : 자화율 $\chi > 0$, 비투자율 $\mu_r > 1$
• 반자성체 : 자화율 $\chi < 0$, 비투자율 $\mu_r < 1$ **답** ②

08 반지름 a[m]인 무한장 원통형 도체에 전류가 균일하게 흐를 때 도체 내부에서 자계의 세기 [AT/m]는?

① 원통 중심축으로부터 거리에 비례한다.
② 원통 중심축으로부터 거리에 반비례한다.
③ 원통 중심축으로부터 거리의 제곱에 비례한다.
④ 원통 중심축으로부터 거리의 제곱에 반비례한다.

풀이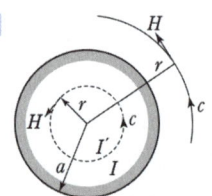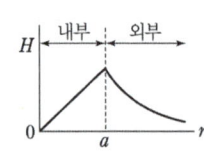

① 원통형 도체의 내부 자계($r < a$)
• 균일전류 분포의 경우
  $H = \dfrac{Ir}{2\pi a^2}$ [AT/m] $\propto r$ (비례)
• 전류가 도체 표면에서만 흐르는 경우
  $H = 0$[AT/m]
② 원통형 도체의 외부 자계($r > a$)
  $H = \dfrac{I}{2\pi r}$ [AT/m] $\propto \dfrac{1}{r}$ (반비례)
(여기서 a: 도체의 반지름, r: 원통축으로부터의 거리) **답** ①

09 정전계 해석에 관한 설명으로 틀린 것은?

① 포아송 방정식은 가우스 정리의 미분형으로 구할 수 있다.
② 도체 표면에서의 전계의 세기는 표면에 대해 법선 방향을 갖는다.
③ 라플라스 방정식은 전극이나 도체의 형태에 관계없이 체적전하밀도가 0인 모든 점에서 $\nabla^2 V = 0$을 만족한다.
④ 라플라스 방정식은 비선형 방정식이다.

풀이
① 포아송 방정식 : $\nabla^2 V = -\dfrac{\rho}{\epsilon_0}$

② 라플라스 방정식 : $\nabla^2 V = 0$

포아송 방정식과 라플라스 방정식에 포함된 라플라시언(∇^2)은 선형이고 스칼라 연산자를 나타내므로 라플라스 방정식 및 포아송 방정식도 선형 방정식이 된다.
답 ④

10 비유전율 ϵ_r이 4인 유전체의 분극률은 진공의 유전율 ϵ_0의 몇 배인가?

① 1
② 3
③ 9
④ 12

풀이 분극률 $\chi = \epsilon_0(\epsilon_r - 1) = \epsilon_0(4-1) = 3\epsilon_0$이므로 3배가 된다.
답 ②

11 공기 중에 있는 무한히 긴 직선 도체에 10[A]의 전류가 흐르고 있을 때 도선으로부터 2[m] 떨어진 점에서의 자속밀도는 몇 [Wb/m²]인가?

① 10^{-5}
② 0.5×10^{-6}
③ 10^{-6}
④ 2×10^{-6}

풀이 무한장 직선 전류로부터 d[m] 떨어진 점의 자계 $H = \dfrac{I}{2\pi d}$[A/m]이고, 자속밀도 $B = \mu H$이므로

$\therefore B = \mu H = \dfrac{\mu_s \mu_0 I}{2\pi d} = \dfrac{1 \times 4\pi \times 10^{-7} \times 10}{2\pi \times 2}$
$= 10^{-6}$[Wb/m²]
답 ③

12 그림에서 $N = 1000$회, $l = 100$[cm], $S = 10$[cm²]인 환상 철심의 자기 회로에 전류 $I = 10$[A]를 흘렸을 때 축적되는 자계 에너지는 몇 [J]인가? (단, 비투자율 $\mu_r = 100$이다.)

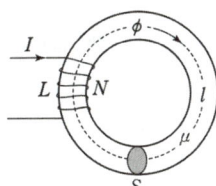

① $2\pi \times 10^{-3}$
② $2\pi \times 10^{-2}$
③ $2\pi \times 10^{-1}$
④ 2π

풀이
인덕턴스 $L = \dfrac{N\phi}{I} = \dfrac{N^2}{R_m} = \dfrac{\mu_0 \mu_r S N^2}{l}$

$= \dfrac{4\pi \times 10^{-7} \times 100 \times 10 \times 10^{-4} \times 1000^2}{100 \times 10^{-2}}$

$= 4\pi \times 10^{-2}$[H]

$\therefore W = \dfrac{1}{2}LI^2 = \dfrac{1}{2} \times 4\pi \times 10^{-2} \times 10^2 = 2\pi$[J]
답 ④

13 20[℃]에서 저항의 온도계수가 0.002인 니크롬선의 저항이 100[Ω]이다. 온도가 60[℃]로 상승되면 저항은 몇 [Ω]이 되겠는가?

① 108
② 112
③ 115
④ 120

풀이 온도 t_1 및 t_2일 때 저항을 각각 R_1, R_2라 하고, t_1에서의 온도계수 α_1이라 하면
$R_2 = R_1[1 + \alpha_1(t_2 - t_1)]$이므로
$\therefore R_2 = 100 \times [1 + 0.002 \times (60 - 20)] = 108$[Ω]
답 ①

14 전계 및 자계의 세기가 각각 E[V/m], H[AT/m]일 때, 포인팅 벡터 P[W/m²]의 표현으로 옳은 것은?

① $P = \dfrac{1}{2}E \times H$
② $P = E \operatorname{rot} H$
③ $P = E \times H$
④ $P = H \operatorname{rot} E$

풀이 진행 방향에 수직되는 단위 면적을 단위 시간에 통과하는 에너지를 포인팅 벡터 또는 방사 벡터라 하며 $P = E \times H = EH\sin\theta$[W/m²]로 표현된다.
답 ③

15 자기유도계수 L의 계산 방법이 아닌 것은? (단, N : 권수, ϕ : 자속[Wb], I : 전류[A], A : 벡터 퍼텐셜[Wb/m], i : 전류밀도[A/m²], B : 자속밀도[Wb/m²], H : 자계의 세기[AT/m]이다.)

① $L = \dfrac{N\phi}{I}$
② $L = \dfrac{\int_v A \cdot i \, dv}{I^2}$
③ $L = \dfrac{\int_v B \cdot H \, dv}{I^2}$
④ $L = \dfrac{\int_v A \cdot i \, dv}{I}$

풀이 자계 에너지에 의한 자기유도계수 L
$$w = \frac{1}{2}LI^2 \text{ 에서 } L = \frac{2w}{I^2} \cdots\cdots ①$$
$$w = \frac{1}{2}\int_v \boldsymbol{B} \cdot \boldsymbol{H} dv = \frac{1}{2}\int_v \boldsymbol{A} \cdot i dv \cdots\cdots ②$$

②를 ①에 대입하면 $L = \dfrac{\int_v \boldsymbol{B} \cdot \boldsymbol{H} dv}{I^2} = \dfrac{\int_v \boldsymbol{A} \cdot i dv}{I^2}$

또, $LI = N\Phi$ 에서 $L = \dfrac{N\Phi}{I}$ 이다.   **답** ④

16 평등자계 내에 전자가 수직으로 입사하였을 때 전자의 운동에 대한 설명으로 옳은 것은?
① 원심력은 전자속도에 반비례한다.
② 구심력은 자계의 세기에 반비례한다.
③ 원운동을 하고, 반지름은 자계의 세기에 비례한다.
④ 원운동을 하고, 반지름은 전자의 회전속도에 비례한다.

풀이 ① 전자력에 의한 구심력 $F = evB$:
$F \propto v$ 이므로 전자속도(v)에 비례
② 전자력에 의한 원심력 $F' = \dfrac{mv^2}{r}$:
자계의 세기(H)와 관계가 없음
③ 평형 조건($F = F'$)에 의한 궤도 반지름 $r = \dfrac{mv}{eB}$:
$r \propto \dfrac{v}{B}\left(= \dfrac{v}{\mu H}\right)$ 이므로 자계의 세기(H)에 반비례하고, 속도(v)에 비례

평등자계 내의 전자가 수직으로 입사하였을 때 전자의 운동은 전류의 방향과 반대 방향을 고려하여 플레밍의 왼손법칙을 적용하면 원의 중심으로 향하는 힘을 받는다. 즉, 운동 방향과 직각으로 힘을 받아 등속 원운동을 한다.   **답** ④

17 진공 중 3[m] 간격으로 두 개의 평행한 무한평판 도체에 각각 +4[C/m²], -4[C/m²]의 전하를 주었을 때, 두 도체 간의 전위차는 약 몇 [V]인가?
① 1.5×10^{11}
② 1.5×10^{12}
③ 1.36×10^{11}
④ 1.36×10^{12}

풀이 두 개의 평행한 무한평판 도체에서 평판 내측의 전계
$E = \dfrac{\sigma}{\epsilon_0} = \dfrac{4}{8.85 \times 10^{-12}} = 4.52 \times 10^{11}$ [V/m]이다.

따라서 두 도체 간의 전위차
$V = Ed = 4.52 \times 10^{11} \times 3 = 1.36 \times 10^{12}$ [V]   **답** ④

18 자속밀도 B[Wb/m²]의 평등 자계 내에서 길이 l[m]인 도체 ab가 속도 v[m/s]로 그림과 같이 도선을 따라서 자계와 수직으로 이동할 때, 도체 ab에 의해 유기된 기전력의 크기 e[V]와 폐회로 abcd 내 저항 R에 흐르는 전류의 방향은? (단, 폐회로 abcd 내 도선 및 도체의 저항은 무시한다.)

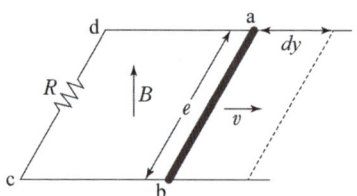

① $e = Blv$, 전류 방향 : c → d
② $e = Blv$, 전류 방향 : d → c
③ $e = Blv^2$, 전류 방향 : c → d
④ $e = Blv^2$, 전류 방향 : d → c

풀이 플레밍의 오른손 법칙
① 유기기전력 $e = Blv\sin\theta$ [V]

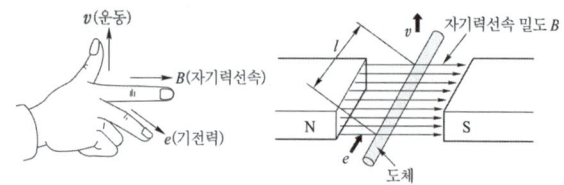

② 전류는 플레밍의 오른손 법칙에 의해 a → b → c → d 방향으로 흐른다.   **답** ①

19 유전율이 ϵ_1, ϵ_2[F/m]인 유전체 경계면에 단위 면적당 작용하는 힘의 크기는 몇 [N/m²]인가? (단, 전계가 경계면에 수직인 경우이며, 두 유전체에서의 전속밀도는 $D_1 = D_2 = D$[C/m²]이다.)
① $2\left(\dfrac{1}{\epsilon_1} - \dfrac{1}{\epsilon_2}\right)D^2$
② $2\left(\dfrac{1}{\epsilon_1} + \dfrac{1}{\epsilon_2}\right)D^2$
③ $\dfrac{1}{2}\left(\dfrac{1}{\epsilon_1} + \dfrac{1}{\epsilon_2}\right)D^2$
④ $\dfrac{1}{2}\left(\dfrac{1}{\epsilon_2} - \dfrac{1}{\epsilon_1}\right)D^2$

풀이

① 전계가 경계면에 수직인 경우
$$f_n = \frac{1}{2}(E_2 - E_1) \cdot D = \frac{1}{2}\left(\frac{1}{\epsilon_2} - \frac{1}{\epsilon_1}\right)D^2 [\text{N/m}^2]$$

② 전계가 경계면에 평행인 경우
$$f_n = \frac{1}{2}(E_1 \cdot D_1 - E_2 \cdot D_2) = \frac{1}{2}(\epsilon_1 - \epsilon_2)E^2 [\text{N/m}^2]$$

①, ② 모두 유전율이 큰 쪽에서 유전율이 작은 쪽으로 끌려 들어가는 맥스웰 응력이 작용한다.   **답** ④

20 그림과 같이 내부 도체구 A에 $+Q[\text{C}]$, 외부 도체구 B에 $-Q[\text{C}]$를 부여한 동심 도체구 사이의 정전용량 $C[\text{F}]$는?

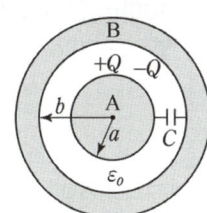

① $4\pi\epsilon_o(b-a)$ ② $\dfrac{4\pi\epsilon_o ab}{b-a}$

③ $\dfrac{ab}{4\pi\epsilon_o(b-a)}$ ④ $4\pi\epsilon_o\left(\dfrac{1}{a}-\dfrac{1}{b}\right)$

풀이

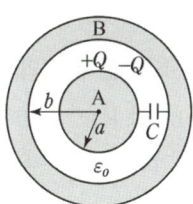

내부 도체구에 $+Q[\text{C}]$, 외부 도체구에 $-Q[\text{C}]$을 준 경우 내외 도체구 사이의 전위차
$$V_{ab} = \frac{Q}{4\pi\epsilon_0}\left(\frac{1}{a}-\frac{1}{b}\right)[\text{V}]$$

따라서 **동심 도체구의 정전용량**
$$C = \frac{Q}{V_{ab}} = \frac{4\pi\epsilon_0}{\dfrac{1}{a}-\dfrac{1}{b}} = \frac{4\pi\epsilon_0 ab}{b-a}[\text{F}]$$ **답** ②

2020년 3회 _ 전기기사

01 분극의 세기 P, 전계 E, 전속밀도 D의 관계를 나타낸 것으로 옳은 것은? (단, ϵ_0는 진공의 유전율이고, ϵ_s은 유전체의 비유전율이고, ϵ은 유전체의 유전율이다.)

① $P = \epsilon_0(\epsilon+1)E$ ② $E = \dfrac{D+P}{\epsilon_0}$

③ $P = D - \epsilon_0 E$ ④ $\epsilon_0 = D - E$

풀이

전계 $E = \dfrac{\sigma - \sigma_p}{\epsilon_0} = \dfrac{D-P}{\epsilon_0}[\text{V/m}]$이므로

전속밀도 $D = \epsilon_0 E + P[\text{C/m}^2]$이다.

따라서 분극의 세기
$$P = D - \epsilon_0 E = \epsilon_0 \epsilon_s E - \epsilon_0 E = \epsilon_0(\epsilon_s - 1)E[\text{C/m}^2]$$ **답** ③

02 그림과 같은 직사각형의 평면 코일이 $B = \dfrac{0.05}{\sqrt{2}}(a_x + a_y)[\text{Wb/m}^2]$인 자계에 위치하고 있다. 이 코일에 흐르는 전류가 5[A] 일 때 z축에 있는 코일에서의 토크는 약 몇 [N·m]인가?

① $2.66 \times 10^{-4} a_x$
② $5.66 \times 10^{-4} a_x$
③ $2.66 \times 10^{-4} a_z$
④ $5.66 \times 10^{-4} a_z$

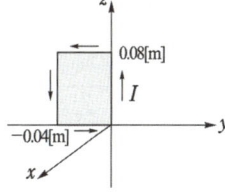

풀이

$I = 5a_z$, $B = \dfrac{0.05}{\sqrt{2}}(a_x + a_y)$

$I \times B = 5a_z \times \dfrac{0.05}{\sqrt{2}}(a_x + a_y)$

$\quad\quad = 5 \times \dfrac{0.05}{\sqrt{2}}(a_z \times a_x + a_z \times a_y)$

$\quad\quad = 0.177(a_y - a_x)$

z축상의 전류 도체가 받는 힘
$F = (I \times B)l = 0.177(-a_x + a_y) \times 0.08$
$\quad = 0.01416(-a_x + a_y)[\text{N}]$

토크 $T = r \times F$이며, $r = 0.04 a_y$ 이므로
$$T = r \times F = 0.04 a_y \times 0.01416(-a_x + a_y)$$
$$= 5.66 \times 10^{-4}(-a_y \times a_x + a_y \times a_y)$$
$$= 5.66 \times 10^{-4}[-(-a_z)]$$
$$= 5.66 \times 10^{-4} a_z [\text{N} \cdot \text{m}]$$
답 ④

03 내부 장치 또는 공간을 물질로 포위시켜 외부 자계의 영향을 차폐시키는 방식을 자기차폐라 한다. 다음 중 자기차폐에 가장 적합한 것은?

① 비투자율이 1보다 작은 역자성체
② 강자성체 중에서 비투자율이 큰 물질
③ 강자성체 중에서 비투자율이 작은 물질
④ 비투자율에 관계없이 물질의 두께에만 관계되므로 되도록이면 두꺼운 물질

풀이 자속은 투자율이 높은 쪽으로 모이려는 성질이 있다. 따라서 투자율이 큰 자성체로 차폐할 공간을 둘러싸면 외부의 자속은 이 투자율이 큰 자성체를 통과하지 못하므로 내부공간은 외부 자계에 의한 영향을 작게 받게 된다.
답 ②

04 주파수가 100[MHz]일 때 구리의 표피두께 (skin depth)는 약 몇 [mm]인가? (단, 구리의 도전율은 5.9×10^7[℧/m]이고, 비투자율은 0.99이다.)

① 3.3×10^{-2} ② 6.6×10^{-2}
③ 3.3×10^{-3} ④ 6.6×10^{-3}

풀이 $\delta = \sqrt{\dfrac{2}{\omega \mu \sigma}} = \sqrt{\dfrac{1}{\pi f \mu \sigma}}$
$$= \dfrac{1}{\sqrt{\pi \times 100 \times 10^6 \times 4\pi \times 10^{-7} \times 0.99 \times 5.9 \times 10^7}}$$
$$= 6.6 \times 10^{-3} [\text{mm}]$$
여기서, δ : 표피 두께 또는 침투 깊이
$\mu_0 = 4\pi \times 10^{-7}$[H/m] : 투자율
σ : 도전율, f : 주파수
답 ④

05 압전기 현상에서 전기 분극이 기계적 응력에 수직한 방향으로 발생하는 현상은?

① 종효과 ② 횡효과
③ 역효과 ④ 직접효과

풀이 결정에 가한 기계적 응력과 전기 분극이 동일 방향으로 발생하는 경우를 종효과, 수직 방향으로 발생하는 경우를 횡효과라 한다.

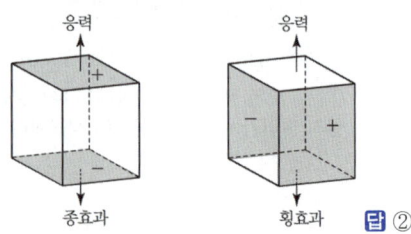

답 ②

06 구리의 고유저항은 20[℃]에서 1.69×10^{-8}[Ω·m]이고 온도계수는 0.00393이다. 단면적이 2[mm²]이고 100[m]인 구리선의 저항값은 40[℃]에서 약 몇 Ω인가?

① 0.91×10^{-3} ② 1.89×10^{-3}
③ 0.91 ④ 1.89

풀이 20[℃]에서의 구리의 저항
$$R_0 = \rho \dfrac{l}{A} = 1.69 \times 10^{-8} \times \dfrac{100}{2 \times 10^{-6}} = 0.845 [\Omega]$$
따라서 40[℃]에서의 구리선의 저항값
$$R_t = R_0 [1 + \alpha(t-20)]$$
$$= 0.845 \times [1 + 0.00393 \times (40-20)]$$
$$= 0.91 [\Omega]$$
답 ③

07 전위경도 V와 전계 E의 관계식은?

① $E = \text{grad}\, V$ ② $E = \text{div}\, V$
③ $E = -\text{grad}\, V$ ④ $E = -\text{div}\, V$

풀이 전위와 전계의 세기의 관계식
$$E = -\text{grad}\, V = -\nabla V [\text{V/m}]$$
답 ③

08 정전계에서 도체에 정(+)의 전하를 주었을 때의 설명으로 틀린 것은?

① 도체 표면의 곡률 반지름이 작은 곳에 전하가 많이 분포한다.
② 도체 외측의 표면에만 전하가 분포한다.
③ 도체 표면에서 수직으로 전기력선이 출입한다.
④ 도체 내에 있는 공동면에도 전하가 골고루 분포한다.

풀이

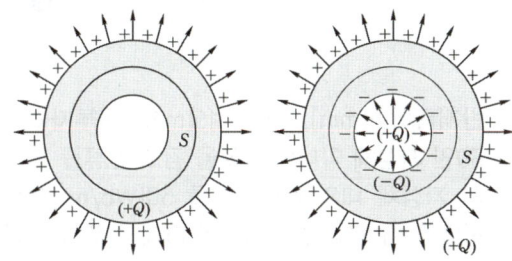

〈중공부에 전하가 없는 경우(전하 Q[C]의 대전도체)〉 〈중공부에 전하가 Q[C]인 경우〉

따라서 중공부에 전하 없이 도체 외부에 전하를 주는 경우, 도체 내에 있는 공동면에는 전하가 분포하지 않는다.   답 ④

09 평행 도선에 같은 크기의 왕복 전류가 흐를 때 두 도선 사이에 작용하는 힘에 대한 설명으로 옳은 것은?

① 흡인력이다.
② 전류의 제곱에 비례한다.
③ 주위 매질의 투자율에 반비례한다.
④ 두 도선 사이 간격의 제곱에 반비례한다.

풀이 평행도선 단위길이 당 작용하는 힘은
간격(거리)을 r[m]라 할 때
$$F = \frac{\mu_0 I_1 I_2}{2\pi r} = \frac{2I_1 I_2}{r} \times 10^{-7} [\text{N/m}]$$
로 두 전류의 곱에 비례하고, 간격(거리)에 반비례하며 두 전류의 방향이 같은 방향이면 흡인력, 다른 방향(왕복전류)이면 반발력이 작용한다.   답 ②

10 비유전율 3, 비투자율 3인 매질에서 전자기파의 진행속도 v[m/s]와 진공에서의 속도 v_0 [m/s]의 관계는?

① $v = \frac{1}{9}v_0$ ② $v = \frac{1}{3}v_0$
③ $v = 3v_0$ ④ $v = 9v_0$

풀이 전자파의 전파속도
$$v = \frac{1}{\sqrt{\epsilon\mu}} = \frac{1}{\sqrt{\epsilon_0\mu_0}} \frac{1}{\sqrt{\epsilon_r\mu_r}}$$
$$= \frac{1}{\sqrt{\epsilon_0\mu_0}} \times \frac{1}{\sqrt{\epsilon_r\mu_r}} = \frac{1}{\sqrt{\epsilon_r\mu_r}} v_0$$

(여기서, 진공중의 전파속도
$$v_0 = \frac{1}{\sqrt{\epsilon_0\mu_0}} = \frac{1}{\sqrt{\frac{1}{4\pi \times 9 \times 10^9} \times 4\pi \times 10^{-7}}}$$
$$= 3 \times 10^8 [\text{m/sec}])$$
$$\therefore v = \frac{1}{\sqrt{\epsilon_r\mu_r}} v_0 = \frac{1}{\sqrt{3 \times 3}} v_0 = \frac{1}{3} v_0 [\text{m/s}]$$ 답 ②

11 대지의 고유저항이 ρ[Ω·m]일 때 반지름이 a[m]인 그림과 같은 반구 접지극의 접지저항 [Ω]은?

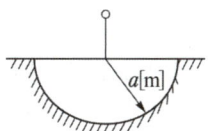

① $\frac{\rho}{4\pi a}$ ② $\frac{\rho}{2\pi a}$
③ $\frac{2\pi\rho}{a}$ ④ $2\pi\rho a$

풀이 반지름 a[m]인 구의 정전용량은 $4\pi\epsilon a$[F]이므로 반구의 정전용량(C)은 $2\pi\epsilon a$[F] 이다.
$RC = \rho\epsilon$이므로
$$\therefore 접지저항\ R = \frac{\rho\epsilon}{C} = \frac{\rho\epsilon}{2\pi\epsilon a} = \frac{\rho}{2\pi a} [\Omega]$$ 답 ②

12 공기 중에서 2[V/m]의 전계의 세기에 의한 변위전류밀도의 크기를 2[A/m²]으로 흐르게 하려면 전계의 주파수는 약 몇 [MHz]가 되어야 하는가?

① 9000   ② 18000
③ 36000   ④ 72000

풀이 변위전류밀도 $i_d = \omega\epsilon E$[A/m²]에서
$$\omega = 2\pi f = \frac{i_d}{\epsilon E} 이므로$$
$$\therefore f = \frac{i_d}{2\pi\epsilon_o\epsilon_s E} = \frac{2}{2\pi \times \frac{1}{4\pi \times 9 \times 10^9} \times 1 \times 2} \times 10^{-6}$$
$$= 18000 [\text{MHz}]$$ 답 ②

13 2장의 무한 평판 도체를 4[cm]의 간격으로 놓은 후 평판 도체 간에 일정한 전계를 인가하였더니 평판 도체 표면에 2[μC/m²]의 전하밀도가 생겼다. 이 때 평행 도체 표면에 작용하는 정전응력은 약 몇 [N/m²]인가?

① 0.057　② 0.226
③ 0.57　④ 2.26

풀이 정전응력 $f = \frac{1}{2}DE = \frac{1}{2}\epsilon E^2 = \frac{D^2}{2\epsilon}$
$= \frac{(2 \times 10^{-6})^2}{2 \times 8.85 \times 10^{-12}} = 0.226 [\text{N/m}^2]$ **답** ②

14 임의의 방향으로 배열되었던 강자성체의 자구가 외부 자기장의 힘이 일정치 이상이 되는 순간에 급격히 회전하여 자기장의 방향으로 배열되고 자속밀도가 증가하는 현상을 무엇이라 하는가?

① 자기 여효(magnetic aftereffect)
② 바크하우젠 효과(Barkhausen effect)
③ 자기왜 현상(magneto-striction effect)
④ 핀치 효과(Pinch effect)

풀이 ① 자기 여효 : 강자성체에 자기장의 변화를 주었을 때 자화의 변화에 시간적 지연이 생기는 현상
② 바크하우젠 효과 : 자성체 내에서 임의의 방향으로 배열되었던 자구가 외부 자장의 힘이 일정값 이상이 되면 순간적으로 회전하여 자장의 방향으로 배열되고 자속밀도가 증가하는 현상
③ 자기왜 현상 : 강자성체가 자화될 때 자화와 함께 기계적 변형이 생기는 현상
④ 핀치 효과 : 액체 도체에 전류가 흐를 때 액체 도체의 중심을 향해 수축력이 작용하는 현상 **답** ②

15 자성체 내의 자계의 세기가 H[AT/m]이고 자속밀도가 B[Wb/m²]일 때, 자계 에너지 밀도 [J/m³]는?

① HB　② $\frac{1}{2\mu}H^2$
③ $\frac{\mu}{2}B^2$　④ $\frac{1}{2\mu}B^2$

풀이 자성체 단위체적 당 저장되는 에너지, 즉 에너지 밀도 w는

$w = \frac{1}{2}BH = \frac{B^2}{2\mu} = \frac{1}{2}\mu H^2 [\text{J/m}^3]$이다. **답** ④

16 반지름이 5[mm], 길이가 15[mm], 비투자율이 50인 자성체 막대에 코일을 감고 전류를 흘려서 자성체 내의 자속밀도를 50[Wb/m²]으로 하였을 때 자성체 내에서의 자계의 세기는 몇 [A/m]인가?

① $\frac{10^7}{\pi}$　② $\frac{10^7}{2\pi}$　③ $\frac{10^7}{4\pi}$　④ $\frac{10^7}{8\pi}$

풀이 $B = \mu H = \mu_0 \mu_s H$에서 자계의 세기는

∴ $H = \frac{B}{\mu_0 \mu_s} = \frac{50}{4\pi \times 10^{-7} \times 50} = \frac{10^7}{4\pi}$ [A/m] **답** ③

17 반지름이 30[cm]인 원판 전극의 평행판 콘덴서가 있다. 전극의 간격이 0.1[cm]이며 전극 사이 유전체의 비유전율이 4.0이라 한다. 이 콘덴서의 정전용량은 약 몇 [μF]인가?

① 0.01　② 0.02
③ 0.03　④ 0.04

풀이 정전용량 $C = \frac{\epsilon S}{d} = \frac{\epsilon_0 \epsilon_s \pi r^2}{d}$
$= \frac{8.85 \times 10^{-12} \times 4 \times \pi \times (30 \times 10^{-2})^2}{0.1 \times 10^{-2}}$
$= 0.01 \times 10^{-6} [\text{F}] = 0.01 [\mu\text{F}]$ **답** ①

18 한 변의 길이가 l[m]인 정사각형 도체 회로에 전류 I[A]를 흘릴 때 회로의 중심점에서의 자계의 세기는 몇 [AT/m]인가?

① $\frac{2I}{\pi l}$　② $\frac{I}{\sqrt{2}\pi l}$
③ $\frac{\sqrt{2}I}{\pi l}$　④ $\frac{2\sqrt{2}I}{\pi l}$

풀이

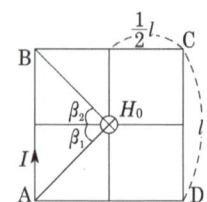

한 변 AB에 대한 중심점의 자계는
$H_{AB} = \dfrac{I}{4\pi a}(\sin\beta_1 + \sin\beta_2)$이므로 $a = \dfrac{l}{2}$,
$\sin\beta_1 = \sin\beta_2 = \sin45° = \dfrac{1}{\sqrt{2}}$ 을 대입하면
$H_{AB} = \dfrac{I}{4\pi\left(\dfrac{l}{2}\right)} \times 2 \times \dfrac{1}{\sqrt{2}} = \dfrac{I}{\sqrt{2}\pi l}$ [AT/m]

$\therefore H_0 = H_{AB} + H_{BC} + H_{CD} + H_{DA}$
$= 4H_{AB} = 4 \times \dfrac{I}{\sqrt{2}\pi l} = \dfrac{2\sqrt{2}\,I}{\pi l}$ [AT/m] **답 ④**

---

19 정전용량이 각각 $C_1 = 1[\mu F]$, $C_2 = 2[\mu F]$인 도체에 전하 $Q_1 = -5[\mu C]$, $Q_2 = 2[\mu C]$을 각각 주고 각 도체를 가는 철사로 연결하였을 때 C_1에서 C_2로 이동하는 전하 $Q[\mu C]$는?

① -4
② -3.5
③ -3
④ -1.5

풀이
• 두 도체를 가는 철사로 연결하면 전체 전하량은 변함이 없고, 두 도체의 전위는 동일하게 된다.
$Q_1 + Q_2 = C_1V_1 + C_2V_2 = C_1V + C_2V$
$\qquad\qquad = (C_1 + C_2)V$
전위 $V = \dfrac{Q_1 + Q_2}{C_1 + C_2} = \dfrac{-5+2}{1+2} = -1[V]$

• 철사로 연결 후 C_1의 전하량
$Q_1' = C_1V = 1 \times (-1) = -1[\mu C]$
따라서 철사로 연결 후 C_1에서 C_2로 이동하는 전하량
$Q = Q_1 - Q_1' = -5 - (-1) = -4[\mu C]$ **답 ①**

---

20 정전용량이 $0.03[\mu F]$인 평행판 공기 콘덴서의 두 극판 사이에 절반 두께의 비유전율 10인 유리판을 극판과 평행하게 넣었다면 이 콘덴서의 정전용량은 약 몇 $[\mu F]$이 되는가?

① 1.83
② 18.3
③ 0.055
④ 0.55

풀이 공기 부분의 정전용량을 C_1이라 하면
$C_1 = \dfrac{\epsilon_0 S}{d/2}[F] = \dfrac{2S\epsilon_0}{d}[F]$이고,
유리판 부분의 정전용량을 C_2라 하면
$C_2 = \dfrac{\epsilon S}{d/2} = \dfrac{2S\epsilon}{d}[F]$이다.
그러므로 극판간 공극의 두께 1/2 상당의 유리판을 넣는 경우 정전용량 C는

$C = \dfrac{1}{\dfrac{1}{C_1} + \dfrac{1}{C_2}} = \dfrac{1}{\dfrac{d}{2S}\left(\dfrac{1}{\epsilon_0} + \dfrac{1}{\epsilon}\right)} = \dfrac{1}{\dfrac{d}{2\epsilon_0 S}\left(1 + \dfrac{\epsilon_0}{\epsilon}\right)}$

$= \dfrac{2C_0}{1 + \dfrac{\epsilon_0}{\epsilon}} = \dfrac{2C_0}{1 + \dfrac{1}{\epsilon_s}}[F]$

$\therefore C = \dfrac{2C_0}{1 + \dfrac{1}{\epsilon_s}} = \dfrac{2 \times 0.03}{1 + \dfrac{1}{10}} = 0.055[\mu F]$ **답 ③**

2020년 - 4회 _ 전기기사

01 환상 솔레노이드 철심 내부에서 자계의 세기 [AT/m]는? (단, N은 코일 권선수, r은 환상 철심의 평균 반지름, I는 코일에 흐르는 전류이다.)

① NI
② $\dfrac{NI}{2\pi r}$
③ $\dfrac{NI}{2r}$
④ $\dfrac{NI}{4\pi r}$

풀이
• 원형 전류 중심의 자계 $H = \dfrac{I}{2r}$ [AT/m]
• 원형 코일 중심의 자계의 세기 $H = \dfrac{NI}{2r}$
• 무한장 솔레노이드 내부의 자계의 세기
$H = n_0 I = \dfrac{NI}{l}$
(여기서 n_0는 단위 길이당 코일 권수[회/m])
• 환상 솔레노이드 내부 자계의 세기
$H = \dfrac{NI}{2\pi r}$ **답 ②**

---

02 전류 I가 흐르는 무한 직선 도체가 있다. 이 도체로부터 수직으로 0.1[m] 떨어진 점에서 자계의 세기가 180[AT/m]이다. 도체로부터 수직으로 0.3[m] 떨어진 점에서 자계의 세기[AT/m]는?

① 20
② 60
③ 180
④ 540

풀이 무한장 직선도체에 $I[A]$가 흐를 때 이 도체에 의한 자계는 $H = \dfrac{I}{2\pi r}$ 로 거리에 반비례한다.

$$H : H' = \dfrac{1}{0.1} : \dfrac{1}{0.3}$$

$$\therefore H' = \dfrac{0.1}{0.3} \times H = \dfrac{1}{3}H = \dfrac{1}{3} \times 180$$

$$= 60[AT/m]$$

답 ②

03 임의의 형상의 도선에 전류 $I[A]$가 흐를 때, 거리 $r[m]$만큼 떨어진 점에서의 자계의 세기 $H[AT/m]$를 구하는 비오-사바르의 법칙에서 자계의 세기 $H[AT/m]$와 거리 $r[m]$의 관계로 옳은 것은?

① r에 반비례
② r에 비례
③ r^2에 반비례
④ r^2에 비례

풀이 비오-사바르의 법칙은 미소전류에 의해 거리 r만큼 떨어진 점에서의 자계의 세기 $\boldsymbol{H}$를 구하는 데 이용된다.

$$dH = \dfrac{Idl\sin\theta}{4\pi r^2}[AT/m]$$

따라서 자계의 세기는 거리의 제곱(r^2)에 반비례한다.

답 ③

04 길이가 $l[m]$, 단면적의 반지름이 $a[m]$인 원통이 길이 방향으로 균일하게 자화되어 자화의 세기가 $J[Wb/m^2]$인 경우, 원통 양단에서의 자극의 세기 $m[Wb]$은?

① alJ
② $2\pi alJ$
③ $\pi a^2 J$
④ $\dfrac{J}{\pi a^2}$

풀이 자화의 세기 $J = \dfrac{m}{s}[Wb/m^2]$이므로
전자극의 세기 $m = J \cdot s = \pi a^2 J[Wb]$이다.

답 ③

05 진공 중에서 전자파의 전파속도[m/s]는?

① $C_0 = \dfrac{1}{\sqrt{\epsilon_0 \mu_0}}$
② $C_0 = \sqrt{\epsilon_0 \mu_0}$
③ $C_0 = \dfrac{1}{\sqrt{\epsilon_0}}$
④ $C_0 = \dfrac{1}{\sqrt{\mu_0}}$

풀이 · 매질 중의 전파속도

$$v = \dfrac{1}{\sqrt{\epsilon\mu}} = \dfrac{1}{\sqrt{\epsilon_0 \mu_0}} \cdot \dfrac{1}{\sqrt{\epsilon_r \mu_r}} = \dfrac{3 \times 10^8}{\sqrt{\epsilon_r \mu_r}}[m/s]$$

(여기서, μ_0 : 진공의 투자율, μ_r : 비투자율, ϵ_0 : 진공의 유전율, ϵ_r : 비유전율)

· 진공 중의 전파속도

$$v_0 = \dfrac{1}{\sqrt{\epsilon\mu}} = \dfrac{1}{\sqrt{\epsilon_0 \mu_0}} \cdot \dfrac{1}{\sqrt{\epsilon_r \mu_r}} = \dfrac{1}{\sqrt{\epsilon_0 \mu_0}}$$

($\because$ 진공 중에서 $\epsilon_r = \mu_r = 1$)

· $\dfrac{1}{\sqrt{\epsilon_0 \mu_0}} = \dfrac{1}{\sqrt{8.855 \times 10^{-12} \times 4\pi \times 10^{-7}}}$

$$= 3 \times 10^8 [m/s] = c(광속)$$

답 ①

06 영구자석 재료로 사용하기에 적합한 특성은?

① 잔류자기와 보자력이 모두 큰 것이 적합하다.
② 잔류자기는 크고 보자력은 작은 것이 적합하다.
③ 잔류자기는 작고 보자력은 큰 것이 적합하다.
④ 잔류자기와 보자력이 모두 작은 것이 적합하다.

풀이 · 영구자석 재료 : 히스테리시스 곡선의 면적 및 보자력이 크고, 잔류자기도 클 것
· 전자석(일시 자석) 재료 : 히스테리시스 곡선의 면적 및 보자력이 작고, 잔류자기는 클 것

답 ①

07 변위전류와 관계가 가장 깊은 것은?

① 도체
② 반도체
③ 자성체
④ 유전체

풀이 변위 전류는 진공 또는 유전체 내 전속밀도의 시간적 변화에 의해서 발생한다.

즉, $i_D = \dfrac{I_D}{S} = \dfrac{\partial D}{\partial t} = \dfrac{\partial(\epsilon E)}{\partial t}$

여기서, i_D : 변위전류밀도[A/m^2]
I_D : 변위전류[A]
ϵ : 유전율[F/m]
E : 전계의 세기[V/m]
D : 전속밀도[C/m^2]

답 ④

08 자속밀도가 10[Wb/m²]인 자계 내에 길이 4[cm]의 도체를 자계와 직각으로 놓고 이 도체를 0.4초 동안 1[m]씩 균일하게 이동하였을 때 발생하는 기전력은 몇 [V]인가?

① 1　　② 2
③ 3　　④ 4

풀이　속도 $v = \dfrac{ds}{dt} = \dfrac{1}{0.4} = 2.5[\text{m/sec}]$

$\therefore e = Blv\sin\theta$
$= 10 \times 4 \times 10^{-2} \times 2.5 \times \sin 90°$
$= 1[\text{V}]$

답 ①

09 내부 원통의 반지름이 a, 외부 원통의 반지름이 b인 동축 원통 콘덴서의 내외 원통 사이에 공기를 넣었을 때 정전용량이 C_1이었다. 내외 반지름을 모두 3배로 증가시키고 공기 대신 비유전율이 3인 유전체를 넣었을 경우의 정전용량 C_2는?

① $C_2 = \dfrac{C_1}{9}$　　② $C_2 = \dfrac{C_1}{3}$
③ $C_2 = 3C_1$　　④ $C_2 = 9C_1$

풀이　단위 길이당 정전용량 $C = \dfrac{2\pi\epsilon_0 \epsilon_r}{\ln\frac{b}{a}}$[F/m]에서

공기의 $\epsilon_r = 1$이므로 $C_1 = \dfrac{2\pi\epsilon_0}{\ln\frac{b}{a}}$ 이다.

$\therefore C_2 = \dfrac{2\pi\epsilon_0 \times 3}{\ln\frac{3b}{3a}} = \dfrac{3 \times 2\pi\epsilon_0}{\ln\frac{b}{a}} = 3C_1$

답 ③

10 다음 정전계에 관한 식 중에서 틀린 것은? (단, D는 전속밀도, V는 전위, ρ는 공간(체적) 전하밀도, ϵ은 유전율이다.)

① 가우스의 정리 : $\text{div } \boldsymbol{D} = \rho$
② 포아송의 방정식 : $\nabla^2 V = \dfrac{\rho}{\epsilon}$
③ 라플라스의 방정식 : $\nabla^2 V = 0$
④ 발산의 정리 : $\oint_s \boldsymbol{D} \cdot ds = \int_v \text{div } \boldsymbol{D}\, dv$

풀이　포아송 방정식 :
전하밀도가 공간적으로 분포하고 있을 때 그 내부의 임의의 점에서 전위를 결정하는 식이다.

$$\nabla^2 V = -\dfrac{\rho}{\epsilon}$$

답 ②

11 질량(m)이 10^{-10}[kg]이고, 전하량(Q)이 10^{-8}[C]인 전하가 전기장에 의해 가속되어 운동하고 있다. 가속도가 $a = 10^2 i + 10^2 j$[m/s²]일 때 전기장의 세기 E[V/m]는?

① $E = 10^4 i + 10^5 j$
② $E = i + 10j$
③ $E = i + j$
④ $E = 10^{-6} i + 10^{-4} j$

풀이　$F = QE = m\alpha$[N]

$\therefore E = \dfrac{m}{Q}\alpha = \dfrac{10^{-10}}{10^{-8}} \times (10^2 i + 10^2 j)$
$= i + j$[V/m]

답 ③

12 유전율이 ϵ_1, ϵ_2인 유전체 경계면에 수직으로 전계가 작용할 때 단위 면적당 수직으로 작용하는 힘[N/m²]은? (단, E는 전계[V/m]이고, D는 전속밀도[C/m²]이고, $\epsilon_1 > \epsilon_2$이다.)

① $2\left(\dfrac{1}{\epsilon_2} - \dfrac{1}{\epsilon_1}\right)E^2$　　② $2\left(\dfrac{1}{\epsilon_2} - \dfrac{1}{\epsilon_1}\right)D^2$
③ $\dfrac{1}{2}\left(\dfrac{1}{\epsilon_2} - \dfrac{1}{\epsilon_1}\right)E^2$　　④ $\dfrac{1}{2}\left(\dfrac{1}{\epsilon_2} - \dfrac{1}{\epsilon_1}\right)D^2$

풀이　단위면적 당 작용하는 힘은

$f_n = w_2 - w_1 = \dfrac{1}{2}E_2 D_2 - \dfrac{1}{2}E_1 D_1$[N/m²]인데

경계면에서 수직으로 입사되므로 $D_1 = D_2$로

$\therefore f_n = \dfrac{1}{2}(E_2 - E_1)D$
$= \dfrac{1}{2}\left(\dfrac{1}{\epsilon_2} - \dfrac{1}{\epsilon_1}\right)D^2$[N/m²]

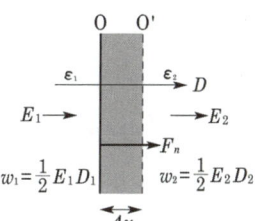

답 ④

13 진공 중에서 2[m] 떨어진 두 개의 무한 평행 도선에 단위 길이당 10^{-7}[N]의 반발력이 작용할 때 각 도선에 흐르는 전류의 크기와 방향은? (단, 각 도선에 흐르는 전류의 크기는 같다.)

① 각 도선에 2[A]가 반대 방향으로 흐른다.
② 각 도선에 2[A]가 같은 방향으로 흐른다.
③ 각 도선에 1[A]가 반대 방향으로 흐른다.
④ 각 도선에 1[A]가 같은 방향으로 흐른다.

풀이 평행도선 단위길이 당 작용하는 힘은 간격(거리)을 r[m]라 할 때

$$F = \frac{\mu_0 I_1 I_2}{2\pi r} = \frac{2 I_1 I_2}{r} \times 10^{-7} = \frac{2I^2}{r} \times 10^{-7} [\text{N/m}]$$

따라서 각 도선에 흐르는 전류

$$I = \sqrt{\frac{Fr}{2} \times 10^7} = \sqrt{\frac{10^{-7} \times 2}{2} \times 10^7} = 1[\text{A}]$$

또한 두 전류의 방향이 같은 방향이면 흡인력, 다른 방향(왕복전류)이면 반발력이 작용한다. **답** ③

14 자기 인덕턴스(self inductance) L[H]을 나타낸 식은? (단, N은 권선수, I는 전류[A], ϕ는 자속[Wb], B는 자속밀도[Wb/m²], H는 자계의 세기[Wb/m], A는 벡터 퍼텐셜[Wb/m], J는 전류밀도[A/m²]이다.)

① $L = \dfrac{N\phi}{I^2}$

② $L = \dfrac{1}{2I^2} \int B \cdot H \, dv$

③ $L = \dfrac{1}{I^2} \int A \cdot J \, dv$

④ $L = \dfrac{1}{I} \int B \cdot H \, dv$

풀이 ① $N\phi = LI$ ∴ $L = \dfrac{N\phi}{I}$

② 자계 에너지 밀도 $w = \dfrac{1}{2} B \cdot H$ [J/m³]이므로

자계 에너지는 $W = \dfrac{1}{2} \int_v B \cdot H \, dv$ [J]

$W = \dfrac{1}{2} LI^2$ [J], $\dfrac{1}{2} LI^2 = \dfrac{1}{2} \int_v B \cdot H \, dv$

∴ $L = \dfrac{1}{I^2} \int_v B \cdot H \, dv$

③ 인덕턴스 L은 $B = \nabla \times A$ 와 $\nabla \times H = J$를 적용하면

$$L = \frac{1}{I^2} \int_v B \cdot H \, dv = \frac{1}{I^2} \int_v (\nabla \times A) \cdot H \, dv$$
$$= \frac{1}{I^2} \int_v A \cdot (\nabla \times H) \, dv = \frac{1}{I^2} \int_v A \cdot J \, dv$$

④ ②의 풀이 결과와 같이 인덕턴스는

$$L = \frac{1}{I^2} \int_v B \cdot H \, dv$$

그러므로 인덕턴스를 나타낸 식은 ③이 된다. **답** ③

15 반지름이 a[m], b[m]인 두 개의 구 형상 도체 전극이 도전율 k인 매질 속에 거리 r[m]만큼 떨어져 있다. 양 전극 간의 저항[Ω]은? (단, $r \gg a$, $r \gg b$ 이다.)

① $4\pi k \left(\dfrac{1}{a} + \dfrac{1}{b} \right)$ ② $4\pi k \left(\dfrac{1}{a} - \dfrac{1}{b} \right)$

③ $\dfrac{1}{4\pi k} \left(\dfrac{1}{a} + \dfrac{1}{b} \right)$ ④ $\dfrac{1}{4\pi k} \left(\dfrac{1}{a} - \dfrac{1}{b} \right)$

풀이 ① 구도체 a, b 사이의 정전용량

$$C = \frac{Q}{V_a - V_b} = \frac{4\pi \epsilon}{\dfrac{1}{a} + \dfrac{1}{b}} [\text{F}]$$

② $RC = \rho \dfrac{l}{S} \times \dfrac{\epsilon S}{d} = \rho \epsilon$ ($\because l = d$ 이다.)

∴ $R = \dfrac{\rho \epsilon}{C} = \dfrac{\rho \epsilon}{\dfrac{4\pi \epsilon}{\left(\dfrac{1}{a} + \dfrac{1}{b} \right)}}$

$= \dfrac{\rho}{4\pi} \left(\dfrac{1}{a} + \dfrac{1}{b} \right) = \dfrac{1}{4\pi k} \left(\dfrac{1}{a} + \dfrac{1}{b} \right)$ [Ω]

(여기서, $\rho = \dfrac{1}{k}$ [Ω·m], ρ = 고유저항, k = 도전율) **답** ③

16 정전계 내 도체 표면에서 전계의 세기가

$$E = \frac{a_x - 2a_y + 2a_z}{\epsilon_0} [\text{V/m}]$$일 때

도체 표면상의 전하밀도 ρ_s [C/m²]를 구하면? (단, 자유공간이다.)

① 1   ② 2   ③ 3   ④ 5

풀이 전기력선 수 $N = E \cdot A = \dfrac{Q}{\epsilon_0}$ 에서 $\epsilon_0 \cdot E = \dfrac{Q}{A}$

$$\therefore \rho_s = \frac{Q}{A} = \epsilon_0 \times \left| \frac{a_x - 2a_y + 2a_z}{\epsilon_0} \right|$$
$$= |a_x - 2a_y + 2a_z|$$
$$= \sqrt{1^2 + (-2)^2 + 2^2} = 3[C/m^2]$$ 답 ③

17 저항의 크기가 1[Ω]인 전선이 있다. 전선의 체적을 동일하게 유지하면서 길이를 2배로 늘였을 때 전선의 저항[Ω]은?

① 0.5 ② 1
③ 2   ④ 4

풀이 저항 $R = \rho \frac{l}{S} = \rho \frac{l \times l}{S \times l} = \rho \frac{l^2}{V}[\Omega]$

여기서, $\rho = \frac{1}{\sigma}$: 저항률 또는 고유저항[Ω·m]
l : 도체의 길이[m], S : 도체의 단면적[m²]
V : 도체의 체적[m³]

체적(V)을 동일하게 유지하면서 길이(l)를 2배로 늘이면,
$\therefore R \propto l^2 = 2^2 = 4$배, 즉 4[Ω]이다. 답 ④

18 반지름이 3[cm]인 원형 단면을 가지고 있는 환상 연철심에 코일을 감고 여기에 전류를 흘려서 철심 중의 자계 세기가 400[AT/m]가 되도록 여자할 때, 철심 중의 자속밀도는 약 몇 [Wb/m²]인가? (단, 철심의 비투자율은 400이라고 한다.)

① 0.2 ② 0.8
③ 1.6 ④ 2.0

풀이 자속 밀도 $B = \mu H = \mu_0 \mu_s H$
$= 4\pi \times 10^{-7} \times 400 \times 400$
$= 0.2[Wb/m^2]$ 답 ①

19 자기회로와 전기회로에 대한 설명으로 틀린 것은?

① 자기저항의 역수를 컨덕턴스라 한다.
② 자기회로의 투자율은 전기회로의 도전율에 대응된다.
③ 전기회로의 전류는 자기회로의 자속에 대응된다.
④ 자기저항의 단위는 [AT/Wb]이다.

풀이 전기회로와 자기회로의 대응

전기회로		자기회로	
기전력	E[V]	기자력	F_m[AT]
전류	I[A]	자속	ϕ[Wb]
전계	E[V/m]	자계	H[AT/m]
전기저항	R[Ω]	자기저항	R_m[AT/Wb]
컨덕턴스	G[℧]	퍼미언스	$\frac{1}{R_m}$[Wb/AT]
도전율	σ[S/m]	투자율	μ[H/m]
옴의법칙	$E = IR$[V] $\therefore I = \frac{E}{R}$[A]	옴의법칙	$F_m = \phi R_m$[AT] $\therefore \phi = \frac{NI}{R_m}$[Wb]

자기저항의 역수를 퍼미언스(permeance)라 하며, 전기회로의 컨덕턴스에 대응한다. 답 ①

20 서로 같은 2개의 구 도체에 동일양의 전하로 대전시킨 후 20[cm] 떨어뜨린 결과 구 도체에 서로 8.6×10^{-4}[N]의 반발력이 작용하였다. 구 도체에 주어진 전하는 약 몇 [C]인가?

① 5.2×10^{-8} ② 6.2×10^{-8}
③ 7.2×10^{-8} ④ 8.2×10^{-8}

풀이 쿨롱의 법칙에서 $F = \frac{Q^2}{4\pi\epsilon_0 r^2}$ 이므로

전하 $Q = \sqrt{4\pi\epsilon_0 r^2 F}$
$= \sqrt{4\pi \times 8.85 \times 10^{-12} \times 0.2^2 \times 8.6 \times 10^{-4}}$
$= 6.2 \times 10^{-8}[C]$ 답 ②

2021년 전기자기_전기기사

2021년 - 1회_전기기사

01 비투자율 $\mu_r = 800$, 원형 단면적이 $S = 10$ [cm²], 평균 자로 길이 $l = 16\pi \times 10^{-2}$[m]의 환상철심에 600회의 코일을 감고 이 코일에 1[A]의 전류를 흘리면 환상 철심 내부의 자속은 몇 [Wb]인가?

① 1.2×10^{-3} ② 1.2×10^{-5}
③ 2.4×10^{-3} ④ 2.4×10^{-5}

풀이 환상 솔레노이드의 내부 자속

$$\phi = BS = \mu H \cdot S = \mu \cdot \frac{NI}{2\pi r} \cdot S = \frac{\mu_o \mu_r NIS}{l}$$

$$= \frac{4\pi \times 10^{-7} \times 800 \times 600 \times 1 \times 10 \times 10^{-4}}{16\pi \times 10^{-2}}$$

$$= 1.2 \times 10^{-3} [Wb]$$

답 ①

02 정상전류계에서 $\nabla \cdot i = 0$에 대한 설명으로 틀린 것은?

① 도체 내에 흐르는 전류는 연속이다.
② 도체 내에 흐르는 전류는 일정하다.
③ 단위 시간당 전하의 변화가 없다.
④ 도체 내에 전류가 흐르지 않는다.

풀이 전류의 연속 방정식 $\text{div} i = -\frac{d\rho}{dt}$에서 도체 내 정상전류가 흐르면 전하밀도($\rho$)가 시간($t$)에 대해 일정하므로 $\text{div} i = \nabla \cdot i = 0$ 이며, 이것은 전류가 발생이나 소멸이 없이 연속이라는 것을 의미한다.

답 ④

03 동일한 금속 도선의 두 점 사이에 온도차를 주고 전류를 흘렸을 때 열의 발생 또는 흡수가 일어나는 현상은?

① 펠티에(Peltier) 효과
② 볼타(Volta) 효과
③ 제벡(Seebeck) 효과
④ 톰슨(Thomson) 효과

풀이
- 펠티에 효과 : 두 종류 금속 접속면에 전류를 흘리면 접속점에서 열의 흡수, 발생이 일어나는 효과
- 제벡 효과 : 두 종류 금속 접속면에 온도차가 있으면 기전력이 발생하는 효과
- 톰슨 효과 : 동일한 금속 도선의 두 점 간에 온도차를 주고, 고온 쪽에서 저온 쪽으로 전류를 흘리면 도선 속에서 열이 발생되거나 흡수가 일어나는 현상

답 ④

04 비유전율이 2이고, 비투자율이 2인 매질 내에서의 전자파의 전파속도 v[m/s]와 진공 중의 빛의 속도 v_0[m/s] 사이의 관계는?

① $v = \frac{1}{2}v_0$ ② $v = \frac{1}{4}v_0$
③ $v = \frac{1}{6}v_0$ ④ $v = \frac{1}{8}v_0$

풀이
- 전파속도

$$v = \frac{1}{\sqrt{\epsilon\mu}} = \frac{1}{\sqrt{\epsilon_0\mu_0}} \cdot \frac{1}{\sqrt{\epsilon_r\mu_r}} = \frac{3 \times 10^8}{\sqrt{\epsilon_r\mu_r}} [m/s]$$

$$(\because \frac{1}{\sqrt{\epsilon_0\mu_0}} = \frac{1}{\sqrt{8.855 \times 10^{-12} \times 4\pi \times 10^{-7}}}$$
$$= 3 \times 10^8 = v_0(빛의 속도)[m/s])$$

- $\epsilon_r = \mu_r = 2$일 때,

$$v = \frac{3 \times 10^8}{\sqrt{\epsilon_r\mu_r}} = \frac{3 \times 10^8}{\sqrt{2 \times 2}} = \frac{1}{2}v_0 \text{ 가 된다.}$$

답 ①

05 진공 내의 점 (2, 2, 2)에 10^{-9}[C]의 전하가 놓여 있다. 점 (2, 5, 6)에서의 전계 E는 약 몇 [V/m]인가? (단, a_y, a_z는 단위벡터이다.)

① $0.278a_y + 2.888a_z$
② $0.216a_y + 0.288a_z$
③ $0.288a_y + 2.216a_z$
④ $0.291a_y + 0.288a_z$

풀이
- 그림과 같이 전하 10^{-9}[C]이 존재하는 점 A와 점 P 사이의 거리는 $\sqrt{(2-2)^2 + (5-2)^2 + (6-2)^2} = 5$[m] 이므로, P점의 전계의 세기 E는

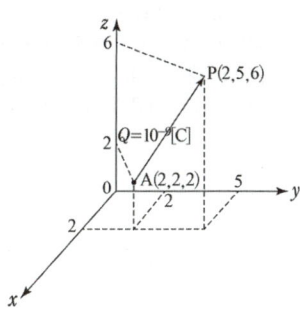

$$E = 9 \times 10^9 \times \frac{Q}{r^2} = 9 \times 10^9 \times \frac{10^{-9}}{5^2} = 0.36 [V/m]$$

- 전계의 방향을 표시하는 단위 벡터는

$$r_0 = \frac{r}{r} = \frac{3a_y + 4a_z}{5} = \frac{1}{5}(3a_y + 4a_z)$$

- 따라서 전계 E 는

$$E = 0.36 \times \frac{1}{5}(3a_y + 4a_z)$$
$$= 0.216a_y + 0.288a_z [V/m]$$

답 ②

06 한 변의 길이가 $l[m]$인 정사각형 도체에 전류 $I[A]$가 흐르고 있을 때 중심점 P에서의 자계의 세기는 몇 [A/m]인가?

① $16\pi lI$
② $4\pi lI$
③ $\dfrac{\sqrt{3}\pi}{2l}I$
④ $\dfrac{2\sqrt{2}}{\pi l}I$

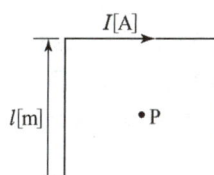

풀이

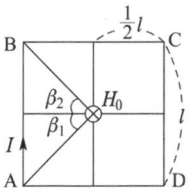

한 변 AB에 대한 중심점의 자계는

$H_{AB} = \dfrac{I}{4\pi a}(\sin\beta_1 + \sin\beta_2)$ 이므로 $a = \dfrac{l}{2}$,

$\sin\beta_1 = \sin\beta_2 = \sin 45° = \dfrac{1}{\sqrt{2}}$ 을 대입하면

$H_{AB} = \dfrac{I}{4\pi\left(\dfrac{l}{2}\right)} \times 2 \times \dfrac{1}{\sqrt{2}} = \dfrac{I}{\sqrt{2}\pi l}$ [AT/m]

$\therefore H_0 = H_{AB} + H_{BC} + H_{CD} + H_{DA}$

$= 4H_{AB} = 4 \times \dfrac{I}{\sqrt{2}\pi l} = \dfrac{2\sqrt{2}I}{\pi l}$ [AT/m] **답** ④

07 간격이 3[cm]이고 면적이 30[cm²]인 평판의 공기 콘덴서에 220[V]의 전압을 가하면 두 판 사이에 작용하는 힘은 약 몇 [N]인가?

① 6.3×10^{-6}
② 7.14×10^{-7}
③ 8×10^{-5}
④ 5.75×10^{-4}

풀이 도체 표면의 정전 응력(단위 면적당의 작용력)

$$F = \frac{1}{2}DE = \frac{1}{2}\epsilon_0 E^2 = \frac{1}{2}\epsilon_0 \left(\frac{V}{d}\right)^2 [N/m^2]$$

간격 $d = 3 \times 10^{-2}$[m], 면적 $S = 30 \times 10^{-4}$[m²], 전압 $V = 220$[V]를 대입하면

$\therefore F = \dfrac{1}{2} \times 8.855 \times 10^{-12} \times \left(\dfrac{220}{3 \times 10^{-2}}\right)^2 \times 30 \times 10^{-4}$

$= 7.14 \times 10^{-7}$[N] **답** ②

08 전계 E[V/m], 전속밀도 D[C/m²], 유전율 $\epsilon = \epsilon_0\epsilon_r$[F/m], 분극의 세기 P[C/m²] 사이의 관계를 나타낸 것으로 옳은 것은?

① $P = D + \epsilon_0 E$
② $P = D - \epsilon_0 E$
③ $P = \dfrac{D+E}{\epsilon_0}$
④ $P = \dfrac{D-E}{\epsilon_0}$

풀이 전계 $E = \dfrac{\sigma - \sigma_p}{\epsilon_0} = \dfrac{D - P}{\epsilon_0}$[V/m]에서

전속밀도 $D = \epsilon_0 E + P$[C/m²]

따라서, 분극의 세기 P는

$P = D - \epsilon_0 E = \epsilon_0\epsilon_r E - \epsilon_0 E$
$= \epsilon_0(\epsilon_r - 1)E$[C/m²] **답** ②

09 커패시터를 제조하는데 4가지(A, B, C, D)의 유전재료가 있다. 커패시터 내의 전계를 일정하게 하였을 때, 단위체적당 가장 큰 에너지 밀도를 나타내는 재료부터 순서대로 나열한 것은? (단, 유전재료 A, B, C, D의 비유전율은 각각 $\epsilon_{rA} = 8$, $\epsilon_{rB} = 10$, $\epsilon_{rC} = 2$, $\epsilon_{rD} = 4$이다.)

① C > D > A > B
② B > A > D > C
③ D > A > C > B
④ A > B > D > C

풀이 유전체 내에 저장되는 에너지밀도 $w = \frac{1}{2}\epsilon E^2 [\text{J/m}^3]$
에서 $w \propto \epsilon_r$ 즉, 에너지밀도는 비유전율에 비례한다.
따라서, $\epsilon_{rB} > \epsilon_{rA} > \epsilon_{rD} > \epsilon_{rC}$ 이므로
∴ B > A > D > C   **답** ②

10 내구의 반지름이 2[cm], 외구의 반지름이 3[cm]인 동심 구 도체 간에 고유저항이 1.884×10^2 [Ω·m]인 저항 물질로 채워져 있을 때, 내외구 간의 합성 저항은 약 몇 [Ω]인가?

① 2.5   ② 5.0
③ 250   ④ 500

풀이 • 동심 구 도체 사이의 정전용량
$$C = \frac{Q}{V} = \frac{4\pi\epsilon}{\frac{1}{a} - \frac{1}{b}} = 4\pi\epsilon \cdot \frac{ab}{b-a}$$
(여기서, a : 내구의 반지름[m], b : 외구의 반지름[m])
∴ $C = 4\pi\epsilon \times \frac{2 \times 3 \times 10^{-4}}{(3-2) \times 10^{-2}} = 6.677 \times 10^{-12}$[F]

• $RC = \rho\epsilon$ 에서
∴ $R = \frac{\rho\epsilon}{C} = \frac{1.884 \times 10^2 \times 8.855 \times 10^{-12}}{6.677 \times 10^{-12}} = 250$[Ω]
답 ③

11 영구자석의 재료로 적합한 것은?

① 잔류 자속밀도(B_r)는 크고, 보자력(H_c)은 작아야 한다.
② 잔류 자속밀도(B_r)는 작고, 보자력(H_c)은 커야 한다.
③ 잔류 자속밀도(B_r)와 보자력(H_c) 모두 작아야 한다.
④ 잔류 자속밀도(B_r)와 보자력(H_c) 모두 커야 한다.

풀이 히스테리시스 곡선

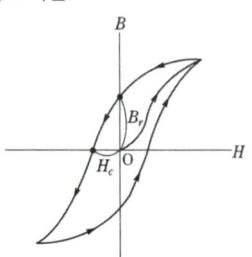

• 자심 재료 : 히스테리시스 곡선의 면적 및 보자력(H_c)은 작고 잔류자기(B_r)는 커야 한다.
• 영구자석 재료 : 히스테리시스 곡선의 면적 및 보자력(H_c)과 잔류자기(B_r)도 모두 커야 한다.
답 ④

12 평등 전계 중에 유전체 구에 의한 전속분포가 그림과 같이 되었을 때 ϵ_1과 ϵ_2의 크기 관계는?

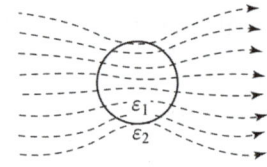

① $\epsilon_1 > \epsilon_2$ ② $\epsilon_1 < \epsilon_2$
③ $\epsilon_1 = \epsilon_2$ ④ $\epsilon_1 \leq \epsilon_2$

풀이 전속선은 유전율이 큰 쪽으로 모이므로 $\epsilon_1 > \epsilon_2$ 이다.
답 ①

13 전하 e[C], 질량 m[kg]인 전자가 전계 E[V/m] 내에 놓여 있을 때 최초에 정지하고 있었다면 t 초 후에 전자의 속도[m/s]는?

① $\frac{meE}{t}$ ② $\frac{me}{E}t$
③ $\frac{mE}{e}t$ ④ $\frac{Ee}{m}t$

풀이 ① 전자의 질량 m[kg]이 가속도 a[m/s²]로 운동할 때 작용하는 역학적인 힘은 뉴튼의 제2법칙에 의해 $F_m = ma$[N]
또 가속도 a와 속도 v의 관계 $a = \frac{v}{t}$에 의해
역학적인 힘 $F_m = ma = m\frac{v}{t}$[N]
② 전계 E[V/m]내에서 전하 e[C]에 작용하는 전기적인 힘, 즉 정전력 $F_e = eE$[N]
③ 역학적인 힘과 정전력은 같으므로
$F_m = F_e$, $m\frac{v}{t} = eE$
∴ $v = \frac{Ee}{m}t$ [m/s]
답 ④

14 환상 솔레노이드의 단면적이 S, 평균 반지름이 r, 권선수가 N이고 누설자속이 없는 경우 자기 인덕턴스의 크기는?

① 권선수 및 단면적에 비례한다.
② 권선수의 제곱 및 단면적에 비례한다.
③ 권선수의 제곱 및 평균 반지름에 비례한다.
④ 권선수의 제곱에 비례하고 단면적에 반비례한다.

풀이
- 자속 $\phi = \dfrac{NI}{R_m} = \dfrac{NI}{\dfrac{l}{\mu S}} = \dfrac{\mu SNI}{l}$ [Wb]
- $LI = N\phi$ 에서
$L = \dfrac{N}{I} \cdot \phi = \dfrac{N}{I} \cdot \dfrac{\mu SNI}{l} = \dfrac{\mu SN^2}{l}$ [H]

따라서 자기 인덕턴스는 투자율(μ), 단면적(S) 및 권선수(N)의 제곱에 비례하고, 자로 길이(l)에 반비례한다.
답 ②

15 다음 중 비투자율(μ_r)이 가장 큰 것은?

① 금 ② 은 ③ 구리 ④ 니켈

풀이

자성체	비투자율 μ_s
금	0.999964
은	0.999998
구리	0.999991
알루미늄	1.00002
코발트	250
니켈	600
철(순도 98.8[%])	5,000
규소강(규소 4[%])	7,000
철(순도 99.95[%])	20,000
퍼멀로이	100,000

답 ④

16 그림과 같은 환상 솔레노이드 내의 철심 중심에서의 자계의 세기 H[AT/m]는? (단, 환상 철심의 평균 반지름은 r[m], 코일의 권수는 N회, 코일에 흐르는 전류는 I[A]이다.)

① $\dfrac{NI}{\pi r}$
② $\dfrac{NI}{2\pi r}$
③ $\dfrac{NI}{4\pi r}$
④ $\dfrac{NI}{2r}$

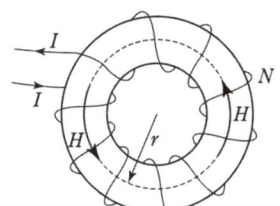

풀이 환상 솔레노이드
- 코일 내부 $\oint_c H \cdot dl = H \cdot 2\pi r = NI$
$\therefore H = \dfrac{NI}{2\pi r}$ [AT/m]
- 코일 외부 $H = 0$
답 ②

17 강자성체가 아닌 것은?

① 코발트 ② 니켈
③ 철   ④ 구리

풀이
- 강자성체 : 철(Fe), 니켈(Ni), 코발트(Co)
- 상자성체 : 알루미늄(Al), 망간(Mn), 백금(Pt), 텅스텐(W), 주석(Sn), 산소(O_2), 질소(N_2) 등
- 역자성체 : 비스무트(Bi), 탄소(C), 구리(Cu), 규소(Si), 은(Ag), 납(Pb) 등
답 ④

18 반지름이 a[m]인 원형 도선 2개의 루프가 z축 상에 그림과 같이 놓인 경우 I[A]의 전류가 흐를 때 원형 전류 중심 축 상의 자계 H[A/m]는? (단, a_z, a_ϕ는 단위벡터이다.)

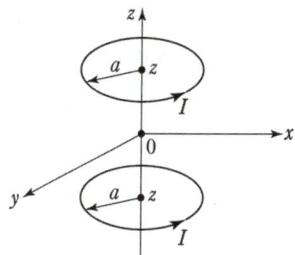

① $H = \dfrac{a^2 I}{(a^2+z^2)^{3/2}} a_\phi$

② $H = \dfrac{a^2 I}{(a^2+z^2)^{3/2}} a_z$

③ $H = \dfrac{a^2 I}{2(a^2+z^2)^{3/2}} a_\phi$

④ $H = \dfrac{a^2 I}{2(a^2+z^2)^{3/2}} a_z$

풀이 원형전류에 의한 중심축상의 자위 u는
$u = \dfrac{I}{4\pi}\omega = \dfrac{I}{2}\left(1 - \dfrac{z}{\sqrt{a^2+z^2}}\right)$ [AT]이고
자계의 세기 H_{1z}는
$H_{1z} = -\dfrac{\partial u}{\partial z} a_z = \dfrac{a^2 I}{2(a^2+z^2)^{3/2}} a_z$ 가 된다.

그런데 원형전류가 두 개이고 원점에서의 자계 방향도 같으므로 H_{1z}의 2배가 된다.

$$\therefore H_z = 2H_{1z} = \frac{a^2 I}{(a^2+z^2)^{3/2}} a_z$$

답 ②

19 방송국 안테나 출력이 W[W]이고 이로부터 진공 중에 r[m] 떨어진 점에서 자계의 세기의 실효치는 약 몇 [A/m]인가?

① $\frac{1}{r}\sqrt{\frac{W}{377\pi}}$ ② $\frac{1}{2r}\sqrt{\frac{W}{377\pi}}$
③ $\frac{1}{2r}\sqrt{\frac{W}{188\pi}}$ ④ $\frac{1}{r}\sqrt{\frac{2W}{377\pi}}$

풀이 전력밀도 $P = EH = 377H^2 = \frac{W}{4\pi r^2}$[W/m²]

($\because E = \sqrt{\frac{\mu_0}{\epsilon_0}} H = 377H$)

전력 $W = PS = 377H^2 \cdot 4\pi r^2$[W]이므로

$\therefore H = \sqrt{\frac{W}{377 \cdot 4\pi r^2}} = \frac{1}{2r}\sqrt{\frac{W}{377\pi}}$

답 ②

20 직교하는 무한 평판도체와 점전하에 의한 영상전하는 몇 개 존재하는가?

① 2   ② 3   ③ 4   ④ 5

풀이 영상전하 개수 $n = \frac{360°}{\theta} - 1$[개] 이다.

직교이면 $\theta = 90°$이므로

$\therefore n = \frac{360°}{90°} - 1 = 3$[개] 이다.

답 ②

2021년 - 2회 _ 전기기사

01 두 종류의 유전율(ϵ_1, ϵ_2)을 가진 유전체가 서로 접하고 있는 경계면에 진전하가 존재하지 않을 때 성립하는 경계조건으로 옳은 것은? (단, E_1, E_2는 각 유전체에서의 전계이고, D_1, D_2는 각 유전체에서의 전속밀도이고, θ_1, θ_2는 각각 경계면의 법선벡터와 E_1, E_2가 이루는 각이다.)

① $E_1\cos\theta_1 = E_2\cos\theta_2$,
  $D_1\sin\theta_1 = D_2\sin\theta_2$, $\frac{\tan\theta_1}{\tan\theta_2} = \frac{\epsilon_2}{\epsilon_1}$

② $E_1\cos\theta_1 = E_2\cos\theta_2$,
  $D_1\sin\theta_1 = D_2\sin\theta_2$, $\frac{\tan\theta_1}{\tan\theta_2} = \frac{\epsilon_1}{\epsilon_2}$

③ $E_1\sin\theta_1 = E_2\sin\theta_2$,
  $D_1\cos\theta_1 = D_2\cos\theta_2$, $\frac{\tan\theta_1}{\tan\theta_2} = \frac{\epsilon_2}{\epsilon_1}$

④ $E_1\sin\theta_1 = E_2\sin\theta_2$,
  $D_1\cos\theta_1 = D_2\cos\theta_2$, $\frac{\tan\theta_1}{\tan\theta_2} = \frac{\epsilon_1}{\epsilon_2}$

풀이 경계 조건

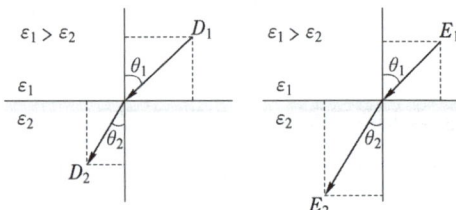

〈전속의 굴절〉   〈전기력선의 굴절〉

- 전속밀도의 법선성분(수직성분)이 같다.
  ($D_1\cos\theta_1 = D_2\cos\theta_2$)
- 전계는 접선성분(평행성분)이 같다.
  ($E_1\sin\theta_1 = E_2\sin\theta_2$)
- 두 경계면에서의 전위는 서로 같다.
  ($V_1 = V_2$)
- $\epsilon_1 > \epsilon_2$이면, $\theta_1 > \theta_2$이다.
- $\frac{\tan\theta_1}{\tan\theta_2} = \frac{\epsilon_1}{\epsilon_2}$
- 전속선은 유전율이 큰 유전체 쪽으로 모이려는 성질이 있다.

답 ④

02 진공 중의 평등자계 H_0 중에 반지름이 a[m]이고, 투자율이 μ인 구 자성체가 있다. 이 구 자성체의 감자율은? (단, 구 자성체 내부의 자계는 $H = \frac{3\mu_0}{2\mu_0 + \mu} H_0$이다.)

① 1 ② $\frac{1}{2}$
③ $\frac{1}{3}$ ④ $\frac{1}{4}$

풀이 자성체에서 외부자계 H_0, 내부자계 H일 때 감자력 H'은 아래의 두 식으로 표현된다.
$$H' = H_0 - H, \quad H' = \frac{N}{\mu_0}J$$
(여기서, N : 감자율, J : 자화의 세기)
(1) 구 자성체 내부의 자계
$$H = \frac{3\mu_0}{2\mu_0 + \mu}H_0 = \frac{3}{2 + \mu_s}H_0$$를
감자력 H'에 대입하면
$$H' = H_0 - H = H_0 - \frac{3}{2+\mu_s}H_0 = \frac{\mu_s - 1}{\mu_s + 2}H_0 \cdots ①$$
(2) 자화의 세기
$$J = \chi H = \mu_0(\mu_s - 1)H = \frac{3\mu_0(\mu_s - 1)}{\mu_s + 2}H_0$$를
감자력 H'에 대입하면
$$H' = \frac{N}{\mu_0}J = \frac{N}{\mu_0} \cdot \frac{3\mu_0(\mu_s - 1)}{\mu_s + 2}H_0$$
$$= \frac{3N(\mu_s - 1)}{\mu_s + 2}H_0 \cdots ②$$
(3) 식 ①과 ②를 등식으로 놓으면 감자율 N은
$$\frac{\mu_s - 1}{\mu_s + 2}H_0 = \frac{3N(\mu_s - 1)}{\mu_s + 2}H_0$$
따라서, 감자율 $N = \frac{1}{3}$ 답 ③

03 공기 중에서 반지름 0.03[m]의 구도체에 줄 수 있는 최대 전하는 약 몇 [C]인가? (단, 이 구도체의 주위 공기에 대한 절연내력은 5×10^6 [V/m]이다.)
① 5×10^{-7} ② 2×10^{-6}
③ 5×10^{-5} ④ 2×10^{-4}

풀이 구도체의 정전용량 $C = 4\pi\epsilon_0 a$[F],
구도체의 전위 $V = Ea$[V]이므로,
$$Q = CV = 4\pi\epsilon_0 a \cdot Ea = 4\pi\epsilon_0 a^2 E$$
$$= \left(\frac{1}{9 \times 10^9} \times 0.03^2\right) \times 5 \times 10^6 = 5 \times 10^{-7}[C]$$ 답 ①

04 유전율 ϵ, 전계의 세기 E인 유전체의 단위 체적당 축적되는 정전에너지는?
① $\frac{E}{2\epsilon}$ ② $\frac{\epsilon E}{2}$
③ $\frac{\epsilon E^2}{2}$ ④ $\frac{\epsilon^2 E^2}{2}$

풀이 정전에너지
$$W = \frac{1}{2}CV^2 = \frac{1}{2} \cdot \frac{\epsilon S}{d} \cdot (dE)^2 = \frac{1}{2}\epsilon E^2 \cdot Sd[J]$$
단위 체적당 축적되는 정전에너지 ω는
$$\omega = \frac{W}{Sd} = \frac{1}{2}\epsilon E^2[J]$$ 답 ③

05 단면적이 균일한 환상철심에 권수 N_A인 A코일과 권수 N_B인 B코일이 있을 때, B코일의 자기 인덕턴스가 L_A[H]라면 두 코일의 상호 인덕턴스[H]는? (단, 누설자속은 0이다.)
① $\frac{L_A N_A}{N_B}$ ② $\frac{L_A N_B}{N_A}$
③ $\frac{N_A}{L_A N_B}$ ④ $\frac{N_B}{L_A N_A}$

풀이 $R = \frac{N_A^2}{L_B} = \frac{N_A N_B}{M}$에서
자기 인덕턴스
$$L_A = \frac{N_B^2}{R}[H]$$
상호 인덕턴스
$$M = \frac{N_A N_B}{R}[H]$$

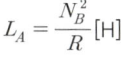

위의 두 식에서 R을 소거하면
$$\therefore M = \frac{L_A N_A}{N_B}[H]$$ 답 ①

06 비투자율이 350인 환상철심 내부의 평균 자계의 세기가 342[AT/m]일 때 자화의 세기는 약 몇 [Wb/m²]인가?
① 0.12 ② 0.15
③ 0.18 ④ 0.21

풀이 자화율 $\chi_m = \mu - \mu_0 = \mu_0(\mu_s - 1)$ [H/m]
따라서 자화의 세기
$$J = \chi_m H = \mu_0(\mu_s - 1)H$$
$$= 4\pi \times 10^{-7} \times (350 - 1) \times 342$$
$$= 0.15[\text{Wb/m}^2]$$ 답 ②

07 진공 중에 놓인 Q[C]의 전하에서 발산되는 전기력선의 수는?
① Q ② ϵ_0 ③ $\frac{Q}{\epsilon_0}$ ④ $\frac{\epsilon_0}{Q}$

풀이
- 진공 중에 놓인 Q[C]의 전하로부터 발산되는 전기력선 수는 가우스 정리에 의하여 $\int_s E\, dS = \dfrac{Q}{\epsilon_0}$[개]
- 유전체의 경우는 $\dfrac{Q}{\epsilon_0 \epsilon_s}$[개]이다. 　　　　**답** ③

08 비투자율이 50인 환상 철심을 이용하여 100[cm] 길이의 자기회로를 구성할 때 자기저항을 2.0×10^7[AT/Wb] 이하로 하기 위해서는 철심의 단면적을 약 몇 [m²] 이상으로 하여야 하는가?

① 3.6×10^{-4} 　　② 6.4×10^{-4}
③ 8.0×10^{-4} 　　④ 9.2×10^{-4}

풀이 자기저항 $R_m = \dfrac{l}{\mu_0 \mu_s S}$[AT/Wb]이므로

단면적 $S = \dfrac{l}{\mu_0 \mu_s R_m} = \dfrac{100 \times 10^{-2}}{4\pi \times 10^{-7} \times 50 \times 2 \times 10^7}$
$\fallingdotseq 8.0 \times 10^{-4}$[m²] 　　**답** ③

09 전기력선의 성질에 대한 설명으로 옳은 것은?
① 전기력선은 등전위면과 평행하다.
② 전기력선은 도체 표면과 직교한다.
③ 전기력선은 도체 내부에 존재할 수 있다.
④ 전기력선은 전위가 낮은 점에서 높은 점으로 향한다.

풀이 전기력선의 성질은 다음과 같다.
① 전기력선은 정전하에서 시작하여 부전하에서 그친다.
② 전하가 없는 곳에서는 전기력선의 발생, 소멸이 없고 연속적이다.
③ 전위가 높은 점에서 낮은 점으로 향한다.
④ 그 자신만으로 폐곡선이 되는 일은 없다.
⑤ 전계가 0이 아닌 곳에서는 2개의 전기력선은 교차하지 않는다.
⑥ 도체 내부에는 전기력선이 없다.
⑦ 수직 단면의 전기력선 밀도는 전계의 세기이고(1[개/m²] = 1[N/C]), 전기력선의 접선 방향은 전계의 방향이다.
⑧ 도체면(등전위면)에서 전기력선은 수직으로 출입한다.
⑨ 단위 전하 ±1[C]에서는 $1/\epsilon_0$개의 전기력선이 출입한다. 　　**답** ②

10 자속밀도가 10[Wb/m²]인 자계 중에 10[cm] 도체를 자계와 60°의 각도로 30[m/s]로 움직일 때, 이 도체에 유기되는 기전력은 몇 [V]인가?
① 15 　　② $15\sqrt{3}$
③ 1500 　　④ $1500\sqrt{3}$

풀이
- 1[cm] = 1×10^{-2}[m]
- 유기기전력 $e = Blv \sin\theta$
$= 10 \times (10 \times 10^{-2}) \times 30 \times \sin 60°$
$= 15\sqrt{3}$[V] 　　**답** ②

11 평등자계와 직각방향으로 일정한 속도로 발사된 전자의 원운동에 관한 설명으로 옳은 것은?
① 플레밍의 오른손법칙에 의한 로렌츠의 힘과 원심력의 평형 원운동이다.
② 원의 반지름은 전자의 발사속도와 전계의 세기의 곱에 반비례한다.
③ 전자의 원운동 주기는 전자의 발사속도와 무관하다.
④ 전자의 원운동 주파수는 전자의 질량에 비례한다.

풀이 ① 플레밍의 왼손 법칙에 의하여 전자가 받는 힘은 운동 방향에 수직하므로 전자는 원운동을 한다.
② 궤도의 반지름 $r = \dfrac{mv}{q\mu_0 H} = \dfrac{mv}{qB}$[m]
③ 주기 $T = \dfrac{2\pi}{\omega} = \dfrac{2\pi m}{qB}$[s]
따라서, 전자의 원운동 주기(T)는 전자의 발사속도(v)와 관계되지 않는다. 　　**답** ③

12 공기 중에 있는 반지름 a[m]의 독립 금속구의 정전용량은 몇 [F]인가?
① $2\pi\epsilon_0 a$ 　　② $4\pi\epsilon_0 a$
③ $\dfrac{1}{2\pi\epsilon_0 a}$ 　　④ $\dfrac{1}{4\pi\epsilon_0 a}$

풀이
- 공기 중에 있는 반지름 a[m]인 구도체의 전위
$V = \dfrac{Q}{4\pi\epsilon_0 a}$[V]
$\therefore C = \dfrac{Q}{V} = \dfrac{Q}{\dfrac{Q}{4\pi\epsilon_0 a}} = 4\pi\epsilon_0 a$[F]
- 구의 정전용량은 $4\pi\epsilon a$[F], 반구의 정전용량은 $2\pi\epsilon a$[F] 이다. 　　**답** ②

13 와전류가 이용되고 있는 것은?

① 수중 음파 탐지기
② 레이더
③ 자기 브레이크(magmetic brake)
④ 사이클로트론(cyclotron)

풀이 자기 브레이크(magmetic brake)는 전자석 또는 자석의 자기장에 의해 고속으로 움직이는 금속에 와전류를 발생하고, 자석에 주행방향에 대한 역방향의 힘이 작용하여 운동 대상을 정지시키는 것   **답** ③

14 전계 $E = \dfrac{2}{x}\hat{x} + \dfrac{2}{y}\hat{y}$ [V/m]에서 점(3, 5)[m]를 통과하는 전기력선의 방정식은? (단, $\hat{x}$, $\hat{y}$는 단위벡터이다.)

① $x^2 + y^2 = 12$ ② $y^2 - x^2 = 12$
③ $x^2 + y^2 = 16$ ④ $y^2 - x^2 = 16$

풀이 전기력선 방정식은 $\dfrac{dx}{E_x} = \dfrac{dy}{E_y}$

주어진 식은 $E_x = \dfrac{2}{x}$, $E_y = \dfrac{2}{y}$ 이므로

$\dfrac{dx}{\frac{2}{x}} = \dfrac{dy}{\frac{2}{y}} \rightarrow xdx = ydy$

양변을 적분하면 $\dfrac{1}{2}x^2 = \dfrac{1}{2}y^2 + k$

$x = 3$, $y = 5$이므로
$k = \dfrac{1}{2}x^2 - \dfrac{1}{2}y^2 = \dfrac{1}{2} \times 3^2 - \dfrac{1}{2} \times 5^2 = -8$

$\therefore y^2 - x^2 = 16$ **답** ④

15 전계 E[V/m]가 두 유전체의 경계면에 평행으로 작용하는 경우 경계면에 단위 면적당 작용하는 힘의 크기는 몇 [N/m²]인가? (단, ϵ_1, ϵ_2는 각 유전체의 유전율이다.)

① $f = E^2(\epsilon_1 - \epsilon_2)$
② $f = \dfrac{1}{E^2}(\epsilon_1 - \epsilon_2)$
③ $f = \dfrac{1}{2}E^2(\epsilon_1 - \epsilon_2)$
④ $f = \dfrac{1}{2E^2}(\epsilon_1 - \epsilon_2)$

풀이 ① 전계가 경계면에 수직인 경우($\epsilon_1 > \epsilon_2$)

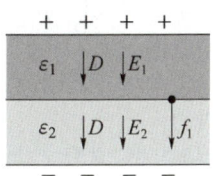

$f_1 = \dfrac{1}{2}(E_2 - E_1) \cdot D = \dfrac{1}{2}\left(\dfrac{1}{\epsilon_2} - \dfrac{1}{\epsilon_1}\right)D^2$ [N/m²]

② 전계가 경계면에 평행인 경우($\epsilon_1 > \epsilon_2$)

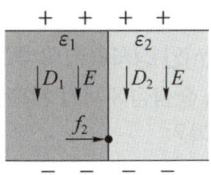

$f_2 = \dfrac{1}{2}(E_1 \cdot D_1 - E_2 \cdot D_2) = \dfrac{1}{2}(\epsilon_1 - \epsilon_2)E^2$ [N/m²]

①, ② 모두 유전율이 큰 쪽에서 유전율이 작은 쪽으로 끌려 들어가는 맥스웰 응력이 작용한다.   **답** ③

16 전계 $E = \sqrt{2}E_e \sin\omega\left(t - \dfrac{x}{c}\right)$ [V/m]의 평면 전자파가 있다. 진공 중에서 자계의 실효값은 몇 [A/m]인가?

① $\dfrac{1}{4\pi}E_e$ ② $\dfrac{1}{36\pi}E_e$
③ $\dfrac{1}{120\pi}E_e$ ④ $\dfrac{1}{360\pi}E_e$

풀이 고유임피던스

$Z_0 = \dfrac{E}{H} = \sqrt{\dfrac{\mu_0}{\epsilon_0}} = \sqrt{\dfrac{4\pi \times 10^{-7}}{8.855 \times 10^{-12}}} = 120\pi$ [Ω]

따라서, 자계의 실효값
$H = \dfrac{E}{Z_0} = \dfrac{1}{120\pi}E_e = 2.65 \times 10^{-3}E_e$ **답** ③

17 진공 중에 서로 떨어져 있는 두 도체 A, B가 있다. 도체 A에만 1[C]의 전하를 줄 때, 도체 A, B의 전위가 각각 3[V], 2[V]이었다. 지금 도체 A, B에 각각 1[C]과 2[C]의 전하를 주면 도체 A의 전위는 몇 [V]인가?

① 6 ② 7
③ 8 ④ 96

풀이 $Q_A = 1[C]$, $Q_B = 0[C]$일 때
$$V_A = P_{AA}Q_A + P_{AB}Q_B = P_{AA} \times 1 + P_{AB} \times 0$$
$$= P_{AA} = 3[V/C]$$
$$V_B = P_{BA}Q_A + P_{BB}Q_B = P_{BA} \times 1 + P_{BB} \times 0$$
$$= P_{BA} = 2[V/C]$$
따라서 $Q_A = 1[C]$, $Q_B = 2[C]$ 일 때
도체 A의 전위 V_A는
$$V_A = P_{AA}Q_A + P_{AB}Q_B = 3 \times 1 + 2 \times 2 = 7[V]$$ **답** ②

18 한 변의 길이가 4[m]인 정사각형의 루프에 1[A]의 전류가 흐를 때, 중심점에서의 자속밀도 B는 약 몇 [Wb/m²]인가?

① 2.83×10^{-7} ② 5.65×10^{-7}
③ 11.31×10^{-7} ④ 14.14×10^{-7}

풀이 정사각형 중심의 자계의 세기
$$H = \frac{2\sqrt{2}}{\pi} \cdot \frac{I}{l} = \frac{2\sqrt{2}}{\pi} \cdot \frac{1}{4} = \frac{\sqrt{2}}{2\pi}[AT/m]$$
자속밀도
$$B = \mu_0 H = 4\pi \times 10^{-7} \times \frac{\sqrt{2}}{2\pi} = 2.83 \times 10^{-7}[Wb/m^2]$$
답 ①

19 원점에 1[μC]의 점전하가 있을 때 점 $P(2, -2, 4)$[m]에서의 전계의 세기에 대한 단위벡터는 약 얼마인가?

① $0.41a_x - 0.41a_y + 0.82a_z$
② $-0.33a_x + 0.33a_y - 0.66a_z$
③ $-0.41a_x + 0.41a_y - 0.82a_z$
④ $0.33a_x - 0.33a_y + 0.66a_z$

풀이

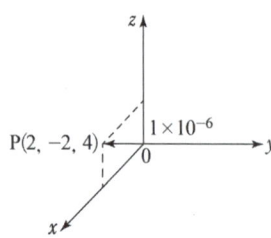

그림과 같이 전하 1[μC]이 존재하는 점과 점 P간의 거리는
$$r = \sqrt{2^2 + (-2)^2 + 4^2} = \sqrt{24}$$ 이므로

전계 세기의 크기는
$$E = 9 \times 10^9 \times \frac{Q}{r^2} = 9 \times 10^9 \times \frac{1 \times 10^{-6}}{(\sqrt{24})^2}$$
$$= \frac{9}{24} \times 10^3 [V/m]$$
전계 방향의 단위 벡터
$$r_0 = \frac{E}{E} = \frac{r}{r} = \frac{(2a_x - 2a_y + 4a_z)}{\sqrt{24}}$$
$$= 0.41a_x - 0.41a_y + 0.82a_z$$ **답** ①

20 공기 중에서 전자기파의 파장이 3[m]라면 그 주파수는 몇 [MHz]인가?

① 100 ② 300
③ 1000 ④ 3000

풀이 전자기파 파장 $\lambda = \frac{v}{f}[m]$

따라서 $f = \frac{v}{\lambda} = \frac{3 \times 10^8}{3} \times 10^{-6} = 100[MHz]$ **답** ①

2021년 - 3회 _ 전기기사

01 자기 인덕턴스가 각각 L_1, L_2인 두 코일의 상호 인덕턴스가 M일 때 결합 계수는?

① $\frac{M}{L_1L_2}$ ② $\frac{L_1L_2}{M}$
③ $\frac{M}{\sqrt{L_1L_2}}$ ④ $\frac{\sqrt{L_1L_2}}{M}$

풀이 결합계수는 두 코일 간의 유도결합 정도를 나타내는 양으로 k로 표시한다.

결합 계수 $k = \frac{M}{\sqrt{L_1L_2}}$

로 정의되며 일반적인 경우 $0 \leq k \leq 1$의 범위로 된다.
- $k = 0$: 자기 결합이 전혀 없는 경우
- $0 \leq k \leq 1$: 일반적인 자기 결합
- $k = 1$: 완전한 자기 결합 **답** ③

02 정상 전류계에서 J는 전류밀도, σ는 도전율, ρ는 고유저항, E는 전계의 세기일 때, 옴의 법칙의 미분형은?

① $J = \sigma E$
② $J = \dfrac{E}{\sigma}$
③ $J = \rho E$
④ $J = \rho \sigma E$

풀이 전류 $\dfrac{dV}{R} = \dfrac{dV}{\rho\, dl/dS}$ ($\because R = \rho \dfrac{dl}{dS}$)

$= \dfrac{1}{\rho} \dfrac{dV}{dl} \cdot dS = \sigma E \cdot S$

($\because$ 전위의 기울기 $\dfrac{dV}{dl} = E$)

($\because$ 저항률 ρ와 도전율 σ은 역수 관계이다.)

전류밀도 $J = \dfrac{I}{S}$ 이므로

$\therefore J = \dfrac{\sigma E \cdot S}{S} = \sigma E$ **답** ①

---

03 길이가 10[cm]이고 단면의 반지름이 1[cm]인 원통형 자성체가 길이 방향으로 균일하게 자화되어 있을 때 자화의 세기가 0.5[Wb/m²]이라면 이 자성체의 자기모멘트[Wb·m]는?

① 1.57×10^{-5}
② 1.57×10^{-4}
③ 1.57×10^{-3}
④ 1.57×10^{-2}

풀이 자기모멘트
$M = ml = \pi a^2 J \cdot l = \pi \times 0.01^2 \times 0.5 \times 0.1$
$= 1.57 \times 10^{-5}$ [Wb·m]   **답** ①

---

04 그림과 같이 공기 중 2개의 동심 구도체에서 내구(A)에만 전하 Q를 주고 외구(B)를 접지하였을 때 내구(A)의 전위는?

① $\dfrac{Q}{4\pi\epsilon_0}\left(\dfrac{1}{a} - \dfrac{1}{b} + \dfrac{1}{c}\right)$

② $\dfrac{Q}{4\pi\epsilon_0}\left(\dfrac{1}{a} - \dfrac{1}{b}\right)$

③ $\dfrac{Q}{4\pi\epsilon_0} \cdot \dfrac{1}{c}$

④ 0

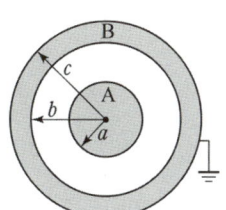

풀이 전위의 계산은 먼저 전하분포와 전기력선 분포를 파악한다.

① 내구(A)에만 전하 Q를 주고 외구(B)를 접지하면 전하 분포는 내구(A)의 표면에 전하 Q, 외구(B)의 안 표면에 $-Q$가 된다.

② 따라서 전기력선은 내외구체 사이에만 존재(전계 E 존재)하고, 외구(B)의 도체 내부와 바깥에는 전기력선이 분포하지 않는다. 즉, 전계($E=0$)

③ 내구 A의 전위 V_a, 내외구의 전위차 V_{ab}, 외구 도체 내부의 전위차 V_{bc}, 외구 B의 바깥 표면 전위 V_c 라 할 때, 내구 A의 전위 V_a는 다음과 같이 표현할 수 있다.

$V_a = V_{ab} + V_{bc} + V_c$

여기서 도체 내부의 전계와 외구 바깥의 전계는 $E=0$ 이므로

$V_{bc} = -\int_c^b E \cdot dl = 0$

$V_c = -\int_\infty^c E \cdot dl = 0$ 이 된다.

즉, 내구 A의 전위 V_a는 ($V_{bc} = V_c = 0$)에서

$V_a = V_{ab} + V_{bc} + V_c = V_{ab} = -\int_b^a E \cdot dl$

$= -\int_b^a \dfrac{Q}{4\pi\epsilon_0 r^2} dr = \dfrac{Q}{4\pi\epsilon_0}\left(\dfrac{1}{a} - \dfrac{1}{b}\right)$

별해 (전위의 공식을 이용하면 편리함)
내구(A)에만 전하 Q를 주고 외구(B)를 접지하면 전하 분포는 구(A)의 표면에 전하 Q, 외구(B)의 안표면에 $-Q$가 분포하므로 전기력선은 이 사이에만 분포한다. 즉 내구 A의 전위 V_a는 내외구의 전위차 V_{ab}와 같으므로 다음과 같다.

$V_a = V_{ab} = V_a - V_b = \dfrac{Q}{4\pi\epsilon_0}\left(\dfrac{1}{a} - \dfrac{1}{b}\right)$ **답** ②

---

05 평행판 커패시터에 어떤 유전체를 넣었을 때 전속밀도가 4.8×10^{-7} [C/m²]이고 단위 체적당 정전에너지가 5.3×10^{-3} [J/m³]이었다. 이 유전체의 유전율은 약 몇 [F/m]인가?

① 1.15×10^{-11}
② 2.17×10^{-11}
③ 3.19×10^{-11}
④ 4.21×10^{-11}

풀이 단위 체적당 정전에너지 $W_e = \dfrac{D^2}{2\epsilon}$ [J/m³] 이므로,

유전율 $\epsilon = \dfrac{D^2}{2 \cdot W_e} = \dfrac{(4.8 \times 10^{-7})^2}{2 \times 5.3 \times 10^{-3}}$

$= 2.17 \times 10^{-11}$ [F/m]   **답** ②

06 히스테리시스 곡선에서 히스테리시스 손실에 해당하는 것은?

① 보자력의 크기
② 잔류자기의 크기
③ 보자력과 잔류자기의 곱
④ 히스테리시스 곡선의 면적

풀이 단위체적 당 히스테리시스손은 주파수와 히스테리시스 곡선의 면적에 비례하며, 스타인메쯔의 실험식에 따라 히스테리시스손 $P_h = \eta f B_m^{1.6}$ [J/m³] 이다.

답 ④

07 그림과 같이 극판의 면적이 S[m²]인 평행판 커패시터에 유전율이 각각 $\epsilon_1 = 4$, $\epsilon_2 = 2$인 유전체를 채우고 a, b 양단에 V[V]의 전압을 인가했을 때 ϵ_1, ϵ_2인 유전체 내부의 전계의 세기 E_1과 E_2의 관계식은? (단, σ[C/m²]는 면전하밀도이다.)

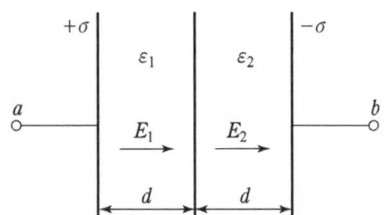

① $E_1 = 2E_2$ ② $E_1 = 4E_2$
③ $2E_1 = E_2$ ④ $E_1 = E_2$

풀이

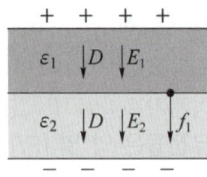

경계조건 $D_1\cos\theta_1 = D_2\cos\theta_2$ 에서
경계면에 수직($\theta_1 = \theta_2 = 0°$)이므로
$D_1 = D_2 \rightarrow \epsilon_1 E_1 = \epsilon_2 E_2$
$E_1 = \dfrac{\epsilon_2}{\epsilon_1} E_2 = \dfrac{2}{4} \times E_2 = \dfrac{1}{2} E_2$
∴ $2E_1 = E_2$

답 ③

08 간격이 d[m]이고 면적이 S[m²]인 평행판 커패시터의 전극 사이에 유전율이 ϵ인 유전체를 넣고 전극 간에 V[V]의 전압을 가했을 때, 이 커패시터의 전극판을 떼어내는데 필요한 힘의 크기[N]는?

① $\dfrac{1}{2\epsilon}\dfrac{V^2}{d^2 S}$ ② $\dfrac{1}{2\epsilon}\dfrac{dV^2}{S}$
③ $\dfrac{1}{2}\epsilon\dfrac{V}{d}S$ ④ $\dfrac{1}{2}\epsilon\dfrac{V^2}{d^2}S$

풀이 $F = f \cdot S = \dfrac{1}{2}\epsilon E^2 S = \dfrac{1}{2}\epsilon\left(\dfrac{V}{d}\right)^2 S = \dfrac{1}{2}\epsilon\dfrac{V^2}{d^2}S$[N]

답 ④

09 다음 중 기자력(magnetomotive force)에 대한 설명으로 틀린 것은?

① SI 단위는 암페어(A)이다.
② 전기회로의 기전력에 대응한다.
③ 자기회로의 자기저항과 자속의 곱과 동일하다.
④ 코일에 전류를 흘렸을 때 전류밀도와 코일의 권수의 곱의 크기와 같다.

풀이 기자력(F)은 전류(I)와 코일의 권수(N)의 곱의 크기와 같다. ($F = NI$[AT])

답 ④

10 유전율 ϵ, 투자율 μ인 매질 내에서 전자파의 전파속도는?

① $\sqrt{\dfrac{\mu}{\epsilon}}$ ② $\sqrt{\mu\epsilon}$
③ $\sqrt{\dfrac{\epsilon}{\mu}}$ ④ $\dfrac{1}{\sqrt{\mu\epsilon}}$

풀이 전자파의 속도는 $v^2 = \dfrac{1}{\epsilon\mu}$ 에서

$v = \dfrac{1}{\sqrt{\epsilon\mu}} = \dfrac{1}{\sqrt{\epsilon_0\mu_0}} \cdot \dfrac{1}{\sqrt{\epsilon_s\mu_s}}$

$= c \cdot \dfrac{1}{\sqrt{\epsilon_s\mu_s}} = \dfrac{3\times 10^8}{\sqrt{\epsilon_s\mu_s}}$[m/s]

(여기서 $c = \dfrac{1}{\sqrt{\epsilon_0\mu_0}} = 3\times 10^8$[m/s] : 빛의 속도)

답 ④

11 평균 반지름(r)이 20[cm], 단면적(S)이 6[cm²]인 환상 철심에서 권선수(N)가 500회인 코일에 흐르는 전류(I)가 4[A]일 때 철심 내부에서의 자계의 세기(H)는 약 몇 [AT/m]인가?

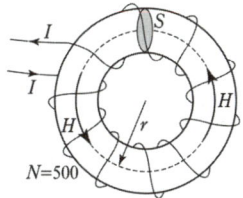

① 1590　② 1700
③ 1870　④ 2120

풀이 철심 내부에서의 자계의 세기
$H = \dfrac{NI}{2\pi r} = \dfrac{500 \times 4}{2\pi \times 0.2} ≒ 1592$ [AT/m]　　**답** ①

12 패러데이관(Faraday tube)의 성질에 대한 설명으로 틀린 것은?

① 패러데이관 중에 있는 전속수는 그 관속에 진전하가 없으면 일정하며 연속적이다.
② 패러데이관의 양단에는 양 또는 음의 단위 진전하가 존재하고 있다.
③ 패러데이관 한 개의 단위 전위차 당 보유에너지는 $\dfrac{1}{2}$[J]이다.
④ 패러데이관의 밀도는 전속밀도와 같지 않다.

풀이
- 패러데이관 내의 전속수는 일정하다.
- 패러데이관 양단에 정, 부의 단위 전하가 있다.
- 진전하가 없는 점에서 패러데이관은 연속이다.
- 패러데이관의 밀도는 전속밀도와 같다.　**답** ④

13 공기 중 무한 평면도체의 표면으로부터 2[m] 떨어진 곳에 4[C]의 점전하가 있다. 이 점전하가 받는 힘은 몇 [N]인가?

① $\dfrac{1}{\pi\epsilon_0}$　② $\dfrac{1}{4\pi\epsilon_0}$
③ $\dfrac{1}{8\pi\epsilon_0}$　④ $\dfrac{1}{16\pi\epsilon_0}$

풀이 점전하 Q[C]과 무한 평면도체 간의 작용력 F는
$F = \dfrac{Q \cdot (-Q)}{4\pi\epsilon_0 (2d)^2}$
$= \dfrac{-Q^2}{16\pi\epsilon_0 d^2}$ [N] (흡인력)
∴ $F = \dfrac{Q^2}{4\pi\epsilon_0 (2a)^2}$ [N]
$= \dfrac{1}{4\pi\epsilon_0} \times \dfrac{4^2}{(2\times 2)^2} = \dfrac{1}{4\pi\epsilon_0}$　**답** ②

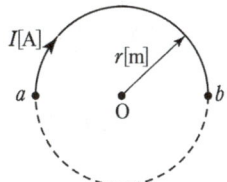

14 반지름이 r[m]인 반원형 전류 I[A]에 의한 반원의 중심(O)에서 자계의 세기[AT/m]는?

① $\dfrac{2I}{r}$　② $\dfrac{I}{r}$
③ $\dfrac{I}{2r}$　④ $\dfrac{I}{4r}$

풀이 원형 전류 중심의 자계의 세기 $H_0 = \dfrac{I}{2r}$[AT/m]이므로, 반원형 전류에 의한 중심에서의 자계의 세기 H는
$H = \dfrac{1}{2} \times \dfrac{I}{2r} = \dfrac{I}{4r}$ [AT/m]　**답** ④

15 진공 중에서 점(0, 1)[m]의 위치에 -2×10^{-9}[C]의 점전하가 있을 때, 점(2, 0)[m]에 있는 1[C]의 점전하에 작용하는 힘은 몇 [N]인가? (단, $\hat{x}, \hat{y}$는 단위벡터이다.)

① $-\dfrac{18}{3\sqrt{5}}\hat{x} + \dfrac{36}{3\sqrt{5}}\hat{y}$
② $-\dfrac{36}{5\sqrt{5}}\hat{x} + \dfrac{18}{5\sqrt{5}}\hat{y}$
③ $-\dfrac{36}{3\sqrt{5}}\hat{x} + \dfrac{18}{3\sqrt{5}}\hat{y}$
④ $\dfrac{36}{5\sqrt{5}}\hat{x} + \dfrac{18}{5\sqrt{5}}\hat{y}$

풀이
$r = (2-0)\hat{x} + (0-1)\hat{y} = 2\hat{x} - \hat{y}$
$r = \sqrt{2^2 + (-1)^2} = \sqrt{5}\,[\text{m}]$

단위벡터 $r_0 = \dfrac{r}{r} = \dfrac{2\hat{x} - \hat{y}}{\sqrt{5}}$

$\therefore F = \dfrac{1}{4\pi\epsilon_0} \cdot \dfrac{Q_1 Q_2}{r^2} \cdot r_0$

$= 9 \times 10^9 \times \dfrac{-2 \times 10^{-9} \times 1}{(\sqrt{5})^2} \times \dfrac{2\hat{x} - \hat{y}}{\sqrt{5}}$

$= -\dfrac{36}{5\sqrt{5}}\hat{x} + \dfrac{18}{5\sqrt{5}}\hat{y}\,[\text{N}]$ **답** ②

16 그림과 같이 단면적 $S[\text{m}^2]$가 균일한 환상철심에 권수 N_1인 A 코일과 권수 N_2인 B 코일이 있을 때, A 코일의 자기 인덕턴스가 $L_1[\text{H}]$이라면 두 코일의 상호 인덕턴스 $M[\text{H}]$는? (단, 누설자속은 0이다.)

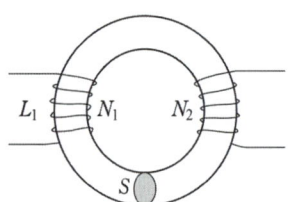

① $\dfrac{L_1 N_2}{N_1}$ ② $\dfrac{N_2}{L_1 N_1}$

③ $\dfrac{L_1 N_1}{N_2}$ ④ $\dfrac{N_1}{L_1 N_2}$

풀이
$R = \dfrac{N_1^2}{L_1} = \dfrac{N_1 N_2}{M}$ 에서

자기 인덕턴스 $L_1 = \dfrac{N_1^2}{R}\,[\text{H}]$

상호 인덕턴스 $M = \dfrac{N_1 N_2}{R}\,[\text{H}]$

위의 두 식에서 R을 소거하면

$\therefore M = \dfrac{L_1 N_2}{N_1}\,[\text{H}]$ **답** ①

17 내압이 2.0[kV]이고 정전용량이 각각 0.01[μF], 0.02[μF], 0.04[μF]인 3개의 커패시터를 직렬로 연결했을 때 전체 내압은 몇 [V]인가?

① 1750 ② 2000
③ 3500 ④ 4000

풀이 콘덴서 직렬 연결 시 $Q = Q_1 = Q_2 = Q_3$ 이므로
$C_1 V_1 = C_2 V_2 = C_3 V_3$

$\therefore V_1 = \dfrac{Q}{C_1},\ V_2 = \dfrac{Q}{C_2},\ V_3 = \dfrac{Q}{C_3}$

따라서 용량이 제일 적은 0.01[μF] 콘덴서에 제일 높은 전압이 분배되어 최초로 파괴되므로 용량이 제일 적은 콘덴서에 걸리는 전압을 기준하여 전체 내압을 구하면 된다.

$V_1 : V_2 : V_3 = \dfrac{1}{0.01} : \dfrac{1}{0.02} : \dfrac{1}{0.04} = 4 : 2 : 1$

$\therefore V_1 = \dfrac{4}{7}V,\ V = \dfrac{7}{4} \times 2000 = 3500[\text{V}]$ **답** ③

18 간격 $d[\text{m}]$, 면적 $S[\text{m}^2]$의 평행판 전극 사이에 유전율이 ϵ인 유전체가 있다. 전극 간에 $v(t) = V_m \sin\omega t$의 전압을 가했을 때, 유전체 속의 변위전류밀도[A/m²]는?

① $\dfrac{\epsilon \omega V_m}{d}\cos\omega t$ ② $\dfrac{\epsilon \omega V_m}{d}\sin\omega t$

③ $\dfrac{\epsilon V_m}{\omega d}\cos\omega t$ ④ $\dfrac{\epsilon V_m}{\omega d}\sin\omega t$

풀이 변위전류밀도
$i_d = \dfrac{\partial D}{\partial t} = \dfrac{\partial(\epsilon E)}{\partial t} = \dfrac{\partial}{\partial t}\epsilon\left(\dfrac{v}{d}\right) = \dfrac{\epsilon}{d}V_m\dfrac{\partial}{\partial t}\sin\omega t$

$= \dfrac{\epsilon \omega V_m}{d}\cos\omega t\,[\text{A/m}^2]$ **답** ①

19 속도 v의 전자가 평등자계 내에 수직으로 들어갈 때, 이 전자에 대한 설명으로 옳은 것은?

① 구면위에서 회전하고 구의 반지름은 자계의 세기에 비례한다.
② 원운동을 하고 원의 반지름은 자계의 세기에 비례한다.
③ 원운동을 하고 원의 반지름은 자계의 세기에 반비례한다.
④ 원운동을 하고 원의 반지름은 전자의 처음 속도의 제곱에 비례한다.

풀이 평형 조건$(F = F')$에 의한
궤도 반지름 $r = \dfrac{mv}{eB} : r \propto \dfrac{v}{B}\left(= \dfrac{v}{\mu H}\right)$ 이므로
자계의 세기(H)에 반비례하고, **속도(v)에 비례**

평등자계 내의 전자가 수직으로 입사하였을 때 전자의 운동은 전류의 방향과 반대 방향을 고려하여 플레밍의 왼손법칙을 적용하면 원의 중심으로 향하는 힘을 받는다. 즉, 운동 방향과 직각으로 힘을 받아 **등속 원운동**을 한다.

답 ③

20 쌍극자 모멘트가 $M[\text{C}\cdot\text{m}]$인 전기쌍극자에 의한 임의의 점 P에서의 전계의 크기는 전기쌍극자의 중심에서 축방향과 점 P를 잇는 선분 사이의 각이 얼마일 때 최대가 되는가?

① 0   ② $\dfrac{\pi}{2}$

③ $\dfrac{\pi}{3}$ ④ $\dfrac{\pi}{4}$

풀이 $E = \dfrac{M}{4\pi\epsilon_0 r^3}(\sqrt{1+3\cos^2\theta})$에서 **점 P의 전계는** $\theta = 0°$일 때 **최대**이고 $\theta = 90°$일 때 최소가 된다.

답 ①

2022년 전기자기_전기기사

2022년 - 1회 _ 전기기사

01 면적이 0.02[m²], 간격이 0.03[m]이고, 공기로 채워진 평행평판의 커패시터에 1.0×10^{-6}[C]의 전하를 충전시킬 때, 두 판 사이에 작용하는 힘의 크기는 약 몇 [N]인가?

① 1.13　　② 1.41
③ 1.89　　④ 2.83

풀이 면적 $S = 0.02$[m²], 간격 $d = 0.03$[m]일 때,
- 정전용량
$$C = \frac{\epsilon_0 S}{d} = \frac{8.855 \times 10^{-12} \times 0.02}{0.03} = 5.9 \times 10^{-12}[F]$$
- 전압
$$V = \frac{Q}{C} = \frac{1.0 \times 10^{-6}}{5.9 \times 10^{-12}} = 169.49 \times 10^3[V]$$
- 전계의 세기
$$E = \frac{V}{d} = \frac{169.49 \times 10^3}{0.03} = 5.65 \times 10^6[V/m]$$
- 정전응력(단위 면적당의 작용력)
$$f = \frac{1}{2}\epsilon_0 E^2 = \frac{1}{2} \times 8.855 \times 10^{-12} \times (5.65 \times 10^6)^2$$
$$= 141.34[N/m^2]$$
따라서 전 면적에 작용하는 힘
$F = f \cdot S = 141.34 \times 0.02 = 2.83[N]$ **답** ④

02 자극의 세기가 7.4×10^{-5}[Wb], 길이가 10[cm]인 막대자석이 100[AT/m]의 평등자계 내에 자계의 방향과 30°로 놓여 있을 때 이 자석에 작용하는 회전력[N·m]은?

① 2.5×10^{-3}　　② 3.7×10^{-4}
③ 5.3×10^{-5}　　④ 6.2×10^{-6}

풀이 회전력 $T = MH\sin\theta = mlH\sin\theta$
$= 7.4 \times 10^{-5} \times 10 \times 10^{-2} \times 100 \times \sin 30°$
$= 3.7 \times 10^{-4}[N \cdot m]$ **답** ②

03 유전율이 $\epsilon = 2\epsilon_0$이고 투자율이 μ_0인 비도전성 유전체에서 전자파의 전계의 세기가 $E(z, t) = 120\pi \cos(10^9 t - \beta z)\hat{y}$ [V/m]일 때, 자계의 세기 H [A/m]는?
(단, $\hat{x}$, $\hat{y}$는 단위벡터이다.)

① $-\sqrt{2}\cos(10^9 t - \beta z)\hat{x}$
② $\sqrt{2}\cos(10^9 t - \beta z)\hat{x}$
③ $-2\cos(10^9 t - \beta z)\hat{x}$
④ $2\cos(10^9 t - \beta z)\hat{x}$

풀이 ※ 전자파의 성질은 전계 E와 자계 H는 서로 직교하고, 동위상이며, 진행 방향은 $E \times H$의 방향이다. 주어진 전계의 순시값으로부터 전자파의 성질을 만족하는 자계의 방향과 크기를 구한다.
① 전자파의 진행 방향은 위상, 즉 $10^9 t - \beta z$에서 $+z$ 방향이고, $E \times H$도 $+z$방향으로 진행한다. 따라서 자계 H는 전계 E가 $\hat{y}$ 축이므로 $-\hat{x}$ 축이어야 하고, 자계 H의 위상은 전계 E와 동위상이므로 $10^9 t - \beta z$를 만족해야 한다.
② 전계와 자계의 관계에 의한 자계의 크기 H_x
$\eta = \frac{E_y}{H_x} = \sqrt{\frac{\mu}{\epsilon}}$ 의 관계에서
$$H_x = \sqrt{\frac{\epsilon}{\mu}}E_y = \sqrt{\frac{2\epsilon_0}{\mu_0}} \times 120\pi = \sqrt{2} \text{ [A/m]}$$
$\left(\because \eta_0 = \sqrt{\frac{\mu_0}{\epsilon_0}} = 120\pi \text{ 에서 } \sqrt{\frac{\epsilon_0}{\mu_0}} = \frac{1}{120\pi}\right)$
③ 위의 결과로부터 자계의 순시값은 다음과 같이 나타낼 수 있다.
$H = -H_x\cos(\omega t - \beta z)\hat{x}$
$= -\sqrt{2}\cos(10^9 t - \beta z)\hat{x}$ **답** ①

04 자기회로에서 전기회로의 도전율 σ[℧/m]에 대응되는 것은?

① 자속　　② 기자력
③ 투자율　　④ 자기저항

풀이 전기회로와 자기회로의 대응

전기회로		자기회로	
기전력	U[V]	기자력	F_m[AT]
전류	I[A]	자속	ϕ[Wb]

전기회로		자기회로	
전계	E[V/m]	자계	H[AT/m]
전기저항	R[Ω]	자기저항	R_m[AT/Wb]
컨덕턴스	G[℧]	퍼미언스	$\frac{1}{R_m}$[Wb/AT]
도전율	σ[S/m]	투자율	μ[H/m]
전류밀도	i[A/m²]	자속밀도	B[Wb/m²]

답 ③

05 단면적이 균일한 환상철심에 권수 1000회인 A 코일과 권수 N_B회인 B 코일이 감겨져 있다. A 코일의 자기 인덕턴스가 100[mH]이고, 두 코일 사이의 상호 인덕턴스가 20[mH]이고, 결합계수가 1일 때, B 코일의 권수(N_B)는 몇 회인가?

① 100 ② 200
③ 300 ④ 400

풀이 결합계수가 1인 경우(누설자속이 없는 경우)
상호인덕턴스 $M = \frac{N_B L_A}{N_A} = \frac{N_A L_B}{N_B}$ 이므로
$N_A = 1000$회, $L_A = 100 \times 10^{-3}$[H],
$M = 20 \times 10^{-3}$[H]를 대입하면
∴ $N_B = \frac{M}{L_A} N_A = \frac{20 \times 10^{-3}}{100 \times 10^{-3}} \times 1000 = 200$회   답 ②

06 공기 중에서 1[V/m]의 전계의 세기에 의한 변위전류밀도의 크기를 2[A/m²]으로 흐르게 하려면 전계의 주파수는 몇 [MHz]가 되어야 하는가?

① 9000 ② 18000
③ 36000 ④ 72000

풀이 • 변위전류밀도 $i_d = \omega \epsilon E$[A/m²]에서
$\omega = 2\pi f = \frac{i_d}{\epsilon E} \rightarrow f = \frac{i_d}{2\pi \epsilon E} = \frac{i_d}{2\pi \epsilon_o \epsilon_s E}$[Hz]

• $\epsilon_0 = \frac{10^7}{4\pi C_0^2} = \frac{10^7}{4\pi \times (3 \times 10^8)^2} = \frac{1}{4\pi \times 9 \times 10^9}$

∴ $f = \frac{i_d}{2\pi \epsilon_o \epsilon_s E} = \frac{2}{2\pi \times \frac{1}{4\pi \times 9 \times 10^9} \times 1 \times 1} \times 10^{-6}$
$= 36000$[MHz]   답 ③

07 내부 원통 도체의 반지름이 a[m], 외부 원통도체의 반지름이 b[m]인 동축 원통 도체에서 내외 도체 간 물질의 도전율이 σ[℧/m]일 때 내외 도체 간의 단위 길이당 컨덕턴스[℧/m]는?

① $\frac{2\pi\sigma}{\ln\frac{b}{a}}$ ② $\frac{2\pi\sigma}{\ln\frac{a}{b}}$ ③ $\frac{4\pi\sigma}{\ln\frac{b}{a}}$ ④ $\frac{4\pi\sigma}{\ln\frac{a}{b}}$

풀이 • 동축 원통 도체의 정전용량 $C = \frac{2\pi\epsilon l}{\ln\frac{b}{a}}$[F]

• $RC = \rho\epsilon = \frac{\epsilon}{\sigma}$에서

$R = \frac{\epsilon}{\sigma C} = \frac{\epsilon}{\frac{2\pi\epsilon l}{\ln\frac{b}{a}} \cdot \sigma} = \frac{\ln\frac{b}{a}}{2\pi\sigma l}$[Ω]

∴ 단위 길이 당 컨덕턴스
$G = \frac{1}{R} = \frac{2\pi\sigma}{\ln\frac{b}{a}}$[℧/m]   답 ①

08 z축 상에 놓인 길이가 긴 직선 도체에 10[A]의 전류가 $+z$ 방향으로 흐르고 있다. 이 도체 주위의 자속밀도가 $3\hat{x} - 4\hat{y}$[Wb/m²]일 때 도체가 받는 단위 길이당 힘[N/m]은? (단, $\hat{x}$, $\hat{y}$는 단위벡터이다.)

① $-40\hat{x} + 30\hat{y}$ ② $-30\hat{x} + 40\hat{y}$
③ $30\hat{x} + 40\hat{y}$ ④ $40\hat{x} + 30\hat{y}$

풀이 전류 $I = 10\hat{z}$, 자속밀도 $B = 3\hat{x} - 4\hat{y}$ 이므로
전류 도체가 받는 단위 길이당 힘 F는
$F = I \times B = \begin{vmatrix} \hat{x} & \hat{y} & \hat{z} \\ 0 & 0 & 10 \\ 3 & -4 & 0 \end{vmatrix} = 40\hat{x} + 30\hat{y}$[N/m]   답 ④

09 진공 중 한 변의 길이가 0.1[m]인 정삼각형의 3 정점 A, B, C에 각각 2.0×10^{-6}[C]의 점전하가 있을 때, 점 A의 전하에 작용하는 힘은 몇 [N]인가?

① $1.8\sqrt{2}$ ② $1.8\sqrt{3}$
③ $3.6\sqrt{2}$ ④ $3.6\sqrt{3}$

풀이 점 B에 있는 전하에 의한 작용력 F_1은
$$F_1 = \frac{1}{4\pi\epsilon_0}\frac{Q_1 Q_2}{r^2} = 9 \times 10^9 \times \frac{(2\times 10^{-6})^2}{0.1^2} = 3.6[N]$$
점 C에 있는 전하에 의한 작용력 F_2는 F_1과 크기는 같고 방향은 그림과 같다.
$$\therefore F = F_1 \cos\theta \times 2 = F_2 \cos\theta \times 2$$
$$= 3.6 \times \cos 30° \times 2 = 3.6\sqrt{3}[N]$$

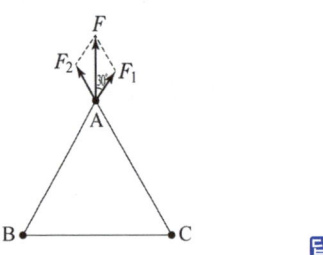

답 ④

10 투자율이 μ[H/m], 자계의 세기가 H[AT/m], 자속밀도가 B[Wb/m²]인 곳에서의 자계 에너지 밀도[J/m³]는?

① $\frac{B^2}{2\mu}$ ② $\frac{H^2}{2\mu}$

③ $\frac{1}{2}\mu H$ ④ BH

풀이 자성체 단위 체적 당 저장되는 에너지, 즉 에너지 밀도
$$w = \frac{1}{2}BH = \frac{B^2}{2\mu} = \frac{1}{2}\mu H^2 [J/m^3] 이다.$$ 답 ①

11 진공 내 전위함수가 $V = x^2 + y^2$[V]로 주어졌을 때, $0 \leq x \leq 1, 0 \leq y \leq 1, 0 \leq z \leq 1$인 공간에 저장되는 정전에너지[J]는?

① $\frac{4}{3}\epsilon_0$ ② $\frac{2}{3}\epsilon_0$ ③ $4\epsilon_0$ ④ $2\epsilon_0$

풀이 • 전계의 세기
$$E = -\nabla V = -\left(\frac{\partial V}{\partial x}i + \frac{\partial V}{\partial y}j + \frac{\partial V}{\partial z}k\right)$$
$$= -2xi - 2yj \text{ [V/m]}$$
• 전계의 세기의 크기
$$E = |E| = \sqrt{(2x)^2 + (2y)^2} = 2\sqrt{x^2+y^2}$$
따라서 공간에 저장되는 정전에너지 W는
$$W = \frac{1}{2}\int_v \epsilon_0 E^2 dv = \frac{1}{2}\int_v \epsilon_0 \left(2\sqrt{x^2+y^2}\right)^2 dv$$
$$= \frac{4\epsilon_0}{2}\int_0^1\int_0^1\int_0^1 (x^2+y^2)dxdydz = \frac{4}{3}\epsilon_0 [J]$$

참고 3중적분
$$\int_0^1\int_0^1\int_0^1 (x^2+y^2)dxdydz$$
$$= \int_0^1\int_0^1 \left[\frac{x^3}{3}+y^2 x\right]_0^1 dydz = \int_0^1\int_0^1 \left(\frac{1}{3}+y^2\right)dydz$$
$$= \int_0^1 \left[\frac{y}{3}+\frac{y^3}{3}\right]_0^1 dz = \int_0^1 \frac{2}{3}dz = \left[\frac{2z}{3}\right]_0^1 = \frac{2}{3}$$ 답 ①

12 전계가 유리에서 공기로 입사할 때 입사각 θ_1과 굴절각 θ_2의 관계와 유리에서의 전계 E_1과 공기에서의 전계 E_2의 관계는?

① $\theta_1 > \theta_2$, $E_1 > E_2$
② $\theta_1 < \theta_2$, $E_1 > E_2$
③ $\theta_1 > \theta_2$, $E_1 < E_2$
④ $\theta_1 < \theta_2$, $E_1 < E_2$

풀이 ① 유리의 유전율(ϵ_1)은 3.5~10이고, 공기의 유전율(ϵ_2)은 약 1이므로 유리의 유전율(ϵ_1)이 더 크다.
② $\epsilon_1 > \epsilon_2$인 경우,
 - 입사각과 굴절각 : $\theta_1 > \theta_2$
 - 전계 : $E_1 < E_2$ (불연속)
 - 전속밀도 : $D_1 > D_2$ (불연속) 답 ③

13 인덕턴스[H]의 단위를 나타낸 것으로 틀린 것은?

① $\Omega \cdot s$ ② Wb/A
③ J/A² ④ N/(A · m)

풀이 $e = -N\frac{d\phi}{dt} = -L\frac{di}{dt}$ 관계식에서 단위는
$$[V] = \left[\frac{Wb}{s}\right] = \left[H \cdot \frac{A}{s}\right]$$
$$\therefore [H] = \left[\frac{Wb}{A}\right] = \left[\frac{V}{A} \cdot s\right] = [\Omega \cdot s]$$
$$= \left[\frac{VA \cdot s}{A^2}\right] = \left[\frac{J}{A^2}\right]$$ 답 ④

14 진공 중 4[m] 간격으로 평행한 두 개의 무한평판 도체에 각각 +4[C/m²], −4[C/m²]의 전하를 주었을 때, 두 도체 간의 전위차는 약 몇 [V]인가?

① 1.36×10^{11} ② 1.36×10^{12}
③ 1.8×10^{11} ④ 1.8×10^{12}

풀이 두 장의 무한 평판 도체

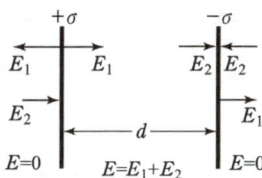

여기서, $E_1 = \dfrac{\sigma}{2\epsilon_0}$: $+\sigma$에 의한 전계

$E_2 = \dfrac{\sigma}{2\epsilon_0}$: $-\sigma$에 의한 전계

① 각각의 평판에 면전하 밀도가 $\pm\sigma[C/m^2]$인 경우 전계 분포는 평판 외측에서 서로 반대 방향이므로 상쇄되어 0이 되고, 평판 내측에서는 같은 방향이 된다. 따라서 전계 E는

• 평판 외측 : $E=0$

• 평판 내측 : $E=\dfrac{\sigma}{\epsilon_0}$

② 따라서 두 평판 도체의 전위차 V는

$V = -\displaystyle\int_d^0 \dfrac{\sigma}{\epsilon_0} dl = \dfrac{\sigma}{\epsilon_0} d = \dfrac{4}{8.85\times10^{-12}}\times 4$

$= 1.81\times10^{12}[V]$ **답** ④

15 진공 중 반지름이 $a[m]$인 무한길이의 원통도체 2개가 간격 $d[m]$로 평행하게 배치되어 있다. 두 도체 사이의 정전용량(C)을 나타낸 것으로 옳은 것은?

① $\pi\epsilon_0 \ln\dfrac{d-a}{a}$ ② $\dfrac{\pi\epsilon_0}{\ln\dfrac{d-a}{a}}$

③ $\pi\epsilon_0 \ln\dfrac{a}{d-a}$ ④ $\dfrac{\pi\epsilon_0}{\ln\dfrac{a}{d-a}}$

풀이 평행도선

① 두 도체 사이의 전위차 $V = \dfrac{\lambda}{\pi\epsilon_0}\ln\dfrac{d-a}{a}[V]$

(여기서, λ : 선전하 밀도 [C/m])

② 두 도체 사이의 정전용량

$C = \dfrac{\lambda}{V} = \dfrac{\pi\epsilon_0}{\ln\dfrac{d-a}{a}}[F/m]$

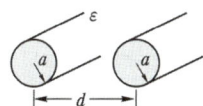

답 ②

16 진공 중에 4[m]의 간격으로 놓여진 평행 도선에 같은 크기의 왕복 전류가 흐를 때 단위 길이당 $2.0\times10^{-7}[N]$의 힘이 작용하였다. 이때 평형 도선에 흐르는 전류는 몇 [A]인가?

① 1 ② 2 ③ 4 ④ 8

풀이 간격(거리)을 $r[m]$라 하고 같은 크기의 왕복 전류가 흐른다고 할 때, 평행 도선 단위 길이당 작용하는 힘 F는

$F = \dfrac{\mu_0 I_1 I_2}{2\pi r} = \dfrac{2I_1 I_2}{r}\times10^{-7} = \dfrac{2I^2}{r}\times10^{-7}[N/m]$

$\therefore I = \sqrt{\dfrac{F\cdot r}{2\times10^{-7}}} = \sqrt{\dfrac{2.0\times10^{-7}\times 4}{2\times10^{-7}}} = 2[A]$ **답** ②

17 평행 극판 사이 간격이 $d[m]$이고 정전용량이 $0.3[\mu F]$인 공기 커패시터가 있다. 그림과 같이 두 극판 사이에 비유전율이 5인 유전체를 절반 두께만큼 넣었을 때 이 커패시터의 정전용량은 몇 [μF]이 되는가?

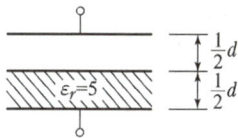

① 0.01 ② 0.05 ③ 0.1 ④ 0.5

풀이 ① 공기 부분의 정전용량을 C_1이라 하면

$C_1 = \dfrac{\epsilon_0 S}{d/2}[F] = \dfrac{2S\epsilon_0}{d}[F]$

② 유전체 부분의 정전용량을 C_2라 하면

$C_2 = \dfrac{\epsilon S}{d/2} = \dfrac{2S\epsilon}{d}[F]$

③ 두 극판 사이에 절반(1/2) 두께만큼의 유전체를 넣으면, 이는 두 개의 콘덴서가 직렬로 접속된 것과 같으므로 정전용량 C_0는

$C_0 = \dfrac{1}{\dfrac{1}{C_1}+\dfrac{1}{C_2}}$

$= \dfrac{1}{\dfrac{d}{2S}\left(\dfrac{1}{\epsilon_0}+\dfrac{1}{\epsilon}\right)} = \dfrac{1}{\dfrac{d}{2\epsilon_0 S}\left(1+\dfrac{\epsilon_0}{\epsilon}\right)}$

$= \dfrac{2\epsilon_0 S}{d}\cdot\dfrac{1}{1+\dfrac{\epsilon_0}{\epsilon}} = \dfrac{2C}{1+\dfrac{\epsilon_0}{\epsilon_0\epsilon_r}} = \dfrac{2C}{1+\dfrac{1}{\epsilon_r}}[F]$

$\therefore C_0 = \dfrac{2C}{1+\dfrac{1}{\epsilon_r}} = \dfrac{2\times 0.3\times10^{-6}}{1+\dfrac{1}{5}} = 0.5\times10^{-6}[F]$

$= 0.5[\mu F]$ **답** ④

18 반지름이 a[m]인 접지된 구도체와 구도체의 중심에서 거리 d[m] 떨어진 곳에 점전하가 존재할 때, 점전하에 의한 접지된 구도체에서의 영상전하에 대한 설명으로 틀린 것은?

① 영상전하는 구도체 내부에 존재한다.
② 영상전하는 점전하와 구도체 중심을 이은 직선상에 존재한다.
③ 영상전하의 전하량과 점전하의 전하량은 크기는 같고 부호는 반대이다.
④ 영상전하의 위치는 구도체의 중심과 점전하 사이 거리(d[m])와 구도체의 반지름(a[m])에 의해 결정된다.

풀이 접지 구도체와 점전하

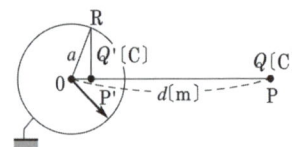

그림과 같이 반지름 a인 접지 도체구의 중심으로부터 $d(>a)$인 점에 점전하 Q가 있는 경우

- 영상 전하량 $Q' = -\dfrac{a}{d}Q$[C]
- 영상 전하의 위치 $\overline{OP'} = \dfrac{a^2}{d}$[m]

즉, 영상전하의 전하량과 점전하의 전하량은 크기는 $\dfrac{a}{d}$ 배이고 부호는 반대이다.   **답** ③

19 평등 전계 중에 유전체 구에 의한 전속분포가 그림과 같이 되었을 때 ϵ_1과 ϵ_2의 크기 관계는?

① $\epsilon_1 > \epsilon_2$
② $\epsilon_1 < \epsilon_2$
③ $\epsilon_1 = \epsilon_2$
④ 무관하다.

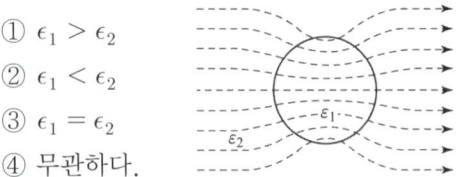

풀이 전속과 전기력선이 유전체 구를 통과하는 경우 유전율이 큰 구의 경계면에서는 모아지고, 유전율이 작은 구의 경계면에서는 벌어지는 현상이 나타난다. 즉 그림과 같은 경우 전속 분포가 유전체구의 경계면에서 모아지므로 유전체구의 유전율이 외부보다 큰 것($\epsilon_1 > \epsilon_2$)을 의미한다.

별해 그림에서 전속은 유전체구(ϵ_1, D_1)의 내부가 외부(ϵ_2, D_2)보다 조밀한 것을 보여준다. 따라서 전속밀도는 $D_1 > D_2$의 관계이고, $D = \epsilon E$의 비례 관계($D \propto \epsilon$)로부터 유전율은 $\epsilon_1 > \epsilon_2$의 관계가 된다.   **답** ①

20 어떤 도체에 교류 전류가 흐를 때 도체에서 나타나는 표피효과에 대한 설명으로 틀린 것은?

① 도체 중심부보다 도체 표면부에 더 많은 전류가 흐르는 것을 표피효과라 한다.
② 전류의 주파수가 높을수록 표피효과는 작아진다.
③ 도체의 도전율이 클수록 표피효과는 커진다.
④ 도체의 투자율이 클수록 표피효과는 커진다.

풀이 전류의 주파수가 증가할수록 도체 내부의 전류밀도가 지수 함수적으로 감소되는 현상을 표피효과라 한다.

$$\delta = \sqrt{\dfrac{2}{\omega\sigma\mu}} = \sqrt{\dfrac{1}{\pi f \sigma \mu}}\text{[m]}$$

여기서, σ[℧/m] : 도전율,
$\mu = 4\pi \times 10^{-7}$[H/m] : 투자율
δ : 표피두께(skin depth) 또는 침투깊이

f(주파수), σ(도전율), μ(투자율)가 **클수록** δ(표피두께 또는 침투깊이)가 작게 되어 **표피효과가 심해진다**. 주파수가 커지면 전류는 표면으로 흐르게 되므로 전기가 흐르는 단면적이 좁아지게 되어 전기저항이 증가하고, 내부 인덕턴스와 상호 인덕턴스도 감소하게 된다.   **답** ②

2022년 2회 _ 전기기사

01 $\epsilon_r = 81$, $\mu_r = 1$인 매질의 고유 임피던스는 약 몇 [Ω]인가? (단, ϵ_r은 비유전율이고, μ_r은 비투자율이다.)

① 13.9
② 21.9
③ 33.9
④ 41.9

풀이 고유 임피던스

$$Z_0 = \dfrac{E}{H} = \sqrt{\dfrac{\mu}{\epsilon}} = \sqrt{\dfrac{\mu_0}{\epsilon_0}} \cdot \sqrt{\dfrac{\mu_r}{\epsilon_r}}$$

$$= \sqrt{\dfrac{4\pi \times 10^{-7}}{8.855 \times 10^{-12}}} \cdot \sqrt{\dfrac{\mu_r}{\epsilon_r}} = 377\sqrt{\dfrac{\mu_r}{\epsilon_r}}\text{[Ω]}$$

$$\therefore Z_0 = 377\sqrt{\dfrac{\mu_r}{\epsilon_r}} = 377\sqrt{\dfrac{1}{81}} = 41.9[\Omega]\quad\text{답 ④}$$

02 강자성체의 $B-H$ 곡선을 자세히 관찰하면 매끈한 곡선이 아니라 자속밀도가 어느 순간 급격히 계단적으로 증가 또는 감소하는 것을 알 수 있다. 이러한 현상을 무엇이라 하는가?

① 퀴리점(Curie point)
② 자왜현상(Magneto-striction)
③ 바크하우젠 효과(Barkhausen effect)
④ 자기 여자효과(Magnetic aftereffect)

풀이
① 퀴리점(임계 온도) : 자화된 철의 온도를 높이면 자화가 서서히 감소하다가 690~870[℃](순철에서는 790[℃])에서 급속히 강자성이 상자성으로 변하면서 강자성을 잃어버리는데 이 변하는 온도를 임계 온도 또는 퀴리점이라고 한다.
② 자기왜 현상 : 강자성체가 자화될 때 자화와 함께 기계적 변형이 생기는 현상
③ 바크하우젠 효과 : 자성체 내에서 임의의 방향으로 배열되었던 자구가 외부 자장의 힘이 일정값 이상이 되면 순간적으로 회전하여 자장의 방향으로 배열되고 자속밀도가 증가하는 현상
④ 자기 여자효과 : 강자성체에 자기장의 변화를 주었을 때 자기구역의 구조가 안정하게 정착될 때까지 시간이 지연되는 현상   **답** ③

03 진공 중에 무한 평면도체와 d[m]만큼 떨어진 곳에 선전하밀도 λ[C/m]의 무한 직선도체가 평행하게 놓여 있는 경우 직선 도체의 단위 길이당 받는 힘은 몇 [N/m]인가?

① $\dfrac{\lambda^2}{\pi\epsilon_0 d}$
② $\dfrac{\lambda^2}{2\pi\epsilon_0 d}$
③ $\dfrac{\lambda^2}{4\pi\epsilon_0 d}$
④ $\dfrac{\lambda^2}{16\pi\epsilon_0 d}$

풀이 높이 d[m]와 같은 깊이의 선전하밀도 $-\lambda$[C/m]인 평행한 영상 도선을 고려하여야 하므로

전계의 세기 $E = \dfrac{\lambda}{2\pi\epsilon_o(2d)} = \dfrac{\lambda}{4\pi\epsilon_o d}$[V/m]

따라서 직선 도체의 단위 길이 당 받는 힘의 크기는

$|F| = |-\lambda \cdot E| = \left|-\lambda \cdot \dfrac{\lambda}{2\pi\epsilon_0(2d)}\right| = \dfrac{\lambda^2}{4\pi\epsilon_0 d}$[N/m]

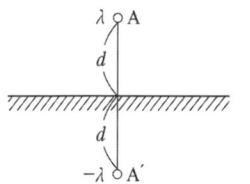

답 ③

04 평행 극판 사이에 유전율이 각각 ϵ_1, ϵ_2인 유전체를 그림과 같이 채우고, 극판 사이에 일정한 전압을 걸었을 때 두 유전체 사이에 작용하는 힘은? (단, $\epsilon_1 > \epsilon_2$)

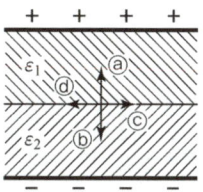

① ⓐ의 방향
② ⓑ의 방향
③ ⓒ의 방향
④ ⓓ의 방향

풀이 그림과 같이 유전율이 다른 두 종류의 유전체가 채워지고 그 경계면에 전계가 수직으로 입사하는 경우, 유전체의 경계면을 전극 C라고 가정하면 전극 A, C를 가진 콘덴서와 전극 B, C를 가진 두 개의 콘덴서가 직렬로 연결된 것으로 생각할 수 있다.

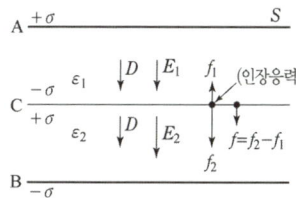

① 전계가 경계면에 수직으로 입사하는 경우
• 전속밀도 $D_1 = D_2 = D$ (일정)
• 전계 $E_1 = \dfrac{D}{\epsilon_1}$, $E_2 = \dfrac{D}{\epsilon_2}$

② 전극 C를 기준으로 하여 전극 A 방향(위쪽)으로의 단위 면적당 힘
$f_1 = \dfrac{1}{2}DE_1 = \dfrac{1}{2}\dfrac{D^2}{\epsilon_1}$[N/m²]

③ 전극 C를 기준으로 하여 전극 B 방향(아래쪽)으로의 단위 면적당 힘
$f_2 = \dfrac{1}{2}DE_2 = \dfrac{1}{2}\dfrac{D^2}{\epsilon_2}$[N/m²]

④ 문제의 조건 $\epsilon_1 > \epsilon_2$에서 $f_2 > f_1$이므로($\because f \propto \dfrac{1}{\epsilon}$)

$f = f_2 - f_1 = \dfrac{1}{2}(E_2 - E_1)D$
$= \dfrac{1}{2}(\dfrac{1}{\epsilon_2} - \dfrac{1}{\epsilon_1})D^2$[N/m²]

따라서 전극 B 방향(유전율이 작은 방향)으로 힘이 작용하게 된다.   **답** ②

05 정전용량이 20[μF]인 공기의 평행판 커패시터에 0.1[C]의 전하량을 충전하였다. 두 평행판 사이에 비유전율이 10인 유전체를 채웠을 때 유전체 표면에 나타나는 분극 전하량[C]은?

① 0.009 ② 0.01
③ 0.09 ④ 0.1

풀이 ① 분극의 세기 P는 분극전하밀도 $\sigma'(P=\sigma')$, 전속밀도 D는 극판의 진전하 $\sigma(D=\sigma)$로 정의한다. 또 유전체 삽입 전과 후의 진전하는 일정하므로 전속밀도와 전하량도 동일하다.

즉, 유전체 삽입 후
- 분극전하량 $Q' = PS = \sigma'S$
- 전하량 $Q = Q_0 = \sigma S = DS = 0.1[C]$

② 분극의 세기 $P = \epsilon_0(\epsilon_s - 1)E$
전속밀도 $D = \epsilon E = \epsilon_0 \epsilon_s E$이므로
$$P = \epsilon_0(\epsilon_s - 1)E = \epsilon_0(\epsilon_s - 1)\frac{D}{\epsilon_0 \epsilon_s} = \left(1 - \frac{1}{\epsilon_s}\right)D$$

양변에 극판의 면적 S를 곱하면 $PS = \left(1 - \frac{1}{\epsilon_s}\right)DS$

따라서 분극전하량
$Q' = \left(1 - \frac{1}{\epsilon_s}\right)Q = \left(1 - \frac{1}{10}\right) \times 0.1 = 0.09[C]$ **답 ③**

06 유전율이 ϵ_1과 ϵ_2인 두 유전체가 경계를 이루어 평행하게 접하고 있는 경우 유전율이 ϵ_1인 영역에 전하 Q가 존재할 때 이 전하와 ϵ_2인 유전체 사이에 작용하는 힘에 대한 설명으로 옳은 것은?

① $\epsilon_1 > \epsilon_2$인 경우 반발력이 작용한다.
② $\epsilon_1 > \epsilon_2$인 경우 흡인력이 작용한다.
③ ϵ_1과 ϵ_2에 상관없이 반발력이 작용한다.
④ ϵ_1과 ϵ_2에 상관없이 흡인력이 작용한다.

풀이 영상전하 $Q' = \frac{\epsilon_1 - \epsilon_2}{\epsilon_1 + \epsilon_2}Q$의 관계가 성립하므로, 전하 Q와 대칭점(거리 $2a$)인 영상전하 Q' 사이에 작용하는 힘은
$$F = \frac{1}{4\pi\epsilon_1} \cdot \frac{QQ'}{(2a)^2} = \frac{Q^2}{16\pi\epsilon_1 a^2} \cdot \frac{\epsilon_1 - \epsilon_2}{\epsilon_1 + \epsilon_2}[N]$$

따라서, $\epsilon_1 > \epsilon_2$인 경우 $F > 0$이므로 **반발력이 작용하**고, $\epsilon_1 < \epsilon_2$인 경우 $F < 0$이므로 흡인력이 작용한다. **답 ①**

07 단면적이 균일한 환상철심에 권수 100회인 A코일과 권수 400회인 B코일이 있을 때 A코일의 자기 인덕턴스가 4[H]라면 두 코일의 상호 인덕턴스는 몇 [H]인가? (단, 누설자속은 0이다.)

① 4 ② 8
③ 12 ④ 16

풀이
- 누설자속이 0이므로, 결합계수는 1이다.
- 자기저항 $R_m = \frac{N_A^2}{L_A} = \frac{N_A N_B}{M}$

따라서 상호 인덕턴스
$M = N_A N_B \times \frac{L_A}{N_A^2} = \frac{N_B}{N_A}L_A = \frac{400}{100} \times 4 = 16[H]$ **답 ④**

08 평균 자로의 길이가 10[cm], 평균 단면적이 2[cm²]인 환상 솔레노이드의 자기 인덕턴스를 5.4[mH] 정도로 하고자 한다. 이때 필요한 코일의 권선수는 약 몇 회인가? (단, 철심의 비투자율은 15000이다.)

① 6 ② 12
③ 24 ④ 29

풀이 $LI = N\phi$ 에서
$$L = \frac{N}{I} \cdot \phi = \frac{N}{I} \cdot \frac{\mu SNI}{l} = \frac{\mu SN^2}{l}[H]$$
$$\therefore N = \sqrt{\frac{Ll}{\mu S}} = \sqrt{\frac{Ll}{\mu_0 \mu_s S}}$$
$$= \sqrt{\frac{5.4 \times 10^{-3} \times 10 \times 10^{-2}}{4\pi \times 10^{-7} \times 15000 \times 2 \times 10^{-4}}} \fallingdotseq 12회$$
답 ②

09 투자율이 μ[H/m], 단면적이 S[m²], 길이가 l[m]인 자성체에 권선을 N회 감아서 I[A]의 전류를 흘렸을 때 이 자성체의 단면적 S[m²]를 통과하는 자속[Wb]은?

① $\mu \frac{I}{Nl}S$ ② $\mu \frac{NI}{Sl}$
③ $\frac{NI}{\mu S}l$ ④ $\mu \frac{NI}{l}S$

풀이 자속 $\phi = \frac{F}{R_m} = \frac{NI}{R_m} = \frac{NI}{\frac{l}{\mu S}} = \frac{\mu SNI}{l}[Wb]$ **답 ④**

10 그림은 커패시터의 유전체 내에 흐르는 변위전류를 보여준다. 커패시터의 전극 면적을 $S[m^2]$, 전극에 축적된 전하를 $q[C]$, 전극의 표면전하밀도를 $\sigma[C/m^2]$, 전극 사이의 전속밀도를 $D[C/m^2]$라 하면 변위전류밀도 $i_d[A/m^2]$는?

① $\dfrac{\partial D}{\partial t}$

② $\dfrac{\partial q}{\partial t}$

③ $S\dfrac{\partial D}{\partial t}$

④ $\dfrac{1}{S}\dfrac{\partial D}{\partial t}$

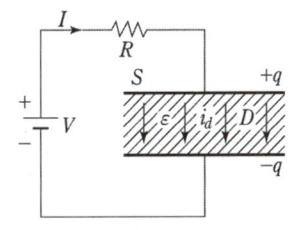

풀이 변위전류는 진공 또는 유전체 내 전속밀도의 시간적 변화에 의해서 발생한다.

즉, $i_d = \dfrac{I_d}{S} = \dfrac{\partial D}{\partial t} = \dfrac{\partial(\epsilon E)}{\partial t}$

여기서, i_d : 변위전류밀도[A/m²], I_d : 변위전류[A],
ϵ : 유전율[F/m], E : 전계의 세기[V/m],
D : 전속밀도[C/m²]   **답** ①

11 진공 중에서 점(1, 3)[m]의 위치에 -2×10^{-9}[C]의 점전하가 있을 때 점(2, 1)[m]에 있는 1[C]의 점전하에 작용하는 힘은 몇 [N]인가? (단, $\hat{x}$, $\hat{y}$는 단위벡터이다.)

① $-\dfrac{18}{5\sqrt{5}}\hat{x} + \dfrac{36}{5\sqrt{5}}\hat{y}$

② $-\dfrac{36}{5\sqrt{5}}\hat{x} + \dfrac{18}{5\sqrt{5}}\hat{y}$

③ $-\dfrac{36}{5\sqrt{5}}\hat{x} - \dfrac{18}{5\sqrt{5}}\hat{y}$

④ $\dfrac{18}{5\sqrt{5}}\hat{x} + \dfrac{36}{5\sqrt{5}}\hat{y}$

풀이 $r = (2-1)\hat{x} + (1-3)\hat{y} = \hat{x} - 2\hat{y}$

$r = \sqrt{1^2 + (-2)^2} = \sqrt{5}$ [m]

단위벡터 $r_0 = \dfrac{r}{r} = \dfrac{\hat{x} - 2\hat{y}}{\sqrt{5}}$

$\therefore F = \dfrac{1}{4\pi\epsilon_0} \cdot \dfrac{Q_1 Q_2}{r^2} \cdot r_0$

$= 9 \times 10^9 \times \dfrac{-2 \times 10^{-9} \times 1}{(\sqrt{5})^2} \times \dfrac{\hat{x} - 2\hat{y}}{\sqrt{5}}$

$= -\dfrac{18}{5\sqrt{5}}\hat{x} + \dfrac{36}{5\sqrt{5}}\hat{y}$ [N]   **답** ①

12 정전용량이 $C_0[\mu F]$인 평행판의 공기 커패시터가 있다. 두 극판 사이에 극판과 평행하게 절반을 비유전율이 ϵ_r인 유전체로 채우면 커패시터의 정전용량[μF]은?

① $\dfrac{C_0}{2\left(1 + \dfrac{1}{\epsilon_r}\right)}$

② $\dfrac{C_0}{1 + \dfrac{1}{\epsilon_r}}$

③ $\dfrac{2C_0}{1 + \dfrac{1}{\epsilon_r}}$

④ $\dfrac{4C_0}{1 + \dfrac{1}{\epsilon_r}}$

풀이 공기 부분의 정전용량을 C_1이라 하면

$C_1 = \dfrac{\epsilon_0 S}{d/2} = \dfrac{2S\epsilon_0}{d}$ [F]

유리판 부분의 정전용량을 C_2라 하면

$C_2 = \dfrac{\epsilon S}{d/2} = \dfrac{2S\epsilon}{d}$ [F]이다.

그러므로, 극판 간 공극의 두께 1/2 상당의 유리판을 넣는 경우 정전 용량 C는 두 개의 콘덴서가 직렬 접속된 것과 같으므로

$\therefore C = \dfrac{1}{\dfrac{1}{C_1} + \dfrac{1}{C_2}} = \dfrac{1}{\dfrac{d}{2S}\left(\dfrac{1}{\epsilon_0} + \dfrac{1}{\epsilon}\right)}$

$= \dfrac{1}{\dfrac{d}{2\epsilon_0 S}\left(1 + \dfrac{\epsilon_0}{\epsilon}\right)} = \dfrac{2C_0}{1 + \dfrac{\epsilon_0}{\epsilon}} = \dfrac{2C_0}{1 + \dfrac{1}{\epsilon_r}}$ [F]   **답** ③

13 그림과 같이 점 O를 중심으로 반지름이 $a[m]$인 구도체 1과 안쪽 반지름이 $b[m]$이고 바깥쪽 반지름이 $c[m]$인 구도체 2가 있다. 이 도체계에서 전위계수 $P_{11}[1/F]$에 해당되는 것은?

① $\dfrac{1}{4\pi\epsilon} \dfrac{1}{a}$

② $\dfrac{1}{4\pi\epsilon}\left(\dfrac{1}{a} - \dfrac{1}{b}\right)$

③ $\dfrac{1}{4\pi\epsilon}\left(\dfrac{1}{b} - \dfrac{1}{c}\right)$

④ $\dfrac{1}{4\pi\epsilon}\left(\dfrac{1}{a} - \dfrac{1}{b} + \dfrac{1}{c}\right)$

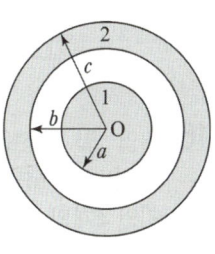

풀이 $\begin{cases} V_1 = P_{11}Q_1 + P_{12}Q_2 \\ V_2 = P_{21}Q_1 + P_{22}Q_2 \end{cases}$ 에서

$Q_1 = 1$, $Q_2 = 0$일 때 $V_1 = P_{11}$, $V_2 = P_{21}$

$Q_1 = 0$, $Q_2 = 1$일 때 $V_2 = P_{22}$, $V_1 = P_{12}$이므로,

내구에 $Q_1 = 1$을 줄 때

외구에는 -1, +1의 전하가 내외에 유기된다.

$$\therefore \begin{cases} V_1 = P_{11} = \dfrac{1}{4\pi\epsilon}\left(\dfrac{1}{a} - \dfrac{1}{b} + \dfrac{1}{c}\right)[1/F] \\ V_2 = P_{21} = \dfrac{1}{4\pi\epsilon c}[1/F] \end{cases}$$

답 ④

14 그림과 같이 평행한 무한장 직선의 두 도선에 I[A], $4I$[A]인 전류가 각각 흐른다. 두 도선 사이 점 P에서의 자계의 세기가 0이라면 $\dfrac{a}{b}$는?

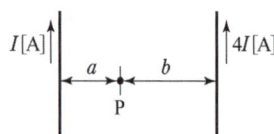

① 2   ② 4   ③ $\dfrac{1}{2}$ ④ $\dfrac{1}{4}$

풀이 I와 $4I$ 도선에 의한 자계의 방향은 서로 반대이므로 크기가 같으면 $H = 0$이 된다.

• I 도선에 의한 자계 $H_I = \dfrac{I}{2\pi a}$[AT/m]

• $4I$ 도선에 의한 자계 $H_{4I} = \dfrac{4I}{2\pi b}$[AT/m]

$H_I = H_{4I}$ 이므로, $\dfrac{I}{2\pi a} = \dfrac{4I}{2\pi b}$ $\therefore \dfrac{a}{b} = \dfrac{1}{4}$ 답 ④

15 자계의 세기를 나타내는 단위가 아닌 것은?

① A/m   ② N/Wb
③ (H·A)/m²   ④ Wb/(H·m)

풀이 자계의 세기는 1[Wb]당의 작용력이므로

$$\left[\dfrac{N}{Wb}\right] = \left[\dfrac{N \cdot m}{Wb \cdot m}\right] = \left[\dfrac{J/Wb}{m}\right]$$
$$= \left[\dfrac{A}{m}\right] = \left[\dfrac{Wb}{H \cdot m}\right]$$

답 ③

16 내압 및 정전용량이 각각 1000[V]-2[μF], 700[V]-3[μF], 600[V]-4[μF], 300[V]-8[μF]인 4개의 커패시터가 있다. 이 커패시터들을 직렬로 연결하여 양단에 전압을 인가한 후 전압을 상승시키면 가장 먼저 절연이 파괴되는 커패시터는? (단, 커패시터의 재질이나 형태는 동일하다.)

① 1000[V]-2[μF]   ② 700[V]-3[μF]
③ 600[V]-4[μF]   ④ 300[V]-8[μF]

풀이 콘덴서를 직렬로 연결할 경우 전하용량이 적은 콘덴서부터 절연이 파괴된다.

$Q_1 = C_1 \times V_1 = 2 \times 10^{-6} \times 1000 = 2 \times 10^{-3}$[C]
$Q_2 = C_2 \times V_2 = 3 \times 10^{-6} \times 700 = 2.1 \times 10^{-3}$[C]
$Q_3 = C_3 \times V_3 = 4 \times 10^{-6} \times 600 = 2.4 \times 10^{-3}$[C]
$Q_4 = C_4 \times V_4 = 8 \times 10^{-6} \times 300 = 2.4 \times 10^{-3}$[C]

따라서, 전하용량이 가장 적은 1000[V], 2[μF]가 제일 먼저 절연이 파괴된다.   답 ①

17 내구의 반지름이 $a = 5$[cm], 외구의 반지름이 $b = 10$[cm]이고, 공기로 채워진 동심구형 커패시터의 정전용량은 약 몇 [pF]인가?

① 11.1   ② 22.2   ③ 33.3   ④ 44.4

풀이 공기로 채워진 동심 구 도체 사이의 정전용량

$$C = \dfrac{Q}{V} = \dfrac{4\pi\epsilon_0}{\dfrac{1}{a} - \dfrac{1}{b}} = 4\pi\epsilon_0 \cdot \dfrac{ab}{b-a}$$

(여기서, a : 내구의 반지름[m], b : 외구의 반지름[m])

$$\therefore C = \dfrac{1}{9 \times 10^9} \times \dfrac{5 \times 10^{-2} \times 10 \times 10^{-2}}{(10-5) \times 10^{-2}}$$
$$= 11.1 \times 10^{-12}[F] = 11.1[pF]$$

답 ①

18 반지름이 2[m]이고 권수가 120회인 원형코일 중심에서의 자계의 세기를 30[AT/m]로 하려면 원형코일에 몇 [A]의 전류를 흘려야 하는가?

① 1   ② 2   ③ 3   ④ 4

풀이 원형 코일 중심의 자계의 세기 $H = \dfrac{NI}{2a}$[AT/m]이므로

$$\therefore I = \dfrac{2aH}{N} = \dfrac{2 \times 2 \times 30}{120} = 1[A]$$

답 ①

19 구좌표계에서 $\nabla^2 r$의 값은 얼마인가?
(단, $r = \sqrt{x^2 + y^2 + z^2}$)

① $\dfrac{1}{r}$ ② $\dfrac{2}{r}$ ③ r ④ $2r$

풀이 (1) $r = \sqrt{x^2 + y^2 + z^2} = (x^2 + y^2 + z^2)^{\frac{1}{2}}$

$$\nabla^2 r = \dfrac{\partial^2 r}{\partial x^2} + \dfrac{\partial^2 r}{\partial y^2} + \dfrac{\partial^2 r}{\partial z^2}$$

① 우변의 제1항을 2계 미분하면

$$\frac{\partial^2 r}{\partial x^2} = \frac{\partial^2}{\partial x^2}(x^2+y^2+z^2)^{\frac{1}{2}}$$

- $\frac{\partial}{\partial x}(x^2+y^2+z^2)^{\frac{1}{2}} = \frac{1}{2}(x^2+y^2+z^2)^{-\frac{1}{2}} \cdot 2x$
  $= x(x^2+y^2+z^2)^{-\frac{1}{2}}$

- $\frac{\partial}{\partial x}x(x^2+y^2+z^2)^{-\frac{1}{2}}$
  $= (x^2+y^2+z^2)^{-\frac{1}{2}} - x^2(x^2+y^2+z^2)^{-\frac{3}{2}}$

∴ $\frac{\partial^2 r}{\partial x^2} = (x^2+y^2+z^2)^{-\frac{1}{2}} - x^2(x^2+y^2+z^2)^{-\frac{3}{2}}$

② 같은 방법으로 제2항과 제3항도 계산하면

- $\frac{\partial^2 r}{\partial y^2} = (x^2+y^2+z^2)^{-\frac{1}{2}} - y^2(x^2+y^2+z^2)^{-\frac{3}{2}}$

- $\frac{\partial^2 r}{\partial z^2} = (x^2+y^2+z^2)^{-\frac{1}{2}} - z^2(x^2+y^2+z^2)^{-\frac{3}{2}}$

(2) 따라서 $\nabla^2 r$의 값은

$\nabla^2 r = \frac{\partial^2 r}{\partial x^2} + \frac{\partial^2 r}{\partial y^2} + \frac{\partial^2 r}{\partial z^2}$

$\frac{\partial^2 r}{\partial x^2} = (x^2+y^2+z^2)^{-\frac{1}{2}} - x^2(x^2+y^2+z^2)^{-\frac{3}{2}}$

$\frac{\partial^2 r}{\partial y^2} = (x^2+y^2+z^2)^{-\frac{1}{2}} - y^2(x^2+y^2+z^2)^{-\frac{3}{2}}$

+ $\frac{\partial^2 r}{\partial z^2} = (x^2+y^2+z^2)^{-\frac{1}{2}} - z^2(x^2+y^2+z^2)^{-\frac{3}{2}}$

$3(x^2+y^2+z^2)^{-\frac{1}{2}} - (x^2+y^2+z^2)(x^2+y^2+z^2)^{-\frac{3}{2}}$

$= 3(x^2+y^2+z^2)^{-\frac{1}{2}} - (x^2+y^2+z^2)^{-\frac{1}{2}}$

$= 2(x^2+y^2+z^2)^{-\frac{1}{2}} = \frac{2}{\sqrt{x^2+y^2+z^2}} = \frac{2}{r}$

참고 미분 공식

(1) $\frac{\partial}{\partial x}\{f(x)\}^n = n\{f(x)\}^{n-1} \cdot f'(x)$

(2) $\frac{\partial}{\partial x}\{f(x) \cdot g(x)\} = f'(x) \cdot g(x) + f(x) \cdot g'(x)$

답 ②

20 자성체의 종류에 대한 설명으로 옳은 것은? (단, χ_m는 자화율이고, μ_r은 비투자율이다.)

① $\chi_m > 0$이면, 역자성체이다.
② $\chi_m < 0$이면, 상자성체이다.
③ $\mu_r > 1$이면, 비자성체이다.
④ $\mu_r < 1$이면, 역자성체이다.

풀이 ① 자극을 접근시킬 때 다른 극이 유도되는 것을 상자성체, 같은 극이 유도되는 것을 반자성체라 한다.

② 비투자율 $\mu_s = \frac{\mu}{\mu_0} = 1 + \frac{\chi_m}{\mu_0}$에서

- $\mu_r > 1 (\chi_m > 0)$: 상자성체.
- $\mu_r < 1 (\chi_m < 0)$: 반(역)자성체

답 ④

2022년 - 3회 _ 전기기사 (CBT 복원)

01 와류손은 최대 자속 밀도의 몇 승에 비례하는가?

① 1   ② 1.6
③ 2   ④ 2.6

풀이 도체에 코일을 감고 교류전류를 흘리면 도체 단면을 통과하는 자속이 변하게 되어 전자유도에 의한 '맴돌이 형태의 유도전류(와전류)'가 흐른다. 와전류가 흐르면 줄열이 발생하여 전력손실을 일으키는데, 이 와전류에 의해 발생하는 전력손실을 와류손이라고 한다.

와류손 $P_e = \delta_e (t f k_f B_m)^2$ [W/kg]

여기서, δ_e : 재료에 의한 정수, f : 주파수[Hz]
B_m : 자속 밀도의 최대값[Wb/m^2]
t : 철판의 두께[m], k_f : 파형률

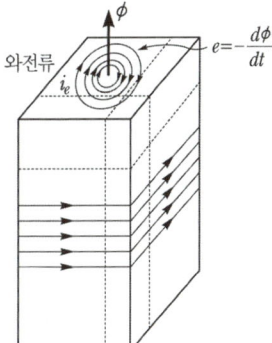

답 ③

02 유전체(유전율= 9) 내의 전계의 세기가 100 [V/m]일 때 유전체 내에 저장되는 에너지 밀도 [J/m^3]는?

① 5.55×10^4 ② 4.5×10^4
③ 9×10^9 ④ 4.05×10^5

풀이 유전체 내에 저장되는 에너지 밀도

$$w = \frac{ED}{2} = \frac{1}{2}\epsilon E^2 = \frac{1}{2}\frac{D^2}{\epsilon} \text{ [J/m}^3\text{]}$$

$$\therefore w = \frac{1}{2}\epsilon E^2 = \frac{1}{2} \times 9 \times (100)^2$$
$$= 4.5 \times 10^4 \text{ [J/m}^3\text{]}$$

답 ②

03 반지름 10[cm] 공기 중에 전압 10[V]를 가했을 때 전위 경도는? 단, 전계는 평등 전계라고 한다.

① 1 [V/m] ② 10[V/m]
③ 100[V/m] ④ 1000[V/m]

풀이 전위경도 $E = \frac{V}{r} = \frac{10}{10 \times 10^{-2}} = 100$[V/m]

답 ③

04 전계 $E = \frac{2}{x}\hat{x} + \frac{2}{y}\hat{y}$[V/m]에서 점(3, 5)[m]를 통과하는 전기력선의 방정식은? (단, $\hat{x}$, $\hat{y}$는 단위벡터이다.)

① $x^2 + y^2 = 12$ ② $y^2 - x^2 = 12$
③ $x^2 + y^2 = 16$ ④ $y^2 - x^2 = 16$

풀이 전기력선 방정식 : $\frac{dx}{E_x} = \frac{dy}{E_y}$

주어진 식에서 $E_x = \frac{2}{x}$, $E_y = \frac{2}{y}$ 이므로

$$\frac{dx}{\frac{2}{x}} = \frac{dy}{\frac{2}{y}} \rightarrow xdx = ydy$$

양변을 적분하면 $\frac{1}{2}x^2 = \frac{1}{2}y^2 + k$

$x = 3$, $y = 5$ 이므로

$k = \frac{1}{2}x^2 - \frac{1}{2}y^2 = \frac{1}{2} \times 3^2 - \frac{1}{2} \times 5^2 = -8$

$\therefore y^2 - x^2 = 16$

답 ④

05 폐곡면을 통하는 전속과 폐곡면 내부의 전하와의 상관관계를 나타내는 법칙은?

① 가우스 법칙 ② 쿨롱 법칙
③ 포아송 법칙 ④ 라플라스 법칙

풀이 어떤 폐곡면을 통과하는 전속은 그 폐곡면 내에 존재하는 전 전하량과 같다.

가우스 법칙 (적분형) $Q = \oint_s D_s \cdot ds$

답 ①

06 공기 중에서 2[cm]의 간격을 가진 두 평행 도선에 1000[A]의 전류가 흐를 때 도선 1[m]마다 작용하는 힘[N/m]은?

① 5   ② 10
③ 15 ④ 20

풀이 $F = \frac{\mu_0 I_1 I_2}{2\pi r} = \frac{2I^2}{r} \times 10^{-7}$

$= \frac{2 \times 1000^2}{2 \times 10^{-2}} \times 10^{-7} = 10$[N/m]

(여기서, $\mu_0 = 4\pi \times 10^{-7}$[H/m])

답 ②

07 자기회로에서 철심의 투자율을 μ라 하고 철심회로의 길이를 l이라 한다. 지금 그 일부에 미소공극 l_0을 만들었을 때 자기회로의 자기저항은 공극이 없을 때의 약 몇 배인가? (단, $l \gg l_0$ 이다.)

① $1 + \frac{\mu l}{\mu_0 l_0}$ ② $1 + \frac{\mu l_0}{\mu_0 l}$
③ $1 + \frac{\mu_0 l}{\mu l_0}$ ④ $1 + \frac{\mu_0 l_0}{\mu l}$

풀이 투자율 μ인 자기 저항 $R_\mu = \frac{l}{\mu A}$

여기서 A는 철심의 단면적, 미소 공극은 l_0이므로 철심의 길이는 $l - l_0 \fallingdotseq l$ 이라 하면

이때의 자기저항 $R_m = R_1 + R_2 = \frac{l_0}{\mu_0 A} + \frac{l}{\mu A}$ 이므로

$\therefore \frac{R_m}{R_\mu} = 1 + \frac{\mu l_0}{\mu_0 l} = 1 + \frac{l_0}{l}\mu_s$

답 ②

08 다음의 관계식 중 성립할 수 없는 것은?
(단, μ는 투자율, χ는 자화율, μ_0는 진공의 투자율, J는 자화의 세기이다.)

① $J = \chi B$ ② $B = \mu H$
③ $\mu = \mu_o + \chi$ ④ $\mu_s = 1 + \frac{\chi}{\mu_o}$

[풀이]
- 자화율 $\chi = \mu - \mu_0$ [H/m]
- 자화의 세기
$$J = \chi H = (\mu - \mu_0)H$$
$$= \mu H - \mu_0 H = B - \mu_0 H \text{[Wb/m}^2\text{]}$$
- 자속밀도
$$B = \mu_0 H + J = \mu_0 H + \chi H$$
$$= (\mu_0 + \chi)H = \mu H \text{[Wb/m}^2\text{]}$$
- 비투자율
$$\mu_s = \frac{\mu}{\mu_0} = \frac{\mu_0 + \chi}{\mu_0} = 1 + \frac{\chi}{\mu_0} \text{[H/m]}$$
답 ①

09 평행판 공기콘덴서의 양 극판에 $+\rho$[C/m²], $-\rho$[C/m²]의 전하가 충전되어 있을 때 이 두 전극 사이에 유전율 ϵ[F/m]인 유전체를 삽입한 경우의 전계의 세기는 몇 [V/m]인가? 단, 유전체의 분극전하밀도를 $+\rho_P$[C/m²], $-\rho_P$ [C/m²]라 한다.

① $\dfrac{\rho + \rho_P}{\epsilon_0}$ ② $\dfrac{\rho - \rho_P}{\epsilon_0}$

③ $\dfrac{\rho}{\epsilon_0} - \dfrac{\rho_P}{\epsilon}$ ④ $\dfrac{\rho_P}{\epsilon_0}$

[풀이] 콘덴서 도체극판의 진전하밀도 ρ는 전속밀도 D, 유전체의 분극 전하밀도 ρ_p는 분극의 세기(분극도) P로 정의한다. ($D = \rho$, $P = \rho_P$)
따라서, D, P 및 E의 관계식 $D = \epsilon_0 E + P$에서 전계의 세기 E는
$$E = \frac{D - P}{\epsilon_0} = \frac{\rho - \rho_P}{\epsilon_0}$$
답 ②

10 라디오 방송의 평면파 주파수를 800[kHz]라 할 때 이 평면파가 콘크리트 벽($\epsilon_s = 6$, $\mu_s = 1$)속을 지날 때의 전파속도는 몇 [m/s]인가?

① 1.22×10^8 ② 2.44×10^8
③ 2.62×10^8 ④ 2.86×10^8

[풀이] 전파속도
$$v = \frac{3 \times 10^8}{\sqrt{\epsilon_s \mu_s}} = \frac{3 \times 10^8}{\sqrt{6 \times 1}} = 1.22 \times 10^8 \text{[m/s]}$$
답 ①

11 그림과 같은 직사각형의 평면 코일이 $B = \dfrac{0.05}{\sqrt{2}}(a_x + a_y)$[Wb/m²]인 자계에 위치하고 있다. 이 코일에 흐르는 전류가 5[A]일 때 z축에 있는 코일에서의 토크는 약 몇 [N·m]인가?

① $2.66 \times 10^{-4} a_x$
② $5.66 \times 10^{-4} a_x$
③ $2.66 \times 10^{-4} a_z$
④ $5.66 \times 10^{-4} a_z$

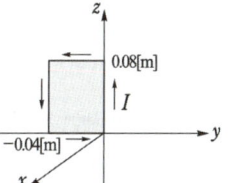

[풀이]
- 전류 $I = 5a_z$, 자속밀도 $B = \dfrac{0.05}{\sqrt{2}}(a_x + a_y)$
$$I \times B = 5a_z \times \frac{0.05}{\sqrt{2}}(a_x + a_y)$$
$$= 5 \times \frac{0.05}{\sqrt{2}}(a_z \times a_x + a_z \times a_y)$$
$$= 0.177(a_y - a_x)$$
- z축상의 전류 도체가 받는 힘
$$F = (I \times B)l = 0.177(-a_x + a_y) \times 0.08$$
$$= 0.01416(-a_x + a_y) \text{[N]}$$
- 토크 $T = r \times F$이며, $r = 0.04 a_y$ 이므로
$$\therefore T = r \times F = 0.04a_y \times 0.01416(-a_x + a_y)$$
$$= 5.66 \times 10^{-4}(-a_y \times a_x + a_y \times a_y)$$
$$= 5.66 \times 10^{-4}[-(-a_z)]$$
$$= 5.66 \times 10^{-4} a_z \text{[N·m]}$$
답 ④

12 0.2[C]의 점전하가 전계 $E = 5a_y + a_z$[V/m] 및 자속 밀도 $B = 2a_y + 5a_z$[Wb/m²] 내로 속도 $v = 2a_x + 3a_y$[m/s]로 이동할 때 점전하에 작용하는 힘 F[N]은? (단, a_x, a_y, a_z는 단위 벡터이다.)

① $2a_x - a_y + 3a_z$ ② $3a_x - a_y + a_z$
③ $a_x + a_y - 2a_z$ ④ $5a_x + a_y - 3a_z$

[풀이]
$$F = q(E + v \times B)$$
$$= 0.2(5a_y + a_z) + 0.2(2a_x + 3a_y) \times (2a_y + 5a_z)$$
$$= 0.2(5a_y + a_z) + 0.2 \begin{vmatrix} a_x & a_y & a_z \\ 2 & 3 & 0 \\ 0 & 2 & 5 \end{vmatrix}$$
$$= 0.2(5a_y + a_z) + 0.2(15a_x + 4a_z - 10a_y)$$
$$= 0.2(15a_x - 5a_y + 5a_z) = 3a_x - a_y + a_z$$
답 ②

13 커패시터를 제조하는데 4가지(A, B, C, D)의 유전재료가 있다. 커패시터 내의 전계를 일정하게 하였을 때, 단위체적당 가장 큰 에너지 밀도를 나타내는 재료부터 순서대로 나열한 것은? (단, 유전재료 A, B, C, D의 비유전율은 각각 $\epsilon_{rA} = 8$, $\epsilon_{rB} = 10$, $\epsilon_{rC} = 2$, $\epsilon_{rD} = 4$이다.)

① C > D > A > B ② B > A > D > C
③ D > A > C > B ④ A > B > D > C

풀이 유전체 내에 저장되는 에너지밀도 w는
$$w = \frac{1}{2}\epsilon E^2 \, [\text{J/m}^3] \to w \propto \epsilon_r$$
즉, 에너지밀도는 비유전율에 비례한다.
$\epsilon_{rB} > \epsilon_{rA} > \epsilon_{rD} > \epsilon_{rC}$ 이므로
∴ B > A > D > C **답** ②

14 정전계에서 도체의 성질을 설명한 것 중 옳지 않은 것은?

① 전하는 도체의 표면에서만 존재한다.
② 대전된 도체는 등전위면이다.
③ 도체 내부의 전계는 0이다.
④ 도체 표면상에서 전계의 방향은 모든 점에서 표면의 접선 방향이다.

풀이 도체의 성질과 전하분포
- 도체 표면과 내부의 전위는 동일하고(등전위), 표면은 등전위면이다.
- 도체 내부의 전계의 세기는 0이다.
- 전하는 도체 내부에는 존재하지 않고, 도체 표면에만 분포한다.
- 도체 면에서의 전계의 세기는 도체 표면에 항상 수직이다.
- 도체 표면에서의 전하밀도는 곡률이 클수록 높다. 즉, 곡률반경이 작을수록 높다.
- 중공부에 전하가 없고 대전 도체라면, 전하는 도체 외부의 표면에만 분포한다.
- 중공부에 전하를 두면 도체 내부표면에 동량 이부호, 도체 외부표면에 동량 동부호의 전하가 분포한다.

답 ④

15 자기인덕턴스가 20[mH]인 코일에 0.2[s] 동안 전류가 100[A]로 변할 때 코일에 유기되는 기전력[V]은 얼마인가?

① 10 ② 20 ③ 30 ④ 40

풀이 유기 기전력
$$e = L\frac{di}{dt} = 20 \times 10^{-3} \times \frac{100}{0.2} = 10\,[\text{V}]$$
답 ①

16 정현파 자속의 주파수를 3배로 높이면 유기기전력은?

① 2배로 감소 ② 2배로 증가
③ 3배로 감소 ④ 3배로 증가

풀이 유기기전력
$$e = -\omega N\phi_m \sin(\omega t - \pi) = -2\pi f N\phi_m \sin(\omega t - \pi)$$
에서 $e \propto f$ (주파수)
따라서, 주파수를 3배로 높이면 유기기전력은 3배로 증가한다. **답** ④

17 영구자석의 재료로 적합한 것은?

① 잔류 자속밀도(B_r)는 크고, 보자력(H_c)은 작아야 한다.
② 잔류 자속밀도(B_r)는 작고, 보자력(H_c)은 커야 한다.
③ 잔류 자속밀도(B_r)와 보자력(H_c) 모두 작아야 한다.
④ 잔류 자속밀도(B_r)와 보자력(H_c) 모두 커야 한다.

풀이

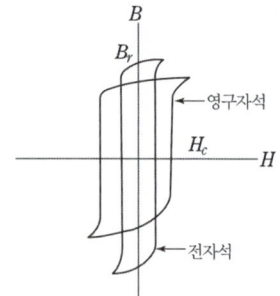

- 잔류자기(residual magnetism) : B_r
  외부에서 가한 자계 세기를 0으로 해도 자성체에 남는 자속밀도 크기
- 보자력(coercive force) : H_c
  자화된 자성체 내부의 B를 0으로 하기 위하여 외부에서 자화와 반대방향으로 가하는 자계의 세기
- 영구 자석 : 히스테리시스 곡선의 면적이 크고, 잔류자기(B_r)와 보자력(H_c)이 모두 클 것.
- 전자석 : 히스테리시스 곡선의 면적이 작고, 잔류 자기(B_r)는 크고 보자력(H_c)은 작을 것. **답** ④

18 1[kV]로 충전된 어떤 콘덴서의 정전에너지가 1[J]일 때, 이 콘덴서의 크기는 몇 [μF]인가?

① 2[μF]   ② 4[μF]
③ 6[μF]   ④ 8[μF]

풀이 $W = \frac{1}{2}QV = \frac{1}{2}CV^2$[J]이므로

$\therefore C = \frac{2W}{V^2} = \frac{2 \times 1}{(1 \times 10^3)^2} = 2 \times 10^{-6}$[F]
$= 2[\mu F]$

답 ①

19 무한히 넓은 도체 평면판에 면밀도 σ[C/m²]의 전하가 분포되어 있는 경우 전력선은 면(面)에 수직으로 나와 평행하게 발산한다. 이 평면의 전계의 세기는 몇 [V/m]인가?

① $\frac{\sigma}{\epsilon_0}$ ② $\frac{\sigma}{2\epsilon_0}$
③ $\frac{\sigma}{2\pi\epsilon_0}$ ④ $\frac{\sigma}{4\pi\epsilon_0}$

풀이 무한 평면 전하에서는 전계가 수직으로 발산한다. 원통면을 가우스 표면으로 취하면

$\oint_s \boldsymbol{E} \cdot ds = \frac{Q}{\epsilon_0}$ 에서 $\boldsymbol{E} \times 2s = \frac{\sigma s}{\epsilon_0}$

$\therefore \boldsymbol{E} = \frac{\sigma}{2\epsilon_0}$

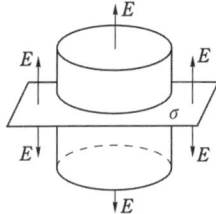

답 ②

20 500[AT/m]의 자계 중에 어떤 자극을 놓았을 때 5×10^3[N]의 힘이 작용했을 때의 자극의 세기는 몇 [Wb]인가?

① 10   ② 20
③ 30   ④ 40

풀이 $F = mH$ 이므로

$\therefore m = \frac{F}{H} = \frac{5 \times 10^3}{500} = \frac{5000}{500} = 10$[Wb]

답 ①

2023년 전기자기 _전기기사_ CBT 복원문제

2023년 - 1회 _전기기사

01 인덕턴스의 단위[H]와 같지 않은 것은?

① J/A·s
② Ω·s
③ Wb/A
④ J/A²

풀이
② $v = L\frac{di}{dt}$ 관계식에서 $L = \frac{dt}{di}v$

$H = \left[\frac{\sec \cdot V}{A}\right] = \left[\sec \cdot \frac{V}{A}\right] = [\sec \cdot \Omega]$

③ $L = \frac{N\phi}{I}$ [Wb/A]

④ $W = \frac{1}{2}LI^2$ 에서 $L = \frac{2W}{I^2}$ [J/A²]   **답** ①

02 반지름 a인 접지 구형 도체와 점전하가 유전율 ϵ인 공간에서 각각 원점과 $(d, 0, 0)$인 점에 있다. 구형 도체를 제외한 공간의 전계를 구할 수 있도록 구형 도체를 영상 전하로 대치할 때의 영상 점전하의 위치는? 단, $d > a$이다.

① $\left(-\frac{a^2}{d}, 0, 0\right)$
② $\left(+\frac{a^2}{d}, 0, 0\right)$
③ $\left(0, +\frac{a^2}{d}, 0\right)$
④ $\left(+\frac{d^2}{4a}, 0, 0\right)$

풀이 영상 전하의 위치는 구의 중심으로부터 점전하쪽 방향으로 $\frac{a^2}{d}$ 만큼 떨어진 곳이다.   **답** ②

03 그림에서 질량 m[kg], 전기량 q[C]인 대전입자가 속도 v[m/sec]로 지면에 수직인 균등자장 B[Wb/m²]에 들어올 때 입자는 원운동을 시작한다. 이 원운동의 각속도 ω는 몇 [rad/sec]인가?

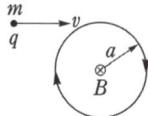

① $\omega = \frac{qB}{2\pi m}$
② $\omega = \frac{qB}{m}$
③ $\omega = \frac{2\pi m}{qB}$
④ $\omega = mqB$

풀이 전자의 질량은 m, 궤도의 반지름을 r이라고 하면 전하에 작용하는 힘 F와 원심력 F_0는 평형이므로

$F = F_0$, $\mu_0 evH = \frac{mv^2}{r}$, $r = \frac{mv^2}{\mu_0 evH} = \frac{mv}{eB}$ [m]

$\therefore \omega = \frac{v}{r} = \frac{eBv}{mv} = \frac{eB}{m}$ [rad/s]   **답** ②

04 속도 v의 전자가 평등자계 내에 수직으로 들어갈 때, 이 전자에 대한 설명으로 옳은 것은?

① 구면위에서 회전하고 구의 반지름은 자계의 세기에 비례한다.
② 원운동을 하고 원의 반지름은 자계의 세기에 비례한다.
③ 원운동을 하고 원의 반지름은 자계의 세기에 반비례한다.
④ 원운동을 하고 원의 반지름은 전자의 처음 속도의 제곱에 비례한다.

풀이 평형 조건($F = F'$)에 의한 궤도 반지름 $r = \frac{mv}{eB}$:

$r \propto \frac{v}{B}\left(= \frac{v}{\mu H}\right)$ 이므로 자계의 세기(H)에 반비례하고, 속도(v)에 비례 평등자계 내의 전자가 수직으로 입사하였을 때 전자의 운동은 전류의 방향과 반대 방향을 고려하여 플레밍의 왼손법칙을 적용하면 원의 중심으로 향하는 힘을 받는다. 즉, 운동 방향과 직각으로 힘을 받아 **등속 원운동**을 한다.   **답** ③

05 자화율(magnetic susceptibility) χ는 상자성체에서 일반적으로 어떤 값을 갖는가?

① $\chi = 0$
② $\chi = 1$
③ $\chi < 0$
④ $\chi > 0$

풀이
• 상자성체 : 자화율 $\chi > 0$, 비투자율 $\mu_s > 1$
• 반자성체 : 자화율 $\chi < 0$, 비투자율 $\mu_s < 1$ **답** ④

06 $x=0$인 무한평면을 경계면으로 하여 $x<0$인 영역에는 비유전율 $\epsilon_{r1}=2$, $x>0$인 영역에는 $\epsilon_{r2}=4$인 유전체가 있다. ϵ_{r1}인 유전체 내에서 전계 $E_1 = 20a_x - 10a_y + 5a_z$[V/m]일 때 $x>0$인 영역에 있는 ϵ_{r2}인 유전체 내에서 전속밀도 D_2[C/m²]는?
(단, 경계면상에는 자유전하가 없다고 한다.)

① $D_2 = \epsilon_0(20a_x - 40a_y + 5a_z)$
② $D_2 = \epsilon_0(40a_x - 40a_y + 20a_z)$
③ $D_2 = \epsilon_0(80a_x - 20a_y + 10a_z)$
④ $D_2 = \epsilon_0(40a_x - 20a_y + 20a_z)$

풀이

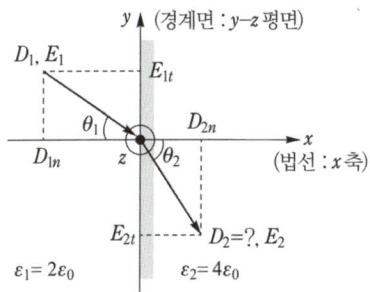

유전체의 경계조건에 의해 다음을 만족하며 그림으로부터 다음과 같이 표현된다.
① 경계면에서 전속밀도의 법선성분은 서로 같다.
  $(D_{1n} = D_{2n})$
  법선성분은 x축이므로 $D_{1x} = D_{2x}$에 의해
  $\epsilon_1 E_{1x} = \epsilon_2 E_{2x}$이다.
② 경계면에서 전계의 접선성분은 서로 같다.
  $(E_{1t} = E_{2t})$
  접선성분은 y축이므로 $E_{1y} = E_{2y}$, $E_{1z} = E_{2z}$이다.
  ($y-z$평면은 경계면과 일치하므로 접선성분은 y, z축이 된다.)
③ 유전체 ϵ_2영역의 전계 E_2의 각 축성분 E_{2x}, E_{2y}, E_{2z}는
  $E_{2x} = \dfrac{\epsilon_1}{\epsilon_2} E_{1x} = \dfrac{2\epsilon_0}{4\epsilon_0} \times 20 = 10$
  $E_{2y} = E_{1y} = -10$
  $E_{2z} = E_{1z} = 5$ 이므로
  $E_2 = 10a_x - 10a_y + 5a_z$

따라서 전속밀도와 전계의 세기의 관계식 $D = \epsilon E$에 의해
$D_2 = \epsilon_2 E_2 = \epsilon_0 \epsilon_{r2} E_2 = 4\epsilon_0(10a_x - 10a_y + 5a_z)$
$= \epsilon_0(40a_x - 40a_y + 20a_z)$[C/m²] **답** ②

07 전위 함수가 $V = 3xy + z + 1$[V]일 때 점 (4, -4, 4)에 있어서 전계의 세기[V/m]는?
① $i\,12 + j\,12 - k$
② $-i\,12 + j\,12 + k$
③ $-i - j - k$
④ $i\,12 - j\,12 - k$

풀이 $E = -\text{grad}\,V$
$= -\left(i\dfrac{\partial}{\partial x} + j\dfrac{\partial}{\partial y} + k\dfrac{\partial}{\partial z}\right)(3xy + z + 1)$
$= -(i\,3y + j\,3x + k)$
$\therefore [E]_{x=4,\,y=-4,\,z=4} = -(i\,3\times-4 + j\,3\times 4 + k)$
$= i\,12 - j\,12 - k$ **답** ④

08 평등 전계 중에 유전체 구에 의한 전속분포가 그림과 같이 되었을 때 ϵ_1과 ϵ_2의 크기 관계는?
① $\epsilon_1 > \epsilon_2$
② $\epsilon_1 < \epsilon_2$
③ $\epsilon_1 = \epsilon_2$
④ $\epsilon_1 \leq \epsilon_2$

풀이 전속선은 유전율이 큰 쪽으로 모이므로 $\epsilon_1 > \epsilon_2$이다. **답** ①

09 자극의 세기가 8×10^{-6}[Wb], 길이가 3[cm]인 막대자석을 120[AT/m]의 평등 자계 내에 자력선과 30°의 각도로 놓으면 이 막대자석이 받는 회전력은 몇 [N·m]인가?
① 3.02×10^{-5}
② 3.02×10^{-4}
③ 1.44×10^{-5}
④ 1.44×10^{-4}

풀이 $T = MH\sin\theta = mlH\sin\theta$
$= 8 \times 10^{-6} \times 3 \times 10^{-2} \times 120 \times \sin 30°$
$= 1.44 \times 10^{-5}$[N·m] **답** ③

10 반지름 2[mm]의 두 개의 무한히 긴 원통 도체가 중심 간격 2[m]로 진공 중에 평행하게 놓여 있을 때 1[km]당의 정전용량은 약 몇 [μF]인가?
① 1×10^{-3}[μF]
② 2×10^{-3}[μF]
③ 4×10^{-3}[μF]
④ 6×10^{-3}[μF]

풀이 두 도체 간 정전용량 $C_{AB} = \dfrac{\pi\epsilon_0}{\ln\dfrac{d-r}{r}}$ [F/m],

$d \gg r$ 일 때는 $C_{AB} = \dfrac{\pi\epsilon_0}{\ln\dfrac{d}{r}}$ [F/m]이므로

$\therefore C_{AB} = \dfrac{\pi \times 8.85 \times 10^{-12}}{\ln\dfrac{2}{2\times 10^{-3}}} \times \dfrac{1}{10^{-3}} = 4 \times 10^{-3} [\mu F]$

답 ③

11 그림과 같이 내구에 $+Q$[C], 외구에 $-Q$[C]의 전하로 두 개의 동심구 도체가 있다. 구 사이가 진공으로 되어 있을 때 동심구 사이의 정전용량 C[F]는?

① $2\pi\epsilon_0 \dfrac{ab}{b-a}$

② $4\pi\epsilon_0 \dfrac{ab}{b-a}$

③ $2\pi\epsilon_0 \cdot \dfrac{1}{\ln\left(\dfrac{b}{a}\right)}$

④ $4\pi\epsilon_0 \cdot \dfrac{1}{\ln\left(\dfrac{b}{a}\right)}$

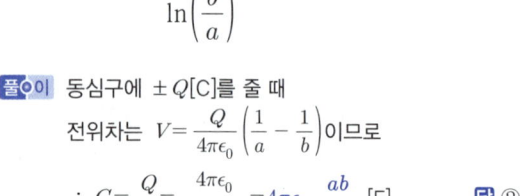

풀이 동심구에 $\pm Q$[C]를 줄 때

전위차는 $V = \dfrac{Q}{4\pi\epsilon_0}\left(\dfrac{1}{a} - \dfrac{1}{b}\right)$이므로

$\therefore C = \dfrac{Q}{V} = \dfrac{4\pi\epsilon_0}{\dfrac{1}{a} - \dfrac{1}{b}} = 4\pi\epsilon_0 \dfrac{ab}{b-a}$ [F]

답 ②

12 유전체에 대한 경계조건에 대한 설명이 옳지 않은 것은?

① 표면전하 밀도란 구속전하의 표면밀도를 말하는 것이다.
② 완전 유전체 내에서는 자유전하는 존재하지 않는다.
③ 경계면에 외부전하가 있으면, 유전체의 내부와 외부의 전하는 평형 되지 않는다.
④ 특수한 경우를 제외하고 경계면에서 표면전하 밀도는 영(zero)이다.

풀이 표면전하 밀도란 분극전하의 표면밀도를 말하는 것이다.

답 ①

13 접지된 구도체와 점전하 간에 작용하는 힘은?

① 항상 흡인력이다.
② 항상 반발력이다.
③ 조건적 흡인력이다.
④ 조건적 반발력이다.

풀이 접지된 구도체에는 항상 점전하와 반대 극성인 전하가 유도되므로 **항상 흡인력이 작용**한다.

답 ①

14 진공 중에 놓인 Q[C]의 전하에서 발산되는 전기력선의 수는?

① Q

② ϵ_0

③ $\dfrac{Q}{\epsilon_0}$

④ $\dfrac{\epsilon_0}{Q}$

풀이
• 진공 중에 놓인 Q[C]의 전하로부터 발산되는 전기력선 수는 가우스 정리에 의하여 $\int_s E\, dS = \dfrac{Q}{\epsilon_0}$[개]

• 유전체의 경우는 $\dfrac{Q}{\epsilon_0 \epsilon_s}$[개]이다.

답 ③

15 진공 중에서 점 $P(1, 2, 3)$ 및 점 $Q(2, 0, 5)$에 각각 300[μC], -100[μC]인 점전하가 놓여 있을 때 점전하 -100[μC]에 작용하는 힘은 몇 [N]인가?

① $10i - 20j + 20k$
② $10i + 20j - 20k$
③ $-10i + 20j + 20k$
④ $-10i + 20j - 20k$

풀이
• $r = (2-1)i + (0-2)j + (5-3)k = 1i - 2j + 2k$
• $r = \sqrt{1^2 + (-2)^2 + 2^2} = 3$[m]
• $r_0 = \dfrac{1}{3}(1i - 2j + 2k)$

$\therefore F = 9 \times 10^9 \times \dfrac{Q_1 Q_2}{r^2} r_0$

$= 9 \times 10^9 \times \dfrac{300 \times 10^{-6} \times (-100 \times 10^{-6})}{3^2}$

$\times \dfrac{1}{3}(1i - 2j + 2k)$

$= -30 \times \dfrac{1}{3}(1i - 2j + 2k)$

$= -10i + 20j - 20k$[N]

답 ④

16 내부 원통의 반지름이 a, 외부 원통의 반지름이 b인 동축 원통 콘덴서의 내외 원통 사이에 공기를 넣었을 때 정전용량이 C_1이었다. 내외 반지름을 모두 3배로 증가시키고 공기 대신 비유전율이 3인 유전체를 넣었을 경우의 정전용량 C_2는?

① $C_2 = \dfrac{C_1}{9}$ ② $C_2 = \dfrac{C_1}{3}$

③ $C_2 = 3C_1$ ④ $C_2 = 9C_1$

풀이 단위 길이당 정전용량 $C = \dfrac{2\pi\epsilon_0\epsilon_r}{\ln\dfrac{b}{a}}$ [F/m]에서

공기의 $\epsilon_r = 1$이므로 $C_1 = \dfrac{2\pi\epsilon_0}{\ln\dfrac{b}{a}}$ 이다.

$\therefore C_2 = \dfrac{2\pi\epsilon_0 \times 3}{\ln\dfrac{3b}{3a}} = \dfrac{3 \times 2\pi\epsilon_0}{\ln\dfrac{b}{a}} = 3C_1$ **답** ③

17 평면 전자파에서 전계의 세기가
$E = 5\sin\omega\left(t - \dfrac{x}{v}\right)$ [μV/m]인 공기 중에서의 자계의 세기는 몇 [μA/m]인가?

① $-\dfrac{5\omega}{v}\cos\omega\left(t - \dfrac{x}{v}\right)$

② $5\omega\cos\omega\left(t - \dfrac{x}{v}\right)$

③ $4.8 \times 10^2 \sin\omega\left(t - \dfrac{x}{v}\right)$

④ $1.3 \times 10^{-2} \sin\omega\left(t - \dfrac{x}{v}\right)$

풀이 $Z_0 = \dfrac{E}{H} = \sqrt{\dfrac{\mu_0}{\epsilon_0}} = \sqrt{\dfrac{4\pi \times 10^{-7}}{8.855 \times 10^{-12}}}$
$= 120\pi = 377[\Omega]$

$\therefore H = \dfrac{E}{Z_0} = \dfrac{1}{377} \times 5\sin\omega\left(t - \dfrac{x}{v}\right)$
$= 1.3 \times 10^{-2} \sin\omega\left(t - \dfrac{x}{v}\right)$ [μA/m] **답** ④

18 다음 중 기자력(magnetomotive force)에 대한 설명으로 틀린 것은?

① SI 단위는 암페어(A)이다.
② 전기회로의 기전력에 대응한다.
③ 자기회로의 자기저항과 자속의 곱과 동일하다.
④ 코일에 전류를 흘렸을 때 전류밀도와 코일의 권수의 곱의 크기와 같다.

풀이 기자력(F)은 전류(I)와 코일의 권수(N)의 곱의 크기와 같다. ($F = NI$[AT]) **답** ④

19 그림과 같은 회로에서 스위치를 최초 A에 연결하여 일정전류 I_o[A]를 흘린 다음, 스위치를 급히 B로 전환할 때 저항 $R[\Omega]$에는 1[s]간에 얼마만한 열량[cal]이 발생하는가?

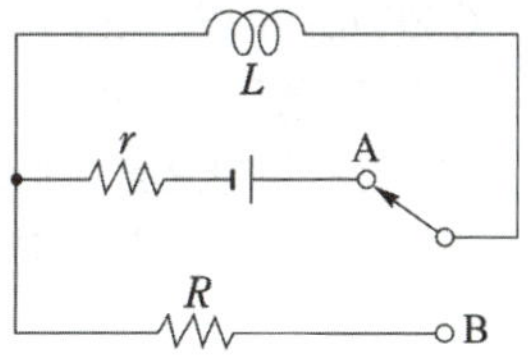

① $\dfrac{1}{8.4}LI_o^2$

② $\dfrac{1}{4.2}LI_o^2$

③ $\dfrac{1}{2}LI_o^2$

④ LI_o^2

풀이 스위치를 전원에서 제거하면, L에 축적된 에너지가 R에서 열로 소모된다.

1[J] $= \dfrac{1}{4.2}$[cal]이므로,

$\therefore W = \dfrac{1}{2}LI^2$[J] $= \dfrac{1}{2}LI_0^2 \times \dfrac{1}{4.2}$[cal]
$= \dfrac{1}{8.4}LI_0^2$[cal] **답** ①

20 두 평행판 축전기에 채워진 폴리에틸렌의 비유전율이 ϵ_r, 평행판간 거리 $d = 1.5$[mm]일 때, 만일 평행판 내의 전계의 세기가 10[kV/m]라면 평행판간 폴리에틸렌 표면에 나타난 분극전하밀도는?

① $\dfrac{\epsilon_r - 1}{18\pi} \times 10^{-5}$[C/m²]

② $\dfrac{\epsilon_r - 1}{36\pi} \times 10^{-6}$[C/m²]

③ $\dfrac{\epsilon_r}{18\pi} \times 10^{-5}$[C/m²]

④ $\dfrac{\epsilon_r - 1}{36\pi} \times 10^{-5}$[C/m²]

풀이 분극전하밀도 σ'는 분극의 세기 P와 같으므로

$$\sigma' = P = \epsilon_o(\epsilon_r - 1)E = \frac{10^7}{4\pi C^2} \times (\epsilon_r - 1) \times 10 \times 10^3$$

$$= \frac{10^7}{4\pi(3 \times 10^8)^2} \times (\epsilon_r - 1) \times 10^4$$

$$= \frac{10^{11}(\epsilon_r - 1)}{36\pi \times 10^{16}} = \frac{\epsilon_r - 1}{36\pi} \times 10^{-5} [\text{C/m}^2]$$

(단, 광속 $C = \frac{1}{\sqrt{\epsilon_o \mu_o}}$ 에서 $\epsilon_o = \frac{10^7}{4\pi C^2}$) **답** ④

2023년 2회 _ 전기기사

01 0.2[Wb/m²]의 평등 자계 속에 자계와 직각 방향으로 놓인 길이 30[cm]의 도선을 자계와 30°각의 방향으로 30[m/s]의 속도로 이동시킬 때 도체 양단에 유기되는 기전력은 몇 [V]인가?

① $0.9\sqrt{3}$ ② 0.9
③ 1.8 ④ 90

풀이 유기 기전력
$e = Blv\sin\theta = 0.2 \times 0.3 \times 30 \times \sin 30°$
$= 0.9[\text{V}]$ **답** ②

02 2[cm]의 간격을 가진 두 평행 도선에 1000[A]의 전류가 흐를 때 도선 1[m]마다 작용하는 힘 [N/m]은?

① 5 ② 10 ③ 15 ④ 20

풀이 $F = \frac{\mu_0 I_1 I_2}{2\pi r} = \frac{2I^2}{r} \times 10^{-7} = \frac{2 \times 1000^2}{2 \times 10^{-2}} \times 10^{-7}$
$= 10[\text{N/m}]$ **답** ②

03 면전하 밀도가 $\sigma[\text{C/m}^2]$인 대전 도체가 진공 중에 놓여 있을 때 도체 표면에 작용하는 정전 응력[N/m²]의 크기 및 방향은?

① $\frac{\sigma^2}{\epsilon_0}$, 도체 외부 ② $\frac{\sigma^2}{\epsilon_0}$, 도체 내부
③ $\frac{\sigma^2}{2\epsilon_0}$, 도체 외부 ④ $\frac{\sigma^2}{2\epsilon_0}$, 도체 내부

풀이 정전 응력(f)은 도체 표면에 작용하는 단위 면적당 힘을 의미하고, 도체 표면에서의 전속밀도 $D = \sigma[\text{C/m}^2]$의 관계로부터 정전 응력은

$$f = \frac{1}{2}DE = \frac{1}{2}\epsilon_0 E^2 = \frac{1}{2}\frac{D^2}{\epsilon_0} = \frac{1}{2}\frac{\sigma^2}{\epsilon_0}[\text{N/m}^2]$$

정전응력의 방향은 정전응력에서 σ^2이므로 전하의 부호에 관계없이 **항상 외부로 향한다**. **답** ③

04 진공 중 한 변의 길이가 0.1[m]인 정삼각형의 3 정점 A, B, C에 각각 2.0×10^{-6}[C]의 점전하가 있을 때, 점 A의 전하에 작용하는 힘은 몇 [N]인가?

① $1.8\sqrt{2}$ ② $1.8\sqrt{3}$
③ $3.6\sqrt{2}$ ④ $3.6\sqrt{3}$

풀이

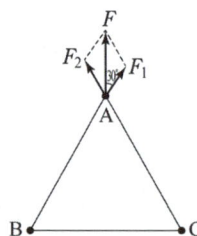

점 B에 있는 전하에 의한 작용력 F_1은
$$F_1 = \frac{1}{4\pi\epsilon_0}\frac{Q_1 Q_2}{r^2} = 9 \times 10^9 \times \frac{(2 \times 10^{-6})^2}{0.1^2}$$
$$= 3.6[\text{N}]$$

점 C에 있는 전하에 의한 작용력 F_2는 F_1과 크기는 같고 방향은 그림과 같다.

∴ $F = F_1\cos\theta \times 2 = F_2\cos\theta \times 2$
$= 3.6 \times \cos 30° \times 2 = 3.6\sqrt{3}[\text{N}]$ **답** ④

05 무한장 솔레노이드의 내부 자계와 외부 자계에 대한 설명 중 옳은 것은?

① 내부 자계는 평등하고, 외부 자계는 0이다.
② 내부 자계는 0이고, 외부 자계는 평등하다.
③ 내부와 외부 자계의 세기는 같다.
④ 내부와 외부 자계의 세기는 0이다.

풀이 • 무한장 솔레노이드 **내부 자계의 세기는 평등**하며, 크기는 $H_i = n_0 I[\text{AT/m}]$이다.

(단 n_0는 단위 길이 당 코일 권수[회/m])
- 무한장 솔레노이드 외부 자계 $H_o = 0$[AT/m]이다.

답 ①

선성분도 0이다. ($E_{2t} = 0$)
- 따라서 도체와 유전체 경계면의 전계의 세기는 0이 된다. ($E_{1t} = E_{2t} = 0, \therefore E_t = 0$)

답 ③

06
비유전율 $\epsilon_s = 2.2$, 고유저항 $\rho = 10^{11}[\Omega \cdot m]$인 유전체를 넣은 콘덴서의 용량이 20[$\mu$F]이었다. 여기에 500[kV]의 전압을 가하였을 때의 누설전류는 약 몇 [A]인가?

① 4.2　　② 5.1
③ 54.5　　④ 61.0

풀이
$RC = \rho\epsilon$, $R = \dfrac{\rho\epsilon}{C}[\Omega]$

$\therefore I = \dfrac{V}{R} = \dfrac{CV}{\rho\epsilon} = \dfrac{CV}{\rho\epsilon_0\epsilon_s}$

$= \dfrac{20 \times 10^{-6} \times 500 \times 10^3}{10^{11} \times 8.855 \times 10^{-12} \times 2.2}$

$= 5.13[A]$

답 ②

07
두 매질의 경계면 사이 조건 중 옳은 것은? (단, 경계면에 전하분포는 없다.)

① 유전체와 유전체 경계면의 전계 및 전속밀도의 접선성분은 서로 같다.
② 유전체와 유전체 경계면의 전계 및 전속밀도의 법선성분은 서로 같다.
③ 유전체와 도체 경계면의 전계의 접선성분은 0이다.
④ 유전체와 도체 경계면의 전계의 법선성분은 0이다.

풀이 (1) 두 매질의 경계면에서의 경계조건
- 전속밀도는 법선성분(수직성분)이 같다. ($D_{1n} = D_{2n}$, $D_1\cos\theta_1 = D_2\cos\theta_2$)
- 전계의 세기는 접선성분(수평성분)이 같다. ($E_{1t} = E_{2t}$, $E_1\sin\theta_1 = E_2\sin\theta_2$)
- 두 경계면에서의 전위는 서로 같다. ($V_1 = V_2$)
- 굴절의 법칙 : $\epsilon_1 > \epsilon_2$이면, $\theta_1 > \theta_2$이다.
($\dfrac{\tan\theta_1}{\tan\theta_2} = \dfrac{\epsilon_1}{\epsilon_2}$)

(2) 도체(매질 1)와 유전체(매질 2)의 경계조건
- 도체내부의 전계는 0이므로 접선성분은 0이다. ($E_{1t} = 0$)
- 전계의 세기는 접선성분이 같고 ($E_{1t} = E_{2t}$), 경계면에서 전위가 같은 등전위면이므로 **유전체의 접**

08
평행판 콘덴서의 극판 사이에 유전율이 각각 ϵ_1, ϵ_2인 두 유전체를 반씩 채우고 극판 사이에 일정한 전압을 걸어줄 때 매질 (1), (2) 내의 전계의 세기 E_1, E_2 사이에 성립하는 관계로 옳은 것은?

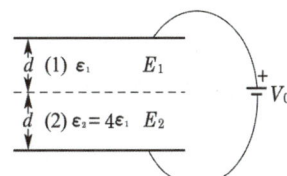

① $E_2 = 4E_1$　　② $E_2 = 2E_1$
③ $E_2 = \dfrac{E_1}{4}$　　④ $E_2 = E_1$

풀이
전계의 세기 $E \propto \dfrac{1}{\epsilon}$이고 $\epsilon_2 = 4\epsilon_1$이므로

$\dfrac{E_1}{E_2} = \dfrac{\epsilon_2}{\epsilon_1} = \dfrac{4\epsilon_1}{\epsilon_1} = 4$이다.

따라서 $E_2 = \dfrac{1}{4}E_1$

답 ③

09
내압 및 정전용량이 각각 1000[V]-2[μF], 700[V]-3[μF], 600[V]-4[μF], 300[V]-8[μF]인 4개의 커패시터가 있다. 이 커패시터들을 직렬로 연결하여 양단에 전압을 인가한 후 전압을 상승시키면 가장 먼저 절연이 파괴되는 커패시터는? (단, 커패시터의 재질이나 형태는 동일하다.)

① 1000[V]-2[μF]　② 700[V]-3[μF]
③ 600[V]-4[μF]　④ 300[V]-8[μF]

풀이 콘덴서를 직렬로 연결할 경우 전하용량이 적은 콘덴서부터 절연이 파괴된다.
$Q_1 = C_1 \times V_1 = 2 \times 10^{-6} \times 1000 = 2 \times 10^{-3}[C]$
$Q_2 = C_2 \times V_2 = 3 \times 10^{-6} \times 700 = 2.1 \times 10^{-3}[C]$
$Q_3 = C_3 \times V_3 = 4 \times 10^{-6} \times 600 = 2.4 \times 10^{-3}[C]$
$Q_4 = C_4 \times V_4 = 8 \times 10^{-6} \times 300 = 2.4 \times 10^{-3}[C]$

따라서, 전하용량이 가장 적은 1000[V], 2[μF]가 제일 먼저 절연이 파괴된다. 탑 ①

10 전속밀도 D, 전계의 세기 E, 분극의 세기 P 사이의 관계식은?

① $P = D + \epsilon_0 E$ ② $P = D - \epsilon_0 E$
③ $P = D(1 - \epsilon_0)E$ ④ $P = \epsilon_0(D - E)$

풀이 전계 $E = \dfrac{\sigma - \sigma_p}{\epsilon_0} = \dfrac{D - P}{\epsilon_0}$ [V/m]에서

전속밀도 $D = \epsilon_0 E + P$ [C/m²]
그러므로 분극의 세기
$P = D - \epsilon_0 E = \epsilon_0 \epsilon_s E - \epsilon_0 E$
$= \epsilon_0 (\epsilon_s - 1) E$ [C/m²]   탑 ②

11 특성 임피던스가 각각 η_1, η_2인 두 매질의 경계면에 전자파가 수직으로 입사할 때 전계가 무반사로 되기 위한 가장 알맞은 조건은?

① $\eta_2 = 0$ ② $\eta_1 = 0$
③ $\eta_1 = \eta_2$ ④ $\eta_1 \cdot \eta_2 = 1$

풀이 전자파의 반사계수 $R = \dfrac{\eta_2 - \eta_1}{\eta_1 + \eta_2}$ 이므로

무반사가 되기 위한 조건은 $R = \dfrac{\eta_2 - \eta_1}{\eta_1 + \eta_2} = 0$ 이다.

∴ $\eta_1 = \eta_2$ 탑 ③

12 구리의 고유저항은 20[℃]에서 1.69×10^{-8} [Ω·m]이고 온도계수는 0.003393이다. 단면적이 2[mm²]이고 100[m]인 구리선의 저항값은 40[℃]에서 약 몇 [Ω]인가?

① 0.91×10^{-3} ② 1.89×10^{-3}
③ 0.91   ④ 1.89

풀이 20[℃]에서의 구리의 저항
$R_0 = \rho \dfrac{l}{A} = 1.69 \times 10^{-8} \times \dfrac{100}{2 \times 10^{-6}} = 0.845$ [Ω]

따라서 40[℃]에서의 구리선의 저항값
$R_t = R_0 [1 + \alpha(t - 20)]$
$= 0.845 \times [1 + 0.00393 \times (40 - 20)]$
$= 0.91$ [Ω]   탑 ③

13 공기 중에서 2[V/m]의 전계의 세기에 의한 변위전류밀도의 크기를 2[A/m²]으로 흐르게 하려면 전계의 주파수는 약 몇 [MHz]가 되어야 하는가?

① 9000   ② 18000
③ 36000   ④ 72000

풀이 변위전류밀도 $i_d = \omega \epsilon E$ [A/m²]에서

$\omega = 2\pi f = \dfrac{i_d}{\epsilon E}$ 이므로

∴ $f = \dfrac{i_d}{2\pi \epsilon_o \epsilon_s E} = \dfrac{2}{2\pi \times \dfrac{1}{4\pi \times 9 \times 10^9} \times 1 \times 2} \times 10^{-6}$

$= 18000$ [MHz]   탑 ②

14 영구자석에 관한 설명으로 옳지 않은 것은?

① 한번 자화된 다음에는 자기를 영구적으로 보존하는 자석이다.
② 보자력이 클수록 자계가 강한 영구자석이 된다.
③ 잔류 자속밀도가 클수록 자계가 강한 영구자석이 된다.
④ 자석재료로 폐회로를 만들면 강한 영구자석이 된다.

풀이 자석 재료에 외부에서 큰 자계를 가해야 자화되어 영구자석이 된다.   탑 ④

15 와류손을 줄이는 방법으로 옳은 것은?

① 투자율을 크게 한다.
② 철심의 저항률을 작게 한다.
③ 철판의 두께를 두껍게 한다.
④ 성층 철심을 사용한다.

풀이 자성체의 손실 감소법
• 와류손 : 성층 철심 사용(자속에 의한 와전류를 흐르지 못하도록 성층(적층)한 철심 사용)
• 히스테리시스손 : 규소 강판 사용(히스테리시스 면적을 감소시키기 위해 순철에 규소를 첨가한 재질로 변경)   탑 ④

16 자기회로의 자기저항에 대한 설명으로 옳은 것은?

① 투자율에 반비례한다.
② 자기회로의 단면적에 비례한다.
③ 자기회로의 길이에 반비례한다.
④ 단면적에 반비례하고, 길이의 제곱에 비례한다.

풀이 자기저항 $R_m = \dfrac{l}{\mu_0 \mu_s S}$ [AT/Wb]이므로

자기저항은 **투자율(μ)과 단면적(S)에 반비례하고,** 길이(l)에 비례한다. 답 ①

17 자기 회로에서 투자율[H/m]에 대응하는 것은 전기 회로에서 무엇인가?

① 자속 ② 기자력
③ 도전율 ④ 자기 저항

풀이 자기 회로와 전기 회로의 대응

자기 회로	전기 회로
자속 ϕ[Wb]	전류 I[A]
자계 H[A/m]	전계 E[V/m]
기자력 F[AT]	기전력 U[V]
자속 밀도 B[Wb/m²]	전류 밀도 i[A/m²]
투자율 μ[H/m]	**도전율 k[℧/m]**
자기 저항 R_m[AT/Wb]	전기 저항 R[Ω]

답 ③

18 단면적이 균일한 환상철심에 권수 N_A인 A코일과 권수 N_B인 B코일이 있을 때, B코일의 자기 인덕턴스가 L_A[H]라면 두 코일의 상호 인덕턴스[H]는? (단, 누설자속은 0이다.)

① $\dfrac{L_A N_A}{N_B}$ ② $\dfrac{L_A N_B}{N_A}$
③ $\dfrac{N_A}{L_A N_B}$ ④ $\dfrac{N_B}{L_A N_A}$

풀이
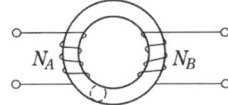

$R = \dfrac{N_A^2}{L_B} = \dfrac{N_A N_B}{M}$ 에서

- 자기 인덕턴스 $L_A = \dfrac{N_B^2}{R}$ [H]
- 상호 인덕턴스 $M = \dfrac{N_A N_B}{R}$ [H]

위의 두 식에서 R을 소거하면

$\therefore M = \dfrac{L_A N_A}{N_B}$ [H] 답 ①

19 한 변의 길이가 10[cm]인 철선으로 정사각형을 만들고 직류 5[A]를 흘렸을 때 그 중심점의 자계의 세기[AT/m]는?

① 40 ② 45
③ 160 ④ 180

풀이
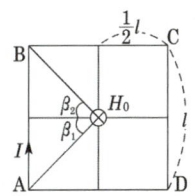

한 변 AB에 대한 중심점의 자계는

$H_{AB} = \dfrac{I}{4\pi a}(\sin\beta_1 + \sin\beta_2)$ 이므로 $a = \dfrac{l}{2}$,

$\sin\beta_1 = \sin\beta_2 = \sin 45° = \dfrac{1}{\sqrt{2}}$ 을 대입하면

$H_{AB} = \dfrac{I}{4\pi\left(\dfrac{l}{2}\right)} \times 2 \times \dfrac{1}{\sqrt{2}} = \dfrac{I}{\sqrt{2}\pi l}$ [AT/m]

$\therefore H_0 = H_{AB} + H_{BC} + H_{CD} + H_{DA}$

$= 4 H_{AB} = 4 \times \dfrac{I}{\sqrt{2}\pi l}$

$= \dfrac{2\sqrt{2}I}{\pi l} = \dfrac{2\sqrt{2} \times 5}{\pi \times 10 \times 10^{-2}} = \dfrac{\sqrt{2} \times 10^2}{\pi}$

$≒ 45$ [AT/m] 답 ②

20 다음 설명 중 잘못된 것은?

① 초전도체는 임계온도 이하에서 완전 반자성을 나타낸다.
② 자화의 세기는 단위면적 당의 자기 모멘트이다.
③ 상자성체에 자극 N극을 접근시키면 S극이 유도된다.
④ 니켈(Ni), 코발트(Co) 등은 강자성체에 속한다.

풀이 자성체의 양 단면의 단위면적에 발생한 자기량을 그 자성체에 대한 자화의 세기라고 하며, 자성체의 자화 정도를 정량적으로 표시할 수 있다.(자화의 세기는 단위면적 당의 자극의 세기 또는 단위체적 당의 자기모멘트로 표시할 수 있다.)   **답** ②

2023년 - 3회 _ 전기기사

01 높은 주파수의 전자파가 전파될 때 일기가 좋은 날보다 비오는 날 전자파의 감쇠가 심한 원인은?

① 도전율 관계임   ② 유전율 관계임
③ 투자율 관계임   ④ 분극률 관계임

풀이 진공이 아닌 이상 일반 공기는 무시할 수 있을 정도의 도전율을 갖고 있으나 비오는 날(즉, 습도 상승)은 도전성이 증가하며 감쇠가 더 심하게 나타난다.   **답** ①

02 철심부의 평균 길이가 l_2, 공극의 길이가 l_1 단면적이 S인 자기회로이다. 자속밀도를 B[Wb/m²]로 하기 위한 기자력[AT]은?

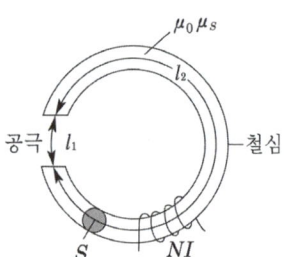

① $\dfrac{\mu_0}{B}\left(l_1 + \dfrac{\mu_s}{l_2}\right)$ ② $\dfrac{B}{\mu_0}\left(l_2 + \dfrac{l_1}{\mu_s}\right)$

③ $\dfrac{\mu_0}{B}\left(l_2 + \dfrac{\mu_s}{l_1}\right)$ ④ $\dfrac{B}{\mu_0}\left(l_1 + \dfrac{l_2}{\mu_s}\right)$

풀이 철심부의 자기 저항을 R_1, 공극의 자기 저항을 R_2라 하면 R_1, R_2는 직렬이므로
합성 자기 저항
$$R = R_1 + R_2 = \dfrac{l_1}{\mu_0 S} + \dfrac{l_2}{\mu S}\text{[AT/Wb]}$$
따라서 기자력

$$F = NI = R\phi = RBS$$
$$= \left(\dfrac{l_1}{\mu_0 S} + \dfrac{l_2}{\mu S}\right)BS = \dfrac{B}{\mu_0}\left(l_1 + \dfrac{l_2}{\mu_s}\right)\text{[AT]}$$ **답** ④

03 비투자율 1000의 철심이 든 환상 솔레노이드의 권수는 600회, 평균 지름은 20[cm], 철심의 단면적은 10[cm²]이다. 이 솔레노이드에 2[A]의 전류를 흘릴 때 철심 내의 자속은 몇 [Wb]가 되는가?

① 2.4×10^{-5} ② 2.4×10^{-3}
③ 1.2×10^{-5} ④ 1.2×10^{-3}

풀이 자속 $\phi = BS = \mu HS = \mu_0 \mu_s \dfrac{NI}{\pi D} S$
$$= \dfrac{4\pi \times 10^{-7} \times 1000 \times 600 \times 2 \times 10^{-4}}{20\pi \times 10^{-2}}$$
$$= 2.4 \times 10^{-3}\text{[Wb]}$$ **답** ②

04 접지된 무한 평면도체 전방의 한 점 P에 있는 점전하 $+Q$[C]의 평면도체에 대한 영상전하는?

① 점 P의 대칭점에 있으며, 전하는 $-Q$[C]이다.
② 점 P의 대칭점에 있으며, 전하는 $-2Q$[C]이다.
③ 평면 도체상에 있으며, 전하는 $-Q$[C]이다.
④ 평면 도체상에 있으며, 전하는 $-2Q$[C]이다.

풀이 무한평면으로부터 a[m] 떨어진 P점에 점전하 Q[C]이 있는 경우 영상전하는 무한평면 뒤쪽으로 점 P의 대칭점에 존재하며, 그 크기는 점전하와 같고 부호는 반대로 $Q' = -Q$[C]이다.   **답** ①

05 맥스웰(Maxwell)의 전자 방정식 중 성립하지 않는 식은?

① $\text{div } \boldsymbol{D} = \rho$
② $\text{div } \boldsymbol{B} = 0$
③ $\text{rot } \boldsymbol{E} = \dfrac{\partial \boldsymbol{B}}{\partial t}$
④ $\text{rot } \boldsymbol{H} = J + \dfrac{\partial \boldsymbol{D}}{\partial t}$

풀이 맥스웰 방정식의 미분형
① $\text{div}\,D = \rho$ (가우스의 법칙) : 단위 체적당 발산 전속 수는 단위 체적당의 공간전하 밀도와 같다.
② $\text{div}\,B = 0$: 자계의 발산은 없다. 고립된 자하는 없다(N극과 S극이 공존).
③ $\text{rot}\,H = J + \dfrac{\partial D}{\partial t}$ (암페어의 주회적분 법칙) : 자계의 회전은 전류 밀도와 같다.
④ $\text{rot}\,E = -\dfrac{\partial B}{\partial t}$ (패러데이 법칙) : 전계의 회전은 자속 밀도의 시간적 감소율과 같다.   **답** ③

06 전자장에 관한 다음의 기본식 중 옳지 않은 것은?
① 가우스 정리의 미분형 : $\text{div}\,D = \rho$
② 옴의 법칙의 미분형 : $i = \sigma E$
③ 패러데이의 법칙의 미분형 : $\text{rot}\,E = -\dfrac{\partial B}{\partial t}$
④ 암페어 주회적분 법칙의 미분형 : $\text{rot}\,H = \dfrac{\partial D}{\partial t} + \rho$

풀이 암페어 주회적분은 $\oint H \cdot dl = I$.
미분형은 $\nabla \times H = J$이다.   **답** ④

07 진공 중 반지름이 a[m]인 무한길이의 원통도체 2개가 간격 d[m]로 평행하게 배치되어 있다. 두 도체 사이의 정전용량(C)을 나타낸 것으로 옳은 것은?
① $\pi\epsilon_0 \ln\dfrac{d-a}{a}$
② $\dfrac{\pi\epsilon_0}{\ln\dfrac{d-a}{a}}$
③ $\pi\epsilon_0 \ln\dfrac{a}{d-a}$
④ $\dfrac{\pi\epsilon_0}{\ln\dfrac{a}{d-a}}$

풀이 평행도선

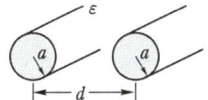

① 두 도체 사이의 전위차 $V = \dfrac{\lambda}{\pi\epsilon_0}\ln\dfrac{d-a}{a}$ [V]
(여기서, λ : 선전하 밀도[C/m])
② 두 도체 사이의 정전용량
$C = \dfrac{\lambda}{V} = \dfrac{\pi\epsilon_0}{\ln\dfrac{d-a}{a}}$ [F/m]   **답** ②

08 그림에서 면적 bb에는 평등 자계가 그 면과 직각으로 작용하고 있는데, 그 자계의 세기는 H [AT/m]이다. 그리고 면적 bb 이외의 자계의 세기는 0이다. 지금 한 변이 a인 정방형 코일이 그림과 같이 속도 v[m/s]로 x 방향으로 움직일 때 코일에 유기되는 기전력[V]은?
단, $a < b$라고 하고 시간은 $\dfrac{b}{v} < t < \dfrac{a+b}{v}$ 범위이다.
① $\mu_0 H a^2 v$
② $\mu_0 H b v$
③ 0
④ $\mu_0 H a v$

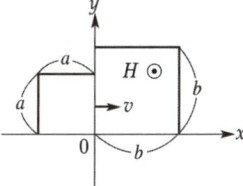

풀이
- 그림의 정방형 코일의 이동에 따른 각 위치 x에 대한 시간 t로 이동상태를 나타낸다.
특히 시간 t는 코일도체 우변이 각 위치에 도달한 시간이다. $\left(v = \dfrac{x}{t},\ \therefore t = \dfrac{x}{v}\right)$

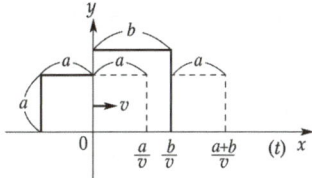

- 정방형 코일의 이동시간 t에 대한 유기기전력은 각각 다음과 같다.
$0 \le t < \dfrac{a}{v}$: $e = Bav = \mu_0 Hav$[V] (시계방향)
$\dfrac{a}{v} \le t < \dfrac{b}{v}$: $e = 0$ (쇄교자속 일정, 시간적 변화없음)
$\dfrac{b}{v} \le t < \dfrac{a+b}{v}$: $e = Bav = \mu_0 Hav$[V] (반시계방향)
$t \ge \dfrac{a+b}{v}$: $e = 0$ (외부자계 $H = 0$)
$\therefore \dfrac{b}{v} < t < \dfrac{a+b}{v}$ 범위의
유기기전력 $e = \mu_0 Hav$가 된다.   **답** ④

09 무한장 직선 도선에 흐르는 직류전류 I에 의해, 무한장 직선 도선의 전류 상하에 존재하는 자침이, 그림과 같이 자침중심축을 중심으로 회전하여 정지하였다. (ㄱ) (ㄴ) (ㄷ) (ㄹ)의 극을 순서적으로 잘 배열한 것은?

① S, N, S, N
② S, N, N, S
③ N, S, N, S
④ N, S, S, N

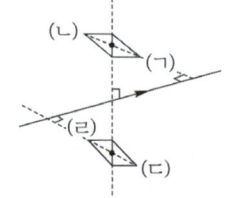

풀이 전류 도체에 의한 **자계의 방향은 암페어 오른나사법칙**으로 결정된다. 자계 내에 있는 **자침의 N극을 자계방향과 일치하도록 맞춘다.** 답 ④

10 그림에서 축전기를 ±Q로 대전한 후 스위치 k를 닫고 도선에 전류 i를 흘리는 순간의 축전기 두 판 사이의 변위전류는?

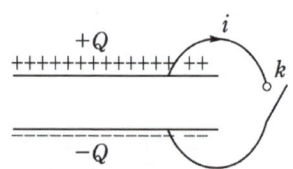

① +Q판에서 −Q판 쪽으로 흐른다.
② −Q판에서 +Q판 쪽으로 흐른다.
③ 왼쪽에서 오른쪽으로 흐른다.
④ 오른쪽에서 왼쪽으로 흐른다.

풀이 진공 및 유전체가 삽입된 콘덴서의 충방전 전류는 전도전류와 변위전류를 동시에 고려해야 한다. 또 전하보존의 법칙과 전류의 연속성이 성립되어야 하므로 도체와 유전체로 구성된 폐회로에서 순환전류가 흘러야 한다. 즉, 방전 시 도체의 전도전류는 −Q 전극으로 흘러들어가 유전체 속에서 이와 동등한 변위전류로 되고 +Q 전극으로 흘러나와 다시 전도전류가 되어 흐르고 순환전류가 된다.
따라서 축전기 두 극판 사이에서 변위전류는 −Q 전극에서 +Q 전극으로 흐른다.

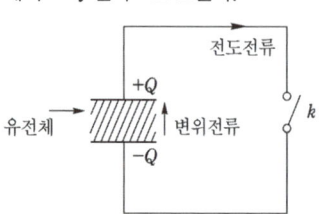

답 ②

11 10[μF]의 콘덴서를 100[V]로 충전한 것을 단락시켜 0.1[m·sec]에 방전시켰다고 하면 평균 전력[W]은?

① 450 ② 500
③ 550 ④ 600

풀이 진공 및 유전체가 삽입된 콘덴서의 충방
$$P = \frac{W}{t} = \frac{\frac{1}{2}CV^2}{t} = \frac{\frac{1}{2} \times 10 \times 10^{-6} \times 100^2}{0.1 \times 10^{-3}}$$
$= 500[W]$ 답 ②

12 환상철심에 권수 3000회의 A코일과 권수 200회인 B코일이 감겨져 있다. A코일은 자기 인덕턴스가 360[mH]일 때, A, B 두 코일의 상호 인덕턴스 [mH]는? (단, 결합계수는 1이다.)

① 16[mH] ② 24[mH]
③ 36[mH] ④ 72[mH]

풀이 자기 저항을 R_m이라 할 때

자기 인덕턴스는 $L_1 = \frac{N_1^2}{R_m}$, $L_2 = \frac{N_2^2}{R_m}$

상호 인덕턴스는 $M = \frac{N_1 \cdot N_2}{R_m}$이므로,

$L_1 = \frac{N_1^2}{R_m}$에서 $R_m = \frac{N_1^2}{L_1}$을 구하여 상호 인덕턴스에 대입하면

$\therefore M = \frac{N_1 \cdot N_2}{R_m} = \frac{N_2}{N_1}L_1 = \frac{200}{3000} \times 360$
$= 24[mH]$ 답 ②

13 평행판 콘덴서의 극판 사이에 유전율 ϵ, 저항률 ρ인 유전체를 삽입하였을 때, 두 전극 간의 저항 R과 정전용량 C의 관계는?

① $R = \rho\epsilon C$ ② $RC = \frac{\epsilon}{\rho}$
③ $RC = \rho\epsilon$ ④ $RC\rho\epsilon = 1$

풀이 $RC = \rho\frac{l}{S} \cdot \epsilon\frac{S}{l} = \rho\epsilon = \frac{\epsilon}{\sigma}$
$\therefore RC = \rho\epsilon$
여기서, R : 저항, C : 정전용량, ϵ : 유전율, σ : 도전율, ρ : 저항률 또는 고유저항 답 ③

14 비투자율 $\mu_s = 800$, 원형 단면적이 $S = 10$ [cm²], 평균 자로 길이 $l = 8\pi \times 10^{-2}$[m]의 환상 철심에 600회의 코일을 감고 이것에 1[A]의 전류를 흘리면 내부의 자속은 몇 [Wb]인가?

① 1.2×10^{-3} ② 1.2×10^{-5}
③ 2.4×10^{-3} ④ 2.4×10^{-5}

풀이 환상 솔레노이드의 내부 자속

$$\phi = BS = \mu H \cdot S = \mu \cdot \frac{NI}{2\pi r} \cdot S = \frac{\mu_0 \mu_s NIS}{\ell} [\text{Wb}]$$

$$= \frac{4\pi \times 10^{-7} \times 800 \times 600 \times 1 \times 10 \times 10^{-4}}{8\pi \times 10^{-2}}$$

$$= 2.4 \times 10^{-3} [\text{Wb}] \quad \text{답 ③}$$

15 판 간격이 d인 평행판 공기 콘덴서 중에 두께 t이고, 비유전율이 ϵ_s인 유전체를 삽입하였을 경우에 공기의 절연파괴를 발생하지 않고 가할 수 있는 판 간의 전위차는? (단, 유전체가 없을 때 가할 수 있는 전압을 V라 하고, 공기의 절연 내력은 E_o라 한다.)

① $V\left(1 - \dfrac{t}{\epsilon_s d}\right)$ ② $\dfrac{Vt}{d}\left(1 - \dfrac{1}{\epsilon_s}\right)$
③ $V\left(1 + \dfrac{t}{\epsilon_s d}\right)$ ④ $V\left(1 - \dfrac{t}{d}\left(1 - \dfrac{1}{\epsilon_s}\right)\right)$

풀이

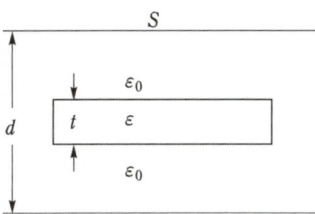

유전체 삽입 전 정전용량 $C = \dfrac{\epsilon_0}{d} S$

유전체 삽입 후 정전용량 C'

- 유전체가 없는 부분 $C_1 = \dfrac{\epsilon_0}{d-t} S$
- 유전체 삽입 부분 $C_2 = \dfrac{\epsilon}{t} S$

C'는 C_1과 C_2의 직렬 등가이므로

$$C' = \frac{1}{\dfrac{1}{C_1} + \dfrac{1}{C_2}} = \frac{1}{\dfrac{1}{\dfrac{\epsilon_0}{d-t}S} + \dfrac{1}{\dfrac{\epsilon}{t}S}} = \frac{\epsilon_0 \epsilon S}{\epsilon(d-t) + \epsilon_0 t}$$

전하량 $Q = CV$는 유전체 삽입 전·후가 일정하므로
$CV = C'V'$

$$V' = \frac{C}{C'} V = \frac{\epsilon(d-t) + \epsilon_0 t}{\epsilon d} V = \left(1 - \frac{t}{d} + \frac{t}{\epsilon_s d}\right) V$$

$$\left(\because \frac{C}{C'} = \frac{\epsilon(d-t) + \epsilon_0 t}{\epsilon_0 S} \times \frac{\epsilon_0 S}{d} = \frac{\epsilon(d-t) + \epsilon_0 t}{\epsilon d}\right)$$

$$\therefore V' = V\left[1 - \frac{t}{d}\left(1 - \frac{1}{\epsilon_s}\right)\right] \quad \text{답 ④}$$

16 한 변의 길이가 4[m]인 정사각형의 루프에 1[A]의 전류가 흐를 때, 중심점에서의 자속밀도 B는 약 몇 [Wb/m²]인가?

① 2.83×10^{-7} ② 5.65×10^{-7}
③ 11.31×10^{-7} ④ 14.14×10^{-7}

풀이 정사각형 중심의 자계의 세기

$$H = \frac{2\sqrt{2}}{\pi} \cdot \frac{I}{l} = \frac{2\sqrt{2}}{\pi} \cdot \frac{1}{4} = \frac{\sqrt{2}}{2\pi} [\text{AT/m}]$$

자속밀도 $B = \mu_0 H = 4\pi \times 10^{-7} \times \dfrac{\sqrt{2}}{2\pi}$

$$= 2.83 \times 10^{-7} [\text{Wb/m}^2] \quad \text{답 ①}$$

17 전자유도에 의하여 회로에 발생하는 유도기전력의 크기는 자속 쇄교수의 시간 변화율에 비례한다는 법칙은?

① 패러데이 법칙
② 렌츠의 법칙
③ 암페어의 주회적분 법칙
④ 가우스 법칙

풀이 (1) 패러데이 법칙
- 유도기전력의 크기를 결정하는 법칙
- 유도 기전력의 크기는 폐회로에 쇄교하는 자속의 시간적 변화율에 비례한다.
- 유도 기전력 $e = -\dfrac{d\Phi}{dt} = -N\dfrac{d\phi}{dt}$ [V]
 (단, −부호는 유도기전력의 방향 의미)
(2) 렌츠의 법칙 : 전자유도에서 유도기전력의 방향을 결정하는 법칙(−부호)
(3) 암페어 주회적분 법칙 : 전류와 자기장의 양적 관계를 나타낸 법칙

$$\oint_c H \cdot dl = I$$

(폐곡선에 대한 자계의 선적분은 폐곡선 내의 전류와 같다.)

(4) 가우스 법칙 : 전속밀도와 전하량의 관계를 나타낸 법칙

$$\oint_S D \cdot dS = Q$$

(폐곡면을 관통하는 전속은 폐곡면 내의 전하량과 같다.) 　　　답 ①

18 매질 1의 $\mu_{s1} = 500$, 매질 2의 $\mu_{s2} = 1000$이다. 매질 2에서 경계면에 대하여 45°의 각도로 자계가 입사한 경우 매질 1에서 경계면과 자계의 각도에 가장 가까운 것은?

① 20°　　② 30°
③ 60°　　④ 80°

풀이 굴절의 법칙 $\dfrac{\tan\theta_1}{\tan\theta_2} = \dfrac{\mu_1}{\mu_2} = \dfrac{\mu_{s1}}{\mu_{s2}}$ 에서

$\dfrac{\tan\theta_1}{\tan 45°} = \dfrac{500}{1000}$ 이므로

$\tan\theta_1 = \dfrac{1}{2}\tan 45° = \dfrac{1}{2}$

→ $\theta_1 = \tan^{-1}\dfrac{1}{2} = 26.57°$

그림과 같이 입사각 θ_1과 굴절각 θ_2는 경계면의 법선에 대한 각도를 나타내므로 매질 1에서 경계면과 이루는 각도 θ는
$\theta = 90° - \theta_1 = 90° - 26.57° = 63.43°$

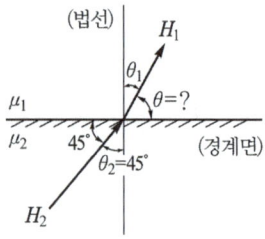

답 ③

19 전하 e[C], 질량 m[kg]인 전자가 전계 E[V/m] 내에 놓여 있을 때 최초에 정지하고 있었다면 t초 후에 전자의 속도[m/s]는?

① $\dfrac{meE}{t}$　　② $\dfrac{me}{E}t$
③ $\dfrac{mE}{e}t$　　④ $\dfrac{Ee}{m}t$

풀이 ① 전자의 질량 m[kg]이 가속도 a[m/s²]로 운동할 때 작용하는 역학적인 힘은 뉴턴의 제2법칙에 의해
$F_m = ma$[N]

또 가속도 a와 속도 v의 관계 $a = \dfrac{v}{t}$ 에 의해

역학적인 힘 $F_m = ma = m\dfrac{v}{t}$ [N]

② 전계 E[V/m] 내에서 전하 e[C]에 작용하는 전기적인 힘, 즉 정전력 $F_e = eE$[N]

③ 역학적인 힘과 정전력은 같으므로
$F_m = F_e$, $m\dfrac{v}{t} = eE$

∴ $v = \dfrac{Ee}{m}t$ [m/s]　　답 ④

20 공극을 가진 환형 자기 회로에서 공극 부분의 길이와 투자율은 철심 부분의 것에 각각 0.01배와 0.001배이다. 공극의 자기 저항은 철심 부분의 자기 저항의 몇 배인가? 단, 자기 회로의 단면적은 같다고 본다.

① 9배　　② 10배
③ 11배　　④ 18.18배

풀이 철심 부분의 자기 저항을 $R_c = \dfrac{l_c}{\mu S}$ 라 하면

공극 부분의 자기 저항 R_g 는

$R_g = \dfrac{0.01 l_c}{0.001 \mu S} = 10 \dfrac{l_c}{\mu S} = 10 R_c$ 　　답 ②

2024년 전기자기_전기기사_CBT 복원문제

2024년 - 1회 _ 전기기사

01 그림과 같이 평행한 무한장 직선의 두 도선에 I [A], $4I$ [A]인 전류가 각각 흐른다. 두 도선 사이 점 P에서의 자계의 세기가 0이라면 $\frac{a}{b}$ 는?

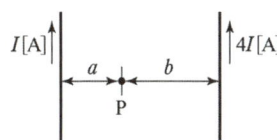

① 2 ② 4 ③ $\frac{1}{2}$ ④ $\frac{1}{4}$

풀이 I와 $4I$ 도선에 의한 자계의 방향은 서로 반대이므로 크기가 같으면 $H=0$이 된다.
- I 도선에 의한 자계 $H_I = \frac{I}{2\pi a}$ [AT/m]
- $4I$ 도선에 의한 자계 $H_{4I} = \frac{4I}{2\pi b}$ [AT/m]

$H_I = H_{4I}$ 이므로, $\frac{I}{2\pi a} = \frac{4I}{2\pi b}$ ∴ $\frac{a}{b} = \frac{1}{4}$ **답** ④

02 유전율 $\epsilon_0 \epsilon_s$의 유전체 내에 있는 전하 Q에서 나오는 전기력선 수는?

① Q 개 ② $\frac{Q}{\epsilon_0 \epsilon_s}$ 개 ③ $\frac{Q}{\epsilon_0}$ 개 ④ $\frac{Q}{\epsilon_s}$ 개

풀이 전기력선 수와 전기력선 밀도는 매질과 전하에 모두 관계되므로 전계에 관한 가우스 정리에서 $\int_s \boldsymbol{E} \cdot d\boldsymbol{S} = \frac{Q}{\epsilon} = \frac{Q}{\epsilon_0 \epsilon_s}$ 이므로 전기력선 수는 $\frac{Q}{\epsilon_0 \epsilon_s}$ 개다. **답** ②

03 환상 솔레노이드(solenoid) 내의 자계의 세기 [AT/m]는? 단, N은 코일의 감긴 수, a는 환상 솔레노이드의 평균 반지름이다.

① $\frac{2\pi a}{NI}$ ② $\frac{NI}{2\pi a}$ ③ $\frac{NI}{\pi a}$ ④ $\frac{NI}{4\pi a}$

풀이 위 그림과 같이 반지름 a[m]인 적분로 C에 대해서 암페어의 주회 적분의 법칙을 적용하면 H=일정, $\theta=0$이므로
$$\oint_c \boldsymbol{H} \cdot dl = H \cdot 2\pi a = NI$$
∴ $H = \frac{NI}{2\pi a} = n_0 I$ [AT/m]
단, n_0는 단위 길이당 권수이다. **답** ②

04 반지름 $a > b$(단위 : m)인 동심구 도체의 정전 용량은 몇 [F]인가?

① $\frac{2\pi\epsilon_0 ab}{a-b}$ ② $\frac{4\pi\epsilon_0 ab}{a-b}$ ③ $\frac{8\pi\epsilon_0 ab}{a-b}$ ④ $\frac{16\pi\epsilon_0 ab}{a-b}$

풀이 동심구 도체의 정전 용량
- $C = \frac{4\pi\epsilon_0}{\frac{1}{a} - \frac{1}{b}}$ $(a<b)$
- $C = \frac{4\pi\epsilon_0}{\frac{1}{b} - \frac{1}{a}}$ $(a>b) = \frac{4\pi\epsilon_0 ab}{a-b}$ **답** ②

05 접지된 구도체와 점전하 간에 작용하는 힘은?
① 항상 흡인력이다.
② 항상 반발력이다.
③ 조건적 흡인력이다.
④ 조건적 반발력이다.

풀이 접지된 구도체에는 항상 점전하(Q)와 반대 극성인 전하($Q' = -\frac{a}{d}Q$[C])가 유도되므로 항상 흡인력이 작용한다. **답** ①

06 인덕턴스의 단위[H]와 같지 않은 것은?
① J/A·s ② Ω·s
③ Wb/A ④ J/A^2

풀이 ② $v = L\dfrac{di}{dt}$ 관계식에서

$$L = \dfrac{dt}{di}v$$

$$H = \left[\dfrac{\sec \cdot V}{A}\right] = \left[\sec \cdot \dfrac{V}{A}\right] = [\sec \cdot \Omega]$$

③ $L = \dfrac{N\phi}{I}$ [Wb/A]

④ $W = \dfrac{1}{2}LI^2$ 에서 $L = \dfrac{2W}{I^2}$ [J/A²]   **답** ①

07 간격 d[m]인 2개의 평행판 전극 사이에 유전율 ϵ의 유전체가 있다.
전극 사이에 전압 $v = V_m \cos\omega t$[V]를 가했을 때 변위 전류 밀도[A/m²]는?

① $\dfrac{\epsilon}{d}V_m\cos\omega t$ ② $-\dfrac{\epsilon}{d}\omega V_m\sin\omega t$

③ $\dfrac{\epsilon}{d}\omega V_m\cos\omega t$ ④ $\dfrac{\epsilon}{d}V_m\sin\omega t$

풀이 변위 전류 밀도

$$i_d = \dfrac{\partial D}{\partial t} = \dfrac{\partial(\epsilon E)}{\partial t} = \dfrac{\partial}{\partial t}\epsilon\left(\dfrac{v}{d}\right) = \dfrac{\epsilon}{d}V_m\dfrac{\partial}{\partial t}\cos\omega t$$

$$= -\dfrac{\epsilon}{d}\omega V_m\sin\omega t \text{ [A/m²]} \quad \textbf{답} ②$$

08 공기 중에서 전계의 진행파 진폭이 10[mV/m]일 때 자계의 진행파 진폭은 몇 [mAT/m]인가?

① 26.5×10^{-1} ② 26.5×10^{-3}
③ 26.5×10^{-5} ④ 26.5×10^{-6}

풀이 $E = \eta_0 H$에서

$$H = \dfrac{E}{\eta_0} = \dfrac{1}{377}\times E = \dfrac{1}{377}\times 10\times 10^{-3}$$

$$= 26.5\times10^{-6} \text{[AT/m]} = 26.5\times10^{-3} \text{[mAT/m]}$$

참고 • 진공(공기) : $E = \eta_0 H$,

$$\eta_0 = \sqrt{\dfrac{\mu_0}{\epsilon_0}} = \sqrt{\dfrac{4\pi\times10^{-7}}{8.85\times10^{-12}}}$$

$$= 377[\Omega]$$

• 매질 : $E = \eta H$, $\eta = \sqrt{\dfrac{\mu}{\epsilon}} = \sqrt{\dfrac{\mu_0\mu_s}{\epsilon_0\epsilon_s}}$ **답** ②

09 다음 중 기자력(magnetomotive force)에 대한 설명으로 틀린 것은?

① SI 단위는 암페어(A)이다.
② 전기회로의 기전력에 대응한다.
③ 자기회로의 자기저항과 자속의 곱과 동일하다.
④ 코일에 전류를 흘렸을 때 전류밀도와 코일의 권수의 곱의 크기와 같다.

풀이 기자력(F)은 전류(I)와 코일의 권수(N)의 곱의 크기와 같다. ($F = NI$[AT])   **답** ④

10 평균 반지름(r)이 20[cm], 단면적(S)이 6[cm²]인 환상 철심에서 권선수(N)가 500회인 코일에 흐르는 전류(I)가 4[A]일 때 철심 내부에서의 자계의 세기(H)는 약 몇 [AT/m]인가?

① 1590
② 1700
③ 1870
④ 2120

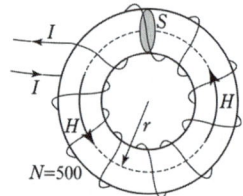

풀이 철심 내부에서의 자계의 세기

$$H = \dfrac{NI}{2\pi r} = \dfrac{500\times 4}{2\pi\times 0.2} ≒ 1592 \text{ [AT/m]} \quad \textbf{답} ①$$

11 그림과 같은 회로에서 스위치를 최초 A에 연결하여 일정전류 I_0[A]를 흘린 다음, 스위치를 급히 B로 전환할 때 저항 $R[\Omega]$에는 1[s] 간에 얼마만한 열량[cal]이 발생하는가?

① $\dfrac{1}{8.4}LI_0^2$

② $\dfrac{1}{4.2}LI_0^2$

③ $\dfrac{1}{2}LI_0^2$

④ LI_0^2

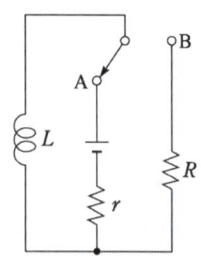

풀이 스위치를 전원에서 제거하면, L에 축적된 에너지가 R에서 열로 소모된다.

$$\therefore W = \frac{1}{2}LI^2[\text{J}] = \frac{1}{2}LI_0^2 \times \frac{1}{4.2}[\text{cal}] = \frac{1}{8.4}LI_0^2[\text{cal}]$$

($\because 1[\text{J}] = \frac{1}{4.2}[\text{cal}]$) **답** ①

12 유전체에 대한 경계조건에 대한 설명이 옳지 않은 것은?

① 표면전하 밀도란 구속전하의 표면밀도를 말하는 것이다.
② 완전 유전체 내에서는 자유전하는 존재하지 않는다.
③ 경계면에 외부전하가 있으면, 유전체의 내부와 외부의 전하는 평형 되지 않는다.
④ 특수한 경우를 제외하고 경계면에서 표면전하 밀도는 영(zero)이다.

풀이 표면전하 밀도란 분극전하의 표면밀도를 말하는 것이다. **답** ①

13 유전율이 ϵ_1과 ϵ_2인 두 유전체가 경계를 이루어 평행하게 접하고 있는 경우 유전율이 ϵ_1인 영역에 전하 Q가 존재할 때 이 전하와 ϵ_2인 유전체 사이에 작용하는 힘에 대한 설명으로 옳은 것은?

① $\epsilon_1 > \epsilon_2$인 경우 반발력이 작용한다.
② $\epsilon_1 > \epsilon_2$인 경우 흡인력이 작용한다.
③ ϵ_1과 ϵ_2에 상관없이 반발력이 작용한다.
④ ϵ_1과 ϵ_2에 상관없이 흡인력이 작용한다.

풀이 영상전하 $Q' = \frac{\epsilon_1 - \epsilon_2}{\epsilon_1 + \epsilon_2}Q$의 관계가 성립하므로,
전하 Q와 대칭점(거리 $2a$)인 영상전하 Q' 사이에 작용하는 힘은
$$F = \frac{1}{4\pi\epsilon_1} \cdot \frac{QQ'}{(2a)^2} = \frac{Q^2}{16\pi\epsilon_1 a^2} \cdot \frac{\epsilon_1 - \epsilon_2}{\epsilon_1 + \epsilon_2}[\text{N}]$$
따라서, $\epsilon_1 > \epsilon_2$인 경우 $F>0$이므로 반발력이 작용하고, $\epsilon_1 < \epsilon_2$인 경우 $F<0$이므로 흡인력이 작용한다. **답** ①

14 z축 상에 놓인 길이가 긴 직선 도체에 10[A]의 전류가 $+z$ 방향으로 흐르고 있다. 이 도체 주위의 자속밀도가 $3\hat{x} - 4\hat{y}[\text{Wb/m}^2]$일 때 도체가 받는 단위 길이당 힘[N/m]은? (단, $\hat{x}$, $\hat{y}$는 단위벡터이다.)

① $-40\hat{x} + 30\hat{y}$
② $-30\hat{x} + 40\hat{y}$
③ $30\hat{x} + 40\hat{y}$
④ $40\hat{x} + 30\hat{y}$

풀이 전류 $I=10\hat{z}$, 자속밀도 $B = 3\hat{x} - 4\hat{y}$ 이므로 전류 도체가 받는 단위 길이당 힘 F는
$$F = I \times B = \begin{vmatrix} \hat{x} & \hat{y} & \hat{z} \\ 0 & 0 & 10 \\ 3 & -4 & 0 \end{vmatrix} = 40\hat{x} + 30\hat{y}[\text{N/m}]$$ **답** ④

15 진공 중에서 점(1, 3)[m]의 위치에 -2×10^{-9}[C]의 점전하가 있을 때 점(2, 1)[m]에 있는 1[C]의 점전하에 작용하는 힘은 몇 [N]인가? (단, $\hat{x}$, $\hat{y}$는 단위벡터이다.)

① $-\frac{18}{5\sqrt{5}}\hat{x} + \frac{36}{5\sqrt{5}}\hat{y}$
② $-\frac{36}{5\sqrt{5}}\hat{x} + \frac{18}{5\sqrt{5}}\hat{y}$
③ $-\frac{36}{5\sqrt{5}}\hat{x} - \frac{18}{5\sqrt{5}}\hat{y}$
④ $\frac{18}{5\sqrt{5}}\hat{x} + \frac{36}{5\sqrt{5}}\hat{y}$

풀이 $r = (2-1)\hat{x} + (1-3)\hat{y} = \hat{x} - 2\hat{y}$
$\rightarrow r = \sqrt{1^2 + (-2)^2} = \sqrt{5}[\text{m}]$
단위벡터 $r_0 = \frac{r}{r} = \frac{\hat{x} - 2\hat{y}}{\sqrt{5}}$
$$\therefore F = \frac{1}{4\pi\epsilon_0} \cdot \frac{Q_1 Q_2}{r^2} \cdot r_0$$
$$= 9 \times 10^9 \times \frac{-2 \times 10^{-9} \times 1}{(\sqrt{5})^2} \times \frac{\hat{x} - 2\hat{y}}{\sqrt{5}}$$
$$= -\frac{18}{5\sqrt{5}}\hat{x} + \frac{36}{5\sqrt{5}}\hat{y}[\text{N}]$$ **답** ①

16 길이 1[m]의 철심($\mu_r = 1000$) 자기회로에 1[mm]의 공극이 생겼다면 전체의 자기 저항은 약 몇 배로 증가되는가? 단, 각부의 단면적은 일정하다.

① 1.5   ② 2   ③ 2.5   ④ 3

풀이 공극이 없는 경우의 자기저항 R과 공극이 있는 경우의 자기저항 R_m의 비는

$$\frac{R_m}{R} = 1 + \frac{\mu l_g}{\mu_0 l} = 1 + \frac{l_g}{l}\mu_r = 1 + \frac{1}{1000} \times 1000 = 2$$

답 ②

17 그림과 같은 직사각형의 평면 코일이 $B = \frac{0.05}{\sqrt{2}}(a_x + a_y)$[Wb/m²]인 자계에 위치하고 있다. 이 코일에 흐르는 전류가 5[A]일 때 z축에 있는 코일에서의 토크는 약 몇 [N·m]인가?

① $2.66 \times 10^{-4} a_x$
② $5.66 \times 10^{-4} a_x$
③ $2.66 \times 10^{-4} a_z$
④ $5.66 \times 10^{-4} a_z$

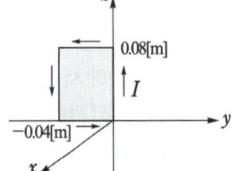

풀이
- 전류 $I = 5a_z$, 자속밀도 $B = \frac{0.05}{\sqrt{2}}(a_x + a_y)$

$$I \times B = 5a_z \times \frac{0.05}{\sqrt{2}}(a_x + a_y)$$
$$= 5 \times \frac{0.05}{\sqrt{2}}(a_z \times a_x + a_z \times a_y)$$
$$= 0.177(a_y - a_x)$$

- z축상의 전류 도체가 받는 힘
$F = (I \times B)l = 0.177(-a_x + a_y) \times 0.08$
$= 0.01416(-a_x + a_y)$[N]

- 토크 $T = r \times F$이며, $r = 0.04a_y$이므로
$\therefore T = r \times F = 0.04a_y \times 0.01416(-a_x + a_y)$
$= 5.66 \times 10^{-4}(-a_y \times a_x + a_y \times a_y)$
$= 5.66 \times 10^{-4}[-(-a_z)]$
$= 5.66 \times 10^{-4} a_z$[N·m]

답 ④

18 내부 원통의 반지름이 a, 외부 원통의 반지름이 b인 동축 원통 콘덴서의 내외 원통 사이에 공기를 넣었을 때 정전용량이 C_1이었다. 내외 반지름을 모두 3배로 증가시키고 공기 대신 비유전율이 3인 유전체를 넣었을 경우의 정전용량 C_2는?

① $C_2 = \frac{C_1}{9}$
② $C_2 = \frac{C_1}{3}$
③ $C_2 = 3C_1$
④ $C_2 = 9C_1$

풀이 단위 길이당 정전용량 $C = \frac{2\pi\epsilon_0\epsilon_r}{\ln\frac{b}{a}}$[F/m]에서

공기의 $\epsilon_r = 1$이므로 $C_1 = \frac{2\pi\epsilon_0}{\ln\frac{b}{a}}$이다.

$$\therefore C_2 = \frac{2\pi\epsilon_0 \times 3}{\ln\frac{3b}{3a}} = \frac{3 \times 2\pi\epsilon_0}{\ln\frac{b}{a}} = 3C_1$$

답 ③

19 진공 중 반지름이 a[m]인 무한길이의 원통도체 2개가 간격 d[m]로 평행하게 배치되어 있다. 두 도체 사이의 정전용량(C)을 나타낸 것으로 옳은 것은?

① $\pi\epsilon_0 \ln\frac{d-a}{a}$
② $\frac{\pi\epsilon_0}{\ln\frac{d-a}{a}}$
③ $\pi\epsilon_0 \ln\frac{a}{d-a}$
④ $\frac{\pi\epsilon_0}{\ln\frac{a}{d-a}}$

풀이 평행도선
① 두 도체 사이의 전위차
$V = \frac{\lambda}{\pi\epsilon_0}\ln\frac{d-a}{a}$[V]
(여기서, λ: 선전하 밀도[C/m])

② 두 도체 사이의 정전용량
$C = \frac{\lambda}{V} = \frac{\pi\epsilon_0}{\ln\frac{d-a}{a}}$[F/m]

답 ②

20 두 평행판 축전기에 채워진 폴리에틸렌의 비유전율이 ϵ_r, 평행판간 거리 $d = 1.5$[mm]일 때, 만일 평행판 내의 전계의 세기가 10[kV/m]라면 평행판간 폴리에틸렌 표면에 나타난 분극전하밀도는?

① $\frac{\epsilon_r - 1}{18\pi} \times 10^{-5}$[C/m²]
② $\frac{\epsilon_r - 1}{36\pi} \times 10^{-6}$[C/m²]
③ $\frac{\epsilon_r}{18\pi} \times 10^{-5}$[C/m²]
④ $\frac{\epsilon_r - 1}{36\pi} \times 10^{-5}$[C/m²]

풀이 분극전하밀도 σ'는 분극의 세기 P와 같으므로

$$\sigma' = P = \epsilon_0(\epsilon_r - 1)E = \frac{10^7}{4\pi C^2} \times (\epsilon_r - 1) \times 10 \times 10^3$$

$$= \frac{10^7}{4\pi(3 \times 10^8)^2} \times (\epsilon_r - 1) \times 10^4$$

$$= \frac{10^{11}(\epsilon_r - 1)}{36\pi \times 10^{16}} = \frac{\epsilon_r - 1}{36\pi} \times 10^{-5} [\text{C/m}^2]$$

(단, 광속 $C = \frac{1}{\sqrt{\epsilon_0 \mu_0}}$에서 $\epsilon_0 = \frac{10^7}{4\pi C^2}$) **답** ④

2024년 - 2회 _ 전기기사

01 0.2[Wb/m²]의 평등 자계 속에 자계와 직각 방향으로 놓인 길이 0.9[m]의 도선을 자계와 30° 각의 방향으로 50[m/s]의 속도로 이동시킬 때 도체 양단에 유기되는 기전력은 몇 [V]인가?

① $4.5\sqrt{3}$ ② 4.5
③ 9 ④ 45

풀이 유기 기전력
$e = Blv\sin\theta = 0.2 \times 0.9 \times 50 \times \sin30° = 4.5[\text{V}]$ **답** ②

02 히스테리시스 곡선의 기울기는 다음의 어떤 값에 해당하는가?

① 투자율 ② 유전율
③ 자화율 ④ 감자율

풀이 히스테리시스 곡선 – 횡축 : 자계(H), 종축 : 자속밀도(B)
• 곡선과 종축이 만나는 점 : 잔류자기(잔류 자속밀도 B_r)
• 곡선과 횡축이 만나는 점 : 보자력(H_c)
• 기울기 : 투자율(μ) **답** ①

03 그림과 같이 같은 방향으로 전류가 흐르는 A, B 두 개의 원형 코일이 있다. A의 반지름이 1[m], 권수가 1회, B는 반지름 2[m], 권수가 2회이다. A와 B의 코일 중심을 겹쳐 놓으면 중심에서의 자계는 A코일만 있을 때의 2배가 된다고 할 때 $\frac{I_B}{I_A}$의 비는? (A에 흐르는 전류는 I_A, B에 흐르는 전류는 I_B라고 한다.)

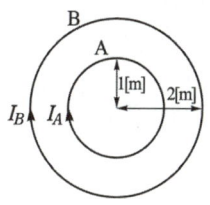

① 1 ② 2 ③ 3 ④ 4

풀이 코일 중심의 자계는 $\frac{NI}{2a}$[AT/m]이므로

• A코일에 의한 자계 = $\frac{I_A}{2 \times 1}$[AT/m]

• B코일에 의한 자계 = $\frac{2I_B}{2 \times 2}$[AT/m]

A, B 코일 중심을 겹쳐 두면 중심에서의 자계는 A코일만 있을 때의 2배가 되므로

$2 \times \frac{I_A}{2 \times 1} = \frac{I_A}{2 \times 1} + \frac{2I_B}{2 \times 2}$ 에서

$I_A = \frac{1}{2}I_A + \frac{1}{2}I_B \rightarrow \frac{1}{2}I_A = \frac{1}{2}I_B$

$\therefore \frac{I_B}{I_A} = 1$ **답** ①

04 정전계에 관한 설명으로서 틀리는 것은?

① 정전계에서의 선적분은 적분경로에 따라 다르다.
② 정전계는 정전 에너지가 최소인 분포이다.
③ 도체 내에서의 전계의 세기는 0이다.
④ 전기력선과 등전위면은 서로 직교한다.

풀이 정전계에서의 선적분은 적분경로에 관계없이 항상 0이다. **답** ①

05 거리 r에 반비례하는 전계의 세기를 주는 대전체는?

① 점전하 ② 구전하
③ 전기 쌍극자 ④ 선전하

풀이 ① 점전하에 의한 전계
$E = \frac{Q}{4\pi\epsilon_0 r^2}[\text{V/m}] \propto \frac{1}{r^2}$

② 구전하에 의한 전계
$E = \frac{Q}{4\pi\epsilon_0 r^2}[\text{V/m}] \propto \frac{1}{r^2}$

③ 전기쌍극자에 의한 전계
$$E = \frac{M\sqrt{1+3\cos^2\theta}}{4\pi\epsilon_0 r^3}[V/m] \propto \frac{1}{r^3}$$

④ 선전하에 의한 전계
$$E = \frac{\lambda}{2\pi\epsilon_0 r}[V/m] \propto \frac{1}{r}$$

답 ④

06 도체의 전계 에너지는 도체 전위에 대하여 어떤 상태로 증가하는가?

① 직선   ② 쌍곡선
③ 포물선   ④ 원형곡선

풀이 전계 에너지 $W = \frac{1}{2}CV^2[J]$ 이므로

$W \propto V^2$ (포물선)   답 ③

07 그림과 같은 정전용량이 $C_o[F]$가 되는 평행판 공기 콘덴서가 있다. 이 콘덴서의 판면적의 $\frac{1}{3}$이 되는 공간에 비유전율 ϵ_s인 유전체를 채우면 공기 콘덴서의 정전용량은 몇 [F]인가?

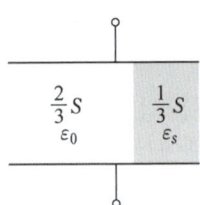

① $\frac{2\epsilon_s}{3}C_o$ ② $\frac{3}{1+2\epsilon_s}C_o$

③ $\frac{1+\epsilon_s}{3}C_o$ ④ $\frac{2+\epsilon_s}{3}C_o$

풀이
• 유전체를 채우지 않은 부분의 정전용량
$$C_1 = \frac{\epsilon_0\left(\frac{2}{3}S\right)}{d} = \frac{2}{3}C_o$$

• 유전체를 채운 부분의 정전용량
$$C_2 = \frac{\epsilon_0\epsilon_s\left(\frac{1}{3}S\right)}{d} = \frac{1}{3}\epsilon_s C_o$$

C_1, C_2는 병렬 접속이므로

$$\therefore C_t = C_1 + C_2 = \frac{2}{3}C_o + \frac{1}{3}\epsilon_s C_o = \frac{2+\epsilon_s}{3}C_o[F]$$

답 ④

08 어떤 막대 철심이 있다. 단면적이 0.4[m²]이고, 길이가 0.8[m], 비투자율이 20이다. 이 철심의 자기 저항은 몇 [AT/Wb]인가?

① 3.86×10^4 ② 7.96×10^4
③ 3.86×10^5 ④ 7.96×10^5

풀이 자기저항 $R_m = \frac{l}{\mu_0\mu_s S} = \frac{0.8}{4\pi \times 10^{-7} \times 20 \times 0.4}$
$= 7.96 \times 10^4 [AT/Wb]$ 답 ②

09 N회 감긴 환상 코일의 단면적이 $S[m^2]$이고 평균 길이가 $l[m]$이다. 이 코일의 권수를 반으로 줄이고 인덕턴스를 일정하게 하려면?

① 길이를 $\frac{1}{4}$배로 한다.
② 단면적을 2배로 한다.
③ 전류의 세기를 2배로 한다.
④ 전류의 세기를 4배로 한다.

풀이 환상 코일의 자기 인덕턴스 $L = \frac{\mu S N^2}{l}[H]$이므로

권수를 $\frac{1}{2}$로 하면 L은 $\left(\frac{1}{2}\right)^2 = \frac{1}{4}$배로 되므로

S를 4배 또는 l을 $\frac{1}{4}$배로 하면 L은 일정하게 된다.

답 ①

10 10[mH]의 두 개의 자기 인덕턴스가 있다. 결합 계수를 0.1로부터 0.9까지 변화시킬 수 있다면 이것을 접속시켜 얻을 수 있는 합성 인덕턴스의 최대값과 최소값의 비는?

① 9 : 1   ② 13 : 1
③ 16 : 1   ④ 19 : 1

풀이 결합 계수 $k = 0.9$일 때 합성 인덕턴스의 최대값(L_{+MAX})과 최소값(L_{-MIN})은
• $M = k\sqrt{L_1 L_2} = 0.9\sqrt{10 \times 10} = 9$ [mH]
• $L_{+MAX} = L_1 + L_2 + 2M = 10 + 10 + 2 \times 9$
$= 38$ [mH]
• $L_{-MIN} = L_1 + L_2 - 2M = 10 + 10 - 2 \times 9$
$= 2$[mH]

$\therefore L_{+MAX} : L_{-MIN} = 38 : 2 = 19 : 1$ 답 ④

11 전자장에 대한 설명으로 틀린 것은?

① 대전된 입자에서 전기력선이 발산 또는 흡수한다.
② 전류(전하이동)는 순환형의 자기장을 이루고 있다.
③ 자석은 독립적으로 존재하지 않는다.
④ 운동하는 전자는 자기장으로부터 힘을 받지 않는다.

풀이 로렌츠의 힘 : 전계와 자계가 동시에 존재할 때 입자에 작용하는 힘으로
- 전계에서의 힘 $F = qE$ [N]
- 자계에서의 힘 $F = q(v \times B)$ [N]

따라서, 전자장 내에서 운동전하는
$$F = qE + q(v \times B) = q(E + v \times B) \text{[N]}$$
의 힘을 받는다.   **답** ④

12 내구의 반지름이 $a = 5$[cm], 외구의 반지름이 $b = 10$[cm]이고, 공기로 채워진 동심구형 커패시터의 정전용량은 약 몇 [pF]인가?

① 11.1   ② 22.2
③ 33.3   ④ 44.4

풀이 공기로 채워진 동심 구 도체 사이의 정전용량
$$C = \frac{Q}{V} = \frac{4\pi\epsilon_0}{\frac{1}{a} - \frac{1}{b}} = 4\pi\epsilon_0 \cdot \frac{ab}{b-a}$$

(여기서, a : 내구의 반지름[m], b : 외구의 반지름[m])

$$\therefore C = \frac{1}{9 \times 10^9} \times \frac{5 \times 10^{-2} \times 10 \times 10^{-2}}{(10-5) \times 10^{-2}}$$
$$= 11.1 \times 10^{-12} \text{[F]} = 11.1 \text{[pF]}$$ **답** ①

13 반지름 a[m]인 원형코일에 전류 I[A]가 흘렀을 때 코일 중심에서의 자계의 세기[AT/m]는?

① $\frac{I}{4\pi a}$ ② $\frac{I}{2\pi a}$
③ $\frac{I}{4a}$ ④ $\frac{I}{2a}$

풀이 원형 코일 중심의 자계의 세기
$H = \frac{NI}{2a}$ [AT/m]에서 $N = 1$이므로
$\therefore H = \frac{I}{2a}$ [AT/m]   **답** ④

14 반지름 1[cm]인 원형 코일에 전류 10[A]가 흐를 때, 코일의 중심에서 코일면에 수직으로 $\sqrt{3}$ [cm] 떨어진 점의 자계의 세기는 몇 [AT/m]인가?

① $\frac{1}{16} \times 10^3$ ② $\frac{3}{16} \times 10^3$
③ $\frac{5}{16} \times 10^3$ ④ $\frac{7}{16} \times 10^3$

풀이 원형 코일에 의한 중심 축상 x 거리의 자계의 세기는 등가 판자석으로 구한다.

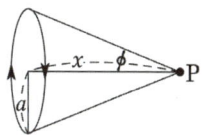

P점의 자위 $U = \frac{I}{4\pi}\omega = \frac{I}{4\pi} \cdot 2\pi(1 - \cos\phi)$
$$= \frac{I}{2}\left(1 - \frac{x}{\sqrt{a^2 + x^2}}\right) \text{[AT]}$$

자계의 세기 $H = -\text{grad}\,U$ 에 의해
$H = -\frac{dU}{dx} = \frac{a^2 I}{2(a^2 + x^2)^{3/2}}$ 이므로

$$\therefore H = \frac{a^2 I}{2(a^2 + x^2)^{3/2}}$$
$$= \frac{(1 \times 10^{-2})^2 \times 10}{2\{(1 \times 10^{-2})^2 + (\sqrt{3} \times 10^{-2})^2\}^{3/2}}$$
$$= \frac{1}{16} \times 10^3 \text{[AT/m]}$$ **답** ①

15 합성 수지($\epsilon_s = 4$)중에서 전자파의 속도는 몇 [m/s]인가? 단, $\mu_s = 1$이다.

① 1.5×10^7 ② 1.5×10^8
③ 3×10^7 ④ 3×10^8

풀이 전자파의 속도
$$v = \frac{c}{\sqrt{\epsilon_s \mu_s}} = \frac{3 \times 10^8}{\sqrt{\epsilon_s \mu_s}} = \frac{3 \times 10^8}{\sqrt{4 \times 1}}$$
$$= 1.5 \times 10^8 \text{[m/s]}$$ **답** ②

16 막대자석 위쪽에 동축도체 원판을 놓고 회로의 한 끝은 원판의 주변에 접촉시켜 회전하도록 해놓은 그림과 같은 패러데이 원판 실험을 할 때 검류계에 전류가 흐르지 않는 경우는?

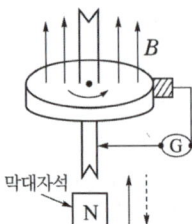

① 자석만을 일정한 방향으로 회전시킬 때
② 원판만을 일정한 방향으로 회전시킬 때
③ 자석을 축 방향으로 전진시킨 후 후퇴시킬 때
④ 원판과 자석을 동시에 같은 방향, 같은 속도로 회전시킬 때

풀이 기전력 $\left(e = -\dfrac{d\phi}{dt}\right)$은 자속이 시간적으로 변화가 일어날 때 발생하기 때문에 자속이 자석 또는 원판의 회전에 의해 증감 또는 끊기게 되면 변화가 발생하여 기전력이 발생하고 전류가 흐르게 된다. 그러므로 원판과 자석을 동시에 같은 방향, 같은 속도로 회전시키면 자속의 변화가 발생하지 않으므로 전류가 흐르지 않는다. **답** ④

17 정현파 자속의 주파수를 3배로 높이면 유기기전력은?

① 2배로 감소 ② 2배로 증가
③ 3배로 감소 ④ 3배로 증가

풀이 유기기전력
$e = -\omega N \phi_m \sin(\omega t - \pi) = -2\pi f N \phi_m \sin(\omega t - \pi)$
에서 $e \propto f$ (주파수)
따라서, 주파수를 3배로 높이면 유기기전력은 3배로 증가한다. **답** ④

18 매질이 공기인 경우에 방전이 10[kV/mm]의 전계에서 발생한다고 할 때 도체 표면에 작용하는 힘은 몇 [N/m²]인가?

① 4.43×10^2 ② 5.5×10^{-3}
③ 4.83×10^{-3} ④ 7.5×10^3

풀이 단위 면적당 작용력
$f = \dfrac{1}{2}\epsilon_0 E^2 = \dfrac{1}{2} \times 8.854 \times 10^{-12} \times (10 \times 10^6)^2$
$= 4.43 \times 10^2 \, [\text{N/m}^2]$ **답** ①

19 $E = i + 2j + 3k$ [V/cm]로 표시되는 전계가 있다. $0.01[\mu C]$의 전하를 원점으로부터 $3i$[m]로 움직이는 데 필요한 일은 몇 [J]인가?

① 3×10^{-8} ② 3×10^{-7}
③ 3×10^{-6} ④ 3×10^{-5}

풀이 $W = \boldsymbol{F} \cdot \boldsymbol{r} = Q\boldsymbol{E} \cdot \boldsymbol{r}$
$= 0.01 \times 10^{-6} \times (i + 2j + 3k) \cdot (3i) \times 10^2$
$= 0.01 \times 10^{-6} \times 3 \times 10^2 = 0.03 \times 10^{-4}$
$(\because i \cdot i = 1, \, j \cdot i = 0, \, k \cdot i = 0)$
$= 3 \times 10^{-6}$ [J] **답** ③

20 자계가 비보존적인 경우를 나타내는 것은? (단, j는 공간상에 0이 아닌 전류밀도를 의미한다.)

① $\nabla \cdot B = 0$ ② $\nabla \cdot B = j$
③ $\nabla \times H = 0$ ④ $\nabla \times H = j$

풀이 자계가 비보존적인 경우는 회전하는 계를 의미하므로
$\nabla \times \boldsymbol{H} = \text{rot } \boldsymbol{H} = \text{curl } \boldsymbol{H} = j$ **답** ④

2024년 3회 _ 전기기사

01 반지름 a인 접지 구형 도체와 점전하가 유전율 ϵ인 공간에서 각각 원점과 $(d, 0, 0)$인 점에 있다. 구형 도체를 제외한 공간의 전계를 구할 수 있도록 구형 도체를 영상 전하로 대치할 때의 영상 점전하의 위치는? 단, $d > a$ 이다.

① $\left(-\dfrac{a^2}{d},\ 0,\ 0\right)$ ② $\left(+\dfrac{a^2}{d},\ 0,\ 0\right)$
③ $\left(0,\ +\dfrac{a^2}{d},\ 0\right)$ ④ $\left(+\dfrac{d^2}{4a},\ 0,\ 0\right)$

풀이 접지 구도체와 점전하

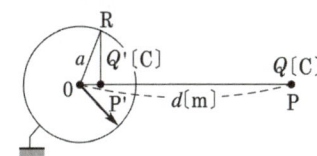

그림과 같이 반지름 a인 접지 도체구의 중심으로부터 $d(>a)$인 점에 점전하 Q가 있는 경우

- 영상 전하량 $Q' = -\dfrac{a}{d}Q$ [C]
- 영상 전하의 위치 $\overline{OP'} = \dfrac{a^2}{d}$ [m]

영상 전하의 위치는 구의 중심으로부터 **점전하쪽 방향으로 $\dfrac{a^2}{d}$ 만큼 떨어진 곳**이다.   **답** ②

02 전류 4π[A]가 흐르고 있는 무한직선도체에 의해 자계가 4[A/m]인 점은 직선도체로부터 거리가 몇 [m]인가?

① 0.5[m] ② 1[m]
③ 3[m]   ④ 4[m]

풀이 무한장 직선 전류에 의한 자계의 세기

$H = \dfrac{I}{2\pi r}$ [AT/m]에서

$r = \dfrac{I}{2\pi H} = \dfrac{4\pi}{2\pi \times 4} = 0.5$[m]   **답** ①

03 그림과 같이 비투자율이 μ_{s1}, μ_{s2}인 각각 다른 자성체를 접하여 놓고 θ_1을 입사각이라 하고, θ_2를 굴절각이라 한다. 경계면에 자하가 없는 경우 미소 폐곡면을 취하여 이곳에 출입하는 자속수를 구하면?

① $\int_l \boldsymbol{B} \cdot \boldsymbol{n} \, dl = 0$
② $\int_S \boldsymbol{B} \cdot \boldsymbol{n} \, dS = 0$
③ $\int_S \boldsymbol{B} \cdot d\boldsymbol{S} = 0$
④ $\int_S \boldsymbol{B} \cdot \boldsymbol{n} \sin\theta \, dS = 0$

풀이 경계면에 자하가 없으므로 경계면에서의 자속은 연속한다.
- 미시적 표현 : $\text{div}\,\boldsymbol{B} = \nabla \cdot \boldsymbol{B} = 0$
- 거시적 표현 : $\int_S \boldsymbol{B} \cdot \boldsymbol{n} \, dS = 0$ **답** ②

04 무손실 매질에서 고유임피던스 $\eta = 60\pi$, 비투자율 $\mu_s = 1$,
자계 $H = -0.1\cos(\omega t - z)\hat{x} + 0.5\sin(\omega t - z)\hat{y}$ [AT/m]
일 때 전파속도 [m/s]는?

① 0.5×10^8 ② 1.5×10^8
③ 3×10^8 ④ 6×10^8

풀이 전파속도 $v = \dfrac{1}{\sqrt{\epsilon\mu}}$, 고유임피던스 $\eta = \sqrt{\dfrac{\mu}{\epsilon}}$

고유임피던스 $\eta = \sqrt{\dfrac{\mu}{\epsilon}}$ 에서

유전율 $\epsilon = \dfrac{\mu}{\eta^2} = \dfrac{\mu_0 \mu_s}{\eta^2} = \dfrac{(4\pi \times 10^{-7}) \times 1}{(60\pi)^2}$
$= 3.54 \times 10^{-11}$ [F/m]

따라서 전파속도
$v = \dfrac{1}{\sqrt{\epsilon\mu}} = \dfrac{1}{\sqrt{3.54 \times 10^{-11} \times 4\pi \times 10^{-7} \times 1}}$
$= 1.5 \times 10^8$ [m/s]

별해 고유임피던스 $\eta = \sqrt{\dfrac{\mu}{\epsilon}} = \sqrt{\dfrac{\mu_0}{\epsilon_0}}\sqrt{\dfrac{\mu_s}{\epsilon_s}} = 120\pi\sqrt{\dfrac{\mu_s}{\epsilon_s}}$

비유전율 $\epsilon_s = \dfrac{(120\pi)^2 \mu_s}{\eta^2} = \dfrac{(120\pi)^2 \times 1}{(60\pi)^2} = 4$

$\therefore v = \dfrac{1}{\sqrt{\epsilon\mu}} = \dfrac{1}{\sqrt{\epsilon_0\mu_0}\sqrt{\epsilon_s\mu_s}} = \dfrac{3 \times 10^8}{\sqrt{\epsilon_s\mu_s}} = \dfrac{3 \times 10^8}{\sqrt{4 \times 1}}$
$= \dfrac{3}{2} \times 10^8 = 1.5 \times 10^8$ [m/s]   **답** ②

05 점전하 $+Q$의 무한 평면도체에 대한 영상전하는?

① $+Q$ ② $-Q$
③ $+2Q$ ④ $-2Q$

풀이 전기 영상법 : 무한평면으로부터 d[m] 떨어진 P점에 점전하 $+Q$가 있는 경우 영상전하는 무한평면 뒤쪽으로 점 P의 대칭점에 존재하며, 그 **크기는 점전하와 같고 부호는 반대($-Q$)** 이다.

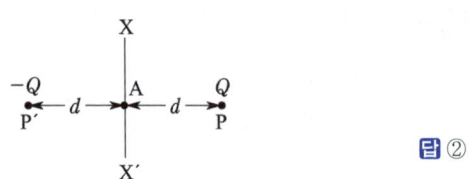

답 ②

06 무한 평면 도체로부터 d[m]인 곳에 점전하 Q[C]가 있을 때 도체 표면상에 최대로 유도되는 전하밀도는 몇 [C/m²]인가?

① $-\dfrac{Q}{2\pi d^2}$

② $-\dfrac{Q}{2\pi\epsilon_0 d^2}$

③ $-\dfrac{Q}{4\pi d^2}$

④ $-\dfrac{Q}{4\pi\epsilon_0 d^2}$

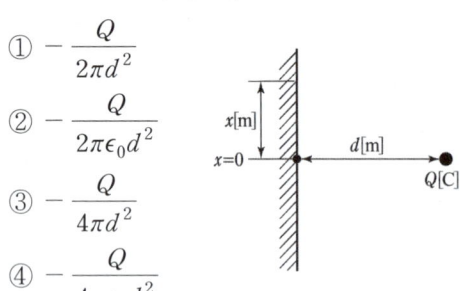

풀이

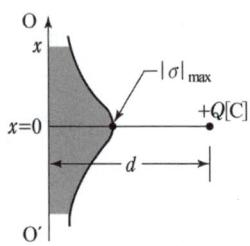

무한 평면도체상의 기준 원점으로부터 거리 d[m]인 곳에 있는 점전하 Q[C]에 의해 유도되는 전하밀도 σ는

$\sigma = -D = -\epsilon_0 E = -\dfrac{Q \cdot d}{2\pi(a^2+x^2)^{3/2}}$ [C/m²]이다.

$x=0$일 때 최대, $x=\infty$일 때 최소가 되므로

- 최대전하밀도
  $\sigma_{\max} = [\sigma]_{x=0} = -\dfrac{Q}{2\pi d^2}$ [C/m²]

- 최소전하밀도
  $\sigma_{\min} = [\sigma]_{x=\infty} = 0$ [C/m²]

답 ①

07 진공 중에서 e[C]의 전하가 B[Wb/m²]의 자계 안에서 자계와 수직 방향으로 v[m/s]의 속도로 움직일 때 받는 힘[N]은?

① $\dfrac{evB}{\mu_0}$ ② $\mu_0 evB$

③ evB ④ $\dfrac{eB}{v}$

풀이 자계 내에 놓인 운동 전하가 받는 힘
$F = evB\sin\theta = ev\mu_0 H\sin\theta$ [N]
수직 방향이므로 $\theta = 90°(\sin 90° = 1)$이다.
∴ $F = evB$ [N]

답 ③

08 자화율(magnetic susceptibility) χ는 상자성체에서 일반적으로 어떤 값을 갖는가?

① $\chi = 0$ ② $\chi = 1$

③ $\chi < 0$ ④ $\chi > 0$

풀이
- 상자성체 : 자화율 $\chi > 0$, 비투자율 $\mu_s > 1$
- 반자성체 : 자화율 $\chi < 0$, 비투자율 $\mu_s < 1$

답 ④

09 평등 전계 중에 유전체 구에 의한 전속분포가 그림과 같이 되었을 때 ϵ_1과 ϵ_2의 크기 관계는?

① $\epsilon_1 > \epsilon_2$

② $\epsilon_1 < \epsilon_2$

③ $\epsilon_1 = \epsilon_2$

④ $\epsilon_1 \leq \epsilon_2$

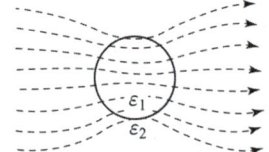

풀이 전속선은 유전율이 큰 쪽으로 모이므로 $\epsilon_1 > \epsilon_2$이다.

답 ①

10 반지름 2[mm]의 두 개의 무한히 긴 원통 도체가 중심 간격 2[m]로 진공 중에 평행하게 놓여 있을 때 1[km]당의 정전용량은 약 몇 [μF]인가?

① 1×10^{-3} [μF]   ② 2×10^{-3} [μF]

③ 4×10^{-3} [μF]   ④ 6×10^{-3} [μF]

풀이 두 도체 간 정전용량 $C_{AB} = \dfrac{\pi\epsilon_0}{\ln\dfrac{d-r}{r}}$ [F/m]에서,

$d \gg r$일 때는 $C_{AB} = \dfrac{\pi\epsilon_0}{\ln\dfrac{d}{r}}$ [F/m]이므로

∴ $C_{AB} = \dfrac{\pi \times 8.85 \times 10^{-12}}{\ln\dfrac{2}{2\times 10^{-3}}} \times \dfrac{1}{10^{-3}}$

$= 4 \times 10^{-3}$ [μF]

답 ③

11 그림과 같이 $q_1 = 6 \times 10^{-8}$[C], $q_2 = -12 \times 10^{-8}$[C]의 두 전하가 서로 100[cm] 떨어져 있을 때 전계 세기가 0이 되는 점은?

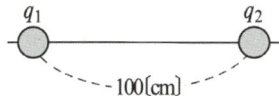

① q_1과 q_2의 연장선상 q_1으로부터 왼쪽으로 약 24.1[m] 지점이다.
② q_1과 q_2의 연장선상 q_1으로부터 오른쪽으로 약 14.1[m] 지점이다.
③ q_1과 q_2의 연장선상 q_1으로부터 왼쪽으로 약 2.41[m] 지점이다.
④ q_1과 q_2의 연장선상 q_1으로부터 오른쪽으로 약 1.41[m] 지점이다.

풀이 두 전하의 부호가 다르므로 전계의 세기가 0이 되는 점은 전하의 절댓값이 작은 쪽의 외부에 존재한다.
그림과 같이 절댓값이 작은 쪽(q_1)의 왼쪽에 x[m]인 P 점의 전계의 세기를 0이라 하면

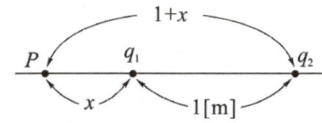

$$E = \frac{1}{4\pi\epsilon_0}\left\{\frac{q_1}{x^2} - \frac{q_2}{(1+x)^2}\right\} = 0$$

$$\therefore \frac{6 \times 10^{-8}}{x^2} = \frac{12 \times 10^{-8}}{(1+x)^2}$$

$$2x^2 = (1+x)^2 \rightarrow \sqrt{2}\,x = 1+x$$

$$\therefore x = \frac{1}{\sqrt{2}-1} = 2.41[\text{m}]$$

답 ③

12 그림과 같이 내구에 $+Q$[C], 외구에 $-Q$[C]의 전하로 두 개의 동심구 도체가 있다. 구 사이가 진공으로 되어 있을 때 동심구 사이의 정전용량 C[F]는?

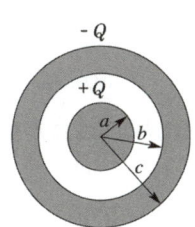

① $2\pi\epsilon_0 \dfrac{ab}{b-a}$ ② $4\pi\epsilon_0 \dfrac{ab}{b-a}$

③ $2\pi\epsilon_0 \cdot \dfrac{1}{\ln\left(\dfrac{b}{a}\right)}$ ④ $4\pi\epsilon_0 \cdot \dfrac{1}{\ln\left(\dfrac{b}{a}\right)}$

풀이 동심구에 $\pm Q$[C]를 줄 때
전위차는 $V = \dfrac{Q}{4\pi\epsilon_0}\left(\dfrac{1}{a} - \dfrac{1}{b}\right)$이므로

$$\therefore C = \frac{Q}{V} = \frac{4\pi\epsilon_0}{\dfrac{1}{a} - \dfrac{1}{b}} = 4\pi\epsilon_0 \frac{ab}{b-a}[\text{F}]$$

답 ②

13 진공 중 반지름이 a[m]인 무한길이의 원통도체 2개가 간격 d[m]로 평행하게 배치되어 있다. 두 도체 사이의 정전용량(C)을 나타낸 것으로 옳은 것은?

① $\pi\epsilon_0 \ln\dfrac{d-a}{a}$ ② $\dfrac{\pi\epsilon_0}{\ln\dfrac{d-a}{a}}$

③ $\pi\epsilon_0 \ln\dfrac{a}{d-a}$ ④ $\dfrac{\pi\epsilon_0}{\ln\dfrac{a}{d-a}}$

풀이 평행도선

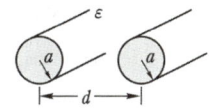

① 두 도체 사이의 전위차
$V = \dfrac{\lambda}{\pi\epsilon_0}\ln\dfrac{d-a}{a}$[V]
(여기서, λ : 선전하 밀도[C/m])
② 두 도체 사이의 정전용량
$C = \dfrac{\lambda}{V} = \dfrac{\pi\epsilon_0}{\ln\dfrac{d-a}{a}}$[F/m]

답 ②

14 전계의 세기 E, 자계의 세기가 H일 때 포인팅 벡터(P)는?

① $P = E \times H$ ② $P = \dfrac{1}{2}E \times H$

③ $P = H\,\text{curl}\,E$ ④ $P = E\,\text{curl}\,H$

풀이 평면 전자파는 E와 H가 수직이므로 이것을 벡터로 표시하면 $P = E \times H$[W/m²]가 되고 이 벡터를 포인팅(Poynting) 벡터, 또는 방사(radiation) 벡터라 한다.

답 ①

15 $x > 0$인 영역에 비유전율 $\epsilon_{r1} = 3$인 유전체, $x < 0$인 영역에 비유전율 $\epsilon_{r2} = 5$인 유전체가 있다. $x < 0$인 영역에서 전계 $E_2 = 20a_x + 30a_y - 40a_z$[V/m]일 때 $x > 0$인 영역에서의 전속밀도는 몇 [C/m²]인가?

① $10(10a_x + 9a_y - 12a_z)\epsilon_0$
② $20(5a_x - 10a_y + 6a_z)\epsilon_0$
③ $50(2a_x + 3a_y - 4a_z)\epsilon_0$
④ $50(2a_x - 3a_y + 4a_z)\epsilon_0$

풀이 경계면에 대해 a_x 성분은 법선 성분이고, a_y, a_z 성분은 접선 성분에 해당된다.
- 경계조건에 의하여 법선 성분은 $D_{1x} = D_{2x}$ 이므로
$\epsilon_0 \epsilon_{r1} E_{1x} = \epsilon_0 \epsilon_{r2} E_{2x}$
$E_{1x} = \frac{\epsilon_{r2}}{\epsilon_{r1}} E_{2x} = \frac{5}{3} 20a_x = \frac{100}{3} a_x$
- 경계조건에 의하여 접선 성분은
$E_{1y} = E_{2y}$, $E_{1z} = E_{2z}$ 이므로
$E_{1y} = 30a_y$, $E_{1z} = -40a_z$
- 비유전율 ϵ_{r1}인 영역에서의 전계
$E_1 = \frac{100}{3} a_x + 30a_y - 40a_z$[V/m]

따라서 비유전율 ϵ_{r1}인 영역에서의 전속밀도
$D_1 = \epsilon_0 \epsilon_{r1} E_1 = \epsilon_0 \times 3 \times \left[\frac{100}{3} a_x + 30a_y - 40a_z \right]$
$= (100a_x + 90a_y - 120a_z)\epsilon_0$
$= 10(10a_x + 9a_y - 12a_z)\epsilon_0$[C/m²]

답 ①

16 와전류와 관련된 설명으로 틀린 것은?

① 단위체적당 와류손의 단위는 [W/m³]이다.
② 와전류는 교번자속의 주파수와 최대자속밀도에 비례한다.
③ 와전류손은 히스테리시스손과 함께 철손이다.
④ 와전류손을 감소시키기 위하여 성층철심을 사용한다.

풀이 철손(무부하손)에는 히스테리시스손(P_h)과 와류손(P_e) 등이 있다.
- 히스테리시스손 : $P_h = \delta_h f B_m^2$ [W/kg]
- 와류손 : $P_e = \delta_e (t f k_f B_m)^2$ [W/kg]

여기서, δ_h : 히스테리시스 정수
δ_e : 재료에 의한 정수
f : 주파수[Hz]
B_m : 자속 밀도의 최댓값 [Wb/m²]
t : 철판의 두께[m]
k_f : 파형률

그러므로 와전류손(와류손)은 교번자속의 주파수와 최대자속밀도의 제곱에 비례하며, 성층철심을 사용하면 와류손을 감소시킬 수 있다.

답 ②

17 비유전율 $\epsilon_s = 5$인 유전체 중에서 전속밀도가 4×10^{-4}[C/m²]일 때 분극의 세기는 몇 [C/m²]인가?

① 1.6×10^{-4} ② 2.4×10^{-4}
③ 3.2×10^{-4} ④ 4.8×10^{-4}

풀이 분극의 세기
$P = D - \epsilon_0 E$
$= D - \epsilon_0 \left(\frac{D}{\epsilon_0 \epsilon_s} \right) = D - \frac{D}{\epsilon_s} = \left(1 - \frac{1}{\epsilon_s} \right) D$

여기서, $E = \frac{D}{\epsilon} = \frac{D}{\epsilon_0 \epsilon_s}$

$\therefore P = \left(1 - \frac{1}{5} \right) \times 4 \times 10^{-4}$
$= 3.2 \times 10^{-4}$[C/m²]

답 ③

18 감자력이 0인 것은?

① 구 자성체
② 환상 철심
③ 타원 자성체
④ 굵고 짧은 막대 자성체

풀이 감자력 $H' = \frac{N}{\mu_0} J$에서 자극이 존재하지 않는 **환상 철심**은 감자율(N)이 없으므로 **감자력이 0**이다.

답 ②

19 전속 밀도 $D = 3xi + 2yj + zk$ [C/m²]를 발생하는 전하 분포에서 1[mm³] 내의 전하는 얼마인가?

① 3[nC] ② 3[μC]
③ 6[nC] ④ 6[C]

풀이 전하 밀도
$$\rho = \text{div}\,D = \frac{\partial D_x}{\partial x} + \frac{\partial D_y}{\partial y} + \frac{\partial D_z}{\partial z}$$
$$= 3 + 2 + 1 = 6 [C/m^3]$$
이므로 1[mm³] 내의 전하량 $\rho \triangle v$[nC]은
$$\therefore \rho \triangle v = 6 \times 10^{-9} [C] = 6[nC]$$

답 ③

20 표면 전하 밀도 $\rho_s > 0$인 도체 표면상의 한 점의 전속 밀도가 $D = 4a_x - 5a_y + 2a_z$[C/m²]일 때 ρ_s는 몇 [C/m²]인가?

① $2\sqrt{3}$ ② $2\sqrt{5}$
③ $3\sqrt{3}$ ④ $3\sqrt{5}$

풀이 $D = \rho_s$ 이므로 표면 전하 밀도
$$\rho_s = \sqrt{4^2 + (-5)^2 + 2^2} = \sqrt{45} = 3\sqrt{5}\,[C/m^2]$$

답 ④

2025년 전기자기_전기기사_CBT 복원문제

2025년 - 1회 _ 전기기사

01 반지름 $a[m]$인 원형코일에 전류 $I[A]$가 흘렀을 때 코일 중심에서의 자계의 세기[AT/m]는?

① $\dfrac{I}{4\pi a}$ ② $\dfrac{I}{2\pi a}$

③ $\dfrac{I}{4a}$ ④ $\dfrac{I}{2a}$

풀이 원형 코일 중심의 자계의 세기
$H = \dfrac{NI}{2a}$[AT/m]에서 $N=1$이므로,
$\therefore H = \dfrac{I}{2a}$[AT/m]   **답** ④

02 한 변의 길이가 $l[m]$인 정사각형 도체에 전류 $I[A]$가 흐르고 있을 때 중심점 P에서의 자계의 세기는 몇 [A/m]인가?

① $16\pi lI$
② $4\pi lI$
③ $\dfrac{\sqrt{3}\,\pi}{2l}I$
④ $\dfrac{2\sqrt{2}}{\pi l}I$

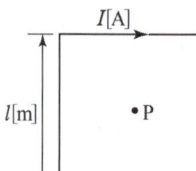

풀이

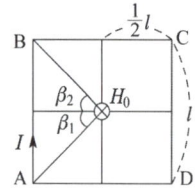

한 변 AB에 대한 중심점의 자계는
$H_{AB} = \dfrac{I}{4\pi a}(\sin\beta_1 + \sin\beta_2)$이므로 $a = \dfrac{l}{2}$,
$\sin\beta_1 = \sin\beta_2 = \sin 45° = \dfrac{1}{\sqrt{2}}$ 을 대입하면
$H_{AB} = \dfrac{I}{4\pi\left(\dfrac{l}{2}\right)} \times 2 \times \dfrac{1}{\sqrt{2}} = \dfrac{I}{\sqrt{2}\pi l}$[AT/m]

$\therefore H_0 = H_{AB} + H_{BC} + H_{CD} + H_{DA}$
$= 4H_{AB} = 4 \times \dfrac{I}{\sqrt{2}\pi l} = \dfrac{2\sqrt{2}\,I}{\pi l}$[AT/m]   **답** ④

03 내도체의 반지름이 $a[m]$이고, 외도체의 내반지름이 $b[m]$, 외반지름이 $c[m]$인 동축 케이블의 단위 길이당 자기 인덕턴스는 몇 [H/m]인가?

① $\dfrac{\mu_0}{2\pi}\ln\dfrac{b}{a}$ ② $\dfrac{\mu_0}{\pi}\ln\dfrac{b}{a}$

③ $\dfrac{2\pi}{\mu_0}\ln\dfrac{b}{a}$ ④ $\dfrac{\pi}{\mu_0}\ln\dfrac{b}{a}$

풀이 $H = \dfrac{I}{2\pi r}$, $d\phi = B \cdot dr = \dfrac{\mu_0 I}{2\pi r}dr$

$\phi = \int_a^b d\phi = \dfrac{\mu_0 I}{2\pi}\int_a^b \dfrac{1}{r} \cdot dr = \dfrac{\mu_0 I}{2\pi}\ln\dfrac{b}{a}$

$\therefore L = \dfrac{\phi}{I} = \dfrac{\mu_0}{2\pi}\ln\dfrac{b}{a}$[H/m]   **답** ①

04 반자성체의 비투자율(μ_r) 값의 범위는?

① $\mu_r = 1$ ② $\mu_r < 1$
③ $\mu_r > 1$ ④ $\mu_r = 0$

풀이
- 상자성체 : 자화율 $\chi > 0$, 비투자율 $\mu_r > 1$
- 반자성체(역자성체) : 자화율 $\chi < 0$, 비투자율 $\mu_r < 1$
- 강자성체 : 자화율 $\chi \gg 0$, 비투자율 $\mu_r \gg 1$ **답** ②

05 높은 주파수의 전자파가 전파될 때 일기가 좋은 날보다 비오는 날 전자파의 감쇠가 심한 원인은?

① 도전율 관계임
② 유전율 관계임
③ 투자율 관계임
④ 분극률 관계임

> **풀이** 진공이 아닌 이상 일반 공기는 무시할 수 있을 정도의 도전율을 갖고 있으나 비오는 날(즉, 습도 상승)은 도전성이 증가하며 감쇠가 더 심하게 나타난다. 　답 ①

06 막대자석 위쪽에 동축도체 원판을 놓고 회로의 한 끝은 원판의 주변에 접촉시켜 회전하도록 해놓은 그림과 같은 패러데이 원판 실험을 할 때 검류계에 전류가 흐르지 않는 경우는?

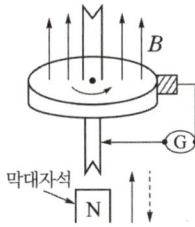

① 자석만을 일정한 방향으로 회전시킬 때
② 원판만을 일정한 방향으로 회전시킬 때
③ 자석을 축 방향으로 전진시킨 후 후퇴시킬 때
④ 원판과 자석을 동시에 같은 방향, 같은 속도로 회전시킬 때

> **풀이** 기전력$\left(e=-\dfrac{d\phi}{dt}\right)$은 자속이 시간적으로 변화가 일어날 때 발생하기 때문에 자속이 자석 또는 원판의 회전에 의해 증감 또는 끊기게 되면 변화가 발생하여 기전력이 발생하고 전류가 흐르게 된다. 그러므로 원판과 자석을 동시에 같은 방향, 같은 속도로 회전시키면 자속의 변화가 발생하지 않으므로 전류가 흐르지 않는다. 　답 ④

07 투자율이 μ[H/m], 단면적이 S[m²], 길이가 l[m]인 자성체에 권선을 N회 감아서 I[A]의 전류를 흘렸을 때 이 자성체의 단면적 S[m²]를 통과하는 자속[Wb]은?

① $\mu\dfrac{I}{Nl}S$　　② $\mu\dfrac{NI}{Sl}$
③ $\dfrac{NI}{\mu S}l$　　④ $\mu\dfrac{NI}{l}S$

> **풀이** 자속 $\phi=\dfrac{F}{R_m}=\dfrac{NI}{R_m}=\dfrac{NI}{\dfrac{l}{\mu S}}=\dfrac{\mu SNI}{l}$[Wb]　답 ④

08 어떤 공간의 비유전율은 2이고, 전위 $V(x,y)=\dfrac{1}{x}+2xy^2$이라고 할 때 점 $\left(\dfrac{1}{2},2\right)$에서의 전하밀도 ρ는 약 몇 [pC/m³]인가?

① -20　　② -40
③ -160　　④ -320

> **풀이** Poisson의 방정식 $\nabla^2 V=-\dfrac{\rho}{\epsilon}$
> $\nabla^2 V=\dfrac{\partial^2 V}{\partial x^2}+\dfrac{\partial^2 V}{\partial y^2}$
> $=\dfrac{\partial^2}{\partial x^2}\left(\dfrac{1}{x}+2xy^2\right)+\dfrac{\partial^2}{\partial y^2}\left(\dfrac{1}{x}+2xy^2\right)$
> $=\dfrac{2}{x^3}+4x=16+2=18$
> $\therefore \rho=-\epsilon(\nabla^2 V)=-\epsilon(18)=-18\epsilon=-18\epsilon_0\epsilon_s$
> $=-18\times 8.854\times 10^{-12}\times 2 ≒ -320\times 10^{-12}$
> [C/m³]$=-320$[pC/m³] 　답 ④

09 점전하 $+Q$의 무한 평면도체에 대한 영상전하는?

① $+Q$　　② $-Q$
③ $+2Q$　　④ $-2Q$

> **풀이** 전기 영상법 : 무한평면으로부터 d[m] 떨어진 P점에 점전하 $+Q$가 있는 경우 영상전하는 무한평면 뒤쪽으로 점 P의 대칭점에 존재하며, 그 크기는 점전하와 같고 부호는 반대($-Q$)이다.

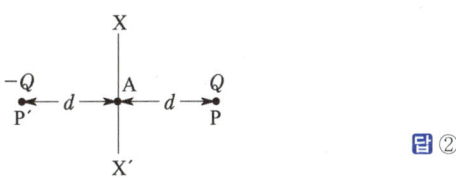

답 ②

10 평등 전계 내에 수직으로 비유전율 $\epsilon_r=3$인 유전체판을 놓았을 경우 판 내의 전속밀도 $D=4\times 10^{-6}$[C/m²]이었다. 이 유전체의 비분극률은?

① 2　　② 3
③ 1×10^{-6}　　④ 2×10^{-6}

풀이
$\epsilon_r = 1 + \dfrac{\chi_e}{\epsilon_0} = 1 + \chi_{er}$

여기서, ϵ_r : 비유전율
χ_e : 분극률
χ_{er} : 비분극률

$\therefore \chi_{er} = \epsilon_r - 1 = 3 - 1 = 2$ **답 ①**

11 전속 밀도 $D = 3xi + 2yj + zk$ [C/m²]를 발생하는 전하 분포에서 1[mm³] 내의 전하는 얼마인가?

① 3[nC] ② 3[μC]
③ 6[nC] ④ 6[C]

풀이 전하 밀도
$\rho = \text{div}\,\boldsymbol{D} = \dfrac{\partial D_x}{\partial x} + \dfrac{\partial D_y}{\partial y} + \dfrac{\partial D_z}{\partial z}$
$= 3 + 2 + 1 = 6 [C/m^3]$

이므로 1[mm³] 내의 전하량 $\rho\triangle v$[nC]은
$\therefore \rho\triangle v = 6 \times 10^{-9}[C] = 6[nC]$ **답 ③**

12 유전체에서 전자 분극은 어떠한 이유에서 일어나는가?

① 단결정 매질에서 전자운과 핵의 상대적인 변위에 의한다.
② 화합물에서 +이온과 -이온간의 상대적인 변위에 의한다.
③ 단결정에서 +이온과 -이온간의 상대적인 변위에 의한다.
④ 영구 전기 쌍극자의 전계 방향의 배열에 의한다.

풀이 ① 전자 분극 : 원자를 구성하는 전자운의 중심이 원자핵에 대하여 상대적 변위에 의해 나타나는 분극
② 이온 분극 : 이온결정 내에서 양으로 대전된 원자와 음으로 대전된 원자의 상대적 변위에 의하여 일어나는 분극
④ 쌍극자 배향분극 : 유극성 분자의 영구 쌍극자에 전계가 작용하면 영구 쌍극자는 전계와 같은 방향으로 회전력을 받아 분극을 일으킨다. **답 ①**

13 간격 d[m]인 두 개의 평행판 전극 사이에 유전율 ϵ의 유전체가 있을 때 전극 사이에 전압 $v = V_m \sin \omega t$ 를 가하면 변위전류밀도[A/m²]는?

① $\dfrac{\epsilon}{d} V_m \cos \omega t$ ② $\dfrac{\epsilon}{d} \omega V_m \cos \omega t$
③ $\dfrac{\epsilon}{d} \omega V_m \sin \omega t$ ④ $-\dfrac{\epsilon}{d} V_m \cos \omega t$

풀이 변위전류밀도
$i_d = \dfrac{\partial D}{\partial t} = \dfrac{\partial(\epsilon E)}{\partial t} = \dfrac{\partial}{\partial t}\epsilon\left(\dfrac{v}{d}\right)$
$= \dfrac{\epsilon}{d} V_m \dfrac{\partial}{\partial t}\sin \omega t = \dfrac{\epsilon}{d}\omega V_m \cos \omega t$ [A/m²] **답 ②**

14 전자유도법칙과 관계가 가장 먼 것은?

① 노이만의 법칙
② 렌쯔의 법칙
③ 패러데이의 법칙
④ 앙페르의 오른나사 법칙

풀이 $e = -N\dfrac{d\phi}{dt}$ 에서

- **렌쯔의 법칙** : **전자유도에 의해 발생**하는 기전력은 자속변화를 방해하는 방향으로 전류가 발생한다. 즉, 기전력의 방향을 정의한 법칙
- **패러데이 법칙 또는 노이만의 법칙** : 유도기전력의 크기는 폐회로에 쇄교하는 자속의 시간적 변화율에 비례한다. 즉, 기전력의 크기를 정의한 법칙 **답 ④**

15 진공 중에 선간거리 1[m]의 평행왕복 도선이 있다. 두 선간에 작용하는 힘이 4×10^{-7}[N/m]이었다면 전선에 흐르는 전류는?

① 1[A] ② $\sqrt{2}$[A]
③ $\sqrt{3}$[A] ④ 2[A]

풀이 평행왕복도선에 작용하는 전자력
$F = \dfrac{\mu_0 I^2}{2\pi d}$ [N/m]의 식에서
$I = \sqrt{\dfrac{2\pi d F}{\mu_0}} = \sqrt{\dfrac{2\pi \times 1 \times 4 \times 10^{-7}}{4\pi \times 10^{-7}}}$
$= \sqrt{2}$ [A] **답 ②**

16 평행판 콘덴서에 어떤 유전체를 넣었을 때 전속밀도가 4.8×10^{-7} [C/m²]이고 단위체적당 에너지가 5.3×10^{-3} [J/m³]이었다. 이 유전체의 유전율은 몇 [F/m]인가?

① 1.15×10^{-11} [F/m]
② 2.17×10^{-11} [F/m]
③ 3.19×10^{-11} [F/m]
④ 4.21×10^{-11} [F/m]

풀이 $W_e = \dfrac{D^2}{2\epsilon}$ [J/m³] 에서

$\epsilon = \dfrac{D^2}{2 \cdot W_e} = \dfrac{(4.8 \times 10^{-7})^2}{2 \times 5.3 \times 10^{-3}}$
$= 2.17 \times 10^{-11}$ [F/m] **답** ②

17 쌍극자 모멘트가 M[C·m]인 전기쌍극자에 의한 임의의 점 P에서의 전계의 크기는 전기쌍극자의 중심에서 축방향과 점 P를 잇는 선분 사이의 각이 얼마일 때 최대가 되는가?

① 0
② $\dfrac{\pi}{2}$
③ $\dfrac{\pi}{3}$
④ $\dfrac{\pi}{4}$

풀이 $E = \dfrac{M}{4\pi\epsilon_0 r^3}(\sqrt{1+3\cos^2\theta})$ 에서
점 P의 전계는 $\theta = 0°$일 때 최대이고
$\theta = 90°$일 때 최소가 된다. **답** ①

18 선전하밀도가 λ[C/m]로 균일한 무한 직선도선의 전하로부터 거리가 r[m]인 점의 전계의 세기(E)는 몇 [V/m]인가?

① $E = \dfrac{1}{4\pi\epsilon_o} \dfrac{\lambda}{r^2}$
② $E = \dfrac{1}{2\pi\epsilon_o} \dfrac{\lambda}{r^2}$
③ $E = \dfrac{1}{2\pi\epsilon_o} \dfrac{\lambda}{r}$
④ $E = \dfrac{1}{4\pi\epsilon_o} \dfrac{\lambda}{r}$

풀이 무한 선전하에 의한 전계 $E = \dfrac{\lambda}{2\pi\epsilon_0 r}$ [V/m]로 거리에 반비례한다. **답** ③

19 자기회로와 전기회로의 대응으로 틀린 것은?

① 자속 ↔ 전류
② 기자력 ↔ 기전력
③ 투자율 ↔ 유전율
④ 자계의 세기 ↔ 전계의 세기

풀이 자기회로와 전기회로의 대응

자기회로	전기회로
자속 ϕ [Wb]	전류 I [A]
자계 H [A/m]	전계 E [V/m]
기자력 F [AT]	기전력 U [V]
자속밀도 B [Wb/m²]	전류밀도 i [A/m²]
투자율 μ [H/m]	도전율 k [℧/m]
자기 저항 R_m [AT/Wb]	전기저항 R [Ω]

답 ③

20 면전하 밀도가 σ[C/m²]인 대전 도체가 진공 중에 놓여 있을 때 도체 표면에 작용하는 정전응력[N/m²]의 크기 및 방향은?

① $\dfrac{\sigma^2}{\epsilon_0}$, 도체 외부
② $\dfrac{\sigma^2}{\epsilon_0}$, 도체 내부
③ $\dfrac{\sigma^2}{2\epsilon_0}$, 도체 외부
④ $\dfrac{\sigma^2}{2\epsilon_0}$, 도체 내부

풀이 정전 응력(f)은 도체 표면에 작용하는 단위 면적당 힘을 의미하고, 도체 표면에서의 전속밀도 $D = \sigma$ [C/m²]의 관계로부터 정전 응력은

$f = \dfrac{1}{2}DE = \dfrac{1}{2}\epsilon_0 E^2 = \dfrac{1}{2}\dfrac{D^2}{\epsilon_0} = \dfrac{1}{2}\dfrac{\sigma^2}{\epsilon_0}$ [N/m²]

정전응력의 방향은 정전응력에서 σ^2이므로 전하의 부호에 관계없이 항상 외부로 향한다. **답** ③

2025년 - 2회 _ 전기기사

01 각종 전기기기에 접지하는 이유로 가장 옳은 것은?
① 편의상 대지는 전위가 영상 전위이기 때문이다.
② 대지는 습기가 있기 때문에 전류가 잘 흐르기 때문이다.
③ 영상전하로 생각하여 땅속은 음(-) 전하이기 때문이다.
④ 지구의 정전용량이 커서 전위가 거의 일정하기 때문이다.

풀이 지구는 정전용량이 크므로 많은 전하가 축적되어도 지구의 전위는 일정하다. 따라서 대지를 실용상 영(0)전위로 한다.
답 ④

02 영구자석에 관한 설명으로 옳지 않은 것은?
① 한번 자화된 다음에는 자기를 영구적으로 보존하는 자석이다.
② 보자력이 클수록 자계가 강한 영구자석이 된다.
③ 잔류 자속밀도가 클수록 자계가 강한 영구자석이 된다.
④ 자석재료로 폐회로를 만들면 강한 영구자석이 된다.

풀이
- 강자성체에 자계를 가하면 자화되어 자계를 가하지 않아도 자화가 남아 영구자석이 된다.
- 영구자석의 재료는 히스테리시스 곡선의 면적 및 보자력이 크고, 잔류 자속 밀도도 큰 것이 좋다.
- 자석 재료에 외부에서 큰 자계를 가해야 자화되어 영구자석이 된다.
답 ④

03 반지름 a[m]이고, $N=10$회의 원형 코일에 I[A]의 전류가 흐를 때 그 코일의 중심점에서의 자계의 세기 [AT/m]는?

① $\dfrac{I}{2\pi a}$ ② $\dfrac{I}{4\pi a}$
③ $\dfrac{5I}{2a}$ ④ $\dfrac{5I}{a}$

풀이 원형 코일 중심의 자계의 세기는 $H_0 = \dfrac{NI}{2a}$ 이고, 코일수 $N=10$회이므로,
$$\therefore H_0 = \dfrac{10I}{2a} = \dfrac{5I}{a} \text{[AT/m]}$$
답 ④

04 막대 자석의 회전력을 나타내는 식으로 옳은 것은? 단, 막대 자석의 자기 모멘트 M[wb·m]와 균등 자계 H[A/m]와의 이루는 각 θ는 $0°<\theta<90°$라 한다.

① $M \times H$ [N·m/rad]
② $H \times M$ [N·m/rad]
③ $\mu_o H \times M$ [N·m/rad]
④ $M \times \mu_o H$ [N·m/rad]

풀이 자계 중의 자석에 작용하는 토크는
$T_\theta = MH\sin\theta$[N·m]
$\therefore T = M \times H$ [N·m]
답 ①

05 최대 전계 $E_m = 6$[V/m]인 평면 전자파가 수중을 전파할 때 자계의 최대치는 약 몇 [AT/m]인가? (단, 물의 비유전율 $\epsilon_s = 80$, 비투자율 $\mu_s = 1$이다.)

① 0.071[AT/m] ② 0.142[AT/m]
③ 0.284[AT/m] ④ 0.426[AT/m]

풀이
$$\dfrac{E}{H} = \sqrt{\dfrac{\mu}{\epsilon}} = \sqrt{\dfrac{\mu_0}{\epsilon_0}} \cdot \sqrt{\dfrac{\mu_s}{\epsilon_s}} = 377\sqrt{\dfrac{\mu_s}{\epsilon_s}} = 377\sqrt{\dfrac{1}{80}}$$
$$\dfrac{E_m}{H_m} = \dfrac{377}{\sqrt{80}}$$
$$\therefore H_m = \dfrac{\sqrt{80}\,E_m}{377} = \dfrac{\sqrt{80} \times 6}{377} = 0.142\text{[AT/m]}$$
답 ②

06
그림과 같이 무한 평면도체로부터 d[m] 떨어진 점에 $+Q$[C]의 점전하가 있을 때 $\frac{d}{2}$[m]인 P점에 있어서의 전계의 세기는 몇 [V/m]인가?

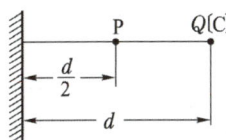

① $\dfrac{Q}{3\pi\epsilon_0 d}$ ② $\dfrac{8Q}{9\pi\epsilon_0 d^2}$

③ $\dfrac{10Q}{9\pi\epsilon_0 d^2}$ ④ $\dfrac{Q}{\pi\epsilon_0 d^2}$

풀이
- 점전하에 의한 전계 $E_+ = \dfrac{Q}{4\pi\epsilon_0\left(\dfrac{d}{2}\right)^2} = \dfrac{Q}{\pi\epsilon_0 d^2}$
- 영상전하에 의한 전계 $E_- = \dfrac{Q}{4\pi\epsilon_0\left(\dfrac{3}{2}d\right)^2} = \dfrac{Q}{9\pi\epsilon_0 d^2}$

$E = E_+ + E_- = \dfrac{Q}{\pi\epsilon_0 d^2} + \dfrac{Q}{9\pi\epsilon_0 d^2} = \dfrac{10Q}{9\pi\epsilon_0 d^2}$

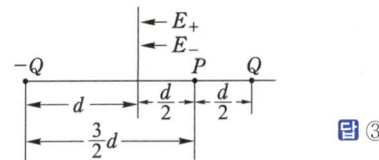

답 ③

07
전류 $+I$와 전하 $+Q$가 무한히 긴 직선상의 도체에 각각 주어졌고 이들 도체는 진공 속에서 각각 투자율과 유전율이 무한대인 물질로 된 무한대 평면과 평행하게 놓여 있다. 이 경우 영상법에 의한 영상 전류와 영상 전하는? 단, 전류는 직류이다.

① 영상전류 : $-I$, 영상전하 : $-Q$
② 영상전류 : $-I$, 영상전하 : $+Q$
③ 영상전류 : $+I$, 영상전하 : $-Q$
④ 영상전류 : $+I$, 영상전하 : $+Q$

풀이 무한 평면에 의한 영상분은 크기가 같고 부호는 반대이다.

답 ①

08
공간 내에 자계 $H = K\sin x \, \boldsymbol{a}_y$[A/m]가 주어진다. 이 자계를 형성하는 전류밀도 i[A/m²]는?

① $K\sin x \, \boldsymbol{a}_z$ ② $K\cos x \, \boldsymbol{a}_x$
③ $K\sin x \, \boldsymbol{a}_z$ ④ $K\cos x \, \boldsymbol{a}_z$

풀이 전류밀도

$i = \nabla \times H = \left(\dfrac{\partial}{\partial x}\boldsymbol{a}_x + \dfrac{\partial}{\partial y}\boldsymbol{a}_y + \dfrac{\partial}{\partial z}\boldsymbol{a}_z\right) \times K\sin x \, \boldsymbol{a}_y$

$= \dfrac{\partial}{\partial x}K\sin x \, \boldsymbol{a}_z - \dfrac{\partial}{\partial z}K\sin x \, \boldsymbol{a}_x = K\cos x \, \boldsymbol{a}_z$ [A/m²]

답 ④

09
전위함수가 $V = \dfrac{10}{x^2 + y^2}$[V]일 때 점(2, 1)에 있어서 전계의 세기[V/m]는?

① $-\dfrac{4}{5}(2i+j)$ ② $-\dfrac{5}{4}(2i+j)$
③ $\dfrac{4}{5}(2i+j)$ ④ $\dfrac{5}{4}(2i+j)$

풀이
$E = -\operatorname{grad} V = -\left(i\dfrac{\partial}{\partial x} + j\dfrac{\partial}{\partial y}\right)\left(\dfrac{10}{x^2+y^2}\right)$

$= i\dfrac{20x}{(x^2+y^2)^2} + j\dfrac{20y}{(x^2+y^2)^2}$

$\therefore |E|_{x=2, y=1} = i\dfrac{20\times 2}{(2^2+1^2)^2} + j\dfrac{20\times 1}{(2^2+1^2)^2}$

$= \dfrac{4}{5}(2i+j)$

답 ③

10
동일한 금속 도선의 두 점 간에 온도차를 주고 고온쪽에서 저온쪽으로 전류를 흘리면, 줄열 이외에 도선 속에서 열이 발생하거나 흡수가 일어나는 현상을 지칭하는 것은?

① 제벡 효과 ② 톰슨 효과
③ 펠티에 효과 ④ 볼타 효과

풀이
- 제벡 효과 : 두 종류 금속 접속면에 온도차가 있으면 기전력이 발생하는 효과
- **톰슨 효과 : 동일한** 금속 도선의 두 점 간에 온도차를 주고, 고온 쪽에서 저온 쪽으로 전류를 흘리면 도선 속에서 **열이 발생되거나 흡수가 일어나는 현상**
- 펠티에 효과 : 두 종류 금속 접속면에 전류를 흘리면 접속점에서 열의 흡수, 발생이 일어나는 효과

답 ②

11 정전용량이 각각 C_1, C_2, 그 사이의 상호유도계수가 M인 절연된 두 도체가 있다. 두 도체를 가는 선으로 연결할 경우, 정전용량은 어떻게 표현되는가?

① $C_1 + C_2 - M$ ② $C_1 + C_2 + M$
③ $C_1 + C_2 + 2M$ ④ $2C_1 + 2C_2 + M$

풀이 $\begin{cases} Q_1 = q_{11}V_1 + q_{12}V_2 \\ Q_2 = q_{21}V_1 + q_{22}V_2 \end{cases}$ 에서
$q_{11} = C_1$, $q_{22} = C_2$, $q_{12} = q_{21} = M$
두 도체를 가는 선으로 연결하면 등전위가 되어
$V_1 = V_2 = V$ 이므로
$\begin{cases} Q_1 = (q_{11} + q_{12})V = (C_1 + M)V \\ Q_2 = (q_{21} + q_{22})V = (M + C_2)V \end{cases}$
$\therefore C = \dfrac{Q_1 + Q_2}{V} = \dfrac{(C_1 + M)V + (M + C_2)V}{V}$
$= C_1 + C_2 + 2M$ **답** ③

12 $E = i + 2j + 3k$[V/cm]로 표시되는 전계가 있다. $0.01[\mu C]$의 전하를 원점으로부터 $3i$[m]로 움직이는 데 필요한 일은 몇 [J]인가?

① 3×10^{-8} ② 3×10^{-7}
③ 3×10^{-6} ④ 3×10^{-5}

풀이 $W = \mathbf{F} \cdot \mathbf{r} = Q\mathbf{E} \cdot \mathbf{r}$
$= 0.01 \times 10^{-6} \times (i + 2j + 3k) \cdot (3i) \times 10^2$
$= 0.01 \times 10^{-6} \times 3 \times 10^2 = 0.03 \times 10^{-4}$
$(\because i \cdot i = 1, \ j \cdot i = 0, \ k \cdot i = 0)$
$= 3 \times 10^{-6}$[J]   **답** ③

13 그림과 같은 회로에서 스위치를 최초 A에 연결하여 일정전류 I_0[A]를 흘린 다음, 스위치를 급히 B로 전환할 때 저항 $R[\Omega]$에는 1[s] 간에 얼마만한 열량[cal]이 발생하는가?

① $\dfrac{1}{8.4}LI_0^2$

② $\dfrac{1}{4.2}LI_0^2$

③ $\dfrac{1}{2}LI_0^2$

④ LI_0^2

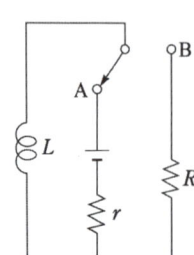

풀이 스위치를 전원에서 제거하면, L에 축적된 에너지가 R에서 열로 소모된다.
$\therefore W = \dfrac{1}{2}LI^2[\text{J}] = \dfrac{1}{2}LI_0^2 \times \dfrac{1}{4.2}[\text{cal}]$
$= \dfrac{1}{8.4}LI_0^2[\text{cal}] \ (\because 1[\text{J}] = \dfrac{1}{4.2}[\text{cal}])$ **답** ①

14 도체 내에서 변위전류의 영향을 무시할 수 있는 조건은? (단, K : 도전도(導電度) 또는 도전율[℧/m], ϵ : 유전율[F/m], f : 교번 전자계의 주파수[Hz]이다.)

① $\dfrac{K}{2\pi\epsilon} \gg f$ ② $\dfrac{K}{2\pi\epsilon} \ll f$
③ $\dfrac{\epsilon}{2\pi K} \gg f$ ④ $\dfrac{\epsilon}{2\pi K} \ll f$

풀이 도체 내의 전도전류밀도와 변위전류밀도는
• 전도전류밀도 $i_c = KE$
• 변위전류밀도 $i_d = \dfrac{dD}{dt}$
변위전류는 도함수와 복소수의 변환 관계
$\dfrac{d}{dt} \to j\omega$ 와 $D = \epsilon E$로부터
$i_d = \dfrac{d\mathbf{D}}{dt} = j\omega\mathbf{D} = j\omega\epsilon\mathbf{E}$
$i_d = |i_d| = \omega D = \omega\epsilon E = 2\pi f\epsilon E$
전도전류가 변위전류 보다 매우 크면 변위전류의 영향을 무시할 수 있으므로
$i_c \gg i_d$, $KE \gg 2\pi f\epsilon E$, $K \gg 2\pi f\epsilon$
$\therefore \dfrac{K}{2\pi\epsilon} \gg f$
즉, 양도체의 조건 $K \gg \omega\epsilon$이 성립한다.   **답** ①

15 어떤 영역 내에서 체적전하밀도가 매초 2×10^8[C/m³]의 비율로 감소할 때, 반지름 10^{-5}[m]의 구면을 통해 흘러 나가는 전류는 몇 [μA]인가?

① 0.938   ② 0.838
③ 0.738   ④ 0.638

풀이 전류의 정의 : 어떤 공간에서 폐곡면에 유입(증가) 또는 유출(감소)하는 전하량의 시간적 변화율
수학적 표현 : $I = \dfrac{dQ}{dt} \begin{cases} \text{유입(증가)} : + \text{부호} \\ \text{유출(감소)} : - \text{부호} \end{cases}$

$$\begin{cases} ① \; -\dfrac{d\rho}{dt} = -2\times 10^8 \; : \text{문제의 수학적 표현} \\ ② \; V = \dfrac{4}{3}\pi r^3 = \dfrac{4}{3}\pi \times 10^{-15} \; : \text{구의 체적} \end{cases}$$

$$\therefore I = -\frac{dQ}{dt} = -\frac{d}{dt}\int_V \rho dv = -\frac{d\rho}{dt}\cdot V$$
$$= (-2\times 10^8)\times\left(\frac{4}{3}\pi\times 10^{-15}\right) = -0.838[\mu A]$$

(단, 부호 "-"는 전류의 유출 또는 감소를 의미하므로 전류는 $0.838[\mu A]$이다.) 답 ②

16 $z=0$인 평면상에 중심이 원점에 있고 반경이 a[m]인 원형도체에 그림과 같이 전류 I[A]가 흐를 때 $z=b$인 점에서 자계의 세기는? (단, a_z는 단위 벡터이다.)

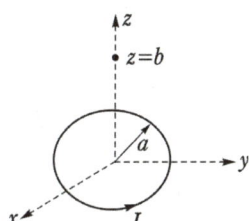

① $\dfrac{a^2 I}{2(a^2+b^2)^3}\boldsymbol{a}_z$ [AT/m]

② $\dfrac{a I}{2(a^2+b^2)^{\frac{3}{2}}}\boldsymbol{a}_z$ [AT/m]

③ $\dfrac{a^2 I}{2(a^2+b^2)^{\frac{3}{2}}}\boldsymbol{a}_z$ [AT/m]

④ $\dfrac{a^2 I}{2(a^2+b^2)^2}\boldsymbol{a}_z$ [AT/m]

풀이 원형전류에 의한 중심축상의 자위 U는 $U=\dfrac{I}{4\pi}\omega$ 이다.
z축상의 b인 점으로부터 코일을 바라본 입체각 ω는
$\omega = 2\pi(1-\cos\theta)$이므로
$U = \dfrac{I}{4\pi}\omega = \dfrac{I}{4\pi}\times 2\pi(1-\cos\theta) = \dfrac{I}{2}\left(1-\dfrac{b}{\sqrt{a^2+b^2}}\right)$
따라서, z축 방향의 자계의 세기 H_z는
$H_z = -\dfrac{\partial U}{\partial z}\boldsymbol{a}_z = \dfrac{a^2 I}{2(a^2+b^2)^{3/2}}\boldsymbol{a}_z$ 가 된다. 답 ③

17 30[V/m]의 전계내의 80[V]되는 점에서 1[C]의 전하를 전계 방향으로 80[cm] 이동한 경우, 그 점의 전위[V]는?

① 9 ② 24
③ 30 ④ 56

풀이 $V_{BA} = V_B - V_A = -\int_A^B \boldsymbol{E}\cdot d\boldsymbol{l} = -\int_0^{0.8}\boldsymbol{E}\cdot d\boldsymbol{l}$
$= -[30l]_0^{0.8} = -24[V]$
$V_A = 80[V]$, $V_{BA} = -24[V]$이므로
$\therefore V_B = V_A + V_{BA} = 80 - 24 = 56[V]$ 답 ④

18 유전율이 각각 다른 두 유전체가 서로 경계를 이루며 접해 있다. 다음 중 옳지 않은 것은? (단, 이 경계면에는 진전하 분포가 없다고 한다.)

① 경계면에서 전계의 접선 성분은 연속이다.
② 경계면에서 전속 밀도의 법선 성분은 연속이다.
③ 경계면에서 전계와 전속 밀도는 굴절한다.
④ 경계면에서 전계와 전속 밀도는 불변이다.

풀이
- 전속 밀도는 법선성분(수직 성분)이 같다.
  ($D_1\cos\theta_1 = D_2\cos\theta_2$)
- 전계는 접선성분(평행성분)이 같다.
  ($E_1\sin\theta_1 = E_2\sin\theta_2$)
- 두 경계면에서의 전위는 서로 같다. ($V_1 = V_2$)
- $\epsilon_1 > \epsilon_2$ 이면 $\theta_1 > \theta_2$ 이다.
  (전계와 전속밀도는 굴절한다.) 답 ④

19 대지면에 높이 h[m]로 평행하게 가설된 매우 긴 선전하가 지면으로부터 받는 힘은?

① h에 비례 ② h에 반비례
③ h^2에 비례 ④ h^2에 반비례

풀이 힘 $f = -\rho_L E = -\rho_L \cdot \dfrac{\rho_L}{2\pi\epsilon_0(2h)} = -\dfrac{\rho_L^2}{4\pi\epsilon_0 h}$
$= -9\times 10^9 \cdot \dfrac{\rho_L^2}{h}$[N/m]
(단, ρ_L : 선전하밀도[C/m])
따라서, h에 반비례한다. 답 ②

20 투자율을 μ라 하고 공기 중의 투자율 μ_0와 비투자율 μ_s의 관계에서 $\mu_s = \dfrac{\mu}{\mu_0} = 1 + \dfrac{\chi}{\mu_0}$로 표현된다. 이에 대한 설명으로 알맞은 것은? (단, χ는 자화율이다.)

① $\chi > 0$인 경우 역자성체
② $\chi < 0$인 경우 상자성체
③ $\mu_s > 1$인 경우 비자성체
④ $\mu_s < 1$인 경우 역자성체

풀이
① 상자성체 : 자화가 자계와 같은 방향이므로 자화율 $\chi > 0$
② 반(역)자성체 : 자화가 자계와 반대 방향이므로 자화율 $\chi < 0$
③ 비투자율 $\mu_s = \dfrac{\mu}{\mu_0} = 1 + \dfrac{\chi}{\mu_0}$ 에서
 • 상자성체에서는 자화율 $\chi > 0$ 이므로 비투자율 $\mu_s > 1$
 • 반(역)자성체에서는 자화율 $\chi < 0$ 이므로 비투자율 $\mu_s < 1$ **답** ④

2025년 3회 _전기기사

01 비유전율 $\epsilon_s = 5$인 유전체 중에서 전속밀도가 $4 \times 10^{-4}[C/m^2]$일 때 분극의 세기는 몇 $[C/m^2]$인가?

① 1.6×10^{-4} ② 2.4×10^{-4}
③ 3.2×10^{-4} ④ 4.8×10^{-4}

풀이 분극의 세기
$P = D - \epsilon_0 E$
$= D - \epsilon_0 \left(\dfrac{D}{\epsilon_0 \epsilon_s}\right) = D - \dfrac{D}{\epsilon_s} = \left(1 - \dfrac{1}{\epsilon_s}\right)D$
여기서, $E = \dfrac{D}{\epsilon} = \dfrac{D}{\epsilon_0 \epsilon_s}$
∴ $P = \left(1 - \dfrac{1}{5}\right) \times 4 \times 10^{-4}$
$= 3.2 \times 10^{-4}[C/m^2]$ **답** ③

02 정현파 자속의 주파수를 3배로 높이고 최댓값을 2배로 하면 유기기전력은 몇 배가 되는가?

① 2배 ② 3배
③ 5배 ④ 6배

풀이 유기기전력
$e = -\omega N \phi_m \sin(\omega t - \pi) = -2\pi f N \phi_m \sin(\omega t - \pi)$
에서 $e \propto f(주파수) \propto \Phi_m$ (자속)
따라서, 주파수를 3배로 높이고 자속의 최댓값을 2배로 하면 유기기전력은 6배가 된다. **답** ④

03 투자율이 μ[H/m], 자계의 세기가 H[AT/m], 자속밀도가 B[Wb/m²]인 곳에서의 자계 에너지 밀도[J/m³]는?

① $\dfrac{B^2}{2\mu}$ ② $\dfrac{H^2}{2\mu}$
③ $\dfrac{1}{2}\mu H$ ④ BH

풀이 자성체 단위 체적 당 저장되는 에너지, 즉 에너지 밀도
$w = \dfrac{1}{2}BH = \dfrac{B^2}{2\mu} = \dfrac{1}{2}\mu H^2 [J/m^3]$이다. **답** ①

04 단면적이 s[m²], 단위길이에 대한 권수가 n[회/m]인 무한히 긴 솔레노이드의 단위길이 당 자기 인덕턴스[H/m]는?

① $\mu \cdot s \cdot n$ ② $\mu \cdot s \cdot n^2$
③ $\mu \cdot s^2 \cdot n$ ④ $\mu \cdot s^2 \cdot n^2$

풀이
 • 자속 $\phi = Bs = \mu Hs$[Wb]
 • 무한장 솔레노이드 :
  내부 자계의 세기 $H = nI$[AT/m],
  외부 자계의 세기 $H_e = 0$[AT/m]
 ∴ 자기 인덕턴스
  $L = \dfrac{n\phi}{I} = \dfrac{n\mu Hs}{I} = \dfrac{n\mu \cdot nI \cdot s}{I} = \mu s n^2$[H/m] **답** ②

05 그림은 커패시터의 유전체 내에 흐르는 변위전류를 보여준다. 커패시터의 전극 면적을 S [m²], 전극에 축적된 전하를 q[C], 전극의 표면 전하 밀도를 σ[C/m²], 전극 사이의 전속밀도를 D[C/m²]라 하면 변위전류밀도 i_d[A/m²]는?

① $\dfrac{\partial D}{\partial t}$

② $\dfrac{\partial q}{\partial t}$

③ $S\dfrac{\partial D}{\partial t}$

④ $\dfrac{1}{S}\dfrac{\partial D}{\partial t}$

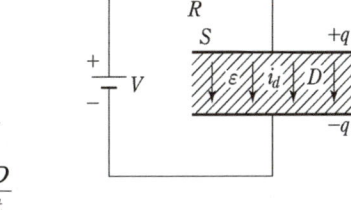

풀이 변위전류는 진공 또는 유전체 내 전속밀도의 시간적 변화에 의해서 발생한다.

즉, $i_d = \dfrac{I_d}{S} = \dfrac{\partial D}{\partial t} = \dfrac{\partial(\epsilon E)}{\partial t}$

여기서, i_d : 변위전류밀도[A/m²], I_d : 변위전류[A]
ϵ : 유전율[F/m], E : 전계의 세기[V/m]
D : 전속밀도[C/m²]   **답** ①

06 지구는 태양으로부터 P[kW/m²]의 방사열을 받고 있다. 지구 표면에서의 전계의 세기는 몇 [V/m]인가?

① $377P$

② $\dfrac{P}{377}$

③ $\sqrt{\dfrac{P}{377}}$

④ $\sqrt{377P}$

풀이 $H = \sqrt{\dfrac{\epsilon_0}{\mu_0}} E$ [A/m] 이므로

$P = EH = E^2 \sqrt{\dfrac{\epsilon_0}{\mu_0}}$

$E^2 = \sqrt{\dfrac{\mu_0}{\epsilon_0}} \cdot P = \sqrt{\dfrac{4\pi \times 10^{-7}}{8.855 \times 10^{-12}}} \cdot P = 377 \cdot P$

$\therefore E = \sqrt{377P}$ **답** ④

07 지름 2[mm], 길이 100[m]인 동선의 내부 인덕턴스는 몇 [μH]인가?

① 1.25

② 2.5

③ 5.0

④ 25

풀이 내부 인덕턴스 $L_i = \dfrac{\mu}{8\pi} l$ [H],

동선의 경우는 $\mu \fallingdotseq \mu_0$이므로

$\therefore L_i = \dfrac{4\pi \times 10^{-7}}{8\pi} \times 100 = 50 \times 10^{-7}$[H] $= 5$[μH]   **답** ③

08 인접 영구 자기 쌍극자가 크기는 같으나 방향이 서로 반대 방향으로 배열된 자성체를 어떤 자성체라 하는가?

① 반자성체   ② 상자성체
③ 강자성체   ④ 반강자성체

풀이
- 반자성체 : 영구자기 쌍극자는 없는 재질
- 상자성체 : 인접 영구자기 쌍극자의 방향이 규칙성이 없는 재질
- 강자성체 : 인접 영구자기 쌍극자의 방향이 동일방향으로 배열하는 재질
- 반강자성체 : 인접 영구자기 쌍극자의 배열이 서로 반대인 재질   **답** ④

09 평면도체표면에서 d[m] 거리에 점전하 Q[C]이 있을 때 이 전하를 무한원점까지 운반하는데 필요한 일[J]은?

① $\dfrac{Q^2}{4\pi\epsilon_0 d}$

② $\dfrac{Q^2}{8\pi\epsilon_0 d}$

③ $\dfrac{Q^2}{16\pi\epsilon_0 d}$

④ $\dfrac{Q^2}{32\pi\epsilon_0 d}$

풀이 작용력

$F = \dfrac{-Q^2}{4\pi\epsilon_0 (2d)^2} = \dfrac{-Q^2}{16\pi\epsilon_0 d^2}$ [N] (흡인력)

따라서 **필요한 일**

$W = \int_d^\infty F dd$

$= \dfrac{Q^2}{16\pi\epsilon_0} \int_d^\infty \dfrac{1}{d^2} dd = \dfrac{Q^2}{16\pi\epsilon_0} \left[-\dfrac{1}{d} \right]_d^\infty$

$= \dfrac{Q^2}{16\pi\epsilon_0 d}$ [J]   **답** ③

10 공기 중 두 점전하 사이에 작용하는 힘이 5[N]이었다. 두 전하 사이에 유전체를 넣었더니 힘이 2[N]으로 되었다면 유전체의 비유전율은 얼마인가?

① 15 ② 7.5 ③ 5 ④ 2.5

풀이 공기 중 두 점전하 사이에 작용하는 힘 F_1은
$$F_1 = \frac{Q_1 Q_2}{4\pi\epsilon_0 r^2} [N]$$
유전체를 두 전하 사이에 넣었을 때 힘 F_2는
$$F_2 = \frac{Q_1 Q_2}{4\pi\epsilon_0 \epsilon_s r^2} [N], \quad \frac{F_1}{F_2} = \frac{\frac{Q_1 Q_2}{4\pi\epsilon_0 r^2}}{\frac{Q_1 Q_2}{4\pi\epsilon_0 \epsilon_s r^2}} = \epsilon_s$$
즉, 유전체를 넣으면 힘은 진공일 때의 $1/\epsilon_s$배가 된다.
$$\therefore \epsilon_s = \frac{F_1}{F_2} = \frac{5}{2} = 2.5 \qquad \text{답 ④}$$

11 내압 1000[V] 정전용량 1[μF], 내압 750[V] 정전용량 2[μF], 내압 500[V] 정전용량 5[μF]인 콘덴서 3개를 직렬로 접속하고 인가전압을 서서히 높이면 최초로 파괴되는 콘덴서는?

① 1[μF] ② 2[μF]
③ 5[μF] ④ 동시에 파괴된다.

풀이 직렬회로에서 각 콘덴서의 전하용량이 작을수록 빨리 파괴된다.
$Q_1 = C_1 V_1 = 1 \times 10^{-6} \times 1000 = 1 \times 10^{-3}$[C]
$Q_2 = C_2 V_2 = 2 \times 10^{-6} \times 750 = 1.5 \times 10^{-3}$[C]
$Q_3 = C_3 V_3 = 5 \times 10^{-6} \times 500 = 2.5 \times 10^{-3}$[C]
따라서, 전하용량이 $Q_3 > Q_2 > Q_1$이므로
전하용량이 가장 작은 1000[V], 1[μF]의 콘덴서가 가장 빨리 파괴된다. 답 ①

12 유전율이 각각 ϵ_1, ϵ_2인 두 유전체가 접한 경계면에서 전하가 존재하지 않는다고 할 때 유전율이 ϵ_1인 유전체에서 유전율이 ϵ_2인 유전체로 전계 E_1이 입사각 $\theta_1 = 0°$로 입사할 경우 성립되는 식은?

① $E_1 = E_2$ ② $E_1 = \epsilon_1 \epsilon_2 E_2$
③ $\dfrac{E_1}{E_2} = \dfrac{\epsilon_2}{\epsilon_1}$ ④ $\dfrac{E_1}{E_2} = \dfrac{\epsilon_1}{\epsilon_2}$

풀이 유전체의 경계조건에서 전속밀도는 법선성분이 같으므로
$$D_{1n} = D_{2n}$$
수직입사는 입사각, 굴절각 $\theta_1 = \theta_2 = 0°$이므로
$D_1 \cos\theta_1 = D_2 \cos\theta_2$, $D_1 = D_2 (\because \cos 0° = 1)$
$D = \epsilon E$의 관계로부터
$$\epsilon_1 E_1 = \epsilon_2 E_2 \quad \therefore \frac{E_1}{E_2} = \frac{\epsilon_2}{\epsilon_1} \qquad \text{답 ③}$$

13 그림과 같은 동축 원통의 왕복 전류 회로가 있다. 도체 단면에 고르게 퍼진 일정 크기의 전류가 내부 도체로 흘러 들어가고 외부 도체로 흘러 나올 때, 전류에 의하여 생기는 자계에 대하여 다음 중 옳지 않은 것은?

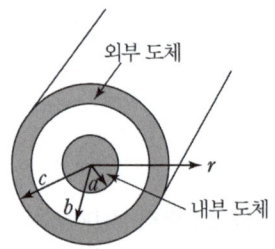

① 내부 도체 내($r < a$)에 생기는 자계의 크기는 중심으로부터의 거리에 비례한다.
② 두 도체 사이(내부 공간)($a < r < b$)에 생기는 자계의 크기는 중심으로부터의 거리에 반비례한다.
③ 외부 도체 내($b < r < c$)에 생기는 자계의 크기는 중심으로부터의 거리에 관계없이 일정하다.
④ 외부 공간($r > c$)의 자계는 영(0)이다.

풀이 ① 내부 도체에 있어서 $r < a$인 점의 자계를 H_1이라 하면 반지름 r 내를 흐르는 전류, 즉 쇄교하는 전류 $I_r = \dfrac{\pi r^2}{\pi a^2} I = \dfrac{r^2}{a^2} I$이므로, 주회 적분의 법칙에서 $2\pi r H_1 = I_r$
$$\therefore H_1 = \frac{I_r}{2\pi r} = \frac{1}{2\pi r} \frac{r^2}{a^2} I = \frac{rI}{2\pi a^2} [\text{A/m}]$$
② $a < r < b$일 때의 자계 H_2는 $2\pi r H_2 = I$
$$\therefore H_2 = \frac{I}{2\pi r} [\text{A/m}]$$

③ $b<r<c$인 점의 자계 H_3는

$$H_3 2\pi r = I - \frac{\pi r^2 - \pi b^2}{\pi c^2 - \pi b^2}I = \left(1 - \frac{r^2 - b^2}{c^2 - b^2}\right)I$$

$$H_3 = \frac{I}{2\pi r}\left(1 - \frac{r^2 - b^2}{c^2 - b^2}\right)[\text{A/m}](\text{거리에 반비례})$$

④ 외부 도체 외의 공간 $c<r$인 점의 자계 H_4는
$2\pi r H_4 = I - I = 0$ ∴ $H_4 = 0$ **답** ③

---

14 비유전율이 2이고, 비투자율이 2인 매질 내에서의 전자파의 전파속도 v[m/s]와 진공 중의 빛의 속도 v_0[m/s] 사이의 관계는?

① $v = \frac{1}{2}v_0$ ② $v = \frac{1}{4}v_0$

③ $v = \frac{1}{6}v_0$ ④ $v = \frac{1}{8}v_0$

풀이 • 전파속도

$$v = \frac{1}{\sqrt{\epsilon\mu}} = \frac{1}{\sqrt{\epsilon_0\mu_0}} \cdot \frac{1}{\sqrt{\epsilon_r\mu_r}} = \frac{3\times 10^8}{\sqrt{\epsilon_r\mu_r}}[\text{m/s}]$$

$$\left(\because \frac{1}{\sqrt{\epsilon_0\mu_0}} = \frac{1}{\sqrt{8.855\times 10^{-12}\times 4\pi\times 10^{-7}}}\right.$$
$$\left. = 3\times 10^8 = v_0(\text{빛의 속도})[\text{m/s}]\right)$$

• $\epsilon_r = \mu_r = 2$일 때,

$$v = \frac{3\times 10^8}{\sqrt{\epsilon_r\mu_r}} = \frac{3\times 10^8}{\sqrt{2\times 2}} = \frac{1}{2}v_0 \text{ 가 된다.}$$ **답** ①

---

15 하나의 철심 위에 인덕턴스가 10[H]인 두 코일을 같은 방향으로 감아서 직렬 연결한 후에 5[A]의 전류를 흘리면 여기에 축적되는 에너지는 몇 [J]인가? 단, 두 코일의 결합 계수는 0.8이다.

① 50   ② 350
③ 450   ④ 2,250

풀이
$$W = \frac{1}{2}LI^2 = \frac{1}{2}(L_1 + L_2 + 2k\sqrt{L_1 L_2})I^2$$
$$= \frac{1}{2}(10 + 10 + 2\times 0.8\sqrt{10\times 10})\times 5^2$$
$$= 450[\text{J}]$$ **답** ③

---

16 두 평행판 축전기에 채워진 폴리에틸렌의 비유전율이 ϵ_r, 평행판간 거리 $d = 1.5$[mm]일 때, 만일 평행판 내의 전계의 세기가 10[kV/m]라면 평행판간 폴리에틸렌 표면에 나타난 분극전하밀도는?

① $\frac{\epsilon_r - 1}{18\pi}\times 10^{-5}[\text{C/m}^2]$

② $\frac{\epsilon_r - 1}{36\pi}\times 10^{-6}[\text{C/m}^2]$

③ $\frac{\epsilon_r}{18\pi}\times 10^{-5}[\text{C/m}^2]$

④ $\frac{\epsilon_r - 1}{36\pi}\times 10^{-5}[\text{C/m}^2]$

풀이 분극전하밀도 σ'는 분극의 세기 P와 같으므로
$$\sigma' = P = \epsilon_0(\epsilon_r - 1)E$$
$$= \frac{10^7}{4\pi C^2}\times(\epsilon_r - 1)\times 10\times 10^3$$
$$= \frac{10^7}{4\pi(3\times 10^8)^2}\times(\epsilon_r - 1)\times 10^4$$
$$= \frac{10^{11}(\epsilon_r - 1)}{36\pi\times 10^{16}} = \frac{\epsilon_r - 1}{36\pi}\times 10^{-5}[\text{C/m}^2]$$

(단, 광속 $C = \frac{1}{\sqrt{\epsilon_0\mu_0}}$에서 $\epsilon_0 = \frac{10^7}{4\pi C^2}$)   **답** ④

---

17 자계의 벡터포텐셜을 A라 할 때 자계의 시간적 변화에 의하여 생기는 전계의 세기 E는?

① $E = \text{rot } A$
② $\text{rot } E = A$
③ $E = -\frac{\partial A}{\partial t}$
④ $\text{rot } E = -\frac{\partial A}{\partial t}$

풀이 $B = \nabla\times A$로 정의되고 $\nabla\times E = -\frac{\partial B}{\partial t}$에서
$$\nabla\times E = -\frac{\partial B}{\partial t} = -\frac{\partial}{\partial t}(\nabla\times A)$$
$$= \nabla\times\left(-\frac{\partial A}{\partial t}\right)$$
∴ $E = -\frac{\partial A}{\partial t}$ **답** ③

18 다음 설명 중 잘못된 것은?

① 초전도체는 임계온도 이하에서 완전 반자성을 나타낸다.
② 자화의 세기는 단위면적 당의 자기 모멘트이다.
③ 상자성체에 자극 N극을 접근시키면 S극이 유도된다.
④ 니켈(Ni), 코발트(Co) 등은 강자성체에 속한다.

풀이 자성체의 양 단면의 단위면적에 발생한 자기량을 그 자성체에 대한 자화의 세기라고 하며, 자성체의 자화 정도를 정량적으로 표시할 수 있다.(자화의 세기는 단위면적 당의 자극의 세기 또는 단위체적 당의 자기모멘트로 표시할 수 있다.) **답** ②

19 사이클로트론에서 양자가 매초 3×10^{15}개의 비율로 가속되어 나오고 있다. 양자가 15[MeV]의 에너지를 가지고 있다고 할 때, 이 사이클로트론은 가속용 고주파 전계를 만들기 위해서 150[kW]의 전력을 필요로 한다면 에너지 효율[%]은?

① 2.8　　② 3.8
③ 4.8　　④ 5.8

풀이
- 1[eV] = 1.602×10^{-19}[J]
- 150[kW] = 150×10^3[W] = 150×10^3[J/s]

효율 $\eta = \dfrac{출력}{입력} \times 100$

$= \dfrac{3 \times 10^{15} \times 15 \times 10^6 \times 1.602 \times 10^{-19}}{150 \times 10^3} \times 100$

$≒ 4.8$[%]　**답** ③

20 자속밀도 B[Wb/m²]의 평등 자계 내에서 길이 l[m]인 도체 ab가 속도 v[m/s]로 그림과 같이 도선을 따라서 자계와 수직으로 이동할 때, 도체 ab에 의해 유기된 기전력의 크기 e[V]와 폐회로 abcd 내 저항 R에 흐르는 전류의 방향은? (단, 폐회로 abcd 내 도선 및 도체의 저항은 무시한다.)

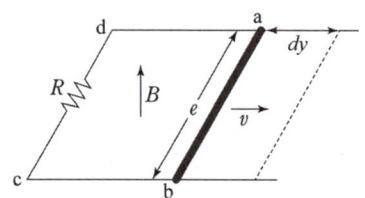

① $e = Blv$, 전류 방향 : c → d
② $e = Blv$, 전류 방향 : d → c
③ $e = Blv^2$, 전류 방향 : c → d
④ $e = Blv^2$, 전류 방향 : d → c

풀이 플레밍의 오른손 법칙
① 유기기전력 $e = Blv\sin\theta$[V]

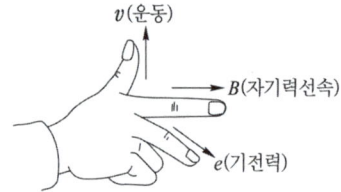

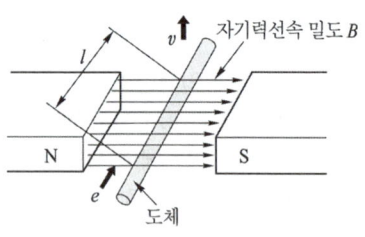

② 전류는 플레밍의 오른손 법칙에 의해 a → b → c → d 방향으로 흐른다.　**답** ①

전기산업기사
2016-2025

전기자기
과년도문제 및 CBT 복원문제

2016년	전기자기_전기산업기사	488
2017년	전기자기_전기산업기사	500
2018년	전기자기_전기산업기사	511
2019년	전기자기_전기산업기사	523
2020년	전기자기_전기산업기사	535
2021년	전기자기_전기산업기사_CBT	547
2022년	전기자기_전기산업기사_CBT	559
2023년	전기자기_전기산업기사_CBT	571
2024년	전기자기_전기산업기사_CBT	584
2025년	전기자기_전기산업기사_CBT	597

동일출판사 홈페이지에서 무료 동영상 강의를 보실 수 있습니다.

2016년 전기자기_전기산업기사

2016년 – 1회_전기산업기사

01 $\epsilon_1 > \epsilon_2$의 유전체 경계면에 전계가 수직으로 입사할 때 경계면에 작용하는 힘과 방향에 대한 설명으로 옳은 것은?

① $f = \dfrac{1}{2}\left(\dfrac{1}{\epsilon_2} - \dfrac{1}{\epsilon_1}\right)D^2$의 힘이 ϵ_1에서 ϵ_2로 작용

② $f = \dfrac{1}{2}\left(\dfrac{1}{\epsilon_1} - \dfrac{1}{\epsilon_2}\right)E^2$의 힘이 ϵ_2에서 ϵ_1으로 작용

③ $f = \dfrac{1}{2}(\epsilon_2 - \epsilon_1)E^2$의 힘이 ϵ_1에서 ϵ_2로 작용

④ $f = \dfrac{1}{2}(\epsilon_1 - \epsilon_2)D^2$의 힘이 ϵ_2에서 ϵ_1으로 작용

풀이 ① 전계가 경계면에 수직인 경우
$$f_n = \dfrac{1}{2}(E_2 - E_1) \cdot D$$
$$= \dfrac{1}{2}\left(\dfrac{1}{\epsilon_2} - \dfrac{1}{\epsilon_1}\right)D^2 [\text{N/m}^2]$$
② 전계가 경계면에 평행인 경우
$$f_n = \dfrac{1}{2}(E_1 \cdot D_1 - E_2 \cdot D_2)$$
$$= \dfrac{1}{2}(\epsilon_1 - \epsilon_2)E^2 [\text{N/m}^2]$$
①, ② 모두 유전율이 큰 쪽에서 유전율이 작은 쪽으로 끌려들어가는 맥스웰 응력이 작용한다. **답** ①

02 우주선 중에 10^{20}[eV]의 정전에너지를 가진 하전입자가 있다고 할 때, 이 에너지는 약 몇 [J]인가?

① 2 ② 9
③ 16 ④ 91

풀이 1[eV]는 1[V]의 전압 하에 전자 1개가 음극에서 양극으로 이동하는 운동에너지를 말하며, 1.6×10^{-19}[J]이다.
따라서 10^{20}[eV] = $1.6 \times 10^{-19} \times 10^{20}$
$= 16$[J]이다. **답** ③

03 전위함수가 $V = x^2 + y^2$[V]인 자유공간 내의 전하밀도는 몇 [C/m³]인가?

① -12.5×10^{-12}
② -22.4×10^{-12}
③ -35.4×10^{-12}
④ -70.8×10^{-12}

풀이 푸아송 방정식
$$\nabla^2 V = \dfrac{\partial^2 V}{\partial x^2} + \dfrac{\partial^2 V}{\partial y^2} + \dfrac{\partial^2 V}{\partial z^2}$$
$$= \dfrac{\partial^2}{\partial x^2}(x^2 + y^2) + \dfrac{\partial^2}{\partial y^2}(x^2 + y^2)$$
$$= 2 + 2 = -\dfrac{\rho}{\epsilon_0}$$
$\therefore \rho = -4\epsilon_0 = -4 \times 8.855 \times 10^{-12}$
$= -35.4 \times 10^{-12}$[C/m³] **답** ③

04 자속밀도 0.5[Wb/m²]인 균일한 자장 내에 반지름 10[cm], 권수 1000[회]인 원형 코일이 매분 1800 회전할 때 이 코일의 저항이 100[Ω]일 경우 이 코일에 흐르는 전류의 최댓값[A]은 약 몇 [A]인가?

① 14.4 ② 23.5
③ 29.6 ④ 43.2

풀이 최대 전압
$E_m = n\omega BS = n(2\pi f)B \cdot \pi r^2$
$= 1000 \times 2\pi \times \dfrac{1800}{60} \times 0.5 \times \pi \times 0.1^2$
$= 2961$[V]
따라서 전류의 최댓값
$I_m = \dfrac{E_m}{R} = \dfrac{2961}{100} = 29.61$[A] **답** ③

05 그림과 같이 전류 I[A]가 흐르는 반지름 a[m]인 원형 코일의 중심으로부터 x[m]인 점 P의 자계의 세기는 몇 [AT/m]인가? (단, θ는 각 APO라 한다.)

① $\dfrac{I}{2a}\cos^2\theta$

② $\dfrac{I}{2a}\sin^3\theta$

③ $\dfrac{I}{2a}\cos^3\theta$

④ $\dfrac{I}{2a}\sin^2\theta$

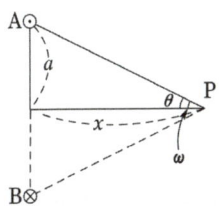

풀이

그림과 같이 점 P에서 코일 AB를 바라보는 입체각 ω는 $\omega = 2\pi(1-\cos\theta)$이므로 자위는

$U_m = \dfrac{I}{4\pi}\omega = \dfrac{I}{4\pi}\cdot 2\pi(1-\cos\theta)$

$= \dfrac{I}{2}\left(1 - \dfrac{x}{\sqrt{a^2+x^2}}\right)$ [AT]

따라서 원형 전류에 의한 축방향의 자계 H_x는

$H_x = -\dfrac{\partial U}{\partial x} = \dfrac{a^2 I}{2(a^2+x^2)^{3/2}}$

$= \dfrac{I}{2a}\sin^3\theta$ [AT/m]   **답** ②

06 코일의 면적을 2배로 하고 자속밀도의 주파수를 2배로 높이면 유기기전력의 최댓값은 어떻게 되는가?

① $\dfrac{1}{4}$로 된다.   ② $\dfrac{1}{2}$로 된다.

③ 2배로 된다.   ④ 4배로 된다.

풀이 최대 유기기전력 $E_m = \omega NBS = 2\pi fNBS$ 이므로 $E_m \propto f\cdot S$ 이다.
면적(S)과 주파수(f)를 2배로 높이면
최대 유기기전력
$E_m' \propto f'\cdot S' = 2f\times 2S = 4E_m$ 이므로
유기기전력의 최댓값은 4배로 된다.   **답** ④

07 자유공간에 있어서의 포인팅 벡터를 P[W/m²]이라 할 때, 전계의 세기 E_e[V/m]를 구하면?

① $377P$ ② $\dfrac{P}{377}$

③ $\sqrt{377P}$ ④ $\sqrt{\dfrac{P}{377}}$

풀이

$P = E_e H_e = E_e\left(\dfrac{E_e}{\sqrt{\dfrac{\mu_o}{\epsilon_o}}}\right) = \dfrac{1}{377}E_e^2$

$\left(\because \sqrt{\dfrac{\mu_o}{\epsilon_o}} = \sqrt{\dfrac{4\pi\times 10^{-7}}{8.85\times 10^{-12}}} \fallingdotseq 377\right)$

$\therefore E_e = \sqrt{377P}$ **답** ③

08 점전하 $+Q$의 무한 평면도체에 대한 영상전하는?

① $+Q$ ② $-Q$

③ $+2Q$ ④ $-2Q$

풀이

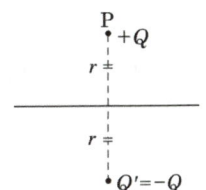

무한평면으로부터 r[m] 떨어진 P점에 점전하 $+Q$[C]가 있는 경우 영상전하는 무한평면 뒤쪽으로 점 P의 대칭점에 존재하며, 그 크기는 점전하와 같고 부호는 반대로 $Q' = -Q$[C]이다.   **답** ②

09 그림과 같이 $+q$[C/m]로 대전된 두 도선이 d[m]의 간격으로 평행하게 가설되었을 때, 이 두 도선 간에서 전계가 최소가 되는 점은?

① $\dfrac{d}{4}$ 지점

② $\dfrac{3}{4}d$ 지점

③ $\dfrac{d}{3}$ 지점

④ $\dfrac{d}{2}$ 지점

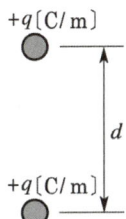

풀이

그림 중 도선에서 x[m] 떨어진 점 P의 전계는 가우스의 정리에 의하여

$$E = \frac{q}{2\pi\epsilon_0 x} - \frac{q}{2\pi\epsilon_0(d-x)} = \frac{q}{2\pi\epsilon_0}\left(\frac{1}{x} - \frac{1}{d-x}\right)[V]$$

E가 최소가 되기 위한 조건은 $\frac{\partial E}{\partial x} = 0$이므로

$$\frac{\partial E}{\partial x} = \frac{q}{2\pi\epsilon_0}\left(-\frac{1}{x^2} + \frac{1}{(d-x)^2}\right) = 0$$

$$\frac{1}{x^2} = \frac{1}{(d-x)^2} \rightarrow x^2 = (d-x)^2$$
$$\rightarrow x = d - x \rightarrow 2x = d$$

$$\therefore x = \frac{d}{2}$$ **답 ④**

---

10 정전계에 대한 설명으로 옳은 것은?

① 전계 에너지가 최소로 되는 전하분포의 전계이다.
② 전계 에너지가 최대로 되는 전하분포의 전계이다.
③ 전계 에너지가 항상 0인 전기장을 말한다.
④ 전계 에너지가 항상 ∞인 전기장을 말한다.

풀이 ① 전계(전기장, 전장) : 전기력이 미치는 공간을 말한다.
② 정전계 : 전계 에너지가 최소로 되는 전하 분포의 전계   **답 ①**

---

11 전자 e[C]이 공기 중의 자계 H[AT/m] 내를 H에 수직 방향으로 v[m/s]의 속도로 돌입하였을 때 받는 힘은 몇 [N]인가?

① $\mu_o evH$ ② evH
③ $\frac{eH}{\epsilon_o \mu_o}$ ④ $\frac{\epsilon_o H}{\mu_o v}$

풀이 자계 내에 놓인 운동 전하가 받는 힘
$F = evB\sin\theta = ev\mu_o H\sin\theta$[N]에서
수직방향($\theta = 90°$)이므로
$F = ev\mu_o H$[N]이다.   **답 ①**

---

12 반지름 a[m]의 구도체에 전하 Q[C]이 주어질 때, 구도체 표면에 작용하는 정전응력[N/m²]은?

① $\frac{Q^2}{64\pi^2\epsilon_0 a^4}$ ② $\frac{Q^2}{32\pi^2\epsilon_0 a^4}$
③ $\frac{Q^2}{16\pi^2\epsilon_0 a^4}$ ④ $\frac{Q^2}{8\pi^2\epsilon_0 a^4}$

풀이 구도체 표면의 전계의 세기 $E = \frac{Q}{4\pi\epsilon_0 a^2}$

따라서 구도체 표면에 작용하는 정전응력은

$$f = \frac{1}{2}\epsilon_0 E^2 = \frac{1}{2}\epsilon_0\left(\frac{Q}{4\pi\epsilon_0 a^2}\right)^2$$
$$= \frac{Q^2}{32\pi^2\epsilon_0 a^4}[N/m^2]$$ **답 ②**

---

13 두께 d[m]인 판상 유전체의 양면 사이에 150[V]의 전압을 가하였을 때 내부에서의 전계가 3×10^4[V/m]이었다. 이 판상 유전체의 두께는 몇 [mm]인가?

① 2 ② 5
③ 10 ④ 20

풀이 $V = Ed$[V]에서 유전체의 두께
$d = \frac{V}{E} = \frac{150}{3 \times 10^4} = 0.005$[m] = 5[mm]   **답 ②**

---

14 비투자율이 μ_r인 철제 무단 솔레노이드가 있다. 평균 자로의 길이를 l[m]라 할 때 솔레노이드에 공극(air gap) l_0[m]를 만들어 자기저항을 원래의 2배로 하려면 얼마만한 공극을 만들면 되는가? (단, $\mu_r \gg 1$이고, 자기력은 일정하다고 한다.)

① $l_0 = \frac{l}{2}$ ② $l_0 = \frac{l}{\mu_r}$
③ $l_0 = \frac{l}{2\mu_r}$ ④ $l_0 = 1 + \frac{l}{\mu_r}$

풀이 공극이 없는 전부 철심인 경우
단면적을 A라 하면 자기 저항은 $R_m = \frac{l}{\mu A}$이고,

공극 l_0가 존재하는 경우 자기 저항은 철심부 자기저항과 공극부 자기저항의 직렬 접속이므로

$R'_m = \dfrac{l-l_0}{\mu A} + \dfrac{l_0}{\mu_0 A}$ 가 된다.

$l \gg l_0$인 경우

$R'_m = \dfrac{l}{\mu A} + \dfrac{l_0}{\mu_0 A} = \dfrac{l}{\mu A}\left(1 + \dfrac{\mu l_0}{\mu_0 l}\right)$ 가 되므로

$\dfrac{R'_m}{R_m} = 1 + \dfrac{\mu l_0}{\mu_0 l} = 1 + \dfrac{l_0}{l}\mu_r = 2$배이다.

따라서 $l_0 = \dfrac{l}{\mu_r}$ [m]   답 ②

15 반지름이 각각 $a = 0.2$[m], $b = 0.5$[m] 되는 동심구 간에 고유저항 $\rho = 2 \times 10^{12}$[$\Omega \cdot$m], 비유전율 $\epsilon_s = 100$인 유전체를 채우고 내외 동심구 간에 150[V]의 전위차를 가할 때 유전체를 통하여 흐르는 누설전류는 몇 [A]인가?

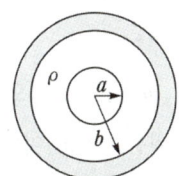

① 2.15×10^{-10} ② 3.14×10^{-10}
③ 5.31×10^{-10} ④ 6.13×10^{-10}

풀이 $RC = \epsilon\rho \to R = \dfrac{\epsilon\rho}{C_{ab}}$

$C_{ab} = \dfrac{4\pi\epsilon}{\dfrac{1}{a} - \dfrac{1}{b}}$ 이므로 $R = \dfrac{\rho}{4\pi}\left(\dfrac{1}{a} - \dfrac{1}{b}\right)$이다.

$\therefore I = \dfrac{V}{R} = \dfrac{4\pi V}{\rho\left(\dfrac{1}{a} - \dfrac{1}{b}\right)} = \dfrac{4\pi \times 150}{2 \times 10^{12} \times \left(\dfrac{1}{0.2} - \dfrac{1}{0.5}\right)}$

$= 3.14 \times 10^{-10}$[A]   답 ②

16 유전체 내의 전속밀도에 관한 설명 중 옳은 것은?

① 진전하만이다.
② 분극 전하만이다.
③ 겉보기 전하만이다.
④ 진전하와 분극 전하이다.

풀이 가우스 정리의 미분형 $\text{div}\,\boldsymbol{D} = \rho$에서 알 수 있듯이 유전체 중의 전속 밀도의 발산은 진전하 밀도 ρ만에 의해 좌우된다.   답 ①

17 전계와 자계의 위상 관계는?

① 위상이 서로 같다.
② 전계가 자계보다 90° 늦다.
③ 전계가 자계보다 90° 빠르다.
④ 전계가 자계보다 45° 빠르다.

풀이 고유임피던스 $\eta = \dfrac{E}{H} = \sqrt{\dfrac{\mu}{\epsilon}}$ 이고

$E = \eta H$에서 η가 실수이므로
E와 H는 동상이다.   답 ①

18 판자석의 세기가 P[Wb/m]되는 판자석을 보는 입체각 ω인 점의 자위는 몇 [A]인가?

① $\dfrac{P}{2\pi\mu_o\omega}$ ② $\dfrac{P\omega}{2\pi\mu_o}$
③ $\dfrac{P}{4\pi\mu_o\omega}$ ④ $\dfrac{P\omega}{4\pi\mu_o}$

풀이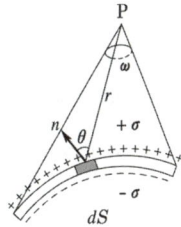

그림에서 미소 면적 dS인 소자석에 의한 점 P의 자위는

$dU = \dfrac{1}{4\pi\mu_0} \cdot \dfrac{PdS\cos\theta}{r^2}$

$= \dfrac{P}{4\pi\mu_0} \cdot \dfrac{dS\cos\theta}{r^2}$[A]

따라서 판 전체에 의한 자위는

$U = \dfrac{P}{4\pi\mu_0}\displaystyle\int_s \dfrac{dS\cos\theta}{r^2}$

여기서, $\displaystyle\int_s \dfrac{dS\cos\theta}{r^2}$는 판 S가 점 P에 대하여 짓는 입체각 ω가 되므로

$\therefore U = \dfrac{P\omega}{4\pi\mu_0}$[A]   답 ④

19 진공 중에 놓인 3[μC]의 점전하에서 3[m] 되는 점의 전계는 몇 [V/m]인가?

① 100　　② 1000
③ 300　　④ 3000

풀이 점의 전계
$$E = \frac{Q}{4\pi\epsilon_0 r^2} = 9\times 10^9 \times \frac{Q}{r^2}$$
$$= 9\times 10^9 \times \frac{3\times 10^{-6}}{3^2} = 3000[\text{V/m}]$$

답 ④

20 진공 중 1[C]의 전하에 대한 정의로 옳은 것은? (단, Q_1, Q_2는 전하이며, F는 작용력이다.)

① $Q_1 = Q_2$, 거리 1[m], 작용력 $F = 9\times 10^9$[N]일 때이다.
② $Q_1 < Q_2$, 거리 1[m], 작용력 $F = 6\times 10^4$[N]일 때이다.
③ $Q_1 = Q_2$, 거리 1[m], 작용력 $F = 1$[N]일 때이다.
④ $Q_1 > Q_2$, 거리 1[m], 작용력 $F = 1$[N]일 때이다.

풀이 쿨롱의 법칙 $F = 9\times 10^9 \frac{Q_1 Q_2}{r^2}$[N]에서 1[C]의 점전하가 1[m] 떨어져 있다면
작용력 $F = 9\times 10^9 \frac{Q_1 Q_2}{r^2} = 9\times 10^9 \times \frac{1\times 1}{1^2}$
$= 9\times 10^9$[N]이다.

답 ①

2016년 - 2회 _ 전기산업기사

01 10^{-5}[Wb]와 1.2×10^{-5}[Wb]의 점자극을 공기 중에서 2[cm] 거리에 놓았을 때 극 간에 작용하는 힘은 약 몇 [N]인가?

① 1.9×10^{-2}　　② 1.9×10^{-3}
③ 3.8×10^{-2}　　④ 3.8×10^{-3}

풀이
$$F = \frac{1}{4\pi\mu_0} \cdot \frac{m_1 m_2}{r^2}$$
$$= 6.33\times 10^4 \times \frac{10^{-5}\times 1.2\times 10^{-5}}{0.02^2}$$
$$\fallingdotseq 1.9\times 10^{-2}[\text{N}]$$

답 ①

02 간격 d[m]로 평행한 무한히 넓은 2개의 도체판에 각각 단위면적마다 $+\sigma$[C/m²], $-\sigma$[C/m²]의 전하가 대전되어 있을 때 두 도체 간의 전위차는 몇 [V]인가?

① 0　　② ∞
③ $\frac{\sigma}{\epsilon_0}d$　　④ $\frac{\sigma}{2\epsilon_0}d$

풀이 전하 밀도 σ[C/m²]에서 나오는 전기력선 밀도 $\frac{\sigma}{\epsilon_0}$[개/m²] $= \frac{\sigma}{\epsilon_0}$[V/m] (전계의 세기 E)이므로
$$\therefore V = Ed = \frac{\sigma}{\epsilon_0}d[\text{V}]$$

답 ③

03 비유전률 ϵ_s에 대한 설명으로 옳은 것은?

① ϵ_s의 단위는 [C/m]이다.
② ϵ_s는 항상 1보다 작은 값이다.
③ ϵ_s는 유전체의 종류에 따라 다르다.
④ 진공의 비유전율은 0이고, 공기의 비유전율은 1이다.

풀이
① 비유전율은 진공의 유전율과 다른 절연물의 유전율과의 비이다.
② 모든 유전체의 비유전율은 1보다 크다.
③ 비유전율은 유전체의 종류에 따라 다르다.
④ 진공의 비유전율은 1, 공기의 비유전율은 1.000586이다.

답 ③

04 전자장에 대한 설명으로 틀린 것은?

① 대전된 입자에서 전기력선이 발산 또는 흡수한다.
② 전류(전하이동)는 순환형의 자기장을 이루고 있다.
③ 자석은 독립적으로 존재하지 않는다.
④ 운동하는 전자는 자기장으로부터 힘을 받지 않는다.

풀이 운동 전하 q에 전계와 자계가 동시에 작용하고 있으면 전체적으로
$$F = q(E + v \times B)[N]$$
의 전자력을 받으며, 이렇듯 자계 내에서 운동 전하가 받는 힘을 로렌츠의 힘이라고 한다. **답** ④

05 영구자석의 재료로 사용되는 철에 요구되는 사항으로 옳은 것은?

① 잔류자속밀도는 작고 보자력이 커야 한다.
② 잔류자속밀도와 보자력이 모두 커야 한다.
③ 잔류자속밀도는 크고 보자력이 작아야 한다.
④ 잔류자속밀도는 커야 하나, 보자력이 0이어야 한다.

풀이
- 자심 재료 : 히스테리시스 곡선의 면적 및 보자력은 작고 잔류자기는 커야 한다.
- 영구자석 재료 : 히스테리시스 곡선의 면적 및 보자력과 잔류자기도 모두 커야 한다. **답** ②

06 온도가 20[℃]일 때 저항률의 온도계수가 가장 작은 금속은?

① 금　　② 철
③ 알루미늄　　④ 백금

풀이 고유저항과 저항온도계수(20[℃])

금속	$\rho \times 10^{-8}[\Omega \cdot m]$	저항온도계수(α_{20})
금	2.44	0.0034
알루미늄	2.83	0.0042
철	10	0.0050
백금	10.5	0.0030

일반적으로 온도계수가 작은 금속일수록 저항도 크고 경도도 큰 금속이다. **답** ④

07 100[mH]의 자기인덕턴스를 갖는 코일에 10[A]의 전류를 통할 때 축적되는 에너지는 몇 [J]인가?

① 1　　② 5
③ 50　　④ 1000

풀이 자기에너지
$$W = \frac{1}{2}LI^2 = \frac{1}{2} \times 100 \times 10^{-3} \times 10^2 = 5[J]$$
답 ②

08 대전도체의 성질로 가장 알맞은 것은?

① 도체 내부에 정전에너지가 저축된다.
② 도체 표면의 정전응력은 $\frac{\sigma^2}{2\epsilon_0}[N/m^2]$이다.
③ 도체 표면의 전계의 세기는 $\frac{\sigma^2}{\epsilon_0}[V/m]$이다.
④ 도체의 내부전위와 도체 표면의 전위는 다르다.

풀이
- 전하는 도체 내부에는 존재하지 않고, 도체 표면에만 분포한다.
- 도체 표면의 전하 밀도를 $\sigma[c/m^2]$이라 하면 표면상의 정전응력은 $\frac{\sigma^2}{2\epsilon_0}[N/m^2]$이다.
- 도체 표면의 전계는 $E = \frac{\sigma}{\epsilon_0}[V/m]$이다.
- 도체 표면과 내부의 전위는 동일하고(등전위), 표면은 등전위면이다.
- 도체 면에서의 전계의 세기는 도체 표면(등전위면)에 항상 수직이다. **답** ②

09 각종 전기기기에 접지하는 이유로 가장 옳은 것은?

① 편의상 대지는 전위가 영상 전위이기 때문이다.
② 대지는 습기가 있기 때문에 전류가 잘 흐르기 때문이다.
③ 영상전하로 생각하여 땅속은 음(-) 전하이기 때문이다.
④ 지구의 정전용량이 커서 전위가 거의 일정하기 때문이다.

풀이 지구는 정전 용량이 크므로 많은 전하가 축적되어도 지구의 전위는 일정하다. 따라서 대지를 실용상 영전위로 한다. **답** ④

10 그림과 같이 영역 $y \leq 0$은 완전 도체로 위치해 있고, 영역 $y \geq 0$은 완전 유전체로 위치해 있을 때, 만일 경계 무한 평면의 도체면상에 면전하 밀도 $\rho_s = 2[\text{nC/m}^2]$가 분포되어 있다면 P점 $(-4, 1, -5)[\text{m}]$의 전계의 세기[V/m]는?

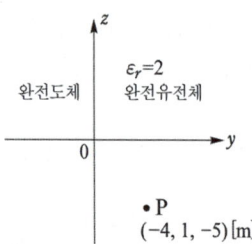

① $18\pi a_y$ ② $36\pi a_y$
③ $-54\pi a_y$ ④ $72\pi a_y$

풀이
- 완전도체에서 전하는 z축면 상에만 균일분포
- 전기력선은 도체외부의 수직 방향인 유전체 내부로 진행(a_y 방향)
- 유전체 내부는 평등전계이므로 P점에 관계없이 어느 점이나 전계는 일정

$\rho_s = 2 \times 10^{-9} [\text{C/m}^2]$

$\dfrac{1}{\epsilon_0} = 36\pi \times 10^9 \ (\because \dfrac{1}{4\pi\epsilon_0} = 9 \times 10^9)$

$\epsilon_r = 2$이므로 전계의 세기(크기)

$E = \dfrac{\rho_s}{\epsilon} = \dfrac{\rho_s}{\epsilon_0 \epsilon_r} = 36\pi \times 10^9 \times \dfrac{2 \times 10^{-9}}{2}$
$= 36\pi [\text{V/m}]$

따라서 전계의 세기(벡터)
$\boldsymbol{E} = E a_y = 36\pi a_y [\text{V/m}]$

답 ②

11 그림과 같이 도선에 전류 $I[\text{A}]$를 흘릴 때 도선의 바로 밑에 자침이 이 도선과 나란히 놓여 있다고 하면 자침의 N극의 회전력의 방향은?

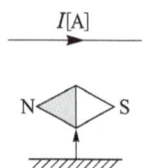

① 지면을 뚫고 나오는 방향이다.
② 지면을 뚫고 들어가는 방향이다.
③ 좌측에서 우측으로 향하는 방향이다.
④ 우측에서 좌측으로 향하는 방향이다.

풀이
① 암페어 오른나사 법칙에 의해 도선 아래의 자기장 방향 : ⊗ (지면 위→아래)
② 자침의 N극의 방향은 자기장 방향과 일치하므로 지면 위에서 아래로 향하는 방향으로 회전력 작용

답 ②

12 점전하 $Q[\text{C}]$에 의한 무한평면 도체의 영상전하는?

① $Q[\text{C}]$보다 작다.
② $Q[\text{C}]$보다 크다.
③ $-Q[\text{C}]$와 같다.
④ 0

풀이

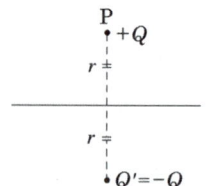

무한평면으로부터 $r[\text{m}]$ 떨어진 P점에 점전하 $+Q[\text{C}]$가 있는 경우 영상전하는 무한평면 뒤쪽으로 점 P의 대칭점에 존재하며, 그 크기는 점전하와 같고 부호는 반대로 $Q' = -Q[\text{C}]$이다.

답 ③

13 공간 도체 내에서 자속이 시간적으로 변할 때 성립되는 식은?

① $\text{rot } \boldsymbol{E} = \dfrac{\partial \boldsymbol{H}}{\partial t}$ ② $\text{rot } \boldsymbol{E} = -\dfrac{\partial \boldsymbol{B}}{\partial t}$

③ $\text{div } \boldsymbol{E} = -\dfrac{\partial \boldsymbol{B}}{\partial t}$ ④ $\text{div } \boldsymbol{E} = -\dfrac{\partial \boldsymbol{H}}{\partial t}$

풀이 맥스웰의 제2 기본방정식
$\text{rot } \boldsymbol{E} = -\dfrac{\partial \boldsymbol{B}}{\partial t}$

답 ②

14 두 자성체 경계면에서 정자계가 만족하는 것은?

① 자계의 법선성분이 같다.
② 자속밀도의 접선성분이 같다.
③ 자속은 투자율이 작은 자성체에 모인다.
④ 양측 경계면상의 두 점 간의 자위차가 같다.

풀이

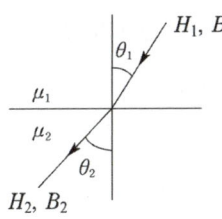

① 자계의 세기는 경계면에서 접선성분이 같다.
 $H_1 \sin\theta_1 = H_2 \sin\theta_2$
② 자속 밀도는 경계면에서 법선성분이 같다.
 $B_1 \cos\theta_1 = B_2 \cos\theta_2$
③ 굴절각 $\dfrac{\tan\theta_1}{\tan\theta_2} = \dfrac{\mu_1}{\mu_2}$
④ 두 경계면에서의 자위는 서로 같다. ($V_1 = V_2$)
⑤ 자속은 투자율이 높은 쪽으로 모이려는 성질이 있다.

답 ④

15 환상 솔레노이드 코일에 흐르는 전류가 2[A]일 때 자로의 자속이 1×10^{-2}[Wb]라고 한다. 코일의 권수를 500회라 할 때 이 코일의 자기 인덕턴스는 몇 [H]인가?

① 2.5 ② 3.5
③ 4.5 ④ 5.5

풀이 자기 인덕턴스
$L = \dfrac{N\phi}{I} = \dfrac{500 \times 1 \times 10^{-2}}{2} = 2.5$[H]

답 ①

16 자속밀도가 B인 곳에 전하 Q, 질량 m인 물체가 자속밀도 방향과 수직으로 입사한다. 속도를 2배로 증가시키면, 원운동의 주기는 몇 배가 되는가?

① 1/2 ② 1
③ 2   ④ 4

풀이 작용하는 힘 $F = BQv = \dfrac{mv^2}{r}$에서
$v = r\omega$ 이므로
$BQ = \dfrac{mv}{r} = \dfrac{mr\omega}{r} = m\omega = m \cdot 2\pi f \rightarrow f = \dfrac{BQ}{2\pi m}$
∴ $T = \dfrac{1}{f} = \dfrac{2\pi m}{BQ}$ [s]
주기의 식에 속도 v가 없으므로 주기는 속도의 변화에 관계가 없다.

답 ②

17 대지 중의 두 전극 사이에 있는 어떤 점의 전계의 세기가 6[V/cm], 지면의 도전율이 10^{-4} [℧/cm]일 때 이 점의 전류 밀도는 몇 [A/cm²]인가?

① 6×10^{-4} ② 6×10^{-3}
③ 6×10^{-2} ④ 6×10^{-1}

풀이 전류 밀도
$i = KE = 10^{-4} \times 6 = 6 \times 10^{-4}$[A/cm²]

답 ①

18 표피효과에 관한 설명으로 옳은 것은?

① 주파수가 낮을수록 침투깊이는 작아진다.
② 전도도가 작을수록 침투깊이는 작아진다.
③ 표피효과는 전계 혹은 전류가 도체 내부로 들어갈수록 지수함수적으로 적어지는 현상이다.
④ 도체 내부의 전계의 세기가 도체 표면의 전계 세기의 1/2까지 감쇠되는 도체 표면에서 거리를 표피 두께라 한다.

풀이
• 표피효과 : 전류의 주파수가 증가 할수록 도체 내부의 전류밀도가 지수 함수적으로 감소되는 현상
• 표피 두께 또는 침투 깊이
 $\delta = \sqrt{\dfrac{2}{\omega\sigma\mu}} = \sqrt{\dfrac{1}{\pi f \sigma \mu}}$ [m]이므로
 f(주파수), σ(도전율), μ(투자율)가 클수록 δ가 작게 되어 표피 효과가 심해진다.

답 ③

19 진공 중에서 1[μF]의 정전용량을 갖는 구의 반지름은 몇 [km]인가?

① 0.9 ② 9
③ 90   ④ 900

풀이 구도체의 정전용량
$C = 4\pi\epsilon_0 a = \dfrac{1}{9 \times 10^9} \times a$ 이므로
∴ $a = 9 \times 10^9 C = 9 \times 10^9 \times 1 \times 10^{-6}$
 $= 9 \times 10^3$[m] = 9[km]

답 ②

20 그림과 같은 환상철심에 A, B 의 코일이 감겨 있다. 전류 I가 120[A/s]로 변화할 때, 코일 A 에 90[V], 코일 B에 40[V]의 기전력이 유도된 경우, 코일 A의 자기 인덕턴스 L_1[H]과 상호 인덕턴스 M[H]의 값은 얼마인가?

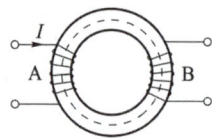

① $L_1 = 0.75$, $M = 0.33$
② $L_1 = 1.25$, $M = 0.7$
③ $L_1 = 1.75$, $M = 0.9$
④ $L_1 = 1.95$, $M = 1.1$

풀이 $\frac{dI_1}{dt} = 120$[A/s] 일 때
$e_1 = 90$[V], $e_2 = 40$[V]이므로

- 자기 인덕턴스 : $e_1 = L_1 \frac{dI_1}{dt}$ 이므로

$$L_1 = \frac{e_1}{\frac{dI_1}{dt}} = \frac{90}{120} = 0.75[H]$$

- 상호 인덕턴스 : $e_2 = M \frac{dI_1}{dt}$ 이므로

$$M = \frac{e_2}{\frac{dI_1}{dt}} = \frac{40}{120} = 0.33[H]$$

답 ①

2016년 3회 _ 전기산업기사

01 환상 철심에 감은 코일에 5[A]의 전류를 흘리면 2000[AT]의 기자력이 생긴다면 코일의 권수는 얼마로 하여야 하는가?
① 100회 ② 200회
③ 300회 ④ 400회

풀이 기자력 $F = NI$ 에서
$$\therefore N = \frac{F}{I} = \frac{2000}{5} = 400[회]$$

답 ④

02 임의의 점의 전계가 $E = iE_x + jE_y + kE_z$ 로 표시되었을 때, $\frac{\partial E_x}{\partial x} + \frac{\partial E_y}{\partial y} + \frac{\partial E_z}{\partial z}$ 와 같은 의미를 갖는 것은?
① $\nabla \times E$ ② $\nabla^2 E$
③ $\nabla \cdot E$ ④ grad$|E|$

풀이 벡터의 발산
$$\nabla \cdot E = \left(i\frac{\partial}{\partial x} + j\frac{\partial}{\partial y} + k\frac{\partial}{\partial z}\right) \cdot (iE_x + jE_y + kE_z)$$
$$= \frac{\partial E_x}{\partial x} + \frac{\partial E_y}{\partial y} + \frac{\partial E_z}{\partial z} = \text{div} E$$

답 ③

03 도체의 저항에 대한 설명으로 옳은 것은?
① 도체의 단면적에 비례한다.
② 도체의 길이에 반비례한다.
③ 저항률이 클수록 저항은 적어진다.
④ 온도가 올라가면 저항값이 증가한다.

풀이 ① 저항 $R = \rho \frac{l}{S}$ 이므로 고유저항(또는 저항률)과 길이에 비례하며, 단면적에 반비례한다.
② 금속 도체의 전기 저항은 온도 상승에 따라 증가한다.

답 ④

04 x축 상에서 $x = $1[m], 2[m], 3[m], 4[m]인 각 점에 2[nC], 4[nC], 6[nC], 8[nC]의 점전하가 존재할 때 이들에 의하여 전계 내에 저장되는 정전 에너지는 몇 [nJ]인가?
① 483   ② 644
③ 725   ④ 966

풀이 각 점전하에서의 전압을 순서대로 V_1, V_2, V_3, V_4라 하고, 중첩의 정리를 적용하면
$$V_1 = \sum_i \frac{Q_i}{4\pi\epsilon_0 r_i} = \frac{1}{4\pi\epsilon_0}\left(\frac{4}{1} + \frac{6}{2} + \frac{8}{3}\right) \times 10^{-6}$$
$$= 9 \times 10^9 \times \left(\frac{4}{1} + \frac{6}{2} + \frac{8}{3}\right) \times 10^{-9} = 87[V]$$
$$V_2 = 9 \times 10^9 \times \left(\frac{2}{1} + \frac{6}{1} + \frac{8}{2}\right) \times 10^{-9} = 108[V]$$
$$V_3 = 9 \times 10^9 \times \left(\frac{2}{2} + \frac{4}{1} + \frac{8}{1}\right) \times 10^{-9} = 117[V]$$

$$V_4 = 9 \times 10^9 \times \left(\frac{2}{3} + \frac{4}{2} + \frac{6}{1}\right) \times 10^{-9} = 78[V]$$

따라서 전체 축적 에너지

$$W = \sum \frac{1}{2} Q_i V_i = \frac{1}{2}(Q_1 V_1 + Q_2 V_2 + Q_3 V_3 + Q_4 V_4)$$
$$= \frac{1}{2}(2 \times 87 + 4 \times 108 + 6 \times 117 + 8 \times 78) \times 10^{-9}$$
$$= 966[nJ]$$

답 ④

05 진공 중에 10^{-10}[C]의 점전하가 있을 때 전하에서 2[m] 떨어진 점의 전계는 몇 [V/m]인가?

① 2.25×10^{-1} ② 4.50×10^{-1}
③ 2.25×10^{-2} ④ 4.50×10^{-2}

풀이 점전하에 의한 전계의 세기

$$E = 9 \times 10^9 \frac{Q}{r^2} = 9 \times 10^9 \times \frac{10^{-10}}{2^2}$$
$$= 2.25 \times 10^{-1} [V/m]$$

답 ①

06 유전체 내의 전계 E와 분극의 세기 P의 관계식은?

① $P = \epsilon_o(\epsilon_s - 1)E$
② $P = \epsilon_s(\epsilon_o - 1)E$
③ $P = \epsilon_o(\epsilon_s + 1)E$
④ $P = \epsilon_s(\epsilon_o + 1)E$

풀이 전계 $E = \dfrac{\sigma - \sigma_p}{\epsilon_0} = \dfrac{D - P}{\epsilon_0}$[V/m]

전속밀도 $D = \epsilon_0 E + P = \epsilon_0 \epsilon_s E$ [C/m²]

따라서 <u>분극의 세기</u> $P = \epsilon_0(\epsilon_s - 1)E$ [C/m²]

여기서, σ : 진전하, σ_p : 속박전하
$\sigma - \sigma_p$: 자유전하

답 ①

07 일반적으로 도체를 관통하는 자속이 변화하든가 또는 자속과 도체가 상대적으로 운동하여 도체 내의 자속이 시간적 변화를 일으키면, 이 변화를 막기 위하여 도체 내에 국부적으로 형성되는 임의의 폐회로를 따라 전류가 유기되는데 이 전류를 무엇이라 하는가?

① 변위전류 ② 대칭전류
③ 와전류   ④ 도전전류

풀이 와전류는 도체 내에 국부적으로 흐르는 맴돌이 전류로 $\text{rot } i = -K\dfrac{\partial \boldsymbol{B}}{\partial t}$로 자속의 변화를 방해하기 위한 역자속을 만드는 전류이다. 따라서 이 전류는 자속의 수직되는 면을 회전한다.

답 ③

08 철심이 들어있는 환상코일이 있다. 1차 코일의 권수 $N_1 = 100$회일 때 자기인덕턴스는 0.01[H]였다. 이 철심에 2차 코일 $N_2 = 200$회를 감았을 때 1, 2차 코일의 상호인덕턴스는 몇 [H]인가? (단, 이 경우 결합계수 $k = 1$로 한다.)

① 0.01 ② 0.02
③ 0.03 ④ 0.04

풀이 $L_1 = \dfrac{N_1^2}{R_m}$[H], $M = \dfrac{N_1 N_2}{R_m}$[H]에서

$R_m = \dfrac{N_1^2}{L_1} = \dfrac{N_1 N_2}{M}$[H]이므로

상호 인덕턴스 $M = L_1 \dfrac{N_2}{N_1}$[H]이다.

여기에
$N_1 = 100$회, $N_2 = 200$회,
$L_A = 0.01$[H]를 대입하면

$M = L_1 \dfrac{N_2}{N_1} = 0.01 \times \dfrac{200}{100} = 0.02$[H]

답 ②

09 정전용량 5[μF]인 콘덴서를 200[V]로 충전하여 자기인덕턴스 20[mH], 저항 0[Ω]인 코일을 통해 방전할 때 생기는 전기진동 주파수는 약 몇 [Hz]이며, 코일에 축적되는 에너지는 몇 [J]인가?

① 50[Hz], 1[J]   ② 500[Hz], 0.1[J]
③ 500[Hz], 1[J]   ④ 5000[Hz], 0.1[J]

풀이 • 진동 주파수

$$f = \frac{1}{2\pi\sqrt{LC}} = \frac{1}{2\pi \times \sqrt{20 \times 10^{-3} \times 5 \times 10^{-6}}}$$
$$= 503 \fallingdotseq 500[Hz]$$

• 코일에 축적되는 에너지

$$W = \frac{1}{2}CV^2 = \frac{1}{2} \times 5 \times 10^{-6} \times 200^2$$
$$= 0.1[J]$$

답 ②

10 내압과 용량이 각각 200[V] 5[μF], 300[V] 4[μF], 400[V] 3[μF], 500[V] 3[μF]인 4개의 콘덴서를 직렬연결하고, 양단에 직류전압을 가하여 전압을 서서히 상승시키면 최초로 파괴되는 콘덴서는? (단, 콘덴서의 재질이나 형태는 동일하다.)

① 200[V] 5[μF]   ② 300[V] 4[μF]
③ 400[V] 3[μF]   ④ 500[V] 3[μF]

풀이 직렬 회로에서 각 콘덴서의 전하용량이 작을수록 빨리 파괴된다.
$Q_1 = C_1 \times V_1 = 5 \times 10^{-6} \times 200 = 1 \times 10^{-3}$[C]
$Q_2 = C_2 \times V_2 = 4 \times 10^{-6} \times 300 = 1.2 \times 10^{-3}$[C]
$Q_3 = C_3 \times V_3 = 3 \times 10^{-6} \times 400 = 1.2 \times 10^{-3}$[C]
$Q_4 = C_4 \times V_4 = 3 \times 10^{-6} \times 500 = 1.5 \times 10^{-3}$[C]
따라서 전하용량이 $Q_4 > Q_3 = Q_2 > Q_1$이므로 전하용량이 가장 작은 200[V] 5[μF]의 콘덴서가 가장 빨리 파괴된다. **답** ①

11 무한히 넓은 2개의 평행 도체판의 간격이 d[m]이며 그 전위차는 V[V]이다. 도체판의 단위면적에 작용하는 힘은 몇 [N/m²]인가? (단, 유전율은 ϵ_0이다.)

① $\epsilon_0 \left(\dfrac{V}{d}\right)^2$ ② $\dfrac{1}{2}\epsilon_0 \left(\dfrac{V}{d}\right)^2$
③ $\dfrac{1}{2}\epsilon_0 \left(\dfrac{V}{d}\right)$ ④ $\epsilon_0 \left(\dfrac{V}{d}\right)$

풀이 도체 표면의 정전 응력(단위 면적당 작용력)
$F = \dfrac{1}{2}\epsilon_0 E^2 = \dfrac{1}{2}\epsilon_0 \left(\dfrac{V}{d}\right)^2$ [N/m²] **답** ②

12 내경 a[m], 외경 b[m]인 동심구 콘덴서의 내구를 접지했을 때의 정전용량은 몇 [F]인가?

① $C = 4\pi\epsilon_0 \dfrac{b^2}{b-a}$ ② $C = 4\pi\epsilon_0 \dfrac{a^2}{b-a}$
③ $C = 4\pi\epsilon_0 \dfrac{ab}{b-a}$ ④ $C = 4\pi\epsilon_0 \dfrac{b-a}{ab}$

풀이 • 내구가 접지된 동심구 콘덴서의 정전용량
$C = 4\pi\epsilon_0 \dfrac{b^2}{b-a}$[F]

• 내구는 절연, 외구는 접지된 동심구 콘덴서의 정전용량
$C = 4\pi\epsilon_0 \dfrac{ab}{a-b}$[F] **답** ①

13 평등 자계 내에 놓여 있는 전류가 흐르는 직선 도선이 받는 힘에 대한 설명으로 틀린 것은?

① 힘은 전류에 비례한다.
② 힘은 자장의 세기에 비례한다.
③ 힘은 도선의 길이에 반비례한다.
④ 힘은 전류의 방향과 자장의 방향과의 사이각의 정현에 관계된다.

풀이 플레밍의 왼손 법칙
자속밀도가 B[Wb/m²]인 자계 중에 길이를 l의 도체를 놓고 I[A]의 전류를 흘릴 경우 자계 내에서 도체가 받는 힘의 크기 $F = BIl\sin\theta$[N]이다.
따라서 힘은 도선의 길이에 비례한다. **답** ③

14 직류 500[V] 절연저항계로 절연저항을 측정하니 2[MΩ]이 되었다면 누설전류[μA]는?

① 25   ② 250
③ 1000   ④ 1250

풀이 누설전류
$I_g = \dfrac{V}{R_g} = \dfrac{500}{2 \times 10^6} = 250 \times 10^{-6}$[A]
$= 250$[μA] **답** ②

15 그림과 같이 진공 중에 자극면적이 2[cm²], 간격이 0.1[cm]인 자성체 내에서 포화자속밀도가 2[Wb/m²]일 때 두 자극면 사이에 작용하는 힘의 크기는 약 몇 [N]인가?

① 53
② 106
③ 159
④ 318

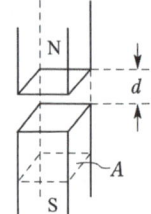

풀이 $F = \dfrac{B^2 A}{2\mu_0} = \dfrac{2^2 \times 2 \times 10^{-4}}{2 \times 4\pi \times 10^{-7}} = 318.3$[N] **답** ④

16 지름 2[m]인 구도체의 표면전계가 5[kV/mm]일 때 이 구도체의 표면에서의 전위는 몇 [kV]인가?

① 1×10^3 ② 2×10^3
③ 5×10^3 ④ 1×10^4

풀이
$$V = E \cdot r = 5 \times 10^3 \times 10^3 [\text{V/m}] \times \frac{2}{2}[\text{m}]$$
$$= 5 \times 10^6 [\text{V}] = 5 \times 10^3 [\text{kV}]$$
답 ③

17 전류가 흐르고 있는 무한 직선도체로부터 2[m]만큼 떨어진 자유공간 내 P점의 자계의 세기가 $\frac{4}{\pi}$[AT/m]일 때, 이 도체에 흐르는 전류는 몇 [A]인가?

① 2   ② 4
③ 8   ④ 16

풀이 자계의 세기 $H = \frac{I}{2\pi r}$[AT/m]이므로
$$\therefore I = 2\pi r H = 2\pi \times 2 \times \frac{4}{\pi} = 16[\text{A}]$$
답 ④

18 다음 내용은 어떤 법칙을 설명한 것인가?

> 유도 기전력의 크기는 코일 속을 쇄교하는 자속의 시간적 변화율에 비례한다.

① 쿨롱의 법칙
② 가우스의 법칙
③ 맥스웰의 법칙
④ 패러데이의 법칙

풀이 패러데이 법칙
- 유도 기전력의 크기는 폐회로에 쇄교하는 자속의 시간적 변화율에 비례한다.
- 유도 기전력 $e = -\frac{d\Phi}{dt} = -N\frac{d\phi}{dt}$

답 ④

19 공기 콘덴서의 극판 사이에 비유전율 ϵ_s의 유전체를 채운 경우, 동일 전위차에 대한 극판 간의 전하량은?

① $\frac{1}{\epsilon_s}$로 감소
② ϵ_s배로 증가
③ $\pi\epsilon_s$배로 증가
④ 불변

풀이
- $C = \frac{\epsilon S}{d}$이므로 정전용량(C)은 유전율(ϵ)과 비례한다.
- $Q = CV$이므로, 전하량(Q)은 정전용량(C)과 비례한다.

따라서 전하량(Q)과 유전율(ϵ)은 서로 비례하는 관계이므로 ϵ_s의 유전체를 채운 경우 극판 간의 전하량은 ϵ_s배로 증가한다.
답 ②

20 유전체 중을 흐르는 전도전류 i_σ와 변위전류 i_d를 같게 하는 주파수를 임계주파수 f_c, 임의의 주파수를 f라 할 때 유전손실 $\tan\delta$는?

① $\frac{f_c}{2f}$ ② $\frac{f}{2f_c}$
③ $\frac{f_c}{f}$ ④ $\frac{f}{f_c}$

풀이 전도전류 $i_\sigma = \sigma E$,
변위전류 $i_d = \omega\epsilon E$일 때,
이 둘을 같게 하면($i_\sigma = i_d$)
$\sigma E = \omega\epsilon E \rightarrow \sigma = 2\pi f_c \epsilon$ ($\because \omega = 2\pi f$)에서
임계주파수 $f_c = \frac{\sigma}{2\pi\epsilon}$

따라서 유전손실
$\tan\delta = \frac{i_\sigma}{i_d} = \frac{\sigma E}{\omega\epsilon E} = \frac{\sigma}{2\pi f \epsilon} = \frac{f_c}{f}$
답 ③

2017년 전기자기_전기산업기사

2017년 - 1회 _ 전기산업기사

01 자화의 세기 J_m [C/m²]을 자속밀도 B [Wb/m²]와 비투자율 μ_r로 나타내면?

① $J_m = (1-\mu_r)B$
② $J_m = (\mu_r - 1)B$
③ $J_m = (1 - \frac{1}{\mu_r})B$
④ $J_m = (\frac{1}{\mu_r} - 1)B$

풀이 $B = \mu_0 H + J$의 관계에서
$H = \frac{B}{\mu} = \frac{B}{\mu_0 \mu_r}$ 이므로
$J = B - \mu_0 H = \left(1 - \frac{1}{\mu_r}\right)B$ **답** ③

02 평행판 콘덴서의 양극판 면적을 3배로 하고 간격을 $\frac{1}{3}$로 줄이면 정전용량은 처음의 몇 배가 되는가?

① 1   ② 3
③ 6   ④ 9

풀이 면적 S_1, 간격 d_1인 평행판 콘덴서의 정전용량을 C_1이라 하면
$C_1 = \frac{\epsilon_0}{d_1} S_1$
문제에서 $d = \frac{1}{3} d_1$, $S = 3S_1$이므로 구하는 용량은
$\therefore C = \frac{\epsilon_0}{\frac{1}{3}d_1} \cdot 3S_1 = 9\frac{\epsilon_0}{d_1} S_1 = 9C_1$ **답** ④

03 저항 24[Ω]의 코일을 지나는 자속이 $0.6\cos 800t$ [Wb]일 때 코일에 흐르는 전류의 최댓값은 몇 [A]인가?

① 10   ② 20   ③ 30   ④ 40

풀이 $\phi = \phi_m \cos\omega t = 0.6\cos 800t$ 일 때
$e = \frac{d\phi}{dt} = \frac{d}{dt}\phi_m \cos\omega t = -\omega\phi_m \sin\omega t$ 이고,
또한 $e = E_m \sin\omega t$ [V] 이므로
$|E_m| = \omega\phi_m = 800 \times 0.6 = 480$ [V]
$\therefore$ 최대전류 $I_m = \frac{E_m}{R} = \frac{480}{24} = 20$ [A] **답** ②

04 임의의 절연체에 대한 유전율의 단위로 옳은 것은?

① F/m   ② V/m
③ N/m   ④ C/m²

풀이 ① ϵ : 유전율[F/m]
② E : 전계[V/m]
③ F : 힘[N/m]
④ D : 전속밀도[C/m²] **답** ①

05 -1.2 [C]의 점전하가 $5a_x + 2a_y - 3a_z$ [m/s]인 속도로 운동한다. 이 전하가 $B = -4a_x + 4a_y + 3a_z$ [Wb/m²]인 자계에서 운동하고 있을 때 이 전하에 작용하는 힘은 약 몇 [N]인가? (단, a_x, a_y, a_z는 단위벡터이다.)

① 10   ② 20   ③ 30   ④ 40

풀이 전하 q [C]이 속도 v [m/s]로 자계 B [Wb/m²] 내에서 운동할 때 받는 힘 F는
$F = q(v \times B)$
$= -1.2\{(5a_x + 2a_y - 3a_z) \times (-4a_x + 4a_y + 3a_z)\}$
$= -1.2 \begin{vmatrix} a_x & a_y & a_z \\ 5 & 2 & -3 \\ -4 & 4 & 3 \end{vmatrix} = -1.2(18a_x - 3a_y + 28a_z)$
$= -21.6a_x + 3.6a_y - 33.6a_z$
$\therefore F = \sqrt{21.6^2 + 3.6^2 + 33.6^2} \fallingdotseq 40$ [N] **답** ④

06 유도기전력의 크기는 폐회로에 쇄교하는 자속의 시간적 변화율에 비례한다는 법칙은?

① 쿨롱의 법칙
② 패러데이 법칙
③ 플레밍의 오른손 법칙
④ 암페어의 주회적분 법칙

풀이 ① 쿨롱의 법칙 : 두 점전하 사이에 작용하는 힘은 두 전하의 곱에 비례하고, 두 전하의 거리의 제곱에 반비례한다.
② **패러데이 법칙** : 유도 기전력의 크기는 폐회로에 쇄교하는 자속의 시간적 변화율에 비례한다.
③ 플레밍의 오른손 법칙 : 자계 중에서 도체가 운동할 때 유기 기전력의 방향을 결정
④ 암페어의 주회적분 법칙 : 임의의 폐곡선에 대한 자계의 선적분은 이 폐곡선을 관통하는 전류와 같다.

답 ②

07 평행판 공기콘덴서 극판 간에 비유전율 6인 유리판을 일부만 삽입한 경우, 유리판과 공기 간의 경계면에서 발생하는 힘은 약 몇 [N/m²]인가? (단, 극판간의 전위경도는 30[kV/cm]이고, 유리판의 두께는 평행판 간 거리와 같다.)

① 199
② 223
③ 247
④ 269

풀이 두 유전체의 경계면에 전속 및 전기력선이 평행으로 입사하므로 전계 E는 일정하다. 즉, 경계면에 작용하는 단위 면적당 힘 f는

$$f = \frac{1}{2}(D_2 - D_1)E = \frac{1}{2}(\epsilon_2 E - \epsilon_1 E)E$$
$$= \frac{1}{2}(\epsilon_2 - \epsilon_1)E^2$$
$$\therefore f = \frac{1}{2}(6\epsilon_0 - \epsilon_0)E^2 = \frac{5}{2}\epsilon_0 E^2$$
$$= \frac{5}{2} \times 8.85 \times 10^{-12} \times (3 \times 10^6)^2$$
$$= 199[\text{N/m}^2]$$

답 ①

08 비유전율이 4이고, 전계의 세기가 20[kV/m]인 유전체 내의 전속밀도는 약 몇 [μC/m²]인가?

① 0.71
② 1.42
③ 2.83
④ 5.28

풀이 $D = \epsilon_0 \epsilon_s E = 8.855 \times 10^{-12} \times 4 \times 20 \times 10^3$
$= 0.71 \times 10^{-6}[\text{C/m}^2] = 0.71[\mu\text{C/m}^2]$

답 ①

09 극판면적 10[cm²], 간격 1[mm]인 평행판 콘덴서에 비유전율이 3인 유전체를 채웠을 때 전압 100[V]를 가하면 축적되는 에너지는 약 몇 [J]인가?

① 1.32×10^{-7}
② 1.32×10^{-9}
③ 2.64×10^{-7}
④ 2.64×10^{-9}

풀이
$$C = \frac{\epsilon_0 \epsilon_s}{d} \cdot s$$
$$= 8.855 \times 10^{-12} \times \frac{3 \times 10 \times 10^{-4}}{10^{-3}}$$
$$= 26.56 \times 10^{-12}[\text{F}]$$
$$\therefore W = \frac{1}{2}CV^2 = \frac{1}{2} \times 26.56 \times 10^{-12} \times 100^2$$
$$= 1.32 \times 10^{-7}[\text{J}]$$

답 ①

10 0.2[Wb/m²]의 평등자계 속에 자계와 직각 방향으로 놓인 길이 30[cm]의 도선을 자계와 30°의 방향으로 30[m/s]의 속도로 이동시킬 때 도체 양단에 유기되는 기전력은 몇 [V]인가?

① 0.45
② 0.9
③ 1.8
④ 90

풀이 유기기전력
$e = Blv\sin\theta = 0.2 \times 0.3 \times 30 \times \sin 30°$
$= 0.9[\text{V}]$

답 ②

11 전기 쌍극자에서 전계의 세기(E)와 거리(r)와의 관계는?

① E는 r^2에 반비례
② E는 r^3에 반비례
③ E는 $r^{\frac{3}{2}}$에 반비례
④ E는 $r^{\frac{5}{2}}$에 반비례

풀이
- 전기 쌍극자에 의한 전위
$$V = \frac{M\cos\theta}{4\pi\epsilon_0 r^2}[\text{V}] \propto \frac{1}{r^2}$$
- 전기 쌍극자에 의한 전계
$$E = \frac{M\sqrt{1+3\cos^2\theta}}{4\pi\epsilon_0 r^3}[\text{V/m}] \propto \frac{1}{r^3}$$

답 ②

12 대전도체 표면의 전하밀도를 $\sigma[\text{C/m}^2]$이라 할 때, 대전도체 표면의 단위면적이 받는 정전응력은 전하밀도 σ와 어떤 관계에 있는가?

① $\sigma^{\frac{1}{2}}$에 비례 ② $\sigma^{\frac{3}{2}}$에 비례
③ σ에 비례 ④ σ^2에 비례

풀이 정전 에너지
$$W = \frac{Q^2}{2C} = \frac{Q^2}{2\left(\frac{\epsilon_0 S}{d}\right)} = \frac{Q^2 d}{2\epsilon_0 S} = \frac{\sigma^2 d}{2\epsilon_0} S[\text{J}]$$
∴ 정전응력
$$F = -\frac{\partial W}{\partial d} = -\frac{\sigma^2}{2\epsilon_0} S[\text{N}] \propto \sigma^2$$

답 ④

13 단면적이 같은 자기회로가 있다. 철심의 투자율을 μ라 하고 철심회로의 길이를 l이라 한다. 지금 그 일부에 미소공극 l_0을 만들었을 때 자기회로의 자기저항은 공극이 없을 때의 약 몇 배인가? (단, $l \gg l_0$이다.)

① $1 + \frac{\mu l}{\mu_0 l_0}$ ② $1 + \frac{\mu l_0}{\mu_0 l}$
③ $1 + \frac{\mu_0 l}{\mu l_0}$ ④ $1 + \frac{\mu_0 l_0}{\mu l}$

풀이 투자율 μ인 자기저항 $R_\mu = \frac{l}{\mu A}$
여기서, A는 철심의 단면적. 미소공극은 l_0이므로 철심의 길이는 $l - l_0 \fallingdotseq l$이라 하면
이때의 자기저항은
$$R_m = R_1 + R_2 = \frac{l_0}{\mu_0 A} + \frac{l}{\mu A}$$
$$\therefore \frac{R_m}{R_\mu} = 1 + \frac{\mu l_0}{\mu_0 l} = 1 + \frac{l_0}{l}\mu_s$$

답 ②

14 그림과 같이 도체구 내부 공동의 중심에 점전하 $Q[\text{C}]$가 있을 때 이 도체구의 외부로 발산되어 나오는 전기력선의 수는? (단, 도체 내외의 공간은 진공이라 한다.)

① 4π
② $\frac{Q}{\epsilon_o}$
③ Q
④ $\epsilon_0 Q$

풀이 전하 분포는 도체구 공동부의 전하 Q에 의해 내측 표면에 $-Q$, 외측 표면에 Q가 유도된다. 이에 따라 전기력선 분포는 도체구 내부에는 존재하지 않고, 도체구의 공동구와 외부에 존재하고 발산한다.
따라서 도체 외측 표면 전하 Q에 의한 외부의 전속 $\phi = Q$이고, **전기력선의 수** $N = \frac{Q}{\epsilon_o}$이다.

답 ②

15 전자파 파동 임피던스 관계식으로 옳은 것은?

① $\sqrt{\epsilon}H = \sqrt{\mu}E$
② $\sqrt{\epsilon\mu} = EH$
③ $\sqrt{\mu}H = \sqrt{\epsilon}E$
④ $\epsilon\mu = EH$

풀이 $\frac{E}{H} = \sqrt{\frac{\mu}{\epsilon}} = \sqrt{\frac{\mu_0}{\epsilon_0}}\sqrt{\frac{\mu_r}{\epsilon_r}} = 377\sqrt{\frac{\mu_r}{\epsilon_r}}$ 이므로,
$\sqrt{\mu}H = \sqrt{\epsilon}E$

답 ③

16 $E = xi - yj[\text{V/m}]$일 때 점 $(3, 4)[\text{m}]$를 통과하는 전기력선의 방정식은?

① $y = 12x$ ② $y = \frac{x}{12}$
③ $y = \frac{12}{x}$ ④ $y = \frac{3}{4}x$

풀이 전기력선 방정식은 $\frac{dx}{E_x} = \frac{dy}{E_y}$
주어진 식은 $E_x = x$, $E_y = -y$이므로
$\therefore \frac{dx}{x} = \frac{dy}{-y}$
양변 적분(적분 C 누락하지 않도록 주의)
$\int \frac{dx}{x} = -\int \frac{dy}{y} + C \Rightarrow \ln x = -\ln y + C$

$\ln x + \ln y = C \Rightarrow \ln xy = C \quad xy = e^c$
점 (3, 4)를 지나므로 $xy = 12$
$\therefore y = \dfrac{12}{x}$ 　답 ③

17 1000[AT/m]의 자계 중에 어떤 자극을 놓았을 때 3×10^2[N]의 힘을 받았다고 한다. 자극의 세기[Wb]는?

① 0.03　② 0.3
③ 3　④ 30

풀이 $F = mH$에서
$\therefore m = \dfrac{F}{H} = \dfrac{3 \times 10^2}{1000} = \dfrac{300}{1000}$
　　　$= 0.3$[Wb] 　답 ②

18 자위(magnetic potential)의 단위로 옳은 것은?

① C/m　② N·m
③ AT　④ J

풀이 1[Wb]의 정자극을 무한 원점에서 점 P까지 가져오는데 필요한 일을 점 P의 자위라고 하며, 단위는 [AT]를 사용한다. 　답 ③

19 매 초마다 S면을 통과하는 전자에너지를 $W = \displaystyle\int_S \boldsymbol{P} \cdot n dS$[W]로 표시하는데 다음 중 틀린 설명은?

① 벡터 $\boldsymbol{P}$를 포인팅 벡터라 한다.
② n이 내향일 때는 S면 내에 공급되는 총 전력이다.
③ n이 외향일 때는 S면에서 나오는 총 전력이 된다.
④ $\boldsymbol{P}$의 방향은 전자계의 에너지 흐름의 진행 방향과 다르다.

풀이 전자파의 진행 방향은 $\boldsymbol{E} \times \boldsymbol{H}$이고, 전자계에서 에너지(전력)의 흐름을 나타내는 포인팅 벡터는 $\boldsymbol{P} = \boldsymbol{E} \times \boldsymbol{H}$이므로 전자계의 에너지 흐름의 진행방향과 같다.
　답 ④

20 자기인덕턴스 L[H]의 코일에 I[A]의 전류가 흐를 때 저장되는 자기 에너지는 몇 [J]인가?

① LI　② $\dfrac{1}{2}LI$
③ LI^2　④ $\dfrac{1}{2}LI^2$

풀이
- 자기에너지 $W = \dfrac{1}{2}QV = \dfrac{1}{2}CV^2 = \dfrac{Q^2}{2C}$[J]
- 정전에너지 $W = \dfrac{1}{2}LI^2$[J] 　답 ④

2017년 2회 _ 전기산업기사

01 전기력선의 기본 성질에 관한 설명으로 틀린 것은?

① 전기력선의 방향은 그 점의 전계의 방향과 일치한다.
② 전기력선은 전위가 높은 점에서 낮은 점으로 향한다.
③ 전기력선은 그 자신만으로도 폐곡선을 만든다.
④ 전계가 0이 아닌 곳에서는 전기력선은 도체 표면에 수직으로 만난다.

풀이 전기력선의 성질은 다음과 같다.
① 전기력선은 정전하에서 시작하여 부전하에서 그친다.
② 전하가 없는 곳에서는 전기력선의 발생, 소멸이 없고 연속적이다.
③ 전위가 높은 점에서 낮은 점으로 향한다.
④ 그 자신만으로 폐곡선이 되는 일은 없다.
⑤ 전계가 0이 아닌 곳에서는 2개의 전기력선은 교차하지 않는다.
⑥ 도체 내부에는 전기력선이 없다.
⑦ 수직 단면의 전기력선 밀도는 전계의 세기이고 (1[개/m²]=1[N/C]), 전기력선의 접선 방향은 전계의 방향이다.
⑧ 도체면(등전위면)에서 전기력선은 수직으로 출입한다.
⑨ 단위 전하 ±1[C]에서는 $1/\epsilon_0$개의 전기력선이 출입한다.
　답 ③

02 동일 용량 $C[\mu F]$의 콘덴서 n개를 병렬로 연결하였다면 합성용량은 얼마인가?

① $n^2 C$ ② nC
③ $\dfrac{C}{n}$ ④ C

풀이

항목	직렬접속	병렬접속
결선	C_1 C_2	C_1 C_2
합성 정전 용량	• $C_0 = \dfrac{C_1 C_2}{C_1 + C_2}$ • 저항의 병렬결선과 동일 방법 • 접속되는 콘덴서가 증가할수록 합성정전용량은 감소	• $C_0 = C_1 + C_2$ • 저항의 직렬결선과 동일 방법 • 접속되는 콘덴서가 증가할수록 합성정전용량은 증가

따라서 합성용량
$C_0 = C_1 + C_2 + \cdots + C_n = nC[\mu F]$ **답 ②**

03 반지름 $r = 1[m]$인 도체구의 표면 전하밀도가 $\dfrac{10^{-8}}{9\pi}[C/m^2]$이 되도록 하는 도체구의 전위는 몇 [V]인가?

① 10 ② 20
③ 40 ④ 80

풀이 도체구의 표면 전위 $V = \dfrac{Q}{4\pi\epsilon_o r}[V]$에서

도체구 표면의 총 전하
$Q = \sigma S = \sigma(4\pi r^2)[C]$이므로
도체구의 표면 전위(V_a)는

$V_a = \dfrac{Q}{4\pi\epsilon_o r} = \dfrac{\sigma 4\pi r^2}{4\pi\epsilon_o r} = \dfrac{\sigma 4\pi r}{4\pi\epsilon_o}$
$= 9 \times 10^9 \times \dfrac{10^{-8}}{9\pi} \times 4\pi \times 1$
$= 40[V]$ **답 ③**

04 도전율의 단위로 옳은 것은?

① m/Ω ② Ω/m^2
③ $1/\mho \cdot m$ ④ $\mho/m$

풀이 도전율(σ)은 저항률($\rho[\Omega \cdot m]$)의 역수이므로 따라서 도전율
$\sigma = \dfrac{1}{\rho}[\dfrac{1}{\Omega \cdot m} = \mho \cdot \dfrac{1}{m} = \mho/m]$ **답 ④**

05 여러 가지 도체의 전하 분포에 있어서 각 도체의 전하를 n배 할 경우 중첩의 원리가 성립하기 위해서는 그 전위는 어떻게 되는가?

① $\dfrac{1}{2}n$배가 된다. ② n배가 된다.
③ $2n$배가 된다. ④ n^2배가 된다.

풀이 $V_i = P_{i1}Q_1 + P_{i2}Q_2 + \cdots + P_{in}Q_n$에서 각 전하를 n배 하면 V_i는 n배 된다. **답 ②**

06 $A = i + 4j + 3k$, $B = 4i + 2j - 4k$의 두 벡터는 서로 어떤 관계에 있는가?

① 평행 ② 면적
③ 접근 ④ 수직

풀이 두 벡터가 이루는 각은 스칼라적에 의해 구한다.
즉 $A \cdot B = AB \cos\theta$에서
$A \cdot B = (i+4j+3k) \cdot (4i+2j-4k)$
$= 1 \times 4 + 4 \times 2 + 3 \times (-4) = 0$
$A = |A| = \sqrt{1^2 + 4^2 + 3^2} = \sqrt{26}$
$B = |B| = \sqrt{4^2 + 2^2 + (-4)^2} = 6$
$\cos\theta = \dfrac{A \cdot B}{AB} = \dfrac{0}{6\sqrt{26}} = 0$

따라서 $\theta = 90°$이므로 두 벡터는 서로 수직 관계에 있다. **답 ④**

07 전류가 흐르는 도선을 자계 내에 놓으면 이 도선에 힘이 작용한다. 평등자계의 진공 중에 놓여 있는 직선전류 도선이 받는 힘에 대한 설명으로 옳은 것은?

① 도선의 길이에 비례한다.
② 전류의 세기에 반비례한다.
③ 자계의 세기에 반비례한다.
④ 전류와 자계 사이의 각에 대한 정현(sine)에 반비례한다.

풀이 플레밍의 왼손 법칙
자속밀도가 $B[\text{Wb/m}^2]$인 자계 중에 길이를 l의 도체를 놓고 $I[\text{A}]$의 전류를 흘릴 경우 자계 내에서 도체가 받는 힘의 크기 $F = BIl\sin\theta[\text{N}]$이다.
따라서 **힘은 도선의 길이에 비례**한다. **답** ①

08 영역 1의 유전체 $\epsilon_{r1} = 4$, $\mu_{r1} = 1$, $\sigma_1 = 0$과 영역 2의 유전체 $\epsilon_{r2} = 9$, $\mu_{r2} = 1$, $\sigma_2 = 0$일 때 영역 1에서 영역 2로 입사된 전자파에 대한 반사계수는?

① -0.2 ② -0.5
③ 0.2 ④ 0.8

풀이 입사파 E_1, H_1, 투과파 E_2, H_2, 반사파 E_3, H_3라고 할 때, 영역 1과 영역 2의 고유 임피던스 η는 각각 다음과 같다.

$$\eta_1 = \frac{E_1}{H_1} = \sqrt{\frac{\mu_1}{\epsilon_1}} = \sqrt{\frac{\mu_0\mu_{r1}}{\epsilon_0\epsilon_{r1}}} = 377\sqrt{\frac{\mu_{r1}}{\epsilon_{r1}}}$$
$$= 188.5[\Omega]$$
$$\eta_2 = \frac{E_2}{H_2} = \sqrt{\frac{\mu_2}{\epsilon_2}} = \sqrt{\frac{\mu_0\mu_{r2}}{\epsilon_0\epsilon_{r2}}} = 377\sqrt{\frac{\mu_{r2}}{\epsilon_{r2}}}$$
$$= 126[\Omega]$$
따라서 반사계수 R은
$$R = \frac{\eta_2 - \eta_1}{\eta_2 + \eta_1} = \frac{126 - 188.5}{126 + 188.5} = -0.2$$ **답** ①

09 정전용량 및 내압이 3[μF]/1000[V], 5[μF]/500[V], 12[μF]/250[V]인 3개의 콘덴서를 직렬로 연결하고 양단에 가한 전압을 서서히 증가시킬 경우 가장 먼저 파괴되는 콘덴서는?

① 3[μF]   ② 5[μF]
③ 12[μF]   ④ 3개 동시 파괴

풀이 직렬 회로에서 각 콘덴서의 전하용량이 작을수록 빨리 파괴된다.
$$Q_1 = C_1 \times V_1 = 3\times 10^{-6} \times 1000$$
$$= 3\times 10^{-3}[\text{C}]$$
$$Q_2 = C_2 \times V_2 = 5\times 10^{-6} \times 500$$
$$= 2.5\times 10^{-3}[\text{C}]$$
$$Q_3 = C_3 \times V_3 = 12\times 10^{-6} \times 250$$
$$= 3\times 10^{-3}[\text{C}]$$
따라서 전하용량이 $Q_1 = Q_3 > Q_2$이므로 **전하용량이 가장 작은 5[μF]/500[V]의 콘덴서가 가장 빨리 파괴**된다. **답** ②

10 정전용량이 0.5[μF], 1[μF]인 콘덴서에 각각 $2\times 10^{-4}[\text{C}]$ 및 $3\times 10^{-4}[\text{C}]$의 전하를 주고 극성을 같게 하여 병렬로 접속할 때 콘덴서에 축적된 에너지는 약 몇 [J]인가?

① 0.042   ② 0.063
③ 0.083   ④ 0.126

풀이
$$Q = Q_1 + Q_2 = 2\times 10^{-4} + 3\times 10^{-4}$$
$$= 5\times 10^{-4}[\text{C}]$$
$$C = C_1 + C_2 = (0.5+1)\times 10^{-6}$$
$$= 1.5\times 10^{-6}[\text{F}]$$
$$\therefore W = \frac{Q^2}{2C} = \frac{(5\times 10^{-4})^2}{2\times 1.5\times 10^{-6}} = 0.083[\text{J}]$$ **답** ③

11 정전용량 10[μF]인 콘덴서의 양단에 100[V]의 일정 전압을 인가하고 있다. 이 콘덴서의 극판 간의 거리를 $\frac{1}{10}$로 변화시키면 콘덴서에 충전되는 전하량은 거리를 변화시키기 이전의 전하량에 비해 어떻게 되는가?

① $\frac{1}{10}$로 감소   ② $\frac{1}{100}$로 감소
③ 10배로 증가   ④ 100배로 증가

풀이 정전용량 $C = \frac{\epsilon S}{d}$이므로
전하량 $Q = CV = \frac{\epsilon S}{d}V$이다.
즉, 전압이 일정하면 전하량은 극판 간의 거리에 반비례($Q \propto \frac{1}{d}$)하므로 극판 간의 거리를 $\frac{1}{10}$로 변화시키면 전하량은 10배로 증가한다. **답** ③

12 접지 구도체와 점전하 간의 작용력은?

① 항상 반발력이다.
② 항상 흡입력이다.
③ 조건적 반발력이다.
④ 조건적 흡입력이다.

풀이 **접지 구도체에는 항상 점전하와 반대 극성인 전하가 유도되므로 항상 흡입력이 작용한다**. **답** ②

13 전계의 세기가 1500[V/m]인 전장에 5[μC]의 전하를 놓았을 때 이 전하에 작용하는 힘은 몇 [N]인가?

① 4.5×10^{-3} ② 5.5×10^{-3}
③ 6.5×10^{-3} ④ 7.5×10^{-3}

풀이 $F = Eq$
$= 1500 \times 5 \times 10^{-6}$
$= 7.5 \times 10^{-3}$ [N]   **답** ④

14 500[AT/m]의 자계 중에 어떤 자극을 놓았을 때 4×10^3[N]의 힘이 작용했다면 이때 자극의 세기는 몇 [Wb]인가?

① 2   ② 4
③ 6   ④ 8

풀이 $m = \dfrac{F}{H} = \dfrac{4 \times 10^3}{500} = 8$[Wb]   **답** ④

15 도전성을 가진 매질 내의 평면파에서 전송계수를 γ로 표현한 것으로 알맞은 것은? (단, α는 감쇠정수, β는 위상정수이다.)

① $\gamma = \alpha + j\beta$ ② $\gamma = \alpha - j\beta$
③ $\gamma = j\alpha + \beta$ ④ $\gamma = j\alpha - \beta$

풀이 전송계수 $\gamma = \alpha + j\beta$
(여기서, α : 감쇠정수, β : 위상정수)   **답** ①

16 자극의 세기가 8×10^{-6}[Wb]이고, 길이가 30[cm]인 막대자석을 120[AT/m] 평등자계 내에 자력선과 30°의 각도로 놓았다면 자석이 받는 회전력은 몇 [N·m]인가?

① 1.44×10^{-4} ② 1.44×10^{-5}
③ 2.88×10^{-4} ④ 2.88×10^{-5}

풀이 $T = MH\sin\theta = mlH\sin\theta$
$= 8 \times 10^{-6} \times 30 \times 10^{-2} \times 120 \times \sin 30°$
$= 1.44 \times 10^{-4}$[N·m]   **답** ①

17 자기 회로의 퍼미언스(permeance)에 대응하는 전기 회로의 요소는?

① 서셉턴스(susceptance)
② 컨덕턴스(conductance)
③ 엘라스턴스(elastance)
④ 정전용량(electrostatic capacity)

풀이
- 퍼미언스(permeance) : 자기 저항의 역수
- 콘덕턴스(conductance) : 전기 저항의 역수
- 엘라스턴스(elastance) : 정전 용량의 역수   **답** ②

18 전류가 흐르고 있는 도체에 자계를 가하면 도체 측면에 정·부(+, -)의 전하가 나타나 두 면 간에 전위차가 발생하는 현상은?

① 홀효과   ② 핀치효과
③ 톰슨효과   ④ 제벡 효과

풀이 ① 홀 효과 : 전류가 흐르고 있는 도체에 자계를 가하면 플레밍의 왼손 법칙에 의하여 도체 내부의 전하가 횡방향으로 힘을 모아 도체 측면에 (+), (-)의 전하가 나타나는 현상
② 핀치 효과 : 액체 도체에 전류가 흐를 때 액체 도체의 중심을 향해 수축력이 작용하는 현상
③ 톰슨 효과 : 동일 종류 금속이라도 그 도체 중의 두 점 간에 온도차가 전류를 흘림으로써 열의 흡수, 발생이 일어나는 효과
④ 제벡 효과 : 두 종류 금속 접속면에 온도차가 있으면 기전력이 발생하는 효과   **답** ①

19 그림과 같이 직렬로 접속된 두 개의 코일이 있을 때, $L_1 = 20$[mH], $L_2 = 80$[mH], 결합계수 $k = 0.8$이다. 여기에 0.5[A]의 전류를 흘릴 때 이 합성 코일에 저축되는 에너지는 약 몇 [J]인가?

① 1.13×10^{-3}
② 2.05×10^{-2}
③ 6.63×10^{-2}
④ 8.25×10^{-2}

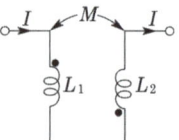

풀이 상호인덕턴스
$M = k\sqrt{L_1 L_2} = 0.8\sqrt{20 \times 80 \times 10^{-6}} = 32$[mH]
자속의 방향이 같으므로 $I_1 = I_2 = I$라 놓으면

저장되는 자계의 에너지

$$W = \frac{1}{2}(L_1 + L_2 + 2M)I^2$$
$$= \frac{1}{2}(L_1 + L_2 + 2k\sqrt{L_1 L_2})I^2 \text{ [J]}$$
$$\therefore W = \frac{1}{2}(20 + 80 + 64) \times 10^{-3} \times 0.5^2$$
$$= 2.05 \times 10^{-2} \text{ [J]}$$

답 ②

20 도체 1을 Q가 되도록 대전시키고, 여기에 도체 2를 접촉했을 때 도체 2가 얻은 전하를 전위계수로 표시하면?
(단, P_{11}, P_{12}, P_{21}, P_{22}는 전위계수이다.)

① $\dfrac{Q}{P_{11} - 2P_{12} + P_{22}}$

② $\dfrac{(P_{11} - P_{12})Q}{P_{11} - 2P_{12} + P_{22}}$

③ $\dfrac{(P_{11}P_{12} + P_{22})Q}{P_{11} + 2P_{12} + P_{22}}$

④ $\dfrac{(P_{11} - P_{12})Q}{P_{11} + 2P_{12} + P_{22}}$

풀이 $V_1 = P_{11}Q_1 + P_{12}Q_2$, $V_2 = P_{21}Q_1 + P_{22}Q_2$에서
$P_{12} = P_{21}$, $V_1 = V_2$, $Q_1 = Q - Q_2$
그러므로
$P_{11}(Q - Q_2) + P_{12}Q_2 = P_{21}(Q - Q_2) + P_{22}Q_2$
$(P_{11} - P_{12})Q = (P_{11} + P_{22} - 2P_{12})Q_2$
$\therefore Q_2 = \dfrac{(P_{11} - P_{12})Q}{P_{11} - 2P_{12} + P_{22}}$

답 ②

2017년 - 3회 _ 전기산업기사

01 100[kV]로 충전된 8×10^3[pF]의 콘덴서가 축적할 수 있는 에너지는 몇 [W] 전구가 2초 동안 한 일에 해당되는가?
① 10   ② 20
③ 30   ④ 40

풀이 콘덴서에 축적된 에너지
$$W = \frac{1}{2}CV^2$$
$$= \frac{1}{2} \times (8 \times 10^3 \times 10^{-12}) \times (100 \times 10^3)^2$$
$$= 40 \text{[J]}$$
P[W] 전구가 t초 동안 한 일은
$W = P \cdot t$ 이므로
$\therefore P = \dfrac{W}{t} = \dfrac{40}{2} = 20$[W]

답 ②

02 제벡(Seebeck) 효과를 이용한 것은?
① 광전지   ② 열전대
③ 전자냉동   ④ 수정 발전기

풀이 **제벡 효과(Seebeck effect)**
서로 다른 두 종류의 금속선을 접합하여 폐회로를 만든 후 두 접합점의 온도를 달리하였을 때 폐회로에 열기전력이 발생하여 열전류가 흐르게 된다. 이러한 현상을 제베크 효과라 하며 이때 연결한 금속 루프를 열전대라 한다.

답 ②

03 마찰전기는 두 물체의 마찰열에 의해 무엇이 이동하는 것인가?
① 양자   ② 자하
③ 중성자   ④ 자유전자

풀이 두 종류의 물체를 마찰하면 그 물체들은 주위의 가벼운 물체를 끌어당기는 힘이 마찰에 의해 발생(자유전자의 이동)하는데, 이것을 마찰전기(triboelectricity)라 한다.

답 ④

04 두 벡터 $A = -i\,7 - j$, $B = -i\,3 - j\,4$가 이루는 각은?
① 30°   ② 45°
③ 60°   ④ 90°

풀이
$$\cos\theta = \frac{A \cdot B}{|A||B|} = \frac{A_x B_x + A_y B_y}{\sqrt{A^2}\sqrt{B^2}}$$
$$= \frac{(-7) \times (-3) + (-1) \times (-4)}{\sqrt{(-7)^2 + (-1)^2}\sqrt{(-3)^2 + (-4)^2}}$$
$$= \frac{21 + 4}{\sqrt{50} \times 5} = \frac{25}{25\sqrt{2}} = \frac{1}{\sqrt{2}}$$
$\therefore \theta = \cos^{-1}\dfrac{1}{\sqrt{2}} = 45°$

답 ②

05 그림과 같이 반지름 a[m], 중심간격 d[m]인 평행원통도체가 공기 중에 있다. 원통도체의 선전하밀도가 각각 $\pm\rho_L$[C/m]일 때 두 원통도체 사이의 단위 길이당 정전용량은 약 몇 [F/m]인가? (단, $d \gg a$이다.)

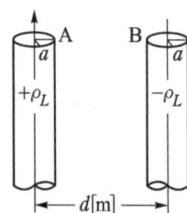

① $\dfrac{\pi\epsilon_0}{\ln\dfrac{d}{a}}$ ② $\dfrac{\pi\epsilon_0}{\ln\dfrac{a}{d}}$

③ $\dfrac{4\pi\epsilon_0}{\ln\dfrac{d}{a}}$ ④ $\dfrac{4\pi\epsilon_0}{\ln\dfrac{a}{d}}$

풀이
$C_{AB} = \dfrac{\pi\epsilon_0}{\ln\dfrac{d-a}{a}}$ [F/m]

$d \gg a$일 때 $\ln\dfrac{d-a}{a} \fallingdotseq \ln\dfrac{d}{a}$ 로 되므로

$\therefore C_{AB} = \dfrac{\pi\epsilon_0}{\ln\dfrac{d}{a}}$ [F/m]   **답 ①**

06 횡전자파(TEM)의 특성은?
① 진행 방향의 E, H 성분이 모두 존재한다.
② 진행 방향의 E, H 성분이 모두 존재하지 않는다.
③ 진행 방향의 E 성분만 모두 존재하고, H 성분은 존재하지 않는다.
④ 진행 방향의 H 성분만 모두 존재하고, E 성분은 존재하지 않는다.

풀이 TEM(transverse electromagnetic : 횡전자파)는 전계 E와 자계 H가 모두 전파의 진행방향과 수직으로 존재하며, 진행 방향의 성분은 존재하지 않는다. **답 ②**

07 반자성체가 아닌 것은?
① 은(Ag)   ② 구리(Cu)
③ 니켈(Ni)   ④ 비스무스(Bi)

풀이
- 강자성체 : Fe, Ni, Co
- 상자성체 : Al, Mn, Pt, W, Sn, O_2, N_2 등
- 반자성체 : Ag, Cu, Bi, H_2O, C, Si, Pb 등 **답 ③**

08 무한히 긴 두 평행도선이 2[cm]의 간격으로 가설되어 100[A]의 전류가 흐르고 있다. 두 도선의 단위 길이당 작용력은 몇 [N/m]인가?
① 0.1   ② 0.5
③ 1   ④ 1.5

풀이
$F = \dfrac{\mu_0 I_1 I_2}{2\pi r} = \dfrac{2I^2}{r} \times 10^{-7} = \dfrac{2 \times 100^2}{2 \times 10^{-2}} \times 10^{-7}$
$= 0.1$ [N/m]   **답 ①**

09 맥스웰 전자계의 기초 방정식으로 틀린 것은?
① $\text{rot } \boldsymbol{H} = \boldsymbol{i} + \dfrac{\partial \boldsymbol{D}}{\partial t}$
② $\text{rot } \boldsymbol{E} = -\dfrac{\partial \boldsymbol{B}}{\partial t}$
③ $\text{div } \boldsymbol{D} = \rho$
④ $\text{div } \boldsymbol{B} = -\dfrac{\partial \boldsymbol{D}}{\partial t}$

풀이 맥스웰 방정식의 미분형
① $\text{rot } \boldsymbol{E} = -\dfrac{\partial \boldsymbol{B}}{\partial t}$: Faraday 법칙
② $\text{rot } \boldsymbol{H} = \boldsymbol{i} + \dfrac{\partial \boldsymbol{D}}{\partial t}$: 암페어의 주회적분 법칙
③ $\text{div } \boldsymbol{D} = \rho$: 가우스의 법칙
④ $\text{div } \boldsymbol{B} = 0$: 고립된 자하는 없다. **답 ④**

10 전계 $E = \sqrt{2} E_c \sin\omega t\left(t - \dfrac{z}{v}\right)$[V/m]의 평면 전자파가 있다. 진공 중에서의 자계의 실효값은 약 몇 [AT/m]인가?
① $2.65 \times 10^{-4} E_e$ ② $2.65 \times 10^{-3} E_e$
③ $3.77 \times 10^{-2} E_e$ ④ $3.77 \times 10^{-1} E_e$

풀이 특성 임피던스에서 전계와 자계의 관계식
$$\frac{E_e}{H_e} = \sqrt{\frac{\mu_o}{\epsilon_o}} = 377$$
(∵ 진공 중이므로 $\epsilon_s = 1$, $\mu_s = 1$)
$$\therefore H_e = \frac{1}{377} E_e = 2.65 \times 10^{-3} E_e [\text{A/m}]$$ **답** ②

11 전자석의 재료로 가장 적당한 것은?
① 잔류자기와 보자력이 모두 커야 한다.
② 잔류자기는 작고, 보자력은 커야 한다.
③ 잔류자기와 보자력이 모두 작아야 한다.
④ 잔류자기는 크고, 보자력은 작아야 한다.

풀이 히스테리시스 곡선
영구자석의 재료는 잔류자기(B_r)와 보자력(H_c)이 모두 커야 하나, 전자석(일시 자석)의 재료는 잔류자기(B_r)가 크고 보자력(H_c)과 히스테리시스 곡선의 면적이 모두 작아야 한다.

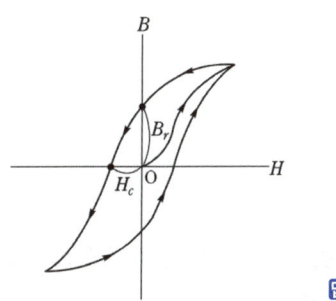

답 ④

12 $-1.2[\text{C}]$의 점전하가 $5a_x + 2a_y - 3a_z [\text{m/s}]$인 속도로 운동한다.
이 전하가 $E = -18a_x + 5a_y - 10a_z [\text{V/m}]$ 전계에서 운동하고 있을 때 이 전하에 작용하는 힘은 약 몇 [N]인가?
① 21.1   ② 23.5
③ 25.4   ④ 27.3

풀이 전기장에서 전하에 작용하는 힘
$$F = qE = -1.2(-18a_x + 5a_y - 10a_z)$$
$$= 21.6a_x - 6a_y + 12a_z$$
$$\therefore F = \sqrt{21.6^2 + (-6)^2 + 12^2}$$
$$= 25.4[\text{N}]$$ **답** ③

13 유전체 내의 전계의 세기가 E, 분극의 세기가 P, 유전율이 $\epsilon = \epsilon_s \epsilon_o$인 유전체 내의 변위 전류밀도는?

① $\epsilon \dfrac{\partial E}{\partial t} + \dfrac{\partial P}{\partial t}$ ② $\epsilon_0 \dfrac{\partial E}{\partial t} + \dfrac{\partial P}{\partial t}$

③ $\epsilon_0 \left(\dfrac{\partial E}{\partial t} + \dfrac{\partial P}{\partial t} \right)$ ④ $\epsilon \left(\dfrac{\partial E}{\partial t} + \dfrac{\partial P}{\partial t} \right)$

풀이 유전체 중에서의 변위전류밀도는
$D = \epsilon E = \epsilon_0 E + P$의 관계식에서
$$i_d = \frac{\partial D}{\partial t} = \epsilon \frac{\partial E}{\partial t} = \epsilon_0 \frac{\partial E}{\partial t} + \frac{\partial P}{\partial t} [\text{A/m}^2]$$ **답** ②

14 점전하 $+Q[\text{C}]$의 무한 평면도체에 대한 영상 전하는?
① $Q[\text{C}]$와 같다.
② $-Q[\text{C}]$와 같다.
③ $Q[\text{C}]$보다 작다.
④ $Q[\text{C}]$보다 크다.

풀이 무한평면으로부터 $d[\text{m}]$ 떨어진 P점에 점전하 $Q[\text{C}]$가 있는 경우 영상전하는 무한평면 뒤쪽으로 P점의 대칭점 P'에 존재하며, 그 크기는 점전하와 같고 부호는 반대($Q' = -Q[\text{C}]$)이다.

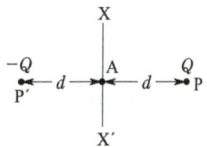

답 ②

15 고립 도체구의 정전용량이 50[pF]일 때 이 도체구의 반지름은 약 몇 [cm]인가?
① 5   ② 25
③ 45   ④ 85

풀이 구도체 정전용량 $C = 4\pi\epsilon_0 a [\text{F}]$에서
$$50 \times 10^{-12} = 4\pi\epsilon_0 a$$
$$\therefore a = \frac{50 \times 10^{-12}}{4\pi\epsilon_0} = 0.44[\text{m}]$$
$$= 45[\text{cm}]$$ **답** ③

16 두 코일 A, B의 자기 인덕턴스가 각각 3[mH], 5[mH]라 한다. 두 코일을 직렬연결 시, 자속이 서로 상쇄되도록 했을 때의 합성 인덕턴스는 서로 증가하도록 연결했을 때의 60[%]이었다. 두 코일의 상호 인덕턴스는 몇 [mH]인가?

① 0.5　② 1　③ 5　④ 10

풀이 ① 증가하도록 연결했을 때
$$L = L_a + L_b + 2M$$
② 상쇄되도록 연결했을 때
$$L' = L_a + L_b - 2M = 0.6L$$
①을 ②에 대입하면
$$L_a + L_b - 2M = 0.6 \times (L_a + L_b + 2M)$$
$$3 + 5 - 2M = 0.6 \times (3 + 5 + 2M)$$
$$8 - 2M = 4.8 + 1.2M$$
$$\therefore M = \frac{8 - 4.8}{2 + 1.2} = 1[mH]$$　**답** ②

17 N회 감긴 환상 솔레노이드의 단면적이 $S[m^2]$이고 평균 길이가 $l[m]$이다. 이 코일의 권수를 반으로 줄이고 인덕턴스를 일정하게 하려면?

① 길이를 1/2로 줄인다.
② 길이를 1/4로 줄인다.
③ 길이를 1/8로 줄인다.
④ 길이를 1/16로 줄인다.

풀이 환상 코일의 자기 인덕턴스 $L = \frac{\mu S N^2}{l}[H]$이므로 권수를 $\frac{1}{2}$로 하면 L은 $\left(\frac{1}{2}\right)^2 = \frac{1}{4}$배로 된다.
따라서 S를 4배 또는 l을 $\frac{1}{4}$배로 하면 L은 일정하게 된다.　**답** ②

18 고유저항이 $\rho[\Omega \cdot m]$, 한 변의 길이가 $r[m]$인 정육면체의 저항$[\Omega]$은?

① $\frac{\rho}{\pi r}$　② $\frac{r}{\rho}$　③ $\frac{\pi r}{\rho}$　④ $\frac{\rho}{r}$

풀이 $R = \rho \frac{l}{A}[\Omega]$에서 정육면체 한 변의 길이가 $r[m]$이므로 $A = r^2$, $l = r$을 대입하면
$$\therefore R = \rho \frac{l}{A} = \rho \frac{r}{r^2} = \frac{\rho}{r}[\Omega]$$　**답** ④

19 내외 반지름이 각각 a, b이고 길이가 l인 동축 원통도체 사이에 도전율 σ, 유전율 ϵ인 손실유전체를 넣고, 내원통과 외원통 간에 전압 V를 가했을 때 방사상으로 흐르는 전류 I는? (단, $RC = \epsilon\rho$이다.)

① $\frac{2\pi l V}{\sigma \ln\frac{b}{a}}$　② $\frac{\pi \sigma l V}{\ln\frac{b}{a}}$

③ $\frac{2\pi \sigma l V}{\ln\frac{b}{a}}$　④ $\frac{4\pi \sigma l V}{\ln\frac{b}{a}}$

풀이 동축 케이블의 정전용량 $C = \frac{2\pi \epsilon l}{\ln\frac{b}{a}}[F]$

$RC = \rho\epsilon = \frac{\epsilon}{\sigma}$에서

$$R = \frac{\epsilon}{\sigma C} = \frac{\epsilon}{\frac{2\pi \epsilon l}{\ln\frac{b}{a}} \cdot \sigma} = \frac{\ln\frac{b}{a}}{2\pi \sigma l}[\Omega]$$

$$\therefore I = \frac{V}{R} = \frac{V}{\frac{\ln\frac{b}{a}}{2\pi \sigma l}} = \frac{2\pi \sigma l V}{\ln\frac{b}{a}}[A]$$　**답** ③

20 콘덴서를 그림과 같이 접속했을 때 C_x의 정전용량은 몇 [μF]인가?
(단, $C_1 = C_2 = C_3 = 3[\mu F]$이고, a-b 사이의 합성 정전용량은 $C_0 = 5[\mu F]$이다.)

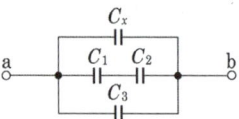

① 0.5　② 1
③ 2　④ 4

풀이 합성 정전용량
$$C_0 = C_x + C_3 + \frac{C_1 C_2}{C_1 + C_2}$$
$$\therefore C_x = C_0 - C_3 - \frac{C_1 C_2}{C_1 + C_2} = 5 - 3 - \frac{3 \times 3}{3 + 3}$$
$$= 0.5[\mu F]$$　**답** ①

2018년 전기자기_전기산업기사

2018년 1회 _ 전기산업기사

01 무한장 원주형 도체에 전류 I가 표면에만 흐른다면 원주 내부의 자계의 세기는 몇 [AT/m]인가? (단, r[m]는 원주의 반지름이고, N은 권선수이다.)

① 0
② $\dfrac{NI}{2\pi r}$
③ $\dfrac{I}{2r}$
④ $\dfrac{I}{2\pi r}$

풀이 도체의 전류가 표면에만 흐르면 내부 자계는 0이다.

답 ①

02 다음이 설명하고 있는 것은?

> 수정, 로셀염 등에 열을 가하면 분극을 일으켜 한쪽 끝에 양(+) 전기, 다른 쪽 끝에 음(−) 전기가 나타나며, 냉각할 때에는 역분극이 생긴다.

① 강유전성
② 압전기현상
③ 파이로(Pyro) 전기
④ 톰슨(Thomson) 효과

풀이 파이로 전기
압전 현상이 나타나는 결정을 가열하면 한 면에 정(+)의 전기가, 다른 면에 부(−)의 전기가 나타나 분극을 일으킨다. 반대로 냉각시키면 역의 분극이 일어난다. 이 전기를 파이로 전기(pyro-electricity)라 하며 이 현상은 전기석, 수정, 로셀염, 티탄산바륨에서 일어난다.

답 ③

03 비유전율이 9인 유전체 중에 1[cm]의 거리를 두고 1[μC]과 2[μC]의 두 점전하가 있을 때 서로 작용하는 힘은 약 몇 [N]인가?

① 18
② 20
③ 180
④ 200

풀이 쿨롱의 법칙
$$F = \dfrac{1}{4\pi\epsilon_0} \cdot \dfrac{Q_1 Q_2}{\epsilon_s r^2}$$
$$= 9 \times 10^9 \times \dfrac{1 \times 10^{-6} \times 2 \times 10^{-6}}{9 \times (1 \times 10^{-2})^2}$$
$$= 20[\text{N}]$$

답 ②

04 비투자율 μ_s, 자속 밀도 B[Wb/m²]인 자계 중에 있는 m[Wb]의 자극이 받는 힘[N]은?

① $\dfrac{Bm}{\mu_0 \mu_s}$
② $\dfrac{Bm}{\mu_0}$
③ $\dfrac{\mu_0 \mu_s}{Bm}$
④ $\dfrac{Bm}{\mu_s}$

풀이 자계 중의 자극이 받는 힘은
$F = mH$[N], $H = \dfrac{B}{\mu_0 \mu_s}$[A/m] 이므로
$\therefore F = \dfrac{Bm}{\mu_0 \mu_s}$[N]

답 ①

05 반지름이 1[m]인 도체구에 최고로 줄 수 있는 전위는 몇 [kV]인가? (단, 주위 공기의 절연내력은 3×10^6[V/m]이다.)

① 30
② 300
③ 3000
④ 30000

풀이 전위 $V = E \cdot r = 3 \times 10^6 \times 1 \times 10^{-3}$
$= 3000$[kV]

답 ③

06 그림과 같은 정전용량이 C_o[F]가 되는 평행판 공기 콘덴서가 있다. 이 콘덴서의 판면적의 $\frac{2}{3}$가 되는 공간에 비유전율 ϵ_s인 유전체를 채우면 공기 콘덴서의 정전용량[F]은?

① $\frac{2\epsilon_s}{3}C_o$

② $\frac{3}{1+2\epsilon_s}C_o$

③ $\frac{1+\epsilon_s}{3}C_o$

④ $\frac{1+2\epsilon_s}{3}C_o$

풀이

$C_1 = \dfrac{\epsilon_0\left(\frac{1}{3}S\right)}{d} = \dfrac{1}{3}C_0$

$C_2 = \dfrac{\epsilon_0\epsilon_s\left(\frac{2}{3}S\right)}{d} = \dfrac{2}{3}\epsilon_s C_0$

C_1, C_2는 병렬 접속이므로

∴ $C_t = C_1 + C_2 = \dfrac{1+2\epsilon_s}{3}C_0$[F] **답** ④

07 단면적 S[m²], 자로의 길이 l[m], 투자율 μ[H/m]의 환상 철심에 1[m]당 N회 코일을 균등하게 감았을 때 자기 인덕턴스[H]는?

① μNlS ② $\mu N^2 lS$

③ $\dfrac{\mu N^2 l}{S}$ ④ $\dfrac{\mu N^2 S}{l}$

풀이 자기 인덕턴스

$L = \dfrac{\mu S(Nl)^2}{l} = \mu N^2 lS$[H] **답** ②

08 반지름 a[m]인 접지 도체구의 중심에서 r[m]되는 거리에 점전하 Q[C]을 놓았을 때 도체구에 유도된 총 전하는 몇 [C]인가?

① 0 ② $-Q$

③ $-\dfrac{a}{r}Q$ ④ $-\dfrac{r}{a}Q$

풀이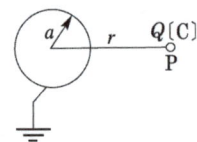

점 P에서 Q의 전하를 주고, 도체구를 접지 ($V_1 = 0$)하였을 때 유도되는 전하를 Q'라 하면
$V_1 = 0 = P_{11}Q' + P_{12}Q$

∴ $Q' = -\dfrac{P_{12}}{P_{11}}Q = \dfrac{\frac{1}{4\pi\epsilon_0 r}}{\frac{1}{4\pi\epsilon_0 a}}Q = -\dfrac{a}{r}Q$[C] **답** ③

09 각각 $\pm Q$[C]로 대전된 두 개의 도체 간의 전위차를 전위계수로 표시하면?
(단 $P_{12} = P_{21}$이다.)

① $(P_{11} + P_{12} + P_{22})Q$

② $(P_{11} + P_{12} - P_{22})Q$

③ $(P_{11} - P_{12} + P_{22})Q$

④ $(P_{11} - 2P_{12} + P_{22})Q$

풀이 $V_1 = P_{11}Q_1 + P_{12}Q_2$, $V_2 = P_{21}Q_1 + P_{22}Q_2$에서
$Q_1 = Q$, $Q_2 = -Q$를 대입하면
$V_1 = P_{11}Q - P_{12}Q$, $V_2 = P_{21}Q - P_{22}Q$
전위차 $V = V_1 - V_2 = (P_{11} - 2P_{12} + P_{22})Q$ **답** ④

10 접지 구도체와 점전하 간의 작용력은?

① 항상 반발력이다.
② 항상 흡인력이다.
③ 조건적 반발력이다.
④ 조건적 흡인력이다.

풀이 접지 구도체에는 항상 점전하와 반대 극성인 전하가 유도되므로 항상 흡인력이 작용한다. **답** ②

11 공기 중에서 무한평면 도체로부터 수직으로 10^{-10}[m] 떨어진 점에 한 개의 전자가 있다. 이 전자에 작용하는 힘은 약 몇 [N]인가?(단, 전자의 전하량 : -1.602×10^{-19}[C]이다.)

① 5.77×10^{-9} ② 1.602×10^{-9}

③ 5.77×10^{-19} ④ 1.602×10^{-19}

풀이 무한 평면 도체에서 1[m] 떨어진 점전하 $Q[C]$이 받는 힘은 전기 영상법에 의해

$$F = \frac{1}{4\pi\epsilon_0} \cdot \frac{QQ'}{(2r)^2}$$

$$= \frac{Q^2}{16\pi\epsilon_0 r^2} \text{ [N]}$$

$$\therefore F = \frac{1}{4\pi\epsilon_0} \cdot \frac{Q^2}{(2r)^2}$$

$$= 9 \times 10^9 \times \frac{(-1.602 \times 10^{-19})^2}{(2 \times 10^{-10})^2}$$

$$= 5.77 \times 10^{-9} \text{ [N]}$$

답 ①

풀이

맥스웰 전자방정식	
미 분 형	의 미
$\text{rot } \boldsymbol{E} = -\dfrac{\partial \boldsymbol{B}}{\partial t}$	패러데이 법칙
$\text{rot } \boldsymbol{H} = i_c + \dfrac{\partial \boldsymbol{D}}{\partial t}$	암페어 주회적분 법칙
$\text{div } \boldsymbol{D} = \rho$	가우스 법칙
$\text{div } \boldsymbol{B} = 0$	고립된 자하는 없다. (N극과 S극이 공존)

답 ①

12 자속밀도 $B[\text{Wb/m}^2]$가 도체 중에서 $f[\text{Hz}]$로 변화할 때 도체 중에 유기되는 기전력 e는 무엇에 비례하는가?

① $e \propto Bf$
② $e \propto \dfrac{B}{f}$
③ $e \propto \dfrac{B^2}{f}$
④ $e \propto \dfrac{f}{B}$

풀이 유기기전력 $e = \omega NB_m S \cos\omega t [\text{V}]$에서 $\omega = 2\pi f$ 이므로 $\therefore e \propto B_m f$ **답** ①

15 유전율 ϵ, 투자율 μ인 매질 내에서 전자파의 전파속도는?

① $\sqrt{\epsilon\mu}$
② $\sqrt{\dfrac{\epsilon}{\mu}}$
③ $\dfrac{1}{\sqrt{\epsilon\mu}}$
④ $\sqrt{\dfrac{\mu}{\epsilon}}$

풀이 전자파의 속도 $v^2 = \dfrac{1}{\epsilon\mu}$ 에서

$$\therefore v = \frac{1}{\sqrt{\epsilon\mu}} = \frac{1}{\sqrt{\epsilon_0\mu_0}} \cdot \frac{1}{\sqrt{\epsilon_s\mu_s}}$$

$$= c \cdot \frac{1}{\sqrt{\epsilon_s\mu_s}} = \frac{3 \times 10^8}{\sqrt{\epsilon_s\mu_s}} \text{[m/s]}$$

답 ③

13 유전체 중의 전계의 세기를 E, 유전율을 ϵ이라 하면 전기변위는?

① ϵE
② ϵE^2
③ $\dfrac{\epsilon}{E}$
④ $\dfrac{E}{\epsilon}$

풀이 $D = \epsilon E$
(여기서, ϵ를 유전율, E를 전계의 세기라고 하며, D를 전속밀도 또는 전기변위라고 한다.)   **답** ①

16 평행판 콘덴서에서 전극 간에 $V[\text{V}]$의 전위차를 가할 때 전계의 세기가 공기의 절연내력 $E[\text{V/m}]$를 넘지 않도록 하기 위한 콘덴서의 단위 면적당의 최대용량은 몇 $[\text{F/m}^2]$인가?

① $\dfrac{\epsilon_0 V}{E}$
② $\dfrac{\epsilon_0 E}{V}$
③ $\dfrac{\epsilon_0 V^2}{E}$
④ $\dfrac{\epsilon_0 E^2}{V}$

풀이 전위 $V = Ed[\text{V}]$이고
정전용량 $C = \dfrac{\epsilon_0 S}{d}[\text{F}]$이므로

$$\therefore C = \frac{\epsilon_0}{d} = \frac{\epsilon_0}{\dfrac{V}{E}} = \frac{\epsilon_0 E}{V} \text{ [F/m}^2\text{]}$$

답 ②

14 맥스웰의 전자방정식으로 틀린 것은?

① $\text{div } \boldsymbol{B} = \phi$
② $\text{div } \boldsymbol{D} = \rho$
③ $\text{rot } \boldsymbol{E} = -\dfrac{\partial \boldsymbol{B}}{\partial t}$
④ $\text{rot } \boldsymbol{H} = i + \dfrac{\partial \boldsymbol{D}}{\partial t}$

17 그림과 같이 권수가 1이고 반지름 a[m]인 원형 전류 I[A]가 만드는 자계의 세기[AT/m]는?

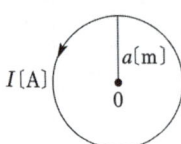

① $\dfrac{I}{a}$ ② $\dfrac{I}{2a}$
③ $\dfrac{I}{3a}$ ④ $\dfrac{I}{4a}$

풀이
$H_0 = \oint dH = \int_0^{2\pi a} \dfrac{Idl\sin\theta}{4\pi a^2} = \int_0^{2\pi a} \dfrac{Idl}{4\pi a^2}$
$= \dfrac{I}{4\pi a^2} \int_0^{2\pi a} dl = \dfrac{I}{2a}$ [AT/m]

또는 $H_x = \dfrac{I}{2} \cdot \dfrac{a^2}{(a^2+x^2)^{3/2}}$ 에서

원형 코일 중심의 자계의 세기 H_0는 $x=0$ 이므로

∴ $H_0 = \dfrac{I}{2a}$ [AT/m] **답** ②

18 두 점전하 q, $\dfrac{1}{2}q$가 a만큼 떨어져 놓여있다. 이 두 점전하를 연결하는 선상에서 전계의 세기가 영(0)이 되는 점은 q가 놓여 있는 점으로부터 얼마나 떨어진 곳인가?

① $\sqrt{2}\,a$ ② $(2-\sqrt{2})a$
③ $\dfrac{\sqrt{3}}{2}a$ ④ $\dfrac{(1+\sqrt{2})a}{2}$

풀이
① 두 점전하(q, $\dfrac{q}{2}$)에 의한 전계의 방향을 세 영역에 대해 고찰하면, 두 점전하에 대해 각각 Ⅰ영역은 좌측 방향, Ⅲ영역은 우측 방향이 되어 전계가 0인 점이 존재하지 않는다.

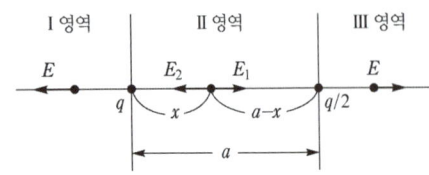

② Ⅱ영역은 그림과 같이 q에 의한 전계 E_1, $\dfrac{q}{2}$에 의

한 전계 E_2가 반대 방향이 되어 전계가 0인 점이 존재한다. 따라서 전계의 세기(크기) $E_1 = E_2$의 조건을 만족하는 거리 x를 구하면 된다.
$\dfrac{q}{4\pi\epsilon_0 x^2} = \dfrac{q/2}{4\pi\epsilon_0 (a-x)^2}$
$\dfrac{1}{x^2} = \dfrac{1}{2(a-x)^2}$
$x^2 = 2(a-x)^2$ (양변에 제곱근 $\sqrt{}$ 적용)
$x = \sqrt{2}(a-x)$
$(1+\sqrt{2})x = \sqrt{2}\,a$
∴ $x = \dfrac{\sqrt{2}\,a}{1+\sqrt{2}} = \dfrac{\sqrt{2}\,a(1-\sqrt{2})}{(1+\sqrt{2})(1-\sqrt{2})}$
$= (2-\sqrt{2})a$ **답** ②

19 균일한 자장 내에서 자장에 수직으로 놓여있는 직선도선이 받는 힘에 대한 설명 중 옳은 것은?
① 힘은 자장의 세기에 비례한다.
② 힘은 전류의 세기에 반비례한다.
③ 힘은 도선 길이의 $\dfrac{1}{2}$승에 비례한다.
④ 자장의 방향에 상관없이 일정한 방향으로 힘을 받는다.

풀이 힘 $F = IBl\sin\theta = \mu_0 HIl\sin\theta$ [N]이므로
힘(F)은 자장의 세기(H)에 비례한다. **답** ①

20 전류밀도 J, 전계 E, 입자의 이동도 μ, 도전율을 σ라 할 때 전류밀도[A/m²]를 옳게 표현한 것은?
① $J = 0$ ② $J = E$
③ $J = \sigma E$ ④ $J = \mu E$

풀이 전류밀도는 $\boldsymbol{J} = nq\mu\boldsymbol{E} = \rho\mu\boldsymbol{E}$
또는 $\boldsymbol{J} = \sigma\boldsymbol{E}$[A/m²]가 되며, 이 식을 정상전류계의 미분형이라 한다. **답** ③

2018년 2회 _ 전기산업기사

01 유전체에 가한 전계 E[V/m]와 분극의 세기 P[C/m²]와의 관계로 옳은 것은?

① $P = \epsilon_o(\epsilon_s + 1)E$
② $P = \epsilon_o(\epsilon_s - 1)E$
③ $P = \epsilon_s(\epsilon_o + 1)E$
④ $P = \epsilon_s(\epsilon_o - 1)E$

풀이 전계 $E = \dfrac{\sigma - \sigma_p}{\epsilon_0} = \dfrac{D - P}{\epsilon_0}$[V/m]이므로

전속밀도 $D = \epsilon_0 E + P = \epsilon_0 \epsilon_s E$[C/m²]이다.

따라서 분극의 세기 $P = \epsilon_0(\epsilon_s - 1)E$[C/m²] **답** ②

02 자유공간(진공)에서의 고유임피던스[Ω]는?

① 144 ② 277
③ 377 ④ 544

풀이 매질의 고유 임피던스

① 고유 임피던스 $\eta = \dfrac{E}{H} = \sqrt{\dfrac{\mu}{\epsilon}}$ [Ω]

② 진공의 고유 임피던스

$\eta_0 = \dfrac{E}{H} = \sqrt{\dfrac{\mu_0}{\epsilon_0}} = \sqrt{\dfrac{4\pi \times 10^{-7}}{8.855 \times 10^{-12}}}$

$\fallingdotseq 377$[Ω] **답** ③

03 크기가 1[C]인 두 개의 같은 점전하가 진공 중에서 일정한 거리가 떨어져 9×10^9[N]의 힘으로 작용할 때 이들 사이의 거리는 몇 [m]인가?

① 1 ② 2
③ 4 ④ 10

풀이 쿨롱의 법칙 $F = 9 \times 10^9 \dfrac{Q_1 Q_2}{r^2}$[N]에서

크기가 1[C]인 두 개의 같은 점전하에 대한 힘이 9×10^9[N]이므로

$F = 9 \times 10^9 \times \dfrac{1 \times 1}{r^2} = 9 \times 10^9$[N]

$\therefore r = 1$[m] **답** ①

04 공극을 가진 환상 솔레노이드에서 총 권수 N, 철심의 비투자율 μ_r, 단면적 A, 길이 l이고 공극이 δ일 때, 공극부에 자속밀도 B를 얻기 위해서는 전류를 몇 [A] 흘려야 하는가?

① $\dfrac{10^7 B}{2\pi N}\left(\dfrac{l}{\mu_r} + \delta\right)$

② $\dfrac{10^7 B}{2\pi N}\left(\dfrac{\delta}{\mu_r} + l\right)$

③ $\dfrac{10^7 B}{4\pi N}\left(\dfrac{l}{\mu_r} + \delta\right)$

④ $\dfrac{10^7 B}{4\pi N}\left(\dfrac{\delta}{\mu_r} + l\right)$

풀이 자기 저항

$R_m = R_i + R_g$

$= \dfrac{l}{\mu_0 \mu_r A} + \dfrac{\delta}{\mu_0 A} = \dfrac{1}{\mu_0 A}\left(\dfrac{l}{\mu_r} + \delta\right)$

자기 회로의 옴의 법칙 $\Phi = \dfrac{NI}{R_m}$이므로

$\therefore I = \dfrac{\Phi R_m}{N} = \dfrac{(BA) R_m}{N} = \dfrac{B}{\mu_0 N}\left(\dfrac{l}{\mu_r} + \delta\right)$

$= \dfrac{10^7 B}{4\pi N}\left(\dfrac{l}{\mu_r} + \delta\right)$

(여기서, $\mu_0 = 4\pi \times 10^{-7}$) **답** ③

05 자계의 세기가 H인 자계 중에 직각으로 속도 v로 발사된 전하 Q가 그리는 원의 반지름 r은?

① $\dfrac{mv}{QH}$ ② $\dfrac{mv^2}{QH}$
③ $\dfrac{mv}{\mu HQ}$ ④ $\dfrac{mv^2}{\mu HQ}$

풀이 자계 내에 직각으로 전하 Q가 입사하면 등속 원운동을 한다.

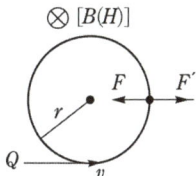

전하 Q의 질량을 m, 궤도의 반지름을 r이라 하면 구심력(F)과 원심력(F')은 같아야 하므로

$$BQv = \frac{mv^2}{r} [N]$$

$$\therefore r = \frac{mv^2}{BQv} = \frac{mv}{BQ} = \frac{mv}{\mu HQ} [m]$$

답 ③

06 면전하밀도 $\sigma[C/m^2]$, 판간 거리 $d[m]$인 무한 평행판 대전체 간의 전위차[V]는?

① σd
② $\dfrac{\sigma}{\epsilon}$
③ $\dfrac{\epsilon_o \sigma}{d}$
④ $\dfrac{\sigma d}{\epsilon_o}$

풀이 전하 밀도 $\sigma[C/m^2]$에서 나오는 전기력선 밀도 $\dfrac{\sigma}{\epsilon_o}$[개/m²] $= \dfrac{\sigma}{\epsilon_o}$[V/m](전계의 세기 E)이므로

따라서 전위차 $V = Ed = \dfrac{\sigma d}{\epsilon_o}$ [V]

답 ④

07 진공 중의 도체계에서 임의의 도체를 일정 전위의 도체로 완전 포위하면 내외공간의 전계를 완전 차단시킬 수 있는데 이것을 무엇이라 하는가?

① 홀효과
② 정전차폐
③ 핀치효과
④ 전자차폐

풀이 임의의 도체를 **접지된 도체로 완전 포위**하면 외부에서 유도되는 전하를 차단할 수 있다. 이것을 **정전차폐**라고 한다.

답 ②

08 평면 전자파의 전계 E와 자계 H 사이의 관계식은?

① $E = \sqrt{\dfrac{\epsilon}{\mu}} H$
② $E = \sqrt{\mu \epsilon} H$
③ $E = \sqrt{\dfrac{\mu}{\epsilon}} H$
④ $E = \sqrt{\dfrac{1}{\mu \epsilon}} H$

풀이 $\dfrac{E}{H} = \sqrt{\dfrac{\mu}{\epsilon}}$ 에서, $E = \sqrt{\dfrac{\mu}{\epsilon}} H$ 이다.

답 ③

09 그림과 같은 반지름 $a[m]$인 원형 코일에 $I[A]$의 전류가 흐르고 있다. 이 도체 중심축상 $x[m]$인 P점의 자위는 몇 [A]인가?

① $\dfrac{I}{2}\left(1 - \dfrac{x}{\sqrt{a^2+x^2}}\right)$
② $\dfrac{I}{2}\left(1 - \dfrac{a}{\sqrt{a^2+x^2}}\right)$
③ $\dfrac{I}{2}\left(1 - \dfrac{x^2}{(a^2+x^2)^{\frac{3}{2}}}\right)$
④ $\dfrac{I}{2}\left(1 - \dfrac{a^2}{(a^2+x^2)^{\frac{3}{2}}}\right)$

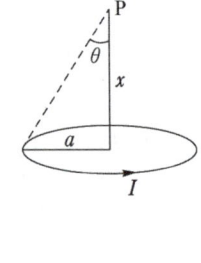

풀이 그림과 같이 점 P에서 코일 AB를 바라보는 입체각 ω는
$\omega = 2\pi(1-\cos\theta)$이므로 자위는

$U_m = \dfrac{I}{4\pi}\omega$

$= \dfrac{I}{4\pi} \cdot 2\pi(1-\cos\theta)$

$= \dfrac{I}{2}\left(1 - \dfrac{x}{\sqrt{a^2+x^2}}\right)$ [AT]

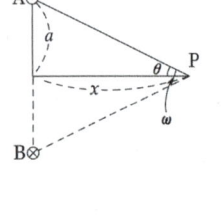

답 ①

10 자기 인덕턴스가 각각 L_1, L_2인 두 코일을 서로 간섭이 없도록 병렬로 연결했을 때 그 합성 인덕턴스는?

① $L_1 L_2$
② $\dfrac{L_1 + L_2}{L_1 L_2}$
③ $L_1 + L_2$
④ $\dfrac{L_1 L_2}{L_1 + L_2}$

풀이 인덕턴스의 병렬접속
- 가극성 $L = \dfrac{L_1 L_2 - M^2}{L_1 + L_2 - 2M}$
- 감극성 $L = \dfrac{L_1 L_2 - M^2}{L_1 + L_2 + 2M}$

서로 간섭이 없으면 상호 인덕턴스 $M = 0$이므로

따라서 합성 인덕턴스 $L = \dfrac{L_1 L_2}{L_1 + L_2}$

답 ④

11 도체의 성질에 대한 설명으로 틀린 것은?

① 도체 내부의 전계는 0이다.
② 전하는 도체 표면에만 존재한다.
③ 도체의 표면 및 내부의 전위는 등전위이다.
④ 도체 표면의 전하밀도는 표면의 곡률이 큰 부분일수록 작다.

풀이 도체의 성질과 전하분포
① 도체 표면과 내부의 전위는 동일하고(등전위), 표면은 등전위면이다.
② 도체 내부의 전계의 세기는 0이다.
③ 전하는 도체 내부에는 존재하지 않고, 도체 표면에만 분포한다.
④ 도체 면에서의 전계의 세기는 도체 표면에 항상 수직이다.
⑤ 도체 표면에서의 전하밀도는 곡률이 클수록 높다. 즉, 곡률반경이 작을수록 높다.
⑥ 중공부에 전하가 없고 대전 도체라면, 전하는 도체 외부의 표면에만 분포한다.
⑦ 중공부에 전하를 두면 도체 내부표면에 동량 이부호, 도체 외부 표면에 동량 동부호의 전하가 분포한다. **답** ④

12 전류에 의한 자계의 방향을 결정하는 법칙은?

① 렌츠의 법칙
② 플레밍의 왼손 법칙
③ 플레밍의 오른손 법칙
④ 암페어의 오른나사 법칙

풀이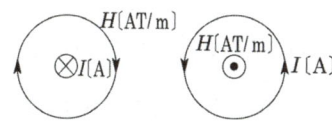

- 전류에 의한 자계의 방향은 암페어의 오른 나사 법칙에 따르며 그림과 같은 방향이다.
- 플레밍의 오른손 법칙(발전기의 경우) : 자계 중에서 도체가 운동할 때 유기 기전력의 방향을 결정
- 플레밍의 왼손 법칙(전동기의 경우) : 자계 중에 있는 도체에 전류를 흘릴 때의 도체의 운동 방향을 결정
- 렌츠의 법칙 : 도체 주위의 자속이 변화할 때 유기되는 기전력의 방향이 그 자속의 변화를 방해하는 방향으로 생긴다. **답** ④

13 금속도체의 전기저항은 일반적으로 온도와 어떤 관계인가?

① 전기저항은 온도의 변화에 무관하다.
② 전기저항은 온도의 변화에 대해 정특성을 갖는다.
③ 전기저항은 온도의 변화에 대해 부특성을 갖는다.
④ 금속도체의 종류에 따라 전기저항의 온도 특성은 일관성이 없다.

풀이
- 금속도체의 전기저항은 온도 상승에 따라 증가한다.
- 탄소, 전해액 및 반도체 등의 저항은 온도 상승에 따라 감소한다. **답** ②

14 반지름 a[m]인 두 개의 무한장 도선이 d[m]의 간격으로 평행하게 놓여 있을 때 $a \ll d$인 경우, 단위 길이당 정전용량[F/m]은?

① $\dfrac{2\pi\epsilon_o}{\ln\dfrac{d}{a}}$ ② $\dfrac{\pi\epsilon_o}{\ln\dfrac{d}{a}}$

③ $\dfrac{4\pi\epsilon_o}{\dfrac{1}{a}-\dfrac{1}{d}}$ ④ $\dfrac{2\pi\epsilon_o}{\dfrac{1}{a}-\dfrac{1}{d}}$

풀이 평행 도체에 $\pm\lambda$ [C/m]의 전하를 준 경우 두 도체 사이의 전위차는
$V = \dfrac{\lambda}{\pi\epsilon_0}\ln\dfrac{d-a}{a}$ [V]이므로

단위 길이당 정전용량은
$C_0 = \dfrac{\lambda}{V} = \dfrac{\pi\epsilon_0}{\ln\dfrac{d-a}{a}}$ [F/m]가 된다.

따라서 $a \ll d$인 경우 $C_0 = \dfrac{\pi\epsilon_0}{\ln\dfrac{d}{a}}$ [F/m]이다. **답** ②

15 두 개의 코일이 있다. 각각의 자기 인덕턴스가 0.4[H], 0.9[H]이고, 상호 인덕턴스가 0.36[H]일 때 결합계수는?

① 0.5 ② 0.6
③ 0.7 ④ 0.8

풀이 결합계수
$k = \dfrac{M}{\sqrt{L_1 L_2}} = \dfrac{0.36}{\sqrt{0.4 \times 0.9}} = 0.6$ **답** ②

16 비유전율이 2.4인 유전체 내의 전계의 세기가 100[mV/m]이다. 유전체에 축적되는 단위체적당 정전에너지는 몇 [J/m³]인가?

① 1.06×10^{-13} ② 1.77×10^{-13}
③ 2.32×10^{-13} ④ 2.32×10^{-11}

풀이 유전체 내에 저장되는 에너지 밀도
$w = \dfrac{ED}{2} = \dfrac{1}{2}\epsilon E^2 = \dfrac{1}{2}\dfrac{D^2}{\epsilon}$ [J/m³] 식에서
$\therefore w = \dfrac{1}{2}\epsilon_o \epsilon_s E^2$
$= \dfrac{1}{2} \times 2.4 \times 8.855 \times 10^{-12} \times (100 \times 10^{-3})^2$
$= 1.06 \times 10^{-13}$ [J/m³]   **답** ①

17 동심구 사이의 공극에 절연내력이 50[kV/mm]이며 비유전율이 3인 절연유를 넣으면, 공기인 경우의 몇 배의 전하를 축적할 수 있는가? (단, 공기의 절연내력은 3[kV/mm]라 한다.)

① 3 ② $\dfrac{50}{3}$
③ 50 ④ 150

풀이 • 공기(ϵ_0)인 경우 전하량 Q는
$Q = CV = \dfrac{4\pi\epsilon_0}{\dfrac{1}{a}-\dfrac{1}{b}} E_0 d \rightarrow \dfrac{4\pi\epsilon_0}{\dfrac{1}{a}-\dfrac{1}{b}} d = \dfrac{Q}{E_0}$

• 절연유(ϵ)인 경우 전하량 Q'는
$Q' = C'V' = \dfrac{4\pi\epsilon_0\epsilon_s}{\dfrac{1}{a}-\dfrac{1}{b}} Ed = \epsilon_s \dfrac{Q}{E_0} E$
$= 3 \times \dfrac{Q}{3} \times 50 = 50Q$ **답** ③

18 자계의 벡터 포텐셜을 A라 할 때, A와 자계의 변화에 의해 생기는 전계 E 사이에 성립하는 관계식은?

① $A = \dfrac{\partial E}{\partial t}$ ② $E = \dfrac{\partial A}{\partial t}$
③ $A = -\dfrac{\partial E}{\partial t}$ ④ $E = -\dfrac{\partial A}{\partial t}$

풀이 $B = \nabla \times A$로 정의되고 $\nabla \times E = -\dfrac{\partial B}{\partial t}$에서
$\nabla \times E = -\dfrac{\partial B}{\partial t} = -\dfrac{\partial}{\partial t}(\nabla \times A) = \nabla \times \left(-\dfrac{\partial A}{\partial t}\right)$
$\therefore E = -\dfrac{\partial A}{\partial t}$ **답** ④

19 그림과 같이 유전체 경계면에서 $\epsilon_1 < \epsilon_2$이었을 때 E_1과 E_2의 관계식 중 옳은 것은?

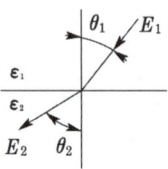

① $E_1 > E_2$ ② $E_1 < E_2$
③ $E_1 = E_2$ ④ $E_1 \cos\theta_1 = E_2 \cos\theta_2$

풀이 전계는 접선 성분이 같다. ($E_1 \sin\theta_1 = E_2 \sin\theta_2$)
① $\epsilon_1 < \epsilon_2$ 이면 $\theta_1 < \theta_2$이므로 $E_1 > E_2$
② $\epsilon_1 > \epsilon_2$ 이면 $\theta_1 > \theta_2$이므로 $E_1 < E_2$ **답** ①

20 균등하게 자화된 구(球)자성체가 자화될 때의 감자율은?

① $\dfrac{1}{2}$ ② $\dfrac{1}{3}$
③ $\dfrac{2}{3}$ ④ $\dfrac{3}{4}$

풀이 • 감자력은 자화의 세기에 비례하며, 이때 비례 상수를 감자율이라 한다.
• 잘려진 극이 존재하지 않으면 감자율이 0이 되는데 환상 솔레노이드(toroid)가 무단(無端) 철심이므로 이에 해당한다.
• 환상 솔레노이드를 제외하면 가늘고 긴 막대 자성체가 자계와 평행으로 놓여 있을 때 감자율이 거의 0에 가깝다.
• 가늘고 긴 막대 자성체가 자계와 직각으로 놓여 있을 때는 감자율이 거의 1로 가장 크다.
• 구(球)인 경우 감자율 $N = \dfrac{1}{3}$이다.   **답** ②

2018년 3회 _ 전기산업기사

01 자화율을 χ, 자속밀도를 B, 자계의 세기를 H, 자화의 세기를 J라고 할 때, 다음 중 성립될 수 없는 식은?

① $B = \mu H$ ② $J = \chi B$
③ $\mu = \mu_0 + \chi$ ④ $\mu_s = 1 + \dfrac{\chi}{\mu_0}$

풀이
① $B = \mu_0 H + J = \mu_0 H + \chi H = (\mu_0 + \chi)H$
   $= \mu H$ [Wb/m²]
② $J = \chi H$ [Wb/m²]
③ $\mu = \mu_0 + \chi$ [H/m]
④ $\mu_s = \dfrac{\mu}{\mu_0} = \dfrac{\mu_0 + \chi}{\mu_0} = 1 + \dfrac{\chi}{\mu_0}$

답 ②

02 두 유전체의 경계면에서 정전계가 만족하는 것은?

① 전계의 법선성분이 같다.
② 전계의 접선성분이 같다.
③ 전속밀도의 접선성분이 같다.
④ 분극 세기의 접선성분이 같다.

풀이 경계 조건
- 전속밀도의 법선성분(수직성분)이 같다.
  $(D_1 \cos\theta_1 = D_2 \cos\theta_2)$
- 전계는 접선성분(평행성분)이 같다.
  $(E_1 \sin\theta_1 = E_2 \sin\theta_2)$
- 두 경계면에서의 전위는 서로 같다. $(V_1 = V_2)$
- $\epsilon_1 > \epsilon_2$이면, $\theta_1 > \theta_2$이다.
- $\dfrac{\tan\theta_1}{\tan\theta_2} = \dfrac{\epsilon_1}{\epsilon_2}$

답 ②

03 자기 쌍극자의 중심축으로부터 r [m]인 점의 자계의 세기에 관한 설명으로 옳은 것은?

① r에 비례한다. ② r^2에 비례한다.
③ r^2에 반비례한다. ④ r^3에 반비례한다.

풀이
- 자기 쌍극자에 의한 자위
  $U = \dfrac{M\cos\theta}{4\pi\mu_0 r^2}$ [AT] $\propto \dfrac{1}{r^2}$

- 자기 쌍극자에 의한 자계
  $H = \dfrac{M\sqrt{1+3\cos^2\theta}}{4\pi\mu_0 r^3}$ [AT/m] $\propto \dfrac{1}{r^3}$

답 ④

04 진공 중의 전계강도 $E = ix + jy + kz$로 표시될 때 반지름 10 [m]의 구면을 통해 나오는 전체 전속은 약 몇 [C]인가?

① 1.1×10^{-7} ② 2.1×10^{-7}
③ 3.2×10^{-7} ④ 5.1×10^{-7}

풀이
$\nabla \cdot E = \dfrac{\rho}{\epsilon_0}$의 관계에서 체적전하밀도 ρ

$\rho = \epsilon_0 (\nabla \cdot E) = \epsilon_0 \left(\dfrac{\partial}{\partial x}x + \dfrac{\partial}{\partial y}y + \dfrac{\partial}{\partial z}z \right)$
$= 3\epsilon_0$ [C/m³]

구면 내부의 총 전하량 Q
$Q = \rho V_{체적} = \rho \cdot \dfrac{4}{3}\pi r^3 = 3\epsilon_0 \cdot \dfrac{4}{3}\pi \cdot 10^3$
$= 4\pi\epsilon_0 \times 10^3 = 1.11 \times 10^{-7}$ [C]

전체 전속 ϕ은 구면 내의 총 전하량 Q와 같으므로
$\phi = Q = 1.11 \times 10^{-7}$ [C]

답 ①

05 물의 유전율을 ϵ, 투자율을 μ라 할 때 물속에서의 전파속도는 몇 [m/s]인가?

① $\dfrac{1}{\sqrt{\epsilon\mu}}$ ② $\sqrt{\epsilon\mu}$
③ $\sqrt{\dfrac{\mu}{\epsilon}}$ ④ $\sqrt{\dfrac{\epsilon}{\mu}}$

풀이 전파속도
$v_0 = \dfrac{1}{\sqrt{\epsilon\mu}} = \dfrac{1}{\sqrt{\epsilon_0\mu_0}} \cdot \dfrac{1}{\sqrt{\epsilon_s\mu_s}}$
$= \dfrac{3 \times 10^8}{\sqrt{\epsilon_s\mu_s}}$ [m/s]

답 ①

06 반지름 a [m]인 원주 도체의 단위 길이당 내부 인덕턴스 [H/m]는?

① $\dfrac{\mu}{4\pi}$ ② $\dfrac{\mu}{8\pi}$
③ $4\pi\mu$ ④ $8\pi\mu$

풀이 길이 1[m]당의 에너지

$$W = \frac{\mu}{16\pi}I^2 = \frac{1}{2}L_i I^2 [J]$$

$$\therefore L_i = \frac{\mu}{8\pi} [H/m]$$

답 ②

07 [Ω·sec]와 같은 단위는?
① F ② H
③ F/m ④ H/m

풀이 유기 기전력은

$$e = -N\frac{d\phi}{dt} = -N\frac{d\phi}{di} \cdot \frac{di}{dt} = -L\frac{di}{dt} \text{이므로}$$

$[\text{volt}] = [\text{henry}] \cdot \left[\frac{\text{ampere}}{\text{sec}}\right]$

$\left[\frac{\text{volt}}{\text{ampere}} \cdot \text{sec}\right] = [\text{henry}]$

$[\Omega \cdot \text{sec}] = [\text{henry}]$

답 ②

08 그림과 같이 일정한 권선이 감겨진 권회수 N회, 단면적 $S[m^2]$, 평균자로의 길이 $l[m]$인 환상 솔레노이드에 전류 $I[A]$를 흘렸을 때 이 환상 솔레노이드의 자기 인덕턴스[H]는?
(단, 환상 철심의 투자율은 μ이다.)

① $\dfrac{\mu^2 N}{l}$

② $\dfrac{\mu SN}{l}$

③ $\dfrac{\mu^2 SN}{l}$

④ $\dfrac{\mu SN^2}{l}$

풀이 철심을 통하는 자속은

$$\phi = BS = \mu HS = \mu \frac{NI}{l}S = \frac{\mu SNI}{l}[Wb]$$이므로

$N\phi = LI$에서 $L = \dfrac{\mu SN^2}{l}[H]$

답 ④

09 콘덴서의 성질에 관한 설명으로 틀린 것은?
① 정전용량이란 도체의 전위를 1[V]로 하는 데 필요한 전하량을 말한다.
② 용량이 같은 콘덴서를 n개 직렬 연결하면 내압은 n배, 용량은 1/n로 된다.
③ 용량이 같은 콘덴서를 n개 병렬 연결하면 내압은 같고, 용량은 n배로 된다.
④ 콘덴서를 직렬 연결할 때 각 콘덴서에 분포되는 전하량은 콘덴서 크기에 비례한다.

풀이 콘덴서를 직렬 연결할 때 각 콘덴서에 분포되는 전하량은 콘덴서 용량에 관계없이 일정하게 충전된다.

답 ④

10 두 도체 사이에 100[V]의 전위를 가하는 순간 700[μC]의 전하가 축적되었을 때 이 두 도체 사이의 정전용량은 몇 [μF]인가?
① 4 ② 5
③ 6 ④ 7

풀이 정전용량 $C = \dfrac{Q}{V} = \dfrac{700}{100} = 7[\mu F]$

답 ④

11 무한 평면도체로부터 거리 $a[m]$의 곳에 점전하 $2\pi[C]$가 있을 때 도체 표면에 유도되는 최대 전하밀도는 몇 [C/m²]인가?

① $-\dfrac{1}{a^2}$

② $-\dfrac{1}{2a^2}$

③ $-\dfrac{1}{2\pi a}$

④ $-\dfrac{1}{4\pi a}$

풀이

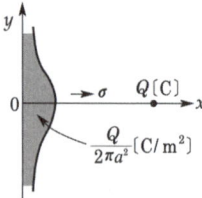

무한 평면도체상의 기준 원점으로부터 거리 $a[m]$인 곳에 있는 점전하 $Q[C]$에 의해 유도되는 전하밀도 σ는

$$\sigma = -D = -\epsilon_0 E = -\frac{Q \cdot a}{2\pi(a^2+y^2)^{3/2}}[C/m^2]$$이다.

$y=0$일 때 최대, $y=\infty$일 때 최소가 되므로

- 최대전하밀도
$$\sigma_{max} = [\sigma]_{y=0} = -\frac{Q}{2\pi a^2}[C/m^2]$$
- 최소전하밀도
$$\sigma_{min} = [\sigma]_{y=\infty} = 0[C/m^2]$$
따라서 최대전하밀도
$$\sigma_{max} = -\frac{Q}{2\pi a^2} = -\frac{2\pi}{2\pi a^2} = -\frac{1}{a^2}[C/m^2]$$ 답 ①

12 강자성체가 아닌 것은?
① 철(Fe)   ② 니켈(Ni)
③ 백금(Pt) ④ 코발트(Co)

풀이
- 강자성체 : 철(Fe), 니켈(Ni), 코발트(Co)
- 상자성체 : 알루미늄(Al), 망간(Mn), 백금(Pt), 텅스텐(W), 주석(Sn), 산소(O_2), 질소(N_2) 등
- 반자성체 : 비스무트(Bi), 구리(Cu), 탄소(C), 규소(Si), 은(Ag), 납(Pb) 등   답 ③

13 온도 0[℃]에서 저항이 $R_1[\Omega]$, $R_2[\Omega]$, 저항 온도계수가 α_1, $\alpha_2[1/℃]$인 두 개의 저항선을 직렬로 접속하는 경우, 그 합성저항 온도계수는 몇 [1/℃]인가?

① $\frac{\alpha_1 R_2}{R_1+R_2}$ ② $\frac{\alpha_1 R_1+\alpha_2 R_2}{R_1+R_2}$
③ $\frac{\alpha_1 R_1-\alpha_2 R_2}{R_1+R_2}$ ④ $\frac{\alpha_1 R_2+\alpha_2 R_1}{R_1+R_2}$

풀이 $\alpha_1 R_1 + \alpha_2 R_2 = \alpha_t(R_1+R_2)$
$$\therefore \alpha_t = \frac{\alpha_1 R_1+\alpha_2 R_2}{R_1+R_2}$$ 답 ②

14 평행판 콘덴서에서 전극 간에 V[V]의 전위차를 가할 때, 전계의 강도가 공기의 절연내력 E[V/m]를 넘지 않도록 하기 위한 콘덴서의 단위면적당 최대용량은 몇 [F/m²]인가?

① $\epsilon_0 EV$ ② $\frac{\epsilon_0 E}{V}$
③ $\frac{\epsilon_0 V}{E}$ ④ $\frac{EV}{\epsilon_0}$

풀이 전위 $V=Ed$[V]이고,
정전용량 $C=\frac{\epsilon_0 S}{d}$[F]이므로
$$C=\frac{\epsilon_0 S}{d}=\frac{\epsilon_0 S}{\frac{V}{E}}=\frac{\epsilon_0 SE}{V}[F]$$
따라서 단위면적당 정전용량
$$C_0=\frac{C}{S}=\frac{\frac{\epsilon_0 SE}{V}}{S}=\frac{\epsilon_0 E}{V}[F/m^2]$$ 답 ②

15 그림과 같이 반지름 a[m], 중심간격 d[m], A에 $+\lambda$[C/m], B에 $-\lambda$[C/m]의 평행 원통도체가 있다. $d \gg a$라 할 때의 단위 길이당 정전용량은 약 몇 [F/m]인가?

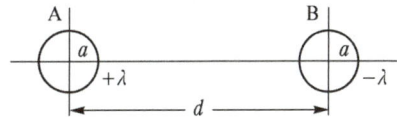

① $\frac{2\pi\epsilon_0}{\ln\frac{a}{d}}$ ② $\frac{\pi\epsilon_0}{\ln\frac{a}{d}}$
③ $\frac{2\pi\epsilon_0}{\ln\frac{d}{a}}$ ④ $\frac{\pi\epsilon_0}{\ln\frac{d}{a}}$

풀이 $C_{AB}=\frac{\pi\epsilon_0}{\ln\frac{d-a}{a}}[F/m]$

$d \gg a$일 때 $\ln\frac{d-a}{a} \fallingdotseq \ln\frac{d}{a}$로 되므로
$$\therefore C_{AB}=\frac{\pi\epsilon_0}{\ln\frac{d}{a}}[F/m]$$ 답 ④

16 벡터 $A=5r\sin\phi a_z$가 원기둥 좌표계로 주어졌다. 점(2, π, 0)에서의 $\nabla \times A$를 구한 값은?
① $5a_r$ ② $-5a_r$
③ $5a_\phi$ ④ $-5a_\phi$

풀이
$$\nabla \times \boldsymbol{A} = \frac{1}{r} \begin{vmatrix} a_r & a_\phi r & a_z \\ \frac{\partial}{\partial r} & \frac{\partial}{\partial \phi} & \frac{\partial}{\partial z} \\ A_r & rA_\phi & A_z \end{vmatrix} = \frac{1}{r} \begin{vmatrix} a_r & a_\phi r & a_z \\ \frac{\partial}{\partial r} & \frac{\partial}{\partial \phi} & \frac{\partial}{\partial z} \\ 0 & 0 & 5r\sin\phi \end{vmatrix}$$

$$= \frac{1}{r}\left\{\left(\frac{\partial}{\partial \phi}5r\sin\phi - 0\right)a_r + \left(0 - \frac{\partial}{\partial r}5r\sin\phi\right)ra_\phi + (0-0)a_z\right\}$$

$$= \frac{1}{r}(5r\cos\phi\, a_r - 5r\sin\phi\, a_\phi)$$

$$= 5\cos\pi\, a_r - 5\sin\pi\, a_\phi = -5a_r$$

답 ②

17 두 종류의 금속으로 된 폐회로에 전류를 흘리면 양 접속점에서 한쪽은 온도가 올라가고 다른 쪽은 온도가 내려가는 현상을 무엇이라 하는가?

① 볼타(Volta) 효과
② 제벡(Seebeck) 효과
③ 펠티에(Peltier) 효과
④ 톰슨(Thomson) 효과

풀이
① 볼타 효과 : 도체와 도체 사이에 접촉 전기가 일어날 때 두 도체 사이에 전위차가 생기는 효과
② 제벡(지벡) 효과 : 두 종류 금속 접속면에 온도차가 있으면 기전력이 발생하는 효과
③ 펠티에 효과 : 두 종류 금속 접속면에 전류를 흘리면 접속점에서 열의 흡수, 발생이 일어나는 효과
④ 톰슨 효과 : 동일한 금속 도선의 두 점 간에 온도차를 주고, 고온 쪽에서 저온 쪽으로 전류를 흘리면 도선 속에서 열이 발생되거나 흡수가 일어나는 이러한 현상을 톰슨 효과라 한다.

답 ③

18 전자유도작용에서 벡터퍼텐셜을 A[Wb/m]라 할 때 유도되는 전계 E[V/m]는?

① $\frac{\partial \boldsymbol{A}}{\partial t}$
② $\int \boldsymbol{A}\,dt$
③ $-\frac{\partial \boldsymbol{A}}{\partial t}$
④ $-\int \boldsymbol{A}\,dt$

풀이 전자 유도 법칙에 의한 유도기전력 e는
$$e = -\frac{d\phi}{dt} = -\frac{d}{dt}\int_S \boldsymbol{B}\cdot d\boldsymbol{S}$$
$$= -\int_S \frac{\partial \boldsymbol{B}}{\partial t}\cdot d\boldsymbol{S}\ \cdots\ ①$$
이다.

$\boldsymbol{B} = \operatorname{rot} \boldsymbol{A}$이므로 이것을 대입하고 stokes 정리를 적용하면
$$e = -\frac{d}{dt}\int_S \operatorname{rot} \boldsymbol{A}\cdot d\boldsymbol{S}$$
$$= -\frac{\partial}{\partial t}\int_C \boldsymbol{A}\cdot dl\ \cdots\ ②$$

이 된다. 또 전위와 전계의 관계로부터 기전력과 전계는 다음과 같다.
$$e = \int_C \boldsymbol{E}\cdot dl\ \cdots\ ③$$

따라서 식 ①과 식 ③을 등식으로 놓으면
$$\int_C \boldsymbol{E}\cdot dl = -\int \frac{\partial \boldsymbol{A}}{\partial t}\cdot dl$$
$$\therefore\ \boldsymbol{E} = -\frac{\partial \boldsymbol{A}}{\partial t}$$

답 ③

19 비투자율 μ_s, 자속밀도 B[Wb/m²]인 자계 중에 있는 m[Wb]의 점자극이 받는 힘[N]은?

① $\dfrac{mB}{\mu_0}$
② $\dfrac{mB}{\mu_0\mu_s}$
③ $\dfrac{mB}{\mu_s}$
④ $\dfrac{\mu_0\mu_s}{mB}$

풀이 자계 중의 자극이 받는 힘은
$$F = mH\text{[N]},\ H = \frac{B}{\mu_0\mu_s}\text{[A/m]}에서$$
$$\therefore\ F = \frac{mB}{\mu_0\mu_s}\text{[N]}$$

답 ②

20 모든 전기장치를 접지시키는 근본적 이유는?

① 영상전하를 이용하기 때문에
② 지구는 전류가 잘 통하기 때문에
③ 편의상 지면의 전위를 무한대로 보기 때문에
④ 지구의 용량이 커서 전위가 거의 일정하기 때문에

풀이 지구는 정전용량이 크므로 많은 전하가 축적되어도 지구의 전위는 일정하다. 따라서 대지를 실용상 영전위로 한다.

답 ④

2019년 전기자기_전기산업기사

2019년 - 1회_전기산업기사

01 그림과 같은 동축 케이블에 유전체가 채워졌을 때의 정전용량[F]은? (단, 유전체의 비유전율은 ϵ_s이고 내반지름과 외반지름은 각각 a[m], b[m]이며 케이블의 길이는 l[m]이다.)

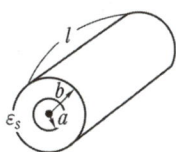

① $\dfrac{2\pi\epsilon_s l}{\ln\dfrac{b}{a}}$ ② $\dfrac{2\pi\epsilon_o\epsilon_s l}{\ln\dfrac{b}{a}}$

③ $\dfrac{\pi\epsilon_s l}{\ln\dfrac{b}{a}}$ ④ $\dfrac{\pi\epsilon_o\epsilon_s l}{\ln\dfrac{b}{a}}$

풀이
- 두 원통 도체 간 전계의 세기 $E=\dfrac{Q}{2\pi\epsilon r}$ [V/m]
- 도체 간 전위차
  $$V_{ab}=-\int_b^a E\cdot dr=\dfrac{Q}{2\pi\epsilon}\ln\dfrac{b}{a}\text{ [V]}$$
- 단위 길이당 정전용량
  $$C_0=\dfrac{Q}{V_{ab}}=\dfrac{Q}{\dfrac{Q}{2\pi\epsilon}\ln\dfrac{b}{a}}=\dfrac{2\pi\epsilon}{\ln\dfrac{b}{a}}\text{ [F/m]}$$

따라서 동축 케이블의 정전용량
$$C=C_0 l=\dfrac{2\pi\epsilon_0\epsilon_s l}{\ln\dfrac{b}{a}}\text{ [F]}$$
답 ②

02 두 벡터가 $A=2a_x+4a_y-3a_z$, $B=a_x-a_y$일 때 $A\times B$는?

① $6a_x-3a_y+3a_z$
② $-3a_x-3a_y-6a_z$
③ $6a_x+3a_y-3a_z$
④ $-3a_x+3a_y+6a_z$

풀이 $A\times B=\begin{vmatrix} a_x & a_y & a_z \\ 2 & 4 & -3 \\ 1 & -1 & 0 \end{vmatrix}=-3a_x-3a_y-6a_z$ **답** ②

03 두 유전체가 접했을 때 $\dfrac{\tan\theta_1}{\tan\theta_2}=\dfrac{\epsilon_1}{\epsilon_2}$의 관계식에서 $\theta_1=0°$일 때의 표현으로 틀린 것은?

① 전속밀도는 불변이다.
② 전기력선은 굴절하지 않는다.
③ 전계는 불연속적으로 변한다.
④ 전기력선은 유전율이 큰 쪽에 모여진다.

풀이 유전율이 서로 다른 두 종류의 경계면에 전속과 전기력선이 수직($\theta_1=0°$)으로 도달할 때

① $\theta_1=\theta_2=0°$이므로 $D_1\cos\theta_1=D_2\cos\theta_2$에서 $\cos 0°=1$이므로 $D_1=D_2$, 즉 전속 밀도는 불변(연속)이다.
② $E_1\sin\theta_1=E_2\sin\theta_2$에서 입사각 $\theta_1=0°$이므로 $0=E_2\sin\theta_2$에서 $E_2\neq 0$이 아닌 경우 $\sin\theta_2=0$이 되어야 하므로 $\theta_2=0$ 즉, 굴절하지 않는다.
③ $D_1=\epsilon_1 E_1$, $D_2=\epsilon_2 E_2$이므로 $D_1=D_2$인 경우 $\epsilon_1 E_1=\epsilon_2 E_2$가 성립하는데 $\epsilon_1\neq\epsilon_2$인 경우 $E_1\neq E_2$이다. 즉, 전계의 세기는 크기가 같지 않다 (불연속이다).
④ 전기력선은 유전율이 작은 쪽으로 모인다.
답 ④

04 공기 중 임의의 점에서 자계의 세기(H)가 20 [AT/m]라면 자속밀도(B)는 약 몇 [Wb/m²]인가?

① 2.5×10^{-5} ② 3.5×10^{-5}
③ 4.5×10^{-5} ④ 5.5×10^{-5}

풀이 자속밀도
$B=\mu H=\mu_0\mu_s H=4\pi\times 10^{-7}\times 1\times 20$
$=2.5\times 10^{-5}$
답 ①

05 전자석의 흡인력은 공극(air gap)의 자속밀도를 B라 할 때 다음의 어느 것에 비례하는가?

① B ② $B^{0.5}$
③ $B^{1.6}$ ④ $B^{2.0}$

풀이

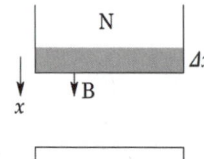

그림의 N 극의 강자성체를 $\triangle x$ 움직일 때의 에너지의 증가 $\triangle W$는(가상변위의 원리)

$$\triangle W = \frac{1}{2\mu}B^2\triangle xS - \frac{1}{2\mu_0}B^2\triangle xS$$

$$F_x = -\frac{\triangle W}{\triangle x} = \left(\frac{B^2}{2\mu_0} - \frac{B^2}{2\mu}\right)S[N]$$

위의 식에서 $\frac{B^2}{2\mu_0} \gg \frac{B^2}{2\mu}$ 이다.

($\because$ 강자성체에서는 $\mu_0 \ll \mu$)

$\therefore F_x = \frac{B^2}{2\mu_0}S[N]$ (흡인력)

또, S 극의 강자성체에도 같은 크기의 흡인력이 작용한다.

답 ④

06 그림과 같이 평행한 두 개의 무한 직선도선에 전류가 각각 I, $2I$인 전류가 흐른다. 두 도선 사이의 점 P에서 자계의 세기가 0이다. 이때 $\frac{a}{b}$는?

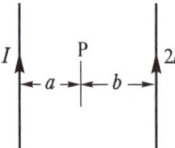

① 4 ② 2
③ $\frac{1}{2}$ ④ $\frac{1}{4}$

풀이 I와 $2I$ 도선에 의한 자계의 방향은 서로 반대이므로 크기가 같으면 $H=0$이 된다.

I 도선에 의한 자계 $H_I = \frac{I}{2\pi a}$[AT/m]

$2I$ 도선에 의한 자계 $H_{2I} = \frac{2I}{2\pi b}$[AT/m]

$H_I = H_{2I}$ 이므로 $\frac{I}{2\pi a} = \frac{2I}{2\pi b}$

$\therefore \frac{a}{b} = \frac{1}{2}$

답 ③

07 감자율(Demagnetization factor)이 "0"인 자성체로 가장 알맞은 것은?

① 환상 솔레노이드
② 굵고 짧은 막대 자성체
③ 가늘고 긴 막대 자성체
④ 가늘고 짧은 막대 자성체

풀이
- 감자력은 자화의 세기에 비례하며, 이때 비례상수를 감자율이라 한다.
- 잘려진 극이 존재하지 않으면 감자율이 0이 되는데 환상 솔레노이드(toroid)가 무단(無端) 철심이므로 이에 해당한다.
- 환상 솔레노이드를 제외하면 가늘고 긴 막대 자성체가 자계와 평행으로 놓여 있을 때 감자율이 거의 0에 가깝다.
- 가늘고 긴 막대 자성체가 자계와 직각으로 놓여 있을 때는 감자율이 거의 1로 가장 크다.
- 구(球)인 경우 감자율 $N = \frac{1}{3}$이다.

답 ①

08 질량이 m[kg]인 작은 물체가 전하 Q[C]를 가지고 중력 방향과 직각인 무한도체평면 아래쪽 d[m]의 거리에 놓여 있다. 정전력이 중력과 같게 되는데 필요한 Q[C]의 크기는?

① $d\sqrt{\pi\epsilon_o mg}$ ② $\frac{d}{2}\sqrt{\pi\epsilon_o mg}$
③ $2d\sqrt{\pi\epsilon_o mg}$ ④ $4d\sqrt{\pi\epsilon_o mg}$

풀이

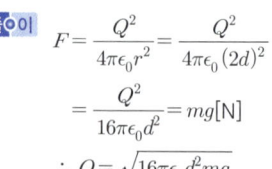

$$F = \frac{Q^2}{4\pi\epsilon_0 r^2} = \frac{Q^2}{4\pi\epsilon_0 (2d)^2}$$

$$= \frac{Q^2}{16\pi\epsilon_0 d^2} = mg[N]$$

$\therefore Q = \sqrt{16\pi\epsilon_0 d^2 mg}$
$= 4d\sqrt{\pi\epsilon_o mg}$[C]

답 ④

09 극판의 면적 $S = 10[\text{cm}^2]$, 간격 $d = 1[\text{mm}]$의 평행판 콘덴서에 비유전율 $\epsilon_s = 3$인 유전체를 채웠을 때 전압 100[V]를 인가하면 축적되는 에너지는 약 몇 [J]인가?

① 0.3×10^{-7}
② 0.6×10^{-7}
③ 1.3×10^{-7}
④ 2.1×10^{-7}

풀이 평행판 콘덴서의 정전용량 C는
$$C = \frac{\epsilon_0 \epsilon_s S}{d} = \frac{8.855 \times 10^{-12} \times 3 \times 10^{-4}}{10^{-3}}$$
$$= 2.6565 \times 10^{-11}[\text{F}]$$
따라서 축적되는 에너지 W는
$$W = \frac{1}{2}CV^2 = \frac{1}{2} \times 2.6565 \times 10^{-11} \times 100^2$$
$$= 1.3 \times 10^{-7}[\text{J}]$$
답 ③

10 자기인덕턴스 0.5[H]의 코일에 1/200초 동안에 전류가 25[A]로부터 20[A]로 줄었다. 이 코일에 유기된 기전력의 크기 및 방향은?

① 50[V], 전류와 같은 방향
② 50[V], 전류와 반대 방향
③ 500[V], 전류와 같은 방향
④ 500[V], 전류와 반대 방향

풀이 ① 유기 기전력의 크기
$$e = -L\frac{di}{dt} = -0.5 \times \frac{20-25}{\frac{1}{200}} = 500[\text{V}]$$
② 유기 기전력의 방향
- 전류가 증가할 때는 전류와 반대 방향의 기전력이 유기되어 전류의 증가를 방해
- 전류가 감소할 때는 전류 방향과 동일 방향의 기전력이 유기되어 전류의 감소를 방해

답 ③

11 어느 점전하에 의하여 생기는 전위를 처음 전위의 $\frac{1}{2}$이 되게 하려면 전하로부터의 거리를 어떻게 해야 하는가?

① $\frac{1}{2}$로 감소시킨다.
② $\frac{1}{\sqrt{2}}$로 감소시킨다.
③ 2배 증가시킨다.
④ $\sqrt{2}$배 증가시킨다.

풀이 $V = 9 \times 10^9 \frac{Q}{r}[\text{V}]$에서 전위($V$)는 거리($r$)에 반비례하므로 거리를 2배 증가시키면 전위는 $\frac{1}{2}$배가 된다.
답 ③

12 자계의 세기를 표시하는 단위가 아닌 것은?

① A/m
② Wb/m
③ N/Wb
④ AT/m

풀이 자계의 세기는 1[Wb]당의 작용력이므로
$$\left[\frac{\text{N}}{\text{Wb}}\right] = \left[\frac{\text{N} \cdot \text{m}}{\text{Wb} \cdot \text{m}}\right] = \left[\frac{\text{J/Wb}}{\text{m}}\right] = \left[\frac{\text{A}}{\text{m}}\right] = \left[\frac{\text{Wb}}{\text{H} \cdot \text{m}}\right]$$
답 ②

13 그림과 같이 면적 $S[\text{m}^2]$, 간격 $d[\text{m}]$인 극판 간에 유전율 ϵ, 저항률 ρ인 매질을 채웠을 때 극판간의 정전용량 C와 저항 R의 관계는? (단, 전극판의 저항률은 매우 작은 것으로 한다.)

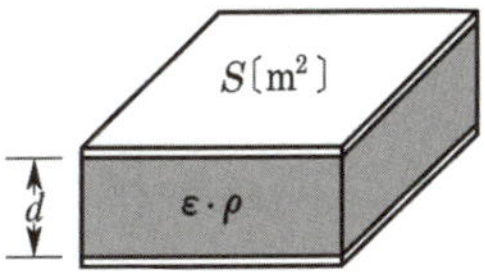

① $R = \frac{\epsilon\rho}{C}$
② $R = \frac{C}{\epsilon\rho}$
③ $R = \epsilon\rho C$
④ $R = \frac{1}{\epsilon\rho C}$

풀이 $RC = \rho\epsilon$에서 $R = \frac{\rho\epsilon}{C}[\Omega]$
답 ①

14 철심환의 일부에 공극(air gap)을 만들어 철심부의 길이 $l[\text{m}]$, 단면적 $A[\text{m}^2]$, 비투자율이 μ_r이고 공극부의 길이 $\delta[\text{m}]$일 때 철심부에서 총권수 N회인 도선을 감아 전류 $I[\text{A}]$를 흘리면 자속이 누설되지 않는다고 하고 공극 내에 생기는 자계의 자속 $\phi_0[\text{Wb}]$는?

① $\frac{\mu_0 ANI}{\delta\mu_r + l}$
② $\frac{\mu_0 ANI}{\delta + \mu_r l}$
③ $\frac{\mu_0 \mu_r ANI}{\delta\mu_r + l}$
④ $\frac{\mu_0 \mu_r ANI}{\delta + \mu_r l}$

풀이
- 투자율 μ인 자기 저항 $R = \dfrac{l}{\mu A}$ [AT/Wb]이다.
- 미소공극은 δ이므로 철심의 길이를 $l - \delta \fallingdotseq l$이라 하면 이때의 자기저항 R_m은

$$R_m = R_\delta + R_l = \dfrac{\delta}{\mu_0 A} + \dfrac{l}{\mu A}$$ 이므로

자계의 자속

$$\phi_0 = \dfrac{NI}{R_m} = \dfrac{NI}{\dfrac{\delta}{\mu_0 A} + \dfrac{l}{\mu A}} = \dfrac{\mu_0 \mu_r ANI}{\delta \mu_r + l} \text{[Wb]}$$ **답** ③

15 점전하 Q[C]와 무한평면도체에 대한 영상전하는?

① Q[C]와 같다.
② $-Q$[C]와 같다.
③ Q[C] 보다 크다.
④ Q[C] 보다 작다.

풀이 전기 영상법 : 무한 평면 도체는 전위가 0이므로 그 조건을 만족하는 영상 전하는 $-Q$ 이고, 거리는 $+Q$과 반대 방향으로 등거리이다.

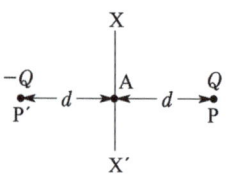

답 ②

16 전계의 세기 E, 자계의 세기가 H일 때 포인팅 벡터(P)는?

① $P = E \times H$
② $P = \dfrac{1}{2} E \times H$
③ $P = H \, \text{curl} E$
④ $P = E \, \text{curl} H$

풀이 평면 전자파는 E와 H가 수직이므로 이것을 벡터로 표시하면

$$P = E \times H \text{ [W/m}^2\text{]}$$

가 되고 이 벡터를 포인팅(Poynting) 벡터, 또는 방사(radiation) 벡터라 한다. **답** ①

17 내구의 반지름이 6[cm], 외구의 반지름이 8[cm]인 동심구 콘덴서의 외구를 접지하고 내구에 전위 1800[V]를 가했을 경우 내구에 충전된 전기량은 몇 [C]인가?

① 2.8×10^{-8}
② 3.8×10^{-8}
③ 4.8×10^{-8}
④ 5.8×10^{-8}

풀이

전기량 $Q = \dfrac{4\pi\epsilon_0 V}{\dfrac{1}{a} - \dfrac{1}{b}} = \dfrac{\dfrac{1}{9 \times 10^9} \times 1800}{\dfrac{1}{6 \times 10^{-2}} - \dfrac{1}{8 \times 10^{-2}}}$

$= 4.8 \times 10^{-8}$ [C] **답** ③

18 권선수가 N회인 코일에 전류 I[A]를 흘릴 경우, 코일에 ϕ[Wb]의 자속이 지나간다면 이 코일에 저장된 자계에너지[J]는?

① $\dfrac{1}{2} N \phi^2 I$
② $\dfrac{1}{2} N \phi I$
③ $\dfrac{1}{2} N^2 \phi I$
④ $\dfrac{1}{2} N \phi I^2$

풀이 자기인덕턴스 $L = \dfrac{N\phi}{I}$이므로 $LI = N\phi$이다.
따라서 자계에너지

$$W = \dfrac{1}{2} LI^2 = \dfrac{1}{2} LI \cdot I = \dfrac{1}{2} N\phi I \text{ [J]}$$ **답** ②

19 다음 중 인덕턴스의 공식이 옳은 것은? (단, N은 권수, I는 전류, l은 철심의 길이, R_m은 자기저항, μ는 투자율, S는 철심 단면적이다.)

① $\dfrac{NI}{R_m}$
② $\dfrac{N^2}{R_m}$
③ $\dfrac{\mu NS}{l}$
④ $\dfrac{\mu_o NIS}{l}$

풀이
- 자기회로의 옴의 법칙 $\phi = \dfrac{NI}{R_m}$ [Wb]
- 자기저항 $R_m = \dfrac{l}{\mu S}$ [AT/Wb]

따라서 인덕턴스
$$L = \dfrac{N\phi}{I} = \dfrac{N^2}{R_m} = \dfrac{\mu S N^2}{l} \text{ [H]}$$ **답** ②

20 다음 중 ( )에 들어갈 내용으로 옳은 것은?

> 맥스웰은 전극 간의 유전체를 통하여 흐르는 전류를 해석하기 위해 (㉠)의 개념을 도입하였고, 이것도 (㉡)를 발생한다고 가정하였다.

① ㉠ 와전류, ㉡ 자계
② ㉠ 변위전류, ㉡ 자계
③ ㉠ 전자전류, ㉡ 전계
④ ㉠ 파동전류, ㉡ 전계

풀이
- 전도 전류 : 도체에 전장(기전력)을 가할 때 흐르는 전류 $J_c = \sigma E$
- 변위 전류 : 유전체(공기) 내에서 전속 밀도의 시간적 변화에 의한 전류 $J_d = \dfrac{dD}{dt}$
- 변위 전류도 전도 전류와 같이 자계를 발생시킨다.

답 ②

2019년 - 2회 _ 전기산업기사

01 두 종류의 유전체 경계면에서 전속과 전기력선이 경계면에 수직으로 도달할 때에 대한 설명으로 틀린 것은?

① 전속밀도는 변하지 않는다.
② 전속과 전기력선은 굴절하지 않는다.
③ 전계의 세기는 불연속적으로 변한다.
④ 전속선은 유전율이 작은 유전체 쪽으로 모이려는 성질이 있다.

풀이 유전율이 서로 다른 두 종류의 경계면에 전속과 전기력선이 수직($\theta_1 = 0°$)으로 도달할 때
① $\theta_1 = \theta_2 = 0°$이므로 $D_1\cos\theta_1 = D_2\cos\theta_2$에서 $\cos 0° = 1$이므로 $D_1 = D_2$, 즉 전속 밀도는 불변(연속)이다.
② $E_1\sin\theta_1 = E_2\sin\theta_2$에서 입사각 $\theta_1 = 0°$이므로 $0 = E_2\sin\theta_2$에서 $E_2 \neq 0$가 아닌 경우 $\sin\theta_2 = 0$가 되어야 하므로 $\theta_2 = 0$ 즉, 굴절하지 않는다.
③ $D_1 = \epsilon_1 E_1$, $D_2 = \epsilon_2 E_2$이므로 $D_1 = D_2$인 경우 $\epsilon_1 E_1 = \epsilon_2 E_2$가 성립하는데 $\epsilon_1 \neq \epsilon_2$인 경우 $E_1 \neq E_2$이다. 즉, 전계의 세기는 크기가 같지 않다 (불연속이다).
④ 전속선은 유전율이 큰 유전체 쪽으로 모이려는 성질이 있다.

답 ④

02 점전하 $+Q$의 무한 평면도체에 대한 영상전하는?

① $+Q$
② $-Q$
③ $+2Q$
④ $-2Q$

풀이 전기 영상법 : 무한평면으로부터 d[m] 떨어진 P점에 점전하 $+Q$가 있는 경우 영상전하는 무한평면 뒤쪽으로 점 P의 대칭점에 존재하며, 그 크기는 점전하와 같고 부호는 반대($-Q$)이다

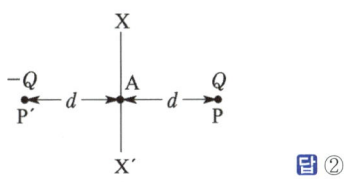

답 ②

03 MKS 단위계에서 진공 유전율 값은?

① $4\pi \times 10^{-7}$ [H/m]
② $\dfrac{1}{9 \times 10^9}$ [F/m]
③ $\dfrac{1}{4\pi \times 9 \times 10^9}$ [F/m]
④ 6.33×10^{-4} [H/m]

풀이 쿨롱의 법칙에서 비례상수 $K = \dfrac{1}{4\pi\epsilon_0} = 9 \times 10^9$이므로
∴ $\epsilon_0 = \dfrac{1}{4\pi \times 9 \times 10^9} \fallingdotseq 8.854 \times 10^{-12}$ [F/m]

답 ③

04 진공 중에 서로 떨어져 있는 두 도체 A, B가 있다. A에만 1[C]의 전하를 줄 때 도체 A, B의 전위가 각각 3[V], 2[V]였다고 하면, A에 2[C], B에 1[C]의 전하를 주면 도체 A의 전위는 몇 [V]인가?

① 6
② 7
③ 8
④ 9

풀이 $Q_A = 1$[C], $Q_B = 0$[C]일 때
$V_A = P_{AA}Q_A + P_{AB}Q_B = P_{AA} \times 1 + P_{AB} \times 0$

$$= P_{AA} = 3[V/C]$$
$$V_B = P_{BA}Q_A + P_{BB}Q_B = P_{BA} \times 1 + P_{BB} \times 0$$
$$= P_{BA} = 2[V/C]$$
따라서 $Q_A = 2[C]$, $Q_B = 1[C]$일 때
도체 A의 전위 V_A는
$$V_A = P_{AA}Q_A + P_{AB}Q_B = 3 \times 2 + 2 \times 1 = 8[V]$$
답 ③

05 비유전율 $\epsilon_r = 5$인 유전체 내의 한 점에서 전계의 세기가 $10^4[V/m]$라면 이 점의 분극의 세기는 약 몇 $[C/m^2]$인가?

① 3.5×10^{-7} ② 4.3×10^{-7}
③ 3.5×10^{-11} ④ 4.3×10^{-11}

풀이 분극의 세기
$$P = \epsilon_0(\epsilon_r - 1)E = \frac{1}{36\pi \times 10^9} \times (5-1) \times 10^4$$
$$= 3.5 \times 10^{-7}[C/m^2]$$
답 ①

06 전자파의 에너지 전달방향은?

① $\nabla \times \boldsymbol{E}$의 방향과 같다.
② $\boldsymbol{E} \times \boldsymbol{H}$의 방향과 같다.
③ 전계 $\boldsymbol{E}$의 방향과 같다.
④ 자계 $\boldsymbol{H}$의 방향과 같다.

풀이 전계 $\boldsymbol{E}_x$와 자계 $\boldsymbol{H}_y$는 같은 위상(동상)으로 진행하고 $\boldsymbol{E} \times \boldsymbol{H}$ 방향이 전자파의 진행방향이며, 이 세 성분의 방향은 서로 직교한다.
답 ②

07 자기 유도계수가 20[mH]인 코일에 전류를 흘릴 때 코일과의 쇄교 자속수가 0.2[Wb]였다면 코일에 축적된 에너지는 몇 [J]인가?

① 1 ② 2
③ 3 ④ 4

풀이 $N\phi = LI \rightarrow I = \frac{N\phi}{L}$
에서 쇄교 자속수 $N\phi$가 0.2[Wb]이므로
$$I = \frac{N\phi}{L} = \frac{0.2}{20 \times 10^{-3}} = 10[A]$$
따라서 코일에 축적된 에너지

$$W = \frac{1}{2}LI^2 = \frac{1}{2} \times 20 \times 10^{-3} \times 10^2 = 1[J]$$
답 ①

08 등전위면을 따라 전하 $Q[C]$를 운반하는 데 필요한 일은?

① 항상 0이다.
② 전하의 크기에 따라 변한다.
③ 전위의 크기에 따라 변한다.
④ 전하의 극성에 따라 변한다.

풀이 미소길이를 운반하는 데 필요한 일
$dW = q\boldsymbol{E} \cdot d\boldsymbol{l} = qE\cos\theta dl[J]$이고,
전계와 등전위면(dl)은 항상 $\theta = 90°$의 각을 이루므로 필요한 일은 0이다.
답 ①

09 접지된 직교 도체 평면과 점전하 사이에는 몇 개의 영상 전하가 존재하는가?

① 1 ② 2
③ 3 ④ 4

풀이 영상 전하 개수는 $n = \frac{360°}{\theta} - 1$(개)이다.
직교이면 $\theta = 90°$이므로
∴ $n = \frac{360°}{90°} - 1 = 3$(개)이다.

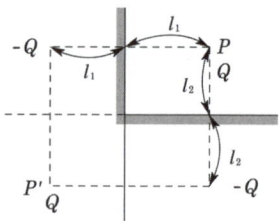

답 ③

10 비자화율 $\chi_m = 2$, 자속밀도 $\boldsymbol{B} = 20y\boldsymbol{a}_x$ $[Wb/m^2]$인 균일 물체가 있다. 자계의 세기 H는 약 몇 $[AT/m]$인가?

① $0.53 \times 10^7 y\boldsymbol{a}_x$ ② $0.13 \times 10^7 y\boldsymbol{a}_x$
③ $0.53 \times 10^7 x\boldsymbol{a}_y$ ④ $0.13 \times 10^7 x\boldsymbol{a}_y$

풀이 자화의 세기 $J = \chi H$, 자화율 $\chi = \mu_0\chi_m$이므로
자속 밀도

$$B = \mu_0 H + J = \mu_0 H + \chi H = (\mu_0 + \chi) H$$
$$= (\mu_0 + \mu_0 \chi_m) H = (1 + \chi_m) \mu_0 H$$

따라서 자계의 세기

$$H = \frac{B}{(1+\chi_m)\mu_0} = \frac{20 y a_x}{(1+2) \times 4\pi \times 10^{-7}}$$
$$= 0.53 \times 10^7 y a_x$$

답 ①

11 유전체의 초전효과(pyroelectric effect)에 대한 설명이 아닌 것은?

① 온도변화에 관계없이 일어난다.
② 자발 분극을 가진 유전체에서 생긴다.
③ 초전효과가 있는 유전체를 공기 중에 놓으면 중화된다.
④ 열에너지를 전기에너지로 변화시키는 데 이용된다.

풀이 초전효과(pyroelectric effect)
① 압전 효과가 일어나는 결정체에 가열 또는 냉각하면 전기 분극이 일어나는 현상(즉, 온도변화에 의해 전기 분극이 발생하고 열에너지를 전기에너지로 변환)
② 전기 분극의 방향은 가열과 냉각에 따라 서로 반대 방향으로 결정

답 ①

12 자기 인덕턴스 0.05[H]의 회로에 흐르는 전류가 매 초 500[A]의 비율로 증가할 때 자기 유도기전력의 크기는 몇 [V]인가?

① 2.5   ② 25
③ 100   ④ 1000

풀이 유도기전력
$$e = -L \frac{di}{dt} = -0.05 \times \frac{500}{1} = -25 [\text{V}]$$
(전류와 반대 방향)

답 ②

13 자위의 단위에 해당되는 것은?

① A   ② J/C
③ N/Wb   ④ Gauss

풀이 자위 $U_m = -\int_{\infty}^{P} H \cdot dl$ 에서

[A/m]·[m] = [A]

답 ①

14 진공 중 반지름이 a[m]인 원형 도체판 2매를 사용하여 극판거리 d[m]인 콘덴서를 만들었다. 만약 이 콘덴서의 극판 거리를 2배로 하고 정전용량은 일정하게 하려면 이 도체판의 반지름 a는 얼마로 하면 되는가?

① $2a$ ② $\frac{1}{2}a$
③ $\sqrt{2}a$ ④ $\frac{1}{\sqrt{2}}a$

풀이
- 원형 도체판의 반지름은 a, 양극판의 거리는 d이므로
$$C_1 = \frac{\epsilon S}{d} = \frac{\epsilon \pi a^2}{d}$$
- 극판의 거리 d를 2배로 하면
$$C_2 = \frac{\epsilon S'}{d'} = \frac{\epsilon \pi a'^2}{2d}$$
- 정전용량을 일정하게 하려면 ($C_1 = C_2$)
$$\frac{\epsilon \pi a^2}{d} = \frac{\epsilon \pi a'^2}{2d} \rightarrow a'^2 = 2a^2$$
$$\therefore a' = \sqrt{2}a$$

답 ③

15 맥스웰 전자방정식에 대한 설명으로 틀린 것은?

① 폐곡면을 통해 나오는 전속은 폐곡면 내의 전하량과 같다.
② 폐곡면을 통해 나오는 자속은 폐곡면 내의 자극의 세기와 같다.
③ 폐곡선에 따른 전계의 선적분은 폐곡선 내를 통하는 자속의 시간 변화율과 같다.
④ 폐곡선에 따른 자계의 선적분은 폐곡선 내를 통하는 전류와 전속의 시간적 변화율을 더한 것과 같다.

풀이

	맥스웰 전자 방정식(적분형)	전자 방정식의 물리적 의미
①	$\oint_S D \cdot dS = Q$	폐곡면을 통해 나오는 전속은 폐곡면 내의 전하량과 같다.
②	$\oint_S B \cdot dS = 0$	폐곡면을 통해 나오는 자속은 0이다.(고립 자하[단독 자극]는 존재하지 않기 때문)

	맥스웰 전자 방정식(적분형)	전자 방정식의 물리적 의미
③	$\oint_c E \cdot dl = -\int_S \frac{\partial B}{\partial t} \cdot dS$	폐곡선에 따른 전계의 선적분은 폐곡선 내를 통하는 자속의 시간 변화율과 같다.
④	$\oint_c H \cdot dl = I_c + \int_S \frac{\partial D}{\partial t} \cdot dS$	폐곡선에 따른 자계의 선적분은 폐곡선 내를 통하는 전류와 전속의 시간적 변화율을 더한 것과 같다.

답 ②

16 두 개의 코일에서 각각의 자기 인덕턴스가 $L_1 = 0.35$[H], $L_2 = 0.5$[H]이고, 상호 인덕턴스는 $M = 0.1$[H]이라고 하면 이때 코일의 결합계수는 약 얼마인가?

① 0.175 ② 0.239
③ 0.392 ④ 0.586

풀이 결합계수

$$k = \frac{M}{\sqrt{L_1 L_2}} = \frac{0.1}{\sqrt{0.35 \times 0.5}} = 0.239$$

답 ②

17 원점 주위의 전류 밀도가 $J = \frac{2}{r} a_r$ [A/m²]의 분포를 가질 때 반지름 5[cm]의 구면을 지나는 전 전류는 몇 [A]인가?

① 0.1π ② 0.2π
③ 0.3π ④ 0.4π

풀이 $I = \oint_s J \cdot ds = \oint_s \frac{2}{r} a_r \cdot a_r \, ds \; (a_r = 1)$
$= \frac{2}{r} \oint_s ds = \frac{2}{r} s = \frac{2}{r} \times 4\pi r^2$
$= 8\pi r = 8\pi \times 5 \times 10^{-2} = 0.4\pi$[A]

답 ④

18 다음 조건 중 틀린 것은?
(단, χ_m : 비자화율, μ_r : 비투자율이다.)

① $\mu_r \gg 1$이면 강자성체
② $\chi_m > 0, \mu_r < 1$이면 상자성체
③ $\chi_m < 0, \mu_r < 1$이면 반자성체
④ 물질은 χ_m 또는 μ_r의 값에 따라 반자성체, 상자성체, 강자성체 등으로 구분한다.

풀이

자성체의 종류	투자율	비투자율	비자화율
강자성체, 페리자성체	$\mu \gg \mu_0$	$\mu_r \gg 1$	$\chi_m \gg 1$
상자성체	$\mu > \mu_0$	$\mu_r > 1$	$\chi_m > 0$
반자성체, 반강자성체	$\mu < \mu_0$	$\mu_r < 1$	$\chi_m < 0$

답 ②

19 권선수가 400회, 면적이 9π[cm²]인 장방형 코일에 1[A]의 직류가 흐르고 있다. 코일의 장방형 면과 평행한 방향으로 자속밀도가 0.8[Wb/m²]인 균일한 자계가 가해져 있다. 코일의 평행한 두 변의 중심을 연결하는 선을 축으로 할 때 이 코일에 작용하는 회전력은 약 몇 [N·m]인가?

① 0.3 ② 0.5
③ 0.7 ④ 0.9

풀이 회전력 $T = nBI l_1 l_2 \sin\theta$
$= 400 \times 0.8 \times 1 \times 9\pi \times 10^{-4} \times \sin 90°$
$= 0.9$[N·m]

여기서 n : 코일의 권수, B : 자속밀도[Wb/m²],
I : 전류[A], l_1 : 코일의 길이[m],
l_2 : 코일의 폭[m],
θ : 코일면의 법선과 자계가 이루는 각

답 ④

20 자기회로의 자기저항에 대한 설명으로 틀린 것은?

① 단위는 [AT/Wb]이다.
② 자기회로의 길이에 반비례한다.
③ 자기회로의 단면적에 반비례한다.
④ 자성체의 비투자율에 반비례한다.

풀이 자기 저항 $R = \frac{l}{\mu_0 \mu_s S}$[AT/Wb]이므로 자기 저항은 길이에 비례하고, 투자율과 단면적에 반비례한다.

답 ②

2019년 - 3회 _ 전기산업기사

01 인덕턴스가 20[mH]인 코일에 흐르는 전류가 0.2초 동안 6[A]가 변화되었다면 코일에 유기되는 기전력은 몇 [V]인가?

① 0.6 ② 1
③ 6   ④ 30

풀이 유기되는 기전력
$$e = L\frac{di}{dt} = 20 \times 10^{-3} \times \frac{6}{0.2} = 0.6[V]$$
답 ①

02 직류 500[V] 절연저항계로 절연저항을 측정하니 2[MΩ]이 되었다면 누설전류[μA]는?

① 25   ② 250
③ 1000 ④ 1250

풀이 누설전류 $I_g = \frac{V}{R_g} = \frac{500}{2 \times 10^6} = 250 \times 10^{-6}[A]$
$= 250[\mu A]$
답 ②

03 동심구에서 내부도체의 반지름이 a, 절연체의 반지름이 b, 외부도체의 반지름이 c이다. 내부도체에만 전하 Q를 주었을 때 내부도체의 전위는? (단, 절연체의 유전율은 ϵ_o이다.)

① $\frac{Q}{4\pi\epsilon_o a}\left(\frac{1}{a}+\frac{1}{b}\right)$

② $\frac{Q}{4\pi\epsilon_o}\left(\frac{1}{a}-\frac{1}{b}\right)$

③ $\frac{Q}{4\pi\epsilon_o}\left(\frac{1}{a}-\frac{1}{b}-\frac{1}{c}\right)$

④ $\frac{Q}{4\pi\epsilon_o}\left(\frac{1}{a}-\frac{1}{b}+\frac{1}{c}\right)$

풀이 내부도체 A에 전하 Q를 주면 정전유도에 의해 도체 B의 내측 표면에 $-Q$, 외측 표면에는 Q가 유도된다.

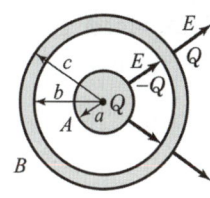

① 도체 B의 표면 전위, $V_c\ (r=c)$
$$V_c = \frac{Q}{4\pi\epsilon_0 c}$$
(중심에 점전하 Q가 놓인 거리 $r=c$인 전위로 구함)

② 도체 A와 B 사이의 전위차, $V_{ab}\ (a \leq r \leq b)$
$$V_{ab} = \frac{Q}{4\pi\epsilon_0}\left(\frac{1}{a}-\frac{1}{b}\right)$$
(중심에 점전하 Q가 놓인 a와 b 사이의 전위차로 구함)

③ 도체 A의 표면 전위, $V_a\ (r=a)$
(도체 A의 표면 전위는 무한원점에서 전위와 전위차의 합이 됨)

따라서 내부도체 표면의 전위 V_a는
$$V_a = V_c + V_{bc} + V_{ab}$$
$$= \frac{Q}{4\pi\epsilon_0 c} + 0 + \frac{Q}{4\pi\epsilon_0}\left(\frac{1}{a}-\frac{1}{b}\right)$$
$$= \frac{Q}{4\pi\epsilon_0}\left(\frac{1}{a}-\frac{1}{b}+\frac{1}{c}\right)$$
답 ④

04 어떤 물체에 $F_1 = -3i + 4j - 5k$와 $F_2 = 6i + 3j - 2k$의 힘이 작용하고 있다. 이 물체에 F_3을 가하였을 때 세 힘이 평형이 되기 위한 F_3은?

① $F_3 = -3i - 7j + 7k$
② $F_3 = 3i + 7j - 7k$
③ $F_3 = 3i - j - 7k$
④ $F_3 = 3i - j + 3k$

풀이 $F_1 + F_2 + F_3 = 0$ (평형)
∴ $F_3 = -(F_1 + F_2)$
$= -\{(-3i+4j-5k)+(6i+3j-2k)\}$
$= -(3i+7j-7k)$
$= -3i-7j+7k$
답 ①

05 M.K.S 단위로 나타낸 진공에 대한 유전율은?

① 8.855×10^{-12} [N/m]
② 8.855×10^{-10} [N/m]
③ 8.855×10^{-12} [F/m]
④ 8.855×10^{-10} [F/m]

풀이 쿨롱의 법칙에서

비례상수 $K = \dfrac{1}{4\pi\epsilon_0} = 9 \times 10^9$ 이므로

$\therefore \epsilon_0 = \dfrac{1}{4\pi \times 9 \times 10^9} ≒ 8.854 \times 10^{-12}$ [F/m] **답** ③

06 인덕턴스의 단위에서 1[H]는?

① 1[A]의 전류에 대한 자속이 1[Wb]인 경우이다.
② 1[A]의 전류에 대한 유전율이 1[F/m]이다.
③ 1[A]의 전류가 1초간에 변화하는 양이다.
④ 1[A]의 전류에 대한 자계가 1[AT/m]인 경우이다.

풀이 인덕턴스 $L = \dfrac{N\phi}{I}$ [H]이므로 1[H]란 1[A]의 전류에 의한 자속이 1[Wb]인 경우이다. **답** ①

07 자유공간의 변위전류가 만드는 것은?

① 전계   ② 전속
③ 자계   ④ 분극지력선

풀이
- 변위 전류 밀도 $i_d = \dfrac{\partial D}{\partial t}$ 이고, rot $H = J + \dfrac{\partial D}{\partial t}$ (맥스웰의 전자방정식 미분형)이다.
- 자유공간에서는 전도 전류 밀도 $J = 0$이므로, $i_d = $ rot H 가 된다.

즉 변위 전류는 회전 자계를 형성시킨다. **답** ③

08 평행한 두 도선간의 전자력은?
(단, 두 도선간의 거리는 r[m]라 한다.)

① r에 반비례   ② r에 비례
③ r^2에 비례   ④ r^2에 반비례

풀이 평행도선 단위 길이당 작용하는 힘은 간격(거리)을 r[m]라 할 때

$F = \dfrac{\mu_0 I_1 I_2}{2\pi r} = \dfrac{2 I_1 I_2}{r} \times 10^{-7}$ [N/m]로

두 전류의 곱에 비례하고, 간격(거리)에 반비례하며 두 전류의 방향이 같은 방향이면 흡인력, 다른 방향(왕복전류)이면 반발력이 작용한다. **답** ①

09 간격 d[m]인 두 평행판 전극 사이에 유전율 ϵ인 유전체를 넣고 전극 사이에 전압 $e = E_m \sin\omega t$[V]를 가했을 때 변위 전류 밀도 [A/m²]는?

① $\dfrac{\epsilon\omega E_m \cos\omega t}{d}$ ② $\dfrac{\epsilon E_m \cos\omega t}{d}$
③ $\dfrac{\epsilon\omega E_m \sin\omega t}{d}$ ④ $\dfrac{\epsilon E_m \sin\omega t}{d}$

풀이 변위 전류 밀도

$i_d = \dfrac{\partial D}{\partial t} = \dfrac{\partial (\epsilon E)}{\partial t} = \dfrac{\partial}{\partial t} \epsilon \left(\dfrac{e}{d}\right) = \dfrac{\epsilon}{d} E_m \dfrac{\partial}{\partial t} \sin\omega t$

$= \dfrac{\epsilon\omega E_m \cos\omega t}{d}$ [A/m²] **답** ①

10 10^6[cal]의 열량은 약 몇 [kWh]의 전력량인가?

① 0.06   ② 1.16
③ 2.27   ④ 4.17

풀이 1[kWh] = 860[kcal], 10^6[cal] = 10^3[kcal]이므로

$\therefore W = \dfrac{10^3}{860} ≒ 1.16$[kWh] **답** ②

11 전기기기의 철심(자심)재료로 규소강판을 사용하는 이유는?

① 동손을 줄이기 위해
② 와전류손을 줄이기 위해
③ 히스테리시스손을 줄이기 위해
④ 제작을 쉽게 하기 위하여

풀이
- 규소 강판 : 히스테리시스손 감소
- 성층 철심 : 와류손 감소 **답** ③

12 접지 구도체와 점전하 사이에 작용하는 힘은?

① 항상 반발력이다.
② 항상 흡인력이다.
③ 조건적 반발력이다.
④ 조건적 흡인력이다.

풀이 접지 구도체에는 항상 점전하와 반대 극성인 전하가 유도되므로 **항상 흡인력이 작용**한다. **답** ②

13 플레밍의 왼손법칙에서 왼손의 엄지, 검지, 중지의 방향에 해당되지 않는 것은?

① 전압 ② 전류
③ 자속밀도 ④ 힘

풀이 플레밍의 왼손법칙
자속밀도가 $B[\text{Wb/m}^2]$인 자계 중에 길이를 l의 도체를 놓고 $I[\text{A}]$의 전류를 흘릴 경우 자계 내에서 도체가 받는 힘의 크기 $F = BIl\sin\theta[\text{N}]$이다.

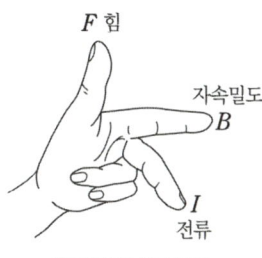

플레밍의 왼손법칙 **답** ①

14 반지름 1[m]의 원형 코일에 1[A]의 전류가 흐를 때 중심점의 자계의 세기[AT/m]는?

① $\dfrac{1}{4}$ ② $\dfrac{1}{2}$
③ 1 ④ 2

풀이 원형 코일 중심의 자계의 세기
$H_0 = \dfrac{I}{2a} = \dfrac{1}{2 \times 1} = \dfrac{1}{2}[\text{AT/m}]$ **답** ②

15 전류가 흐르는 도선을 자계 내에 놓으면 이 도선에 힘이 작용한다. 평등자계의 진공 중에 놓여 있는 직선전류 도선이 받는 힘에 대한 설명으로 옳은 것은?

① 도선의 길이에 비례한다.
② 전류의 세기에 반비례한다.
③ 자계의 세기에 반비례한다.
④ 전류와 자계 사이의 각에 대한 정현(sine)에 반비례한다.

풀이 플레밍의 왼손 법칙
자속밀도가 $B[\text{Wb/m}^2]$인 자계 중에 길이 l의 도체를 놓고 $I[\text{A}]$의 전류를 흘릴 경우 자계 내에서 도체가 받는 힘의 크기 $F = BIl\sin\theta[\text{N}]$이다. 따라서 **힘은 도선의 길이에 비례**한다. **답** ①

16 여러 가지 도체의 전하 분포에 있어서 각 도체의 전하를 n배 할 경우, 중첩의 원리가 성립하기 위해서 그 전위는 어떻게 되는가?

① $\dfrac{1}{2}n$이 된다. ② n배가 된다.
③ $2n$배가 된다. ④ n^2배가 된다.

풀이 $V_i = P_{i1}Q_1 + P_{i2}Q_2 + \cdots + P_{in}Q_n$에서 각 전하를 n배 하면 V_i는 n배 된다. **답** ②

17 동일 용량 $C[\mu\text{F}]$의 커패시터 n개를 병렬로 연결하였다면 합성정전용량은 얼마인가?

① n^2C ② nC
③ $\dfrac{C}{n}$ ④ C

풀이 콘덴서의 접속

항목	직렬접속	병렬접속
결선	C_1 C_2	C_1 C_2
합성정전용량	• $C_0 = \dfrac{C_1C_2}{C_1+C_2}$ • 저항의 병렬결선과 동일 방법 • 접속되는 콘덴서가 증가할수록 합성정전용량은 감소	• $C_0 = C_1 + C_2$ • 저항의 직렬결선과 동일 방법 • 접속되는 콘덴서가 증가할수록 합성정전용량은 증가

따라서 합성용량
$C_0 = C_1 + C_2 + \cdots + C_n = nC[\mu\text{F}]$ **답** ②

18 $E = i + 2j + 3k$ [V/cm]로 표시되는 전계가 있다. 0.02[μC]의 전하를 원점으로부터 $r = 3i$ [m]로 움직이는 데 필요로 하는 일[J]은?

① 3×10^{-6} ② 6×10^{-6}
③ 3×10^{-8} ④ 6×10^{-8}

풀이
$$W = F \cdot r = QE \cdot r$$
$$= 0.02 \times 10^{-6} \times (i + 2j + 3k) \cdot (3i)$$
$$= 0.02 \times 10^{-6} \times \frac{3}{10^{-2}}$$
$$= 0.06 \times 10^{-4} = 6 \times 10^{-6} [J]$$

답 ②

19 무한장 직선 도체에 선전하밀도 λ[C/m]의 전하가 분포되어 있는 경우, 이 직선 도체를 축으로 하는 반지름 r[m]의 원통면상의 전계[V/m]는?

① $\dfrac{\lambda}{2\pi\epsilon_0 r^2}$ ② $\dfrac{\lambda}{2\pi\epsilon_0 r}$
③ $\dfrac{\lambda}{4\pi\epsilon_0 r^2}$ ④ $\dfrac{\lambda}{4\pi\epsilon_0 r}$

풀이 무한 선전하에 의한 전계 $E = \dfrac{\lambda}{2\pi\epsilon_0 r}$[V/m]로 거리에 반비례한다.

답 ②

20 전류 2π[A]가 흐르고 있는 무한직선 도체로부터 2[m]만큼 떨어진 자유공간 내 P점의 자속밀도의 세기[Wb/m²]는?

① $\dfrac{\mu_o}{8}$ ② $\dfrac{\mu_o}{4}$
③ $\dfrac{\mu_o}{2}$ ④ μ_o

풀이 무한 직선 전류에 의한 자계
$$H = \frac{I}{2\pi r} = \frac{2\pi}{2\pi \times 2} = \frac{1}{2} [AT/m]$$이므로
자속밀도 $B = \mu_0 H = \mu_0 \times \dfrac{1}{2} = \dfrac{\mu_o}{2}$[Wb/m²]이다.

답 ③

2020년 전기자기_전기산업기사

2020년 1,2회 _ 전기산업기사

01 유전율이 각각 다른 두 종류의 유전체 경계면에 전속이 입사될 때 이 전속은 어떻게 되는가? (단, 경계면에 수직으로 입사하지 않는 경우이다.)

① 굴절 ② 반사
③ 회절 ④ 직진

풀이 ① 유전체 경계면에서 전계 또는 전속밀도는 유전율이 큰 쪽으로 크게 굴절한다.

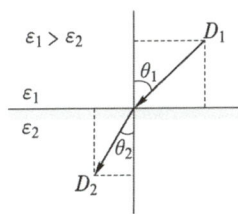 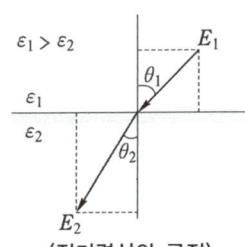

〈전속의 굴절〉 〈전기력선의 굴절〉

② 입사각과 굴절각은 유전율에 비례한다.
$\frac{\tan\theta_1}{\tan\theta_2} = \frac{\epsilon_1}{\epsilon_2}$ (θ_1 : 입사각, θ_2 : 굴절각)
즉, $\epsilon_1 > \epsilon_2$이면, $\theta_1 > \theta_2$ 이다.
③ 경계면에 수직으로 입사($\theta_1 = \theta_2 = 0°$)한 전속은 굴절하지 않고 직진한다. **답** ①

02 반지름이 9[cm]인 도체구 A에 8[C]의 전하가 균일하게 분포되어 있다. 이 도체구에 반지름 3[cm]인 도체구 B를 접촉시켰을 때 도체구 B로 이동한 전하는 몇 [C]인가?

① 1 ② 2
③ 3 ④ 4

풀이 • 도체구 A의 총 전하량 $Q = Q_1 + Q_2$
(Q_1 : 접촉 후 대전된 도체구 A의 전하량, Q_2 : 접촉 후 대전된 도체구 B의 전하량)
• 두 도체구를 접속시키면 전위는 같게 되므로

$V = \frac{Q_1}{4\pi\epsilon_0 r_1} = \frac{Q_2}{4\pi\epsilon_0 r_2}$

$\rightarrow Q_2 = \frac{4\pi\epsilon_0 r_2}{4\pi\epsilon_0 r_1} Q_1 = \frac{r_2}{r_1} Q_1 = \frac{r_2}{r_1}(Q - Q_2)$

$Q_2 = \frac{3}{9}(8 - Q_2) \rightarrow \frac{9}{3} Q_2 = 8 - Q_2$

$\therefore Q_2 = 2[C]$ **답** ②

03 전계 내에서 폐회로를 따라 단위 전하가 일주할 때 전계가 한 일은 몇 [J]인가?

① ∞ ② π
③ 1 ④ 0

풀이 전계(전기장)는 보존장이므로 전하 $q[C]$을 일주 시키면 일은 0이 된다.
보존장의 조건 : $\oint_c \boldsymbol{E} \cdot d\boldsymbol{l} = 0$
$\therefore W = qV = -q\oint_c \boldsymbol{E} \cdot d\boldsymbol{l} = 0$ **답** ④

04 내구의 반지름 a[m], 외구의 반지름 b[m]인 동심 구 도체 간에 도전율이 k[S/m]인 저항물질이 채워져 있을 때의 내외구간의 합성저항[Ω]은?

① $\frac{1}{8\pi k}\left(\frac{1}{a} - \frac{1}{b}\right)$ ② $\frac{1}{4\pi k}\left(\frac{1}{a} - \frac{1}{b}\right)$
③ $\frac{1}{2\pi k}\left(\frac{1}{a} - \frac{1}{b}\right)$ ④ $\frac{1}{\pi k}\left(\frac{1}{a} + \frac{1}{b}\right)$

풀이 • 내구의 반지름 a, 외구의 반지름 b인 동심 구 도체의 정전용량 $C = \frac{4\pi\epsilon}{\frac{1}{a} - \frac{1}{b}}$[F]

• $RC = \rho\epsilon$ 에서 $R = \frac{\rho\epsilon}{C}$

따라서 합성저항
$R = \frac{\rho\epsilon}{C} = \frac{\rho\epsilon}{\frac{4\pi\epsilon}{\frac{1}{a} - \frac{1}{b}}} = \frac{\rho}{4\pi}\left(\frac{1}{a} - \frac{1}{b}\right)$

$= \frac{1}{4\pi k}\left(\frac{1}{a} - \frac{1}{b}\right)[\Omega]$ **답** ②

05 대전된 도체 표면의 전하밀도를 $\sigma[C/m^2]$이라고 할 때, 대전된 도체 표면의 단위면적이 받는 정전응력$[N/m^2]$은 전하밀도 σ와 어떤 관계가 있는가?

① $\sigma^{\frac{1}{2}}$에 비례
② $\sigma^{\frac{3}{2}}$에 비례
③ σ에 비례
④ σ^2에 비례

풀이
- 도체에 전하가 분포되어 있을 때, 도체 표면에 작용하는 힘을 정전응력이라 하며, 단위 면적당의 힘으로 정의한다.
- 면전하밀도 $\sigma[C/m^2]$인 도체 표면에서
  전속밀도 $D=\sigma$, 전계의 세기 $E=\dfrac{\sigma}{\epsilon_0}$이므로
  정전응력 $f=\dfrac{1}{2}DE=\dfrac{1}{2}\epsilon_0 E^2=\dfrac{D^2}{2\epsilon_0}$
  $=\dfrac{\sigma^2}{2\epsilon_0}[N/m^2]$
  즉, $f\propto\sigma^2$ 관계가 있다. **답** ④

06 양극판의 면적이 $S[m^2]$, 극판 간의 간격이 $d[m]$, 정전용량이 $C_1[F]$인 평행판 콘덴서가 있다. 양극판 면적을 각각 $3S[m^2]$로 늘이고 극판 간격을 $\dfrac{1}{3}d[m]$로 줄였을 때의 정전용량 $C_2[F]$는?

① $C_2=C_1$
② $C_2=3C_1$
③ $C_2=6C_1$
④ $C_2=9C_1$

풀이 면적 S, 간격 d인 평행판 콘덴서의 정전용량을 C_1이라 하면
$C_1=\dfrac{\epsilon_0}{d}S$

따라서 면적 $S'=3S$, 간격 $d'=\dfrac{1}{3}d$ 인 경우의 정전용량 C_2 는
$C_2=\dfrac{\epsilon_0}{d'}\cdot S'=\dfrac{\epsilon_0}{\frac{1}{3}d}\cdot 3S=9\dfrac{\epsilon_0}{d}S=9C_1$ **답** ④

07 투자율이 각각 μ_1, μ_2인 두 자성체의 경계면에서 자기력선의 굴절의 법칙을 나타낸 식은?

① $\dfrac{\mu_1}{\mu_2}=\dfrac{\sin\theta_1}{\sin\theta_2}$
② $\dfrac{\mu_1}{\mu_2}=\dfrac{\sin\theta_2}{\sin\theta_1}$
③ $\dfrac{\mu_1}{\mu_2}=\dfrac{\tan\theta_1}{\tan\theta_2}$
④ $\dfrac{\mu_1}{\mu_2}=\dfrac{\tan\theta_2}{\tan\theta_1}$

풀이 자성체의 굴절의 법칙
- 자계세기의 접선성분의 연속성 : $H_1\sin\theta_1=H_2\sin\theta_2$
- 자속밀도의 법선성분의 연속성 : $B_1\cos\theta_1=B_2\cos\theta_2$
- 굴절각 : $\dfrac{\mu_1}{\mu_2}=\dfrac{\tan\theta_1}{\tan\theta_2}$

따라서 자속은 투자율이 높은 쪽으로 모이려는 성질이 있다.

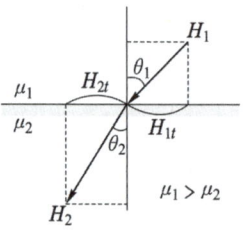

자력선의 굴절 **답** ③

08 진공 중에서 멀리 떨어져 있는 반지름이 각각 $a_1[m]$, $a_2[m]$인 두 도체구를 $V_1[V]$, $V_2[V]$인 전위를 갖도록 대전시킨 후 가는 도선으로 연결할 때 연결 후의 공통 전위 $V[V]$는?

① $\dfrac{V_1}{a_1}+\dfrac{V_2}{a_2}$
② $\dfrac{V_1+V_2}{a_1 a_2}$
③ $a_1 V_1+a_2 V_2$
④ $\dfrac{a_1 V_1+a_2 V_2}{a_1+a_2}$

풀이
- 두 도체구를 연결하기 전의 전하는
  $Q=Q_1+Q_2=4\pi\epsilon_0 a_1 V_1+4\pi\epsilon_0 a_2 V_2$
  $=4\pi\epsilon_0(a_1 V_1+a_2 V_2)[C]$
- 두 도체구를 연결한 후의 전하 Q'는 등전위이므로
  $Q'=Q_1'+Q_2'=4\pi\epsilon_0 a_1 V+4\pi\epsilon_0 a_2 V$
  $=4\pi\epsilon_0 V(a_1+a_2)[C]$
- 연결 전후에도 전하의 총량은 같으므로($Q=Q'$)
  $4\pi\epsilon_0(a_1 V_1+a_2 V_2)=4\pi\epsilon_0 V(a_1+a_2)$
  $\therefore V=\dfrac{4\pi\epsilon_0(a_1 V_1+a_2 V_2)}{4\pi\epsilon_0(a_1+a_2)}=\dfrac{a_1 V_1+a_2 V_2}{a_1+a_2}$ **답** ④

09 그림과 같이 도체 1을 도체 2로 포위하여 도체 2를 일정 전위로 유지하고 도체 1과 도체 2의 외측에 도체 3이 있을 때 용량계수 및 유도계수의 성질로 옳은 것은?

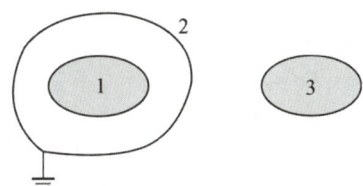

① $q_{23} = q_{11}$　　② $q_{13} = -q_{11}$
③ $q_{31} = q_{11}$　　④ $q_{21} = -q_{11}$

풀이
① 도체 1을 도체 2로 포위하고 도체 2를 접지(영전위)하면 도체 1과 도체 3은 정전차폐가 되기 때문에 정전기적으로 관계하지 않게 된다.
따라서 $q_{23} \neq q_{11}$, $q_{13} = 0$, $q_{31} = 0$
② 도체 1에 단위 전위를 주었을 때 도체 1의 전하 q_{11}과 도체 2의 유도 전하 q_{21}은 서로 양은 같고 부호는 반대가 된다.
따라서 $q_{21} = -q_{11}$
※ 도체 1과 도체 3은 정전기적으로 관계가 없는 정전차폐이므로 용량계수와 유도계수의 아래 첨자에 3을 포함하지 않은 ④번만이 정답이 된다.　**답** ④

10 와전류(eddy current)손에 대한 설명으로 틀린 것은?
① 주파수에 비례한다.
② 저항에 반비례한다.
③ 도전율이 클수록 크다.
④ 자속밀도의 제곱에 비례한다.

풀이 와류손은 철심 내부에 흐르는 와류(맴돌이 전류)에 의한 줄 손실이다.
$W_e = \sigma_e (t f B_m)^2$ 이므로
와전류손(W_e)은 주파수(f)의 제곱과 최대 자속밀도(B_m)의 제곱에 비례한다.
여기서, σ_e : 재료에 의한 정수
　　　　t : 철판의 두께[m]
　　　　f : 주파수[Hz]
　　　　B_m : 자속밀도의 최댓값[Wb/m²]　**답** ①

11 전계 E[V/m] 및 자계 H[AT/m]의 에너지가 자유공간 사이를 C[m/s]의 속도로 전파될 때 단위 시간에 단위 면적을 지나는 에너지 [W/m²]는?

① $\frac{1}{2}EH$　　② EH
③ EH^2　　④ E^2H

풀이 단위 면적당 전력
= 포인팅 벡터 $P = E \times H = EH$ [W/m²]　**답** ②

12 공기 중에 선간거리 10[cm]의 평행왕복 도선이 있다. 두 도선 간에 작용하는 힘이 4×10^{-6} [N/m]이었다면 도선에 흐르는 전류는 몇 [A]인가?

① 1　　② 2
③ $\sqrt{2}$　　④ $\sqrt{3}$

풀이 평행한 두 도선 간에 작용하는 힘
$$F = \frac{\mu_0 I_1 I_2}{2\pi r} = \frac{2 I_1 I_2}{r} \times 10^{-7}$$
$$= \frac{2 \times I^2}{10 \times 10^{-2}} \times 10^{-7} = 4 \times 10^{-6} [N/m]$$
$$\therefore I = \sqrt{\frac{4 \times 10^{-6} \times 10 \times 10^{-2}}{2 \times 10^{-7}}} = \sqrt{2} [A]$$　**답** ③

13 자기 인덕턴스가 L_1, L_2이고 상호 인덕턴스가 M인 두 회로의 결합계수가 1일 때, 성립되는 식은?

① $L_1 \cdot L_2 = M$　　② $L_1 \cdot L_2 < M^2$
③ $L_1 \cdot L_2 > M^2$　　④ $L_1 \cdot L_2 = M^2$

풀이 결합 계수 $k = \frac{M}{\sqrt{L_1 L_2}}$ 에서
결합 계수 $k = 1$인 경우 $\frac{M}{\sqrt{L_1 L_2}} = 1$
$\therefore L_1 L_2 = M^2$ 이 된다.　**답** ④

14 어떤 콘덴서에 비유전율 ϵ_s인 유전체로 채워져 있을 때의 정전용량 C와 공기로 채워져 있을 때의 정전용량 C_0의 비 $\left(\dfrac{C}{C_0}\right)$는?

① ϵ_s
② $\dfrac{1}{\epsilon_s}$
③ $\sqrt{\epsilon_s}$
④ $\dfrac{1}{\sqrt{\epsilon_s}}$

풀이 콘덴서에 절연체를 삽입하기 전과 후의 비를 비유전율이라고 하며 다음과 같은 관계가 있다.
① $C > C_0$ ② $\dfrac{C}{C_0} = \epsilon_s$ ($\epsilon_s > 1$)

여기서, C_0 : 절연체 삽입 전(진공) 콘덴서의 정전용량
C : 절연체 삽입 후 콘덴서의 정전용량

답 ①

15 유전체에서의 변위전류에 대한 설명으로 틀린 것은?

① 변위전류가 주변에 자계를 발생시킨다.
② 변위전류의 크기는 유전율에 반비례한다.
③ 전속밀도의 시간적 변화가 변위전류를 발생시킨다.
④ 유전체 중의 변위전류는 진공 중의 전계변화에 의한 변위전류와 구속전자의 변위에 의한 분극전류와의 합이다.

풀이 변위전류
① 변위전류 및 변위전류밀도는 시간적으로 변화하는 전속밀도에 의한 전류를 말한다.
② 유전체 중에서의 변위전류밀도
$$i_d = \dfrac{\partial D}{\partial t} = \epsilon \dfrac{\partial E}{\partial t} = \epsilon_0 \dfrac{\partial E}{\partial t} + \dfrac{\partial P}{\partial t} \text{[A/m}^2\text{]}$$
즉, **변위전류밀도는** 진공 중의 전계변화에 의한 변위전류와 구속전자의 변위에 의한 분극전류와의 합이며, **유전율에 비례**한다.
③ 변위 전류밀도 $i_d = \dfrac{\partial D}{\partial t}$ 이고,
$\text{rot} H = J + \dfrac{\partial D}{\partial t}$ (맥스웰의 전자방정식 미분형)이다.
자유공간에서는 전도 전류밀도 $J = 0$이므로 $i_d = \text{rot} H$ 가 된다.
즉, 변위 전류는 회전자계를 형성시킨다.

답 ②

16 환상 솔레노이드의 자기 인덕턴스[H]와 반비례하는 것은?

① 철심의 투자율 ② 철심의 길이
③ 철심의 단면적 ④ 코일의 권수

풀이 철심을 통하는 자속
$\phi = BS = \mu HS = \mu \dfrac{NI}{l} S = \dfrac{\mu SNI}{l}$ [Wb]이므로
$N\phi = LI$에서 인덕턴스 $L = \dfrac{\mu SN^2}{l}$ [H]이다.
즉 **인덕턴스는** 투자율(μ), 단면적(S), 권수(N)의 제곱에 비례하고, **길이(l)에 반비례**한다.

답 ②

17 자성체에 대한 자화의 세기를 정의한 것으로 틀린 것은?

① 자성체의 단위 체적당 자기모멘트
② 자성체의 단위 면적당 자화된 자하량
③ 자성체의 단위 면적당 자화선의 밀도
④ 자성체의 단위 면적당 자기력선의 밀도

풀이 자화의 세기(J)
① 자성체의 양 단면의 단위면적에 발생한 자기량을 그 자성체에 대한 자화의 세기라고 한다.
$$J = \dfrac{m}{S} = \dfrac{ml}{Sl} = \dfrac{M}{V} \text{[Wb/m}^2\text{]}$$
여기서, m : **자화된 자기량**[Wb]
S : **자성체의 단면적**[m^2]
M : **자기모멘트**($M = ml$[Wb·m])
V : **자성체의 체적**[m^3]
l : 자성체의 길이[m]
② 자화의 세기는 자계의 세기에 비례하며 이때 비례상수를 자화율이라고 한다.
$J = \chi H$

답 ④

18 두 전하 사이 거리의 세제곱에 반비례하는 것은?

① 두 점전하 사이에 작용하는 힘
② 전기쌍극자에 의한 전계
③ 직선 전하에 의한 전계
④ 전하에 의한 전위

풀이 ① 두 점전하 사이에 작용하는 힘(쿨롱의 법칙)
$F = \dfrac{Q_1 Q_2}{4\pi\epsilon_0 r^2}$ [N] $\therefore F \propto \dfrac{1}{r^2}$

② 전기쌍극자에 의한 전계

$$E = \frac{M\sqrt{1+3\cos^2\theta}}{4\pi\epsilon_0 r^3}[\text{V/m}] \quad \therefore E \propto \frac{1}{r^3}$$

③ 직선전하에 의한 전계

$$E = \frac{\lambda}{2\pi\epsilon_0 r}[\text{V/m}] \quad \therefore E \propto \frac{1}{r}$$

④ 점전하에 의한 전위

$$V = \frac{Q}{4\pi\epsilon_0 r}[\text{V}] \quad \therefore V \propto \frac{1}{r}$$

답 ②

19 정사각형 회로의 면적을 3배로, 흐르는 전류를 2배로 증가시키면 정사각형의 중심에서의 자계의 세기는 약 몇 [%]가 되는가?

① 47 ② 115
③ 150 ④ 225

풀이
- 한 변의 길이가 l인 정사각형 중심에서 자계의 세기

$$H_0 = \frac{2\sqrt{2}I}{\pi l}[\text{AT/m}]$$

- 정사각형 면적을 3배로 하면 한 변의 길이는 $\sqrt{3}$배가 되므로

$$H_0' = \frac{2\sqrt{2}I'}{\pi l'} = \frac{2\sqrt{2} \times 2I}{\pi \times \sqrt{3}l} = 1.15 H_0$$

따라서 정사각형 중심에서 자계의 세기는 약 115[%]가 된다.

답 ②

20 그림과 같이 권수가 1이고 반지름이 a[m]인 원형 코일에 전류 I[A]가 흐르고 있다. 원형 코일 중심에서의 자계의 세기[AT/m]는?

① $\frac{I}{a}$
② $\frac{I}{2a}$
③ $\frac{I}{3a}$
④ $\frac{I}{4a}$

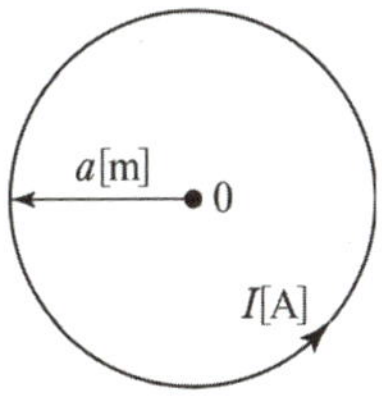

풀이 원형코일 중심에서의 자계의 세기

$$H_0 = \oint dH = \int_0^{2\pi a} \frac{Idl\sin\theta}{4\pi a^2} = \int_0^{2\pi a} \frac{Idl}{4\pi a^2}$$
$$= \frac{I}{4\pi a^2}\int_0^{2\pi a} dl = \frac{I}{2a}[\text{AT/m}]$$

답 ②

2020년 - 3회 _ 전기산업기사

01 표의 ㉠, ㉡과 같은 단위로 옳게 나열한 것은?

㉠	Ω·s
㉡	s/Ω

① ㉠ H, ㉡ F
② ㉠ H/m, ㉡ F/m
③ ㉠ F, ㉡ H
④ ㉠ F/m, ㉡ H/m

풀이 ㉠ $v = L\frac{di}{dt}$ 관계식에서

$$L = \frac{dt}{di}v[\text{H}]$$
$$= \left[\frac{\sec \cdot \text{V}}{\text{A}}\right] = \left[\sec \cdot \frac{\text{V}}{\text{A}}\right] = [\sec \cdot \Omega]$$

㉡ $v = \frac{1}{C}\int idt$ 관계식에서

$$C = \frac{1}{v}\int idt[\text{F}]$$
$$= \left[\frac{\text{A} \cdot \sec}{\text{V}}\right] = \left[\sec \cdot \frac{\text{A}}{\text{V}}\right] = [\sec \cdot \Omega]$$

답 ①

02 진공 중에 판간 거리가 d[m]인 무한 평판 도체 간의 전위차[V]는? (단, 각 평판 도체에는 면전하밀도 $+\sigma$[C/m²], $-\sigma$[C/m²]가 각각 분포되어 있다.)

① σd
② $\frac{\sigma}{\epsilon_0}$
③ $\frac{\epsilon_0 \sigma}{d}$
④ $\frac{\sigma d}{\epsilon_0}$

풀이 전하밀도 σ[C/m²]에서 나오는 전기력선 밀도는
$\frac{\sigma}{\epsilon_0}$[개/m²] $= \frac{\sigma}{\epsilon_0}$[V/m] (전계의 세기 E)이므로

따라서 전위차 $V = Ed = \frac{\sigma d}{\epsilon_0}$[V]

답 ④

03 자기 인덕턴스의 성질을 설명한 것으로 옳은 것은?

① 경우에 따라 정(+) 또는 부(-)의 값을 갖는다.
② 항상 정(+)의 값을 갖는다.
③ 항상 부(-)의 값을 갖는다.
④ 항상 0이다.

풀이 ① 자기 인덕턴스
- 자신의 회로에 단위 전류가 흐를 때의 자속 쇄교수
- 항상 정(+)의 값

② 상호 인덕턴스
- 근접한 두 회로 상호 간의 인덕턴스
- 두 코일에 흐르는 전류가 만드는 자속이 같은 방향이면 정(+)의 값
- 두 코일에 흐르는 전류가 만드는 자속이 반대 방향이면 부(-)의 값

답 ②

04 어떤 자성체 내에서의 자계의 세기가 800[AT/m]이고 자속밀도가 0.05[Wb/m²]일 때 이 자성체의 투자율은 몇 [H/m]인가?

① 3.25×10^{-5}
② 4.25×10^{-5}
③ 5.25×10^{-5}
④ 6.25×10^{-5}

풀이 $B = \mu H$ 에서
$\mu = \dfrac{B}{H} = \dfrac{0.05}{800} = 6.25 \times 10^{-5}$[H/m]

답 ④

05 자기회로에 대한 설명 중 틀린 것은? (단, S는 자기회로의 단면적이다.)

① 자기저항의 단위는 H(Henry)의 역수이다.
② 자기저항의 역수를 퍼미언스(permeance)라고 한다.
③ "자기저항 = (자기회로의 단면을 통과하는 자속) / (자기회로의 총 기자력)"이다.
④ 자속밀도 B가 모든 단면에 걸쳐 균일하다면 자기회로의 자속은 BS이다.

풀이 ① 인덕턴스 $L = \dfrac{\mu S N^2}{l}$ 에서
자기저항 $R_m = \dfrac{l}{\mu S}$ 이므로

$L = \dfrac{\mu S N^2}{l} = \dfrac{N^2}{R_m}$ (권수 N은 무차원)이다.

따라서 자기저항 $R_m = \dfrac{N^2}{L}$[1/H]이므로
자기저항의 단위는 H(Henry)의 역수이다.

② 자기저항 $R_m = \dfrac{l}{\mu S}$[AT/Wb]이 되고, 자기저항의 역수를 퍼미언스라고 한다. 퍼미언스는 전기저항의 역수인 컨덕턴스 G에 대응된다.

③ $NI = \phi R_m$ 에서 자기저항 $R_m = \dfrac{NI}{\phi}$[AT/Wb]

"자기저항 = (자기회로의 총 기자력) / (자기회로의 단면을 통과하는 자속)" 이 된다.

④ $\phi = BS$[Wb]

답 ③

06 비유전율이 2.8인 유전체에서의 전속밀도가 $D = 3.0 \times 10^{-7}$[C/m²]일 때 분극의 세기 P는 약 몇 [C/m²]인가?

① 1.93×10^{-7}
② 2.93×10^{-7}
③ 3.50×10^{-7}
④ 4.07×10^{-7}

풀이 분극의 세기
$P = D - \epsilon_0 E$ (단, $E = \dfrac{D}{\epsilon} = \dfrac{D}{\epsilon_0 \epsilon_r}$)
$= D - \epsilon_0 \left(\dfrac{D}{\epsilon_0 \epsilon_r} \right) = D - \dfrac{D}{\epsilon_r} = \left(1 - \dfrac{1}{\epsilon_r} \right) D$

∴ $P = \left(1 - \dfrac{1}{2.8} \right) \times 3 \times 10^{-7} = 1.93 \times 10^{-7}$[C/m²]

답 ①

07 전계의 세기가 5×10^2[V/m]인 전계 중에 8×10^{-8}[C]의 전하가 놓일 때 전하가 받는 힘은 몇 [N]인가?

① 4×10^{-2}
② 4×10^{-3}
③ 4×10^{-4}
④ 4×10^{-5}

풀이 전하에 작용하는 힘
$F = Eq = 5 \times 10^2 \times 8 \times 10^{-8} = 4 \times 10^{-5}$[N]

답 ④

08 지름 2[mm]의 동선에 π[A]의 전류가 균일하게 흐를 때 전류밀도는 몇 [A/m²]인가?

① 10^3
② 10^4
③ 10^5
④ 10^6

풀이 반지름은 1[mm]$= 1 \times 10^{-3}$[m] 이므로

∴ 전류밀도 $J = \dfrac{I}{S} = \dfrac{I}{\pi r^2} = \dfrac{\pi}{\pi \times (1 \times 10^{-3})^2}$

$= 10^6$[A/m²] **답** ④

09 반지름이 a[m]인 도체구에 전하 Q[C]을 주었을 때, 구 중심에서 r[m] 떨어진 구외부($r > a$)의 한 점에서의 전속밀도 D[C/m²]는?

① $\dfrac{Q}{4\pi a^2}$ ② $\dfrac{Q}{4\pi r^2}$

③ $\dfrac{Q}{4\pi\epsilon a^2}$ ④ $\dfrac{Q}{4\pi\epsilon r^2}$

풀이 거리를 r[m], 구의 반지름을 a[m]라 할 때, 전속밀도 D[C/m²]는

① 구체 외부($r > a$) $D = \dfrac{Q}{4\pi r^2}$[C/m²]

② 구체 표면($r = a$) $D = \dfrac{Q}{4\pi a^2}$[C/m²]

③ 구체 내부($r < a$) $D = \dfrac{rQ}{4\pi a^3}$[C/m²] **답** ②

10 2[Wb/m²]인 평등 자계 속에 길이가 30[cm]인 도선이 자계와 직각 방향으로 놓여있다. 이 도선이 자계와 30°의 방향으로 30[m/s]의 속도로 이동할 때, 도체 양단에 유기되는 기전력[V]의 크기는?

① 3 ② 9 ③ 30 ④ 90

풀이 유기기전력
$e = Blv\sin\theta = 2 \times 0.3 \times 30 \times \sin 30° = 9$[V] **답** ②

11 공기 중에 있는 무한직선 도체에 전류 I[A]가 흐르고 있을 때 도체에서 r[m] 떨어진 점에서의 자속밀도는 몇 [Wb/m²]인가?

① $\dfrac{I}{2\pi r}$ ② $\dfrac{2\mu_0 I}{\pi r}$

③ $\dfrac{\mu_0 I}{r}$ ④ $\dfrac{\mu_0 I}{2\pi r}$

풀이 무한직선 전류에 의한 자계 $H = \dfrac{I}{2\pi r}$[AT/m]이므로

자속밀도 $B = \mu_0 H = \dfrac{\mu_0 I}{2\pi r}$[Wb/m²] **답** ④

12 무한 평면 도체로부터 d[m]인 곳에 점전하 Q[C]가 있을 때 도체 표면상에 최대로 유도되는 전하밀도는 몇 [C/m²]인가?

① $-\dfrac{Q}{2\pi d^2}$

② $-\dfrac{Q}{2\pi\epsilon_0 d^2}$

③ $-\dfrac{Q}{4\pi d^2}$

④ $-\dfrac{Q}{4\pi\epsilon_0 d^2}$

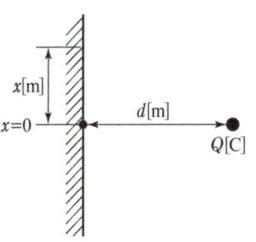

풀이 무한 평면도체상의 기준 원점으로부터 거리 d[m]인 곳에 있는 점전하 Q[C]에 의해 유도되는 전하밀도 σ는

$\sigma = -D = -\epsilon_0 E = -\dfrac{Q \cdot d}{2\pi(a^2+x^2)^{3/2}}$[C/m²]이다.

$x = 0$일 때 최대, $x = \infty$일 때 최소가 되므로

- 최대전하밀도 $\sigma_{\max} = [\sigma]_{x=0} = -\dfrac{Q}{2\pi d^2}$[C/m²]

- 최소전하밀도 $\sigma_{\min} = [\sigma]_{x=\infty} = 0$[C/m²]

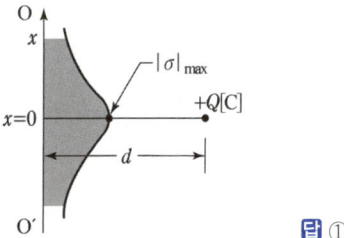

답 ①

13 선간전압이 66000[V]인 2개의 평행 왕복 도선에 10[kA]의 전류가 흐르고 있을 때 도선 1[m]마다 작용하는 힘의 크기는 몇 [N/m]인가? (단, 도선 간의 간격은 1[m]이다.)

① 1 ② 10
③ 20 ④ 200

풀이 평행 왕복 도선에 같은 크기의 전류($I_1 = I_2$)가 흐르고 있으므로

∴ 힘의 크기 $F = \dfrac{\mu_0 I_1 I_2}{2\pi r} = \dfrac{2 I_1 I_2}{r} \times 10^{-7}$

$= \dfrac{2 \times (10 \times 10^3)^2}{1} \times 10^{-7}$

$= 20$[N/m] **답** ③

14 무손실 유전체에서 평면 전자파의 전계 E와 자계 H 사이 관계식으로 옳은 것은?

① $H = \sqrt{\dfrac{\epsilon}{\mu}} E$ ② $H = \sqrt{\dfrac{\mu}{\epsilon}} E$
③ $H = \dfrac{\epsilon}{\mu} E$ ④ $H = \dfrac{\mu}{\epsilon} E$

풀이 $\dfrac{E}{H} = \sqrt{\dfrac{\mu}{\epsilon}}$ 이므로, $H = \sqrt{\dfrac{\epsilon}{\mu}} E$ 이다. **답** ①

15 대전 도체 표면의 전하밀도는 도체 표면의 모양에 따라 어떻게 되는가?

① 곡률이 작으면 작아진다.
② 곡률 반지름이 크면 커진다.
③ 평면일 때 가장 크다.
④ 곡률 반지름이 작으면 작다.

풀이 도체 표면에서의 **전하밀도는 곡률이 작을수록 작다**.
즉 곡률 반지름이 클수록 작다. (곡률 반경 $\propto \dfrac{1}{곡률}$)

답 ①

16 1[Ah]의 전기량은 몇 [C]인가?

① $\dfrac{1}{3600}$ ② 1
③ 60 ④ 3600

풀이 전류(I)는 도체의 단면을 단위 시간 $t[sec]$에 흐르는 전기량 $Q[C]$이므로,
$Q = I \cdot t = 1 \times 60 \times 60 = 3600[C]$ **답** ④

17 강자성체가 아닌 것은?

① 철 ② 구리
③ 니켈 ④ 코발트

풀이
- **강자성체** : **철(Fe), 니켈(Ni), 코발트(Co)**
- 상자성체 : 알루미늄(Al), 망간(Mn), 백금(Pt), 텅스텐(W), 주석(Sn), 산소(O_2), 질소(N_2)
- 반자성체 : 비스무트(Bi), **구리(Cu)**, 탄소(C), 규소(Si), 은(Ag), 납(Pb)

답 ②

18 맥스웰(Maxwell) 전자방정식의 물리적 의미 중 틀린 것은?

① 자계의 시간적 변화에 따라 전계의 회전이 발생한다.
② 전도전류와 변위전류는 자계를 발생시킨다.
③ 고립된 자극이 존재한다.
④ 전하에서 전속선이 발산한다.

풀이 맥스웰 전자방정식
$$\oint_S \boldsymbol{B} \cdot d\boldsymbol{S} = 0$$
폐곡면을 통해 나오는 자속은 0이다.
(고립 자하[단독 자극]는 존재하지 않기 때문) **답** ③

19 2[μF], 3[μF], 4[μF]의 커패시터를 직렬로 연결하고 양단에 가한 전압을 서서히 상승시킬 때의 현상으로 옳은 것은? (단, 유전체의 재질 및 두께는 같다고 한다.)

① 2[μF]의 커패시터가 제일 먼저 파괴된다.
② 3[μF]의 커패시터가 제일 먼저 파괴된다.
③ 4[μF]의 커패시터가 제일 먼저 파괴된다.
④ 3개의 커패시터가 동시에 파괴된다.

풀이 콘덴서 직렬 연결시 $Q_1 = Q_2 = Q_3 = Q$이므로
$C_1 V_1 = C_2 V_2 = C_3 V_3 = Q$
$\therefore V_1 = \dfrac{Q}{C_1}, \; V_2 = \dfrac{Q}{C_2}, \; V_3 = \dfrac{Q}{C_3}$

따라서, 내압이 같은 경우 각 콘덴서 양단간에 걸리는 전압(V)은 정전용량(C)에 반비례하므로 정전용량이 제일 작은 2[μF]의 콘덴서가 제일 먼저 파괴된다.
답 ①

20 패러데이관의 밀도와 전속밀도는 어떠한 관계인가?

① 동일하다.
② 패러데이관의 밀도가 항상 높다.
③ 전속밀도가 항상 높다.
④ 항상 틀리다.

풀이 패러데이관 : 단위전하에서 나오는 전속선의 관을 의미한다.

- 패러데이관 내의 전속선 수는 일정하다.
- 진전하가 없는 점에서는 패러데이관은 연속적이다.
- 패러데이관 양단에 정·부의 단위 전하가 있다.
- 패러데이관의 밀도는 전속밀도와 같다. 답 ①

2020년 4회 _ 전기산업기사

01 반지름 a[m]인 접지 도체구의 중심에서 r[m]되는 거리에 점전하 Q[C]을 놓았을 때 도체구에 유도된 총 전하는 몇 [C]인가?

① 0
② $-Q$
③ $-\dfrac{a}{r}Q$
④ $-\dfrac{r}{a}Q$

풀이 점 P에서 Q의 전하를 주고 도체구를 접지($V_1 = 0$)하였을 때 유도되는 전하를 Q'라 하면
$V_1 = P_{11}Q' + P_{12}Q = 0$

$\therefore Q' = -\dfrac{P_{12}}{P_{11}}Q = \dfrac{\dfrac{1}{4\pi\epsilon_0 r}}{\dfrac{1}{4\pi\epsilon_0 a}}Q = -\dfrac{a}{r}Q$[C]

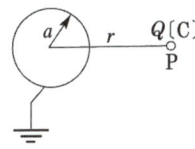

답 ③

02 비유전율이 2.4인 유전체 내의 전계의 세기가 100[mV/m]이다. 유전체에 저축되는 단위체적 당 정전에너지는 몇 [J/m³]인가?

① 1.06×10^{-13}
② 1.77×10^{-13}
③ 2.32×10^{-13}
④ 2.32×10^{-11}

풀이 유전체 내에 저장되는 에너지 밀도
$w = \dfrac{ED}{2} = \dfrac{1}{2}\epsilon E^2 = \dfrac{1}{2}\dfrac{D^2}{\epsilon}$ [J/m³] 식에서
$w = \dfrac{1}{2}\epsilon_o\epsilon_s E^2$
$= \dfrac{1}{2} \times 2.4 \times 8.855 \times 10^{-12} \times (100 \times 10^{-3})^2$
$= 1.06 \times 10^{-13}$[J/m³]   답 ①

03 액체 유전체를 넣은 콘덴서의 용량이 30[μF]이다. 여기에 500[V]의 전압을 가했을 때 누설전류는 약 얼마인가? (단, 고유저항 ρ는 10^{11}[Ω·m], 비유전율 ϵ_s는 2.2이다.)

① 5.1[mA]
② 7.7[mA]
③ 10.2[mA]
④ 15.4[mA]

풀이
$RC = \rho\epsilon$[s] → $R = \dfrac{\rho\epsilon}{C}$[Ω]
$\therefore I = \dfrac{V}{R} = \dfrac{CV}{\rho\epsilon} = \dfrac{CV}{\rho\epsilon_0\epsilon_s}$
$= \dfrac{30 \times 10^{-6} \times 500}{10^{11} \times 8.855 \times 10^{-12} \times 2.2}$
$= 0.0077$[A] = 7.7[mA]   답 ②

04 투자율이 다른 두 자성체의 경계면에서 굴절각과 입사각의 관계가 옳은 것은? (단, μ : 투자율, θ_1 : 입사각, θ_2 : 굴절각이다.)

① $\dfrac{\sin\theta_1}{\sin\theta_2} = \dfrac{\mu_1}{\mu_2}$
② $\dfrac{\tan\theta_2}{\tan\theta_1} = \dfrac{\mu_1}{\mu_2}$
③ $\dfrac{\cos\theta_1}{\cos\theta_2} = \dfrac{\mu_1}{\mu_2}$
④ $\dfrac{\tan\theta_1}{\tan\theta_2} = \dfrac{\mu_1}{\mu_2}$

풀이
- 자계세기 접선 성분의 연속성 $H_1\sin\theta_1 = H_2\sin\theta_2$
- 자속 밀도 법선 성분의 연속성 $B_1\cos\theta_1 = B_2\cos\theta_2$
- 굴절각 $\dfrac{\tan\theta_1}{\tan\theta_2} = \dfrac{\mu_1}{\mu_2}$

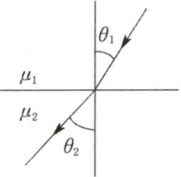

답 ④

05 비유전율 $\epsilon_s = 5$인 유전체 내의 분극률은 몇 [F/m]인가?

① $\dfrac{10^{-8}}{9\pi}$
② $\dfrac{10^9}{9\pi}$
③ $\dfrac{10^{-9}}{9\pi}$
④ $\dfrac{10^8}{9\pi}$

풀이 분극의 세기 $P=\epsilon_0(\epsilon_s-1)E$ 식에서

분극률 $\chi=\dfrac{P}{E}=\epsilon_0(\epsilon_s-1)$

$=\dfrac{1}{36\pi\times 10^9}\times(5-1)=\dfrac{10^{-9}}{9\pi}$ [F/m]

$(\epsilon_0=\dfrac{10^7}{4\pi C^2}=\dfrac{1}{36\pi\times 10^9}$,

C : 빛의 속도 $=3\times 10^8$[m/s])   **답** ③

06 평행판 콘덴서의 양극판 면적을 3배로 하고 간격을 $\dfrac{1}{3}$로 줄이면 정전용량은 처음의 몇 배가 되는가?

① 1 ② 3 ③ 6 ④ 9

풀이 면적 S_1, 간격 d_1인 평행판 콘덴서의 정전용량을 C_1이라 하면 $C_1=\dfrac{\epsilon_0}{d_1}S_1$

문제에서 $d=\dfrac{1}{3}d_1$, $S=3S_1$이므로 구하는 용량은

$\therefore C=\dfrac{\epsilon_0}{\frac{1}{3}d_1}\cdot 3S_1=9\dfrac{\epsilon_0}{d_1}S_1=9C_1$ **답** ④

07 패러데이관의 설명 중 틀린 것은?

① +1[C]의 진전하에 −1[C]의 진전하로 끝나는 1개의 관으로 가정한다.
② 관의 양끝에는 정, 부의 단위 진전하가 있다.
③ 관의 밀도는 전속밀도와 동일하다.
④ 관속에 있는 전속수는 진전하가 있으면 일정하고 연속이다.

풀이 Faraday관은 +1[C]의 진전하에서 나와서 −1[C]의 진전하로 들어가는 한 개의 관으로 Faraday관수(전속수)는 관속에 진전하가 없으면 일정하다. 즉, 연속적이다.   **답** ④

08 진공 중에 있는 반지름 a[m]인 도체구의 표면 전하밀도가 σ[C/m²] 일 때 도체구 표면의 전계의 세기는 몇 [V/m]인가?

① $\dfrac{\sigma}{\epsilon_0}$ ② $\dfrac{\sigma}{2\epsilon_0}$ ③ $\dfrac{\sigma^2}{2\epsilon_0}$ ④ $\dfrac{\epsilon_0\sigma^2}{2}$

풀이
• 전하밀도 σ[C/m²]에서 나오는 전기력선 밀도는 $\dfrac{\sigma}{\epsilon_0}$[개/m²]$=\dfrac{\sigma}{\epsilon_0}$[V/m]가 된다.
• 반지름 a[m]인 도체구에서도 역시 표면 전계의 세기는 $\dfrac{\sigma}{\epsilon_0}$[V/m]이다.   **답** ①

09 다른 종류의 금속선으로 된 폐회로의 두 접합점의 온도를 달리하였을 때 전기가 발생하는 효과는?

① 제벡 효과 ② 펠티에 효과
③ 톰슨 효과 ④ 파이로 효과

풀이 ① **제벡 효과 : 두 종류 금속 접속면에 온도차가 있으면 기전력이 발생하는 효과**
② 펠티에 효과 : 두 종류 금속 접속면에 전류를 흘리면 접속점에서 열의 흡수, 발생이 일어나는 효과
③ 톰슨 효과 : 동일한 금속 도선의 두 점간에 온도차를 주고, 고온 쪽에서 저온 쪽으로 전류를 흘리면 도선 속에서 열이 발생되거나 흡수가 일어나는 현상
④ 파이로 전기(초전기) : 로셀염, 수정 등에 열을 가하거나 냉각을 하면 전기 분극이 발생   **답** ①

10 철심에 도선을 250회 감고 1.2[A]의 전류를 흘렸더니 1.5×10^{-3}[Wb]의 자속이 생겼다. 자기저항[AT/Wb]은?

① 2×10^5 ② 3×10^5
③ 4×10^5 ④ 5×10^5

풀이 기자력 $F=R_m\phi$[AT]이므로

자기저항 $R_m=\dfrac{F}{\phi}=\dfrac{NI}{\phi}=\dfrac{250\times 1.2}{1.5\times 10^{-3}}$

$=200\times 10^3=2\times 10^5$[AT/Wb]   **답** ①

11 감자율(Demagnetization factor)이 "0"인 자성체로 가장 알맞은 것은?

① 환상 솔레노이드
② 굵고 짧은 막대 자성체
③ 가늘고 긴 막대 자성체
④ 가늘고 짧은 막대 자성체

풀이 • 감자력은 자화의 세기에 비례하며, 이때 비례 상수를 감자율이라 한다.

- 잘려진 극이 존재하지 않으면 감자율이 0이 되는데, 환상 솔레노이드(toroid)가 무단(無端) 철심이므로 이에 해당한다.
- 환상 솔레노이드를 제외하면 가늘고 긴 막대 자성체가 자계와 평행으로 놓여 있을 때 감자율이 거의 0에 가깝다.
- 가늘고 긴 막대 자성체가 자계와 직각으로 놓여 있을 때는 감자율이 거의 1로 가장 크다.
- 구(球)인 경우 감자율 $N = \frac{1}{3}$이다. **답** ①

12
내압과 용량이 각각 200[V] 5[μF], 300[V] 4[μF], 400[V] 3[μF], 500[V] 3[μF]인 4개의 콘덴서를 직렬연결하고, 양단에 직류전압을 가하여 전압을 서서히 상승시키면 최초로 파괴되는 콘덴서는? (단, 콘덴서의 재질이나 형태는 동일하다.)

① 200[V] 5[μF]
② 300[V] 4[μF]
③ 400[V] 3[μF]
④ 500[V] 3[μF]

풀이 직렬회로에서 각 콘덴서의 전하용량이 작을수록 빨리 파괴된다.
- $Q_1 = C_1 \times V_1 = 5 \times 10^{-6} \times 200 = 1 \times 10^{-3}$[C]
- $Q_2 = C_2 \times V_2 = 4 \times 10^{-6} \times 300 = 1.2 \times 10^{-3}$[C]
- $Q_3 = C_3 \times V_3 = 3 \times 10^{-6} \times 400 = 1.2 \times 10^{-3}$[C]
- $Q_4 = C_4 \times V_4 = 3 \times 10^{-6} \times 500 = 1.5 \times 10^{-3}$[C]

따라서 전하용량이 $Q_4 > Q_3 = Q_2 > Q_1$이므로 전하용량이 가장 작은 200[V] 5[μF]의 콘덴서가 가장 빨리 파괴된다. **답** ①

13
유전체에서 변위전류를 발생하는 것은?

① 분극전하밀도의 시간적 변화
② 분극전하밀도의 공간적 변화
③ 자속밀도의 시간적 변화
④ 전속밀도의 시간적 변화

풀이 변위전류밀도 $i_d = \frac{\partial D}{\partial t}$
즉, 변위 전류는 전속 밀도의 시간적 변화에 의해서 발생한다. **답** ④

14
전자석의 재료로 가장 적당한 것은?

① 잔류자기와 보자력이 모두 커야 한다.
② 잔류자기는 작고, 보자력은 커야 한다.
③ 잔류자기와 보자력이 모두 작아야 한다.
④ 잔류자기는 크고, 보자력은 작아야 한다.

풀이 히스테리시스 곡선
영구자석의 재료는 잔류 자기(B_r)와 보자력(H_c)이 모두 커야 하나, 전자석(일시 자석)의 재료는 잔류 자기(B_r)가 크고 보자력(H_c)과 히스테리시스 곡선의 면적이 모두 작아야 한다.

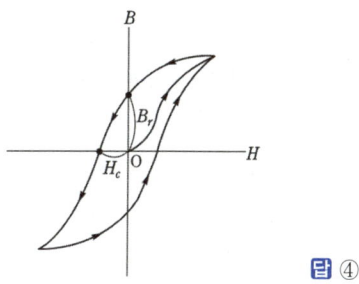

답 ④

15
0.2[Wb/m²]의 평등자계 속에 자계와 직각방향으로 놓인 길이 30[cm]의 도선을 자계와 30°의 방향으로 30[m/s]의 속도로 이동시킬 때 도체 양단에 유기되는 기전력은 몇 [V]인가?

① 0.45   ② 0.9
③ 1.8   ④ 90

풀이 유기기전력
$e = Blv\sin\theta = 0.2 \times 0.3 \times 30 \times \sin 30° = 0.9$[V] **답** ②

16
쌍극자 자기 모멘트를 이용하면 자화율과 절대온도의 관계는 어떠한가?

① 항상 같다.   ② 비례 한다.
③ 반비례한다. ④ 관계가 없다.

풀이 퀴리의 법칙 : 물질의 자화율은 절대온도 T에 반비례한다.
$\chi = \frac{C}{(T-\Theta)}$
(χ : 자화율, C : 퀴리상수, Θ : 퀴리온도) **답** ③

17 전자계에서 맥스웰의 기본 이론이 아닌 것은?

① 고립된 자극이 존재하지 않는다.
② 전하에서 전속선이 발산된다.
③ 전도 전류와 변위전류는 자계를 발생한다.
④ 자계의 시간적 변화에 따라 자계의 회전이 생긴다.

풀이 자계의 시간적 변화에 따라 **전계의 회전**이 생긴다.

답 ④

18 비유전율이 3인 유전체 내의 한 점의 전장이 3×10^5[V/m]일 때, 이 점의 분극의 세기는 몇 [C/m²]인가?

① 1.77×10^{-6}[C/m²]
② 5.31×10^{-6}[C/m²]
③ 7.08×10^{-6}[C/m²]
④ 8.85×10^{-6}[C/m²]

풀이 분극의 세기
$$P = \epsilon_0(\epsilon_s - 1)E = 8.855 \times 10^{-12} \times (3-1) \times 3 \times 10^5$$
$$= 5.31 \times 10^{-6} [\text{C/m}^2]$$

답 ②

19 자계의 세기가 2×10^4[AT/m]인 평등자계 내에서 자계와 30° 각도로 무한장 직선 도체를 놓고 도체에 전류 2[A]를 흘렸을 경우, 도체에 작용하는 단위길이 당의 힘은 몇 [N/m]인가?

① $2\pi \times 10^{-3}$ ② $4\pi \times 10^{-3}$
③ $6\pi \times 10^{-3}$ ④ $8\pi \times 10^{-3}$

풀이 자속밀도 B는
$B = \mu H = 4\pi \times 10^{-7} \times 2 \times 10^4 = 8\pi \times 10^{-3}$[Wb/m²]
따라서 도체에 작용하는 단위길이당의 힘 F는
$F = IBl \sin\theta = 2 \times 8\pi \times 10^{-3} \times \sin 30°$
$= 8\pi \times 10^{-3}$[N/m]

답 ④

20 자기 쌍극자의 중심축으로부터 r[m]인 점의 자계의 세기에 관한 설명으로 옳은 것은?

① r에 비례한다. ② r^2에 비례한다.
③ r^2에 반비례한다. ④ r^3에 반비례한다.

풀이
- 자기 쌍극자에 의한 자위
$U = \dfrac{M\cos\theta}{4\pi\mu_0 r^2}$ [AT] $\propto \dfrac{1}{r^2}$
- 자기 쌍극자에 의한 자계
$H = \dfrac{M\sqrt{1+3\cos^2\theta}}{4\pi\mu_0 r^3}$ [AT/m] $\propto \dfrac{1}{r^3}$

답 ④

2021년 전기자기_전기산업기사_CBT 복원문제

2021년 1회 _ 전기산업기사

01 자유 공간 내에 밀도가 10^{-9}[C/m]인 균일한 선전하가 $x=4$, $y=3$인 무한장 선상에 있을 때 점 (8, 6, -3)에서 전계 E[V/m]는?

① $2.88a_x + 2.16a_y$[V/m]
② $2.16a_x + 2.88a_y$[V/m]
③ $2.88a_x - 2.16a_y$[V/m]
④ $2.16a_x - 2.88a_y$[V/m]

풀이 $E = \dfrac{\lambda}{2\pi\epsilon_0 r} a_r = 18 \times 10^9 \dfrac{\lambda}{r} a_r$ ($\because \dfrac{1}{4\pi\epsilon_0} = 9 \times 10^9$)

선전하가 x, y선상에 있으므로, 점 (8, 6, -3)에서 z값인 -3은 거리 r과 무관하다.

즉, $r = \sqrt{(8-4)^2 + (6-3)^2} = \sqrt{4^2 + 3^2} = 5$[m]

$\therefore E = \dfrac{\lambda}{2\pi\epsilon_0 r} a_r = 18 \times 10^9 \times \dfrac{10^{-9}}{5} \times \dfrac{4a_x + 3a_y}{5}$

$= 0.72(4a_x + 3a_y) = 2.88a_x + 2.16a_y$ **답** ①

02 자기 인덕턴스를 계산하는 공식이 아닌 것은? 단, A는 벡터 퍼텐셜[Wb/m]이고, J는 전류 밀도[A/m³]이다.

① $L = \dfrac{N\phi}{I}$
② $L = \dfrac{1}{I^2} \int_v \boldsymbol{B} \cdot \boldsymbol{H} dv$
③ $L = \dfrac{1}{I^2} \oint_c \boldsymbol{A} \cdot dl$
④ $L = \dfrac{1}{I^2} \int_v \boldsymbol{A} \cdot \boldsymbol{J} dv$

풀이 ① $LI = N\phi$이므로 $\therefore L = \dfrac{N\phi}{I}$

②, ④ 자계 에너지에 의한 자기유도계수 L

$W = \dfrac{1}{2} LI^2$에서 $L = \dfrac{2W}{I^2}$ ....ⓐ

$W = \dfrac{1}{2} \int_v \boldsymbol{B} \cdot \boldsymbol{H} dv = \dfrac{1}{2} \int_v \boldsymbol{A} \cdot \boldsymbol{J} dv$ ......ⓑ

($\because \boldsymbol{B} = \nabla \times \boldsymbol{A}$, $\nabla \times \boldsymbol{H} = \boldsymbol{J}$)

ⓑ를 ⓐ에 대입하면

$\therefore L = \dfrac{1}{I^2} \int_v \boldsymbol{B} \cdot \boldsymbol{H} dv = \dfrac{1}{I^2} \int_v \boldsymbol{A} \cdot \boldsymbol{J} dv$ **답** ③

03 무한장 직선 도체에 선전하밀도 λ[C/m]의 전하가 분포되어 있는 경우 직선도체를 축으로 하는 반경 r의 원통면상의 전계는 몇 [V/m]인가?

① $E = \dfrac{\lambda}{4\pi\epsilon_0 r^2}$
② $E = \dfrac{\lambda}{2\pi\epsilon_0 r}$
③ $E = \dfrac{\lambda}{2\pi\epsilon_0 r^2}$
④ $E = \dfrac{\lambda}{4\pi\epsilon_0}$

풀이 선전하밀도 λ[C/m]의 전하가 분포되어 있는 반경 r[m]인 무한장 원통면상의 전계의 세기는, 무한장 직선도체에서 거리 r[m]인 점에서의 전계의 세기와 같다.

$E = \dfrac{\lambda}{2\pi\epsilon_0 r}$ [V/m]

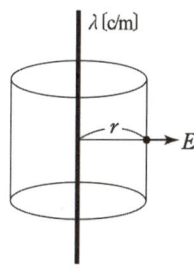

답 ②

04 대전도체표면의 전하밀도를 σ[C/m²]이라 할 때, 대전도체표면의 단위면적이 받는 정전응력은 전하밀도 σ와 어떤 관계에 있는가?

① $\sigma^{\frac{1}{2}}$에 비례
② $\sigma^{\frac{3}{2}}$에 비례
③ σ에 비례
④ σ^2에 비례

풀이 정전 에너지

$W = \dfrac{Q^2}{2C} = \dfrac{Q^2}{2\left(\dfrac{\epsilon_0 S}{d}\right)} = \dfrac{Q^2 d}{2\epsilon_0 S} = \dfrac{\sigma^2 d}{2\epsilon_0} S$[J]

($\because Q = \sigma \times S$)

$\therefore$ 정전응력 $F = -\dfrac{\partial W}{\partial d} = -\dfrac{\sigma^2}{2\epsilon_0} S$[N] $\propto \sigma^2$ **답** ④

05 진공 중의 도체계에서 임의의 도체를 일정 전위의 도체로 완전 포위하면 내외공간의 전계를 완전 차단시킬 수 있는데 이것을 무엇이라 하는가?

① 홀효과 ② 정전차폐
③ 핀치효과 ④ 전자차폐

풀이 임의의 도체를 접지된 도체로 완전 포위하면 외부에서 유도되는 전하를 차단할 수 있다. 이것을 정전차폐라고 한다. **답** ②

06 단면적 $S[\text{m}^2]$의 철심에 $\phi[\text{Wb}]$의 자속을 통하게 하려면 $H[\text{AT/m}]$의 자계가 필요하다. 이 철심의 비투자율은 얼마인가?

① $\dfrac{\phi}{\mu_0 SH^2}$ ② $\dfrac{\phi}{SH}$

③ $\dfrac{\phi}{SH^2}$ ④ $\dfrac{\phi}{\mu_0 SH}$

풀이 자속밀도 $B = \dfrac{\phi}{S} = \mu H = \mu_0 \mu_s H$에서

비투자율 $\mu_s = \dfrac{\phi}{\mu_0 SH}$가 된다. **답** ④

07 900[V]의 전위차는 C.G.S 정전단위로 몇 [esu]의 전위차에 해당되는가?

① 1 ② 2 ③ 3 ④ 4

풀이 M.K.S 단위 1[V]와 C.G.S 정전단위(esu)의 전위 관계는 $1[\text{V}] = \dfrac{1}{300}[\text{esu V}]$이므로 900[V]를 [esu V]로 환산하면 $V[\text{esu V}] = \dfrac{1}{300} \times 900 = 3[\text{esu V}]$ **답** ③

08 공기 중에서 평등 전계 $E_0[\text{V/m}]$에 수직으로 비유전율이 ϵ_s인 유전체를 놓았더니 $\sigma^r[\text{C/m}^2]$의 분극 전하가 표면에 생겼다면 유전체 중의 전계 강도 $E[\text{V/m}]$는?

① $\dfrac{\sigma^r}{\epsilon_0 \epsilon_s}$ ② $\dfrac{\sigma^r}{\epsilon_0(\epsilon_s - 1)}$

③ $\epsilon_0 \epsilon_s \sigma^r$ ④ $\epsilon_0(\epsilon_s - 1)\sigma^r$

풀이 분극의 세기는 분극전하밀도로 정의하므로 $P = \sigma^r$
분극의 세기와 전계의 세기의 관계식
$P = \epsilon_0(\epsilon_s - 1)E$에서 $\sigma^r = \epsilon_0(\epsilon_s - 1)E$

$\therefore E = \dfrac{\sigma^r}{\epsilon_0(\epsilon_s - 1)}[\text{V/m}]$ **답** ②

09 반지름 $a[\text{m}]$인 접지 도체구의 중심에서 $r[\text{m}]$되는 거리에 점전하 $Q[\text{C}]$을 놓았을 때 도체구에 유도된 총 전하는 몇 [C]인가?

① 0 ② $-Q$

③ $-\dfrac{a}{r}Q$ ④ $-\dfrac{r}{a}Q$

풀이 점 P에서 Q의 전하를 주고 도체구를 접지($V_1 = 0$)하였을 때 유도되는 전하를 Q'라 하면

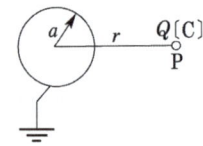

$V_1 = P_{11}Q' + P_{12}Q = 0$

$\therefore Q' = -\dfrac{P_{12}}{P_{11}}Q = \dfrac{\dfrac{1}{4\pi\epsilon_0 r}}{\dfrac{1}{4\pi\epsilon_0 a}}Q = -\dfrac{a}{r}Q[\text{C}]$ **답** ③

10 다음 현상 가운데서 반드시 외부에서 자계를 가할 때만 일어나는 효과는?

① Seebeck 효과 ② Pinch 효과
③ Hall 효과 ④ Peltier 효과

풀이 홀 효과(Hall effect) : 도체나 반도체의 물질에 전류를 흘리고 이것과 직각 방향으로 자계를 가하면 I와 B가 이루는 면에 직각방향으로 기전력이 발생되는 현상

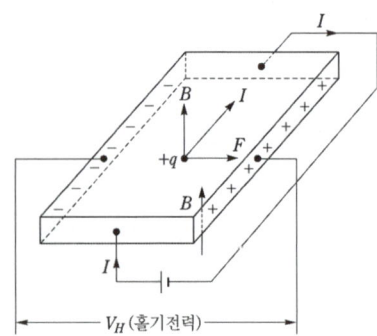

답 ③

11 N 회의 권선에 최댓값 1[V], 주파수 f[Hz]인 기전력을 유기시키기 위한 쇄교 자속의 최댓값 [Wb]은?

① $\dfrac{f}{2\pi N}$ ② $\dfrac{2N}{\pi f}$

③ $\dfrac{1}{2\pi f N}$ ④ $\dfrac{N}{2\pi f}$

풀이 $E_m = \omega N \phi_m = 2\pi f N \phi_m$ [V]

$\therefore \phi_m = \dfrac{E_m}{2\pi f N} = \dfrac{1}{2\pi f N}$ [Wb]   **답** ③

12 그림과 같이 권수가 1이고 반지름 a[m]인 원형 전류 I[A]가 만드는 자계의 세기[AT/m]는?

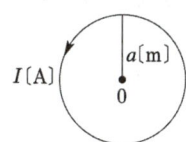

① $\dfrac{I}{a}$ ② $\dfrac{I}{2a}$ ③ $\dfrac{I}{3a}$ ④ $\dfrac{I}{4a}$

풀이 $H_0 = \oint dH = \int_0^{2\pi a} \dfrac{Idl\sin\theta}{4\pi a^2} = \int_0^{2\pi a} \dfrac{Idl}{4\pi a^2}$

$= \dfrac{I}{4\pi a^2} \int_0^{2\pi a} dl = \dfrac{I}{2a}$ [AT/m]

또는 $H_x = \dfrac{I}{2} \cdot \dfrac{a^2}{(a^2+x^2)^{3/2}}$ 에서

원형 코일 중심의 자계의 세기 H_0는 $x = 0$ 이므로

$\therefore H_0 = \dfrac{I}{2a}$ [AT/m]   **답** ②

13 대전된 도체의 표면 전하밀도는 도체표면의 모양에 따라 어떻게 되는가?

① 곡률 반지름이 크면 커진다.
② 곡률 반지름이 크면 작아진다.
③ 표면 모양에 관계없다.
④ 평면일 때 가장 크다.

풀이 도체표면의 전하는 뾰족한 부분에 모이는 성질이 있는데, 뾰족한 부분일수록 반경이 작으므로 곡률이 커질수록 커지며, 곡률과 곡률 반지름은 반비례하므로 곡률 반지름이 크면 작아진다.

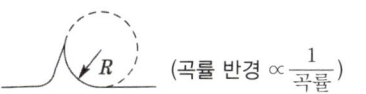 (곡률 반경 $\propto \dfrac{1}{\text{곡률}}$)   **답** ②

14 공기 중에서 전계의 진행파 진폭이 10[mV/m]일 때 자계의 진행파 진폭은 몇 [mAT/m]인가?

① 26.5×10^{-1} ② 26.5×10^{-3}
③ 26.5×10^{-5} ④ 26.5×10^{-6}

풀이 $H_e = \sqrt{\dfrac{\epsilon_0}{\mu_0}} E_e = \sqrt{\dfrac{8.854 \times 10^{-12}}{4\pi \times 10^{-7}}} E_e$

$= 2.65 \times 10^{-3} E_e$

진폭 $E_e = 10$[mV/m]이므로

$\therefore H_e = 2.65 \times 10^{-3} \times 10$
$= 26.5 \times 10^{-3}$[mAT/m]   **답** ②

15 유전체 내의 전속밀도가 D[C/m²]인 전계에 저축되는 단위 체적당 정전에너지가 W_e[J/m³]일 때 유전체의 비유전율은?

① $\dfrac{D^2}{2\epsilon_0 W_e}$ ② $\dfrac{D^2}{\epsilon_0 W_e}$

③ $\dfrac{2\epsilon_0 D^2}{W_e}$ ④ $\dfrac{\epsilon_0 D^2}{W_e}$

풀이 정전 에너지밀도 $W_e = \dfrac{1}{2} DE = \dfrac{D^2}{2\epsilon_0 \epsilon_s}$ [J/m³]

따라서 비유전율 $\epsilon_s = \dfrac{D^2}{2\epsilon_0 W_e}$ **답** ①

16 도전성(導電性)이 없고 유전율과 투자율이 일정하며, 전하 분포가 없는 균질 완전 절연체 내에서 전계 및 자계가 만족하는 미분 방정식의 형태는? 단, $\alpha = \sqrt{\epsilon\mu}$, $v = \dfrac{1}{\sqrt{\epsilon\mu}}$

① $\nabla^2 E = D$

② $\nabla^2 E = \dfrac{1}{\alpha^2} \cdot \dfrac{\partial E}{\partial t}$

③ $\nabla^2 E = \dfrac{1}{v^2} \cdot \dfrac{\partial^2 E}{\partial t^2}$

④ $\nabla^2 E = \dfrac{1}{\alpha^2} \cdot \dfrac{\partial E}{\partial t} + \dfrac{1}{v^2} \cdot \dfrac{\partial^2 E}{\partial t^2}$

풀이 파동방정식 : 위치 z와 시간 t를 독립변수로 하고 전파 속도 v가 포함된 함수

- 일반식 : $f(t, z) = f\left(t - \dfrac{z}{v}\right)$,

  $E(t, z) = E_m \cos(\omega t - \beta z) = E_m \cos\omega\left(t - \dfrac{z}{v}\right)$

- 1차원의 파동방정식 :

  $\dfrac{\partial^2 E}{\partial z^2} = \dfrac{1}{v^2} \cdot \dfrac{\partial^2 E}{\partial t^2}$ 또는 $\dfrac{\partial^2 E}{\partial z^2} - \dfrac{1}{v^2} \cdot \dfrac{\partial^2 E}{\partial t^2} = 0$

- 3차원의 파동방정식 :

  $\nabla^2 E = \dfrac{1}{v^2} \cdot \dfrac{\partial^2 E}{\partial t^2}$ 또는 $\nabla^2 E - \dfrac{1}{v^2} \cdot \dfrac{\partial^2 E}{\partial t^2} = 0$

  답 ③

17 거리 r[m]를 두고 m_1, m_2[Wb]인 같은 부호의 자극이 놓여 있다. 두 자극을 잇는 선상의 어느 일점에서 자계의 세기가 0인 점은 m_1[Wb]에서 몇 [m] 떨어져 있는가?

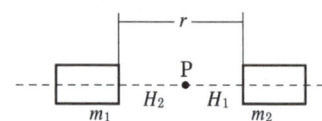

① $\dfrac{m_1 r}{m_1 + m_2}$[m] ② $\dfrac{\sqrt{m_1 r}}{\sqrt{m_1 + m_2}}$[m]

③ $\dfrac{\sqrt{m_1} \cdot r}{\sqrt{m_1} + \sqrt{m_2}}$[m] ④ $\dfrac{m_1^2 r}{m_1^2 + m_2^2}$[m]

풀이 그림에서와 같이 m_1과 m_2의 부호가 같을 때는 두 자하 사이에 자계의 세기가 0인 점이 존재하는데 이때 $H_1 = H_2$이며 방향은 반대이다. 자계가 0인 점을 P라 하고 m_1에서 P점까지의 거리를 x라 하면

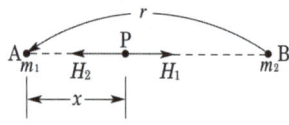

$H_1 = \dfrac{m_1}{4\pi\mu_0 x^2} = H_2 = \dfrac{m_2}{4\pi\mu_0 (r-x)^2}$ 에서

$\dfrac{m_1}{x^2} = \dfrac{m_2}{(r-x)^2}$, $m_2 x^2 = m_1 (r-x)^2$

양변에 $\sqrt{\ }$를 취하면

$\sqrt{m_2}\, x = \sqrt{m_1}\,(r-x)$
$= \sqrt{m_1}\, r - \sqrt{m_1}\, x,\ x(\sqrt{m_1} + \sqrt{m_2})$
$= \sqrt{m_1}\, r$

따라서 $x = \dfrac{\sqrt{m_1} \cdot r}{\sqrt{m_1} + \sqrt{m_2}}$[m] 답 ③

18 직선 전류에 의해서 그 주위에 생기는 환상의 자계 방향은?

① 전류의 방향
② 전류와 반대 방향
③ 오른 나사의 진행 방향
④ 오른 나사의 회전 방향

풀이

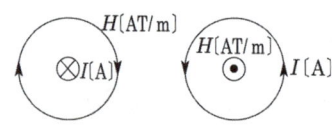

- 암페어 오른손(오른 나사) 법칙 :
  나사 진행 방향을 전류 방향과 일치시킬 때 자계의 방향은 오른 나사를 회전시키는 방향과 같다.
  ⊗ : 지면의 표면에서 뒷면으로 들어가는 방향
  ⊙ : 지면의 뒷면에서 표면으로 나오는 방향 답 ④

19 전위함수가 $V = 2x + 5yz + 3$일 때, 점 (2, 1, 0)에서의 전계의 세기는?

① $-2i - 5j - 3k$ ② $i + 2j + 3k$
③ $-2i - 5k$ ④ $4i + 3k$

풀이 전계의 세기

$E = -\,\text{grad}\, V$
$= -\left(\dfrac{\partial}{\partial x}i + \dfrac{\partial}{\partial y}j + \dfrac{\partial}{\partial z}k\right)(2x + 5yz + 3)$
$= -(2i + 5zj + 5yk)$

$\therefore |E|_{x=2,\, y=1,\, z=0} = -(2i + 5\times 0 j + 5\times 1 k)$
$= -2i - 5k$ 답 ③

20 정전용량이 1[μF], 2[μF]인 콘덴서에 각각 2×10^{-4}[C] 및 3×10^{-4}[C]의 전하를 주고 극성을 같게 하여 병렬로 접속할 때 콘덴서에 축적된 에너지는 약 몇 [J]인가?

① 0.042 ② 0.063
③ 0.084 ④ 0.126

풀이 $Q = Q_1 + Q_2 = 5 \times 10^{-4}$[C]

$C = C_1 + C_2 = (1+2) \times 10^{-6} = 3 \times 10^{-6}$[F]

$\therefore W = \dfrac{Q^2}{2C} = \dfrac{(5\times 10^{-4})^2}{2 \times 3 \times 10^{-6}} = 0.042$[J] 답 ①

2021년 - 2회 _ 전기산업기사

01 전류 및 자계와 직접 관련이 없는 것은?

① 앙페르의 오른손 법칙
② 플레밍의 왼손 법칙
③ 비오-사바르의 법칙
④ 렌츠의 법칙

풀이
① 앙페르의 오른손 법칙 : 전류가 만드는 자계의 방향
② 플레밍의 왼손 법칙 : 자계내에 놓여진 전류도선이 받는 힘의 방향
③ 비오-사바르의 법칙 : 전류에 의한 자계의 세기
④ 렌츠의 법칙은 자속의 변화에 따른 전자유도법칙으로 직접적인 관련은 없다.   **답** ④

02 10^4[eV]의 전자속도는 10^2[eV]의 전자속도의 몇 배인가?

① 10   ② 100
③ 1000   ④ 10000

풀이 전하량 q인 전자 입자가 전위차 V를 통과할 때 일은 $W_e = qV$[eV]이다.
이때의 에너지 단위는 전자볼트(eV)를 사용한다.
전자 입자의 질량 m, 전자속도 v일 때 운동에너지는
$$W_m = \frac{1}{2}mv^2 \text{ [eV]}$$
즉 두 관계식에서
$$W_e = W_m, \quad W_e = \frac{1}{2}mv^2, \quad v = \sqrt{\frac{2W_e}{m}}$$
$$\therefore v \propto \sqrt{W_e}$$
$W_{e1} = 10^4$[eV]일 때 전자속도 v_1,
$W_{e2} = 10^2$[eV]일 때 전자속도 v_2라 하면
$$v_1 : v_2 = \sqrt{W_{e1}} : \sqrt{W_{e2}}$$
$$v_1 = \sqrt{\frac{W_{e1}}{W_{e2}}} v_2 = \sqrt{\frac{10^4}{10^2}} v_2 = \sqrt{100} v_2$$
$$\therefore v_1 = 10 v_2 \text{ (10배)}$$ **답** ①

03 전계의 세기가 $E = E_x i + E_y j$인 경우 x, y 평면 내의 전력선을 표시하는 미분 방정식은?

① $\dfrac{dy}{dx} = \dfrac{E_x}{E_y}$

② $\dfrac{dy}{dx} = \dfrac{E_y}{E_x}$

③ $E_x\, dx + E_y\, dy = 0$

④ $E_x\, dy + E_y\, dx = 0$

풀이 전기력선 방정식은 $\dfrac{dx}{E_x} = \dfrac{dy}{E_y} = \dfrac{dz}{E_z}$ 이므로
$\dfrac{dx}{Ex} = \dfrac{dy}{Ey}$ 에서 $dx\, E_y = dy\, E_x$ 가 된다.
문제에서 ②항의 $\dfrac{dy}{dx} = \dfrac{E_y}{E_x}$도 $dx\, E_y = dy\, E_x$ 가 된다.   **답** ②

04 유전체 중의 전계의 세기를 E, 유전율을 ϵ이라 하면 전기변위는?

① $\dfrac{1}{2}\epsilon E^2$ ② $\dfrac{E}{\epsilon}$
③ ϵE^2 ④ ϵE

풀이 전속밀도 D는 전기 변위(electric displacement)를 의미한다. 따라서 유전율 ϵ일 때 전속밀도 D와 전계의 세기 E의 관계식은 $D = \epsilon E$ **답** ④

05 도체의 단면적이 5[m²]인 곳을 3초 동안에 30[C]의 전하가 통과하였다면 이때의 전류는?

① 5[A]   ② 10[A]
③ 30[A]   ④ 90[A]

풀이 전류 $I = \dfrac{dQ}{dt} = \dfrac{30}{3} = 10$[A]   **답** ②

06 도체의 성질에 대한 설명으로 틀린 것은?

① 도체 내부의 전계는 0이다.
② 전하는 도체 표면에만 존재한다.
③ 도체의 표면 및 내부의 전위는 등전위이다.
④ 도체 표면의 전하밀도는 표면의 곡률이 큰 부분일수록 작다.

풀이 도체의 성질과 전하분포
① 도체 표면과 내부의 전위는 동일하고(등전위), 표면은 등전위면이다.
② 도체 내부의 전계의 세기는 0이다.
③ 전하는 도체 내부에는 존재하지 않고, 도체 표면에만 분포한다.

④ 도체 면에서의 전계의 세기는 도체 표면에 항상 수직이다.
⑤ 도체 표면에서의 전하밀도는 곡률이 클수록 높다. 즉, 곡률반경이 작을수록 높다.
⑥ 중공부에 전하가 없고 대전 도체라면, 전하는 도체 외부의 표면에만 분포한다.
⑦ 중공부에 전하를 두면 도체내부표면에 동량 이부호, 도체 외부 표면에 동량 동부호의 전하가 분포한다.
답 ④

07 두 개의 코일이 있다. 각각의 자기 인덕턴스가 $L_1 = 0.25[H]$, $L_2 = 0.4[H]$일 때 상호 인덕턴스는 몇 [H]인가? 단, 결합 계수는 1이라 한다.

① 0.125　② 0.197
③ 0.258　④ 0.316

풀이 상호인덕턴스
$$M = k\sqrt{L_1 L_2} = 1 \times \sqrt{0.25 \times 0.4} = 0.316[H]$$
답 ④

08 Maxwell의 전자기파 방정식이 아닌 것은?

① $\oint_c \boldsymbol{H} \cdot dl = nI$
② $\oint_c \boldsymbol{E} \cdot dl = -\int_s \frac{\partial \boldsymbol{B}}{\partial t} ds$
③ $\oint_s \boldsymbol{D} \cdot ds = \int_v \rho dv$
④ $\oint_s \boldsymbol{B} \cdot ds = 0$

풀이

미분형	적분형
$\nabla \times \boldsymbol{E} = -\frac{\partial B}{\partial t}$	$\oint_c \boldsymbol{E} \cdot dl = -\int_s \frac{\partial B}{\partial t} ds$
$\nabla \times \boldsymbol{H} = i_c + \frac{\partial D}{\partial t}$ $\oint_c E \cdot dl = \int_s \left(-\frac{\partial B}{\partial t}\right) ds$	$\oint_c \boldsymbol{H} \cdot dl = I + \int_s \frac{\partial D}{\partial t} ds$
$\nabla \cdot \boldsymbol{B} = 0$	$\oint_s \boldsymbol{B} \cdot ds = 0$
$\nabla \cdot \boldsymbol{D} = \rho$	$\oint_s \boldsymbol{D} \cdot ds = \int_v \rho dv = Q$

답 ①

09 손실 유전체에서 전자파에 관한 전파정수 γ로서 옳은 것은?

① $j\omega\sqrt{\mu\epsilon}\sqrt{j\frac{\sigma}{\omega\epsilon}}$
② $j\omega\sqrt{\mu\epsilon}\sqrt{1-j\frac{\sigma}{2\omega\epsilon}}$
③ $j\omega\sqrt{\mu\epsilon}\sqrt{1-j\frac{\sigma}{\omega\epsilon}}$
④ $j\omega\sqrt{\mu\epsilon}\sqrt{1-j\frac{\omega\epsilon}{\sigma}}$

풀이
$r^2 = j\omega\mu(\sigma + j\omega\epsilon)$
$r = \pm\sqrt{j\omega\mu(\sigma + j\omega\epsilon)}$
$\therefore r = \sqrt{j\omega\mu(\sigma + j\omega\epsilon)} = j\omega\sqrt{\epsilon\mu}\sqrt{1-j\frac{\sigma}{\omega\epsilon}}$
답 ③

10 쌍극자 모멘트가 $M[C \cdot m]$인 전기쌍극자에 의한 임의의 점 P에서의 전계의 크기는 전기쌍극자의 중심에서 축방향과 점 P를 잇는 선분 사이의 각이 얼마일 때 최대가 되는가?

① 0　② $\frac{\pi}{2}$
③ $\frac{\pi}{3}$　④ $\frac{\pi}{4}$

풀이 $E = \frac{M}{4\pi\epsilon_0 r^3}(\sqrt{1+3\cos^2\theta})$에서
점 P의 전계는 $\theta = 0°$일 때 최대이고
$\theta = 90°$일 때 최소가 된다.
답 ①

11 비유전율 4, 비투자율 1인 공간에서 전자파의 전파속도는 몇 [m/sec]인가?

① 0.5×10^8　② 1.0×10^8
③ 1.5×10^8　④ 2.0×10^8

풀이 전파속도
$$v = \frac{3 \times 10^8}{\sqrt{\epsilon_s \mu_s}} = \frac{3 \times 10^8}{\sqrt{4 \times 1}} = 1.5 \times 10^8 [m/s]$$
답 ③

12 진공 중에서 어떤 대전체의 전속이 Q이었다. 이 대전체를 비유전율 2.2인 유전체 속에 넣었을 경우의 전속은?

① Q ② ϵQ
③ $2.2Q$ ④ 0

풀이 전기력선 수는 $\dfrac{Q}{\epsilon}$로 유전율에 반비례하나 전속수는 유전체의 Gauss 법칙에서 $\oint D \cdot ndS = Q$로 유전율에 관계없이 항상 Q개이다.   **답** ①

13 그림과 같은 반지름 a[m]인 원형 코일에 I[A]가 흐르고 있다. 이 도체 중심축상 x[m]인 점 P의 자위[AT]는?

① $\dfrac{I}{2}\left(1 - \dfrac{x}{\sqrt{a^2+x^2}}\right)$

② $\dfrac{I}{2}\left(1 - \dfrac{a}{\sqrt{a^2+x^2}}\right)$

③ $\dfrac{I}{2}\left(1 - \dfrac{x^2}{(a^2+x^2)^{3/2}}\right)$

④ $\dfrac{I}{2}\left(1 - \dfrac{a^2}{(a^2+x^2)^{3/2}}\right)$

풀이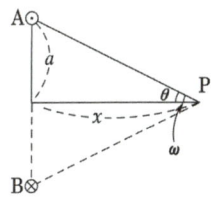

그림과 같이 점 P에서 코일 AB를 바라보는 입체각 $\omega = 2\pi(1-\cos\theta)$이므로 자위는

$U_m = \dfrac{I}{4\pi}\omega = \dfrac{I}{4\pi} \cdot 2\pi(1-\cos\theta)$

$= \dfrac{I}{2}\left(1 - \dfrac{x}{\sqrt{a^2+x^2}}\right)$ [AT]   **답** ①

14 서로 다른 두 유전체 사이의 경계면에 전하 분포가 없다면 경계면 양쪽에서의 전계 및 전속밀도는?

① 전계 및 전속밀도의 접선성분은 서로 같다.
② 전계 및 전속밀도의 법선성분은 서로 같다.
③ 전계의 법선성분이 서로 같고, 전속밀도의 접선성분이 서로 같다.
④ 전계의 접선성분이 서로 같고, 전속밀도의 법선성분이 서로 같다.

풀이 유전율이 다른 경계면에 전계(전속)가 입사되면,
- 전계는 접선성분(평행성분)이 같다.
 $E_{1t} = E_{2t}$ ($E_1 \sin\theta_1 = E_2 \sin\theta_2$)
- 전속밀도는 법선성분(수직성분)이 같다.
 $D_{1n} = D_{2n}$ ($D_1 \cos\theta_1 = D_2 \cos\theta_2$)

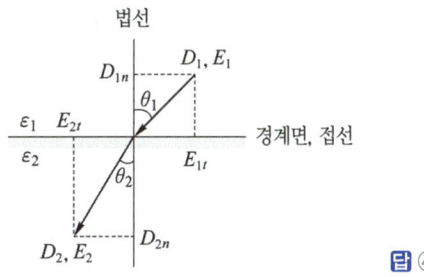

답 ④

15 전위분포가 $V = 6x + 3$[V]로 주어졌을 때 점 (10, 0)[m]에서의 전계의 크기[V/m] 및 방향은 어떻게 표현되는가?

① $-6a_x$ ② $-9a_x$
③ $3a_x$ ④ 0

풀이 $E = -\text{grad}\,V = -\nabla V$
$= -\left(\dfrac{\partial V}{\partial x}a_x + \dfrac{\partial V}{\partial y}a_y + \dfrac{\partial V}{\partial z}a_z\right) = -6a_x$ **답** ①

16 B[Wb/m²]의 자계 내에서 -1[C]의 점전하가 v[m/s] 속도로 이동할 때 받는 힘 F는 몇 [N]인가?

① $B \cdot v$ ② $\dfrac{B \cdot v}{2}$
③ $B \times v$ ④ $2B \times v$

풀이 자계 내에서 전하가 받는 힘, 즉 전자력은 $F = q(v \times B)$
전하량 $q = -1$[C]을 대입하면 $F = -(v \times B)$이고, 벡터적 $A \times B = -(B \times A)$의 관계식에 의해
$\therefore F = -(v \times B) = B \times v$ **답** ③

17 한 변의 길이가 2[m] 되는 정 3각형의 3 정점 A, B, C에 10^{-4}[C]의 점전하가 있다. 점 B에 작용하는 힘은 몇 [N]인가?

① 29　　② 39
③ 45　　④ 49

풀이 점 A에 있는 전하에 의한 작용력 F_1은
$$F_1 = \frac{1}{4\pi\epsilon_0}\frac{Q_1Q_2}{r^2} = 9\times 10^9 \times \frac{10^{-8}}{2^2} = 22.5[N]$$
점 C에 있는 전하에 의한 작용력 F_2는 F_1과 크기는 같고 방향은 그림과 같다. 따라서
$$F = \sqrt{F_1^2 + F_2^2 + 2F_1F_2\cos\theta}$$
$$= \sqrt{22.5^2 + 22.5^2 + 2\times 22.5 \times 22.5 \times \cos 60°}$$
$$\fallingdotseq 38.97[N]$$

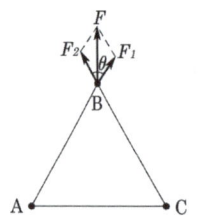

답 ②

18 전하 q[C]가 진공 중의 자계 H[AT/m]에 수직 방향으로 v[m/sec]의 속도로 움직일 때 받는 힘은 몇 [N]인가?

① $\dfrac{qH}{\mu_0 v}$　　② qvH

③ $\dfrac{1}{\mu_0}qVH$　　④ $\mu_0 qvH$

풀이 자계 내에 놓여진 운동 전하가 받는 힘
$F = qvB\sin\theta = qv\mu_0 H\sin\theta$[N]
$\theta = 90°$이므로, $F = qv\mu_0 H$[N] 이다.　　**답** ④

19 대지면에 높이 h[m]로 평행 가설된 매우 긴 선전하(선전하 밀도 λ[C/m])가 지면으로부터 받는 힘[N/m]은?

① h에 비례한다.
② h에 반비례한다.
③ h^2에 비례한다.
④ h^2에 반비례한다.

풀이 지상의 높이 h[m]와 같은 길이에 선전하 밀도 $-\lambda$[C/m]인 영상전하를 고려하여 선전하 간의 작용력을 구하면
$$f = -\lambda E = -\lambda \cdot \frac{\lambda}{2\pi\epsilon_0(2h)} = \frac{-\lambda^2}{4\pi\epsilon_0 h} \propto \frac{1}{h}$$
답 ②

20 전위계수의 단위는?

① [1/F]　　② [C]
③ [C/V]　　④ 없다.

풀이 전위계수는 +1[C]이 만드는 전위로
$P = \dfrac{V}{Q}$[V/C], [1/F], [daraf] 등이 쓰인다.　　**답** ①

2021년 - 3회 _ 전기산업기사

01 환상철심에 감은 코일에 5[A]의 전류를 흘리면 2000[AT]의 기자력이 생긴다면 코일의 권수는 얼마로 하여야 하는가?

① 10000　　② 5000
③ 400　　④ 250

풀이 기자력 $F = NI$에서
$\therefore N = \dfrac{F}{I} = \dfrac{2000}{5} = 400$[회]　　**답** ③

02 변위전류에 의하여 전자파가 발생되었을 때 전자파의 위상은?

① 변위전류보다 90° 늦다.
② 변위전류보다 90° 빠르다.
③ 변위전류보다 30° 빠르다.
④ 변위전류보다 30° 늦다.

풀이 변위전류는 유전체 내에서 흐르는 전류로 정의 되므로 콘덴서 내부의 유전체에 흐르는 충전전류로 생각하면 된다. 즉 변위전류는 전자파보다 90° 빠른 진상전류가 되므로 전자파의 위상은 변위전류보다 90° 늦다.　　**답** ①

03 자속 밀도는 벡터이며 B로 표시한다. 다음 가운데서 항상 성립되는 관계는?

① $\text{grad}\,B = 0$
② $\text{rot}\,B = 0$
③ $\text{div}\,B = 0$
④ $B = 0$

풀이 자속은 시변계, 불시변계에 관계없이 항상 연속성의 성질을 가진다. 따라서 자속의 연속성을 의미하는 관계식은 $\text{div}\,B = 0$이다. **답** ③

04 공기 중에 고립된 지름 1[m]의 반구 도체를 10^6[V]로 충전한 다음 이 에너지를 10^{-5}초 사이에 방전한 경우의 평균전력은?

① 700[kW]
② 1389[kW]
③ 2780[kW]
④ 5560[kW]

풀이 도체구의 정전용량 $C_0 = 4\pi\epsilon_0 a$이므로

반구 도체의 정전용량은 $C = \dfrac{C_0}{2} = \dfrac{4\pi\epsilon_0 a}{2} = 2\pi\epsilon_0 a$[F]

반구 도체의 정전에너지는 $W = \dfrac{1}{2}CV^2 = \pi\epsilon_0 aV^2$[J]

따라서 평균 전력은 $P = \dfrac{W}{t}$이므로

$\therefore P = \dfrac{\pi\epsilon_0 aV^2}{t} = \dfrac{\pi \times 8.855 \times 10^{-12} \times 0.5 \times (10^6)^2}{10^{-5}}$

$\fallingdotseq 1389$[kW] **답** ②

05 다음 정전계에 관한 식 중에서 틀린 것은? (단, D는 전속밀도, V는 전위, ρ는 공간(체적) 전하밀도, ϵ은 유전율이다.)

① 가우스의 정리 : $\text{div}\,D = \rho$
② 포아송의 방정식 : $\nabla^2 V = \dfrac{\rho}{\epsilon}$
③ 라플라스의 방정식 : $\nabla^2 V = 0$
④ 발산의 정리 : $\displaystyle\oint_s D \cdot ds = \int_v \text{div}\,D\,dv$

풀이 공간전하밀도(체적전하밀도)와 전계의 세기와의 관계식

$\text{div}\,D = \rho\,(D = \epsilon E) \rightarrow \text{div}\,E = \dfrac{\rho}{\epsilon}$

전위와 전계의 세기의 관계식

$E = -\text{grad}\,V\,(E = -\nabla V)$

두 식으로부터 다음의 포아송 방정식과 라플라스 방정식이 유도된다.

$\text{div}\,\text{grad}\,V = -\dfrac{\rho}{\epsilon_0}\,(\nabla \cdot \nabla V = \nabla^2 V)$

$\therefore \nabla^2 V = -\dfrac{\rho}{\epsilon_0}$:

포아송 방정식(Poisson's equation)
전하밀도가 공간적으로 분포하고 있을 때 그 내부의 임의의 점에서 전위를 결정하는 식이다.

$\therefore \nabla^2 V = 0\,(\rho = 0)$:
라플라스 방정식(Laplace's equation) **답** ②

06 m[Wb]의 점자극에 의한 자계 중에서 r[m] 거리에 있는 점의 자위는?

① r에 비례한다.
② r^2에 비례한다.
③ r에 반비례한다.
④ r^2에 반비례한다.

풀이 정전계와 정자계의 유사성에 의해 전위와 자위는 다음과 같다.

- 정전계에서 점전하에 의한 전위 :
  $V = \dfrac{Q}{4\pi\epsilon_0 r}$ [V] $\left(V \propto \dfrac{1}{r}\right)$

- 정자계에서 점자극에 의한 자위 :
  $U = \dfrac{m}{4\pi\mu_0 r}$ [A] $\left(U \propto \dfrac{1}{r}\right)$

따라서 자위 U와 거리 r의 관계는 반비례가 성립한다. $\left(U \propto \dfrac{1}{r}\right)$ **답** ③

07 다음 중 맥스웰의 전자 방정식으로 옳지 않은 것은?

① $\text{rot}\,H = i + \dfrac{\partial D}{\partial t}$
② $\text{rot}\,E = -\dfrac{\partial B}{\partial t}$
③ $\text{div}\,B = \phi$
④ $\text{div}\,D = \rho$

풀이 맥스웰 방정식의 미분형

① $\text{rot}\,E = -\dfrac{\partial B}{\partial t}$: Faraday 법칙
② $\text{rot}\,H = i + \dfrac{\partial D}{\partial t}$: 암페어의 주회적분 법칙
③ $\text{div}\,D = \rho$: 가우스의 법칙
④ $\text{div}\,B = 0$: 고립된 자하는 없다. **답** ③

08 자기 인덕턴스가 각각 L_1, L_2인 두 코일을 서로 간섭이 없도록 병렬로 연결했을 때 그 합성 인덕턴스는?

① $L_1 + L_2$ ② $L_1 \cdot L_2$
③ $\dfrac{L_1 + L_2}{L_1 \cdot L_2}$ ④ $\dfrac{L_1 \cdot L_2}{L_1 + L_2}$

풀이 병렬접속
- 가극성 $L = \dfrac{L_1 L_2 - M^2}{L_1 + L_2 - 2M}$
- 감극성 $L = \dfrac{L_1 L_2 - M^2}{L_1 + L_2 + 2M}$

간섭이 없도록 하면, $M = 0$
$\therefore L = \dfrac{L_1 L_2}{L_1 + L_2}$ **답** ④

09 전기기기의 철심(자심)재료로 규소강판을 사용하는 이유는?

① 동손을 줄이기 위해
② 와전류손을 줄이기 위해
③ 히스테리시스손을 줄이기 위해
④ 제작을 쉽게 하기 위하여

풀이
- 규소 강판 : 히스테리시스손 감소
- 성층 철심 : 와류손 감소 **답** ③

10 공간 도체 내의 한 점에 있어서 자속이 시간적으로 변화하는 경우에 성립하는 식은?

① $\text{Curl } \boldsymbol{E} = \dfrac{\partial \boldsymbol{H}}{\partial t}$
② $\text{Curl } \boldsymbol{E} = -\dfrac{\partial \boldsymbol{H}}{\partial t}$
③ $\text{Curl } \boldsymbol{E} = \dfrac{\partial \boldsymbol{B}}{\partial t}$
④ $\text{Curl } \boldsymbol{E} = -\dfrac{\partial \boldsymbol{B}}{\partial t}$

풀이 $\text{rot}\,\boldsymbol{E} = \text{curl}\,\boldsymbol{E} = \nabla \times \boldsymbol{E} = -\dfrac{\partial \boldsymbol{B}}{\partial t}$ (회전) **답** ④

11 MKS 합리화 단위계에서 진공 중의 유전율 값으로 틀린 것은? 단, c[m/sec]는 진공 중 전자파 속도이다.

① $\dfrac{1}{120\pi c}$ ② $\dfrac{10^7}{4\pi c^2}$
③ $\dfrac{1}{36\pi \times 10^9}$ ④ $\dfrac{10^7}{14\pi c}$

풀이 전파속도 $v = \dfrac{1}{\sqrt{\mu \epsilon}}$ [m/s]

진공 중의 전파속도 $v_0 = \dfrac{1}{\sqrt{\epsilon_0 \mu_0}} = 3 \times 10^8 = c$ [m/s]
($\because$ 진공 중에서 $\epsilon_r = \mu_r = 1$)

따라서 진공 중 유전율
$\epsilon_0 = \dfrac{1}{\mu_0 c^2} = \dfrac{10^7}{4\pi c^2} = \dfrac{1}{120\pi c} = \dfrac{1}{36\pi \times 10^9}$ [F/m]
($\because \mu_0 = 4\pi \times 10^{-7}$) **답** ④

12 반지름 a[m]인 구대칭 전하에 의한 구 내외의 전계의 세기에 해당되는 것은? (단, 구 내부에 전하가 균일분포하고 있는 경우이다.)

① ②
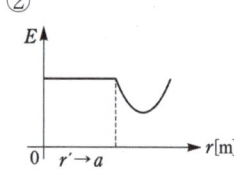

③ ④
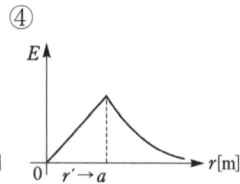

풀이 구체의 전하 분포
1) 내부에 전하가 균일 분포하는 경우
  (중심에서부터 외부로 방사상으로 발산)

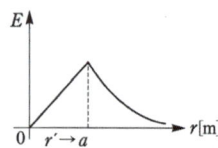

① 구체 외부 ($r > a$)
$E = \dfrac{Q}{4\pi \epsilon_0 r^2} \propto \dfrac{1}{r^2}$ [V/m] (r^2에 반비례)

② 구체 표면 $(r=a)$
$$E_a = \frac{Q}{4\pi\epsilon_0 a^2} \text{[V/m] (일정)}$$
③ 구체 내부 $(r<a)$
$$E_i = \frac{rQ}{4\pi\epsilon_0 a^3} \propto r \text{ [V/m] } (r\text{에 비례})$$

2) 표면에 전하가 존재하는 경우
(도체 표면에서 외부로 방사상으로 발산)

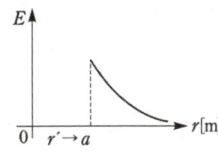

① 구체 외부 $(r>a)$
$$E = \frac{Q}{4\pi\epsilon_0 r^2} \propto \frac{1}{r^2} \text{[V/m] } (r^2\text{에 반비례})$$
② 구체 표면 $(r=a)$
$$E_a = \frac{Q}{4\pi\epsilon_0 a^2} \text{[V/m] (일정)}$$
③ 구체 내부 $(r<a)$
$$E_i = 0$$

답 ④

13 권수 1회의 코일에 5[Wb]의 자속이 쇄교하고 있을 때 $t=10^{-1}$초 사이에 이 자속을 0으로 변했다면 이때 코일에 유도되는 기전력은 몇 [V]이겠는가?

① 5 ② 25
③ 50 ④ 100

풀이 기전력 $e = N\dfrac{d\phi}{dt} = 1 \times \dfrac{5-0}{10^{-1}} = 50$[V]   **답** ③

14 모든 전기장치를 접지시키는 근본적 이유는?
① 영상전하를 이용하기 때문에
② 지구는 전류가 잘 통하기 때문에
③ 편의상 지면의 전위를 무한대로 보기 때문에
④ 지구의 용량이 커서 전위가 거의 일정하기 때문에

풀이 지구는 정전 용량이 크므로 많은 전하가 축적되어도 지구의 전위는 일정하다. 모든 전기장치를 접지시키고 대지를 실용상 등전위로 한다.   **답** ④

15 자성체에 외부의 자계 H_0를 가하였을 때 자화의 세기 J와의 관계식은?
(단, N은 감자율, μ는 투자율이다.)

① $J = \dfrac{H_0}{1+N(\mu_s-1)}$

② $J = \dfrac{H_0(\mu_s-1)}{1+N}$

③ $J = \dfrac{H_0\mu_0(\mu_s-1)}{1+N(\mu_s-1)}$

④ $J = \dfrac{H_0(\mu_s-1)}{1+N\mu_0(\mu_0-1)}$

풀이 H_0 : 외부자계
H' : 자화$(-m, +m)$에 의한 자계(감자력)
H : 자성체 내부 자계

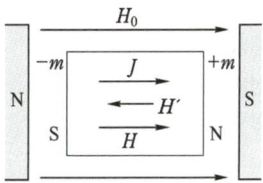

• 감자력은 $H' = \dfrac{NJ}{\mu_0}$
(여기서, N은 감자율, $0 \leq N \leq 1$)이므로 자성체의 내부 자계는 $H = H_0 - H' = H_0 - \dfrac{NJ}{\mu_0}$[A/m]이다.

• 자화의 세기 $J = \chi_m H$에 자성체의 내부 자계(H)를 대입하면,
$$J = \chi_m H = \chi_m\left(H_0 - \frac{NJ}{\mu_0}\right) = \frac{\chi_m}{1+\dfrac{\chi_m N}{\mu_0}}H_0 \text{[Wb/m}^2\text{]}$$

• 마지막으로 $\chi_m = \mu_0(\mu_s-1)$[Wb/m²]를 대입하여 식을 정리하면,
$$\therefore J = \frac{\chi_m}{1+\dfrac{\chi_m N}{\mu_0}}H_0 = \frac{\mu_0(\mu_s-1)}{1+N(\mu_s-1)}H_0 \text{[Wb/m}^2\text{]}$$

답 ③

16 두 종류의 금속으로 된 회로에 전류를 통하면 각 접속점에서 열의 흡수 또는 발생이 일어나는 현상은?
① 톰슨 효과 ② 제벡 효과
③ 볼타 효과 ④ 펠티에 효과

풀이 ① 톰슨 효과 : 동일한 금속 도선의 두 점 간에 온도차를 주고, 고온 쪽에서 저온 쪽으로 전류를 흘리면 도선 속에서 열이 발생되거나 흡수가 일어나는 이러한 현상을 톰슨 효과라 한다.
② 제벡(지벡) 효과 : 두 종류 금속 접속면에 온도차가 있으면 기전력이 발생하는 효과
③ 볼타 효과 : 도체와 도체 사이에 접촉 전기가 일어날 때 두 도체 사이에 전위차가 생기는 효과
④ 펠티에 효과 : 두 종류 금속 접속면에 전류를 흘리면 접속점에서 열의 흡수, 발생이 일어나는 효과
답 ④

17 비투자율 μ_s는 역자성체에서 다음 중 어느 값을 갖는가?
① $\mu_s = 0$ ② $\mu_s < 1$
③ $\mu_s > 1$ ④ $\mu_s = 1$

풀이 강자성체 : $\mu_s \gg 1$
상자성체 : $\mu_s > 1$
역자성체 : $\mu_s < 1$
답 ②

18 정전용량 C_1, C_2, C_x의 3개 커패시터를 그림과 같이 연결하고 단자 ab간에 100[V]의 전압을 가하였다. 지금 $C_1 = 0.02[\mu F]$, $C_2 = 0.1[\mu F]$이며 C_1에 90[V]의 전압이 걸렸을 때 C_x는 몇 [μF]인가?

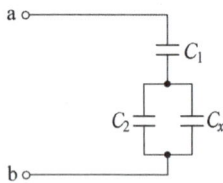

① 0.1 ② 0.04
③ 0.05 ④ 0.08

풀이 밑부분 C_2와 C_x를 등가용량 $C' = C_2 + C_x$라 하면 C_1에 충전되는 전하 Q_1과 C'에 충전되는 전하 Q'는 직렬 연결이므로 서로 같다.
즉, $C_1 V_1 = C' V_2 = 0.02 \times 90 = C' \times 10$
$C' = 0.18 = 0.1 + C_x$
∴ $C_x = 0.18 - 0.1 = 0.08[\mu F]$
답 ④

19 폐곡면을 통하는 전속과 폐곡면 내부의 전하와의 상관 관계를 나타내는 법칙은?
① 가우스 법칙 ② 쿨롱 법칙
③ 푸아송 법칙 ④ 라플라스 법칙

풀이 어떤 폐곡면을 통과하는 전속은 그 면 내에 존재하는 전 전하량과 같다.
가우스 법칙 (적분형) $Q = \oint_s D_s \cdot ds$
답 ①

20 1000회의 코일을 감은 환상 철심 솔레노이드의 단면적이 3[cm²], 평균 길이 4π[cm]이고, 철심의 비투자율이 500일 때, 자기 인덕턴스 [H]는?
① 1.5 ② 15
③ $\dfrac{15}{4\pi} \times 10^6$ ④ $\dfrac{15}{4\pi} \times 10^{-5}$

풀이 $L = \dfrac{N^2}{R_m} = \dfrac{N^2}{\dfrac{l}{\mu S}} = \dfrac{\mu_0 \mu_s S N^2}{l}$
$= \dfrac{4\pi \times 10^{-7} \times 500 \times 3 \times 10^{-4} \times 1000^2}{4\pi \times 10^{-2}}$
$= 1.5[H]$
답 ①

2022년 전기자기_전기산업기사_CBT 복원문제

2022년 - 1회 _ 전기산업기사

01 비유전율이 9이고, 비투자율이 1인 매질 내의 고유 임피던스는 약 몇 [Ω]인가?

① 42   ② 84   ③ 126   ④ 377

풀이 고유 임피던스
$$Z_0 = \frac{E}{H} = \sqrt{\frac{\mu}{\epsilon}}$$
$$= \sqrt{\frac{\mu_0}{\epsilon_0}} \cdot \sqrt{\frac{\mu_s}{\epsilon_s}} = \sqrt{\frac{4\pi \times 10^{-7}}{8.855 \times 10^{-12}}} \cdot \sqrt{\frac{\mu_s}{\epsilon_s}}$$
$$= 377\sqrt{\frac{\mu_s}{\epsilon_s}} = 377\sqrt{\frac{1}{9}} = 125.67 [\Omega]$$

답 ③

02 비유전율 $\epsilon_s = 5$인 유전체 내의 분극률은 몇 [F/m]인가?

① $\dfrac{10^{-8}}{9\pi}$ ② $\dfrac{10^9}{9\pi}$ ③ $\dfrac{10^{-9}}{9\pi}$ ④ $\dfrac{10^8}{9\pi}$

풀이 분극의 세기 $P = \epsilon_0(\epsilon_s - 1)E$ 식에서
분극률 $\chi = \dfrac{P}{E} = \epsilon_0(\epsilon_s - 1) = \dfrac{1}{36\pi \times 10^9} \times (5-1)$
$$= \frac{10^{-9}}{9\pi} [F/m]$$
($\epsilon_0 = \dfrac{10^7}{4\pi C^2} = \dfrac{1}{36\pi \times 10^9}$,
C : 빛의 속도 $= 3 \times 10^8 [m/s]$)

답 ③

03 그림과 같이 진공 내의 A, B, C 각 점에 $Q_A = 4 \times 10^{-6}$[C], $Q_B = 2 \times 10^{-6}$[C], $Q_C = 5 \times 10^{-6}$[C]의 점전하가 일직선상에 놓여 있을 때 B점에 작용하는 힘은 몇 [N]인가?

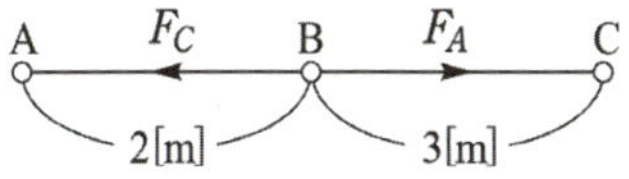

A ←F_C B F_A→ C
2[m] 3[m]

① 0.8×10^{-2} ② 1.2×10^{-2}
③ 1.8×10^{-2} ④ 2.4×10^{-2}

풀이 B 구에 작용하는 힘 $F_B = F_{BA} - F_{BC}$ 이므로
$$F_B = F_{BA} - F_{BC}$$
$$= \frac{Q_B Q_A}{4\pi\epsilon_0 r_A^2} - \frac{Q_B Q_C}{4\pi\epsilon_0 r_B^2} = \frac{Q_B}{4\pi\epsilon_0}\left(\frac{Q_A}{r_A^2} - \frac{Q_C}{r_B^2}\right)$$
$$= 9 \times 10^9 \times 2 \times 10^{-6} \left(\frac{4 \times 10^{-6}}{2^2} - \frac{5 \times 10^{-6}}{3^2}\right)$$
$$= 8 \times 10^{-3} = 0.8 \times 10^{-2} [N]$$

답 ①

04 전계 E의 x, y, z 성분을 E_x, E_y, E_z라 할 때 $\text{div} E$는?

① $\dfrac{\partial E_x}{\partial x} + \dfrac{\partial E_y}{\partial y} + \dfrac{\partial E_z}{\partial z}$

② $i\dfrac{\partial E_x}{\partial x} + j\dfrac{\partial E_y}{\partial y} + k\dfrac{\partial E_z}{\partial z}$

③ $\dfrac{\partial^2 E_x}{\partial x^2} + \dfrac{\partial^2 E_y}{\partial y^2} + \dfrac{\partial^2 E_z}{\partial z^2}$

④ $i\dfrac{\partial^2 E_x}{\partial x^2} + j\dfrac{\partial^2 E_y}{\partial y^2} + k\dfrac{\partial^2 E_z}{\partial z^2}$

풀이 벡터의 발산 (divergence)
$$\nabla \cdot E = \left(\frac{\partial}{\partial x}i + \frac{\partial}{\partial y}j + \frac{\partial}{\partial z}k\right) \cdot (E_x i + E_y j + E_z k)$$
$$= \frac{\partial E_x}{\partial x} + \frac{\partial E_y}{\partial y} + \frac{\partial E_z}{\partial z}$$
이 관계식은 벡터 E방향으로 그려진 단위체적에서 발산(divergence)하는 선속수의 물리적 의미를 가지므로 즉, $\nabla \cdot E = \text{div} E$로 표시 ($\nabla \cdot$ 대신에 div를 사용)

답 ①

05 자기회로에서 철심의 투자율을 μ라 하고 회로의 길이를 l이라 할 때 그 회로의 일부에 미소공극 l_g를 만들면 회로의 자기저항은 처음의 몇 배인가? (단, $l_g \ll l$, 즉 $l - l_g \fallingdotseq l$이다.)

① $1 + \dfrac{\mu l_g}{\mu_0 l}$ ② $1 + \dfrac{\mu l}{\mu_0 l_g}$

③ $1 + \dfrac{\mu_0 l_g}{\mu l}$ ④ $1 + \dfrac{\mu_0 l}{\mu l_g}$

풀이 투자율 μ인 자기저항 $R_\mu = \dfrac{l}{\mu A}$

여기서, A는 철심의 단면적, 미소 공극은 l_g이므로 철심의 길이는 $l - l_g \fallingdotseq l$ 이라 하면 이때의 자기저항 R_m은

$$R_m = R_1 + R_2 = \dfrac{l_g}{\mu_0 A} + \dfrac{l}{\mu A}$$ 이므로

$$\therefore \dfrac{R_m}{R_\mu} = 1 + \dfrac{\mu \, l_g}{\mu_0 \, l} = 1 + \dfrac{l_g}{l}\mu_s$$

답 ①

06 강자성체의 자화에 관한 설명으로 틀린 것은?
① 강자성체의 자화의 세기는 자계의 세기에 비례한다.
② 강자성체에 자계를 변화시키면 히스테리시스현상이 나타난다.
③ 강자성체의 히스테리시스손은 히스테리시스 곡선의 면적과 같다.
④ 강자성체의 자속밀도 B는 자계의 세기 H에 비례하지 않는다.

풀이 자화의 세기(J)와 자계의 세기(H)와의 관계
$J = \chi H = (\mu - \mu_0)H = \mu_0(\mu_s - 1)H \,[\text{Wb/m}^2]$
- 강자성체 이외의 자성체 : 자화의 세기와 자계가 비례 (즉, μ와 χ_m을 정수로 취급)
- **강자성체** : 전혀 자화되어 있지 않은 강자성체에 자계를 가하여 그 자계를 점점 크게 하면 그에 따라 자화의 세기도 점점 크게 된다. 그러나 <u>일정 범위를 지나면 자계의 세기가 증가 하여도 자화의 세기는 더 이상 증가하지 않고 거의 일정하게 된다.</u>

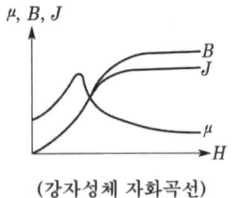
(강자성체 자화곡선)

답 ①

07 직류 500[V] 절연저항계로 절연저항을 측정하니 2[MΩ]이 되었다면 누설전류는?
① 25[μA] ② 250[μA]
③ 1000[μA] ④ 1250[μA]

풀이 누설전류 $I_g = \dfrac{V}{R_g} = \dfrac{500}{2 \times 10^6} = 250 \times 10^{-6}\,[\text{A}]$
$= 250[\mu\text{A}]$

답 ②

08 평행판 콘덴서의 극간 전압이 일정한 상태에서 극간에 공기가 있을 때의 흡인력을 F_1, 극판 사이에 극판 간격의 $\dfrac{2}{3}$ 두께의 유리판($\epsilon_r = 10$)을 삽입할 때의 흡인력을 F_2라 하면 $\dfrac{F_2}{F_1}$는?
① 0.6 ② 0.8
③ 1.5 ④ 2.5

풀이
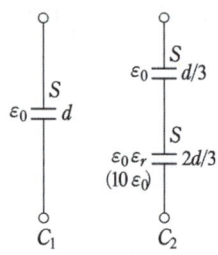

- 공기 콘덴서인 경우의 정전용량 $C_1 = \dfrac{\epsilon_0 S}{d}$
- 극판 간격 $\dfrac{2}{3}$ 두께의 유리판을 삽입한 경우의

정전용량 $C_2 = \dfrac{\dfrac{\epsilon_0 S}{d/3} \cdot \dfrac{10\epsilon_0 S}{2d/3}}{\dfrac{\epsilon_0 S}{d/3} + \dfrac{10\epsilon_0 S}{2d/3}} = \dfrac{5}{2} \cdot \dfrac{\epsilon_0 S}{d} = \dfrac{5}{2}C_1$

- 힘(F)은 에너지(W)에 비례하며,
$W_1 = \dfrac{1}{2}C_1 V^2$, $W_2 = \dfrac{1}{2}C_2 V^2$ 이고,
전압이 일정할 때이므로

$$\therefore \dfrac{F_2}{F_1} = \dfrac{W_2}{W_1} = \dfrac{\dfrac{1}{2}C_2 V^2}{\dfrac{1}{2}C_1 V^2} = \dfrac{C_2}{C_1} = \dfrac{5}{2} = 2.5\text{배}$$

답 ④

09 공기 중 임의의 점에서 자계의 세기(H)가 20[AT/m]라면 자속밀도(B)는 약 몇 [Wb/m^2]인가?
① 2.5×10^{-5} ② 3.5×10^{-5}
③ 4.5×10^{-5} ④ 5.5×10^{-5}

풀이 자속밀도
$B = \mu H = \mu_0 \mu_s H = 4\pi \times 10^{-7} \times 1 \times 20$
$= 2.5 \times 10^{-5}$

답 ①

10 전계의 세기가 1500[V/m]인 전장에 5[μC]의 전하를 놓았을 때 이 전하에 작용하는 힘은 몇 [N]인가?

① 4.5×10^{-3} ② 5.5×10^{-3}
③ 6.5×10^{-3} ④ 7.5×10^{-3}

풀이 $F = Eq = 1500 \times 5 \times 10^{-6}$
$= 7.5 \times 10^{-3}$[N]   **답** ④

11 반지름이 5[mm]인 구리선에 10[A]의 전류가 흐르고 있을 때 단위 시간 당 구리선의 단면을 통과하는 전자의 개수는? (단, 전자의 전하량 $e = 1.602 \times 10^{-19}$[C]이다.)

① 6.24×10^{17} ② 6.24×10^{19}
③ 1.28×10^{21} ④ 1.28×10^{23}

풀이 동선 단면을 단위 시간에 통과하는 전하는 10[C]이므로 전하량 $Q = It = 10 \times 1 = 10$[C]
따라서 전자의 개수
$N = \dfrac{Q}{e} = \dfrac{10}{1.602 \times 10^{-19}}$
$= 6.24 \times 10^{19}$[개]   **답** ②

12 자유 공간에 있어서 변위전류가 만드는 것은?

① 전계   ② 투자율
③ 유전율 ④ 자계

풀이 $\text{rot } H = J + i_d$
여기서, J : 전도 전류밀도
i_d : 변위전류밀도
자유 공간에서 전도 전류밀도 $J = 0$이므로 변위전류밀도 $i_d = \text{rot } H$가 된다.
따라서 변위전류는 회전자계를 형성시킨다.   **답** ④

13 500[AT/m]의 자계 중에 어떤 자극을 놓았을 때 3×10^3[N]의 힘이 작용했다면 이때 자극의 세기는 몇 [Wb]인가?

① 2[Wb] ② 3[Wb]
③ 5[Wb] ④ 6[Wb]

풀이 $F = mH$에서
∴ $m = \dfrac{F}{H} = \dfrac{3 \times 10^3}{500} = \dfrac{3000}{500} = 6$[Wb]   **답** ④

14 투자율 $\mu = \mu_0$, 굴절률 $n = 2$, 전도율 $\sigma = 0.5$의 특성을 갖는 매질내부의 한 점에서 전계가 $E = 10\cos(2\pi ft)a_x$로 주어질 경우 전도전류밀도와 변위전류밀도의 최댓값의 크기가 같아지는 전계의 주파수 f[GHz]는?

① 1.75 ② 2.25
③ 5.75 ④ 10.25

풀이 전도전류밀도 $i_c = \sigma E$, 변위전류밀도 $i_d = \omega \epsilon E$이고, 전도 전류밀도와 변위전류밀도의 최댓값의 크기가 같아지는 조건이므로, $(i_c = i_d)$
$\sigma E = \omega \epsilon E \rightarrow \sigma = 2\pi f \epsilon$
따라서
$f = \dfrac{\sigma}{2\pi \epsilon} = \dfrac{\sigma}{2\pi(n^2 \epsilon_0)} = \dfrac{0.5}{2\pi \times 2^2 \times 8.85 \times 10^{-12}}$
$= 2.25 \times 10^9$[Hz] $= 2.25$[GHz]   **답** ②

15 자계의 벡터퍼텐셜을 A[Wb/m]라 할 때 도체 주위에서 자계 B[Wb/m²]가 시간적으로 변화하면 도체에 생기는 전계의 세기 E[V/m]은?

① $E = -\dfrac{\partial A}{\partial t}$ ② $\text{rot } E = -\dfrac{\partial A}{\partial t}$
③ $E = \text{rot } A$ ④ $\text{rot } E = \dfrac{\partial B}{\partial t}$

풀이 $B = \nabla \times A$로 정의되고, $\nabla \times E = -\dfrac{\partial B}{\partial t}$에서
$\nabla \times E = -\dfrac{\partial B}{\partial t} = -\dfrac{\partial}{\partial t}(\nabla \times A)$
$= \nabla \times \left(-\dfrac{\partial A}{\partial t}\right)$
∴ $E = -\dfrac{\partial A}{\partial t}$ **답** ①

16 내압이 1[kV]이고, 용량이 각각 0.01[μF], 0.02[μF], 0.05[μF]인 콘덴서를 직렬로 연결했을 때의 전체내압은?

① 1500[V] ② 1600[V]
③ 1700[V] ④ 1800[V]

풀이 각 콘덴서에 가해지는 전압을 V_1, V_2, V_3[V]라 하면
$$V_1 : V_2 : V_3 = \frac{1}{0.01} : \frac{1}{0.02} : \frac{1}{0.05}$$
$$= 10 : 5 : 2$$
V의 최댓값은 전압이 제일 크게 걸리는 0.01[μF]에 의해 결정되므로
$$V_1 = \frac{10}{17}V$$
$$\therefore V = \frac{17}{10}V_1 = \frac{17}{10} \times 1000 = 1700[V]$$ **답** ③

17 그림과 같이 도체 1을 도체 2로 포위하여 도체 2를 일정 전위로 유지하고 도체 1과 도체 2의 외측에 도체 3이 있을 때 용량계수 및 유도계수의 성질로 옳은 것은?

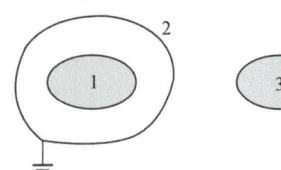

① $q_{23} = q_{11}$ ② $q_{13} = -q_{11}$
③ $q_{31} = q_{11}$ ④ $q_{21} = -q_{11}$

풀이 ① 도체 1을 도체 2로 포위하고 도체 2를 접지(영전위)하면 도체 1과 도체 3은 정전차폐가 되기 때문에 정전기적으로 관계하지 않게 된다.
따라서 $q_{23} \neq q_{11}$, $q_{13} = 0$, $q_{31} = 0$
② 도체 1에 단위 전위를 주었을 때 도체 1의 전하 q_{11}과 도체 2의 유도 전하 q_{21}은 서로 양은 같고 부호는 반대가 된다.
따라서 $q_{21} = -q_{11}$
※ 도체 1과 도체 3은 정전기적으로 관계가 없는 정전차폐이므로 용량계수와 유도계수의 아래 첨자에 3을 포함하지 않은 ④번만이 정답이 된다. **답** ④

18 반지름 3[cm]의 원형 단면을 가진 환상의 연철심(비투자율 400)에 코일을 감고 이것에 전류를 흘린 결과 철심 중의 자계가 400[AT/m]로 되었다. 자화의 세기[Wb/m²]는?

① 약 0.5   ② 약 0.2
③ 약 2×10^{-4} ④ 약 5×10^{-4}

풀이 자화율
$$\chi_m = \mu - \mu_0 = \mu_0(\mu_s - 1)$$
$$= 4\pi \times 10^{-7}(400 - 1) = 5 \times 10^{-4}[H/m]$$

자화의 세기
$$J = \chi_m H = 5 \times 10^{-4} \times 400 = 0.2[Wb/m^2]$$ **답** ②

19 금속도체의 전기저항은 일반적으로 온도와 어떤 관계인가?

① 전기저항은 온도의 변화에 무관하다.
② 전기저항은 온도의 변화에 대해 정특성을 갖는다.
③ 전기저항은 온도의 변화에 대해 부특성을 갖는다.
④ 금속도체의 종류에 따라 전기저항의 온도 특성은 일관성이 없다.

풀이 • 금속도체의 전기저항은 온도 상승에 따라 증가한다.
• 탄소, 전해액 및 반도체 등의 저항은 온도 상승에 따라 감소한다. **답** ②

20 어떤 대전체가 진공 중에서 전속이 Q[C]이었다. 이 대전체를 비유전율 10인 유전체 속으로 가져갈 경우에 전속[C]은?

① Q ② $10Q$
③ $\frac{Q}{10}$ ④ $10\epsilon_o Q$

풀이 전하에서 나오는 선속을 전속이라 한다.
① 전기력선수 $\left(N = \frac{Q}{\epsilon_0}\right)$는 매질에 따라 그 값이 달라지나 전속($\Phi = Q$)은 매질에 관계없이 일정하다.
② 전속 Φ는 매질에 관계없이 전하 Q[C]일 때 Q개의 전속선이 나온다. **답** ①

2022년 - 2회 _ 전기산업기사

01 반지름 a[m]인 접지 도체구의 중심에서 r[m] 되는 거리에 점전하 Q[C]을 놓았을 때 도체구에 유도된 총 전하는 몇 [C]인가?

① 0   ② $-Q$
③ $-\frac{a}{r}Q$ ④ $-\frac{r}{a}Q$

풀이

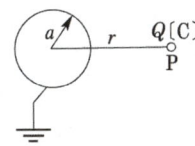

점 P에서 Q의 전하를 주고 도체구를 접지($V_1=0$) 하였을 때 유도되는 전하를 Q'라 하면

$V_1 = 0 = P_{11}Q' + P_{12}Q$

$\therefore Q' = -\frac{P_{12}}{P_{11}}Q = -\frac{\frac{1}{4\pi\epsilon_0 r}}{\frac{1}{4\pi\epsilon_0 a}}Q = -\frac{a}{r}Q[C]$ **답** ③

02 푸아송의 방정식 $\nabla^2 V = -\frac{\rho}{\epsilon_o}$은 어떤 식에서 유도한 것인가?

① div $D = \frac{\rho}{\epsilon_o}$ ② div $D = -\rho$

③ div $E = \frac{\rho}{\epsilon_o}$ ④ div $E = -\frac{\rho}{\epsilon_o}$

풀이 푸아송의 방정식은

$\text{div } E = \text{div}(-\text{grad } V) = -\nabla^2 V = \frac{\rho}{\epsilon}$ 에서

$\nabla^2 V = -\frac{\rho}{\epsilon}$ 이다. **답** ③

03 공기 중에서 반지름 a[m], 도선의 중심축간 거리 d[m]인 평행도선 사이의 단위길이 당 정전용량은 몇 [F/m]인가? (단, $d \gg a$이다.)

① $\frac{\pi\epsilon_o}{\log_{10}\frac{d}{a}}$ ② $\frac{12.07 \times 10^{-12}}{\log_{10}\frac{d}{a}}$

③ $\frac{24.16 \times 10^{-12}}{\log_{10}\frac{d}{a}}$ ④ $\frac{2\pi\epsilon_o}{\log_{10}\frac{d}{a}}$

풀이 $V = \frac{Q}{\pi\epsilon_o}\ln\frac{d-a}{a}$ 이므로 정전용량 C는

$C = \frac{Q}{V} = \frac{Q}{\frac{Q}{\pi\epsilon_o}\ln\frac{d-a}{a}} = \frac{\pi\epsilon_o}{\ln\frac{d-a}{a}} ≒ \frac{\pi\epsilon_o}{\ln\frac{d}{a}}$

$= \frac{\pi\epsilon_o}{\log\frac{d}{a}\times \ln 10} = \frac{12.07\times 10^{-12}}{\log_{10}\frac{d}{a}}[F/m]$ **답** ②

04 전류와 자계 사이의 힘의 효과를 이용한 것으로 자유로이 구부릴 수 있는 도선에 대전류를 통하면 도선 상호 간에 반발력에 의하여 도선이 원을 형성하는데 이와 같은 현상은?

① 스트레치 효과 ② 핀치효과
③ 홀효과 ④ 스킨효과

풀이 스트레치 효과(stretch effect) : 자유로이 구부릴 수 있는 가는 직사각형의 도선에 대전류를 흘리면, 평행 도선에서 전류가 반대로 흐를 때와 마찬가지로 도선 상호 간에는 반발력이 작용하게 되어 최종적으로 도선이 원의 형태를 이루게 된다. **답** ①

05 반지름 a인 원주 도체의 단위 길이 당 내부 인덕턴스는 몇 [H/m]인가?

① $\frac{\mu}{4\pi}$ ② $4\pi\mu$ ③ $\frac{\mu}{8\pi}$ ④ $8\pi\mu$

풀이 길이 1[m]당의 에너지는

$W = \frac{\mu}{16\pi}I^2 = \frac{1}{2}L_i I^2 [J]$

$\therefore L_i = \frac{\mu}{8\pi}[H/m]$ **답** ③

06 그림과 같이 전류 I[A]가 흐르는 반지름 a[m]의 원형 코일의 중심으로부터 x[m]인 점 P의 자계의 세기는 몇 [AT/m]인가?
(단, θ는 각 APO라 한다.)

① $\frac{I}{2a}\sin^3\theta$

② $\frac{I}{2a}\cos^3\theta$

③ $\frac{I}{2a}\sin^2\theta$

④ $\frac{I}{2a}\cos^2\theta$

풀이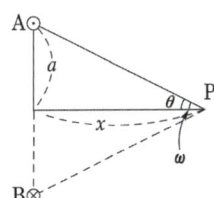

그림과 같이 점 P에서 코일 AB를 바라보는 입체각 ω는 $\omega = 2\pi(1-\cos\theta)$이므로 자위는

$$U_m = \frac{I}{4\pi}\omega = \frac{I}{4\pi} \cdot 2\pi(1-\cos\theta)$$
$$= \frac{I}{2}\left(1 - \frac{x}{\sqrt{a^2+x^2}}\right)[AT]$$

따라서 원형 전류에 의한 축방향의 자계 H_x는

$$H_x = -\frac{\partial U}{\partial x} = \frac{a^2 I}{2(a^2+x^2)^{3/2}}$$
$$= \frac{I}{2a}\sin^3\theta [AT/m]$$

답 ①

④ 그 자신만으로 폐곡선이 되는 일은 없다.
⑤ 전계가 0이 아닌 곳에서는 2개의 전기력선은 교차하지 않는다.
⑥ 도체 내부에는 전기력선이 없다.
⑦ 수직 단면의 전기력선 밀도는 전계의 세기이고 (1[개/m²]=1[N/C]), 전기력선의 접선 방향은 전계의 방향이다.
⑧ 도체면(등전위면)에서 전기력선은 수직으로 출입한다.
⑨ 단위 전하 ±1[C]에서는 $1/\epsilon_0$개의 전기력선이 출입한다.

답 ③

07 평행판 콘덴서의 양극판 면적을 3배로 하고 간격을 $\frac{1}{3}$로 줄이면 정전용량은 처음의 몇 배가 되는가?

① 1   ② 3   ③ 6   ④ 9

풀이 면적 S_1, 간격 d_1인 평행판 콘덴서의 정전용량을 C_1이라 하면

$$C_1 = \frac{\epsilon_0}{d_1}S_1$$

문제에서 $d = \frac{1}{3}d_1$, $S = 3S_1$이므로 구하는 용량은

$$\therefore C = \frac{\epsilon_0}{\frac{1}{3}d_1} \cdot 3S_1 = 9\frac{\epsilon_0}{d_1}S_1 = 9C_1$$

답 ④

08 다음 중 전기력선의 성질에 관한 설명으로 옳지 않은 것은?

① 전기력선의 방향은 그 점의 전계의 방향과 같다.
② 전기력선은 전위가 높은 점에서 낮은 점으로 향한다.
③ 전하가 없는 곳에서도 전기력선의 발생, 소멸이 있다.
④ 전계가 0이 아닌 곳에서 2개의 전기력선은 교차하는 일이 없다.

풀이 전기력선의 성질은 다음과 같다.
① 전기력선은 정전하에서 시작하여 부전하에서 그친다.
② 전하가 없는 곳에서는 전기력선의 발생, 소멸이 없고 연속적이다.
③ 전위가 높은 점에서 낮은 점으로 향한다.

09 원점 주위의 전류밀도가 $J = \frac{2}{r}a_r$ [A/m²]의 분포를 가질 때 반지름 5[cm]의 구면을 지나는 전 전류는 몇 [A]인가?

① 0.1π ② 0.2π
③ 0.3π ④ 0.4π

풀이 $I = \oint_s \boldsymbol{J} \cdot d\boldsymbol{s} = \oint_s \frac{2}{r}a_r \cdot a_r\, ds$ $(a_r, a_r = 1)$
$= \frac{2}{r}\oint_s ds = \frac{2}{r}s = \frac{2}{r}4\pi r^2 = 8\pi r$
$= 8\pi \times 0.05 = 0.4\pi$ [A]

답 ④

10 반지름 a[m]인 도체구에 전하 Q[C]를 주었다. 도체구를 둘러싸고 있는 유전체의 유전율이 ϵ_s인 경우 경계면에 나타나는 분극전하는 몇 [C/m²]인가?

① $\frac{Q}{4\pi a^2}(1-\epsilon_s)$ ② $\frac{Q}{4\pi a^2}(\epsilon_s - 1)$
③ $\frac{Q}{4\pi a^2}\left(1-\frac{1}{\epsilon_s}\right)$ ④ $\frac{Q}{4\pi a^2}\left(\frac{1}{\epsilon_s}-1\right)$

풀이 $\boldsymbol{D} = \epsilon_0 \boldsymbol{E} + \boldsymbol{P}$, $\boldsymbol{D} = \epsilon_0\epsilon_s\boldsymbol{E} = \epsilon\boldsymbol{E}$에서
$\boldsymbol{P} = \boldsymbol{D}\left(1-\frac{1}{\epsilon_s}\right) = \epsilon\boldsymbol{E}\left(1-\frac{1}{\epsilon_s}\right)$
$= \frac{Q}{4\pi a^2}\left(1-\frac{1}{\epsilon_s}\right)$ [C/m²]

답 ③

11 자화의 세기 단위로 옳은 것은?

① AT/Wb   ② AT/m²
③ Wb · m   ④ Wb/m²

풀이 자화의 세기

$$J = \frac{m}{S} = \frac{ml}{Sl} = \frac{M}{V} \text{ [Wb/m}^2]$$

여기서, S : 자성체의 단면적[m²]
m : 자화된 자기량[Wb]
l : 자성체의 길이[m]
V : 자성체의 체적[m³]
M : 자기모멘트($M = ml$ [Wb·m]) **답** ④

12 무한 평면 전하에 의한 외부 전계의 크기는 거리와 어떤 관계가 있는가?

① 거리에 관계없다.
② 거리에 비례한다.
③ 거리에 반비례한다.
④ 거리에 자승에 비례한다.

풀이 무한 평면의 경우는 전하로부터 나오는 전기력선이 상하 방향으로 양분되므로 표면 전계의 세기는

$$E = \frac{\sigma}{2\epsilon_0} \text{ [V/m]}$$

따라서 거리에 관계가 없다. **답** ①

13 점전하 $+2Q$[C]이 $x = 0,\ y = 1$의 점에 놓여 있고, $-Q$[C]의 전하가 $x = 0,\ y = -1$의 점에 위치할 때 전계의 세기가 0이 되는 점은?

① $+2Q$쪽으로 $5.83(x = 0,\ y = 5.83)$
② $+2Q$쪽으로 $0.17(x = 0,\ y = 0.17)$
③ $-Q$쪽으로 $5.83(x = 0,\ y = -5.83)$
④ $-Q$쪽으로 $0.17(x = 0,\ y = -0.17)$

풀이 두 전하의 부호가 다르므로 전계의 세기가 0이 되는 점은 전하의 절댓값이 작은 측의 외측에 존재하므로 그림과 같이 절댓값이 작은 측의 외측에 K[m]인 P점이 전계의 세기가 0이라 하면

$$E = \frac{1}{4\pi\epsilon_0}\left\{\frac{Q}{K^2} - \frac{2Q}{(2+K)^2}\right\}$$
$$= 0$$

$$\therefore \frac{Q}{K^2} = \frac{2Q}{(2+K)^2}$$

$$2K^2 = (2+K)^2$$
$$\sqrt{2}\,K = 2 + K$$

$$\therefore K = \frac{2}{\sqrt{2}-1} = 4.83 \text{ 이므로}$$

$$-1 - 4.83 = -5.83$$

즉, P (0, −5.83)이다.

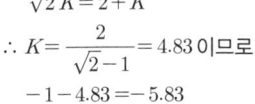

답 ③

14 2[cm]의 간격을 가진 선간전압 6600[V]인 두 개의 평행도선에 2000[A]의 전류가 흐를 때 도선 1[m]마다 작용하는 힘은 몇 [N/m]인가?

① 20 ② 30 ③ 40 ④ 50

풀이
$$F = \frac{\mu_0 I_1 I_2}{2\pi r} = \frac{2 I_1 I_2}{r} \times 10^{-7}$$
$$= \frac{2 \times 2000^2}{2 \times 10^{-2}} \times 10^{-7} = 40 \text{[N]}$$ **답** ③

15 전계 E와 전위 V 사이의 관계 즉, $E = -\text{grad}\,V$에 관한 설명으로 잘못된 것은?

① 전계는 전위가 일정한 면에 수직이다.
② 전계의 방향은 전위가 감소하는 방향으로 향한다.
③ 전계의 전기력선은 연속적이다.
④ 전계의 전기력선은 폐곡면을 이루지 않는다.

풀이 ① grad V 의미 : 전위 V가 단위 길이 당 최대로 변화하는 방향과 그 크기를 나타낸다. 단위길이 당 전위의 최대 변화를 갖는 방향은 등전위면과 수직(직각) 방향이다(∵ E와 등전위면은 직교한다고 할 수 있다.)
② $E = -\nabla V$에서 − 부호는 감소하는 방향을 의미한다.
③ 전계의 전기력선은 (+)전하에서 시작하여 (−)전하에서 끝나므로 전하가 존재할 때에는 비연속적이다.
④ 양변에 curl을 취하면 curl $E = -$curl grad $V = 0$ (curl grad는 벡터 성질에서 항상 0) E라는 벡터는 비회전성 즉 폐곡선을 이루지 않는다. **답** ③

16 저항 10[Ω]의 코일을 지나는 자속이 $\phi = 5\sin 10t$[A]일 때, 유도기전력에 의한 전류[A]의 최댓값은?

① 1[A] ② 2[A]
③ 5[A] ④ 10[A]

풀이 $\phi = \phi_m \sin\omega t$ 일 때
$$e = -\frac{d\phi}{dt} = -\omega\phi_m \cos\omega t$$
$$= \omega\phi_m \sin(\omega t - \frac{\pi}{2}) = E_m \sin(\omega t - \frac{\pi}{2})$$

따라서, $E_m = \omega\phi_m$ ($\phi_m = 5,\ \omega = 10$ 이므로)

$E_m = 10 \times 5 = 50[V]$

$\therefore I_m = \dfrac{E_m}{R} = \dfrac{50}{10} = 5[A]$ 　　답 ③

17 전류에 의한 자계의 방향을 결정하는 법칙은?

① Ampere의 오른나사 법칙
② Fleming의 오른손 법칙
③ Fleming의 왼손 법칙
④ Lentz의 법칙

풀이
- 암페어의 오른나사 법칙 : 전류에 의한 자계의 방향
- 플레밍의 오른손 법칙 : 자계 중에서 도체가 운동할 때 유기기전력의 방향 결정
- 플레밍의 왼손 법칙 : 자계 중에 있는 도체에 전류를 흘릴 때 도체의 운동방향 결정
- 렌츠의 법칙 : 기전력 방향 결정 　　답 ①

18 강자성체의 자속밀도 B의 크기와 자화의 세기 J의 크기 사이의 관계로 옳은 것은?

① J는 B보다 크다.
② J는 B보다 적다.
③ J는 B와 그 값이 같다.
④ J는 B에 투자율을 더한 값과 같다.

풀이 강자성체는 $\mu_s \gg 1$이므로

$J = \dfrac{\mu_s - 1}{\mu_s} B$에서 $\dfrac{\mu_s - 1}{\mu_s}$은

1보다 약간 작으므로 J도 B보다 약간 작다.

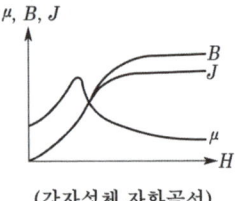

(강자성체 자화곡선) 　　답 ②

19 코일 A 및 코일 B가 있다. 코일 A의 전류가 $\dfrac{1}{30}$초간에 10[A] 변화할 때 코일 B에 10[V]의 기전력을 유도한다고 한다. 이때의 상호 인덕턴스는 몇 [H]인가?

① $\dfrac{1}{0.3}$　② $\dfrac{1}{3}$　③ $\dfrac{1}{30}$　④ $\dfrac{1}{300}$

풀이 상호유도 작용에 의하여 유기되는 기전력은

$e_B = M\dfrac{di_A}{dt}$ 에서

$M = e_B \dfrac{dt}{di_A} = 10 \times \dfrac{\frac{1}{30}}{10} = \dfrac{1}{30}[H]$ 　　답 ③

20 평형상태에서 도체의 전하분포와 전계에 관한 성질로 옳지 않은 것은?

① 도체내부에는 전계가 0이 아니다.
② 대전된 도체의 전하는 도체표면에만 존재한다.
③ 대전된 도체표면은 동일 전위에 있다.
④ 대전된 도체표면의 각 점의 전기력선은 표면에 수직이다.

풀이 **도체의 성질과 전하분포**
① 도체표면과 내부의 전위는 동일하고(등전위), 표면은 등전위면이다.
② **도체내부의 전계의 세기는 0이다.**
③ 전하는 도체내부에는 존재하지 않고, 도체표면에만 분포한다.
④ 도체 면에서의 전계의 세기는 도체표면에 항상 수직이다.
⑤ 도체표면에서의 전하밀도는 곡률이 클수록 높다. 즉, 곡률반경이 작을수록 높다.
⑥ 중공부에 전하가 없고 대전 도체라면, 전하는 도체 외부의 표면에만 분포한다.
⑦ 중공부에 전하를 두면 도체내부표면에 동량 이부호, 도체 외부 표면에 동량 동부호의 전하가 분포한다.
　　답 ①

2022년 3회 _ 전기산업기사

01 양도체에 있어서 전파정수 γ는?
(단, f는 주파수이고, σ는 도전율이고, μ는 투자율이다.)

① $\sqrt{2\pi f\sigma\mu} + j\sqrt{\pi f\sigma\mu}$
② $\sqrt{\pi f\sigma\mu} + j\sqrt{\pi f\sigma\mu}$
③ $\sqrt{\pi f\sigma\mu} + j\sqrt{2\pi f\sigma\mu}$
④ $\sqrt{2\pi f\sigma\mu} + j\sqrt{2\pi f\sigma\mu}$

풀이 양도체에서 벡터파동방정식은 $\nabla^2 E = j\omega\sigma\mu E$이고, $\nabla^2 E = \gamma^2 E$의 관계에서 전파정수 γ는
$$\gamma = \sqrt{j\omega\sigma\mu} = \sqrt{j}\sqrt{\omega\sigma\mu}$$
여기서 $\sqrt{j}$를 복소수 변환하면
$$\sqrt{j} = (1/90°)^{1/2} = 1/45° = \cos 45° + j\sin 45°$$
$$= \frac{1}{\sqrt{2}} + j\frac{1}{\sqrt{2}}$$
이다. 따라서 전파정수 γ는 $\omega = 2\pi f$를 적용하면
$$\gamma = \sqrt{j}\sqrt{\omega\sigma\mu} = \left(\frac{1}{\sqrt{2}} + j\frac{1}{\sqrt{2}}\right)\sqrt{2}\sqrt{\pi f\sigma\mu}$$
$$= \sqrt{\pi f\sigma\mu} + j\sqrt{\pi f\sigma\mu}$$
즉, 양도체에서 감쇠정수 α, 위상정수 β는
$$\alpha = \beta = \sqrt{\pi f\sigma\mu}$$ 답 ②

02 판자석의 세기가 0.01[Wb/m], 반지름이 5[cm]인 원형 자석판이 있다. 자석의 중심에서 축상 10[cm]인 점에서의 자위의 세기는 몇 [AT]인가?

① 100 ② 175
③ 370 ④ 420

풀이 자위의 세기
$$U = \frac{\phi_m \omega}{4\pi\mu_0} = \frac{\phi_m 2\pi(1-\cos\theta)}{4\pi\mu_0}$$
$$= \frac{\phi_m(1-\cos\theta)}{2\mu_0} = \frac{\phi_m\left(1-\frac{x}{\sqrt{x^2+a^2}}\right)}{2\mu_0}$$
$$= \frac{0.01 \times \left(1-\frac{10}{\sqrt{5^2+10^2}}\right)}{2\times 4\pi\times 10^{-7}} = 420[AT]$$ 답 ④

03 점 (-2, 1, 5)[m]와 점(1, 3, -1)[m]에 각각 위치해 있는 점전하 1[μC]과 4[μC]에 의해 발생된 전위장 내에 저장된 정전 에너지는 약 몇 [mJ]인가?

① 2.57 ② 5.14
③ 7.71 ④ 10.28

풀이 두 점 간의 거리
$$r = (-2, 1, 5) - (1, 3, -1) = (-3, -2, 6)$$
$$= \sqrt{(-3)^2 + (-2)^2 + 6^2} = 7[m]$$

정전 에너지
$$W = \sum_{n=1}^{n} \frac{1}{2}Q_i V_i = \frac{1}{2}(Q_1 V_1 + Q_2 V_2)$$
$$= \frac{1}{2}\left(Q_1 \cdot \frac{Q_2}{4\pi\epsilon_0 r} + Q_2 \cdot \frac{Q_1}{4\pi\epsilon_0 r}\right) = \frac{Q_1 Q_2}{4\pi\epsilon_0 r}$$
$$= 9\times 10^9 \times \frac{1\times 10^{-6} \times 4\times 10^{-6}}{7}$$
$$= 0.00514[J] = 5.14[mJ]$$ 답 ②

04 대전된 도체 표면의 전하밀도를 σ[C/m²]이라고 할 때, 대전된 도체 표면의 단위면적이 받는 정전응력[N/m²]은 전하밀도 σ와 어떤 관계가 있는가?

① $\sigma^{\frac{1}{2}}$에 비례 ② $\sigma^{\frac{3}{2}}$에 비례
③ σ에 비례 ④ σ^2에 비례

풀이 • 도체에 전하가 분포되어 있을 때, 도체 표면에 작용하는 힘을 정전응력이라 하며, 단위 면적당의 힘으로 정의한다.
• 면전하밀도 σ[C/m²]인 도체 표면에서
전속밀도 $D = \sigma$, 전계의 세기 $E = \frac{\sigma}{\epsilon_0}$이므로
정전응력 $f = \frac{1}{2}DE = \frac{1}{2}\epsilon_0 E^2 = \frac{D^2}{2\epsilon_0}$
$$= \frac{\sigma^2}{2\epsilon_0}[N/m^2]$$
즉, $f \propto \sigma^2$의 관계가 있다. 답 ④

05 내경의 반지름이 1[mm], 외경의 반지름이 3[mm]인 동축 케이블의 단위 길이당 인덕턴스는 약 몇 [μH/m]인가? (단, 이때 $\mu_r = 1$이며, 내부 인덕턴스는 무시한다.)

① 0.12 ② 0.22
③ 0.32 ④ 0.42

풀이 동축 케이블의 외부 인덕턴스
$$L = \frac{\phi}{I} = \frac{\mu_0}{2\pi}\ln\frac{b}{a}[H/m]$$ 이므로
$$\therefore L = \frac{4\pi\times 10^{-7}}{2\pi}\ln\frac{3}{1}$$
$$= 0.22\times 10^{-6}[H/m] = 0.22[\mu H/m]$$ 답 ②

06 진공 중의 도체계에서 임의의 도체를 일정 전위의 도체로 완전 포위하면 내외공간의 전계를 완전 차단시킬 수 있는데 이것을 무엇이라 하는가?

① 홀효과　　② 정전차폐
③ 핀치효과　④ 전자차폐

풀이 임의의 도체를 접지된 도체로 완전 포위하면 외부에서 유도되는 전하를 차단할 수 있다. 이것을 정전차폐라고 한다. 　**답** ②

07 하나의 금속에서 전류의 흐름으로 인한 온도 구배부분의 줄열 이외의 발열 또는 흡열에 관한 현상은?

① 펠티에 효과(Peltier effect)
② 볼타 법칙(Volta law)
③ 제벡 효과(Seebeck effect)
④ 톰슨 효과(Thomson effect)

풀이
- 제벡 효과 : 두 종류 금속 접속면에 온도차가 있으면 기전력이 발생하는 효과
- 펠티에 효과 : 두 종류 금속 접속면에 전류를 흘리면 접속점에서 열의 흡수, 발생이 일어나는 효과
- **톰슨 효과** : 동일한 금속 도선의 두 점간에 온도차를 주고, 고온 쪽에서 저온 쪽으로 전류를 흘리면 도선 속에서 열이 발생되거나 흡수가 일어나는 이러한 현상을 톰슨 효과라 한다. 　**답** ④

08 고전압이 가해진 유전체 중에 공기의 기포가 있으면 유전체 중의 기포는 절연에 영향을 준다. 절연은 유전체의 유전율에 대하여 어떠한가?

① 유전율이 클수록 절연은 향상된다.
② 유전율이 작을수록 절연은 나빠진다.
③ 유전율에는 무관계하다.
④ 유전율이 클수록 절연은 나빠진다.

풀이 유전체 중에 공기의 기포가 있으면 유전율이 클수록 절연이 나빠진다. 　**답** ④

09 길이 l[m], 단면적의 반지름 a[m]인 원통이 길이 방향으로 균일하게 자화되어 자화의 세기가 J[Wb/m²]인 경우 원통 양단에서의 전자극의 세기 m[Wb]은?

① J　　② $2\pi J$
③ $\pi a^2 J$　④ $\dfrac{J}{\pi a^2}$

풀이 $J = \dfrac{m}{s}$[Wb/m²]
$\therefore m = J \cdot s = J \cdot \pi a^2$[Wb] 　**답** ③

10 액체 유전체를 넣은 콘덴서의 용량이 20[μF]이다. 여기에 500[kV]의 전압을 가하면 누설 전류는 몇 [A]인가? (단, 비유전율 $\epsilon_s = 2.2$, 고유저항 $\rho = 10^{11}$[$\Omega \cdot $m]이다.)

① 4.2　　② 5.13
③ 54.5　④ 61

풀이 $RC = \rho\epsilon$[s], $R = \dfrac{\rho\epsilon}{C}$[$\Omega$]

$\therefore I = \dfrac{V}{R} = \dfrac{CV}{\rho\epsilon} = \dfrac{CV}{\rho\epsilon_0\epsilon_s}$

$= \dfrac{20 \times 10^{-6} \times 500 \times 10^3}{10^{11} \times 8.855 \times 10^{-12} \times 2.2}$

$= 5.13$[A] 　**답** ②

11 한 변의 길이가 10[m] 되는 정방형 회로에 100[A]의 전류가 흐를 때 회로 중심부의 자계의 세기는 약 몇 [A/m]인가?

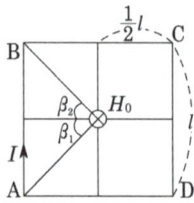

① 5[A/m]　　② 9[A/m]
③ 16[A/m]　④ 21[A/m]

풀이

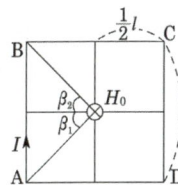

한 변 AB에 대한 중심점의 자계는

$H_{AB} = \frac{I}{4\pi a}(\sin\beta_1 + \sin\beta_2)$ 이므로 $a = \frac{l}{2}$,

$\sin\beta_1 = \sin\beta_2 = \sin 45° = \frac{1}{\sqrt{2}}$ 을 대입하면

$H_{AB} = \frac{I}{4\pi\left(\frac{l}{2}\right)} \times 2 \times \frac{1}{\sqrt{2}} = \frac{I}{\sqrt{2}\pi l}$ [AT/m]

$\therefore H_0 = H_{AB} + H_{BC} + H_{CD} + H_{DA}$

$= 4H_{AB} = 4 \times \frac{I}{\sqrt{2}\pi l}$

$= \frac{2\sqrt{2}I}{\pi l} = \frac{2\sqrt{2} \times 100}{\pi \times 10} = 9$ [AT/m]   답 ②

12 서로 결합하고 있는 두 코일 C_1과 C_2의 자기 인덕턴스가 각각 L_{c1}, L_{c2}라고 한다. 이들을 직렬로 연결하여 합성인덕턴스값을 얻은 후 두 코일간 상호 인덕턴스의 크기($|M|$)를 얻고자 한다. 직렬로 연결할 때, 두 코일간 자속이 서로 가해져서 보강되는 방향이 있고, 서로 상쇄되는 방향이 있다. 전자의 경우 얻은 합성인덕턴스의 값이 L_1, 후자의 경우 얻은 합성인덕턴스의 값이 L_2 일 때, 다음 중 알맞은 식은?

① $L_1 < L_2$, $|M| = \frac{L_2 + L_1}{4}$

② $L_1 > L_2$, $|M| = \frac{L_1 + L_2}{4}$

③ $L_1 < L_2$, $|M| = \frac{L_2 - L_1}{4}$

④ $L_1 > L_2$, $|M| = \frac{L_1 - L_2}{4}$

풀이 자속이 같은 방향인 경우의 합성 인덕턴스
$L_1 = L_{c1} + L_{c2} + 2M$ …… ①
자속이 반대방향인 경우의 합성 인덕턴스
$L_2 = L_{c1} + L_{c2} - 2M$ …… ②
따라서, $L_1 > L_2$ 이고 ① - ②를 하면 $L_1 - L_2 = 4M$

$\therefore M = \frac{L_1 - L_2}{4}$ 답 ④

13 점전하 Q[C]에 의한 무한평면 도체의 영상전하는?

① Q[C]보다 작다.
② Q[C]보다 크다.
③ $-Q$[C]와 같다.
④ 0

풀이

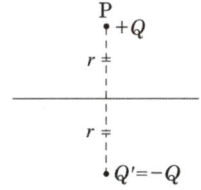

무한평면으로부터 r[m] 떨어진 P점에 점전하 $+Q$[C]가 있는 경우 영상전하는 무한평면 뒤쪽으로 점 P의 대칭점에 존재하며, 그 크기는 점전하와 같고 부호는 반대로 $Q' = -Q$[C]이다.   답 ③

14 정전 용량 C[F]와 컨덕턴스 G[S]와의 관계는 어떤 관계에 있는가? 단, k : 도전율[℧/m], ϵ : 유전율[F/m]

① $\frac{C}{G} = \frac{\epsilon}{k}$ ② $Ck = \frac{\epsilon}{G}$

③ $CG = k\epsilon$ ④ $\frac{C}{G} = \frac{k}{\epsilon}$

풀이 $R = \rho\frac{d}{S} = \frac{d}{kS}$ [Ω], $C = \frac{\epsilon S}{d}$ [F]

$RC = \frac{d}{kS} \times \frac{\epsilon S}{d} = \frac{\epsilon}{k} = \rho\epsilon$

$RC = \rho\epsilon$ 또는 $\frac{C}{G} = \frac{\epsilon}{k}$ 답 ①

15 접지 구도체와 점전하 간의 작용력은?

① 항상 반발력이다.
② 항상 흡인력이다.
③ 조건적 반발력이다.
④ 조건적 흡인력이다.

풀이 접지 구도체에는 항상 점전하와 반대 극성인 전하가 유도되므로 **항상 흡인력**이 작용한다.   답 ②

16 평등 자계 내에 수직으로 돌입한 전자의 궤적은?

① 원운동을 하는데, 원의 반지름은 자계의 세기에 비례한다.
② 구면 위에서 회전하고 반지름은 자계의 세기에 비례한다.
③ 원운동을 하고 반지름은 전자의 처음 속도에 비례한다.
④ 원운동을 하고, 반지름은 자계의 세기에 비례한다.

풀이 플레밍의 왼손 법칙에 의하여 전자가 받는 힘은 운동 방향에 수직하므로 전자는 원운동을 한다.
v[m/s]의 속도를 가진 전자가 B[Wb/m²]인 평등 자계에 직각으로 돌입할 때
전자가 받는 힘 $F = e(v \times B)$
크기 $F = evB$
이때의 구심력 $F_0 = \dfrac{mv^2}{r}$ 이고 $F_0 = F$ 이므로
$evB = \dfrac{mv^2}{r}$
∴ $r = \dfrac{mv}{eB}$ [m] $\propto v$ **답** ③

17 전계와 자계와의 관계식으로 옳은 것은?

① $\sqrt{\epsilon}H = \sqrt{\mu}E$ ② $\sqrt{\epsilon\mu} = EH$
③ $\sqrt{\mu}H = \sqrt{\epsilon}E$ ④ $\epsilon\mu = EH$

풀이 $Z_0 = \dfrac{E}{H} = \sqrt{\dfrac{\mu}{\epsilon}} = \dfrac{\sqrt{\mu}}{\sqrt{\epsilon}} = \sqrt{\dfrac{\mu_0}{\epsilon_0}}\sqrt{\dfrac{\mu_s}{\epsilon_s}}$
∴ $\sqrt{\mu}H = \sqrt{\epsilon}E$ **답** ③

18 반지름 25[cm]의 원주형 도선에 π[A]의 전류가 흐를 때 도선의 중심축에서 50[cm] 되는 점의 자계의 세기[AT/m]는? 단, 도선의 길이 l은 매우 길다.

① 1   ② π
③ $\dfrac{1}{2}\pi$ ④ $\dfrac{1}{4}\pi$

풀이 $H = \dfrac{I}{2\pi r} = \dfrac{\pi}{2\pi \times 0.5} = 1$[AT/m]   **답** ①

19 반자성체의 비투자율(μ_r) 값의 범위는?

① $\mu_r = 1$ ② $\mu_r < 1$
③ $\mu_r > 1$ ④ $\mu_r = 0$

풀이
• 상자성체 : 자화율 $\chi > 0$, 비투자율 $\mu_r > 1$
• 반자성체 : 자화율 $\chi < 0$, 비투자율 $\mu_r < 1$
   답 ②

20 평등 전계 내에 수직으로 비유전율 $\epsilon_s = 2$인 유전체 판을 놓았을 경우 판 내의 전속 밀도가 $D = 4 \times 10^{-6}$[C/m²]이었다. 유전체 내의 분극의 세기 P[C/m²]는?

① 1×10^{-6} ② 2×10^{-6}
③ 4×10^{-6} ④ 8×10^{-6}

풀이 $P = \epsilon_0(\epsilon_s - 1)E = D\left(1 - \dfrac{1}{\epsilon_s}\right) = 4 \times 10^{-6} \times \left(1 - \dfrac{1}{2}\right)$
$= 2 \times 10^{-6}$[C/m²]   **답** ②

2023년 전기자기_전기산업기사_CBT 복원문제

2023년 - 1회 _ 전기산업기사

01 직선 전류에 의해서 그 주위에 생기는 환상의 자계 방향은?

① 전류의 방향
② 전류와 반대 방향
③ 오른 나사의 진행 방향
④ 오른 나사의 회전 방향

풀이

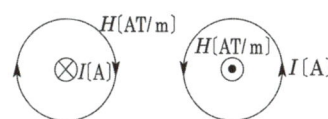

- 암페어 오른손(오른 나사) 법칙 : 나사 진행 방향을 전류 방향과 일치시킬 때 자계의 방향은 오른 나사를 회전시키는 방향과 같다.
  ⊗ : 지면의 표면에서 뒷면으로 들어가는 방향
  ⊙ : 지면의 뒷면에서 표면으로 나오는 방향   답 ④

02 전계 E[V/m], 자계 H[AT/m]의 전자계가 평면파를 이루고, 자유 공간으로 전파될 때 단위 시간에 단위 면적당 에너지[W/m²]는?

① $\frac{1}{2}EH$ ② $\frac{1}{2}EH^2$
③ EH^2 ④ EH

풀이 전계와 자계가 함께 존재하는 경우 에너지 밀도는
$w = \frac{1}{2}(\epsilon E^2 + \mu H^2)$[J/m³]가 되는데
$H = \sqrt{\frac{\epsilon}{\mu}}E,\ E = \sqrt{\frac{\mu}{\epsilon}}H$이므로
이를 윗 식에 대입하면
$w = \frac{1}{2}\left(\epsilon\sqrt{\frac{\mu}{\epsilon}}EH + \mu\sqrt{\frac{\epsilon}{\mu}}EH\right) = \sqrt{\epsilon\mu}\,EH$ [J/m³]
가 된다.
이것이 평면 전자파가 갖는 에너지 밀도[J/m³]가 되는데 평면 전자파는 전계와 자계의 진동 방향에 대하여 수직인 방향으로 속도 $v = \frac{1}{\sqrt{\epsilon\mu}}$[m/s]로 전파되기 때문에 진행 방향에 수직인 단위 면적을 단위 시간에 통과하는 에너지는
$P = w \cdot v = \sqrt{\epsilon\mu}\,EH \times \frac{1}{\sqrt{\epsilon\mu}} = EH$ [J/s·m²]
$= EH$ [W/m²]
평면 전자파는 E와 H가 수직이므로 이것을 벡터로 표시하면
$\boldsymbol{P} = \boldsymbol{E} \times \boldsymbol{H}$ [W/m²]
가 되고 이 벡터를 포인팅(Poynting) 벡터, 또는 방사(radiation) 벡터라 하며 이 방향은 진행 방향과 평행이다.   답 ④

03 유전율 ϵ[F/m]인 유전체 중에서 전하가 Q[C], 전위가 V[V], 반지름 a[m]인 도체구가 갖는 에너지는 몇 [J]인가?

① $\frac{1}{2}\pi\epsilon a V^2$ ② $\pi\epsilon a V^2$
③ $2\pi\epsilon a V^2$ ④ $4\pi\epsilon a V^2$

풀이 반경 a인 도체구의 정전 용량은 $C = 4\pi\epsilon a$[F]이므로 도체구가 갖는 에너지
$W = \frac{1}{2}CV^2 = \frac{1}{2} \times 4\pi\epsilon a V^2 = 2\pi\epsilon a V^2$ [J]   답 ③

04 점전하 $+Q$의 무한 평면도체에 대한 영상전하는?

① $+Q$ ② $-Q$
③ $+2Q$ ④ $-2Q$

풀이

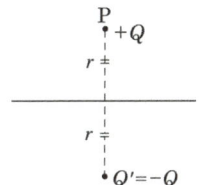

무한평면으로부터 r[m] 떨어진 P점에 점전하 $+Q$[C]가 있는 경우 영상전하는 무한평면 뒤쪽으로 점 P의 대칭점에 존재하며, 그 크기는 점전하와 같고 부호는 반대로 $Q' = -Q$[C]이다.   답 ②

05 공기 중에서 무한평면 도체로부터 수직으로 10^{-10}[m] 떨어진 점에 한 개의 전자가 있다. 이 전자에 작용하는 힘은 약 몇 [N]인가?(단, 전자의 전하량 : -1.602×10^{-19}[C]이다.)

① 5.77×10^{-9} ② 1.602×10^{-9}
③ 5.77×10^{-19} ④ 1.602×10^{-19}

풀이 무한 평면 도체에서 1[m] 떨어진 점전하 Q[C]이 받는 힘은 전기 영상법에 의해

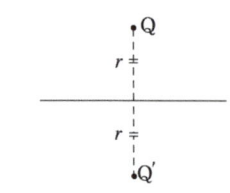

$$F = \frac{1}{4\pi\epsilon_0} \cdot \frac{QQ'}{(2r)^2} = \frac{Q^2}{16\pi\epsilon_0 r^2} [N]$$

$$\therefore F = \frac{1}{4\pi\epsilon_0} \cdot \frac{Q^2}{(2r)^2}$$

$$= 9 \times 10^9 \times \frac{(-1.602 \times 10^{-19})^2}{(2 \times 10^{-10})^2}$$

$$= 5.77 \times 10^{-9} [N]$$ **답** ①

06 다음 (가), (나)에 대한 법칙으로 알맞은 것은?

> 전자유도에 의하여 회로에 발생되는 기전력은 쇄교 자속수의 시간에 대한 감소비율에 비례한다는 (가)에 따르고 특히, 유도된 기전력의 방향은 (나)에 따른다.

① (가) 패러데이의 법칙
　(나) 렌츠의 법칙
② (가) 렌츠의 법칙
　(나) 패러데이의 법칙
③ (가) 플레밍의 왼손법칙
　(나) 패러데이의 법칙
④ (가) 패러데이의 법칙
　(나) 플레밍의 왼손법칙

풀이
• **패러데이 법칙** : "유도 기전력의 크기는 폐회로에 쇄교하는 자속의 시간적 변화율에 비례한다."라는 법칙으로, **기전력의 크기를 결정**한다.
• **렌츠의 법칙** : "전자유도에 의해 발생하는 기전력은 자속 변화를 방해하는 방향으로 전류가 발생한다."라는 법칙으로, **기전력의 방향을 결정**한다. **답** ①

07 비유전율이 4이고 전계의 세기가 20[kV/m]인 유전체 내의 전속 밀도[μC/m²]는?

① 0.708 ② 0.168
③ 6.28 ④ 2.83

풀이 전속밀도 $D = \epsilon_0 \epsilon_s E = 8.855 \times 10^{-12} \times 4 \times 20 \times 10^3$
$= 0.708 \times 10^{-6} [C/m^2]$ **답** ①

08 면전하 밀도가 ρ_s[C/m²]인 무한히 넓은 도체판에서 R[m]만큼 떨어져 있는 점의 전계의 세기[V/m]는?

① $\dfrac{\rho_s}{\epsilon_o}$ ② $\dfrac{\rho_s}{2\epsilon_o}$
③ $\dfrac{\rho_s}{2R}$ ④ $\dfrac{\rho_s}{4\pi R^2}$

풀이 전속밀도 $D = \dfrac{\rho_s}{2}$ 와 $D = \epsilon_o E$에 의하여,
전계의 세기 $E = \dfrac{D}{\epsilon_o} = \dfrac{\rho_s}{2\epsilon_o}$ [V/m] **답** ②

09 전계 내에서 폐회로를 따라 전하를 일주시킬 때 전계가 행하는 일은 몇 [J]인가?

① ∞ ② π
③ 1 ④ 0

풀이 전계의 주회 적분과 에너지와의 관계에서
$$\oint_c QE \cdot dl = Q \oint_c E \cdot dl = 0$$
즉, 폐회로를 따라 단위 정전하를 일주시킬 때 전계가 하는 일은 항상 0을 의미한다.(에너지 보존적) **답** ④

10 무한길이의 직선 도체에 전하가 균일하게 분포되어 있다. 이 직선 도체로부터 l인 거리에 있는 점의 전계의 세기는?

① l에 비례한다. ② l에 반비례한다.
③ l^2에 비례한다. ④ l^2에 반비례한다.

풀이 무한장 직선 도체에 의한 전계
$$E = \frac{\lambda}{2\pi\epsilon_0 l} [V/m] \propto \frac{1}{l} (반비례)$$ **답** ②

11 유전체 중을 흐르는 전도전류 i_σ와 변위전류 i_d를 같게 하는 주파수를 임계주파수 f_c, 임의의 주파수를 f라 할 때 유전손실 $\tan\delta$는?

① $\dfrac{f_c}{2f}$ ② $\dfrac{f}{2f_c}$ ③ $\dfrac{f_c}{f}$ ④ $\dfrac{f}{f_c}$

풀이 전도전류 $i_\sigma = \sigma E$, 변위전류 $i_d = \omega \epsilon E$일 때,
이 둘을 같게 하면($i_\sigma = i_d$)
$\sigma E = \omega \epsilon E \rightarrow \sigma = 2\pi f_c \epsilon$ ($\because \omega = 2\pi f$)에서
임계주파수 $f_c = \dfrac{\sigma}{2\pi\epsilon}$
따라서 유전손실
$\tan\delta = \dfrac{i_\sigma}{i_d} = \dfrac{\sigma E}{\omega \epsilon E} = \dfrac{\sigma}{2\pi f \epsilon} = \dfrac{f_c}{f}$ **답** ③

12 그림과 같이 자극의 면적 S = 100[cm²]의 전자석에 자속밀도 B = 0.5[Wb/m²]의 자속이 생기고 있을 때 철편을 흡인하는 힘은 약 몇 [N]인가?

① 1000
② 2000
③ 3000
④ 4000

풀이 단위 면적당 작용하는 전자력이 $f = \dfrac{B^2}{2\mu_0}$[N/m²]이므로 면적이 $2S$(자극이 2곳이므로)인 경우 전체에 작용하는 힘은
$F = f \cdot 2S = \dfrac{B^2 \cdot 2S}{2\mu_0} = \dfrac{0.5^2 \times 2 \times 100 \times 10^{-4}}{2 \times 4\pi \times 10^{-7}}$
$\fallingdotseq 2000$[N] **답** ②

13 그림과 같이 일정한 권선이 감겨진 권회수 N회, 단면적 S[m²], 평균자로의 길이 l[m]인 환상 솔레노이드에 전류 I[A]를 흘렸을 때 이 환상 솔레노이드의 자기 인덕턴스[H]는?
(단, 환상 철심의 투자율은 μ이다.)

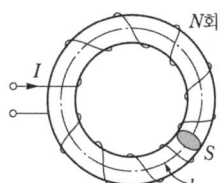

① $\dfrac{\mu^2 N}{l}$ ② $\dfrac{\mu SN}{l}$
③ $\dfrac{\mu^2 SN}{l}$ ④ $\dfrac{\mu SN^2}{l}$

풀이 철심을 통하는 자속은
$\phi = BS = \mu HS = \mu \dfrac{NI}{l} S = \dfrac{\mu SNI}{l}$[Wb]이므로
$N\phi = LI$에서
자기 인덕턴스 $L = \dfrac{\mu SN^2}{l}$[H] **답** ④

14 크기가 동일한 자기 인덕턴스 2개가 직렬로 연결되어 있다. 상호 인덕턴스가 9[mH]이고, 결합계수가 0.9일 때 얻을 수 있는 합성 인덕턴스의 최댓값은?

① 32 ② 34 ③ 36 ④ 38

풀이 결합계수 $k = 0.9$,
상호 인덕턴스 $M = k\sqrt{L_1 L_2} = 0.9\sqrt{L_1 L_2} = 9$[mH]
$\sqrt{L_1 L_2} = \dfrac{9}{0.9} = 10 \rightarrow L_1 L_2 = 10^2$에서
자기 인덕턴스 2개의 크기가 동일하므로
$L_1 = L_2 = 10$[mH]
$\therefore L_{+MAX} = L_1 + L_2 + 2M = 10 + 10 + 2 \times 9$
$= 38$[mH] **답** ④

15 도전율의 단위로 옳은 것은?

① m/Ω ② Ω/m²
③ 1/℧·m ④ ℧/m

풀이 도전율(σ)은 저항률(ρ[Ω·m])의 역수이므로
따라서 도전율
$\sigma = \dfrac{1}{\rho}\left[\dfrac{1}{\Omega \cdot m} = ℧ \cdot \dfrac{1}{m} = ℧/m\right]$ **답** ④

16 비투자율 μ_s, 자속밀도 B[Wb/m]의 자계 중에 있는 m[Wb]의 자극이 받는 힘은 몇 [N]인가?

① $m \cdot B$ ② $\dfrac{m \cdot B}{\mu_o}$
③ $\dfrac{m \cdot B}{\mu_s}$ ④ $\dfrac{m \cdot B}{\mu_o \mu_s}$

풀이 자계 중의 자극이 받는 힘은
$$F = mH[N], \ H = \frac{B}{\mu_0 \mu_s}[A/m]에서$$
$$\therefore F = \frac{m \cdot B}{\mu_0 \mu_s}[N]$$
답 ④

17 도체가 관통하는 자속이 변하든가 또는 자속과 도체가 상대적으로 운동하여 도체내의 자속이 시간적 변화를 일으키면 이 변화를 막기 위하여 도체 내에 국부적으로 형성되는 임의의 폐회로를 따라 전류가 유기되는데 이 전류를 무엇이라 하는가?

① 히스테리시스전류 ② 와전류
③ 변위전류 ④ 과도전류

풀이 와전류는 도체 내에 국부적으로 흐르는 맴돌이 전류로 $rot \ i = -K \frac{\partial B}{\partial t}$로 자속의 변화를 방해하기 위한 역자속을 만드는 전류이다. 따라서 이 전류는 자속의 수직 되는 면을 회전한다. **답** ②

18 다음의 맥스웰 방정식 중 틀린 것은?

① $rot \ H = i + \frac{\partial D}{\partial t}$ ② $rot \ E = -\frac{\partial H}{\partial t}$
③ $div \ B = 0$ ④ $div \ D = \rho$

풀이 맥스웰 방정식의 미분형
① $rot \ E = -\frac{\partial B}{\partial t}$: Faraday 법칙
② $rot \ H = i + \frac{\partial D}{\partial t}$: 암페어의 주회적분 법칙
③ $div \ D = \rho$: 가우스의 법칙
④ $div \ B = 0$: 고립된 자하는 없다. **답** ②

19 비투자율 800의 환상 철심으로 하여 권선 600회 감아서 환상 솔레노이드를 만들었다. 이 솔레노이드의 평균반경이 20[cm]이고, 단면적이 10[cm²]이다. 이 권선에 전류 1[A]를 흘리면 내부에 통하는 자속[Wb]은?

① 2.7×10^{-4} ② 4.8×10^{-4}
③ 6.8×10^{-4} ④ 9.6×10^{-4}

풀이 환상 솔레노이드의 내부 자속
$$\phi = BS = \mu H \cdot S = \mu \cdot \frac{NI}{2\pi r} \cdot S = \frac{\mu_0 \mu_s NIS}{\ell}$$이므로
$$\therefore \phi = \frac{\mu_0 \mu_s NIS}{l}$$
$$= \frac{4\pi \times 10^{-7} \times 800 \times 600 \times 1 \times 10^{-4}}{2\pi \times 20 \times 10^{-2}}$$
$$= 4.8 \times 10^{-4}[Wb]$$
답 ②

20 $\epsilon_s = 10$인 유리 콘덴서와 동일 크기의 $\epsilon_s = 1$인 공기 콘덴서가 있다. 유리 콘덴서에 200[V]의 전압을 가할 때 동일한 전하를 축적하기 위하여 공기 콘덴서에 필요한 전압[V]은?

① 20 ② 200
③ 400 ④ 2000

풀이 공기 콘덴서의 전하량과 유리 콘덴서의 전하량이 같아야 되므로
$$Q_0 = C_0 V_0 = Q = CV = C_0 \epsilon_s V$$
$$\therefore V_0 = \epsilon_s V = 10 \times 200 = 2000[V]$$
답 ④

2023년 2회 _ 전기산업기사

01 지름 2[mm]의 동선에 π[A]의 전류가 균일하게 흐를 때 전류밀도는 몇 [A/m²]인가?

① 10^3 ② 10^4
③ 10^5 ④ 10^6

풀이 반지름은 1[mm]= 1×10^{-3}[m]이므로
$$\therefore \ 전류밀도 \ J = \frac{I}{S} = \frac{I}{\pi r^2} = \frac{\pi}{\pi \times (1 \times 10^{-3})^2}$$
$$= 10^6[A/m^2]$$
답 ④

02 자계의 세기가 800[AT/m]이고, 자속밀도가 0.2[Wb/m²]인 재질의 투자율[H/m]은?

① 2.5×10^{-3}[H/m]
② 4×10^{-3}[H/m]
③ 2.5×10^{-4}[H/m]
④ 4×10^{-4}[H/m]

풀이 $B = \mu H$ 이므로

투자율 $\mu = \dfrac{B}{H} = \dfrac{0.2}{800} = 2.5 \times 10^{-4}$ [H/m]   답 ③

03 $C = 5[\mu F]$인 평행판 콘덴서에 5[V]인 전압을 걸어 줄 때 콘덴서에 축적되는 에너지는 몇 [J] 인가?

① 6.25×10^{-5}
② 6.25×10^{-3}
③ 1.25×10^{-5}
④ 1.25×10^{-3}

풀이 콘덴서에 축적되는 에너지 W는

$W = \dfrac{1}{2}CV^2 = \dfrac{1}{2} \times 5 \times 10^{-6} \times 5^2$

$\quad = 6.25 \times 10^{-5}$[J]   답 ①

04 철심에 도선을 250회 감고 1.2[A]의 전류를 흘렸더니 1.5×10^{-3}[Wb]의 자속이 생겼다. 자기저항[AT/Wb]은?

① 2×10^5
② 3×10^5
③ 4×10^5
④ 5×10^5

풀이 기자력 $F = R_m \phi$[AT]이므로

자기저항 $R_m = \dfrac{F}{\phi} = \dfrac{NI}{\phi} = \dfrac{250 \times 1.2}{1.5 \times 10^{-3}}$

$\quad = 200 \times 10^3 = 2 \times 10^5$[AT/Wb]   답 ①

05 1변의 길이가 l[m]되는 정사각형 도체 회로에 전류 I[A]를 흘릴 때 회로의 중심점 자계의 세기[A/m]는?

① $\dfrac{I}{\sqrt{2}\,\pi l}$
② $\dfrac{2I}{\pi l}$
③ $\dfrac{\sqrt{2}\,I}{\pi l}$
④ $\dfrac{2\sqrt{2}\,I}{\pi l}$

풀이

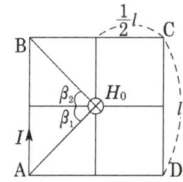

한 변 AB에 대한 중심점의 자계는

$H_{AB} = \dfrac{I}{4\pi a}(\sin\beta_1 + \sin\beta_2)$ 이므로 $a = \dfrac{l}{2}$

$\sin\beta_1 = \sin\beta_2 = \sin 45° = \dfrac{1}{\sqrt{2}}$ 을 대입하면

$H_{AB} = \dfrac{I}{4\pi\left(\dfrac{l}{2}\right)} \times 2 \times \dfrac{1}{\sqrt{2}} = \dfrac{I}{\sqrt{2}\,\pi l}$ [AT/m]

$\therefore H_0 = H_{AB} + H_{BC} + H_{CD} + H_{DA}$

$\quad = 4H_{AB} = 4 \times \dfrac{I}{\sqrt{2}\,\pi l}$

$\quad = \dfrac{2\sqrt{2}\,I}{\pi l}$[AT/m]   답 ④

06 전자석의 재료로 가장 적당한 것은?

① 잔류자기와 보자력이 모두 커야 한다.
② 잔류자기는 작고, 보자력은 커야 한다.
③ 잔류자기와 보자력이 모두 작아야 한다.
④ 잔류자기는 크고, 보자력은 작아야 한다.

풀이 히스테리시스 곡선

영구자석의 재료는 잔류자기(B_r)와 보자력(H_c)이 모두 커야 하나, 전자석(일시 자석)의 재료는 잔류자기(B_r)가 크고 보자력(H_c)과 히스테리시스 곡선의 면적이 모두 작아야 한다.

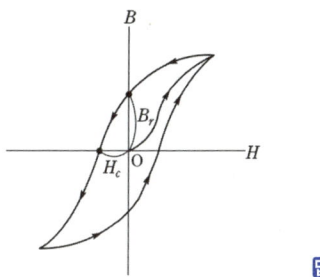

답 ④

07 자유공간에서 특성 임피던스 $\sqrt{\dfrac{\mu_0}{\epsilon_0}}$ 의 값은?

① $\dfrac{1}{110\pi}[\Omega]$
② $\dfrac{1}{120\pi}[\Omega]$
③ $110\pi[\Omega]$
④ $120\pi[\Omega]$

풀이 특성 임피던스

$Z_0 = \dfrac{E}{H} = \sqrt{\dfrac{\mu_0}{\epsilon_0}} = \sqrt{\dfrac{4\pi \times 10^{-7}}{\dfrac{1}{36\pi \times 10^9}}}$

$\quad = \sqrt{144\pi^2 \times 100} = 120\pi[\Omega]$ 답 ④

08
비유전율이 10인 유리 콘덴서와 동일 크기의 비유전율이 1인 공기 콘덴서가 있다. 유리 콘덴서에 380[V]의 전압을 가할 때 동일한 전하를 축적하기 위하여 공기 콘덴서에 필요한 전압은 몇 [kV]인가?

① 1.8   ② 3.8
③ 5.4   ④ 7.6

풀이 유리 콘덴서 $Q_1 = C_1 V_1$, 공기 콘덴서 $Q_2 = C_2 V_2$에서 $Q_1 = Q_2$의 관계이므로

$$C_1 V_1 = C_2 V_2 , \frac{\epsilon_0 \epsilon_s}{d} s V_1 = \frac{\epsilon_0}{d} s V_2$$

$$\therefore V_2 = \epsilon_s V_1 = 10 \times 380 = 3800 [V]$$
$$= 3.8 [kV]$$

답 ②

09
두 개의 코일이 있다. 각각의 자기 인덕턴스가 0.4[H], 0.9[H]이고, 상호 인덕턴스가 0.36[H]일 때 결합계수는?

① 0.5   ② 0.6
③ 0.7   ④ 0.8

풀이 결합계수 $k = \frac{M}{\sqrt{L_1 L_2}} = \frac{0.36}{\sqrt{0.4 \times 0.9}} = 0.6$

답 ②

10
자유공간 중의 전위계에서
$V = 5(x^2 + 2y^2 - 3z^2)$일 때
점 $P(2, 0, -3)$에서의 전하밀도 ρ의 값은?

① 0   ② 2
③ 7   ④ 9

풀이 전위와 공간 전하 밀도의 관계 : 포아송 방정식

$$\nabla^2 V = \frac{\partial^2 V}{\partial x^2} + \frac{\partial^2 V}{\partial y^2} + \frac{\partial^2 V}{\partial z^2}$$

$$= \frac{\partial^2}{\partial x^2}[5(x^2+2y^2-3z^2)] + \frac{\partial^2}{\partial y^2}[5(x^2+2y^2-3z^2)]$$
$$+ \frac{\partial^2}{\partial z^2}[5(x^2+2y^2-3z^2)]$$
$$= 10 + 20 - 30 = 0$$

$$\therefore \rho = -\epsilon(\nabla^2 V) = -\epsilon \times 0 = 0 [C/m^3]$$

답 ①

11
질량이 m[kg]인 작은 물체가 전하 Q[C]를 가지고 중력 방향과 직각인 무한도체평면 아래쪽 d[m]의 거리에 놓여 있다. 정전력이 중력과 같게 되는데 필요한 Q[C]의 크기는?

① $d\sqrt{\pi\epsilon_o mg}$ ② $\frac{d}{2}\sqrt{\pi\epsilon_o mg}$
③ $2d\sqrt{\pi\epsilon_o mg}$ ④ $4d\sqrt{\pi\epsilon_o mg}$

풀이 $F = \frac{Q^2}{4\pi\epsilon_0 r^2} = \frac{Q^2}{4\pi\epsilon_0 (2d)^2} = \frac{Q^2}{16\pi\epsilon_0 d^2} = mg[N]$

$$\therefore Q = \sqrt{16\pi\epsilon_0 d^2 mg} = 4d\sqrt{\pi\epsilon_o mg}\ [C]$$

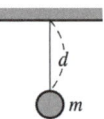

답 ④

12
그림과 같이 내외 도체의 반지름이 a, b인 동축선(케이블)의 도체 사이에 유전율이 ϵ인 유전체가 채워져 있는 경우 동축선의 단위 길이당 정전용량은?

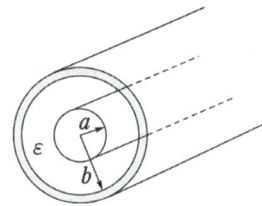

① $\epsilon \log_e \frac{b}{a}$에 비례한다.

② $\frac{1}{\epsilon} \log_{10} \frac{b}{a}$에 비례한다.

③ $\frac{\epsilon}{\log_e \frac{b}{a}}$에 비례한다.

④ $\frac{\epsilon b}{a}$에 비례한다.

풀이 전위 $V = \frac{\lambda}{2\pi\epsilon_0} \ln \frac{b}{a} [V]$
(여기서, λ[C/m] : 선전하 밀도)

$$\therefore C_{ab} = \frac{2\pi\epsilon}{\ln \frac{b}{a}} = \frac{2\pi\epsilon}{\log_e \frac{b}{a}} [\mu F/km]$$

답 ③

13 공기 중에서 무한평면도체 표면 아래의 1[m] 떨어진 곳에 1[C]의 점전하가 있다. 전하가 받는 힘의 크기는 몇 [N]인가?

① 9×10^9
② $\dfrac{9}{2} \times 10^9$
③ $\dfrac{9}{4} \times 10^9$
④ $\dfrac{9}{16} \times 10^9$

풀이 무한 평면 도체에서 1[m] 떨어진 점전하 Q[C]이 받는 힘은 전기 영상법에 의해

$$F = \dfrac{1}{4\pi\epsilon_0} \dfrac{QQ'}{(2r)^2}$$
$$= \dfrac{Q^2}{16\pi\epsilon_0 r^2}$$
$$= \dfrac{1}{4} \times 9 \times 10^9 \times \dfrac{1}{1^2}$$
$$= \dfrac{9}{4} \times 10^9 [N]$$

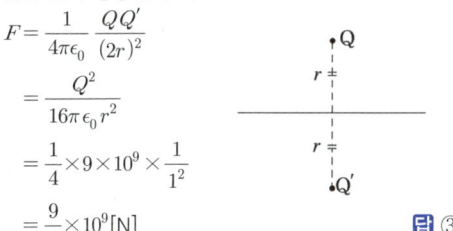

답 ③

14 평행판 콘덴서에서 전극판사이의 거리를 $\dfrac{1}{2}$로 줄이면 콘덴서의 용량은 처음 값에 대하여 어떻게 되는가?

① $\dfrac{1}{2}$로 감소한다.
② $\dfrac{1}{4}$로 감소한다.
③ 2배로 증가한다.
④ 4배로 증가한다.

풀이 $C = \epsilon \dfrac{s}{d}$[F]에서 $C' = \epsilon \dfrac{s}{\frac{d}{2}} = 2\epsilon \dfrac{s}{d}$[F]이므로

2배가 된다. **답** ③

15 전계의 세기가 1500[V/m]인 전장에 5[μC]의 전하를 놓았을 때 이 전하에 작용하는 힘은 몇 [N]인가?

① 4.5×10^{-3}
② 5.5×10^{-3}
③ 6.5×10^{-3}
④ 7.5×10^{-3}

풀이 작용하는 힘
$F = Eq = 1500 \times 5 \times 10^{-6} = 7.5 \times 10^{-3}$[N] **답** ④

16 대향면적 $S = 100$[cm^2]의 평행판 콘덴서가 비유전율 2.1, 절연내력 1.2×10^5[V/cm]인 기름 중에 있을 때 축적되는 최대 전하는 몇 [C]인가?

① 2.23×10^{-6}
② 3.14×10^{-6}
③ 4.28×10^{-6}
④ 6.28×10^{-6}

풀이 $Q = CV = \dfrac{\epsilon_0 \epsilon_s s}{d} \cdot E_d = \epsilon_0 \epsilon_s s \boldsymbol{E}$

$\therefore Q = (8.855 \times 10^{-12}) \times 2.1 \times (100 \times 10^{-4})$
$\qquad \times (1.2 \times 10^5 \times 10^2)$
$= 2.23 \times 10^{-6}$[C] **답** ①

17 $\epsilon_1 > \epsilon_2$인 두 유전체의 경계면에 전계가 수직으로 입사할 때 단위면적당 경계면에 작용하는 힘은?

① 힘 $f = \dfrac{1}{2}\left(\dfrac{1}{\epsilon_1} - \dfrac{1}{\epsilon_2}\right)D^2$이 ϵ_2에서 ϵ_1으로 작용한다.
② 힘 $f = \dfrac{1}{2}\left(\dfrac{1}{\epsilon_1} - \dfrac{1}{\epsilon_2}\right)E^2$이 ϵ_2에서 ϵ_1으로 작용한다.
③ 힘 $f = \dfrac{1}{2}\left(\dfrac{1}{\epsilon_2} - \dfrac{1}{\epsilon_1}\right)D^2$이 ϵ_1에서 ϵ_2로 작용한다.
④ 힘 $f = \dfrac{1}{2}\left(\dfrac{1}{\epsilon_1} - \dfrac{1}{\epsilon_2}\right)E^2$이 ϵ_1에서 ϵ_2로 작용한다.

풀이 ① 전계가 경계면에 수직인 경우
$f_n = \dfrac{1}{2}(E_2 - E_1) \cdot D = \dfrac{1}{2}\left(\dfrac{1}{\epsilon_2} - \dfrac{1}{\epsilon_1}\right)D^2$[N/m^2]

② 전계가 경계면에 평행인 경우
$f_n = \dfrac{1}{2}(E_1 \cdot D_1 - E_2 \cdot D_2) = \dfrac{1}{2}(\epsilon_1 - \epsilon_2)E^2$[N/m^2]

①, ② 모두 유전율이 큰 쪽에서 유전율이 작은 쪽으로 끌려 들어가는 맥스웰 응력이 작용한다. **답** ③

18 100[kW]의 전력이 안테나에서 사방으로 균일하게 방사될 때 안테나에서 1[km] 거리에 있는 점의 전계의 실효값은 몇 [V/m]인가?

① 1.73[V/m] ② 2.45[V/m]
③ 3.73[V/m] ④ 6[V/m]

풀이
$$P = \frac{100 \times 10^3}{4 \times 3.14 \times (10^3)^2} = 7.96 \times 10^{-3} [W/m^2]$$
$$H_e = \sqrt{\frac{\epsilon_0}{\mu_0}} E_e = \sqrt{\frac{8.855 \times 10^{-12}}{4\pi \times 10^{-7}}} E_e$$
$$= 2.654 \times 10^{-3} E_e [A/m]$$
$P = H_e E_e$ 이므로
$P = 2.654 \times 10^{-3} E_e^2 = 7.96 \times 10^{-3} \to E_e^2 = 3$
$\therefore E_e = \sqrt{3} = 1.73[V/m]$ **답 ①**

19 지름 20[cm]의 구리로 만든 반구의 볼에 물을 채우고 그 중에 지름 10[cm]의 구를 띄운다. 이 때에 양구가 동심구라면 양구간의 저항[Ω]은 약 얼마인가? (단, 물의 도전율은 10^{-3}[℧/m]이고 물은 충만되어 있다.)

① 159 ② 1590
③ 2800 ④ 2850

풀이 동심구의 정전용량에서 반구이므로
$$C = \frac{4\pi\epsilon}{\frac{1}{a} - \frac{1}{b}} \times \frac{1}{2} = \frac{2\pi\epsilon}{\frac{1}{a} - \frac{1}{b}} [F]$$
$RC = \epsilon\rho = \frac{\epsilon}{\sigma}$ 에서
$$\therefore R = \frac{\epsilon}{\sigma C} = \frac{1}{2\pi\sigma}\left(\frac{1}{a} - \frac{1}{b}\right)$$
$$= \frac{1}{2\pi \times 10^{-3}}\left(\frac{1}{0.05} - \frac{1}{0.1}\right)$$
$$= 1591[\Omega]$$ **답 ②**

20 그림과 같은 자속밀도 100[Wb/m²]의 평등자계 내에 한 변이 10[cm]인 정방향 회로가 자계와 직각인 중심축 둘레를 매분 3600 회전할 때 이 회로의 유기기전력은 몇 [V]인가? 단, 권선수는 1이라고 한다.

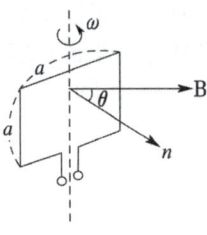

① $60\pi \sin(60\pi t)$ ② $60\pi \cos(60\pi t)$
③ $120\pi \sin(120\pi t)$ ④ $120\pi \cos(120\pi t)$

풀이
$$e = -\frac{d\phi}{dt} = -\frac{d}{dt}a^2 B\cos\omega t = \omega a^2 B\sin\omega t$$
$$= \frac{2\pi \times 3600}{60} \times (10 \times 10^{-2})^2 \times 100 \times \sin\frac{2\pi \times 3600}{60}t$$
$$= 120\pi \sin 120\pi t [V]$$ **답 ③**

2023년 - 3회 _ 전기산업기사

01 정전계에서 도체의 성질에 대한 설명으로 옳지 않은 것은?

① 전계의 세기와 전위경도의 크기는 같다.
② 도체 내부의 전계의 세기는 0 이다.
③ 전계의 세기를 유전율로 나누면 전속밀도이다.
④ 전위경도는 전위의 미분연산이다.

풀이
① 전위경도는 전계의 세기와 크기는 같고, 방향은 반대이다.
$\boldsymbol{E} = -\text{grad}V = -\nabla V$ [V/m]
② 전계의 세기는 전기력선 밀도(단위면적당 전기력선 수)와 같고, 도체 내부에는 전기력선이 존재하지 않기 때문에 도체 내부의 전계의 세기는 0 이다.
③ 전속밀도 $D = \epsilon_0 E$ [C/m²]
④ 전위경도 $\nabla V = \text{grad}V$ **답 ③**

02 균등자장 H_0 중에 비투자율 μ_s, 반지름 a의 자성체구를 놓았을 때 자화의 세기가 M 이었다면 자성체 구의 내부자계의 세기는?

① $-\dfrac{M}{2}$ ② $-\dfrac{M}{3}$
③ $\dfrac{M}{2}$ ④ $\dfrac{M}{3}$

풀이 z축의 방향으로 균일하게 자화된 $M = Mk$인 자성체 구를 생각하면 구 내부의 스칼라 자기 포텐셜 ϕ는 Laplace의 경계조건을 만족한다. 따라서 M은 r 및 θ의 함수이므로

$$\phi = \frac{1}{3}Mr\cos\theta = \frac{1}{3}Mz$$

$$\therefore H = -\text{grad}\,\phi = -\nabla\phi$$
$$= -\left(\frac{\partial}{\partial x}i + \frac{\partial}{\partial y}j + \frac{\partial}{\partial z}k\right)\left(\frac{1}{3}Mz\right) = -\frac{1}{3}Mk$$

$$\therefore H = -\frac{M}{3}$$

따라서 자계 H는 자화의 세기와 반대방향$(-k)$이다.

답 ②

03 진공 내에서 전위 함수 $V = x^2 + y$[V]로 주어질 때 $0 \leq x \leq 1$, $0 \leq y \leq 1$, $0 \leq z \leq 1$인 공간에 저축되는 에너지의 값[J]은? 단, ϵ_0 : 진공의 유전율이다.

① $\dfrac{40\epsilon_0}{3}$ ② $\dfrac{30\epsilon_0}{3}$

③ $\dfrac{20\epsilon_0}{3}$ ④ $\dfrac{7\epsilon_0}{6}$

풀이 $W = \int_v \frac{1}{2}\epsilon_0 E^2 dv = \frac{1}{2}\epsilon_0 \int_v |-\text{grad}\,V|^2 dv$
$= \frac{1}{2}\epsilon_0 \int_0^1 \int_0^1 \int_0^1 |-(2xi+j)|^2 dx\,dy\,dz$
$= \frac{7}{6}\epsilon_0$[J]

참고 3중적분
$\int_0^1 \int_0^1 \int_0^1 (x^2+y^2)dxdydz$
$= \int_0^1 \int_0^1 \left[\frac{x^3}{3}+y^2x\right]_0^1 dydz = \int_0^1 \int_0^1 \left(\frac{1}{3}+y^2\right)dydz$
$= \int_0^1 \left[\frac{y}{3}+\frac{y^3}{3}\right]_0^1 dz = \int_0^1 \frac{2}{3}dz = \left[\frac{2z}{3}\right]_0^1 = \frac{2}{3}$

답 ④

04 정전용량이 C인 콘덴서에서 극판 사이의 비유전율이 2인 유전체를 제거하고 공기로 채운 경우 그 때의 용량을 C_0라고 하면, C와 C_0의 관계는?

① $C = 2C_0$ ② $C = 4C_0$

③ $C = \dfrac{C_0}{4}$ ④ $C = \dfrac{C_0}{2}$

풀이 $\dfrac{C}{C_0} = \epsilon_s$: 비유전율

여기서, 유전체 중의 정전 용량은 공기 중의 ϵ_s배가 되므로, $C = \epsilon_s C_0 = 2C_0$

답 ①

05 동심 구형 콘덴서의 내외 반지름을 각각 2배로 하면 정전용량은 몇 배가 되는가?

① 1배   ② 2배
③ 3배   ④ 4배

풀이 정전용량 $C = \dfrac{4\pi\epsilon_0 ab}{b-a}$[F]

내외구의 반지름을 2배로 늘린 경우의 정전용량을 C'라 하면

$\therefore C' = \dfrac{4\pi\epsilon_0 (2a)(2b)}{(2b-2a)} = \dfrac{4\pi\epsilon_0 ab}{b-a} \times 2 = 2C$

답 ②

06 두 도체의 전위 및 전하가 각각 V_1, Q_1 및 V_2, Q_2 일 때 도체가 갖는 에너지는?

① $\dfrac{1}{2}(V_1 Q_1 + V_2 Q_2)$

② $\dfrac{1}{2}(Q_1 + Q_2)(V_1 + V_2)$

③ $V_1 Q_1 + V_2 Q_2$

④ $(V_1 + V_2)(Q_1 + Q_2)$

풀이 도체계의 전 에너지
$W = W_1 + W_2$
$= \frac{1}{2}P_{11}Q_1^2 + P_{21}Q_1 Q_2 + \frac{1}{2}P_{22}Q_2^2$

여기서,
$V_1 = P_{11}Q_1 + P_{12}Q_2$, $V_2 = P_{21}Q_1 + P_{22}Q_2$
의 관계를 대입하면
$W = \frac{1}{2}(Q_1 V_1 + Q_2 V_2)$[J]

즉, $W = \sum_{i=1}^n \frac{1}{2} Q_i V_i = \frac{1}{2}\sum_{s=1}^n \sum_{r=1}^n P_{rs} Q_r Q_s$[J]가 성립한다.

답 ①

07 내구의 반지름이 6[cm], 외구의 반지름이 8[cm]인 동심구 콘덴서의 외구를 접지하고 내구에 전위 1800[V]를 가했을 경우 내구에 충전된 전기량은 몇 [C]인가?

① 2.8×10^{-8} ② 3.8×10^{-8}
③ 4.8×10^{-8} ④ 5.8×10^{-8}

풀이

전기량 $Q = \dfrac{4\pi\epsilon_0 V}{\dfrac{1}{a}-\dfrac{1}{b}} = \dfrac{\dfrac{1}{9\times 10^9}\times 1800}{\dfrac{1}{6\times 10^{-2}}-\dfrac{1}{8\times 10^{-2}}}$
$= 4.8 \times 10^{-8}$[C]   **답 ③**

08 전계 E[V/m], 전속밀도 D[C/m²], 유전율 $\epsilon = \epsilon_o\epsilon_s$[F/m], 분극의 세기 P[C/m²] 사이의 관계는?

① $P = D + \epsilon_0 E$ ② $P = D - \epsilon_0 E$
③ $P = \dfrac{D+E}{\epsilon_0}$ ④ $P = \dfrac{D-E}{\epsilon_0}$

풀이

전계 $E = \dfrac{\sigma - \sigma_p}{\epsilon_0} = \dfrac{D-P}{\epsilon_0}$[V/m]이므로
전속밀도 $D = \epsilon_0 E + P$[C/m²]이다.
따라서 분극의 세기
$\boldsymbol{P = D - \epsilon_0 E} = \epsilon_0\epsilon_s E - \epsilon_0 E$
$= \epsilon_0(\epsilon_s - 1)E$[C/m²]   **답 ②**

09 그림과 같이 유전체 경계면에서 $\epsilon_1 < \epsilon_2$이었을 때 경계조건으로 옳은 것은?

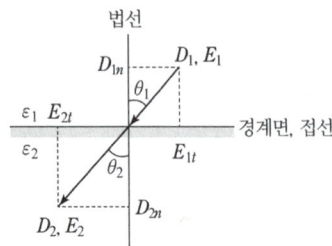

① $E_1 > E_2$
② $E_1\cos\theta_1 = E_2\cos\theta_2$
③ $D_1\sin\theta_1 = D_2\sin\theta_2$
④ $D_1 > D_2$

풀이 (1) 두 유전체의 경계면에서 경계조건
- 전속밀도는 법선성분이 같다. ($D_{1n} = D_{2n}$),
  $D_1\cos\theta_1 = D_2\cos\theta_2$
- 전계의 세기는 접선성분이 같다. ($E_{1t} = E_{2t}$),
  $E_1\sin\theta_1 = E_2\sin\theta_2$
- 굴절의 법칙 : $\dfrac{\tan\theta_1}{\tan\theta_2} = \dfrac{\epsilon_1}{\epsilon_2}$

(2) 굴절의 법칙에서 $\epsilon_1 < \epsilon_2$이면, $\theta_1 < \theta_2$이다.
따라서 $\sin\theta_1 < \sin\theta_2$, $\cos\theta_1 > \cos\theta_2$이다.
- 전계의 세기의 관계
  $\dfrac{E_1}{E_2} = \dfrac{\sin\theta_2}{\sin\theta_1} > 1$ ∴ $\boldsymbol{E_1 > E_2}$
- 전속밀도의 관계
  $\dfrac{D_1}{D_2} = \dfrac{\cos\theta_2}{\cos\theta_1} < 1$ ∴ $D_1 < D_2$ **답 ①**

10 면적 S[m²], 간격 d[m]인 평행판 콘덴서에 그림과 같이 두께 d_1, d_2[m]이며 유전율 ϵ_1, ϵ_2[F/m]인 두 유전체를 극판 간에 평행으로 채웠을 때 정전용량[F]은?

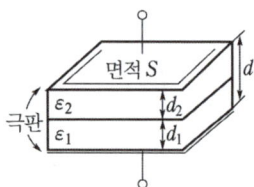

① $\dfrac{S}{\dfrac{d_1}{\epsilon_1}+\dfrac{d_2}{\epsilon_2}}$ ② $\dfrac{S^2}{\dfrac{d_1}{\epsilon_2}+\dfrac{d_2}{\epsilon_1}}$
③ $\dfrac{\epsilon_1 S}{d_1}+\dfrac{\epsilon_2 S}{d_2}$ ④ $\dfrac{\epsilon_1\epsilon_2 S}{d}$

풀이 유전율이 ϵ_1, ϵ_2인 각 유전체의 정전 용량을 C_1, C_2라 하면 $C_1 = \dfrac{\epsilon_1 S}{d_1}$, $C_2 = \dfrac{\epsilon_2 S}{d_2}$이므로 직렬 합성 용량 C는

∴ $C = \dfrac{1}{\dfrac{1}{C_1}+\dfrac{1}{C_2}} = \dfrac{C_1 C_2}{C_1 + C_2} = \dfrac{\dfrac{\epsilon_1 S \epsilon_2 S}{d_1 d_2}}{\dfrac{\epsilon_1 S}{d_1}+\dfrac{\epsilon_2 S}{d_2}}$

$= \dfrac{\epsilon_1\epsilon_2 S}{\epsilon_2 d_1 + \epsilon_1 d_2} = \dfrac{S}{\dfrac{d_1}{\epsilon_1}+\dfrac{d_2}{\epsilon_2}}$ **답 ①**

11 그림과 같은 동축 원통의 왕복 전류 회로가 있다. 도체 단면에 고르게 퍼진 일정 크기의 전류가 내부 도체로 흘러 들어가고 외부 도체로 흘러 나올 때, 전류에 의하여 생기는 자계에 대하여 다음 중 옳지 않은 것은?

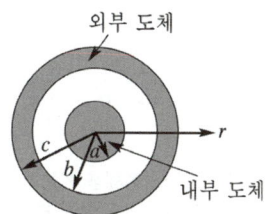

① 내부 도체 내($r < a$)에 생기는 자계의 크기는 중심으로부터의 거리에 비례한다.
② 두 도체 사이(내부 공간)($a < r < b$)에 생기는 자계의 크기는 중심으로부터의 거리에 반비례한다.
③ 외부 도체 내($b < r < c$)에 생기는 자계의 크기는 중심으로부터의 거리에 관계없이 일정하다.
④ 외부 공간($r > c$)의 자계는 영(0)이다.

풀이 ① 내부 도체에 있어서 $r < a$인 점의 자계를 H_1이라 하면 반지름 r 내를 흐르는 전류,
즉 쇄교하는 전류 $I_r = \dfrac{\pi r^2}{\pi a^2}I = \dfrac{r^2}{a^2}I$ 이므로,
주회 적분의 법칙에서 $2\pi r H_1 = I_r$
$\therefore\ H_1 = \dfrac{I_r}{2\pi r} = \dfrac{1}{2\pi r}\dfrac{r^2}{a^2}I = \dfrac{rI}{2\pi a^2}$ [A/m]
② $a < r < b$일 때의 자계 H_2는 $2\pi r H_2 = I$
$\therefore\ H_2 = \dfrac{I}{2\pi r}$ [A/m]
③ $b < r < c$인 점의 자계 H_3 는
$H_3 2\pi r = I - \dfrac{\pi r^2 - \pi b^2}{\pi c^2 - \pi b^2}I = \left(1 - \dfrac{r^2 - b^2}{c^2 - b^2}\right)I$
$H_3 = \dfrac{I}{2\pi r}\left(1 - \dfrac{r^2 - b^2}{c^2 - b^2}\right)$ [A/m] (거리에 반비례)
④ 외부 도체 외의 공간 $c < r$인 점의 자계 H_4는
$2\pi r H_4 = I - I = 0$
$\therefore\ H_4 = 0$
답 ③

12 그림과 같이 반지름 a[m]인 원의 임의의 두 점 A, B(각도 θ) 사이에 전류 I[A]가 흐른다. 원의 중심 O에서의 자계의 세기[AT/m]는?

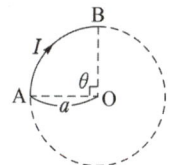

① $\dfrac{I\theta}{4\pi a^2}$ ② $\dfrac{I\theta}{4\pi a}$
③ $\dfrac{I\theta}{2\pi a^2}$ ④ $\dfrac{I\theta}{2\pi a}$

풀이 dl 부분에 의한 O에 생기는 자계 dH는
$r = a,\ \theta = \dfrac{\pi}{2}$ 이므로
$dH = \dfrac{Idl\sin\theta}{4\pi r^2} = \dfrac{Id\theta}{4\pi a}(\because\ dt = ad\theta)$
그러므로
$H = \int_{\theta = A}^{\theta = B}dH = \int_0^{\theta}dH = \dfrac{I}{4\pi a}\int_0^{\theta}d\theta$
$= \dfrac{I\theta}{4\pi a}$ [AT/m]
답 ②

13 비투자율이 400인 환상 철심 중의 평균 자계의 세기가 300[AT/m]일 때, 자화의 세기는 몇 [Wb/m²]인가?

① 0.1 ② 0.15
③ 0.2 ④ 0.25

풀이 자화의 세기
$J = \mu_0(\mu_s - 1)H = 4\pi \times 10^{-7}(400 - 1) \times 300$
$= 0.15$[Wb/m²]
답 ②

14 투자율이 다른 두 자성체의 경계면에서 굴절각과 입사각의 관계가 옳은 것은? (단, μ : 투자율, θ_1 : 입사각, θ_2 : 굴절각이다.)

① $\dfrac{\sin\theta_1}{\sin\theta_2} = \dfrac{\mu_1}{\mu_2}$ ② $\dfrac{\tan\theta_2}{\tan\theta_1} = \dfrac{\mu_1}{\mu_2}$
③ $\dfrac{\cos\theta_1}{\cos\theta_2} = \dfrac{\mu_1}{\mu_2}$ ④ $\dfrac{\tan\theta_1}{\tan\theta_2} = \dfrac{\mu_1}{\mu_2}$

풀이
- 자계세기 접선 성분의 연속성
  $H_1 \sin\theta_1 = H_2 \sin\theta_2$
- 자속 밀도 법선 성분의 연속성
  $B_1 \cos\theta_1 = B_2 \cos\theta_2$
- 굴절각 $\dfrac{\tan\theta_1}{\tan\theta_2} = \dfrac{\mu_1}{\mu_2}$

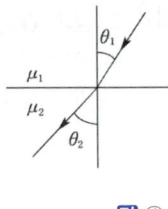

답 ④

15 전자유도법칙에서 유도기전력의 크기를 정하는 법칙은?
① 렌츠의 법칙
② 패러데이의 법칙
③ 플레밍의 왼손 법칙
④ 암페어의 오른나사 법칙

풀이 패러데이 법칙
- 유도 기전력의 크기는 폐회로에 쇄교하는 자속의 시간적 변화율에 비례한다.
- 유도 기전력 $e = -\dfrac{d\Phi}{dt} = -N\dfrac{d\phi}{dt}$

답 ②

16 자기회로의 자기저항에 대한 설명으로 옳은 것은?
① 자기회로의 길이에 반비례한다.
② 자기회로의 단면적에 비례한다.
③ 비투자율에 반비례한다.
④ 길이의 제곱에 비례하고, 단면적에 반비례한다.

풀이 자기 저항 $R = \dfrac{l}{\mu_0 \mu_s S}$ [AT/Wb]이므로 자기 저항은 길이에 비례하고, **비투자율과 단면적에 반비례한다.**

답 ③

17 정전차폐와 자기차폐를 비교하였을 때 옳은 것은?
① 정전차폐가 자기차폐에 비교하여 완전하다.
② 정전차폐가 자기차폐에 비교하여 불완전하다.
③ 두 차폐방법은 모두 완전하다.
④ 두 차폐방법은 모두 불완전하다.

풀이 ① 정전차폐
- 그림과 같이 도체 2를 접지하여 도체 1과 3 사이의 관계와 같이 도체간에 정전현상이 미치지 않도록 완전히 차단된 상태를 정전차폐라 한다.
- 정전 차폐는 도체를 사용하여 외부 전계의 영향을 완전히 막을 수 있다.

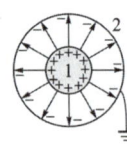

② 자기차폐
- 투자율이 큰 강자성체를 사용하여 외부자계의 영향을 작게 하는 자기적인 차단을 자기 차폐(magnetic shielding)라 한다.
- 자계에서는 투자율이 ∞인 자성체가 존재하지 않기 때문에 완전히 차단하는 것은 불가능하다.

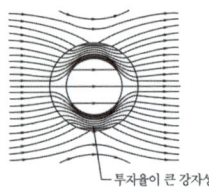

└ 투자율이 큰 강자성체

따라서, 정전차폐와 자기 차폐를 비교해보면 **정전차폐가 자기차폐에 비해 완전하다.**

답 ①

18 다음 중 인덕턴스의 공식이 옳은 것은? (단, N은 권수, I는 전류, l은 철심의 길이, R_m은 자기저항, μ는 투자율, S는 철심 단면적이다.)

① $\dfrac{NI}{R_m}$ ② $\dfrac{N^2}{R_m}$

③ $\dfrac{\mu NS}{l}$ ④ $\dfrac{\mu_o NIS}{l}$

풀이
- 자기회로의 옴의 법칙 $\phi = \dfrac{NI}{R_m}$ [Wb]
- 자기저항 $R_m = \dfrac{l}{\mu S}$ [AT/Wb]

따라서 인덕턴스 $L = \dfrac{N\phi}{I} = \dfrac{N^2}{R_m} = \dfrac{\mu SN^2}{l}$ [H]

답 ②

19 어떤 TV 방송의 전자파의 주파수를 190[MHz]의 평면파로 보고 $\mu_s = 1$, $\epsilon_s = 64$인 물속에서의 전파 속도[m/s]와 파장[m]을 구하면?

① $v = 0.375 \times 10^8$, $\lambda = 0.19$
② $v = 2.33 \times 10^8$, $\lambda = 0.21$
③ $v = 0.87 \times 10^8$, $\lambda = 0.17$
④ $v = 0.425 \times 10^8$, $\lambda = 1.2$

풀이
- 전파속도
$$v = \frac{c}{\sqrt{\epsilon_s \mu_s}} = \frac{3 \times 10^8}{\sqrt{64 \times 1}} = 0.375 \times 10^8 [\text{m/s}]$$
- 파장
$$\lambda = \frac{v}{f} = \frac{0.375 \times 10^8}{190 \times 10^6} = 0.19[\text{m}]$$

답 ①

20 도체의 전계 에너지는 도체 전위에 대하여 어떤 상태로 증가하는가?

① 직선 ② 쌍곡선
③ 포물선 ④ 원형곡선

풀이 전계 에너지 $W = \frac{1}{2}CV^2$[J]이므로
$W \propto V^2$(포물선)

답 ③

2024년 전기자기_전기산업기사_CBT 복원문제

2024년 — 1회_전기산업기사

01 전기쌍극자에 의한 전위 V[V]에 해당되는 것은? 단, 전기 쌍극자의 전기 모멘트는 M[C·m], 쌍극자의 중심으로부터의 거리는 r[m], 쌍극자의 정방향과의 각도는 θ라 한다.

① $\dfrac{M\sin\theta}{4\pi\epsilon_0 r}$ ② $\dfrac{M\sin\theta}{4\pi\epsilon_0 r^2}$

③ $\dfrac{M\cos\theta}{4\pi\epsilon_0 r}$ ④ $\dfrac{M\cos\theta}{4\pi\epsilon_0 r^2}$

풀이 전기쌍극자에 의한 전위는 점 P에서 쌍극자의 두 점전하 $\pm Q$에 의한 두 전위의 대수합이므로

$$V = \dfrac{Q}{4\pi\epsilon_0}\left(\dfrac{1}{r_1} - \dfrac{1}{r_2}\right) = \dfrac{Q}{4\pi\epsilon_0} \cdot \dfrac{r_2 - r_1}{r_1 r_2}$$

이다. 또 $r_2 - r_1 \fallingdotseq d\cos\theta$, $r_1 = r_2 = r$의 관계로부터

$$V = \dfrac{Q}{4\pi\epsilon_0} \cdot \dfrac{d\cos\theta}{r^2} = \dfrac{M\cos\theta}{4\pi\epsilon_0 r^2}\text{[V]}$$

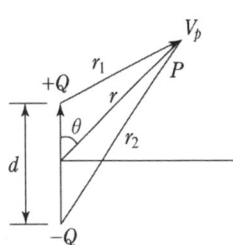

tip 전기쌍극자에 의한 전위는 공식으로 기억해야 관련 문제들을 쉽게 해결할 수 있음 **답** ④

02 전계 내에서 폐회로를 따라 단위 전하가 일주할 때 전계가 한 일은 몇 [J]인가?

① ∞ ② π
③ 1 ④ 0

풀이 전계(전기장)는 보존장이므로 전하 q[C]을 일주시키면 일은 0이 된다.
보존장의 조건 : $\oint_c \boldsymbol{E} \cdot dl = 0$

$\therefore W = qV = -q\oint_c \boldsymbol{E} \cdot dl = 0$ **답** ④

03 다음 정전계에 관한 식 중에서 틀린 것은? (단, D는 전속밀도, V는 전위, ρ는 공간(체적)전하밀도, ϵ은 유전율이다.)

① 가우스의 정리 : $\operatorname{div}\boldsymbol{D} = \rho$

② 포아송의 방정식 : $\nabla^2 V = \dfrac{\rho}{\epsilon}$

③ 라플라스의 방정식 : $\nabla^2 V = 0$

④ 발산의 정리 : $\oint_s \boldsymbol{D} \cdot ds = \int_v \operatorname{div}\boldsymbol{D}\, dv$

풀이 공간전하밀도(체적전하밀도)와 전계의 세기와의 관계식

$$\operatorname{div}\boldsymbol{D} = \rho\ (\boldsymbol{D} = \epsilon\boldsymbol{E}) \to \operatorname{div}\boldsymbol{E} = \dfrac{\rho}{\epsilon}$$

전위와 전계의 세기의 관계식

$$\boldsymbol{E} = -\operatorname{grad}V\ (\boldsymbol{E} = -\nabla V)$$

두 식으로부터 다음의 포아송 방정식과 라플라스 방정식이 유도된다.

$$\operatorname{div}\operatorname{grad}V = -\dfrac{\rho}{\epsilon_0}\ (\nabla \cdot \nabla V = \nabla^2 V)$$

$\therefore \nabla^2 V = -\dfrac{\rho}{\epsilon_0}$:
포아송 방정식(Poisson's equa-tion)
전하밀도가 공간적으로 분포하고 있을 때 그 내부의 임의의 점에서 전위를 결정하는 식이다.

$\therefore \nabla^2 V = 0\ (\rho = 0)$:
라플라스 방정식(Laplace's equation)   **답** ②

04 자기회로의 자기저항에 대한 설명으로 옳지 않은 것은?

① 자기회로의 단면적에 반비례한다.
② 자기회로의 길이에 반비례한다.
③ 자성체의 비투자율에 반비례한다.
④ 단위는 [AT/Wb]이다.

풀이 자기 저항 $R = \dfrac{l}{\mu_0 \mu_s S}$[AT/Wb]이므로 $R \propto l$이다.
즉 자기 저항은 길이에 비례한다.   **답** ②

05 임의의 점의 전계가 $E = iE_x + jE_y + kE_z$ 로 표시되었을 때, $\dfrac{\partial E_x}{\partial x} + \dfrac{\partial E_y}{\partial y} + \dfrac{\partial E_z}{\partial z}$ 와 같은 의미를 갖는 것은?

① $\nabla \times E$ ② $\nabla^2 E$
③ $\nabla \cdot E$ ④ $\text{grad}|E|$

풀이 벡터의 발산
$$\nabla \cdot E = \left(i\dfrac{\partial}{\partial x} + j\dfrac{\partial}{\partial y} + k\dfrac{\partial}{\partial z}\right) \cdot (iE_x + jE_y + kE_z)$$
$$= \dfrac{\partial E_x}{\partial x} + \dfrac{\partial E_y}{\partial y} + \dfrac{\partial E_z}{\partial z} = \text{div}\, E$$

답 ③

06 맥스웰(Maxwell) 전자방정식의 물리적 의미 중 틀린 것은?

① 자계의 시간적 변화에 따라 전계의 회전이 발생한다.
② 전도전류와 변위전류는 자계를 발생시킨다.
③ 고립된 자극이 존재한다.
④ 전하에서 전속선이 발산한다.

풀이 맥스웰 전자방정식 $\oint_S B \cdot dS = 0$
폐곡면을 통해 나오는 자속은 0이다.
(고립 자하[단독 자극]는 존재하지 않기 때문) **답** ③

07 전하 π[C]이 2[m/s]의 속도로 진공 중을 직선 운동하고 있다면, 이 운동 방향에 대하여 각도 θ이고, 거리 2[m] 떨어진 점의 자계의 세기는 몇 [A/m]인가?

① $\cos\theta$ ② $\dfrac{\sin\theta}{2}$
③ $\dfrac{\sin\theta}{4}$ ④ $\dfrac{\sin\theta}{8}$

풀이 등가전류
$$I = \dfrac{q}{t} = \dfrac{qv}{l} \left(\because v = \dfrac{l}{t}\right)$$
비오사바르 법칙
$$H = \dfrac{Il\sin\theta}{4\pi r^2} = \dfrac{qv\sin\theta}{4\pi r^2} = \dfrac{\pi \times 2 \times \sin\theta}{4\pi \times 2^2} = \dfrac{\sin\theta}{8} [\text{A/m}]$$
답 ④

08 그림과 같은 동축 케이블에 유전체가 채워졌을 때의 정전용량[F]은? (단, 유전체의 비유전율은 ϵ_s이고 내반지름과 외반지름은 각각 a[m], b[m]이며 케이블의 길이는 l[m]이다.)

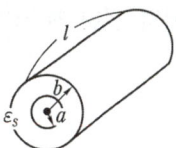

① $\dfrac{2\pi\epsilon_s l}{\ln\dfrac{b}{a}}$ ② $\dfrac{2\pi\epsilon_o\epsilon_s l}{\ln\dfrac{b}{a}}$

③ $\dfrac{\pi\epsilon_s l}{\ln\dfrac{b}{a}}$ ④ $\dfrac{\pi\epsilon_o\epsilon_s l}{\ln\dfrac{b}{a}}$

풀이
• 두 원통 도체 간 전계의 세기
$$E = \dfrac{Q}{2\pi\epsilon r}[\text{V/m}]$$
• 도체 간 전위차
$$V_{ab} = -\int_b^a E \cdot dr = \dfrac{Q}{2\pi\epsilon}\ln\dfrac{b}{a}[\text{V}]$$
• 단위 길이당 정전용량
$$C_0 = \dfrac{Q}{V_{ab}} = \dfrac{Q}{\dfrac{Q}{2\pi\epsilon}\ln\dfrac{b}{a}} = \dfrac{2\pi\epsilon}{\ln\dfrac{b}{a}}[\text{F/m}]$$
따라서 동축 케이블의 정전용량
$$C = C_0 l = \dfrac{2\pi\epsilon_0\epsilon_s l}{\ln\dfrac{b}{a}}[\text{F}]$$
답 ②

09 표의 ㉠, ㉡과 같은 단위로 옳게 나열한 것은?

㉠	$\Omega \cdot s$
㉡	s/Ω

① ㉠ H, ㉡ F ② ㉠ H/m, ㉡ F/m
③ ㉠ F, ㉡ H ④ ㉠ F/m, ㉡ H/m

풀이 ㉠ $v = L\dfrac{di}{dt}$ 관계식에서
$$L = \dfrac{dt}{di}v[\text{H}] = \left[\dfrac{\sec \cdot \text{V}}{\text{A}}\right] = \left[\sec \cdot \dfrac{\text{V}}{\text{A}}\right]$$
$$= [\sec \cdot \Omega]$$
㉡ $v = \dfrac{1}{C}\int i\,dt$ 관계식에서

$$C = \frac{1}{v}\int i\,dt[F] = \left[\frac{A \cdot \sec}{V}\right] = \left[\sec \cdot \frac{A}{V}\right]$$
$$= [\sec / \Omega]$$

답 ①

10 도체계에서의 전위 계수의 성질로 옳지 않은 것은?

① $P_{rr} \geq P_{rs}$ ② $P_{rr} < 0$
③ $P_{rs} \geq 0$ ④ $P_{rs} = P_{sr}$

풀이 전위 계수의 성질
- $P_{rr} > 0$
- $P_{rr} \geq P_{rs}$
- $P_{rs} \geq 0$
- $P_{rs} = P_{sr}$

답 ②

11 반지름 a[m] 되는 접지 도체구의 중심에서 r[m]되는 거리에 점전하 Q[C]을 놓았을 때 접지 도체구에 유도된 총 전하[C]는?

① 0 ② $-Q$
③ $-\frac{a}{r}Q$ ④ $-\frac{r}{a}Q$

풀이 점 P에서 Q의 전하를 주고, 도체구를 접지($V_1 = 0$)하였을 때 유도되는 전하를 Q'라 하면
$V_1 = 0 = P_{11}Q' + P_{12}Q$
$\therefore Q' = -\frac{P_{12}}{P_{11}}Q = \frac{\frac{1}{4\pi\epsilon_0 r}}{\frac{1}{4\pi\epsilon_0 a}}Q = -\frac{a}{r}Q$

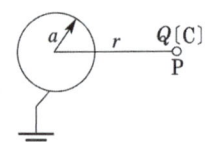

답 ③

12 다음 중 정전계의 설명으로 옳은 것은?
① 전계 에너지가 최소로 되는 전하분포의 전계이다.
② 전계 에너지가 최대로 되는 전하분포의 전계이다.
③ 전계 에너지가 항상 0인 전기장을 말한다.
④ 전계 에너지가 항상 ∞인 전기장을 말한다.

풀이
① 전계(전기장, 전장) : 전기력이 미치는 공간을 말한다.
② 정전계 : 전계 에너지가 최소로 되는 전하 분포의 전계

답 ①

13 자장 중에서 도선에 발생되는 유기기전력의 방향은 어떤 법칙에 의하여 설명되는가?
① 패러데이(Faraday)의 법칙
② 암페어(Ampere)의 오른나사 법칙
③ 렌츠(Lenz)의 법칙
④ 가우스(Gauss)의 법칙

풀이 유도기전력 $e = -\frac{d\Phi}{dt} = -N\frac{d\phi}{dt}$[V]

- 렌츠의 법칙(Lenz's Law) : 유도기전력의 방향(−)을 결정. 전자유도에 의해 발생하는 기전력은 자속의 변화를 방해하는 방향으로 전류가 발생한다.
- 패러데이 법칙(Faraday's Law) : 유도기전력의 크기를 결정. 유도기전력의 크기는 폐회로에 쇄교하는 자속의 시간적 변화율에 비례한다.

답 ③

14 비투자율 $\mu_r = 4$인 자성체 내에서 주파수 1[GHz]인 전자기파의 파장[m]은?
① 0.1 ② 0.15
③ 0.25 ④ 0.4

풀이 전파속도
$$v = \frac{1}{\sqrt{\epsilon\mu}} = \frac{3 \times 10^8}{\sqrt{\epsilon_r\mu_r}} = \frac{3 \times 10^8}{\sqrt{4 \times 1}} = 1.5 \times 10^8 \text{[m/s]}$$
따라서 파장
$$\lambda = \frac{v}{f} = \frac{1.5 \times 10^8}{1 \times 10^9} = 0.15\text{[m]}$$

답 ②

15 권선수가 400회, 면적이 9π[cm²]인 장방형 코일에 1[A]의 직류가 흐르고 있다. 코일의 장방형 면과 평행한 방향으로 자속밀도가 0.8[Wb/m²]인 균일한 자계가 가해져 있다. 코일의 평행한 두 변의 중심을 연결하는 선을 축으로 할 때 이 코일에 작용하는 회전력은 약 몇 [N·m]인가?

① 0.3 ② 0.5
③ 0.7 ④ 0.9

풀이 회전력 $T = nBIl_1l_2\sin\theta$
$= 400 \times 0.8 \times 1 \times 9\pi \times 10^{-4} \times \sin 90°$
$= 0.9[\text{N} \cdot \text{m}]$

여기서 n : 코일의 권수, B : 자속밀도[Wb/m²]
I : 전류[A], l_1 : 코일의 길이[m]
l_2 : 코일의 폭[m]
θ : 코일면의 법선과 자계가 이루는 각   **답** ④

16 자기 인덕턴스가 각각 L_1, L_2인 두 코일을 서로 간섭이 없도록 병렬로 연결했을 때 그 합성 인덕턴스는?

① $L_1 + L_2$
② $L_1 \cdot L_2$
③ $\dfrac{L_1 + L_2}{L_1 \cdot L_2}$
④ $\dfrac{L_1 \cdot L_2}{L_1 + L_2}$

풀이 병렬접속
- 가극성 $L = \dfrac{L_1L_2 - M^2}{L_1 + L_2 - 2M}$
- 감극성 $L = \dfrac{L_1L_2 - M^2}{L_1 + L_2 + 2M}$

간섭이 없도록 하면, $M = 0$이므로
$\therefore L = \dfrac{L_1L_2}{L_1 + L_2}$ **답** ④

17 투자율 μ_1 및 μ_2인 두 자성체의 경계면에서 자력선의 굴절법칙을 나타낸 식은?

① $\dfrac{\mu_1}{\mu_2} = \dfrac{\sin\theta_1}{\sin\theta_2}$
② $\dfrac{\mu_1}{\mu_2} = \dfrac{\sin\theta_2}{\sin\theta_1}$
③ $\dfrac{\mu_1}{\mu_2} = \dfrac{\tan\theta_1}{\tan\theta_2}$
④ $\dfrac{\mu_1}{\mu_2} = \dfrac{\tan\theta_2}{\tan\theta_1}$

풀이 자성체의 굴절의 법칙
- 자계세기의 접선성분의 연속성 : $H_1\sin\theta_1 = H_2\sin\theta_2$
- 자속밀도의 법선성분의 연속성 : $B_1\cos\theta_1 = B_2\cos\theta_2$
- 굴절각 : $\dfrac{\mu_1}{\mu_2} = \dfrac{\tan\theta_1}{\tan\theta_2}$

따라서 자속은 투자율이 높은 쪽으로 모이려는 성질이 있다.

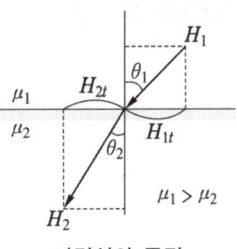

자력선의 굴절   **답** ③

18 맥스웰(Maxwell)의 전자 방정식 중 성립하지 않는 식은?

① $\text{div}\boldsymbol{D} = \rho$
② $\text{div}\boldsymbol{B} = 0$
③ $\text{rot}\boldsymbol{E} = \dfrac{\partial \boldsymbol{B}}{\partial t}$
④ $\text{rot}\boldsymbol{H} = J + \dfrac{\partial \boldsymbol{D}}{\partial t}$

풀이 맥스웰 방정식의 미분형
① $\text{div}\boldsymbol{D} = \rho$ (가우스의 법칙) : 단위 체적당 발산 전속 수는 단위 체적당의 공간전하 밀도와 같다.
② $\text{div}\boldsymbol{B} = 0$: 자계의 발산은 없다. 고립된 자하는 없다(N극과 S극이 공존).
③ $\text{rot}\boldsymbol{H} = J + \dfrac{\partial \boldsymbol{D}}{\partial t}$ (암페어의 주회적분 법칙) : 자계의 회전은 전류 밀도와 같다.
④ $\text{rot}\boldsymbol{E} = -\dfrac{\partial \boldsymbol{B}}{\partial t}$ (패러데이 법칙) : 전계의 회전은 자속 밀도의 시간적 감소율과 같다.   **답** ③

19 액체 유전체를 넣은 콘덴서의 용량이 20[μF]이다. 여기에 500[kV]의 전압을 가하면 누설전류는 몇 [A]인가? (단, 비유전율 $\epsilon_s = 2.2$, 고유저항 $\rho = 10^{11}[\Omega \cdot \text{m}]$이다.)

① 4.2
② 5.13
③ 54.5
④ 61

풀이 $RC = \rho\epsilon[\text{s}]$, $R = \dfrac{\rho\epsilon}{C}[\Omega]$
$\therefore I = \dfrac{V}{R} = \dfrac{CV}{\rho\epsilon} = \dfrac{CV}{\rho\epsilon_0\epsilon_s}$
$= \dfrac{20 \times 10^{-6} \times 500 \times 10^3}{10^{11} \times 8.855 \times 10^{-12} \times 2.2}$
$= 5.13[\text{A}]$ **답** ②

20 자기 인덕턴스의 성질을 설명한 것으로 옳은 것은?

① 경우에 따라 정(+) 또는 부(−)의 값을 갖는다.
② 항상 정(+)의 값을 갖는다.
③ 항상 부(−)의 값을 갖는다.
④ 항상 0이다.

풀이 ① 자기 인덕턴스
  • 자신의 회로에 단위 전류가 흐를 때의 자속 쇄교수
  • **항상 정(+)의 값**
② 상호 인덕턴스
  • 근접한 두 회로 상호 간의 인덕턴스
  • 두 코일에 흐르는 전류가 만드는 자속이 같은 방향이면 정(+)의 값
  • 두 코일에 흐르는 전류가 만드는 자속이 반대 방향이면 부(−)의 값   **답** ②

2024년 - 2회 _ 전기산업기사

01 전자석에 사용하는 연철(soft iron)은 다음 어느 성질을 갖는가?

① 잔류자기, 보자력이 모두 크다.
② 보자력이 크고 잔류자기가 작다.
③ 보자력이 크고 히스테리시스 곡선의 면적이 작다.
④ 보자력과 히스테리시스 곡선의 면적이 모두 작다.

풀이 히스테리시스 곡선
영구자석의 재료는 잔류 자기(B_r)와 보자력(H_c)이 모두 커야 하나, **전자석(일시 자석)의 재료는 잔류 자기(B_r)가 크고 보자력(H_c)과 히스테리시스 곡선의 면적이 모두 작아야 한다.**

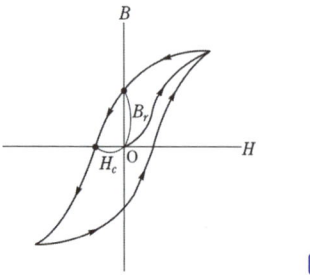

답 ④

02 그림과 같이 Ox, Oy, Oz를 직각 좌표축이라 하고, 무한장 직선 도선 l이 z축상에 있으며, 이 것에 z의 +방향으로 전류 i_1이 흐르고 있다. 그리고 $y-z$ 면상에 직사각형 도선 ABCD가 있고 이것에 ABCD 방향으로 전류 i_2가 흐르고 있을 때 z의 +방향으로 힘이 발생하는 변은?

① AB
② BC
③ CD
④ DA

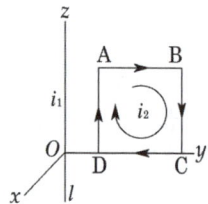

풀이 도선 ABCD 부분에 무한 직선 전류 i_1에 의한 자계의 방향은 암페어의 오른나사 법칙에 의해 지면을 뚫고 들어가는 방향(B)이 된다. 이때 도선 AB, BC, CD, DA의 전류 도체(I_2)가 놓여있는 관계로부터 각 도선에 작용하는 힘(전자력)의 방향(F)은 플레밍의 왼손 법칙을 적용하면

  도선 AB : $+z$ 방향, 도선 BC : $+y$ 방향,
  도선 CD : $-z$ 방향, 도선 DA : $-y$ 방향

이 된다. 따라서 z의 +방향으로 힘을 받는 도선은 도선 AB가 된다.

별해 평행 도선 간에 작용하는 힘(전자력)

$\begin{cases} 전류\ 같은\ 방향\ :\ 흡인력 \\ 전류\ 반대\ 방향\ :\ 반발력 \end{cases}$

마주보는 도선 AB와 CD, BC와 DA는 각각 전류가 반대 방향으로 흐르는 평행도선으로 볼 수 있으므로 전자력의 방향은 서로 반발력이 작용한다. 즉 전자력에 의한 각 도선에 작용하는 힘의 방향은 각각

  도선 AB : $+z$ 방향, 도선 BC : $+y$ 방향,
  도선 CD : $-z$ 방향, 도선 DA : $-y$ 방향
  (그림과 같이 직사각형 도선의 외부로 향하는 방향이 됨)

따라서 $+z$방향의 도선은 AB가 된다.
(전류도체 i_1을 고려하지 않아도 됨)

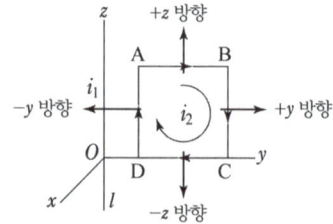

답 ①

03 평행판 콘덴서에서 전극 간에 V[V]의 전위차를 가할 때 전계의 세기가 공기의 절연내력 E [V/m]를 넘지 않도록 하기 위한 콘덴서의 단위 면적당의 최대용량은 몇 [F/m²]인가?

① $\dfrac{\epsilon_0 V}{E}$ ② $\dfrac{\epsilon_0 E}{V}$

③ $\dfrac{\epsilon_0 V^2}{E}$ ④ $\dfrac{\epsilon_0 E^2}{V}$

풀이 전위 $V = Ed$[V]이고 정전용량 $C = \dfrac{\epsilon_0 S}{d}$[F]이므로, 단위 면적당 정전용량 C_o는

$\therefore C_o = \dfrac{C}{S} = \dfrac{\epsilon_0}{d} = \dfrac{\epsilon_0}{\frac{V}{E}} = \dfrac{\epsilon_0 E}{V}$ [F/m²]   **답** ②

04 두 개의 똑같은 작은 도체구를 접촉하여 대전시킨 후 1[m] 거리에 떼어 놓았더니 작은 도체구는 서로 9×10^{-3}[N]의 힘으로 반발했다. 각 전하는 몇 [C]인가?

① 10^{-8} ② 10^{-6}
③ 10^{-4} ④ 10^{-2}

풀이 쿨롱의 법칙 $F = 9 \times 10^9 \dfrac{Q_1 Q_2}{r^2}$[N]에서 두 개의 같은 점전하가 1[m] 떨어져 있고, 힘이 9×10^{-3}[N]이므로

$F = 9 \times 10^9 \dfrac{Q^2}{1^2} = 9 \times 10^{-3}$[N]

$\therefore Q = \sqrt{\dfrac{9 \times 10^{-3}}{9 \times 10^9}} = 10^{-6}$[C]   **답** ②

05 전속밀도의 시간적 변화율을 무엇이라 하는가?

① 전계의 세기
② 변위전류밀도
③ 에너지밀도
④ 유전율

풀이 변위전류 i_d : 전속밀도의 시간적 변화에 의한 것으로 다음과 같이 나타낸다.

변위전류밀도 $i_d = \dfrac{\partial D}{\partial t}$ [A/m]   **답** ②

06 다른 종류의 금속선으로 된 폐회로의 두 접합점의 온도를 달리하였을 때 전기가 발생하는 효과는?

① 제벡 효과   ② 펠티에 효과
③ 톰슨 효과   ④ 파이로 효과

풀이 ① 제벡 효과 : 두 종류 금속 접속면에 온도차가 있으면 기전력이 발생하는 효과
② 펠티에 효과 : 두 종류 금속 접속면에 전류를 흘리면 접속점에서 열의 흡수, 발생이 일어나는 효과
③ 톰슨 효과 : 동일한 금속 도선의 두 점간에 온도차를 주고, 고온 쪽에서 저온 쪽으로 전류를 흘리면 도선 속에서 열이 발생되거나 흡수가 일어나는 현상
④ 파이로 전기(초전기) : 로셀염, 수정 등에 열을 가하거나 냉각을 하면 전기 분극이 발생   **답** ①

07 평행판 콘덴서의 양극판 면적을 3배로 하고 간격을 $\dfrac{1}{3}$로 줄이면 정전용량은 처음의 몇 배가 되는가?

① 1   ② 3
③ 6   ④ 9

풀이 면적 S_1, 간격 d_1인 평행판 콘덴서의 정전용량을 C_1이라 하면 $C_1 = \dfrac{\epsilon_0}{d_1} S_1$

문제에서 $d = \dfrac{1}{3} d_1$, $S = 3S_1$ 이므로 구하는 용량은

$\therefore C = \dfrac{\epsilon_0}{\frac{1}{3}d_1} \cdot 3S_1 = 9 \dfrac{\epsilon_0}{d_1} S_1 = 9C_1$ **답** ④

08 전계 및 자계가 z방향의 성분을 갖지 않고 동일한 전계와 자계를 합한 면이 z축에 수직이 되는 파를 무엇이라 하는가?

① 직선파   ② 전자파
③ 굴절파   ④ 평면파

풀이 평면파는 진행파의 진행 방향에 대하여 수직인 무한 평면 내에서 진행파의 크기, 위상이 같은 파를 의미한다.   **답** ④

09 단면적 S, 평균 반지름 r, 권선수 N인 토로이드 코일에 누설 자속이 없는 경우 자기 인덕턴스의 크기는?

① 권선수의 제곱에 비례하고 단면적에 반비례한다.
② 권선수 및 단면적에 비례한다.
③ 권선수의 제곱 및 단면적에 비례한다.
④ 권선수의 제곱 및 평균 반지름에 비례한다.

풀이 자기 인덕턴스 $L = \dfrac{\mu S N^2}{l}$

여기서, N : 권선수, S : 단면적[m²],
l : 평균자로의 길이, μ : 투자율)

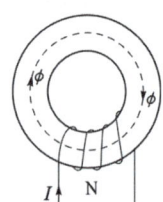

답 ③

10 두 종류의 유전체 경계면에서 전속과 전기력선이 경계면에 수직으로 도달할 때 다음 중 옳지 않은 것은?

① 전속과 전기력선은 굴절하지 않는다.
② 전속밀도는 변하지 않는다.
③ 전계의 세기는 불연속적으로 변한다.
④ 전속선은 유전율이 작은 유전체 중으로 모이려는 성질이 있다.

풀이 유전율이 서로 다른 두 종류의 경계면에 전속과 전기력선이 수직($\theta_1 = 0°$)으로 도달할 때
① $\theta_1 = \theta_2 = 0°$이므로 $D_1\cos\theta_1 = D_2\cos\theta_2$에서 $\cos 0° = 1$이므로 $D_1 = D_2$, 즉 전속밀도는 불변(연속)이다.
② $E_1\sin\theta_1 = E_2\sin\theta_2$에서 입사각 $\theta_1 = 0°$이므로 $0 = E_2\sin\theta_2$에서 $E_2 \neq 0$가 아닌 경우 $\sin\theta_2 = 0$가 되어야 하므로 $\theta_2 = 0$ 즉, 굴절하지 않는다.
③ $D_1 = \epsilon_1 E_1$, $D_2 = \epsilon_2 E_2$이므로 $D_1 = D_2$인 경우 $\epsilon_1 E_1 = \epsilon_2 E_2$가 성립하는데 $\epsilon_1 \neq \epsilon_2$인 경우 $E_1 \neq E_2$이다. 즉, 전계의 세기는 크기가 같지 않다(불연속이다).
④ 전기력선은 유전율이 작은 쪽으로 모이고, 전속선은 유전율이 큰 유전체 쪽으로 모이려는 성질이 있다.

답 ④

11 자기회로의 자기저항에 대한 설명으로 옳지 않은 것은?

① 자기회로의 단면적에 반비례한다.
② 자기회로의 길이에 반비례한다.
③ 자성체의 비투자율에 반비례한다.
④ 단위는 [AT/Wb]이다.

풀이 자기 저항 $R = \dfrac{l}{\mu_0 \mu_s S}$[AT/Wb]이므로 $R \propto l$이다.

즉 자기 저항은 길이에 비례한다. **답** ②

12 같은 양, 같은 부호의 전하가 어느 거리만큼 떨어져 있을 때, 전하 사이의 중점에 있어서의 전계[V/m]의 세기는?

① 0　　　　② ∞
③ 9×10^9　　④ $\dfrac{1}{9 \times 10^9}$

풀이 $Q_A \bullet \xrightarrow{E_B} \underset{P}{\bullet} \xleftarrow{E_A} \bullet Q_B$

전계의 세기 $E = \dfrac{1}{4\pi\epsilon_0}\dfrac{Q}{r^2}$[V/m]에서 전하 Q의 크기가 같고 같은 부호이므로 전계의 크기는 같고 방향이 반대가 되므로 두 전하의 중점에 있어서의 전계의 세기는 0이 된다. **답** ①

13 전류가 흐르는 도선을 자계 내에 놓으면 이 도선에 힘이 작용한다. 평등자계의 진공 중에 놓여 있는 직선전류 도선이 받는 힘에 대한 설명으로 옳은 것은?

① 도선의 길이에 비례한다.
② 전류의 세기에 반비례한다.
③ 자계의 세기에 반비례한다.
④ 전류와 자계 사이의 각에 대한 정현(sine)에 반비례한다.

풀이 플레밍의 왼손 법칙
자속밀도가 B[Wb/m²]인 자계 중에 길이 l의 도체를 놓고 I[A]의 전류를 흘릴 경우 자계 내에서 도체가 받는 힘의 크기 $F = BIl\sin\theta$[N]이다. 따라서 힘은 도선의 길이에 비례한다. **답** ①

14 유전율 ϵ, 투자율 μ인 매질 중을 주파수 f[Hz]의 전자파가 전파되어 나갈 때의 파장은 몇 [m]인가?

① $f\sqrt{\epsilon\mu}$ ② $\dfrac{1}{f\sqrt{\epsilon\mu}}$

③ $\dfrac{f}{\sqrt{\epsilon\mu}}$ ④ $\dfrac{\sqrt{\epsilon\mu}}{f}$

풀이 전파속도 $v = \dfrac{1}{\sqrt{\epsilon\mu}} = \dfrac{3\times 10^8}{\sqrt{\epsilon_r \mu_r}}$ [m/s] 이므로

파장 $\lambda = \dfrac{v}{f} = \dfrac{\frac{1}{\sqrt{\epsilon\mu}}}{f} = \dfrac{1}{f\sqrt{\epsilon\mu}}$ [m]   **답 ②**

15 정전용량 5[μF]인 콘덴서를 200[V]로 충전하여 자기인덕턴스 20[mH], 저항 0[Ω]인 코일을 통해 방전할 때 생기는 전기진동 주파수는 약 몇 [Hz]이며, 코일에 축적되는 에너지는 몇 [J]인가?

① 50[Hz], 1[J] ② 500[Hz], 0.1[J]
③ 500[Hz], 1[J] ④ 5000[Hz], 0.1[J]

풀이 • 진동 주파수
$f = \dfrac{1}{2\pi\sqrt{LC}} = \dfrac{1}{2\pi\times\sqrt{20\times 10^{-3}\times 5\times 10^{-6}}}$
$= 503 ≒ 500$[Hz]

• 코일에 축적되는 에너지
$W = \dfrac{1}{2}CV^2 = \dfrac{1}{2}\times 5\times 10^{-6}\times 200^2 = 0.1$[J]   **답 ②**

16 무한히 넓은 2개의 평행 도체판의 간격이 d[m]이며 그 전위차는 V[V]이다. 도체판의 단위면적에 작용하는 힘은 몇 [N/m²]인가? (단, 유전율은 ϵ_0이다.)

① $\epsilon_0\left(\dfrac{V}{d}\right)^2$ ② $\dfrac{1}{2}\epsilon_0\left(\dfrac{V}{d}\right)^2$

③ $\dfrac{1}{2}\epsilon_0\left(\dfrac{V}{d}\right)$ ④ $\epsilon_0\left(\dfrac{V}{d}\right)$

풀이 도체 표면의 정전 응력(단위 면적당의 작용력)
$F = \dfrac{1}{2}\epsilon_0 E^2 = \dfrac{1}{2}\epsilon_0\left(\dfrac{V}{d}\right)^2$ [N/m²]   **답 ②**

17 그림과 같이 균일한 자계의 세기 H[AT/m] 내에 자극의 세기가 $\pm m$[Wb], 길이 l[m]인 막대자석을 그 중심 주위에 회전할 수 있도록 놓는다. 이때 자석과 자계의 방향이 이룬 각을 θ라고 하면 자석이 받는 회전력[N·m]은?

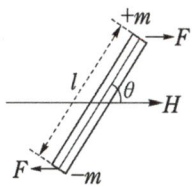

① $mHl\cos\theta$ ② $mHl\sin\theta$
③ $2mHl\sin\theta$ ④ $2mHl\tan\theta$

풀이

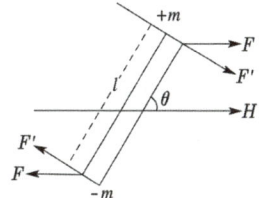

그림에서 자석의 축 방향에 직각인 수직 방향의 분력 F'는
$F' = F\sin\theta = mH\sin\theta$
$\therefore T = 2F'\dfrac{l}{2} = mHl\sin\theta = MH\sin\theta$ [N·m]   **답 ②**

18 맥스웰 전자계의 기초 방정식으로 틀린 것은?

① $\text{rot } \boldsymbol{H} = i + \dfrac{\partial \boldsymbol{D}}{\partial t}$

② $\text{rot } \boldsymbol{E} = -\dfrac{\partial \boldsymbol{B}}{\partial t}$

③ $\text{div } \boldsymbol{D} = \rho$

④ $\text{div } \boldsymbol{B} = -\dfrac{\partial \boldsymbol{D}}{\partial t}$

풀이 맥스웰 방정식의 미분형
① $\text{rot } \boldsymbol{E} = -\dfrac{\partial \boldsymbol{B}}{\partial t}$: Faraday 법칙
② $\text{rot } \boldsymbol{H} = i + \dfrac{\partial \boldsymbol{D}}{\partial t}$: 암페어의 주회적분 법칙
③ $\text{div } \boldsymbol{D} = \rho$: 가우스의 법칙
④ $\text{div } \boldsymbol{B} = 0$: 고립된 자하는 없다.   **답 ④**

19 히스테리시스손은 주파수 및 최대자속밀도와 어떤 관계에 있는가?

① 주파수와 최대자속밀도에 비례한다.
② 주파수에 비례하고 최대자속밀도의 1.6승에 비례한다.
③ 주파수와 최대자속밀도에 반비례한다.
④ 주파수에 반비례하고 최대자속밀도의 1.6승에 비례한다.

풀이 단위 체적 당 히스테리시스손은 스타인메쯔의 실험식에 따라서 $P_h = \eta f B_m^{1.6}$[J/m³]이다.
즉, 히스테리시스손은 주파수에 비례하고 최대자속밀도의 1.6승에 비례한다. **답** ②

20 균등자장 H_0 중에 비투자율 μ_s, 반지름 a의 자성체구를 놓았을 때 자화의 세기가 M이었다면 자성체 구의 내부자계의 세기는?

① $-\dfrac{M}{2}$　　② $-\dfrac{M}{3}$
③ $\dfrac{M}{2}$　　④ $\dfrac{M}{3}$

풀이 z축의 방향으로 균일하게 자화된 $M = Mk$인 자성체 구를 생각하면 구 내부의 스칼라 자기 포텐셜 ϕ는 Laplace의 경계조건을 만족한다. 따라서 M은 r 및 θ의 함수이므로
$\phi = \dfrac{1}{3}Mr\cos\theta = \dfrac{1}{3}Mz$
$\therefore H = -\text{grad}\,\phi = -\nabla\phi$
$= -\left(\dfrac{\partial}{\partial x}i + \dfrac{\partial}{\partial y}j + \dfrac{\partial}{\partial z}k\right)\left(\dfrac{1}{3}Mz\right)$
$= -\dfrac{1}{3}Mk$
$\therefore H = -\dfrac{M}{3}$
따라서 자계 H는 자화의 세기와 반대방향($-k$)이다. **답** ②

2024년 3회 _ 전기산업기사

01 강자성체의 자화의 세기 J와 자화력 H 사이의 관계는?

① 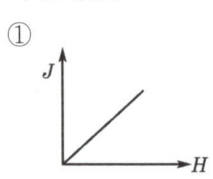　②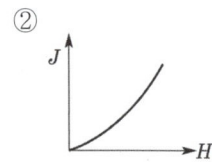
③ 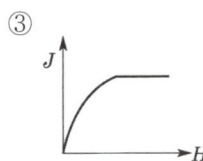　④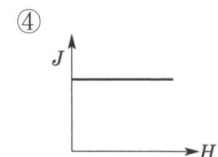

풀이 강자성체의 자화는 천천히 증가하지만 그 한계를 넘으면 자기 포화를 일으켜 H의 증가에도 불구하고 J는 일정하게 된다. **답** ③

02 자기 인덕턴스가 10[H]인 코일에 3[A]의 전류가 흐를 때 코일에 축적된 자계 에너지는 몇 [J]인가?

① 30　　② 45
③ 60　　④ 90

풀이 자계 에너지
$W = \dfrac{1}{2}LI^2 = \dfrac{1}{2} \times 10 \times 3^2 = 45$[J] **답** ②

03 원점 주위의 전류 밀도가 $J = \dfrac{2}{r}a_r$[A/m²]의 분포를 가질 때 반지름 5[cm]의 구면을 지나는 전 전류는 몇 [A]인가?

① 0.1π　　② 0.2π
③ 0.3π　　④ 0.4π

풀이 $I = \oint_s J \cdot ds = \oint_s \dfrac{2}{r}a_r \cdot a_r\, ds\ (a_r = 1)$
$= \dfrac{2}{r}\oint_s ds = \dfrac{2}{r}s = \dfrac{2}{r} \times 4\pi r^2$
$= 8\pi r = 8\pi \times 5 \times 10^{-2} = 0.4\pi$[A] **답** ④

04 두 유전체의 경계면에서 정전계가 만족하는 것은?

① 전계의 법선성분이 같다.
② 전속밀도의 접선성분이 같다.
③ 경계면상의 두 점 간의 전위차가 같다.
④ 전속은 유전율이 작은 유전체로 모인다.

풀이 경계 조건
- 전속밀도의 법선성분(수직 성분)이 같다.
  ($D_1\cos\theta_1 = D_2\cos\theta_2$)
- 전계는 접선성분(평행 성분)이 같다.
  ($E_1\sin\theta_1 = E_2\sin\theta_2$)
- 두 경계면에서의 전위는 서로 같다. ($V_1 = V_2$)
- $\epsilon_1 > \epsilon_2$이면, $\theta_1 > \theta_2$이다.
- $\dfrac{\tan\theta_1}{\tan\theta_2} = \dfrac{\epsilon_1}{\epsilon_2}$
- 전속선은 유전율이 큰 유전체 쪽으로 모이려는 성질이 있다. **답 ③**

05 다음 중 맥스웰의 전자 방정식으로 옳지 않은 것은?

① $\text{rot}\,\boldsymbol{H} = i + \dfrac{\partial \boldsymbol{D}}{\partial t}$ ② $\text{rot}\,\boldsymbol{E} = -\dfrac{\partial \boldsymbol{B}}{\partial t}$

③ $\text{div}\,\boldsymbol{B} = \phi$ ④ $\text{div}\,\boldsymbol{D} = \rho$

풀이 맥스웰 방정식의 미분형
① $\text{rot}\,\boldsymbol{E} = -\dfrac{\partial \boldsymbol{B}}{\partial t}$: Faraday 법칙
② $\text{rot}\,\boldsymbol{H} = i + \dfrac{\partial \boldsymbol{D}}{\partial t}$: 암페어의 주회적분 법칙
③ $\text{div}\,\boldsymbol{D} = \rho$: 가우스의 법칙
④ $\text{div}\,\boldsymbol{B} = 0$: 고립된 자하는 없다. **답 ③**

06 동심구에서 내부도체의 반지름이 a, 절연체의 반지름이 b, 외부도체의 반지름이 c이다. 내부도체에만 전하 Q를 주었을 때 내부도체의 전위는? (단, 절연체의 유전율은 ϵ_o이다.)

① $\dfrac{Q}{4\pi\epsilon_o a}\left(\dfrac{1}{a} + \dfrac{1}{b}\right)$

② $\dfrac{Q}{4\pi\epsilon_o}\left(\dfrac{1}{a} - \dfrac{1}{b}\right)$

③ $\dfrac{Q}{4\pi\epsilon_o}\left(\dfrac{1}{a} - \dfrac{1}{b} - \dfrac{1}{c}\right)$

④ $\dfrac{Q}{4\pi\epsilon_o}\left(\dfrac{1}{a} - \dfrac{1}{b} + \dfrac{1}{c}\right)$

풀이 내부도체 A에 전하 Q를 주면 정전유도에 의해 도체 B의 내측 표면에 $-Q$, 외측 표면에는 Q가 유도된다.

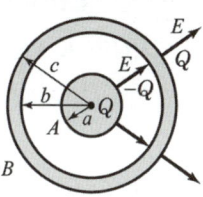

① 도체 B의 표면 전위, $V_c\,(r=c)$
$$V_c = \dfrac{Q}{4\pi\epsilon_0 c}$$
(중심에 점전하 Q가 놓인 거리 $r=c$인 전위로 구함)

② 도체 A와 B 사이의 전위차, $V_{ab}\,(a \leq r \leq b)$
$$V_{ab} = \dfrac{Q}{4\pi\epsilon_0}\left(\dfrac{1}{a} - \dfrac{1}{b}\right)$$
(중심에 점전하 Q가 놓인 a와 b 사이의 전위차로 구함)

③ 도체 A의 표면 전위, $V_a\,(r=a)$
(도체 A의 표면 전위는 무한원점에서 전위와 전위차의 합이 됨)
따라서 내부도체 표면의 전위 V_a는
$$V_a = V_c + V_{bc} + V_{ab} = \dfrac{Q}{4\pi\epsilon_0 c} + 0 + \dfrac{Q}{4\pi\epsilon_0}\left(\dfrac{1}{a} - \dfrac{1}{b}\right)$$
$$= \dfrac{Q}{4\pi\epsilon_0}\left(\dfrac{1}{a} - \dfrac{1}{b} + \dfrac{1}{c}\right)$$ **답 ④**

07 전자석의 흡인력은 공극(air gap)의 자속밀도를 B라 할 때 다음의 어느 것에 비례하는가?

① B ② $B^{0.5}$
③ $B^{1.6}$ ④ $B^{2.0}$

풀이

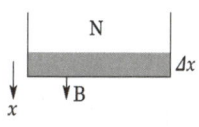

그림의 N 극의 강자성체를 $\triangle x$ 움직일 때의 에너지의 증가 $\triangle W$는(가상변위의 원리)
$$\triangle W = \dfrac{1}{2\mu}B^2 \triangle x S - \dfrac{1}{2\mu_0}B^2 \triangle x S$$
$$F_x = -\dfrac{\triangle W}{\triangle x} = \left(\dfrac{B^2}{2\mu_0} - \dfrac{B^2}{2\mu}\right)S\,[\text{N}]$$
위의 식에서 $\dfrac{B^2}{2\mu_0} \gg \dfrac{B^2}{2\mu}$이다.

($\because$ 강자성체에서는 $\mu_0 \ll \mu$)

$\therefore F_x = \dfrac{B^2}{2\mu_0} S$[N] (흡인력)

또, S 극의 강자성체에도 같은 크기의 흡인력이 작용한다.   **답** ④

08 점 $P(1, 2, 3)$[m]와 $Q(2, 0, 5)$[m]에 각각 4×10^{-5}[C]과 -2×10^{-4}[C]의 점전하가 있을 때, 점 P에 작용하는 힘은 몇 [N]인가?

① $\dfrac{8}{3}(i - 2j + 2k)$

② $\dfrac{8}{3}(-i - 2j + 2k)$

③ $\dfrac{3}{8}(i + 2j + 2k)$

④ $\dfrac{3}{8}(2i + j - 2k)$

풀이

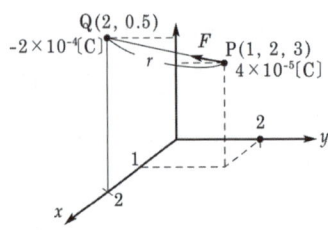

$\vec{F} = \dfrac{Q_1 Q_2}{4\pi\epsilon_0 r^2} \vec{r}$ [N]

$\vec{r} = (1, 2, 3) - (2, 0, 5) = (-1, 2, -2)$
$= -i + 2j - 2k$

$\vec{F} = 9 \times 10^9 \times \dfrac{4 \times 10^{-5} \times -2 \times 10^{-4}}{(\sqrt{(-1)^2 + (2)^2 + (-2)^2})^2}$
$\times \dfrac{-i + 2j - 2k}{\sqrt{(-1)^2 + (2)^2 + (-2)^2}}$

$= -8 \cdot \dfrac{1}{3}(-i + 2j - 2k)$

$= -\dfrac{8}{3}(-i + 2j - 2k) = \dfrac{8}{3}(i - 2j + 2k)$ **답** ①

09 강자성체가 아닌 것은?

① 철(Fe)   ② 니켈(Ni)
③ 백금(Pt)   ④ 코발트(Co)

풀이
- 강자성체 : 철(Fe), 니켈(Ni), 코발트(Co)
- 상자성체 : 알루미늄(Al), 망간(Mn), 백금(Pt), 텅스텐(W), 주석(Sn), 산소(O_2), 질소(N_2) 등

- 반자성체 : 비스무트(Bi), 구리(Cu), 탄소(C), 규소(Si), 은(Ag), 납(Pb) 등   **답** ③

10 점전하 $+Q$의 무한 평면도체에 대한 영상전하는?

① $+Q$ ② $-Q$
③ $+2Q$ ④ $-2Q$

풀이 무한평면으로부터 r[m] 떨어진 P점에 점전하 $+Q$[C]가 있는 경우 영상전하는 무한평면 뒤쪽으로 점 P의 대칭점에 존재하며, 그 크기는 점전하와 같고 부호는 반대로 $Q' = -Q$[C]이다.

답 ②

11 벡터 $A = 2i - 6j - 3k$ 와 $B = 4i + 3j - k$에 수직한 단위 벡터는?

① $\pm\left(\dfrac{3}{7}i - \dfrac{2}{7}j + \dfrac{6}{7}k\right)$

② $\pm\left(\dfrac{3}{7}i + \dfrac{2}{7}j - \dfrac{6}{7}k\right)$

③ $\pm\left(\dfrac{3}{7}i - \dfrac{2}{7}j - \dfrac{6}{7}k\right)$

④ $\pm\left(\dfrac{3}{7}i + \dfrac{2}{7}j + \dfrac{6}{7}k\right)$

풀이 벡터적의 정의를 이용하면 $A \times B = |A \times B| n$
(n : 법선 벡터이므로 A와 B에 수직인 단위 벡터)

$n = \dfrac{A \times B}{|A \times B|} = \dfrac{\begin{vmatrix} i & j & k \\ 2 & -6 & -3 \\ 4 & 3 & -1 \end{vmatrix}}{|A \times B|}$

$= \dfrac{15i - 10j + 30k}{\sqrt{15^2 + (-10)^2 + 30^2}}$

$= \dfrac{1}{35}(15i - 10j + 30k) = \dfrac{3}{7}i - \dfrac{2}{7}j + \dfrac{6}{7}k$

법선 벡터 n의 부(−)의 벡터도 벡터 A와 B에 수직이 되므로

$n = \pm\left(\dfrac{3}{7}i - \dfrac{2}{7}j + \dfrac{6}{7}k\right)$ 가 된다.   **답** ①

12 도전성을 가진 매질 내의 평면파에서 전송계수를 γ를 표현한 것으로 알맞은 것은?
(단, α는 감쇠정수, β는 위상정수이다.)

① $\gamma = \alpha + j\beta$
② $\gamma = \alpha - j\beta$
③ $\gamma = j\alpha + \beta$
④ $\gamma = j\alpha - \beta$

풀이 전송계수 $\gamma = \alpha + j\beta$
(여기서, α : 감쇠정수, β : 위상정수) **답** ①

13 접지 구도체와 점전하 간의 작용력은?

① 항상 반발력이다.
② 항상 흡입력이다.
③ 조건적 반발력이다.
④ 조건적 흡입력이다.

풀이 접지 구도체에는 항상 점전하와 반대 극성인 전하 $\left(Q' = -\dfrac{a}{d}Q\right)$가 유도되므로 **항상 흡입력이 작용**한다.
답 ②

14 공기 중에서 1[V/m]의 크기를 가진 정현파 전계에 대한 변위전류 1[A/m²]를 흐르게 하기 위해서는 이 전계의 주파수가 몇 [MHz]가 되어야 하는가?

① 1500[MHz]
② 1800[MHz]
③ 15000[MHz]
④ 18000[MHz]

풀이 $\omega = 2\pi f = \dfrac{i_d}{\epsilon E}$ 이므로

$\therefore f = \dfrac{i_d}{2\pi \epsilon_o \epsilon_s E} = \dfrac{1}{2\pi \times \dfrac{1}{4\pi \times 9 \times 10^9} \times 1 \times 1} \times 10^{-6}$

$\fallingdotseq 18000 \,[\text{MHz}]$ **답** ④

15 열전대는 무슨 효과를 이용한 것인가?

① 압전효과
② 제벡 효과
③ 홀 효과
④ 가우스 효과

풀이 제벡 효과(Seebeck effect)
서로 다른 두 종류의 금속선을 접합하여 폐회로를 만든 후 두 접합점의 온도를 달리하였을 때, 폐회로에 열기전력이 발생하여 열전류가 흐르게 된다. 이러한 현상을 제벡 효과라 하며 이때 연결한 금속 루프를 **열전대**라 한다.
답 ②

16 그림과 같이 평행 왕복 도선에 $\pm I$[A]가 흐르고 있을 때 점 $P(\theta = 90°)$의 자계의 세기는 몇 [AT/m]인가?

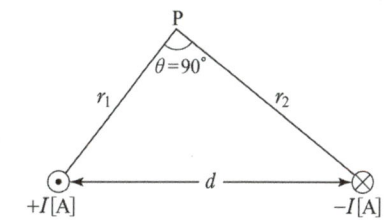

① $\dfrac{I}{2\pi d}$
② $\dfrac{I}{2\pi r_1 r_2}$
③ $\dfrac{I\sqrt{r_1 + r_2}}{2\pi d}$
④ $\dfrac{Id}{2\pi r_1 r_2}$

풀이

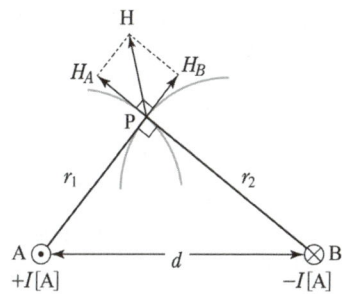

그림에서 A와 B 도선 전류에 의한 자계는 암페어 오른 나사 법칙에 의해 동심원을 그리므로 점 P에서의 자계 방향은 접선 방향 H_A, H_B ($H_A \neq H_B$)가 되고, 크기는 각각

$H_A = \dfrac{I}{2\pi r_1}$, $H_B = \dfrac{I}{2\pi r_2}$

이다. 두 자계 H_A, H_B가 이루는 각은 기하학적으로 90°이므로 두 자계 H_A, H_B의 합성자계 H는 피타고라스 정리에 의해

$\therefore H = \sqrt{H_A^2 + H_B^2} = \sqrt{\left(\dfrac{I}{2\pi r_1}\right)^2 + \left(\dfrac{I}{2\pi r_2}\right)^2}$

$= \sqrt{\dfrac{I^2}{(2\pi)^2}\left(\dfrac{1}{r_1^2} + \dfrac{1}{r_2^2}\right)}$

$= \sqrt{\dfrac{I^2}{(2\pi)^2}\left(\dfrac{r_1^2 + r_2^2}{r_1^2 r_2^2}\right)}$ $(r_1^2 + r_2^2 = d^2)$

$= \sqrt{\dfrac{I^2}{(2\pi)^2}\left(\dfrac{d^2}{r_1^2 r_2^2}\right)}$

$= \dfrac{Id}{2\pi r_1 r_2}$ [AT/m] **답** ④

17 전류에 의한 자계의 방향을 결정하는 법칙은?

① 렌츠의 법칙
② 플레밍의 왼손 법칙
③ 플레밍의 오른손 법칙
④ 암페어의 오른나사 법칙

풀이

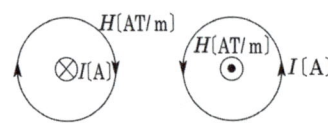

- 전류에 의한 자계의 방향은 암페어의 오른 나사 법칙에 따르며 그림과 같은 방향이다.
- 플레밍의 오른손 법칙(발전기의 경우) : 자계 중에서 도체가 운동할 때 유기 기전력의 방향을 결정
- 플레밍의 왼손 법칙(전동기의 경우) : 자계 중에 있는 도체에 전류를 흘릴 때의 도체의 운동 방향을 결정
- 렌츠의 법칙 : 도체 주위의 자속이 변화할 때 유기되는 기전력의 방향이 그 자속의 변화를 방해하는 방향으로 생긴다.   **답** ④

18 전하 $8\pi[C]$이 $8[m/s]$의 속도로 진공 중을 직선운동하고 있다면, 이 운동 방향에 대하여 각도 θ이고, 거리 $4[m]$ 떨어진 점의 자계의 세기는 몇 $[A/m]$인가?

① $\cos\theta$
② $\dfrac{1}{2\sin\theta}$
③ $\sin\theta$
④ $2\sin\theta$

풀이 등가전류

$$I = \frac{q}{t} = \frac{qv}{l}\left(\because v = \frac{l}{t}\right)$$

비오사바르 법칙

$$H = \frac{Il\sin\theta}{4\pi r^2} = \frac{qv\sin\theta}{4\pi r^2} = \frac{8\pi \times 8 \times \sin\theta}{4\pi \times 4^2}$$
$$= \sin\theta\,[A/m]$$ **답** ③

19 전자파의 에너지 전달방향은?

① $\nabla \times E$의 방향과 같다.
② $E \times H$의 방향과 같다.
③ 전계 E의 방향과 같다.
④ 자계 H의 방향과 같다.

풀이 전계 E_x와 자계 H_y는 같은 위상(동상)으로 진행하고 $E \times H$ 방향이 전자파의 진행방향이며, 이 세 성분의 방향은 서로 직교한다.   **답** ②

20 도체의 성질에 대한 설명으로 틀린 것은?

① 도체 내부의 전계는 0이다.
② 전하는 도체 표면에만 존재한다.
③ 도체의 표면 및 내부의 전위는 등전위이다.
④ 도체 표면의 전하밀도는 표면의 곡률이 큰 부분일수록 작다.

풀이 도체의 성질과 전하분포
① 도체 표면과 내부의 전위는 동일하고(등전위), 표면은 등전위면이다.
② 도체 내부의 전계의 세기는 0이다.
③ 전하는 도체 내부에는 존재하지 않고, 도체 표면에만 분포한다.
④ 도체 면에서의 전계의 세기는 도체 표면에 항상 수직이다.
⑤ 도체 표면에서의 전하밀도는 곡률이 클수록 높다. 즉, 곡률반경이 작을수록 높다.
⑥ 중공부에 전하가 없고 대전 도체라면, 전하는 도체 외부의 표면에만 분포한다.
⑦ 중공부에 전하를 두면 도체내부표면에 동량 이부호, 도체 외부 표면에 동량 동부호의 전하가 분포한다.   **답** ④

2025년 전기자기_전기산업기사_CBT 복원문제

2025년 - 1회 _ 전기산업기사

01 전기력선의 성질이 아닌 것은?

① 전기력선은 도체내부에 존재한다.
② 전기력선은 등전위면인 도체표면과 수직으로 출입한다.
③ 전기력선은 그 자신만으로 폐곡선이 되는 일이 없다.
④ 1[C]의 단위전하에는 $\dfrac{1}{\epsilon_0}$개의 전기력선이 출입한다.

풀이 전기력선의 성질은 다음과 같다.
① 전기력선은 정전하에서 시작하여 부전하에서 그친다.
② 전하가 없는 곳에서는 전기력선의 발생, 소멸이 없고 연속적이다.
③ 전위가 높은 점에서 낮은 점으로 향한다.
④ 그 자신만으로 폐곡선이 되는 일은 없다.
⑤ 전계가 0이 아닌 곳에서는 2개의 전기력선은 교차하지 않는다.
⑥ **도체 내부에는 전기력선이 없다.**
⑦ 수직 단면의 전기력선 밀도는 전계의 세기이고(1[개/m²]=1[N/C]), 전기력선의 접선 방향은 전계의 방향이다.
⑧ 도체면(등전위면)에서 전기력선은 수직으로 출입한다.
⑨ 단위 전하 ±1[C]에서는 $1/\epsilon_0$개의 전기력선이 출입한다.

답 ①

02 비유전율이 2.4인 유전체 내의 전계의 세기가 100[mV/m]이다. 유전체에 저축되는 단위체적 당 정전에너지는 몇 [J/m³]인가?

① 1.06×10^{-13}
② 1.77×10^{-13}
③ 2.32×10^{-13}
④ 2.32×10^{-11}

풀이 단위 체적 당 정전에너지

$w = \dfrac{ED}{2} = \dfrac{1}{2}\epsilon E^2 = \dfrac{1}{2}\dfrac{D^2}{\epsilon}$ [J/m³] 식에서

$w = \dfrac{1}{2}\epsilon_o \epsilon_s E^2$

$= \dfrac{1}{2} \times 2.4 \times 8.855 \times 10^{-12} \times (100 \times 10^{-3})^2$

$= 1.06 \times 10^{-13}$ [J/m³]

답 ①

03 질량이 m[kg]인 작은 물체가 전하 Q[C]를 가지고 중력 방향과 직각인 무한도체평면 아래쪽 d[m]의 거리에 놓여 있다. 정전력이 중력과 같게 되는데 필요한 Q[C]의 크기는?

① $d\sqrt{\pi\epsilon_o mg}$
② $\dfrac{d}{2}\sqrt{\pi\epsilon_o mg}$
③ $2d\sqrt{\pi\epsilon_o mg}$
④ $4d\sqrt{\pi\epsilon_o mg}$

풀이 전기영상법에 의해

$F = \dfrac{Q^2}{4\pi\epsilon_0 r^2} = \dfrac{Q^2}{4\pi\epsilon_0 (2d)^2} = \dfrac{Q^2}{16\pi\epsilon_0 d^2} = mg$ [N]

$\therefore Q = \sqrt{16\pi\epsilon_0 d^2 mg} = 4d\sqrt{\pi\epsilon_0 mg}$ [C]

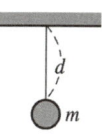

답 ④

04 다음 식들 중 옳지 못한 것은?

① 라플라스(Laplace)의 방정식 $\nabla^2 V = 0$
② 발산정리 $\oint_S A dS = \int_v \text{div}\, A dv$
③ 푸아송(poisson's)의 방정식 $\nabla^2 V = \dfrac{\rho}{\epsilon_o}$
④ 가우스(Gauss)의 정리 $\text{div} D = \rho$

풀이 푸아송의 방정식 : 전위와 공간 전하밀도의 관계

$\nabla^2 V = -\dfrac{\rho}{\epsilon}\left(= -\dfrac{\rho}{\epsilon_0 \epsilon_s}\right)$

답 ③

05 평행판 콘덴서의 판 사이에 비유전률 ϵ_s의 유전체를 삽입하였을 때의 정전용량은 진공일 때보다 어떻게 되는가?

① ϵ_s배로 증가   ② $\pi\epsilon_s$배로 증가
③ $\dfrac{1}{\epsilon_s}$로 감소   ④ (ϵ_s+1)배로 증가

풀이 평행판 콘덴서의 정전용량 $C=\dfrac{\epsilon_0\epsilon_s A}{d}$[F]
즉 정전용량은 유전율(비유전율)에 비례하므로 진공일 때보다 ϵ_s배 증가한다.   **답** ①

06 압전기현상에서 분극이 응력과 같은 방향으로 발생하는 현상을 무슨 효과라 하는가?

① 종효과   ② 횡효과
③ 역효과   ④ 간접효과

풀이 결정에 가한 기계적 응력과 전기 분극이 <u>동일 방향으로 발생하는 경우를 종효과</u>, 수직 방향으로 발생하는 경우를 횡효과라 한다.

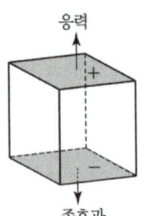
종효과
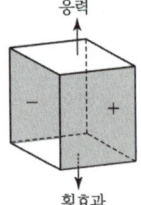
횡효과   **답** ①

07 자기회로의 자기저항에 대한 설명으로 옳은 것은?

① 자기회로의 길이에 반비례한다.
② 자기회로의 단면적에 비례한다.
③ 비투자율에 반비례한다.
④ 길이의 제곱에 비례하고, 단면적에 반비례한다.

풀이 자기 저항 $R=\dfrac{l}{\mu_0\mu_s S}$[AT/Wb]이므로
자기 저항은 길이에 비례하고, <u>비투자율과 단면적에 반비례한다</u>.   **답** ③

08 어떤 TV 방송의 전자파의 주파수를 190[MHz]의 평면파로 보고 $\mu_s=1$, $\epsilon_s=64$인 물속에서의 전파 속도[m/s]와 파장[m]을 구하면?

① $v=0.375\times10^8$, $\lambda=0.19$
② $v=2.33\times10^8$, $\lambda=0.21$
③ $v=0.87\times10^8$, $\lambda=0.17$
④ $v=0.425\times10^8$, $\lambda=1.2$

풀이
• 전파속도
$$v=\dfrac{c}{\sqrt{\epsilon_s\mu_s}}=\dfrac{3\times10^8}{\sqrt{64\times1}}=0.375\times10^8\text{[m/s]}$$
• 파장 $\lambda=\dfrac{v}{f}=\dfrac{0.375\times10^8}{190\times10^6}=0.19$[m]   **답** ①

09 10[mH] 인덕턴스 2개가 있다. 결합계수를 0.1로부터 0.9까지 변화시킬 수 있다면 이것을 직렬 접속시켜 얻을 수 있는 합성인덕턴스의 최댓값과 최솟값의 비는?

① 9 : 1   ② 13 : 1
③ 16 : 1   ④ 19 : 1

풀이 결합 계수 $k=0.9$일 때
합성 인덕턴스 L_+, L_-의 최댓값, 최솟값의 비가 크므로
$k=0.9$
$M=k\sqrt{L_1 L_2}=0.9\sqrt{10\times10}=9$[mH]
$L_{+\,\text{MAX}}=L_1+L_2+2M$
$\quad=10+10+2\times9=38$[mH]
$L_{-\,\text{MIN}}=L_1+L_2-2M$
$\quad=10+10-2\times9=2$[mH]
$L_{+\,\text{MAX}}:L_{-\,\text{MIN}}=38:2=19:1$ **답** ④

10 내구의 반지름이 a[m], 외구의 내반지름이 b[m]인 동심 구형 콘덴서의 내구의 반지름과 외구의 내반지름을 각각 $2a$[m], $2b$[m]로 증가시키면 이 동심구형 콘덴서의 정전용량은 몇 배로 되는가?

① 1   ② 2
③ 3   ④ 4

풀이 동심 구형 콘덴서의 정전용량 $C = \dfrac{4\pi\epsilon_0 ab}{b-a}$ [F]에서 내외구의 반지름을 2배로 늘린 경우의 정전용량을 C'라 하면

$$\therefore C' = \dfrac{4\pi\epsilon_0(2a)(2b)}{(2b-2a)} = \dfrac{4\pi\epsilon_0 ab}{b-a} \times 2 = 2C$$

답 ②

11 전기기기의 철심(자심)재료로 규소강판을 사용하는 이유는?

① 동손을 줄이기 위해
② 와전류손을 줄이기 위해
③ 히스테리시스손을 줄이기 위해
④ 제작을 쉽게 하기 위하여

풀이
- 규소 강판 : 히스테리시스손 감소
- 성층 철심 : 와류손 감소

답 ③

12 유전율이 각각 ϵ_1, ϵ_2인 두 유전체가 접해 있다. 각 유전체 중의 전계 및 전속밀도가 각각 E_1, D_1 및 E_2, D_2이고, 경계면에 대한 입사각 및 굴절각이 θ_1, θ_2일 때 경계 조건으로 옳은 것은?

① $\dfrac{E_2}{E_1} = \dfrac{\sin\theta_2}{\sin\theta_1}$

② $\dfrac{\cos\theta_2}{\cos\theta_1} = \dfrac{D_2}{D_1}$

③ $\dfrac{\tan\theta_2}{\tan\theta_1} = \dfrac{\epsilon_2}{\epsilon_1}$

④ $\tan\theta_2 - \tan\theta_1 = \epsilon_1\epsilon_2$

풀이
- 전속밀도의 법선성분(수직 성분)이 같다.
  ($D_1\cos\theta_1 = D_2\cos\theta_2$)
- 전계는 접선성분(평행 성분)이 같다.
  ($E_1\sin\theta_1 = E_2\sin\theta_2$)
- 두 경계면에서의 전위는 서로 같다. ($V_1 = V_2$)
- $\epsilon_1 > \epsilon_2$이면, $\theta_1 > \theta_2$이다.
- $\dfrac{\tan\theta_1}{\tan\theta_2} = \dfrac{\epsilon_1}{\epsilon_2}$

답 ③

13 평면도체로부터 수직거리 a[m]인 곳에 점전하 Q[C]가 있다. Q와 평면도체 사이에 작용하는 힘은 몇 [N]인가? (단, 평면도체 오른편을 유전율 ϵ의 공간이라 한다.)

① $-\dfrac{Q^2}{16\pi\epsilon a^2}$

② $-\dfrac{Q^2}{8\pi\epsilon a^2}$

③ $-\dfrac{Q^2}{4\pi\epsilon a^2}$

④ $-\dfrac{Q^2}{2\pi\epsilon a^2}$

풀이 점전하 Q[C]과 무한 평면도체간의 작용력[N]은 영상전하 $-Q$[C]과의 작용력[N]이므로

$$F = \dfrac{-Q^2}{4\pi\epsilon(2a)^2}[N] = \dfrac{-Q^2}{16\pi\epsilon a^2}[N]$$

(여기서, (−)는 흡인력이다.)

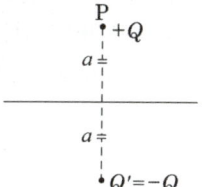

답 ①

14 자유 전자 e가 전계 E중을 열에너지에 의해 진동하고 있는 원자와 충돌하면서 운동하는 경우 평균 자유 시간을 τ라 하면 도전율 σ는 얼마인가? 단, 자유 전자의 밀도는 n, 질량은 m이라 한다.

① $\dfrac{ne\tau}{2m}$

② $\dfrac{ne^2\tau}{2m}$

③ $\dfrac{ne\tau}{m}$

④ $\dfrac{ne^2\tau}{m}$

풀이 충돌과 충돌 사이에서 전하의 운동 방정식

$$m\dfrac{dv}{dt} = eE, \quad \dfrac{dv}{dt} = \dfrac{eE}{m}$$

$$\therefore v = \dfrac{eE}{m}t + v(0)$$

이 식에서 충돌시 초기 속도 $v(0) = 0$, 충돌과 충돌 사이의 시간 $t = \tau$를 대입하면 속도 v는 다음과 같이 된다.

$$v = \dfrac{eE}{m}\tau$$

따라서 전류밀도 $i = nev = \sigma E$의 관계식으로부터

$$ne \times \dfrac{eE}{m}\tau = \sigma E \quad \therefore \sigma = \dfrac{ne^2}{m}\tau$$

답 ④

15 진공 중에 놓인 3[μC]의 점전하에서 3[m] 되는 점의 전계는 몇 [V/m]인가?

① 100　　② 1000
③ 300　　④ 3000

풀이 점의 전계

$$E = \frac{Q}{4\pi\epsilon_0 r^2} = 9 \times 10^9 \times \frac{Q}{r^2}$$

$$= 9 \times 10^9 \times \frac{3 \times 10^{-6}}{3^2} = 3000 [\text{V/m}]$$

답 ④

16 그림과 같은 자속밀도 100[Wb/m²]의 평등자계 내에 한 변이 10[cm]인 정방향 회로가 자계와 직각인 중심축 둘레를 매분 3600 회전할 때 이 회로의 유기기전력은 몇 [V]인가? 단, 권선수는 1이라고 한다.

① $60\pi \sin(60\pi t)$
② $60\pi \cos(60\pi t)$
③ $120\pi \sin(120\pi t)$
④ $120\pi \cos(120\pi t)$

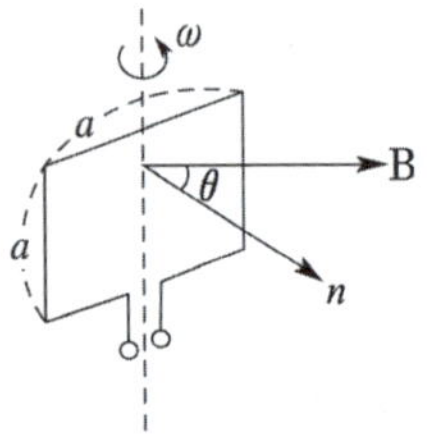

풀이

$$e = -\frac{d\phi}{dt} = -\frac{d}{dt} a^2 B \cos\omega t = \omega a^2 B \sin\omega t$$

$$= \frac{2\pi \times 3600}{60} \times (10 \times 10^{-2})^2 \times 100 \times \sin\frac{2\pi \times 3600}{60} t$$

$$= 120\pi \sin 120\pi t [\text{V}]$$

답 ③

17 진공 내 전위함수가 $V = x^2 + y^2$ [V]로 주어졌을 때, $0 \leq x \leq 1$, $0 \leq y \leq 1$, $0 \leq z \leq 1$인 공간에 저장되는 정전에너지[J]는?

① $\frac{4}{3}\epsilon_0$　　② $\frac{2}{3}\epsilon_0$
③ $4\epsilon_0$　　④ $2\epsilon_0$

풀이
• 전계의 세기

$$\boldsymbol{E} = -\nabla V = -\left(\frac{\partial V}{\partial x}i + \frac{\partial V}{\partial y}j + \frac{\partial V}{\partial z}k\right)$$

$$= -2xi - 2yj [\text{V/m}]$$

• 전계의 세기의 크기

$$E = |\boldsymbol{E}| = \sqrt{(2x)^2 + (2y)^2} = 2\sqrt{x^2 + y^2}$$

따라서 공간에 저장되는 정전에너지 W는

$$W = \frac{1}{2}\int_v \epsilon_0 E^2 dv = \frac{1}{2}\int_v \epsilon_0 (2\sqrt{x^2+y^2})^2 dv$$

$$= \frac{4\epsilon_0}{2}\int_0^1 \int_0^1 \int_0^1 (x^2 + y^2)dxdydz = \frac{4}{3}\epsilon_0 [\text{J}]$$

참고 3중적분

$$\int_0^1 \int_0^1 \int_0^1 (x^2 + y^2)dxdydz$$

$$= \int_0^1 \int_0^1 \left[\frac{x^3}{3} + y^2 x\right]_0^1 dydz = \int_0^1 \int_0^1 \left(\frac{1}{3} + y^2\right)dydz$$

$$= \int_0^1 \left[\frac{y}{3} + \frac{y^3}{3}\right]_0^1 dz = \int_0^1 \frac{2}{3}dz = \left[\frac{2z}{3}\right]_0^1 = \frac{2}{3}$$

답 ①

18 내압과 용량이 각각 200[V] 5[μF], 300[V] 4[μF], 400[V] 3[μF], 500[V] 3[μF]인 4개의 콘덴서를 직렬연결하고, 양단에 직류전압을 가하여 전압을 서서히 상승시키면 최초로 파괴되는 콘덴서는? (단, 콘덴서의 재질이나 형태는 동일하다.)

① 200[V] 5[μF]　　② 300[V] 4[μF]
③ 400[V] 3[μF]　　④ 500[V] 3[μF]

풀이 직렬회로에서 각 콘덴서의 전하용량이 작을수록 빨리 파괴된다.
• $Q_1 = C_1 \times V_1 = 5 \times 10^{-6} \times 200 = 1 \times 10^{-3}$[C]
• $Q_2 = C_2 \times V_2 = 4 \times 10^{-6} \times 300 = 1.2 \times 10^{-3}$[C]
• $Q_3 = C_3 \times V_3 = 3 \times 10^{-6} \times 400 = 1.2 \times 10^{-3}$[C]
• $Q_4 = C_4 \times V_4 = 3 \times 10^{-6} \times 500 = 1.5 \times 10^{-3}$[C]

따라서 전하용량이 $Q_4 > Q_3 = Q_2 > Q_1$ 이므로 전하용량이 가장 작은 200[V] 5[μF]의 콘덴서가 가장 빨리 파괴된다.

답 ①

19 내구의 반지름이 6[cm], 외구의 반지름이 8[cm]인 동심구 콘덴서의 외구를 접지하고 내구에 전위 1800[V]를 가했을 경우 내구에 충전된 전기량은 몇 [C]인가?

① 2.8×10^{-8}　　② 3.8×10^{-8}
③ 4.8×10^{-8}　　④ 5.8×10^{-8}

풀이 전기량 $Q = \dfrac{4\pi\epsilon_0 V}{\dfrac{1}{a} - \dfrac{1}{b}} = \dfrac{\dfrac{1}{9 \times 10^9} \times 1800}{\dfrac{1}{6 \times 10^{-2}} - \dfrac{1}{8 \times 10^{-2}}}$

$$= 4.8 \times 10^{-8}[\text{C}]$$

답 ③

20 변압기에서 철심의 자속밀도 $B = 1.2[\text{Wb/m}^2]$인 경우 히스테리시스손과 와류손은 각각 최대 자속 밀도의 몇 승에 비례하는가?

① 히스테리시스손 : 1.6, 와류손 : 1.6
② 히스테리시스손 : 1.6, 와류손 : 2
③ 히스테리시스손 : 2, 와류손 : 1.6
④ 히스테리시스손 : 1, 와류손 : 1

풀이 ① 히스테리시스손
- $B = 1.2[\text{Wb/m}^2]$인 경우 $P_h \propto fB_m^{1.6}$
- $B = 1.2 \sim 1.5[\text{Wb/m}^2]$인 경우 $P_h \propto fB_m^2$

② 와류손 $P_e \propto f^2 B_m^2$
여기서, f : 주파수[Hz],
B_m : 최대 자속 밀도[Wb/m²]   **답** ②

2025년 - 2회 _ 전기산업기사

01 $\nabla \cdot J = -\dfrac{\partial \rho}{\partial t}$에 대한 설명으로 옳지 않은 것은?

① "-" 부호는 전류가 폐곡면에서 유출되고 있음을 뜻한다.
② 단위 체적당 전하밀도의 시간당 증가 비율이다.
③ 전류가 정상전류가 흐르면 폐곡면에 통과하는 전류는 0(ZERO)이다.
④ 폐곡면에서 수직으로 유출되는 전류밀도는 미소체적인 한 점에서 유출되는 단위 체적당 전류가 된다.

풀이 전류의 연속 방정식 $\nabla \cdot J = -\dfrac{\partial \rho}{\partial t}$으로부터 전류밀도의 발산은 체적 전하밀도의 단위시간 당 감소(-)비율을 의미하고, 정상전류에서는 $\dfrac{\partial \rho}{\partial t} = 0 (\rho\ \text{일정})$이므로 $\nabla \cdot J = 0$이다.   **답** ②

02 두 개의 코일 a, b가 있다. 두 개를 직렬로 접속하였더니 합성 인덕턴스가 119[mH]이었고, 극성을 반대로 접속하였더니 합성 인덕턴스가 11[mH]이었다. 코일 a의 자기 인덕턴스가 20[mH]라면 결합계수 k는 얼마인가?

① 0.6　② 0.7
③ 0.8　④ 0.9

풀이
$L_a + L_b + 2M = 119$ ············· ①
$L_a + L_b - 2M = 11$ ············· ②
식 ①, ②에서
$M = \dfrac{119 - 11}{4} = \dfrac{108}{4} = 27[\text{mH}]$
$L_b = 119 - 2M - L_a = 119 - 27 \times 2 - 20 = 45[\text{mH}]$
$\therefore k = \dfrac{M}{\sqrt{L_a L_b}} = \dfrac{27}{\sqrt{20 \times 45}} = 0.9$ **답** ④

03 대전된 도체 표면의 전하밀도를 $\sigma[\text{C/m}^2]$이라고 할 때, 대전된 도체 표면의 단위면적이 받는 정전응력[N/m²]은 전하밀도 σ와 어떤 관계가 있는가?

① $\sigma^{\frac{1}{2}}$에 비례　② $\sigma^{\frac{3}{2}}$에 비례
③ σ에 비례　④ σ^2에 비례

풀이
- 도체에 전하가 분포되어 있을 때, 도체 표면에 작용하는 힘을 정전응력이라 하며, 단위 면적당 힘으로 정의한다.
- 면전하밀도 $\sigma[\text{C/m}^2]$인 도체 표면에서
전속밀도 $D = \sigma$, 전계의 세기 $E = \dfrac{\sigma}{\epsilon_0}$이므로
정전응력 $f = \dfrac{1}{2}DE = \dfrac{1}{2}\epsilon_0 E^2 = \dfrac{D^2}{2\epsilon_0} = \dfrac{\sigma^2}{2\epsilon_0}[\text{N/m}^2]$
즉, $f \propto \sigma^2$의 관계가 있다.   **답** ④

04 평행판 전극의 단위면적 당 정전용량이 $C = 200[\text{pF}]$일 때 두 극판 사이에 전위차 2000[V]를 가하면 이 전극판 사이의 전계의 세기는 약 몇 [V/m]인가?

① 22.6×10^3　② 45.2×10^3
③ 22.6×10^5　④ 45.2×10^5

풀이 정전용량 $C = 200 \times 10^{-12}$[F/m], 전위차 $V = 2000$[V]이고
$C = \dfrac{\epsilon_o}{d}$[F/m²]에서 전극간격 $d = \dfrac{\epsilon_o}{C}$이므로
$$\therefore E = \dfrac{V}{d} = \dfrac{CV}{\epsilon_o} = \dfrac{200 \times 10^{-12} \times 2000}{8.855 \times 10^{-12}}$$
$$= 45.2 \times 10^3 \text{[V/m]}$$
단, 이 문제의 유전율은 $\epsilon = \epsilon_o$로 한 것임 **답** ②

05 자극의 세기가 8×10^{-6}[Wb], 길이가 30[cm]인 막대자석을 120[AT/m]의 평등자계 내에 자력선과 30도의 각도로 놓았다면 자석이 받는 회전력은 몇 [N · m]인가?

① 1.44×10^{-4}　② 1.44×10^{-5}
③ 2.88×10^{-4}　④ 2.88×10^{-5}

풀이 회전력 $T = MH\sin\theta = ml\,H\sin\theta$
$= 8 \times 10^{-6} \times 0.3 \times 120 \times \sin 30°$
$= 1.44 \times 10^{-4}$[N · m]　**답** ①

06 그림과 같이 일정한 권선이 감겨진 권회수 N회, 단면적 S[m²], 평균자로의 길이 l[m]인 환상 솔레노이드에 전류 I[A]를 흘렸을 때 이 환상 솔레노이드의 자기 인덕턴스[H]는?
(단, 환상 철심의 투자율은 μ이다.)

① $\dfrac{\mu^2 N}{l}$
② $\dfrac{\mu SN}{l}$
③ $\dfrac{\mu^2 SN}{l}$
④ $\dfrac{\mu SN^2}{l}$

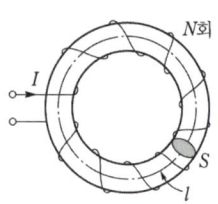

풀이 철심을 통하는 자속은
$\phi = BS = \mu HS = \mu \dfrac{NI}{l} S = \dfrac{\mu SNI}{l}$[Wb] 이므로
$N\phi = LI$에서
자기 인덕턴스 $L = \dfrac{\mu SN^2}{l}$[H]　**답** ④

07 전자계에서 전파 속도와 관계없는 것은?
① 도전율　② 유전율
③ 비투자율　④ 주파수

풀이 전파 속도
- $v = \dfrac{1}{\sqrt{\epsilon\mu}}$
- $v = f\lambda$ (주파수, 파장)

두 식에서 전파 속도 v는 유전율(ϵ), 투자율(μ), 주파수(f), 파장(λ)에 관계　**답** ①

08 그림과 같은 동축 원통의 왕복 전류 회로가 있다. 도체 단면에 고르게 퍼진 일정 크기의 전류가 내부 도체로 흘러 들어가고 외부 도체로 흘러나올 때, 전류에 의하여 생기는 자계에 대하여 다음 중 옳지 않은 것은?

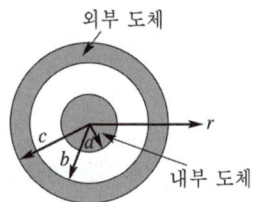

① 내부 도체 내($r < a$)에 생기는 자계의 크기는 중심으로부터의 거리에 비례한다.
② 두 도체 사이(내부 공간)($a < r < b$)에 생기는 자계의 크기는 중심으로부터의 거리에 반비례한다.
③ 외부 도체 내($b < r < c$)에 생기는 자계의 크기는 중심으로부터의 거리에 관계없이 일정하다.
④ 외부 공간($r > c$)의 자계는 영(0)이다.

풀이 ① 내부 도체에 있어서 $r < a$인 점의 자계를 H_1이라 하면 반지름 r 내를 흐르는 전류, 즉 쇄교하는 전류 $I_r = \dfrac{\pi r^2}{\pi a^2} I = \dfrac{r^2}{a^2} I$이므로, 주회 적분의 법칙에서 $2\pi r H_1 = I_r$
$\therefore H_1 = \dfrac{I_r}{2\pi r} = \dfrac{1}{2\pi r} \dfrac{r^2}{a^2} I = \dfrac{rI}{2\pi a^2}$[A/m]
② $a < r < b$일 때의 자계 H_2는 $2\pi r H_2 = I$
$\therefore H_2 = \dfrac{I}{2\pi r}$[A/m]
③ $b < r < c$인 점의 자계 H_3는

$$H_3 2\pi r = I - \frac{\pi r^2 - \pi b^2}{\pi c^2 - \pi b^2}I = \left(1 - \frac{r^2 - b^2}{c^2 - b^2}\right)I$$

$$H_3 = \frac{I}{2\pi r}\left(1 - \frac{r^2 - b^2}{c^2 - b^2}\right)[\text{A/m}]\text{(거리에 반비례)}$$

④ 외부 도체 외의 공간 $c < r$인 점의 자계 H_4는
$2\pi r H_4 = I - I = 0$
∴ $H_4 = 0$ 답 ③

09 비유전율이 2.8인 유전체에서의 전속밀도가 $D = 3.0 \times 10^{-7}$[C/m²]일 때 분극의 세기 P는 약 몇 [C/m²]인가?

① 1.93×10^{-7} ② 2.93×10^{-7}
③ 3.50×10^{-7} ④ 4.07×10^{-7}

풀이 분극의 세기
$$P = D - \epsilon_0 E \ \left(\text{단, } E = \frac{D}{\epsilon} = \frac{D}{\epsilon_0 \epsilon_r}\right)$$
$$= D - \epsilon_0 \left(\frac{D}{\epsilon_0 \epsilon_r}\right) = D - \frac{D}{\epsilon_r} = \left(1 - \frac{1}{\epsilon_r}\right)D$$
$$\therefore P = \left(1 - \frac{1}{2.8}\right) \times 3 \times 10^{-7}$$
$$= 1.93 \times 10^{-7}\text{[C/m}^2\text{]}$$ 답 ①

10 다음의 맥스웰 방정식 중 틀린 것은?

① $\text{rot } \boldsymbol{H} = i + \frac{\partial \boldsymbol{D}}{\partial t}$ ② $\text{rot } \boldsymbol{E} = -\frac{\partial \boldsymbol{H}}{\partial t}$
③ $\text{div } \boldsymbol{B} = 0$ ④ $\text{div } \boldsymbol{D} = \rho$

풀이 맥스웰 방정식의 미분형
① $\text{rot } \boldsymbol{E} = -\frac{\partial \boldsymbol{B}}{\partial t}$: Faraday 법칙
② $\text{rot } \boldsymbol{H} = i + \frac{\partial \boldsymbol{D}}{\partial t}$: 암페어의 주회적분 법칙
③ $\text{div } \boldsymbol{D} = \rho$: 가우스의 법칙
④ $\text{div } \boldsymbol{B} = 0$: 고립된 자하는 없다.   답 ②

11 전위 계수에 있어서 $P_{11} = P_{21}$의 관계가 의미하는 것은?

① 도체 1과 도체 2가 멀리 떨어져 있다.
② 도체 1과 도체 2가 가까이 있다.
③ 도체 1이 도체 2의 내측에 있다.
④ 도체 2가 도체 1의 내측에 있다.

풀이 $P_{11} = P_{21}$: 도체 2가 도체 1속에 포함되어 있는 경우 즉, **도체 2가 도체 1의 내측에 있다**.   답 ④

12 면적 $S = 100$[cm²]의 평행판 콘덴서가 비유전율 2.1, 절연내력 1.2×10^5[V/cm]인 기름 중에 있을 때 축적되는 최대 전하는 몇 [C]인가?

① 2.23×10^{-6} ② 3.14×10^{-6}
③ 4.28×10^{-6} ④ 6.28×10^{-6}

풀이
$$Q = CV = \frac{\epsilon_0 \epsilon_s s}{d} \cdot E_d = \epsilon_0 \epsilon_s s \boldsymbol{E}$$
$$\therefore Q = (8.855 \times 10^{-12}) \times 2.1 \times (100 \times 10^{-4})$$
$$\times (1.2 \times 10^5 \times 10^2)$$
$$= 2.23 \times 10^{-6}\text{[C]}$$ 답 ①

13 유도기전력의 크기는 폐회로에 쇄교하는 자속의 시간적 변화율에 비례한다는 법칙은?

① 쿨롱의 법칙
② 패러데이 법칙
③ 플레밍의 오른손 법칙
④ 암페어의 주회적분 법칙

풀이 ① 쿨롱의 법칙 : 두 점전하 사이에 작용하는 힘은 두 전하의 곱에 비례하고, 두 전하의 거리의 제곱에 반비례한다.
② **패러데이 법칙 : 유도 기전력의 크기는 폐회로에 쇄교하는 자속의 시간적 변화율에 비례한다.**
③ 플레밍의 오른손 법칙 : 자계 중에서 도체가 운동할 때 유기기전력의 방향을 결정
④ 암페어의 주회적분 법칙 : 임의의 폐곡선에 대한 자계의 선적분은 이 폐곡선을 관통하는 전류와 같다.   답 ②

14 그림과 같은 유전속 분포에서 ϵ_1과 ϵ_2 사이의 관계는?

① $\epsilon_1 = \epsilon_2$
② $\epsilon_1 > \epsilon_2$
③ $\epsilon_1 < \epsilon_2$
④ $\epsilon_2 = \epsilon_1 = 0$

풀이 전속선은 유전율이 큰 쪽으로 모이므로 $\epsilon_2 > \epsilon_1$ 이다.   답 ③

15 다음 중 인덕턴스의 공식이 옳은 것은? (단, N은 권수, I는 전류, l은 철심의 길이, R_m은 자기저항, μ는 투자율, S는 철심 단면적이다.)

① $\dfrac{NI}{R_m}$ ② $\dfrac{N^2}{R_m}$

③ $\dfrac{\mu NS}{l}$ ④ $\dfrac{\mu_o NIS}{l}$

풀이
- 자기회로의 옴의 법칙 $\phi = \dfrac{NI}{R_m}$[Wb]
- 자기저항 $R_m = \dfrac{l}{\mu S}$[AT/Wb]

따라서 인덕턴스 $L = \dfrac{N\phi}{I} = \dfrac{N^2}{R_m} = \dfrac{\mu SN^2}{l}$[H]

답 ②

16 자화의 세기 J_m [C/m²]을 자속밀도 B [Wb/m²]와 비투자율 μ_r로 나타내면?

① $J_m = (1-\mu_r)B$
② $J_m = (\mu_r - 1)B$
③ $J_m = (1-\dfrac{1}{\mu_r})B$
④ $J_m = (\dfrac{1}{\mu_r}-1)B$

풀이 $B = \mu_0 H + J$의 관계에서, $H = \dfrac{B}{\mu} = \dfrac{B}{\mu_0 \mu_r}$ 이므로

$J = B - \mu_0 H = \left(1 - \dfrac{1}{\mu_r}\right)B$

답 ③

17 반지름 10[cm] 공기 중에 전압 10[V]를 가했을 때 전위 경도는? (단, 전계는 평등 전계라고 한다.)

① 1[V/m]   ② 10[V/m]
③ 100[V/m]   ④ 1000[V/m]

풀이 $E = \dfrac{V}{r}$[V/m]에서

$E = \dfrac{10}{10 \times 10^{-2}} = 100$[V/m]

답 ③

18 $E = xa_x - ya_y$[V/m]일 때 점 (6, 2)[m]를 통과하는 전기력선의 방정식은?

① $y = 12x$ ② $y = \dfrac{12}{x}$

③ $y = \dfrac{x}{12}$ ④ $y = 12x^2$

풀이 전기력선 방정식 : $\dfrac{dx}{E_x} = \dfrac{dy}{E_y}$

주어진 식 $E_x = x$, $E_y = -y$이므로 ∴ $\dfrac{dx}{x} = \dfrac{dy}{-y}$

양변 적분(적분 C 누락하지 않도록 주의)

$\int \dfrac{dx}{x} = -\int \dfrac{dy}{y} + C \Rightarrow \ln x = -\ln y + C$

$\ln x + \ln y = C \Rightarrow \ln xy = C$

$xy = e^c$

점 (6, 2)를 지나므로

$xy = 12$ ∴ $y = \dfrac{12}{x}$

답 ②

19 6.28[A]가 흐르는 무한장 직선 도선상에서 1[m] 떨어진 점의 자계의 세기[A/m]는?

① 0.5   ② 1
③ 2   ④ 3

풀이 무한장 직선 전류에 의한 자계의 세기

$H = \dfrac{I}{2\pi r} = \dfrac{6.28}{2\pi \times 1} = 1$[A/m]

답 ②

20 일반적으로 도체를 관통하는 자속이 변하든가 또는 자속과 도체가 상대적으로 운동하여 도체 내의 자속이 시간적 변화를 일으키면 이 변화를 막기 위하여 도체 내에 국부적으로 형성되는 임의의 폐회로를 따라 전류가 유기되는데 이 전류를 무엇이라 하는가?

① 히스테리시스전류   ② 와전류
③ 변위전류   ④ 과도전류

풀이 와전류는 도체 내에 국부적으로 흐르는 맴돌이 전류로 rot $i = -K\dfrac{\partial B}{\partial t}$로 자속의 변화를 방해하기 위한 역자속을 만드는 전류이다. 따라서 이 전류는 자속의 수직되는 면을 회전한다.

답 ②

2025년 - 3회 _ 전기산업기사

01 서로 같은 2개의 구 도체에 동일양의 전하를 대전시킨 후 20[cm] 떨어뜨린 결과 구 도체에 서로 6×10^{-4}[N]의 반발력이 작용한다. 구 도체에 주어진 전하는?

① 약 5.2×10^{-8}[C]
② 약 6.2×10^{-8}[C]
③ 약 7.2×10^{-8}[C]
④ 약 8.2×10^{-8}[C]

풀이
$F = \dfrac{Q^2}{4\pi\epsilon_o r^2}$ 이므로,
$\therefore Q = \sqrt{4\pi\epsilon_o r^2 F}$
$= \sqrt{4\pi \times 8.85 \times 10^{-12} \times 0.2^2 \times 6 \times 10^{-4}}$
$= 5.2 \times 10^{-8}$[C]   **답** ①

02 단면적이 균일한 환상철심에 권수 N_A인 A코일과 권수 N_B인 B코일이 있을 때, B코일의 자기 인덕턴스가 L_A[H]라면 두 코일의 상호 인덕턴스[H]는? (단, 누설자속은 0이다.)

① $\dfrac{L_A N_A}{N_B}$ ② $\dfrac{L_A N_B}{N_A}$
③ $\dfrac{N_A}{L_A N_B}$ ④ $\dfrac{N_B}{L_A N_A}$

풀이

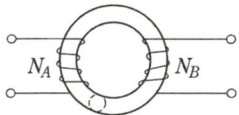

$R = \dfrac{N_A^2}{L_B} = \dfrac{N_A N_B}{M}$ 에서
• 자기 인덕턴스 $L_A = \dfrac{N_B^2}{R}$[H]
• 상호 인덕턴스 $M = \dfrac{N_A N_B}{R}$[H]
위의 두 식에서 R을 소거하면
$\therefore M = \dfrac{L_A N_A}{N_B}$[H]   **답** ①

03 직선 전류에 의해서 그 주위에 생기는 환상의 자계 방향은?

① 전류의 방향
② 전류와 반대 방향
③ 오른 나사의 진행 방향
④ 오른 나사의 회전 방향

풀이

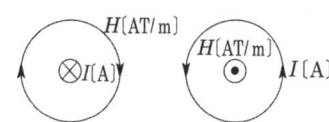

• 암페어 오른손(오른 나사) 법칙 :
나사 진행 방향을 전류 방향과 일치시킬 때 자계의 방향은 오른 나사를 회전시키는 방향과 같다.
⊗ : 지면의 표면에서 뒷면으로 들어가는 방향
⊙ : 지면의 뒷면에서 표면으로 나오는 방향   **답** ④

04 그림과 같이 권수가 1이고 반지름 a[m]인 원형 전류 I[A]가 만드는 자계의 세기[AT/m]는?

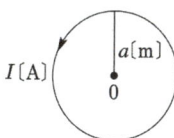

① $\dfrac{I}{a}$ ② $\dfrac{I}{2a}$ ③ $\dfrac{I}{3a}$ ④ $\dfrac{I}{4a}$

풀이
$H_0 = \oint dH = \int_0^{2\pi a} \dfrac{Idl\sin\theta}{4\pi a^2} = \int_0^{2\pi a} \dfrac{Idl}{4\pi a^2}$
$= \dfrac{I}{4\pi a^2} \int_0^{2\pi a} dl = \dfrac{I}{2a}$[AT/m]

또는 $H_x = \dfrac{I}{2} \cdot \dfrac{a^2}{(a^2+x^2)^{3/2}}$ 에서
원형 코일 중심의 자계의 세기 H_0는 $x = 0$ 이므로
$\therefore H_0 = \dfrac{I}{2a}$[AT/m]   **답** ②

05 전계 및 자계가 z방향의 성분을 갖지 않고 동일한 전계와 자계를 합한 면이 z축에 수직이 되는 파를 무엇이라 하는가?

① 직선파 ② 전자파
③ 굴절파 ④ 평면파

풀이 평면파는 진행파의 진행 방향에 대하여 수직인 무한 평면 내에서 진행파의 크기, 위상이 같은 파를 의미한다.
답 ④

06 두 종류의 금속으로 된 회로에 전류를 통하면 각 접속점에서 열의 흡수 또는 발생이 일어나는 현상은?

① 톰슨 효과
② 제벡 효과
③ 볼타 효과
④ 펠티에 효과

풀이
① 톰슨 효과 : 동일한 금속 도선의 두 점 간에 온도차를 주고, 고온 쪽에서 저온 쪽으로 전류를 흘리면 도선 속에서 열이 발생되거나 흡수가 일어나는 이러한 현상을 톰슨 효과라 한다.
② 제벡(지벡) 효과 : 두 종류 금속 접속면에 온도차가 있으면 기전력이 발생하는 효과
③ 볼타 효과 : 도체와 도체 사이에 접촉 전기가 일어날 때 두 도체 사이에 전위차가 생기는 효과
④ 펠티에 효과 : 두 종류 금속 접속면에 전류를 흘리면 접속점에서 열의 흡수, 발생이 일어나는 효과
답 ④

07 접지된 직교 도체 평면과 점전하 사이에는 몇 개의 영상 전하가 존재하는가?

① 1
② 2
③ 3
④ 4

풀이

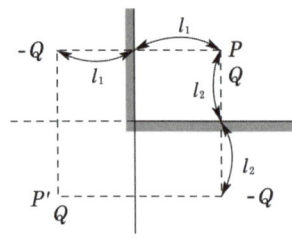

영상 전하 개수는 $n = \dfrac{360°}{\theta} - 1$(개)이다.
직교이면 $\theta = 90°$이므로
$\therefore n = \dfrac{360°}{90°} - 1 = 3$(개)이다.
답 ③

08 자기 회로의 자기 저항이 일정할 때 코일의 권수를 1/2로 줄이면 자기 인덕턴스는 원래의 몇 배가 되는가?

① $\dfrac{1}{\sqrt{2}}$ 배
② $\dfrac{1}{2}$ 배
③ $\dfrac{1}{4}$ 배
④ $\dfrac{1}{8}$ 배

풀이 $L = \dfrac{N^2}{R}$ 에서 자기 저항이 일정한 경우 인덕턴스는 권수의 자승에 비례하므로
$L' = \left(\dfrac{1}{2}\right)^2 L = \dfrac{1}{4} L$
답 ③

09 도전율이 5.8×10^7 [℧/m]이고, 길이가 1[km] 이며, 단면적이 1.309×10^{-6} [m²]인 물체가 갖는 저항값은 약 몇 [Ω]인가?

① 7.64
② 13.2
③ 21.2
④ 32.4

풀이 도체 저항
$R = \rho \dfrac{l}{S} = \dfrac{l}{\sigma S} = \dfrac{1 \times 10^3}{5.8 \times 10^7 \times 1.309 \times 10^{-6}}$
$= 13.2 [\Omega]$
답 ②

10 전계 E[V/m] 및 자계 H[AT/m]의 에너지가 자유공간 사이를 C[m/s]의 속도로 전파될 때 단위 시간에 단위 면적을 지나는 에너지[W/m²]는?

① $\dfrac{1}{2}EH$
② EH
③ EH^2
④ E^2H

풀이 단위 면적당 전력
= 포인팅 벡터 $P = E \times H = EH$ [W/m²]
답 ②

11 면적이 $S[m^2]$이고 극간의 거리가 $d[m]$인 평행판 콘덴서에 비유전율이 ϵ_r인 유전체를 채울 때 정전용량[F]은? (단, ϵ_0는 진공의 유전율이다.)

① $\dfrac{2\epsilon_0\epsilon_r S}{d}$ ② $\dfrac{\epsilon_0\epsilon_r S}{\pi d}$

③ $\dfrac{\epsilon_0\epsilon_r S}{d}$ ④ $\dfrac{2\pi\epsilon_0\epsilon_r S}{d}$

풀이 정전용량 C는

$$C = \frac{Q}{V} = \frac{Q}{Ed} = \frac{\sigma S}{\frac{\sigma d}{\epsilon_0\epsilon_r}} = \sigma S \times \frac{\epsilon_0\epsilon_r}{\sigma d} = \frac{\epsilon_0\epsilon_r S}{d} [F]$$

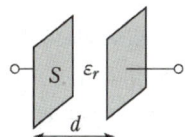

답 ③

12 비유전율 $\epsilon_s = 5$인 유전체 내의 분극률은 몇 [F/m]인가?

① $\dfrac{10^{-8}}{9\pi}$ ② $\dfrac{10^9}{9\pi}$

③ $\dfrac{10^{-9}}{9\pi}$ ④ $\dfrac{10^8}{9\pi}$

풀이 분극의 세기 $P = \epsilon_0(\epsilon_s - 1)E$ 식에서

분극률 $\chi = \dfrac{P}{E} = \epsilon_0(\epsilon_s - 1) = \dfrac{1}{36\pi \times 10^9} \times (5-1)$

$= \dfrac{10^{-9}}{9\pi}$ [F/m]

($\epsilon_0 = \dfrac{10^7}{4\pi C^2} = \dfrac{1}{36\pi \times 10^9}$,

C : 빛의 속도 $= 3 \times 10^8$ [m/s])

답 ③

13 전계 내에서 폐회로를 따라 전하를 일주시킬 때 전계가 행하는 일은 몇 [J]인가?

① ∞ ② π

③ 1 ④ 0

풀이 전계의 주회 적분과 에너지와의 관계에서

$$\oint_c Q\boldsymbol{E} \cdot dl = Q \oint_c \boldsymbol{E} \cdot dl = 0$$

즉, 폐회로를 따라 단위 정전하를 일주시킬 때 전계가 하는 일은 항상 0을 의미한다.(에너지 보존적)

답 ④

14 대전 된 구도체를 반지름이 2배가 되는 대전이 되지 않은 구도체에 가는 도선으로 연결할 때 원래의 에너지에 대해 손실된 에너지의 비율은 얼마가 되는가? (단, 구도체는 충분히 떨어져 있다고 한다.)

① $\dfrac{1}{2}$ ② $\dfrac{1}{3}$

③ $\dfrac{2}{3}$ ④ $\dfrac{2}{5}$

풀이 대전 된 도체구의 정전용량을 C, 대전 되지 않은 구도체의 정전용량 C'라 하면

$C' = 4\pi\epsilon_0 R' = 4\pi\epsilon_0 \times 2R = 2C$

연결 전후의 에너지를 각각 W, W'라 하면

$W = \dfrac{Q^2}{2C}$, $W' = \dfrac{Q^2}{2(C+2C)} = \dfrac{Q^2}{6C}$

$\therefore \dfrac{W - W'}{W} = \left(\dfrac{Q^2}{2C} - \dfrac{Q^2}{6C}\right) \Big/ \dfrac{Q^2}{2C} = \dfrac{2}{3}$

답 ③

15 전자석에 사용하는 연철(soft iron)은 다음 어느 성질을 갖는가?

① 잔류자기, 보자력이 모두 크다.
② 보자력이 크고 잔류자기가 작다.
③ 보자력이 크고 히스테리시스 곡선의 면적이 작다.
④ 보자력과 히스테리시스 곡선의 면적이 모두 작다.

풀이 히스테리시스 곡선
영구자석의 재료는 잔류 자기(B_r)와 보자력(H_c)이 모두 커야 하나, 전자석(일시 자석)의 재료는 잔류자기(B_r)가 크고 보자력(H_c)과 히스테리시스 곡선의 면적이 모두 작아야 한다.

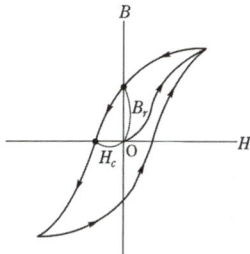

답 ④

16 권선수가 N회인 코일에 전류 I[A]를 흘릴 경우, 코일에 ϕ[Wb]의 자속이 지나간다면 이 코일에 저장된 자계에너지[J]는?

① $\frac{1}{2}N\phi^2 I$ ② $\frac{1}{2}N\phi I$
③ $\frac{1}{2}N^2\phi I$ ④ $\frac{1}{2}N\phi I^2$

풀이 자기 인덕턴스 $L=\frac{N\phi}{I}$ 이므로, $LI=N\phi$ 이다.
따라서 자계에너지
$W=\frac{1}{2}LI^2=\frac{1}{2}LI\cdot I=\frac{1}{2}N\phi I$ [J]   **답** ②

17 다음 설명 중 옳은 것은?

① 상자성체는 자화율이 0보다 크고, 반자성체에서는 자화율이 0보다 작다.
② 상자성체는 투자율이 1보다 작고, 반자성체에서는 투자율이 1보다 크다.
③ 반자성체는 자화율이 0보다 크고, 투자율이 1보다 크다.
④ 상자성체는 자화율이 0보다 작고, 투자율이 1보다 크다.

풀이
- 상자성체 : 자화율 $\chi>0$, 비투자율 $\mu_s>1$
- 반자성체 : 자화율 $\chi<0$, 비투자율 $\mu_s<1$ **답** ①

18 전류의 연속 방정식으로 옳은 것은

① $\nabla\times \boldsymbol{H}=\boldsymbol{J}+\frac{\partial \boldsymbol{D}}{\partial t}$
② $\nabla\times \boldsymbol{E}=-\frac{\partial \boldsymbol{B}}{\partial t}$
③ $\nabla\cdot \boldsymbol{J}=-\frac{\partial \rho}{\partial t}$
④ $\nabla\cdot \boldsymbol{D}=\rho$

풀이 ① 암페어 주회적분 법칙의 미분형(맥스웰의 전자방정식)
② 패러데이법칙의 미분형(맥스웰의 전자방정식)
③ 전류의 연속방정식
거시적으로 임의의 공간에서 폐곡면에서 유출하는 전류는 폐곡면 내 전하의 감소량과 같고, 이를 미소적인 해석은 단위체적에서 발산하는 전류는 전하량의 시간적 감소량과 같다. 이것을 수학적으로 표현하면
$$\nabla\cdot \boldsymbol{J}=-\frac{d\rho}{dt}$$
이고, 이 관계식을 전류의 연속방정식이라 한다.
④ 가우스정리의 미분형   **답** ③

19 정전 유도에 의해서 고립 도체에 유기되는 전하는?

① 정, 부 동량이며 도체는 등전위이다.
② 정, 부 동량이며 도체는 등전위가 아니다.
③ 정전하 뿐이며 도체는 등전위이다.
④ 부전하 뿐이며 도체는 등전위이다.

풀이 도체가 고립 돼있어 전하의 총량이 변할 수 없으므로, 정전하와 부전하가 크기가 같은 양으로 쌍을 이룬다.   **답** ①

20 감자율(Demagnetization factor)이 "0"인 자성체로 가장 알맞은 것은?

① 환상 솔레노이드
② 굵고 짧은 막대 자성체
③ 가늘고 긴 막대 자성체
④ 가늘고 짧은 막대 자성체

풀이
- 감자력은 자화의 세기에 비례하며, 이때 비례 상수를 감자율이라 한다.
- 잘려진 극이 존재하지 않으면 **감자율이 0**이 되는데, **환상 솔레노이드**(toroid)가 무단(無端) 철심이므로 이에 해당한다.
- 환상 솔레노이드를 제외하면 가늘고 긴 막대 자성체가 자계와 평행으로 놓여 있을 때 감자율이 거의 0에 가깝다.
- 가늘고 긴 막대 자성체가 자계와 직각으로 놓여 있을 때는 감자율이 거의 1로 가장 크다.
- 구(球)인 경우 감자율 $N=\frac{1}{3}$ 이다.   **답** ①

전기기사시리즈 1
전기자기

발　　행	/ 2025년 12월 30일

저　　자 / 검정연구회
펴 낸 이 / 정 창 희
펴 낸 곳 / 동일출판사
주　　소 / 서울시 강서구 곰달래로31길7 (2층)
전　　화 / 02) 2608-8250
팩　　스 / 02) 2608-8265
등록번호 / 제109-90-92166호

ISBN 978-89-381-1734-2 13560
값 / 22,000원

저자와의
협의에
따라
인지생략

이 책은 저작권법에 의해 저작권이 보호됩니다. 동일출판사 발행인의 승인자료 없이 무단 전재하거나 복제하는 행위는 저작권법 제136조에 의해 5년 이하의 징역 또는 5,000만원 이하의 벌금에 처하거나 이를 병과(倂科)할 수 있습니다.